ZVDH (Hrsg.): **Dach-, Wand- und Abdichtungstechnik**

Dach-, Wand- und Abdichtungstechnik

Fachbuch für die Aus- und Weiterbildung im Dachdeckerhandwerk

13., überarbeitete Auflage
Redaktionsstand: Juli 2025

mit zahlreichen Abbildungen und Tabellen

Herausgegeben vom
Zentralverband des Deutschen Dachdecker-handwerks – Fachverband Dach-, Wand- und Abdichtungstechnik – e.V.

RM Rudolf Müller

Bibliografische Information der Deutschen Nationalbibliothek
Die Deutsche Nationalbibliothek verzeichnet diese Publikation in der Deutschen Nationalbibliografie; detaillierte bibliografische Daten sind im Internet über https://portal.dnb.de abrufbar.

13., überarbeitete Auflage 2025

Maßgebend für das Anwenden von Regelwerken, Richtlinien, Merkblättern, Hinweisen, Verordnungen usw. ist deren Fassung mit dem neuesten Ausgabedatum, die bei der jeweiligen herausgebenden Institution erhältlich ist. Zitate aus Normen, Merkblättern usw. wurden, unabhängig von ihrem Ausgabedatum, in neuer deutscher Rechtschreibung abgedruckt.

Aus Gründen der besseren Lesbarkeit wird bei Personenbezeichnungen und personenbezogenen Hauptwörtern die männliche Form verwendet. Entsprechende Begriffe gelten im Sinne der Gleichbehandlung grundsätzlich für alle Geschlechter. Die verkürzte Sprachform hat nur redaktionelle Gründe und beinhaltet keine Wertung.

Das vorliegende Werk wurde mit größter Sorgfalt erstellt. Verlag, Herausgeber und Autoren können dennoch für die inhaltliche und technische Fehlerfreiheit, Aktualität und Vollständigkeit des Werkes keine Haftung übernehmen.

Wir freuen uns, Ihre Meinung über dieses Fachbuch zu erfahren. Bitte teilen Sie uns Ihre Anregungen, Hinweise oder Fragen per E-Mail unter: rudolf-mueller@vuservice.de oder telefonisch unter: 06123 9458-258 mit.

Lektorat: Christine Peter, Overath
Satz und Umschlaggestaltung: Satz + Layout Werkstatt Kluth GmbH, Erftstadt
Druck und Bindearbeiten:
Westermann Druck Zwickau GmbH, Crimmitschauer Straße 43, 08058 Zwickau
Printed in Germany

ISBN 978-3-481-04895-2 (Buch-Ausgabe, Produktionscharge *001)
ISBN 978-3-481-04896-9 (E-Book-Ausgabe als PDF)
ISBN 978-3-481-05003-0 (Buch und E-Book-Ausgabe als PDF, Produktionscharge *001)

PEFC
PEFC/04-31-3513
PEFC-zertifiziert
Dieses Produkt stammt aus nachhaltig bewirtschafteten Wäldern, Recycling und kontrollierten Quellen
www.pefc.co.uk

Vorwort

zur 13., überarbeiteten Auflage

Die 1. Auflage von „Dach-, Wand- und Abdichtungstechnik“ als Nachfolgewerk der früheren „Anleitung für die Ausbildung von Dachdeckerlehrlingen“ erschien 1974. Das Standardwerk wurde zwischenzeitlich durch immer wiederkehrende technische Veränderungen sowie neue Ausbildungsverordnungen angepasst.

Die nunmehr vorliegende 13. Auflage berücksichtigt vor allem die aktuelle Entwicklung des Regelwerks des Deutschen Dachdeckerhandwerks mit dem Stand Juli 2025. Besonders betroffen sind hiervon die Kapitel Dachziegel, Dachsteine, zusätzliche regensichernde Maßnahmen und bauphysikalische Grundlagen.

Allen Bildungswilligen, insbesondere Auszubildenden, Gesellinnen und Gesellen sowie angehenden Meisterinnen und Meistern soll das Fachbuch ein wertvoller Begleiter während der Aus-, Fort- und Weiterbildung und in der alltäglichen betrieblichen Praxis sein. Es vermittelt grundsätzliches Wissen der sich ständig verändernden Tätigkeitsfelder des Dachdeckerhandwerks zu einem Handwerk mit entsprechender Kompetenz für die gesamte Dach-, Wand- und Abdichtungstechnik.

Unser Dank gilt allen, die durch aktive Mitarbeit und Anregung zum Entstehen dieser 13. Auflage beigetragen haben, hierbei insbesondere dem unten genannten Autorenteam.

Köln, im Juli 2025

Zentralverband des Deutschen Dachdeckerhandwerks
–Fachverband Dach-, Wand- und Abdichtungstechnik – e.V.

An der Erarbeitung der 13. Auflage haben folgende Autoren aktiv mitgewirkt:

Dipl.-Ing. (FH) Wolfgang Bantes

Dachdecker- und Klempnermeister
Philipp Bräuninger

Dachdeckermeisterin
Sarah Darscheid

Dachdecker- und Klempnermeister
Carsten Daub

Dachdecker- und Zimmermeister
Hans Werner Gimmnich

Dachdecker- und Zimmermeister
André Hauft

Dachdecker- und Klempnermeister
André Krause

Dachdeckermeister Martin Krick

Klempnermeister Frank Mayr

Dachdeckermeister Wilfried Oster

Dachdeckermeister Bernd Redecker

Dachdeckermeister
Michael Oliver Schaaf

Dachdecker- und Zimmermeister
Jörg Schmitz

Dachdeckermeister Markus Valerius

Dachdecker- und Zimmermeister
Nils Wehner

Dachdecker- und Schachtmeister
Frank Wierschem

Inhaltsübersicht

Inhalt

1 Fachbegriffe

1.1 Normen

Eine Norm ist ein Dokument, das Anforderungen an Produkte, Dienstleistungen oder Verfahren festlegt. Im gesamten Bereich der Technik sind Normen zu beachten. Dies gilt auch für alle Bereiche der Dach-, Wand- und Abdichtungstechnik. Im Bauwesen kann eine Norm ein technisches Regelwerk darstellen, welches allgemein anerkannte Regeln der Technik beschreibt.

Viele Normen werden heute international erarbeitet und abgestimmt. Zu unterscheiden sind:

- Normen des **CEN** in Brüssel (Europäisches Komitee für Normung). Solche Normen gelten für die EU- und EFTA-Staaten. In Deutschland haben sie die Bezeichnung **DIN EN**.
- **ISO**-Standards des ISO-Instituts in Genf (Internationale Organisation für Standardisierung). Die ISO-Standards werden weltweit angewendet. In Deutschland haben sie die Bezeichnung **DIN ISO** oder – wenn es gleichzeitig EN-Normen sind – **DIN EN ISO**.
- Die Abkürzung **DIN** steht für das Deutsche Institut für Normung. Das Institut fördert durch die Normung die Einheitlichkeit und die Qualität der Erzeugnisse und trägt zur Arbeitssicherheit bei.

Allgemein anerkannte Regeln der Technik müssen sowohl wissenschaftlichen Untersuchungen standhalten als auch in der Baupraxis ihre Richtigkeit erwiesen haben. Solange wissenschaftlich entwickelte Fertigungsmethoden noch nicht in die Baupraxis übernommen worden sind, stellen sie keine anerkannten Regeln der Technik dar. Umgekehrt muss eine bautechnische Übung einer wissenschaftlichen Überprüfung standhalten können.

Somit können allgemein anerkannte Regeln der Technik niemals neueste Arbeitsweisen oder Techniken sein, denn sie müssen sich erst über einen längeren Zeitraum bewährt haben.

Hierbei liegt folgende Reihenfolge zugrunde:

1 **Allgemein anerkannte Regeln der Technik**
Technische Regeln, Verarbeitungsvorschriften usw., die durch die Mehrheit der am Bau Beteiligten als richtig anerkannt werden und sich aufgrund fortdauernder praktischer Erfahrungen über einen längeren Zeitraum bewährt haben.

2 **Stand der Technik**
(Noch) keine allgemein anerkannte Regel der Technik. Es steht (noch) die Bewährung in der Praxis aus.

3 **Stand von Wissenschaft und Technik**
Analog dem Stand der Technik mit neuesten verfügbaren Methoden, welche sich aber bislang weder durchgesetzt noch bewährt haben.

Als allgemein anerkannte Regeln der Technik gelten üblicherweise neben dem Regelwerk des Deutschen Dachdeckerhandwerks auch einige DIN-Normen und VDI-Richtlinien sowie Richtlinien des Deutschen Instituts für Bautechnik, des Deutschen Ausschusses für Stahlbau und des Deutschen Ausschusses für Stahlbeton.

Die für Bauvorhaben maßgebliche Vergabe- und Vertragsordnung für Bauleistungen (VOB) verlangt vom Auftragnehmer die Einhaltung der anerkannten Regeln der Technik.

Das deutsche Regelungssystem für Bauprodukte und Bauarten ist in den 16 Landesbauordnungen festgelegt. Die Landesbauordnungen basieren auf einem gemeinsamen Muster, der Musterbauordnung (MBO).

Die Landesbauordnungen definieren die allgemeinen Anforderungen an bauliche

Anlagen. Zudem ist hier das Zulassungs- und Genehmigungsverfahren für Bauprodukte und Bauarten festgelegt. Die allgemein definierten Anforderungen an bauliche Anlagen werden durch Technische Baubestimmungen konkretisiert. Auch für diese gibt es ein gemeinsames Muster, die Muster-Verwaltungsvorschrift Technische Baubestimmungen (MVV TB).

Die Landesbauordnungen bezeichnen das Zusammenfügen von Bauprodukten zu baulichen Anlagen oder Teilen von baulichen Anlagen als Bauart. Nicht geregelte Bauarten sind Bauarten, die von Technischen Baubestimmungen wesentlich abweichen oder für die es allgemein anerkannte Regeln der Technik nicht gibt. Die Anwendbarkeit nicht geregelter Bauarten ergibt sich aus der Übereinstimmung mit

- der allgemeinen bauaufsichtlichen Zulassung oder
- dem allgemeinen bauaufsichtlichen Prüfzeugnis oder
- der Zustimmung im Einzelfall.

Ausgangspunkt ist die **Europäische Bauproduktenverordnung (EU-BauPVO).**

Danach dürfen nur Bauprodukte verwendet werden, die „wesentliche Anforderungen“ erfüllen hinsichtlich

- mechanischer Festigkeit und Standsicherheit,
- Brandschutz,
- Hygiene, Gesundheit und Umweltschutz,
- Schallschutz,
- Energieeinsparung und Wärmeschutz.

Die CE-Kennzeichnung soll für den europäischen Binnenmarkt einen Mindestsicherheitsstandard für technische Produkte festlegen und damit den freien Warenverkehr in der EU ermöglichen. Die CE-Kennzeichnung wird durch europäische Richtlinien geregelt, die vom Rat der EU in Brüssel erlassen werden.

Die Bauordnungen der Bundesländer zielen auf die Sicherheit von Bauwerken ab. Aspekte der Planung, Bemessung und Ausführung sowie Betrieb und Wartung sind in der sog. allgemeinen Bauartgenehmigung (aBG) geregelt. Die formale Abgrenzung von Produktspezifikationen (allgemeine bauaufsichtliche Zulassungen; abZ) und Regelungen zu Planung, Bemessung und Ausführung (allgemeine Bauartengenehmigung) vereinfacht die Integration CE-gekennzeichneter Bauprodukte in das deutsche System zur Gewährleistung der Bauwerkssicherheit. So kann auch eine geeignete Leistungserklärung nach einer Europäischen Technischen Bewertung (ETA) in Verbindung zu den Technischen Baubestimmungen als Nachweis herangezogen werden.

1.2 Regelwerk des Deutschen Dachdeckerhandwerks

Außer den einschlägigen Normen ist bei allen Arbeiten im Bereich der Dach-, Wand- und Abdichtungstechnik das Regelwerk des Deutschen Dachdeckerhandwerks zugrunde zu legen.

Wird nach dem Regelwerk des Deutschen Dachdeckerhandwerks gearbeitet, ist kein bauaufsichtlicher Ver- oder Anwendbarkeitsnachweis erforderlich. Die Ausführung nach Regelwerk bietet dem Verarbeiter die Sicherheit, ein ausreichendes Qualitätsniveau einzuhalten. Zwar befreit die Anwendung des Regelwerks nicht von der Verantwortung für eigenes Handeln, dennoch sichert es nach allen bisherigen Erkenntnissen eine einwandfreie technische Leistung zu. Um mit dem Regelwerk arbeiten zu können ist es notwendig, seine Struktur zu kennen. Üblich ist der Verweis in andere Regelwerksteile. Sucht man z. B. die Überdeckung von Schiefer auf einen unterlegten Blechanschluss, dann findet man diesen nicht in der Fachregel für Dachdeckungen mit Schiefer, sondern in der Fachregel für Metallarbeiten im Dachdeckerhandwerk.

Zudem ist es zwingend notwendig, sich mit den modalen Hilfsverben, welche in der Grundregel definiert sind, auseinanderzusetzen (siehe Tabelle 1.2-1). Diese legen die Lesart und Auslegung der einzelnen Regelungen fest.

Die erste Grundregel entstand im Jahr 1926 und wurde vom Reichsverband des Deutschen Dachdeckerhandwerks herausgegeben. Danach erfolgte eine kontinuierliche Weiterentwicklung sowie eine Aufteilung in einzelne Fachregeln,

Tabelle 1.2-1: Modale Hilfsverben

Modale Hilfsverben	Bedeutung		Gründe, die zur Wahl des Hilfsverbums führen (Beispiele)
muss, müssen	Gebot	unbedingt, fordernd	Äußerer Zwang, wie durch Rechts-vorschrift, sicherheitstechnische Forderung, Vertrag oder innerer Zwang, wie Forderung der Einheitlichkeit oder der Folgerichtigkeit
darf nicht, dürfen nicht	Verbot		
soll, sollen	Regel	bedingt, fordernd	Durch Verabredung oder Vereinbarung freiwillig übernommene Verpflichtung, von der nur in begründeten Fällen abgewichen werden darf.
soll nicht, sollen nicht			
darf, dürfen	Erlaubnis	freistellend	In bestimmten Fällen darf von dem durch Gebot, Verbot oder Regel Gegebenen abgewichen, z.B. eine gleichwertige Lösung gewählt werden.
muss nicht, müssen nicht			
sollte, sollten	Empfehlung, Richtlinie	auswählend, anratend, empfehlend	Von mehreren Möglichkeiten wird eine als zweckmäßig empfohlen, ohne andere zu erwähnen oder auszuschließen. Eine bestimmte Angabe ist erwünscht, aber nicht als Forderung anzusehen. Eine bestimmte Lösung wird abgewehrt, ohne sie zu verbieten
sollte nicht, sollten nicht			
kann, können	unverbindlich		Vorliegen einer physischen Fähigkeit (die Hand kann eine bestimmte Kraft ausüben), einer physikalischen Möglichkeit (ein Balken kann eine Belastung tragen) einer ideellen Möglichxkeit (eine Voraussetzung kann bestimmte Folgen haben, eine Feststellung kann schon überholt sein, wenn …)
kann nicht, können nicht			

diese basierend auf den zu verarbeitenden Werkstoffen (z. B. Schiefer oder Dachziegel und Dachsteine). Die ständig fortschreitende Entwicklung von z. B. Materialien und deren Verarbeitungsweisen erfordert bis heute regelmäßige Aktualisierungen der einzelnen Fachregeln. Ab 1995 gab es die Fachregeln des Deutschen Dachdeckerhandwerks erstmals auch auf CD-ROM. Inzwischen ist die CD-ROM durch eine digitale Browser-Anwendung ersetzt worden sowie zusätzlich als App für Smartphone und/oder Desktop verfügbar. Auch eine Printausgabe in zwei DIN A4-Ordnern ist nach wie vor erhältlich. Im Jahr 1997 erfolgte dann eine inhaltliche Neugliederung des gesamten Regelwerks. Aktuell besteht das Fachregelwerk des Deutschen Dachdeckerhandwerks aus folgenden Inhalten bzw. Regelwerkteilen:

Dieses Regelwerk enthält folgende Teile:

- Grundregel
- Fachregeln
- Hinweise
- Merkblätter
- Produktdatenblätter
- Planungshilfen
- Übersicht DIN-Normen

Grundregel

Die Grundregel ist die Basis für das gesamte Regelwerk und damit für alle Planungs- und Ausführungsgrundsätze der nachgeordneten Regelwerkteile.

Fachregeln

Die Fachregeln enthalten Vorgehensweisen für die Planung und Ausführung, die sich in ihren jeweiligen Fachbereichen als theoretisch richtig und handwerklich machbar herausgestellt haben. Sie sichern ein ausreichendes Qualitätsniveau und dienen damit den Interessen der Verbraucher. Im Einzelnen umfasst das Regelwerk (Stand Juni 2025) folgende Fachregeln:

Fachregeln Dachdeckungen

- Fachregel für Dachdeckungen mit Schiefer
- Fachregel für Dachdeckungen mit Dachziegeln und Dachsteinen
- Fachregel für Dachdeckungen mit Faserzement-Dachplatten
- Fachregel für Dachdeckungen mit Faserzement-Wellplatten
- Fachregel für Dachdeckungen mit Bitumenschindeln
- Fachregel für Dachdeckungen mit Bitumenwellplatten
- Regeln für Dachdeckungen mit Holzschindeln
- Fachregel für Dachdeckungen mit Reet

Fachregeln Abdichtungen

- Fachregel für Dächer mit Abdichtungen – Flachdachrichtlinie –
- Richtlinie für die Planung und Ausführung von Abdichtungen mit polymermodifizierten Bitumendickbeschichtungen (PMBC)

Fachregeln Außenwandbekleidungen

- Fachregel für Außenwandbekleidungen mit Schiefer
- Fachregel für Außenwandbekleidungen mit ebenen Faserzementplatten
- Fachregel für Außenwandbekleidungen mit Faserzement-Wellplatten
- Regeln für Außenwandbekleidungen mit Holzschindeln
- Fachregeln für Außenwandbekleidungen mit kleinformatigen Produkten aus Ton und Beton

Fachregeln Metallarbeiten

- Fachregel für Metallarbeiten im Dachdeckerhandwerk
- IFBS-Fachregeln des Metallleichtbaus – Planung und Ausführung
- Blei im Bauwesen, Teil 1: Technische Regeln

Hinweise

Hinweise informieren über bauaufsichtlich eingeführte Vorschriften. Sie haben baurechtliche Bedeutung und müssen dementsprechend bei Planung und Ausführung beachtet werden. Das Regelwerk enthält:

- Hinweise für Außenwandbekleidungen
- Hinweise Holz und Holzwerkstoffe
- Hinweise zur Lastenermittlung
- Häufig gestellte Fragen – FAQ
- Fachinformation Umweltschutz

Merkblätter

Merkblätter enthalten bereichs- und/oder themenbezogene Ergänzungen zu Fachregeln und Hinweisen. Sie verfügen gleichermaßen über deren Bedeutung und tragen dem Stand der Technik, Normen und anderen Regelwerken Rechnung. Sie werden aufgestellt, wenn bestimmte technische Konsequenzen als notwendig erkannt worden sind. Das Regelwerk enthält:

- Merkblatt Wärmeschutz bei Dach und Wand
- Merkblatt Einbauteile bei Dachdeckungen
- Merkblatt für Unterdächer, Unterdeckungen und Unterspannungen
- Merkblatt Äußerer Blitzschutz auf Dach und Wand
- Merkblatt Einbauteile bei Dachdeckungen
- Merkblatt Solartechnik für Dach und Wand
- Merkblatt zur Bemessung von Entwässerungen

Produktdatenblätter

Produktdatenblätter enthalten Informationen und Anforderungen an Werkstoffe und Produkte, wie sie in der Dach-, Wand- und Abdichtungstechnik üblich sind. In den Anforderungen können gegenüber Normen ggf. auch zusätzliche Festlegungen enthalten sein. Das Regelwerk enthält z. B.:

- Produktdatenblatt für Schiefer
- Produktdatenblatt für Dachziegel
- Produktdatenblatt für Wärmedämmstoffe
- Produktdatenblatt diffusionsoffene Unterdeckbahnen für erweiterte Anwendungen (UDB-eA)

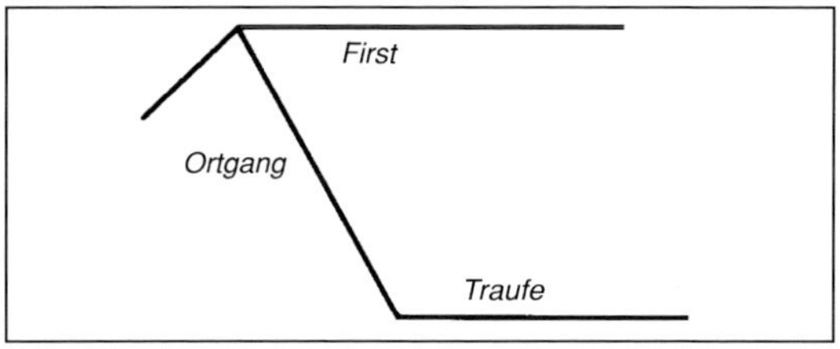

Abb. 1.3-1: Abschlüsse

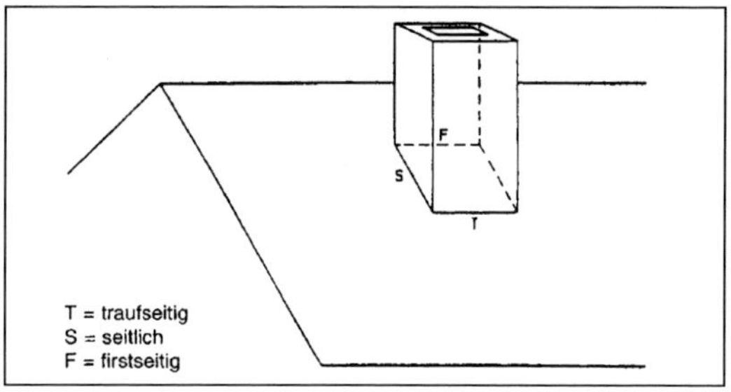

Abb. 1.3-2: Anschlüsse

Planungshilfen

Planungshilfen sollen den Dachdeckerunternehmen lösungsorientierte Wege und Möglichkeiten der Ausführung aufzeigen. Sie sind jeweils als Ergänzung zu den entsprechenden Fachregeln zu verstehen.

- Befestigung von Holz-Unterkonstruktionen an Außenwänden
- Barrierefreie Übergänge bei Dachterrassen und Balkonen

Weitere Inhalte

In der Online-Version des Regelwerks finden sich darüber hinaus ausgewählte Normen im Volltext, Berechnungshilfen oder nachweisfreie Konstruktionen, welche ergänzende Informationen und Handlungshilfen darstellen.

Wie entsteht eine Fachregel?

Eine Fachregel schreibt die allgemein anerkannten Regeln der Technik fest. Diese ergeben sich zunächst aus bewährten Praktiken in Verbindung mit bewährten Materialien. Beim ZVDH arbeiten die Mitglieder der verschiedenen Fachausschüsse daran, die Regeln festzuschreiben, sie zu aktualisieren und an den Stand der Technik anzupassen.

Wer sitzt in den Gremien?

In den einzelnen Fachausschüssen sitzen ehrenamtliche Vertreter sowie festangestellte Mitarbeiter der 16 Landesverbände. Diese werden jeweils für die Dauer von 3 Jahren von der Mitgliederversammlung in ihren Ämtern bestätigt. Üblicherweise finden sich pro Ausschuss 6 Mitglieder. Jeder Ausschuss wird von einem der Referenten des ZVDH betreut.

Das Regelwerk des Deutschen Dachdeckerhandwerks stellt somit das Herzstück der Technik im Dachdeckerhandwerk dar. Hier erarbeiten erfahrene Dachdecker ein eigenes Regelwerk, um bestmögliche Sicherheit für die Ausführung zu gewährleisten.

1.3 Begriffe

Abdichtung

Abdichtungen müssen **wasserdicht** sein. Aufgrund unterschiedlicher Anforderungen sind Dachabdichtungen und Bauwerksabdichtungen zu unterscheiden. Abdichtungen von Dächern oder Bauteilen werden aus zusammenfügbaren bahnen- oder planenförmigen Produkten hergestellt oder als ganzflächige Beschichtungen ausgeführt.

Abschlüsse

Abschlüsse sind besondere Ausbildungen von Dachdeckungen, Abdichtungen oder Außenwandbekleidungen an den Rändern der Dachflächen. Übliche Begriffe für Randabschlüsse sind z. B. First, Ortgang, Traufe o. Ä. (siehe Abb. 1.3-1).

Anschlüsse

Anschlüsse sind besondere Ausbildungen von Dachdeckungen, Abdichtungen oder Außenwandbekleidungen an angrenzende oder durchdringende Bauteile oder Bauelemente. Insbesondere bei Dachdeckungen unterscheidet man zwischen seitlichen, firstseitigen und traufseitigen Anschlüssen (siehe Abb. 1.3-2).

Außenwandbekleidungen

Außenwandbekleidungen müssen das Außenbauteil Wand vor Witterungseinwirkungen schützen und Durchfeuchtungen innerer Schichten vermindern oder vermeiden. Sie werden an tragenden Wandkonstruktionen aus schuppen- oder tafelförmig angebrachten, ebenen oder profilierten klein-oder großformatigen Elementen hergestellt.

Bauwerksabdichtungen

Bauwerksabdichtungen sind Abschlüsse von Gebäudeteilen zum Schutz des Bauwerks gegen Feuchtigkeit oder Wasser. Es wird unterschieden nach Maßnahmen gegen

- Bodenfeuchtigkeit,
- nicht drückendes Wasser,
- von außen drückendes Wasser und
- von innen drückendes Wasser.

Befestigungselemente

Befestigungselemente kommen insbesondere bei Außenwandbekleidungen zum Einsatz. Es sind Teile, die die Bekleidung an der Unterkonstruktion mechanisch befestigen.

Behelfsabdichtung

Unter Behelfsabdichtung versteht man den vorübergehenden Schutz einer Konstruktion oder Bauteilfläche, um das Gebäude vor Feuchtigkeit zu schützen und beispielsweise eine Weiterarbeit im Gebäudeinneren zu ermöglichen. Behelfsabdichtungen sind zumindest für einige Zeit der Witterung ausgesetzt. Die verwendeten Werkstoffe und die Art der Ausführung müssen dafür geeignet sein. Je nach Art und Ausführung können auch Dampfsperren oder erste Lagen von mehrlagigen Dachabdichtungen als Behelfsabdichtung verwendet werden.

Behelfsdeckung

Unter Behelfsdeckung versteht man den vorübergehenden Schutz einer Konstruktion oder Bauteilfläche, um das Gebäude vor Feuchtigkeit zu schützen und beispielsweise eine Weiterarbeit im Gebäudeinneren zu ermöglichen. Behelfsdeckungen sind zumindest für einige Zeit der Witterung ausgesetzt. Die verwendeten Werkstoffe und die Art der Ausführung müssen dafür geeignet sein. Je nach verwendetem Material und ggf. mit zusätzlicher Windsogsicherung kann beispielsweise eine Vordeckung als Behelfsdeckung dienen.

Dachabdichtungen

Dachabdichtungen sind der obere Abschluss von Gebäuden auf flachen oder geneigten Dachkonstruktionen. Dachabdichtungen können mit Schutz- und Nutzschichten versehen sein.

Dachdeckungen

Dachdeckungen sind der obere Abschluss von Gebäuden auf geneigten Dachkonstruktionen aus in der Regel schuppenförmig überdeckten, ebenen oder profilierten platten- oder tafelförmigen Deckwerkstoffen. Dachdeckungen müssen regensicher sein. Dies wird z. B. durch Einhaltung der Regeldachneigung erreicht, die für die unterschiedlichen Deckwerkstoffe in der entsprechenden Fachregel festgelegt ist. Weiter gehende Anforderungen, z. B. Sicherheit gegen das Einwehen von Flugschnee oder Regen mit Windeinwirkung, erfordern die Durchführung zusätzlicher Maßnahmen.

Dacherneuerung/Dachsanierung

Ist die Funktionsfähigkeit eines Dachaufbaus insgesamt nicht mehr gewährleistet, ist dieser abzutragen und zu erneuern.

Dachgeschossausbau

Durch den Dachausbau werden die unterhalb des Daches befindlichen Räume einer Gebäudenutzung zugeführt, die der Nutzung von Räumen in Normalgeschossen gleichzusetzen ist und deshalb den gleichen Anforderungen unterliegt. Insbesondere müssen in gleicher Weise die bauaufsichtlichen Anforderungen, z. B. des Wärme-, Brand-, Schall- und Blitzschutzes sowie der Standsicherheit, beachtet werden.

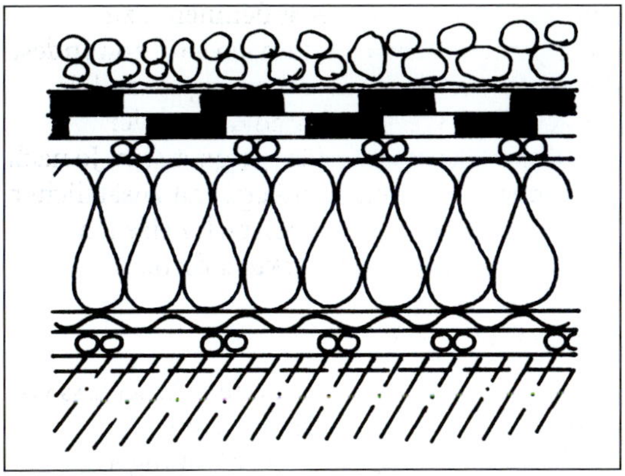

Abb. 1.3-3: Schnitt durch ein einschaliges Flachdach

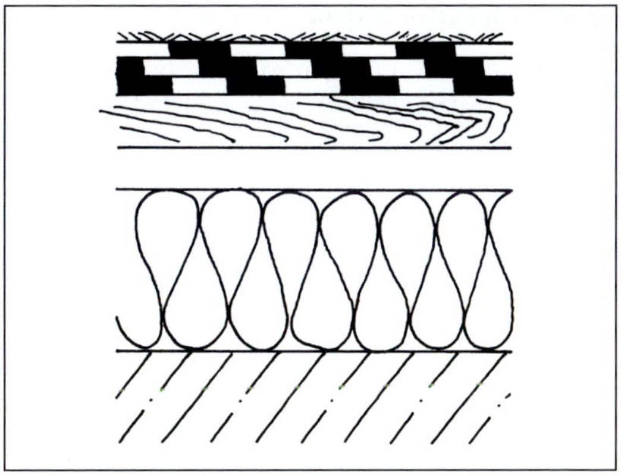

Abb. 1.3-4: Zweischaliges Dach

Den höheren Nutzungsanforderungen entsprechend soll keine Feuchtigkeit infolge Treibregen, Flugschnee, Vereisungen oder Schneeablagerungen eindringen, so dass Unterdächer, Unterdeckungen, Unterspannungen als zusätzliche Maßnahme geplant und ausgeführt werden müssen. Wasserdichte Unterdächer können nur mit Abdichtungen auf Schalung oder druckfestem Dämmstoff ausgeführt werden. Die Konterlattung ist in die Abdichtung eingebunden.

Dachlatte

Die Dachlatte ist der Teil einer Unterkonstruktion, an der die Dachdeckung befestigt oder eingehängt wird. Sie muss im Rahmen des Unfallschutzes eine Mindestholzqualität und bezogen auf die Sparrenabstände Mindestabmessungen, z. B. 30 mm × 50 mm, erfüllen.

Dachneigung

Dachneigung ist die Neigung der Dachkonstruktion (Unterkonstruktion) gegen die Waagerechte. Das Maß der Dachneigung wird ausgedrückt als Winkel zwischen der Waagerechten und der Dachfläche in Grad (°) oder als Steigung der Dachfläche über der Waagerechten in Prozent (%). Die Dachneigung wird meistens in Winkelgraden angegeben, z. B. α (= Winkel Alpha) = 20°.

Häufig wird die Dachneigung auch als Prozentverhältnis der Dachhöhe zur Dachtiefe errechnet (siehe Tabelle 1.3-2).

Dach- und Wandkonstruktionen

Dach- und Wandkonstruktionen bestehen aus mehreren Einzelschichten, die in ihrer Funktion zusammenwirken. Je nach Anordnung der Schichten unterscheidet man

- einschalige, nicht durchlüftete Konstruktionen, ehemals auch Warmdach genannt (siehe Abb. 1.3-3), oder
- mehrschalige, durchlüftete Konstruktionen, ehemals auch Kaltdach genannt (siehe Abb. 1.3-4).

Beispiel

Dachhöhe = 3,50 m,

Dachtiefe = 5,00 m

$$\text{Dachneigung} = \frac{100\,\% \cdot 3{,}50\text{ m}}{5{,}00\text{ m}} = 70\,\%$$

Aus der Dachneigung in Prozent kann die Dachneigung in Grad bestimmt werden (siehe auch Tabelle 1.3-2).
70 % Dachneigung entsprechen einem Neigungswinkel von 35°.

$$\arctan \alpha = \frac{3{,}50\text{ m}}{5{,}00\text{ m}} = 35°$$

Den meisten Dächern sind in Abhängigkeit von der Leistungsfähigkeit der Deckwerkstoffe und Deckungen Mindestdachneigungen und Regeldachneigungen zugeordnet, um die üblicherweise zu erwartenden Niederschläge von den Dachflächen abzuleiten.

Tabelle 1.3-2: Umrechnung der Grade der Dachneigung in Prozent

Winkel in Grad	= Prozent	Winkel in Grad	= Prozent	Winkel in Grad	= Prozent
1	1,8	31	60,0	61	180,4
2	3,4	32	62,4	62	188,1
3	5,2	33	64,9	63	196,3
4	7,0	34	67,4	64	205,0
5	8,8	35	70,0	65	214,5
6	10,5	36	72,6	66	224,6
7	12,3	37	75,4	67	235,6
8	14,1	38	78,0	68	247,5
9	15,8	39	80,9	69	260,5
10	17,6	40	83,9	70	274,7
11	19,4	41	86,9	71	290,4
12	21,2	42	90,0	72	307,8
13	23,0	43	93,0	73	327,1
14	24,9	44	96,5	74	348,7
15	26,8	45	100,0	75	373,2
16	28,7	46	103,5	76	401,1
17	30,5	47	107,2	77	433,1
18	32,5	48	111,0	78	470,5
19	34,4	49	115,0	79	514,5
20	36,4	50	119,2	80	567,1
21	38,4	51	123,5	81	631,4
22	40,4	52	128,0	82	711,5
23	42,4	53	132,7	83	814,4
24	44,5	54	137,6	84	951,4
25	46,6	55	143,0	85	1.143
26	48,7	56	148,3	86	1.430
27	50,9	57	154,0	87	1.908
28	53,1	58	160,0	88	2.864
29	55,4	59	166,4	89	5.729

Die Unterlage der Abdichtung soll für die Ableitung des Niederschlagswassers mit einem Gefälle von mindestens 2 % in der Fläche geplant werden.

Gefällelose Flächen können in begründeten Fällen, z. B.

- infolge reduzierter Anschlusshöhen an Türen,
- bei konstruktiv vorgegebener Lage der Entwässerungseinrichtungen, die eine Gefällegebung nicht ermöglichen,
- bei Bestandsgebäuden mit vorgegebener Lage der Entwässerungseinrichtungen,
- bei Intensivbegrünung oder erdüberschütteten Flächen mit Anstaubewässerung,
- bei baurechtlichen Anforderungen, die eine Gefällegebung nicht ermöglichen,

geplant und ausgeführt werden.

Alle Deckwerkstoffe sind nur für bestimmte Neigungsbereiche geeignet. Diese Bereiche sind im Regelwerk festgelegt. Bei der Untergrenze der Dachneigung sind auch die Sparrenlänge und die örtlichen Witterungsverhältnisse zu berücksichtigen. Bei günstigen Umständen kann die Dachneigung geringer sein, bei ungünstigen Umständen muss sie entsprechend höher angesetzt werden. Bei Dachdeckungen ist die Neigung des Deckwerkstoffes aufgrund der Verlegetechnik immer geringer als die Dachneigung.

Deckunterlage

Die Deckunterlage dient zur Aufnahme der Deckung oder Abdichtung und muss auf den zur Anwendung kommenden Werkstoff abgestimmt sein, z. B. Lattung, Schalung, Trapezblech u. Ä.

Durchdringungen

Durchdringungen sind Bauteile oder Elemente in runder oder eckiger Form, die bei einer Aussparung in der Bauteilfläche erforderlich werden, z. B. Dachausstiege, Dachgully, Antennendurchgänge u. Ä.

Einbauteile

Einbauteile sind Bauteile oder Elemente, die in Dachdeckungen, Abdichtungen oder Außenwandbekleidungen eingebaut werden, z. B. Dachflächenfenster, Lichtkuppeln, Sicherheitsdachhaken, Schneefanggitter, Wandhalterungen, Lüfter u. Ä.

Einfassungen

Einfassungen sind Bauteile oder Elemente, die einen regensicheren bzw. wasserdichten Anschluss von Dachdeckungen bzw. Abdichtungen an Durchdringungen gewährleisten. Sie sind in Form und Ausführung auf den jeweiligen Werkstoff abzustimmen.

Gefälle

Gefälle ist die Neigung einer Oberfläche gegen die Waagerechte, z. B. bei Rinnen, Abdichtungen, Abdeckungen.

Grate

Grate sind die außen liegenden Verschneidungslinien von 2 Dachflächen.

Grundholz

Grundholz (Konterlatte) ist der Teil einer Unterkonstruktion, der u. a. die Aufgabe hat, die anfallenden Lasten von der Dachlatte/(Trag-) Latte in die tragende Unterkonstruktion weiterzuleiten.

Inspektion

Die Inspektion ist die Feststellung des Zustands einer Dachdeckung, Außenwandbekleidung oder Dachabdichtung nach Augenschein, einschließlich der An- und Abschlüsse sowie der Durchdringungen. Die Ergebnisse der Inspektion sind schriftlich zu dokumentieren. Das Protokoll soll Angaben zu den festgestellten Schäden, ggf. zu erforderlichen weiter gehenden Untersuchungen und zur Art und Dringlichkeit von notwendigen Maßnahmen enthalten.

Instandsetzung

Instandsetzungsarbeiten werden erforderlich, wenn in Teilbereichen Schäden vorliegen, die die Funktionsfähigkeit der Dachdeckung, Außenwandbekleidung oder Dachabdichtung und der Funktionsschichten des Dachaufbaus einschränken. Dazu gehören z. B.:

- Ergänzung oder Erneuerung von Wärmedämmung
- Ausbesserung von Schadstellen
- Ergänzung oder Erneuerung von Teilen
- Befestigung und Verfugung von An- und Abschlüssen
- Ergänzung oder Erneuerung des Korrosionsschutzes an Metallteilen und Verwahrungen
- Reparatur oder Austausch von Einbauteilen

Kehlen

Kehlen sind die innen liegenden Verschneidungslinien von 2 Dachflächen.

Konterlatte

Konterlatte (evtl. Grundholz) ist der Teil einer Unterkonstruktion, der u. a. die Aufgabe hat, die anfallenden Lasten von der Dachlatte/(Trag-) Latte in die tragende Unterkonstruktion weiterzuleiten.

Lüftung

Lüftung ergibt sich aus dem Anschluss eines Zwischenraumes an Innen- oder Außenluft. Äußere Luftschichten können sich direkt über der Wärmedämmung oder direkt unter den Deck- bzw. Abdichtungsschichten befinden.

Mindestdachneigung

Mindestdachneigung ist die unterste Dachneigungsgrenze, die nicht unterschritten werden darf.

Notabdichtung

Unter Notabdichtung versteht man eine befristete Abdichtung als vorübergehenden Schutz im Schadensfall. Notabdichtungen sind keine dauerhafte Lösung. Von ihnen kann nicht die Erfüllung der Kriterien für eine Abdichtung erwartet werden. Sie ersetzen keine Abdichtung.

Notdeckung

Unter Notdeckung versteht man eine befristete Abdeckung als vorübergehenden Schutz im Schadensfall. Notdeckungen sind keine dauerhafte Lösung. Von ihnen kann nicht die Erfüllung der Kriterien für eine Deckung erwartet werden. Sie ersetzen keine Dachdeckung.

Nutzung

Gebäudenutzung ergibt sich durch die vorhandene oder geplante Nutzung, z. B. durch Wohnen, Arbeiten oder Lagern.

Genutzte Flächen sind Bauteilflächen, die für den Aufenthalt von Personen oder für die Nutzung durch Verkehr vorgesehen sind.

Nicht genutzte Flächen sind Bauteilflächen, die nur gelegentlich betreten werden sollen, z. B. zum Zwecke der Wartung und Instandhaltung.

Pflege und Wartung

Zur Erhaltung von Dachdeckungen, Außenwandbekleidungen und Dachabdichtungen sind Pflege- und Wartungsmaßnahmen erforderlich. Die rechtzeitige Durchführung dieser Maßnahmen setzt eine regelmäßige Überprüfung voraus. Diese ist im Rahmen einer Begehung und Besichtigung durch einen Fachkundigen durchzuführen. Der Umfang der Maßnahmen ist abhängig von der Alterungsbeständigkeit der Dachdeckungen, Außenwandbekleidungen und Dachabdichtungen, die im Wesentlichen durch deren Qualität und die Art der Oberflächen bestimmt wird. Es wird empfohlen, dazu einen entsprechenden Inspektions- und/oder Wartungsvertrag abzuschließen. Die Pflege von Dachentwässerungen und Dachbegrünungen ist regelmäßig durchzuführen.

Regeldachneigung

Regeldachneigung ist die unterste Dachneigungsgrenze, bei der sich in der Praxis eine Dachdeckung als regensicher erwiesen hat.

Schalung

Schalungen sind im Gegensatz zu Lattungen flächige Bauteile, auf denen Deckungen oder Abdichtungen befestigt werden oder die als Unterlage für Unterdächer oder Unterdeckungen dienen.

Systemteil

Systemteile sind Bauteile oder Elemente, die in ihrer Formgebung, Farbe und ihren Eigenschaften auf die jeweiligen Hauptmerkmale eines Werkstoffes abgestimmt sind. Systemteile gelten als ein übergeordnetes Ganzes, bei dem Veränderungen an den Einzelbauteilen einen Eingriff in die Haftungsverhältnisse bewirken.

Traglatte

Die Traglatte ist der Teil einer Unterkonstruktion, an dem die Außenwandbekleidung befestigt oder eingehängt wird.

Trennschicht

Eine Trennschicht ist eine flächige Trennung von Werkstoffen, um Wechselwirkungen zwischen Schichten zu vermeiden.

Unterdächer, Unterdeckungen und Unterspannungen

Unterdächer, Unterdeckungen und Unterspannungen werden als zusätzliche Maßnahmen unterhalb von Dachdeckungen angeordnet, um vor eindringender Feuchtigkeit, Flugschnee und Staub zu schützen.

Unterkonstruktion

Die Unterkonstruktion besteht aus dem Tragwerk mit oder ohne Deckunterlage.

Verankerungselement

Verankerungselemente kommen insbesondere bei Außenwandbekleidungen zum Einsatz. Es sind Teile, die die Unterkonstruktion in der Wand mechanisch verankern.

Verbindungselement

Verbindungselemente kommen insbesondere bei Außenwandbekleidungen zum Einsatz. Es sind Teile, die die Unterkonstruktion untereinander mechanisch verbinden.

Vordeckung

Unter Vordeckung versteht man die Abdeckung z. B. von Holzschalung vor der Weiterarbeit, also vor dem Ausführen der eigentlichen Dachdeckung, Abdichtung oder Außenwandbekleidung. Je nach Art und Ausführung der Vordeckung kann sie auch als Behelfsdeckung dienen oder zu einem Unterdach oder einer Unterdeckung beitragen.

Wartung

Die Wartung umfasst beispielsweise folgende Aufgaben:

- Beseitigung von Verschmutzungen, Laub und unerwünschtem Pflanzenbewuchs
- Reinigung der Dachabläufe
- Ausgleichen von Kiesverwehungen
- Reinigung von Be- und Entlüftungsöffnungen

Die Häufigkeit von Wartungsmaßnahmen ist abhängig von der Dachneigung, den jeweiligen thermischen, mechanischen, chemischen, biologischen und sonstigen Umwelteinwirkungen als Beanspruchung der Dachdeckung, Außenwandbekleidung oder Dachabdichtung und der damit zusammenhängenden Alterung.

Zusammenfassung

DIN-Normen fördern Einheitlichkeit und Qualität der Produktion und tragen zur Arbeitssicherheit bei. **DIN** steht für das Deutsche Institut für Normung. Das Regelwerk des Dachdeckerhandwerks enthält neben der Grundregel noch Fachregeln, Hinweise, Merkblätter, Produktdatenblätter, Planungshilfen sowie anderweitige Richtlinien. Dachdeckungen müssen regensicher sein. Abdichtungen müssen wasserdicht sein. Dachneigungen werden in Winkelgraden oder in Prozent (Dachhöhe zu Dachtiefe) angegeben. Alle Deckwerkstoffe sind nur für bestimmte Dachneigungsbereiche geeignet.

Aufgaben

1. Welche Aufgaben haben die DIN-Normen?
2. Welche Regeln enthält das Regelwerk des Dachdeckerhandwerks?
3. Wie unterscheiden sich Dachdeckung und Dachabdichtung?
4. Wie kann die Dachneigung ermittelt werden?
5. Was versteht man unter einer Inspektion?
6. Welche Bedeutung hat die Regeldachneigung?
7. Welcher Unterschied besteht zwischen der Mindestdachneigung und der Regeldachneigung?

2 Dachformen, Dachgauben und Dachkonstruktionen

2.1 Gestaltung mit Dachformen und Dachgauben

Das Dach bzw. dessen Form sowie Ausgestaltung in Bezug auf die verwendeten Materialien und Farbgebungen gestaltet und prägt ein Gebäude (siehe Abb. 2.1-1 bis 2.1-9). Dabei sind insbesondere die Dächer mit Deckungen, also sog. Steildächer, zu nennen. Die verschiedenen Dachformen und eingebundenen Dachdetails, hier insbesondere die verschiedenen Dachgauben (siehe Abb. 2.1-10), waren und sind bis heute ein wesentliches Gestaltungselement des-Gebäudes. Ganze Straßenzüge, alte Ortskerne und Dörfer sind bei einer Ansicht von oben ihre aufgrund ihrer prägenden Dachlandschaften sofort zu erkennen, z. B. aufgrund besonderer Türme.

Neben weit verbreiteten Dachformen wie etwa Satteldach oder Walmdach gibt es auch seltenere Neben den weit verbreiteten Dachformen wie etwa Sattel- oder Walmdach gibt es weitere besondere Dachformen wie z. B. das Kuppeldach das Turmdach, das Sägedach, auch Sheddach genannt oder besondere runde Formen wie z. B. das Tonnendach. Ebenso sind auch bei den Dachgauben besondere Formen zu finden, so z. B. Fledermausgaube, Hechtgaube oder Tonnendachgaube. Auch eine Kombination aus verschiedenen Dachformen und Details ist möglich, um Dachlandschaften abwechslungsreich zu gestalten.

Einerseits beeinflusst die Dachform das Gebäude und dessen Ausgestaltung, andererseits bestimmt aber auch die Hausform die Ausgestal-

Abb. 2.1-1: Satteldach

Abb. 2.1-2: Pultdach

Abb. 2.1-3: Zusammengesetztes Pultdach

Abb. 2.1-4: Sägedach (Sheddach)

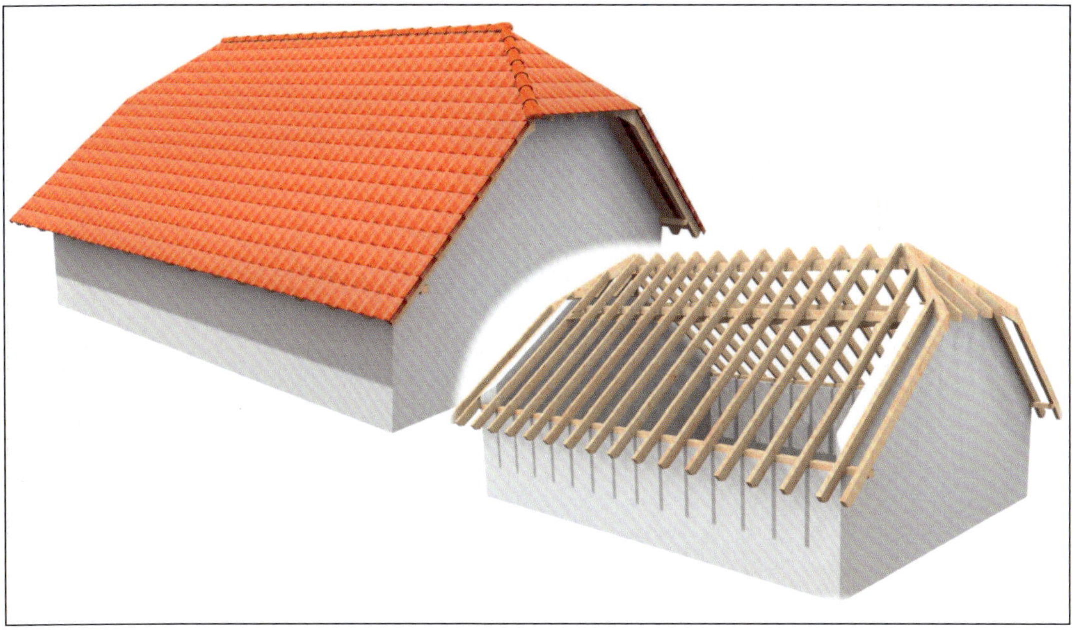

Abb. 2.1-5: Krüppelwalmdach

Abb. 2.1-6: Walmdach

Abb. 2.1-7: Zeltdach

Abb. 2.1-8: Mansarddach

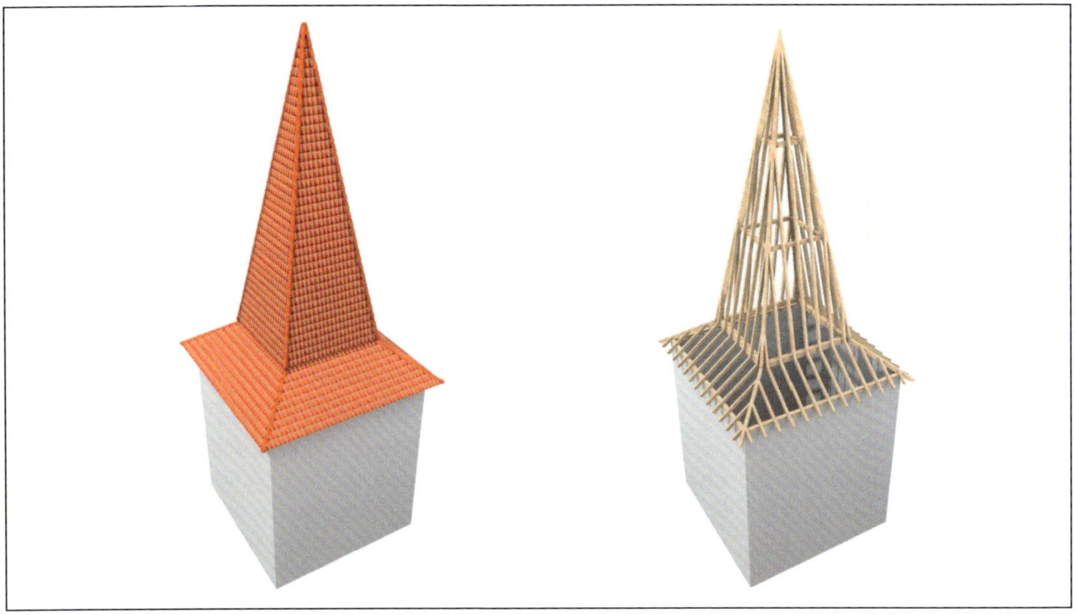

Abb. 2.1-9: Turmdach

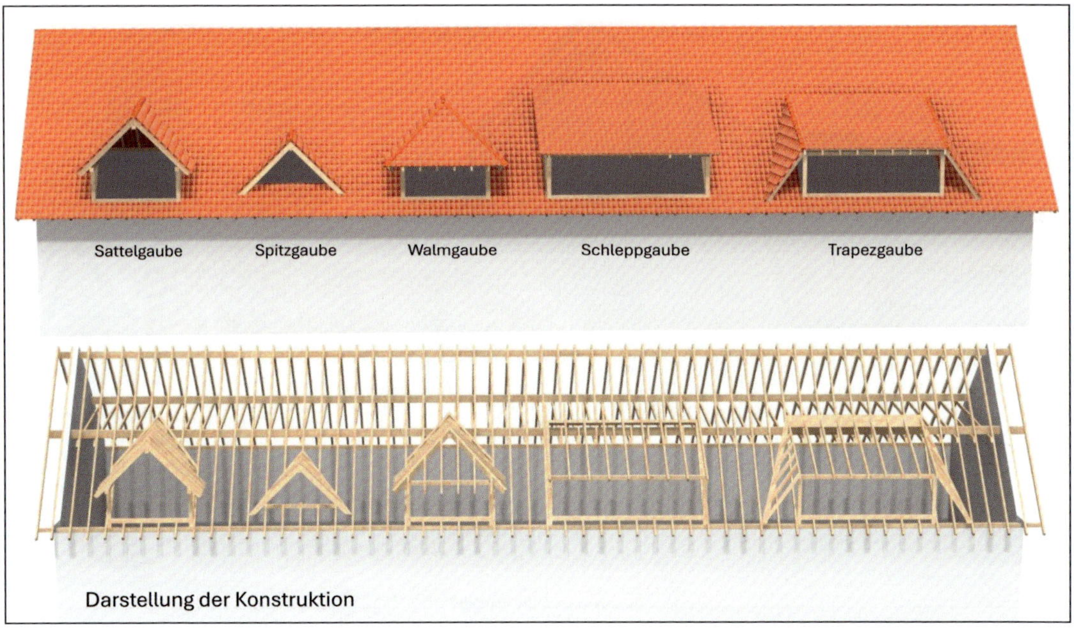

Abb. 2.1-10: Dachgauben (Beispiele)

tung des Daches. Dies hat sich erst durch Dächer mit Abdichtungen, meist Flachdächer, geändert. Bei diesen lassen sich Hausformen unabhängig vom Dach gestalten und planen. Deshalb wird diese Dachform vorwiegend im Gewerbe- und Industriebau angewendet. Dort ist die Optimierung der Grundfläche vorrangig, um das Gebäudeinnere z. B. als Lagerhalle oder Werkstätte optimal nutzen zu können, während Gestaltungsaspekte hier kaum eine Rolle spielen.

2.2 Dachfunktionen

Neben den gestalterischen Aspekten dürfen jedoch die Funktionsweisen der unterschiedlichen Dachformen nicht vernachlässigt werden. Dächer werden von Wind und Wetter am stärksten beansprucht und müssen das Innere des Gebäudes vor diesen Witterungseinflüssen schützen.

Niederschlag in Form von Regen oder Schnee muss also so schnell wie möglich vom Dach weg hin zu den Dachabläufen transportiert werden. Das ist bei einer Steildachkonstruktion schneller zu erreichen als bei einem flachen Dach. Aber auch bei einem steilen Dach kann der Niederschlagsablauf insbesondere bei zusammengesetzten Dächern (siehe Abb. 2.2-1), bei Dächern mit Dachgauben und anderen Dachdetails behindert oder verändert werden. In einer Dachkehle tritt beispielsweise mehr Wasser auf als in der Fläche. Der Ausführung der Kehle ist also besondere Aufmerksamkeit zu widmen. Gleiches gilt auch für Dachgauben, da diese gegenüber der Dachfläche immer auch mit einem Wechsel der Dachneigung verbunden sind.

Bei flachen Dächern oder Flachdächern kann das Wasser nur schlecht oder nahezu gar nicht abfließen. Aus diesem Grund müssen die Dächer mit wasserdichten Abdichtungen versehen werden, die das Eindringen von Wasser langfristig verhindern (siehe Kapitel 5.10, 5.11 und 5.12).

Für die unterschiedlichen Dachdeckungen gibt es verschiedene Mindestdachneigungen, welche vorgeschrieben sind. Hieraus kann resultieren,

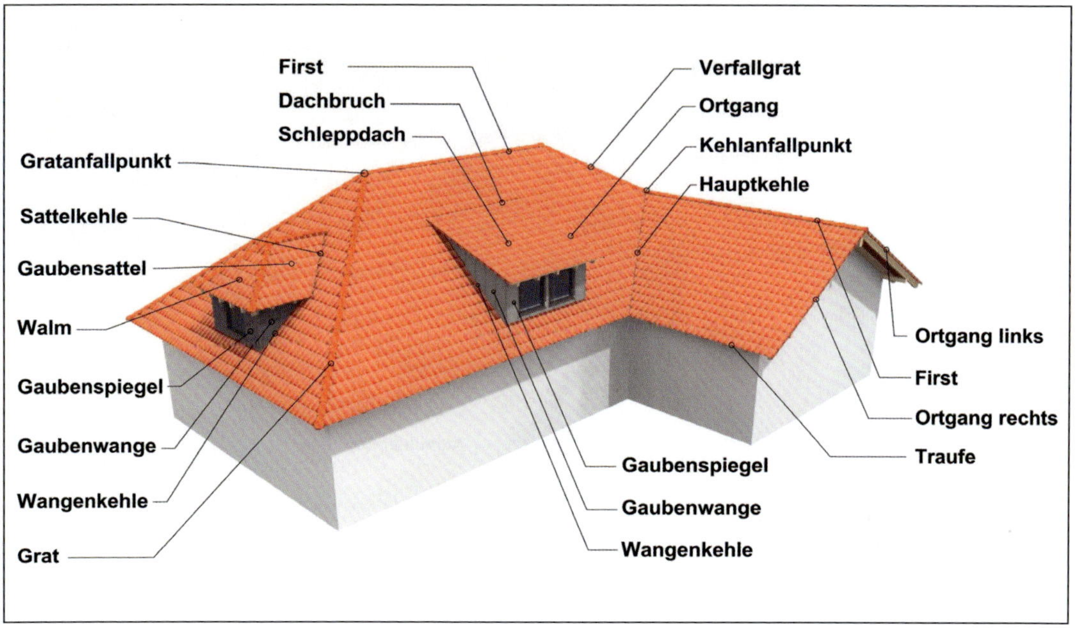

Abb. 2.2-1: Darstellung Dachdetails

dass eine Abdichtung die einzige fachgerechte Lösung ist. Jedoch können auch Steildächer abgedichtet werden. Die Ausführung einer Abdichtung beschränkt sich nicht nur auf Flachdächer.

2.3 Dachkonstruktionen

Je nach notwendiger oder gewählter Dachform und Dachdeckung ergeben sich unterschiedliche Dachkonstruktionen bzw. Konstruktionsmöglichkeiten. Der Dachstuhl kann als Sparrendach (siehe Abb. 2.3-1), als Kehlbalkendach (siehe Abb. 2.3-2) oder als Pfettendach (siehe Abb. 2.3-3) ausgeführt werden (siehe Kapitel 4). Bereits vor vielen Jahren waren einige Dächer zusätzlich dadurch beansprucht, dass der Raum unter dem Dach als Lager, Trockenraum oder sogar zu Wohnzwecken genutzt wurde.

Die Nutzung als Wohnung, als sog. ausgebautes Dachgeschoss, hat in den letzten Jahren stark zugenommen und ist heute fast bei allen Dächern mit Dachdeckungen üblich oder zumindest zu erwarten. Bei ihnen sind dann nicht nur besondere Aspekte der Regensicherheit und Wasserdichtigkeit zu beachten, sondern es müssen auch die Kriterien des Wärme- und Feuchteschutzes berücksichtigt werden.

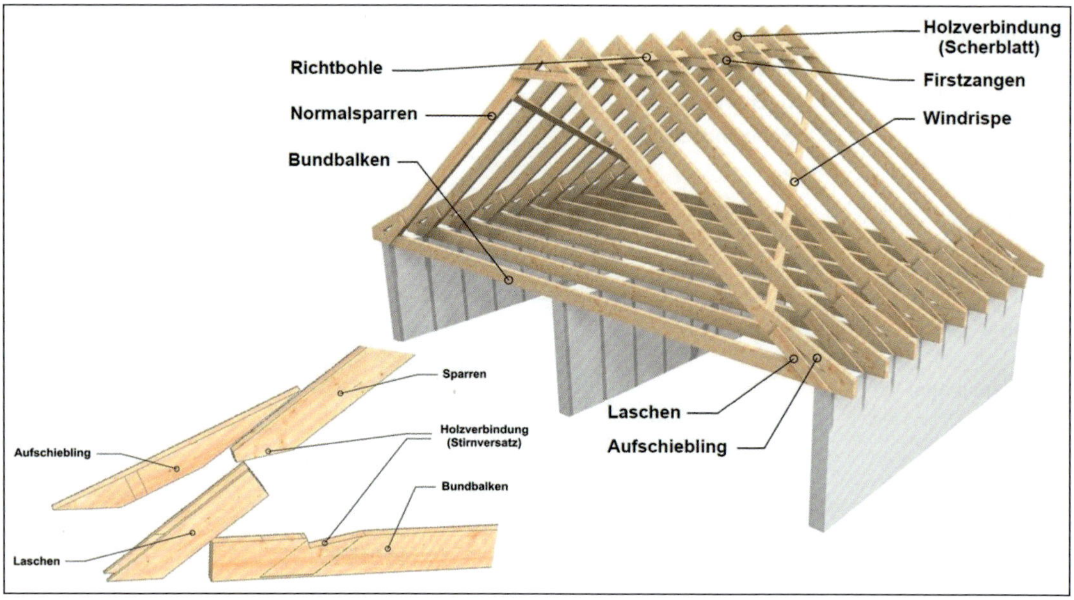

Abb. 2.3-1: Sparrendach

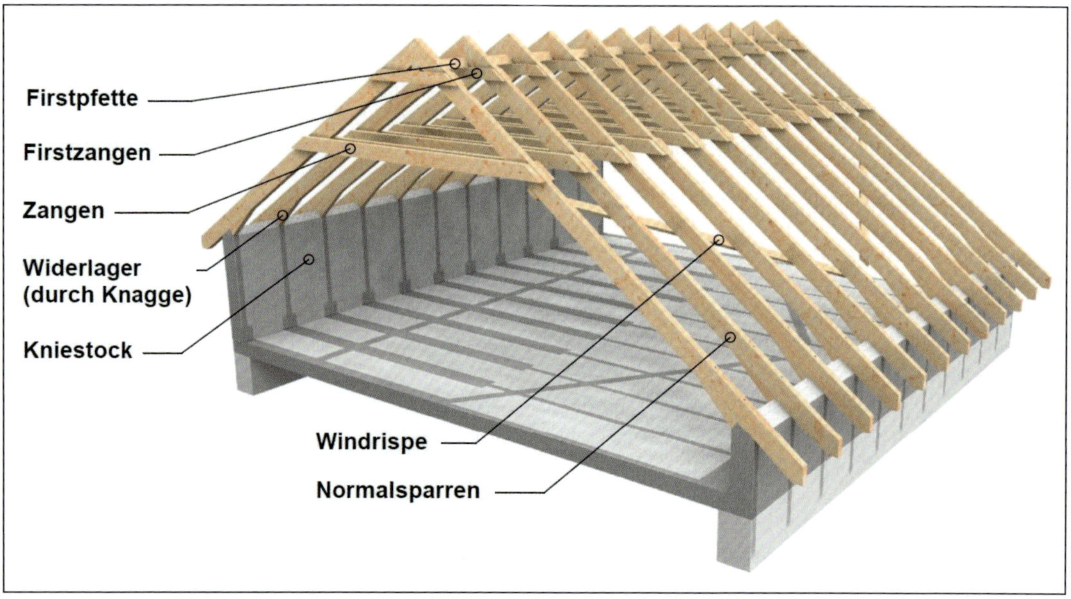

Abb. 2.3-2: Kehlbalkendach

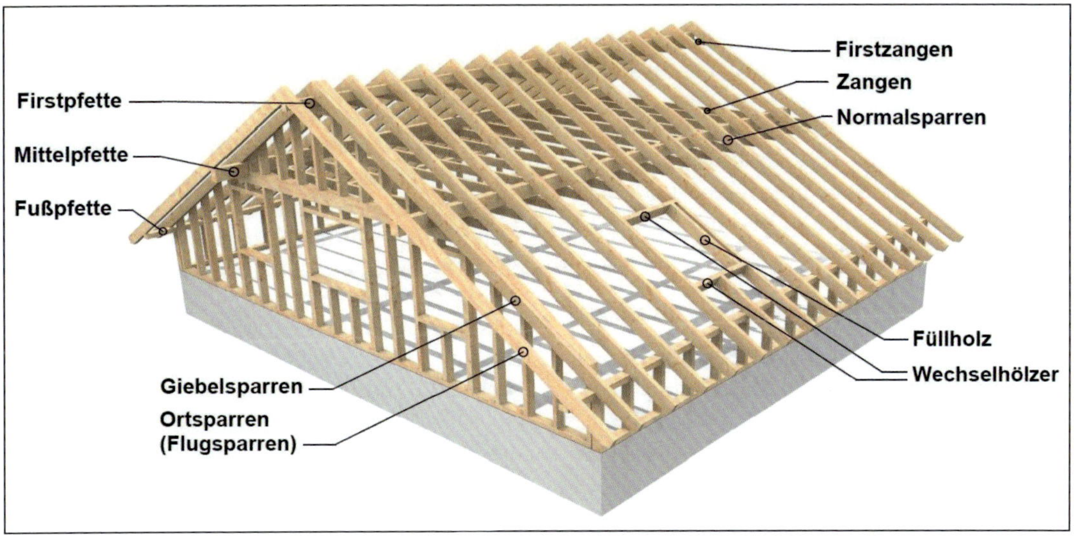

Abb. 2.3-3: Pfettendach

2.4 Ausgebaute Dachgeschosse

Kein Bewohner einer Dachgeschosswohnung wird es akzeptieren, wenn sich an der Dachschräge Feuchtigkeitsflecken zeigen. Durchfeuchtungen weisen auf einen Mangel hin. Seit Langem ist bekannt, dass sich zwischen dem wärmegedämmten ausgebauten Dach und der eigentlichen Deckung eine zusätzliche Schicht bewährt hat. Flach geneigte Dächer erfordern meist eine wasserdichte Abdichtung. Dafür liegen erprobte Produkte vor, die in Verbindung mit handwerklich richtiger Ausbildung und guter Planung bewährte Abdichtungskonstruktionen ermöglichen (siehe Kapitel 5.10, 5.11 und 5.12).

Das ausgebaute, wärmegedämmte Dachgeschoss ist heutzutage der Standard. Gerade in Zeiten von knappem Wohnraum werden, vor allem in Städten, ungenutzte Flächen zu Wohnräumen umgestaltet.

Die Dachdeckung ist regensicher. Dies bedeutet, dass sie die Aufgabe hat, auftreffendes Regenwasser möglichst schnell und sicher zu den Dachrinnen oder sonstigen Abflussmöglichkeiten zu leiten. Für jede Deckung sind in Abhängigkeit von der Art der Ausführung, der Überlappungen, der Verfalzungen oder der Überdeckungen Dachneigungen festgelegt, bei deren Einhaltung ausreichende Regensicherheit gewährleistet wird. Die untere Dachneigungsgrenze, bei der die Regensicherheit gewährleistet ist, wird im Regelwerk des Dachdeckerhandwerks Regeldachneigung genannt. Bei Einhaltung der Regeldachneigung gilt die Dachdeckung als regensicher, auch wenn der Eintrieb von Flugschnee, Treibregen oder das Eindringen von Wasser bei Rückstau oder starkem Wind nicht zu vermeiden ist.

Eine Deckung kann nicht wasserdicht sein. Für ein nicht genutztes oder nicht ausgebautes Dachgeschoss ist Regensicherheit ausreichend. Das große Luftvolumen und die Lüftung des Dachraumes bewirken, dass eingedrungene Feuchtigkeit schnell wieder austrocknet und üblicherweise nicht zum Schaden führt. Beim ausgebauten Dachgeschoss ist jedoch dieses große Luftvolumen nicht vorhanden. Eingedrungene Feuchtigkeit trifft auf direkt darunter befindliche Schichten, die entweder das Wasser aufnehmen müssen oder es zu einer Stelle leiten, an der dann die Feuchtigkeit als Wasser wieder abtropfen kann. Durch eine Dachdeckung kann das Eindringen von Feuchtigkeit nicht ausgeschlossen werden. Will man beim ausgebauten Dachgeschoss eine Feuchtebelastung auf der Innenseite der Dachkonstruktion vermeiden, müssen Zusatzmaßnahmen zur Verbesserung der Regensicherheit vorgesehen werden. Je nach Art und Ausführung ergibt sich hierdurch eine Klassifizierung. Feuchtigkeit, die eindringt, muss kontrolliert abgeführt werden. Diese muss nicht unbedingt immer über die Dachdeckung eindringen. Es kann auch Sekundärtauwasser sein, welches durch einströmende oder vorhandene Luft unter der äußersten Bauteilschicht in Verbindung mit deren Abkühlung anfällt.

2.5 Zusätzliche regensichernde Maßnahmen

Als zusätzliche regensichernde Maßnahme gelten Unterdächer, Unterdeckungen und Unterspannungen (siehe hierzu auch Tabelle 2.5-1, Seite 51/52).

Über Unterdächern, Unterdeckungen und Unterspannungen ist der Einbau von Konterlatten von mindestens 30 mm Dicke üblich und notwendig. Der dadurch sichergestellte Abstand zwischen der zusätzlichen Maßnahme und der Dachdeckung dient zur Hinterlüftung der Deckung, der sicheren Ableitung von durch die Deckung eingedrungener Feuchtigkeit und der sicheren Ableitung von abtropfendem Tauwasser von der Unterseite der Deckwerkstoffe.

Außerdem werden durch diese Abstandhalter die konstruktiven Anschlussmöglichkeiten, z. B. an der Traufe, verbessert. Der dadurch erreichte Lüftungsraum kann zum sommerlichen Wärmeschutz beitragen.

2.5.1 Unterdächer

Unterdächer werden in wasserdichte und regensichere Unterdächer unterschieden. Diese Begriffe sind historisch gewachsen und werden auch international verwendet, obwohl die Begriffe technisch nicht ganz korrekt sind. Beide Varianten stellen eine zusätzliche Maßnahme zum Schutz der Dachkonstruktion dar und kommen insbesondere bei sehr flachen Dachneigungen zum Einsatz. Bei beiden Unterdächern werden für die Herstellung Werkstoffe verwendet, die auch bei Dachabdichtungen einsetzbar sind (siehe Kapitel 5.10 und 5.11). Ein Unterdach ist demnach eine wasserdichte Schicht aus nicht diffusionsoffenen Werkstoffen, die auf Schalung oder druckfestem Dämmstoff unter der Dachdeckung angeordnet wird.

Bitumen-, Kunststoff- oder Elastomerbahnen müssen dem jeweiligen Produktdatenblatt im Regelwerk des Dachdeckerhandwerks entsprechen.

Die Nähte und Stöße müssen werkstoffgerecht wasserdicht, nach der Fachregel für Abdichtungen (Flachdachrichtlinie), abgedichtet werden. Unterdächer werden üblicherweise bei sehr flachen Dachneigungen eingesetzt, sodass die Ähnlichkeit mit einer Dachabdichtung verständlich ist. Im Gegensatz zum Flachdachbereich darf jedoch bei Unterdächern die Abdichtung mit Bitumen-Schweißbahnen auch einlagig ausgeführt werden. Unter der Berücksichtigung des Freibewitterungszeitraums dürfen auch Bitumenbahnen des Anwendungstyps DU für Unterdächer verwendet werden. Sollen jedoch Nähte und Stöße mit offener Flamme verschweißt werden, ist aus Brandschutzgründen zwischen einer brennbaren Unterlage und der eigentlichen Verschweißung eine Trennlage zu empfehlen. Ebenso sollte eine direkte Verklebung der Bitumenbahnen mit der Schalungsunterlage vermieden werden. Zwischen dem Unterdach und der eigentlichen Dachdeckung ist eine Konterlattung anzubringen. Diese Abstandkonstruktionen sollen einen schnellen Wasserablauf gewährleisten, außerdem verbessern sie die Lüftung für die Traglattung, Schalung oder die eigentliche Dachdeckung. Die Einbindung der Konterlatte ist kennzeichnend für die beiden unterschiedlichen Arten der Unterdächer. Nicht belüftete Unterdächer mit Zwischensparrendämmung in der Holzkonstruktion mit diffusionsdichter Dampfsperre und diffusionshemmender oder diffusionsdichter Abdichtung haben sich als schadensträchtig erwiesen. Aus diesem Grund ist bei solchen Dächern mit Zwischensparrendämmung eine zusätzliche Belüftungsebene mit Unterdeckung auszuführen. Die Abdichtungsbahnen sind mit mindestens korrosionsgeschützten Breitkopfstiften/-nägeln im oberen/äußeren Drittel der Höhen-/Seitenüberdeckung zu befestigen.

2.5.1.1 Wasserdichtes Unterdach

Beim wasserdichten Unterdach wird die Konterlattung von der Abdichtung überdeckt. Das Unterdach muss auf einer tragfähigen, formsta-

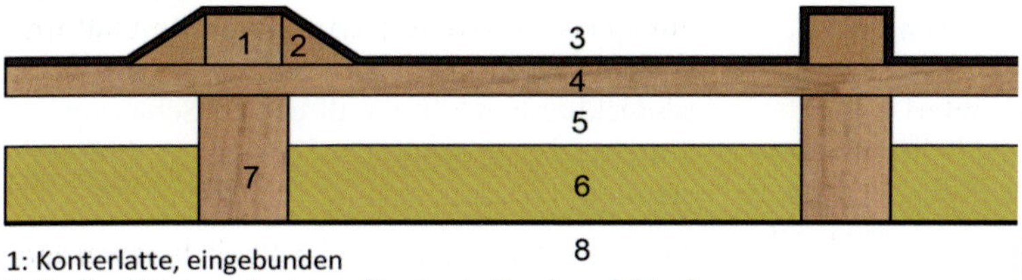

1: Konterlatte, eingebunden
2: Dreikantleisten oder trapezförmige Latten (empfohlen)
3: Abdichtung nach PDB Bitumen- oder Kunststoff- und Elastomerbahnen, Nähte verschweißt
4: Unterlage nach Tabelle 2 oder 3
5: Belüftungsebene nach Merkblatt Wärmeschutz
6: Zwischensparrendämmung
7: Sparren
8 Luftdichtheitsschicht

Abb. 2.5-1: Wasserdichtes Unterdach; Ausführung mit Belüftungsebene bei Dächern mit Zwischensparrendämmung (Klasse 1)

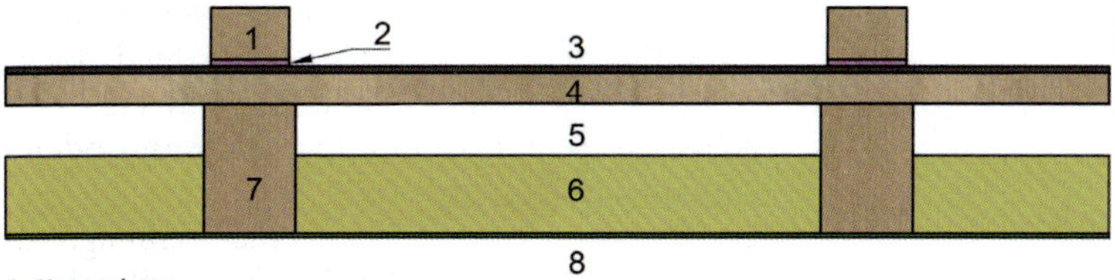

1: Konterlatte
2: Nageldichtband oder -masse
3: Abdichtung nach PDB Bitumen- oder Kunststoff- und Elastomerbahnen, Nähte verschweißt
4: Unterlage nach Tabelle 2 oder 3
5: Belüftungsebene nach Merkblatt Wärmeschutz
6: Zwischensparrendämmung
7: Sparren
8: Luftdichtheitsschicht

Abb. 2.5-2: Regensicheres Unterdach mit zusätzlicher Belüftungsebene bei Dächern mit Zwischensparrendämmung

bilen Unterlage aufliegen. Freigegeben sind hierfür eine Holzschalung oder ein druckfester Dämmstoff. Bei Verwendung von Bitumenbahnen empfiehlt es sichKonterlatten mit abgeschrägten Seiten oder Konterlatten mit zusätzlichen Dreikantleisten zu verwenden, die Abdichtungsbahnen dann darüber zu führen. Die Höhe der Konterlatte sollte mindestens 40 mm betragen. Traglattung oder Schalung müssen durch die Konterlatte hindurch genagelt bzw. befestigt werden. Diese Durchdringung der Abdichtung liegt beim wasserdichten Unterdach immer im Hochpunkt. Holz sollte nicht komplett von diffusionsdichten Bahnen umhüllt werden, da sonst eingedrungene oder eingeschlossene Feuchtigkeit nicht austrocknen und ggf. zu Schäden führen kann.

Um diesem Problem Abhilfe zu schaffen, kann unterhalb der Konterlattung das wasserdichte Unterdach ausgespart werden oder die Konterlattung mit feuchtigkeitsresistenten Materialien hergestellt werden (siehe Abb. 2.5-1). Alternativ dürfen die Holzlatten zum Zeitpunkt des Einbaus der abdeckenden Abdichtungsstreifen eine maximale Holzfeuchte von 20 % aufweisen. Dies ist durch Messung zu ermitteln und zu dokumentieren.

Das wasserdichte Unterdach darf auch als belüftete Konstruktion ausgeführt werden.

2.5.1.2 Regensicheres Unterdach

Beim regensicheren Unterdach (Klasse 2) (siehe Abb. 2.5-2) wird die Abdichtung auf die tragfähige, formstabile Unterlage aufgebracht. Die Konterlatte wird anschließend auf dieser Abdichtung befestigt, wodurch die Befestigungsmittel in die Abdichtungsebene eingreifen.

Um ein Eindringen von Feuchtigkeit aufgrund der Perforation durch Nägel oder Schrauben möglichst zuverlässig zu verhindern, ist zwischen Abdichtungsbahn und Konterlatte ein Nageldichtband oder eine Nageldichtmasse anzuordnen. Eine deutliche Abstufung der Wasserdichtheit zwischen den beiden Unterdächern ist jedoch zu erkennen. Unterdächer werden üblicherweise eingesetzt, wenn die Regeldachneigungen deutlich unterschritten werden.

Das regensichere Unterdach kann auch als belüftete Konstruktion ausgeführt werden.

2.5.2 Unterdeckungen

Unterdeckungen werden in folgende 6 Stufen untergliedert:

- nahtgefügte Unterdeckung mit eingebundener Konterlatte,
- nahtgefügte Unterdeckung mit Nageldichtband/-masse unter Konterlatte,
- verklebte Unterdeckung mit Nageldichtband/-masse unter Konterlatte,
- Unterdeckung mit Holzfaser-Unterdeckplatte,
- verklebte Unterdeckung,
- Unterdeckung.

Dabei können Unterdeckbahnen, Unterdeckplatten oder Bitumenbahnen zum Einsatz kommen.

Unterdeckplatten können sein:

- Holz-Weichfaserplatten
- Holz-Hartfaserplatten
- Faserzement-Unterdeckplatten
- andere geeignete Platten

Unterdeckbahnen können sein:

- mit Spezialbitumen imprägnierte Vliese
- imprägnierte Kraftpapiere
- Folien
- Vliese aus:
  - Polyethylen
  - Polyvinylchlorid
  - Polypropylen
  - Polyester
  - Polyacryl
  - Polyurethan
  - anderen geeigneten Bahnen

Die Bahnen können als Verstärkungen Trägereinlagen aus Kunststoffvlies, Glasvlies o. Ä. enthalten und können auch kaschiert sein. Unterdeckbahnen können direkt auf Schalung, Unterdeckplatten oder auf ausreichend formstabiler Wärmedämmung verlegt werden.

In Produktdatenblättern im Rahmen des Regelwerks des Deutschen Dachdeckerhandwerks sind Festlegungen zu den Anforderungen veröffentlicht worden. Bisherige Unterdachplatten, Schalungsbahnen, Unterspannbahnen oder ähnliche Produkte können in die Stufe der Unterdeckungen eingeordnet werden, wenn sie insbesondere Kriterien der Sicherheit gegen Wasserdurchgang erfüllen. Eine Wasserdichtigkeit wie bei Abdichtungsbahnen wird weder möglich sein noch gefordert werden. Weiterhin sind Anforderungen zu Rohdichte, Frostbeständigkeit, Wasserdampfdurchlässigkeit, Biegemoment und zum Brandverhalten festgelegt.

Die bereits bei der Beschreibung des Unterdaches geforderte Konterlattung oder die Abstandhalter werden für alle Unterdeckungen ebenfalls gefordert.

Bei später zwischen den Sparren einzubauender Wärmedämmung darf eine Bahn nicht nach außen gedrückt werden, da ansonsten die Gefahr besteht, dass eindringende Feuchtigkeit zu den Konterlatten geleitet wird. Zudem müssen Unterdeckbahnen oder Unterdeckplatten, welche direkt über der Wärmedämmung angeordnet sind, auf die Anforderungen des Schichtenaufbaus (Diffusionswiderstand) abgestimmt werden.

Unterdeckungen mit nahtgefügten Unterdeckbahnen

Diffusionsoffene Unterdeckbahnen für erweiterte Anwendungen nach Produktdatenblatt UDB-eA sind auf einer Unterlage aus Schalungsbrettern, Holzwerkstoffplatten oder druckfester Wärmedämmung ohne Kreuzstöße mit mindestens 10 cm Höhen-/Seitenüberdeckung zu verlegen. Die Nähte und T-Stöße sind wasserdicht mittels Quell- oder Warmgasschweißen zu fügen. In Abhängigkeit vom Werkstoff kann die wasserdichte Verklebung von Nähten und Stößen mit Klebstoff erfolgen, wenn die Herstellerangaben dies vorsehen. Eine Verklebung mit

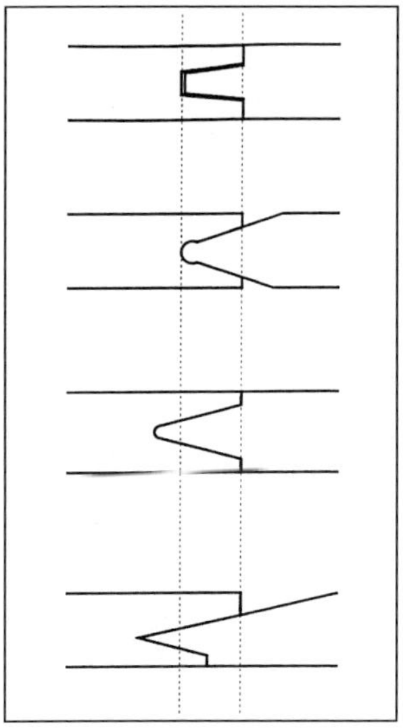

Abb. 2.5-3: Falzausführungen bei Unterdeckplatten

Klebebändern und/oder Klebe-Dichtstoffen ist nicht zulässig

Kann auch als diffusionsoffene Alternative in den Klassen 1 und 2 angewendet werden.

Unterdeckungen mit verklebten Unterdeckbahnen

In dieser Kategorie gibt es, je nach Anwendungsfall, 2 Ausführungen:

- mit Nageldichtband/-masse zwischen Sparren und Konterlatte (Klasse 3) oder
- ohne Nageldichtband/-masse zwischen Sparren und Konterlatte (Klasse 4).

Die Bahnen sind mit Höhen- und Seitenüberdeckung von jeweils ≥ 10 cm auszuführen und zu verkleben. Seitenüberdeckungen müssen unter den Konterlatten liegen. T-Stöße sind unvermeidbar. Kreuzstöße sind nicht zulässig. Die Bahnen müssen dem Produktdatenblatt für Unterdeckbahnen und Unterspannbahnen entsprechen.

Die Verbindung von Nähten und Stößen bei Unterdeckbahnen, die auf Schalung oder anderen formstabilen Untergründen verlegt werden, ist möglich. Schwierig, wenn nicht sogar unmöglich ist nach handwerklichen Kriterien eine Verbindung der Nähte und Stöße, wenn die Unterdeckbahn zunächst über den Sparren gespannt und die eigentliche formstabile Wärmedämmung erst im Nachhinein zwischen den Sparren eingebaut wird.

Bei der verklebten Unterdeckung sind die Bahnen nicht so dicht wie Abdichtungsbahnen, aber Nähte und Stöße sind geschlossen.

Verklebte Unterdeckbahnen können auch über ruhender Luft angeordnet werden. Dann dürfen wärmetechnisch sowohl die innen liegende Wärmedämmung als auch die ruhende Luft mitberücksichtigt werden. Die Bahnen müssen sicherstellen, dass keine Feuchtigkeit von unterkühlten Unterdeckbahnen abtropfen kann oder dass die Feuchtigkeitsmenge so gering ist, dass die Bedingungen der DIN 4108-3 „Wärmeschutz im Hochbau" eingehalten werden. Direkt über der Wärmedämmung oder ruhender Luft angeordnete Platten oder Bahnen müssen mit ihrem Diffusionswiderstand auf die innere Dampfsperre abgestimmt sein (siehe dazu auch Kapitel 3 sowie Abb. 2.5-4 und Abb. 2.5-5).

Unterdeckungen mit Unterdeckplatten

Auch Unterdeckplatten können als Unterdeckungen verwendet werden, sie müssen dann aberim Naht- und Stoßbereich sicher vor eindringendem Wasser sein (siehe Abb. 2.5-3). Hier ist beispielsweise eine Überklebung mit Klebebändern möglich.

Unterdeckplatten müssen dem Produktdatenblatt für Unterdeckplatten aus Holzfasern entsprechen und, falls von Herstellerseite gefordert, mit einem Dichtband zwischen Unterdeckplatte und Konterlatte eingebaut werden.

Unterdeckungen mit überlappten Unterdeckbahnen

Die Bahnen sind mit Höhen- und Seitenüberdeckungen von jeweils ≥ 10 cm auszuführen und lose zu überdecken. Seitenüberdeckungen müssen unter den Konterlatten liegen. T-Stöße sind unvermeidbar. Kreuzstöße sind nicht zulässig.

Die Bahnen müssen dem Produktdatenblatt für Unterdeckbahnen und Unterspannbahnen oder der DIN EN 13707 für Bitumenbahnen entsprechen.

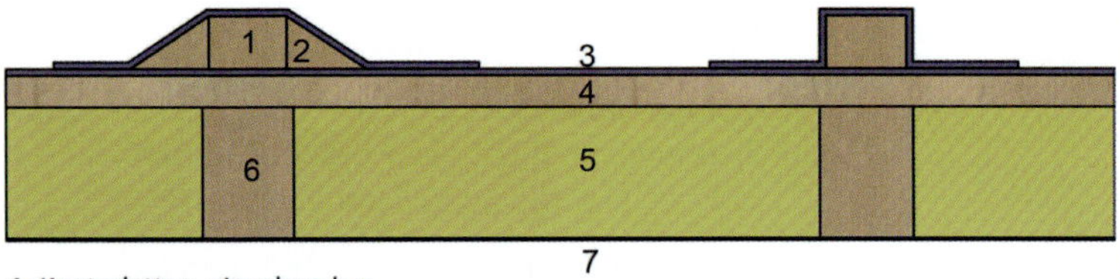

1: Konterlatten, eingebunden
2: Dreikantleisten oder trapezförmige Latten werden empfohlen.
3: Unterdeckbahn nach PDB UDB-eA, nahtgefügt.
4: Unterlage nach Tabelle 2 (nur Brettschalung)
5: Zwischensparrendämmung
6: Sparren
7: Luftdichtheitsschicht

Abb. 2.5-4: Nahtgefügte Unterdeckung mit eingebundener Konterlatte auf Schalung, Zwischensparrensparrendämmung (Klasse 1)

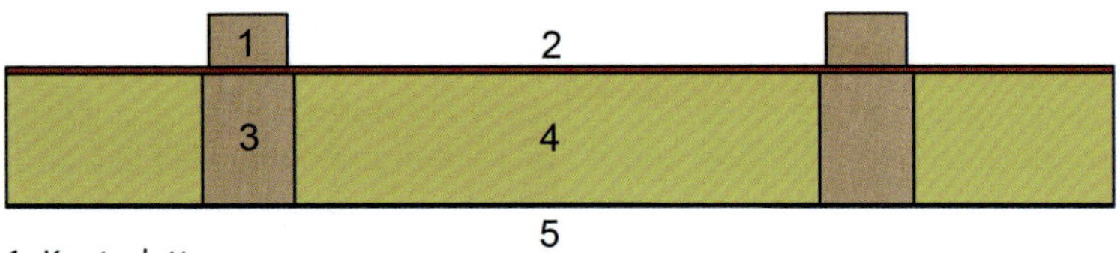

1: Konterlatte
2: Unterdeckbahn nach PDB UDB/USB, Nähte verklebt
3: Sparren
4: Zwischensparrendämmung
5: Luftdichtheitsschicht

Abb. 2.5-5: Verklebte Unterdeckung auf Vollsparrendämmung (Klasse 4)

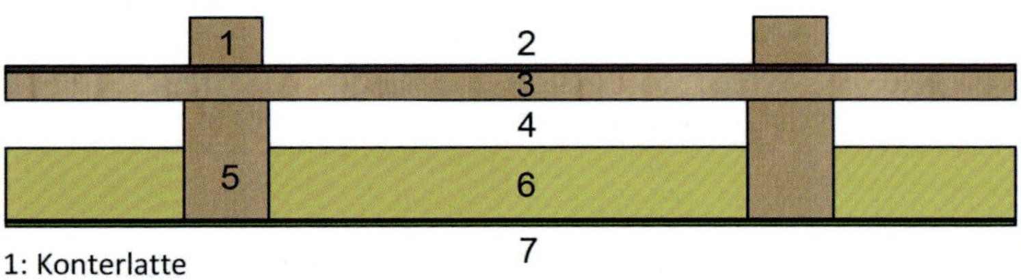

1: Konterlatte
2: Bitumenbahn nach PDB, oder V13, lose überlappt
3: Unterlage nach Tabelle 2 oder 3
4: Belüftungsebene nach Merkblatt Wärmeschutz
5: Sparren
6: Zwischensparrendämmung
7: Luftdichtheitsschicht

Abb. 2.5-6: Unterdeckung mit überdeckten Bahnen oder V 13, belüftet (Klasse 5)

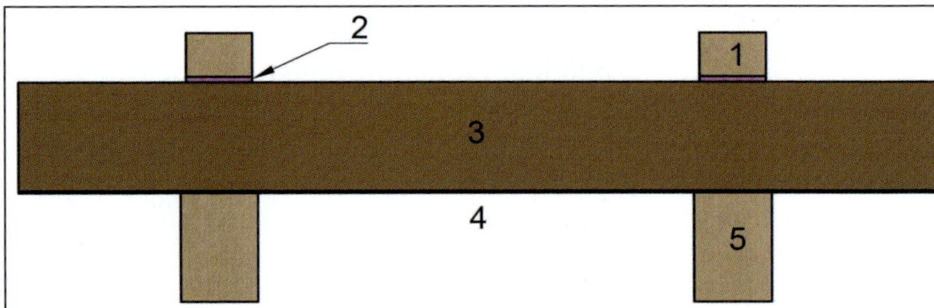

1: Konterlatte
2: Nageldichtband oder -masse, wenn vom Hersteller gefordert
3: Holzfaser-Unterdeckplatte nach PDB UDP
4: Luftdichtheitsschicht
5: Sparren

Abb. 2.5-7: Holzfaser-Unterdeckplatte (Klasse 3)

2.5.3 Unterspannungen

Kennzeichnend für die Unterspannung ist die Ausführung mit freihängenden oder freigespannten Unterspannbahnen.

Unterspannbahnen können sein:

- mit Spezialbitumen imprägnierte Vliese
- imprägnierte Kraftpapiere
- Folien
- Vliese aus:
  - Polyethylen
  - Polyvinylchlorid
  - Polypropylen
  - Polyester
  - Polyacryl
  - Polyurethan
  - anderen geeigneten Bahnen

Die Bahnen können als Verstärkungen Trägereinlagen aus Kunststoffvlies, Glasvlies o. Ä. enthalten und können auch kaschiert sein.

Unterspannbahnen werden immer über einem belüfteten Zwischenraum angeordnet. Viele Unterdeckbahnen können auch als Unterspannbahnen eingesetzt werden.

Eine Konterlattung wird auch bei Unterspannungen gefordert. Wenn sie direkt über der Wärmedämmung oder einer stehenden Luftschicht verlegt werden sollen, müssen diffusionsoffene Bahnen die Kriterien einer Unterdeckbahn erfüllen. Durch die Bahnen dürfen keine größeren Feuchtigkeitsmengen hindurchgehen, da eine sich direkt darunter befindende Wärmedämmung durchfeuchten würde. Je nach Schutzbedarf wird auch bei Unterspannungen unterhalb der Konterlattung eine Zusatzmaßnahme gegen Wassereintritt an Durchnagelungen gefordert. Unterspannungen sind nur als belüftete Konstruktion zulässig. Die Bahnen sollen ca. 5 cm vor der First-Scheitellinie enden.

2.5.4 Details

Anschlüsse, Abschlüsse und Durchdringungen müssen in der Ausführung im Hinblick auf die Regensicherheit den zusätzlichen regensicheren Maßnahmen entsprechen. Das angestrebte Ziel einer zusätzlichen Maßnahme muss sein, dass nicht nur in der Fläche die vorgesehenen Anforderungen erfüllt werden, sondern auch in allen Details und An- und Abschlüssen.

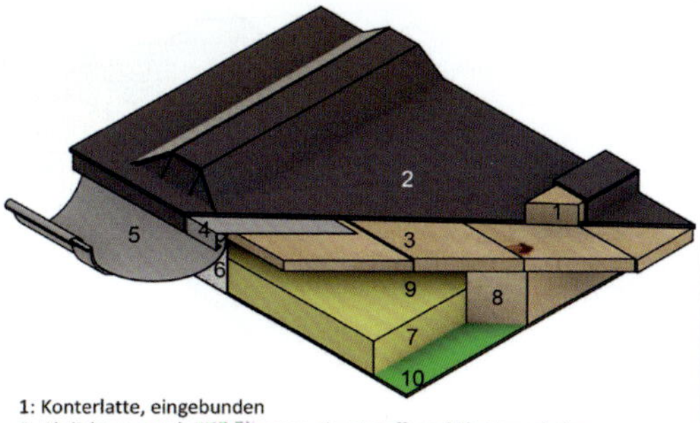

Abb. 2.5.-8: Traufe beim wasserdichten Unterdach-Entwässerung in die Rinne (Klasse 1)

Für die Ausführung von Details müssen mindestens gleichwertige Bahnen oder Bleche bzw. Formstücke verwendet werden. Die Verträglichkeit der Werkstoffe untereinander muss sichergestellt sein.

2.5.4.1 Traufe

Die Ausführung von Unterdach, Unterdeckung und Unterspannung an der Traufe erfolgt unter Berücksichtigung der Traufkonstruktion und der eventuell erforderlichen Hinterlüftung. Darüber hinaus ist die Ebene des Hauptwasserlaufs bzw. die Wasserbelastung von Unterdach oder Unterdeckung zu berücksichtigen.

Die Traufe ist mit einem Rinneneinlauf- oder Tropfblech auszuführen.

Bei Unterdächern hat die Traufausbildung mit wasserdichtem Anschluss der Abdichtung auf die Bleche zu erfolgen. Die Abdichtung ist auf das Blech zu führen und zu verkleben oder zu verschweißen. Die Bleche werden vorab in der Unterkonstruktion befestigt. Beim Traufanschluss mit Traufkeil sind Wassersackbildungen und Negativgefälle des Traufkeils zu vermeiden. Die Abbildungen 2.5-8 bis 2.5-13 zeigen verschiedene Traufausbildungen.

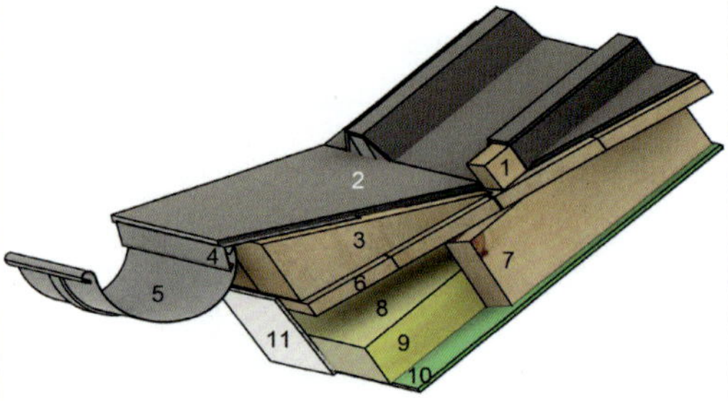

1: Konterlatte, eingebunden
2: Abdichtung nach PDB Bitumen- Kunststoff- und Elastomerbahnen, Nähte verschweißt
3:Traufkeil, ist nach Punkt 3 (5) auszuführen
4: Traufblech
5: Dachrinne
6 Unterlage nach Tabelle 2 oder 3
7: Sparren
8: Belüftungsebene nach Merkblatt Wärmeschutz
9: Zwischensparrendämmung
10: Luftdichtheitsschicht
11: Lüftungsgitter

Abb. 2.5.-9: Traufe beim wasserdichten Unterdach, Entwässerung über Traufkeil (Klasse 1)

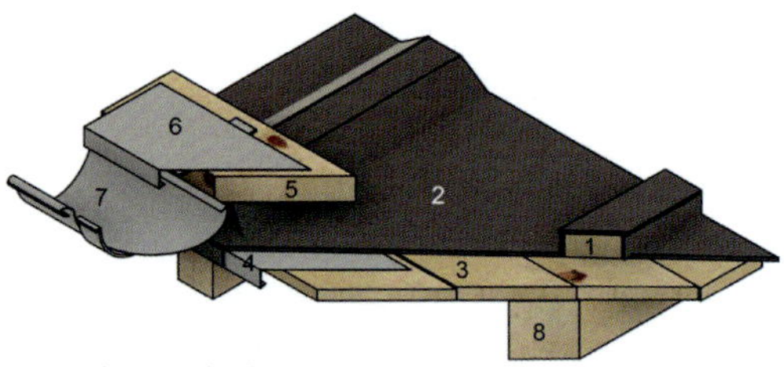

1: Konterlatte, eingebunden
2: Abdichtung nach PDB Bitumen-,oder Kunststoff- und Elastomerbahnen, Nähte verschweißt
3: Unterlage nach Tabelle 2 oder 3
4: Tropfblech
5: Traufbohle
6: Traufblech
7: Rinne
8: Sparren

Abb. 2.5.-10: Traufe beim wasserdichten Unterdach, Entwässerung mit Tropfblech (Klasse 1)

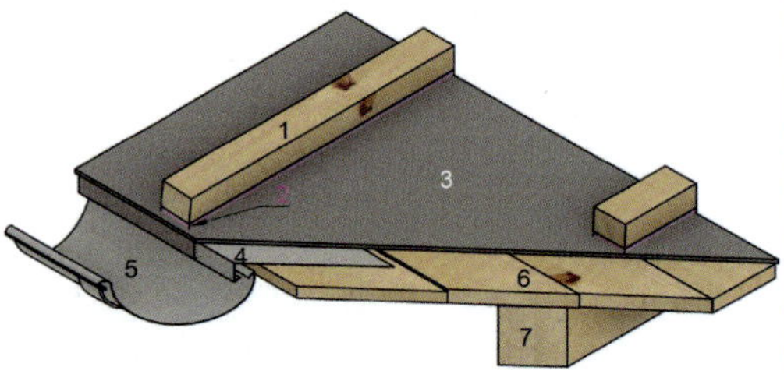

1: Konterlatten
2: Nageldichtband oder -masse
3: Abdichtung nach PDB Bitumen- oder Kunststoff- und Elastomerbahnen, Nähte verschweißt
4: Stützblech
5: Rinne
6: Unterlage nach Tabelle 2 oder 3
7: Sparren

Abb. 2.5.-11: Traufe beim regensicheren Unterdach, Entwässerung in die Rinne (tiefliegend) (Klasse 2)

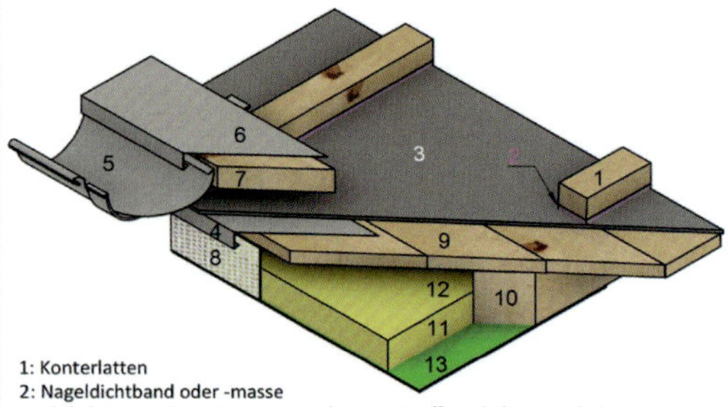

1: Konterlatten
2: Nageldichtband oder -masse
3: Abdichtung nach PDB Bitumen- oder Kunststoff- und Elastomerbahnen, Nähte verschweißt
4: Tropfblech
5: Rinne
6: Traufblech
7: Traufbohle
8: Lüftungsgitter
9: Unterlage nach Tabelle 2 oder 3
10: Sparren
11: Zwischensparrendämmung
12: Belüftungsebene nach Merkblatt Wärmeschutz
13: Luftdichtheitsschicht

Abb. 2.5.-12: Traufe beim regensicheren Unterdach, Entwässerung mit Tropfblech (Klasse 2)

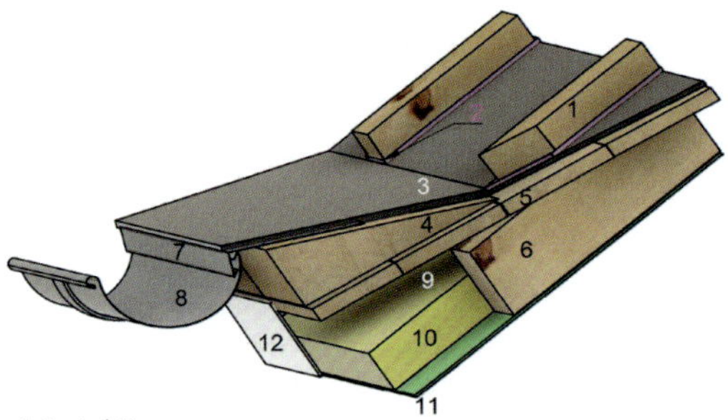

1: Konterlatten
2: Nageldichtband oder -masse.
3: Abdichtung nach PDB Bitumen- oder Kunststoff- und Elastomerbahnen, Nähte verschweißt.
4: Traufkeil, ist nach Punkt 3 (5) auszuführen.
5: Unterlage nach Tabelle 2 oder 3
6: Sparren
7: Traufblech
8: Rinne
9: Belüftungsebene nach Merkblatt Wärmeschutz
10: Zwischensparrendämmung
11: Luftdichtheitsschicht
12: Lüftungsgitter

Abb. 2.5.-13: Traufe beim regensicheren Unterdach, Entwässerung über Traufkeil (Klasse 2)

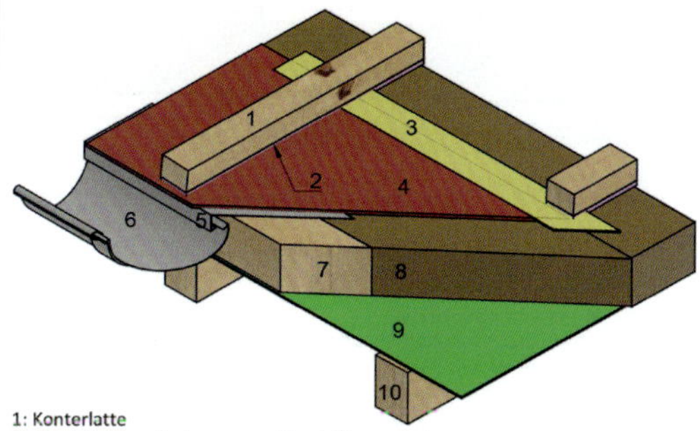

1: Konterlatte
2: Nageldichtband oder -masse (Herstellerangabe)
3: Klebeband nach Punkt 6 (1)
4: Unterdeckbahn nach PDB UDB/USB, Nähte verklebt
5: Traufe
6: Rinne
7: Traufbohle/Schubholz
8: Unterdeckplatte nach PDB UDP
9: Luftdichtheitsschicht
10: Sparren

Abb. 2.5.-14: Traufe Holzfaser-Unterdeckplatte mit Rinneneinlauf (Klasse 3)

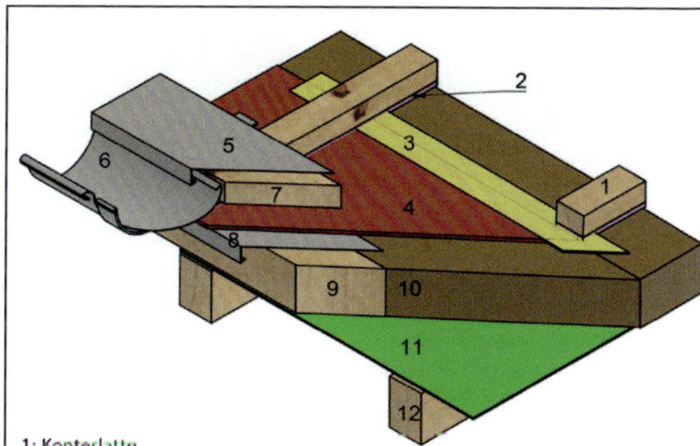

1: Konterlatte
2: Nageldichtband oder -masse (Herstellerangabe)
3: Klebeband nach Punkt 6 (1)
4: Unterdeckbahn nach PDB UDB/USB, Nähte verklebt
5: Traufe
6: Rinne
7: Traufbohle
8: Tropfblech
9: Schubholz
10: Unterdeckplatte nach PDB UDP
11: Luftdichtheitsschicht
12: Sparren

Abb. 2.5.-15: Traufe Holzfaser-Unterdeckplatte mit Tropfblech (Klasse 3)

Bei Unterdeckungen mit Holzfaser-Unterdeckplatten ist an der Traufe ein Rinneneinlauf- oder Tropfblech erforderlich. Der Anschluss der Platte an das Traufblech muss wasserdicht ausgeführt werden. Es wird hierzu mit geeigneten Klebe- oder Dichtungsbändern gearbeitet, in der Regel in Verbindung mit einer Unterdeckbahn. Die Abbildungen 2.5-14 und 2.5-15 zeigen 2 mögliche Ausbildungen der Traufe.

Bei nahtgefügten oder verklebten Unterdeckungen mit Unterdeckbahnen müssen Rinneneinlauf- oder Tropfbleche verwendet werden. Die Bleche liegen unter den Bahnen. Der Anschluss der Bahnen an die Bleche muss wasserdicht erfolgen. Dazu sind entweder Verklebungen oder wasserdichte Anschlüsse wie in der Fläche vorzusehen.

Bei überlappten Unterdeckungen mit Unterdeckbahnen und Bitumenbahnen ist die Verwendung eines Rinneneinlauf- oder Tropfblechs erforderlich. Die Bahnen liegen über dem Blech und müssen nicht verklebt werden.

Bei Unterspannungen sind die Unterspannbahnen an der Traufe auf ein Rinneneinlauf- oder Tropfblech zu führen und zu verkleben. Bei frei hängenden Unterspannbahnen ist darauf zu achten, dass sich im Traufbereich keine Wassersäcke bilden. Dafür sind eventuell Keilbohlen oder andere Maßnahmen zusätzlich notwendig.

2.5.4.2 Ortgang

Unter Dachdeckungen, die über die Außenwand > 15 cm hinausragen, bzw. bei Dächern mit außen liegendem Sparren können Unterdach, Unterdeckung und Unterspannung bis zur letzten Auflagermöglichkeit geführt werden. Bei Unterspannungen ist die letzte Auflagermöglichkeit der äußerste Sparren. Schalungen und Unterdeckplatten können den letzten Sparren geringfügig überkragen, wenn eine ausreichende Tragfähigkeit gewährleistet ist. Bei Unterdächern bzw. Unterdeckungen auf Schalung ist eine von unten frei sichtbare Ausbildung des Ortes möglich. Die Nagelspitzen der Befestigungen bleiben dabei von unten sichtbar. Um dies zu vermeiden, ist die Schalungsdicke ggf. mit tiefer liegendem äußerem Sparren zu erhöhen. Ansonsten ist die Ortkonstruktion von unten zu bekleiden.

Bei Dächern mit geringem Ortüberstand sind Unterdach, Unterdeckung oder Unterspannung so weit wie möglich nach außen und auf eine ausreichend tragfähige Auflage zu führen.

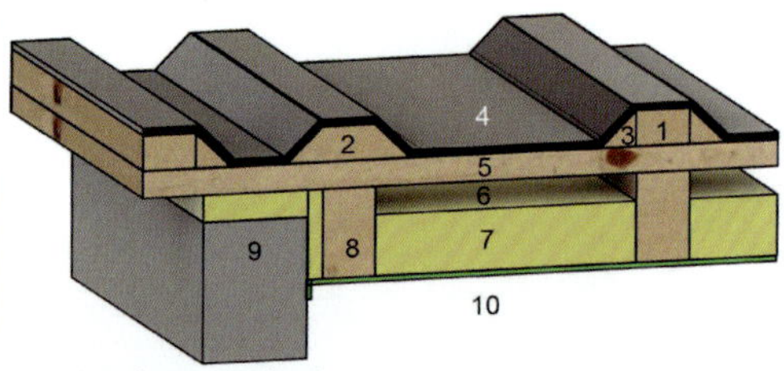

Abb. 2.5.-16: Ortgang beim wasserdichten Unterdach (Klasse 1)

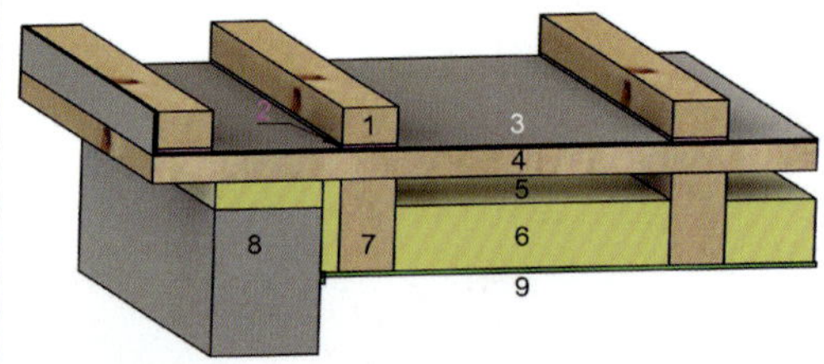

Abb. 2.5.-17: Ortgang beim regensicheren Unterdach (Klasse 2)

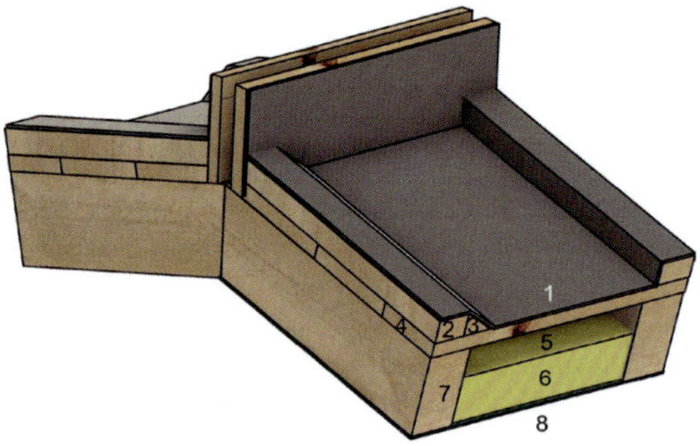

Abb. 2.5.-18: First beim wasserdichten Unterdach mit Zwischensparrendämmung (Klasse 1)

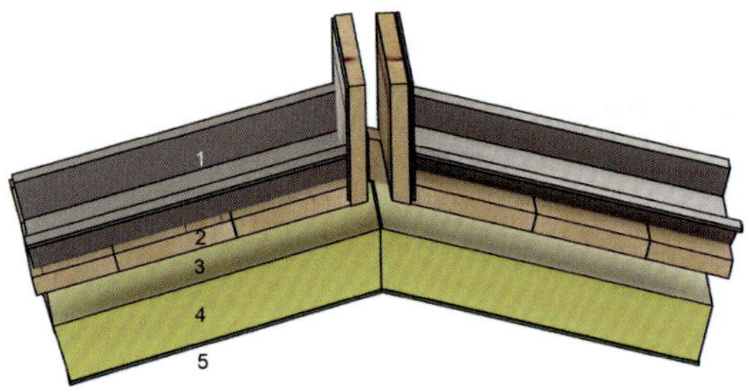

Abb. 2.5.-19: First beim wasserdichten Unterdach mit Zwischensparrendämmung, Querschnitt (Klasse 1)

Das wasserdichte Unterdach endet am Ortgang wasserdicht auf der letzten Konterlatte (siehe Abb. 2.5-16).

Bei regensicheren Unterdächern und Unterdeckungen mit Bahnen sollte am Ortgang die Bahn auf die letzte Konterlatte geführt werden (siehe Abb. 2.5-17).

2.5.4.3 First und Grat

Bei Unterdächern und Unterdeckungen ohne Unterlüftung werden auch First und Grat nicht be- oder entlüftet. Die Werkstoffe werden entweder über First und Grat hinweggeführt oder auf der First-Scheitellinie gestoßen und entsprechend der Nahtverbindung in der Fläche abgedeckt.

An der Traufe sind Zuluftöffnungen für die Konterlattenebenen erforderlich, Abluftöffnungen sind am First, Grat oder Pultabschluss anzuordnen. Die Abluftöffnungen sind so auszubilden, dass der Eintrag von Treibregen und Schnee minimiert wird und die Wärmedämmung geschützt ist (siehe Abb. 2.5-18 bis 2.5-21).

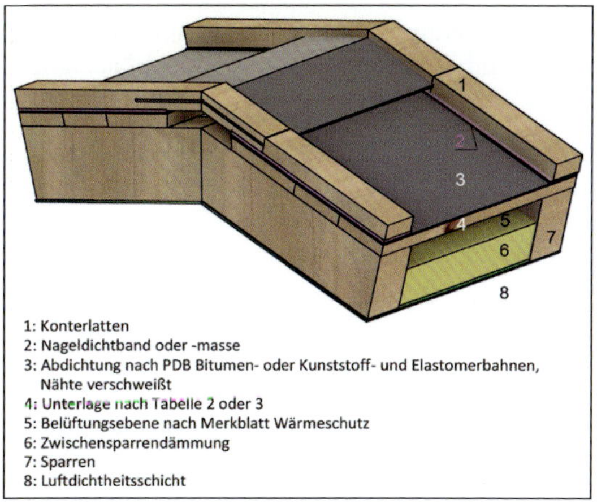

Abb. 2.5.-20: First beim regensicheren Unterdach mit Zwischensparrendämmung (Klasse 2)

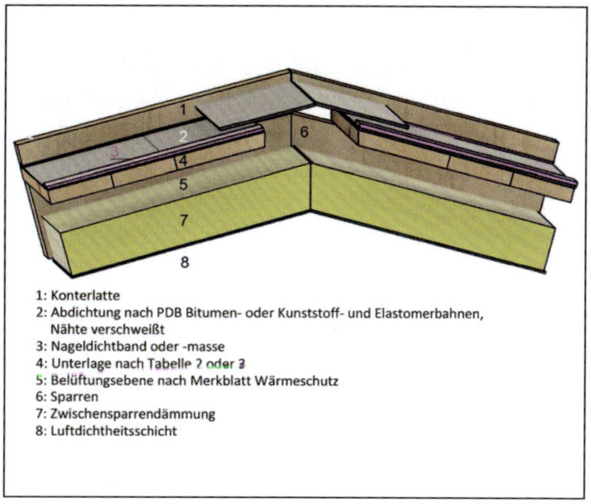

Abb. 2.5.-21: First beim regensicheren Unterdach mit Zwischensparrendämmung, Querschnitt (Klasse 2)

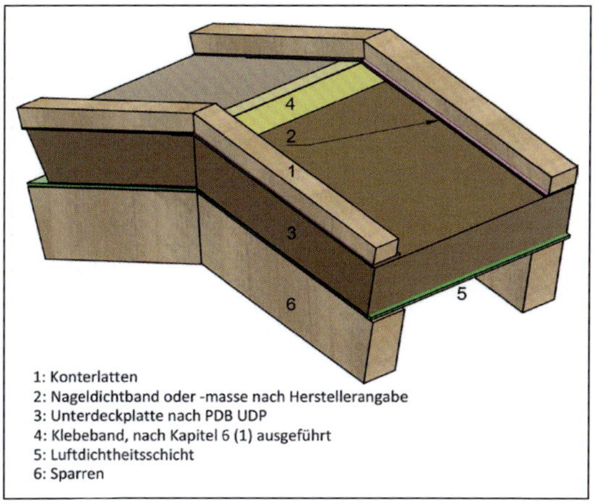

Abb. 2.5.-22: First Holzfaser-Unterdeckplatte, unbelüftet (Klasse 3)

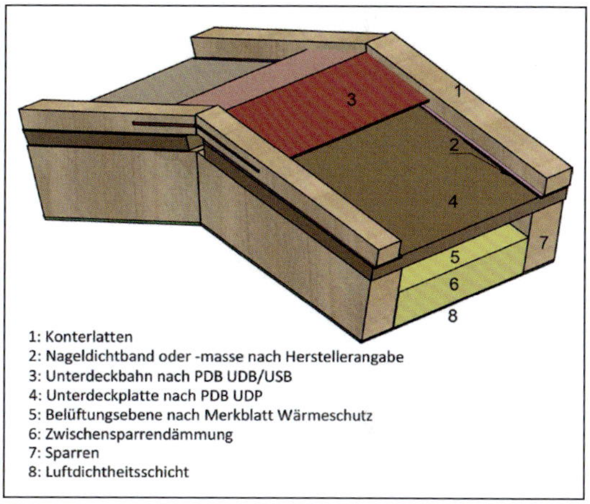

Abb. 2.5.-23: First Holzfaser-Unterdeckplatte, belüftet (Klasse 3)

Bei Unterdeckungen mit Holzfaser-Unterdeckplatten kann der First als belüftete und unbelüftete Konstruktion ausgeführt werden siehe Abb. 2.5-22 und 2.5.23).

2.5.4.4 Kehlen

Bei belüfteten Konstruktionen muss im Kehlbereich eine Lüftung sichergestellt werden. Da bei Kehlen der größte Wasseranfall auftritt und außerdem eine Rückstaugefahr besteht, kann bei belüfteten Systemen das Eintreten von Wasser nicht sicher ausgeschlossen werden.

Bei Dächern mit Kehlen werden nicht belüftete Unterdächer oder Unterdeckungen empfohlen.

Bei nicht belüfteten Systemen werden die Werkstoffe durch die Kehle hindurchgeführt oder in Kehlmitte gestoßen. Die Nahtverbindung erfolgt analog zu derjenigen in der Fläche. Eine höherwertige Ausführung der Zusatzmaßnahme kann die Folge durch höhere Anforderungen im Kehlbereich sein.

2.5.4.5 Anschlüsse und Durchdringungen

Details sind mit dem Material der Fläche oder mit Zubehörmaterial auszuführen. Wenn Unterdeck- und Unterspannbahnen bei An- und Abschlüssen sowie Durchdringungen der Beanspruchung durch UV-Strahlung ausgesetzt sind, muss dieser Anwendungsfall vom Hersteller freigegeben sein.

Zubehörmaterial muss für den jeweiligen Anwendungsfall geeignet sein, insbesondere hinsichtlich der dauerhaften Materialverträglichkeit und der Verarbeitung auf der Baustelle. Die Bedingungen für die Verwendung sind durch den Hersteller zu benennen.

Insbesondere bei Klebebändern, Klebemassen, Nageldichtbändern und Nageldichtmassen ist die Verträglichkeit und die dichtende Funktion von Bedeutung. Die Freigaben von Herstellern sind zu berücksichtigen.

Anschlüsse und Durchdringungen sind in Abhängigkeit der Anforderungen regensicher oder wasserdicht auszuführen.

Montageschäume sind zur Herstellung von Anschlüssen bei Zusatzmaßnahmen nicht geeignet.

Bei Unterdächern sind Durchdringungen, Einbauteile und Anschlüsse entsprechend der Fachregel für Abdichtungen auszuführen. Die Anschlusshöhe kann jedoch auf 5 cm über Oberfläche der Dachdeckung reduziert werden.

Bei Durchdringungen in der Dachfläche und bei Kehlen ist die Luftströmung der unteren Belüftungsebene sicherzustellen.

Bei Unterdeckungen und Unterspannungen sind Anschlüsse und Durchdringungen mit dem Bahnenmaterial oder Systemzubehör mit der Fügetechnik für die Nahtverbindung auszuführen. Die Anschlusshöhe an aufgehende Bauteile beträgt ≥ 5 cm über Oberfläche der Dachdeckung.

Bei firstseitigen Anschlüssen muss sichergestellt werden, dass ablaufendes Wasser am aufgehenden Bauteil vorbei in das nächste Sparrenfeld geleitet wird.

Tabelle 2.5-1: Regensichernde Maßnahmen

Ziffer	Art	Ausführung	Konterlatten-einbindung	Naht- und Stoß-ausbildung	Klasse
1	**Unterdach**				
1.1	wasserdichtes Unterdach	Abdichtung auf Schalung oder druckfestem Dämmstoff	über Konterlatte	nach Fachregel für Abdichtungen – Flachdachrichtlinie – auszuführen	1
1.2	regensicheres Unterdach	wie 1.1	unter Konterlatte mit Nageldichtband bzw. Nageldichtmasse	nach Fachregel für Abdichtungen – Flachdachrichtlinie – auszuführen	2
2	**Unterdeckung**				
2.1	nahtgefügte Unterdeckung mit eingebundener Konterlatte	Die Unterdeckbahnen sind auf einer Unterlage aus Schalungsbrettern, Holzwerkstoffplatten oder druckfester Wärmedämmung ohne Kreuzstöße zu verlegen. Bahnen nach PDB UDB-eA	über Konterlatte	Die Nähte und T-Stöße sind wasserdicht mittels Quell- oder Warmgasschweißen zu fügen. Mindestens 10 cm Höhen-/Seitenüberdeckung. Kann mit Klebstoff erfolgen, wenn der Bahnen-Hersteller die Freigabe erteilt. Klebebänder und/oder Klebe-Dichtstoffe sind nicht zulässig.	1
2.2	nahtgefügte Unterdeckung mit Nageldichtband	Die Unterdeckbahnen sind auf einer Unterlage aus Schalungsbrettern, Holzwerkstoffplatten oder druckfester Wärmedämmung ohne Kreuzstöße zu verlegen. Bahnen nach PDB UDB-eA	unter Konterlatte, zwischen Konterlatte und Unterdeckbahn sind Nageldichtbänder/-massen einzubauen	Die Nähte und T-Stöße sind wasserdicht mittels Quell- oder Warmgasschweißen zu fügen. Mindestens 10 cm Höhen-/Seitenüberdeckung. Kann mit Klebstoff erfolgen, wenn der Bahnen-Hersteller die Freigabe erteilt. Klebebänder und/oder Klebe-Dichtstoffe sind nicht zulässig.	2
2.3	Unterdeckungen mit verklebten Unterdeckbahnen	Unterdeckbahnen nach PDB, UDB/USB	unter Konterlatte, zwischen Konterlatte und Unterdeckbahn sind Nageldichtbänder/-massen einzubauen	Höhen- und Seitenüberdeckung von jeweils ≥ 10 cm, Seitenüberdeckungen müssen unter den Konterlatten liegen und sind zu verkleben. T-Stöße sind unvermeidbar. Kreuzstöße sind nicht zulässig.	3
2.4	Unterdeckungen mit Holzfaser-Unterdeckplatten	Unterdeckbahnen nach PDB, UDP	unter Konterlatte, mit Dichtband wenn gefordert	verfalzt, Klebebänder ggf. erforderlich	3

Tabelle 2.5-1: *(Fortsetzung)*

Ziffer	Art	Ausführung	Konterlatten-einbindung	Naht- und Stoß-ausbildung	Klasse
2.5	Unterdeckungen mit verklebten Unterdeckbahnen	Unterdeckbahnen nach PDB, UDB/USB	unter Konterlatte	Höhen- und Seitenüberdeckung von jeweils ≥ 10 cm, Seitenüberdeckungen müssen unter den Konterlatten liegen und sind zu verkleben. T-Stöße sind unvermeidbar. Kreuzstöße sind nicht zulässig.	4
2.6	Unterdeckungen mit überlappten Bahnen	Unterdeckbahnen nach PDB, UDB/USB, Bitumenbahnen nach DIN EN 13707	unter Konterlatte	Höhen- und Seitenüberdeckung von jeweils ≥ 10 cm, Seitenüberdeckungen müssen unter den Konterlatten liegen. T-Stöße sind unvermeidbar. Kreuzstöße sind nicht zulässig.	5
3	**Unterspannung**				
3.1	Unterspannungen mit verklebten Unterspannbahnen	Unterspannbahnen nach PDB, UDB/USB	unter Konterlatte, zwischen Konterlatte und Unterdeckbahn sind Nageldichtbänder/-massen einzubauen	Höhen- und Seitenüberdeckung von jeweils ≥ 10 cm, Seitenüberdeckungen müssen unter den Konterlatten liegen und sind zu verkleben. T-Stöße sind unvermeidbar. Kreuzstöße sind nicht zulässig.	3
3.2	Unterspannungen mit verklebten Unterspannbahnen	Unterspannbahnen nach PDB, UDB/USB	unter Konterlatte	Höhen- und Seitenüberdeckung von jeweils ≥ 10 cm, Seitenüberdeckungen müssen unter den Konterlatten liegen und sind zu verkleben. T-Stöße sind unvermeidbar. Kreuzstöße sind nicht zulässig.	4
3.3	Unterspannung	Unterspannbahnen nach PDB, UDB/USB	unter Konterlatte	Höhen- und Seitenüberdeckung von jeweils ≥ 10 cm, Seitenüberdeckungen, lose überlappt, müssen unter den Konterlatten liegen. T-Stöße sind unvermeidbar. Kreuzstöße sind nicht zulässig.	5

Zusammenfassung

Bei ausgebauten Dachgeschossen ist unter Dachdeckungen der Einbau von zusätzlichen regensichernden Maßnahmen vorzusehen.

Zusätzliche regensichernde Maßnahmen sind:

- Unterdach
- Unterdeckung
- Unterspannung

Über allen zusätzlichen regensichernden Maßnahmen ist der Einbau einer Konterlattung erforderlich.

Anschlüsse, Abschlüsse und Durchdringungen müssen in ihrer Ausbildung der Regensicherheit der zusätzlichen Maßnahme entsprechen.

Aufgaben

1. Nennen und skizzieren Sie 5 Dachformen!
2. Nennen und skizzieren Sie 3 unterschiedliche Dachgauben!
3. Skizzieren Sie zusammengesetzte Dächer, und bezeichnen Sie die Dachteile!
4. Warum sind bei ausgebauten Dachgeschossen unter Dachdeckungen zusätzliche regensichernde Maßnahmen vorzusehen?
5. Welche Arten der zusätzlichen regensichernden Maßnahmen lassen sich unterscheiden?
6. Wodurch unterscheiden sich wasserdichtes und regensicheres Unterdach?
7. Aus welchen Bahnen können hergestellt werden
   - Unterspannung
   - wasserdichtes Unterdach
   - regensicheres Unterdach
   - verklebte Unterdeckung
   - überlappte Unterdeckung mit Bitumenbahnen?
8. Wodurch unterscheiden sich Unterdeckbahnen von Unterspannbahnen?
9. Skizzieren Sie die unterschiedlichen zusätzlichen regensichernden Maßnahmen (Querschnitt).
10. Zeichnen Sie eine belüftete Firstkonstruktion beim regensicheren Unterdach.
11. Zeichnen Sie eine
    - Traufkonstruktion bei wasserdichtem Unterdach mit verklebter Unterdeckung,
    - Ortgangkonstruktion bei wasserdichtem Unterdach mitverklebter Unterdeckung,
    - Wandanschlusskonstruktion bei
      - wasserdichtem Unterdach
      - regensicherem Unterdach
      - verklebter Unterdeckung,
    - Kehlkonstruktion bei
      - wasserdichtem Unterdach,
      - verklebter Unterdeckung.

3 Bauphysikalische Grundlagen

Die Bauphysik befasst sich mit den physikalischen Reaktionen von Gebäuden, Gebäudeteilen und Baustoffen auf die Einflüsse von Wärme, Feuchte, Schall, Brand, Licht und Klima.

Für das Dachdeckerhandwerk sind vor allem die 4 Themen Wärmeschutz, Feuchteschutz, Schallschutz und Brandschutz von Bedeutung, die in diesem Kapitel ausführlicher behandelt werden.

Zudem wird in diesem Kapitel auf die Grundlagen der Statik eingegangen.

3.1 Grundelemente der Wärmelehre

Wärme ist eine Energieform und sie entsteht durch das Schwingen von Atomen bzw. Molekülen. Bei Stoffen bzw. Materialien mit hoher Temperatur schwingen die Atome bzw. Moleküle stärker als bei Stoffen bzw. Materialien mit niedrigerer Temperatur. Wird ein Stoff bzw. Material erwärmt, erhöht sich die Bewegungsenergie seiner Teilchen.

Der Wärmeschutz hat bei Gebäuden, die zum Aufenthalt von Menschen dienen, Bedeutung für die Gesundheit und das Wohlbefinden der Bewohner und die Bewirtschaftungs- und Herstellungskosten der Gebäude. Im Zuge des Klimawandels hat auch der CO_2-Ausstoß der Gebäude bei der Konditionierung (Heizen, Kühlen, Lüften) eine besondere Bedeutung. Bei Vermietung oder Verkauf einer Wohnung oder eines Hauses muss ein Energieausweis vorgelegt werden, aus dem die energetische Qualität eines Gebäudes hervorgeht.

Im Bereich der Lebenszyklusanalyse werden für Gebäude die Schadstoffabgaben von der Gewinnung der Rohstoffe über die Erbauung und Nutzung bis hin zum Abbruch und dem Wiederverwenden der Rohstoffe bilanziert.

Allgemein versteht man unter Wärmeschutz alle Maßnahmen zur Verringerung des Wärmetransports zwischen dem Gebäudeinneren und der Außenumgebung und zwischen Räumen im Gebäudeinneren mit verschiedenen Temperaturen.

In der praktischen Anwendung müssen dabei u. a. die Anforderungen der Normenreihe DIN 4108 und des Gebäudeenergiegesetzes berücksichtigt werden.

Hinweis

Je besser der Wärmeschutz, desto weniger muss fehlende Wärme durch die Heizung ergänzt werden.

→ Weniger Heizkosten, weniger CO_2-Ausstoß

3.1.1 Wärmetransport

Der Transport von Wärme kann auf 3 unterschiedliche Arten erfolgen:

- Wärmestrahlung
- Wärmeströmung/Wärmekonvektion
- Wärmeleitung

Der Transport von Wärme erfolgt immer dann, wenn zwischen 2 Räumen oder einem Raum und seiner Umgebung eine Differenz der Wärmegehalte (d. h. ein Temperaturunterschied) besteht.

3.1.1.1 Wärmestrahlung

Unter Wärmestrahlung versteht man den Transport von Wärme von einem Körper auf einen anderen durch elektromagnetische Strahlen. Ein Medium ist zum Transport der Wärme nicht notwendig, daher kann sich Wärmestrahlung auch im luftleeren Raum ausbreiten, wie beispielsweise Sonnenstrahlen durch das Weltall. Die Wärme wird erst beim Auftreffen auf einen Körper abgegeben (siehe Abb. 3.1-1). In Gebäuden strahlen die Heizkörper Wärme ab und erwärmen so die Räume. Auch ein Toaster röstet das Brot, indem er Wärme abstrahlt.

Die Wärmestrahlung kann durch strahlenundurchlässige Stoffe unterbrochen werden. In der Praxis unterbrechen strahlenundurchlässige

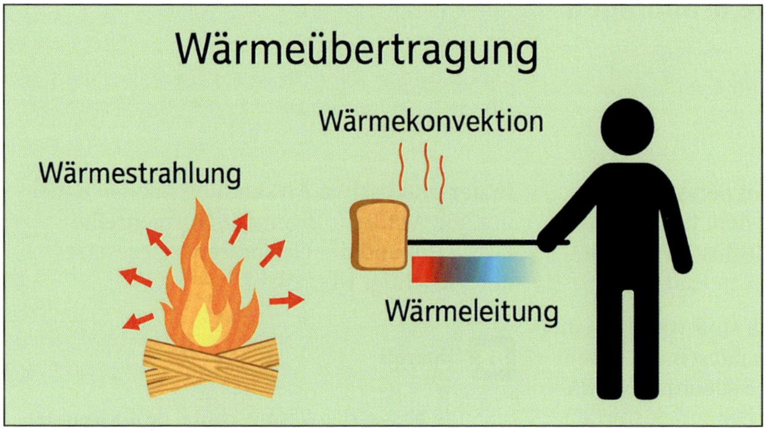

Abb. 3.1-1: Wärmeübertragung

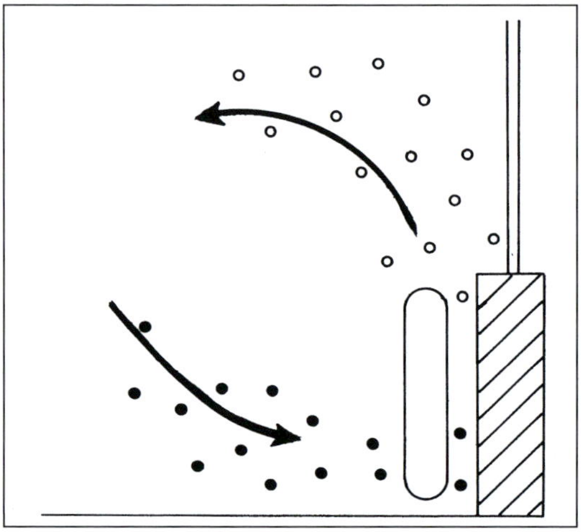

Abb. 3.1-2: Wärmeströmung am Beispiel eines Heizkörpers vor einer Außenwand

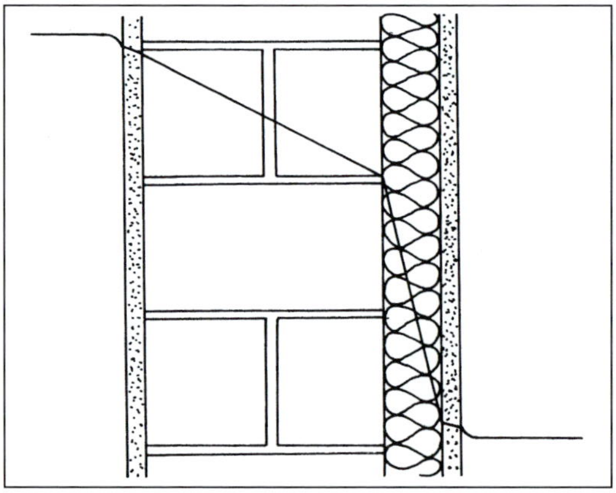

Abb. 3.1-3: Wärmeleitung am Beispiel des Temperaturdurchgangs einer Außenwand

Schichten wie z. B. die Jalousie eines Fensters im Sommer den Wärmetransport.

Durch die Sonnenstrahlen kann die Oberfläche von Deckwerkstoffen und Dachabdichtungen auf bis zu 80 °C erwärmt werden. Die Oberfläche hat also eine viel höhere Temperatur als die angrenzende Luft.

3.1.1.2 Wärmeströmung/Wärmekonvektion

Die Wärmeströmung, auch Wärmekonvektion genannt, bezeichnet eine Wärmeübertragung, die an ein gasförmiges oder flüssiges Medium gebunden ist. Durch die Bewegung des Mediums wird dabei die Wärme von einem Ort an einen anderen transportiert. Bei Gebäuden tritt diese Art des Wärmetransports beispielsweise beim Lüften im Winter auf. In Gebäuden wird die Wärmeströmung in Heizungssystemen nutzbar gemacht (siehe Abb. 3.1-2). So wird Wasser in der Heizung erwärmt, die Wärme wird dann mit dem Wasser zu den Heizkörpern transportiert. Auch ein Föhn arbeitet mithilfe der Wärmekonvektion. Die Wärme wird mithilfe der Luft zum Haar übertragen.

3.1.1.3 Wärmeleitung

Unter Wärmeleitung versteht man die Wärmeübertragung von einem Teilchen zu einem benachbarten Teilchen in festen, flüssigen oder gasförmigen Stoffen.

Ein Teilchen wird durch Wärme angeregt zu schwingen. Je nach der Art des Stoffes wird das benachbarte Teilchen in kürzerer oder längerer Zeit ebenfalls angeregt zu schwingen. Diese Weiterleitung der Schwingung bedeutet einen Transport von Wärme. Mit dem Prinzip der Wärmeleitung arbeiten beispielsweise Tauchsieder – die erwärmte Spirale leitet die Wärme an das Wasser weiter – oder Lötkolben, die Metalle durch die Weiterleitung der Wärme zum Schmelzen bringen. Wichtig ist, dass ein direkter Kontakt zwischen der Wärmequelle und dem Wärmeempfänger besteht.

Gute Wärmeleiter sind feste Stoffe mit hoher Dichte, besonders die Metalle. Schlechte Wärmeleiter sind Stoffe mit geringer Rohdichte, hoher Porosität und kleinen Poren. Wenn man einen Löffel aus Metall an einem Ende festhält und das andere Ende mit einem Feuerzeug erwärmt, spürt man schnell die Wärme in den Fingern. Besteht der Griff des Löffels aus Holz, dauert die Wärmeleitung viel länger. Holz dämmt also besser als Metall.

Hinweis

Schlechte Wärmeleiter sind gute Wärmedämmmaterialien.

3.1.2 Wärmespeicherung

Unter Wärmespeicherung versteht man die Eigenschaft eines Baustoffes, Wärmemengen aufzunehmen, zu speichern und bei Abkühlung wieder abzugeben. Die Fähigkeit, Wärme zu speichern, ist umso größer, je größer die flächenbezogene Masse eines Bauteils, je höher die spezifische Wärmekapazität c und je größer die Temperaturdifferenz zu der umgebenden Luft ist. Dabei ist die spezifische Wärmekapazität jene Energiemenge, die man benötigt, um 1 kg eines Stoffes um 1 K (Kelvin) zu erwärmen.

Hinweis

Schwere Bauteile haben meist eine höhere Wärmespeicherfähigkeit.

Ein Baustoff kann eine gute Wärmespeicherfähigkeit haben, obwohl er eine hohe Wärmeleitung hat, also schlecht dämmt. Ebenso kann eine gute Wärmedämmung mit einer niedrigen Speicherfähigkeit einhergehen.

Die Wärmespeicherfähigkeit ist für das Raumklima wichtig, da sie Temperaturspitzen ausgleichen kann und damit zu hohe Temperaturschwankungen vermeiden hilft. Damit wird im Sommer das sog. Barackenklima vermieden, da die Bauteile tagsüber die Wärme aufnehmen und speichern und abends und nachts an die sich abkühlende Luft wieder abgeben. Auch im Winter speichern die Bauteile die durch Heizungen produzierte Wärme und geben sie nachts wieder ab. Zudem hilft die Wärmeabstrahlung von Wänden mit einer hohen Wärmespeicherfähigkeit dabei, Zugerscheinungen in Wandnähe zu vermeiden.

Zusammenfassung

Wärme ist eine Form von Energie.

Wärmeschutz umfasst alle Maßnahmen zur Verringerung der Wärmeübertragung an Außenbauteilen und an Bauteilen zwischen Räumen mit unterschiedlichen Temperaturen.

Der Wärmetransport kann durch Wärmestrahlung, Wärmeströmung oder Wärmeleitung erfolgen.

Dank des Wärmespeicherungsvermögens können Baustoffe Wärme aufnehmen, speichern und bei Abkühlung wieder abgeben.

Aufgaben

1. Wozu dient Wärmeschutz?
2. Was versteht man unter Wärmeschutz?
3. Welche 3 Arten der Wärmeübertragung gibt es? Erläutern Sie die einzelnen Arten!
4. Wozu dient die Wärmespeicherung?

3.2 Berechnungen für den Wärmeschutz

Wie in den Abschnitten 3.1.1.1 bis 3.1.1.3 geschildert, wird Wärmeenergie auf unterschiedlichste Art und Weise zwischen 2 Orten ausgetauscht. Bei Bauwerken wird dieses Verhalten in der Praxis besonders im Winter deutlich. Die Wärme im Gebäudeinneren hat das Bestreben, durch die Gebäudehülle, also Dächer, Wände, Fenster und Decken, auf das Außenklima überzugehen. Grundsätzlich kann man diesen Energieausgleich zwischen Innen- und Außenklima nicht verhindern, sondern nur versuchen, ihn so klein wie möglich zu halten.

Die Wärmeleitung ist von Stoff zu Stoff unterschiedlich und wird mit der Wärmeleitfähigkeit beschrieben. Der Aufbau eines Bauteils (Dach, Wand etc.) beeinflusst also durch die Wärmeleitfähigkeit der verwendeten Baustoffe, wie viel Energie zwischen Innen- und Außenklima ausgetauscht wird.

3.2.1 Wärmeleitfähigkeit λ

Die Fähigkeit eines Stoffes, Wärme zu leiten, wird mit der Wärmeleitfähigkeit λ (kleines griechisches L, gesprochen Lambda) beschrieben.

Die Wärmeleitfähigkeit gibt an, welche Wärmemenge durch einen Kubikmeter Stoff bei Dauerbeheizung durchgeht, wenn die Temperaturdifferenz zwischen der kälteren und der wärmeren Seite 1 Kelvin beträgt.

Kelvin (K) ist die SI-Einheit (System International) für die Temperatur. Absolute Temperaturen werden dagegen in °C ausgedrückt. 1 Kelvin entspricht 1 °C

Hinweis

Als Symbol für die Temperatur wird der griechische Buchstabe θ (Theta) verwendet. Die Differenz wird mit dem griechischem Buchstaben Δ (Delta) ausgedrückt. Die Indizes i und e bedeuten „innen" (interieur) und „außen" (exterieur).

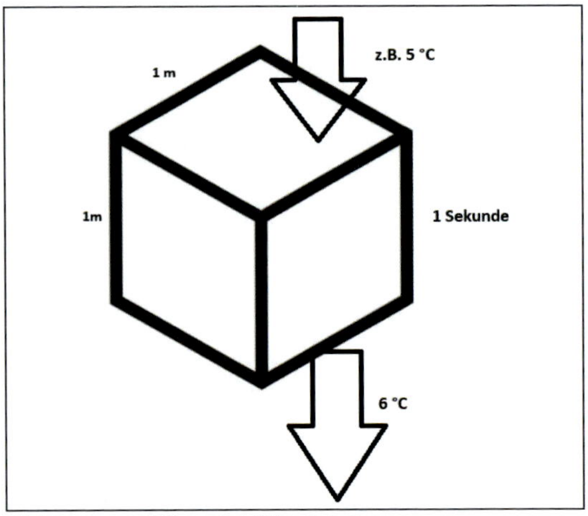

Abb. 3.2-1: Wärmeleitfähigkeit λ

Beispiel

Die Temperaturdifferenz Δθ zwischen einem Wohnraum mit der Temperatur $\theta_i = 20$ °C und der Außenluft mit der Temperatur $\theta_e = 5$ °C beträgt

$\Delta\theta = 15$ K.

Zur Bestimmung der Wärmeleitfähigkeit eines Stoffes wird die hindurchgehende Wärmemenge gemessen, und zwar in Wattsekunde (Ws) pro Sekunde (s) pro Kelvin (K) und pro Quadratmeter (m^2) für einen Meter (m) Dicke.

Die Einheit der Wärmeleitfähigkeit ist demnach

$$W \cdot s \cdot m/(s \cdot K \cdot m^2) \text{ oder abgekürzt } W/(m \cdot K).$$

Für jeden Stoff kann nach dieser Definition die Wärmeleitfähigkeit λ ermittelt werden.

Bei einem guten Wärmeleiter ist die Wärmeleitfähigkeit λ hoch, z. B.

$$\lambda_{Alu} = 200 \text{ W/(m} \cdot \text{K)}.$$

Bei einem Wärmedämmstoff ist die Wärmeleitfähigkeit λ sehr klein, z. B.

$$\lambda_{EPS} = 0{,}035 \text{ W/(m} \cdot \text{K)}.$$

Für die Berechnung des wärmetechnischen Verhaltens wird der Bemessungswert der Wärmeleitfähigkeit verwendet. Mit diesem Wert werden die gemessenen Leitfähigkeiten der einzelnen Stoffe sowie die Toleranzen, die bei der Herstellung bzw. Verarbeitung eines Stoffes

Tabelle 3.2-1: Bemessungswerte der Wärmeleitfähigkeit λ (Beispiele)

Baustoff	Bemessungswert λ W/(m · K)
Kalkmörtel (Putz)	1,00
Gipsputz	0,70
Normalbeton	2,10
Stahlbeton	2,50
Leichtbeton (Rohdichte 1.300 kg/m³)	0,70
Porenbeton (Rohdichte 400 kg/m³)	0,13
Gipskartonplatten	0,25
Mauerwerk aus Vollklinker (Rohdichte 2.200 kg/m³)	1,20
Mauerwerk aus Vollziegel (Rohdichte 1.800 kg/m³)	0,81
Mauerwerk aus Kalksandsteinen (1.000 kg/m³)	0,50
Kork	0,040–0,067
expandiertes Polystyrol (EPS)	0,032–0,05
extrudiertes Polystyrol (XPS)	0,032–0,04
Polyurethan	0,023–0,03
Mineralwolle	0,032–0,060
Schaumglas	0,038–0,066
Vakuumdämmung (VIP) Vakuum-Isolations-Paneele	0,004–0,008
Holzfaser	0,036–0,05
Nadelholz (Fichte, Kiefer, Tanne)	0,13
Sperrholzplatte	0,17
OSB-Platte	0,13
Bitumen	0,17
Aluminium	200
Sand, Kies	0,70
waagerecht ruhende Luft, Dicke 1,5–30 cm	R = 0,16 m²K/W
lotrecht ruhende Luft, Dicke 1 cm	R = 0,15 m²K/W
lotrecht stehende Luft, Dicke 2,5–30 cm	R = 0,18 m²K/W

auftreten, berücksichtigt. Einige für den Dachdecker wichtige Bemessungswerte sind in der Tabelle 3.2.-1 angegeben.

3.2.2 Wärmedurchlasswiderstand R

Die bisher behandelte Wärmeleitfähigkeit λ ist ein Kennwert für einen Stoff von 1 m Dicke. Man hat aber fast nie Schichten dieser Stoffdicke. Der festgelegte Bemessungswert muss also noch auf die tatsächlich vorhandene Stoffdicke d umgerechnet werden.

Der Wärmedurchlasswiderstand, abgekürzt R, beschreibt den Widerstand, den eine Stoffschicht mit einer bestimmten Größe dem Wärmestrom entgegensetzt. Oder anders ausgedrückt, der Wärmedurchlasswiderstand beschreibt die Zeit, die die Energie (1 Joule oder 1 Wattsekunde) benötigt, um durch eine Schicht mit einer bestimmten Schichtdicke (in m) mit einer Fläche von 1 m² bei 1 Kelvin Temperaturunterschied zwischen den beiden Seiten hindurchgeleitet zu werden. Je größer der Wärmedurchlasswiderstand, desto weniger Energie wird durch die Bauteilschicht hindurchgeleitet.

$$R = \frac{d}{\lambda} \quad \left[\frac{m^2 \cdot K}{W} = \frac{s \cdot m^2 \cdot K}{Ws}\right]$$

Hinweis

Je größer der Wärmedurchlasswiderstand R, desto besser der Wärmedämmeffekt.

Beispiel

Berechnen Sie den Wärmedurchlasswiderstand von Stahlbeton:

d = 20 cm; λ = 2,5 W/(m · K)

$$R = \frac{d}{\lambda} = \frac{0{,}20}{2{,}5} = 0{,}080 \quad \left[\frac{m^2 \cdot K}{W}\right]$$

Berechnen Sie den Wärmedurchlasswiderstand von EPS:

d = 14 cm; λ = 0,035 W/(m · K)

$$R = \frac{d}{\lambda} = \frac{0{,}14}{0{,}035} = 4{,}000 \quad \left[\frac{m^2 \cdot K}{W}\right]$$

In der Praxis bilden mehrere Baustoffschichten ein Bauteil. Um zu ermitteln, welchen Widerstand das Bauteil dem Wärmedurchgang entgegenstellt, werden die Wärmedurchlasswiderstände der einzelnen Baustoffschichten addiert. Bei Bauteilen mit außen liegenden Abdichtungen wird dabei zur Ermittlung des Wärmedurchlasswiderstands des gesamten Bauteils der Wärmedurchlasswiderstand der Abdichtung nicht mitberechnet. Ausgenommen hiervon sind Umkehrdächer oder Perimeterdämmungen. Der Wärmedurchlasswiderstand wird mit **3 Nachkommastellen** angegeben.

Beispiel

Für ein Flachdach, bestehend aus

- 22 cm Stahlbetondecke,
- 4 mm Bitumen-Dampfsperrbahn,
- 16 cm EPS-Dämmung ($\lambda = 0{,}035$ W/[m · K]),
- zweilagiger Bitumenabdichtung,

soll der Wärmedurchlasswiderstand berechnet werden.

$$R = \frac{d_1}{\lambda_1} + \frac{d_2}{\lambda_2} + \frac{d_3}{\lambda_3}$$

$$R = \frac{0{,}22}{2{,}5} + \frac{0{,}004}{0{,}17} + \frac{0{,}16}{0{,}035}$$

$$R = 0{,}088 + 0{,}024 + 4{,}571$$

$$R = 4{,}683 \quad \left[\frac{m^2 \cdot K}{W}\right]$$

3.2.3 Wärmeübergangswiderstand R_s

Bei einem Bauteil muss man auch Widerstände berücksichtigen, die daraus resultieren, dass an der inneren und äußeren Oberfläche des Bauteils, durch Strahlung und Konvektion, Wärme übertragen wird. Obwohl dort keine Schicht zu erkennen ist, wird der Wärme ein Widerstand entgegengebracht. Man kann das im Winter selbst feststellen, indem man sich mit der Hand langsam der Innenseite einer Außenwand oder einer Fensterscheibe nähert. Je näher man dem Bauteil kommt, ohne es zu berühren, desto kälter wird es.

Die Wärmeübergangswiderstände beschreiben grundsätzlich die Temperaturunterschiede zwischen dem Baustoff und der angrenzenden Luft. Je mehr sich die Luft bewegt, desto geringer ist der Widerstand.

Der Widerstand innen wird mit R_{si} bezeichnet (Resistance surface interieur), außen ist es R_{se} (Resistance surface exterieur)

Die Werte für die Wärmeübergangswiderstände sind für die Bauteile jeweils konstant und festgelegt. Sie können der Tabelle 3.2-2 entnommen werden.

3.2.4 Wärmedurchgangswiderstand R_T

Addiert man die Wärmeübergangswiderstände R_{si} und R_{se} mit der Summe der Wärmedurchlasswiderstände ΣR, so erhält man den Wärmedurchgangswiderstand R_T.

$$R_T = R_{si} + \Sigma R + R_{se} \quad \left[\frac{m^2 \cdot K}{W}\right]$$

$$R_T = R_{si} + R_1 + R_2 + R_3 + \ldots + R_{se} \quad \left[\frac{m^2 \cdot K}{W}\right]$$

Beispiel

Für ein Flachdach, bestehend aus

- 22 cm Stahlbetondecke,
- 4 mm Bitumen-Dampfsperrbahn,
- 16 cm EPS-Dämmung ($\lambda = 0{,}035$ W/[m · K]),
- zweilagiger Bitumenabdichtung,

soll der Wärmedurchgangswiderstand berechnet werden.

Die Einheit ist bei allen Widerständen gleich: $(m^2K)/W$

$$R_T = R_{si} + \Sigma R + R_{se}$$

$$R_T = 0{,}10 + \frac{0{,}22}{2{,}5} + \frac{0{,}004}{0{,}17} + \frac{0{,}16}{0{,}035} + 0{,}04$$

$$R_T = 0{,}10 + 0{,}088 + 0{,}024 + 4{,}571 + 0{,}04$$

$$R_T = 4{,}823 \quad \left[\frac{m^2 \cdot K}{W}\right]$$

Tabelle 3.2-2: Wärmeübergangswiderstände

Richtung des Wärmestroms		aufwärts ↑	horizontal →	abwärts ↓
Wärmeübergangswiderstand innen R_{si} (m² · K)/W		0,10	0,13	0,17
Wärmeübergangswiderstand außen R_{se} (m² · K)/W	Bauteil grenzt an Luft	0,04	0,04	0,04
	Bauteil grenzt an Erdreich	0	0	0
Für Dächer mit einer Neigung ≤ 60° sind die Werte für „Wärmestrom aufwärts" anzunehmen, für Dächer mit einer Neigung > 60° die Werte für „Wärmestrom horizontal".				

Anhand des Beispiels wird verdeutlicht, dass bei homogenen Bauteilschichten eine einfache Addition der Wärmedurchlasswiderstände der einzelnen Schichten möglich ist. Eine homogene Bauteilschicht besteht nur aus einem Stoff/Material. Ein Bauteil kann sich aus mehreren homogenen Bauteilschichten zusammensetzen, wie Abb. 3.2-2 verdeutlicht.

Besteht ein Bauteil in einer Schicht aus mehreren Stoffen/Materialien, so spricht man von einer inhomogenen Bauteilschicht (siehe Abb. 3.2-3). Die Berechnung des Wärmedurchgangswiderstandes ist dann etwas aufwendiger.

Den *U*-Wert eines Bauteils mit inhomogenen Schichten kann man überschlägig nach den Anteilen der einzelnen Materialien berechnen (vereinfachtes Verfahren über den Holzanteil). Eine genauere Berechnung erfolgt durch die Einteilung des Bauteils in einzelne homogene Schichten, die in 2 Dimensionen summiert werden (oberer und unterer Grenzwert). Der Mittelwert beider Widerstände ergibt den Wärmedurchgangswiderstand.

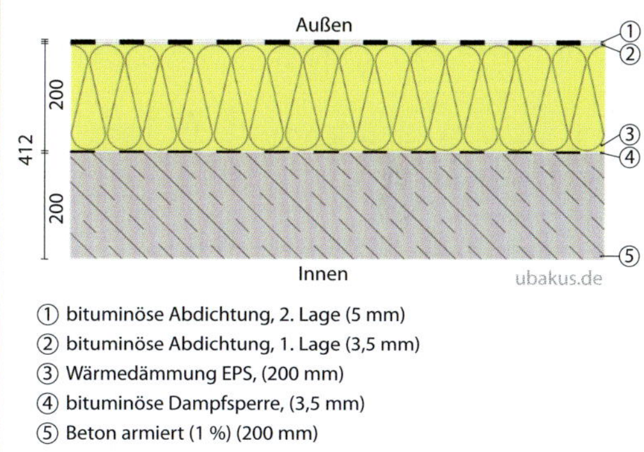

Abb. 3.2-2: homogenes Bauteil

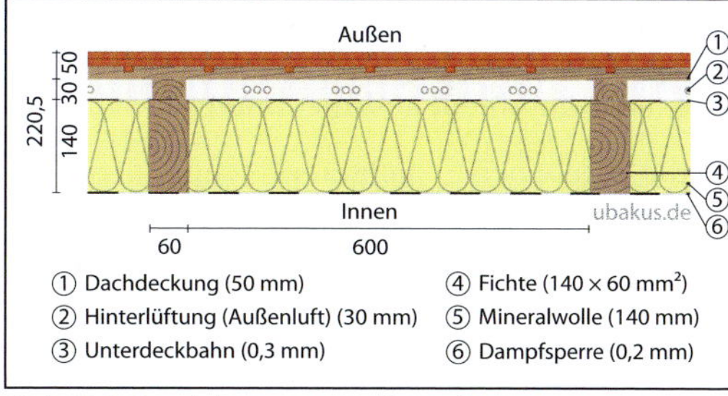

Abb. 3.2-3: inhomogenes Bauteil

3.2.5 Wärmedurchgangskoeffizient/*U*-Wert

Der Wärmedurchgangskoeffizient beschreibt, welche Energiemenge (Joule) pro Zeiteinheit (Sekunde) durch 1 m² eines Bauteils bei einem Temperaturunterschied von 1 Kelvin zwischen der Innen- und Außenoberfläche transportiert wird. Der Wärmedurchgangskoeffizient wird abgekürzt als *U*-Wert bezeichnet. Er ist der Kehrwert des Wärmedurchgangswiderstands.

Dadurch wird auch die Einheit umgekehrt: W/(m²K)

Die maximalen *U*-Werte sind im Gebäudeenergiegesetz (GEG) in der Anlage 7 aufgeführt. Die für das Dachdeckerhandwerk wichtigen Werte sind:

- Steildach, Gauben, oberste Geschossdecke: 0,24 W/(m²K)
- Flachdach: 0,20 W/(m²K)
- Dachflächenfenster: 1,40 W/(m²K)

Hinweis

Je kleiner der *U*-Wert, desto weniger Wärme geht durch das Bauteil hindurch.

Je größer der *U*-Wert, desto mehr Wärme geht durch das Bauteil hindurch.

$$U = \frac{1}{R_T} \quad \left[\frac{W}{m^2 \cdot K}\right]$$

Beispiel

$$R_T = 4{,}823 \quad \left[\frac{m^2 \cdot K}{W}\right]$$

$$U = \frac{1}{R_T} = \frac{1}{4{,}823} = 0{,}21 \quad \left[\frac{W}{m^2 \cdot K}\right]$$

3.2.6 Berechnen der Dämmstoffdicke

Durch den Bauherrn oder den Architekten, aber auch durch staatliche Verordnungen (z. B. Gebäudeenergiegesetz, GEG) kann für ein Bauteil ein maximaler *U*-Wert vorgeschrieben werden. Dieser *U*-Wert darf nicht überschritten werden.

Es ist deshalb sinnvoll, von einem gegebenen *U*-Wert ausgehend für ein in seinem Aufbau vorgegebenes Bauteil die notwendige Dicke der Wärmedämmschicht auszurechnen.

Für die gegebenen Schichten errechnet man die Wärmedurchlasswiderstände. Der Wärmedurchlasswiderstand der Wärmedämmung R_{WD} ist noch nicht bekannt, weil die Dicke der Wärmedämmung noch berechnet werden muss. Mit den Wärmeübergangswiderständen R_{si} und R_{se} kann man dann den vorhandenen Wärmedurchgangswiderstand R_T ohne die Wärmedämmung ausrechnen.

Da man nur über die Widerstände addieren und subtrahieren kann, muss zuerst aus dem geforderten *U*-Wert der geforderte Wärmedurchgangswiderstand R_{Tgef} ausgerechnet werden.

Die Differenz zwischen dem geforderten und dem vorhandenen Wärmedurchgangswiderstand muss durch den Wärmedurchlasswiderstand der Wärmedämmung mindestens abgedeckt werden:

$$R_{WD} \geq R_{Tgef} - R_{Tvorh}$$

Aus dem Wärmedurchlasswiderstand der Wärmedämmung kann man durch Multiplizieren mit dem Bemessungswert der Wärmeleitfähigkeit der Wärmedämmung die erforderliche Dämmstoffdicke ausrechnen. Die so errechnete Dicke d_{WD} darf auf keinen Fall unterschritten werden, weil sonst der geforderte *U*-Wert nicht erreicht werden würde. Die Dicke d_{WD} muss also immer aufgerundet werden.

Mit dieser aufgerundeten Dicke der Wärmedämmung kann man den so erhaltenen neuen *U*-Wert ausrechnen.

Dieser *U*-Wert muss kleiner oder gleich dem geforderten *U*-Wert sein.

Beispiel

Geforderter *U*-Wert: $U_{gef} = 0{,}20\ W/(m^2 \cdot K)$

Für ein Flachdach, bestehend aus

- 22 cm Stahlbetondecke,
- 4 mm Bitumen-Dampfsperrbahn,
- ? cm EPS-Dämmung ($\lambda = 0{,}035\ W/[m \cdot K]$),
- zweilagiger Bitumenabdichtung,

soll der Wärmedurchgangswiderstand berechnet werden.

$U_{gef} = 0{,}20\ W/(m^2K)$

$R_{gef} = 5{,}0\ (m^2K)/W$

$R_{vorh\ ohne\ Dämmung} = R_{si} + R_{Beton} + R_{Bitumen} + R_{se}$

$R_{vorh\ ohne\ Dämmung} = 0{,}10 + 0{,}088 + 0{,}024 + 0{,}04 = 0{,}252\ (m^2K)/W$

$R_{Dämmung} = R_{gef} - R_{vorh\ ohne\ Dämmung}$

$R_{Dämmung} = 5{,}0 - 0{,}252 = 4{,}748\ (m^2K)/W$

Dicke Dämmung $= R_{Dämmung} \cdot \lambda_{Dämmung}$

Dicke Dämmung =
$4{,}748\ (m^2K)/W \cdot 0{,}035\ W/mK = 0{,}166\ m$

Die EPS-Dämmung muss mindestens 17 cm dick sein, damit der erforderliche *U*-Wert eingehalten wird. Gegebenenfalls muss noch auf eine handelsübliche Dicke aufgerundet werden.

Zusammenfassung

Der Bemessungswert der Wärmeleitfähigkeit gibt die Fähigkeit eines Stoffes zur Wärmeleitung an.

Der Wärmedurchlasskoeffizient gibt an, welche Wärmemenge bei der tatsächlichen Dicke eines Bauteils durch das Bauteil geleitet wird.

Der Wärmedurchlasswiderstand ist der Kehrwert des Wärmedurchlasskoeffizienten.

Die Wärmeübergangswiderstände geben an, wie viel Widerstand dem Wärmeverlust an den inneren und äußeren Bauteiloberflächen entgegengesetzt wird.

Der Wärmedurchgangswiderstand ist die Summe der Wärmedurchlasswiderstände und der Wärmeübergangswiderstände eines Bauteils.

Der Wärmedurchgangskoeffizient (*U*-Wert) ist der Kehrwert des Wärmedurchgangswiderstands.

Aufgaben

1. Was versteht man unter dem Bemessungswert der Wärmeleitfähigkeit?
2. Nennen Sie den Unterschied zwischen dem Bemessungswert der Wärmeleitfähigkeit und dem Wärmedurchlasskoeffizienten!
3. In einem Baumarkt finden Sie folgende Sonderangebote:
   - 6 cm Polystyrol ($\lambda = 0{,}040$ W/[m · K]), Preis: 11,75 € pro m^2;
   - 12 cm Polyurethan ($\lambda = 0{,}030$ W/[m · K]), Preis: 24,85 € pro m^2.

   Welchen der beiden Stoffe würden Sie wählen? Begründen Sie Ihre Antwort!
4. Wie dick muss die Wärmedämmung ($\lambda = 0{,}040$ W/[m · K]) sein, wenn ihr Wärmedurchlasswiderstand 85 % des Wärmedurchgangswiderstands bei einem *U*-Wert von 0,35 W/(m^2 · K) erreichen soll?
5. Berechnen Sie die Wärmemenge, die durch folgenden Dachaufbau hindurchgeht:
   - 2 cm Putz, $\lambda = 0{,}87$ W/(m · K)
   - 18 cm Beton, $\lambda = 2{,}50$ W/(m · K)
   - 0,4 mm Kunststoffdampfsperre, $\lambda = 0{,}17$ W/(m · K)
   - 12 cm Wärmedämmung, $\lambda = 0{,}04$ W/(m · K)
   - 2,5 mm Kunststoffdachhaut, $\lambda = 0{,}17$ W/(m · K)
   - 5 cm Kies

3.3 Bauphysikalischer Feuchteschutz

Neben dem Wärmeschutz ist auch der Feuchteschutz für Bauwerke von großer Bedeutung. Viele Bauschäden gehen auf den Einfluss von Wasser zurück. So kann beispielsweise Stahl bei längerer Feuchteeinwirkung rosten, Holz bei übermäßiger Erhöhung der Holzfeuchte durch Pilzwachstum geschädigt werden.

Das Wasser kann von außen in das Bauteil (z. B. Außenwand) eindringen, aber auch von innen über den in der Luft vorhandenen Wasserdampf in das Bauteil gelangen.

3.3.1 Wasser und seine Aggregatzustände in Bauteilen und Wasserdampf in der Luft

Wasser kann in den Aggregatzuständen fest (als Eis oder Schnee), flüssig (als Wasser) oder gasförmig (als Wasserdampf, Nebel oder Wolke) auftreten.

- Im festen Zustand behält es seine Gestalt und sein Volumen bei. Die Moleküle des Wassers sind in Kristallgittern (z. B. als Schneeflocke) angeordnet.
- Als Flüssigkeit behält Wasser zwar sein Volumen bei, die Form geht jedoch verloren. Die Moleküle des Wassers können ihren Ort verändern.
- Als Gas verliert Wasser auch seine Volumenbeständigkeit, es füllt den Raum vollständig aus. Die Moleküle bewegen sich vollkommen ungeordnet.

Hinweis

Wenn Wasser vom festen zum flüssigen Aggregatzustand übergeht, schmilzt es, wenn es von flüssig zu fest übergeht, friert es, wenn es von flüssig zu gasförmig übergeht, verdampft es, und wenn es von gasförmig zu flüssig übergeht, kondensiert es. Welchen Aggregatzustand Wasser einnimmt, ist vor allem von der Temperatur abhängig. So friert Wasser bei 0 °C und verdampft bei 100 °C. Als Dampf verdunsten kann Wasser auch schon bei unter 100 °C. Kühlt Wasserdampf ab, geht das Wasser unter dem Taupunkt vom gasförmigen in den flüssigen Zustand über. Im Gegensatz zu anderen Flüssigkeiten dehnt sich Wasser bei Erwärmung nicht immer aus. Wasser besitzt bei 4 °C seine größte Dichte. Zwischen 0 °C und 4 °C zieht es sich bei Erwärmung zusammen, erst oberhalb von 4 °C dehnt es sich aus. Beim Übergang von fest zu flüssig oder flüssig zu gasförmig wird Energie benötigt. Umgekehrt wird Energie freigesetzt. Das sind auch die Grundprinzipien einer Wärmepumpe.

Wasser ist in allen 3 Aggregatzuständen eine der häufigsten Schadensursachen bei Bauwerken. So werden durch Wasser im flüssigen oder gasförmigen Zustand der Schimmel- und Pilzbefall und die Fäulnis gefördert, und es kommt zu Korrosionen von Metallen. Die Dämmwirkung von feuchten Wärmedämmstoffen wird reduziert, da die Wärmeleitung durch Wasser in den Poren verbessert wird. Wenn Wasser in den Poren von Baustoffen friert, können diese gesprengt werden, wie es beispielsweise bei unzureichend hinterlüfteten Dachziegeln passieren kann. Durch Schnee kann die Hinterlüftung von Bauteilen beeinträchtigt werden. Deshalb müssen Bauteile durch diverse Maßnahmen vor Wasser geschützt werden.

Die Luft kann in Abhängigkeit von ihrer Temperatur nur eine bestimmte Menge an Wasserdampf aufnehmen. Ist mehr Wasserdampf vorhanden, als die Luft aufnehmen kann, kondensiert er und fällt als flüssiges Wasser (Kondensat/Tauwasser) aus.

Die in der Luft enthaltene Wasserdampfmenge kann man als absolute und relative Luftfeuchtigkeit angeben.

- Die absolute Luftfeuchtigkeit gibt eine volumenbezogene Masse an Wasserdampf an, also wie viel Gramm (g) Wasserdampf in einem Kubikmeter (m^3) Luft enthalten sind.
- Die relative Luftfeuchtigkeit gibt das Verhältnis (in Prozent) der vorhandenen Wasserdampfmenge zur maximal von der Luft aufnehmbaren Wasserdampfmenge an. Sie ist von der Temperatur abhängig.

3.3.2 Konvektion

Jede Wärme übertragende Umfassungsfläche eines Gebäudes, also auch das wärmegedämmte Dach, muss dauerhaft luftdicht abgedichtet sein, damit die Wärme nicht durch Konvektion nach außen transportiert wird (siehe Kapitel 3.1.1.2). Mit der Wärme wird auch Wasserdampf von innen nach außen transportiert.

Hinweis

Konvektion = Wärme- und Feuchtemitführung

Wenn wir im Gebäudeinneren beispielsweise 20 °C Temperatur haben und außen eine Temperatur von 0 °C, sinkt die Temperatur des Außenbauteils (Dach, Wand) von der Bauteilinnenseite nach außen ab. Kann die warme Luft aus dem Gebäudeinneren ungehindert durch das Bauteil (z. B. Dach) nach außen strömen, so wird irgendwann durch die Abkühlung der Luft der Punkt erreicht, an dem mehr Wasserdampf in der Luft vorhanden ist, als die Luft tatsächlich aufnehmen kann. Es kommt zur Kondensation, d. h., flüssiges Wasser fällt aus.

Durch Fugen wird erheblich mehr Feuchtigkeit in ein Bauteil transportiert, als dies durch Wasserdampfdiffusion (Wasserdampfwanderung) möglich ist.

Für die Herstellung ausreichend luftdichter Schichten auf der Innenseite sind luftdichte Folien mit verklebten Nähten und Stößen oder ausreichend luftdichte Platten mit geschlossenen Fugen geeignet.

Die Luftdichtheitsschicht muss an alle Durchdringungen und Anschlüsse luftdicht angeschlossen werden. Dabei empfiehlt es sich, bereits bei der Planung möglichst wenige Durchdringungen vorzusehen und für eventuell notwendige Installationen auf der Innenseite der Luftdichtheitsschicht eine eigene Installationsebene einzuplanen.

Diese Planung, das sog. Luftdichtheitskonzept, sollte von einem Fachplaner vor Beginn der Baumaßnahme vorgelegt werden.

Die Luftdichtheit kann mit einem Druckdifferenzverfahren (Luftdichtheitsprüfung/Blower-Door- Test) geprüft und beziffert werden. Dabei wird mit Über- und Unterdruck (50 Pascal) nach Leckagen gesucht und der n_{50}-Wert zur Bestimmung der Luftdichtheit ermittelt. Der n_{50}-Wert gibt an, wie oft bei einer Druckdifferenz von 50 Pascal (Pa) innerhalb einer Stunde das gesamte Gebäudevolumen ausgetauscht wird.

Zulässige Werte sind u. a. nach DIN 4108-7 für Gebäude ohne Lüftungsanlagen $n_{50} = 3{,}0\ h^{-1}$.

3.3.3 Wasserdampfdiffusion

Gasaustausch durch Bauteile hindurch findet in der Regel nur durch Diffusion statt. Diffusion nennt man die gegenseitige Durchdringung von Gasen. Die einzelnen sehr kleinen Teilchen wandern zum anderen Gas, die Bewegung ist nur verursacht durch ihre Eigenbeweglichkeit. Die Geschwindigkeit der Teilchen ist von der Temperatur abhängig.

Der Begriff Diffusion kommt aus dem Lateinischen: diffundere = sich verbreiten, sich ausbreiten.

Beispiel

Ein Gefäß wird durch eine dünne Membran in 2 Bereiche unterteilt. Auf der linken Seite befindet sich eine Zuckerlösung, auf der rechten Seite Wasser. Die Membran ist sowohl für die Zucker- als auch für die Wasserteilchen durchlässig. Zu Beginn sind 100 Zuckerteilchen auf der linken Seite vorhanden. Aufgrund ihrer Eigenbewegung bewegen sich die Zuckerteilchen sehr schnell hin und her. Dabei gelangen einige Zuckerteilchen zufällig durch die Membran hindurch auf die rechte Seite. Je mehr Zuckerteilchen sich in der Zuckerlösung befinden, desto größer ist die Wahrscheinlichkeit, dass Zuckerteilchen von der Zuckerlösung in die Seite mit dem Wasser gelangen. In 1 Minute gelangen beispielsweise 10 Zuckerteilchen durch die Membran hindurch in das Wasser. Also sind nach 1 Minute nur noch 90 Zuckerteilchen auf der linken Seite vorhanden. Die Wahr-

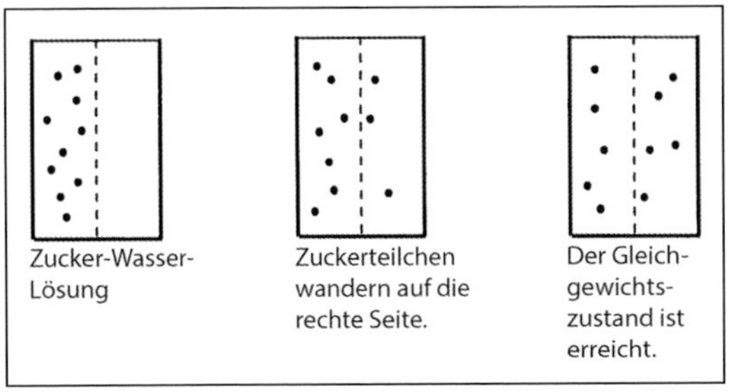

Abb. 3.3-1: Diffusion von Zuckerteilchen

scheinlichkeit, dass ein Zuckerteilchen sich zufällig auf die andere Seite bewegt, ist geringer geworden. Deshalb bewegen sich in der zweiten Minute auch nur noch 9 Zuckerteilchen hinüber auf die rechte Seite. Andersherum wandern die Wasserteilchen in die Zuckerlösung. Dieser Prozess setzt sich fort, bis auf beiden Seiten die gleiche Zahl an Zuckerteilchen vorhanden ist, also ein Gleichgewichtszustand eingetreten ist (siehe Abb. 3.3-1).

Wasserdampfdiffusion liegt vor, wenn die Wassermoleküle im Gaszustand diffundieren. Dabei diffundieren die Teilchen immer von den Orten der größeren zu den Orten der kleineren Wasserdampfkonzentration, bzw. vom höheren zum niedrigeren Dampfdruck. Dieser Wasserdampfdruck ist abhängig von der Temperatur und der relativen Luftfeuchtigkeit. Im Winter erfolgt dieser Druckausgleich von innen nach außen, also von der warmen zur kalten Seite. Im Sommer hingegen kann es umgekehrt sein, wenn außen höhere Temperaturen herrschen als innen und die relative Luftfeuchte ähnlich ist. Dann kann im Bauteil eingeschlossene Feuchtigkeit nach innen ausdiffundieren und „weggelüftetet" werden.

Um Schäden an Bauteilen durch Diffusion zu vermeiden, gibt es 2 Möglichkeiten. An der Innenseite des Bauteils wird eine Luftdichtheitsschicht eingebaut, die verhindert, dass Diffusion in das Bauteil hinein verringert. Oder der Aufbau eines Bauteils erfolgt so, dass Feuchtigkeit, wenn sie durch Diffusion oder Konvektion in ein Bauteil gelangt, auch nach außen abgegeben werden kann, ohne dass sie Schäden im Inneren des Bauteils anrichtet.

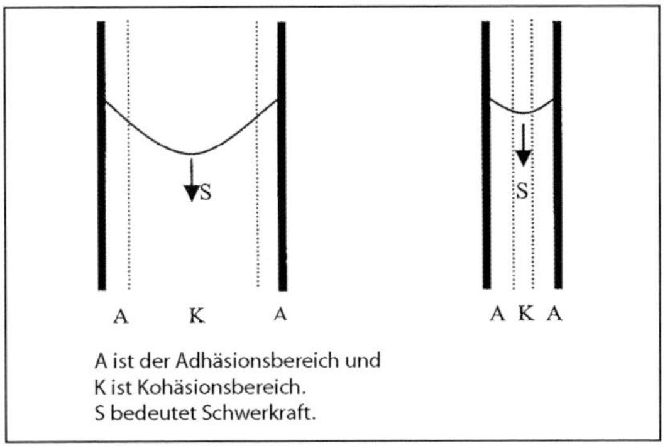

Abb. 3.3-2: Zusammenhang zwischen Kohäsion und Adhäsion

3.3.4 Kapillarität

Die Kapillarität ist eine physikalische Eigenschaft, die den Transport von Flüssigkeiten und darin enthaltenen Stoffen innerhalb feinster Haarröhrchen, Poren und Spalten in alle Richtungen, also auch entgegengesetzt zur Schwerkraft, bewirkt. Dadurch kann Wasser in die Bauteile hineintransportiert werden. Grundsätzlich beruht der Effekt auf dem Verhältnis von Kohäsionskräften und Adhäsionskräften. Wenn die Adhäsionskräfte größer sind als die Kohäsionskräfte, wird Wasser in eine Kapillare hineingezogen.

Die **Kohäsion** (Zusammenhalt) bezeichnet die Zusammenhangkräfte zwischen den Atomen bzw. Molekülen eines Stoffes (z. B. innerhalb von Flüssigkeiten oder Festkörpern) und innerhalb der Moleküle. Die Kohäsionskraft bewirkt, dass die Wassermoleküle zusammenhängen bleiben, also nicht auseinanderreißen. Im linken Bereich von Abb. 3.3-2 zieht die Kohäsionskraft das Wasser aufgrund der Schwerkraft nach unten.

Die **Adhäsion** (auch Anhangskraft) bezeichnet die Zusammenhangkräfte zwischen den Molekülen zweier verschiedener Stoffe bzw. das Haften zweier Stoffe oder Körper aneinander. Die Adhäsionskraft bewirkt also, dass Wasser an den Wänden der Kapillare haftet. Die Adhäsionskraft zieht im rechten Bereich von Abb. 3.3-2 das Wasser nach oben.

Wenn die Adhäsion größer als die Kohäsion ist, zieht die Flüssigkeit in der Kapillare nach oben.

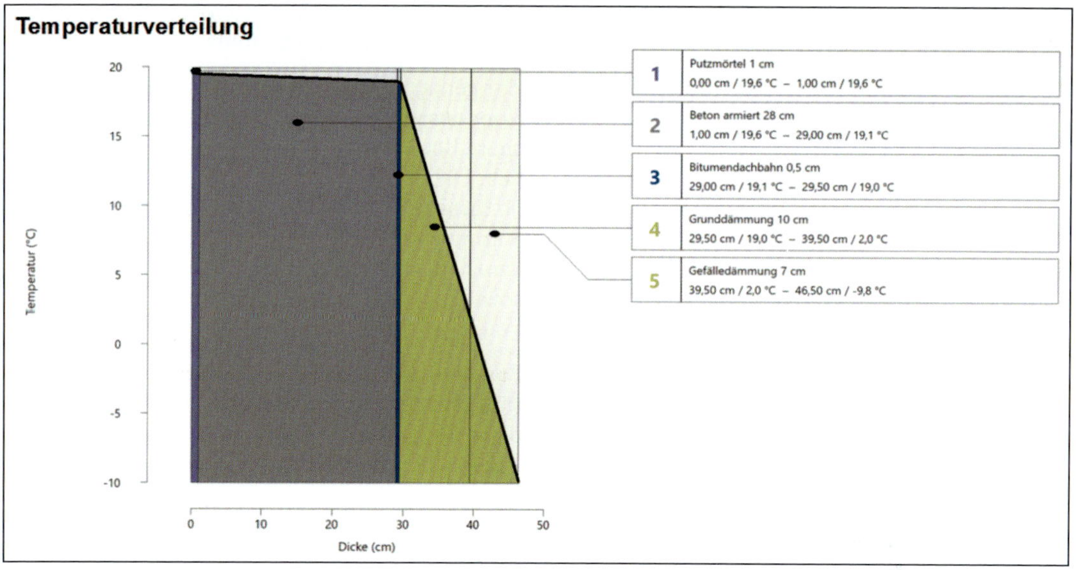

Abb. 3.3-3: Temperaturverlauf Flachdach

Je kleiner also die Kapillare sind, desto stärker ist die Adhäsionskraft und desto geringer ist die Kohäsionskraft.

Hinweis

Je poröser ein Baustoff ist und je feiner seine Poren sind, desto größer ist seine Kapillarität. Je dichter ein Baustoff ist, desto geringer ist seine Kapillarität.

Baustoffe wie Ziegel, Beton, Holz oder Dämmmaterialien enthalten Poren, also Kapillaren, die Feuchtigkeit aufnehmen und weiterleiten können. Aufgrund dieser Kapillarität zeigen diese Stoffe hygroskopische Eigenschaften; sie sind atmungsaktiv, dampfdurchlässig und diffusionsfähig. Glas, dichte Folien oder Metall dagegen sind sehr dichte Baustoffe. Feuchtigkeit wird von ihnen nicht aufgenommen. Sie wirken wie Dampfsperren und lassen den Wasserdampf kondensieren.

3.3.5 Temperaturverlauf über den Querschnitt

Da im Winter zwischen dem Gebäudeinneren und der Außenumgebung eine Temperaturdifferenz besteht (z. B. Innentemperatur 20 °C, Außentemperatur –10 °C), fällt die Temperatur über das Außenbauteil (z. B. Dach) nach Abb. 3.3-3 ab.

Die Temperaturdifferenz und die Differenz des in der Luft enthaltenen Wasserdampfs zwischen Gebäudeinnerem und der Außenumgebung führt dazu, dass

- Wärme
  und
- Wasserdampf (Feuchte)

vom Gebäudeinneren nach außen transportiert werden.

Durch den Einbau von luftdichten Schichten kann der Wärme- und Feuchtetransport durch Konvektion (Luftströmung) unterbunden werden.

Der Wärmetransport kann weiterhin durch den Einbau entsprechender wärmedämmender Schichten (z. B. Mineralwolle-Dämmung) begrenzt werden.

Beim Feuchtetransport verbleibt die Wasserdampfdiffusion (Wasserdampfwanderung) als Transportart.

3.3.6 Wasserdampfdiffusionsäquivalente Luftschichtdicke (s_d-Wert)

Um die Wasserdampfmenge, die in Bauteile eindringen kann zu vermindern, werden Schichten eingebaut, die diesem Phänomen unterschiedliche Widerstände entgegenbringen. Diese vormals vereinfachend Dampfbremsen oder Dampfsperren genannten Schichten werden inzwischen mit dem neutraleren Begriff Luftdichtheitsschicht bezeichnet.

Die Wasserdampfdiffusionswiderstandszahl μ (mü)bezeichnet, um das Wievielfache der Widerstand des Baustoffes größer als der Widerstand der Luft gleicher Dicke.

Beispiel

Stahlbeton hat einen μ-Wert von 130 (ohne Einheit). Somit ist der Widerstand von 20 cm Stahlbeton 130-mal größer als der Widerstand einer 20 cm dicken Luftschicht.

Zur Beurteilung, wie stark eine Bauteilschicht die Wasserdampfmoleküle an der Diffusion in das Bauteil hindert, wird diese Schicht mit einer Luftschicht verglichen, also welcher Luftschichtdicke man die Bauteilschicht hinsichtlich des Diffusionsverhaltens gleichsetzen kann (Äquivalenz). Dieses Verhalten wird mit dem s_d-Wert (wasserdampfdiffusionsäquivalente Luftschichtdicke) beschrieben. Er ergibt sich aus dem Produkt der Bauteilschichtdicke und der Wasserdampfdiffusionswiderstandszahl μ (Mü).

$$s_d = \mu \cdot d \ \ [\text{m}]$$

Je nach s_d-Wert wird eine Luftdichtheitsschicht von diffusionsoffen bis diffusionsdicht bezeichnet:

0 bis 0,5 m	= diffusionsoffen
0,5 bis 10 m	= diffusionsbremsend
10 bis 100 m	= diffusionshemmend
100 bis 1.500 m	= diffusionssperrend
ab 1.500 m	= diffusionsdicht

3.4 Wasserdampfdiffusionstechnisch nachweisfreie Bauteile

Zur genauen Beurteilung, ob in einem Bauteil Kondensat (Tauwasser) ausfällt, sind umfangreichere Berechnungen nach DIN 4108-3 erforderlich. Dabei wird geprüft, ob Tauwasser ausfällt, ob dieses die Baustoffe schädigt und ob es im Sommer wieder ausdiffundieren (austrocknen) kann. Alternativ dazu gibt es nach DIN 4108-3 sowie im Merkblatt Wärmeschutz bei Dach und Wand (ZVDH).

Bauteile, die hinsichtlich der Wasserdampfdiffusion ohne großen rechnerischen Aufwand geplant und ausgeführt werden können.

Dabei müssen bei den Dächern folgende Konstruktionsarten unterschieden werden:

- nicht belüftete Dächer:
  Bei nicht belüfteten Dächern ist direkt über der Wärmedämmung keine belüftete Luftschicht angeordnet. Zu nicht belüfteten Dächern gehören auch solche, die außenseitig im weiteren Dachaufbau angeordnete Luftschichten oder Lüftungsebenen haben. Vereinfacht können in diesen Fall Dächer mit Vollsparrendämmung und darüberliegender Unterdeckung (Bahn oder Platte) oder Aufsparrendämmung eingeordnet werden (siehe Abb. 3.4-2).
- belüftete Dächer:
  Bei belüfteten Dächern ist direkt über der Wärmedämmung eine belüftete Luftschicht angeordnet. Die belüftete Luftschicht hat über Traufe und First oder Pultabschluss Verbindung zur Außenumgebung (siehe auch Abb. 3.4-3, Seite 70).

Die zweite Unterscheidungsebene liegt in der Konterlattenebene. Diese bildet eine zusätzlich belüftete Luftschicht. Ohne Konterlattenebene spricht man von einem Aufbau ohne zusätzlich belüfteter Luftschicht.

Weiterhin wird unterschieden, ob eine Dachdeckung belüftet oder nicht belüftet ist:

- Nicht belüftete Dachdeckungen haben eine flächige Deckunterlage (Schalung).
- Belüftete Dachdeckungen werden auf linienförmiger Deckunterlage (Lattung) gedeckt.

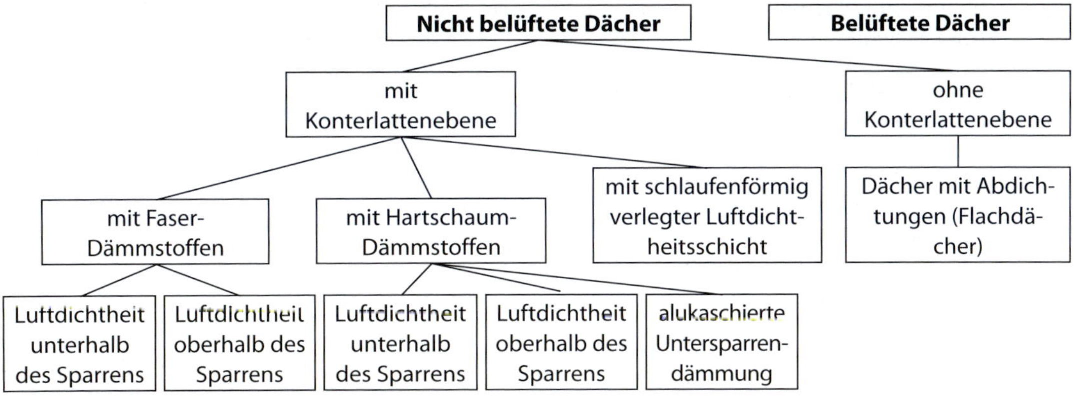

Abb. 3.4-1: Schema der nachweisfreien Bauteile

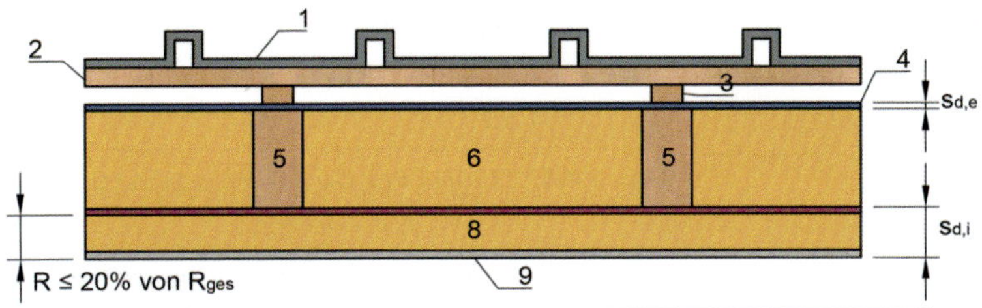

1: Dachdeckung (Abdichtung)
- auch helle Dachoberflächen -
2: Traglattung (Schalung)
3: Konterlattenebene als belüftete Luftschicht
4: Unterdeckbahn
5: Sparren
6: Gefachdämmung
7: Luftdichtheitsschicht
8: Installationsebene mit oder ohne Dämmung
9: innenseitige Bekleidung

$s_{d,e}$ in m	$s_{d,i}$ in m
≤ 0,1	≥ 1,0
0,1 < $s_{d,e}$ ≤ 0,3	≥ 2,0
0,3 < $s_{d,e}$ ≤ 2,0	≥ 6 x $s_{d,e}$

Abb. 3.4-2: Nicht belüftete Dachkonstruktion

Abdichtungen benötigen stets eine flächige Unterlage und sind daher nicht belüftet.

Die nachweisfreien Bauteile sind an weitere Bedingungen geknüpft:

- Lage der Luftdichtheitsschicht
- s_d-Werteinnen und außen
- Oberflächenfarbe
- Art der Dämmung (Faserdämmstoff oder kein Faserdämmstoff)
- ggf. schlaufenförmig verlegte Luftdichtheitsschicht
- Nutzung und ggf. Lage des Gebäudes

3.4.1 Nachweisfreie, nicht belüftete Dächer

- Fazit zu unbelüfteten Dächern mit Faserdämmstoffen und der Luftdichtheitsschicht unterhalb des Sparrens:
  Der s_d-Wertaußen bestimmt den innenseitigen s_d-Wert.
- Fazit zu unbelüfteten Dächern mit Faserdämmstoff und der Luftdichtheitsschicht oberhalb des Sparrens:
  verschiedene Kriterien, u. a. eine Mindestdicke der Aufsparrendämmung von 6 cm und ein s_d-Wert innen von mindestens 2 Metern.

- Fazit zu unbelüfteten Dächern mit Hartschaum-Dämmstoffen und der Luftdichtheitsschicht unterhalb des Sparrens: verschiedene Kriterien, u. a. eine Mindestdicke der Aufsparrendämmung von 8 cm und ein s_d-Wert innen zwischen 2 und 10 Metern.
- Fazit zu unbelüfteten Dächern mit Hartschaum-Dämmstoffen und der Luftdichtheitsschicht oberhalb des Sparrens: verschiedene Kriterien, u. a. eine Mindestdicke der Aufsparrendämmung von 8 cm und eine Begrenzung der Dicke der Gefachdämmung.
- Darüber hinaus gibt es noch Beispiele für eine alukaschierte Untersparrendämmung und Dächer mit schlaufenförmig verlegter Luftdichtheitsschicht.
- Fazit zu unbelüfteten Dächern ohne Konterlattenebene (Dächer mit Abdichtungen): Mindestens 80 % der Dämmung soll oberhalb der Tragkonstruktion liegen.

3.4.2 Nachweisfreie, belüftete Dächer

Folgende belüftete Dachkonstruktionen dürfen ohne rechnerischen Nachweis des Tauwasserschutzes ausgeführt werden:

- Belüftete Dächer mit einer Dachneigung < 5° unter folgenden Bedingungen:
  - Unterhalb der Wärmedämmschicht ist eine diffusionshemmende Schicht mit $s_{d,i} \geq 100$ m vorhanden.
  - Maximal 20 % des Gesamtwärmedurchlasswiderstandes unterhalb der diffusionshemmenden oder diffusionsdichten Schicht sind vorhanden.
  - Die Luftschicht muss mindestens 5 cm dick sein.
- Belüftete Dächer mit einer Dachneigung ≥ 5° und einem $s_{d,i}$-Wert der unterhalb der Belüftungsschicht angeordneten Bauteilschichten von insgesamt mindestens 2 m.

3.4.2.1 Oberste Geschossdecken

Oberste Geschossdecken, welche die alleinige thermische Gebäudehülle mit Luftdichtheitsebene darstellen, sind nachweisfrei, wenn der Dachraum mit Außenluft belüftet ist. Lüftungsöffnungen müssen mindestens 20 cm^2 pro m^2 Grundfläche des Dachraums aufweisen.

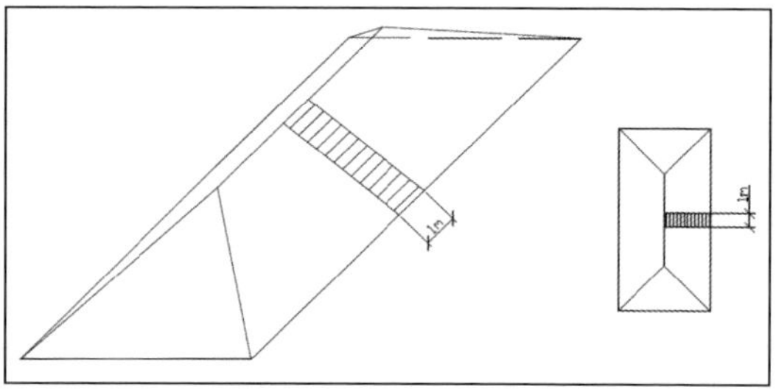

Abb. 3.4-3: Zugehörige Dachfläche je Meter Traufe

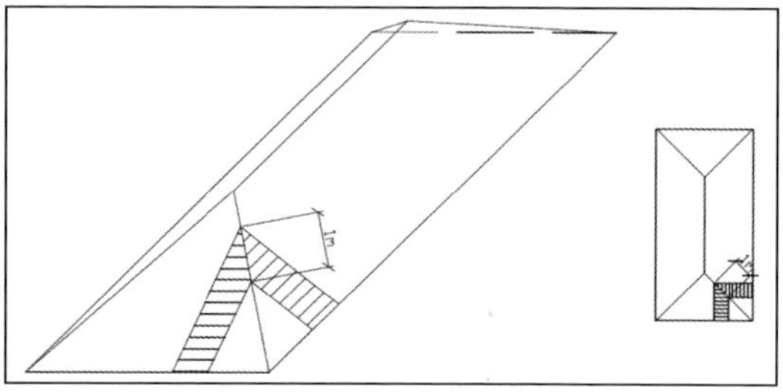

Abb. 3.4-4: Zugehörige Dachfläche je Meter Grat

3.4.3 Lüftungsquerschnitt

3.4.3.1 Belüftete Luftschichten von Dächern und belüftete Dachdeckungen bei Dachneigungen ≥ 5°

Belüftete Luftschichten von Dächern und belüftete Dachdeckungen müssen bei Dachneigungen ≥ 5° mindestens folgende Eigenschaften aufweisen:

- Die Höhe des freien Lüftungsquerschnittes innerhalb des Dachbereichs muss mindestens 2 cm betragen und sich über die ganze Fläche erstrecken. Eine punktuelle Unterschreitung ist möglich, der Lüftungsquerschnitt darf jedoch an keiner Stelle weniger als 5 mm betragen.
- der freie Lüftungsquerschnitt an den Traufen bzw. an Traufe und Pultdachabschluss muss mindestens 2 ‰ der zugehörigen geneigten Dachfläche, mindestens jedoch 200 cm^2/m betragen (siehe Abbildung 3.4-3).
- An First und Grat sind Mindestlüftungsquerschnitte von 0,5 ‰ der zugehörigen geneigten Dachflächen erforderlich, mindestens jedoch 50 cm^2/m (siehe Abbildung 3.4-4).

Der Einbau von zusätzlichen Lüftern kann erforderlich sein.

Tabelle 3.4-1: Mindestlüftungsquerschnitte von belüfteten Dächern und belüfteten Luftschichten

Sparrenlänge in m	Mindestlüftungsquerschnitte			
	Traufe und Pultabschluss: ≥ 2 ‰ bzw. mindestens 200 cm²/m		First und Grat: ≥ 0,5 ‰ bzw. mindestens 50 cm²/m	Dachfläche (cm²/m): ≥ 2 cm freie Höhe 3)
	min. Fläche (cm²/m)	empfohlene Spalthöhe (cm) 1)	min. Fläche (cm²/m) 2)	
1 – 5			50	
6		3	60	
7,5	200		70	
8			80	
9		4	90	
10			100	200
11	220		110	
12	240		120	
13	260	6	130	
14	280		140	
15	300		150	
usw.				

1) Der freie Luftspalt (z. B. Konterlattendicke) ist bezogen auf eine Einschränkung durch z. B. Sparren, Lüftungsgitter von maximal 50 %, größere Einschränkungen sind entsprechend zu berücksichtigen. Die Löcher von Lüftungsgittern sollen über einen Durchmesser Ø ≥ 5 mm verfügen.
2) Angabe bezieht sich auf die Gesamtfläche bei symmetrischen Dächern. Bei unsymmetrischen Dächern kann der Mindestlüftungsquerschnitt aus 0,5 ‰ der vorhandenen Dachfläche ermittelt werden.
3) Eine punktuelle Unterschreitung ist möglich, der Lüftungsquerschnitt darf jedoch an keiner Stelle weniger als 5 mm betragen.

Tabelle 3.4-1 zeigt die Anforderungen an die Lüftungsquerschnitte, zusammengefasst für die praktische Anwendung.

3.4.3.2 Belüftete Luftschichten von Dächern bei Dachneigungen < 5°

Belüftete Luftschichten von Dächern müssen bei Dachneigungen < 5° und Sparrenlängen (Entfernung von Zu- und Abluftöffnung) von maximal 10 m mindestens folgende Eigenschaften aufweisen:

- Die Höhe des freien Lüftungsquerschnitts innerhalb des Dachbereichs über der Wärmedämmschicht muss mindestens 5 cm betragen. Bei einer Mineralwoll-Gefachdämmung wird eine Höhe von mindestens 7 cm empfohlen
- Die Mindestlüftungsquerschnitte an mindestens zwei gegenüberliegenden Dachrändern müssen mindestens 2 ‰ der zugehörigen geneigten Dachfläche betragen, mindestens jedoch 200 cm²/m.

Bei Sparrenlängen (Entfernung von Zu- und Abluftöffnung) größer 10 m können besondere Maßnahmen zur Aufrechterhaltung der Belüftungsfunktion erforderlich sein.

3.4.3.3 Lüftungsquerschnitt von hinterlüfteten Außenwandbekleidungen

Luftschichten zur Hinterlüftung von Außenwandbekleidungen müssen mindestens 2 cm aufweisen und dürfen an einzelnen Stellen auf 5 mm reduziert werden. Am oberen und unteren Abschluss der Luftschicht sind Öffnungen von mindestens 50 cm² je Meter Wandlänge erforderlich; dabei sind Querschnittseinengungen z. B. durch Lüftungsgitter zu berücksichtigen. Kleinere, aus konstruktiven Gründen nicht hinterlüftete Flächen wie z. B. Fensterbrüstungen und Fensterstürze, sind jedoch zulässig.

Zusammenfassung

Wasser kann in den Aggregatzuständen fest, flüssig und gasförmig auftreten.

Konvektion erfolgt durch Undichtigkeiten in der Luftdichtheitsschicht.

Diffusion kann durch die Bauteile hindurch erfolgen.

Durch die Kapillarität wird Wasser in die Bauteile hineintransportiert.

Die Kohäsion bezeichnet die Zusammenhangkraft zwischen den Teilchen eines Stoffes.

Die Adhäsion bezeichnet die Zusammenhangkraft zwischen den Teilchen verschiedener Stoffe.

Der Tauwasserschutz von Bauteilen kann durch nachweisfreie Konstruktionen gewährleistet werden.

Dächer können als belüftete Dächer oder als nicht belüftete Dächer ausgeführt werden.

Wenn Dächer mit einer Dachneigung von mehr als 5° als belüftete Dächer ausgeführt werden oder zusätzliche belüftete Luftschichten ausgeführt werden, müssen an Traufe, First und Grat bestimmte Lüftungsquerschnitte eingehalten werden.

Die relative Luftfeuchte gibt das Verhältnis von tatsächlich vorhandener zur maximalen Luftfeuchtigkeit an.

Der Abtransport der Feuchte in der Belüftungsebene wird durch den thermischen Auftrieb und durch Windeinwirkung angetrieben.

Aufgaben

1. Beschreiben Sie den Unterschied zwischen einem belüfteten Dach und einem unbelüfteten Dach.
2. Wie groß müssen die Lüftungsquerschnitte an der Traufe bzw. am Pultdachabschluss sein?

3.5 Wärmedämmstoffe

Als Wärmedämmstoffe bezeichnet man Stoffe, die aufgrund ihrer Struktur oder Dichte schlechte Wärmeleiter sind, also die Wärme nur langsam weitergeben. Wärmedämmstoffe haben einen niedrigen Bemessungswert der Wärmeleitfähigkeit λ.

Wärmedämmstoffe werden üblicherweise in Form von Platten, Rollen, Bahnen oder Matten hergestellt.

Für die Wahl eines Dämmstoffes sind, neben dem Preis, seine Eigenschaften ausschlaggebend. Hierzu zählen Punkte wie Rohstoffe, Lieferform, Wärmeleitfähigkeit, Rohdichte, Wärmespeicherkapazität, Brandverhalten, Wasserdampfdiffusionswiderstand, Schallschutz, gesundheitliche Aspekte, ökologische Aspekte oder Verfügbarkeit.

Wärmedämmstoffe nach europäischen harmonisierten Normen müssen eine Leistungserklärung nach Bauproduktenverordnung besitzen und mit einer CE-Kennzeichnung gekennzeichnet sein. Die CE-Kennzeichnung ist entweder auf

- dem Produkt selbst oder
- einem am Produkt befestigten Etikett oder
- der Verpackung

Tabelle 3.5-1: Europäisch harmonisiert genormte Wärmedämmstoffe

Norm	Material	Kurzzeichen
DIN EN 13162	Mineralwolle	MW
DIN EN 13163	expandiertes Polystyrol	EPS
DIN EN 13164	extrudiertes Polystyrol	XPS
DIN EN 13165	Polyurethan-Hartschaum	PU
DIN EN 13166	Phenolharzschaum	PF
DIN EN 13167	Schaumglas	CG
DIN EN 13168	Holzwolle-Leichtbauplatten	WW
DIN EN 13168	Holzwolle-Mehrschichtplatten	WWC
DIN EN 13169	Blähperlit	EPB
DIN EN 13170	Expandierter Kork	ICB
DIN EN 13171	Holzfaser	WF

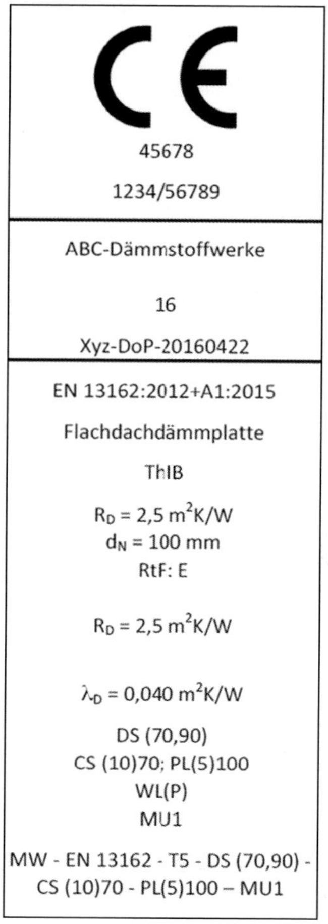

Abb. 3.5-1: Beispielhafte Darstellung einer CE-Kennzeichnung einer Mineralwolledämmung

anzubringen. Abbildung 3.5-1 ist die beispielhafte Darstellung einer CE-Kennzeichnung, die die erforderlichen Angaben umfasst. Diese Produkte müssen den Normen nach Tabelle 3.5-1 entsprechen und werden mit den dort angegebenen Kurzzeichen abgekürzt.

Der Bemessungswert der Wärmeleitfähigkeit $\lambda_{Bemessung}$ für wärme- und/oder feuchtetechnische Berechnungen und Nachweise ergibt sich nach DIN 4108-4 aus dem Nennwert der Wärmeleitfähigkeit und einem Zuschlag nach Tabelle 3.5-2.

Beispiel

Bei einem expandierten Polystyrolschaum ist der Nennwert der Wärmeleitfähigkeit $\lambda_D = 0{,}034\ W/(m \cdot K)$ angegeben.

Um den Bemessungswert der Wärmeleitfähigkeit λ zu erhalten, wird der Nennwert mit 1,03 multipliziert.

$$\begin{aligned}\lambda_{Bemessung} &= \lambda_D \cdot 1{,}03 \\ &= 0{,}034\ W/(m \cdot K) \cdot 1{,}03 \\ &= 0{,}035\ W/(m \cdot K)\end{aligned}$$

bzw.

$$\begin{aligned}\lambda_{Bemessung} &= \lambda_D \cdot 0{,}001 \\ &= 0{,}034\ W/(m \cdot K) \cdot 0{,}001 \\ &= 0{,}035\ W/(m \cdot K)\end{aligned}$$

Als Bemessungswert der Wärmeleitfähigkeit ist also $\lambda_{Bemessung} = 0{,}035\ W/(m \cdot K)$ heranzuziehen.

Tabelle 3.5-2: Ermittlung des Bemessungswerts der Wärmeleitfähigkeit nach DIN 4108-4

Zeile	Wärmedämmstoff	Bemessungswert der Wärmeleitfähigkeit
1	MW	$\lambda_{Bemessung} = 1{,}03 \times \lambda_D$ bzw. $\lambda_{Bemessung} = \lambda_D + 0{,}001$ (der größere Wert ist maßgebend)
2	EPS	
3	XPS	
4	PU	
5	PF	
6	CG	
7	EPB	
8	WF	$\lambda_{Bemessung} = 1{,}05 \times \lambda_D$ bzw. $\lambda_{Bemessung} = \lambda_D + 0{,}002$ (der größere Wert ist maßgebend)
9	WW	
10	ICB	$\lambda_{Bemessung} = 1{,}23 \times \lambda_D$
11	WWC	Für die einzelnen Schichten sind die Bemessungswerte separat zu berechnen. Schichten aus EPS sind nach Zeile 2 zu berechnen.
		Für Schichten aus MW gilt Zeile 1.
		Für Schichten aus EPS gilt Zeile 2.
		Für Deckschichten aus Holzwolle (WW) gilt $\lambda_{Bemessung} = 1{,}20 \times \lambda_D$

3.5.1 Pflanzliche/tierische Wärmedämmstoffe

Pflanzliche und tierische Wärmedämmstoffe werden aus nachwachsenden Rohstoffen hergestellt. Die Nachfrage nach dieser Wärmedämmung wächst vor allem bei privaten Bauherrn.

Diese natürlichen Wärmedämmstoffe können aus Hanf, Flachs, Schafwolle oder Holz hergestellt werden. Genormt sind bisher aber lediglich Dämmstoffe aus Kork und aus Holzfaser. Alle anderen natürlichen Dämmstoffe benötigen eine bauaufsichtliche Zulassung oder eine europäische technische Zulassung, um in Gebäuden als Dämmstoff eingesetzt werden zu dürfen.

Die hohe Wärmespeicherkapazität dieser Dämmstoffe verbessert den sommerlichen Wärmeschutz leichter Konstruktionen. Durch ihre Kapillarität wirken sie feuchteausgleichend.

Expandierter Kork (ICB)

Aus der Rinde der Korkeiche wird Kork gewonnen. Kork ist demnach ein natürlicher Dämmstoff. Er ist relativ beständig gegen Fäulnis und lässt sich leicht bearbeiten. Früher wurden Dämmplatten aus Kork bei Flachdächern sehr häufig eingesetzt. Durch Blähen (Expandieren) der Korkpartikel kann der Dämmwert noch über den natürlichen Wert hinaus verbessert werden.

Kork ist nur bis etwa 150 °C temperaturbeständig, so dass eine Verarbeitung mit Heißbitumen nur eingeschränkt möglich ist.

Holzfaser (WF)

Holzfaserplatten, Holzwolle-Mehrschichtplatten (WW-C) und Holzwolle-Platten (WW) sind als Dämmplatten im Innenausbau und als Putzträger gut geeignet. Sie werden entweder aus Holzwolle oder aus zerfaserten Holzabfällen, teilweise auch direkt mit anderen Dämmstoffen, z. B. expandiertem Polystyrol, als Mehrschichtplatte hergestellt. Als mineralisches Bindemittel wird Zement oder Magnesit verwendet.

Sie nehmen leicht Feuchtigkeit auf, wodurch der Wärmedämmwert gesenkt wird. Als Wärmedämmung auf dem Flachdach sind sie deshalb weniger geeignet.

3.5.2 Synthetische Wärmedämmstoffe

Synthetische Wärmedämmstoffe weisen vielfach gute wärmedämmende Eigenschaften auf. Sie werden auf Erdölbasis künstlich hergestellt.

Unter die Rubrik der synthetischen Wärmedämmstoffe fallen die Schaumkunststoffe.

Diese auch als Hartschaum bezeichneten Dämmstoffe lassen sich in 4 Unterarten unterteilen:

- Wärmedämmstoffe aus Phenolharz(PF)-Hartschaum
- Wärmedämmstoffe aus expandiertem Polystyrol **(EPS)**
- Wärmedämmstoffe aus extrudiertem Polystyrol **(XPS)**
- Wärmedämmstoffe aus Polyurethan(**PUR**)-Hartschaum

Wärmedämmstoffe aus Phenolharz (PF) entstehen aus Phenol und Formaldehyd. Sie sind spröd-hart und heißbitumenbeständig. Dank einer hohen Wärmebeständigkeit können auch Schweißbahnen mit offener Flamme aufgebracht werden. Phenolharzschaum wird überwiegend in Platten angeboten. Es ist aber auch möglich, am Ort zu schäumen. Gegen Feuchtigkeit und Altern ist Phenolharzschaum weniger beständig. Platten können faulen und schimmeln.

Wärmedämmstoffe aus expandiertem Polystyrol (EPS) bestehen aus aufgeschäumtem Polystyrol. Die aufgeblähten kleinen Kügelchen werden anschließend miteinander verschweißt. Bei diesem Dämmstoff ist die Kugelform der einzelnen Partikel gut zu erkennen. Er wird auch Partikelschaum genannt. Dämmstoffe aus expandiertem Polystyrol gehören zu den leichtesten Dämmstoffen und haben deshalb einen sehr guten Dämmwert.

Abb. 3.5-2: Holzwolle-Platten

Expandiertes Polystyrol ist kaum temperaturbeständig. Bei zu hohen Temperaturen schmilzt es. Heißbitumen oder eine offene Flamme darf nicht direkt mit expandiertem Polystyrol zusammenkommen. Vielfach versucht man, Heißbitumen so lange auszukühlen, bis das Polystyrol nicht mehr schmilzt. Es besteht dabei aber die große Gefahr, dass der notwendige Kontakt mit dem Untergrund nicht mehr ausreichend gesichert ist. Die Industrie bietet kaschierte Dämmplatten an. Dabei handelt es sich um Platten, die einseitig oder sogar beidseitig mit Dachbahnen beklebt sind.

Es ist auch möglich, Dämmplatten aus expandiertem Polystyrol mit Kaltkleber zu befestigen. Die Zusammensetzung des Kaltklebers ist auf Polystyrol abzustimmen, da Polystyrol gegen die meisten Lösungsmittel nicht beständig ist. Der Dämmstoff ist auch gegen Teer, Kraftstoffe, ölhaltige Holzschutzmittel sowie pflanzliche und tierische Öle und Fette nicht beständig und kann Wasser aufnehmen. Er wird auch gern von Tieren angenagt. Expandiertes Polystyrol schimmelt und verrottet nicht.

Partikelschaum darf nicht direkter Sonnenstrahlung ausgesetzt werden, da er sonst mit der Zeit zerfällt.

Bei der Kombination von expandiertem Polystyrol mit Kunststoffen ist darauf zu achten, dass aus den verlegten Platten noch einige Zeit restliche Treibgase ausdiffundieren. Diese Gase dürfen den Kunststoff nicht auflösen oder nachteilig beeinflussen.

Expandiertes Polystyrol wird im Steildach, im Flachdach und an der Außenwand als Dämmstoff eingesetzt.

Die Industrie bietet eine Vielzahl unterschiedlicher Formen und auf das jeweilige Einsatzgebiet abgestimmte Varianten an.

Für das Flachdach gibt es neben den schon genannten Platten auch **Rollbahnen** und **Klappbahnen**. Auf eine Trägerbahn aus einer Bitumen-Dachbahn wird von der herstellenden Industrie direkt der Dämmstoff aufgebracht. Um die 2,5 bis 5 m langen Bahnen rollen zu können, wird der Dämmstoff streifenförmig quer zur Rollrichtung eingeschnitten. Die für eine Bitumenbahn notwendige Überdeckung an den Nähten wird von Dämmstoff freigehalten.

Wärmedämmstoffe aus extrudiertem Polystyrol (XPS) haben den gleichen chemischen Grundstoff wie expandiertes Polystyrol. Die Herstellung ist aber unterschiedlich. Extrudiertes Polystyrol wird mit einem Extruder (Schneckenpresse) durch eine Breitschlitzdüse gepresst und schäumt anschließend auf. Durch dieses Herstellungsverfahren entsteht ein endloser Strang, der zu Platten geschnitten wird. Einzelne Polystyrolkugeln sind im Querschnitt nicht zu erkennen. Die Oberfläche ist sehr glatt und hart. Im Schnitt erkennt man aneinandergereihte, streifige Zellen.

Die aus dem Grundstoff Polystyrol herrührenden Eigenschaften sind beim extrudierten Polystyrol die gleichen wie beim expandierten Polystyrol. Extrudiertes Polystyrol ist allerdings schwerer und dichter und nimmt wenig Wasser auf. Dämmplatten aus extrudiertem Polystyrol können temperaturbedingte Längendehnungen aufweisen, die sich schädigend auf die Dachabdichtung auswirken können. Es ist dann eine vollständige Trennung zwischen Dachabdichtung und Wärmedämmschicht herzustellen. Das Haupteinsatzgebiet von extrudiertem Polystyrol sind **Umkehrdächer**. Dabei liegt die Wärmedämmung anders als bei üblichen Flachdächern oberhalb der Dachabdichtung.

Abb. 3.5-3: Expandiertes Polystyrol

Abb. 3.5-4: Extrudiertes Polystyrol

Wärmedämmstoffe aus Polyurethan (PUR) bestehen aus einer Vielzahl geschlossener Zellen, die durch Mischen von Stoffen aufgeschäumt werden. Polyurethan hat einen sehr hohen Dämmwert. Es wird auch als Ortschaum zum Ausschäumen von Hohlräumen (Hohlraumkonservierung im Auto, Fensterrahmen etc.) verwendet. Auch im Bereich des Daches

Abb. 3.5-5: Polyurethan-Hartschaum

kann Polyurethan als Dachspritzschaum auf einem Dach mit Abdichtung benutzt werden.

Platten aus Polyurethan werden entweder aus Blöcken geschnitten oder direkt auf Doppelbandanlagen kontinuierlich geschäumt. Die letztgenannten Platten sind beidseitig kaschiert.

Dämmplatten aus Polyurethan sind weitgehend temperaturbeständig. Sie können mit Heißbitumen oder offener Flamme kurzzeitig in Berührung kommen. Polyurethan nimmt kein Wasser auf, verrottet nicht, ist alterungsbeständig und beständig gegen Wasser, Treibstoffe und Mineralöle und gegen die meisten Lösungsmittel. Platten aus Polyurethan können stark schüsseln, schrumpfen oder sich bei Erwärmung dehnen.

Bei der Herstellung von extrudiertem Polystyrol und von Polyurethan wurde vielfach Fluorchlorkohlenwasserstoff (FCKW) verwendet. FCKW wirkt Ozon abbauend und wird aus Gründen des Umweltschutzes verboten.

Deshalb werden inzwischen weitgehend andere Treibmittel für die Herstellung verwendet. Stoffe, die noch FCKW enthalten oder freisetzen können, müssen entsprechend gekennzeichnet sein.

3.5.3 Mineralische Wärmedämmstoffe

Mineralische Dämmstoffe sind anorganische Dämmstoffe, d. h., die Dämmstoffe bestehen aus Verbindungen, die nicht kohlenstoffhaltig sind. Sie zeichnen sich durch ihre Nichtbrennbarkeit und Verrottungsbeständigkeit aus. Mineralische Dämmstoffe sind Mineralschäume, wie Schaumglas oder Perlite, oder Mineralwollstoffe.

Schaumglas (CG)

Flüssiges Glas wird durch Zugabe von Treibmitteln zu einem aufgeschäumten, geschlossenzelligen Dämmstoff. Der hohe Gasanteil in den Zellen wirkt wärmedämmend. Die charakteristischen Eigenschaften von Glas bleiben bei Schaumglas weitgehend erhalten.

Schaumglasplatten nehmen kaum Wasser auf und sind praktisch diffusionsdicht (wasserdampfundurchlässig). Unkaschierte Schaumglasplatten sind nicht brennbar. Je nach Anwendungstyp sind Schaumglasplatten geeignet, hohe und höchste Lasten aufzunehmen.

Die Platten müssen dafür aber vollkommen plan aufliegen, da sie sonst infolge der Glashärte leicht brechen. Die Verarbeitungshinweise der Hersteller berücksichtigen diesen Umstand, indem sie fordern, dass Schaumglasplatten voll in Bitumen einzuschwemmen sind. Wegen der Gefahr des Brechens und wegen ihres Gewichts werden Schaumglasplatten mit einer maximalen Kantenlänge von 60 cm geliefert. Die Platten können mit normalen Sägen geschnitten werden.

Perlite

Durch hohe Temperaturen wird eingeschlossene Feuchtigkeit in erstarrter, gebrochener und zermahlener Vulkanlava ausgedehnt. Die kleinen Lavateilchen werden dadurch zu größeren Körpern aufgebläht (expandiert).

Expandierte Perlite wird als lose Schüttung geliefert und mit Bitumen-Klebemassen vermischt als Dämmstoff für einschalige Flachdächer eingesetzt. Beim Abziehen und Verdichten der Oberfläche der Dämmschicht ist es leicht möglich, Unebenheiten im Untergrund auszugleichen oder Gefälle nachträglich herzustellen. Perlite sind nicht brennbar, verlieren aber diese Eigenschaft bei Mischung mit Bitumen. Meistens werden die einzelnen Körner nach der Herstellung schon bituminiert, damit bei der Verarbeitung ein besserer Kontakt erzielt wird.

Expandierte Perlite kann in Form einer losen Schüttung auch als Dämmstoff für Hohlräume benutzt werden.

Abb. 3.5-6: Glaswolle

Abb. 3.5-7: Steinwolle

Abb. 3.5-8: Einblasdämmung aus Zellulose

So wird es z. B. als Wärmedämmung in zweischaligen Mauerwänden verwendet. Auch im Steildachbereich können expandierte Perlite eingesetzt werden. Dabei werden die Körner in einen Kunststoffschlauch unter der Deckung geschüttet. Zu beachten ist die notwendige Hinterlüftung der Deckung, die durch den gefüllten Schlauch nicht unterbrochen werden darf.

Dämmplatten aus expandierten Perliten lassen sich aus einer Mischung von expandiertem Mineraliengranulat, Mineralfasern und einem Binder pressen. Diese Dämmplatten sind genormt und tragen das Kurzzeichen EPB. Die Platten sind sehr druckfest. Je nach Zusammensetzung können sie nicht brennbar hergestellt werden und sind für einschalige Flachdächer gut zu gebrauchen.

Mineralwolle (MW)

Mineralwolle wird aus der Schmelze von Basalt, Hochofenschlacke oder anderen Mineralien hergestellt. So wird beispielsweise Glaswolle (siehe Abb. 3.5-6) aus natürlichen Gesteinen wie Quarzsand oder Kalkstein und aus Altglas hergestellt. Steinwolle (siehe Abb. 3.5-7) besteht aus verschiedenen Gesteinsarten wie Diabas, Dolomit oder Kalkstein. Mittels feiner Düsen oder Dampfstrahler formt man aus der flüssigen Schmelze dünne Mineralfasern. Die Länge der einzelnen Fasern ist vom Herstellungsverfahren und vom Verwendungszweck abhängig. Es können Bahnen, Matten, Filze und Platten hergestellt werden. Bahnen und Matten sind meistens ein- oder beidseitig mit Papier oder Metallfolien kaschiert. Ihre Haupteinsatzgebiete sind zweischalige Flachdächer, Steildächer und Außenwände. Dort sind sie als Dämmstoffe wegen ihrer Formbarkeit und Weichheit gut verwendbar. Mineralwolle ist nicht brennbar, wenn diese Eigenschaft nicht durch eine Tränkung oder die Kaschierung verloren gegangen ist.

Dämmplatten aus Mineralwolle sind dann für einschalige Flachdächer geeignet, wenn sie ausreichend fest sind. Für genutzte Dächer sind sie nur in besonderen Fällen verwendbar.

3.5.4 Recycelte Dämmstoffe

Recycelte Dämmstoffe können sowohl aus synthetischen oder pflanzlichen Produkten gewonnen werden. Durch die Wiederverwendung bzw. das Recycling erhalten diese Materialien eine verlängerte Nutzungsdauer.

Zellulose

Zellulose wird aus Altpapier (Tageszeitungsaltpapier, sortenreines Altpapier, nicht verkaufte Bücher) gewonnen. Dieses wird in einem Schredder zerkleinert und danach in einer Feinmühle zu einem faserigen, lockeren Material gemahlen. Dazu wird Borsalz beigemischt, um den Brandschutz zu verbessern. Die Zellulosefasern werden in die Dach- oder Wandkonstruktionen eingeblasen.

Für das Einblasen der Zellulose wird das Material in eine spezielle Maschine eingegeben, dort durchmischt und mit Druck durch Schläuche bis zu 50 Meter weit oder hoch bis zum Dach befördert. Dort wird es durch kleine Öffnungen – oder auch offen – in den Hohlraum eingeblasen.

3.5.5 Anwendung und Kennzeichnung von Wärmedämmstoffen

Wärmedämmstoffe werden mithilfe von Kurzzeichen gekennzeichnet, aus denen sich entnehmen lässt, in welchen Anwendungsgebieten sie eingebaut werden dürfen (siehe Tabelle 3.5-3). Dabei wird zwischen Dach bzw. Decke, Wand und Perimeter unterschieden. Dadurch wird die Auswahl des Dämmstoffes für das Anwendungsgebiet erleichtert.

Die Eigenschaften der Dämmstoffe können weiter differenziert werden, wenn zusätzliche Anforderungen an bestimmte Eigenschaften, wie beispielsweise Druckfestigkeit, Zugfestigkeit oder schalltechnische Anforderungen, gestellt werden (siehe Tabelle 3.5-4). So gibt es bei-

Tabelle 3.5-3: Anwendungsgebiete von Wärmedämmstoffen

Anwendungsgebiet	Kurzzeichen	Anwendungsbeispiele
Dach, Decke	 DAA	Außendämmung von Dach oder Decke, vor Bewitterung geschützt, Dämmung unter Abdichtungen
	 DAD	Außendämmung von Dach oder Decke, vor Bewitterung geschützt, Dämmung unter Deckungen
	 DUK	Außendämmung des Daches, der Bewitterung ausgesetzt (Umkehrdach)
	 DZ	Zwischensparrendämmung, zweischaliges Dach, nicht begehbare, aber zugängliche oberste Geschossdecke
	 DI	Innendämmung der Decke (unterseitig) oder des Daches, Dämmung unter den Sparren/Tragkonstruktion, abgehängte Decke etc.
	 DEO	Innendämmung der Decke oder Bodenplatte (oberseitig) unter Estrich ohne Schallschutzanforderungen
	 DES	Innendämmung der Decke oder Bodenplatte (oberseitig) unter Estrich mit Schallschutzanforderungen
Wand	 WAB	Außendämmung der Wand hinter Bekleidung
	 WAA	Außendämmung der Wand hinter Abdichtung
	 WAP	Außendämmung der Wand unter Putz
	 WZ	Dämmung von zweischaligen Wänden, Kerndämmung
	 WH	Dämmung von Holzrahmen- und Holztafelbauweise
	 WI	Innendämmung der Wand
	 WTH	Dämmung zwischen Haustrennwänden mit Schallschutzanforderungen
	 WTR	Dämmung von Raumtrennwänden
Perimeter	 PW	außen liegende Wärmedämmung von Wänden gegen Erdreich (außerhalb der Abdichtung)
	 PB	außen liegende Wärmedämmung unter der Bodenplatte gegen Erdreich (außerhalb der Abdichtung)

Tabelle 3.5-4: Produkteigenschaften und ihre Kurzzeichen

Produkteigenschaft	Kurzzeichen	Beschreibung	Beispiele
Druckbelastbarkeit	dk	keine Druckbelastbarkeit	Hohlraumdämmung, Zwischensparrendämmung
	dg	geringe Druckbelastbarkeit	Wohn- und Bürobereich unter Estrich
	dm	mittlere Druckbelastbarkeit	nicht genutztes Dach mit Abdichtung
	dh	hohe Druckbelastbarkeit	genutzte Dachflächen, Terrassen
	ds	sehr hohe Druckbelastbarkeit	Industrieböden, Parkdeck
	dx	extrem hohe Druckbelastbarkeit	hoch belastete Industrieböden, Parkdeck
Wasseraufnahme	wk	keine Anforderungen an die Wasseraufnahme	Innendämmung im Wohn- und Bürobereich
	wf	Wasseraufnahme durch flüssiges Wasser	Außendämmung von Außenwänden und Dächern
	wd	Wasseraufnahme durch flüssiges Wasser und/oder Diffusion	Perimeterdämmung, Umkehrdach
Zugfestigkeit	zk	keine Anforderungen an die Zugfestigkeit	Hohlraumdämmung, Zwischensparrendämmung
	zg	geringe Zugfestigkeit	Außendämmung der Wand hinter Bekleidung
	zh	hohe Zugfestigkeit	Außendämmung der Wand unter Putz, Dach mit verklebter Abdichtung
schalltechnische Eigenschaften	sk	keine Anforderungen an schalltechnische Eigenschaften	alle Anwendungen ohne schalltechnische Anforderungen
	sh	Trittschalldämmung, erhöhte Zusammendrückbarkeit	
	sm	mittlere Zusammendrückbarkeit	schwimmender Estrich, Haustrennwände
	sg	Trittschalldämmung, geringe Zusammendrückbarkeit	
Verformung	tk	keine Anforderungen an die Verformung	Innendämmung
	tf	Dimensionsstabilität unter Feuchte und Temperatur	Außendämmung der Wand unter Putz, Dach mit Abdichtung
	tl	Verformung unter Last und Temperatur	Dach mit Abdichtung

spielsweise Polystyrol-Hartschaum mit mittlerer Druckbelastbarkeit, der bei nicht genutzten Dächern mit Abdichtung eingesetzt werden kann, und es gibt Polystyrol-Hartschaum mit hoher Druckbelastbarkeit, der auch bei genutzten Dachflächen eingesetzt werden kann. Mineralwolle kann auf einer Bodenplatte unter Estrich mit Schallschutzanforderungen als Trittschalldämmung mit erhöhter oder mit geringer Zusammendrückbarkeit eingebaut werden.

Beispiele

EPS DAA (dh) bedeutet:
- Expandierter Polystyrol-Hartschaum
- Anwendung als Außendämmung unter Abdichtung mit hoher Druckbelastung

MW DES (sg) bedeutet:
- Mineralwolle
- Anwendung als Innendämmung der Decke oder Bodenplatte (oberseitig) unter Estrich mit Schallschutzanforderungen
- Trittschalldämmung, geringe Zusammendrückbarkeit

Zusammenfassung

Wärmedämmstoffe haben einen kleinen Bemessungswert der Wärmeleitfähigkeit. Je kleiner die Wärmeleitfähigkeit, desto besser ist das Dämmvermögen.

Für Nachweise des Wärme- und Feuchteschutzes, z. B. U-Wertberechnungen, muss der Bemessungswert der Wärmeleitfähigkeit berücksichtigt werden. Bei Wärmedämmstoffen ergibt sich dieser durch einen materialspezifischen Zuschlag auf den Nennwert der Wärmeleitfähigkeit.

Kork ist die Rinde der Korkeiche. Kork ist nur bis etwa 150 °C temperaturbeständig.

Holzwolledämmstoffe werden im Innenausbau eingesetzt.

Phenolharzdämmstoffe sind spröd-hart und heißbitumenbeständig.

Expandiertes Polystyrol wird auch Partikelschaum genannt, weil die kleinen Schaumpartikel auch bei Platten noch gut zu erkennen sind. Polystyrol ist kaum hitzebeständig. Expandiertes Polystyrol wird in Form von Rollbahnen oder Platten geliefert. Kaschierten Platten oder Rollbahnen ist bei der Verklebung mit Heißbitumen der Vorrang zu geben.

Extrudiertes Polystyrol und expandiertes Polystyrol haben beide den gleichen Grundstoff. Extrudiertes Polystyrol ist für Dachabdichtungen mit Bitumen-Klebemassen ungeeignet. Das Haupteinsatzgebiet von extrudiertem Polystyrol sind Umkehrdächer, weil Polystyrol wenig Wasser aufnimmt.

Polyurethan kann kurzzeitig mit Heißbitumen oder offener Flamme in Berührung kommen. Polyurethan kann als Platte geliefert oder an Ort und Stelle geschäumt werden.

Schaumglas ist aufgeschäumtes Glas. Schaumglasplatten können sehr hohe Lasten aufnehmen. Schaumglasplatten müssen voll in Bitumen eingeschwemmt werden. Schaumglas nimmt kein Wasser auf und ist diffusionsdicht.

Perlite ist aufgeblähte Vulkanlava. Perlite wird als lose Schüttung geliefert und mit Bitumen-Klebemassen vermischt. Mit Perlite können Unebenheiten auf dem Flachdach ausgeglichen werden.

Dämmplatten aus Perlite sind zusammen mit Mineralwolle und einem Bindemittel gepresst.

Mineralwolle wird in Platten, Bahnen oder Matten hergestellt.

Mineralwolle ist normalerweise weich und formbar; nur für nicht belüftete Flachdächer müssen die Platten fest gepresst sein.

Die Anwendungsgebiete und die Produkteigenschaften von Wärmedämmstoffen werden mithilfe von Kurzzeichen angegeben.

Aufgaben

1. Ein EPS-Wärmedämmstoff hat einen Nennwert von $\lambda_D = 0{,}034\ W/(m \cdot K)$. Wie hoch ist der Bemessungswert der Wärmeleitfähigkeit?
2. Nennen Sie Wärmedämmstoffe!
3. Nennen Sie die Hartschaumdämmstoffe!
4. Was ist der Unterschied zwischen expandiertem und extrudiertem Polystyrol?
5. Wie wird Mineralwolle hergestellt?
6. Was bedeutet PUR DAA (ds)?

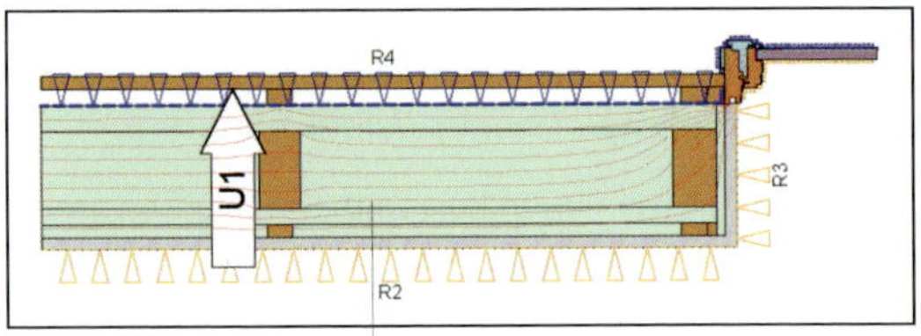

Abb. 3.6-1: Anschluss Dachflächenfenster

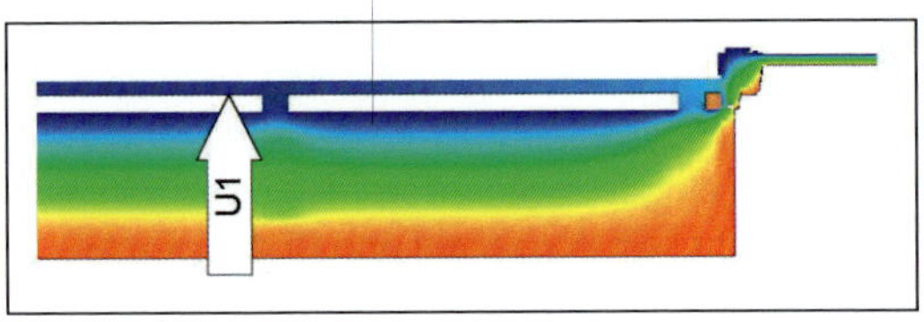

Abb. 3.6-3: Wärmebrücke am Beispiel Dachflächenfenster

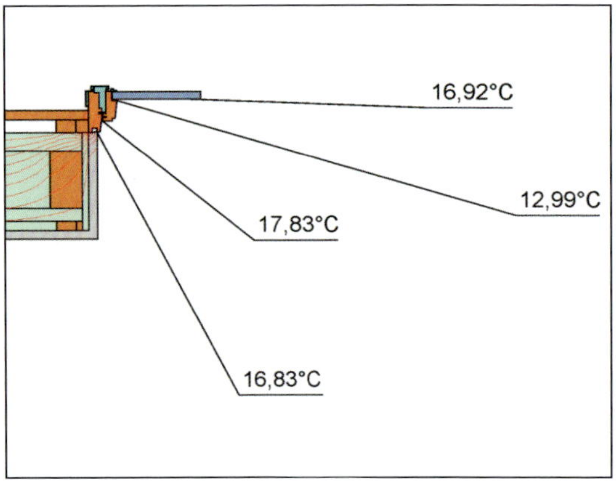

Abb. 3.6-2: Wärmebrücken-Temperaturen

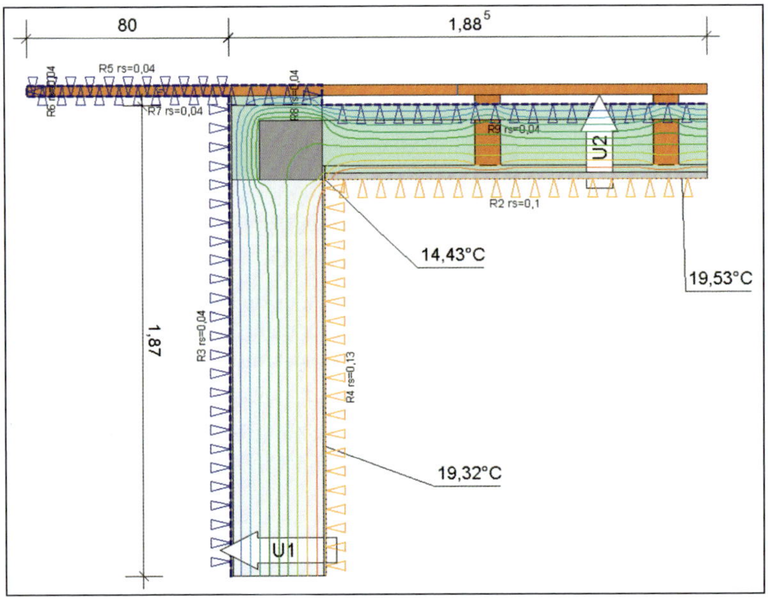

Abb. 3.6-4: Wärmebrücken im Detail

3.6 Wärmebrücken

Wärmebrücken ergeben sich durch die **geometrische** Ausbildung von Bauteilen (z. B. Gebäudeecken) oder **konstruktive** Maßnahmen (z. B. Durchdringungen). Wärmebrücken weisen im Vergleich zum angrenzenden Bauteilbereich einen erhöhten Wärmestrom auf und können zu niedrigen Oberflächentemperaturen, erhöhten Luftfeuchten und Abzeichnungen (z. B. Schimmelpilz) an den Oberflächen führen. Wärmebrücken sind nicht immer vermeidbar, ihre Auswirkungen können aber gemindert werden. Eine schädliche Tauwasserbildung an der Bauteilinnenoberfläche muss jedoch verhindert werden.

Man unterscheidet zwischen geometrischen (z. B. First, Außenwand), konstruktiven (z. B. Balkonplatte, Dämmstoffhalter) und baulichen (z. B. Fugen) Wärmebrücken.

Abbildung 3.6-1 zeigt die verschiedenen Temperaturlinien im Dachaufbau. In Abbildung 3.6-2 sind einzelne Punkte mit Oberflächentem-

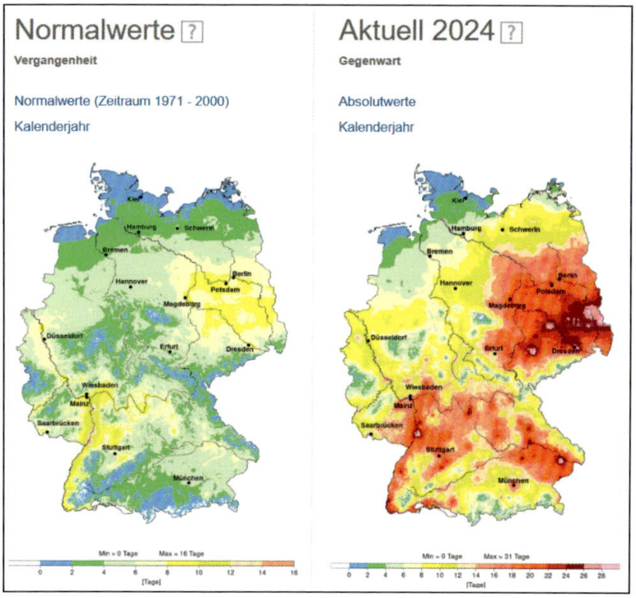

Abb. 3.7-1: Entwicklung der heißen Tage (über 30 °C)

peraturen beziffert. Damit kann schnell der Schwachpunkt einer Ausführung erkannt werden. Abbildung 3.6-3 zeigt beim selben Bauteil die Wärmeverteilung von innen nach außen.

Und die Abbildung 3.6-4 zeigt die Temperaturlinien (Isotherme) und Oberflächentemperaturen eines Bauteils mit Dach und Wand.

3.7 Sommerlicher Wärmeschutz (SWS)

Der vom Menschen verursachte Klimawandel führt auch in Deutschland zu immer milderen Wintern und vor allem wärmeren Sommern, sodassder sommerliche Wärmeschutz immer wichtiger wird (siehe Abb. 3.7-1). Laut Gebäudeenergiegesetz (GEG) muss dieser nachgewiesen werden.

Man kann den sommerlichen Wärmeschutz (SWS) in 3 Kategorien einteilen:

1. Variabel (Markisen, Rollläden, Klappläden usw.)
2. Konstruktiv (Bauart, z. B. Bauteile mit großer Wärmespeicherkapazität, geeignete Dämmmaterialien)
3. Technisch (Klimagerät, Wärmepumpen mit aktiver oder passiver Kühlfunktion)

Die **variable Art** des SWS mindert die Wärmeeindringung in Gebäude, indem die Wärmestrahlen der Sonne reflektiert werden.

Im Dachdeckerhandwerk haben wir auch Einfluss auf die **konstruktive Art** des SWS, so z. B. durch die Wahl der Dämmung im Dach. Wer kennt nicht die große Hitze in Dachgeschosswohnungen, die auch mit Nachtlüftung nicht auf ein erträgliches Maß zu verringern ist? Dies liegt zum einen daran, dass das Verhältnis der Dachfläche zum Raumvolumen ungünstig ist, außerdem an der vorherrschenden Leichtbauweise der Dachaufbauten. Nicht ohne Grund wird im Süden Europas auch bei Dachflächen viel mit Beton gearbeitet.

Die Auswahl relativ schwerer, dichter Dämmung, wie z. B. Holzfaser, verbessert den Hitzeschutz.

Die technische Art des SWS sollte möglichst vermieden werden, denn weder für die Gesellschaft noch die Umwelt ist es zielführend, wenn wir einerseits immer weniger Heizenergie benötigen, auf der anderen Seite aber einen Teil der eingesparten Energie wieder zum Kühlen der Gebäude verbrauchen.

3.8 Grundlagen des Schallschutzes

Die meisten Menschen haben ein Bedürfnis nach einem ruhigen (lärmarmen) Umfeld. Deshalb müssen Gebäude so gestaltet sein, dass größtmöglicher Schutz gegen das Eindringen äußerer Schallimmissionen und Schalleinwirkungen aus dem Inneren eines Gebäudes gegeben ist.

3.8.1 Die Entstehung von Schall

Zupft man an einer Gitarrensaite, so fängt die Saite an zu schwingen. Die Schwingungen werden an die angrenzenden Luftmoleküle weitergegeben und von diesen wiederum an die nächsten Luftmoleküle übertragen. So entstehen im Wechsel Zonen der Luftverdünnung und Zonen der Luftverdichtung, die sich von der Schallquelle weg als Schallwellen ausbreiten. Kommen die Schwingungen am Ohr an, versetzen sie das Trommelfell in Schwingung; der Mensch hört dann den Gitarrenton.

Hinweis

Die Zahl der Schwingungen pro Zeiteinheit bezeichnet man als Frequenz. Die Einheit der Frequenz ist Hertz (Hz). Je größer die Frequenz ist, also je mehr Schwingungen pro Zeiteinheit auftreten, desto höher ist der Ton.

$$\text{Frequenz} = \frac{\text{Anzahl der Schwingungen}}{\text{Sekunde}}$$

Für den Menschen hörbar sind Frequenzen etwa ab 16 Hz, also ab 16 Schwingungen pro s. Die höchsten für den Menschen hörbaren Töne liegen, je nach Alter und Hörvermögen, zwischen 16.000 und 24.000 Hz.

Wenn der Schall sinusförmig schwingt, hören wir einen Ton, bei mehreren harmonischen Schwingungen zusammen einen **Klang**, unregelmäßige Schwingungen ohne gesetzmäßigen Zusammenhang ergeben ein **Geräusch**. Ist das Geräusch störend und unangenehm, empfinden wir es als **Lärm**.

Die Lautstärke eines Tones wird durch die Schwingungsweite, durch die **Amplitude**, bestimmt. Wird sanft an der Gitarrensaite gezupft,

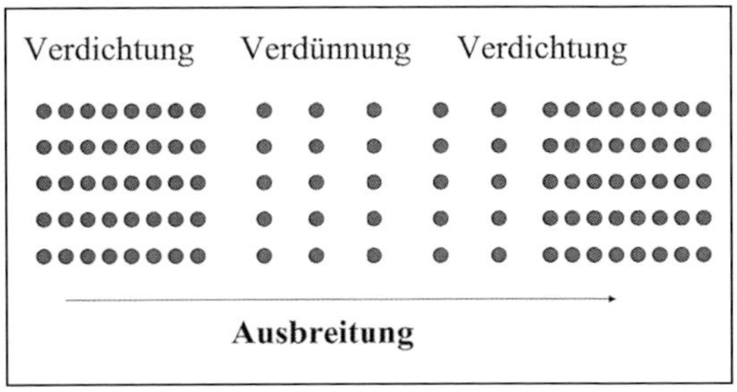

Abb. 3.8-1: Schallausbreitung

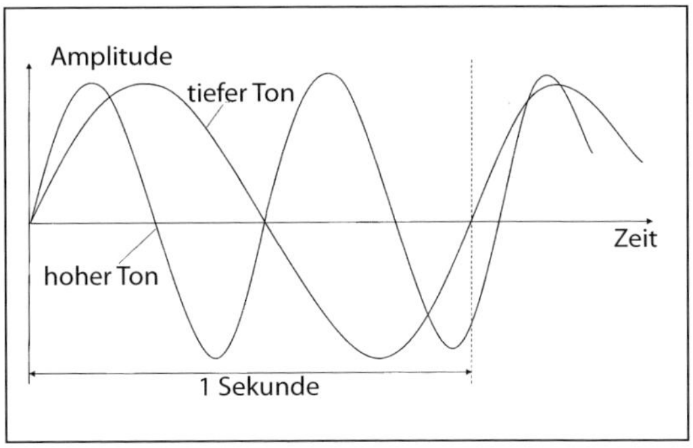

Abb. 3.8-2: Tonhöhen

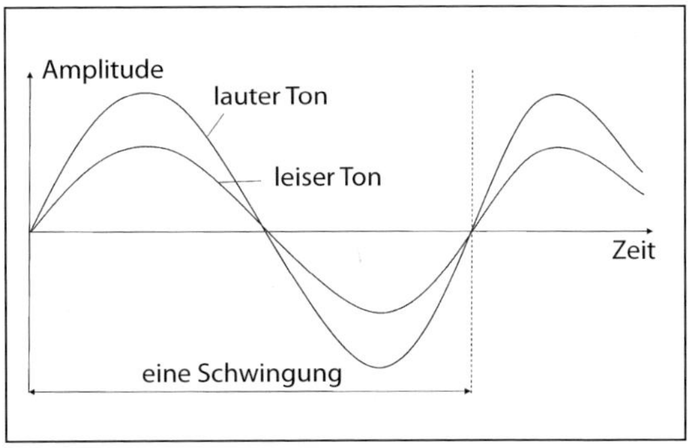

Abb. 3.8-3: Verschiedene Lautstärken

entsteht ein leiser Ton, die Saite schwingt weniger stark hin und her. Wird stark an der Gitarrensaite gezupft, schwingt sie weit hin und her, der Ton ist laut.

Den Druck, den die Schwingungen der Luftmoleküle ausüben, nennt man **Schalldruck**. Die von Menschen wahrnehmbaren Schallereignisse umfassen von der Hörschwelle bis zur Schmerzgrenze einen sehr großen, unübersichtlichen Schalldruckbereich. So liegt der niedrigste Schalldruck, den der Mensch wahrnehmen kann, die Hörschwelle, bei 0,00002 Pa, die Schmerz-

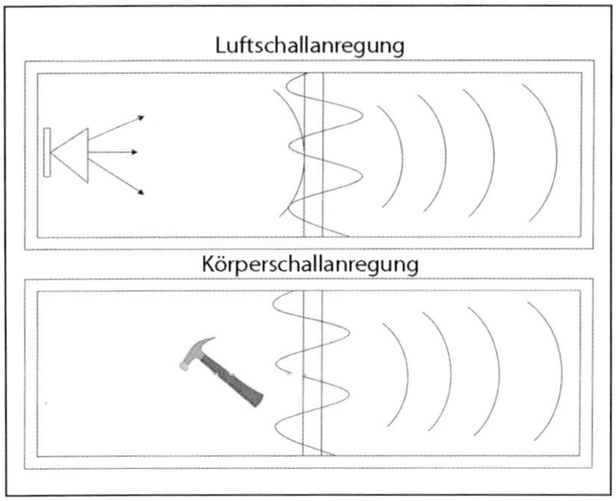

Abb. 3.8-4: Luftschall – Körperschall

Tabelle 3.8-1: A-Schallpegel von Geräuschen in dB(A)

Geräusch	**dB(A)**
Ticken einer Uhr	20
Unterhaltung	40–50
lautes Sprechen	60–70
Verkehrslärm	80–90
Presslufthammer	100
Martinshorn	110
Düsenflugzeug	120

grenze dagegen bei 20 Pa. Um die Kennzeichnung der Schallstärke zu vereinfachen, wurde der Schallpegel, ein logarithmisches Maß, eingeführt, der in **Dezibel (dB)** ausgedrückt wird. Damit ergibt sich ein Pegelbereich von 0 dB (Hörschwelle) bis 120 dB (Schmerzgrenze).

Das menschliche Hörempfinden ist sehr subjektiv und frequenzabhängig. Töne und Geräusche tiefer Frequenzen werden bei gleichem Schalldruck als sehr viel leiser empfunden als höhere. Dies wird dadurch berücksichtigt, dass die bei Lärmmessungen ermittelten Schallpegelwerte in dB korrigiert werden. Nach Berücksichtigung der Korrekturwerte erhält man den bewerteten Schallpegel (A-Schallpegel), der in dB(A) ausgedrückt wird (siehe Tabelle 3.8-1).

3.8.2 Arten der Schallübertragung

Der Schall braucht, um sich ausbreiten zu können, einen Stoff, der die Schwingungen weiterleitet. Dieser Stoff kann fest, flüssig oder gasförmig sein. Normalerweise gelangt der Schall durch schwingende Luftmoleküle an das Ohr. Deshalb wird er Luftschall genannt. **Luftschall** entsteht durch Sprechen, Musizieren, durch die Stereoanlage oder den Fernseher. Der Schall breitet sich in alle Richtungen aus und versetzt die angrenzenden Wände und Decken in Schwingungen, die wiederum die Luftmoleküle der benachbarten Räume zum Schwingen anregen. Wird dagegen eine Wand oder eine Decke durch direkte Einwirkungen zum Schwingen angeregt, beispielsweise wenn mit einem Hammer gegen die Wand geklopft wird, entsteht eine Übertragung als **Körperschall**. Aber auch Körperschall versetzt wiederum die Luftmoleküle des Nachbarraumes in Schwingungen, wird also als Luftschall weitergeleitet.

Eine besondere Form des Körperschalls ist der **Trittschall**. Durch Begehen, Stühlerücken, Vibrieren von Haushaltsgeräten usw. werden Decken in Schwingungen versetzt. Diese versetzen die umgebenden Luftmoleküle in Schwingungen, werden also im Raum darunter oder auch im selben Raum als Luftschall wahrgenommen. Zudem werden die Schwingungen über die Decke in die darunter- und darüberliegenden Wände weitergeleitet und dort wieder als Luftschall in die Räume abgestrahlt.

3.8.3 Maßnahmen des Schallschutzes

Wird ein Bauteil einschalig ausgeführt, sollte es vor allem über eine hohe Masse verfügen, um einen guten Schallschutz zu bieten. Einschalige Bauteile mit hoher Masse verfügen meist über eine hohe **Biegesteifigkeit**. Sie schwingen daher schlecht und reflektieren den überwiegenden Teil des auftreffenden Luftschalls. Auch sollte darauf geachtet werden, dass in einschaligen Bauteilen keine Undichtheiten wie beispielsweise Fugen vorhanden sind.

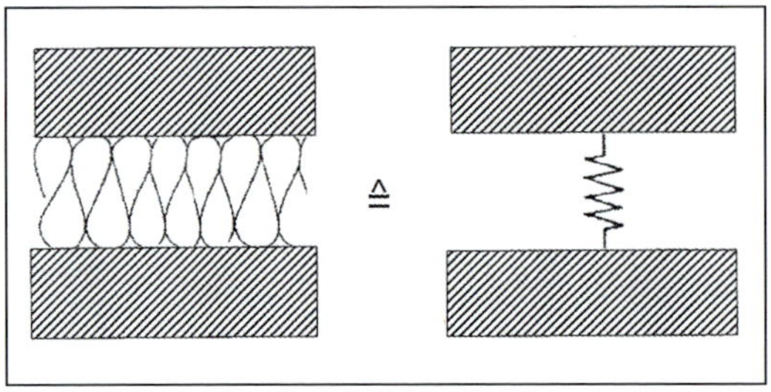

Abb. 3.8-5: Masse-Feder-System

Mehrschalige Bauteile bestehen aus 2 oder mehreren Schalen, die nicht starr miteinander verbunden, sondern durch geeignete Dämmstoffe oder Luftschichten voneinander getrennt sind. Dadurch wird dem Schall ein mehrfacher Widerstand auf dem Weg durch das Bauteil entgegengesetzt. Während bei einschaligen Bauteilen die Schalldämmung nur auf ihrer Masse und der Biegesteifigkeit beruht, können mehrschalige Konstruktionen mit entkoppelten Schalen und/oder Hohlraumdämmungen zum Teil erheblich bessere Schalldämmwerte bei sehr viel geringerer Masse erreichen. Das Schwingverhalten mehrschaliger Konstruktionen lässt sich am besten durch das **Masse-Feder-System** (siehe Abb. 3.8-5) beschreiben. Zwischen 2 Schalen (z. B. Estrich und Rohdecke) liegt eine federnde Schicht (Trittschalldämmung). Dieses System kann durch Tritt- oder Luftschall zu Schwingungen angeregt werden. Die elastische Zwischenschicht („Feder") dämpft die Amplituden der gegeneinanderschwingenden Schalen.

Benachbarte Bauteile sollten voneinander entkoppelt sein, um die Körperschallübertragung zu mindern. Denn je ähnlicher die auf Masse und Biegesteifigkeit beruhenden Schwingungseigenschaften benachbarter Bauteile sind und je starrer die Verbindung untereinander ist, desto direkter und stärker ist die Körperschallübertragung.

Zusammenfassung

Die Zahl der Schwingungen pro Zeiteinheit bezeichnet man als Frequenz. Die Einheit der Frequenz ist Hertz (Hz).

Die Lautstärke eines Tones wird durch die Schwingungsweite, die Amplitude, bestimmt.

Den Druck, den die Schwingungen der Luftmoleküle ausüben, nennt man den Schalldruck.

Mit dem Schallpegel wird die Schallstärke in Dezibel gekennzeichnet.

Der bewertete Schallpegel berücksichtigt das menschliche Hörempfinden. Er wird in Dezibel dB(A) ausgedrückt.

Der Schall kann als Luftschall oder als Körperschall übertragen werden.

Einschalige Bauteile müssen über eine hohe Masse verfügen, um einen guten Schallschutz zu bieten. Bei mehrschaligen Bauteilen wird der Schallschutz über das Masse-Feder-System verbessert.

Aufgaben

1. Beschreiben Sie, wie Schall entsteht.
2. Was ist der Unterschied zwischen einer Frequenz und einer Amplitude?
3. Wieso wurde der bewertete Schallpegel eingeführt?
4. Wie kann Schall übertragen werden?
5. Welche Maßnahmen können ergriffen werden, um den Schallschutz zu verbessern?

3.9 Grundlagen des Brandschutzes

Brandschutzanforderungen sind Landesangelegenheiten und werden somit in entsprechenden Gesetzen und Verordnungen, beispielsweise den Landesbauordnungen, geregelt. Deshalb weichen Brandschutzvorschriften in den einzelnen Bundesländern zum Teil voneinander ab.

Die Ziele des Brandschutzes liegen im Wesentlichen in

- dem Schutz und der Rettung von Menschen und Tieren,
- dem Schutz und der Erhaltung von Sachgütern,
- der Verhütung von Brandausbreitung, Objektschutz (Schutz des Bauwerks).

Der Brandschutz beschäftigt sich mit allen Formen der Bekämpfung eines Brandes. Beim Brandschutz wird unterschieden zwischen **abwehrendem Brandschutz** und **vorbeugendem Brandschutz**.

Der vorbeugende Brandschutz soll im Voraus die Entstehung und die Ausbreitung von Bränden verhindern.

Eine Maßnahme des vorbeugenden Brandschutzes ist der **bauliche Brandschutz**.

3.9.1 Brandentstehung

Ein Brand ist ein Feuer, das ohne einen bestimmungsgemäßen Herd entstanden ist oder ihn verlassen hat und das sich aus eigener Kraft auszubreiten vermag.

Ein Brand kann nur dann entstehen, wenn die folgenden 3 Voraussetzungen erfüllt sind:

- Es ist Sauerstoff oder ein anderes Oxidationsmittel vorhanden.
- Es liegt ein brennbarer Stoff vor.
- Die Entzündungstemperatur des Stoffes ist erreicht.

Sind diese 3 Voraussetzungen erfüllt, kann eine chemische Reaktion stattfinden, bei der die frei werdende Energie zu Flammenbildung und Wärmeentwicklung führt.

Abb. 3.9-1: Um ein Übergreifen auf benachbarte Räume zu vermeiden, muss auch die Temperatur auf der dem Feuer abgewandten Seite begrenzt werden.

Der **Ablauf eines Brandes** unterteilt sich in mehrere Phasen, die vom Temperaturverlauf bestimmt sind:

1. Brandentstehung: Ein Stoff entzündet sich.
2. Brandentwicklung: Die Flammen breiten sich aus, Wärme wird freigesetzt, die Raumluft wird erhitzt, bis die Temperatur zum Feuerübersprung (Flashover) auf die Brandlast im gesamten Raum ausreicht.
3. Vollbrand: Ausdehnung des Brandes über die Wände, Decken und Böden hinaus.
4. Brandübersprung: Benachbarte Räume oder Gebäude werden angegriffen.
5. Flächenbrand: Der Brand hat sich über weite Flächen ausgebreitet.
6. Abkühlung: Das brennbare Material reicht nicht mehr aus, der Brand klingt allmählich ab.

3.9.2 Brandverhalten

Beim Brandverhalten wird zwischen dem Baustoff- und dem Bauteilverhalten differenziert.

Das **Baustoffverhalten** ist die Beschreibung des Materials hinsichtlich seiner Brennbarkeit (und ggf. zusätzlicher Eigenschaften wie z. B.

Tabelle 3.9-1: Baustoffklassen und ihre Benennungen nach DIN 4102

Baustoffklasse	Benennung	Beispiele
A	**nicht brennbare Baustoffe**	
A1	ohne brennbare Bestandteile	Ziegel, Mörtel, Beton, Stahlbeton, Mineralfaser, Metalle
A2	im Wesentlichen aus nicht brennbaren Bestandteilen	genormte Gipskartonplatten mit geschlossener Oberfläche
B	**brennbare Baustoffe**	
B1	schwer entflammbar	genormte Holzwolle-Leichtbauplatten, Mineralfaser-Mehrschicht-Leichtbauplatten, Gipskartonplatten mit gelochter Oberfläche und Wärmedämmverbundsysteme
B2	normal entflammbar	Holz, genormte Holzwerkstoffe, hochpolymere Dach- und Dichtungsbahnen und Bitumen-, Dach- und Dichtungsbahnen, elektrische Leitungen
B3	leicht entflammbar	im Bauwesen nicht zugelassen

Rauchentwicklung) unter definierten Randbedingungen.

Das **Bauteilverhalten** ist die Beschreibung des Bauteils gegenüber einer definierten Brandbeanspruchung unter definierten Randbedingungen.

Bisher erfolgte diese Klassifizierung nach DIN 4102. Zukünftig wird sie im Rahmen der europäischen Harmonisierung nach DIN EN 13501 erfolgen.

3.9.3 Deutsches Klassifizierungssystem nach DIN 4102

Baustoffe werden in Baustoffklassen eingeteilt.

Die Baustoffklassen beziehen sich auf die Eigenschaft des einzelnen Materials bezüglich seiner Brennbarkeit oder Nichtbrennbarkeit. Für die Klassifizierung der brennbaren Baustoffe steht im Vordergrund, wie schnell sie sich entzünden. Grundsätzlich dürfen nur Baustoffe eingesetzt werden, die als mindestens „normal entflammbar" eingestuft wurden. Der Einsatz „leicht entflammbarer" Baustoffe ist nur unter bestimmten Randbedingungen zulässig.

Bauteile werden in Feuerwiderstandsklassen eingestuft.

Tabelle 3.9-2: Feuerwiderstandsklassen

Feuerwiderstandsklasse	Feuerwiderstandsdauer in Minuten
F30	≥ 30
F60	≥ 60
F90	≥ 90
F120	≥ 120
F180	≥ 180

Die Feuerwiderstandsklasse gibt an, wie viele Minuten ein Bauteil dem Feuer widersteht, und wird bestimmt durch die Bewahrung des Raumabschlusses (die Verhinderung der Übertragung des Feuers auf benachbarte Räume) und durch die Tragfähigkeit. Der Nachweis einer Feuerwiderstandsklasse muss nach einem Regelaufbau nach DIN 4102 oder mit einem Prüfzeugnis erfolgen.

3.9.4 Europäisches Klassifizierungssystem nach DIN EN 13501

Bauprodukte/Baustoffe werden in die in Tabelle 3.9-3 angegebenen Klassen eingeteilt.

Zusätzlich zu diesen Klassen, deren Hauptkriterien die Entzündbarkeit, die Flammenausbreitung und die frei werdende Wärme sind, sind Stufen zur Rauchentwicklung und zum Abtropfverhalten entwickelt worden. So werden die Baustoffe vielschichtiger klassifiziert als nach DIN 4102.

Bauteile werden in den Schritten R 15/R 20/R 30/R 45/R 60/R 90/R 120/R 180/R 240/R 360 klassifiziert. Die Tragfähigkeit R ist die Fähigkeit des Bauteils, unter bestimmten Voraussetzungen ohne Verlust der Standsicherheit der Brandbeanspruchung für die angegebene Zeit in Minuten zu widerstehen. An tragende Bauteile ohne raumabschließende Funktion bestehen Brandschutzanforderungen nur hinsichtlich der Tragfähigkeit. Anforderungen an das Brandverhalten der verwendeten Baustoffe

Tabelle 3.9-3: Klassen der Bauprodukte nach dem europäischen System

Brandsituation	Europäische Klassen	Produktklassen	
Vollbrand in einem Raum	A	kein Beitrag zum Brand	▸ sehr begrenzter Heizwert und sehr begrenzte Wärmeabgabe ▸ keine Verbrennung mit Flammen ▸ begrenzter Masseverlust
	B	sehr begrenzter Beitrag zum Brand	▸ sehr begrenzter Heizwert und/oder sehr begrenzte Wärmeabgabe ▸ begrenzter Masseverlust ▸ fast keine Flammenausbreitung ▸ sehr begrenzte brennende Rauchentwicklung ▸ kein brennendes Abtropfen/Abfallen und/oder eine Kombination davon
brennender Gegenstand	C	begrenzter Beitrag zum Brand	▸ sehr begrenzte Flammenausbreitung ▸ begrenzte Wärmeabgabe ▸ begrenzte Rauchentwicklung ▸ begrenzte Entzündbarkeit ▸ sehr begrenztes brennendes Abtropfen/Abfallen und/oder eine Kombination davon
	D	hinnehmbarer Beitrag zum Brand	▸ begrenzte Flammenausbreitung ▸ hinnehmbare Wärmeabgabe ▸ begrenzte Rauchentwicklung ▸ hinnehmbare Entzündbarkeit ▸ begrenztes brennendes Abtropfen/Abfallen und/oder eine Kombination davon
kleiner Flammenangriff auf begrenzte Fläche eines Produkts	E	hinnehmbares Brandverhalten	▸ hinnehmbare Entzündbarkeit
	F	keine Leistung festgestellt	

können zusätzlich bestehen. Raumabschließende tragende Bauteile müssen neben der Tragfähigkeit auch Anforderungen hinsichtlich des Raumabschlusses und der Wärmedämmung erfüllen, damit eine Übertragung von Feuer und Rauch in andere Nutzungseinheiten verhindert wird.

3.9.5 Brandschutztechnische Anforderungen an Bedachungen

Nach der Musterbauordnung, die den Bauordnungen der einzelnen Länder als Vorlage dient, müssen Bedachungen, bis auf bestimmte Ausnahmen, gegen eine Brandbeanspruchung von außen durch Flugfeuer und strahlende Wärme ausreichend lang widerstandsfähig sein (harte Bedachung).

Nach DIN 4102 gelten folgende Bedachungen als harte Bedachung, ohne dass eine Prüfung notwendig ist:

- Bedachungen aus natürlichen und künstlichen Steinen der Baustoffklasse A sowie aus Beton und Ziegeln
- Bedachungen mit oberster Lage aus mindestens 0,5 mm dickem Metallblech
- fachgerecht verlegte Bedachungen auf tragenden Konstruktionen gleich welcher Art, auch auf Zwischenschichten aus Wärmedämmstoffen, mindestens der Baustoffklasse B2, mit Bitumendachbahnen nach DIN 52128, Bitumen-Dachdichtungsbahnen nach DIN 52130, Bitumen-Schweißbahnen nach DIN 52131 oder Glasvlies-Bitumen-Dachbahnen nach DIN 52143. Die Bedachungen mit diesen Bahnen müssen mindestens zweilagig sein. Bei mit EPS gedämmten Dächern muss eine Bahn eine Trägereinlage aus Glasvlies oder Glasgewebe aufweisen; Kaschierungen von Rolldämmbahnen mit Glasvlieseinlagen zählen dabei nicht.
- beliebige Bedachungen mit vollständig bedeckender 5 cm dicker Schüttung aus Kies 16/32 oder mit Bedeckung aus mindestens 4 cm dicken Betonwerksteinplatten oder anderen mineralischen Platten

Zusammenfassung

Brandschutz wird unterschieden in abwehrenden und vorbeugenden Brandschutz. Der bauliche Brandschutz ist eine Maßnahme des vorbeugenden Brandschutzes.

Damit ein Brand entsteht, müssen Sauerstoff und ein brennbarer Stoff vorhanden sein, und die Entzündungstemperatur des Stoffes muss erreicht sein.

Der Ablauf eines Brandes wird in 6 Phasen unterteilt.

Baustoffe werden bezüglich ihres Brandverhaltens in Deutschland in Baustoffklassen unterteilt. Bauteile werden in Feuerwiderstandsklassen eingestuft.

Nach dem europäischen Klassifizierungssystem werden Baustoffe und Bauteile in Produktklassen mit den Hauptkriterien Entzündbarkeit, Flammenausbreitung und frei werdende Wärme eingeteilt.

Bedachungen müssen widerstandsfähig gegen Flugfeuer und strahlende Wärme sein.

Aufgaben

1. Beschreiben Sie, wie ein Brand entsteht.
2. In welche Phasen wird ein Brand unterteilt?
3. Was ist der Unterschied zwischen dem Baustoffverhalten und dem Bauteilverhalten?
4. Wie werden Baustoffe und Bauteile nach dem nationalen System klassifiziert?
5. Wie werden sie nach dem europäischen System klassifiziert?
6. Welche Bedachungen gelten als harte Bedachungen?

3.10 Grundlagen der Baustatik

Die Statik ist die Lehre vom Gleichgewicht der festen Körper unter dem Einfluss von Kräften. Die Baustatik befasst sich mit der Ermittlung der angreifenden Kräfte und mit dem Nachweis der Standsicherheit einzelner Bauteile und des ganzen Bauwerks. Schon im Bauzustand und natürlich im fertigen Zustand muss ein Bauwerk die anfallenden Lasten wie die ständigen Lasten des Bauwerks, die veränderlichen Lasten, die durch die Nutzung entstehen, sowie Wind- und Schneelasten aufnehmen und in den Baugrund ableiten können.

3.10.1 SI-System

Der Begriff SI-System ist die Abkürzung für den französischen Ausdruck „Système International d'Unités", was übersetzt „Internationales Einheitensystem" bedeutet.

Das SI-System normiert international die Maßeinheiten in der Physik. Nach dem Gesetz über die Einheiten im Messwesen gilt das SI-System seit dem 01.01.1978 verbindlich in Deutschland. Ältere Maßeinheiten dürfen nur noch ergänzend oder hilfsweise verwendet werden.

Tabelle 3.10-1: Basiseinheiten des SI-Systems

Basisgröße	Basiseinheit	Abkürzung
Länge	Meter	m
Masse	Kilogramm	kg
Zeit	Sekunde	s
Stromstärke	Ampere	A
Temperatur	Kelvin	K
Stoffmenge	Mol	Mol
Lichtstärke	Candela	Cd

Aus diesen gesetzlich festgelegten Basiseinheiten lassen sich alle anderen Einheiten ableiten.

Tabelle 3.10-2: Beispiele abgeleiteter SI-Einheiten

Physikalische Größe	Einheit	Einheitszeichen	Beziehung
Geschwindigkeit	Meter/Sekunde	m/s	–
Beschleunigung	Meter/Sekunde²	m/s^2	–
Kraft	Newton	N	$1\,N = 1\,kg \cdot m/s^2$
Energie/Arbeit	Joule	J	$1\,J = 1\,N \cdot m = 1\,W \cdot s$
Leistung	Watt	W	$1\,W = 1\,J : s$
Druck	Pascal	Pa	$1\,Pa = 1\,N : m^2$

Beispiel

Die physikalische Größe Geschwindigkeit wird aus den Basisgrößen Länge und Zeit abgeleitet:

$$\text{Geschwindigkeit} = \frac{\text{Weg}}{\text{Zeit}}$$

Die Einheit der Geschwindigkeit wird ebenso aus den Basiseinheiten Meter und Sekunde abgeleitet:

$$\text{Einheit der Geschwindigkeit} = \frac{\text{Meter}}{\text{Sekunde}}$$

3.10.2 Lasten, Kräfte, Momente

3.10.2.1 Lasten

Lasten sind die Kräfte, die auf ein Bauwerk oder auf ein Bauteil einwirken. Lasten können durch die Bauteile selbst oder durch äußere Einwirkungen entstehen. Für die statischen Berechnungen wird zwischen ständigen Lasten g und veränderlichen Lasten q unterschieden. Die Gesamtlast ergibt sich aus der Summe der ständigen Lasten und der veränderlichen Lasten.

Hinweis

Gesamtlast q
= ständige Last g
+ veränderliche Lasten q

Die **ständigen Lasten** sind unveränderliche Lasten, die dauernd auf ein Bauteil einwirken. Dies sind z. B.

- die Eigenlasten der einzelnen Bauteile. So gehören zu der ständigen Last eines Daches z. B. die Deckung, die Lattung, die Zusatzmaßnahme, die Sparren etc.;
- die Lasten aus anderen Bauteilen, die nach unten übertragen werden müssen. So wirkt beispielsweise die Last des Daches als ständige Last auf die tragenden Außenwände.

Veränderliche Lasten sind Lasten, die nicht ständig vorhanden sind oder die in ihrer Größe veränderlich sind.

Dies sind z. B.

- Schneelasten,
- Windlasten,
- Nutz- und Betriebslasten, wie die Belastung durch Personen, Maschinen, Fahrzeuge, Einrichtungen etc.

Lasten können als Einzellasten oder als Streckenlasten ein Bauteil angreifen.

Eine **Einzellast** greift in einem Punkt an, sie entsteht z. B. aus Belastungen von Pfeilern oder Stützen. Eine Einzellast wird allgemein mit F bezeichnet und in kN (Kilonewton) angegeben.

Eine **Streckenlast** ist eine Last, die auf eine bestimmte Strecke verteilt ist. So wirkt beispielsweise eine Wand auf die darunterliegende Decke als Streckenlast. Eine Streckenlast wird allgemein mit g bezeichnet und in kN/m angegeben.

Eine Streckenlast, die über die ganze Länge eines Trägers in gleicher Größe angreift, nennt man **gleichmäßig verteilte Last**.

Eine **Flächenlast** ist eine Last, die auf ein Bauteil flächig wirkt und gleichmäßig verteilt ist. So ist beispielsweise die Kiesschicht auf einem Flachdach eine Flächenlast. Flächenlasten werden in kN/m² angegeben.

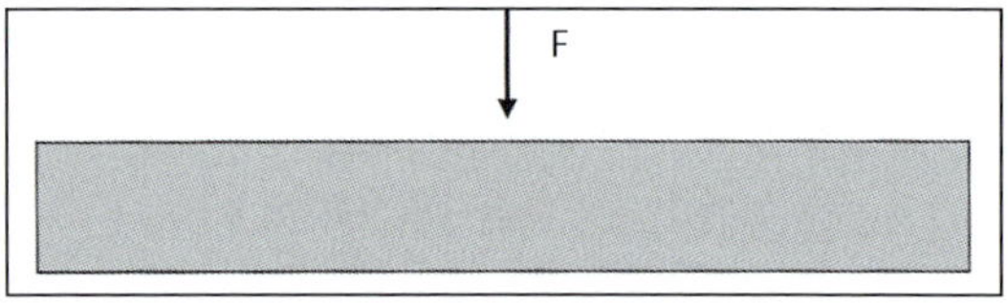

Abb. 3.10-1: Einzellast

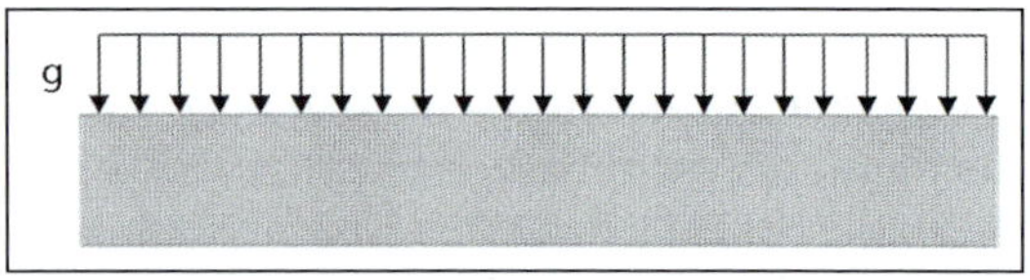

Abb. 3.10-2: Streckenlast

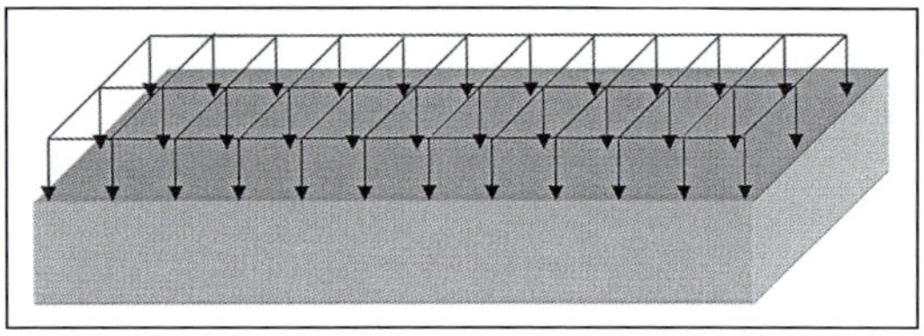

Abb. 3.10-3: Flächenlast

3.10.2.2 Kräfte

Die Lasten wirken als **Kräfte** auf ein Bauwerk oder ein Bauteil. Die Kräfte müssen von den Bauteilen aufgenommen werden und auf die darunterliegenden Bauteile abgeleitet werden, bis sie vom Baugrund aufgenommen werden.

Die auf einen Körper wirkende Kraft ist die Ursache für eine Bewegungsänderung dieses Körpers. Bewegt der Körper sich nicht, so ist dies die Folge einer der Kraft oder Last entgegenwirkenden Stützkraft. Der belastete Körper wird sich verformen, wenn er der angreifenden Kraft nicht genügend Stützkraft entgegenbringen kann.

Beispiel

Wird gegen eine Dose getreten, bewegt sich diese Dose. Die Kraft des Trittes bewirkt eine Bewegungsänderung.

Stellt man die Dose aufrecht hin und beschwert sie mit einem Stein, bewegt sich die Dose nicht. Die Dose wirkt als Stützkraft und leitet die Kraft aus dem Stein an den Boden weiter. Beschwert man die Dose mit einem weiteren schweren Stein, verformt sich die Dose. Die Stützkraft der Dose ist nicht mehr ausreichend.

Hinweis

Die Einheit der Kraft ist Newton.
1 kN = 1.000 N
1 MN = 1.000 kN

kN bedeutet Kilonewton,
MN bedeutet Meganewton.

Auf die Masse eines Körpers übt die Masse der Erde eine Anziehungskraft aus. Diese Anziehungskraft wird als **Gewichtskraft** bezeichnet. Wäre die Anziehungskraft nicht vorhanden, würden die Körper nicht auf ihren Unterlagen lasten, sie würden frei schweben. Die Gewichtskraft ist immer zum Erdmittelpunkt hin gerichtet. Das Größenzeichen der Gewichtskraft ist F_G. Die Einheit der Gewichtskraft ist das Newton N.

Die Gewichtskraft ist nicht überall auf der Erde gleich groß. Die Gewichtskraft eines Körpers auf einem 3.000 m hohen Berg ist kleiner als die Gewichtskraft desselben Körpers in Meereshöhe. Je weiter wir uns vom Erdmittelpunkt entfernen, desto kleiner wird unsere Gewichtskraft. Die Anziehungskraft des Mondes auf einen Körper ist ungefähr sechsmal schwächer als die Anziehungskraft der Erde auf denselben Körper.

Hinweis

Auf der Erde beträgt die Gewichtskraft (F_G) einer Masse (m) von 1 kg
$F_G = 9{,}81\ N \approx 10\ N$.

Wenn also ein Stein mit der Masse von 1 kg auf eine Dose gelegt wird, wirken auf diese Dose 10 N.

Gewichtskräfte wirken stets lotrecht, der Stein auf der Dose wirkt in Richtung Erdmittelpunkt. Bei anderen Kräften ist jede beliebige Wirkungsrichtung möglich (wird gegen die Dose getreten, wirkt die Kraft in Richtung des Trittes). Eine Kraft kann durch eine Strecke mit Pfeilspitze dargestellt werden, durch einen Kraftpfeil. Eine Kraft ist durch folgende 3 Angaben eindeutig angegeben:

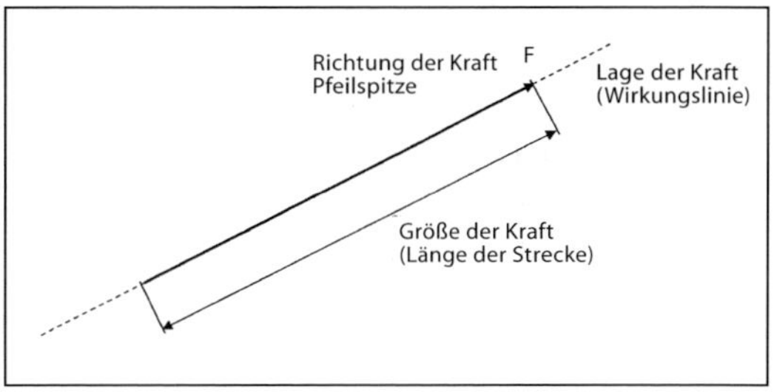

Abb. 3.10-4: Kraftpfeil

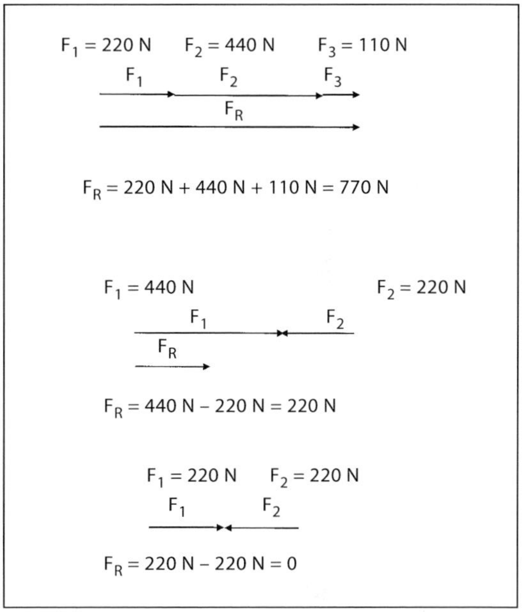

Abb. 3.10-5: Resultierende Kraft

- Größe (Betrag in N)
- Richtung (Pfeilspitze)
- Lage (Wirkungslinie)

Mit diesen 3 Angaben kann eine Kraft als Kraftpfeil dargestellt werden.

Häufig wirken mehrere Kräfte auf einen Körper, etwa auf ein Bauteil. Diese Kräfte können in der gleichen Wirkungslinie oder in einem Winkel zueinander wirken.

Wirken die Kräfte in der gleichen Wirkungslinie und in der gleichen Richtung, so werden sie addiert. Wirken die Kräfte in der gleichen Wirkungslinie und in entgegengesetzter Richtung, so werden sie subtrahiert. In beiden Fällen erhält man als Ergebnis die **resultierende Kraft F_R**.

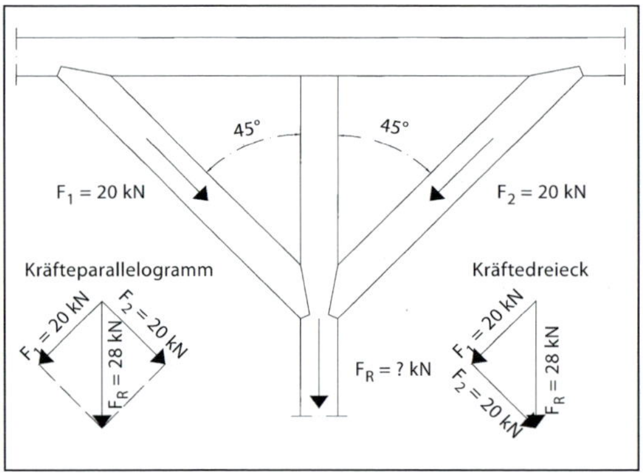

Abb. 3.10-6: Zeichnerische Ermittlung der Resultierenden

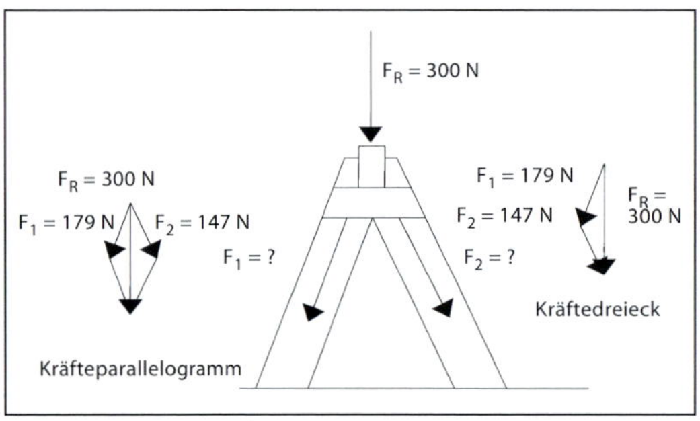

Abb. 3.10-7: Zeichnerische Zerlegung in Einzelkräfte

Wirken die Kräfte in der gleichen Wirkungslinie, sind sie gleich groß und haben sie entgegengesetzte Richtungen, so heben sie sich gegenseitig auf. Es herrscht Gleichgewicht.

Wenn 2 Kräfte in einem Winkel zueinander angreifen, kann man nicht einfach addieren oder subtrahieren. Dann kann die Resultierende F_R mithilfe von zeichnerischen Verfahren, wie z. B. dem Kräfteparallelogramm oder dem Kräftedreieck, ermittelt werden.

Dafür müssen die Kräfte in einem bestimmten Kräftemaßstab gezeichnet werden. Neben der Größe sind die Richtungen, die Neigungen und die Wirkungslinien zu beachten. Dann können die Größe der Resultierenden in dem gewählten Maßstab, ihre Richtung und ihre Wirkungslinie der Zeichnung entnommen werden.

Ebenso kann eine Kraft F_R mithilfe von zeichnerischen Verfahren in 2 unter einem Winkel wirkende Einzelkräfte zerlegt werden.

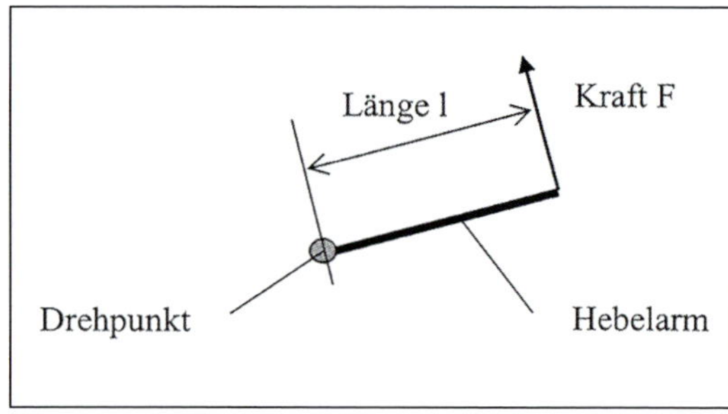

Abb. 3.10-8: Momente

3.10.2.3 Momente

Greift eine Kraft einen Körper an und versucht eine Drehung um die Achse zu erzeugen, entsteht ein Hebel. So kann man beispielsweise eine auf einen Sparren genagelte Dachlatte lösen, indem man eine Klaue ansetzt. Dort, wo die Klaue unter der Latte ansetzt, ist die Achse bzw. der Drehpunkt. Die Klaue ist der Hebel. Die Kraft, die angreift, ist diejenige Kraft, mit der die Klaue hinuntergedrückt wird.

Die Drehwirkung am Hebel nennt man Moment (M). Die Größe des Moments ist abhängig von der Länge des Hebelarms und von der Größe der Kraft, die am Hebel wirkt. Die Einheit eines Moments ist Nm (Newtonmeter).

Hinweis

Moment = Kraft · Hebelarm
$M = F \cdot l$
M in Nm F in N l in m

An einem Hebel wirken mindestens 2 Momente. Drehen sich die Momente gegen den Uhrzeigersinn, sind sie linksdrehend, drehen sie sich mit dem Uhrzeigersinn, sind sie rechtsdrehend.

Greifen die Kräfte an einer Seite des Hebels an, ist dies ein einseitiger Hebel (z. B. ist bei Schubkarren das Rad der Drehpunkt, die Last die eine Kraft und die Person, die die Schubkarre anhebt, die zweite Kraft). Greifen die Kräfte an verschiedenen Seiten des Drehpunktes an, handelt es sich um einen zweiseitigen Hebel (z. B. Wippe).

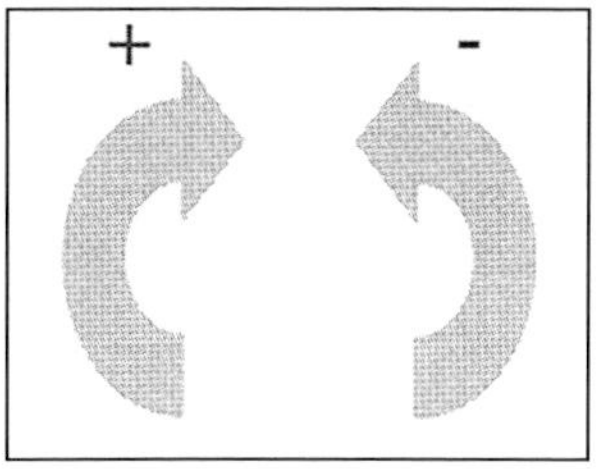

Abb. 3.10-9: Rechtsdrehende und linksdrehende Momente

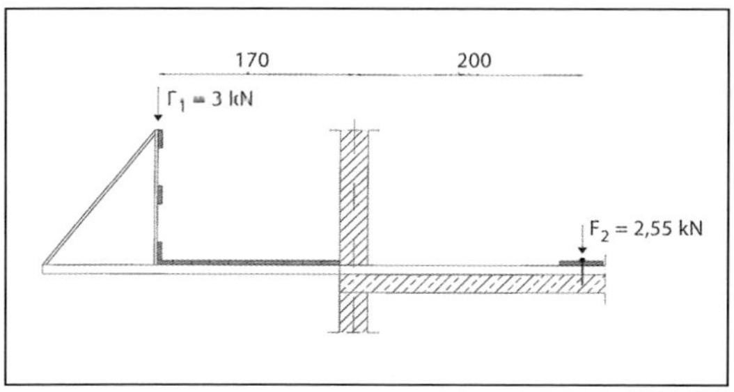

Abb. 3.10-10: Auslegergerüst

Hinweis

Wenn das linksdrehende Moment gleich dem rechtsdrehenden Moment ist, ist der Hebel im Gleichgewicht.

Linksdrehendes Moment = rechtsdrehendes Moment
$M_1 = M_2$
$F_1 \cdot l_1 = F_2 \cdot l_2$

Die Summe aller Momente ist dann gleich null ($\Sigma M = 0$).

Die rechtsdrehenden Momente (im Uhrzeigersinn) erhalten ein positives Vorzeichen (+), die linksdrehenden Momente (gegen den Uhrzeigersinn) ein negatives Vorzeichen (–).

Beispiel

Ein Auslegergerüst wird mit 3 kN bei einer Kraglänge von 1,70 m belastet. Die Verankerungslänge beträgt 2,00 m. Die Rechnung lautet wie folgt:

$F_1 \cdot l_1 = F_2 \cdot l_2$
$3\ \text{kN} \cdot 1{,}70\ \text{m} = F_2 \cdot 2{,}00\ \text{m}$
$\rightarrow F_2 = 3\ \text{kN} \cdot 1{,}70\ \text{m} / 2{,}00\ \text{m} = 2{,}55\ \text{kN}$

3.10.3 Belastungsfälle an Dach und Außenwand

Auch an Dach und Außenwand wirken viele unterschiedliche ständige und veränderliche Lasten auf die Bauteile. Die für den Dachdecker relevanten ständigen Lasten bestehen bei Dächern hauptsächlich aus der Zusatzmaßnahme zur Regensicherheit, der Lattung und der Deckung, bei Außenwänden aus der Unterkonstruktion und der Bekleidung.

Alle 3 Bauteile müssen Lasten aufnehmen und wirken selbst als Lasten auf die darunterliegenden Bauteile.

Ständige Lasten wirken im Allgemeinen lotrecht auf die Bauteile. Welche Last für die einzelnen Bauteile angenommen werden muss, ist in DIN 1055-1 geregelt. Bei Dachdeckungen gelten die Flächenlasten für 1 m^2 Dachfläche ohne Sparren, Pfetten und Dachbinder, aber mit Lattung.

Von den veränderlichen Lasten sind insbesondere die Lasten aus Begehung und Reparatur (die sog. Mannlast), die Windlasten und die Schneelasten zu beachten.

Ob die lotrecht wirkende Mannlast sicher an die darunterliegenden Bauteile abgeleitet wird, ist davon abhängig, ob die Deckung genügend Stabilität aufweist. So werden Deckungen in begehbare und nicht begehbare Deckungen unterschieden. Ebenso muss die Dachlattung ausreichend dimensioniert sein, um eine Mannlast tragen zu können. Dafür sei auf das Kapitel 6 „Arbeitsschutz, Unfallverhütung und Gerüste" verwiesen.

Eine weitere veränderliche Last ist die Schneelast, die ebenfalls lotrecht auf das Dach wirkt. Für die Ermittlung der Schneelast sind die Schneelastzonen von Bedeutung, die in DIN 1055-5 angegeben sind. Deutschland ist in 5 Schneelastzonen aufgeteilt. Weiterhin ist die Geländehöhe des Bauwerkstandorts für die Ermittlung der Regelschneelast von Bedeutung. Die Regelschneelast darf dann, in Abhängigkeit von der Dachneigung, um bestimmte Faktoren abgemindert werden.

Windlasten sind die Lasten, die sich durch Windanströmung auf ein Gebäude ergeben und

Tabelle 3.10-3: Beispiele zu Flächenlasten an Dach und Wand aus DIN 1055-1

Deckungsmaterial	Flächenlast kN/m²
Bitumen- und Polymerbitumen-Dachdichtungsbahnen	0,04
Kunststoffbahnen	0,02
Kiesschüttung, Dicke 5 cm	1,0
Betondachsteine mit tief liegendem Längsfalz über 10 St./m²	0,65
Biberschwanzziegel Doppel- oder Kronendeckung	0,75
Falzziegel, Reformpfannen, Falzpfannen, Flachdachpfannen	0,55
Krempziegel, Hohlpfannen	0,45
Mönch- und Nonnenziegel (mit Vermörtelung)	0,90
Altdeutsche Schieferdoppeldeckung (einschl. Vordeckung und Schalung)	0,60
Aluminiumblechdach (einschl. Schalung)	0,25
Doppelstehfalzdach aus Titanzink oder Kupfer (einschl. Vordeckung und Schalung)	0,35
Faserzement-Wellplatten	0,20

somit auf Dachdeckungen, Außenwandbekleidungen und Dachabdichtungen in unterschiedlichen Bereichen in unterschiedlicher Größe einwirken. Windlasten können waagerecht oder schräg wirken. Windlasten werden in Windsog- und Winddrucklasten unterschieden. Windsoglasten werden mit einem negativen Vorzeichnen und Winddrucklasten mit einem positiven Vorzeichen definiert. Für die Befestigung sind dabei insbesondere die Windsoglasten von Bedeutung.

Maßgebliche Einflüsse auf die Größe und Auswirkung bei Windlasten ergeben sich bei Dächern aus der Lage des Bauwerks, der Gebäudehöhe, der Gebäudeform, der Luftdurchlässigkeit der Gesamtkonstruktion, den Gebäudeöffnungen und der Struktur der Dachfläche. Wie die Dachdeckungen zu klammern sind bzw. wie Dachabdichtungen zu befestigen sind, ist in den jeweiligen Kapiteln ausführlicher beschrieben.

Die Standsicherheit der Unterkonstruktion einer Außenwandbekleidung benötigt in der Regel einen statischen Nachweis. Auch dazu ist Näheres im Kapitel 4.4 „Außenwandbekleidungen“ nachzulesen.

Zusammenfassung

Das SI-System normiert international die Maßeinheiten in der Physik.

Lasten werden unterteilt in ständige Lasten und in veränderliche Lasten. Sie können als Einzellast, als Streckenlast oder als Flächenlast auftreten.

Lasten wirken als Kräfte auf ein Bauteil.

Die Einheit der Kraft ist das Newton.

Die Gewichtskraft ist die Anziehungskraft der Erde auf eine Masse.

Auf der Erde beträgt die Gewichtskraft für die Masse von 1 kg ca. 10 N.

Eine Kraft wird durch einen Kraftpfeil ausgedrückt.

Wenn mehrere Kräfte auf ein Bauteil wirken, ergeben sie zusammen die Resultierende. Auch kann eine Resultierende in mehrere Kräfte zerlegt werden.

Die Größe eines Moments ist abhängig von der angreifenden Kraft und von der Länge des Hebelarms.

Ist der Hebel im Gleichgewicht, ist die Summe aller Momente gleich null.

Ständige Lasten an Dächern entstehen hauptsächlich aus der Zusatzmaßnahme, der Lattung und der Deckung, an Außenwänden aus der Unterkonstruktion und der Bekleidung.

Die relevanten veränderlichen Lasten sind die Lasten aus Begehung, Reparatur sowie Wind- und Schneelasten.

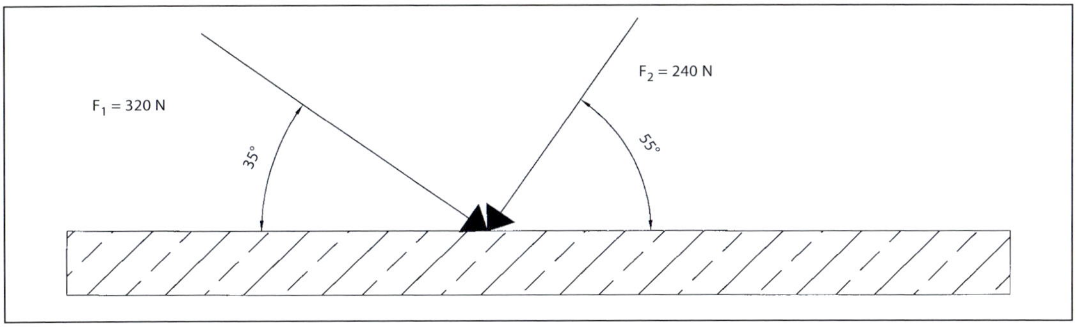

Abb. 3.10-11

Aufgaben

1. Nennen Sie 3 Basiseinheiten aus dem SI-System mit Einheiten und Abkürzungen.
2. Nennen Sie 3 aus dem SI-System abgeleitete Größen mit ihren Einheiten und Abkürzungen.
3. Welche Arten von Lasten gibt es?
4. Welche Gewichtskraft hat eine Mauer mit einer Masse von 500 kg?
5. Auf ein Bauwerk wirken folgende Kräfte: Abb. 3.10-11. Ermitteln Sie zeichnerisch die Resultierende.
6. Über eine Strebe werden an einen Balken unter einem Winkel von 50° 200 kN weitergeleitet. Ermitteln Sie zeichnerisch die vertikale und die horizontale Kraft im Balken: Abb. 3.10-12
7. Mit welcher Kraft muss die Schubkarre in Abb. 3.10-13 angehoben werden?
8. Welche Kräfte wirken auf Dach und Außenwand?

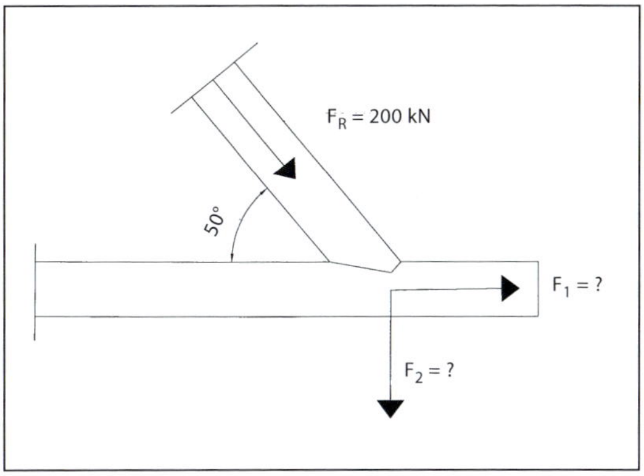

Abb. 3.10-12

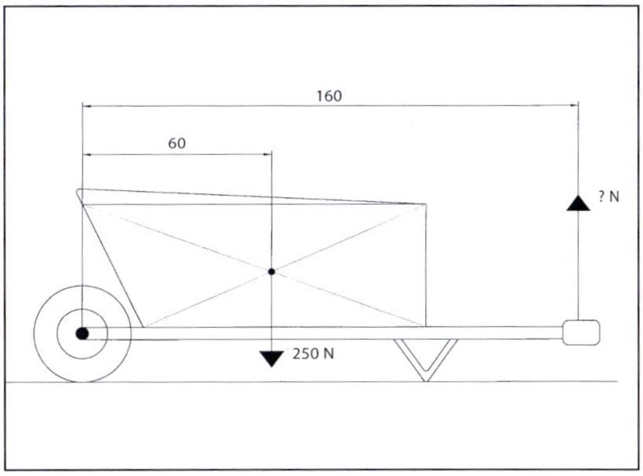

Abb. 3.10-13

4 Konstruktionen

4.1 Steildachkonstruktionen

Für ein fachlich kompetentes Auftreten ist es wichtig, die richtigen Begrifflichkeiten aus verwandtenHandwerksbereichen, z. B. dem Zimmererhandwerk, zu kennen. So haben die einzelnen verwendeten Hölzer von Dachstühlen ganz eigene Bezeichnungen (siehe Abb. 4.1-1).

Die Aufgabe der Dachkonstruktion ist es, Wind-, Schnee-, Verkehrs -und Eigenlasten des Daches aufzunehmen und nach unten in tragende Bauteile abzuleiten. Je nachdem, ob die Sparren in ihrer freien Länge gar nicht oder durch Kehlbalken oder Pfetten unterstützt werden, unterscheidet man in:

- Sparrendächer und Kehlbalkendächer
- Pfettendächer

4.1.1 Sparrendächer und Kehlbalkendächer

Beim Sparrendach werden je 2 Sparren und ein Bundbalken zu einem Element verbunden; es entsteht ein unverschiebliches Dreieck (Gespärre). Am First stützen sich die beiden Sparren gegenseitig ab. Die Dachlasten werden an den Fußpunkten der Sparren über den Balken auf die Außenwände übertragen. Die am Fußpunkt auftretenden waagerechten Kräfte werden durch den Versatz vom Bundbalken aufgenommen. Je geringer die Dachneigung ist, desto größer sind die einwirkenden horizontalen Kräfte im Fußpunkt.

Deshalb sind Sparren- und Kehlbalkendächer (siehe hierzu auch Kapitel 2) erst ab einer Dachneigung von 20° – besser 30° – konstruktiv sinnvoll. Bei Massivdecken wird über den Außenwänden ein Stahlbetonwiderlager angeordnet, das die anfallenden Kräfte aufnimmt. Die Längssteifigkeit des Sparrendaches wird durch den Windverband (Windrispen) erreicht (siehe Abb. 4.1-2).

Bei Sparrenlängen ab 4,50 m müssen die Sparrenpaare durch Kehlbalken ausgesteift werden. Daher nennt man diese Konstruktion Kehlbalkendach (siehe Abb. 4.1-3).

Vorteile des Sparren- und Kehlbalkendaches:

- Der Dachraum wird frei überspannt (stützenfrei).

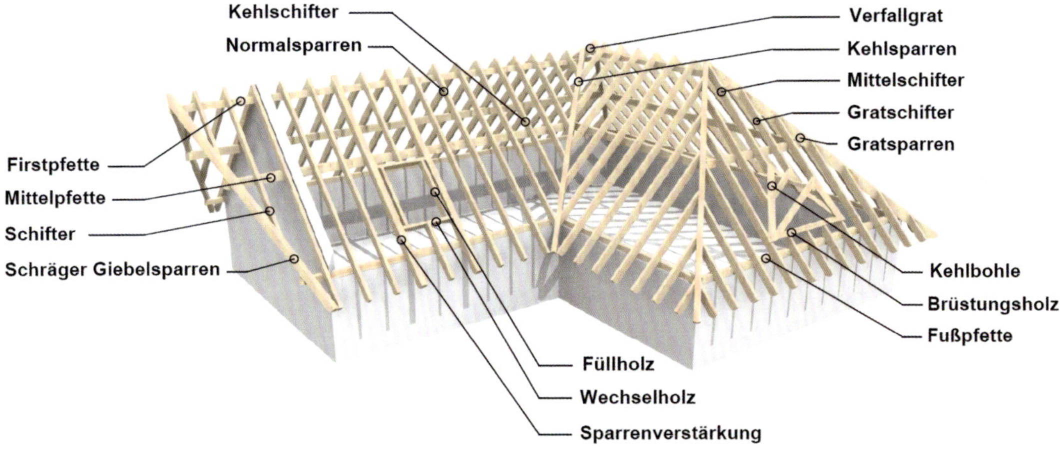

Abb. 4.1-1: Begriffe der Hölzer im Dachstuhlbau

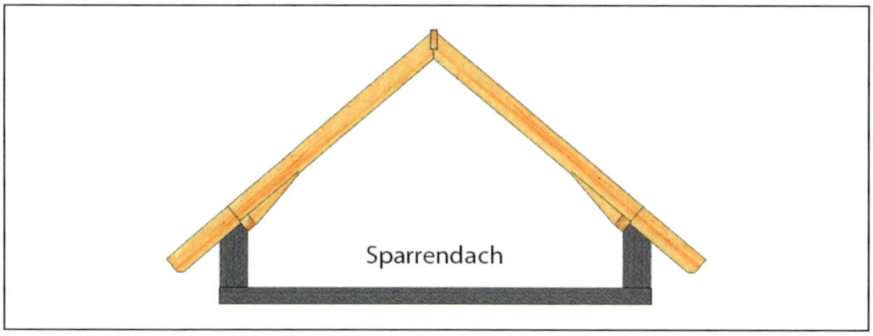

Abb. 4.1-2: Sparrendach (schematische Darstellung)

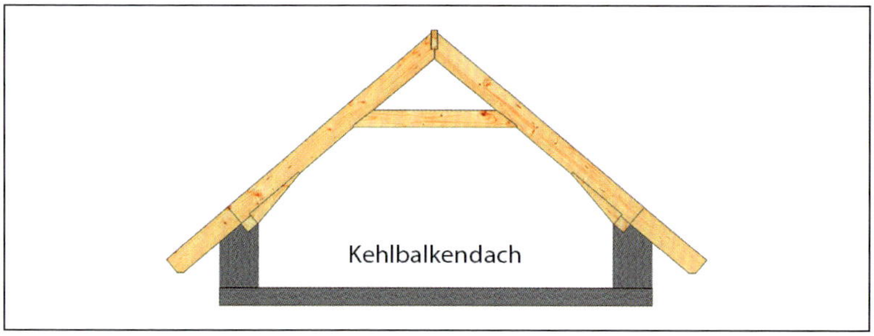

Abb. 4.1-3: Kehlbalkendach (schematische Darstellung)

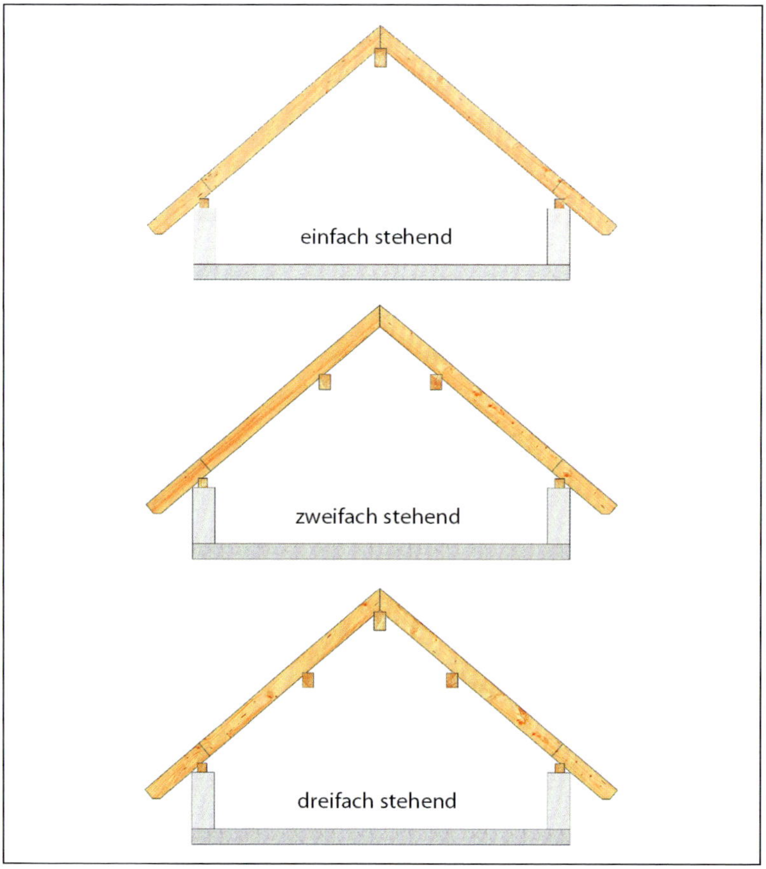

Abb. 4.1-4: Pfettendach, zweifach stehender Dachstuhl im Pfettendach (schematische Darstellung)

- Die Dachlasten werden auf die Außenwände übertragen.
- Die benötigte Holzmenge ist in der Regel geringer als bei Pfettendächern.

Nachteile des Sparren- und Kehlbalkendaches:

- Größere Dachfenster und Dachgauben lassen sich schwieriger einbauen.
- Größere Dachüberstände an der Traufe und an den Ortgängen sind nicht möglich.
- Der konstruktive Aufwand am unteren Sparrenauflager zur Aufnahme der Horizontallasten ist größer.

4.1.2 Pfettendach

Beim Pfettendach sind die Sparren schräg liegende Balken, die ihre Lasten auf die Pfetten übertragen (siehe hierzu auch Kapitel 2). Im Gegensatz zum Sparren- und Kehlbalkendach sind daher hauptsächlich senkrecht wirkende Kräfte zu übertragen. Die Pfosten unter der Firstpfette und den Mittelpfetten übertragen die Lasten auf die Innenwände (siehe Abb. 4.1-4).

Pfettendächer werden nach Zahl der Pfetten und Stützen in einfach oder mehrfach stehende Stühle unterschieden.

Bis zu einer Sparrenlänge von ca. 5 m reicht neben den Fußpfetten die Anordnung einer Firstpfette aus. Die Sparren werden einfach unterstützt, man spricht von einem einfach stehenden Dachstuhl.

Bis zu einer Sparrenlänge von ca. 6,50 m können die Sparren durch 2 Mittelpfetten unterstützt werden. Man spricht von einem zweifach stehenden Dachstuhl.

Bei noch größeren Sparrenlängen muss eine dritte Unterstützung der Sparren, dieses Mal durch die Firstpfette, erfolgen. Dann spricht man von einem dreifach stehenden Dachstuhl.

Vorteile des Pfettendaches:

- Pfettendächer sind auch bei großen Gebäudebreiten möglich.
- Größere Dachfenster und Dachgauben können ohne Schwierigkeiten angeordnet werden.
- Ebenso sind größere Überstände an Traufe und Ortgang leicht zu konstruieren.

Nachteile des Pfettendaches:

- Gegebenenfalls stehen im Dachraum Pfosten, die eine freie Grundrissgestaltung bei einem Dachgeschossausbau behindern.
- Im Gebäudeinneren müssen Bauteile vorhanden sein, die einen Teil der Dachlasten aufnehmen.

4.1.3 Holzverbindungen

Man unterscheidet lösbare und nicht lösbare Holzverbindungen. Lösbare Verbindungen (z. B. Schraubverbindungen) können mit geeigneten Werkzeugen wieder gelöst werden, ohne dass die Bauteile oder die Verbindungsmittel beschädigt werden.

Bei nicht lösbaren Verbindungen (z. B. Nagel- oder Klebeverbindungen) ist die Lösung der Verbindung nicht ohne Beschädigung oder Zerstörung der Bauteile oder der Verbindungsmittel möglich.

Als Verbindungsmittel für Holz und Holzwerkstoffe werden im Dachdeckerhandwerk hauptsächlich Nägel, Schrauben und Klammern verwendet. Je nach Anwendungsbereich müssen diese Verbindungsmittel korrosionsgeschützt (z. B. verzinkt) oder korrosionsbeständig (z. B. aus Edelstahl) sein.

Nagelverbindungen

Nägel sind das einfachste Verbindungsmittel für Holzverbindungen. Zur Befestigung von Trag- und Konterlatten sowie von Dachschalungen sollen aus statischen Gründen verzinkte Rillennägel eingesetzt werden.

Die Tragfähigkeit der Nagelverbindungen ist je nach Faserrichtung des Holzes unterschiedlich. Dabei sind auch unterschiedliche Randabstände zu beachten. Nägel dürfen ständig auf Abscheren (rechtwinklig zur Nagelachse) beansprucht werden. Auf Herausziehen (z. B. durch Windsogkräfte) dürfen sie nur kurzfristig beansprucht werden.

Tabelle 4.1-1: Befestigung von Konterlatten unter Traglatten

Gebäudehöhe h		Befestigung von Konterlatten unter Traglatten pro Meter bei einem Achsabstand der Unterkonstruktion von maximal 1,0 m	
		Sattel- und Walmdächer	**Pultdächer**
≤ 10 m	Wz 1	4 × Na 3,1 × 80[1]	5 × Na 3,1 × 80[1]
	Wz 2 B		6 × Na 3,1 × 80[1]
	Wz 2 K	6 × Na 3,1 × 80[1]	8 × Na 3,1 × 80[2]
	Wz 3 B		
	Wz 3 K	7 × Na 3,1 × 80[1]	9 × Na 3,1 × 80[3]
	Wz 4 B		
	Wz 4 K	8 × Na 3,1 × 80[2]	4 × RiNa 3,1 × 80
≤ 18 m	Wz 1	5 × Na 3,1 × 80[1]	6 × Na 3,1 × 80[1]
	Wz 2 B		7 × Na 3,1 × 80[1]
	Wz 2 K	7 × Na 3,1 × 80[1]	9 × Na 3,1 × 80[2]
	Wz 3 B		
	Wz 3 K	8 × Na 3,1 × 80[2]	4 × RiNa 3,1 × 80
	Wz 4 B		
	Wz 4 K	9 × Na 3,1 × 80[2]	5 × RiNa 3,1 × 80
≤ 25 m	Wz 1	5 × Na 3,1 × 80[1]	7 × Na 3,1 × 80[1]
	Wz 2 B	6 × Na 3,1 × 80[1]	8 × Na 3,1 × 80[2]
	Wz 2 K	7 × Na 3,1 × 80[1]	10 × Na 3,1 × 80[3]
	Wz 3 B		
	Wz 3 K	8 × Na 3,1 × 80[2]	4 × RiNa 3,1 × 80
	Wz 4 B		
	Wz 4 K	10 × Na 3,1 × 80 [3]	5 × RiNa 3,1 × 80

Wz: Windzone B: Binnenland K: Küste und Inseln der Ostsee Na: Nagel RiNa: Rillennagel	1) alternativ: 3 × RiNa 2,8 × 75 2) alternativ: 4 × RiNa 2,8 × 75 oder 3 × RiNa 3,1 × 80 3) alternativ: 4 × RiNa 3,1 × 80
Eindringtiefe: Na 3,1 × 80: 40 mm RiNa 2,8 × 75: 35 mm RiNa 3,1 × 80: 40 mm	Bemessungswerte der Tragfähigkeit in Stabachse: Na 3,1 × 80: 230 N RiNa 2,8 × 75: 520 N RiNa 3,1 × 80: 670 N

Tabelle 4.1-2: Befestigung von Konterlatten unter Schalungen

Gebäudehöhe h		Befestigung von Konterlatten unter Schalungen pro Meter bei einem Achsabstand der Unterkonstruktion von maximal 1,0 m	
		Sattel- und Walmdächer	**Pult- und Flachdächer**
≤ 10 m	Wz 1	4 × RiNa 2,8 × 75[1)]	4 × RiNa 3,1 × 80[3)]
	Wz 2 B	4 × RiNa 2,8 × 75[2)]	5 × RiNa 3,1 × 80
	Wz 2 K Wz 3 B	4 × RiNa 3,1 × 80	6 × RiNa 3,1 × 80
	Wz 3 K Wz 4 B	5 × RiNa 3,1 × 80	7 × RiNa 3,1 × 80
	Wz 4 K	6 × RiNa 3,1 × 80	9 × RiNa 3,1 × 80
≤ 18 m	Wz 1	4 × RiNa 2,8 × 75[2)]	5 × RiNa 3,1 × 80
	Wz 2 B	4 × RiNa 3,1 × 80	6 × RiNa 3,1 × 80
	Wz 2 K Wz 3 B	5 × RiNa 3,1 × 80	7 × RiNa 3,1 × 80
	Wz 3 K Wz 4 B	6 × RiNa 3,1 × 80	8 × RiNa 3,1 × 80
	Wz 4 K	7 × RiNa 3,1 × 80	10 × RiNa 3,1 × 80
≤ 25 m	Wz 1	4 × RiNa 3,1 × 80	5 × RiNa 3,1 × 80
	Wz 2 B	5 × RiNa 3,1 × 80	6 × RiNa 3,1 × 80
	Wz 2 K Wz 3 B	6 × RiNa 3,1 × 80	8 × RiNa 3,1 × 80
	Wz 3 K Wz 4 B	7 × RiNa 3,1 × 80	9 × RiNa 3,1 × 80
	Wz 4 K	8 × RiNa 3,1 × 80	11 × RiNa 3,1 × 80

Wz: Windzone
B: Binnenland
K: Küste und Inseln der Ostsee
Na: Nagel
RiNa: Rillennagel

1) alternativ: 7 × Na 3,1 × 80
2) alternativ: 9 × Na 3,1 × 80
3) alternativ: 10 × Na 3,1 × 80

Eindringtiefe:
Na 3,1 × 80: 40 mm
RiNa 2,8 × 75: 35 mm
RiNa 3,1 × 80: 40 mm

Bemessungswerte der Tragfähigkeit in Stabachse:
Na 3,1 × 80: 230 N
RiNa 2,8 × 75: 520 N
RiNa 3,1 × 80: 670 N

Befestigung von Konterlatten mit Nägeln

Konterlatten müssen mindestens der Sortierklasse S 10 nach DIN 4074-1 (bzw. C 24 nach DIN EN 14081) entsprechen und über eine Nenndicke von mindestens 24 mm verfügen. Für Latten mit Nennquerschnitten < 30/50 mm liegen keine Festigkeitswerte vor, weshalb eine Zuordnung zu einer Festigkeitsklasse nicht erfolgen kann und diese somit nicht verwendet werden können.

Konterlatten sind in Holz (Mindestdicke 24 mm) oder Holzwerkstoffen (Mindestdicke 22 mm) mit einer Rohdichte ≥ 350 kg/m³ zu befestigen. Bei Holzwerkstoffen mit einer Rohdichte < 350 kg/m³ oder bei Aufsparrendämmungen ist ein statischer Nachweis für die Befestigung der Konterlatte erforderlich.

Konterlatten unter Traglatten sind nach Tabelle 4.1-1 zu befestigen. Konterlatten unter Schalungen sind nach Tabelle 4.1-2 zu befestigen. Die Nägel müssen mindestens verzinkt sein.

Tabelle 4.1-4: Befestigung von Traglatten je Auflager für Gebäudehöhen h ≤ 10 m

<table>
<tr><th colspan="2" rowspan="2">Achsabstand der Unterkonstruktion</th><th colspan="2">Befestigung von Traglatten unter Dachziegel- und Dachsteindeckungen (Gebäudehöhe h ≤ 10 m)</th></tr>
<tr><th>Sattel- und Walmdächer</th><th>Pultdächer</th></tr>
<tr><td rowspan="7">≤ 0,8 m</td><td>Wz 1</td><td rowspan="2">RiNa 2,8 × 75</td><td rowspan="2">RiNa 3,1 × 80</td></tr>
<tr><td>Wz 2 B</td></tr>
<tr><td>Wz 2 K</td><td rowspan="4">RiNa 3,1 × 80</td><td>RiNa 3,4 × 90</td></tr>
<tr><td>Wz 3 B</td><td>RiNa 3,1 × 80</td></tr>
<tr><td>Wz 3 K</td><td>2 × RiNa 3,1 × 80 1)</td></tr>
<tr><td>Wz 4 B</td><td>RiNa 3,4 × 90</td></tr>
<tr><td>Wz 4 K</td><td>RiNa 3,4 × 90</td><td>2 × RiNa 3,1 × 80 1)</td></tr>
<tr><td rowspan="7">≤ 1,0 m</td><td>Wz 1</td><td>RiNa 2,8 × 75</td><td rowspan="2">RiNa 3,1 × 80</td></tr>
<tr><td>Wz 2 B</td><td rowspan="3">RiNa 3,1 × 80</td></tr>
<tr><td>Wz 2 K</td><td>2 × RiNa 3,1 × 80 1)</td></tr>
<tr><td>Wz 3 B</td><td>RiNa 3,4 × 90</td></tr>
<tr><td>Wz 3 K</td><td rowspan="2">RiNa 3,4 × 90</td><td rowspan="3">2 × RiNa 3,1 × 80 1)</td></tr>
<tr><td>Wz 4 B</td></tr>
<tr><td>Wz 4 K</td><td>2 × RiNa 3,1 × 80 1)</td></tr>
</table>

Wz: Windzone
B: Binnenland
K: Küste und Inseln der Ostsee
RiNa: Rillennagel

An Traglattenstößen ist nur ein Rillennagel je Traglatte erforderlich.
1) Breite der Traglatte mindestens 53 mm

Eindringtiefe:
RiNa 2,8 × 75: 24 mm
RiNa 3,1 × 80: 30 mm
RiNa 3,4 × 90: 40 mm

Bemessungswerte der Tragfähigkeit in Richtung der Stabachse:
RiNa 2,8 × 75: 340 N
RiNa 3,1 × 80: 600 N
RiNa 3,4 × 90: 730 N

Befestigung von Traglatten mit Nägeln

Jede Traglatte ist an jedem Kreuzungspunkt am Auflager zu befestigen.

Traglatten müssen mindestens der Sortierklasse S 10 nach DIN 4074-1 entsprechen und in Abhängigkeit vom Achsabstand der Sparren den Nennquerschnitten nach Tabelle 4.1-3 entsprechen. Dabei darf der lichte Abstand zwischen den Traglatten nicht größer als 0,40 m sein.

Tabelle 4.1-3: Traglatten ohne rechnerischen Nachweis aus Nadelholz

Nennquerschnitte in mm	Achsabstand der Unterkonstruktion in m	Sortierklasse nach DIN 4074-1
30/50	bis 0,80	S 10
40/60	bis 1,00	S 10

Traglatten sind nach Tabelle 4.1-4 bis 4.1-6 zu befestigen. Die Nägel müssen mindestens verzinkt sein.

Tabelle 4.1-5: Befestigung von Traglatten je Auflager für Gebäudehöhen 10 m < h ≤ 18 m

<table>
<tr><th colspan="2" rowspan="2">Achsabstand der Unterkonstruktion</th><th colspan="2">Befestigung von Traglatten unter Dachziegel- und Dachsteindeckungen (Gebäudehöhe 10 < h ≤ 18 m)</th></tr>
<tr><th>Sattel- und Walmdächer</th><th>Pultdächer</th></tr>
<tr><td rowspan="7">≤ 0,8 m</td><td>Wz 1</td><td>RiNa 2,8 × 75</td><td rowspan="2">RiNa 3,1 × 80</td></tr>
<tr><td>Wz 2 B</td><td rowspan="3">RiNa 3,1 × 80</td></tr>
<tr><td>Wz 2 K</td><td rowspan="2">RiNa 3,4 × 90</td></tr>
<tr><td>Wz 3 B</td></tr>
<tr><td>Wz 3 K</td><td>RiNa 3,4 × 90</td><td rowspan="3">2 × RiNa 3,1 × 80$^{1)}$</td></tr>
<tr><td>Wz 4 B</td><td>RiNa 3,1 × 80</td></tr>
<tr><td>Wz 4 K</td><td>2 × RiNa 3,1 × 80$^{1)}$</td></tr>
<tr><td rowspan="7">≤ 1,0 m</td><td>Wz 1</td><td rowspan="2">RiNa 3,1 × 80</td><td>RiNa 3,1 × 80</td></tr>
<tr><td>Wz 2 B</td><td>RiNa 3,4 × 90</td></tr>
<tr><td>Wz 2 K</td><td rowspan="2">RiNa 3,4 × 90</td><td rowspan="4">2 × RiNa 3,1 × 80$^{1)}$</td></tr>
<tr><td>Wz 3 B</td></tr>
<tr><td>Wz 3 K</td><td>2 × RiNa 3,1 × 80$^{1)}$</td></tr>
<tr><td>Wz 4 B</td><td>RiNa 3,4 × 90</td></tr>
<tr><td>Wz 4 K</td><td>2 × RiNa 3,1 × 80$^{1)}$</td><td>2 × RiNa 3,4 × 90$^{2)}$</td></tr>
<tr><td colspan="3">Wz: Windzone
B: Binnenland
K: Küste und Inseln der Ostsee
RiNa: Rillennagel</td><td>An Traglattenstößen ist nur ein Rillennagel je Traglatte erforderlich.
1) Breite der Traglatte mindestens 53 mm
2) Breite der Traglatte mindestens 58 mm/Breite der Konterlatte mindestens 51 mm</td></tr>
<tr><td colspan="3">Eindringtiefe:
RiNa 2,8 × 75: 24 mm
RiNa 3,1 × 80: 30 mm
RiNa 3,4 × 90: 40 mm</td><td>Bemessungswerte der Tragfähigkeit in Richtung der Stabachse:
RiNa 2,8 × 75: 340 N
RiNa 3,1 × 80: 600 N
RiNa 3,4 × 90: 730 N</td></tr>
</table>

Tabelle 4.1-6: Befestigung von Traglatten je Auflager für Gebäudehöhen 18 m < h ≤ 25 m

<table>
<tr><th colspan="2" rowspan="2">Achsabstand der Unterkonstruktion</th><th colspan="2">Befestigung von Traglatten unter Dachziegel- und Dachsteindeckungen (Gebäudehöhe 18 < h ≤ 25 m)</th></tr>
<tr><th>Sattel- und Walmdächer</th><th>Pultdächer</th></tr>
<tr><td rowspan="7">≤ 0,8 m</td><td>Wz 1</td><td rowspan="4">RiNa 3,1 × 80</td><td>RiNa 3,1 × 80</td></tr>
<tr><td>Wz 2 B</td><td>RiNa 3,4 × 90</td></tr>
<tr><td>Wz 2 K</td><td rowspan="5">2 × RiNa 3,1 × 80[1]</td></tr>
<tr><td>Wz 3 B</td></tr>
<tr><td>Wz 3 K</td><td rowspan="2">RiNa 3,4 × 90</td></tr>
<tr><td>Wz 4 B</td></tr>
<tr><td>Wz 4 K</td><td>2 × RiNa 3,1 × 80[1]</td></tr>
<tr><td rowspan="7">≤ 1,0 m</td><td>Wz 1</td><td rowspan="2">RiNa 3,1 × 80</td><td>RiNa 3,4 × 90</td></tr>
<tr><td>Wz 2 B</td><td rowspan="5">2 × RiNa 3,1 × 80[1]</td></tr>
<tr><td>Wz 2 K</td><td rowspan="2">RiNa 3,4 × 90</td></tr>
<tr><td>Wz 3 B</td></tr>
<tr><td>Wz 3 K</td><td rowspan="3">2 × RiNa 3,1 × 80[1]</td></tr>
<tr><td>Wz 4 B</td></tr>
<tr><td>Wz 4 K</td><td>2 × RiNa 3,4 × 90[2]</td></tr>
<tr><td colspan="3">Wz: Windzone
B: Binnenland
K: Küste und Inseln der Ostsee
RiNa: Rillennagel</td><td>An Traglattenstößen ist nur ein Rillennagel je Traglatte erforderlich.
1) Breite der Traglatte mindestens 53 mm
2) Breite der Traglatte mindestens 58 mm/Breite der Konterlatte mindestens 51 mm</td></tr>
<tr><td colspan="3">Eindringtiefe:
RiNa 2,8 × 75: 24 mm
RiNa 3,1 × 80: 30 mm
RiNa 3,4 × 90: 40 mm</td><td>Bemessungswerte der Tragfähigkeit in Richtung der Stabachse:
RiNa 2,8 × 75: 340 N
RiNa 3,1 × 80: 600 N
RiNa 3,4 × 90: 730 N</td></tr>
</table>

Jede Traglatte ist an jedem Kreuzungspunkt am Auflager zu befestigen. Abbildung 4.1-5 zeigt die Befestigung der Trag- und Konterlatte am Traglattenstoß. Von den Randabständen kann bei Dachlatten als Unterlage von Dachdeckungen und bei Schalungen als Unterlage von Dachdeckungen und Dachabdichtungen abgewichen werden, wenn das Holz nicht spaltet und eine dauerhafte Verbindung gewährleistet ist.

Holzschraubenverbindungen

Bei besonderen Beanspruchungen werden häufig Verbindungen mit Schrauben gewählt. Diese Verbindungen können ohne Beschädigung der Bauteile und Verbindungsmittel wieder gelöst werden.

Die Dicke und die Länge der Schrauben werden in mm angegeben.

Holzschrauben dürfen (wie Nägel) ständig auf Abscheren (rechtwinklig zur Schraubenachse) beansprucht werden. Außerdem dürfen sie (im Unterschied zu Nägeln) ständig auf Herausziehen (parallel zur Schraubenachse) beansprucht werden.

Einschraubtiefen unter dem 6-Fachen der Schraubendicke sind unzulässig.

Klammerverbindungen

Mechanisiertes Klammern ersetzt heute vielfach das Nageln von (nicht demontierbaren) Verbindungen.

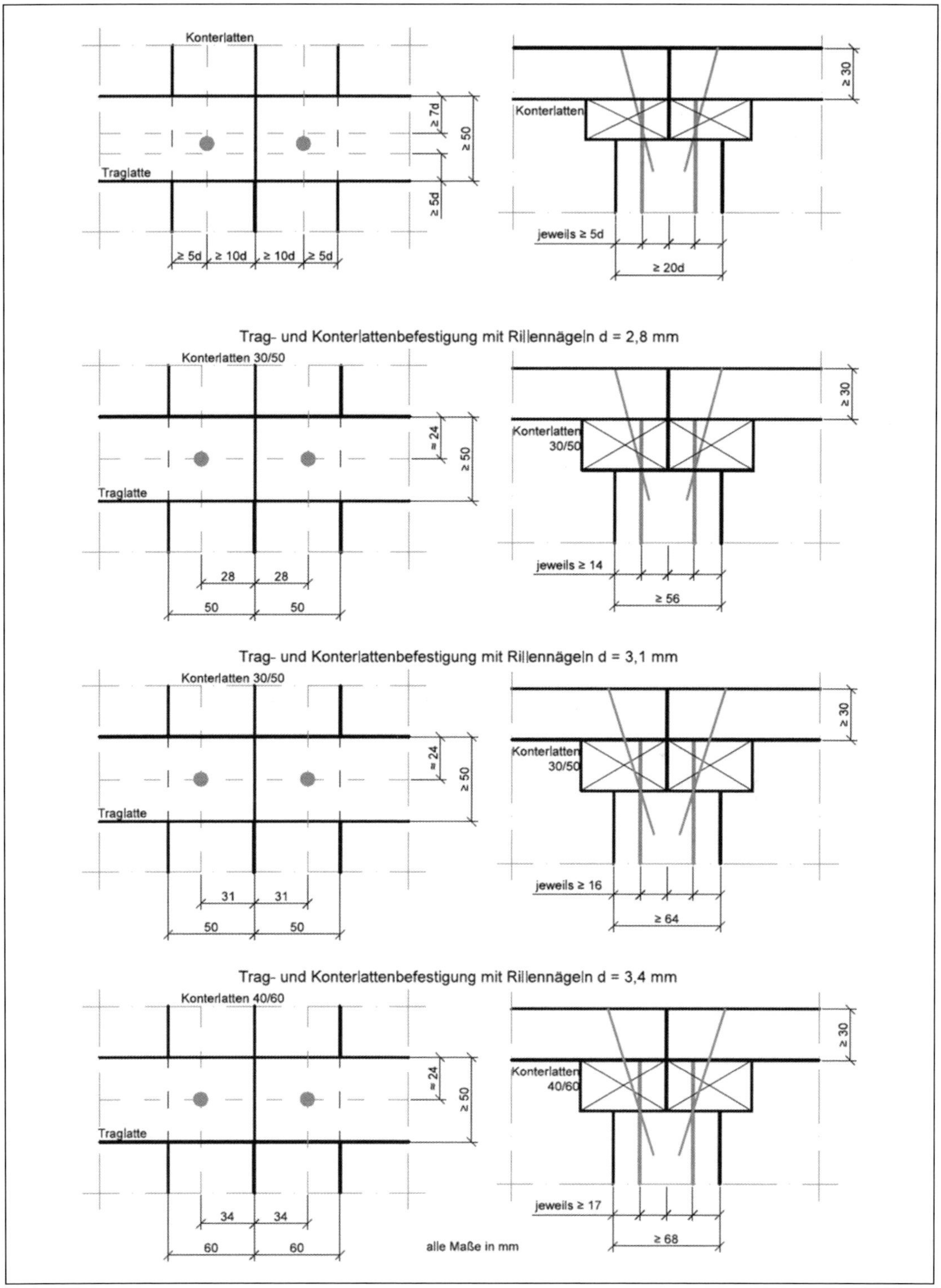

Abb. 4.1-5: Randabstände von Nägeln an Traglattenstößen

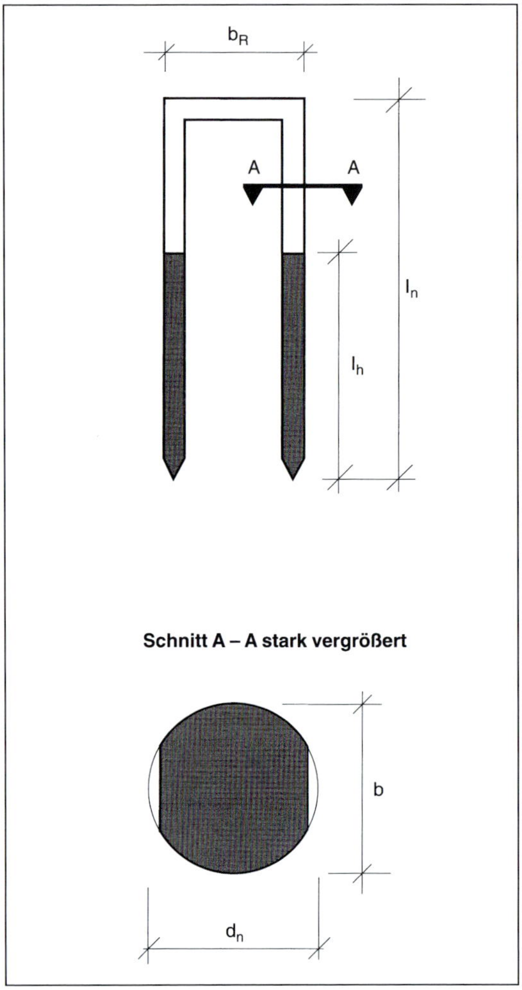

Abb. 4.1-6: Klammer für Holzverbindungen

Abb. 4.1-7: Kantholzverbindungen

Klammern müssen für die geplante Verbindung geeignet sein. Wichtig ist die richtige Einschlagtiefe. Die Klammerrücken dürfen nicht mehr als 2 mm tief versenkt sein, müssen jedoch mindestens bündig mit der Oberfläche eingeschlagen werden. Ein bündiger Abschluss des Klammerrückens mit der Oberfläche des Holzes oder des Holzwerkstoffes gilt als nicht versenkt.

Klammern dürfen ständig auf Abscheren (rechtwinklig zur Klammer) beansprucht werden, wenn die Einschlagtiefe l_h mindestens das 12-Fache der Klammerdicke d_n beträgt (siehe Abb. 4.1-6).

Auf Herausziehen (z. B. durch Windsogkräfte) dürfen Klammern in der Regel nur kurzfristig beansprucht werden.

Überblattungen, Verzapfungen

Zum Verbinden von Kanthölzern in Dachstühlen und Fachwerkwänden werden Überblattungen, Verzapfungen und andere Holzverbindungen, z. B. Verkämmungen und Versätze, angewendet. Beim Herstellen der Holzverbindungen ist auf maßgenaues Bearbeiten der Kanthölzer zu achten. Die zu verbindenden Hölzer sollen nicht unnötig geschwächt werden, d. h., es darf nicht tiefer gesägt oder ausgestemmt werden, als angerissen wurde (siehe Abb. 4.1-7).

Haupt-Nebenträger-Verbinder

Balkenschuh

Winkelverbinder

Sparrenpfettenanker

Abb. 4.1-8: Holzverbindungen mit Stahlblechverbindungsmitteln

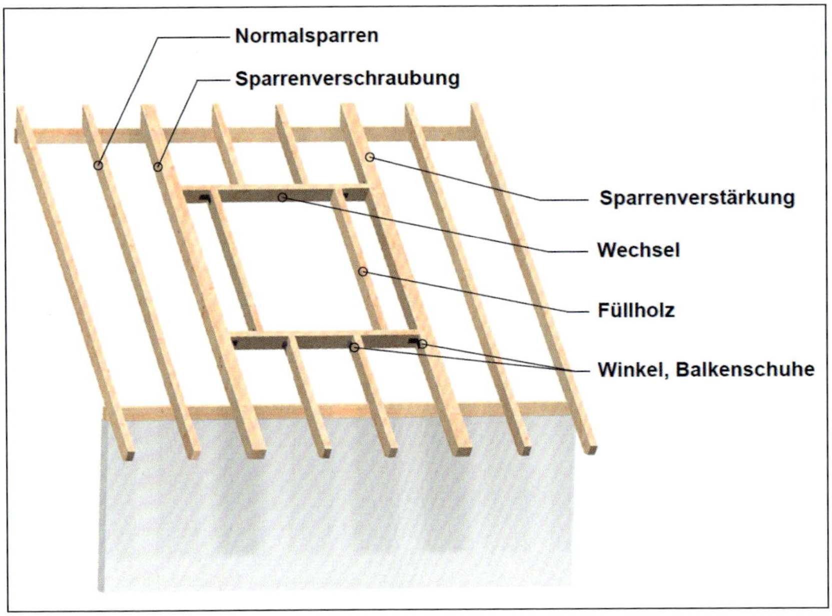

Abb. 4.1-9: Auswechslungen

Stahlblechverbindungsmittel

Bei Verwendung von Stahlblechverbindungsmitteln (z. B. Lochplatten, Winkel, Balkenschuhe) werden die zu verbindenden Hölzer nicht in ihrem Querschnitt geschwächt. Bei geringem Arbeitsaufwand wird eine gute Kraftübertragung erreicht. Die Verbindungsmittel bestehen in der Regel aus verzinktem Stahlblech mit einer Mindestdicke von 2 mm. Bei der Verwendung sind die Angaben der Hersteller zu beachten. Die Befestigung der Stahlblechformteile erfolgt mit Spezialnägeln und/oder mit Spezialschrauben. Die Nägel sind zur Verbesserung der Haltefestigkeit widerhakenartig geriffelt.

4.1.4 Auswechslungen

Das Bearbeiten von Sparren bzw. Balken und deren Auswechslung verändern die Lastabtragung in einem bestehenden Dachstuhl bzw. einer Holzbalkendecke. Es müssen daher in das Tragwerk entsprechende Ersatzsysteme zur Lastabtragung eingebaut werden, die eine Überlastung einzelner verbleibender Tragglieder während und nach dem Einbau verhindern und die Standsicherheit zur weiteren Nutzung gewährleisten. Ohne Einzelnachweis soll die Höhe der Wechselhölzer der Höhe der Sparren entsprechen. Bauaufsichtlich zugelassene Stahlblechformteile und Dübel besonderer Bauart eignen sich besonders, um der Nachgiebigkeit der reinen Bolzenverbindung bei Auswechslungen und deren Verbindungsmittel entgegenzuwirken.

Die Sicherung während der Ausführung kann z. B. durch über- oder unterlegte und mit Zwingen befestigte Kanthölzer erfolgen (siehe Abb. 4.1-10). Üblicherweise werden die Lasten durch Wechselhölzer auf verbleibende, verstärkte oder zusätzliche Sparren weitergeleitet.

Die Funktion von Aussteifungssystemen (z. B. Pfetten, Windrispen etc.) muss während und nach dem Einbau von Auswechslungen erhalten bleiben.

Ohne statischen Nachweis und ohne eine Verstärkung der an den Seiten durchlaufenden Sparren ist die Auswechslung eines Sparrens in einem Pfettendach nur möglich bei Sparrenabständen bis ca. 70 cm (Achsmaß) und den üblichen Spannweiten bis 4 m zwischen 2 Auflagern.

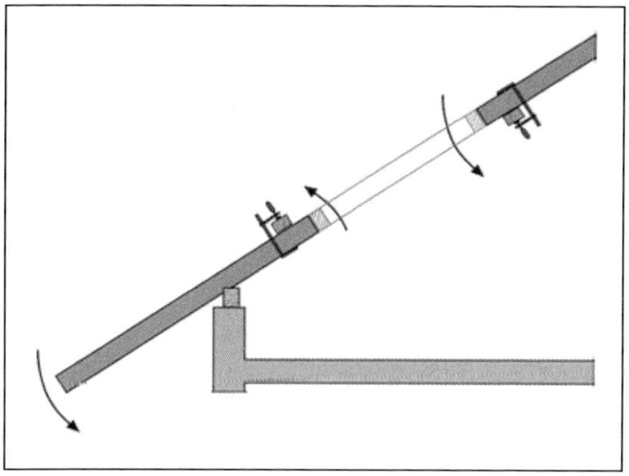

Abb. 4.1-10: Montagehilfe beim Einbau von Auswechslungen

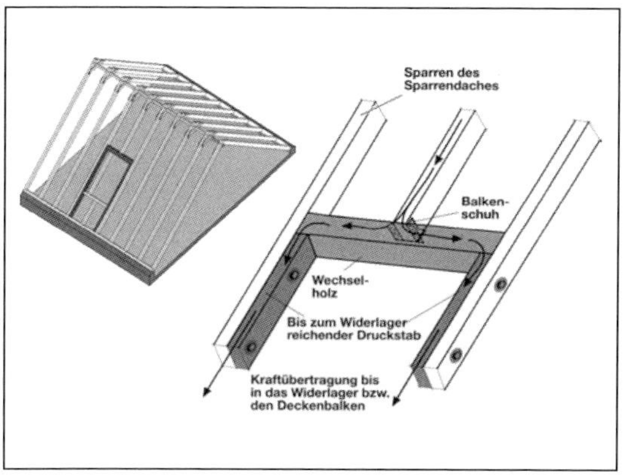

Abb. 4.1-11: Ausführung von Druckhölzern beim Sparrendach

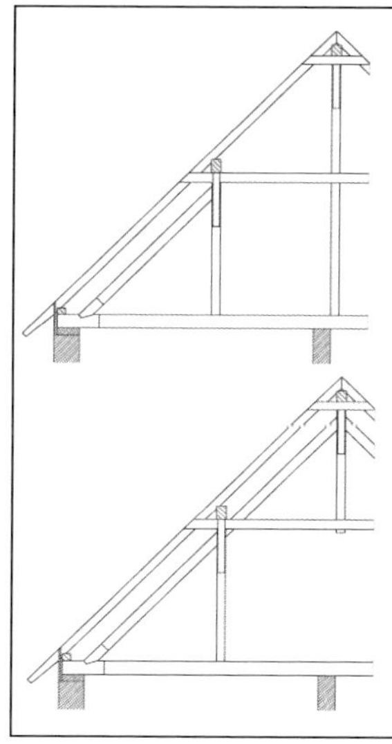

Abb. 4.1-12: Pfettendach mit dreifach stehendem Dachstuhl. Streben und ausgestellte Zangen bilden ein Sprengwerk.

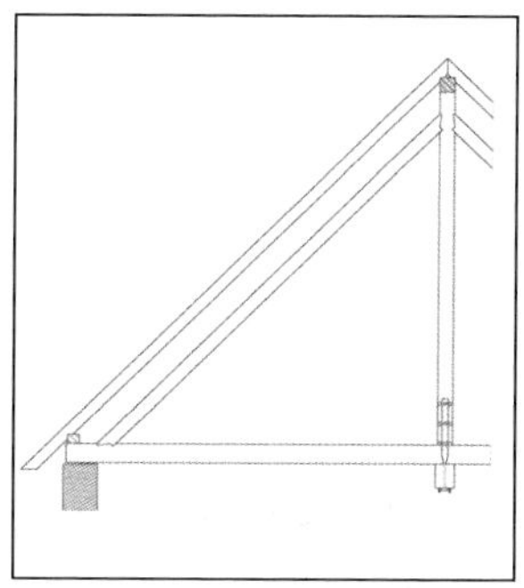

Abb. 4.1-13: Hängewerk

4.1.5 Sonderformen

Spreng- und Hängewerksdächer sind Sonderformen des Pfettendaches.

Sprengwerk

Bei einem Sprengwerk wird die Last der Pfettenunterstützung nicht auf der Decke, sondern über Streben parallel zu den Sparren auf den Außenwänden abgesetzt. Durch diese diagonale Umlenkung der vertikalen Kräfte entstehen an den Fußpunkten der Streben Horizontalkräfte, die von Bundbalken bzw. der Stahlbetondecke als Zug aufgenommen werden. Dazu werden die Streben durch Versatz an das Kopfende der jeweiligen Bundbalken bzw. durch Verankerung in der Stahlbetondecke angeschlossen.

Die Stütze wird über eine verschiebliche Zapfenverbindung (Schwebezapfen) an die Deckenbalken bzw. die Stahlbetondecke angeschlossen, sodass sie weder Druck auf die Decke abgibt noch Zug aus der Deckenlast aufnimmt.

Hängewerk

Hängewerke werden wie Sprengwerke konstruiert mit dem Unterschied, dass die Hängesäule zugfest mit der Decke verbunden wird und die Deckenlast so über den Umweg der Hängesäule und der Streben in die Außenwände führt. Die horizontalen Lagerreaktionen werden dadurch größer als beim Sprengwerk.

Für Spreng- und Hängewerke gilt gleichermaßen:

Hinweis

Je geringer die Dachneigung, desto größer sind die horizontalen Auflagerkräfte.

Zusammenfassung

Sparrendächer haben einen stützenfreien Dachraum. Größere Dachfenster und Dachgauben lassen sich schwieriger einbauen.

Bei Pfettendächern können größere Dachfenster und Dachgauben ohne Schwierigkeiten eingebaut werden. Ein Teil der Dachlasten muss von Bauteilen im Gebäudeinnern aufgenommen werden.

Es werden lösbare und nicht lösbare Holzverbindungen unterschieden.

Nägel und Klammern dürfen auf Abscheren und kurzfristig auf Herausziehen beansprucht werden.

Schrauben dürfen auf Abscheren und auf Herausziehen beansprucht werden.

In Dachstühlen und Fachwerken werden für die Verbindung von Kanthölzern Holzverbindungen wie Blattungen und Zapfungen angewendet.

Bei der Verwendung von Stahlblechverbindungsmitteln werden die zu verbindenden Hölzer nicht in ihrem Querschnitt geschwächt.

Vor Sparrenauswechslungen für den Einbau von größeren Dachfenstern oder ähnlichen Einbauteilen muss in Zweifelsfällen ein Tragwerksplaner herangezogen werden.

Spreng- und Hängewerksdächer sind alte Sonderformen des Pfettendaches, die sich für größere Stützweiten eignen.

Aufgaben

1. Nennen Sie Vorzüge und Nachteile von Sparrendächern.
2. Welche Vorteile und Nachteile haben Pfettendächer?
3. Was ist der Unterschied zwischen lösbaren und nicht lösbaren Holzverbindungen?
4. Wie dürfen Nägel, Schrauben und Klammern belastet werden?
5. Eine 40 mm dicke Traglatte soll befestigt werden. Die Dicke des Rillennagels beträgt 3,4 mm. Welche handelsübliche Nagellänge ist erforderlich?
6. Was muss bei Sparrenauswechselungen, besonders für größere Einbauteile, beachtet werden?
7. Wie funktionieren Spreng- und Hängewerksdächer?

4.2 Flachdach- und Bauteilkonstruktionen

Abdichtungen werden im Allgemeinen auf flachen und geneigten Dachflächen/Bauteilen ausgeführt. Hinsichtlich der Neigung des Daches wird zwar ein Gefälle gefordert, aber eine obere Dachneigungsgrenze gibt es für Dachabdichtungen nicht.

Man unterscheidet Dächer mit Abdichtungen nach Art der Konstruktion in nicht belüftete und belüftete Dächer.

Diese Dachaufbauten können in Abhängigkeit von ihrer Konstruktionsart sowie den verschiedenen Materialien und auch den verschiedenen Möglichkeiten der Lagesicherung folgende Funktionsschichten haben:

- tragende Unterkonstruktion (Unterlage)
- Maßnahme zur Gefällegebung
- Luftdichtheitsschicht
- Unterschale (erste Dachschale)
- Haftbrücke
- Ausgleichsschicht/Trennschicht/-lage
- Dampfsperre
- Wärmedämmung

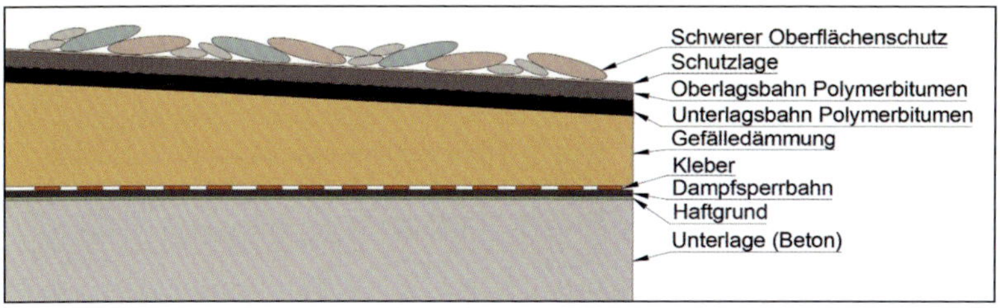

Abb. 4.2-1: Nicht belüftetes Dach: Dachaufbau mit Bitumen- und Polymerbitumenbahnen in verklebter Verlegung

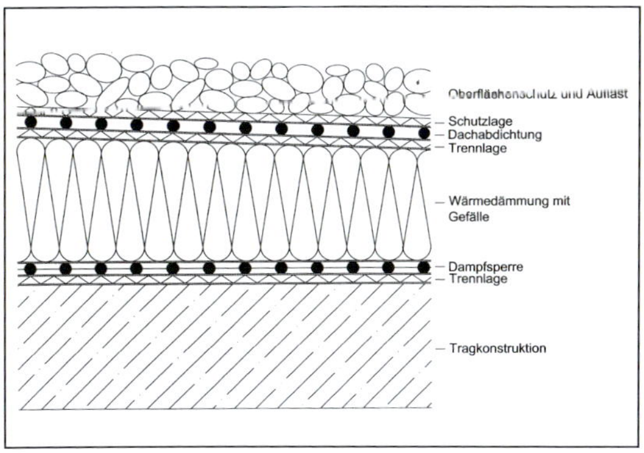

Abb. 4.2-2: Nicht belüftetes Dach: Dachaufbau mit Kunststoff- oder Elastomerbahnen, lose Verlegung mit Auflast

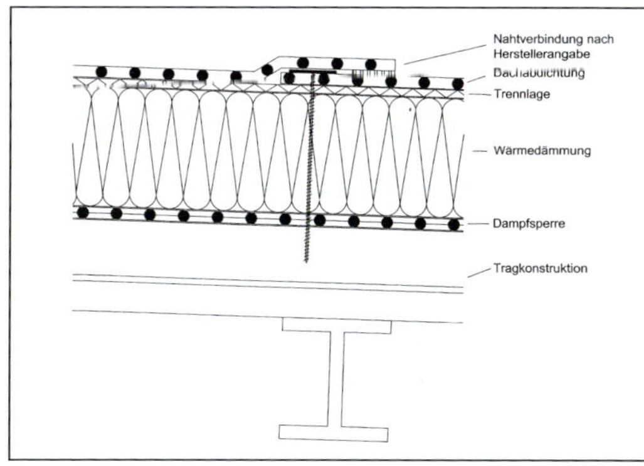

Abb. 4.2-3: Nicht belüftetes Dach: Dachaufbau mit Kunststoff- oder Elastomerbahnen, mechanisch befestigt

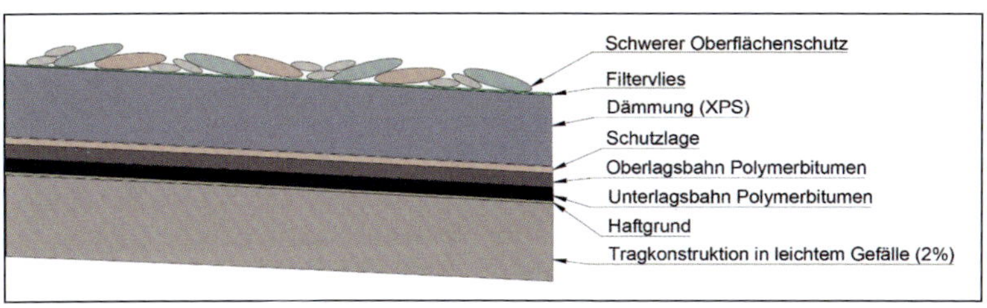

Abb. 4.2-4: Nicht belüftetes Dach als Umkehrdach: Abdichtung mit Polymerbitumenbahnen in verklebter Verlegung

- belüfteter Dachraum
- Dampfdruckausgleichsebene/Trennlage
- Oberschale (zweite Dachschale)
- Dachabdichtung/Abdichtung
- Schutzlage/Schutzschicht/Wurzelschutz
- Filterschicht
- Oberflächenschutz/Auflast/Nutzschicht/ Dachbegrünung

4.2.1 Nicht belüftete Dächer/Bauteile

Das nicht belüftete Dach wurde früher auch Warmdach oder einschaliges Dach genannt. Es besteht aus einem Dachaufbau, der ohne Einbau einer Belüftungsschicht unmittelbar auf der tragenden Unterkonstruktion aufliegt.

In den Abbildungen 4.2-1 bis 4.2-4 sind verschiedene Dachaufbauten von nicht belüfteten Dächern mit den entsprechenden Funktionsschichten dargestellt.

Bei nicht belüfteten Dächern gibt es darüber hinaus weitere Variationen wie das Kompaktdach oder das Umkehrdach.

Für das Kompaktdach wird eine diffusionsdichte Wärmedämmung aus Schaumglas verwendet. In der Regel werden alle Schichten des Dachaufbaus auf geschlossener Unterlage vollflächig und hohlraumfrei miteinander verklebt. Dadurch wird die Gefahr einer Wasserhinterläufigkeit des Dachaufbaus verringert.

4.2.1.1 Umkehrdach

Beim Umkehrdach wird die Schichtenfolge des Dachaufbaus hinsichtlich der Schichten Wärmedämmung und Dachabdichtung umgekehrt. Dabei wird die Wärmedämmung über der Dachabdichtung angeordnet und mit Auflast und Oberflächenschutz versehen. Da die Wärmedämmschicht direkter Feuchtigkeitseinwirkung ausgesetzt ist, dürfen für das Umkehrdach nur geeignete Dämmstoffe, z. B. Polystyrol-Extruderschaum XPS, verwendet werden.

Bei diesem Dachaufbau müssen folgende bauaufsichtliche Anforderungen beachtet werden:

- Dämmschichten über der Abdichtung sollen vorzugsweise auf schwerer Unterlage (z. B. Ortbeton) verlegt werden.
- Die Verlegung des Dämmstoffes ist einlagig mit Falz auszuführen.
- Um zu vermeiden, dass Fremdkörper unter die Dämmplatten gelangen, ist über der Dämmschicht zusätzlich eine Filtermatte oder ein Filtervlies zu verlegen.
- Auf den Dämmplatten ist eine Auflast erforderlich. Bei der Bemessung der Auflast sind die jeweilige Windlast und der Auftrieb zu berücksichtigen. Die Lagesicherheit der Dachabdichtung ist gesondert nachzuweisen.
- Die Dachentwässerung ist so zu planen und auszuführen, dass ein langfristiges Überstauen der Wärmedämmung bei regelmäßiger Wartung ausgeschlossen ist. Ein kurzfristiges Überstauen (während intensiver Niederschläge) kann als unbedenklich angesehen werden.
- Zur Verminderung von Wärmeverlusten kann eine Erhöhung der Dämmstoffdicke erforderlich werden.
- Schichten oberhalb der Wärmedämmung müssen diffusionsoffen sein.

Das Umkehrdach schützt in besonderem Maße die abdichtenden Lagen. Sie liegen unter der Wärmedämmung, also auf der warmen Seite des Daches. Temperaturschwankungen und Temperaturspitzen sind nicht so extrem wie beim normalen Dachaufbau. Um die Abdichtung auch an aufgehenden Bauteilen zu schützen, können entweder entsprechend angefertigte Bleche oder sog. Leichtdachelemente eingesetzt werden. Dabei handelt es sich um Dämmplatten mit einer vom Werk aus oberseitig aufgebrachten Mörtelschicht.

Nur bei plötzlich auftretendem kaltem Niederschlag – besonders im Sommer – kann die Abdichtungsebene kurzfristig abgekühlt werden.

Damit dabei keine zu großen Spannungen oder sogar Kondensation in der Dachdecke auftreten können, soll das Umkehrdach nur auf Unterkonstruktionen verlegt werden, die Wärme speichern können.

Eine Stahlbetondecke ist also gut, ein Stahltrapezblechdach aber weniger geeignet.

Ein wesentlicher Vorteil des Umkehrdaches ist, dass die Abdichtung gegen Sonnenstrahlen und mechanische Beanspruchungen geschützt wird.

An die Wärmedämmstoffe für das Umkehrdach werden Anforderungen gestellt, die über die für den normalen Aufbau geltenden weit hinausgehen. Niederschlagswasser kann direkt an den Dämmstoff gelangen. Er darf aber dadurch nicht verrotten, darf kein Wasser aufnehmen bzw. sein Wärmedämmvermögen nicht verlieren. Er muss trittfest, maßgenau, frost- und formbeständig sein. Der Dämmstoff muss für den Verwendungszweck im Umkehrdach eine Zulassung haben. Besonders geeignet ist extrudiertes Polystyrol XPS. Die an den Kanten gefalzten Platten werden auf der Abdichtung einlagig lose verlegt. Der Dämmstoff ist so hart, dass es sich empfiehlt, als Schutz vor Kantendruck besonders bei dünnen Abdichtungen, bei Dachdurchbrüchen oder Anschlüssen eine Schutzlage aus Kunststoffvlies oder einer Bautenschutzmatte einzulegen.

Da der Dämmstoff direkt mit Wasser in Berührung kommt, sinkt sein Wärmedämmvermögen etwas. Diesen Nachteil muss man durch eine größere Dämmstoffdicke ausgleichen. Um die Dämmstoffdicke exakt zu berechnen, gibt es in Abhängigkeit vom Aufbau einen sog. Umkehrdachzuschlag auf den *U*-Wert. Bei leichten Unterkonstruktionen mit einer flächenbezogenen Masse < 250 kg/m² muss der Wärmedurchlasswiderstand unterhalb der Abdichtung $\geq 0{,}15$ m²K/W betragen.

Tabelle 4.2-1 ΔU-Zuschläge für Umkehrdächer

Anteil des Wärmedurchlasswiderstandes unterhalb der Abdichtung in % am gesamten Wärmedurchlasswiderstand	Erhöhung des *U*-Werts ΔU in W/(m² · K)
unter 10	0,05
10 – 50	0,03
> 50	0

Auf die Wärmedämmung kann eine Kiesschüttung, ein Plattenbelag oder Gründachaufbau aufgebracht werden. Dadurch soll die notwendige Auflast erreicht werden. Durch solch einen Aufbau wird bei einem Umkehrdach auch die Funktion eines schweren Oberflächenschutzes erfüllt.

Neben dem Abheben durch den auf jedes Dach wirkenden Windsog muss beim Umkehrdach auch das Aufschwimmen der Dämmplatten durch unterlaufendes Wasser verhindert werden.

Das Gewicht der Auflast muss also größer sein als beim normalen einschaligen Flachdach. Ein Nachweis der Kräfte ist erforderlich.

Damit die Kieskörner nicht zwischen die einzelnen Platten geschwemmt werden können, ist die Verlegung einer diffusionsoffenen Filtermatte, z. B. aus Glas- oder Kunststoffvlies, zwischen Wärmedämmung und Kiesschüttung erforderlich.

Das Umkehrdach funktioniert ohne Dampfsperre. Damit die vom Dämmstoff aufgenommene Diffusionsfeuchte wieder abgegeben werden kann, ist es unbedingt erforderlich, dass die Schichten über dem Dämmstoff diffusionsoffen sind. Deshalb sind dampfsperrende Trennlagen, z. B. aus PE-Folie oder Estrichschichten mit Fliesenbelägen, nicht zugelassen.

4.2.1.2 Kombiniertes Umkehrdach (Duo-Dach/Plus-Dach)

Besonders zur Verbesserung der Dämmung bestehender, normaler nicht belüfteter Dächer hat sich der Aufbau eines kombinierten Umkehrdaches bewahrt. Dabei wird auf den Aufbau eines einschaligen Flachdaches auf der Dachabdichtung ein zusätzliches Umkehrdach aufgebracht.

Abb. 4.2-5: Hohlraumfreie Verlegung von Schaumglas in Heißbitumen

Durch die zweite Dämmschicht wird das Dämmverhalten verbessert und die Dachabdichtung geschützt. Da aber auf der zweiten Wärmedämmung eine Auflast notwendig wird, ist auf jeden Fall die Statik des Daches zu berücksichtigen.

Auch alle Anschlüsse und Dachdurchdringungen müssen entsprechend erhöht werden. Das Aufbringen eines kombinierten Umkehrdaches ist also nicht immer einfach und manchmal wegen vorhandener Türen o. Ä. sogar unmöglich.

Setzt man das kombinierte Umkehrdach bei einer Sanierung (Plus-Dach) ein, ist darauf zu achten, dass der bestehende Dachaufbau funktioniert. Ist z. B. die Dampfsperre nicht richtig ausgebildet und es dadurch bereits zu Schäden gekommen, dann nützt auch das Aufbringen einer zusätzlichen Lage auf der Abdichtung eines kombinierten Umkehrdaches nichts. Der Schaden wird bleiben oder sich sogar vergrößern.

Für den Aufbau des kombinierten Umkehrdaches gilt das, was sowohl für ein nicht belüftetes Flachdach als auch für ein Umkehrdach gilt.

4.2.1.3 Kompaktdach

Das Kompaktdach ist eine besondere Form einer einschaligen, nicht belüfteten Dachkonstruktion. In diesem Aufbau werden allen Schichten vollflächig und vollfugig miteinander und mit der Unterkonstruktion verklebt. Im Vergleich zu allen anderen Flachdachkonstruktionen

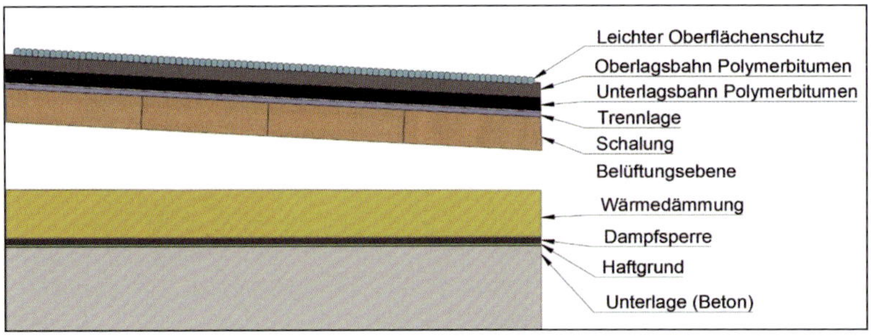

Abb. 4.2-6: Belüftetes Dach: Abdichtung mit Bitumenbahnen

weist das Kompaktdach als Besonderheit eine sehr hohe Sicherheit gegen Wasserhinterläufigkeit auf.

Als Wärmedämmstoff für das Kompaktdach wird in der Regel Schaumglas verwendet. Schaumglas – mit seiner extrem druckfesten und wasserdichten Zellstruktur – gilt als dampfdicht. Somit kann im Kompaktdach auf den Einbau einer zusätzlichen Dampfsperre verzichtet werden, falls alle Dämmplatten vollfugig miteinander verbunden sind. Bei fachgerechter Ausführung gilt das Kompaktdach als absolut wärmebrückenfrei.

4.2.2 Belüftete Dächer

Belüftete Dächer bestehen aus einer unteren und einer oberen Dachschale mit einem dazwischen liegenden Belüftungsraum. Der belüftete Zwischenraum muss sich über die ganze Fläche erstrecken und über die Be- und Entlüftungsöffnungen mit der Außenluft in Verbindung stehen. Bei belüfteten Dächern liegt direkt oberhalb der Wärmedämmung eine Luftschicht, die mit der Außenluft in Verbindung steht.

Die beiden Schalen können aus unterschiedlichen Werkstoffen bestehen. Sehr häufig ist die untere Schale eine Stahlbetonkonstruktion, auf der die obere Schale aus Holzschalung aufgeständert ist. Nicht selten bestehen auch beide Schalen aus einer Holzkonstruktion bzw. aus Holzschalung (siehe auch Kapitel 5.12 und 5.13).

Auf der oberen Schale werden nach einer Trenn- und Ausgleichsschicht direkt die Dachabdichtung und der Oberflächenschutz angebracht. Für die notwendige Haftung auf dem Untergrund sorgt entweder ein Voranstrich, oder die Abdichtung wird durch Nagelung oder Auflast mechanisch befestigt.

Für diese oben genannten Lagen gelten die gleichen Anforderungen wie für übliche Dachabdichtungen.

Der Aufbau auf der unteren Schale unterscheidet sich aber vom nicht belüfteten Dach.

Da der Wind nicht direkt an den Schichten auf der unteren Schale angreifen kann, braucht man in der Regel keine Haftung zwischen den einzelnen Lagen. An den Stellen des Luftein- und -austritts sollte dafür gesorgt werden, dass die kalte Luft im Winter die Schichten nicht unterwandern kann.

Auf der unteren Schale wird neben der Tragkonstruktion für die obere Schale nur die Wärmedämmung verlegt. Dafür haben sich Mineralfaserdämmstoffe besonders bewährt.

Feuchtigkeit, die aus dem Gebäudeinnern nach außen diffundieren will, soll durch die bewegte Luft abtransportiert werden.

Wenn zur Sicherstellung der bauphysikalischen Funktion hinsichtlich der Vermeidung von unzulässiger Tauwasserbildung kein rechnerischer Nachweis geführt werden soll, gelten für normal genutzte Räume folgende Anforderungen:

- Bei belüfteten Dächern mit einer Dachneigung < 5° (ca. 9 %) mit einem s_d-Wert $s_{d,i} \geq 100$ m (gleichwertiger Luftschichtdicke) unterhalb der Wärmedämmschicht darf der Wärmedurchlasswiderstand der Bauteilschichten unterhalb der Dampfsperre höchstens 20 % des Gesamtwärmedurchlasswiderstands betragen.

Belüftete Luftschichten von Dächern müssen bei Dachneigungen < 5° (ca. 9 %) und Sparren-/Luftraumlängen (Entfernung von Zu- und Abluftöffnung) ≤ 10 m mindestens folgende Eigenschaften aufweisen:

- Die Höhe des freien Lüftungsquerschnittes innerhalb des Dachbereiches über der Wärmedämmschicht muss mindestens 2 ‰ der zugehörigen geneigten Dachfläche betragen, **mindestens jedoch 5 cm**. Die Belüftung dieser flach geneigten Luftschichten ist nur möglich, wenn die Luftschicht durchgehend ist und die Mindestdicke eingehalten wird. Daher ist es erforderlich, die Materialtoleranzen der Wärmedämmung zu berücksichtigen, d. h., bei Mineralwolle-Zwischensparrendämmungen sollte wegen der zulässigen Materialtoleranzen die Luftschichtdicke mit mindestens 7 cm eingeplant werden.
- Die Mindestlüftungsquerschnitte an mindestens 2 gegenüberliegenden Dachrändern müssen mindestens 2 ‰ der zugehörigen geneigten Dachfläche betragen, mindestens jedoch 200 cm^2/m. Die Lüftungsöffnungen müssen frei anströmbar sein.
  Bei Sparren-/Luftraumlängen (Entfernung von Zu- und Abluftöffnung) > 10 m können besondere Maßnahmen (z. B. Einbau von Lüftern) zur Aufrechterhaltung der Belüftungsfunktion erforderlich sein.

Kein rechnerischer Nachweis zur Vermeidung von Tauwasserbildung muss bei belüfteten Dächern mit einer Dachneigung größer gleich 5° Dachneigung unter folgenden Bedingungen erbracht werden:

- Der s_d-Wert der unter der Belüftungsschicht angeordneten Bauteilschichten muss insgesamt mindestens 2 m betragen.
- Die Höhe des freien Lüftungsquerschnittes innerhalb des Dachbereiches muss mindestens 2 cm betragen und muss sich über die ganze Fläche erstrecken. Eine punktuelle Unterschreitung ist möglich, der Lüftungsquerschnitt darf jedoch an keiner Stelle weniger als 5 mm betragen.
- Der freie Lüftungsquerschnitt an den Traufen bzw. an Traufe und Pultdachabschluss muss mindestens 2 ‰ der zugehörigen geneigten Dachfläche, mindestens jedoch 200 cm^2/m betragen.
- An First und Grat sind Mindestlüftungsquerschnitte von 0,5 ‰ der zugehörigen geneigten Dachflächen erforderlich, mindestens jedoch 50 cm^2/m.

Damit gilt für Dampfsperren bei Dächern bis 5° Neigung die gleiche Anforderung wie für nicht belüftete Konstruktionen. Eine Stahlbetondecke von z. B. 20 cm Dicke reicht allein als diffusionshemmende Schicht nicht mehr aus (siehe zum Diffusionswiderstand s_d auch Kapitel 3.4.).

$$s_d = \mu \cdot d$$
$$s_d = 75 \cdot 0{,}20 \text{ m}$$
$$s_d = 15 \text{ m}$$

Bei einer Holzunterkonstruktion kann dieser Wert ebenfalls nicht erreicht werden. Es muss unter der Wärmedämmung generell eine zusätzliche Dampfsperre eingebaut werden. Dafür eignet sich eine Spezialfolie geringer Dicke. Für die Verarbeitung sehr günstig sind Folien von 0,4 mm Dicke.

$$s_d = \mu \cdot d$$
$$s_d = 250.000 \cdot 0{,}0004 \text{ m}$$
$$s_d = 100 \text{ m}$$

Es ist darauf zu achten, dass durch Nähte, Fugen, Durchdringungen und Anschlüsse keine Luftfeuchtigkeit ungehindert in die bewegte Luftschicht gelangen kann.

Mögliche undichte Stellen müssen durch Verschweißen, Verkleben oder mit geeigneten Nahtklebebändern abgedichtet werden.

Treten in den Innenräumen höhere Temperaturen oder höhere Luftfeuchtigkeiten auf (z. B. über Schwimmbädern), dann muss eine diffusionsdichte Schicht (z. B. eine Aluminiumfolie von mindestens 0,1 mm Dicke oder etwas Gleichwertiges) eingelegt werden.

Für belüftete Dächer über 5° Neigung gelten die gleichen Anforderungen wie für die Belüftung von Steildächern.

Um die Durchlüftung im Zwischenraum zu gewährleisten, sind neben einer ausreichenden Höhe des durchlüfteten Zwischenraumes und genügend großen Be- und Entlüftungsöffnungen auch noch andere bauliche Gegebenheiten zu beachten.

Je stärker das Dach geneigt ist, desto stärker ist die Kaminwirkung im Lüftungsraum. Die Strömungsgeschwindigkeit der Luft nimmt zu.

Bei einem flachen Dach kann die Belüftungsfunktion gefährdet sein. Die Be- und Entlüftungsöffnungen dürfen auch nach längerer Zeit nicht zugewachsen, verstopft, geschlossen oder im Querschnitt eingeengt sein. So sollten z. B. auch keine höheren Häuser in der Umgebung den Luftzustrom behindern.

Der Querschnitt des durchlüfteten Zwischenraumes darf nicht eingeengt werden. Es soll bei flach geneigten Dächern sowohl eine Längs- als auch eine Querlüftung möglich sein. Erst bei steileren Dächern reichen für die Lüftungsöffnungen dank der eintretenden Kaminwirkung Zuluftöffnungen an der Traufe und Entlüftungsöffnungen am First.

Um den durchlüfteten Zwischenraum gegen Insekten, Ungeziefer und andere Tiere zu beschützen, kann man an den Öffnungen Gitter und Siebe anbringen. Die eintretende Luftmenge darf aber nicht eingeschränkt werden.

Eventuell sind die Querschnitte zu erhöhen. Die Gitter und Siebe müssen regelmäßig kontrolliert und ggf. gereinigt werden.

Zur Verbesserung des sommerlichen Wärmeschutzes ist es zu empfehlen, Wärmedämmschicht und Belüftungsebene zu trennen. Dies würde gleichzeitig auch zu einer Reduzierung des Einflusses von Sekundärtauwasser (Sommerkondensat) führen. Dazu dämmt man den Zwischensparrenbereich in der Konstruktion voll aus. Man deckt dann die Dämmebene mit einer diffusionsoffenen Unterdeckbahn oder einer diffusionsoffenen Aufdachdämmung ab.

Anschließend erstellt man – gemäß oben genannten Anforderungen – eine Belüftungsebene durch Aufbringen von Konterlatten, die auch als Auflager der zweiten Dachschale dienen.

Diese – laut DIN 4108-3 – nachweisfreie Konstruktion funktioniert wie eine belüftete Konstruktion. Man bezeichnet sie jedoch als nicht belüftete Konstruktion mit zusätzlicher Luftschicht unter Abdichtungen.

4.2.3 Gründächer

Unter einem begrünten Dach versteht man die Bepflanzung einer Dachfläche. Diese Dachbegrünung stellt einen ökologischen Oberflächenschutz dar. Sie schützt die Dachabdichtung vor schneller Alterung, unterstützt die Wärme- und Schalldämmung des Daches und verbessert das Kleinklima. Außerdem bietet sie Ausgleich für versiegelte Flächen und entlastet die Kanalisation durch Aufnahme von Regenwasser.

Anschlüsse bei begrünten Dächern sind vegetationsfrei zu gestalten, so dass ihre Funktionsfähigkeit erhalten bleibt und sie jederzeit überprüfbar sind. Dies kann mit angepassten Blechen erreicht werden.

Bei Dachbegrünung wird unterschieden zwischen extensiver Begrünung und intensiver Begrünung.

Als extensive Begrünung werden Bepflanzungen mit relativ dünnem Schichtenaufbau bezeichnet. Sie wird mit niedrig wachsenden Pflanzen ausgeführt. Dies können Kräuter, Moose, Gräser oder Sedum sein. Diese Pflanzen versorgen sich weitestgehend selbst, entwickeln sich weiter und passen sich dem jeweiligen Standort an. Die extensive Begrünung stellt als Oberflächenschutzschicht eine Alternative zur Bekiesung dar.

Bei intensiver Begrünung werden Pflanzen verwendet, die einen dickeren Schichtenaufbau und intensivere Pflege (z. B. Bewässerung) benötigen. Die intensive Begrünung ist ein Ziergarten auf dem Dach. Einzelne Bäume oder Gehölze können dabei zu Punktlasten führen und müssen ggf. gegenüber Windeinwirkung verspannt werden.

Wenn die Dachbegrünung auch eine Funktion als Auflast zur Sicherung der Dachschichten gegen Abheben durch Windkräfte übernehmen soll, darf der Begrünungsaufbau nur im trockenen Zustand als Last angerechnet werden.

Dächer mit extensivem oder intensivem Begrünungsaufbau bestehen in der Regel aus folgenden Funktionsschichten:

- Schutzschicht gegen Wurzeldurchwuchs
- Schutzschicht gegen mechanische Beschädigung

Abb. 4.2-7: Extensive Dachbegrünung, hier mit Photovoltaik

Abb. 4.2-8: Intensive Dachbegrünung

- Entwässerungs- und Dränageschicht
- Filterschicht
- Vegetationsschicht

Aus brandschutztechnischen Gründen sind die Begrünungen nicht unmittelbar bis an die Randabschlüsse, Wandanschlüsse oder Lichtkuppeln heranzuführen. Dieser Bereich der An- und Abschlüsse soll mit einem nicht brennbaren, 0,5 m breiten Kiesstreifen oder Plattenbelag ausgeführt werden.

Retentionsdach

Ein Gründachaufbau als Retentionsdach dient der Wasserrückhaltung auf der Dachfläche, sodass das Regenwasser nur langsam und zeitverzögert in das Kanalsystem abgeleitet wird. Auch kann Wasser dauerhaft auf der Dachfläche gespeichert werden. Es wird hierbei also unterschieden zwischen einer temporären und einer permanenten Wasserspeicherung.

4.2.4 Beanspruchungsarten für nicht genutzte Dächer mit Abdichtungen

Auf nicht genutzte Dächer mit Abdichtungen können Beanspruchungen durch Feuchtigkeit, mechanische und thermische Beanspruchungen und sonstige Beanspruchungen, z. B. UV-Strahlung, einwirken. Die Schichten eines Dachaufbaus, die Auswahl der Stoffe und ihre Bemessung sind von der Art der Tragkonstruktion, von der Beanspruchung und der Nutzung des Bauwerks sowie der jeweiligen Unterlage abhängig.

4.2.4.1 Feuchtigkeit

Die Dachabdichtung muss den Einwirkungen von Niederschlägen wie Regen, Schnee, Eisbildung und Hagel sowie der Beanspruchung aus vorübergehend stehendem Wasser standhalten. Darüber hinaus ist eventuell vorhandene Baufeuchte im Untergrund oder der Wärmedämmschicht und die durch die Nutzung des Gebäudes zu erwartende Nutzungsfeuchte zu berücksichtigen. Hinsichtlich der Raumnutzung unterscheidet man normal genutzte Räume (Raumtemperatur bis 20 °C und relative Luftfeuchtigkeit bis 50 %) und Feuchträume.

4.2.4.2 Mechanische Beanspruchung

Die Schichten des Dachaufbaus müssen die auf sie einwirkenden Lasten auf tragfähige Bauteile weiterleiten. Dachabdichtungen werden durch Bewegungen und Schwingungen der Tragkonstruktion oder durch Formänderungen der Wärmedämmung beansprucht.

Es wird zwischen hoher und mäßiger mechanischer Beanspruchung unterschieden.

Hohe mechanische Beanspruchung

Eine hohe mechanische Beanspruchung der Abdichtung liegt z. B. vor bei:

- element- und plattenförmigen Untergründen wie Betonfertigteile, Betondielen
- Hartschaumdämmstoffen
- Unterkonstruktionen mit Stahltrapezprofilen
- Schalungen aus Holz oder Holzwerkstoffen
- Rauigkeiten und Höhenversprüngen
- mechanischer Befestigung der Dachabdichtung

- weicher Unterlage z. B. bei Mineralfaserdämmstoffen
- Arbeiten auf der Dachabdichtung

Mäßige mechanische Beanspruchung

Von einer mäßigen Beanspruchung der Dachabdichtung kann ausgegangen werden, wenn die vorgenannten erhöhten Beanspruchungen nicht vorliegen oder durch geeignete Maßnahmen ausgeschlossen werden können.

4.2.4.3 Thermische Beanspruchung

Dachabdichtungen müssen so geplant und ausgeführt sein, dass sie bei den zu erwartenden Oberflächentemperaturen (–20 °C bis +80 °C) funktionsfähig bleiben. Auch dabei wird zwischen hoher und mäßiger thermischer Beanspruchung unterschieden.

Hohe thermische Beanspruchung

Als hoch thermisch beansprucht gelten Dachabdichtungen, die starken thermischen Wechselbeanspruchungen ausgesetzt sind, z. B. Abdichtungen ohne Oberflächenschutz oder mit nur leichtem Oberflächenschutz.

Mäßige thermische Beanspruchung

Als mäßig thermisch beansprucht gelten Dachabdichtungen, die unter einer Kiesschüttung oder Plattenbelägen so geschützt liegen, dass keine direkte Witterungsbeanspruchung auftreten kann. Dies gilt auch für Umkehrdächer und begrünte Dächer.

4.2.4.4 Sonstige Beanspruchung

Direkt der Witterung ausgesetzte Dachabdichtungen können Beanspruchung durch UV-Strahlung, Ozon sowie chemischen und biologischen Beanspruchungen unterliegen.

Dazu kommen bei begrünten Dächern Beanspruchungen durch Wurzelwachstum.

Für die Bewertung von Dachabdichtungen können nach DIN 18531 durch die Kombination der mechanischen und thermischen Beanspruchungen 4 Beanspruchungsklassen gebildet werden, auf die im Einzelfall die jeweilige Dachabdichtung abzustimmen ist.

Tabelle 4.2-2: Eigenschaftsklassen für Dachabdichtungen nach DIN 18531-2

Eigenschaftsklasse	Hoher mechanischer Widerstand	Mäßiger mechanischer Widerstand
Widerstand gegen hohe thermische Einwirkung	E1	E3
Widerstand gegen mäßige thermische Einwirkung	E2	E4

Entsprechend den oben aufgeführten Beanspruchungsklassen nach DIN 18531-2 können Abdichtungsprodukte in Eigenschaftsklassen eingeteilt werden.

- E1 – Hoher mechanischer Widerstand gegen hohe thermische Beanspruchung: ausschließlich Polymerbitumenbahnen mit Trägereinlage (außer Glasvlies und Metallbandeinlagen).
- E2 – Hoher mechanischer Widerstand gegen mäßige thermische Beanspruchung: Bitumen-Dachdichtungsbahnen, Polymerbitumenbahnen mit Metallbandeinlage und Trägereinlage (außer Glasvlies).
- E3 – Mäßiger mechanischer Widerstand gegen hohe thermische Beanspruchung: Polymerbitumenbahnen mit Glasvlieseinlage (auf dem deutschen Markt nicht im Einsatz).
- E4 – Mäßiger mechanischer Widerstand gegen mäßige thermische Beanspruchung: Bitumenbahnen mit Glasvlieseinlage.

4.2.5 Dachneigung/Gefälle

Nach der Fachregel für Abdichtungen – Flachdachrichtlinie – sollen Flächen, die für die Auflage einer Dachabdichtung vorgesehen sind, für die Ableitung des Niederschlagswassers mit einem Gefälle von mindestens 2 % geplant werden.

In technisch oder konstruktiv begründeten Ausnahmefällen können Flächen auch gefällelos abgedichtet werden. Bei intensiv begrünten Dächern mit Wasserspeicherung sollte auf ein Gefälle verzichtet werden.

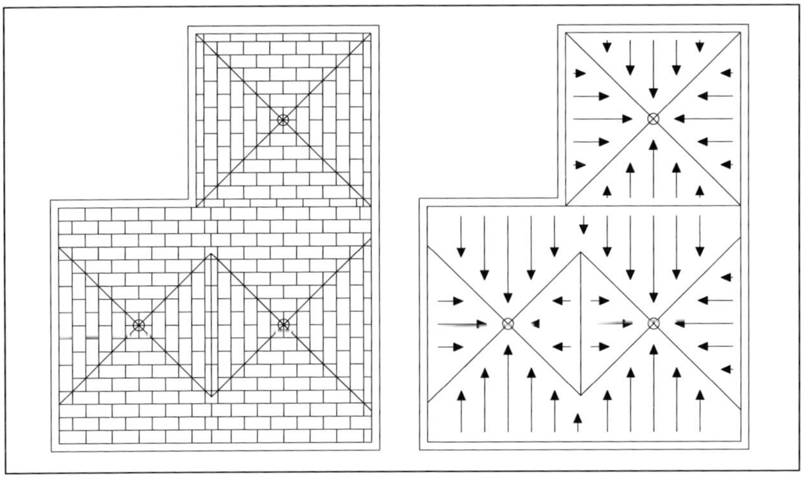

Abb. 4.2-9: Gefälleplan

Beispiele:

- reduzierte Anschlusshöhen an Türen
- durch den Planer oder in einem Bestandsgebäude vorgegebene Lage der Entwässerungseinrichtungen
- baurechtliche Anforderungen
- Intensivbegrünungen

Um den erhöhten Beanspruchungen bei gefällelosen Abdichtungen (z. B. stehendes Wasser) entgegenzuwirken, sollte man die Qualität der Abdichtung erhöhen. Auf Flächen mit einer Neigung bis zu 5 % kann es zu Pfützenbildung bzw. stehendem Wasser kommen. Pfützenbildung ist möglich und zulässig.

Beispiele:

- Bahnenqualität erhöhen (z. B. dickeres Material, Verwendung von besseren Bahnen DU/E1)
- schwerer Oberflächenschutz

Das vom Planer vorgesehene Gefälle kann vom tatsächlichen Gefälle aufgrund von Toleranzen abweichen. Bei der Ermittlung des tatsächlichen Gefälles werden Bahnenüberdeckungen nicht berücksichtigt. Aufgrund von Unebenheiten, Überlappungen, Toleranzen, Werkstoffdicken kann es auch auf Dachflächen bis 5 % Gefälle (3°) zu stehendem Wasser auf der Abdichtung kommen.

Konstruktive Maßnahmen zur Gefällegebung:

- tragende Dachdecke liegt im Gefälle von mindestens 2 %
- Gefälleestrich von mindestens 2 % auf der Dachdecke
- Gefälledämmstoffe aus Schüttdämmstoff Perlite oder zugeschnittenen Gefällekeilen aus Hartschaum, Mineralfaser, Schaumglas usw. (siehe Abb. 4.2-9)

4.2.6 Unterlage

Dachabdichtung und Dachaufbau müssen auf einen dafür geeigneten Untergrund aufgebracht werden. Vor Beginn der Arbeiten ist die Oberfläche auf ihre Eignung zu prüfen. Grundsätzlich müssen Unterlagen für die Aufnahme einer Abdichtung stetig verlaufend, sauber und frei von Fremdkörpern sein. Bei konstruktiver Möglichkeit wird empfohlen, bereits die Unterlage/Unterkonstruktion im Gefälle auszuführen.

Zur Vermeidung von Konvektionswärmeverlusten und damit verbundenem Tauwasserausfall ist bei Gebäuden mit geheizten Innenräumen ausreichende Luftdichtheit erforderlich. Soll die Luftdichtheit durch eine Dampfsperre erreicht werden, sind z. B. bei Stahltrapezprofilen oder Holzschalungen besondere Anforderungen an die Unterkonstruktion, insbesondere an An- und Abschlüsse sowie Durchdringungen, zu stellen. Luftdichtheit kann auch durch Maßnahmen auf der Rauminnenseite hergestellt werden.

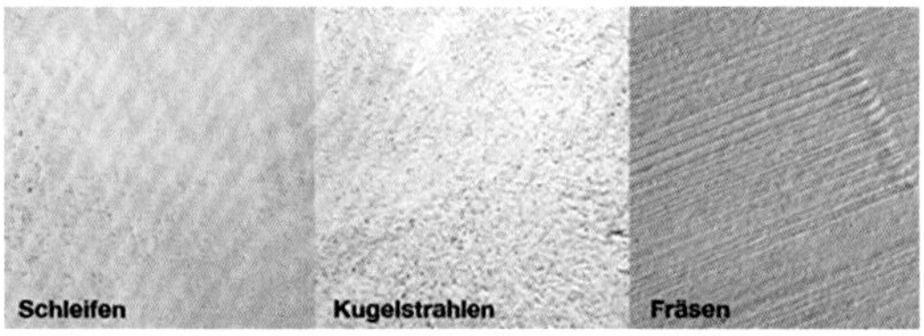

Abb. 4.2-10: Arten der Vorbehandlung von Betondecken

4.2.6.1 Betondecke aus Ortbeton/Zementestrich/ Betonfertigteilen

Die Betondecke oder eine eventuell notwendige Gefälleschicht aus Estrich muss ausreichend erhärtet und oberflächentrocken sein. Die Oberfläche soll abgerieben sowie frei von Kiesnestern, klaffenden Rissen und Graten sein. Dehnfugen müssen erkennbar sein und vom Planer vorgesehen werden.

Die Fugen zwischen Betonfertigteilen müssen geschlossen oder formstabil abgedeckt sein. Offene Fugen, in die Dampfsperren oder Dachabdichtungen einsinken können, können mit korrosionsgeschützten Blechstreifen abgedeckt werden. Die Bleche sind ggf. einseitig gegen Verschieben zu sichern. Die Fugen können ebenfalls auch mit Mörtel geschlossen werden.

Bei großformatigen Platten sind über beweglichen Fugen mindestens 0,20 m breite Schleppstreifen (Trennstreifen) z. B. aus V 13 lose aufzulegen und einseitig zu fixieren.

Um bei Bimsbetonplatten eine bessere Haftung zu erreichen, soll bei verklebtem Dachaufbau die Oberfläche mit einer festhaftenden Zementschlämme überzogen sein.

Bei Platten müssen Stoßlasten und hohe Punktlasten vermieden werden. Einzellasten müssen auf einer lastverteilenden Unterlage stehen.

Sollen Dampfsperren oder Abdichtungen wasserunterlaufsicher hergestellt werden, muss der Untergrund entsprechend (z. B. durch Kugelstrahlen oder Feinfräsen) vorbehandelt werden.

Allgemein kann zu Bauteilen aus Beton gesagt werden, dass sie erst dann betreten oder belastet werden dürfen, wenn sie durch die Bauleitung freigegeben worden sind.

4.2.6.2 Schalung aus Holz

Für Schalungen aus Brettern und Platten mit Auflagerabständen bis zu 1,0 m und ohne weitere statische Funktion (z. B. Aussteifung von Nagelplattenbindern) gelten hinsichtlich der Sortierklasse bzw. technischen Klasse und Nenndicken der Abschnitt 2.3 (6) der Hinweise für Holz und Holzwerkstoffe sowie die Tabellen 4.2-3 und 4.2-4.

Tabelle 4.2-3: Nenndicke, zulässige Achsabstände der Unterkonstruktion und Sortierklasse von Schalungsbrettern

Nenndicke von Holzschalungen in mm	Achsabstand der Unterkonstruktion in m	Sortierklasse DIN 4074-1
≥ 24	≤ 0,80	
≥ 28	≤ 0,90	S 10
≥ 30	≤ 1,0	

Bei Achsabständen der Unterkonstruktion von mehr als 1,0 m ist ein rechnerischer Nachweis der Schalung sowie der Befestigung nach den Technischen Baubestimmungen erforderlich.

Tabelle 4.2-4: Nenndicke und zulässige Achsabstände der Unterkonstruktion von Holzwerkstoffen

Nenndicke von Holzwerkstoffschalungen in mm	Achsabstand der Unterkonstruktion in m
≥ 22	≤ 0,80
≥ 25	≤ 1,0

Auf einer Holzschalung ist generell eine Trennschicht zu verlegen.

Es muss generell darauf geachtet werden, dass Holz während des Transports, der Lagerung und der Bauphase durch Abdecken gegen Niederschläge geschützt ist. Sollte aufgrund von Niederschlägen während der Bauzeit die Holzfeuchte auf über 20 % ansteigen, ist sicherzustellen, dass maximal 3 Monate nach Beendigung der Arbeiten die Holzfeuchte wieder unter 20 % gesunken ist.

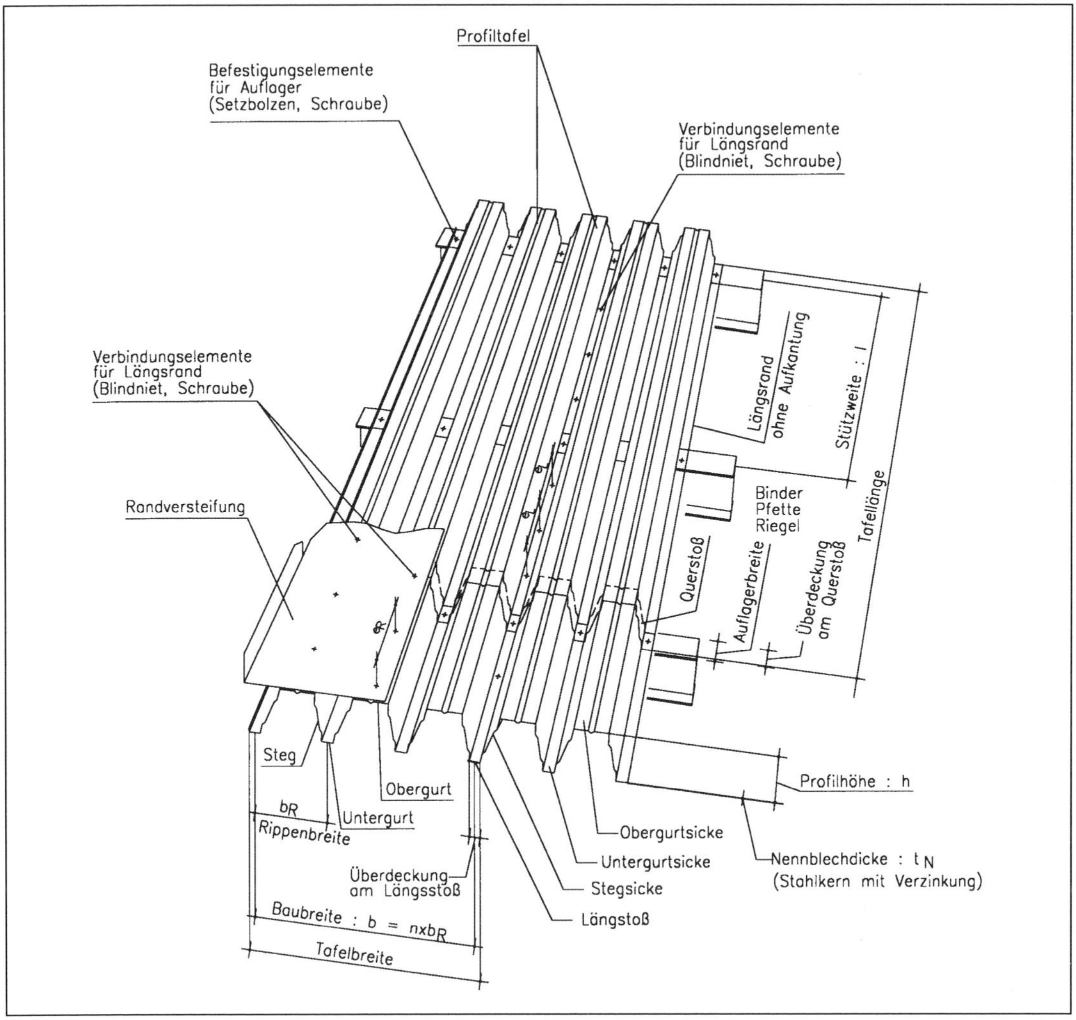

Abb. 4.2-11: Stahltrapezprofil und Begriffe

4.2.6.3 Stahltrapezprofile

Stahltrapezprofile bezeichnet man auch als leichte Unterlage. Dabei handelt es sich um dünne Stahltafeln, denen zur Aufnahme von zur Tafelebene senkrecht wirkenden Kräften eine besondere Form gegeben wird. Von den Konstruktionsmaßnahmen und Abmessungen ist die Tragfähigkeit der Stahltrapezprofile abhängig. Stahltrapezprofile müssen als tragende Dachschale der DIN 18807 entsprechen.

Die Verlegung erfolgt nach den Richtlinien für die Montage von Stahlprofilblechen für Dach-, Wand- und Deckenkonstruktionen (IFBS-Montagerichtlinien).

Stahltrapezprofile dürfen bei Dachkonstruktionen in Feldmitte eine maximale Durchbiegung von 1/300 haben, d. h., die Durchbiegung der Trapezblechprofile darf 1/300 des Abstandes zwischen den Bindern oder Pfetten (Stützweite) nicht überschreiten. Bei gefällelosen Konstruktionen darf die Durchbiegung 1/500 der Stützweite nicht überschreiten. Um dies zu erreichen, ist die Stützweite zu reduzieren oder die Materialdicke zu erhöhen.

Es empfiehlt sich, die Stahltrapezprofile in Neigung zu verlegen, da bei gefällelosen Flächen mit einer Wassersackbildung gerechnet werden muss.

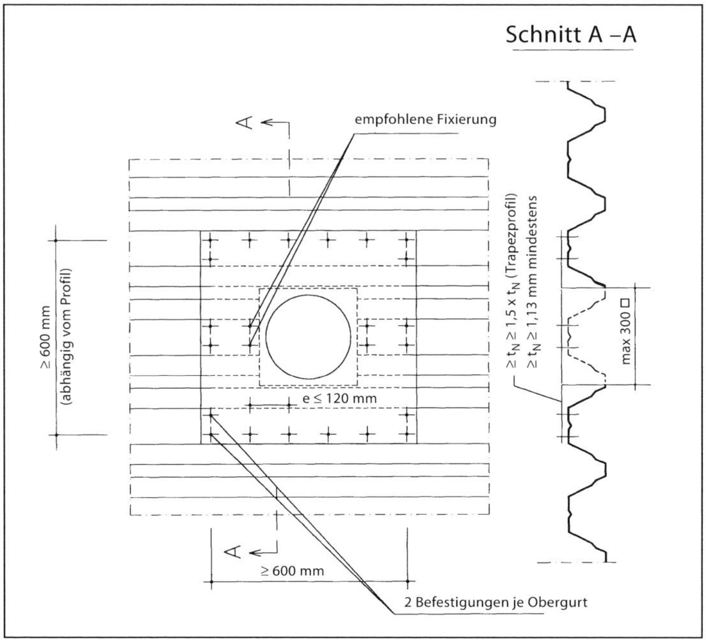

Abb. 4.2-12: Verstärkungsblech für kleine Durchdringungen

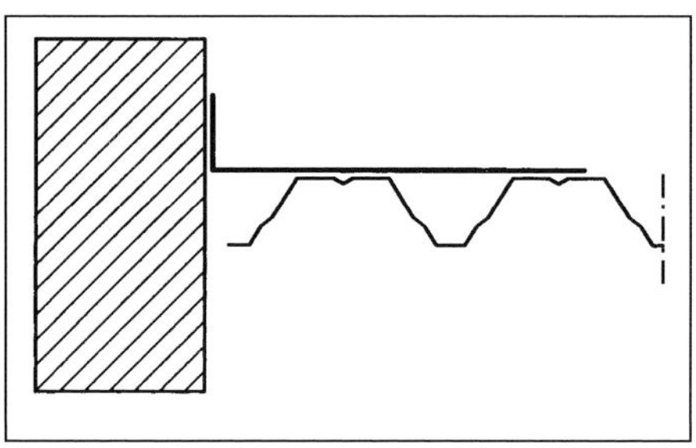

Abb. 4.2-13: Randversteifungsblechprofile

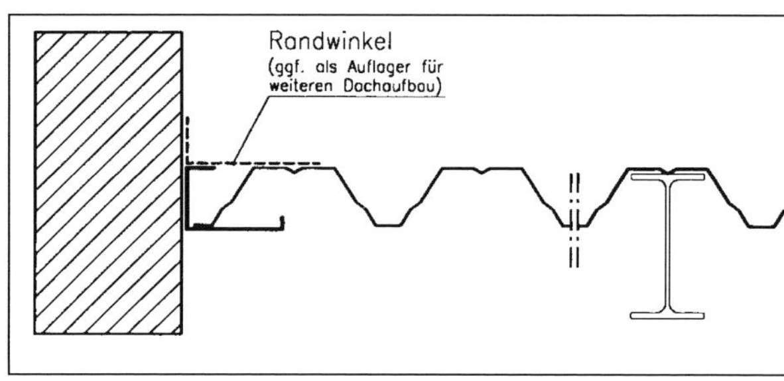

Abb. 4.2-14: Auflagerprofil am Anschluss

Um in dieser Situation das anfallende Regenwasser ableiten zu können, muss der Abfluss ebenso in diesen Wassersäcken liegen. Dafür sind meistens aufwendige Maßnahmen notwendig.

Zur Aufnahme der Dachabdichtung ist eine ebene Fläche erforderlich. Deswegen dürfen die Höhen benachbarter Obergurte sich maximal um 2 mm unterscheiden und ihre Eigendurchbiegung aufgrund ihres Gewichts darf 3 mm nicht überschreiten.

Bei Blechdicken unter 0,88 mm besteht die Gefahr von bleibenden Verformungen und Beulen.

Größere Einzellasten dürfen nur auf lastverteilenden Unterlagen im Auflagebereich gelagert oder abgestellt werden.

An allen Durchdringungen für Einbauteile sind statisch bemessene Aussteifungen oder Verstärkungen erforderlich. Schubfelder sind statisch wirksame Flächen, die für die Gesamtstabilität insbesondere hinsichtlich der Diagonalaussteifung sorgen. An ihnen dürfen keine nachträglichen Veränderungen ohne statischen Nachweis vorgenommen werden.

Im Bereich von An- und Abschlüssen treten zwischen den Flächen und den aufgehenden Bauteilen bzw. Dachrandkonstruktionen unterschiedliche Bewegungen auf. Um nachteilige Auswirkungen auf den Anschlussbereich zu verhindern, sind zusätzliche Auflager oder Aufkantungen, die mit den Stahltrapezprofilen selbst verbunden sind, vom Planer vorzusehen.

An den freien Längsrändern der Trapezprofile sind Randversteifungsbleche notwendig.

Wegen einer möglichen Beschädigung des Korrosionsschutzes der Bleche soll auf eine Verklebung mit Heißbitumen oder mit offener Flamme verzichtet werden. Es wird deshalb empfohlen, bei Verklebung entweder mit Kaltklebern oder mit Selbstklebebahnen zu arbeiten.

Bei einem Brand im Gebäudeinneren sind Stahltrapezprofile mit Dachabdichtungen besonders gefährdet. Deshalb sind besondere Maßnahmen bei großflächigen Dächern in Abhängigkeit vom Brandschutzkonzept einzuhalten, die eine Brandweiterleitung verhindern oder vermindern.

Solche Maßnahmen werden in der DIN 18234 beschrieben. Es sollen anstelle von Bitumen-Dampfsperrbahnen z. B. brandlastarme Dampfsperren aus PE-Folie oder aus nicht brennbaren Dampfsperren wie Aluminiumverbundfolie eingesetzt werden.

4.2.7 Funktionsschichten des Dach-/Bauteilaufbaus

Die Voraussetzungen für eine fachgerechte Anordnung und Ausführung des Dachaufbaus mit allen Details sind bereits bei der Planung der Dachkonstruktion zu schaffen. Dabei sind die Wechselwirkung zwischen Dachabdichtung und den darunter liegenden Schichten sowie die Beanspruchung der Dachabdichtung zu berücksichtigen. Bei der Auswahl der Stoffe sind insbesondere die mechanischen und thermischen Beanspruchungen, die Nutzung des Bauwerks sowie die jeweilige Unterlage zu berücksichtigen.

4.2.7.1 Haftbrücke/Voranstrich

Sollen die einzelnen Lagen der Dachabdichtung nicht lose verlegt oder mechanisch befestigt werden, dann ist eine Verklebung notwendig. Als Klebemittel dienen heißflüssige Bitumen-Klebemasse, Selbstklebebahnen oder Kaltkleber.

Gibt man aber heiße Klebemasse z. B. auf Beton, dann kann man nach dem Erkalten die Masse sehr leicht wieder abziehen. Eine Haftung, die notwendig ist, um den ganzen Dachaufbau gegen Windsog zu sichern, ist damit nicht ausreichend gewährleistet. Deshalb muss der Untergrund mit einem Voranstrich als Haftbrücke gestrichen werden. Als Anstrichmittel sind Bitumenlösungen oder Bitumenemulsionen sowie auf den nachfolgenden Schichtenaufbau abgestimmte Grundierungen (bei Flüssigabdichtungen) geeignet.

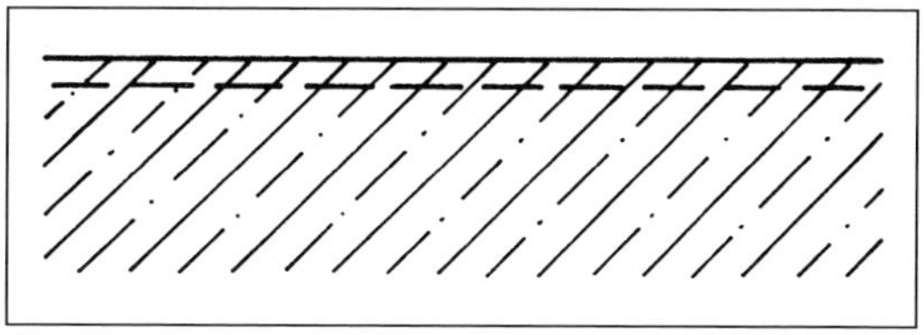

Abb. 4.2-15: Voranstrich

Die Bitumenlösungen und Grundierungen verkrallen sich in der obersten Schicht, wenn die schnell flüchtigen Stoffe verdampft sind.

Bei der Bitumenemulsion wird der innere Kontakt durch elektrostatische Anhangkräfte erreicht.

Die Aufgabe des Voranstrichs besteht darin,

- den Staub zu binden und
- die Haftfähigkeit der Klebemittel zu verbessern.

Vor dem Aufbringen des Voranstrichs/Primers sollte die Dachfläche des Untergrunds trocken und mit dem Besen gereinigt worden sein. Anschließend kann die Haftbrücke aufgestrichen, aufgerollt oder aufgespritzt werden.

Vor dem Aufbringen der nächsten Schicht muss in allen Fällen der Voranstrich/Primer durchgetrocknet sein. Bei nicht ausreichend getrocknetem Voranstrich ziehen sonst die lösenden Stoffe in die nächste Schicht, was zu deren Zerstörung oder Beschädigung führen kann.

Bei schon vorgestrichenen Betonteilen hat der getrocknete Voranstrich den Nebeneffekt, dass auftreffendes Regenwasser schneller abgeleitet wird und kaum in den Beton eindringen kann.

Zeichnerisch wird der Voranstrich bei Betonkonstruktionen wie in Abb. 4.2-15 ersichtlich dargestellt.

Bei Holzunterkonstruktionen ist ein Voranstrich nicht gewünscht. Bei ihnen muss die notwendige Befestigung durch eine ausreichende Nagelung vorgenommen werden.

4.2.7.2 Trenn- und Ausgleichsschicht

Eine Trenn- und Ausgleichsschicht soll

- die Übertragung von Bewegungen und Spannungen aus dem Untergrund vermindern,
- die Folgelage gegen Rauigkeit und chemische Einwirkungen aus der Unterlage schützen und
- die Eigenbeweglichkeit der Dachabdichtung bei Temperaturschwankungen ermöglichen.

Bewegungen des Bauwerks dürfen sich nicht auf die Schichten einer Dachabdichtung übertragen, weil dadurch Risse und undichte Stellen entstehen können. Die erste Lage des Schichtenaufbaus soll also nicht vollflächig mit der Unterkonstruktion verbunden sein.

Nur durch eine punkt- oder streifenweise Verklebung oder durch einen lose verlegten Dachaufbau lässt sich erreichen, dass geringfügige Schwind- und Spannungsrisse in der Tragkonstruktion überbrückt werden.

Bei Verwendung von Wärmedämmstoffen mit großer thermischer Längenänderung, z. B. XPS, ist eine vollflächige Trennung zur nächsten Schicht vorzusehen.

Aber auch bei Verwendung von Kunststoffbahnen ist es in den meisten Fällen nicht angebracht, die Dachbahn direkt auf der Unterkonstruktion zu verlegen. Um vor Rauigkeiten und chemischen Einwirkungen aus der Unterkonstruktion (z. B. bei Beton, Porenbeton, Holz oder bestehenden Abdichtungen) zu schützen, ist auch in diesen Fällen eine Trenn- und Ausgleichsschicht vorzusehen. Sie kann aus lose verlegten Polyethylenfolien, Polyesterfaservliesen, Schaumstoffmatten, Glasvliesen oder Natronkraftpapieren bestehen. Bei bitumenverträglichen Kunststoffbahnen kann auch eine Bitumenbahn als Trennlage verwendet werden.

Bei einem Aufbau mit Bitumen-Klebemasse kann als Trenn- und Ausgleichsschicht eine Lochglasvlies-Bitumenbahn lose verlegt werden. Beim Verkleben der nächsten Lage dringt die flüssige Bitumen-Klebemasse durch die Löcher und sorgt so für die notwendige Haftung.

Auf eine dauerhafte Trennung durch z. B. streifenweise grobe Besandung oder eine Trennlage aus Polyethylen ist auch zu achten, wenn man eine dafür geeignete Dampfsperrbahn direkt punkt- oder streifenweise auf dem Untergrund verklebt. Geeignet sind dafür z. B. Schweißbahnen mit ausreichend dampfsperrender Wirkung.

Unter punkt- oder streifenweiser Verklebung versteht man eine Verklebung auf wenigen Teilflächen. Für die Haftung – außer bei Windsogsicherung durch Verklebung – ist erfahrungsgemäß bei einer gleichmäßigen Verteilung eine Klebefläche von 10 bis 15 % in der Fläche des Daches ausreichend. Im Eckbereich erhöht sich die Verklebung auf 40 % der zugehörigen Fläche. Darauf ist bei streifenweiser Verklebung zu achten.

4.2.7.3 Dampfsperre

Die Dampfsperre soll verhindern, dass sich Wasserdampfdiffusion schädigend auf die Schichten des Daches auswirken kann.

Im Inneren der Gebäude entsteht durch die Nutzung der Räume Feuchtigkeit. Sie wird Nutzungsfeuchte genannt. Im Winter werden die Räume geheizt. Im Inneren ist es also warm, während es draußen kalt ist. Bei diesen Verhältnissen hat die Feuchtigkeit das Bestreben, von innen nach außen zu diffundieren. Auf dem Weg der gasförmigen Feuchte durch das Dach wird an einer Stelle im Dachaufbau die Temperatur so gering sein, dass die Feuchte kondensiert und sich als Tauwasser absetzt. Ein Tauwasserbefall wirkt sich aber schädigend auf die Schichten des Daches und auch auf das Dach selbst aus; er muss also verhindert werden.

Die Bewegung gasförmiger Feuchte nennt man Diffusion. Eingehende Erläuterungen zum bauphysikalischen Feuchteschutz und zur Diffusionswiderstandsberechnung finden sich in Kapitel 3.3 und 3.4. Die meisten Stoffe lassen mehr oder weniger Wasserdampfbewegung zu. Diffusionsdicht sind Metalle und Glas. Verhindert man durch ausreichend diffusionsdichte Stoffe, dass die von innen nach außen diffundierende Feuchtigkeit die Stelle erreicht, wo die gasförmige Feuchtigkeit zu Tauwasser wird, dann ist das Dach mit seinem Aufbau geschützt. Die aus solchen Stoffen und für diese Aufgabe vorgesehene Schicht im Flachdachaufbau nennt man Dampfsperre.

In oder unter der tragenden Konstruktion ist es kaum möglich, eine ausreichend diffusionsdichte Schicht einzubauen, so dass der Dachdecker die Dampfsperre auf die Konstruktion aufbringen muss.

Die Aufgabe der Trenn- und Ausgleichsschicht und der Dampfsperre können bei punkt- oder streifenweiser Verklebung mindestens 4 mm dicke Bitumen-Schweißbahnen mit Glasvlies- und Metallbandeinlage übernehmen. Bei Schweißbahnen werden in der Regel dünnere Aluminiumeinlagen verwendet.

Die Bezeichnung solcher Bahnen kann z. B. sein: G 200 S 4 + Al.

Auch Glasvlies-Bitumen-Dachbahnen, Bitumen-Dachdichtungsbahnen, Bitumen-Schweißbahnen und Polymerbitumenbahnen sind als Dampfsperre geeignet.

Dagegen sind Dachbahnen mit Rohfilzträgereinlage wegen der möglichen Feuchtigkeitsaufnahme als Dampfsperre ungeeignet.

Je höher der Widerstand gegen Diffusion (Diffusionswiderstand) ist, desto besser ist die Schicht als Dampfsperre geeignet. Im nicht belüfteten Flachdach werden Bahnen mit einem Widerstand über 100 m vergleichbarer Luftschichtdicke als Dampfsperre eingesetzt. Bei klimatisierten Innenräumen oder bei Innenräumen mit hoher Luftfeuchtigkeit in Verbindung mit hoher Temperatur im Gebäudeinneren (über 20 °C und über 50 % relative Luftfeuchtigkeit) sollten Bahnen mit Metallbandeinlage als Dampfsperre verwendet werden. Für belüftete Dächer bis 5° Dachneigung gelten sinngemäß die gleichen Anforderungen.

Dampfsperren, die gleichzeitig die Funktion einer Luftdichtheitsschicht übernehmen, sind an Nähten und Stößen, An- und Abschlüssen und Durchdringungen luftdicht anzuschließen. Durchdringungen der Dampfsperre aufgrund von mechanischen Befestigungen können bei der Bewertung der Dampfsperre bei normal genutzten, nicht klimatisierten Räumen vernachlässigt werden.

Bei Kunststoffbahnen sind Metallbandeinlagen in vielen Fällen nicht möglich.

Dampfsperren aus Kunststoff-Dachbahnen, z. B. aus PE-Folien, müssen auf den gesamten Dachaufbau, insbesondere auch auf die Dachhaut und auf die Anforderungen aus dem Gebäudeinneren, abgestimmt sein. Die Hinweise der Hersteller solcher Bahnen sind beim Flachdachaufbau genau zu beachten.

Stahltrapezprofile sind zwar dampfdicht, aber sowohl durch die Überdeckungen und Befestigungslöcher als auch durch die offenen Profilhohlräume an Durchdringungen und Anschlüssen kann Wasserdampf ungehindert eindringen. Dies gilt insbesondere, wenn durch die Art der Nutzung des Gebäudes mit erhöhtem Wasserdampfanfall zu rechnen ist. Als sehr gut hat sich bei Trapezblechen die Verklebung der Dampfsperre mit geeigneten Kaltklebern erwiesen. Die Verlegung von Dampfsperren erfolgt generell in Spannrichtung der Trapezbleche. Die Längsnaht muss auf einem Obergurt liegen. Zur Erstellung der Quernaht sollte ein Hilfsauflager aus Blechstreifen erstellt werden.

Spezielle Kunststoff-Aluminium-Dampfsperrbahnen haben eine geringe Brandlast. Sie wirken bei einem Feuer im Gebäudeinneren nicht brandweiterleitend und sind deshalb normalen Bitumenbahnen vorzuziehen.

Bei Holz oder Holzwerkstoffen sollte zwischen der Unterlage und der Dampfsperre eine Trennschicht eingelegt werden.

Die Überdeckungen der Dampfsperre sollen voll verklebt oder verschweißt und damit abgedichtet sein. Andernfalls wird gerade durch diese Stellen der Wasserdampf hindurchtreten.

Die Dampfsperrbahn muss im Anschlussbereich immer mindestens bis zur Oberkante der Wärmedämmung/Dämmstoffkeil hochgeführt und angeschlossen werden. An Dachdurchdringungen muss die Dampfsperre dicht angeschlossen sein.

Da die Dampfsperre die erste wasserdichte Schicht auf dem Flachdach ist, kann eine geeignete verklebte Dachbahn vorübergehend als behelfsmäßige Abdichtung dienen. Besonders bei Dampfsperren mit Metallbandeinlage soll die für die Notabdichtung gewählte Zeit nicht zu lang sein, weil sonst in der Dampfsperre Risse entstehen können. Nähte für Behelfsabdichtungen müssen im Schweißverfahren hergestellt werden. Brandlastarme Dampfsperren sind als Behelfsdeckung ungeeignet.

Bei einem Dach mit Begrünung können sich z. B. durch Anstaubewässerung oder Wasserrückhaltung im Begrünungsaufbau die bauphysikalischen Verhältnisse verändern. Dies muss bei der Bemessung der Dampfsperre berücksichtigt werden. In diesem Fall haben sich dampfdichte Stoffe mit einem s_d-Wert > 1.500 m, z. B. Bahnen mit Metallbandeinlage, bewährt.

4.2.7.4 Wärmedämmung

Die Wärmedämmung der Dachdecke ist ein wesentlicher Bestandteil des Wärmeschutzes für das Bauwerk.

Aufgabe der Wärmedämmung ist es,

- Wärmeverluste und Auswirkungen von Temperaturschwankungen einzuschränken,
- temperaturbedingte Verformungen, Spannungen und Rissbildungen in der Dachkonstruktion zu mindern,
- die Dachkonstruktion in Verbindung mit der Dampfsperre vor einem unzulässigen Maß an Tauwasseranfall zu schützen,
- Energie einzusparen und
- ein behagliches Raumklima zu erreichen.

Um das Dach vor Tauwasseranfall zu schützen, muss der Taupunkt über der Dampfsperre liegen. Als Taupunkt bezeichnet man die Stelle, an der der im Winter von innen nach außen ziehende Wasserdampf infolge der Temperaturabsenkung kondensieren würde. Durch die Dicke und die Lage der Wärmedämmung lässt sich die Lage des Taupunktes verändern.

Je dicker die Wärmedämmung oberhalb der Dampfsperre ist, desto höher liegt der Taupunkt, d. h., er verschiebt sich nach oben.

Wärmedämmende Stoffe oder stehende Luft unter der Dampfsperre verlagern den Taupunkt nach unten. Liegt der Taupunkt unter der Dampfsperre, so ist diese überflüssig, und der Wasserdampf kondensiert im Bauteil; Bauschäden sind die Folgen.

Eine weitere wichtige Aufgabe der Wärmedämmung ist es, Energie einzusparen. Die Erkenntnis, dass Energie immer wertvoller wird, hat auch besonders auf dem Dach zu größeren Dämmstoffdicken geführt.

Wenn der maximale Wärmeverlust vorgeschrieben wird, kann man daraus die notwendige Wärmedämmung berechnen. Dabei ist nicht nur die Dämmstoffdicke, sondern auch der Werkstoff bestimmend (zu den Wärmedämmstoffen und ihrer Wärmeleitfähigkeit siehe Kapitel 3.5).

Durch eine gute Wärmedämmung lassen sich auch temperaturbedingte Dehnungen, Spannungen und Rissbildungen in der Dachkonstruktion mindern. Als Beispiel sei eine Betonunterkonstruktion genannt. Bei tiefen Temperaturen zieht sich der Beton zusammen, bei hohen Temperaturen dehnt er sich aus. Sind also die Temperaturschwankungen groß, denen der Beton ausgesetzt wird, dann können sich im Beton durchaus Risse bilden, die sich auch bis zur Abdichtung durchziehen können. Liegt die Betondecke aber unter einer gut bemessenen Wärmedämmung, sind die Schwankungen nicht so groß, und die Rissgefahr ist sehr viel geringer.

Ähnlich verhält es sich auch mit anderen Unterkonstruktionen.

Wärmedämmschichten müssen ausreichend temperaturbeständig, formbeständig, unverrottbar und als Unterlage für die Dachabdichtung geeignet sowie trittfest und maßhaltig sein. Sie dürfen keine schädlichen Einflüsse auf die Abdichtung ausüben.

Bei nicht genutzten Dächern können Dämmstoffe aus Mineralwolle mit einer Druckfestigkeit von mind. 60 kPa zum Einsatz kommen. Ist die Nutzung auf die Montage einer Solaranlage oder anderer technischer Anlagen beschränkt, können Dämmstoffe aus Mineralwolle mit einer Druckfestigkeit von mind. 70 kPa verwendet werden, sofern die Solaranlage auf einer lastverteilenden Schicht aufgeständert wird. Die Freigabe des Dämmstoffs für diese Anwendung durch den Hersteller ist erforderlich.

Dämmplatten mit Falz vermindern den Wärmeverlust im Fugenbereich. Falzungen müssen so ausgebildet sein, dass sich Bewegungen nicht großflächig auswirken können.

Aufgrund zulässiger Toleranzmaße oder temperaturbedingter Längenänderungen sind aber geringe Fugen nicht zu vermeiden. Wenn sich Bewegungen großflächig auswirken können, z. B. bei loser Verlegung, sind Platten mit Zwangsverriegelungen wie z. B. Hakenverfalzung ungeeignet.

Bei der Verklebung der Wärmedämmung ist besonders darauf zu achten, dass keine Fugen oder ungedämmten Stellen entstehen. Dämmstoffplatten sind deshalb im Verband zu verlegen. Bei Dicken von mehr als 160 mm und Verwendung von stumpf gestoßenen Dämmplatten sollte die Wärmedämmung mehrlagig ausgeführt werden.

Bei Trapezprofilen muss die notwendige Überbrückung der lichten Weite zwischen den Obergurten berücksichtigt werden. Die Dicke der Wärmedämmung sollte deshalb mindestens nach den Angaben in Tabelle 4.2-6 gewählt werden.

Es sind die Dämmstoffe wie in Kapitel 3.5 beschrieben zu verwenden.

Im belüfteten Dach werden hauptsächlich weiche, nicht druckbelastbare Mineralwolleplatten oder -matten des Anwendungstyps DZ dk verwendet. Der Dämmstoff wird in der Regel lose verlegt.

Auf dem nicht belüfteten Flachdach werden in der Regel druckbelastbare Dämmstoffplatten aus Mineralwolle, Hartschaum oder Schaumglas verwendet. Darüber hinaus werden auch druckbelastbare Roll- oder Klappbahnen aus Hartschaum sowie Schüttungen aus expandierten bituminierten Mineralien, z. B. Perlite, eingesetzt.

Sie müssen dem Anwendungstyp DAA dm, DAA dh, DAA ds oder DAA dx entsprechen.

Tabelle 4.2-5: Mindestwerte der Druckbelastbarkeit von Wärmedämmstoffen

Dämmstoff	**Druckbelastbarkeit[1] in kPa**	
	nicht genutzte Dachflächen	**genutzte Dach- und Deckenflächen**
EPS nach DIN EN 13163	100	150
XPS nach DIN EN 13164	200	300
PU nach DIN EN 13165	100	
CG nach DIN EN 13167	500	

1) Wert der Druckbelastbarkeit nach Leistungserklärung/CE-Kennzeichnung des Produkts bei einer Stauchung von 10 %

Tabelle 4.2-6: Mindestdämmstoffdicke auf Trapezprofilen

Größte lichte Weite zwischen den Obergurten in mm	**Wärmedämmstoff Mindestdicke in mm**			
	EPS	**PUR**	**Mineralfaser**	**Schaumglas**
70	40	40	50	40
100	50	50	80	50
130	60	60	100	60
150	70	60	120	70
160	80	70	120	80
170	90	80	140	90
180	100	80	140	90
200	120	80	140	100

Bei einem Umkehrdach muss der Dämmstoff dem Anwendungstyp DUK dh oder DUK ds entsprechen.

Um den Aufbau vor Windsog zu schützen, werden die Dämmstoffe teilweise oder vollflächig verklebt. Nur bei späterer Auflast, z. B. auf lose verlegten Kunststoff-Dachbahnen oder Planen, ist auch loses Verlegen der Wärmedämmung möglich.

Besteht die Gefahr, dass der Dämmstoff durch Heißbitumen oder die offene Flamme eines Schweißbrenners zerstört wird oder die notwendige Haftung nicht mehr gewährleistet ist, dann sollte der Dämmstoff kaschiert sein.

Wärmedämmstoffe aus expandiertem Polystyrol (EPS) besitzen lediglich eine geringe Temperaturbeständigkeit. Sie sollen deswegen nicht auf Flächen verwendet werden, die an stark reflektierende Fassadenflächen z. B. aus Metall oder Glas angrenzen.

Unter einer Kaschierung versteht man eine ein- oder beidseitige Beschichtung aus Bitumenbahnen.

Die größte Seitenlänge von Hartschaum-Dämmplatten soll nicht größer als 1,25 m sein. Polyurethan-Hartschaumplatten mit größeren Abmessungen sind möglich, wenn die Platten an den Ecken mechanisch befestigt werden und der Abstand der Befestiger entlang der Plattenkante maximal 1,25 m beträgt.

Wenn Dämmplatten mechanisch befestigt werden, müssen Druckbelastbarkeit und Oberflächenbeschaffenheit der Dämmung und das Befestigungssystem aufeinander abgestimmt werden. Dies gilt insbesondere für Mineralwollplatten.

Bei einem Kompaktdach sind Schaumglasplatten auf geschlossener Unterlage (z. B. auf vorbehandeltem Beton) vollflächig in Bitumen oder mit einem anderen geeigneten Klebstoff zu verlegen. Auf blanken Schaumglasplatten darf nicht mit offener Flamme geschweißt werden. Aus diesem Grund sind Schaumglasplatten bei Dachabdichtungen aus Schweißbahnen entweder mit einem Heißbitumenanstrich zu versehen, oder sie müssen eine werkseitige Kaschierung haben.

Um Schüsselung durch einwirkende Kräfte einzuschränken, sollten Dämmplatten aus Polyurethan vollflächig verklebt werden. Ebenso sind Dämmplatten aus EPS-Hartschaumplatten mit dem Untergrund zu verkleben.

Abb. 4.2-16: Gießen der ersten Lage auf Dachdämmelemente

Zeichnerisch wird Dämmmaterial folgendermaßen dargestellt:

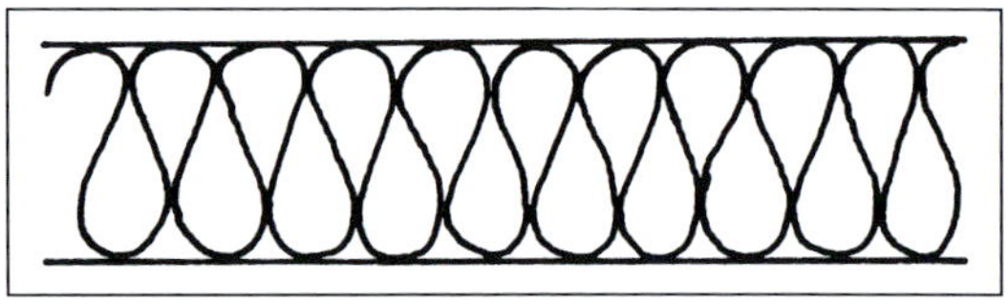

Abb. 4.2-17: Wärmedämmung

4.2.7.5 Dampfdruckausgleichsebene

Dampfdruckausgleich soll durch eine zusammenhängende Luftschicht erreicht werden, wenn mit Feuchtigkeit unter der Abdichtung gerechnet werden muss, deren Wasserdampfdruck sich nicht verteilen kann. Dazu kann die erste Lage der Abdichtung punkt- oder unterbrochen streifenweise aufgeklebt oder lose verlegt werden.

4.2.7.6 Dachabdichtung

Dachabdichtungen müssen wasserundurchlässig sein.

Die Dachabdichtung ist ein flächiges Bauteil zum Schutz eines Bauwerks gegen Niederschlagswasser. Sie besteht aus einer über die gesamte Dachfläche reichenden wasserundurchlässigen Schicht. Zur Dachabdichtung gehören auch Anschlüsse, Abschlüsse, Durchdringungen und Fugenausbildungen.

Dachdurchdringungen müssen ebenfalls wasserdicht angeschlossen werden. Auch auf Dauer

Tabelle 4.2-7: Anwendungstypen Abdichtung

Typkurzzeichen	Anwendung in Abdichtungen
DE	Bahnen und Flüssigkunststoffe für einlagige Dachabdichtung
DO	Bahnen für die Oberlage einer mehrlagigen Dachabdichtung
DU	Bahnen für die untere Lage einer mehrlagigen Dachabdichtung
DZ	Bahnen für die Zwischenlage bzw. zusätzliche Lage einer mehrlagigen Dachabdichtung

dürfen sich durch Schrumpfen, Kriechen oder durch direkten oder indirekten Kontakt mit anderen Stoffen keine Schäden ergeben, die die abdichtende Funktion beeinträchtigen. Nach Möglichkeit sollten nur Bahnen gleicher Art verwendet werden. Der Abstand von Einbauteilen und Durchdringungen – außer bei Attikaentwässerungen – zueinander sowie zu anderen Bauteilen (z. B. Attika oder Wandanschluss) soll mindestens 30 cm betragen. Gemessen wird jeweils an der Flanschaußenkante. Werden Aggregate auf die Abdichtung aufgeständert, ist zur Wartung und Pflege ein Abstand von mindestens 50 cm zwischen Oberfläche Belag und Unterkante Aggregat einzuhalten.

Für Abdichtungen können Bitumen- und Polymerbitumenbahnen, Kunststoff- und Elastomerbahnen sowie Flüssigkunststoffe verwendet werden.

Für Abdichtungsbahnen sind Anwendungstypen für die verschiedenen Verwendungsmöglichkeiten der Bahnen festgelegt (siehe Tabelle 4.2-7).

Für Dachabdichtungen müssen europäische genormte Bahnen mit CE-Kennzeichnung verwendet werden. Außerdem müssen Bahnen für Dachabdichtungen den Anforderungen der DIN V 20000-201, Anwendungsnorm für Abdichtungsbahnen nach europäischen Produktnormen zur Verwendung in Dachabdichtungen, entsprechen. Die Produktdatenblätter des ZVDH bieten dem Dachdecker eine Zusammenfassung der vielschichtigen Anforderungen an die Produkte. Anhand dieser Produktdatenblätter kann der Dachdecker eine optimale Materialauswahl treffen.

Tabelle 4.2-8: Mindestdicken von Polymerbitumenbahnen

Polymerbitumen-Schweißbahnen mit Kombinationsträgereinlage/Glasgewebeeinlage	4 mm
Polymerbitumen-Schweißbahnen mit Polyestervlieseinlage	5 mm
Kaltselbstklebende Polymerbitumenbahnen als untere Lage	2,8 mm
Polymerbitumenbahnen aus PYP für einlagige Verlegung	4 mm
Polymerbitumenbahnen aus PYE für einlagige Verlegung	4,5 mm
Polymerbitumen-Schweißbahnen mit Kupferbandeinlage (Cu)	5 mm

Dachabdichtung mit Bitumen- und Polymerbitumenbahnen

Dachabdichtungen mit Bitumenbahnen werden in der Regel mehrlagig ausgeführt und können als Dachdichtungs-, Schweiß- oder Kaltselbstklebebahnen verwendet werden. Alle verwendeten Bahnen müssen dem Produktdatenblatt für Bitumenbahnen entsprechen. Zur Verwendung kommen Bahnen aus Oxidations- oder Polymerbitumen (PYE/PYP), deren Dicken in der Tabelle 4.2-8 aufgelistet sind.

Durch die Mehrlagigkeit wird eine größere Sicherheit für die Dichtigkeit der Nahtverbindung gewährleistet. Außerdem wird der Schutz gegen mechanische Beschädigung erhöht.

Tabelle 4.2-9: Genormte Oxidbitumenbahnen

Bitumenbahnen für Dachabdichtungen nach DIN EN 13707		
Dachbahn	**Dachdichtungsbahnen**	**Schweißbahnen**
DZ/E4 V 13 Einlage: Glasvlies 60 g/m²	**DU/E2 200 DD** Einlage: Glasgewebe 200 g/m² **DU/E2 PV 200 DD** Einlage: Polyesterfaservlies 200 g/m²	**DZ/E4 V 60 S4 oder DU/E4 V 60 S4** Einlage Glasvlies 60 g/m² **DU/E2 G 200 S4(5)** Einlage: Glasgewebe 200 g/m² **DU/E2 PV 200 S5** Einlage: Polyesterfaservlies 200 g/m² **DU/E2 KTG S4** mit Kombinationssträgereinlage mit überwiegendem Glasanteil **DU/E2 KTP S4** mit Kombinationsträgereinlage mit überwiegendem Polyesteranteil

Tabelle 4.2-10: Genormte Polymerbitumenbahnen

Polymerbitumenbahnen für Dachabdichtungen nach DIN EN 13707			
Dachdichtungs-bahnen	**Schweißbahnen**	**Kaltselbstklebebahnen**	**Bahnen für einlagige Dachabdichtungen**
DO/E1 PYE-G 200 DD Einlage: Glasgewebe 200 g/m² DO/E1 PYE-PV 200 DD Einlage: Polyesterfaservlies 200 g/m²	DO/E1 PYE-G 200 S 4(5) DO/E1 PYP-G 200 S 4(5) Einlage: Glasgewebe 200 g/m² DO/E1 PYE-PV 200 S 5 DO/E1 PYP-G 200 S 5 Einlage: Polyesterfaservlies 200 g/m² DO/E1 PYE-KTG S4 DO/E1 PYP-KTG S4 ▸ mit Kombinationsträgereinlage ▸ mit überwiegendem Glasanteil DO/E1 PYE-KTP S4 DO/E1 PYP-KTP S4 ▸ mit Kombinationsträgereinlage ▸ mit überwiegendem Polyesteranteil	DU/E1 PYE-KTG-KSP-2,8 DU/E1 PYP-KTG-KSP-2,8 Kaltselbstklebende Polymerbitumenbahnen (KSP) mit Kombinationsträgereinlage mit überwiegendem Glasanteil	DE/E1 PYP-KTG-4 mit Kombinationsträgereinlage mit überwiegendem Glasanteil DE/E1 PYP-KTP-4 mit Kombinationsträgereinlage mit überwiegendem Polyesteranteil DE/E1 PYE-KTG-4,5 mit Kombinationsträgereinlage mit überwiegendem Glasanteil DE/E1 PYE-KTP-4,5 mit Kombinationsträgereinlage mit überwiegendem Polyesteranteil DE/E1 PYP-KTG-4,5 mit Kombinationsträgereinlage mit überwiegendem Glasanteil DE/E1 PYP-KTP-4,5 mit Kombinationsträgereinlage mit überwiegendem Polyesteranteil

Für Dachabdichtungen mit Bitumenbahnen sollen genormte Bahnen verwendet werden. In Tabelle 4.2-9 werden die genormten Oxidationsbitumenbahnen und in Tabelle 4.2-10 die Polymerbitumenbahnen aufgeführt. Die Tabellen enthalten sowohl bewährte Bahnen, die seit Jahrzehnten in Deutschland genormt sind, als auch neue Bahnentypen, wie z. B. Kaltselbstklebebahnen, die aufgrund der europäischen Normung aufgenommen wurden.

Bei mehrlagigen Abdichtungen sind die einzelnen Lagen parallel zueinander mit Versatz zu verlegen. Die Lagen müssen miteinander vollflächig verklebt werden. Eine hohlraumfreie Verklebung ist unter Baustellenbedingungen nicht immer erzielbar, geringfüge Hohlräume können demnach nicht ausgeschlossen werden. An- und Abschlüsse sind immer mindestens zweilagig auszuführen. Die Überlappung der Bahnen beträgt bei mehrlagigen Abdichtungen mindestens 80 mm. Bei mechanischer Befestigung im Uberdeckungsbereich ist dieser entsprechend zu erhöhen. Die Mindestfügebreite der Naht beträgt 80 mm. Die Überlappung der Bahn kann z. B. bei An- und Abschlüssen sowie Einbauteilen auch gegen den Wasserlauf ausgeführt werden, da die Abdichtung wasserdicht auszuführen ist.

Die erste Lage kann lose verlegt oder teilflächig verklebt werden. Auf geeigneter Unterlage, z. B. Beton oder kaschierter Wärmedämmung, kann die erste Lage vollflächig aufgeklebt werden. Auf unkaschierten Schaumglasplatten kann eine vollflächige Verklebung im Gießverfahren oder auf Bitumenheißabstrich erfolgen.

Für die obere Lage einer Dachabdichtung kann eine Polymerbitumenbahn z. B. mit Schiefersplittbestreuung verwendet werden. Im Eckbereich bei einer Quernaht ist in der Oberlage ein sog. Eckenschnitt an der unterdeckenden Bahn zu empfehlen.

Bitumenbahnen, die als Kaschierung von roll- und klappbaren Wärmedämmungen verwendet werden, sind als erste Abdichtungslage dann zulässig, wenn sie aus einer Polymerbitumenbahn bestehen und eine Lieferlänge von mindestens 2,50 m aufweisen. Dabei sollen die Überlappungen der Kaschierung mindestens 80 mm breit sein und müssen dicht verklebt werden.

Die Kaschierung von Wärmedämmplatten zählt wegen des hohen Naht- und Stoßanteils in keinem Fall als erste Lage der Dachabdichtung.

Für mehrlagige Abdichtungen sind mit Ausnahme befahrener Flächen nachfolgende Bahnen geeignet:

- PYE-G 200 DD und PYP- G 200 DD
- PYE-PV 200 DD und PYP-PV 200 DD
- PYE-G 200 S4/5 und PYP-G 200 S4/5
- PYE-PV 200 S5 und PYP-PV 200 S5
- PYE-KTG/KTP S4 und PYP-KTG/KTP S4

Diese Polymerbitumenbahnen entsprechen dem Anwendungstyp DO, wenn sie keine Bestreuung aufweisen, dem Anwendungstyp DU.

- PYE-KTG/KTP KSP-2,8 und PYP KTG/KTP KSP-2,8

Kaltselbstklebende Polymerbitumenbahnen entsprechen dem Anwendungstyp DU und kommen somit als erste Abdichtungslage/Unterlage infrage. Werden kaltselbstklebende Bahnen verwendet, sollen die Nähte verschweißt werden. Aufgrund dieser Verschweißung sollte die Bahnendicke von den geforderten 2,8 mm auf 3,5 mm erhöht werden, da ein gewisser Anteil Bitumen durch Hinzufügen von Wärme weggeschmolzen wird.

- G 200 DD
- PV 200 DD
- G 200 S4/S5
- PV 200 S5

Diese Oxidationsbitumenbahnen können in einem mehrlagigen Aufbau als untere Lage (Anwendungstyp DU) bei Dächern und genutzten Deckenflächen verwendet werden, wenn ein Gefälle von mindestens 2 % vorhanden ist und anschließend ein schwerer Oberflächenschutz aufgebracht wird.

Glasvlies-Bitumenbahnen sind in der Regel als zusätzliche Lagen zu verwenden, weil die Reißfestigkeit und Dehnfähigkeit der Bahnen zu gering ist.

Bitumenbahnen und ihre Verklebung werden folgendermaßen dargestellt:

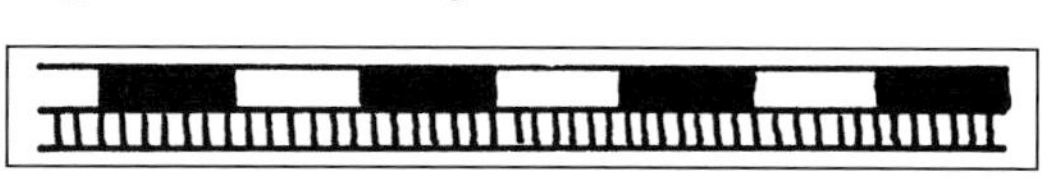

Abb. 4.2-18: Verklebte Bitumen-Dachbahnen

Einlagige Dachabdichtung mit Polymerbitumenbahnen

Nach DIN 18531 „Abdichtung für nicht genutzte Dächer" kann für Dachabdichtungen mit normalen Beanspruchungen unter bestimmten Voraussetzungen eine einlagige Abdichtung mit Polymerbitumenbahnen ausgeführt werden.

Für einlagige Dachabdichtungen mit Polymerbitumenbahnen gelten folgende Anforderungen:

- Es dürfen nur Bahnen verwendet werden, die dem Anwendungstyp DE und der Eigenschaftsklasse E1 entsprechen, demnach PYP-KTG/KTP 4 und PYP-KTG/KTP 4,5 PYE-KTG/KTP 4,5.
- Das Gefälle der Unterlage muss mindestens 2 % betragen.
- Die An- und Abschlüsse sind grundsätzlich mehrlagig auszuführen.
- Kanten und Kehlen sind mindestens zweilagig auszuführen.
- Einlagige Abdichtungen aus Polymerbitumenbahnen dürfen nicht unter begrünten Flächen angeordnet werden.
- Nahtverbindungen können im Schweißverfahren mit offener Flamme oder mit Warmgas hergestellt werden.
- Die Mindestfügebreite im Längsnahtbereich beträgt bei Verschweißung mit offener Flamme 80 mm, beim Warmgasschweißen 60 mm.
- Die Mindestfügebreite im Quernahtbereich und bei Nahtverbindungen auf beschieferten Bahnen beträgt stets 100 mm.
- Im Eckbereich der Quernaht an der unterdeckenden Bahn muss ein Schrägschnitt angeordnet werden.
- Die Bahnen müssen eine hohe thermische und eine hohe mechanische Beständigkeit aufweisen.

Deshalb werden dafür überwiegend hochwertige Polymerbitumenbahnen mit Kombinationseinlage KTG oder KTP mit 4 mm Mindestdicke verwendet. Bei diesen Bahnen ist besonders darauf zu achten, dass die Maßhaltigkeit keinen größeren Wert als 0,3 % aufweist.

Dachabdichtung mit Kunststoff- und Elastomerbahnen

Kunststoff- und Elastomerbahnen können als homogene Bahnen, Bahnen mit Einlagen, Bahnen mit innen liegender Verstärkung oder Bahnen mit Kaschierung verwendet werden. Sie müssen dem „Produktdatenblatt für Kunststoff- und Elastomerbahnen" des ZVDH entsprechen. Die Bahnen werden sowohl mit als auch ohne Selbstklebeschicht oder Polymerbitumenbeschichtung eingesetzt.

Kunststoffbahnen und Elastomerbahnen werden einlagig verlegt.

Bei einlagigen Dachabdichtungen muss die verwendete Bahn allein alle Anforderungen und Eigenschaften erfüllen, die an eine Dachabdichtung gestellt werden.

Außerdem müssen die Nahtausführung, der Schutz gegen mechanische Beschädigung und die Witterungsbeständigkeit genauso sicher und dauerhaft sein wie bei einer mehrlagigen Dachabdichtung.

Auch bei Kunststoff- und Elastomerbahnen und ihren Nahtverbindungen sind spezielle Vorschriften in den Verlegeanleitungen der Hersteller zu beachten. Besonders ist auf Stoffe zu achten, die die Bahnen zerstören können. Werden Kunststoffbahnen über oder unter Schichten aus Werkstoffen verlegt, die Dachbahnen aus Kunststoff oder Elastomer angreifen, sind geeignete Trennlagen, z. B. aus Glasvlies oder Polyesterfaservlies, erforderlich. Schutzlagen sind bei zu rauem Untergrund, Gefährdung durch mechanische Beanspruchung, schwerem Oberflächenschutz o. Ä. notwendig.

Dachbahnen aus Kunststoff oder Elastomeren sind in der Regel dünner als Bitumenbahnen.

Kunststoffbahnen auf der Basis von Polyvinylchlorid (PVC-P und EVA) können auch ohne Einlage oder innen liegende Verstärkung verwendet werden, wenn die Abdichtung mit der Unterlage verklebt oder oberseitig ein Schutz der Abdichtung vor niedrigen Temperaturen (z. B. durch einen schweren Oberflächenschutz) aufgebracht wird. Die Mindestdicke beträgt hierbei 1,5 mm.

Tabelle 4.2-11: Bemessung von Dachabdichtungen aus Kunststoff- und Elastomerbahnen

Bahnentyp	Mindestdicke
Kunststoffbahnen mit Einlage oder innen liegender Verstärkung	1,5 mm
Kunststoffbahnen auf Basis von flexiblen Polyolefinen mit Bitumen als Weichmacher/ Füllstoff (ECB) mit Einlage	2,0 mm
Elastomerbahnen mit innen liegender Verstärkung	1,6 mm
Elastomerbahnen ohne innen liegende Verstärkung	1,3 mm bei nicht genutzten Flächen 1,5 mm bei genutzten und erdüberschütteten Flächen
Kunststoffbahnen auf Basis von Polyisobutylen (PIB) mit Kaschierung	1,5 mm

Tabelle 4.2-12: Mindestfügebreite von Kunststoff- und Elastomerbahnen in Abhängigkeit vom Fügeverfahren

Fügeverfahren	Stoff	Mindestfügebreite in mm
Quellschweißen	EVA/EVAC, PVC-P	30
Warmgas- oder Heizkeilschweißen	ECB, EVA/EVAC, FPO O/TPO, PVC-P, PIB	20
Warmgas- oder Heizkeilschweißen	EPDM 1)	30
Dichtrand/Abdeckband/Nahtband	PIB 3)/EPDM	40 2)
Heißvulkanisation (Hot Bonding)	EPDM	20
Warmgasschweißen mit Polymerbitumen	EPDM	40

1) nicht vernetztes/nicht ausvulkanisiertes EPDM mit thermoplastischen Eigenschaften oder mit vorkonfektioniertem thermoplastischem Dichtrand
2) bei vernetztem Nahtband bei EPDM-Bahnen 60 mm
3) Gefälle der Abdichtungsunterlage mindestens 2 %; bei gefällelosen Flächen ist die Verlegung nach den herstellerseitigen Vorgaben mit den dort beschriebenen besonderen Maßnahmen erforderlich

Für Dachabdichtungen mit Kunststoff- und Elastomerbahnen sollen genormte Bahnen verwendet werden. Die Bahnen können mit unterschiedlichen Produktmerkmalen ausgestattet sein. Nach der Anwendungsnorm DIN V 20000-201 unterscheidet man homogene Bahnen, Bahnen mit Einlage, Bahnen mit Verstärkung und Bahnen mit Kaschierung jeweils mit oder ohne Selbstklebeschicht.

Die Bahnen können lose verlegt, teilflächig oder vollflächig verklebt werden. Die Überlappung der Bahnen beträgt mindestens 40 mm. Falls die Bahnen mechanisch in der Naht befestigt werden, ist die Überlappung zu erhöhen. Die Bahnen sind versetzt zu verlegen und Kreuzstöße somit zu vermeiden.

Liegt oberhalb der Abdichtung eine Nutzschicht, ist die Verwendung einer Schutzlage oberhalb der Dachabdichtung vorzusehen.

Abdichtungen mit Flüssigkunststoffen

Seit mehr als 40 Jahren werden flüssig aufzubringende Abdichtungen für den Anwendungsbereich Dächer eingesetzt. Lange Jahre war diese Abdichtungsart nur in der Fachregel für Abdichtungen (Flachdachrichtlinie) beschrieben. Seit es europäische technische Zulassungen für Flüssigabdichtungen gibt, sind solche Stoffe mit ETA auch bauaufsichtlich eingestuft und verwendbar. Bei der Aufnahme von Flüssigabdichtungen in Abdichtungsnorm und Fachregel wurde darauf geachtet, dass sich die Stoffe in der Praxis bewährt haben. Darüber hinaus wurden in Abhängigkeit von den jeweiligen Anwendungskategorien Anforderungen in Form von Leistungsstufen festgelegt.

Flüssig aufzubringende Kunststoffe müssen eine europäische technische Zulassung (ETA) auf der Grundlage der ETAG 005 besitzen. Sie sind mit einer CE-Kennzeichnung versehen, aus der u. a. die nachgewiesenen Leistungsstufen und Mindestdicken hervorgehen. Eine Erläuterung der Leistungsstufen nach ETAG 005 ist in Tabelle 4.2-14 aufgeführt.

Flüssigabdichtungen bestehen meist aus ein- oder mehrkomponentigen Gemischen auf der Basis von Reaktionskunststoffen. Sie müssen

Tabelle 4.2-13: Bemessung von Flüssigkunststoffen für Abdichtungen

Stoffe	Leistungsstufen	Mindest-gewicht der Einlage	Mindest-dicke
Flexible ungesättigte Polyesterharze (UP)	Klimazone: S	110 g/m²	2,1 mm
Flexible Polyurethanharze (PUR) 1K, 2K	Erwartete Nutzungsdauer: W 3		
Flexible reaktive Polymethylmethacrylate (PMMA)	Dachneigung: S1, S2, S3, S4		
	Nutzlast: P4		
	Tiefste Oberflächentemperatur: TL4		
	Höchste Oberflächentemperatur: TH4		

Tabelle 4.2-14: Leistungsstufen für Flüssigabdichtungen

Klassen	Kurzzeichen	Leistungsstufen nach ETAG 005
Klimazone	M	gemäßigtes Klima
	S	extremes Klima
erwartete Nutzungsdauer	W1	5 Jahre
	W2	10 Jahre
	W3	25 Jahre
Nutzlasten	P1	geringe Beanspruchung
	P2	mäßige Beanspruchung
	P3	normale Beanspruchung
	P4	besondere Beanspruchung
Dachneigung	S1	< 5 %
	S2	5–10 %
	S3	10–30 %
	S4	> 30 %
niedrigste Oberflächentemperaturen	TL1	+5 °C
	TL2	–10 °C
	TL3	–20 °C
	TL4	–30 °C
höchste Oberflächentemperaturen	TH1	+30 °C
	TH2	+60 °C
	TH3	+80 °C
	TH4	+90 °C

grundsätzlich die gleichen technischen Eigenschaften wie bahnenförmige Abdichtungen haben.

Flüssig aufzubringende Beschichtungen gelten als einlagige Abdichtung, deshalb muss das verwendete System die an die Abdichtung zu stellenden Anforderungen und Eigenschaften insgesamt allein erfüllen.

Wird diese Art der Abdichtung auf Unterlagen aus Holz oder unkaschierten Wärmedämmstoffen verlegt, müssen zuerst vollflächig verlegte Trennlagen bzw. Trägerlagen angeordnet werden.

Flüssigabdichtungen sollen vollflächig haftend aufgetragen werden. Zuerst ist eine Vorbehandlung des Untergrunds erforderlich. Der Untergrund soll sauber und trocken sein und ist mit einem geeigneten Haftgrund vorzustreichen. Die Bemessung der flüssig aufzubringenden Kunststoffe erfolgt nach Tabelle 4.2-13.

Bei der Ausführung der Arbeiten muss die Oberflächentemperatur mindestens +3 K über der Taupunkttemperatur liegen, da sich ansonsten auf der Oberfläche ein Feuchtigkeitsfilm bilden kann, der die Haftung verhindert.

Beschichtungen aus Flüssigkunststoffen sollen mindestens in 2 Arbeitsgängen aufgetragen werden. Dabei ist eine Armierung (Kunststofffaservlies) einzulegen. Das Aufbringen der Abdichtungsmasse kann durch Streichen, Rollen oder Spritzen erfolgen. Als Armierung sollen Einlagen mit mindestens 110 g/m² eingesetzt werden. Die Einlage ist in eine vorgelegte Menge des Kunststoffes einzuarbeiten und frisch in frisch abzudecken. Die einzelnen Bahnen der Einlage müssen sich mindestens 50 mm überlappen.

Werden Übergänge von flüssig aufzubringenden Abdichtungen auf bahnenförmigen Abdichtungen ausgeführt, sind die Materialverträglichkeit, die Haftfestigkeit und die Wasserdichtheit sicherzustellen. Dabei sind insbesondere die Herstellerangaben zur Art und Vorbehandlung der Untergründe zu beachten. Der Anschluss muss mindestens 100 mm auf die Bahn geführt werden.

Bei flüssig aufzubringenden Dachabdichtungen mit ausreichender Haftung am Untergrund kann bei An- und Abschlüssen auf eine mecha-

Abb. 4.2-19: Grundieren des Untergrunds

Abb. 4.2-20: Mischen der Komponenten

Abb. 4.2-21: Verlegung einer flüssig aufzubringenden Abdichtung mit Einlage

nische Befestigung am oberen Rand verzichtet werden.

Bei Flüssigkunststoffen soll der Abstand der Durchdringungen untereinander mindestens 10 cm betragen.

Nach Arbeitsunterbrechung muss der Übergangsbereich entsprechend vorbehandelt werden, um eine funktionierende Haftung zu erhalten, da ansonsten in diesem Moment das sog. „Frisch-in-frisch"-Prinzip nicht ausgeführt werden kann.

Untergrundvorbereitung, Art der Flüssigabdichtung, Temperaturen, verwendete Mengen, verwendete Einlagen sollten dokumentiert werden.

4.2.7.7 Schutzlagen und Schutzschichten

Die **Schutzlage** ist eine oberhalb der Abdichtung angeordnete, flächig verlegte Lage zum Schutz vor mechanischen Einwirkungen. Eine Schutzlage zählt nicht als Abdichtungslage. Kunststoffvliese mit mindestens 300 g/m² oder Bautenschutzmatten aus Gummigranulat mit mindestens 6 mm Dicke sind Beispiele für Schutzlagen mit hoher Perforationsfestigkeit.

Die Schutzschicht ist eine oberhalb der Abdichtung angeordnete Schicht zum Schutz vor mechanischer und/oder thermischer Beanspruchung. Platten aus Polystyrol-Extruderschaum (XPS) oder Schutzestriche sind geeignete Produkte für eine Schutzschicht. Schutzlagen gegen Durchwurzelung können z. B. aus Kunststoffbahnen, Elastomerbahnen oder Bitumenbahnen bestehen. Die Eignung als Durchwurzelungsschutz muss nachgewiesen sein, z. B. gemäß FLL-Verfahren.

4.2.7.8 Oberflächenschutz

Die Oberfläche der Dachabdichtung wird durch Umwelteinflüsse, Sonnenbestrahlung, Temperaturunterschiede und mechanische Beanspruchungen beeinflusst. Dagegen muss die Oberfläche geschützt werden. Ein guter Oberflächenschutz erhöht die Lebensdauer der Abdichtung. Man unterscheidet zwischen schwerem und leichtem Oberflächenschutz.

Unter schwerem Oberflächenschutz versteht man Kiesschüttungen, Plattenbeläge und Dachbegrünungen. Wegen des hohen Gewichts muss ein schwerer Oberflächenschutz statisch berücksichtigt sein. Dafür ist der Planer verantwortlich.

Ein schwerer Oberflächenschutz ist eine Möglichkeit zur Sicherung gegen Abheben bei lose verlegtem Dachaufbau. Er schützt die Abdichtung und alle darunter liegenden Schichten gut vor Temperaturschwankungen, strahlender Wärme und Flugfeuer (harte Bedachung). Auf einem Dach unter 2 % Dachneigung ist in der Regel ein schwerer Oberflächenschutz erforderlich.

Ein leichter Oberflächenschutz besteht entweder aus einer werkseitigen Bestreuung oder aus einer Besplittung. Ein solcher Oberflächenschutz ist also auf einer Dachabdichtung aus Kunststoff- oder Elastomerbahnen nicht immer möglich.

Vielfach sind die Kunststoff- und Elastomerbahnen werkseitig schon durch die Rezeptur gegen Umwelteinflüsse und Sonnenstrahlen geschützt.

Kiesschüttung

Kiesschüttungen bestehen aus einer mindestens 50 mm dicken Schüttung aus Rundkies der Körnung 16/32. Diese Körnung besagt, dass die kleinsten Körner 16 mm und die größten Körner 32 mm groß sind. Die Körnung wird im Siebverfahren bestimmt. Ein Anteil aus Über- und Unterkorn, also Körnern, die kleiner oder größer sind, lässt sich nicht ganz vermeiden. Die Funktion als Auflast und als Oberflächenschutz wird dadurch nicht beeinträchtigt. Bei zu feinem Korn kann sich aber eher Flugsamen ansetzen oder der Wind die Schüttung forttragen. Bei zu großem Korn besteht bei Begehung des Daches die Gefahr, dass das Korn durch die Dachabdichtung gedrückt wird.

Ein bekiestes Dach soll nicht als Terrasse o. Ä. genutzt werden. Kiesschüttungen dürfen nur zu Reparatur- oder Wartungszwecken begangen werden.

Zur Sicherung gegen Windsogkräfte muss eine Kiesschüttung eventuell auch dicker als 50 mm eingebaut oder durch einen Plattenbelag ergänzt werden. Es darf aber auf keinen Fall die Tragfähigkeit der Unterkonstruktion überschritten werden, wobei zusätzliche Lasten, z. B. aus

Schnee, natürlich berücksichtigt werden müssen.

Besteht die Gefahr, dass durch Wind einzelne Kieskörner herabgeweht werden können, ist anstelle einer Kiesschüttung ein Plattenbelag aufzubringen.

Dies gilt insbesondere für Gebäude mit mehr als 20 m Dachhöhe und für Rand- und Eckbereiche des Daches.

Kiesschüttungen sind sowohl bei Bitumenbahnen als auch bei Kunststoff- oder Elastomerabdichtungen möglich. Auf einlagigen Dachabdichtungen aus Kunststoff- oder Elastomerbahnen muss eine Schutzlage aufgebracht werden, damit keine mechanische Beschädigung auftritt. Dies gilt insbesondere für Dächer, bei denen der Kies mit pneumatischer Förderung auf das Dach geblasen wird. Hierbei ist immer eine Schutzlage anzuordnen.

Bei stark geneigter Dachfläche besteht die Gefahr, dass sich die einzelnen Kieskörner in Richtung des Gefälles bewegen.

Plattenbelag

Der Plattenbelag ist der Oberflächenschutz, der bei begehbaren oder befahrbaren Dächern vorzusehen ist. Bei Terrassenflächen werden meistens Betonplatten in den Mindestgrößen 40 × 40 × 4 cm verwendet (siehe Abb. 4.2-22).

Bei Parkdecks sind die einzelnen Platten größer. Die Abmessungen der Betonplatten sind von der erwarteten Belastung abhängig und müssen vom Planer oder Statiker festgelegt werden. In der Regel haben die Platten für Parkdecks eine Seitenlänge von maximal 2,50 m. Die Dicke ist unterschiedlich.

Von der Belastung der Platten hängt auch der Aufbau ab, der zwischen der obersten Lage der Dachabdichtung und den Platten aufgebracht werden muss. Da durch die Belastung nicht nur ein Druck ausgeübt wird, sondern die Platten auch durch Verschieben beansprucht werden, ist zunächst eine Gleitlage auf der Dachabdichtung vorzusehen. Bei Terrassenflächen ist eine Trennlage aus PE-Folie dafür ausreichend. Bei befahrbaren Flächen sind 2 ausreichend dicke PE-Folien vorzusehen.

Abb. 4.2-22: Betonplatte

Auf dieser Gleitlage ist eine druckverteilende Schicht notwendig. Sie kann je nach Belastung aus einem Sand- oder Splittbett, aus Estrich oder einem Schutzbeton bestehen. So soll vermieden werden, dass durch Druck am Plattenrand (Kantendruck) die Dachabdichtung beschädigt wird. Die kleinflächige oder punktweise Belastung wird auf eine größere Fläche verteilt. Die Dicke der Schicht ist also von der Belastung abhängig. Bei Terrassenflächen reichen in der Regel 30 mm als druckverteilende Schutzschicht aus.

Bei der Verlegung der Platten in diese Schicht ist darauf zu achten, dass keine Stolperkanten entstehen.

Nachträgliche Setzungen sind nicht zu vermeiden.

Platten für Terrassen werden vielfach auch auf Terrassenlagern oder Stelzlagern verlegt. Dabei werden die einzelnen Platten nur in den Eckbereichen durch Kunststoffkonstruktionen unterstützt.

Meistens sind diese Konstruktionen so ausgelegt, dass die 4 Platten, die auf einem Terrassenlager liegen, einzeln in ihrer Höhe verstellbar sind. So ist es möglich, die Platten als eine gleichmäßig hohe Fläche zu verlegen. Setzungen treten in diesem Fall kaum noch auf und können ggf. leicht ausgeglichen werden. Terrassenlager sollen nur auf annähernd ebenem und stabilem Untergrund verwendet werden. Für direkte Verlegung auf der Abdichtung sind sie nicht geeignet, da die Gefahr besteht, dass die einzelnen Lager sich durch die Dachabdichtung drücken. Daher sollte bei Stelzlagern eine Schutzlage verlegt werden.

Damit bei Dachabdichtungen mit einem Plattenbelag das auftreffende Regenwasser gut ablaufen kann, wird für die Plattenoberfläche ein Mindestgefälle von 1 % gefordert.

Dachbegrünung

Die Bepflanzung der Abdichtungsoberfläche ist ein optisch und ökologisch sehr guter Oberflächenschutz. Einige Städte fordern heute schon in ihren Bauordnungen, dass die Dächer von größeren Neubauten begrünt werden müssen, wenn durch das Gebäude Parkflächen oder Grünanlagen verloren gehen. Pflanzen sind für die Menschen besonders in den Städten sehr wichtig, da sie aus Kohlendioxid mithilfe des Chlorophylls unter Einwirkung von Licht den lebenswichtigen Sauerstoff bilden.

Die Pflanzen dürfen nicht direkt auf die Abdichtungsoberfläche gepflanzt werden. Es sind in Abhängigkeit von den Pflanzenarten Sickerschichten, Filterschichten und Trennschichten in unterschiedlichen Dicken notwendig.

Über den Wasserstand und das Gefälle kann man die Humusschicht regulieren und ein sehr trockenes oder ein mooriges Gelände schaffen.

Es ist vonseiten des Dachdeckers darauf zu achten, dass die Wurzeln der Pflanzen nicht in die Schichten der Abdichtung hineinwachsen oder durch die Nähte hindurchwachsen können.

Wenn die oberste Abdichtungsbahn nicht wurzelfest ist, muss eine wurzelwuchshemmende Schicht zusätzlich aufgebracht werden. Neben speziell eingestellten Bitumensorten eignet sich dazu auch eine Bahn mit Metallbandeinlage.

Viele Dachabdichtungen aus Kunststoff oder Elastomer sind von ihrer Beschaffenheit her wurzelfest.

Der Dachdecker muss außerdem darauf achten, dass eine ausreichend dicke Schutzschicht auf die Oberfläche aufgebracht wird, damit bei Arbeiten auf der bepflanzten Fläche die Dachabdichtung nicht beschädigt werden kann.

Da undichte Stellen im Dach nur sehr schwer im Nachhinein zu finden sind, empfiehlt es sich, zum einen bei der Abdichtung besonders sorgfältig zu arbeiten, zum anderen große Flächen in kleinere Teilflächen zu unterteilen oder mit Leckage-Ortungssystemen zu arbeiten.

Begrünungen als schwerer Oberflächenschutz sind nach der Dachbegrünungsrichtlinie zu planen und auszuführen. Die Funktion als Auflast zur Sicherung gegen Abheben durch Windsog-Kräfte muss gesondert nachgewiesen werden. Zur Lagesicherung von Dachbegrünungen können insbesondere in der Anwuchsphase zusätzliche Maßnahmen, z. B. Abdeckung mit Erosionsschutzgewebe, erforderlich werden.

Besplittung

Eine Bitumenbahn mit werkseitiger Bestreuung wird als letzte dachabdichtende Lage verwendet. Die Bahn hat bei der Herstellung eine oberseitige mineralische Bestreuung erhalten. Als Besplittung eignet sich vor allem schuppenförmiger Schiefersplitt. Damit eine einwandfreie Nahtabdichtung möglich ist, ist der Nahtbereich der Bahnen nicht bestreut. Da bei den notwendigen Querstößen die Anschlussstreifen bestreut sind, muss dort besonders sorgfältig gearbeitet werden.

Bei den Nähten und Stößen kann durch die Verklebung Bitumen auf das Bestreuungsmaterial kommen. Das sieht zum einen nicht gut aus, zum anderen ist dieses Bitumen gegen Sonnenlicht nicht geschützt.

Es versprödet sehr schnell, wird rissig und kann in extremen Fällen sogar zu undichten Stellen in der Dachabdichtung führen. Es gibt 2 Möglichkeiten, diese Gefahr zu verringern. Im ersten Fall streicht man die Fläche neben dem Naht- und Stoßbereich mit Wasser ein. Läuft bei dem Verkleben dann Bitumen auf diesen Bereich, kann man es nach dem Erkalten leicht wieder abziehen. Es darf aber kein Wasser unter die Naht gelangen, weil sonst die Dichtigkeit der Naht nicht sichergestellt ist.

Im zweiten Fall bestreut man das herausquellende Bitumen mit dem Bestreuungsmaterial, das auch auf der Fläche verwendet wird.

Die werkseitige Bestreuung kann bei allen Dachneigungen angewandt werden. Es kann sinnvoll sein, die werkseitige Bestreuung durch eine Kiesschüttung zu ergänzen. Bei Abdichtungen mit Bitumenbahnen muss die obere Lage aus einer Polymerbitumenbahn bestehen. Elastomerbitumenbahnen (PYE) müssen, Plastomerbitumenbahnen (PYP) können mit einer geeigneten Bestreuung bedeckt sein.

Zusammenfassung

Man unterscheidet Dächer mit Abdichtungen nach Art der Konstruktion in nicht belüftete und belüftete Dächer.

Beim Umkehrdach wird die Schichtenfolge des Dachaufbaus hinsichtlich der Schichten Wärmedämmung und Dachabdichtung umgekehrt. Dabei wird die Wärmedämmung über der Dachabdichtung angeordnet und mit Auflast und Oberflächenschutz versehen.

Bei einem kombinierten Umkehrdach wird auf den Aufbau eines bestehenden, nicht belüfteten Flachdaches ein zusätzliches Umkehrdach aufgebracht.

In einem Kompaktdach werden alle Schichten möglichst hohlraumfrei miteinander verklebt.

Eine Dachabdichtung dient dem Schutz eines Bauwerks gegen Niederschlagswasser und besteht aus einer wasserundurchlässigen Schicht.

Grundsätzlich sollen Dachabdichtungen mit einem Gefälle von 2 % geplant werden. In begründeten Ausnahmefällen kann davon abgewichen werden.

Die Unterlage muss vor Beginn der Arbeiten wegen eventueller Bedenken geprüft werden.

Stahlbetondecken müssen ausreichend erhärtet und oberflächentrocken sein. Die Oberfläche soll abgerieben, stetig verlaufend und frei von Kiesnestern, klaffenden Rissen und Graten sein.

Betonfertigteile müssen mit offenen Fugen verlegt werden. Die Fugen müssen voll vermörtelt und mit Blechstreifen abgedeckt sein. Lasten müssen auf lastverteilenden Unterlagen abgestellt werden.

Eine Holzschalung muss aus Brettern bestehen, die ungehobelt mindestens 24 mm dick sind.

Holzwerkstoffplatten sollen trocken eingebaut und unmittelbar nach der Verlegung abgedeckt werden.

Stahltrapezprofile dürfen in Feldmitte eine maximale Durchbiegung von 1/300 haben.

Einzellasten sollte man nur auf Unterlagen und im Auflagerbereich lagern.

Im Randbereich sind zusätzliche Verstärkungen oder Auflager für die Profilbleche notwendig. Verstärkungen sind auch bei Einschnitten oder Aussparungen in den Profilen erforderlich.

Eine Haftbrucke hat die Aufgabe, die Haftfähigkeit der Klebemittel zu verbessern und den Staub zu binden.

Die Trenn- und Ausgleichsschicht soll Schwind- und Spannungsrisse überbrücken und die nachfolgenden Lagen vor Rauigkeiten und chemischen Einflüssen aus der Unterkonstruktion schützen.

Unter einer punkt- oder streifenweisen Verklebung versteht man eine 10- bis 15-prozentige Klebung in der Fläche bzw. bis zu 40 % Klebung im Eckbereich.

Die Dampfsperre hat die Aufgabe zu verhindern, dass Nutzungsfeuchte aus dem Inneren in die Wärmedämmung zieht und dort kondensiert. Als Dampfsperre besonders geeignet ist eine Bahn mit Metallbandeinlage.

Die Wärmedämmung hat die Aufgabe, den Wärmeverlust der Räume zu verringern. Je dicker die Wärmedämmung, desto besser die Dämmwirkung.

Durch die Wärmedämmung wird die Lage des Taupunktes nach oben verlagert.

Durch eine gute Wärmedämmung lassen sich temperaturbedingte Dehnungen, Spannungen und Rissbildungen in der Dachkonstruktion mindern.

Die Wärmedämmung soll für ein behagliches Raumklima sorgen.

Die Dampfdruckausgleichsebene ist eine zusammenhängende Luftschicht zwischen Wärmedämmung und Dachabdichtung. Sie hat die Aufgabe, eingeschlossene oder eingewanderte Feuchtigkeit zu entspannen und zu verteilen; sie soll ebenfalls die Eigenbeweglichkeit der Dachabdichtung ermöglichen.

Kaschierungen von Dämmplatten gelten nie als erste Lage der Dachabdichtung.

Abdichtungen aus Bitumenbahnen werden in der Regel mehrlagig ausgeführt.

Abdichtungen aus Kunststoff- und Elastomerbahnen können einlagig sein.

Ein Oberflächenschutz ist notwendig. Eine Kiesschüttung muss mindestens 5 cm dick sein und aus Kies der Körnung 16/32 bestehen.

Ein Plattenbelag ist bei begeh- oder befahrbaren Dächern vorzusehen.

Eine Bepflanzung ist ein optisch und ökologisch sehr günstiger Oberflächenschutz.

Unter einer Besplittung versteht man die handwerkliche Bestreuung mit schuppenförmigem Material.

Eine werkseitig bestreute Bahn als letzte dachabdichtende Lage kann ebenfalls ein Oberflächenschutz sein.

Aufgaben

1. Zeichnen Sie den Schnitt durch ein nicht belüftetes Dach mit Dachabdichtung!
2. Zeichnen Sie einen Schnitt durch ein Umkehrdach!
3. Wie müssen Wärmedämmung und Kiesschüttung beim Umkehrdach ausgebildet werden?
4. Was versteht man unter einem kombinierten Umkehrdach?
5. Nennen Sie die Funktionsschichten eines nicht belüfteten Dachaufbaus in der Reihenfolge von innen nach außen.
6. Zeichnen Sie einen Schnitt durch ein belüftetes Dach!
7. Beschreiben Sie die Funktionsweise eines belüfteten Flachdaches!
8. Welche Vorteile bringt eine nicht belüftete Konstruktion mit zusätzlicher Luftschicht unter der Abdichtung mit sich?
9. Welches geplante Gefälle soll ein Dach mit Abdichtungen generell haben?
10. Erläutern Sie, warum für eine Dachfläche mit Abdichtung ein Gefälle von Vorteil ist.
11. Wie führen Sie ein Dach mit Abdichtungen aus, das lediglich ein Gefälle von 1 % aufweist?
12. Was müssen Sie mit der Unterkonstruktion eines Flachdaches zunächst machen?
13. Welche Eigenschaften muss Beton als Unterkonstruktion haben?
14. Wie muss eine Holzschalung beschaffen sein?
15. Was sind Stahltrapezprofile, und was ist bei ihnen zu beachten?
16. Welche Aufgaben hat
    a) die Haftbrücke,
    b) die Trenn- und Ausgleichsschicht,
    c) die Dampfsperre,
    d) die Wärmedämmung,
    e) die Dampfdruckausgleichsebene,
    f) die Dachabdichtung,
    g) der Oberflächenschutz?
17. Was versteht man unter punkt- und streifenweiser Verklebung?
18. Welche Werkstoffe können für die einzelnen Schichten im nicht belüfteten Flachdach eingesetzt werden?
19. Nennen Sie einige Bahnkombinationen für Dachabdichtungen mit Bitumenbahnen bei einer Dachneigung über 2 %.
20. Nennen Sie Elastomer- und Kunststoffbahnen für Abdichtungen.
21. Welchen Abstand sollen Einbauteile oder Durchdringungen von Dachrändern haben?
22. Was ist bei einer Dachabdichtung aus Flüssigkunststoffen zu beachten?
23. Was ist bei einem Oberflächenschutz aus Kies zu beachten?
24. Beschreiben Sie die Verlegung eines Plattenbelags für ein begehbares Dach!
25. Warum wird die Bepflanzung als Oberflächenschutz eingesetzt?

4.2.8 Sicherungsmaßnahmen

4.2.8.1 Horizontale Kräfte

Bei Dächern mit Abdichtungen treten Horizontalkräfte in der Abdichtungsebene auf. Diese sind abhängig von Unterkonstruktion, Wärmedämmung, Auflast und Abdichtungsart. Die auftretenden Horizontalkräfte können u. a. zu Spannungen, Randspaltenbildung bei Wärmedämmschichten sowie Falten- und Rissbildung in der Abdichtungsebene führen.

Dachabdichtungen sollen zur Aufnahme horizontaler Kräfte an Dachrändern, Anschlüssen an aufgehenden Bauteilen, Bewegungsfugen, Lichtkuppeln etc. mechanisch befestigt werden. Dies gilt vor allem für Unterkonstruktionen aus Stahltrapezprofilen, nagelbaren Unterlagen, Dachaufbauten mit leichtem Oberflächenschutz und Hartschaum-Dämmstoffen aus expandiertem Polystyrol (EPS) mit einer Druckbelastbarkeit < 150 kPA (dm) und einlagige Abdichtungen.

Durch die Befestigung soll verhindert werden, dass sich die Dachabdichtung mit der Wärmedämmung vom Anschluss wegbewegt und dadurch Hohlstellen entstehen.

Zur Befestigung sind Linienbefestigungen, z. B. kontinuierliche Bänder, oder lineare Befestigungen – das sind in Reihe angeordnete Einzelbefestigungen – geeignet (siehe Abb. 4.2-35, 4.2-37, 4.2-39 bis 4.2-41 sowie 4.2-48). Diese sollten mit mindestens 3 Befestigern pro Meter mit der Unterkonstruktion verbunden werden.

Bei Flächen mit einem Gefälle > 5 % (ca. 3°) können zusätzliche Maßnahmen erforderlich werden, die ein Abgleiten des Dachaufbaus, insbesondere bei Erwärmung durch Sonneinstrahlung in Richtung des Gefälles, verhindern, z. B. zusätzliche Befestigungen im Überdeckungsbereich (bei nagelbaren Untergründen oder Einbau von Metallbändern, Schubhölzern bzw. Verbundblechen).

4.2.8.2 Windsogsicherung

Dachabdichtungen müssen gegen Abheben durch Windsog gesichert sein. Dies kann durch Auflast, Verklebung oder mechanische Befestigungen erfolgen.

Die Größe der Windbelastung von Dachabdichtungen ist abhängig von:

- der Windzone
- der Geländekategorie
- der Gebäudehöhe
- der Dachform
- der Dachneigung
- den Dachbereichen (Ecke-, Rand-, Innenbereiche)
- der Attikahöhe und -form
- der Lasteinzugsfläche
- dem Innendruck bei offenen Gebäuden

Deutschland ist in 4 Windzonen eingeteilt. Bei Gebäuden, die auf der Grenzlinie zwischen 2 Windzonen stehen, ist immer die nächsthöhere Windzone anzusetzen. Im Anhang der Fachregel für Abdichtungen wird das Vorgehen für die Lastenermittlung und die erforderlichen Sicherungsmaßnahmen dargestellt. Sie enthalten auch Tabellen für handwerkliche Windsogsicherungsmaßnahmen von Dächern mit einer Dachneigung ≤ 5° (ca. 9 %).

Luft, die aus dem Gebäudeinneren unter die Abdichtung oder die dazugehörenden Schichten nachströmen kann, beeinflusst das Abhebeverhalten der Dachabdichtung. Schichten unter der Dachabdichtung, die luftdurchlässiger als die Dachabdichtung sind, werden als offene Unterlage bezeichnet. Dies sind z. B. Stahltrapezprofile ohne dichtende Maßnahmen im Stoß- und Überdeckungsbereich sowie in An- und Abschlussbereichen. Schichten unter der Dachabdichtung, die luftundurchlässiger als die Dachabdichtung sind, werden als geschlossene Unterlagen bezeichnet. Dies sind z. B. Ortbetondecken oder Dachschalungen mit Bahnenabdeckung, die kraftschlüssig mit der Unterlage verbunden sind. Geschlossene Unterlagen verringern die anzusetzenden Windlasten.

Aufteilung der Fläche in die Dachbereiche F, G, H, I

Die Größen der einzelnen Bereiche werden von der Abmessung des Gebäudes quer zur Anströmrichtung b bzw. der Gebäudehöhe h bestimmt. Dazu wird der Wert e eingeführt. Dieser ergibt sich aus dem kleineren Wert entweder der Gebäudebreite b quer zur jeweiligen An-

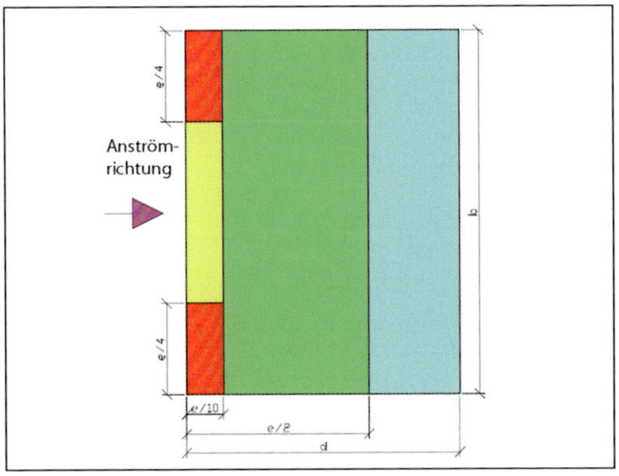

Abb. 4.2-23: Einteilung der Dachflächen bei Flachdächern

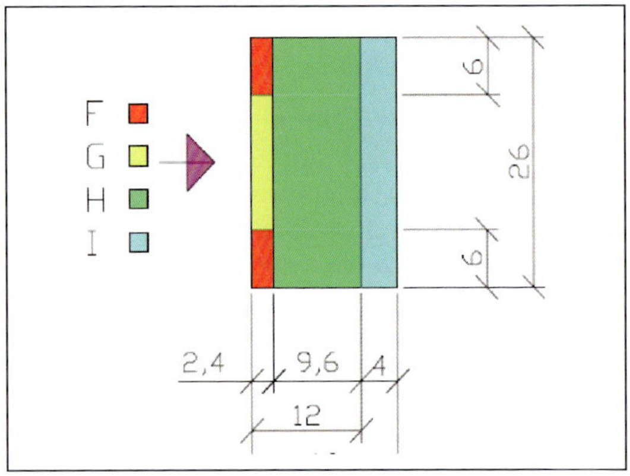

Abb. 4.2-24: Anströmrichtung 0°

strömrichtung oder der zweifachen Gebäudehöhe h.

$$e = \min \frac{b}{2 \cdot h}$$

Beispiel

Flächeneinteilung: Flachdach Dachneigung $\alpha \leq 5°$, rechteckiger Grundriss

Maße:
- ▶ Gebäudehöhe: 12 m
- ▶ Gebäudelänge: 26 m
- ▶ Gebäudebreite: 16 m

Anströmrichtung 0° bzw. 180°
$b = 26$ m; $2 \cdot h = 2 \cdot 12$ m $= 24$ m
→ kleinerer Wert ist maßgebend $e = 24$ m
$e/10 = 24$ m$/10 = 2{,}4$ m;
$e/4 = 24$ m$/4 = 6$ m;
$e/2 = 24$ m$/2 = 12$ m

Anströmrichtung 90° bzw. 270°
$b = 16$ m; $2 \cdot h = 2 \cdot 12$ m $= 24$ m
→ kleinerer Wert ist maßgebend $e = 16$ m
$e/10 = 16$ m$/10 = 1{,}6$ m;
$e/4 = 16$ m$/4 = 4$ m;
$e/2 = 16$ m$/2 = 8$ m

Sicherung durch Auflast

Als Auflast zur Sicherung gegen abhebende Windkräfte werden z. B. verwendet:

- ▶ Schüttungen aus Kies
- ▶ Plattenbeläge aus Betongehwegplatten

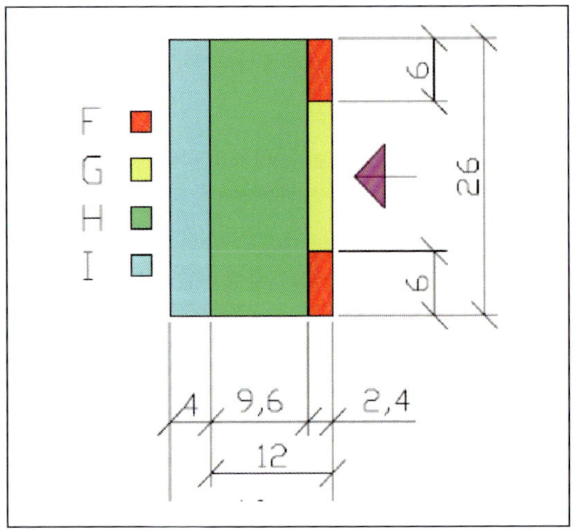

Abb. 4.2-25: Anströmrichtung 180°

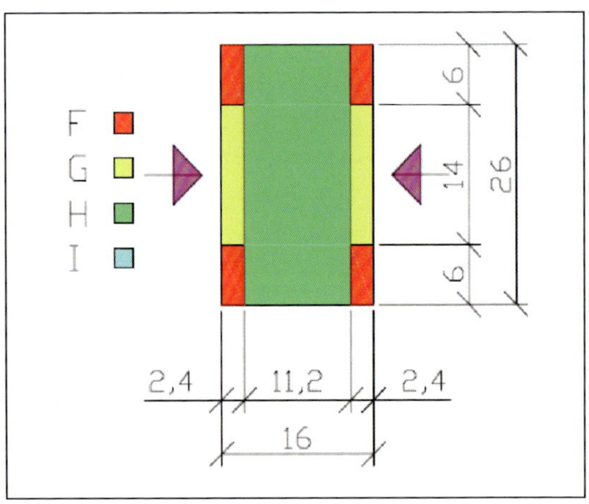

Abb. 4.2-26: Überlagerung der Lastfälle Anströmrichtung 0° und 180°

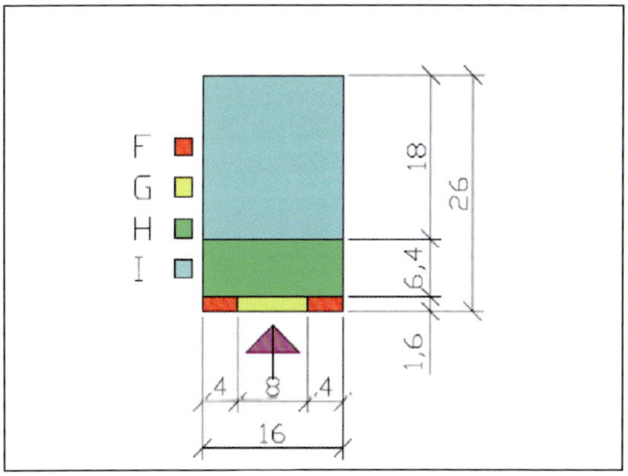

Abb. 4.2-27: Anströmrichtung 90°

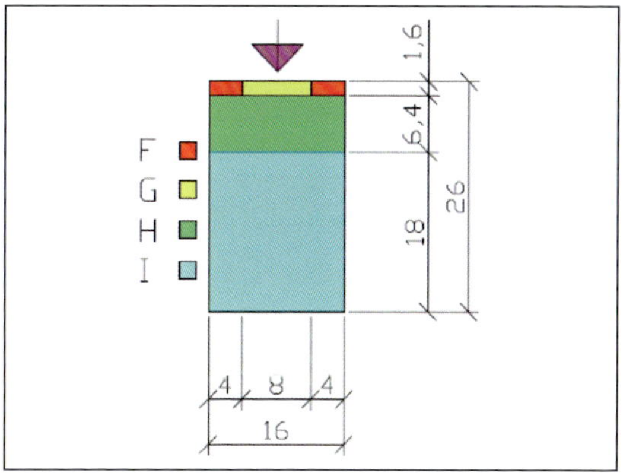

Abb. 4.2-28: Anströmrichtung 270°

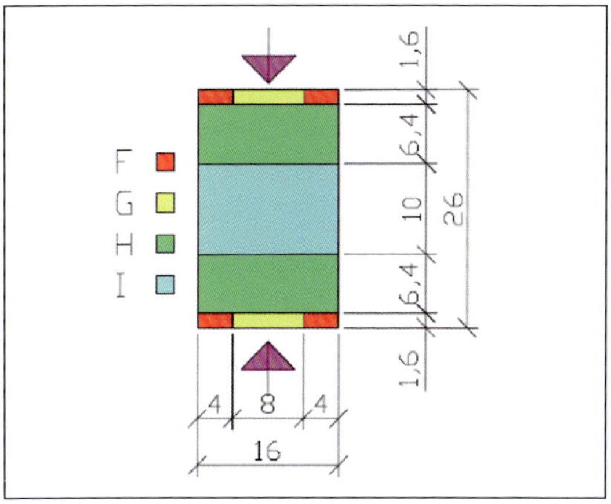

Abb. 4.2-29: Überlagerung der Lastfälle Anströmrichtung 90° und 270°

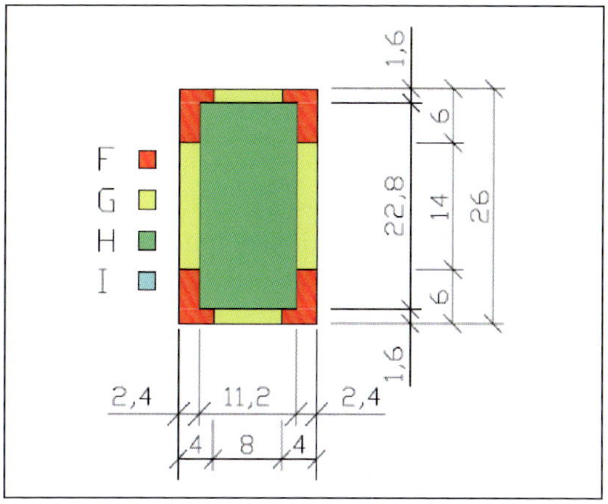

Abb. 4.2-30: Überlagerung sämtlicher Lastfälle

- Betonformsteine, auf Kies und/oder Schutzlage verlegt
- Betonplatten, an der Einbaustelle betoniert
- Vegetationssubstrate

Im Rand- und Eckbereich können bei Schüttgütern Verwehungen auftreten. Dort empfiehlt sich die Verwendung von Plattenbelägen oder Betonformsteinen. Entsprechende Schichtdicken können aus Tabellen im Anhang 1 der Fachregel für Abdichtungen entnommen werden.

Dachaufbauten mit Begrünung/Begrünungsaufbau können zur Lagesicherung genutzt werden, sofern ihr Flächengewicht zur Beschwerung ausreicht und das Substrat ausreichend verwehsicher bzw. lagesicher ist. Bei nicht ausreichendem Flächengewicht ist der darunterliegende Schichtenaufbau durch Verklebung oder mechanische Befestigung so zu sichern, dass die Windlasten durch die Verklebung oder die mechanische Befestigung alleine aufgenommen werden.

Sicherung durch Kleben

Der Untergrund muss für eine gute Klebehaftung geeignet sein. Gegebenenfalls ist eine Haftbrücke als Voranstrich notwendig. Erfahrungsgemäß können für geschlossene Gebäude bis 25 m Höhe bei Verlegung ohne Auflast Ausführungen nach Tabelle 4.2-15 als ausreichende Sicherung gegen Abheben durch Windkräfte angesehen werden.

Bei Kaltverklebung sind die entsprechenden Angaben der Hersteller zu beachten. Für Polyurethankleber sind insbesondere Herstellerangaben wie Haltbarkeitsdatum, Anwendungs- und Klimarandbedingungen, Angaben zur Menge und Untergrundvorbehandlung zu beachten.

Tabelle 4.2-15: Verklebung bis 25 m Höhe bei geschlossenen Gebäuden

Bereiche	**Heißbitumen**	**Kaltbitumen[1] ca. 100 g/m und Streifen**	**PUR- Kleber[1)] ca. 40 g/m und Streifen**
Innenbereich (I)	10 % der Fläche	2 Streifen/m²	4 Streifen/m²
Innenbereich (H)	20 % der Fläche	3 Streifen/m²	5 Streifen/m²
Randbereich (G)	30 % der Fläche	3 Streifen/m²	6 Streifen/m²
Eckbereich (F)	40 % der Fläche	4 Streifen/m²	8 Streifen/m²

1) Bei Kaltverklebung sind die entsprechenden Angaben der Hersteller zu beachten. Für Kaltbitumenkleber und PU-Kleber/-Schäume sind insbesondere folgende Herstellerangaben erforderlich:
- Haltbarkeitsdatum
- Anwendungs- und Klimarandbedingungen
- Verarbeitungsvorschriften, z. B. Angaben zur Menge, Verteilung, Untergrundvorbehandlung.

Für die Klebung von Dampfsperren oder Dämmstoffen unmittelbar auf Trapezprofilen oder Dämmstoffen auf Dampfsperren über Trapezprofilen können kalt verarbeitbare Klebemassen verwendet werden. Bei Belastung während der Ausführung können die einzelnen Profilrippen vorübergehend abgesenkt werden. Heiße Klebemassen aus Oxidationsbitumen sind insbesondere bei der Verklebung von Hartschaumdämmplatten wegen der damit verbundenen Abrissgefahr nicht geeignet. Bei Adhäsivklebern kann der notwendige Klebekontakt erst nach der Entlastung eintreten (Nachklebeeffekt).

Sicherung durch mechanische Befestigung

Eine mechanische Befestigung wird vorzugsweise bei Dachabdichtungen auf Trapezprofilen und Schalung angewendet. Die Befestigung kann als lineare Befestigung (punktweise mit Einzelbefestigungen) oder Linienbefestigung (mit durchlaufenden Metallprofilen oder -bändern, auch Verbundblechen) erfolgen.

Lineare Befestigungen bei Abdichtungslagen werden im Überdeckungsbereich angeordnet oder mit zusätzlichen Dachbahnstreifen überdeckt. Zudem können auch unterseitige Befestigungen verwendet werden wie beispielsweise Klettsysteme.

Linienbefestigungen bei Abdichtungslagen werden in erforderlichen Abständen angeordnet und mit zusätzlichen Dachbahnstreifen überdeckt. Bei Kunststoffbahnen können auch Verbundbleche verwendet werden.

Die mechanischen Befestigungen müssen im jeweiligen Bereich gleichmäßig verteilt angeordnet werden. Die Anzahl der Befestigungen ergibt sich aus den zu berücksichtigenden Windlasten, der Ausführungsart und den Bemessungslasten der Befestigungsmittel. Als Befestigungsmittel gelten Befestigungselemente oder Nagelbefestigungen. Diese müssen auf die Ausführungsart und Werkstoffe des Dachaufbaus abgestimmt sein.

Gemäß Fachregel soll die Anzahl von Befestigungselementen (bei linearer Befestigung) unabhängig von der errechneten Anzahl mindestens 3 Stück pro m betragen.

Erfolgt die mechanische Befestigung von Bitumenbahnen mit Nagelung, haben sich Nagelreihenabstände für Bahnen mit einer Breite von maximal 1,1 m nach Tabelle 4.2-16 bewährt. Die Nägel sollen versetzt angeordnet werden.

Tabelle 4.2-16: Nagelreihenabstände

Bereich	**Reihenabstand**
Innenbereich H und I	0,90 bis 1,00 m
Rand- und Eckbereiche G und F	0,45 bis 0,50 m

Mit der Befestigung der Dachabdichtung durch Befestigungselemente können gleichzeitig auch Dämmschicht und Dampfsperre befestigt werden. Werden Dämmplatten nicht ausreichend durch die Befestigung der Dachbahnen erfasst, ist es notwendig, die Dämmplatten für sich getrennt mechanisch oder durch Kleben zu befestigen.

Die zu befestigenden Bahnen müssen bei mechanischer Befestigung eine hohe Ausreißfestigkeit haben. Die über der Befestigung liegende

Bahn muss eine hohe Durchtrittsfestigkeit aufweisen. Bei weicheren Dämmstoffen z. B. aus Mineralfasern sind trittsichere Befestigungselemente zu verwenden.

Bei den Befestigungsmitteln zur Windsogsicherung sind folgende Faktoren zu berücksichtigen:

- Betriebsfestigkeit (Bemessungslast) unter Berücksichtigung der Einbauvoraussetzungen, z. B. Unterkonstruktion, Schraubenart, Sicherheit gegen Rückdrehen bei dynamischer Belastung, Senkrecht- oder Schrägzug je nach Einbau
- Befestigungsart (punkt- oder linienförmig)
- Sicherheit gegen Durchdrücken der Schrauben bei Punktbelastung im Bereich des Befestigungsmittels (Trittsicherheit)
- Art des Korrosionsschutzes bzw. der Korrosionsbeständigkeit von Befestigungselementen aus Metall

Die Bemessungslast für Befestigungssysteme zum Befestigen von Dachaufbauten sollte mindestens 0,40 kN/St. betragen. Der Rechenwert ist vom Hersteller anzugeben.

Wenn die Befestigungselemente durch alte Bitumenbahnenabdichtungen mit mineralischer Bestreuung geschraubt werden müssen (Instandsetzung), wird die Verwendung korrosionsbeständiger Schrauben empfohlen. Dies gilt insbesondere dann, wenn im vorhandenen Dachaufbau Feuchtigkeit enthalten ist.

Für die Befestigung von Bitumenbahnen auf Holzschalung sind korrosionsgeschützte Stifte DIN EN 14592 mit extragroßem Flachkopf, Kopfdurchmesser ≥ 9 mm (umgangssprachlich oft Pappnägel genannt), zu verwenden, die mindestens 25 mm lang, bei dickeren Bahnen oder Mehrfachüberdeckungen entsprechend länger sein müssen. Der Schaft von Befestigungsmitteln aus Kupfer oder Edelstahl soll aufgeraut oder geharzt sein. Auf Holzwerkstoffen erfolgt die Befestigung von Bahnen mit Befestigungsmitteln, die für Holzwerkstoffe geeignet sind.

4.2.9 Dachdetails

Dachdetails sind bei Dächern mit Abdichtungen z. B. Wandanschlüsse, Schornsteinanschlüsse, Türanschlüsse, Dachrandabschlüsse (Attika), Dunstrohre, Antennenmasten, Stützen und Verankerungen, Lichtkuppeln, Bauwerksfugen (Dehnungsfugen), Dachabläufe (Gullys) und Dachtraufen.

Die Abdichtung muss an die Anschlüsse und Durchdringungen wasserdicht angeschlossen werden. Durch dampfdichtes Anschließen der Dampfsperre an die Durchdringung oder durch Hochführen der Dampfsperre bis über die Oberkante der Wärmedämmung muss verhindert werden, dass Luftfeuchte in die Wärmedämmung dringt und dort kondensiert. Besonders bei Dachdurchdringungen, aber auch bei Dachrandabschlüssen muss die Wärmedämmung so geführt werden, dass keine Wärmebrücke entsteht. Unter einer Wärmebrücke versteht man einen Bereich, in dem die Wärme des Innenraumes im Winter nahezu ungehindert nach außen dringen kann.

Neben schattenähnlichen Abzeichnungen auf dem Dach kann es an solchen Stellen auch bei richtigem Anschluss der Dampfsperre zu Kondensat kommen, weil der Taupunkt unter die Dampfsperre verlagert wird.

Der Anschluss an die Dachabdichtung kann handwerklich ausgeführt werden. Die Industrie bietet aber eine Reihe von Formstücken, Elementen und anderen Details, die dem Dachdecker die Arbeit erleichtern können.

Der Anschluss solle jedoch mit denselben Werkstoffen erfolgen, mit denen auch auf dem Dach gearbeitet worden ist. Nur in Ausnahmefällen sollte bei einem Aufbau mit Bitumenbahnen der Anschluss mit Kunststoff- oder Elastomer-Dachbahnen hergestellt werden. Als Alternative haben sich speziell an Anschlüssen Abdichtungen aus Flüssigkunststoffen bewährt. Werden in der Fläche und an Anschlüssen unterschiedliche Werkstoffe verwendet, dann müssen diese für den jeweiligen Zweck geeignet und untereinander dauerhaft verträglich sein.

Bei der Berührung, Verklebung, Abdichtung oder Befestigung unterschiedlicher Werkstoffe ist also auf jeden Fall darauf zu achten, dass sich die Materialien nicht negativ beeinflussen. Dabei müssen besonders auch temperaturbedingte Längenänderungen beachtet werden.

Die Anschlusshöhe an aufgehenden Bauteilen soll im Hinblick auf Spritzwasser- und Überflutungsschutz bei Dachneigungen bis 5° (ca. 9 %)

mindestens 0,15 m und bei Dachneigungen über 5° mindestens 0,10 m über der Oberfläche von Belag, z. B. Kiesschüttung oder Vegetationsschicht, betragen.

Dadurch soll verhindert werden, dass Regen, Spritzwasser oder Wasser durch Schneeverwehungen hinter den Anschluss wandern kann. In schneereichen Gebieten ist ggf. eine größere Anschlusshöhe erforderlich.

Auch Lichtkuppeln und Dehnungsfugen sollen mit diesen Maßen aus der Wasserebene herausgehoben werden. Bei Türanschlüssen entsteht dementsprechend eine Stufe. Da eine solch hohe Stufe von den Bauherren oder Architekten nicht immer erwünscht ist, ist es auch möglich, Sonderkonstruktionen zu wählen, die es erlauben, auf ca. 0,05 m Anschlusshöhe herunterzugehen. Eine solche Konstruktion kann durch den Einbau von rinnenförmigen Entwässerungsrosten mit direktem Anschluss an die Entwässerung hergestellt werden. Soll ein Übergang barrierefrei hergestellt werden, erfordert dies grundsätzlich eine abdichtungstechnische Sonderlösung, die zwischen Dachdecker, Fensterbauer und Planer abzustimmen ist.

Am Dachrand muss die Höhe der Abschlüsse bei Dachneigungen bis 5° mindestens 0,10 m und bei Dachneigungen über 5° mindestens 0,05 m über der Oberfläche Belag betragen.

Man unterscheidet starre und bewegliche Anschlüsse. Bei einem starren Anschluss treten zwischen dem Dach und dem anzuschließenden Bauteil keine oder nur sehr geringe Bewegungen auf. Bei einem beweglichen Anschluss treten durch unterschiedliche Konstruktionen o. Ä. mehr oder weniger große Bewegungen auf.

Diese Bewegungen dürfen weder in der Dampfsperre noch in der Dachabdichtung zu Rissen führen. Es sind besonders reißfeste Werkstoffe und zumindest in Teilbereichen unverklebte Abdichtungszonen vorzusehen.

Die Abbildungen 4.2-31 bis 4.2-46 zeigen mögliche Ausbildungen von Dachabdichtungen mit Bitumen- und Kunststoffbahnen bei unterschiedlichen An- und Abschlussdetails.

Abb. 4.2-31: Anschluss mit Flüssigabdichtung auf Polymerbitumenbahn

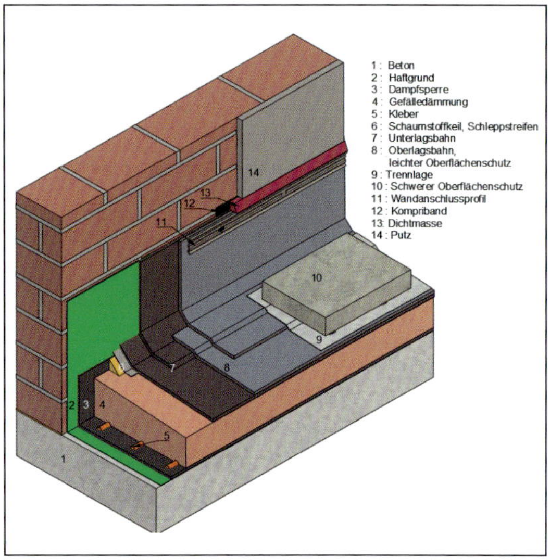

Abb. 4.2-32: Starrer Wandanschluss mit Bitumenbahnen – ungedämmte Wand

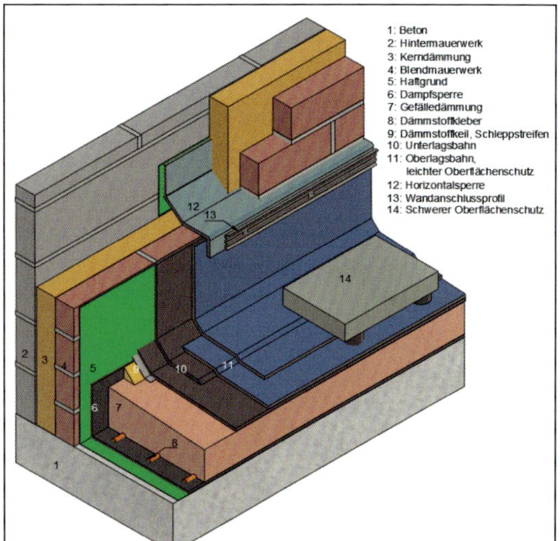

Abb. 4.2-33: Starrer Wandanschluss mit Bitumenbahnen – zweischaliges Mauerwerk mit Wärmedämmung und bauseitiger Horizontalsperre

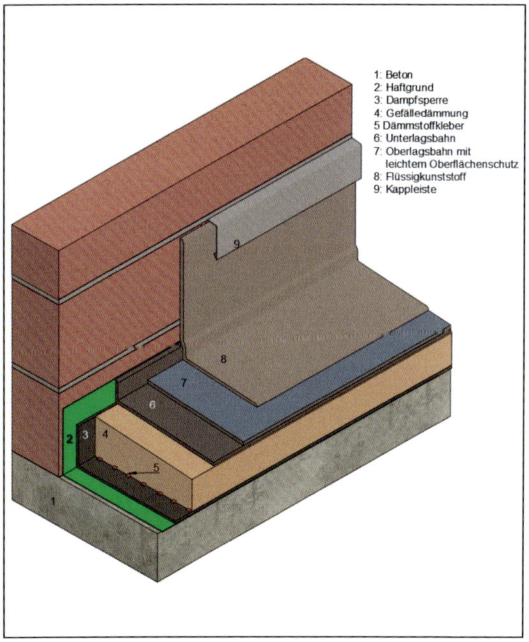

Abb. 4.2-34: Starrer Wandanschluss mit Flüssigkunststoff – ungedämmte Wand

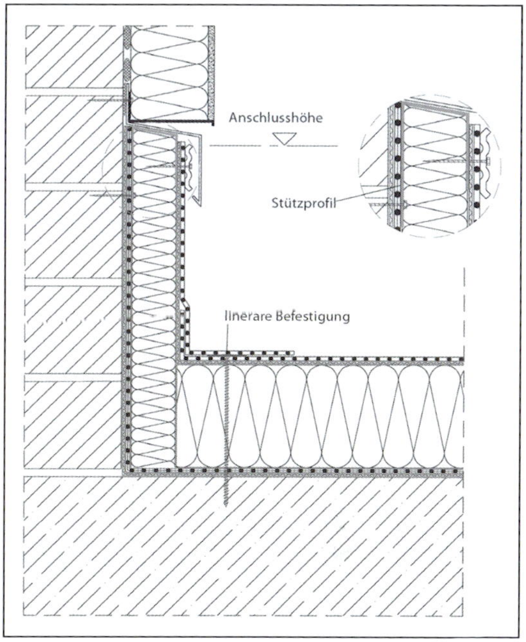

Abb. 4.2-35: Starrer Wandanschluss mit Kunststoff-/Elastomerbahnen – gedämmte Wand mit Wärmedämmverbundsystem

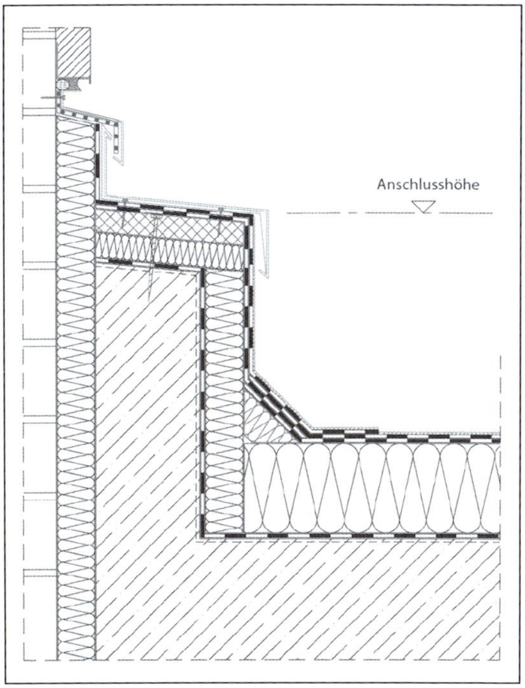

Abb. 4.2-36: Beweglicher Wandanschluss mit Betonaufkantung – Ausführung mit Bitumenbahnen

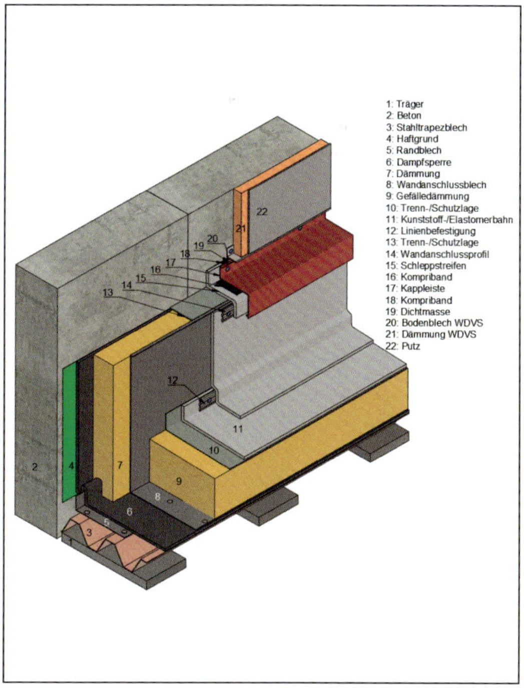

Abb. 4.2-37: Beweglicher Wandanschluss mit Hilfskonstruktion – Ausführung mit Kunststoffbahnen

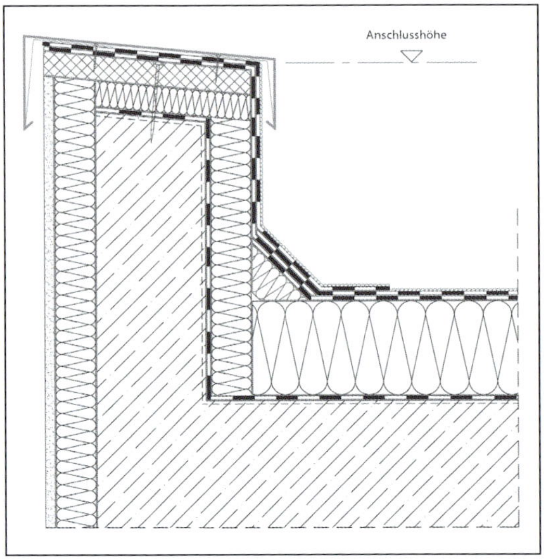

Abb. 4.2-38: Starrer Dachrandabschluss – Ausführung mit Bitumenbahnen

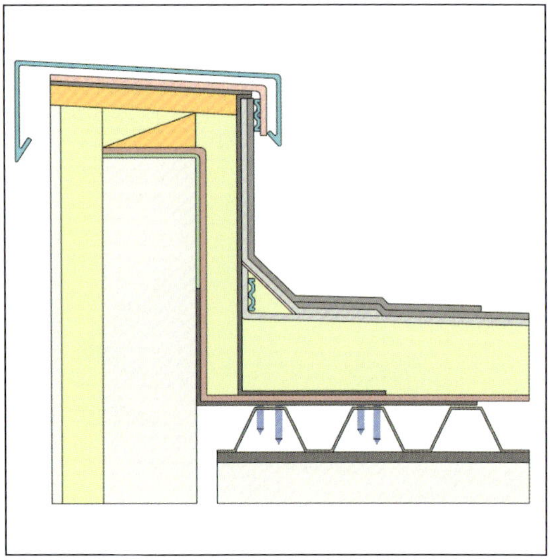

Abb. 4.2-39: Beweglicher Dachrandabschluss – Ausführung mit Bitumenbahnen

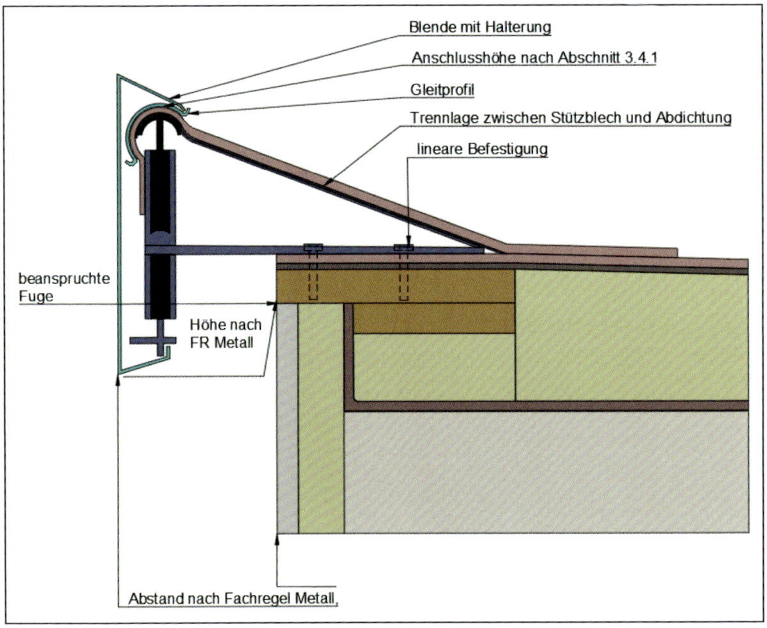

Abb. 4.2-40: Dachrandabschluss mit mehrteiligem Profil – Ausführung mit Kunststoff-/Elastomerbahnen

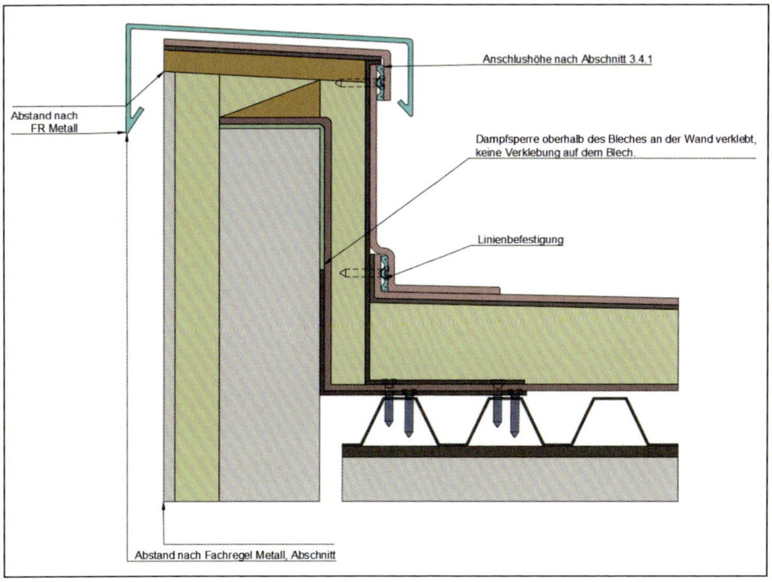

Abb. 4.2-41: Dachrandabschluss mit Abdeckprofil – Ausführung mit Kunststoffbahnen

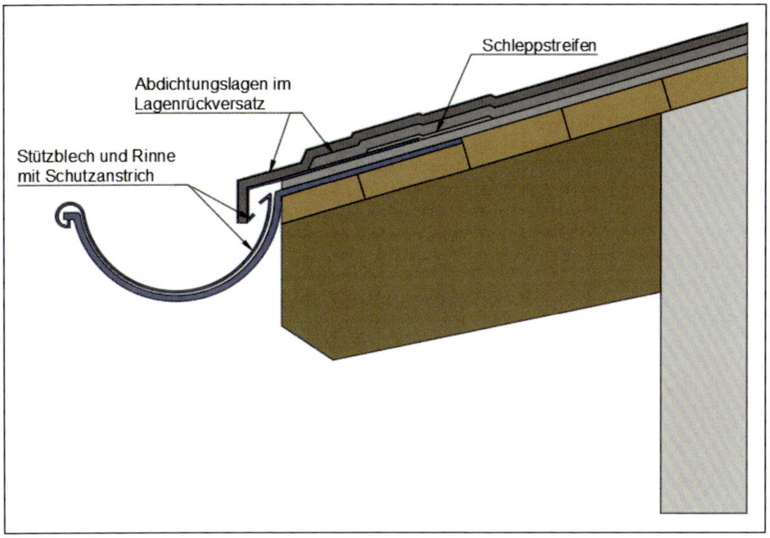

Abb. 4.2-42: Dachrandabschluss mit vorgehängter Rinne – Ausführung mit Bitumenbahnen

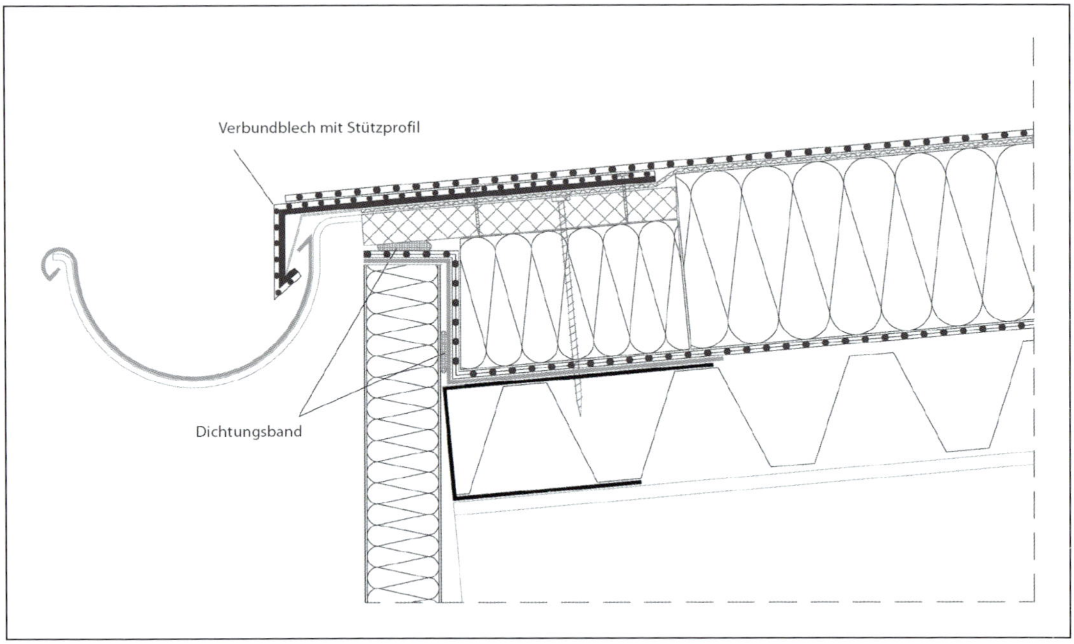

Abb. 4.2-43: Dachrandabschluss mit vorgehängter Rinne – Ausführung mit Kunststoffbahnen

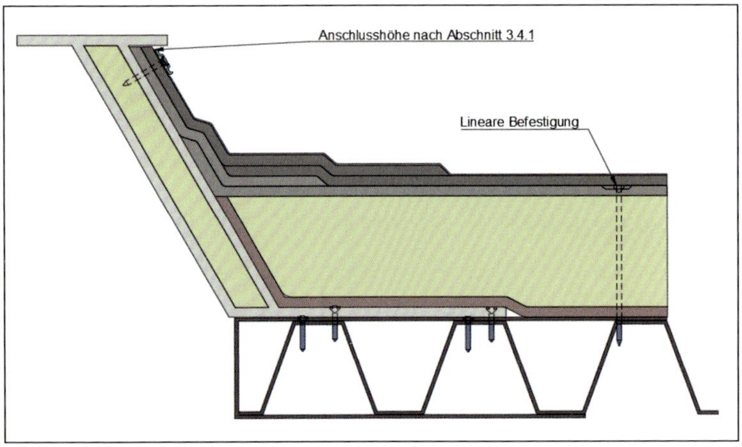

Abb. 4.2-44: Lichtkuppelanschluss – Ausführung mit Bitumenbahnen

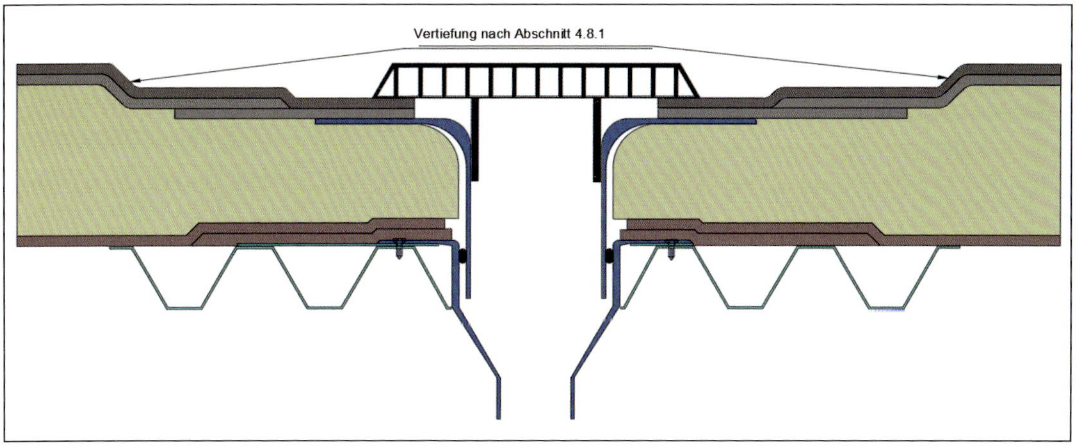

Abb. 4.2-45: Dachablauf mit Aufstockelement – Ausführung mit Bitumenbahnen

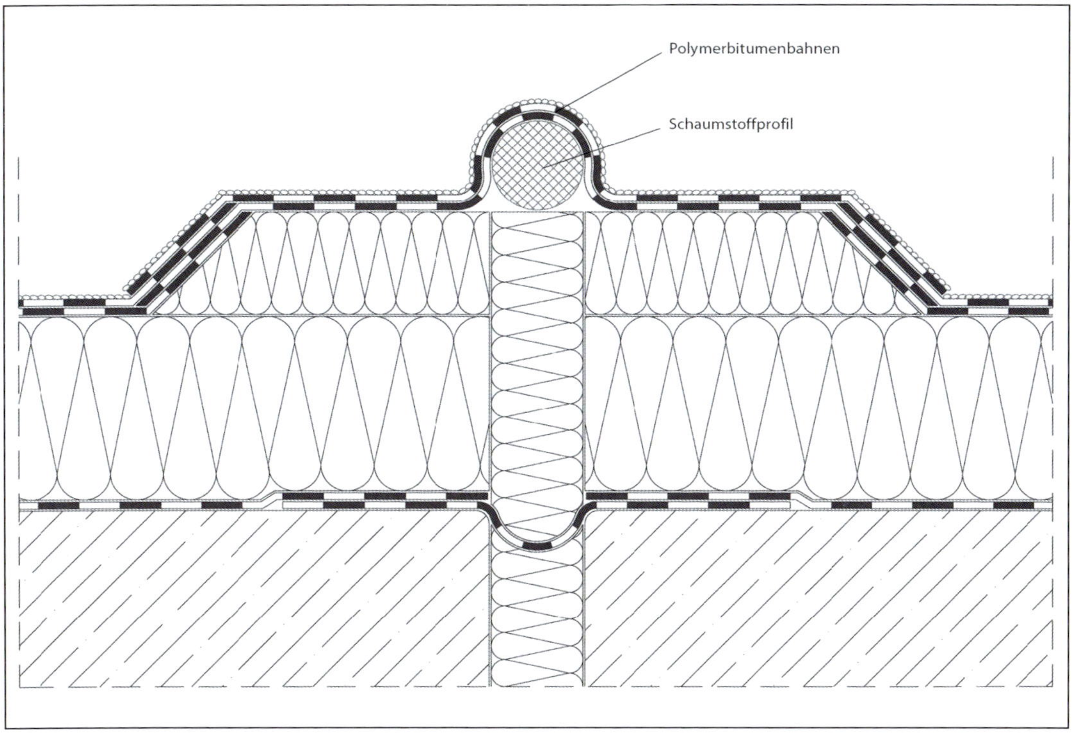

Abb. 4.2-46: Bewegungsfuge mit Polymerbitumenbahnen

Zusammenfassung

Die Maßnahmen zur Aufnahme von Horizontalkräften sollen verhindern, dass sich die Dachabdichtung mit der Wärmedämmung vom Anschluss wegbewegt und dadurch Hohlstellen entstehen.

Dachabdichtungen müssen gegen Abheben durch Windsog gesichert sein. Dies kann durch Auflast, Klebung oder mechanische Befestigungen erfolgen.

Als Auflast zur Sicherung gegen abhebende Windkräfte werden Schüttungen aus Kies, Plattenbeläge, Betonformsteine auf Kies oder Vegetationssubstrate verlegt.

Für Polyurethankleber sind insbesondere Herstellerangaben wie Haltbarkeitsdatum, Anwendungs- und Klimarandbedingungen, Angaben zur Menge und Untergrundvorbehandlung zu beachten.

Eine mechanische Befestigung kann als lineare Befestigung (punktweise mit Einzelbefestigungen) oder Linienbefestigung (mit durchlaufenden Metallprofilen oder -bändern) erfolgen.

Die Anzahl von Befestigungselementen soll unabhängig von der errechneten Anzahl mindestens 3 Stück pro m^2 betragen.

An- und Abschlüsse und Dachdurchdringungen müssen wasserdicht angeschlossen werden.

Es gibt starre und bewegliche Anschlüsse. Die Höhe der Anschlüsse muss das Hinterlaufen von Wasser verhindern.

Die Anschlusshöhe soll bei Dachneigungen bis 5° mindestens 0,15 m und bei Dachneigungen über 5° mindestens 0,10 m über der Oberfläche von Belag oder Kiesschüttung betragen.

Am Dachrand muss die Höhe der Abschlüsse bei Dachneigungen bis 5° mindestens 0,10 m und bei Dachneigungen über 5° mindestens 0,05 m über der Oberfläche von Belag oder Kiesschüttung liegen.

Aufgaben

1. Was versteht man unter Horizontalkräften?
2. Mit welchen Maßnahmen können Randfixierung für Dachabdichtungen ausgeführt werden?
3. Mit welchen Maßnahmen kann ein Dachaufbau gegen Windsog gesichert werden?
4. Beschreiben Sie eine Möglichkeit, eine Dachabdichtung mit Auflast zu sichern.
5. Welche Anforderungen werden an mechanisch zu befestigende Bahnen gestellt?
6. Welche Herstellerangaben sind bei der Verklebung mit PU-Kleber zu berücksichtigen?
7. Geben Sie die erforderlichen Höhen für Wandanschlüsse an.
8. Kann man einen Türanschluss auch barrierefrei ausführen, wenn ja, welche Voraussetzungen sind zu beachten?
9. Welche Mindesthöhe muss ein Dachrandabschluss bei Dachneigung unter 5° haben?
10. Zeichnen Sie bei einem nicht belüfteten Dachaufbau mit Abdichtung aus Bitumenbahnen einen Schnitt durch
    a) einen starren Wandanschluss,
    b) einen beweglichen Wandanschluss,
    c) einen starren Dachrandabschluss,
    d) einen Lichtkuppelanschluss,
    e) einen Dachablauf,
    f) eine Bauwerksfuge.
11. Zeichnen Sie bei einem nicht belüfteten Dachaufbau mit Abdichtung aus Kunststoffbahnen einen Schnitt durch
    a) einen starren Wandanschluss,
    b) einen beweglichen Wandanschluss,
    c) einen starren Dachrandabschluss,
    d) einen Lichtkuppelanschluss,
    e) einen Dachablauf.

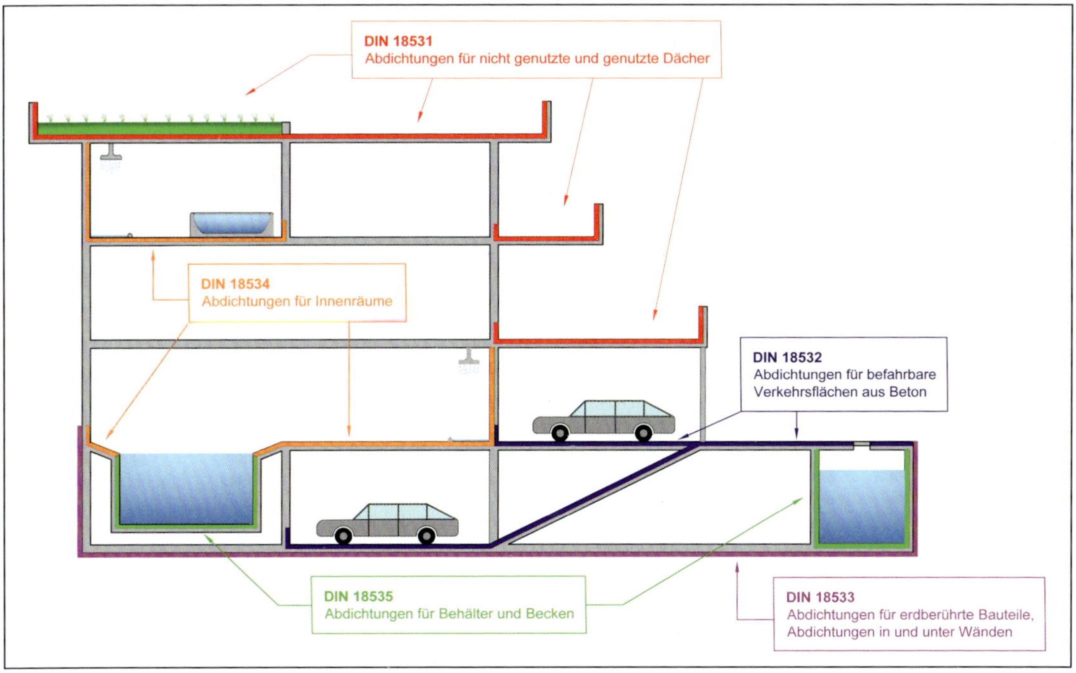

Abb. 4.3-1: Zuordnung der Abdichtungsnormen

4.3 Bauwerksabdichtungen

Die Hauptaufgabe von Bauwerken ist es, den Menschen vor äußeren Witterungseinflüssen wie Kälte, Wärme, Wind und Feuchtigkeit zu schützen. Die Bauministerkonferenz erlässt die Musterbauordnung, in welcher durch Beschluss Anforderungen an bauliche Anlagen festgeschrieben werden. Die MBO wird anschließend in den einzelnen deutschen Bundesländern als Grundlage für deren länderspezifische Landesbauordnungen angewendet.

In § 3 Abs. 1 MBO heißt es: „Anlagen sind so anzuordnen, zu errichten, zu ändern und instand zu halten, dass die öffentliche Sicherheit und Ordnung, insbesondere Leben, Gesundheit und die natürlichen Lebensgrundlagen, nicht gefährdet werden."

§ 13 MBO präzisiert diese grundlegenden Anforderungen an Gebäude weiter: „Bauliche Anlagen müssen so angeordnet, beschaffen und gebrauchstauglich sein, dass durch Wasser, Feuchtigkeit, pflanzliche und tierische Schädlinge sowie andere chemische, physikalische oder biologische Einflüsse Gefahren oder unzumutbare Belästigungen nicht entstehen [...]"

Bauwerksabdichtungen sind Abdichtungen von nicht wasserdichten Bauwerken oder Bauteilen gegen Wassereinwirkung von außen (gegen Erdreich), von oben in Gebäuden (z. B. Parkdeck) oder von innen nach außen (z. B. Schwimmbecken oder Nasszelle).

Die Gliederung der Abdichtungsnormung (siehe Abb. 4.3-1):

- DIN 18195:2017-07 „Abdichtung von Bauwerken – Begriffe" (Teil 1)
- DIN 18531-1: 2017-07 „Abdichtung von Dächern sowie Balkonen, Loggien und Laubengängen" (Teile 1–5)
- DIN 18532-1: 2017-07 „Abdichtungen von befahrbaren Verkehrsflächen aus Beton" (Teile 1–6)
- DIN 18533-1:2017-07 „Abdichtungen von erdberührten Bauteilen" (Teile 1–3)
- DIN 18534-1:2017-07 „Abdichtungen von Innenräumen" (Teile 1–6)
- DIN 18535-1:2017-07 „Abdichtungen von Behältern und Becken" (Teile 1–3)

Schwarze oder Weiße Wanne

Schwarze Wanne

Ursprünglich bezeichnete man Abdichtungen aus bituminösen Werkstoffen, die Bauteile im Erdreich nach allen Seiten, also unter der Bodenplatte und an der Außenseite von Wänden, komplett umschlossen, als Schwarze Wanne. Da Bitumenprodukte zum Farbton Schwarz tendieren und die Abdichtung in Wannenform erfolgt, wählte man diese logisch abgeleitete Bezeichnung. Mittlerweile werden prinzipiell konstruktiv verwandte Abdichtungen jedoch auch mit Kunststoff- und Elastomerbahnen ausgeführt. Diese Bahnen hingegen verfügen über ein breites Farbspektrum von z. B. Grau oder Schwarz bis Beige oder Braun, wobei die Farbgebung unterhalb der Geländeoberfläche keinen Einfluss auf die Abdichtungsqualität hat. Der Begriff „Schwarze Wanne“ beschreibt demnach heutzutage keine Stoffauswahl mehr, sondern definiert ein hochwertiges Abdichtungsprinzip im Anwendungsgebiet der Bauwerksabdichtung.

Weiße Wanne

Bodenplatte und Wände werden in diesem Fall aus Beton mit hohem Wassereindringwiderstand (alte Bezeichnung: wasserundurchlässiger Beton bzw. WU-Beton) hergestellt. Grundsätzlich sind auf den Bauteiloberflächen keine zusätzlichen Abdichtungsmaßnahmen erforderlich. Auf Maßnahmen zur Dränung kann verzichtet werden, wobei der Abdichtungsgrundsatz der möglichst geringsten Wasserdruckbeanspruchung auch hier gilt. Bei solchen Konstruktionen vereinen die Bauteile gleich zwei Funktionen im Material: Abdichtung und tragendes Element im Sinne der Statik. Der Begriff „Weiße Wanne“ trifft es übrigens als Beschreibung nicht wirklich auf den Punkt, denn eigentlich handelt es sich um graue Wannen, weil Beton in der Regel zu Grautönen neigt.

Bauwerksabdichtungen können mit den unterschiedlichsten Abdichtungs- und Hilfsstoffen hergestellt werden:

- Bitumen- und Polymerbitumenbahnen
- kaltselbstklebende Polymerbitumenbahnen
- Kunststoff- und Elastomerbahnen
- Metallbänder in Verbindung mit Bitumenwerkstoffen
- Kunststoffmodifizierte Bitumendickbeschichtungen KMB bzw. PMBC (Polymer Modified Bitumenous Coating)
- Rissüberbrückende mineralische Dichtschlämme MDS
- Flüssigkunststoffe
- Asphaltmastix
- Asphaltmastix in Verbindung mit Gussasphalt
- Bitumenschweißbahnen in Verbindung mit Gussasphalt

Da die Abdichtung erdberührter Bauteile gemäß DIN 18533-1 den Wirkungskreis des Dachdeckers neben den in DIN 18531-1 und der Fachregel für Abdichtungen beschriebenen Situationen am ehesten betrifft, wird nachfolgend anhand der DIN 18533-1 ihr breites Spektrum erläutert.

Gliederung DIN 18533-1 „Abdichtung von erdberührten Bauteilen“:

- Teil 1: Anforderungen, Planungs- und Ausführungsgrundsätze
- Teil 2: Abdichtung mit bahnenförmigen Abdichtungsstoffen
- Teil 3: Abdichtung mit flüssig zu verarbeitenden Abdichtungsstoffen

Anforderungen an Abdichtungen nach DIN 18533-1

Neben ihrer offensichtlichen Grundfunktion als abdichtende, also wasserdichte Schicht werden noch weitere Anforderungen an Abdichtungen erdberührter Bauteile gestellt. Selbstverständlich muss eine Bauwerksabdichtung auch an allen Details wie Dehnungsfugen oder sonstigen Anschlüssen dicht sein und für ihre gesamte geplante Nutzungsdauer bleiben.

Die Abdichtungsmaterialien müssen gegen solche Stoffe, mit denen sie aufgrund ihrer planmäßigen Nutzung in Kontakt kommen, widerstandsfähig sein. Ebenso ist es unbedingt erforderlich, dass die für eine konkrete Situation gewählte Abdichtung während ihrer gesamten geplanten Nutzungsdauer ihre Funk-

Abb. 4.3-2: Mörtelkehle im Übergang Bodenplatte – Wand

Abb. 4.3-3: Beseitigung von Fehlstellen im Mauerwerk

tion erfüllen kann. Hier ist insbesondere der Fachplaner gefragt, welcher die richtigen, für das Objekt abgestimmten Ausführungen mit den entsprechenden Werkstoffqualitäten aus einer Vielzahl von Produkten auszuwählen hat. Abdichtungstechnische Sonderfälle können in Abhängigkeit von den örtlichen Gegebenheiten zusätzlich erforderlich sein.

Grundsätzlich wird die Abdichtung auf der Bauteilseite angeordnet, von welcher die Wasserbelastung erfolgt – also von außen. Als einzige Ausnahme davon gelten die Bodenplatten, wo je nach Lastfall der Wasserbeanspruchung auch oberseitig abgedichtet werden kann. Diese Variante ist dann möglich, wenn bezüglich der Wassereinwirkungsklasse W1-E gegen Bodenfeuchte oder nicht drückendes Wasser abgedichtet wird.

In Abhängigkeit der zu erwartenden mechanischen Einwirkungen aus Bauteilbewegungen und der Veränderung von Rissbreiten im Untergrund ist die Abdichtung und ihre Ausführung passend zu wählen.

Anforderungen an den Untergrund nach DIN 18533-1

Bauwerksflächen, auf die eine Bauwerksabdichtung aufgebracht werden soll, müssen frostfrei, fest, eben, frei von Kiesnestern und klaffenden Rissen und Graten sowie frei von schädlichen Verunreinigungen sein. Der Untergrund darf lediglich einen maximalen Feuchtegehalt in Abhängigkeit vom eingesetzten Abdichtungsmaterial enthalten. Im Zweifelsfall ist die tatsächliche Feuchte des Untergrunds durch Messung zu überprüfen. Insbesondere bei der Anwendung von Flüssigkunststoffen, kunststoffmodifizierten Bitumendickbeschichtungen und rissüberbrückenden mineralischen Dichtschlämmen ist es sinnvoll, diese Messergebnisse im Rahmen der Ausführungsdokumentation schriftlich zu protokollieren. Kanten müssen gefast und Kehlen sollten gerundet sein (siehe Abb. 4.3-2). Vor- und Rücksprünge der abzudichtenden Flächen sind auf die unbedingt notwendige Anzahl zu beschränken.

Nicht verschlossene Vertiefungen größer 5 mm, wie Mörteltaschen, offene Stoß- und Lagerfugen oder Abplatzungen, sind mit geeignetem Mörtel zu schließen. Oberflächen von Mauerwerk oder von Baustoffen, offene Fugen bis 5 mm und Oberflächenprofilierungen bzw. Unebenheiten von Steinen (z. B. Putzrillen bei Ziegeln oder Schwerbetonsteinen) müssen, sofern keine Abdichtungen mit überbrückenden Werkstoffen (z. B. Bitumen- oder Kunststoff-Dichtungsbahnen) verwendet werden, entweder durch Verputzen (Dünn- oder Ausgleichsputz), Vermörtelung, durch Dichtungsschlämme oder durch eine Kratzspachtelung verschlossen und egalisiert werden (siehe Abb. 4.3-3).

Anforderungen an den Schutz der Abdichtung nach DIN 18533-1

Da sich erdberührte Bauteile unter der Erdoberfläche befinden, müssen ihre Abdichtungen besonders geschützt werden. Die Schutzziele sind dabei unterschiedlich. Das Hauptaugenmerk liegt auf dem Schutz vor mechanischer Einwirkung, die aus dem Erdreich/Verfüllmaterial resultieren kann, welches von außen auf die Abdichtung drückt. Weiterhin spielt der UV-Schutz in den Bereichen eine Rolle, wo die Abdichtung die Geländeoberfläche durchbricht und beispielsweise an einem Bauteilsockel hochgeführt wird. Hier kann es insbesondere bei Abdichtungen aus Bitumen und Polymerbitumen notwendig sein, diese zusätzlich zu schützen. Die Möglichkeiten des Schutzes sind zahlreich und reichen von synthetischen Vliesen $\geq 300\ g/m^2$ über Perimeter-Dämmstoffe bis hin zu Mörtel- bzw. Betonschichten und Bautenschutzmatten.

Einwirkungen aus Wasser nach DIN 18533-1

In Abhängigkeit des Standortes wirken auf Bauwerke unterschiedlich starke Wasserbelastungen ein. Diese Einwirkung hängt zuallererst mit dem Gebäudestandort zusammen. Daher muss für ein Gebäude in Abhängigkeit seines Standortes der sogenannte Bemessungswasserstand ermittelt werden. Dabei ist es wichtig zu beachten, dass zum einen der sogenannte Bemessungsgrundwasserstand (HGW) und zum anderen der Bemessungshochwasserstand (HHW) den Bemessungswasserstand vorgeben – der Wert, welcher höher ist, findet Anwendung.

Wichtig bei der Bewertung der Wasserbelastung ist auch, wie weit ein Gebäude in das Erdreich bzw. Gelände eintaucht. Ein zweigeschossiger Keller unter der Geländeoberfläche erfordert beim Eintauchen der untersten Ebene ins Grundwasser eine andere Planung als ein Gebäude, welches mit seiner untersten Bodenplatte auf einer Anhöhe steht.

Kriterien für die Auswahl einer Abdichtung nach DIN 18533-1:

- Wassereinwirkungsklasse
- Rissklasse
- Rissüberbrückungsklasse
- Raumnutzungsklasse
- Geplante Nutzungsdauer und Zuverlässigkeitsanforderungen

Um die Belastung durch Wasser in Kategorien einteilen zu können, wurden die Wassereinwirkungsklassen geschaffen, wobei das „E" für den Anwendungsbereich erdberührte Bauteile steht:

1. Klasse W1-E Bodenfeuchte und nicht drückendes Wasser

Wird unterteilt in:

- **Klasse W1.1-E** → Bodenfeuchte und nicht drückendes Wasser bei Bodenplatten und erdberührten Wänden
- **Klasse W1.2-E** → Bodenfeuchte und nicht drückendes Wasser bei Bodenplatten und erdberührten Wänden mit Dränung

2. Klasse W2-E Drückendes Wasser

Wird unterteilt in:

- **Klasse W2.1-E** → Mäßige Einwirkung von drückendem Wasser ≤ 3 m Eintauchtiefe
- **Klasse W2.2-E** → Hohe Einwirkung von drückendem Wasser > 3 m Eintauchtiefe

3. Klasse W3-E → Nicht drückendes Wasser auf erdüberschütteten Decken

4. Klasse W4-E → Spritzwasser und Bodenfeuchte am Wandsockel sowie Kapillarwasser in und unter Wänden

4.3.1 Erläuterung der Art der Wassereinwirkungsklassen

W1-E – Bodenfeuchte und nicht drückendes Wasser

- **Bodenfeuchte** ist Kapillarwasser, welches durch Kapillarkräfte auch entgegen der Schwerkraft nach oben transportiert wird. Von dieser Art der Wasserbelastung ist **grundsätzlich** auszugehen (siehe Abb. 4.3-4 und Abb. 4.3-5).
- **Nicht drückendes Wasser bei stark wasserdurchlässigem Baugrund** bezeichnet die Wasserbelastung aus Regen, die durch den Boden bis zum Grundwasser versickern kann, ohne sich vorher aufzustauen. Eine Druckwasserbelastung auf Baukörper wird

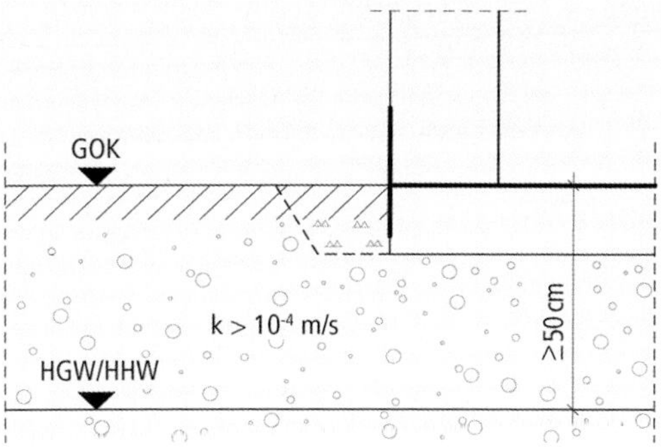

Abb. 4.3-4: W1.1-E, Fall 1: Bodenfeuchte bei Bodenplatten und stark durchlässigem Boden

hier ausgeschlossen. Auch bei einem Starkregenereignis muss der Versickerungsprozess durch die Bodenschichten gewährleistet sein. Um diese Vorgaben zu erfüllen, muss das den Baukörper umgebende Gelände aus stark durchlässigem Material bestehen. Zusätzlich fordert DIN 18533-1, dass die Unterkante der Abdichtungsebene mindestens 50 cm über dem Bemessungswasserstand liegen muss. Treffen diese Anforderungen nicht zu, so ist eine höhere Wasserbelastungsklasse anzusetzen → Klasse W2.1-E → Mäßige Einwirkung von drückendem Wasser ≤ 3 m Eintauchtiefe. Dies wirkt sich selbstverständlich auf die Ausführungsqualität der Abdichtung aus, was in der Praxis bedeutet, dass die Abdichtung auch unter der Bodenplatte notwendig wird.

- **Nicht drückendes Wasser durch Dränung** beschreibt von Menschenhand geschaffene Maßnahmen zur Dränung nach DIN 4095: 1990-06 „Baugrund; Dränung zum Schutz baulicher Anlagen; Planung, Bemessung und Ausführung". Immer dann, wenn wenig durchlässige Böden dafür sorgen können, dass es zu einem temporär wirksamen Wasseranstau und damit einhergehend zu einer Druckwasserbelastung des Bauteils kommen wird, kann dies durch Dränungen wirksam verhindert werden (siehe Abb. 4.3-6).

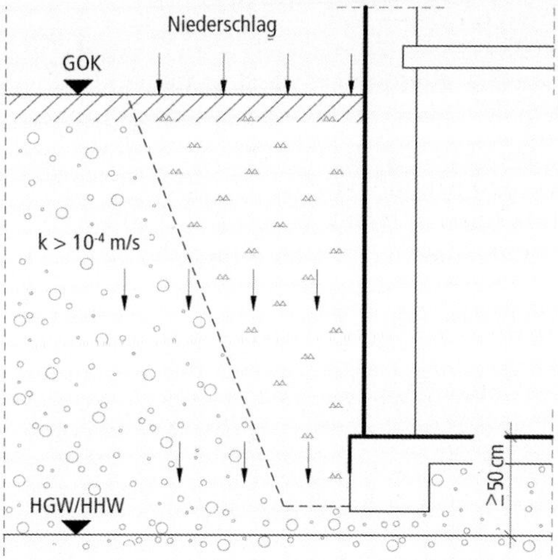

Abb. 4.3-5: W1.1-E, Fall 2: Bodenfeuchte und nicht drückendes Wasser bei erdberührten Wänden und Bodenplatten bei stark durchlässigem Boden

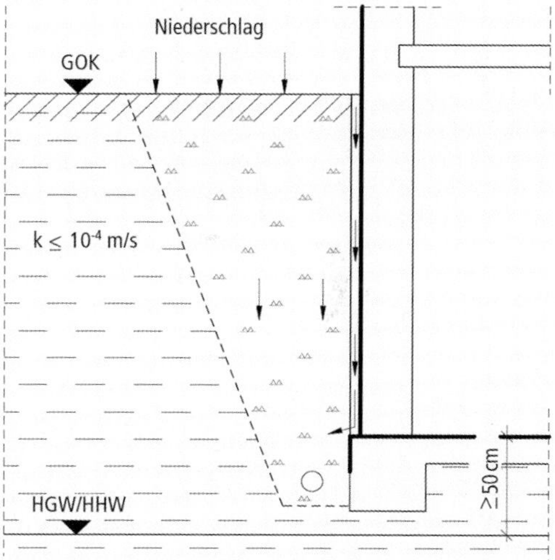

Abb. 4.3-6: W1.2-E: Nicht drückendes Wasser bei erdberührten Wänden und Bodenplatten bei wenig durchlässigem Boden mit Dränung

Die Wasserdurchlässigkeit von Böden

Der Wasserdurchlässigkeitsbeiwert (k_f-Wert) nach DIN EN ISO 17892-11 ermöglicht eine Unterscheidung von Böden in Bezug auf ihre Wasserdurchlässigkeit. Der k-Wert wird in m pro Sekunde [m/s] angegeben. Sein Definitionsbereich reicht dabei in Schritten von > 10^{-2} m/s bis < 10^{-9} m/s (siehe Tabelle 4.3-1).

Erläuterung zum k_f-Wert

10^{-1} m/s = ein Zehntel m = 1:10 m/s = 0,1 m/s

→ Das Wasser durchfließt pro Sekunde 0,1 m = 10 cm des Bodenmaterials.

10^{-2} m/s = ein Hundertstel m = 1:10:10 m/s = 0,01 m/s

→ Das Wasser durchfließt pro Sekunde 0,01 m = 1 cm des Bodenmaterials.

10^{-9} m/s = ein Milliardstel m = 1:10:10:10:10:10:10:10:10:10 m/s = 0,000 000 001 m/s

→ Das Wasser durchfließt pro Sekunde 0,000 000 001 m = 0,000 000 1 cm = 0,000 01 mm des Bodenmaterials.

Tabelle 4.3-1: Durchlässigkeitsbeiwerte nach DIN EN ISO 17892-11

k_f-Wert für Wasser	Beschreibung
> 10^{-2} m/s	sehr stark durchlässig
10^{-2} bis 10^{-4} m/s	stark durchlässig
10^{-4} bis 10^{-6} m/s	Durchlässig
10^{-6} bis 10^{-8} m/s	schwach durchlässig
10^{-8} bis 10^{-9} m/s	sehr schwach durchlässig
< 10^{-9} m/s	nahezu völlig wasserundurchlässig

Verwendet man die Abstufungen der Wasserdurchlässigkeit als Basis, so lassen sich Gesteine und Sedimente in Bezug auf ihre Wasserdurchlässigkeit bewerten. Je größer der Feinkornanteil des Bodens, umso weniger Durchlässigkeit ist dabei zu erwarten.

Tabelle 4.3-2: Wasserdurchlässigkeitsbeiwerte für Böden aus Lockergesteinen

Gestein / Bodenart	k_f-Wert [m/s]
reiner Kies	10^{-1} bis 10^{-2}
sandiger Kies	10^{-2} bis 10^{-4}
Grobsand	um 10^{-3}
Mittelsand	10^{-3} bis 10^{-4}
Feinsand	10^{-4} bis 10^{-5}
schluffiger Sand	10^{-5} bis 10^{-7}
Schluff, je nach Tongehalt	10^{-6} bis 10^{-8}
Ton	10^{-8} bis 10^{-11}

4.3.1.1 W2-E – drückendes Wasser

Es gibt drei unterschiedliche Ursachen, die in ihrer Konsequenz für Wasserdruckbelastung der Abdichtung sorgen.

- **Grundwasser** kommt als Resultat von Regenereignissen zustande und bildet Wasservorkommen unterhalb der Geländeoberfläche – kann aber auch an tiefer gelegenen Orten als Quelle zutage treten. Grundwasser darf nicht durch eine Drainage in die Kanalisation abgeleitet werden.
- **Hochwasser** tritt nur zeitlich begrenzt als Folge verschiedener Naturereignisse wie Starkregen, Schneeschmelze oder Sturmfluten auf, wobei Bäche, Flüsse und Seen einen erhöhten Wasserspiegel erreichen.
- **Stauwasser** tritt auf, wenn bedingt durch die nicht ausreichende Wasserdurchlässigkeit des Bodens ein Wasseranstau eintritt, welcher die Abdichtung hydrostatisch belastet. Stauwasser kann durch Maßnahmen zur Dränung vermieden werden.

Bei der Kategorisierung des drückenden Wassers wird zwischen mäßiger Einwirkung von drückendem Wasser bei einem Wert von ≤ 3,00 m Wassersäule und hoher Einwirkung von drückendem Wasser bei einem Wert von > 3,00 Wassersäule unterschieden (siehe Abb. 4.3-7 und Abb. 4.3-8).

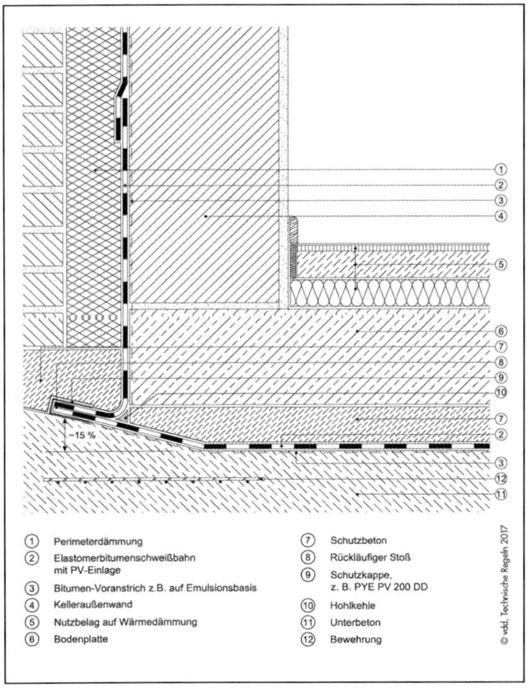

Abb. 4.3-7: W2.1-E: Drückendes Wasser bei erdberührten Wänden und Bodenplatten, rückläufiger Stoß bei einlagiger Abdichtung

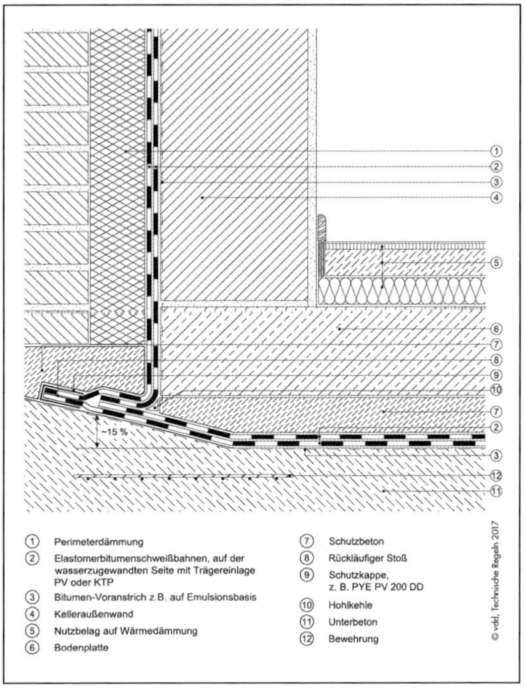

Abb. 4.3-8: W2.2-E: Drückendes Wasser bei erdberührten Wänden und Bodenplatten, rückläufiger Stoß bei zweilagiger Abdichtung

Welcher Druck kann bei drückendem Wasser auf ein Bauteil bzw. die Abdichtung einwirken?

1 m Wassersäule entspricht einem Druck von 9,80665 kPa

1 Pascal = 1 Newton/m² → 1 Kilopascal = 1.000 Pascal = 1.000 N/m²

9,80665 kPa = 9.806,65 N/m² = 9,80665 Kilonewton/m² (kN/m²)

9,80665 kN ≙ der Gewichtskraft von etwa 980 kg/m²

980 kg/m² : 10.000 cm² = 0,098 kg/cm²

Überschläglich bedeutet dies, dass pro m Eintauchtiefe ins Wasser etwa 0,1 kg/cm² = 1.000 kg/m² auf eine Bauteilfläche wirken.

4.3.1.2 W3-E – nicht drückendes Wasser auf erdüberschütteten Decken

DIN 18533-1 beschäftigt sich hier mit erdüberschütteten Deckenflächen, die nicht befahren werden. Hofkellerdecken und ähnliche Bauwerke werden in DIN 18532-1 für befahrbare Verkehrsflächen aus Beton behandelt. Damit nicht drückendes Wasser auf einer erdüberschütteten Decke als Einwirkung gelten kann, muss das anfallende Oberflächenwasser, aber auch solches, das beispielsweise von einem Gebäude auf die Deckenfläche abgeleitet wird, durch Dränung oder Gefällegebung, eventuell auch wasserdurchlässige Schüttungen in Verbindung mit Gefälle abgeleitet werden. Der Abstand vom tiefsten Punkt der Deckenoberfläche bis zum Bemessungswasserstand darf nicht weniger als 30 cm betragen und es sind max. 10 cm Wasseranstau zulässig. Werden diese Kriterien nicht eingehalten, so ist grundsätzlich vom Einwirkungsfall drückendes Wasser auszugehen.

4.3.1.3 W4-E – Spritzwasser am Wandsockel sowie Kapillarwasser in und unter erdberührten Wänden

Die Belastung des Bauwerks resultiert hier zum einen durch Regenwasser, welches auf den Boden auftrifft und von diesem wieder zurück in

Richtung des Gebäudesockels spritzt und zum anderen aus kapillar aufsteigendem Wasser, das sich seinen Weg durch mineralische Wände bahnt. Wenn kein drückendes Wasser herrscht, so ist von 20 cm unter bis 30 cm über die Geländeoberkante mit Spritwasserbelastung am Sockel zu rechnen. Kapillarwasser kann horizontal durch Kapillarität transportiert werden und mit dem gleichen Prinzip auch entgegen der Schwerkraft nach oben aufsteigen. Kapillarität beschreibt das Verhalten von Flüssigkeiten, die in einer Wechselwirkung aus ihrer eigenen Oberflächenspannung und den Grenzflächenspannungen, die zwischen z. B. Wasser und einem Mauerwerk wirken, zu beobachten ist. Eine Abdichtung gegen kapillar aufsteigende Feuchtigkeit kann mit Mauersperrbahnen, die flächig im Wandquerschnitt einzubauen sind, erreicht werden.

4.3.2 Einwirkungen aus Lasten und sonstige äußere Einwirkungen nach DIN 18533-1

Neben der schon erwähnten Wasserlast als Krafteinwirkung können auch Lasten aus dem Bauwerk und natürlich auch Druckbelastungen aus dem umgebenden Gelände auf ein Bauteil, und somit die Abdichtung einwirken. Bei erdüberschütteten Flächen kommen unter Umständen noch Verkehrslasten z. B. aus Personen- oder Fahrzeugverkehr hinzu.

Bei Gebäuden, die der Wassereinwirkungsklasse W2-E drückendes Wasser zugeordnet werden, ist ein statischer Nachweis gegen Auftrieb und Wasserdruck erforderlich. Wenn ein Gebäude tief genug unterhalb des Bemessungswasserstandes steht, kann es andernfalls wie ein Schiff so viel Auftrieb erlangen, dass es im Wasser „schwimmt“. Dies ist natürlich im Wesentlichen vom Gesamtgewicht, der Eintauchtiefe und dem verdrängten Raum unterhalb des Bemessungswasserstandes abhängig.

Während der Bauphase kann es vorkommen, dass Bauwerksabdichtungen Belastungen und Einwirkungen erfahren würden, für die sie eigentlich nicht ausgelegt sind.

Beispiel: Eine Abdichtung aus Oxidationsbitumenbahnen G 200 S4 im Wandbereich wird im Hochsommer von der Sonne intensiv beschienen, weil der Baugrund noch nicht wieder verfüllt wurde. Wenn sich die Bitumenbahnen erst unterhalb der Geländeoberfläche befinden, sind jedoch keine hohen Temperaturen zu befürchten. Bedingt durch die nicht ausreichende Wärmestandfestigkeit des Oxidationsbitumens kann es nun passieren, dass die Bahnen von der Wand abgleiten. In der Folge ist die Abdichtung nicht mehr funktionstüchtig. Dies lässt sich einfach vermeiden, indem die Abdichtungsbahnen kurz nach der Installation z. B. mit Schutzlagen oder einer ggf. sowieso geplanten Perimeterdämmung vor Sonneneinwirkung geschützt werden. Andernfalls ist die Abdichtung entweder temporär zu schützen oder eine höhere Abdichtungsqualität zu verwenden, z. B. Hochwert-Polymerbitumenbahnen mit entsprechend hoher Wärmestandfestigkeit.

4.3.2.1 Einwirkungen aus dem Abdichtungsuntergrund – Risse und Rissklassen

In nahezu jedem Bauteil, das aus mineralischen Werkstoffen wie z. B. Steinen oder Beton hergestellt wurde, sind Risse zu finden. Für die Auswahl der Abdichtung relevante Risse sind solche, die erst nach dem Aufbringen der Abdichtungsmaterialien entstehen oder sich vergrößern. Für diesen Rissbildungsprozess können verschiedene Vorgänge wie Schwund- und Setzungsverhalten von Bauteilen oder Baustoffen die Ursache darstellen. Bei der Wahl des Abdichtungsmaterials gilt, dass es in Abhängigkeit der zu erwartenden Rissklasse ausgewählt werden muss, damit die dauerhafte Funktion der Abdichtung gewährleistet werden kann. Es werden vier Rissklassen unterschieden (siehe Tabelle 4.3-3).

Tabelle 4.3-3: Rissklassen nach DIN 18533-1

Rissklasse	Belastung	Beschreibung	Beispiel
R1-E	Gering	Rissbildung oder Rissbreitenänderung ≤ 0,2 mm.	Stahlbeton ohne rissverursachende Zwang- und Biegeeinwirkung Das Auftreten ist bei Bauwerken grundsätzlich zu erwarten.
R2-E	Mäßig	Rissbildung oder Rissbreitenänderung ≤ 0,5 mm.	Erddruckbelastetes Mauerwerk, Fugen an Materialübergängen
R3-E	Hoch	Rissbildung oder Rissbreitenänderung ≤ 1,0 mm und/oder Rissversatz ≤ 0,5 mm.	Geplant: Aufstandsfugen von Mauerwerk auf Bodenplatten Nicht geplant: Erschütterung durch Bauarbeiten in der Nachbarschaft
R4-E	Sehr hoch	Rissbildung oder Rissbreitenänderung ≤ 5,0 mm und/oder Rissversatz ≤ 2,0 mm.	Umwelteinflüsse wie Erschütterungen oder Erdbeben

4.3.2.2 Rissüberbrückungsklassen

Passend zu den Rissklassen, die je nach Bauausführung zu erwarten sind, existieren Rissüberbrückungsklassen, welche die Fähigkeit zur Überbrückung dieser Risse durch verschiedene Abdichtungssysteme ausdrücken. Dabei ist jede Abdichtungsvariante (Bauart) einer, gleich mehreren oder sogar allen Rissklassen zugeordnet. Bahnenförmige Abdichtungen nach DIN 18533-2 decken die höchste Stufe der Rissüberbrückungsklasse RÜ4-E für die Rissklasse R4-E ab, während flüssig aufzubringende Abdichtungen nach DIN 18533-3 max. die Rissüberbrückungsklasse RÜ3-E für die Rissklasse R3-E erreichen (siehe Tabelle 4.3-4).

Tabelle 4.3-4: Rissüberbrückungsklassen nach DIN 18533-1

Rissüberbrückungsklasse	Rissüberbrückungseigenschaft	Beschreibung
RÜ1-E	Gering	Rissüberbrückung ≤ 0,2 mm.
RÜ2-E	Mäßig	Rissüberbrückung ≤ 0,5 mm
RÜ3-E	Hoch	Rissüberbrückung ≤ 1,0 mm mit Rissversatz ≤ 0,5 mm.
RÜ4-E	Sehr hoch	Rissüberbrückung ≤ 5,0 mm mit Rissversatz ≤ 2,0 mm.

4.3.2.3 Raumnutzungsklassen nach DIN 18533-1

Räume können zu sehr unterschiedlichen Zwecken verwendet werden. Die Nutzungsanforderungen steigen dann an, wenn Menschen diese Räume bewohnen, oder sensible Lagergüter oder Geräte dort ihren Platz finden sollen. Es geht dabei um die maximal tolerierbare Feuchte der Luft, welche die Räumlichkeiten ausfüllt. Je trockener die Raumluft sein muss, damit es nicht zu Beeinträchtigungen der Gesundheit, Materialien und der Bausubstanz selbst kommt, umso weniger Feuchtigkeit darf unkontrolliert auftreten. Eine Tiefgarage stellt dementsprechend im Vergleich zu einem Aufstellort für ein Rechenzentrum deutlich geringere Ansprüche. Natürlich wird die Qualität der Raumluft eines Raumes mit Wänden unter der Geländeoberfläche nicht ausschließlich durch die Art der Abdichtung, sondern durch wesentlich mehr Faktoren bestimmt. Diese sind beispielsweise: Sicherstellung des Mindestwärmeschutzes im Sinne des Tauwasserschutzes, Kontrolle der Raumlufttemperaturen durch Beheizung, Lüftungskonzeption zur Vermeidung von zu hohen Luftfeuchten. Die Unterscheidung der Nutzungsklassen von Räumen erfolgt in drei Stufen (siehe Tabelle 4.3-5).

Tabelle 4.3-5: Raumnutzungsklassen nach DIN 18533-1

Raumnutzungsklasse	Anforderung	Beispiel
RN1-E	Gering	Lagerräume für feuchteunempfindliche Güter, Garagen
RN2-E	Üblich	Aufenthaltsräume für Personen, Keller zur Lagerung von Gütern und Materialien (klassischer Kellerraum im Hochbau)
RN3-E	Hoch	Lagerraum eines Museums, Bibliotheksarchiv, Serverraum, Kontrollzentrum

Weitere Planungsgrundsätze

Abdichtungen werden zwar explizit erstellt, um Wassereinwirkungen auf das Bauteil zu verhindern, was nicht gleichzeitig bedeuten soll, dass es egal ist, wie groß diese Wassereinwirkung ist. DIN 18533-1 nennt in Abschnitt 8.2 einige Beispiele, die sich ausschließlich damit beschäftigen, eine unnötig hohe Wassereinwirkung zu vermeiden. Dieser Grundsatz steht nämlich an erster Stelle der Planung: Wassereinwirkung, die verhindert wird, muss nicht durch aufwendige Abdichtungsvarianten abgewehrt werden. Dazu werden konkret Maßnahmen benannt:

- Durchdringungen und Bauwerksöffnungen sollten sich möglichst oberhalb des Bemessungswasserstandes befinden.
- Regenwasser sollte möglichst durch Gefällemaßnahmen von Gebäuden weggeleitet werden.
- Lichtschächte sollten ein Eindringen von Oberflächenwasser so wenig wie nur möglich zulassen.
- Regenfallrohre und Wasserspeier sollten an ihren offenen Enden Wandsockelbereiche nicht direkt mit abgeleitetem Niederschlagswasser belasten.
- Anlagen zur planmäßigen Regenwasserrückhaltung und ggf. auch Versickerung, sogenannte Rigolen, dürfen die Abdichtung nicht zusätzlich durch Wassereinwirkung belasten.

Auswahl von Abdichtungen erdberührter Bauteile nach DIN 18533

Selbstverständlich spielt die Wassereinwirkungsklasse die größte Rolle bei der Auswahl einer Bauart. In Abhängigkeit der Wassereinwirkung werden nach DIN 18533-1 allgemeine Mindestanforderungen an die Rissüberbrückungsklassen gestellt, ohne das tatsächliche Bauteil zu bewerten. Wenn die Rissklasse des konkreten Bauteils jedoch höhere Anforderungen an die Rissüberbrückungsklasse des Abdichtungssystems stellt, ist immer die höherwertige Variante zu planen. Tabelle 4.3-6 bietet eine Übersicht zu diesen Grundanforderungen.

Tabelle 4.3-6: Mindest-Rissüberbrückungsklassen abhängig von der Wassereinwirkung gemäß DIN 18533-1

Wassereinwirkungsklasse	Mindest-Rissüberbrückungsklasse
W1-E	RÜ1-E
W2.1-E	RÜ3-E
W2.2-E	RÜ4-E
W3-E	RÜ3-E
W4-E	RÜ1-E

DIN 18533 umfasst mit ihren 3 Teilen eine große Vielzahl von Abdichtungsvarianten, welche hier nicht allumfassend beschrieben werden können. Nachfolgend werden einige Beispiele für Abdichtungen bei unterschiedlichen Wassereinwirkungen dargestellt.

4.3.3 Abdichtung von erdberührten Bauteilen bei Wassereinwirkungsklasse W1-E (Bodenfeuchte und nicht drückendes Wasser)

a) Abdichtung einer Bodenplatte mit Bitumen- und Polymerbitumenbahnen bei W1.1-E und W1.2-E, Raumnutzungsklasse RN1-E bis RN3-E, Rissklasse R1-E bis R4-E

z. B. mit mindestens einer Lage nach DIN 52129:

- R 500 im Gieß- und Einwalzverfahren oder Gieß- und Bürstenstreichverfahren.

z. B. mit mindestens einer Lage des Anwendungstyps BA nach DIN SPEC 20000-202:

- R 500, G 200 DD, PYE-G 200 DD, PYE-PV 200 DD im Gieß- und Einwalzverfahren, Gieß- und Bürstenstreichverfahren oder Flämmverfahren.
- V 60 S4, G 200 S4, KTP S4, PYE-PV 200 S5, CU 01 S4 im Schweißverfahren.
- PYE – KTG KSP-2,8 oder PYE – KTP KSP-2,8 im Kaltselbstklebeverfahren.

b) Abdichtung einer Bodenplatte mit Kunststoff- und Elastomerbahnen bei W1.1-E und W1.2-E, Raumnutzungsklasse RN1-E bis RN3-E, Rissklasse R1-E bis R4-E

z. B. mit einer Lage des Anwendungstyps BA nach DIN SPEC 20000-202:

- ECB mit Einlage oder Verstärkung bei loser Verlegung, Bürstenstreich- und Gießverfahren oder Flämmverfahren
- ECB mit Einlage und Kaschierung bei loser Verlegung, Verklebung, Bürstenstreich- und Gießverfahren oder Flämmverfahren.
- ECB mit Einlage und Selbstklebeschicht im Selbstklebeverfahren.

Mindestdicke immer 2,0 mm

- PVC-P nicht bitumenverträglich, homogen alternativ mit Einlage oder Verstärkung bei loser Verlegung.
- PVC-P nicht bitumenverträglich, mit Kaschierung, alternativ mit Verstärkung oder Einlage und Kaschierung bei loser Verlegung oder Verklebung.

Mindestdicke immer 1,5 mm

- EPDM homogen bei loser Verlegung oder Verklebung.
- EPDM mit Verstärkung oder Kaschierung bei loser Verlegung, Verklebung, Bürstenstreich- und Gießverfahren oder Flämmverfahren.
- EPDM homogen mit Selbstklebeschicht, alternativ mit Verstärkung oder Kaschierung und Selbstklebeschicht im Selbstklebeverfahren.
- EPDM mit Verstärkung und Polymerbitumenbeschichtung bei lose Verlegung, Verklebung, Bürstenstreich- und Gießverfahren oder Flämmverfahren.

Auf die Abdichtung einer Bodenplatte kann bei W1-E in folgenden Fällen verzichtet werden:

Bei Raumnutzungsklassen RN1-E bis RN3-E: Unter oder auf der Bodenplatte wird eine vollflächig aufgeklebte Schaumglasdämmschicht mit lückenlos ausgefüllten Fugen eingebaut. Wenn die Dämmung aus Schaumglasplatten auf der Bodenplatte angeordnet wird, muss die Querschnittsabdichtung der Wand (Mauersperre) mindestens 10 cm seitlich überdeckt werden.

Bei Raumnutzungsklasse RN1-E: Unter der Bodenplatte befindet sich eine kapillarbrechende Schicht/Schüttung mit $k > 10^{-4}$ m/s (z. B. Kies) von mindestens 15 cm Dicke. Der Bemessungswasserstand befindet sich mindestens 50 cm unterhalb der Bodenplatte. Wird die Bodenplatte befahren und dabei Wasser von außen durch die Fahrzeuge hereingetragen, kann selbst die kapillarbrechende Schicht unter der Bodenplatte entfallen. Diese Erleichterung berührt nicht den Schutz einer Bodenplatte gegenüber schädlichen Einflüssen aus der chemischen Einwirkung von Substanzen, die sich im Wasser befinden können wie z. B. Salze. Räume zum Aufenthalt von Personen und der klassische Kellerraum als Vorratsraum und Lagerplatz erfordern demnach grundsätzlich eine Abdichtung der Bodenplatte.

c) Abdichtung einer erdberührten Wand mit Bitumen- und Polymerbitumenbahnen bei W1.1-E und W1.2-E, Raumnutzungsklasse RN1-E bis RN3-E, Rissklasse R1-E bis R4-E

z. B. mit mindestens einer Lage des Anwendungstyps BA nach DIN SPEC 20000-202:

- V 13, G 200 DD, PV 200 DD, PYE-G 200 DD, PYE-PV 200 DD im Gieß- und Einwalzverfahren, Gieß- und Bürstenstreichverfahren oder Flämmverfahren.

Abb. 4.3-9: Wandabdichtung aus PYE-KTP S4 vor dem Einbau der Schutzschicht

- V 60 S4, G 200 S4, PV 200 S5, KTG S4, KTP S4, PYE-PV 200 S5, PYE/PYP-KTP S4 im Schweißverfahren (siehe Abb. 4.3-9).
- PYE – KTG KSP-2,8 oder PYE – KTP KSP-2,8 im Kaltselbstklebeverfahren.

d) Abdichtung einer erdberührten Wand mit Kunststoff- und Elastomerbahnen bei W1.1-E und W1.2-E, Raumnutzungsklasse RN1-E bis RN3-E, Rissklasse R1-E bis R4-E

z. B. mit einer Lage des Anwendungstyps BA nach DIN SPEC 20000-202:

- PIB homogen im Klebeverfahren mit Bitumenklebemasse zwischen zwei Lagen nackte Bitumenbahn.
- PIB mit Kaschierung bei loser Verlegung, Verklebung oder Bürstenstreich- und Gießverfahren.

Mindestdicke immer 1,5 mm

- FPO homogen, alternativ mit Einlage oder Verstärkung bei loser Verlegung oder Bürstenstreich- und Gießverfahren.
- FPO mit Einlage oder Verstärkung und Kaschierung bei loser Verlegung, Verklebung, Bürstenstreich- und Gießverfahren oder Flämmverfahren.
- FPO mit Verstärkung oder Einlage und Selbstklebeschicht, Verstärkung und Kaschierung und Selbstklebeschicht oder Einlage und Kaschierung und Selbstklebeschicht im Selbstklebeverfahren.

Mindestdicke immer 1,5 mm

- TPE homogen bei loser Verlegung oder Verklebung.
- TPE mit Kaschierung bei loser Verlegung, Verklebung, Bürstenstreich- und Gießverfahren oder Flämmverfahren.
- TPE mit Kaschierung und Selbstklebeschicht im Selbstklebeverfahren.

Mindestdicke immer 1,5 mm

e) Abdichtung einer erdberührten Wand mit kunststoffmodifizierten Bitumendickbeschichtungen PMBC bei W1.1-E und W1.2-E, Raumnutzungsklasse RN1-E bis RN3-E, Rissklasse R1-E bis R3-E

Anforderungen:

- Mindestens zwei Aufträge des Materials, die frisch in frisch erfolgen dürfen
- Mindesttrockenschichtdicke 3,0 mm. Ist im abP ein höherer Wert angegeben, so gilt dieser.
- Nassschichtdicke und Auftragsmenge sind vom Hersteller anzugeben
- Verstärkungseinlage ist nicht erforderlich
- Schutzschicht ist erforderlich

4.3.4 Abdichtung von erdberührten Bauteilen bei Wassereinwirkungsklasse W2-E (Drückendes Wasser)

In der Klasse W2-E wird unterschieden nach W2.1-E und W2.2-E Diese beiden Fälle werden nachfolgend separat wieder anhand von beispielhaften Abdichtungsbauarten dargestellt.

W2.1-E (Mäßige Einwirkung von drückendem Wasser bei ≤ 3,0 m Eintauchtiefe)

a) Abdichtung einer Bodenplatte oder erdberührten Wand mit Bitumen- und Polymerbitumenbahnen bei W2.1-E, Raumnutzungsklasse RN1-E bis RN3-E, Rissklasse R1-E bis R4-E

Mit Bahnen des Anwendungstyps BA nach DIN SPEC 20000-202:

Mindestens eine Lage:

- PYE-KTP S4, PYE/PYP-KTP S4, PYE-PV 200 S5 im Schweißverfahren.

Mindestens zwei Lagen:

- G 200 DD, PV 200 DD, PYE-G 200 DD, PYE-PV 200 DD im Bürstenstreich- und Gießverfahren, Gieß- und Einwalzverfahren oder Flämmverfahren.
- G 200 S4, KTG S4, KTP S4, PV 200 S5, PYE-PV 200 S5, PYE KTG S4 im Schweißverfahren.

Als untere Lage einer mindestens zweilagigen Abdichtung:

- PYE – KTG KSP-2,8 oder PYE – KTP KSP-2,8 im Kaltselbstklebeverfahren.

Die Kaltselbstklebebahn ist nur dann als erste Lage zulässig, wenn eine Polymerbitumenschweißbahn die zweite Lage darstellt.

b) Abdichtung einer Bodenplatte oder erdberührten Wand mit Kunststoff- und Elastomerbahnen bei W2.1-E, Raumnutzungsklasse RN1-E bis RN3-E, Rissklasse R1-E bis R4-E

z. B. mit einer Lage des Anwendungstyps BA nach DIN SPEC 20000-202:

- EVA homogen oder mit Verstärkung bei loser Verlegung, Bürstenstreich- und Gießverfahren oder Flämmverfahren.
- EVA mit Kaschierung bei loser Verlegung, Verklebung, Bürstenstreich- und Gießverfahren oder Flämmverfahren.

Mindestdicke immer 1,5 mm

- PVC-P bitumenverträglich, homogen, mit Einlage oder Verstärkung bei loser Verlegung, Bürstenstreich- und Gießverfahren oder Flämmverfahren.
- PVC-P bitumenverträglich, mit Kaschierung, mit Kaschierung und Einlage oder Verstärkung bei loser Verlegung, Verklebung, Bürsten- und Gießverfahren oder Flämmverfahren.
- PVC-P bitumenverträglich, homogen mit Selbstklebeschicht, mit Selbstklebeschicht und Einlage oder Verstärkung oder Kaschierung im Selbstklebeverfahren oder Schweißverfahren.

Mindestdicke immer 1,5 mm

c) Abdichtung einer Bodenplatte oder erdberührten Wand mit kunststoffmodifizierten Bitumendickbeschichtungen PMBC bei W2.1-E, Raumnutzungsklasse RN1-E bis RN3-E, Rissklasse R1-E bis R3-E

Anforderungen:

- Mindestens zwei Aufträge. Nach dem ersten Materialauftrag ist die Verstärkungseinlage einzuarbeiten. Der zweite Auftrag darf erst erfolgen, wenn sichergestellt ist, dass die erste Schicht durch den zweiten Auftrag nicht beschädigt wird.
- Mindesttrockenschichtdicke 4,0 mm. Ist im abP ein höherer Wert angegeben, so gilt dieser.
- Nassschichtdicke und Auftragsmenge sind vom Hersteller anzugeben.
- Verstärkungseinlage ist unbedingt erforderlich.
- Schutzschicht ist erforderlich.

W2.2-E (Hohe Einwirkung von drückendem Wasser bei > 3,0 m Eintauchtiefe)

Bei diesen Abdichtungsbauarten wird die Stoffauswahl komplexer, weil bei den Bitumenbahnen Lagenanzahl und Kombinationsmöglichkeiten und bei den Kunststoffbahnen Dicke sowie Verarbeitungsverfahren variieren. Es wird nämlich jetzt zusätzlich unterschieden, wie tief die Bauteile unter den Bemessungswasserstand eintauchen. Dies geschieht in max. drei zusätzlichen Stufen:

- Eintauchtiefe ≤ 4,0 m
- Eintauchtiefe > 4,0 m und ≤ 9,0 m
- Eintauchtiefe > 9,0 m

a) Abdichtung einer Bodenplatte oder erdberührten Wand mit Bitumen- und Polymerbitumenbahnen bei W2.2-E, Raumnutzungsklasse RN1-E bis RN3-E, Rissklasse R1-E bis R4-E

z. B. R 500 nach DIN 52129 im Gieß- und Einwalzverfahren oder Gieß- und Bürstenstreichverfahren:

- Eintauchtiefe ≤ 4,0 m: mindestens 3 Lagen

- Eintauchtiefe > 4,0 m und ≤ 9,0 m: mindestens 4 Lagen
- Eintauchtiefe > 9,0 m: mindestens 5 Lagen

z. B. G 200 DD, PY-PV 200 DD, Anwendungstyp BA nach DIN SPEC 20000-202 im Gießverfahren, Gieß und Einwalzverfahren oder Flämmverfahren:

- Eintauchtiefe ≤ 4,0 m: mindestens 2 Lagen
- Eintauchtiefe > 4,0 m und ≤ 9,0 m: mindestens 3 Lagen oder 2 Lagen, davon 1 Lage mit Kupferbandeinlage CU 0,1 D
- Eintauchtiefe > 9,0 m: mindestens 3 Lagen, davon 1 Lage mit Kupferbandeinlage CU 0,1 D

z. B. G 200 S4, KTP S4, PV 200 S5, Anwendungstyp BA nach DIN SPEC 20000-202 im Schweißverfahren:

- Eintauchtiefe ≤ 4,0 m: mindestens 2 Lagen
- Eintauchtiefe > 4,0 m und ≤ 9,0 m: mindestens 3 Lagen oder 2 Lagen, davon 1 Lage mit Kupferbandeinlage CU 0,1 D
- Eintauchtiefe > 9,0 m: mindestens 3 Lagen, davon 1 Lage mit Kupferbandeinlage CU 0,1 D

z. B. PYE-PV 200 S5, PYE-G 200 S4, PYE-KTG S4, PYE-KTP- S4, Anwendungstyp BA nach DIN SPEC 20000-202 im Schweißverfahren:

- Eintauchtiefe ≤ 9,0 m: mindestens 2 Lagen, davon 1 Lage mit Polyestervlieseinlage
- Eintauchtiefe > 9,0 m: mindestens 3 Lagen, davon 1 Lage mit Polyestervlieseinlage

z. B. PYE–KTG KSP-2,8 oder PYE–KTG KSP-2,8 Anwendungstyp BA nach DIN SPEC 20000-202 im Kaltselbstklebeverfahren:

- Eintauchtiefe ≤ 9,0 m: als untere Lage im mindestens 2-lagigen Aufbau, wenn die Folgelage aus einer Schweißbahn besteht.
- Eintauchtiefe > 9,0 m: als unterste Lage im mindestens 3-lagigen Aufbau, wenn die Folgelagen aus Schweißbahnen bestehen.

b) Abdichtung einer Bodenplatte oder erdberührten Wand mit Kunststoff- und Elastomerbahnen bei W2.2-E, Raumnutzungsklasse RN1-E bis RN3-E, Rissklasse R1-E bis R4-E

z. B. PVC-P, bitumenverträglich, Anwendungstyp BA nach DIN SPEC 20000-202:

- Eintauchtiefe ≤ 4,0 m: Mindestdicke 1,5 mm

Homogen oder mit Einlage oder Verstärkung bei loser Verlegung, Bürstenstreich- und Gießverfahren oder Flämmverfahren.

Mit Kaschierung, mit Kaschierung und Einlage oder Verstärkung bei loser Verlegung, Verklebung, Bürsten- und Gießverfahren oder Flämmverfahren.

Homogen mit Selbstklebeschicht, mit Selbstklebeschicht und Einlage oder Verstärkung oder Kaschierung im Selbstklebeverfahren oder Schweißverfahren.

- Eintauchtiefe > 4,0 m und ≤ 9,0 m: Mindestdicke 1,5 mm

Homogen oder mit Einlage oder Verstärkung im Bürstenstreich- und Gießverfahren oder Flämmverfahren.

Mit Kaschierung, mit Kaschierung und Einlage oder Verstärkung bei Verklebung, Bürsten- und Gießverfahren oder Flämmverfahren.

Homogen mit Selbstklebeschicht, mit Selbstklebeschicht und Einlage oder Verstärkung oder Kaschierung im Selbstklebeverfahren oder Schweißverfahren.

- Eintauchtiefe > 9,0 m: Mindestdicke 2,0 mm

Homogen oder mit Einlage oder Verstärkung im Bürstenstreich- und Gießverfahren oder Flämmverfahren.

Mit Kaschierung, mit Kaschierung und Einlage oder Verstärkung bei Verklebung, Bürsten- und Gießverfahren oder Flämmverfahren.

Homogen mit Selbstklebeschicht, mit Selbstklebeschicht und Einlage oder Verstärkung oder Kaschierung im Selbstklebeverfahren oder Schweißverfahren.

4.3.5 Verarbeitung der Stoffe

Bitumen- und Polymerbitumenbahnen

Mindestüberdeckungen der Bahnenwerkstoffe:

- Bitumen- und Polymerbitumenbahnen, kaltselbstklebende Polymerbitumenbahnen und kaltselbstklebende Bitumen-Dichtungsbahnen

Längs- und Quernaht: 80 mm

An Anschlüssen: 100 mm

- Polymerbitumendichtungsbahnen mit Aluminiumverbundträgereinlage für die Abdichtung von Bodenplatten

Längs- und Quernaht sowie an Anschlüssen: 100 mm

- Metallbänder in Verbindung mit Bitumenwerkstoffen

Längsnaht, an Anschlüssen und Einbauteilen: 100 mm

Quernaht, Stöße oder Anschlusserstellung nach Arbeitsunterbrechung: 200 mm

Die Arbeitsverfahren

Das Bürstenstreichverfahren

Die aufzuklebende Bahn befindet sich im ausgerichteten und aufgerollten Zustand. Die Bitumenklebemasse wird vollflächig mit der Auftragsbürste (Besen) vor der Rolle aufgetragen. Anschließend wird die Bitumenbahn in die noch heiße Klebemasse eingerollt. Bei wenig geneigten oder gefällelosen Flächen ist der Auftrag auf den Untergrund ausreichend; bei stark geneigten oder gar senkrechten Wandflächen hingegen, muss der Bitumenauftrag auf den Untergrund und auf die Unterseite der Bahn in zwei Arbeitsschritten erfolgen. Der letzte Schritt besteht darin, die Bahn von der Mitte heraus nach außen falten- und hohlraumfrei zu den Bahnenrändern hin auszustreichen. Es kann zusätzlich notwendig werden, die Bahnenränder durch Druck zu glätten (bügeln).

Das Gießverfahren

Hierbei werden die Bitumen- und Polymerbitumenbahnen in die vor der Bahn ausgegossene Klebemasse eingerollt. In der Regel werden für die Materialdosierung Gießkannen aus verzinktem Stahl verwendet, die eine genau Dosierung ermöglichen. Die aufzuklebende Bahn wird entweder in die heiße Bitumenmasse am Boden eingerollt oder im Falle von Wandflächen die Klebemasse direkt vor die Rolle aufgegossen und die Rolle langsam nach oben mitgeführt. Beim Gießverfahren werden sogenannte ungefüllte Bitumenklebemassen verwendet. Diese sind nicht mit einem Füllstoff, wie z. B. Gesteinsmehl versehen und haben daher ein gutes Fließverhalten.

Das Gieß- und Einwalzverfahren

Bei diesem Verfahren werden nur gefüllte Klebemassen (mit z. B. Gesteinsmehlzusatz) verwendet. Im Unterschied zum Gießverfahren werden die Bitumen- oder Polymerbitumenbahnen beim Gieß- und Einwalzverfahren jedoch auf einen Wickelkern aufgewickelt und durch diesen mit gleichmäßigem Druck in die Bitumenmasse eingewalzt. Die maximale Bahnenbreite beträgt normalerweise bei stark geneigten oder senkrechten Wandflächen 75 cm.

Das Flämmverfahren

Bei diesem Applikationsverfahren wird zunächst Bitumen-Klebemasse auf den Untergrund aufgegossen oder aufgestrichen. Anschließend wird mittels Brennerflamme oder sonstiger Wärmequelle die flächige Bitumenschicht angeschmolzen und die Bitumen- oder Polymerbitumenbahn darin eingerollt. Da in den Überdeckungsbereichen noch keine Klebemasse vorliegt, muss sie dort separat im Einrollvorgang, z. B. durch Eingießen, hinzugefügt werden. Auch bei dieser Verarbeitungsvariante beträgt die maximale Bahnenbreite bei stark geneigten oder senkrechten Flächen normalerweise 75 cm.

Abb. 4.3-10: Wandabdichtung mit Polymerbitumenbahnen

Abb. 4.3-11: Wandabdichtung mit KSK-Bahnen

Das Schweißverfahren (siehe Abb. 4.3-10)

Beim Aufschweißen von Bitumen- und Polymerbitumenbahnen wird der Untergrund und die Bahn üblicherweise mit einem Gasbrenner so weit aufgeheizt, bis die Klebemasse anschmilzt. Die Überdeckungsbereiche der Bahn werden ebenfalls im laufenden Verfahren mit erhitzt. Im Zuge des Aufheizvorgangs wird die Bahn immer ein Stück weiter gerollt, wobei ein Bitumenüberschuss aus Klebemasse (Wulst) vor der Rolle hergeschoben wird. Das Aufschweißen auf einen mit Haftgrund vorbehandelten mineralischen Untergrund erfordert ein anderes Schweißverhalten als das Aufkleben einer weiteren Abdichtungslage auf eine Lage darunter. Aus verarbeitungstechnischen Gründen wird auch bei diesem Verfahren eine Rollenbreite von 75 cm bei stark geneigten oder senkrechten Flächen normalerweise nicht überschritten.

Kaltselbstklebeverfahren bei Kaltselbstklebenden Bitumen-Dichtungsbahnen → KSK (siehe Abb. 4.3-11)

Die Bahnen werden zuerst ausgerichtet und danach die Trennfolie von der kaltselbstklebenden Schicht abgezogen. Die Bahn wird vollflächig auf dem Untergrund angedrückt, Überdeckungen müssen mit einer Gummirolle durch Druck geschlossen werden. Schrägschnitte am T-Stoß (untere Bahn) sind eine Möglichkeit, um diesen Kapillarkanal zu entschärfen. Dieser Bereich muss besonders sorgfältig mit der Rolle angedrückt werden. Die maximale Rollenbreite wird mit 110 cm bei stark geneigten oder senkrechten Flächen empfohlen.

Kaltselbstklebeverfahren bei Kaltselbstklebenden Polymerbitumenbahnen mit Trägereinlage (KSP)

Die Verlegung erfolgt prinzipiell wie bei den Bitumen-Dichtungsbahnen KSK. Auch bei den KSP-Bahnen wird zuerst die Trennschicht, welche zumeist aus Folie besteht, abgezogen. An senkrechten Flächen kann es erforderlich werden, zusätzliche Wärmeenergie einzusetzen, um eine möglichst vollflächige Verklebung zu erreichen. Am T-Stoß erfolgt ebenfalls ein Schrägschnitt an der unterdeckenden Bahn und eine thermische Aktivierung in diesem sensiblen Bereich bietet sich unbedingt an. Auch hier beträgt die maximal empfohlene Bahnenbreite bei stark geneigten oder senkrechten Flächen 110 cm.

Polymerbitumenbahnen mit Aluminiumverbundträgereinlage für die Abdichtung von Bodenplatten

Auf Bodenplatten kann eine lose Verlegung oder eine verklebte Ausführung erfolgen. Wichtig ist der Grundsatz, dass alle Überdeckungen dicht geschlossen werden müssen, auch wenn das System lose verlegt ausgeführt wird. Die Abdichtung ist im kaltselbstklebenden Verfahren oder Schweißverfahren möglich. Im Selbstklebeverfahren wird grundsätzlich wie bei den KSP-Bahnen verfahren – Eckenschnitte bei der unterdeckenden Bahn und thermische Aktivierung in diesem Bereich müssen selbstverständlich sein und sind anzuwenden. Im Schweißverfahren werden die Nähte dicht verschweißt. Eine letzte Möglichkeit besteht darin, die Nahtbereiche mit Systemklebstoffen wasserdicht zu verkleben.

Einbettung und Einpressung von Abdichtungsschichten aus nackten Bitumenbahnen → R 500

Werden nackte Bitumenbahnen zur Bauwerksabdichtung eingesetzt, so sind diese zwischen massiven Bauteilen (z. B. Mauerwerk oder Betonschale vor der Abdichtung = Schutzschicht) einzubetten. Hierdurch soll die Flächenanpressung auf die Abdichtung gewährleistet und beispielsweise ein Versacken derselben verhindert werden.

Situation bei Wassereinwirkungsklasse W2.2-E

Durch das Einpressen der Abdichtung mit einem Mindestdruck von 0,01 MN/m² (Meganewton), dies entspricht ca. 1.000 kg/m², wird ein Aufquellen der Abdichtungsbahnen durch kontinuierliche Wasseraufnahme und im Endeffekt das Verrotten der Rohfilzbahnen verhindert. Beim Einpressen zwischen massiven Bauteilen spielt der einwirkende Wasserdruck bei einer ausschließlichen Abdichtung aus nackten Bitumenbahnen keine Rolle, sondern lediglich der Druck aus dem umgebenden Gelände/Verfüllmaterial. Der maximale Druck auf die Abdichtung darf bei nackten Bitumenbahnen ohne Lagen aus Metallbändern 0,6 MN/m², also ca. 60.000 kg/m² betragen. Ab einer Lage Metallband sind es 1 MN/m² (ca. 100.000 kg/m²) und ab zwei Lagen 1,5 MN/m² (ca. 150.000 kg/m²).

Werden Metallbänder mit nackten Bitumenbahnen kombiniert, ist eine Mindesteinpressung nicht erforderlich, da der Wasserdruck auf die Metallschicht(en) (z. B. Edelstahl 0,05 mm oder Kupfer 0,1 mm) oberhalb der nackten Bitumenbahn wirken kann und diese nun nicht vom Wasser geschädigt wird.

Bei senkrechten Flächen ist in der Nähe der Geländeoberkante der Mindesteinpressdruck von 0,01 MN/m² zumeist nicht erreichbar. Hier muss die Abdichtung aber mindestens zwischen massiven Baukörpern eingebettet sein.

Erläuterung der Bezugsgrößen:

1 MN (Meganewton) = 1.000.000 N (Newton) entspricht der Gewichtskraft, die auf ca. 100.000 kg einwirkt.

Kunststoff- und Elastomerbahnen

Die Mindestüberdeckung der Bahnen an Längs- und Quernähten beträgt grundsätzlich 40 mm. Bei den Kunststoff- und Elastomerbahnen muss in den meisten Fällen grundsätzlich zwischen dem Verfahren, mit welchem die Lagesicherheit gewährleistet wird und dem Fügefahren der Nähte bzw. Überdeckungen unterschieden werden. Die einzige Ausnahme bieten hier Bahnen, die für eine Verklebung der Naht mit Polymerbitumenschichten versehen wurden.

Verfahren zur Fixierung auf dem Untergrund bei Kunststoff- und Elastomerbahnen

Das Selbstklebeverfahren

Wie auch bei rein bituminösen Abdichtungsprodukten, wird bei Kunststoff- und Elastomerbahnen die Trennschicht entfernt und die Bahn flächig mit dem Untergrund verbunden. Ein Andrücken bzw. Anreiben mit einem Besen oder gepolsterten Schaber erleichtert die Arbeit dabei. Die selbstklebende Schicht kann aus kaltselbstklebendem Polymerbitumen oder speziellen, auf den Werkstoff abgestimmten Klebstoffen bestehen.

Das Schweißverfahren

Dieses Verfahren setzt Bahnen voraus, die auf ihrer Rückseite mit einer ausreichend dicken Schicht aus Polymerbitumen ausgerüstet sind. Die Bitumenklebemasse wird mittels Energiezugabe aufgeschmolzen und die Kunststoff- oder Elastomerbahn während dieses Prozesses in die Klebemasse eingerollt (siehe Schweißverfahren bei Bitumen- und Polymerbitumenbahnen).

Das Klebeverfahren mit Klebstoff

Die zu verlegende Bahn verfügt bei dieser Variante nicht über eine vorinstallierte Klebeschicht, sondern der Klebstoff wird vom Verarbeiter nach Herstellervorgabe aufgebracht. Dabei gibt es verschiedene Möglichkeiten: Der Klebstoff kann nur auf der Bahn, nur auf dem Untergrund oder aber sowohl auf Bahn als auch Untergrund aufgetragen werden. Die Applikation erfolgt durch Aufgießen, Aufstreichen oder Aufsprühen – je nach System. Es gibt vollflächige und teilflächige Verklebungen.

Die verschiedenen Klebeverfahren mit Bitumenklebemassen

Hierfür eignen sich grundsätzlich nur Kunststoff- und Elastomerbahnen, die bitumenverträgliche Zusammensetzungen aufweisen. Die Bitumenklebemassen werden aufgegossen oder aufgestrichen und die Bahn in die noch heiße Klebemasse eingerollt. Der Nahtbereich darf keinesfalls mit Bitumen verschmutzt werden, damit er später werkstoffgerecht dicht geschlossen werden kann.

Das Bürstenstreichverfahren

Wie bei den bituminösen Bahnen erfolgt der Auftrag der Bitumenklebemasse mittels Bürste oder ähnlicher Werkzeuge im Bereich vor der Bahn. Diese wird dann in die noch heiße Klebemasse vollflächig eingebettet.

Das Gießverfahren

Mittels Gießkanne wird die Klebemasse aus ungefülltem Bitumen aufgetragen. Die Kunststoff- oder Elastomerbahn wird dann in die noch heiße Bitumenmasse eingerollt. An stark geneigten oder gar senkrechten Flächen wird die Klebemasse vorsichtig direkt vor die Rolle gegossen und diese dann langsam eingerollt. Hier sind kleinere Arbeitsschritte notwendig, als auf flach geneigten Flächen oder solchen ohne Gefälle.

Das Flämmverfahren

Hier existieren zwei Möglichkeiten:

1. Es wird zuerst eine Bitumenschicht aus Klebemasse aufgebracht, welche dann erneut angeschmolzen wird, um die Kunststoff- oder Elastomerbahn darin einzurollen und möglichst vollflächig aufzukleben.
2. Die Unterlage besteht aus einer vollflächig auf den Untergrund aufgeschweißten Bitumenschweißbahn, deren Oberseite mittels Wärmeenergiezufuhr angeschmolzen wird, sodass die Kunststoff- oder Elastomerbahn in die obere Deckschicht der Schweißbahn eingerollt werden kann.

Die lose Verlegung

Wie der Name es erahnen lässt, wird die Abdichtungsschicht bei dieser Verlegeart allenfalls zum Zwecke der Montageerleichterung mit dem Untergrund verbunden. Bei diesem System können auch vorgefertigte Planen mit großen Flächenabmessungen zum Einsatz kommen, welche industriell unter idealen Produktionsbedingungen vorgefertigt werden können. Bei der Wasserreinwirkungsklasse W2-E verlangt DIN 18533-2, dass max. 150 m^2 große Einzelflächen existieren dürfen. Ab dieser Größe sind unter Anderem Abschottungen mit speziellen Fugenbändern vorzusehen, die an dem Abdichtungsmaterial und Fugen im Bauwerk angeschlossen werden. Auch an die Kontrolle dieser Abschottungsbereiche werden spezielle Anforderungen gestellt (z. B. Einbau von Kontrollröhrchen zur Leckageüberwachung).

Verfahren zur Nahtfügetechnik bei Kunststoff- und Elastomerbahnen

In Abhängigkeit des Werkstoffes und des eingesetzten Fügeverfahrens sind unterschiedliche Nahtbreiten auszuführen. Hierbei ist die gebundene Naht (verschweißte Naht) gemeint (siehe Tabelle 4.3-7).

Tabelle 4.3-7: Fügenahtbreiten Kunststoffbahnen nach DIN 18533-1

Fügverfahren	Werkstoff	Mindest-fügebreite [mm]
Quellschweißen	EVA	30
	PIB	30
	PVC-P	30
Warmgasschweißen	ECB	30
	EVA	20
	PIB	20
	FPO	20
	PVC-P	20
	Elastomere	30
Heizelement-schweißen (Heizkeil)	ECB	30
	EVA	20
	FPO	20
	PVC-P	20
	Elastomere	30
Warmgasschweißen mit werkseitiger Beschichtung in der Fügenaht	Elastomere	30
	ECB	40

Wie bei Kunststoff- und Elastomerbahnen in den meisten Fällen notwendig, sind die Bereiche von T-Stößen zu egalisieren, um Kapillarkanäle zu vermeiden. Saubere Verbindungsflächen sind elementar, um eine dauerhafte Nahtsicherheit zu gewährleisten.

Das Quellschweißverfahren

Unter Zuhilfenahme eines Lösungsmittels werden die beiden zu verbindenden Bahnenflächen angelöst und sogleich aufeinandergepresst, damit die Verbindung erfolgen kann. Es kann, je nach Werkstoff, erforderlich sein, diesen Anpressdruck unterschiedlich lange aufrechtzuerhalten.

Das Warmgasschweißverfahren (Heißluft)

Durch das Einblasen von heißer Luft werden zumeist thermoplastische Kunststoffe oder auch mit thermoplastischen Werkstoffen versehene Überdeckungsflächen von eigentlich nicht thermoplastischen Bahnen (z. B. Elastomeren) plastifiziert und direkt aufeinandergedrückt, bevor das Material abkühlen kann.

Das Heizelementschweißen (Heizkeil)

Anstelle von heißer Luft wird hierbei ein aufgeheiztes Metallbauteil in Keilform in die Naht eingefügt, welches den Nahtbereich plastifiziert, sodass er durch das anschließende Andrücken dicht geschlossen werden kann.

Prüfung von Nahtverbindungen bei Bauwerksabdichtungen

DIN 18533-2 fordert generell eine Nahtprüfung aller Baustellenfügenähte mit mindestens **zwei** der folgenden Verfahren:

- Optische Prüfung durch visuelle Kontrolle
- Mechanische Prüfung mit Prüfwerkzeug, z. B. Nahtprüfer oder Schraubendreher
- Anblasprüfung mit Spitzdüse oder max. 20 mm Flachdüse im Abstand von 5 mm zu Nahtkante bei ca. 150 °C
- Vakuumprüfung mit Seifenlauge und Vakuumglocke

Kunststoffmodifizierte Bitumen-Dickbeschichtungen PMBC/KMB

Auf dem abdichtungsgerecht vorbereiteten und grundierten Mauerwerk wird die geschlossene, zäh-elastische Dickschicht in 2 Arbeitsgängen im Spachtel-, Streich- oder Spritzverfahren aufgetragen. Die Aufträge können frisch in frisch erfolgen, sodass eine Trockenschichtdicke von mindestens 3 bis 4 mm, je nach Wassereinwirkungsklasse, erzielt wird. Eine Gewebeeinlage ist bei W2.1-E und W3-E erforderlich. Bei Arbeitsunterbrechungen zieht man Masse bis auf Nullniveau aus und setzt bei der Weiterarbeit dort mit mindestens 10 cm Überdeckung wieder neu an.

Vor intensiver Sonneneinstrahlung und Niederschlagswasser ist die frisch aufgetragene Dickbeschichtung zu schützen. Ebenso ist die Abdichtung während der Bauzeit vor rückwärtiger Feuchtigkeitsbelastung zu schützen (in die Kellerwand eindringendes Wasser). Erst bei kompletter Austrocknung der Dickbeschichtung ist das Verfüllen der Baugrube möglich. Dieser Trocknungsprozess kann je nach Witterung mehrere Tage andauern.

Die Durchtrocknungsprüfung erfolgt über Referenzproben. Bei Ausführungen sind grundsätzlich Schichtdickenkontrollen und Durchtrocknungsprüfungen durchzuführen. Diese Prüfungen sind zu dokumentieren. Die Schichtdickenkontrolle erfolgt über Messungen der Nassschichtdicken, 20 Messungen je Objekt, bzw. mindestens 20 Messungen je 100 m^2 Abdichtungsfläche. Durch mehrfaches Anschneiden der Beschichtung an der Referenzprobe kann der Grad der Durchtrocknung überprüft werden. Bei W2.1-E müssen Schichtdickenkontrollen (Anzahl, Lagen, Ergebnisse), der Materialverbrauch für die abgedichtete Fläche und die Durchtrocknungsprüfung dokumentiert werden (Protokoll). Vor dem Verfüllen der Baugrube ist eine Schutzschicht anzuordnen, damit die Abdichtung nicht mit dem Verfüllmaterial nach unten abgleiten kann.

Detailabdichtungen von Durchdringungen, Übergängen und Anschlüssen

Grundsätzlich sind Durchdringungen wie Rohre, Kabeldurchführungen oder Stützen auf ein Minimum zu begrenzen. Weiterhin können beispielsweise Kabel in Mantelrohren zusammengefasst werden.

Dachdurchdringungen, Übergänge und Anschlüsse sind so auszuführen, dass ein Eindringen von Feuchtigkeit bzw. Wasser auf Dauer nicht möglich ist und Beanspruchungen aus Bauteilbewegungen und Wasserdruck schadlos aufgenommen werden.

Sie sind derart anzuordnen, dass die Abdichtung fachgerecht, problemlos und gut zugänglich angeschlossen werden kann. Ein weiterer Planungsgrundsatz ist, dass das zu durchdringende Bauteil, auf den Querschnitt bezogen, auf dem kürzesten Weg (nicht diagonal) durchdrungen werden soll.

Bei Wassereinwirkungsklasse W2-E ist ihre Position möglichst oberhalb des Bemessungswasserstandes festzulegen.

In DIN 18533-1 sind die Anforderungen an die baulichen Erfordernisse und die konstruktiven Ausführungen im Bereich von Durchdringungen, Übergängen und Anschlüssen geregelt. Die erforderlichen konstruktiven und abdichtungstechnischen Maßnahmen sind auf die zu erwartende Wasserbeanspruchung abzustimmen. Die Ränder der Abdichtung dürfen weder abrutschen noch sich ablösen. Dazu sind im Regelfall besondere Einbauteile erforderlich, es sei denn, der Haftverbund zum Untergrund (z. B. KMB/PMBC) oder die konstruktive Situation schließt auch ohne besondere Randverwahrung ein Ablösen oder Abrutschen der Abdichtung aus.

Durchdringungen

Durchdringungen sind, wie sämtliche Details, so auszuführen, dass ihre Abdichtung, beziehungsweise der Anschluss derselben, einwandfrei ermöglicht wird. In Abhängigkeit der Wassereinwirkungsklasse und des Abdichtungsmaterials sind unterschiedliche Ausführungsvarianten möglich. Der Abstand von Durchdringungen muss so gewählt werden, dass der Abstand ihrer Anschlussflansche, wie Klebeflansche und Manschetten mindestens 15 cm untereinander und von Bauteilkanten (z. B. Innen- oder Außenecke, Übergänge Boden – Wand) entfernt ist. Der Mindestabstand von Bewegungsfugen beträgt von der Flanschaußenkante 30 cm. Für Los-Festflanschkonstruktionen gelten erweiterte Forderungen: Hier beträgt der Mindestabstand zu Bauteilkanten 30 cm und 50 cm zu Bewegungsfugen. Sämtliche davon abweichende Ausführungen sind Sonderkonstruktionen gemäß DIN 18533-1.

Abb. 4.3-12 Rohrdurchdringung mit Klebeflansch und Dichtungsring

Abb. 4.3-13 Komplett abgedichtete Rohrdurchdringung in einer Kelleraußenwand

Durchdringungen bei Wassereinwirkungsklasse W1-E

Bahnenförmige Werkstoffe werden bei Wandflächen mittels Klebeflansch, Anschweißflansch, mit Systemen aus Manschette und Schelle oder flüssig zu applizierenden Abdichtungsstoffen, z. B. Flüssigkunststoff, angeschlossen (siehe Abb. 4.3-12 und Abb. 4.3-13).

Flüssig zu verarbeitende Werkstoffe können direkt oder mit Manschetten an Durchdringungen angeschlossen werden. Wenn eine Bodenplatte nur durch Kapillarwasser beansprucht wird, darf die Abdichtung einfach fugenlos bis an das Bauteil (z. B. Rohrleitung) herangeführt werden. Ein Flansch oder ähnliche Bauteile sind nicht erforderlich, wenn beispielsweise der Durchmesser der Anschlussbahn kleiner gewählt wird als das abzudichtende Rohrstück, damit keine Feuchtigkeit aufsteigen kann.

Durchdringungen bei Wassereinwirkungsklasse W2-E

Bei W2.1-E ist die Anwendung spezieller Systeme zulässig, mit denen Leitungen in Gebäude geführt werden können. Diese sind vom Hersteller für einen Prüfdruck von mindestens 1 bar (Überdruck des Wassers in etwa 10 m Eintauchtiefe) auszulegen.

Bei W2.2-E müssen generell Los-Festflanschkonstruktionen angewendet werden.

Schutz der Abdichtung

Unterschieden werden hierbei:

- **Schutzschichten**
  Dauerhafter, ggf. auch lastverteilender Schutz einer Abdichtungsschicht gegen mechanische, thermische und/oder chemische Einwirkung.
- **Schutzlagen**
  Dauerhafter Schutz einer Abdichtungsschicht aus bahnenförmigen Stoffen gegen mechanische, thermische und/oder chemische Einwirkung.
- **Schutzmaßnahmen**
  Temporärer Schutz einer Abdichtungsschicht während der Bauphase.

Schutzschichten

Stoffe für Schutzschichten müssen mit der Bauwerksabdichtung verträglich und gegen die auf sie einwirkenden Beanspruchungen mechanischer, thermischer und chemischer Art widerstandsfähig sein. Schutzschichten müssen Bauwerksabdichtungen dauerhaft vor schädigenden Einflüssen statischer, dynamischer und thermischer Art schützen.

Materialien für Schutzschichten:

- Beton, Mindestdicke 50 mm, C 8/10 oder bei Bewehrung mindestens C 12/15 (Neigungswinkel > 18 ° erfordert Bewehrung)

Abb. 4.3-14: Schutzschicht aus XPS-Perimeterdämmplatten

- Estrich auf Trennschicht
- Mauerwerk, Dicke 115 mm, mit Normalmörtel, je nach Ausführung mit mörtelgefüllter Fuge zur fertigen Abdichtung oder verputzt als Abdichtungsuntergrund.
- Gussasphalt, Mindestdicke 25 mm, auf Trennlage bei Bahnen aus Bitumen, Kunststoff- und Elastomerbahnen (außer bei Abdichtungskombinationen aus Gussasphalt und Bitumenschweißbahnen)
- Schaumkunststoffplatten und Schaumglasplatten, Mindestdicke 25 mm, mit der Abdichtung kleberverträglich verklebt oder nicht verklebt, Perimeterdämmung nach DIN 4108 mit Zulassung für den jeweiligen Anwendungsfall (siehe Abb. 4.3-14). Bei Einpressung der Abdichtung sind Schaumkunststoffplatten und Schaumglasplatten nicht zulässig.

Stoffe zum Verfüllen von Fugen in Schutzschichten:

- bitumenhaltige Vergussmassen
- Fugendichtstoffe aus Kunststoffen, Bitumen oder Polymerbitumen
- Fugenverfüllband aus Bitumen, thermoplastischen Kunststoffen oder Elastomeren

Schutzlagen

- PVC-Schutzbahnen, Dicke ≥ 1 mm
- Bautenschutzmatten und -platten aus Gummi- oder Polyethylengranulat, Dicke ≥ 6 mm
- Vlies aus synthetischen Fasern bzw. Geotextilien aus Chemiefasern, ≥ 300 g/m2
- Kunststoff- und Elastomerbahnen nach DIN 18533-2
- Bitumen- und Polymerbitumenbahnen nach DIN 18533-2
- Noppenbahnen mit integrierter Gleit-, Schutz- und Lastverteilungsschicht
- Dränmatten
- Dränplatten

Schutzmaßnahmen

Hierbei handelt es sich um unterschiedlichste Maßnahmen, welche die Abdichtung bis zu ihrer Fertigstellung vor Beschädigung oder negativen Einwirkungen schützen. Dies sind organisatorische Maßnahmen im Bauablauf, aber auch Abdeckmaßnahmen gegen Regeneinfluss, Schutz der Abdichtung bis zur Ausreaktion (PMBC, MDS, FLK), oder gegen Hinterlaufen. Auch temporärer UV-Schutz von Bitumenprodukten mit nicht ausreichender Wärmestandfestigkeit zählt dazu, ebenso wie der Schutz gegen Lösungsmittel bzw. chemische Einwirkungen allgemein.

Wirksamer UV-Schutz kann z. B. durch Anstriche (Zementmilch), durch Schattenspende mit Planen und Bahnen erfolgen.

Gegebenenfalls sind temporär Schutzlagen und Schutzschichten erforderlich, um die Abdichtung gegen die Unachtsamkeit von Personen anderer Gewerke zu schützen. Laien haben auf Abdichtungen nichts zu suchen. Abdichtungen sind zudem kein Lagerplatz. Engmaschige Teilabnahmen der einzelnen Bauabschnitte sind sehr empfehlenswert – fotografische Dokumentation des Ist-Zustandes professionell und zeitgemäß.

Zusammenfassung

Bauwerksabdichtungen sind Abdichtungen gegen Bodenfeuchtigkeit, nicht drückendes Wasser, von außen drückendes oder von innen drückendes Wasser.

Drückendes Wasser tritt als von innen drückendes Wasser z. B. bei Schwimmbädern oder als von außen drückendes Wasser z. B. bei Grundwasser auf.

Nicht drückendes Wasser ist Niederschlagswasser, welches über einen durchlässigen Boden versickern kann, ohne einen erhöhten Wasserdruck auf die Abdichtung auszuüben.

Bauwerksabdichtungen sind im Gegensatz zu Dachabdichtungen keinen UV-Strahlen ausgesetzt und durch eine Abdeckung geschützt.

Bauwerksabdichtungen können mit einer Vielzahl von Werkstoffen, z. B. Bitumenbahnen, Kunststoff- und Elastomerbahnen, kunststoffmodifizierten Bitumendickbeschichtungen hergestellt werden.

Der Untergrund für Abdichtungen muss abdichtungsgerecht hergestellt und vorbereitet werden. Kehlen müssen gerundet und Kanten sollten gefast werden.

Die fertige Abdichtung muss grundsätzlich vor mechanischer Beschädigung durch geeignete Schutzlagen, Schutzschichten oder Schutzmaßnahmen geschützt werden.

Als Schutzschicht können Perimeterdämmplatten, z. B. aus XPS, verwendet werden.

Grundsätzliche Auswahlkriterien für die Abdichtung ergeben sich aus Wassereinwirkungsklasse, Rissklasse, Rissüberbrückungsklasse, Raumnutzungsklasse, geplanter Nutzungsdauer und Zuverlässigkeitsanforderungen.

Die Art der Wassereinwirkung wird in 4 Klassen von W1-E bis W4-E unterteilt.

Von Bodenfeuchte ist bei der Planung grundsätzlich auszugehen.

Pro m Eintauchtiefe ins Wasser wirken etwa 0,1 kg/cm² = 1.000 kg/m² auf eine Bauteilfläche.

Durchdringungen wie Rohre, Kabeldurchführungen oder Stützen sind bei der Planung auf ein Minimum zu begrenzen.

Aufgaben

1. Mit welchen Schutzzielen werden Bauwerksabdichtungen ausgeführt?
2. Wo liegt der Unterschied zwischen einer Weißen Wanne und einer Schwarzen Wanne.
3. Nach welcher Norm werden Bauwerksabdichtungen von Wänden und Bodenplatten gegen Erdreich ausgeführt?
4. Nenne 4 Werkstoffe, mit denen Bauwerksabdichtungen hergestellt werden können.
5. Was definiert der k-Wert in Bezug auf Böden?
6. Bei welchen Bedingungen kann auf die Abdichtung einer Bodenplatte bei Wassereinwirkungsklasse W1-E verzichtet werden?
7. Wählen Sie eine Abdichtung einer Bodenplatte mit Kunststoff- und Elastomerbahnen bei W1.1-E und W1.2-E, Raumnutzungsklasse RN1-E bis RN3-E, Rissklasse R1-E bis R4-E aus.
8. Wählen Sie eine Abdichtung einer Bodenplatte oder erdberührten Wand mit Bitumen- und Polymerbitumenbahnen bei W2.2-E, Raumnutzungsklasse RN1-E bis RN3-E, Rissklasse R1-E bis R4-E und einer Eintauchtiefe von ≤ 4,0 m aus.
9. Erläutern Sie das Gieß- und Einwalzverfahren.
10. Wie breit muss die Fügenaht bei PVC-P Abdichtungsbahnen ausgeführt werden?
11. Wie kann die Nahtprüfung bei Bauwerksabdichtungen erfolgen?
12. Nennen Sie zwei Schutzlagen.

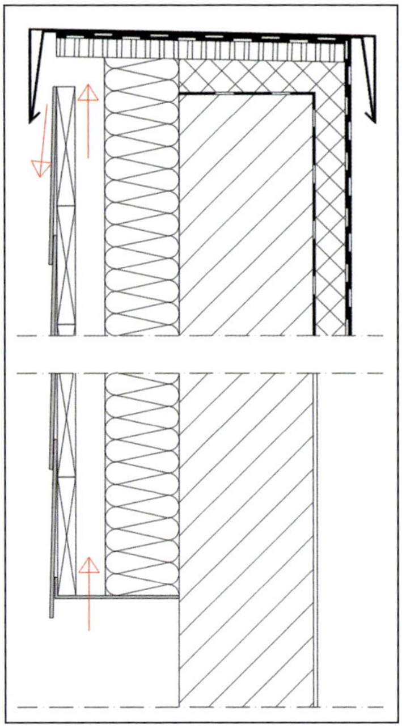

Abb. 4.4-1: Hinterlüftete Außenwandbekleidung

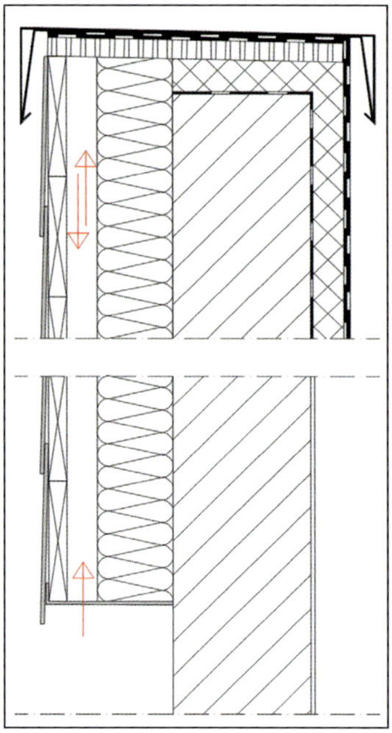

Abb. 4.4-2: Belüftete Außenwandbekleidung

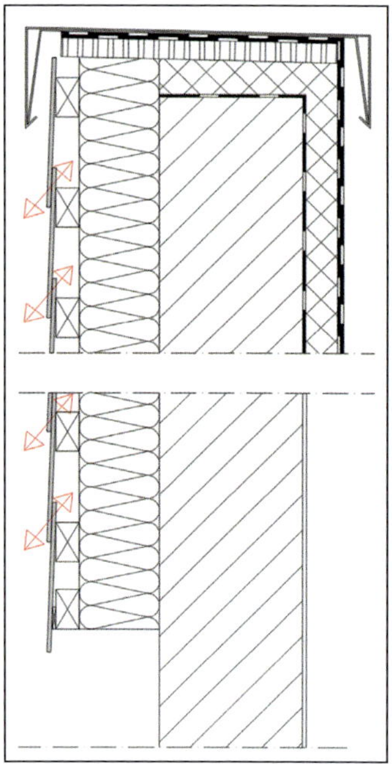

Abb. 4.4-3: Luftdurchlässige Außenwandbekleidung

4.4 Außenwandbekleidungen

Das Bauteil Außenwand hält regelmäßig den größten prozentualen Anteil an der Gebäudehülle. Ein Gebäude mit einer Grundfläche von 10 m × 10 m, einer Traufhöhe von 6 m und einer Satteldachneigung von 45 ° gliedert sich in ≈ 290 m^2 Wand- und ≈ 141 m^2 Dachfläche.

Außenwandbekleidungen erfüllen vielfältige Aufgaben. Sie schützen vor Witterungseinflüssen aus Regen, Hagel, Schnee und Wind, sichern den Wärme- und Tauwasserschutz und erfüllen Notwendigkeiten des Schallschutzes sowie Brandschutzanforderungen.

Unterscheidungsmerkmale

Grundsätzlich werden Außenwandbekleidungen nach Art der Luftführung unterschieden:

1. Hinterlüftete Außenwandbekleidungen
2. Belüftete Außenwandbekleidungen
3. Luftdurchlässige Außenwandbekleidungen
4. Nicht hinterlüftete Außenwandbekleidungen

Zusätzlich sind bei den hinterlüfteten und belüfteten Bekleidungen weitere Sonderformen möglich:

- Außenwandbekleidung mit offenen Fugen
- Außenwandbekleidung mit perforierten Bekleidungselementen

Hinterlüftete Außenwandbekleidung

Außenwandbekleidung mit raumseitig der Bekleidung und Unterlage angeordneter durchgehender Luftschicht, die am oberen und unteren Abschluss über Öffnungen mit der Außenluft in Verbindung steht (siehe Abb. 4.4-1).

Belüftete Außenwandbekleidung

Außenwandbekleidung mit raumseitig der Bekleidung und Unterlage angeordneter durchgehender Luftschicht, die am unteren Abschluss über Öffnungen mit der Außenluft in Verbindung steht (siehe Abb. 4.4-2).

Luftdurchlässige Außenwandbekleidung

Außenwandbekleidung mit klein- oder brettformatigen Bekleidungselementen (z. B. Schiefer), die überlappend auf linienförmiger Unterlage (z. B. Latten oder Metallprofilen) gedeckt werden (siehe Abb. 4.4-3).

Außenwandbekleidung mit offenen Fugen

Außenwandbekleidung, bei der die Fugen zwischen den Bekleidungselementen nicht hinterlegt oder abgedeckt sind (siehe Abb. 4.4-4).

Außenwandbekleidung mit perforierten Bekleidungselementen

Außenwandbekleidung, bei der die Bekleidungselemente perforiert oder gelocht sind, z. B. Metallprofile.

Grundsätzlich sind aus Sicht des Feuchteschutzes Außenwandbekleidungen, bei denen ein regelmäßiger Luftaustausch zwischen dem Raum hinter der Bekleidung und der Außenluft stattfindet, die sichersten Konstruktionen. Im Dachdeckerhandwerk ist die hinterlüftete Bekleidung u. a. aus diesem Grund eine beliebte Konstruktionsart. Ein weiterer Vorteil dieser Bekleidungsart ist die Möglichkeit, die Stoffe nach dem Ablauf der technischen Nutzungsdauer zu separieren und ggf. zu recyceln oder zumindest getrennt zu entsorgen.

Typische Bestandteile einer Außenwandbekleidung (siehe Abb. 4.4-5 und Abb. 4.4-6)

- Bekleidung (der eigentliche Wetterschutz)
- Hinterlüftungsraum (je nach Konstruktionsart vorhanden oder nicht)
- Wärmedämmung (falls erforderlich)
- Unterkonstruktion (Grundlattung, Konter- und/oder Traglattung, Metallkonstruktionen)
- Verbindungsmittel der Bekleidung an der Unterkonstruktion
- Verbindungsmittel der Unterkonstruktionsteile untereinander
- Verbindungsmittel der Unterkonstruktion an der tragenden Wand (Mauerwerk, Beton, Holzkonstruktion)
- Zubehörteile (Lüftungsprofile, An- und Abschlussprofile)

Die Art der Bekleidungselemente definiert, welche Unterkonstruktionen sich für die Lastabtragung darunter eignen und welche Regelwerke für die Ausführung zu beachten sind.

Kleinformatige und brettformatige Bekleidungselemente können nach allgemein anerkannten Regeln der Technik, dem Fachregelwerk des Deutschen Dachdeckerhandwerks, mit geeigneten Verbindungsmitteln mit der Unterkonstruktion verbunden werden. Voraussetzung hierfür ist, dass in den entsprechenden Regelwerken Daten zum konkreten Deckelement vorhanden sind.

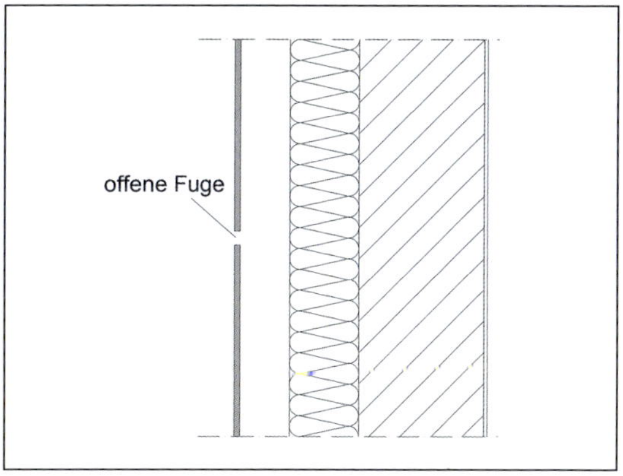

Abb. 4.4-4: Außenwandbekleidung mit offenen Fugen

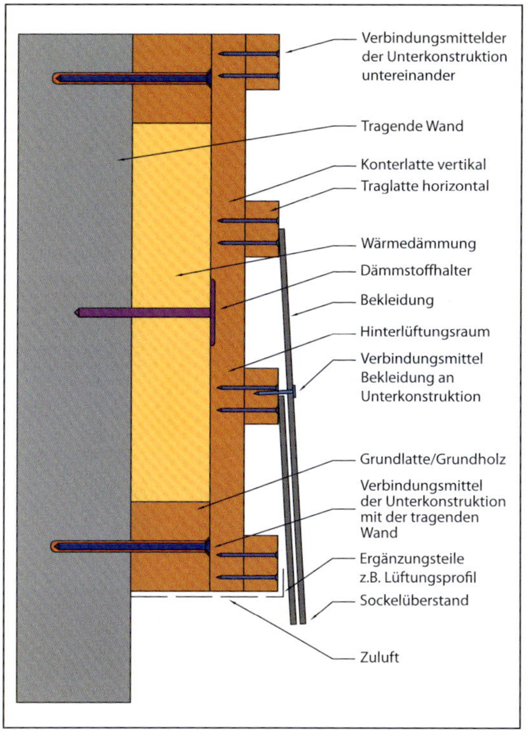

Abb. 4.4-5: Schnitt durch eine hinterlüftete Außenwandbekleidung mit horizontal verlaufenden Grundhölzern

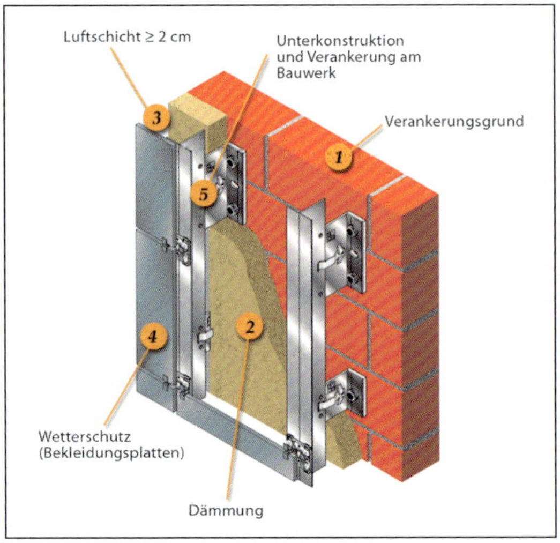

Abb. 4.4-6: Hinterlüftete Bekleidung mit Unterkonstruktion aus Metall

Großformatige Bekleidungselemente hingegen werden nach den bauaufsichtlichen Regelungen der DIN 18516 ausgeführt und im Einzelfall inklusive Verbindung mit der Unterkonstruktion statisch bemessen. Die Teile DIN 18516-1, DIN 18516-3 und DIN 18516-5 sind über die Muster-Verwaltungsvorschrift Technische Baubestimmungen, kurz MVV TB, baurechtlich eingeführt.

Definitionen zu den Deckelementen

- **Kleinformatiges Bekleidungselement**
  Bekleidungselement mit einer Fläche ≤ 0,4 m² **und** einem Eigengewicht ≤ 5 kg.
- **Brettformatiges Bekleidungselement**
  Bekleidungselement mit einer Breite ≤ 0,3 m **und** einem Achsabstand der Unterkonstruktion ≤ 0,8 m.
- **Großformatiges Bekleidungselement**
  Bekleidungselement mit einer Fläche > 0,4 m² **oder** einem Eigengewicht > 5 kg.

Bei den klein- und brettformatigen Elementen ist wichtig zu beachten, dass, sobald sie eine Bedingung nicht erfüllen, automatisch als großformatige Elemente eingestuft werden.

4.4.1 Verbindungsmittel

Verbindungsmittel, wie z. B. Dübel-Schrauben-Kombinationen, Schrauben, gerillte Nägel und

Abb. 4.4-7: Bohrlochreinigung mit Ausblaspumpe

Nieten benötigen einen bauaufsichtlichen Verwendbarkeitsnachweis und müssen für die Verwendung geeignet sein.

In der Regel wird die Verwendbarkeit durch eine allgemeine bauaufsichtliche Zulassung (abZ) oder allgemeine Bauartgenehmigung oder Europäisch Technische Bewertung (ETB/ETA) nachgewiesen (siehe Abb. 4.4-9).

Die Verbindung der Unterkonstruktion an der tragenden Wand erfolgt in der Regel bei Wänden aus Mauerwerk, Beton/Stahlbeton oder Porenbeton mit Dübel-Schrauben-Kombinationen, in Holzbauweise mit Holzschrauben.

Die Verbindung der Unterkonstruktionsteile untereinander erfolgt in der Regel bei Metallunterkonstruktionen mit Schrauben oder Nieten, bei Holzunterkonstruktionen mit Holzschrauben oder gerillten Nägeln und bei Unterkonstruktionen aus Metall und Holz mit Schrauben.

Durch die allgemeine bauaufsichtliche Zulassung, allgemeine Bauartgenehmigungen oder Europäisch Technische Bewertungen ist für Dübel-Schrauben-Kombinationen festgelegt, welche Kennwerte bei der Montage des Dübels zu berücksichtigen sind. Dies sind z. B.: Bohrernenndurchmesser, Mindestbohrlochtiefe, Art des Bohrverfahrens (mit oder ohne Schlag), Bohrlochreinigung (siehe Abb. 4.4-7 und Abb. 4.4-8), Länge des Dübels im Verankerungsgrund, Temperaturbereich beim Einbau und im Nutzungszustand des Dübels, Durchgangsloch im anzuschließenden Bauteil, z. B. Konsole oder Kantholz, Abstände von Dübeln untereinander, Randabstände von Dübeln, und

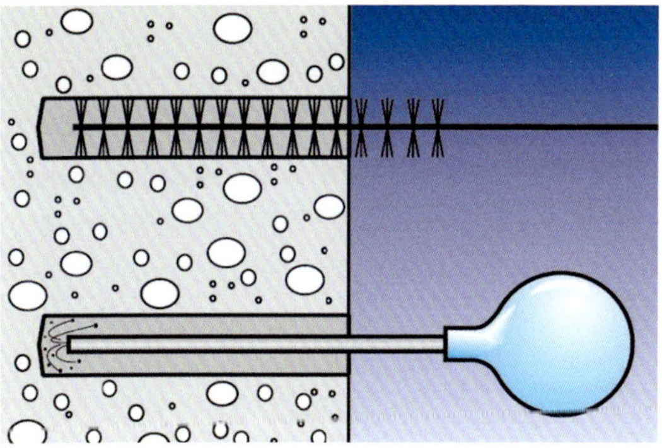

Abb. 4.4-8: Reinigung des Bohrlochs durch Ausbürsten und Ausblasen

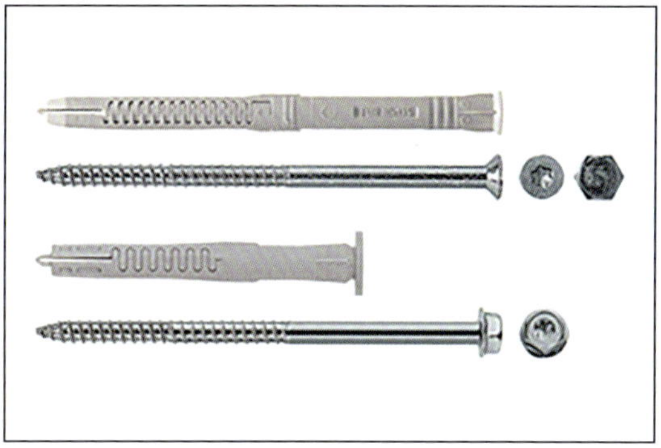

Abb. 4.4-9: Verbindungsmittel der Unterkonstruktion an der tragenden Wand mit ETA

für welchen konkreten Untergrund Tragfähigkeitswerte vorliegen.

Da sich die allgemeinen bauaufsichtlichen Zulassungen, allgemeinen Bauartgenehmigungen und Europäisch Technischen Bewertungen in der Regel bei Mauerwerk auf konkrete Produkte, bei Beton auf bestimmte Festigkeitsklassen und bei Porenbeton auf bestimmte Tragfähigkeiten beziehen, eignen sich die dort angegebenen Tragfähigkeitswerte für Neubauten.

Bei bestehenden Gebäuden mit Mauerwerkswänden sind die Tragfähigkeiten der verwendeten Mauersteine in vielen Fällen unbekannt. In diesen Fällen können aus der allgemeinen bauaufsichtlichen Zulassung und Europäisch Technischen Bewertung in der Regel keine konkreten Tragfähigkeitswerte abgeleitet werden.

Deshalb werden Prüfungen an vorhandenem Mauerwerk zur Ermittlung der rechnerischen Tragfähigkeit von Dübel-Schrauben-Kombinationen von hierfür speziell geschulten Personen, z. B. Mitarbeitern des Dübel-Herstellers, durchgeführt.

Für Schrauben und Nieten zur Verbindung von Teilen der Metallunterkonstruktion sind die Anforderungen an die Metallprofile und Konsolen, Abstände der Verbindungsmittel untereinander, Randabstände der Verbindungsmittel,

Ausführungsvoraussetzungen sowie Angaben zu den Tragfähigkeiten in der allgemeinen bauaufsichtlichen Zulassung, den allgemeinen Bauartgenehmigungen oder in der Europäisch Technischen Bewertung geregelt.

Für Holzschrauben und Nägel zur Verbindung von Teilen der Holzunterkonstruktion sind die Anforderungen an die Abstände der Verbindungsmittel untereinander, Randabstände der Verbindungsmittel, Mindestdicken der zu verbindenden Hölzer, Mindesteindringtiefen der Verbindungsmittel, Festigkeiten der Hölzer sowie Angaben zu den Tragfähigkeiten in der DIN EN 1995-1-1 einschließlich DIN EN 1995-1-1/NA sowie in allgemeinen bauaufsichtlichen Zulassungen oder Europäisch Technischen Bewertungen geregelt (siehe Abb. 4.4-15). Bei Holzschrauben empfiehlt sich die Planung und Ausführung auf Grundlage der allgemeinen bauaufsichtlichen Zulassung oder Europäisch Technischen Bewertung.

Die Wahl der Art und Anzahl der Verbindungsmittel erfolgt gemäß statischem Nachweis bei:

- Verbindungsmittel Unterkonstruktion ↔ tragende Wand
- Verbindungsmittel Unterkonstruktion ↔ Unterkonstruktion
- Verbindungsmittel Unterkonstruktion ↔ großformatige Bekleidung

Die Wahl der Verbindungsmittel Unterkonstruktion ↔ kleinformatige Bekleidung ist nach den jeweiligen Fachregeln für Außenwandbekleidung möglich.

4.4.2 Unterkonstruktionen

Grundhölzer und Traglatten aus Nadelholz für Außenwandbekleidungen mit kleinformatigen Platten müssen mindestens der Sortierklasse

Abb. 4.4-10: Festpunkt-Konsole mit vertikalem Tragprofil

Abb. 4.4-11: Gleitpunkt-Konsole mit vertikalem Tragprofil

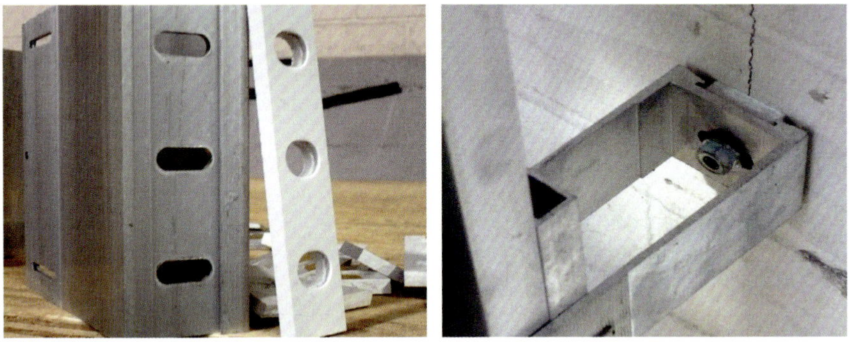

Abb. 4.4-12: Thermisches Trennelement aus Kunststoff zur thermischen Entkopplung der Aluminium-Konsole von der tragenden Wand

S 10 nach DIN 4074-1 entsprechen und über einen Nennquerschnitt von 30/50 mm verfügen. Sie sollten mindestens der Festigkeitsklasse C24 entsprechen.

Schalungen aus Nadelholz für Außenwandbekleidungen mit kleinformatigen Platten sollen mindestens der Sortierklasse S 10 nach DIN 4074-1 entsprechen und über eine Nenndicke von 24 mm verfügen.

Unterkonstruktionen von Außenwandbekleidungen werden in der Regel aus Holz, Metall oder Kombinationen aus beiden Werkstoffen hergestellt. Aus den Planungsunterlagen müssen hervorgehen: Material, Abmessungen, Materialstärken und ggf. Festigkeitswerte von Konsolen und Profilen, Abmessungen und Festigkeiten von Hölzern oder Holzwerkstoffen. Bei Metallprofilen soll die max. Länge 3,0 m nicht überschreiten. Bei Gebäuden in Holz-Skelettbauweise, z. B. Fachwerk, ist die Befestigung der Unterkonstruktion in der Regel nur in den tragenden Holzbauteilen möglich.

Abb. 4.4-13: Unterkonstruktion aus Basiskonsole und thermisch entkoppeltem Schwert, an welchem das vertikal verlaufende Tragprofil befestigt ist

Bei Unterkonstruktionen aus Metall (siehe Abb. 4.4-10 und 4.4-11), insbesondere aus Aluminium, werden thermische Trennelemente eingesetzt, um den Energiefluss aus der tragenden Wand über die Unterkonstruktion nach außen zu minimieren. Diese Trennelemente bestehen regelmäßig aus Kunststoffen und werden wandseitig unter der Konsole (siehe Abb. 4.4-12), oder als Bestandteil der Konsole selbst eingebaut (siehe Abb. 4.4-13).

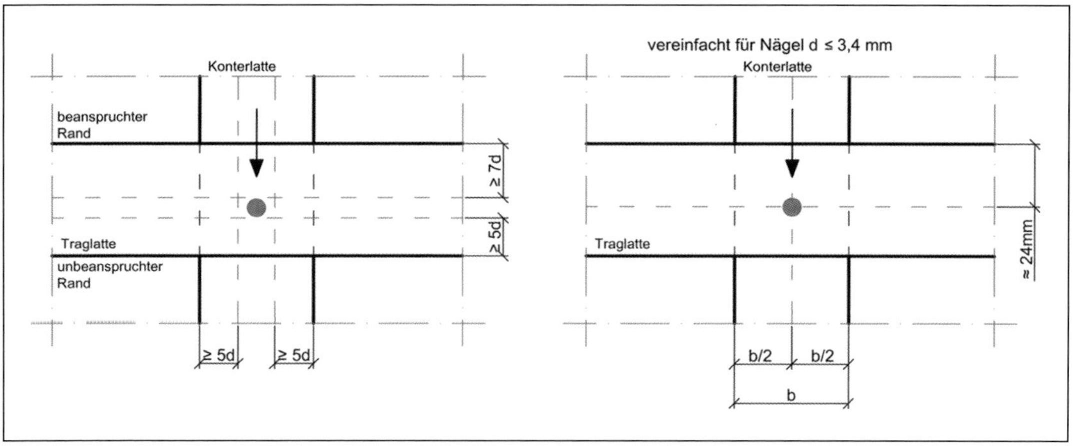

Abb. 4.4-14: Randabstände von Nägeln zur Befestigung von Traglatten mit 1 Nagel

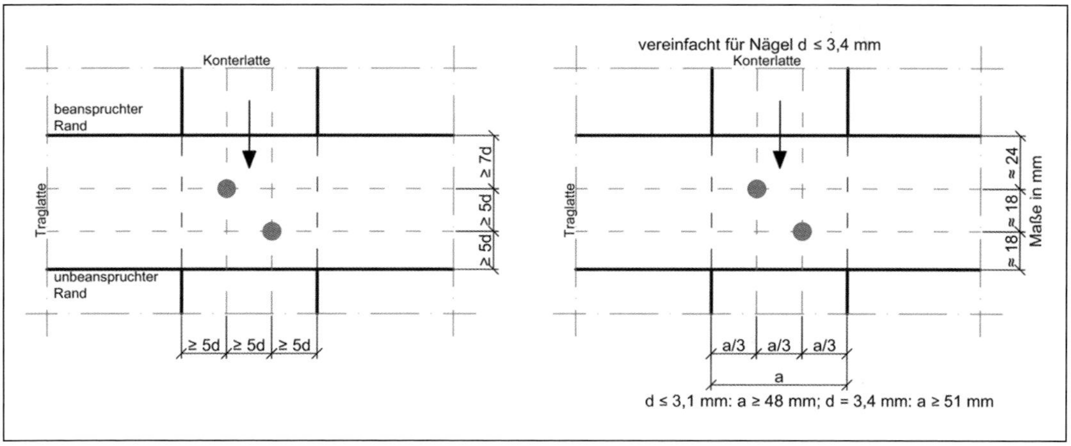

Abb. 4.4-15: Randabstände von Nägeln zur Befestigung von Traglatten mit 2 Nägeln

Verbindungen von Unterkonstruktionen aus Holz

Die Verbindung von Grundhölzern erfolgt auf Mauerwerk/Beton regelmäßig mit Dübel-Schrauben-Kombinationen. Die Verbindungsabstände gehen aus den Berechnungen des Statikers bzw. Fachplaners hervor. Häufig werden solche Berechnungen durch die Hersteller der Bekleidung, der Unterkonstruktion oder des Verbindungsmittels bereitgestellt. Verbindungen von Konterlatten an den Grundhölzern sowie von Traglatten oder Schalungen auf Konterlatten müssen ebenfalls statisch dimensioniert werden.

Um den ausführenden Handwerkern eine Hilfestellung bei den Holzverbindungen zu geben, wurde das Fachregelwerk um die ZVDH-Planungshilfe „Befestigung von Holz-Unterkonstruktionen an Außenwänden“ ergänzt. Sie gilt für klein- und brettformatige Bekleidungselemente und nicht selbsttragende Metallbekleidungen in den Windzonen 1 bis 4. Nachfolgend werden einige Auszüge aus der Planungshilfe dargestellt.

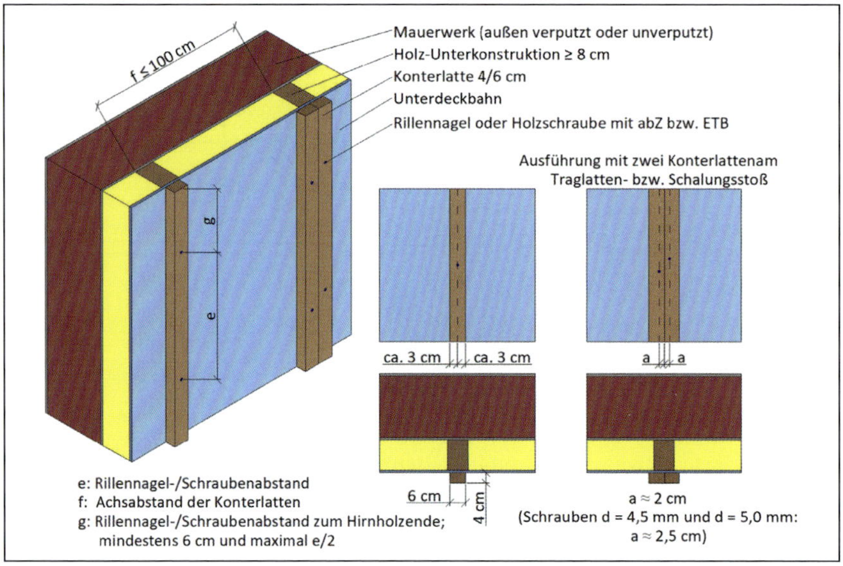

Abb. 4.4-16: Konterlatten bei Mauerwerksaußenwänden mit Holzunterkonstruktionen

Befestigung von Konterlatten an der Holz-Unterkonstruktion

Tabelle 4.4-1 und Tabelle 4.4-2 zeigen die Abstände der

- Rillennägel oder
- Schrauben mit Durchmesser von 4,0 mm, 4,5 mm und 5,0 mm

zur Befestigung von Konterlatten an Holzunterkonstruktionen.

Die eingesetzten Konterlatten müssen mindestens der Festigkeitsklasse C24 bzw. der Sortier-

Tabelle 4.4-1: Konterlatten, max. Abstand der Rillennägel und Schrauben in Windzone 1 und 2 bei Gebäudehöhen h ≤ 18 m

		Rillennägel		**Schrauben[a]**		
	Durchmesser	**3,1 mm**	**3,4 mm**	**4 mm[b]**	**4,5 mm[c]**	**5 mm[d]**
	Eindringtiefe	**≥ 40 mm**				
Achsabstand der Holz-Unterkonstruktion	≤ 60 cm	≤ 34 cm	≤ 38 cm	≤ 36 cm	≤ 46 cm	≤ 55 cm
	≤ 70 cm	≤ 29 cm	≤ 33 cm	≤ 31 cm	≤ 39 cm	≤ 47 cm
	≤ 80 cm	≤ 25 cm	≤ 29 cm	≤ 27 cm	≤ 34 cm	≤ 41 cm
	≤ 90 cm	≤ 22 cm	≤ 25 cm	≤ 24 cm	≤ 30 cm	≤ 37 cm
	≤ 100 cm	≤ 20 cm	≤ 21 cm	≤ 23 cm	≤ 27 cm	≤ 33 cm

[a] Schrauben mit Teilgewinde und Senkkopf; Ausziehparameter $f_{ax,k}$ ≥ 11,5 N/mm²; Kopfdurchziehparameter $f_{head,k}$ ≥ 12 N/mm²
[b] Kopfdurchmesser ≥ 7,5 mm
[c] Kopfdurchmesser ≥ 8,5 mm
[d] Kopfdurchmesser ≥ 9,4 mm
Für Gebäude der Windzone 2 in küstennahen Bereichen siehe Tabelle-Außenwand-6

Tabelle 4.4-2: Konterlatten, max. Abstand der Rillennägel und Schrauben in Windzone 3 und 4 bei Gebäudehöhen h ≤ 18 m sowie den Inseln der Nordsee bei Gebäudehöhen h ≤ 10 m

		Rillennägel		**Schrauben**[a]		
	Durchmesser	**3,1 mm**	**3,4 mm**	**4 mm**[b]	**4,5 mm**[c]	**5 mm**[d]
	Eindringtiefe			**≥ 40 mm**		
Achsabstand der Holz-Unterkonstruktion	≤ 60 cm	≤ 24 cm	≤ 27 cm	≤ 22 cm	≤ 29 cm	≤ 35 cm
	≤ 70 cm	≤ 21 cm	≤ 23 cm	≤ 19 cm	≤ 25 cm	≤ 30 cm
	≤ 80 cm	≤ 18 cm	≤ 20 cm	≤ 17 cm	≤ 21 cm	≤ 26 cm
	≤ 90 cm	≤ 16 cm	≤ 18 cm	≤ 15 cm	≤ 19 cm	≤ 23 cm
	≤ 100 cm	≤ 14 cm	≤ 16 cm	≤ 13 cm	≤ 17 cm	≤ 21 cm

[a] Schrauben mit Teilgewinde und Senkkopf; Ausziehparameter $f_{ax,k} \geq 11{,}5$ N/mm²; Kopfdurchziehparameter $f_{head,k} \geq 12$ N/mm²
[b] Kopfdurchmesser ≥ 7,5 mm
[c] Kopfdurchmesser ≥ 8,5 mm
[d] Kopfdurchmesser ≥ 9,4 mm

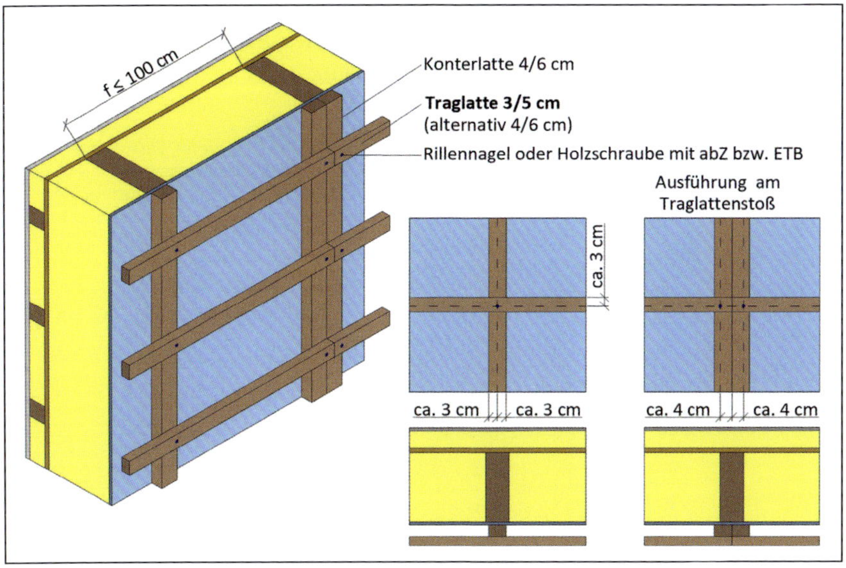

Abb. 4.4-17: Befestigung der Traglatten mit einem Verbindungsmittel je Kreuzungspunkt

klasse S10 entsprechen und Nennmaße von 4/6 cm aufweisen (größere Querschnitte sind zulässig). Der Achsabstand der Konterlatten darf max. 100 cm betragen. Es sind mindestens korrosionsgeschützte Rillennägel oder Schrauben zu verwenden.

Befestigung von Traglatten an Konterlatten

Abb. 4.4-17 und 4.4-18 zeigen die Befestigung von Traglatten mit einem bzw. mit zwei Verbindungsmitteln je Kreuzungspunkt. Sind an einem Kreuzungspunkt zwei Verbindungsmittel erforderlich, müssen die Traglatten ein Nennmaß von 4/6 cm besitzen und mindestens der

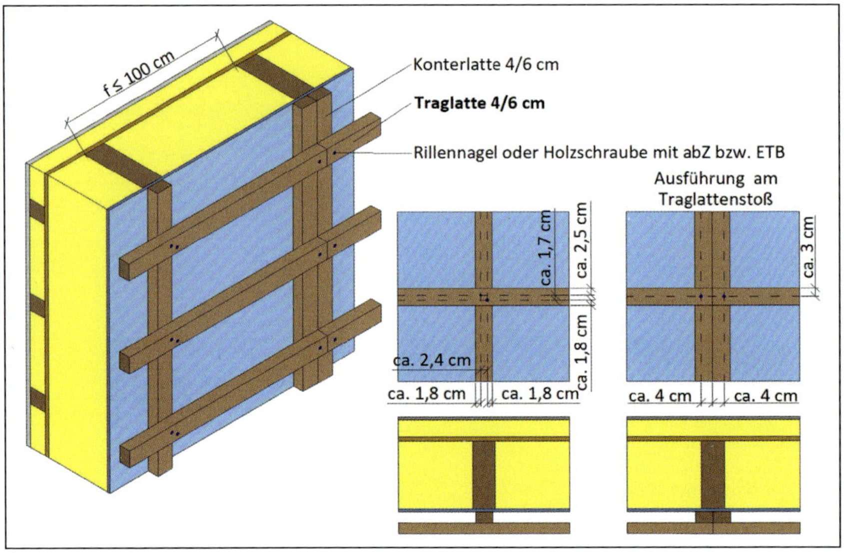

Abb. 4.4-18: Befestigung der Traglatten mit zwei Verbindungsmitteln je Kreuzungspunkt

Festigkeitsklasse C24 bzw. der Sortierklasse S10 entsprechen. Traglatten mit den Nennmaßen 3/5 cm müssen mindestens der Festigkeitsklasse C27 bzw. der Sortierklasse S10 entsprechen.
Die jeweilige Fachregel für die Bekleidung kann bestimmte Mindestquerschnitte in Abhängigkeit vom Achsabstand der Konterlatten bzw. der Unterkonstruktion fordern. Es sind mindestens korrosionsgeschützte Rillennägel oder Schrauben zu verwenden.

Tabelle 4.4-3: Traglatten für Schiefer, Faserzementplatten und Metall – Anzahl der Befestigungsmittel je Kreuzungspunkt in Windzone 1 und 2 bei Gebäudehöhen h ≤ 18 m

		Rillennägel		Schrauben
	Durchmesser	**3,1 mm**	**3,4 mm**	**4 mm[a]**
	Eindringtiefe	**≥ 40 mm**		
Achsabstand der Konterlatten	≤ 60 cm	1		
	≤ 70 cm			
	≤ 80 cm			
	≤ 90 cm			
	≤ 100 cm			

[a] Schrauben mit Teilgewinde und Senkkopf; Ausziehparameter $f_{ax,k} \geq 11{,}5$ N/mm²; Kopfdurchziehparameter $f_{head,k} \geq 12$ N/mm²; Kopfdurchmesser ≥ 7,5 mm

Für Gebäude der Windzone 2 in küstennahen Bereichen siehe Tabelle-Außenwand-8

Tabelle 4.4-4: Traglatten für Schiefer, Faserzementplatten und Metall – Anzahl der Befestigungsmittel je Kreuzungspunkt in Windzone 3 und 4 bei Gebäudehöhen h ≤ 18 m sowie den Inseln der Nordsee für Gebäudehöhen h ≤ 10 m

		Rillennägel		Schrauben
	Durchmesser	**3,1 mm**	**3,4 mm**	**4 mm[a]**
	Eindringtiefe	**≥ 40 mm**		
Achsabstand der Konterlatten	≤ 60 cm	1		1
	≤ 70 cm			
	≤ 80 cm			–
	≤ 90 cm	2[b]		
	≤ 100 cm			

[a] Schrauben mit Teilgewinde und Senkkopf; Ausziehparameter $f_{ax,k} \geq 11{,}5$ N/mm²; Kopfdurchziehparameter $f_{head,k} \geq 12$ N/mm²; Kopfdurchmesser ≥ 7,5 mm
[b] Traglattenquerschnitt 4/6 cm

Für Fälle in denen „–" angegeben ist, bedarf es einer Einzelfallbetrachtung.

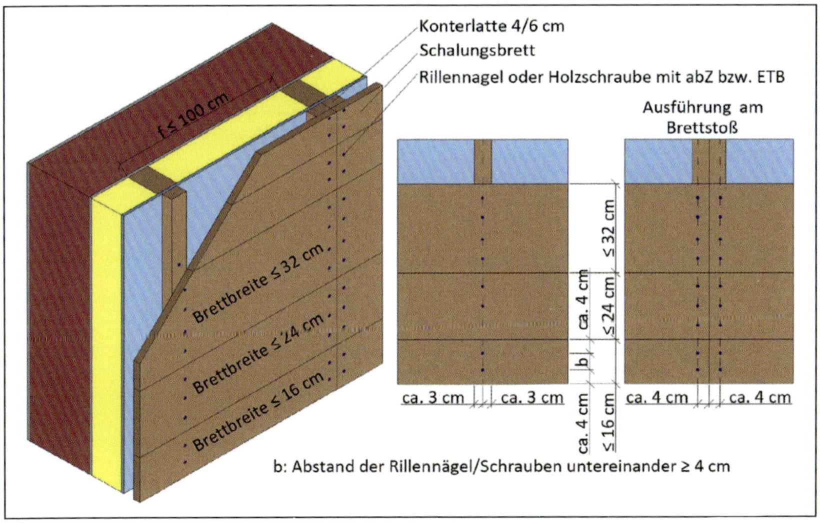

Abb. 4.4-19: Befestigung von Brettschalungen

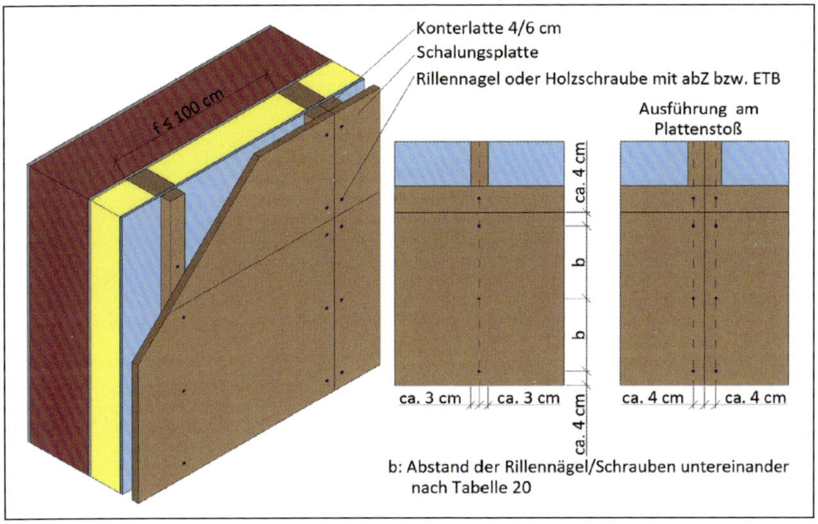

Abb. 4.4-20: Befestigung von Schalungen aus Plattenwerkstoffen

Befestigung von Brettschalungen

Schalungsbretter sind mit Rillennägeln oder Schrauben mit Durchmesser 4,0 mm an der Konterlattung oder der Holzunterkonstruktion zu befestigen (siehe Abb. 4.4-19 und Abb. 4.4-20).

Anzahl der Verbindungsmittel je Kreuzungspunkt:

- Brettbreiten ≤ 16 cm → mindestens 2 Verbindungsmittel
- Brettbreiten ≤ 24 cm → mindestens 3 Verbindungsmittel
- Brettbreiten ≤ 32 cm → mindestens 4 Verbindungsmittel

Es sind mindestens korrosionsgeschützte Rillennägel bzw. Schrauben zu verwenden. Die Konterlatten müssen mindestens die Nennmaße 4/6 cm besitzen, um die erforderlichen Randabstände der Rillennägel bzw. Schrauben am Brettstoß sicherzustellen.

Befestigung von Schalungen aus Plattenwerkstoffen

Tabelle 4.4-5 und Tabelle 4.4-6 zeigen die Abstände der Rillennägel und Schrauben zur Befestigung von Schalungen aus Plattenwerkstoffen. Es sind mindestens korrosionsgeschützte Rillennägel oder Schrauben zu verwenden. Ge-

Tabelle 4.4-5: Schalungen aus Plattenwerkstoffen, max. Abstand der Rillennägel und Schrauben in Windzone 1 und 2 bei Gebäudehöhen h ≤ 18 m

		Rillennägel		Schrauben[a]
	Durchmesser	**3,1 mm**	**3,4 mm**	**4 mm[b]**
	Eindringtiefe		**≥ 40 mm**	
Achsabstand der Konterlatten	≤ 60 cm	≤ 34 cm	≤ 38 cm	≤ 36 cm
	≤ 70 cm	≤ 29 cm	≤ 33 cm	≤ 31 cm
	≤ 80 cm	≤ 25 cm	≤ 29 cm	≤ 27 cm
	≤ 90 cm	≤ 22 cm	≤ 25 cm	≤ 24 cm
	≤ 100 cm	≤ 20 cm	≤ 23 cm	≤ 21 cm

[a] Schrauben mit Teilgewinde und Senkkopf; Ausziehparameter $f_{ax,k} \geq 11{,}5$ N/mm²; Kopfdurchziehparameter $f_{head,k} \geq 12$ N/mm²
[b] Kopfdurchmesser ≥ 7,5 mm

Tabelle 4.4-6: Schalungen aus Plattenwerkstoffen, max. Abstand der Rillennägel und Schrauben in Windzone 3 und 4 bei Gebäudehöhen h ≤ 18 m sowie den Inseln der Nordsee bei Gebäudehöhen h ≤ 10 m

		Rillennägel		Schrauben[a]
	Durchmesser	**3,1 mm**	**3,4 mm**	**4 mm[b]**
	Eindringtiefe		**≥ 40 mm**	
Achsabstand der Konterlatten	≤ 60 cm	≤ 24 cm	≤ 27 cm	≤ 22 cm
	≤ 70 cm	≤ 21 cm	≤ 23 cm	≤ 19 cm
	≤ 80 cm	≤ 18 cm	≤ 20 cm	≤ 17 cm
	≤ 90 cm	≤ 16 cm	≤ 18 cm	≤ 15 cm
	≤ 100 cm	≤ 14 cm	≤ 16 cm	≤ 13 cm

[a] Schrauben mit Teilgewinde und Senkkopf; Ausziehparameter $f_{ax,k} \geq 11{,}5$ N/mm²; Kopfdurchziehparameter $f_{head,k} \geq 12$ N/mm²
[b] Kopfdurchmesser ≥ 7,5 mm

gebenenfalls kann durch den Hersteller des Plattenwerkstoffs die Verwendung von korrosionsbeständigen Rillennägeln oder Schrauben gefordert werden.

4.4.3 Wärmedämmungen

Wärmedämmungen für Außenwandbekleidungen müssen aus für den vorgesehenen Verwendungszweck geeigneten Dämmstoffen bestehen und mit dem Anwendungsgebiet WAB (Außendämmung der Wand hinter Bekleidung) gekennzeichnet sein. Das Brandverhalten muss mindestens der Klasse E entsprechen. Dabei sind die höherwertigen Anforderungen des Brandschutzes zu beachten! → Siehe Abschnitt 4.4.4 Brandschutz).

Eine kurzfristige Feuchteeinwirkung (z. B. durch offene Fugen der Bekleidung) kann nicht ausge-

Abb. 4.4-21: Dämmstoffhalter aus Kunststoff zur Befestigung einer Dämmung aus Mineralwolle auf dem mineralischen Untergrund

Abb. 4.4-22: Trapezprofile als großformatige Bekleidungselemente sind Bekleidungen des Metall-Leichtbaus

schlossen werden. Die Wärmedämmstoffe dürfen hierdurch in ihrer Funktions- und Dämmfähigkeit nicht wesentlich beeinträchtigt werden. Wärmedämmstoffe sind untereinander sowie an allen Durchdringungen, An- und Abschlüssen dicht gestoßen zu verlegen. Wärmedämmplatten können zwischen Grundhölzern (Konterlatten) angebracht werden. Eine flächig durchgehende Wärmedämmung mit versetzten Stößen ist zu empfehlen. Werden Wärmedämmplatten mit Dämmstoffhaltern auf der tragenden Außenwand mechanisch befestigt, erfolgt dies auf Grundlage der herstellerseitigen Anforderungen. Bei großformatigen Außenwandbekleidungen mit offenen Fugen sind bei Wärmedämmplatten aus Mineralwolle nach DIN EN 13162 Wärmedämmplatten mit einem Strömungswiderstand von AFr $\geq$ 5 kPa s/m^2 zu verwenden. Die Wärmedämmplatten müssen im Mittel mit 5 Dämmstoffhaltern pro m^2 befestigt oder geklebt werden (siehe Abb. 4.4-21).

Bekleidungen

Kleinformatige Bekleidungselemente können z. B. aus Schiefer, ebenen Faserzementplatten, Holzschindeln, Produkten aus Ton oder Beton sowie Metallen wie beispielsweise Zink, Kupfer, Aluminium und Stahl bestehen. Brettformatige Bekleidungselemente können z. B. aus Holz, Faserzement oder Metall gefertigt sein.

Bei den großformatigen Bekleidungselementen kommen beispielsweise Faserzement, Verbundmaterialien (z. B. Metall und Kunststoff, gepresste mineralische Stoffe), Holzwerkstoffe und Metalle/Metallprofile infrage. Sie benötigen in der Regel eine allgemeine bauaufsichtliche Zulassung, allgemeine Bauartgenehmigung oder eine Europäisch Technische Bewertung (ETA). Es gibt auch Bekleidungen aus Naturwerksteinplatten, Einscheiben-Sicherheitsglas und Betonwerksteinplatten, welche nicht zum typischen Gewerkebereich des Dachhandwerkers gehören.

Die Planung und Ausführung der Bekleidung von kleinformatigen Deckelementen ist entsprechend der jeweiligen „Fachregeln für Außenwandbekleidungen" und der „Fachregel für Metallarbeiten im Dachdeckerhandwerk" vorzunehmen.

Die Planung und Ausführung von großformatigen Bekleidungen erfolgt gemäß DIN 18516. Bekleidungen des Metall-Leichtbaus, z. B. Trapezprofile oder Sinusprofile, sind entsprechend den „IFBS-Fachregeln des Metallleichtbaus" auszuführen (siehe Abb. 4.4-22). Für Außenwandbekleidungen, die nicht über Handwerksregeln oder Normen geregelt sind, gelten die Herstellervorgaben.

Hinterlüftung und Belüftung

Die Dicke/Tiefe des Luftspaltes zur Hinterlüftung oder Belüftung von Außenwandbekleidungen muss mindestens 2 cm betragen und darf an einzelnen Stellen auf 0,5 cm reduziert werden. Wenn abzusehen ist, dass großflächige Reduzierungen des Luftspaltes durch Unebenheiten des Untergrundes auftreten werden, ist der Luftspalt größer zu wählen, damit die Zirkulation der Luft gewährleistet ist.

Bei Gebäuden ab Gebäudeklasse 4 (Fußbodenoberkante mehr als 7 m über Geländeoberfläche im Mittel) sind zudem max. Luftspalte einzuhalten. Unterkonstruktionen aus Holz dürfen in diesem Fall max. mit 5 cm Luftspaltdicke, Unterkonstruktionen aus Metall mit max. 15 cm Luftspaltdicke ausgeführt werden.

Damit in den Lufträumen der Bekleidung Luft zirkulieren kann, sind Öffnungen erforderlich. Hinterlüftete Außenwandbekleidungen müssen am unteren und oberen Abschluss der Luftschicht Öffnungen mit einer Fläche von jeweils mindestens 50 cm^2 je m Wandlänge aufweisen. Bei belüfteten Außenwandbekleidungen sind lediglich am unteren Abschluss der Luftschicht Öffnungen mit einer Fläche von mindestens 100 cm^2 je m Wandlänge erforderlich.

Querschnittseinengungen, z. B. durch den Materialanteil eines Lüftungsgitters, sind bei der Planung zu berücksichtigen. Die Hersteller von Lüftungsprofilen geben den Lochanteil der Profile an. Die daraus resultierende Einengung der Zuluftöffnung kann dann bei der Breite des Zu- oder Abluftspaltes des Gitters berücksichtigt werden.

Beispiel

Einengung durch Materialanteil des Gitters = 60 %

Freie Zuluft durch Lochanteil des Gitters = 40 %

Geforderte Zuluftöffnung 50 cm^2 pro m Wand = 0,5 cm × 100 cm

Berücksichtigung der Einengung = 0,5 cm : 40 % × 100 % = 1,25 cm

→ das Lüftungsprofil muss von unten nach oben mindestens auf einer Fläche von 1,25 cm × 100 cm ohne weitere Einschränkungen, außer dem Materialanteil des Profils, angeströmt werden, damit 50 cm^2 frei Zuluft realisiert werden.

4.4.4 Brandschutzanforderungen bei Außenwandbekleidungen

An Außenwandbekleidungen werden durch die Bauordnungen der Bundesländer Brandschutzanforderungen gestellt. Die Anforderungen sind abhängig von der Gebäudeart und Nutzung, der Höhe des höchstgelegenen nutzbaren Fußbodens und der Größe der Nutzungseinheiten (siehe Tabelle 4.4-7).

Tabelle 4.4-7: Gebäudeklassen nach der Musterbauordnung (MBO)

Gebäudeklasse	Beschreibung
1	frei stehende Gebäude mit einer Höhe[a] bis zu 7 m und nicht mehr als 2 Nutzungseinheiten[b] von insgesamt nicht mehr als 400 m^2
	frei stehende land- oder forstwirtschaftlich genutzte Gebäude
2	Gebäude mit einer Höhe[a] bis zu 7 m und nicht mehr als 2 Nutzungseinheiten[b] von insgesamt nicht mehr als 400 m^2
3	sonstige Gebäude mit einer Höhe[a] bis zu 7 m
4	Gebäude mit einer Höhe[a] bis zu 13 m und Nutzungseinheiten[b] mit jeweils nicht mehr als 400 m^2
5	sonstige Gebäude einschließlich unterirdischer Gebäude

[a] Höhe ist in diesem Zusammenhang das Maß der Fußbodenoberkante des höchstgelegenen Geschosses, in dem ein Aufenthaltsraum möglich ist, über der Geländeoberfläche im Mittel.
[b] Die Grundflächen der Nutzungseinheiten sind die Brutto-Grundflächen (Gebäudeaußenmaße). Hierbei werden Flächen in Kellergeschossen nicht berücksichtigt.

Zusätzlich gibt es Sonderbauten, an deren Außenwandbekleidungen zusätzliche Anforderungen gestellt werden.

Beispiele für Sonderbauten:

- Hochhäuser (Höhe der Fußbodenoberkante des höchstgelegenen Geschosses > 22 m über der Geländeoberfläche)
- Verkaufsstätten
- Schulen
- Krankenhäuser

An die Baustoffe für Außenwandbekleidungen, einschließlich der Dämmstoffe und Unterkonstruktion, werden Anforderungen hinsichtlich des Brandverhaltens gestellt (siehe Tabelle 4.4-8). Dabei gilt der Grundsatz: Je höher und ausgedehnter ein Gebäude in Bezug auf Fläche und Nutzung ist, umso größer ist das Schutzniveau bezüglich des Brandschutzes (siehe Abb. 4.4-9 und Tabelle 4.4-10).

Tabelle 4.4-8: Brandverhalten von Baustoffen nach der Musterbauordnung und Muster-Verwaltungsvorschrift Technische Baubestimmungen (MVV TB)

Bauaufsichtliche Anforderung an das Brandverhalten des Baustoffes	**Baustoffklassen nach DIN 4102-1: 1998-05**	**Klassen nach DIN EN 13501-1: 2010-01**
nicht brennbar	A1	A1
	A2	A2 - s1[a], d0[c]
schwer entflammbar	B1	A2
		B - s1[a], d0[c]
		B - s1[a], d2[d]
		C - s1[a], d0[c]
		C - s1[a], d2[d]
		B - s3[b], d0[c]
		B - s3[b], d2[d]
		C - s3[b], d0[c]
		C - s3[b], d2[d]
normal entflammbar	B2	D - s1[a], d0[c]
		D s3[b], d0[c]
		D s1[a], d2[d]
		D s3[b], d2[d]
		E
		E - d2[d]

[a] s1: Der Baustoff weist im Rahmen der Prüfungen geringe Rauchentwicklung auf.
[b] s3: Der Baustoff weist im Rahmen der Prüfungen begrenzte Rauchentwicklung auf.
[c] d0: Der Baustoff weist im Rahmen der Prüfungen kein brennendes Abtropfen/Abfallen auf.
[d] d2: Der Baustoff weist im Rahmen der Prüfungen brennendes Abtropfen/Abfallen auf.

Tabelle 4.4-9: Mindestanforderungen an das Brandverhalten der Außenwandbekleidung nach der Musterbauordnung sowie der Muster-Verwaltungsvorschrift Technische Baubestimmungen (MVV TB)

Gebäudeklasse	**Mindestanforderung an das Brandverhalten**		
	Unterkonstruktion	**Dämmstoff**	**Bekleidung**
1	normal entflammbar	normal entflammbar	normal entflammbar
2			
3			
4	schwer entflammbar[a]	nicht brennbar[b]	schwer entflammbar
5			

[a] Stabförmige Unterkonstruktionen aus Holz sind zulässig.
[b] Bei nicht hinterlüfteten Außenwandbekleidungen (ohne geschossübergreifende Luftschichten) können auch schwer entflammbare Dämmstoffe verwendet werden.

Beim Sprung von Gebäudeklasse 3 zu 4 ergibt sich eine Verschärfung der Anforderungen.

Tabelle 4.4-10: Beispielhafte Anforderungen an das Brandverhalten der Außenwandbekleidung bei Sonderbauten

Sonderbauten	**Anforderung an das Brandverhalten**		
	Unterkonstruktion	**Dämmstoff**	**Bekleidung**
Hochhäuser	nicht brennbar		
Verkaufsstätten	nicht brennbar[a]		

[a] Bei Verkaufsstätten mit Sprinkleranlagen oder bei erdgeschossigen Verkaufsstätten: schwer entflammbar.

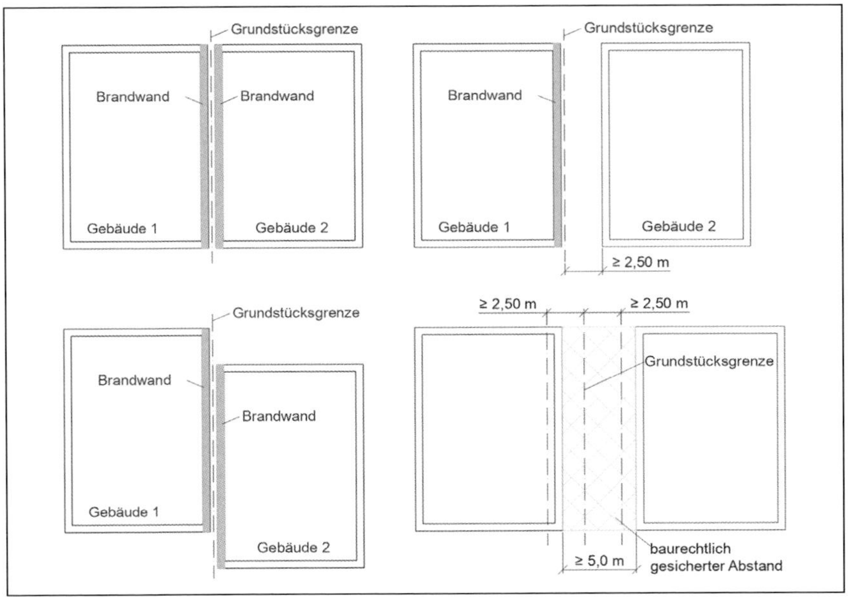

Abb. 4.4-23: Beispiele für Außenwände als Brandwände

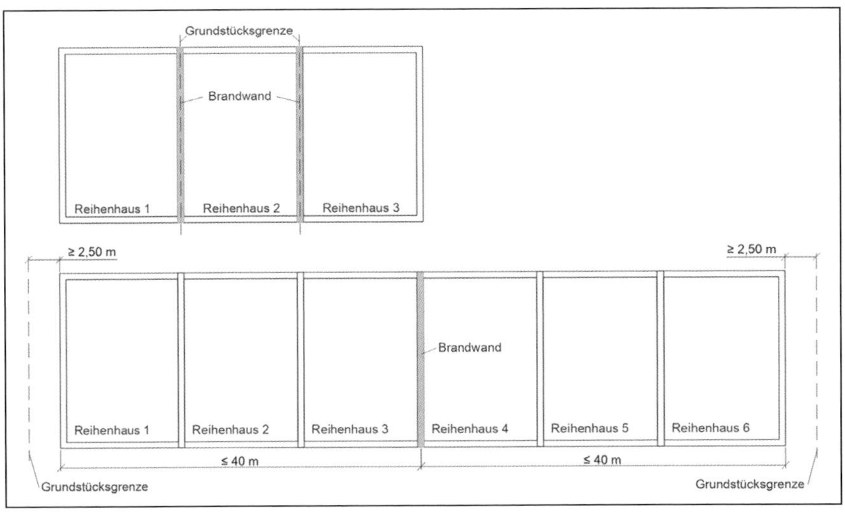

Abb. 4.4-24: Beispiele für Innenwände als Brandwände

Brandwände

Außenwände als Brandwände

Außenwände sind als Brandwände auszuführen, wenn sie an der Grundstücksgrenze stehen oder einen Abstand < 2,50 m gegenüber der Grundstücksgrenze haben. Diese Außenwände müssen nicht als Brandwände ausgeführt werden, wenn zu bestehenden und künftigen benachbarten Gebäuden ein Abstand von ≥ 5,0 m eingehalten wird (siehe Abb. 4.4-23).

Innenwände als Brandwände

Innenwände sind in folgenden Fällen als Brandwände auszuführen (siehe Abb. 4.4-24):

- wenn diese Gebäudeteile trennen, die auf unterschiedlichen Grundstücken stehen
- bei ausgedehnten Gebäuden im Abstand von max. 40 m
- zur Unterteilung landwirtschaftlicher Gebäude in Abschnitte von ≤ 10.000 m^3
- zur Trennung eines Wohngebäudes von einem landwirtschaftlich genutzten Gebäude

Ausführung von Brandwänden:

- Außenwandbekleidungen, einschließlich Unterkonstruktion und Dämmstoffen, von Brandwänden müssen nicht brennbar sein.
- Brennbare Baustoffe dürfen nicht über Brandwände hinweggeführt werden.
- Im Bereich von Brandwänden sind vertikale Brandsperren anzuordnen.

Vertikale Brandsperren im Bereich von Brandwänden

Der Hinterlüftungsspalt darf über die Brandwand nicht hinweggeführt werden und muss durch vertikale Brandsperren unterbrochen werden. Die Brandsperren müssen über mindestens 30 Minuten hinreichend formstabil sein (z. B. aus Stahlblech mit einer Dicke d ≥ 1 mm). Bei anderen Ausführungen der Brandsperre, z. B. mit Brandriegeln aus Mineralwolle, ist ein Nachweis der Eignung erforderlich. Öffnungen in vertikalen Brandsperren sind nicht zulässig (siehe Abb. 4.4-25). In den Gebäudeklassen 4 und 5 ist der Hinterlüftungsspalt mindestens in Brandwanddicke mit einem im Brandfall formstabilen Dämmstoff mit einem Schmelzpunkt von > 1.000 °C auszufüllen (siehe Abb. 4.4-26 und Abb. 4.4-27). Unterkonstruktionen aus brennbaren Baustoffen müssen im Bereich der Brandsperren vollständig unterbrochen werden.

Horizontale Brandsperren

Ab der Gebäudeklasse 4 müssen in jedem zweiten Geschoss horizontale Brandsperren zwischen der Wand und der Bekleidung eingebaut werden (siehe Abb. 4.4-28). Bei einer außen liegenden Wärmedämmung genügt der Einbau zwischen dem Dämmstoff und der Bekleidung, wenn der Dämmstoff im Brandfall formstabil ist und einen Schmelzpunkt von > 1.000 °C aufweist. Die Brandsperren müssen über mindestens 30 Minuten hinreichend formstabil sein. Hierfür ist z. B. Stahlblech mit einer Dicke d ≥ 1 mm geeignet. Bei anderen Ausführungen der Brandsperre, z. B. mit Brandriegeln aus Mineralwolle, ist ein Nachweis der Eignung erforderlich. Die Brandsperren sind in der Außenwand in Abständen von ≤ 0,6 m zu befestigen. Werden Brandsperren mit Blechen ausgeführt, sind die Bleche an den Stößen mindestens 30 mm zu überlappen.

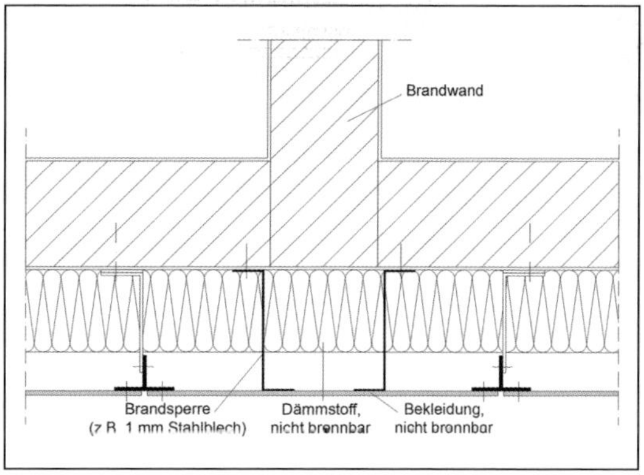

Abb. 4.4-25: Ausführung einer vertikalen Brandsperre beidseitig der Brandwand mit Stahlblechen für die Gebäudeklassen 1 bis 3

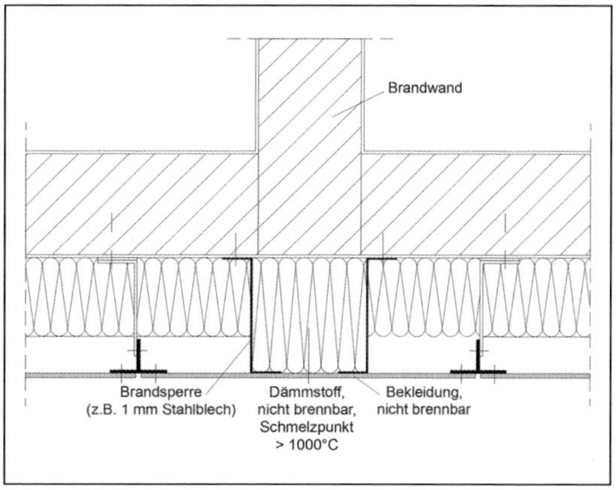

Abb. 4.4-26: Ausführung einer vertikalen Brandsperre beidseitig der Brandwand mit Stahlblechen für die Gebäudeklassen 4 und 5

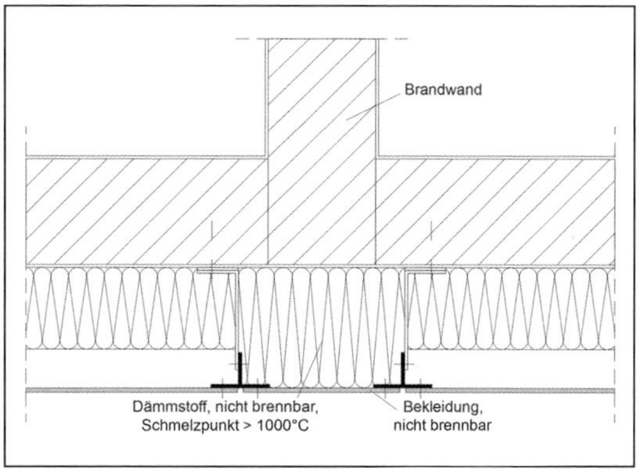

Abb. 4.4-27: Ausführung einer vertikalen Brandsperre mit formstabilem Dämmstoff mit einem Schmelzpunkt > 1.000 °C

Die Größe der Öffnungen in den Brandsperren ist insgesamt auf 100 cm²/m Wand zu begrenzen. Die Öffnungen können als gleichmäßig verteilte Einzelöffnungen (z. B. Lüftungsprofile) oder als durchgehender Spalt angeordnet werden (siehe Abb. 4.4-29).

Horizontale Brandsperren sind in folgenden Fällen nicht erforderlich:

- bei öffnungslosen Außenwänden
- wenn durch die Art der Fensteranordnung eine Brandausbreitung im Hinterlüftungsspalt ausgeschlossen ist (z. B. durchgehende Fensterbänder, geschossübergreifende Fensterelemente)
- bei Außenwänden mit hinterlüfteten Bekleidungen, die einschließlich Unterkonstruktionen, Deckunterlagen, Wärmedämmung und Halterungen aus nicht brennbaren Baustoffen bestehen, wenn der Hinterlüftungsspalt im Bereich der Laibung von Öffnungen umlaufend im Brandfall über mindestens 30 Minuten formstabil (z. B. durch Stahlblech mit einer Dicke von d ≥ 1 mm) verschlossen ist

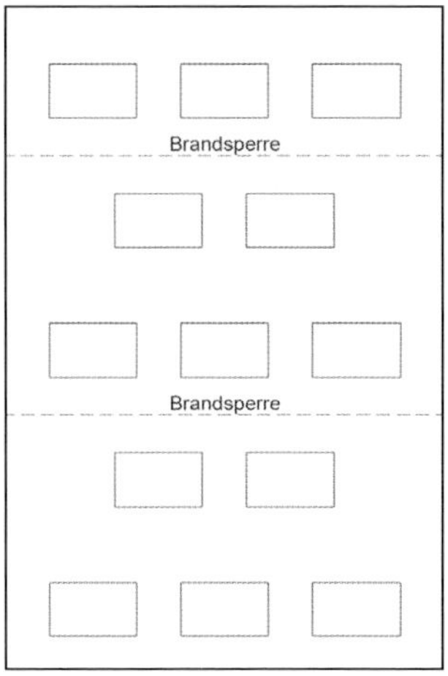

Abb. 4.4-28: Anordnung von Brandsperren in jedem zweiten Geschoss

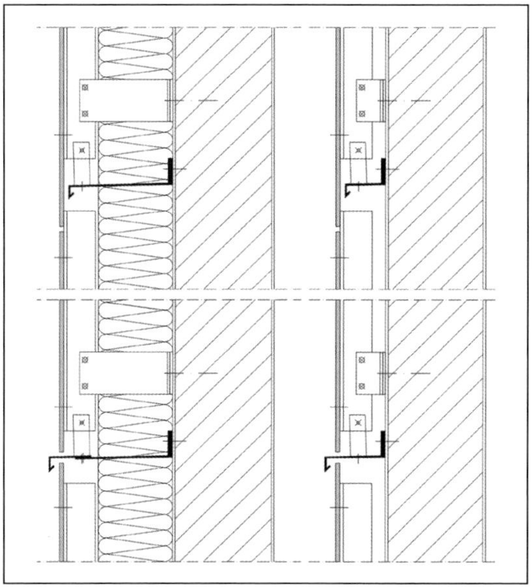

Abb. 4.4-29: Ausführung von horizontalen Brandsperren

4.4.5 Sonderformen von Außenwänden

Solarfassaden (siehe Abb. 4.4-30)

Solarfassaden mit integriertem Zusatznutzen kombinieren die Vorteile der zweischaligen Außenwand mit Umweltschutz- und Umweltbewusstsein-Aspekten sowie Innovationsfähigkeit und Fortschrittlichkeit. Solarthermie (Wärmegewinnung) als auch Photovoltaik (Stromerzeugung) haben ihren besonderen Reiz bezüglich Energieeinsparung oder Einspeisevergütungen ins öffentliche Stromnetz. Gestalterisch können Solarfassaden sowohl bei Altbauten als auch bei modernen komplexen architektonischen Anforderungen Anwendung finden. Weiterhin erfahren die Gebäude eine nachhaltige Wertsteigerung, die sich über Jahrzehnte hinweg bezahlt machen kann.

Fassadenbegrünung (siehe Abb. 4.4-31)

Begrünte Fassaden verleihen dem Gebäude eine besondere Note, verbunden mit positiven Aspekten wie Schlagregenschutz, Temperaturpuffer, ökologischen und architektonischen Gesichtspunkten. Fassadenbegrünungen liefern einen wertvollen Beitrag zur Entwicklung und Erhaltung des Ökosystems insbesondere innerhalb von Städten, da dort eine Vielzahl von Insekten und einige Vogelarten ihren Lebensraum haben und Brutstätten finden. Wird von den Bauherrn eine Fassadenbegrünung gewünscht, sollte ein stimmiges Konzept unter Beachtung der anfallenden statischen Lasten und Pflegemaßnahmen auf Grundlage einer wirtschaftlichen und gestalterischen Planung umgesetzt werden.

Abb. 4.4-30: Bekleidung aus Photovoltaik-Elementen an der linken Gebäudeseite

Abb. 4.4-31: Wandgebundene Begrünung an einer Außenwand.

Abb. 4.4-32: Gerundete Glasfassade eines Einkaufszentrums in der Innenstadt von Budapest

Begrünte Fassaden werden nach der Fassadenbegrünungsrichtlinie – Richtlinien für die Planung, Bau und Instandhaltung von Fassadenbegrünungen (Herausgeber: Forschungsgesellschaft Landschaftsentwicklung Landschaftsbau) geplant.

Abb. 4.4-33: Fassadenkombination aus Glas und Stein in der Wiener Innenstadt

Glasfassaden (siehe Abb. 4.4-32 und Abb. 4.4-33)

Gläserne Fassaden werden im Regelfall auf einem Grundtragwerk aus Aluminium, Edelstahl, Stahl oder Kombinationen daraus erstellt. Durch geeignete Auswahl der Tragmaterialien, des Glases und der Ausfachungselemente sowie der Sonnenschutzanlagen können funktionssichere Fassaden hergestellt werden. Gerade diese Bauweise bietet sich an, um Solarelemente unauffällig oder architektonisch wirkungsvoll in die Glasfassade zu integrieren.

Aufgaben

1. Worin unterscheiden sich hinterlüftete und belüftete Außenwandbekleidungen?
2. Nennen Sie 6 typische Bestandteile einer Außenwandbekleidung.
3. Definieren Sie ein kleinformatiges Bekleidungselement anhand von dessen Größe und Gewicht.
4. Nach welchen Regeln werden großformatige Bekleidungselemente des Metall-Leichtbaus montiert?
5. Aus welchen Materialien bestehen die meisten Unterkonstruktionen von Außenwandbekleidungen?
6. Wozu dient ein thermisches Trennelement?
7. Nach welchen Regeln werden kleinformatige Bekleidungselemente an der Unterkonstruktion befestigt?
8. Wie dick/tief muss der Hinterlüftungsspalt hinter einer hinterlüfteten Bekleidung mindestens sein?
9. Wie hoch ist der oberste nutzbare Fußboden in der Gebäudeklasse 3?
10. Wann muss eine vertikale Brandsperre ausgeführt werden?
11. Ab welcher Gebäudeklasse müssen grundsätzlich horizontale Brandsperren eingebaut werden?
12. Bei welchen Wandkonstruktionen kann auf den Einbau von horizontalen Brandsperren verzichtet werden?
13. Nennen Sie ein Beispiel dafür, wann eine Außenwand als Brandwand auszuführen ist.
14. Mit welchen Baustoffen können Brandwände bekleidet werden?
15. Mit welchem Anwendungsgebiet müssen Dämmstoffe für hinterlüftete Außenwandbekleidungen gekennzeichnet sein?
16. Mit wie vielen Verbindungsmitteln können Brettbreiten $\leq$ 24 cm mit einer Konterlattung verbunden werden?
17. Für welche Verbindungen in hinterlüfteten Außenwandkonstruktionen ist ein statischer Nachweis erforderlich?
18. Was benötigen Schraube-Dübel-Kombinationen, damit sie als Verbindungsmittel der Unterkonstruktion an der tragenden Wand eingesetzt werden dürfen?

5 Werkstoffe und Deckmaterialien

5.1 Schiefer

Schiefer ist in der zweiten großen Zeitepoche der Erdgeschichte, dem Erdaltertum (Paläozoikum), entstanden. Weite Gebiete Europas und damit auch Deutschlands waren damals von einem Meer bedeckt. Flüsse, die sich in dieses Meerbecken ergossen, lieferten den Rohstoff für den Schiefer, indem ihre Wassermengen Tonschlamm dem Meer zuführten. Dieser setzte sich auf dem Meeresgrund ab, erhärtete im Laufe von Jahrmillionen und wurde so zu ausgedehnten Schieferlagern. Tiere und Pflanzen des paläozoischen Meeres werden in dem Schiefergestein als Versteinerungen gefunden. Der nach und nach zu Gestein erhärtete, anfangs knetbare, mit Seewasser durchtränkte Schieferton enthielt da und dort gelöste Beimengungen, die miteinander chemische Verbindungen eingingen. Die wichtigste Veränderung war die Entstehung der Schieferung, unter der man die charakteristische Spaltbarkeit des Gesteins nach parallelen Ebenen versteht. Dies wurde durch nachträglichen seitlichen Druck erzeugt, der wiederum wohl durch Absinken einzelner Schollen entstanden ist.

5.1.1 Abbau und Zurichten

Deutschland hat eine lange Tradition im Schieferabbau, die besonders in einigen Regionen, wie der Eifel, Thüringen, Harz, Hunsrück, Frankenwald, Vogtland, Siegerland und im westfälischen Raum, stark ausgeprägt war. Mittlerweile findet der Schieferabbau in Deutschland nur noch im Hunsrück, im Sauerland und in Bayern statt. Das dort abgebaute Material lässt sich für das Dach und die Wand einsetzen. Der Abbau geschieht entweder im Tagebau oder unter Tage im Stollenbau. Beide Abbauarten sind bedingt durch die jeweilige Beschaffenheit des Geländes und die Lagerungsverhältnisse des Gesteins. Auf der Hochebene, auf der das brauchbare Gestein gleich unter der Erdoberfläche liegt, findet man Betriebe mit Tagebau, während in den an den Berghängen angelegten Gruben das Gestein unter Tage abgebaut wird. Größtes Schieferproduzentenland ist zurzeit Spanien, wo hauptsächlich im Tagebau abgebaut wird. Im Übrigen findet man aber Schiefer auf fast allen Kontinenten der Erde. Nur ist er nicht immer als Dachschiefer brauchbar.

Während früher die Gesteinsblöcke mit Keilen und Hebeeisen, später auch mit Seilsägen aus ihrem festen Verband gelöst wurden, verwendet man heute beim Abbau des Schiefers Säge- und Barschhammerwagen. Die aufgeteilten Gesteinsblöcke werden dann mittels Förderanlagen den Schiefersägen zugeführt. Dort werden die Schieferblöcke nach Kundenwünschen und Materialbeschaffenheit mit Diamantsägen zerkleinert. Anschließend werden die Schieferblöcke mit flachen Stahlmeißeln in 4 bis 6 mm dicke Steinplatten gespalten. Danach erhält der Stein dann seine endgültige Form. Dies erfolgt mithilfe moderner Zurichtemaschinen oder großer mechanisch betriebener Schieferscheren. Viele Schiefer werden auch bereits verlegefertig gelocht.

Beim Bearbeiten des Schiefers ist darauf zu achten, dass dieser „auf Lager“ behauen wird. Das bedeutet, dass gekrümmter Schiefer so bearbeitet wird, dass die gewölbte Seite immer zur Dachfläche zeigt. Bei etwaigen Unebenheiten auf der Fläche muss der Stein so behauen werden, dass diese später sichtbarer Teil des Steins werden. Auch auf unregelmäßig dicke Steine ist zu achten. Die dicke Seite muss immer am Fuß und die dünnere Seite immer am Kopf des Steins liegen.

Die Bearbeitung von Schiefer für die Rechteckdoppeldeckung und Spitzwinkeldeckung erfolgt an allen Kanten von unten nach oben (sichtbare Bruchkante).

Abb. 5.1-1: Abbau des Schiefers

Obwohl die Schiefer heute in der Regel fertig behauen angeliefert werden, wird der Dachdecker immer wieder in die Lage kommen, Decksteine z. B. für die Altdeutsche Schieferdeckung selbst aus der freien Hand zu behauen, so beispielsweise bei der Reparatur von Dachdeckungen. Es empfiehlt sich, das Behauen des Decksteins in einer bestimmten Reihenfolge auszuführen. Diese gestaltet sich für Rechts- und Linkshänder unterschiedlich.

Reihenfolge für das Behauen eines Decksteins für Rechtshänder:

Bei einem rechten Deckstein wird als Erstes die Brust vom Kopf zur Spitze behauen. Diese wird von oben nach unten behauen, sodass die Absplitterung zur Dachfläche hinzeigt. Eine solche Kante bewirkt, dass das Regenwasser, das bei flach geneigten Dächern bis zur Brust des Decksteins vordringen kann, nicht auf die Schalung gelangt. An dieser Kante wird das Wasser weitergeleitet und tropft auf den unteren Deckstein ab. Wenn der Schiefer dort eine Sägekante aufweist (Schnitt beim Aufteilen der rohen Schieferblöcke in die handelsüblichen Sorten), braucht die Brust nicht behauen zu werden.

Nachdem die Brust fertig behauen ist, wird der Stein um 180° gewendet. Dann behaut man den Rücken vom Kopf zur Ferse, den Fuß von der Ferse zur Spitze und den Kopf von der Brust zum Rücken (Hieb von unten nach oben). An Fuß, Rücken und Kopf muss die Absplitterung nach oben zeigen.

Den linken Deckstein behaut man folgendermaßen:

Als Erstes wird auch bei ihm die Brust behauen, und zwar von der Spitze zum Kopf. Dann wendet man den Stein um 180° und behaut den Fuß von der Spitze zur Ferse, den Rücken von der Ferse zum Kopf und den Kopf vom Rücken zur Brust.

Für Linkshänder gilt:

Er behaut die Steine genau umgekehrt, d. h., einen rechten Deckstein behaut er wie der Rechtshänder den linken und einen linken Deckstein wie der Rechtshänder den rechten Deckstein.

Beim Behauen der Decksteine ist darauf zu achten, dass keine Wasserleiter entstehen. Wasserleiter sind auf der Außenfläche befindliche, rinnenartige Unebenheiten, die das Wasser unter den Rücken des nächstfolgenden Steins zur Brust und von dort zur Schalung leiten können.

Abschließend wird der Deckstein noch gelocht. Dies erfolgt in der Regel von unten nach oben, sodass sich im fertigen Stein ein sichtbarer trichterförmiger Ausbruch ergibt. Darin versenkt sich der konische Kopf eines Schiefernagels. Bei Verwendung von Schieferstiften kann auch von oben nach unten gelocht werden. Die Entfernung der Nagellöcher von der Steinkante richtet sich nach der Größe der Decksteine und soll nicht mehr als 15 bis 30 mm betragen. Die Lochung muss grundsätzlich innerhalb der Höhenüberdeckung erfolgen.

5.1.2 Qualitätsmerkmale

Der als Dachschiefer verwendete Schiefer ist ein natürliches Sedimentgestein von feinkörnigem Gefüge, das sich in einer Ebene leicht in dünne Platten spalten lässt.

Der Wert des Schiefers richtet sich nicht nach seiner Dicke, sondern nach seiner chemischen Zusammensetzung. In festgelegten Prüfverfahren werden die Bestandteile des Schiefers eines jeden Abbaugebietes festgestellt und die Eigenschaften in Bezug auf seine Festigkeit und Beständigkeit ermittelt. Die Hauptbestandteile des Schiefers sind Kieselsäure und Tonerde.

Sie bestimmen je nach der Menge ihres Vorhandenseins den Wert des Schiefers. Guter Schiefer muss eine glatte Oberfläche und ein gleichmäßiges Korn haben. Beim Anschlagen mit dem Schieferhammer soll er hell klingen; dumpfer Klang und Klirren deuten Haarrisse an, die sich mit Wasser füllen und bei Frost den Schiefer zersprengen. Beim Anreißen muss die Linie hell sein. Ist die Reißlinie dunkel, so beweist dieser Umstand einen größeren Gehalt an vor allem kohlehaltigen Stoffen, die die Verwitterung begünstigen. Letztlich muss guter Schiefer frei sein von schädlichen Beimengungen.

Durch einfache chemische Versuche kann der Dachdecker feststellen, ob der Schiefer diesen letzten Anforderungen voll und ganz gerecht wird. Kohlensaurer Kalk ist die schädlichste dieser Beimengungen. Begießt man stark kalkhaltigen Schiefer mit Salzsäure, so macht sich ein Aufbrausen bemerkbar. Dieser Schiefer ist also minderwertig. Die Verwitterung des Schiefers wird auch durch das Auftreten größerer Mengen an Schwefelkies in feinverteilter Form begünstigt.

Wird stark schwefelhaltiger Schiefer über einer Flamme erhitzt, macht sich ein stechender, die Atmungsorgane angreifender Geruch bemerkbar.

Nicht die chemische Zusammensetzung allein entscheidet über die Haltbarkeit des Schiefers, sondern auch der mineralogische Aufbau. Bei günstiger Glimmerlage kann die Verwitterung auch bei Vorhandensein schädlicher Bestandteile nur langsam erfolgen.

Zusammenfassung

Schiefer entstand aus abgelagertem Tonschlamm, der im Laufe der Jahrmillionen erhärtete.

Die Hauptbestandteile des Schiefers sind Kieselsäure und Tonerde.

Schädliche Beimengungen sind kohlensaurer Kalk und Schwefelkies.

Die charakteristische Spaltbarkeit des Schiefers ist auf nachträglich entstandenen Druck in der Erdrinde zurückzuführen.

Mit Sägewagen und Barschhammerwagen werden die Schieferblöcke aus ihrem festen Verband gelöst und dann in Schieferplatten von 4 bis 6 mm Dicke gespalten.

Die Formen der anzufertigenden Schiefersteine werden mit modernen Zurichtemaschinen oder mechanischen Schieferscheren hergestellt – der Schiefer wird behauen.

Glatte Oberfläche, heller Klang und helle Reißlinie kennzeichnen einen guten Schiefer.

5.1.3 Werkzeuge und Geräte

Für die Ausführung von Schieferdeckungen werden spezielle Werkzeuge und Geräte benötigt. Dies sind im Wesentlichen:

- Schieferhammer
  Der Schieferhammer ist ein aus Stahl geschmiedetes Werkzeug, mit dem der gespaltene Schiefer bearbeitet wird – der Schiefer wird mit dem Schieferhammer behauen. Die Spitze des Schieferhammers dient zum Lochen des Schiefers, mit dem anderen Ende werden die Nägel zum Befestigen der einzelnen Schiefersteine eingeschlagen. Es wird zwischen einem Schieferhammer für Rechts- und Linkshänder unterschieden.
- Haubrücke
  Die Haubrücke dient als Auflage des Schiefers beim Behauen, sie hat einen leicht gewölbten Rücken. Diese Art der Haubrücke ist typisch für Deutschland. In anderen Ländern wird der Schiefer oft mit einer geraden Haubrücke bearbeitet.
- Schieferschere
  Die Schieferschere wird hauptsächlich zum Bearbeiten von Rechteckschiefer verwendet.
- Dachstuhl (Dachstuhlbock)
  Der Dachstuhl dient als Auflage für die Bohlen des Arbeitsgerüstes. Er wird mit einem Seil an einem Sicherheitsdachhaken befestigt. Die Auflageholme sind mit Borsten oder Rollen besetzt, damit der Druck auf die fertige Schieferdeckung gleichmäßig verteilt wird.
- Nagelkasten/Nageltasche
  Nagelkasten und Nageltasche dienen zur Aufnahme der Schiefernägel oder -stifte. Während der Nagelkasten mit seinem Haken auf der Dachfläche befestigt wird, trägt der Dachdecker die Nageltasche am Gürtel.
- Nageleisen
  Das Nageleisen wird bei Reparaturen zum Entfernen defekter Schiefer benötigt.

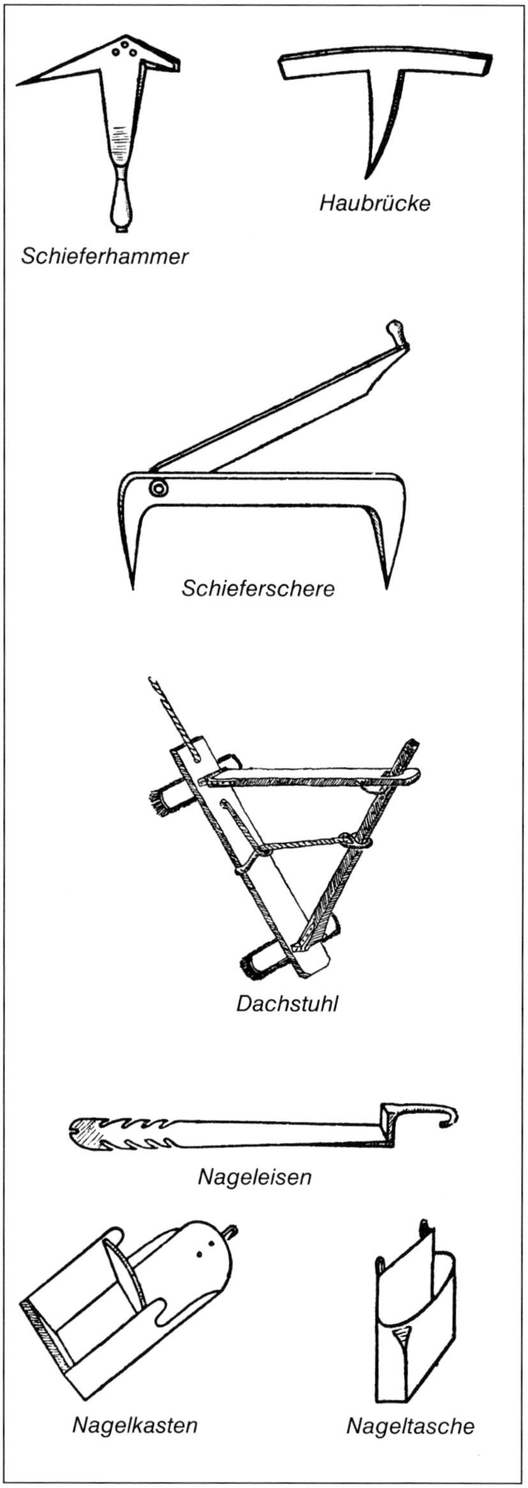

Abb. 5.1-2: Werkzeuge und Geräte für Schieferdeckung

5.1.4 Dachdeckungen mit Schiefer

Auch mit Schiefer können unterschiedliche Dachdeckungen ausgeführt werden. Dabei wird zwischen den Altdeutschen Deckarten und Schablonendeckungen unterschieden. Am bekanntesten ist die Altdeutsche Schieferdeckung, die häufig auch als die Krone der

Schieferdeckungen bezeichnet wird. Für alle Dachdeckungen sind in der Fachregel für Dachdeckungen mit Schiefer Regeldachneigungsgrenzen vorgeschrieben. Folgende Deckarten werden unterschieden:

- Altdeutsche Deckung ≥ 25° Dachneigung
- Altdeutsche Doppeldeckung ≥ 22° Dachneigung
- Schuppendeckung ≥ 25° Dachneigung
- Deutsche Deckung (Bogenschnittdeckung) ≥ 25° Dachneigung
- Rechteckdoppeldeckung ≥ 22° Dachneigung
- Spitzwinkeldeckung ≥ 30° Dachneigung

Unbedingt beachtet werden muss, dass die vorgenannten Regeldachneigungsgrenzen für den Normalfall, d. h. also die Standardsituation, gelten. In Abhängigkeit von besonderen klimatischen Verhältnissen, ungünstiger Lage des Gebäudes und großen Sparrenlängen können durchaus auch steilere Regeldachneigungen erforderlich sein.

Bei einer Ausführung der Schieferdeckung auf Lattung ist eine Unterschreitung der Regeldachneigung bis 4° mit einer naht- und perforationsgesicherten Unterdeckung möglich. Bis 10° Unterschreitung der Regeldachneigung ist mit einem wasserdichten Unterdach erlaubt.

5.1.4.1 Deckunterlagen

Eine wichtige Voraussetzung für die Ausführung einer regensicheren Deckung ist die geeignete Deckunterlage. Neben den dafür grundsätzlich geltenden Anforderungen an Holz und Holzwerkstoffe, die für Deckunterlagen verwendet werden, sind bei Schieferdeckungen noch zusätzliche Vorgaben zu beachten.

Zunächst gilt, dass alle Schieferdeckungen grundsätzlich auf einer flächigen Deckunterlage, die aus einer Bretterschalung oder auch in Ausnahmefällen aus Holzwerkstoffen bestehen kann, ausgeführt werden. Die Rechteckdoppeldeckung und die Spitzwinkeldeckung können darüber hinaus auch auf Lattung gedeckt werden.

Für Schalungen aus Holz gilt, dass die Bretter mindestens 24 mm (Nenndicke) dick sein sollen. Die Schalung sollte nicht federn, da federnde Schalung erheblich die Nagelbarkeit beeinflusst. Großen Einfluss hat hierauf der Sparrenabstand in Abhängigkeit von der Bretterdicke. Eine ausreichende Nagelbarkeit ist in der Regel gegeben, wenn der Achsabstand der Sparren 0,70 m nicht überschreitet. Sollten die Abstände größer sein, ist eine dickere Schalung zu verwenden. Im Einzelfall kann durch unterseitige Verstärkungen (Strecklatten oder -bretter) Abhilfe geschaffen werden. Dabei werden schmale Bretter oder Latten parallel zu den Sparren unterhalb der Schalung in Feldmitte angebracht. Sie tragen dann zur Stabilisierung der Schalung bei. Weiterhin ist darauf zu achten, dass am First stets ein oder mehrere Bretter in voller Breite angebracht sind. Etwa erforderliche schmale oder keilförmige Bretter sind unterhalb der Firstbretter anzubringen.

Bei besonderen Dachformen und Dachdetails wie z. B. Kegeldach- und Zwiebeldachflächen sowie Fledermausgauben ist die gleiche Nagelbarkeit wie bei allgemeinen Dachflächen erforderlich. Dies erreicht man durch geringe Sparrenabstände oder dickere Schalung.

Grundsätzlich kann die Schalung auch aus Holzwerkstoffen hergestellt werden. Im Besonderen eignen sich dafür:

- kunstharzgebundene Holzspanplatten nach DIN EN 312, Technische Klasse P5
- zementgebundene Holzspanplatten nach DIN EN 534-1
- Sperrholz nach DIN EN 636, Technische Klasse „Feucht", Technische Klasse „Außen"
- Massivholzplatten nach DIN EN 13353, Technische Klasse SWP/2

Beim Einsatz der Holzwerkstoffe ist auf mögliche Schimmelpilzbildung, auch im überdeckten Bereich, und damit deren Eignung zu prüfen. Weiterhin müssen die Holzspanplatten eine vollständige PMDI-Verleimung haben.

Die Dicke der Holzwerkstoff-Platten soll bei einem lichten Abstand der Sparren bis 0,60 m mindestens 22 mm betragen. Sind die Abstände größer, muss die Dicke der Platten erhöht werden. Unbedingt zu beachten ist, dass Holzwerkstoffe unmittelbar nach der Verlegung auf dem Dach sofort mit einem Wetterschutz, z. B. einer Vordeckung, zu versehen sind. Sie müssen unbedingt vor Feuchtigkeit geschützt werden.

Als Deckunterlage können auch Aufdachsparrendämmsysteme verwendet werden. Hinsichtlich ihrer Oberseite gelten die gleichen Anforderungen wie für Schalungen aus Holz oder Holzwerkstoffen

Daneben ist aber auch eine Schalung aus Brettern generell mit einer Vordeckung zu versehen, damit diese während der eigentlichen Dacharbeiten vor Feuchtigkeit geschützt ist. Weiterhin wird dadurch erreicht, dass die Dachräume vor Staub, Flugasche, Treibschnee usw. geschützt werden. Für die Vordeckung werden dann dazu geeignete Schalungsbahnen verwendet. Bei Bitumenbahnen muss dies mindestens eine Dachbahn DIN EN 13707 V 13 besandet sein. Die einzelnen Bahnen der Vordeckung können vom First zur Traufe oder auch mit der Traufe gleichlaufend gedeckt werden. Die Überdeckung der einzelnen Bahnen muss mindestens 80 mm betragen, für die Befestigung werden häufig Breitkopfstifte verwendet.

Auf die Regensicherheit der Dachdeckung hat diese Vordeckbahn keinen Einfluss, da sie während der Deckung durch das wiederholte Einschlagen der Haubrücke und der Schiefernägel beschädigt wird.

Erfolgt die Schieferdeckung auf Latten, soll der Querschnitt der Latten bei Nagelbefestigung der Schiefer bei einem Achsabstand der Sparren bis 0,60 m mindestens 40/60 mm betragen. Ansonsten ist die Nagelbarkeit nicht gegeben, und die Folge sind erhebliche Bruchquoten bei den Schiefern. Wenn anstelle der Nagelbefestigung eine Klammerbefestigung gewählt wird, muss der Lattenquerschnitt bei Sparrenabständen bis 0,80 m mindestens 30/50 mm betragen. Bei größeren Abständen ist der Querschnitt zu erhöhen.

Wird bei Deckungen auf Lattung das darunterliegende Dachgeschoss genutzt, insbesondere zu Wohnzwecken, ist unterhalb der Lattung eine regensichernde Zusatzmaßnahme, mindestens eine naht- und perforationsgesicherte Unterdeckung, vorzusehen.

5.1.4.2 Altdeutsche Deckung

Die Altdeutsche Deckung wird mit Decksteinen auf Schalung mit Vordeckung hergestellt. Die Decksteine können stumpfen, normalen oder scharfen Hieb haben. Die Größen der Decksteine sind in Höhe und Breite verschieden. Sie werden in unterschiedliche Sortierungen eingeteilt. Dabei werden die Sortierungen entsprechend Tabelle 5.1-1 unterschieden.

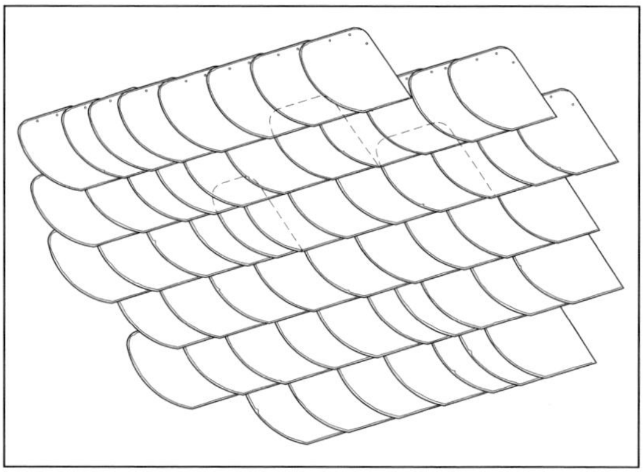

Abb. 5.1-3: Altdeutsche Deckung

Tabelle 5.1-1: Decksteingrößen

Sortierung	Höhe¹⁾ in cm	Breite¹⁾ in cm
1/1	50–40	42–32
1/2	42–36	38–28
1/4	38–32	34–25
1/8	34–28	30–23
1/12	30–24	26–20
1/16	26–20	22–17
1/32	22–16	18–13
1/64	18–12	16–11

1) Die Abmessungen einzelner Schiefer können geringfügig außerhalb einer Sortierung liegen.

Decksteine in scharfem Hieb können breiter sein als in der Tabelle angegeben.

Für einzelne Sortierungen bei Decksteinen in stumpfem Hieb können auch andere Bezeichnungen verwendet werden.

Die Decksteinhiebe unterscheiden sich durch verschiedene Brust- und Rückenwinkel. Diese unterschiedlichen Winkel haben direkten Einfluss auf die Überdeckungen, vor allem die Seitenüberdeckungen.

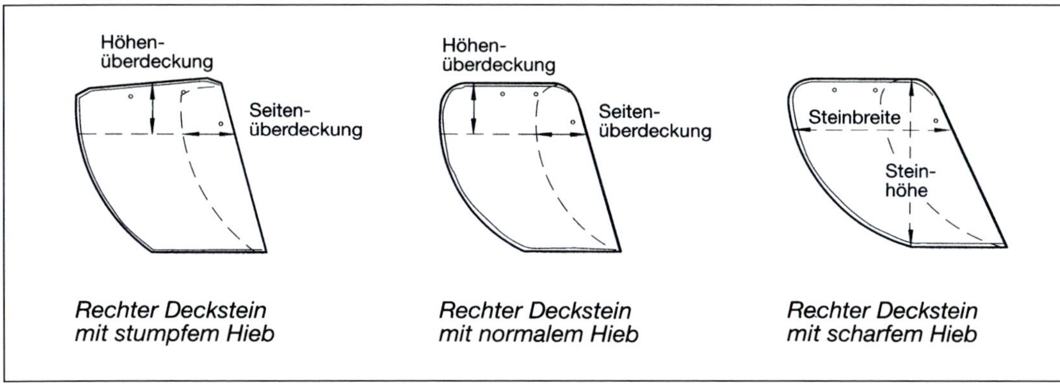

Abb. 5.1-4: Rechte Decksteine mit stumpfem, normalem und scharfem Hieb

Die Decksteine mit stumpfem Hieb haben einen Brustwinkel von 75° und einen Rückenwinkel von 115°. Decksteine mit normalem Hieb haben einen Brustwinkel von 74° und einen Rückenwinkel von 125°. Decksteine mit scharfem Hieb haben einen Brustwinkel von 65° und einen Rückenwinkel von 135°.

Neben den unterschiedlichen Winkeln ist für die Form der Decksteine jeweils eine Decksteinkonstruktion vorgegeben (siehe Abb. 5.1-5).

Es werden 2 Deckrichtungen unterschieden. Die Deckung kann von links nach rechts erfolgen (Rechtsdeckung), dafür werden rechte Decksteine verwendet, oder von rechts nach links (Linksdeckung), wofür linke Decksteine benötigt werden. Die Decksteine sind mit hängender Ferse und Fersenversatz zu decken, damit ein wirkungsvoller Abtropfpunkt entsteht.

Wie bereits zuvor erwähnt, wird die Seitenüberdeckung beim normalen und scharfen Hieb durch die Decksteinform, letztlich also durch die Decksteinkonstruktion, bestimmt. Sie ergibt sich also automatisch. Lediglich beim stumpfen Hieb muss die Seitenüberdeckung durch den Fersenversatz erreicht werden. Die Mindesthöhen- und -seitenüberdeckungen betragen:

Die Entfernung zwischen Kopf und Fuß zweier sich überdeckender Decksteine nennt man Höhenüberdeckung. Die Seitenüberdeckung ist die Entfernung zwischen der Brust des unterliegenden Decksteins und dem Rücken des überdeckenden Decksteins, in der Höhenüberdeckungslinie gemessen. Wird die Mindestseitenüberdeckung nicht zwangsläufig durch die Rückenführung des Decksteins erreicht, dann ist der Fersenversatz entsprechend zu vergrößern.

Tabelle 5.1-2: Mindestüberdeckungen bei der Altdeutschen Deckung

Decksteinhieb	Höhen-/ Seitenüberdeckung	Seitenüberdeckung
stumpfer Hieb, normaler Hieb	29 %[1)] der Steinhöhe; bei Steinhöhen ≤ 170 mm: 50 mm	29 %[1)] der Steinhöhe; bei Steinhöhen ≤ 170 mm: 50 mm
scharfer Hieb		38 % der Steinhöhe
1) bei Steinhöhen > 420 mm: 120 mm		

Für die Altdeutsche Deckung, aber auch für alle weiteren Schieferdeckungen gilt, dass die für eine Dachdeckung zu wählende Schiefergröße von der Dachneigung abhängig ist. Dafür gilt folgender Grundsatz:

Hinweis

Je geringer die Dachneigung und je größer die Entfernung zwischen First und Traufe ist, desto größer muss der Schiefer gewählt werden. Je steiler die Dachneigung und je kleiner die Entfernung zwischen First und Traufe ist, desto kleiner soll der Schiefer gewählt werden.

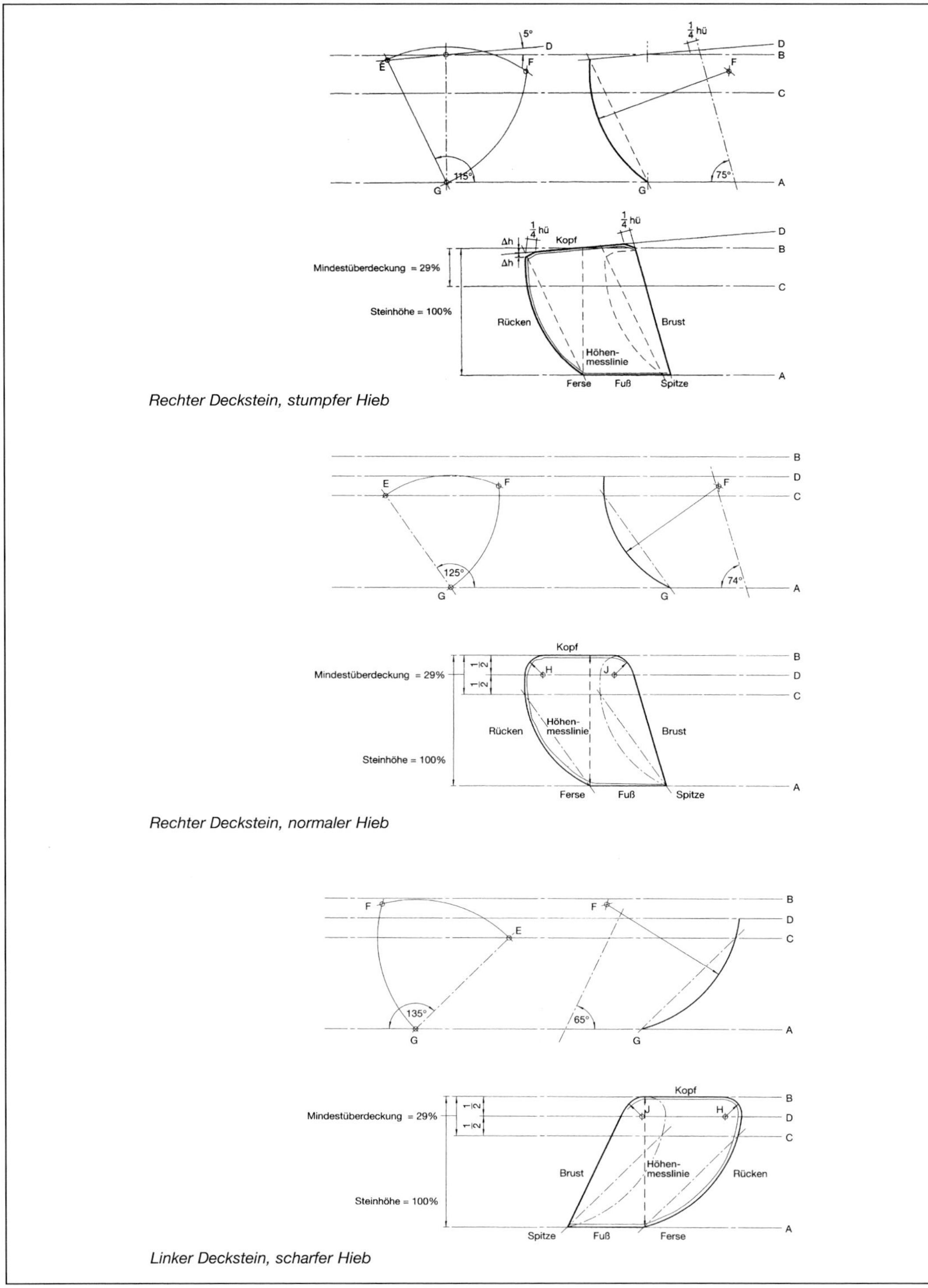

Abb. 5.1-5: Decksteinkonstruktionen

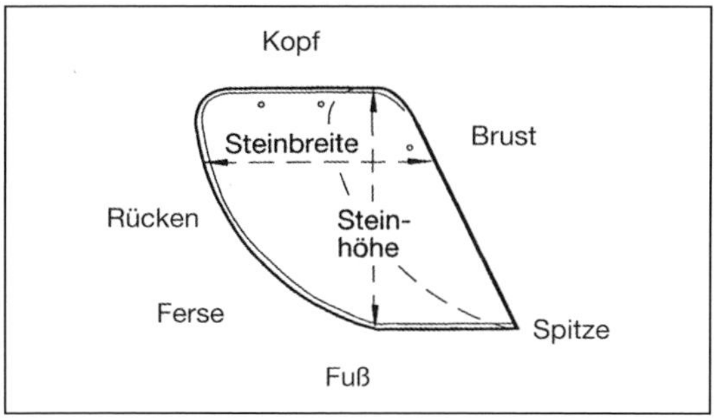

Abb. 5.1-6: Deckstein für Rechtsdeckung

Dieser Grundsatz muss bei allen Schieferdeckungen entsprechend angewendet werden. Bei der Altdeutschen Deckung wird dies durch eine spezielle Tabelle hinsichtlich der Zuordnung der Schiefergröße zur Dachneigung umgesetzt.

Tabelle 5.1-3: Zuordnung der Schiefersortierung zur Dachneigung

Sortierung	untere Dachneigungsgrenze in Grad	empfohlene obere Dachneigungsgrenze in Grad
1/1	25[1)]	30
1/2	25[1)]	30
1/4	25[1)]	35
1/8	30	40
1/12	35	50
1/16	40	60
1/32	50	–
1/64	60	–
1) zugleich Regeldachneigung		

Bei der Wahl der Sortierung sind die Sparrenlängen und die Lage des Gebäudes zu berücksichtigen. Im Zweifelsfall müssen die jeweils größere Decksteinsortierung und eventuell Decksteine mit scharfem Hieb verwendet werden.

Die breiten und die schmalen Decksteine müssen in jedem Deckgebinde verteilt werden. Übersetzungen von 2 schmalen Decksteinen auf einen breiten oder auch umgekehrt sind zulässig. Die Decksteine sind mit hängender Ferse zu decken – an der Traufe wird mit den höchsten Steinen begonnen, zum First hin nimmt die Höhe der Steine kontinuierlich ab. Dabei müssen die in Tabelle 5.1-4 vorgegebenen Differenzen eingehalten werden.

Tabelle 5.1-4: Verringerung der Gebindehöhe bei der Altdeutschen Deckung und Anzahl der Sortierungen in Abhängigkeit von der Sparrenlänge

Sparrenlänge	Differenz zwischen der größten und der kleinsten Gebindehöhe in mm	übliche Anzahl der zu verwendenden benachbarten Sortierungen
≤ 6	≥ 40	1
≤ 8	≥ 60	2
> 8	≥ 80	2–3

Bei den Steinbreiten muss eine Differenz von der breitesten bis zur schmalsten Sichtbreite von mindestens 40 mm innerhalb einer Gebindehöhe unabhängig von der Sparrenlänge erreicht werden. Grundsätzlich kann bei steilen Turmflächen oder kleinen Dachflächen wie Dachgauben von den vorgenannten Maßen abgewichen werden.

Die Decksteine sind mit Schiefernägeln oder Schieferstiften zu befestigen. Schiefernägel haben einen konischen Kopf und einen konischen Schaft. Schieferstifte hingegen haben einen flachen Kopf und einen gleichmäßigen, in der Regel zylindrischen Schaft. Beide Befestigungsmittel sollen einen Kopfdurchmesser von mindestens 9 mm haben. Bei Verwendung von Schiefernägeln müssen die Schiefer von unten nach oben gelocht sein, damit sich der konische Kopf in dem trichterförmigen Ausbruch versenkt. Bei Verwendung von Schieferstiften spielt die Form der Lochung keine Rolle, wenn der Kopfdurchmesser von mindestens 9 mm gegeben ist. Die Befestigung erfolgt grundsätzlich innerhalb der Höhenüberdeckung. In Abhängigkeit von der Schiefergröße ist zu beachten, dass Decksteine mit einer

- Steinhöhe ≥ 24 cm mit mindestens 3 Schiefernägeln oder -stiften und
- Steinhöhe < 24 cm mit mindestens 2 Schiefernägeln oder -stiften

zu befestigen sind. Bei windexponierten Dachflächen wie z. B. hohen Gebäuden, Türmen oder Dachflächen < 70° Dachneigung kann eine Befestigung auch unterhalb der Höhenüberdeckung, aber innerhalb der Seitenüberdeckung erfolgen. Die Befestigungsmittel müssen grundsätzlich mindestens feuerverzinkt sein. Daneben können auch solche aus Kupfer oder nicht rostendem Stahl verwendet werden. Schieferstifte aus nicht rostendem Stahl müssen Schraub- oder Ringschaftstifte sein. Kupferstifte müssen einen aufgerauten Schaft haben oder Schraubstifte sein, da ansonsten nicht genügend Auszugfestigkeit erreicht wird. Daneben müssen die Schiefernägel oder -stifte eine Länge von mindestens 32 mm haben.

Die Altdeutsche Deckung muss auf Dachflächen grundsätzlich mit Gebindesteigung ausgeführt werden. Dies ist erforderlich, damit die Höhen-, vor allem aber die Seitenüberdeckung hinsichtlich des Wasserablaufs entlastet wird. Bei flach geneigten Dachflächen fließt das Regenwasser viel langsamer ab als bei steil geneigten Flächen. Wegen des langsamen Wasserverlaufs fließt der größte Teil des Wassers an den Decksteinrücken entlang. Dort besteht nun die Gefahr, dass bei starken Regenfällen und ungünstiger Windeinwirkung das Regenwasser in die Seitenüberdeckung eindringen kann.

Das anfallende Regenwasser wird dem Decksteinrücken williger folgen, je spitzer der Winkel zwischen Wasserlauf und Decksteinrücken ist. Um das zu verhindern, muss versucht werden, den Decksteinrücken in einen möglichst rechten Winkel zum Wasserlauf zu bringen. Je mehr dieser Winkel, den Wasserlauf und Decksteinrücken bilden, einem rechten Winkel gleichkommt, desto mehr Wasser wird über die Hiebkante übertreten und den kürzesten Weg vom First zur Traufe wählen. Das erreicht man, indem die Decksteine mit Steigung gedeckt werden. Aber nicht nur die Gebindesteigung, sondern auch der Hieb der Decksteine ermöglicht das.

Die Steigung der Deckgebinde richtet sich in erster Linie nach der Dachneigung. Dafür gilt folgender Grundsatz:

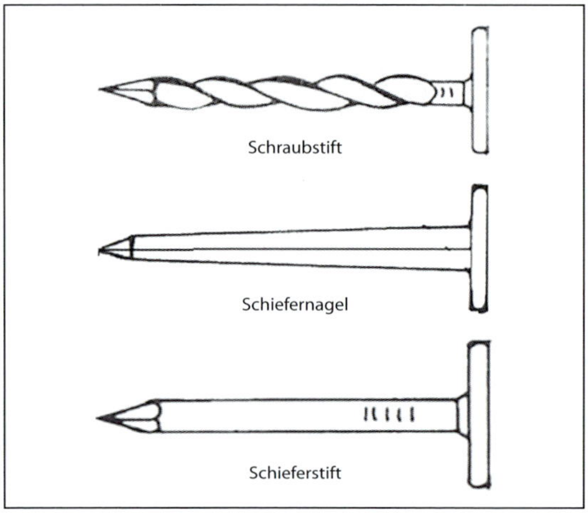

Abb. 5.1-7: Befestigungsmittel

Hinweis

Flache Dächer müssen mit viel und steilere Dächer können mit weniger Gebindesteigung gedeckt werden.

Man ermittelt die Mindestgebindesteigung folgendermaßen:

Bevor man eine Dachfläche deckt, muss zunächst die Gebindesteigung der Deckgebinde ermittelt werden. Die zu wählende Gebindesteigung muss in Abhängigkeit von der Dachneigung zwischen der **Mindest-** und der **Höchstgebindesteigung** liegen. Bei Dächern mit einer Dachneigung > 70° kann auf die Gebindesteigung verzichtet werden – bei ihnen verlaufen die Gebinde der Deckung waagerecht.

Die Festlegung der Gebindesteigung kann zeichnerisch oder rechnerisch erfolgen, wobei jeweils die Mindestgebindesteigung ermittelt wird, die dann entsprechend zu erhöhen ist.

Zeichnerische Ermittlung der Mindestgebindesteigung (siehe Abb. 5.1-8)

Man trägt den Schnitt des zu deckenden Daches mit genauem Neigungswinkel (α) auf und errichtet über den Punkten A und B je eine Senkrechte. Mit AB schlägt man den Kreisbogen um A, der die Senkrechte über A im Punkt D und den freien Schenkel des Winkels im Punkt E schneidet. Zu AB zieht man die Parallele durch Punkt E, die die Senkrechte über B im Punkt C

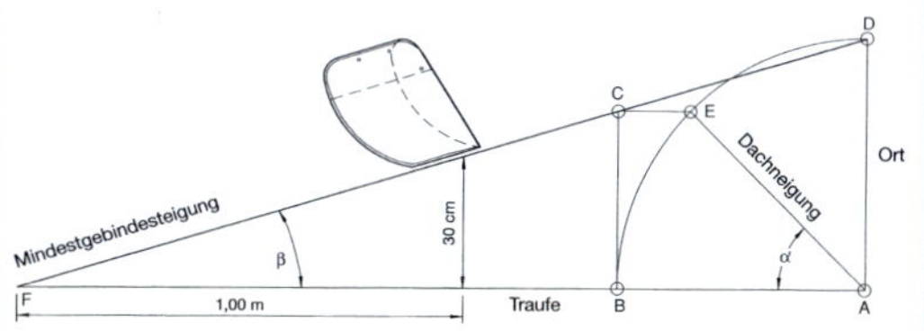

Abb. 5.1-8: Zeichnerische Ermittlung der Mindestgebindesteigung

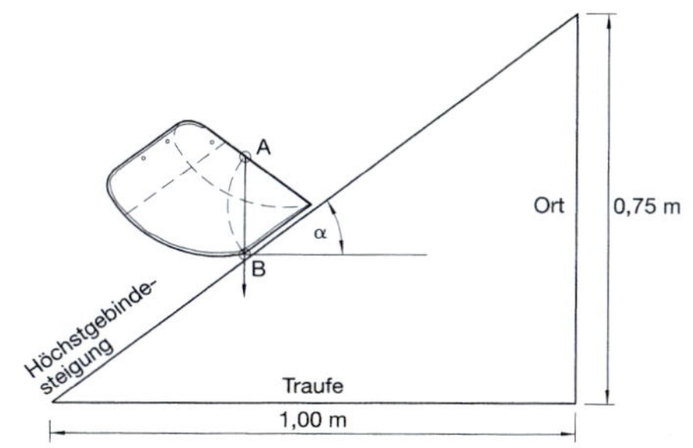

Höchstgebindesteigung

Stumpfer Hieb:	$\alpha = 37{,}5°$	ergibt auf 1 m Trauflänge 0,767 m Steigung
Normaler Hieb:	$\alpha = 37°$	ergibt auf 1 m Trauflänge 0,753 m Steigung
Scharfer Hieb:	$\alpha = 32{,}5°$	ergibt auf 1 m Trauflänge 0,637 m Steigung
Bogenschnitt:	$\alpha = 45°$	ergibt auf 1 m Trauflänge 1 m Steigung

Abb. 5.1-9: Zeichnerische Ermittlung der Höchstgebindesteigung

schneidet. Wenn man nun D mit C verbindet und über C hinaus verlängert, erhält man die Mindestgebindesteigung und somit die Fußlinie der Decksteingebinde. Der Winkel β (AFD) wird durch Bretter oder Latten festgehalten und auf die Dachfläche übertragen.

Rechnerische Ermittlung

Mindestgebindesteigung G_{min} (m/m)

$G_{min} = 1 - \sin \alpha$

dabei ist α: Dachneigung in Grad

Beispiel bei 30° Dachneigung

$$G_{min} = 1 - \sin 30°$$
$$= 1 - 0{,}5$$
$$= 0{,}50 \text{ m, also}$$

0,50 m Gebindesteigung auf 1 m Trauflänge.

Wenn man die Höchstgebindesteigung überschreitet, wird das Regenwasser nicht mehr am Rücken entlang zur Ferse fließen, sondern kann von der Ferse zum Kopf und von dort zur Schalung gelangen. Die Festlegung der Höchstgebindesteigung erfolgt in der Regel zeichnerisch.

Zeichnerische Ermittlung der Höchstgebindesteigung (siehe Abb. 5.1-9)

Man ermittelt die Höchstgebindesteigung, indem man von der Spitze eines Decksteins gleiche Entfernungen an Brust und Fuß des Decksteins abzeichnet – man erhält so die Punkte A und B. Der Deckstein wird nun gedreht, bis die Linie AB dem senkrechten Wasserlauf entspricht, also senkrecht zur Traufe verläuft. Die so erhaltene Fußlinie des Decksteins ist die Höchstgebindesteigung.

Da die Decksteine für eine Altdeutsche Deckung unterschiedliche Steinhöhen und Steinbreiten haben, müssen sie, bevor sie auf der Dachfläche gedeckt werden, zunächst sortiert werden.

Sortiert werden die Decksteine grundsätzlich nur der Höhe und nicht der Breite nach. Das Sortieren führt man am besten auf einem Sortierbrett durch, oder man sortiert nach einem an einem Anschlag befestigten Zentimetermaß (Gliedermaßstab).

Mit den auf diese Weise sortierten größten Decksteinen wird dann an der Traufe der Dachfläche die Deckung begonnen. Die Gebinde nehmen dann entsprechend den sortierten Steinhöhen im weiteren Verlauf der Deckung zum First hin ab. Man nennt dies auch die Verjüngung der Deckgebinde. Dabei ist darauf zu achten, dass diese Verjüngung auf allen Dachflächen eines Daches annähernd gleichmäßig erfolgt. Die Decksteine sind dementsprechend also auf die Dachflächen zu verteilen.

Tabelle 5.1-5: Dachneigung – Mindestgebindesteigung

Dachneigung in Grad	Mindestgebindesteigung in m	Dachneigung in Grad	Mindestgebindesteigung in m
25	0,577	58	0,152
26	0,562	59	0,143
27	0,546	60	0,134
28	0,531	61	0,125
29	0,515	62	0,117
30	0,500	63	0,109
31	0,485	64	0,101
32	0,470	65	0,094
33	0,455	66	0,086
34	0,441	67	0,079
35	0,426	68	0,073
36	0,412	69	0,066
37	0,398	70	0,060
38	0,384	71	0,054
39	0,371	72	0,049
40	0,357	73	0,044
41	0,344	74	0,039
42	0,331	75	0,034
43	0,318	76	0,030
44	0,305	77	0,026
45	0,293	78	0,022
46	0,281	79	0,018
47	0,269	80	0,015
48	0,257	81	0,012
49	0,245	82	0,010
50	0,234	83	0,007
51	0,223	84	0,005
52	0,212	85	0,004
53	0,201	86	0,002
54	0,191	87	0,001
55	0,181	88	0,001
56	0,171	89	0,000
57	0,161	90	0,000

Die Altdeutsche Deckung muss grundsätzlich geschlossen erfolgen. Dies wird erreicht, indem die Decksteine mit ihrer Spitze jeweils gegen den Rücken des entsprechenden Decksteins im Gebinde zuvor gedeckt werden. Also ist dabei auch jeweils die Decksteinbreite entsprechend auszuwählen. Weiterhin ist neben der Decksteinbreite auch die Dicke des Steins zu berücksichtigen. So soll die Decksteinspitze möglichst gleich der des jeweiligen Decksteins im Gebinde vorher sein. Im Einzelfall kann sich ergeben, dass die noch zur Verfügung stehenden Decksteinbreiten nicht identisch sind. Dann können Übersetzungen erforderlich werden. Übersetzt werden darf auf einen breiten Deckstein mit 2 schmalen und auf 2 schmale Decksteine mit einem breiten Deckstein. Im Einzelfall kann statt mit 2 schmalen auch mit 3 schmalen auf einen breiten Deckstein übersetzt werden. Andere Formen sind nicht zulässig.

In der Dachflächendeckung sind Übersetzungen eher die Ausnahme. Wesentlich häufiger kommen sie dagegen bei der Deckung von Dachdetails vor.

5.1.4.3 Altdeutsche Doppeldeckung

Viele Merkmale der Altdeutschen Doppeldeckung sind mit denen der Altdeutschen Deckung identisch. Der markanteste Unterschied besteht in der Höhenüberdeckung. So überdeckt bei der Altdeutschen Doppeldeckung grundsätzlich das dritte Deckgebinde das erste noch um mindestens 20 mm (überdoppelt). Alle weiteren Merkmale und sich daraus ergebenden Verlegevorgaben sind mit denen der Altdeutschen Deckung übereinstimmend. Insoweit wird auf das Kapitel 5.1.4.2 verwiesen. Damit eine noch einigermaßen ausreichende Sichthöhe der Deckgebinde erreicht wird, sind nur die größten Decksteinsortierungen zu verwenden. Dies sind dann $\frac{1}{1}$, $\frac{1}{2}$, $\frac{1}{4}$ und ggf. noch $\frac{1}{8}$.

Die Sichthöhe der Decksteingebinde wird wie bei jeder Doppeldeckung ermittelt.

$$S = \frac{H - Ü}{2}$$

S = Schnürabstand (Gebindehöhe)
H = Schieferhöhe
Ü = Maß der Überdeckung

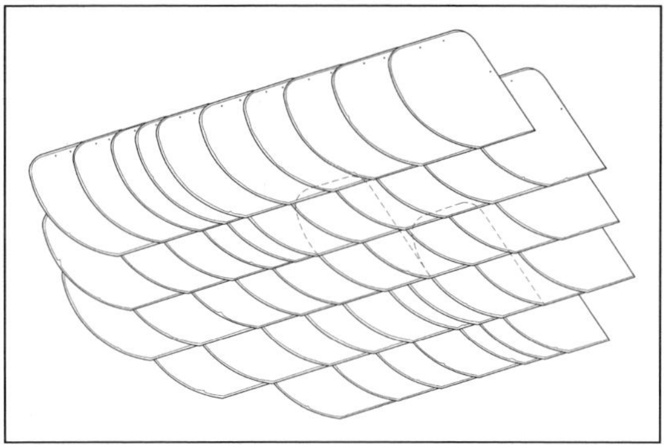

Abb. 5.1-10: Altdeutsche Doppeldeckung

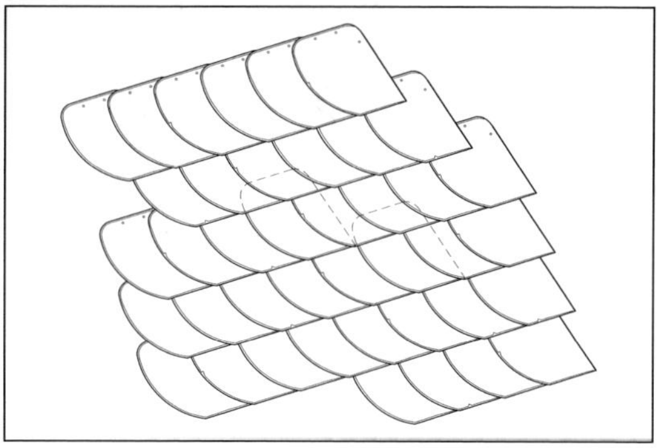

Abb. 5.1-11: Schuppendeckung

Wesentlich für die Altdeutsche Doppeldeckung ist, dass sämtliche Detaildeckungen wie Traufe (Fuß), Orte, Grate, Firste und ggf. Kehlen einfach, also nicht in Doppeldeckung gedeckt werden. Eine Doppeldeckung ist dort aus technischen Gründen, vor allem „Lagerung" der Schiefer, nicht möglich.

Die Altdeutsche Doppeldeckung wird hauptsächlich angewendet bei

- Dachneigungen ≥ 22° bis 25°,
- Dachneigungen ≥ 25° und großen Sparrenlängen wie auch besonders exponierter Gebäudelage,
- Dachneigungen ≥ 25° aufgrund regionaler Besonderheiten,
- flach geneigten Dachflächen von Schleppgauben oder entsprechenden Aufschieblingen.

5.1.4.4 Schuppendeckung

Die Schuppendeckung, die früher als Deutsche Schuppenschablonendeckung bezeichnet wurde, wird mit Schieferschuppenschablonen gleicher Größe ausgeführt. Sie gehört damit zu den Schablonendeckungen. Unter einer Schieferschuppenschablone (kurz auch Schieferschuppe oder Schuppe genannt) versteht man einen Deckstein in normalem Hieb. Somit unterscheidet sich die einzelne Schieferschuppe nicht von einem altdeutschen Deckstein in normalem Hieb. Im Gegensatz zu altdeutschen Decksteinen wird die Schieferschuppe durch eine gleichmäßige Höhen- und Breitenangabe gekennzeichnet. Dabei ist die Höhe die senkrechte Entfernung zwischen Kopf und Fuß und die Steinbreite die Entfernung zwischen Brust und Rücken in der Mitte der Höhe gemessen. Die üblichen Abmessungen der Schieferschuppen sind:

Tabelle 5.1-6: Standardformate der Schieferschuppen

Höhe in cm	Breite in cm
42	32
40	32
40	30
38	30
36	28
34	28
32	28
32	25
30	25
28	23
26	21
24	21
24	19
22	19
22	17
20	15

Die Ausführung der Dachflächendeckung als Schuppendeckung ist im Grunde der einer Altdeutschen Deckung gleich, jedoch mit dem Unterschied, dass nur gleich große Schiefer verwendet werden. Insoweit gelten die gleichen Regeln für Deckunterlage, Überdeckungen, Befestigung, Gebindesteigung usw. Auch die Zuordnung der Schieferschuppengrößen zur Dachneigung erfolgt entsprechend.

Tabelle 5.1-7: Zuordnung der Schieferschuppengrößen zur Dachneigung

Schuppengröße (Höhe/Breite in cm)	untere Dachneigungsgrenze in Grad	empfohlene obere Dachneigungsgrenze in Grad
42/32 40/32 40/30 38/30	25[1)]	30
36/28 34/28	25[1)]	35
32/28 32/25 30/25	30	40
28/23 26/21	35	50
24/19 24/21 22/19 22/17	40	60
20/15	50	–

1) zugleich Regeldachneigung

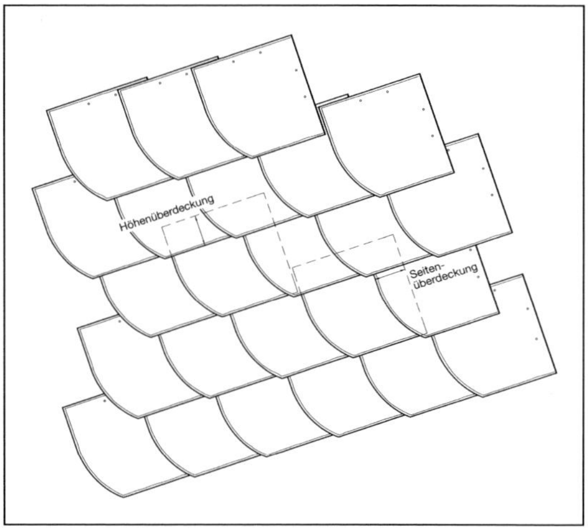

Abb. 5.1-12: Deutsche Deckung (Bogenschnittdeckung)

5.1.4.5 Deutsche Deckung (Bogenschnittdeckung)

Dachdeckungen in Deutscher Deckung, auch Bogenschnittdeckung genannt, mit Schiefer und mit Faserzement-Dachplatten sind in ihren Merkmalen gleich. So werden dafür quadratische Schiefer der Größen 30/30 oder 25/25 cm mit Bogenschnitt (Bogenschnittschablonen) gleicher Größe verwendet. Das Format 20/20 cm darf hingegen nur bei Wandflächen angewendet werden. Damit gehört auch diese Deckung zur Gruppe der Schablonendeckungen.

Die einzelnen Merkmale der Deckung und somit auch die Ausführung der Deckung auf der Dachfläche sind größtenteils mit denen der Schuppendeckung identisch. Wesentlicher Unterschied ist, dass die Form der einzelnen Schablone eine andere ist, wodurch letztlich auch ein anderes Deckbild entsteht. Daneben ist die Deutsche Deckung die einzige Deckart, bei der der Schiefer unterhalb der Höhenüberdeckung befestigt werden darf. So erfolgt die Befestigung im Brustbereich der Bogenschnittschablonen unterhalb der Höhen-, aber innerhalb der Seitenüberdeckung. Aufgrund ihrer Größe müssen die Bogenschnittschablonen generell bei Dachdeckungen mit 3 Schiefernägeln oder -stiften befestigt werden.

Die Höhen- und Seitenüberdeckungen sind von der Dachneigung und dem Format der Schablonen abhängig. Dafür gilt Tabelle 5.1-8. Weiterhin ist zu beachten, dass das Format 25/25 cm erst ab einer Dachneigung von 40° und mehr gedeckt werden darf. Im Weiteren gelten die gleichen Regeln für die Deckunterlage, die Gebindesteigung usw. wie bei der Schuppendeckung bzw. der Altdeutschen Deckung.

Die Form der Bogenschnittschablone ergibt sich durch eine Konstruktion. Neben rechten und

Tabelle 5.1-8: Mindestüberdeckungen in mm bei der Deutschen Deckung (Bogenschnittdeckung)

Format / Dachneigung	30/30		25/25	
Regeldachneigung = 25°	**Höhenüberdeckung**	**Seitenüberdeckung**	**Höhenüberdeckung**	**Seitenüberdeckung**
≥ 25°	110	90	–	–
≥ 30°	100	90	–	–
≥ 35°	90	90	–	–
≥ 40°	90	90	90	80
≥ 45°	80	90	80	80
≥ 55°	70	90	70	80

linken Bogenschnittschablonen für Rechts- und Linksdeckung gibt es auch Schablonen, die universell für die Rechts- und Linksdeckung einsetzbar sind.

5.1.4.6 Rechteckdoppeldeckung

Im Gegensatz zu den sog. deutschen Deckarten (Altdeutsche Deckung, Altdeutsche Doppeldeckung, Schuppendeckung und Deutsche Deckung) ist die Rechteckdoppeldeckung mit Schiefer auch in vielen anderen Ländern der Erde als Dachdeckung bekannt.

Die Rechteckdoppeldeckung wird mit quadratischen oder rechteckigen Schiefern gleicher Größe hergestellt. Als Deckunterlage kann sowohl eine Schalung als auch Lattung verwendet werden. Dabei überdecken die Schiefer des dritten Gebindes die des ersten noch um die jeweilige von der Dachneigung abhängige Mindestüberdeckung (Überdoppelung) (siehe Tabelle 5.1-9). Die seitliche Überdeckung wird durch die Deckung im halben Verband mit einer ca. 3 bis 6 mm breiten Stoßfuge erreicht.

Die zur Verwendung kommenden Schiefer können vollkantig sein, gestutzte Ecken (Octogones) haben oder halbkreisförmig abgerundet (Coquettes) sein. Daneben sind auch Sonderformen möglich. In der Regel sind die Schiefer ungelocht.

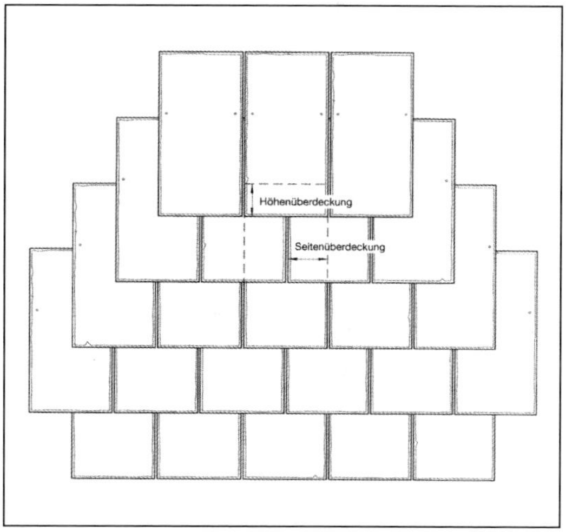

Abb. 5.1-13: Rechteckdoppeldeckung

Die Befestigung der Schiefer kann als Nagelbefestigung mit Schiefernägeln oder -stiften oder mit Klammerhaken als Klammerbefestigung erfolgen. Bei Nagelbefestigung sind die Schiefer vor Ort zu lochen. Die Befestigung erfolgt dann grundsätzlich oberhalb der eigentlichen Überdoppelung. Bei Verlegung auf Lattung ist darauf zu achten, dass die Oberkante der Schiefer nicht über die Mitte der Lattung hinausragt, da über der Schieferkante die Nagelung erfolgt.

Tabelle 5.1-9: Mindestüberdeckungen in mm des dritten Gebindes über das erste bei der Rechteckdoppeldeckung

Format / Dachneigung	60/35 60/30 50/30 50/25	40/40 40/25 40/20	35/35 35/20	30/30 30/20
Regeldachneigung ≥ 22°	**Höhenüberdeckung**			
≥ 22°	120	–	–	–
≥ 30°	100	100	–	–
≥ 40°	80	80	80	–
≥ 50°	–	60	60	60

Bei Befestigung mit Klammerhaken sind grundsätzlich Klammer- und/oder Einschlaghaken aus nicht rostendem Stahl nach DIN EN 10088-3 der Werkstoffnummer 1.4571 mit einer Drahtdicke von mindestens 2,65 mm zu verwenden. Die Länge der Haken muss 10 mm größer als das Maß der Höhenüberdeckung sein. Die Öffnung der Haken zur Aufnahme der Schiefer ist abhängig von der Schieferdicke – die obere Öffnung der Haken ist abhängig von der Dicke der Traglatten. Unbedingt beachtet werden muss, dass der Abstand des Schiefers zur Oberkante der Lattung dabei konstant 10 mm beträgt. Hakenlänge wie auch -weite sind darauf genau abgestimmt.

Weiterhin kann die Befestigung auch ausschließlich mit Einschlaghaken erfolgen. Die Einschlagspitze der Einschlaghaken muss gerillt sein und einen Winkel < 60 Grad haben. Dabei wird analog der Befestigung mit Klammerhaken verfahren, jedoch als Deckunterlage in der Regel eine Schalung verwendet.

Bei der Rechteckdoppeldeckung ist eine exakte Schnürung, der eine entsprechende Einteilung vorausgeht, zu empfehlen. Dabei ist die Einteilung in Richtung der Sparrenlänge derart vorzunehmen, dass alle unterhalb des Firstgebindes vorhandenen Deckgebinde eine gleiche Sichthöhe haben. Der dazu eventuell erforderliche Ausgleich von Längendifferenzen kann über das Überdeckungsmaß oder über die Höhe des Firstgebindes erfolgen. In der Traufrichtung, also von Ortkante zu Ortkante, sollte ebenfalls eine Einteilung erfolgen. Dort können Differenzen mithilfe der Stoßfugen und ggf. unter Verwendung von Zubehörschiefern ausgeglichen werden. Entsprechend den jeweiligen Einteilungen sind dann sowohl Schnürungen in der Senkrechten als auch waagerechte Schnürungen erforderlich. Der Abstand der senkrechten Schnürungen ergibt sich aus der Schieferformatbreite unter Berücksichtigung der jeweiligen Breite der Stoßfuge. Der Abstand der waagerechten Schnürungen wird errechnet nach der Formel:

$$S = \frac{H - Ü}{2}$$

S = Schnürabstand (Gebindehöhe)
H = Schieferhöhe
Ü = Maß der Überdeckung

Beispiel

Höhe des Rechteckschiefers: 400 mm
Mindestüberdeckung: 80 m

(400 mm – 80 mm) : 2 = 160 mm

Der Lattenabstand und damit die Gebindehöhe in diesem Beispiel betragen maximal 160 mm.

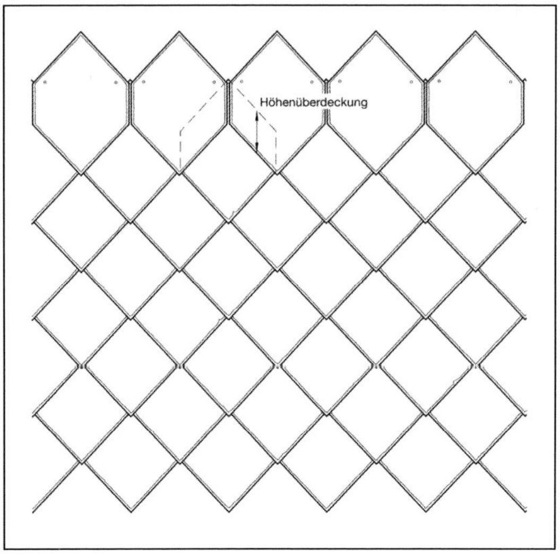

Abb. 5.1-14: Spitzwinkeldeckung

5.1.4.7 Spitzwinkeldeckung

Die Spitzwinkeldeckung gehört nachweislich zu den ältesten heute noch üblichen Schieferdeckungen. Bereits die Römer haben Gebäude ihrer Limes-Grenzbefestigung vor über 2.000 Jahren mit Schieferschablonen im Spitzwinkelformat eingedeckt.

Für die Spitzwinkeldeckung werden rautenförmige Schiefer mit 2 gegenüberliegenden gestutzten Ecken verwendet. An diesen rautenförmigen Schiefern wurden die Ecken mit den stumpfen Winkeln gestutzt, sodass die mit den spitzen Winkeln sichtbar bleiben und damit letztlich auch der Deckung ihren Namen geben. Die gestutzten Ecken bezeichnet man als Abschnittlänge.

Die Deckung der Spitzwinkelschablonen erfolgt im halben Verband mit einer Stoßfuge. Die Überdeckung ergibt sich aus der vorgegebenen Abschnittlänge plus mindestens 10 mm Hängespitze. Als Deckunterlage kann eine Schalung oder Lattung verwendet werden.

Befestigt werden die Schablonen mit 2 Schiefernägeln oder -stiften. Hinsichtlich der werkstoffspezifischen Anforderungen an die Befestigungsmittel gilt das Gleiche wie bei den übrigen Schieferdeckungen.

Auch für die Spitzwinkeldeckung ist eine exakte Schnürung mit vorausgehender Einteilung notwendig. Es gelten im Grunde die gleichen Bedingungen und Vorgehensweisen wie bei der Rechteckdoppeldeckung.

Hinsichtlich der Schiefergröße in Abhängigkeit von der Dachneigung gilt, dass Spitzwinkelschablonen der Größen 4 und 5 nur bei Dachneigungen ≥ 45° und solche der Größen 6, 7 und 8 nur bei Dachneigungen ≥ 60° verwendet werden dürfen. Somit wird auch dabei der Grundsatz der Verwendung von großen Schiefern auf flachen Dächern und kleinen Schiefern auf steilen Dächern umgesetzt.

Tabelle 5.1-10: Standardformate der Spitzwinkeldeckung

Größe	Höhe in cm	Breite in cm	Abschnittlänge in mm
1	47	31	107
2	43	29	107
3	38	25	107
4	36	24	95
5	33	21	73
6	30	20	73
7	29	19	73
8	26	18	73

5.1.5 Deckung von Dachdetails

Dachdetails werden bei Schieferdeckungen in der Regel mittels von den Flächenformaten abweichender Schiefer bzw. Rohschiefer (Zubehörformate) ausgeführt. Diese sind vor Ort zu behauen. Es ist besonders darauf zu achten, dass diese Schiefer in der Dicke mit der Flächendeckung übereinstimmen. Weiterhin muss der Schiefer grundsätzlich aus der gleichen Grube bzw. aus dem gleichen Bruch wie die Schiefer für die Flächendeckung stammen, damit ein annähernd einheitliches Farbbild erreicht wird. Trotz Beachtung dieser wichtigen Regel können sich natürliche Farbunterschiede ergeben. Daneben sind natürliche Auflagerungen wie z. B. Dendriten und unterschiedliche Oberflächenstrukturen möglich und grundsätzlich nicht vermeidbar.

5.1.5.1 Traufe

Die Traufausbildung sollte grundsätzlich unter Verwendung eines Traufblechs erfolgen. Bei vorgehängten Dachrinnen ist dies dann ein Rinneneinlaufblech; bei Traufausbildungen ohne Dachrinne sollte ein Tropfblech verwendet werden. Damit die Schiefer an der Traufe die gleiche Neigung wie die übrigen haben, sollten sie mit einer schmalen Holzleiste oder einem Bitumenbahnenstreifen unterlegt werden. Bei Dachrinnen ist weiterhin ein Einlassen der Rinnenhalter zu empfehlen. Wenn an der Traufe ein freier Überstand der Schieferdeckung gedeckt werden soll, dann darf dieser nicht mehr als 50 mm betragen. Ansonsten kann infolge von Schnee- und Eislasten der Überstand abbrechen.

Bevor mit der eigentlichen Traufdeckung (Fußdeckung) begonnen wird, kann grundsätzlich – außer bei der Altdeutschen Doppeldeckung, der Rechteckdoppeldeckung sowie bei der Altdeutschen Deckung nur in Verbindung mit dem Einbau von Schneefangschutzsystemen o. Ä. – zunächst an der Traufe ein Traufgebinde gedeckt werden. Die dabei verwendeten Schiefer müssen mit mindestens ein Drittel größerer Seitenüberdeckung als in der Dachfläche gedeckt werden. Darauf beginnt dann die eigentliche Fußdeckung. Ein solches Traufgebinde ist beispielsweise beim Einbau von Schneefanggitterstützen ratsam. Diese können dann auf Metallunterlage innerhalb des Traufgebindes verhältnismäßig problemlos eingebaut werden.

Bei Altdeutscher Deckung und Schuppendeckung

Die Deckung der Traufe muss bei der Altdeutschen Deckung und der Schuppendeckung als eingebundener Fuß mit Fuß- und Gebindesteinen erfolgen. Grundvoraussetzung für die eingebundene Fußdeckung ist die Gebindesteigung. Durch sie ergeben sich die Fußgebinde, die mit Fußsteinen gedeckt werden.

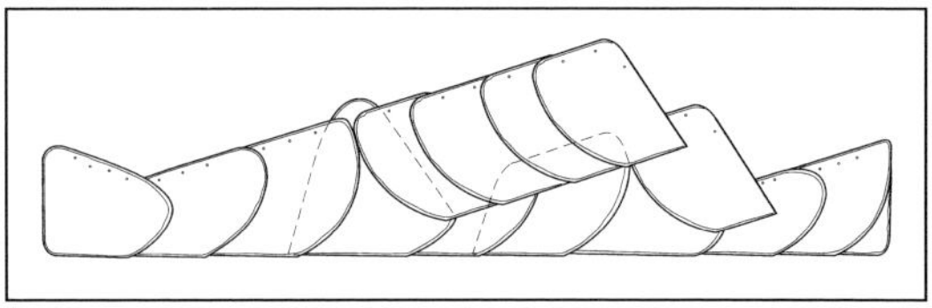

Abb. 5.1-15: Altdeutsche Deckung mit eingebundenem Fußgebinde

Jedes einzelne Fußgebinde besteht aus großen, mittleren und kleinen Fußsteinen und dem Gebindestein (siehe Abb. 5.1-16). Das Fußgebinde wird stets in entgegengesetzter Richtung zu den Deckgebinden gedeckt. Der Rücken der Fußsteine kann einen runden, aber auch einen geraden Hieb haben. Man sollte jedoch Fußsteine mit rundem Rücken verwenden, da sie besser zu den Rücken der Decksteine passen. Bei der Wahl der Fußsteine ist darauf zu achten, dass sie in einem angemessenen Größenverhältnis zu den Decksteinen stehen. Die sichtbare Höhe des größten Fußsteins soll etwa ein Drittel größer sein als die sichtbare Höhe des größten Decksteins. Am Rücken des Gebindesteins soll die Gebindelinie von der Traufe gemessen die Höhe aufweisen, die der größte Fußstein sichtbar höher ist als die sichtbare Höhe des Decksteins. Unter Berücksichtigung der Gebindesteigung ist die gesamte Traufe in etwa gleich lange Fußgebinde einzuteilen. Die Höhen- und Seitenüberdeckung der Fußsteine muss mindestens so groß sein wie die der größten Decksteine bzw. die des darüber zu liegen kommenden Deckgebindes, da an der Traufe das gesamte Regenwasser anläuft. Nur so kann man eine regensichere Deckung der Fußgebinde gewährleisten. Die Form und die Größe des Gebindesteins ergeben sich aus Decksteingröße, Fußsteingröße und dem Hieb der Steine. In Höhe der Gebindelinie sollen Decksteinrücken und Fußsteinrücken zusammenlaufen. Um die erforderlichen Seitenüberdeckungen zu erhalten, muss die Brust auf der einen Seite des Gebindesteins parallel zur Brust der Decksteine und auf der anderen Seite parallel zur Brust der Fußsteine verlaufen.

Es ist darauf zu achten, dass die Decksteine, die auf die Fußsteine gedeckt werden, nie mit der Spitze auf einem Fußsteinrücken liegen. Es würden sonst 2 Steindicken übereinanderliegen –

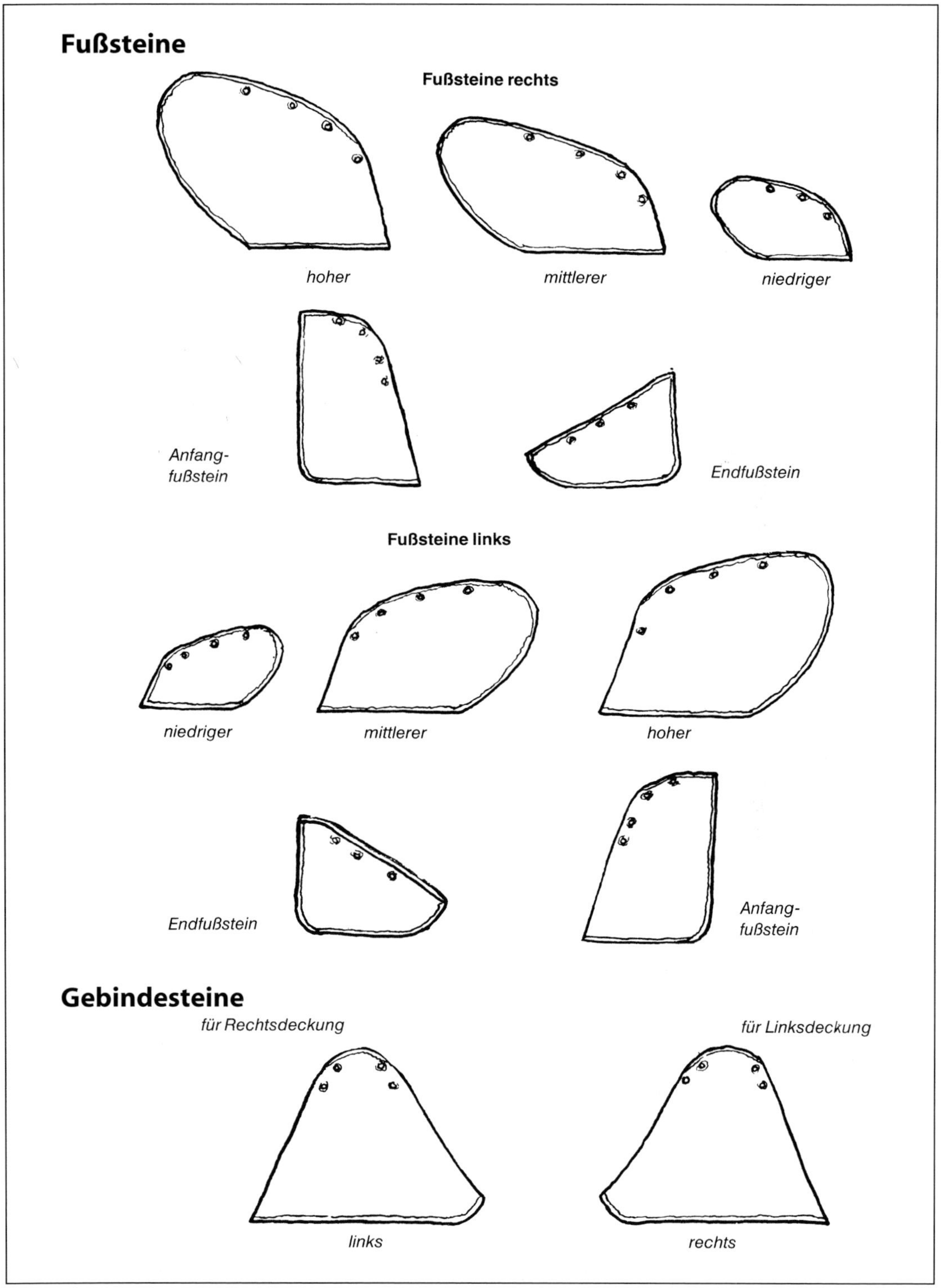

Abb. 5.1-16: Fuß- und Gebindesteine

der nächste Deckstein würde um diese Dicke sperren. Eine Ausnahme ist nur bei dem Deckstein gestattet, der mit seiner Spitze den ersten Deckstein des vorhergehenden Gebindes anläuft. Er muss eine möglichst dünne Spitze haben, um auch dort ein Sperren der Steine zu vermeiden. Decksteine, die mit der Spitze nahe an einen Fußsteinrücken gedeckt werden, müssen ebenfalls eine dünne Spitze haben. Der letzte Fußstein, der Endfußstein, kann so aus dem Rohschiefer geschlagen werden, dass für den ersten Anfangortstein kein Stichstein mehr benötigt wird. Die Fuß- und Gebindesteine sind jeweils mit mindestens 3 Schiefernägeln oder -stiften innerhalb der Höhenüberdeckung zu befestigen.

Bei der Altdeutschen Doppeldeckung

Die Fußdeckung der Altdeutschen Doppeldeckung entspricht im Grunde der der Altdeutschen Deckung. Besonders zu erwähnen ist, dass die Fußdeckung im Gegensatz zur Dachflächendeckung nicht in Doppeldeckung, sondern in Einfachdeckung erfolgt, dies aber mit einem größtmöglichen Maß an Höhen- und Seitenüberdeckung. Dies gilt dann folglich auch für die über den jeweiligen Fußgebinden zu liegen kommenden Decksteingebinde. Die Höhenüberdeckung der Decksteingebinde auf die jeweiligen Fußgebinde muss mindestens die Hälfte der Sichthöhe des darüberliegenden Decksteingebindes plus 20 mm betragen.

Bei der Deutschen Deckung (Bogenschnittdeckung)

Bei dieser Deckung kann grundsätzlich zwischen 2 Varianten der Fußdeckung gewählt werden. So ist zum einen die eingebundene Fußdeckung mit Fuß- und Gebindesteinen und daneben die eingespitzte Fußdeckung möglich. Die eingebundene Fußdeckung erfolgt analog der bei der Altdeutschen Deckung bzw. Schuppendeckung.

Für die eingespitzte Fußdeckung gelten die gleichen Vorgaben und Regeln wie bei der Deutschen Deckung mit Faserzement-Dachplatten. Sie unterscheidet sich in keiner Weise von dieser. Nähere Ausführungen sind in Kapitel 5.4.5.1 zu finden.

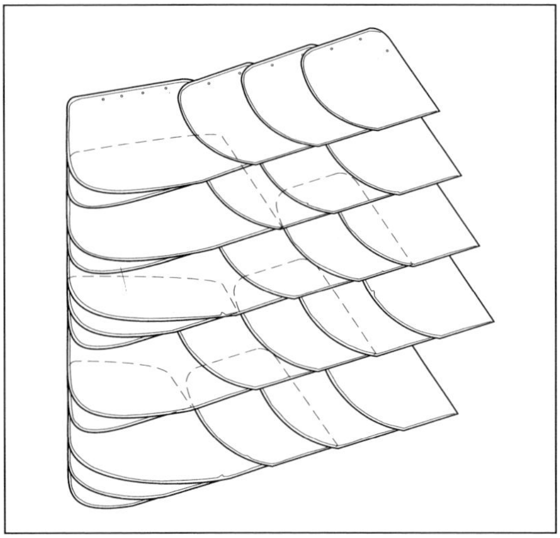

Abb. 5.1-17: Altdeutsche Deckung mit Anfangort

Bei Rechteckdoppel- und Spitzwinkeldeckung

Dies gilt in gleicher Weise auch für die Fußdeckung der Rechteckdoppeldeckung. Sie ist decktechnisch genauso auszuführen wie bei der Faserzement-Dachplattendeckung (siehe Kapitel 5.4.5.1). Zu beachten ist, dass auch bei einer Klammerbefestigung der Rechteckschiefer in der Dachfläche die Ansetzerschiefer an der Traufe grundsätzlich mit 2 Schiefernägeln oder -stiften zu befestigen sind. Auf eine Befestigung mit Klammer- oder Einschlaghaken kann dann verzichtet werden.

Auch die Traufausbildung bzw. -deckung bei der Spitzwinkeldeckung ist deckungsgleich mit der bei der Spitzschablonendeckung bzw. der Rhombusdeckung mit Faserzement-Dachplatten. Insoweit können die näheren Details auch dazu dem Kapitel 5.4.5.1 entnommen werden.

5.1.5.2 Ort

Auch für die Deckung der Orte bei Schieferdeckungen gilt, dass die Höhen- und Seitenüberdeckungen der Schiefer mindestens denen der jeweiligen Flächendeckung entsprechen müssen. Grundsätzlich wird zwischen eingebundenen, auslaufenden und aufgelegten Ortdeckungen unterschieden, wobei Letztere auch als Strackorte bezeichnet werden. Die Regelausführung an der Ortkante besteht darin, dass

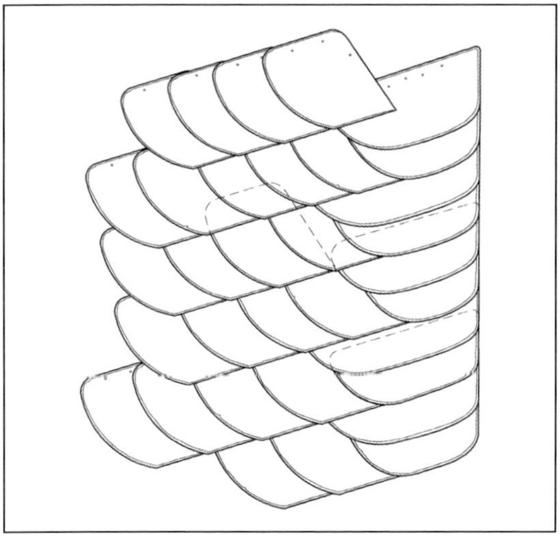

Abb. 5.1-18: Altdeutsche Deckung mit Doppelendort

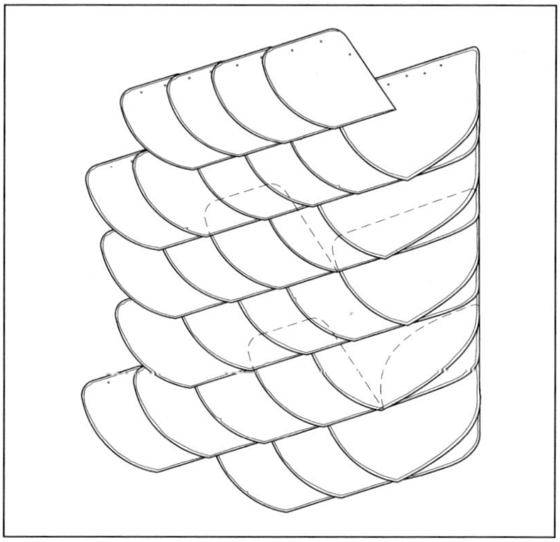

Abb. 5.1-19: Altdeutsche Deckung mit Endstichort

die Schiefer mit einem freien Überstand von etwa 50 mm über die fertige Konstruktion (z. B. Außenkante Sparren) gedeckt werden. Daneben können aber auch Ortgangkonstruktionen mit z. B. gekanteten Blechprofilen vorkommen. Dann ist der Überstand meistens auch geringer.

Generell gilt, dass alle Schiefer an den Ortkanten mit mindestens 3 Schiefernägeln oder -stiften zu befestigen sind. Damit über die jeweiligen Kopflinien der Schiefergebinde kein Wasser in die Deckung eingetragen wird, sind die äußeren oberen Ecken immer mit einem Wasser abweisenden Schnitt zu versehen. Dies kann durch Runden oder Stutzen der jeweiligen Ecken erfolgen.

Ortdeckung bei Altdeutschen Deckungen

Bei der Altdeutschen Deckung und der Altdeutschen Doppeldeckung muss die Deckung der Orte eingebunden erfolgen. Eingebundene Ortdeckungen fügen sich grundsätzlich wesentlich harmonischer in das Gesamtbild einer Dachdeckung. Unterschieden werden Anfang- und Endorte. Alle Deckgebinde, die an der Ortkante beginnen – dort also ihren Anfang haben –, werden mit einem Anfangort gedeckt. Dementsprechend sind alle Deckgebinde, die an der Ortkante enden, mit einem Endort abzuschließen.

Anfangorte können mit rundem, geschwungenem oder mit geradem Rücken gedeckt werden. Anfangorte mit rundem Rücken passen sich optisch am besten der Form der Decksteine an. Sie bestehen aus einem Stichstein und einem Ortstein. Gegebenenfalls können aber noch ein oder mehrere Zwischensteine erforderlich werden.

Endorte können als Doppelorte oder als Endstichorte ausgebildet werden. Doppelorte werden mit 2 Ortsteinen auf jedem Deckgebinde ausgeführt. In Ausnahmefällen können bei besonders hohen Deckgebinden 3 Ortsteine auf jedes Deckgebinde gedeckt werden. Endstichorte können genau wie die Anfangorte eine runde, geschwungene oder gerade Form haben. Sie bestehen grundsätzlich aus einem Stichstein und dem Endstichortstein.

Es sollte das Ziel sein, die Größe der Anfang- und Endortsteine den Decksteingrößen anzupassen. Dafür gilt die Faustregel, dass die Länge der Stichsteine bzw. die Länge der kleinen Doppelortsteine mindestens der sichtbaren Decksteinhöhe und höchstens der gesamten Decksteinhöhe des entsprechenden Decksteingebindes entsprechen soll. Auf diese Weise werden Anfang- und Endort entsprechend den Gebindehöhen vom Fuß zum First hin kleiner.

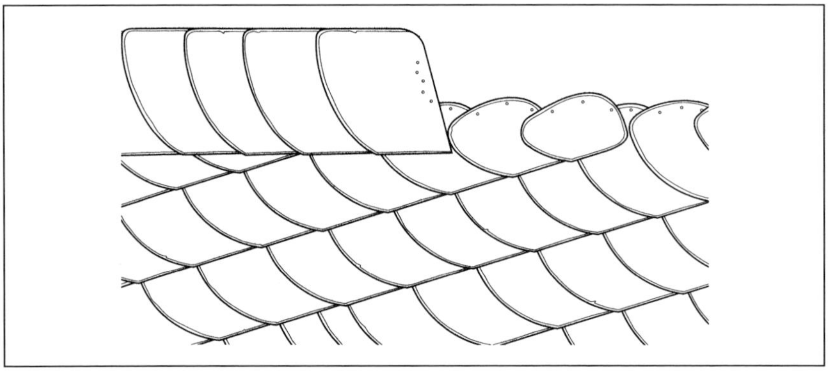

Abb. 5.1-20: First bei Altdeutscher Deckung

Ortdeckung bei der Schuppendeckung und der Deutschen Deckung (Bogenschnittdeckung)

Die Deckung der Orte bei der Schuppendeckung und der Deutschen Deckung (Bogenschnittdeckung) erfolgt im Grunde wie bei den Altdeutschen Deckungen. Einziger wesentlicher Unterschied ist, dass bei diesen Schablonendeckungen im Einzelfall ein Zurücksetzen der Anfangortdeckung und ein Staffeln der Endortdeckung zulässig sind. Ursächlich dafür ist die Tatsache, dass die eingebundenen Anfang- und Endortdeckungen für die Altdeutsche Deckung entwickelt wurden und dies dann zwangsläufig bei Schablonendeckungen einige kleinere Änderungen zur Folge hat. Mit dem Zurücksetzen der Anfangortdeckung, das im Grunde eine Übersetzung darstellt, wirkt man der Tatsache der von Gebinde zu Gebinde immer länger werdenden Anfangortdeckung entgegen. Beim Staffeln hingegen verzichtet man auf das Decken eines Flächenschiefers auf das vorherige Endortgebinde und schlägt damit dessen Breite dem Endortstein zu. Diese Maßnahme wird ergriffen, wenn die Endortdeckung zu kurz wird.

Orte bei der Rechteckdoppeldeckung und der Spitzwinkeldeckung

Die Deckung der Orte bei der Rechteckdoppeldeckung erfolgt auslaufend. Dies bedeutet, dass die Flächendeckung einfach geradlinig an der äußeren Ortkante endet. Aus wirtschaftlichen Gründen sollte dabei durch eine vorhergehende Einteilung der Dachfläche erreicht werden, dass die Flächendeckung an den Ortkanten genau im halben Verband ausläuft. Generell ist zu beachten, dass an der Ortkante keine Schiefer unter 120 mm Breite verwendet werden dürfen. Dies ist notwendig, damit unter Berücksichtigung des freien Überstands noch eine ausreichende Befestigung erfolgen kann. Wegen der erforderlichen Mindestbreite von 120 mm kann es erforderlich werden, breitere Zubehörschiefer zu verwenden oder entsprechende Zuschnitte im Verband regelmäßig aufzuteilen. Dabei darf dann jedoch der Drittelverband nicht unterschritten werden. Eine Deckung als aufgelegtes Ort (Strackort) ist nicht zulässig.

Bei der Spitzwinkeldeckung hingegen sind Ortdeckungen als aufgelegtes Ort (Strackort) der Regelfall. Daneben kann die Ortdeckung aber auch auslaufend erfolgen. Bei auslaufender Ortdeckung sind möglichst halbe Steinbreiten zu verwenden. Bei aufgelegter Ortdeckung sind die von der Ortdeckung überdeckten Steinkanten von oben nach unten zu behauen und mit einem wasserabweisenden Hieb zu versehen. Aufgelegte Orte müssen die Flächendeckung mindestens um die Höhenüberdeckung der Spitzwinkelschablonen plus 20 mm überdecken. Die Überdeckung der Ortsteine der aufgelegten Ortdeckung untereinander muss mindestens der Höhenüberdeckung der Flächendeckung entsprechen.

5.1.5.3 First

Der Abschluss der Schieferdeckungen am First erfolgt grundsätzlich unter Verwendung von Firststeinen in Form eines Firstgebindes. Dabei gilt, dass die Überdeckung der Firstgebinde auf die Flächendeckung mindestens der Höhenüberdeckung der Flächendeckung im Firstbereich entsprechen muss. Diese Überdeckung ist bei

Schablonendeckungen auf der gesamten Dachfläche gleich, jedoch bei der Altdeutschen Deckung wegen der Verjüngung der Deckgebinde unterschiedlich. Demzufolge ist die Überdeckung des Deckgebindes mit dem letzten ordentlichen Endortgebinde für die Firstdeckung maßgebend. Die Seitenüberdeckung der Firststeine ist wegen der erforderlichen versetzten Nagelung mindestens um das Maß des Versetzens zu vergrößern. Weiterhin dürfen die Firststeine, die mit Überstand gedeckt werden, im Kopfbereich grundsätzlich keine Löcher haben.

Von besonderer Bedeutung ist die Befestigung der Firststeine. Sie sind mit mindestens 4 Schiefernägeln oder -stiften ausschließlich innerhalb der Seitenüberdeckung zu befestigen. Eine sichtbare (blanke) Befestigung in der Schiefermitte ist grundsätzlich nicht zulässig. Ist ein Verrutschen der Firststeine zu befürchten, ist eine zusätzliche Befestigung mit einem Einschlaghaken, der dann jeweils vor die Brust des vorherigen Firststeins eingeschlagen wird, zu empfehlen. Sichtbar darf nur der Schlussstein befestigt werden. Dazu sind nicht rostende Schiefernägel oder -stifte zu verwenden. Damit der Schlussstein auch dauerhaft befestigt werden kann, darf er nicht unmittelbar an der Ort- oder Gratkante gedeckt werden.

Die Standardausführung der Firstdeckung in Deutschland besteht darin, dass das Firstgebinde der Dachfläche, die der vorherrschenden Windrichtung zugewandt ist, überstehend gedeckt wird. Dabei beträgt der freie Überstand über die fertig gedeckte untergehende Dachseite etwa 50 mm. Generell empfiehlt sich, die Firstgebinde, wie bereits an der Traufe praktiziert, im Kopfbereich etwas anzuheben, damit sie in der gleichen Neigung wie die übrigen Flächengebinde zu liegen kommen. Daneben ist aber auch eine Firstausbildung mit Firstblechen oder bei seitlicher Doppeldeckung der Firststeine mit Schichtstücken (Nocken) möglich. Dabei ist dann kein Überstand gegeben. Der Ausführung mit Firstblechen wird in der Regel bei sehr steilen Dachflächen der Vorrang gegeben, da dann wegen der großen Neigung durch einen einfachen Firstüberstand keine entsprechende Sicherheit mehr erreicht werden kann.

Firstausbildung bei der Altdeutschen Deckung und Altdeutschen Doppeldeckung

Bei den Altdeutschen Deckungen sind zunächst die Dachflächengebinde am First auszuspitzen. Dazu werden die Decksteine der unter dem Firstgebinde auslaufenden Deckgebinde am Kopf schon dort abgerundet, wo die Gebindelinie des Firstgebindes verläuft. Nur so kann man eine geschlossene Deckung erhalten und vermeidet, dass die Firststeine sperren. Die Firststeine sollen ein vernünftiges Größenverhältnis zu den Decksteinen haben, etwa $\frac{1}{3}$- bis $\frac{1}{2}$-mal größer als die sichtbare Größe der kleinsten Decksteine, ist dafür eine Faustregel. Grundsätzlich können die Rücken der Firststeine rund, geschwungen oder gerade behauen werden. Die Deckrichtung der Firststeine ist beliebig. Es kann sowohl die gleiche Deckrichtung wie bei der Flächendeckung als auch die entgegengesetzte sein. Eine annähernd geschlossene Deckung kann allerdings nur bei gleicher Deckrichtung erreicht werden. Dabei verwendet man für die Firststeine in der Regel entsprechend große Decksteine der eigentlichen Flächendeckung, die dann am Kopf begradigt werden müssen. Die Firstgebinde werden auslaufend ohne eingebundene Anfang- und Endorte gedeckt. Bei der Altdeutschen Doppeldeckung ist der First, im Gegensatz zur Dachflächendeckung, als Einfachdeckung auszuführen.

Firstausbildung bei der Schuppendeckung und Deutschen Deckung

Die Deckung des Firsts wird wie bei der Altdeutschen Deckung ausgeführt. Lediglich die Größe der Firststeine beträgt in der Regel die Größe der Flächensteine. Bei der Deutschen Deckung muss die Rückenlinie der Firststeine auch der der Bogenschnittschablonen entsprechen.

Firstdeckungen der Rechteckdoppeldeckung und Spitzwinkeldeckung

Die Firstdeckungen bei diesen Deckungen ähneln der der deutschen Deckarten. Auch bei ihnen werden aufgelegte Firstgebinde gedeckt. Vorher ist die Flächendeckung auszuspitzen. Damit sollte erreicht werden, dass möglichst die Sichthöhe des letzten Flächengebindes der der übrigen Gebinde entspricht. Dabei auftretende

Längendifferenzen, die sich durch die Sparrenlänge ergeben, können z. B. durch die Anpassung der Höhe des Firstgebindes einfach ausgeglichen werden. Die einfache seitliche Überdeckung muss mindestens 100 mm, die seitliche Doppeldeckung mindestens 20 mm betragen. Die Fersen der Firststeine können gestutzt, gerundet oder vollkantig sein.

5.1.5.4 Grat

Die Ausbildung von Schieferdeckungen an Graten erfolgt zum Teil analog der an der Ortkante. Hinsichtlich der Ausbildung des eigentlichen Gratpunktes (Zusammentreffen der beiden schiefergedeckten Dachflächen) gilt im Grunde die gleiche Regelung wie am First. Auch dort richtet man sich also grundsätzlich nach der vorherrschenden Windrichtung. In Ausnahmefällen kann allerdings z. B. bei kleineren Gratlängen aus optischen Gründen davon auch abgewichen werden. Meistens werden dann die Walmflächen grundsätzlich untergehend gedeckt. Eine weitere Ausnahme bilden Grate mit verschiedenen Dachneigungen. Damit bei solchen kein Wasser eindringt, kann es in Abhängigkeit von der Neigungsdifferenz erforderlich werden, grundsätzlich die flachere Dachseite überstehend zu decken.

Grate bei den Deutschen Deckungen

Für die Altdeutschen Deckungen sind an Graten generell eingebundene Anfang- und Endortdeckungen vorgeschrieben. Die Ausführung der Deckung erfolgt sinngemäß wie beim Ort. Am Anfangort werden jedoch wegen der Beiläufigkeit der Gratkante zur Gebindelinie in den einzelnen Gebinden Zwischensteine erforderlich. Je flacher der Grat, desto mehr Zwischensteine sind erforderlich, desto länger wird auch der Anfangortstein. Dies kann dann zur Folge haben, dass die für die Anfangortsteine zur Verfügung stehenden Schiefer nicht mehr lang genug sind. In solchen Fällen muss dann das Anfangort als stehend eingebundene Ortdeckung ausgeführt werden. Diese Deckart gleicht der Endortdeckung als Doppelort. Bei der Deckung des Endortes, ob nun als Doppelendort oder Endstichort, muss in Abhängigkeit von der Gratneigung die Ortdeckung gestaffelt werden. Dies kann dann auch über mehrere Gebinde erforderlich werden. Daneben ist aber auch die Gebindesteigung der Dachfläche derart anzupassen, dass die Brust der Decksteine ungefähr parallel zur Gratkante verläuft. Nur dann ist eine ordnungsgemäße Endortdeckung möglich.

Schuppendeckung und Deutsche Deckung (Bogenschnittdeckung) sind analog den Altdeutschen Deckungen auszuführen. Allerdings kann es aufgrund der Anpassung der Gebindesteigung dazu kommen, dass dadurch die Höchstgebindesteigung überschritten wird. Dies darf auf keinen Fall geschehen, da dann die Regensicherheit der Deckung nicht mehr gegeben ist. In diesem Fall muss die Gebindesteigung auf das normale Niveau verringert werden, und die Ortdeckungen am Grat können bzw. müssen dann als aufgelegte Orte (Strackorte) ausgeführt werden.

Grate bei Rechteckdoppel- und Spitzwinkeldeckung

Als aufgelegte Orte (Strackorte) werden die Gratdeckungen bei der Rechteckdoppeldeckung und der Spitzwinkeldeckung ausgeführt. Dabei können sich die Schiefer der aufgelegten Ortgebinde, unterhalb deren zuvor die Flächengebinde ausgespitzt wurden, einfach überdecken oder aber auch in Doppeldeckung ausgeführt werden. Die Form der Ortschiefer kann dabei fast beliebig gestaltet werden.

Bei der Rechteckdoppeldeckung kann außerdem die Gratdeckung auch eingebunden erfolgen. Diese Form der Gratdeckung stammt aus Frankreich, wo sie fast ausschließlich angewendet wird. Voraussetzung sind eine gleiche Dachneigung der beiden Dachflächen am Grat und mindestens 45° Dachneigung und eine Schiefergröße ≤ 40/25 cm. Dabei werden die Schiefer auf Gratmitte unter Verwendung einer Metallnocke stumpf stoßend verlegt. Die Schiefer unmittelbar an der Gratkante sind auf beiden Dachseiten und auf der ganzen Gratlänge immer gleich groß. Der dabei entstehende Fugenversatz entspricht in der Regel nicht dem der Dachflächendeckung, sodass erforderliche Zuschnitte im Verband regelmäßig aufzuteilen sind und dabei der Drittelverband nicht unterschritten werden darf. Auf diese Weise lässt sich eine optisch sehr ansprechende Gratdeckung herstellen.

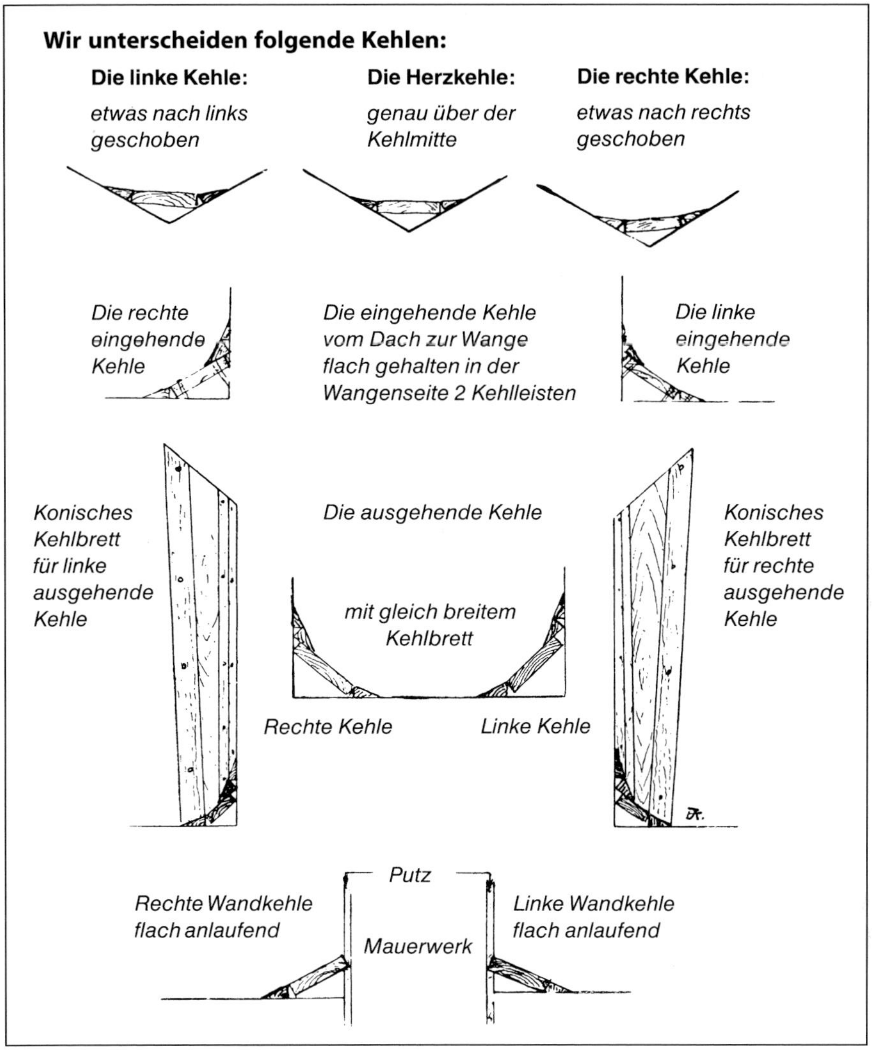

Abb. 5.1-21: Lage des Kehlbretts bei Schieferkehlen

5.1.5.5 Kehle

Die Wasser führende Verschneidungslinie zweier Dachflächen ist eine Hauptkehle – bei Sattel- und Spitzgauben nennt man sie Sattelkehle. Die Verschneidungslinie einer Dachfläche mit einem aufgehenden Bauteil, z. B. Wand oder Gaubenwange, ist ein Anschluss.

Es werden eingebundene und untergelegte Schieferkehlen unterschieden.

Hauptkehlen aus Schiefer können als Herzkehlen oder als rechte bzw. linke eingebundene Kehle gedeckt werden.

Als Deckunterlage ist immer eine Kehlschalung erforderlich – sie besteht in der Regel aus Brettern und Dreikantleisten.

Für eine regensichere Kehldeckung sind bei den einzelnen Kehlen folgende Kehlsparrenneigungen einzuhalten:

- Blechkehle — keine
- Nockenkehle — ≥ 25°
- rechte/linke eingebundene Schieferkehle — ≥ 30°
- eingebundene Herz- oder Rechteckkehle — ≥ 30°
- überdeckte Herz- oder Rechteckkehle — ≥ 30°

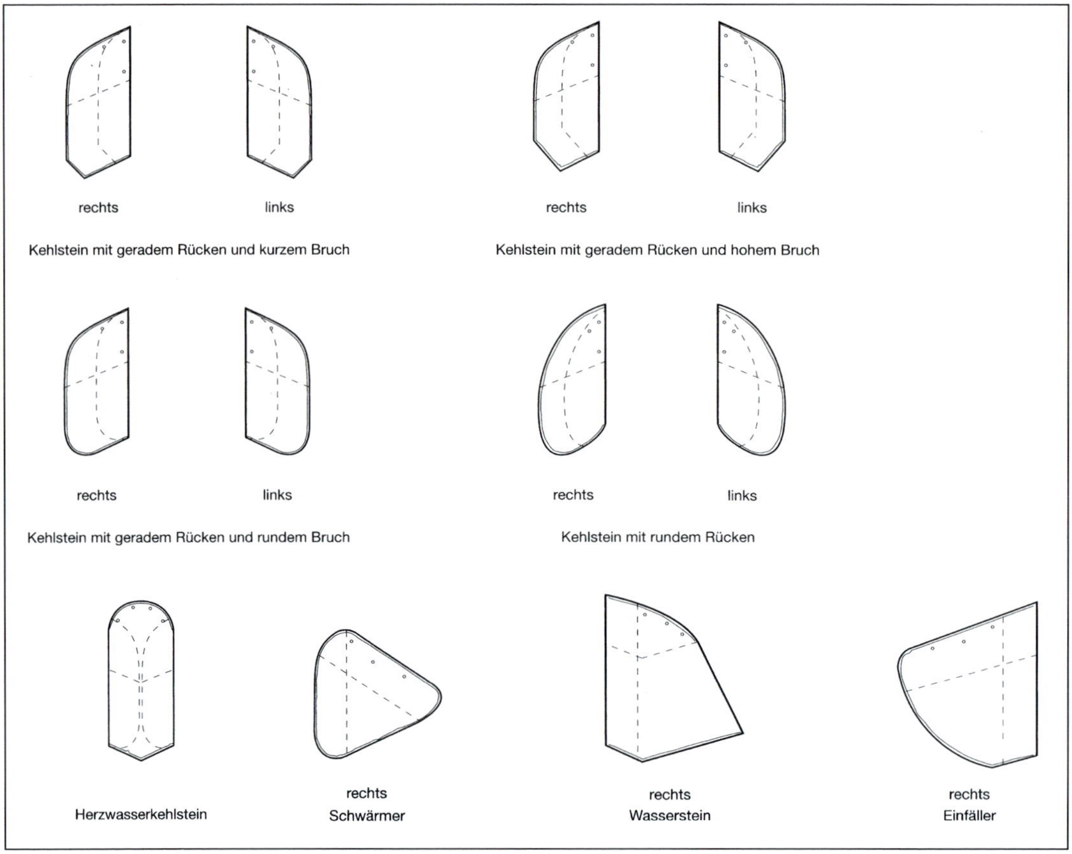

Abb. 5.1-22: Kehlsteinformen

> **Hinweis**
>
> **Unbedingt zu beachten ist, dass der Kehlsparren grundsätzlich flacher ist als der Dachsparren.**

Die Form der Kehlsteine kann

- mit geradem Rücken und kurzem Bruch,
- mit geradem Rücken und rundem Bruch,
- mit geradem Rücken und langem (hohem) Bruch und
- mit rundem Rücken

ausgebildet werden. Zu einem Kehlgebinde gehören außer den Kehlsteinen noch die Anschlusssteine, das sind der Wasserstein, der Einfäller und der Schwärmer. Die Grundform der Kehlsteine wird am Kopf bogenförmig ausgebildet. Unter keinen Umständen darf der Kehlstein am Kopf rechtwinklig sein. Die Brust der Kehlsteine, der Wassersteine und auch der Einfäller muss von oben nach unten bearbeitet werden oder eine gesägte Kante haben. Die Breite der Kehlsteine muss bei rechten und linken eingebundenen Kehlen sowie der eingebundenen Herzkehle mindestens 13 cm betragen.

Die Seitenüberdeckung der Kehlsteine mit geradem Rücken und rundem wie auch kurzem Bruch beträgt mindestens die Hälfte der Kehlsteinbreite, rechtwinklig zur Kehllinie gemessen. Diese Überdeckung beträgt bei Kehlsteinen mit langem (hohem) Bruch und bei solchen mit rundem Rücken mindestens 10 mm mehr als die Hälfte der Kehlsteinbreite (versetzte Kehle).

Die Höhenüberdeckung der Kehlsteine muss in der Kehllinie gemessen mindestens ein Drittel größer sein als die Überdeckung des zugehörigen Deckgebindes, auf dem das Kehlgebinde beginnt. Bei Hauptkehldeckungen vom Einfäller wird die Höhenüberdeckung der Kehlsteine rechtwinklig zur Kehlgebindelinie gemessen. Bei allen anderen Kehlen ist die Messlinie immer in Richtung der Kehllinie.

Die Mindestüberdeckungen der Kehlsteine gelten auch für die Anschlusssteine (Wassersteine, Einfäller, Schwärmer).

Kehl- und Anschlusssteine sind mit mindestens 3 Schiefernägeln oder Schieferstiften innerhalb der Höhenüberdeckung zu befestigen.

Den oberen Abschluss der Kehle bildet das Kragengebinde, unterhalb anlaufende Kehlgebinde werden in der Regel als Ausspitzgebinde gedeckt.

Eingebundene Herzkehle

Die eingebundene Herzkehle wird von dem in der Mitte der Kehle liegenden Herzwasserkehlstein nach beiden Dachflächen hin gedeckt. Beim Herzwasserkehlstein werden beide Seiten am Kopf bogenförmig gestaltet, damit das nächste Kehlgebinde fachgerecht in der Mulde liegt. Die seitliche Überdeckung der Kehlsteine muss wenigstens eine halbe Kehlsteinbreite betragen, die beiden Dachflächen müssen die gleiche Dachneigung haben. Außer dem Herzwasserkehlstein müssen wenigstens 4 rechte und 4 linke Kehlsteine gedeckt werden. Dabei ist zwischen den Rücken der auf dem Wasserstein liegenden Kehlsteine ein Wasserlauf freizuhalten. Vom Herzwasserkehlstein aus werden die Kehlgebinde nach beiden Seiten mit gleicher Gebindesteigung gedeckt. Die Kehlgebinde müssen bei der eingebundenen Herzkehle in die Deckgebinde mit Schwärmer, zwanglosem Kehlübergang oder mit Wasserstein und Schwärmer eingebunden werden.

Rechte und linke eingebundene Kehle

Rechte und linke eingebundene Kehlen können bei gleichen, aber auch bei ungleichen Dachneigungen der anzuschließenden Dachflächen gedeckt werden. Die Breite der Kehle muss mindestens 7 Kehlsteine betragen, jedoch sollten mehr als 9 Kehlsteine in einem Kehlgebinde

Abb. 5.1-23: Altdeutsche Deckung mit eingebundener Herzkehle

nicht gedeckt werden. Jedes Kehlgebinde wird von einem Deckgebinde aus in ein Deckgebinde der angrenzenden Dachfläche mit Steigung gedeckt und dort eingebunden. Je nach Deckrichtung der Kehle und der Dachflächendeckung, von der die Kehldeckung ausgeht, ist die Kehle vom Wasserstein oder vom Einfäller aus zu decken. Bei Dachflächen unter 50° Dachneigung sollten die Kehlgebinde immer auf einem Wasserstein begonnen werden und nicht auf dem Einfäller. Eine Ausnahme darf lediglich bei Dachflächen gemacht werden, die kurze Sparren haben, wie z. B. Dachgauben. Wenn Traufen und Firste der anzuschließenden Dachflächen in jeweils gleicher Höhe liegen, ist die Kehle bei ungleichen Dachneigungen von der flacheren Dachfläche aus in die steilere zu decken, bei gleichen Dachneigungen ist dabei die Deckrichtung der Kehlgebinde beliebig. In den übrigen Fällen sind die Kehlgebinde von der kleineren zur größeren der anzuschließenden Dachflächen hin zu decken. Die Kehlgebinde müssen bei der

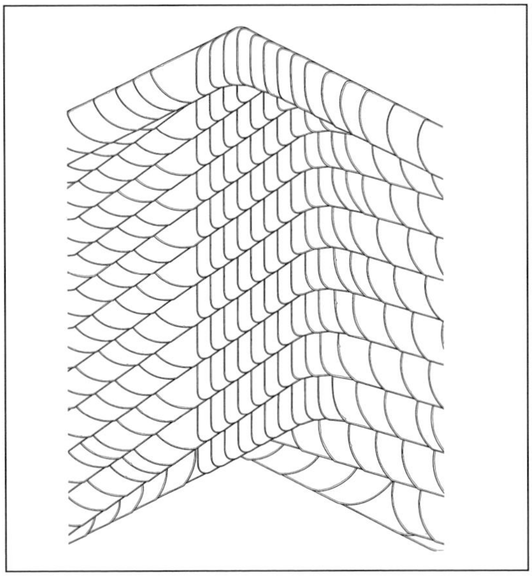

Abb. 5.1-24: Altdeutsche Deckung mit rechter eingebundener Kehle und zwanglosem Kehlübergang

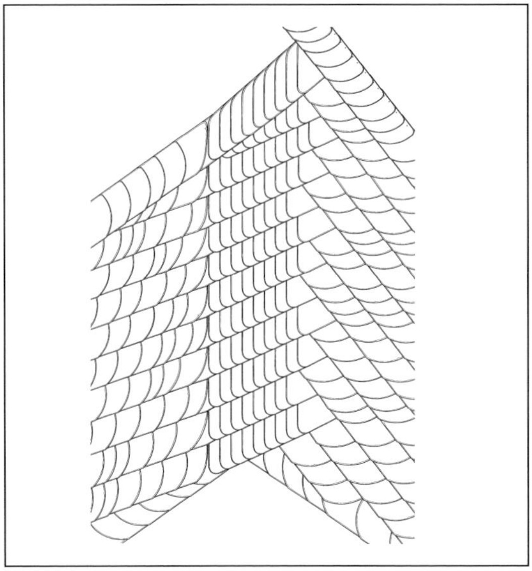

Abb. 5.1-25: Altdeutsche Deckung mit rechter eingebundener Kehle und Schwärmer

eingebundenen Kehle in die Deckgebinde mit Schwärmer, zwanglosem Kehlübergang oder mit Wasserstein und Schwärmer eingebunden werden.

Nockenkehle

Für Nockenkehlen, die in der Regel nur bei Rechteckdoppeldeckungen angewendet werden, sind Schichtstücke aus Metall zu verwenden. Die Nockenkehle soll nur bei anzuschließenden Dachflächen mit annähernd gleichen Dachneigungen gedeckt werden. Jedes die Kehllinie anlaufende Deckgebinde erhält eine Nocke (ein Schichtstück), daher sollen sich die Fußlinien der Deckgebinde in der Kehlmitte treffen. Die anlaufenden Schiefer müssen die Nocken mindestens 150 mm überdecken. Zwischen den von beiden Dachflächen anlaufenden Schiefern ist in der Kehlmitte ein Wasserlauf freizuhalten.

Die Überdeckung der Schichtstücke (Nocken) untereinander beträgt bei

- Dachneigung $\geq 45°$ mindestens 140 mm,
  $< 45°$ mindestens 160 mm.

Jede Nocke wird mindestens zweimal und nur im oberen Bereich der Höhenüberdeckung befestigt.

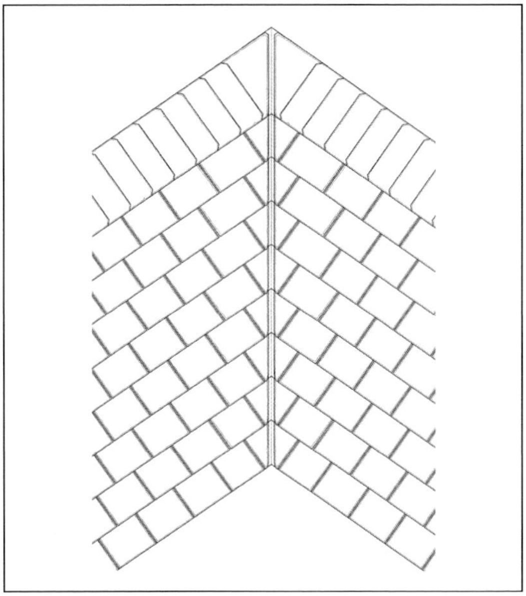

Abb. 5.1-26: Rechteckdoppeldeckung mit Nockenkehle

Metallkehle (Blechkehle)

Die Metallkehle wird aus Zink, Kupfer oder aus einem anderen geeigneten Metall hergestellt. Die Zuschnittbreite der Metallkehle ist abhängig von der Ausführungsart, von der Breite des Wasserlaufs und von der Überdeckung der Schieferdeckung auf das Kehlblech.

Die Überdeckung der Schiefer auf die Kehle beträgt rechtwinklig zur Kehllinie gemessen bei

- Dachneigung > 22° mindestens 100 mm,
  ≥ 15° bis ≤ 22° mindestens 150 mm,
  < 15° mindestens 200 mm.

Damit die Falze der Kehlbleche nicht zusammengedrückt werden, sollten die Schiefer entsprechend unterlegt werden. Die Deckung der Schiefer auf die Blechkehle erfolgt mit auslaufenden Gebinden. Hierbei ist die Verwendung von Zubehörschiefern zulässig. Die Ecken der Schiefer an der Kehle sind unter Berücksichtigung der Wasserführung auszubilden.

5.1.5.6 Anschlüsse

Die Verschneidungslinie einer Dachfläche mit einem aufgehenden Bauteil, z. B. Wand, Schornstein oder Gaubenwange, ist ein Anschluss. Diese werden in seitliche, firstseitige und traufseitige Anschlüsse unterschieden. Für die Ausführung von Anschlüssen gilt, dass ausschließlich mit Schiefer und/oder Metall zu arbeiten ist. Andere Werkstoffe dürfen nicht verwendet werden. Anschlüsse mit Schiefer werden an Gaubenwangen als rechte oder linke eingehende Wangenkehlen oder als ausgehende (fliehende) Wangenkehlen gedeckt. Anschlüsse mit Schiefer an aufgehende Wände deckt man als rechte oder linke Wandkehle. Werden die Anschlüsse ausschließlich mit Metall ausgeführt, kann dies mit untergelegten oder vertieften durchgehenden Anschlussblechen oder mit Schichtstücken als Nockenanschluss erfolgen.

Rechte und linke eingehende Wandkehle

Rechte und linke eingehende Wandkehlen bilden den dauerhaftesten Anschluss einer Dachfläche an ein aufgehendes Bauteil. Die Deckrichtung verläuft von der Dachfläche zur Wand, wobei von jedem Deckgebinde ein Kehlgebinde gedeckt wird. Die Kehlgebinde werden je nach Deckrichtung der Dachflächendeckung vom Wasserstein oder vom Einfäller aus mit Steigung gedeckt. Die Breite der Wandkehle muss mindestens 3, sollte jedoch höchstens 5 Kehlsteine betragen. Der seitliche Anschluss an die Wand wird mit einem Metallwinkel (z. B. Blei) und einem Überhangstreifen (Kappleiste) hergestellt. Die Überdeckung der Metallwinkel

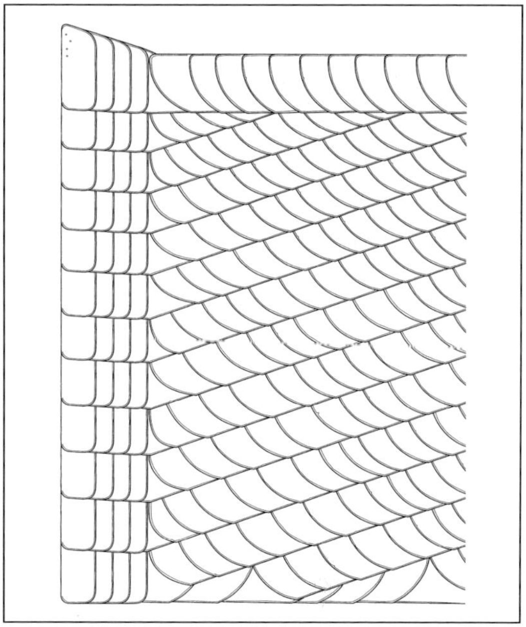

Abb. 5.1-27: Altdeutsche Deckung mit linker eingehender Wandkehle

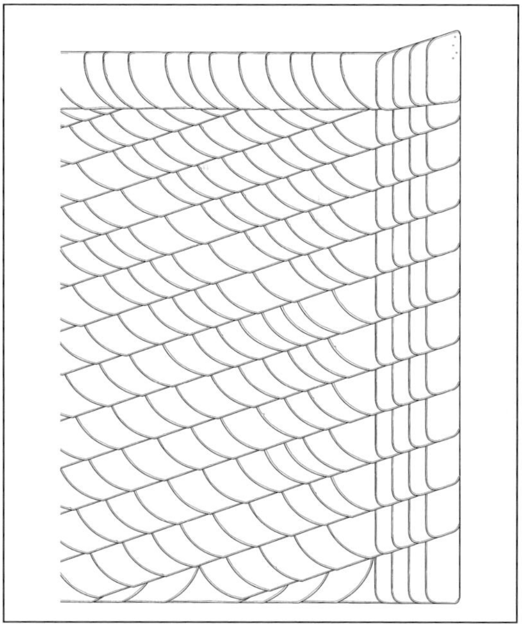

Abb. 5.1-28: Altdeutsche Deckung mit rechter eingehender Wandkehle

auf den letzten Kehlstein muss mindestens der halben Kehlsteinbreite entsprechen (siehe Abb. 5.1-27 und Abb. 5.1-28).

Rechte und linke eingehende Wangenkehle

Rechte und linke eingehende Wangenkehlen werden, wie die Wandkehlen zuvor, immer von der Dachfläche hin zum aufgehenden Bauteil, z. B. zur Gaubenwange, gedeckt. Auch die Breite der Wangenkehle muss wenigstens 7 Kehlsteine betragen, mehr als 9 Kehlsteine sollten in einem Kehlgebinde nicht gedeckt werden. Jedes Deckgebinde der Dachfläche erhält ein Kehlgebinde. Wenn die Gaubenwangen mit Decksteinen gedeckt sind, werden die Kehlgebinde in die Decksteingebinde der Wangen eingebunden. Kleine Wangenflächen können auch ganz mit Kehlsteinen gedeckt werden. Je nach Deckrichtung der Dachflächendeckgebinde wird die Wangenkehle vom Wasserstein oder vom Einfäller gedeckt, die Deckung der Kehlgebinde erfolgt immer mit Steigung. Als oberer Abschluss der Wangenkehle wird ein Kragengebinde gedeckt (siehe Abb. 5.1-29 und Abb. 5.1-30).

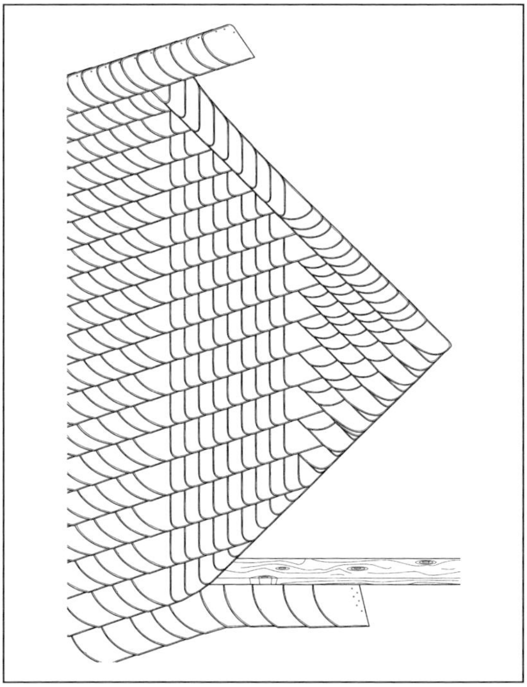

Abb. 5.1-29: Altdeutsche Deckung mit rechter eingehender Wangenkehle

Rechte und linke ausgehende Wangenkehle (fliehende Wangenkehle)

Rechte und linke ausgehende Wangenkehle, auch fliehende Wangenkehle genannt, werden von einer senkrechten Wand- oder Wangenfläche zur Dachfläche hin gedeckt. Sie können erst bei einer Dachneigung von 50° und steiler gedeckt werden. Die Breite der Wangenkehle muss wenigstens 7 Kehlsteine betragen, mehr als 9 Kehlsteine sollten in einem Kehlgebinde nicht gedeckt werden. Wenn das Firstgebinde der Wangenfläche horizontal verläuft, werden die Kehlgebinde von oben nach unten eingeteilt, damit unterhalb des Kragengebindes kein Ausspitzgebinde (Stichgebinde) entsteht. Man beginnt mit der Einteilung auf der Seite der Gaube, wo die Deckgebinde in der Kehle auslaufen. Die Kehlgebinde werden so angelegt, dass die Fußlinien der Kehlgebinde etwa in der gleichen Richtung verlaufen wie die Rückenlinien der Deckgebinde. Die gleiche Steigung der Kehlgebinde wird dann mit einem Schmiegenmaß auf die andere Seite der Gaube übertragen. Die Kehlgebinde müssen bei der eingebundenen Kehle in die Deckgebinde mit gleichmäßigem oder ungleichmäßigem Schwärmer, zwanglosem Kehlübergang oder mit Wasserstein und Schwärmer eingebunden werden. Kleinere

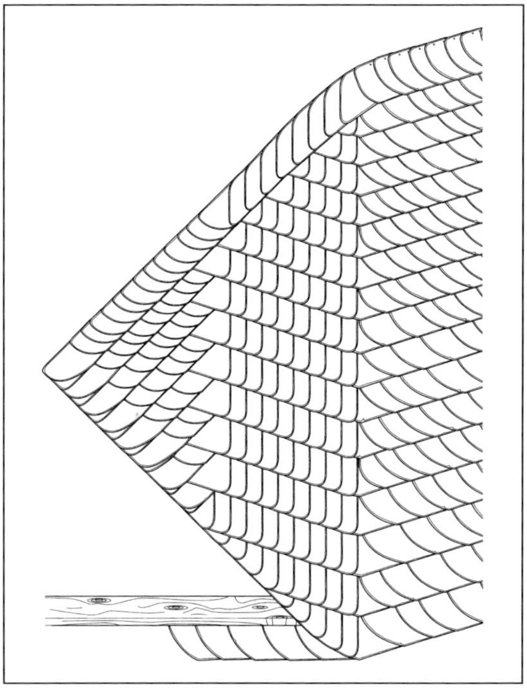

Abb. 5.1-30: Altdeutsche Deckung mit linker eingehender Wangenkehle

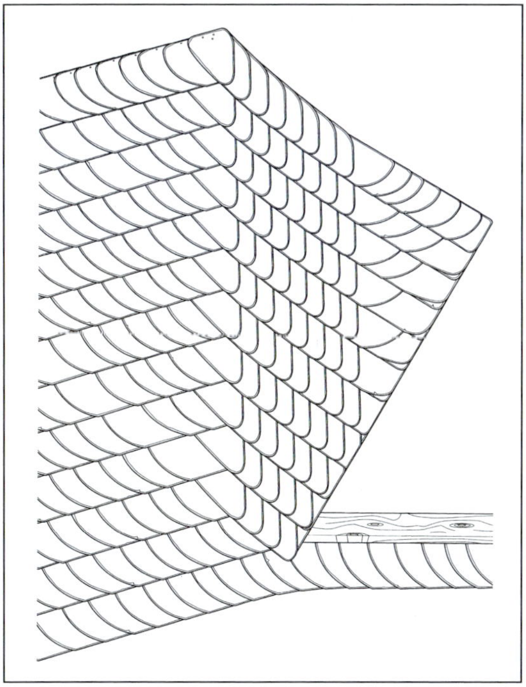

Abb. 5.1-31: Altdeutsche Deckung mit linker ausgehender Wangenkehle

Wangenflächen können auch ganz mit Kehlsteinen gedeckt werden. Der erste Kehlstein am Pfosten der Wangenfläche muss abgerundet werden. Größere Wangenflächen werden mit Decksteinen gedeckt, die stets mit einem Anfangort beginnen. Als oberer Abschluss der Wangenkehle wird ein Kragengebinde gedeckt (siehe Abb. 5.1-31 und Abb. 5.1-32).

Die Deckung von Fledermausgauben ist fachgerecht nur möglich, wenn die Höhe der Fensterstirnwand nicht mehr als ein Fünftel der Stirnwandbreite beträgt (Verhältnis 1 : 5). Die Neigung der Fensterscheitellinie zur Dachneigung soll dabei nicht mehr als 12° und deren Neigung zur Waagerechten mindestens 25° betragen. In Abhängigkeit von der Dachneigung erfolgt die Deckung als eingehende oder als ausgehende Kehle. Sollen die Gebinde der Dachfläche über die Fledermausgaube hinweggeführt werden, muss das Verhältnis der Fensterstirnwand in Höhe und Breite mindestens 1 : 8 betragen.

Abb. 5.1-32: Deckung einer Fledermausgaube

Abb. 5.1-33: Altdeutsche Deckung mit ausgehenden Kehlen (Wangenkehlen)

Abb. 5.1-34: Deckung geschwungener Schleppgauben

Um bei großen Aufbauten eine gute Wirkung zu erreichen, kann die Fensterstirnwand etwa 80 mm aus dem Lot nach vorn geneigt werden.

Einbauteile

Einbauteile wie Sicherheitsdachhaken, Schneefang- und Laufstegvorrichtungen, Dachfenster, Blitzableiterstützen u. a. müssen aus korrosionsgeschützten Werkstoffen bestehen. Sie sind ausreichend zu befestigen – es können lastverteilende Unterlagen erforderlich sein. Alle Einbauteile müssen für den jeweils vorgesehenen Verwendungszweck geeignet und, wenn vorgeschrieben, zugelassen sein. Sie müssen außerdem nach der Deckunterlage und der Deckung ausgewählt werden.

Sicherheitsdachhaken sind entsprechend den Unfallverhütungsvorschriften der Bauberufsgenossenschaft und nach den Angaben der Hersteller in die Dachfläche einzubauen.

Die Eindeckung von Stützen für Schneefang- und Laufstegvorrichtungen erfolgt wie die Eindeckung eines Sicherheitsdachhakens mit Metallunterlage.

Beim Einbau von einfachen Dachfenstern und Dachausstiegen aus Metall wird zuerst die Schalung in Größe der Flügelöffnung ausgeschnitten und dann das Dachfenster oder der Dachausstieg auf der Dachfläche befestigt. Das Dachfenster hat an beiden Seiten einen Wasserfalz, der genügend zu überdecken ist. Um das Verstopfen der Falze zu verhüten, empfiehlt es sich, die Orte, die auf dem Fenster ruhen, etwas schräg nach oben zu decken. Die Decksteine, die das Fenster anlaufen, sollen möglichst dick sein, damit die auf dem Falz liegenden Schiefer nicht sperren. Zur besseren Auflage wird an der unteren Seite des Fensters vielfach eine Metallunterlage verwendet.

Um größere Regensicherheit zu erreichen, kann die seitliche Eindeckung auch mit Schichtstücken aus Metall erfolgen. Jeder anlaufende Schieferstein wird mit einer Nocke aus Metall abgefangen.

Dachfenster und Dachausstiege können auch mit einem für Schieferdeckungen ausgebildeten Eindeckrahmen versehen sein. Der Eindeckrahmen muss genügend breit sein.

Andere Einbauteile wie z. B. Dachflächenfenster, Sonnenkollektoren, Photovoltaikanlagen werden entsprechend den Einbauvorschriften der Hersteller eingebaut und eingedeckt.

Dachdurchdringungen wie Entlüftungsrohre, Antennen u. a. werden mit handwerklich hergestellten oder mit vorgefertigten Formteilen werkstoffgerecht eingefasst und eingedeckt. Alle Formteile müssen für die vorgesehene Deckung geeignet sein.

5.1.5.7 Pflege und Wartung von Schieferdeckungen

Schieferdeckungen, ganz gleich welcher Art, beanspruchen keine häufigen Wartungsarbeiten. Es ist jedoch empfehlenswert, die Deckungen in gewissen Zeitabständen zu überprüfen.

Zur Ausbesserung der deutschen Deckarten eignen sich zur Befestigung der Schiefer spezielle Haken (Reparaturhaken) aus Kupfer oder aus nicht rostendem Stahl, die im nicht sichtbaren Bereich auf der Deckunterlage befestigt werden. Im Einzelfall kann eine Befestigung des Schiefers im sichtbaren Bereich mit Schieferstiften oder Schrauben aus Kupfer oder aus nicht rostendem Stahl erfolgen. Weiterhin können Schiefer auch mit geeigneten Klebern (Steinklebern) befestigt werden. Dabei sind die jeweiligen Herstellervorschriften zu beachten.

Beim Ausbessern einer Schieferdeckung ist darauf zu achten, dass Schiefer gleicher Form und möglichst gleicher Grube wie die der vorhandenen Deckung verwendet werden. Jedoch können bei den zu ersetzenden Schiefern, aufgrund der natürlichen Alterung, Farbunterschiede auftreten.

Zusammenfassung

Für die Altdeutsche Deckung werden Decksteine mit unterschiedlicher Breite und Höhe verwendet – die breiten und die schmalen Decksteine müssen in jedem Deckgebinde verteilt werden. Von der Traufe in Richtung First verringern sich die Gebindehöhen.

Für die Altdeutsche Deckung, die Schuppendeckung und die Deutsche Deckung (Bogenschnittdeckung) gibt es die Rechtsdeckung und die Linksdeckung.

Die Dachneigungsgrenzen sind für die einzelnen Deckungsarten unterschiedlich.

Die Mindestüberdeckungen sind bei den einzelnen Deckungsarten abhängig von der Neigung der Dachfläche, von dem Hieb und der Größe des verwendeten Schiefers.

Für die Altdeutsche Deckung gibt es 3 verschiedene Decksteinhiebe:

- stumpfer Hieb
- normaler Hieb
- scharfer Hieb

Decksteinhiebe unterscheiden sich in Brust- und Rückenwinkel.

Die Decksteine für die Altdeutsche Deckung werden frei aus der Hand behauen und sind unterschiedlich in Höhe und Breite. Die handelsüblichen Sortierungen sind:

1/1, 1/2, 1/4, 1/8, 1/12, 1/16, 1/32, 1/64

Unter der Bezeichnung Fußgebinde versteht man beim Schieferdach das an der Traufkante gedeckte Schiefergebinde. Die Fußsteine sind verschieden hoch. Jedes Fußgebinde besteht aus großen, mittleren und kleinen Fußsteinen sowie dem Gebindestein.

Die Steigung der Deckgebinde richtet sich nach der Dachneigung. Je geringer die Dachneigung ist, desto größer muss die Gebindesteigung sein.

Die höchstzulässige Gebindesteigung richtet sich nach der Form des Decksteins. Sie darf nicht überschritten werden.

Die Deckungen an den seitlichen Begrenzungen der Dachflächen nennt man Orte (Anfangorte – Endorte).

Man unterscheidet eingebundene, auslaufende und aufgelegte Orte.

Die auslaufenden Decksteine am First nennt man Ausspitzer. Sie werden ab der Höhe der Firstgebindelinie abgerundet.

Die Firststeine der Dachseite, die der Hauptwindrichtung zugewandt ist, überragen diejenigen der anderen Seite um etwa 50 mm.

Kehle nennt man die Wasser führende Verschneidungslinie zweier Dachflächen. Die Verschneidungslinie einer Dachfläche mit einem aufgehenden Bauteil ist ein Anschluss.

Die Lage des Kehlbretts richtet sich nach der Deckungsart der Kehle.

Man unterscheidet verschiedene Ausführungen von Kehldeckungen und verschiedene Kehlsteinformen mit den zugehörigen Einfällern, Wassersteinen und Schwärmern.

Eine Herzkehle kann nur dann gedeckt werden, wenn die beiden sich schneidenden Dachflächen gleiche Neigung haben.

Eine rechte oder linke eingebundene Hauptkehle wird grundsätzlich von der flach geneigten zur steil geneigten Dachfläche gedeckt. Sie kann aber auch zwischen gleich geneigten Dachflächen gedeckt werden.

Die Deckung der eingehenden Wangenkehle erfolgt von der Dachfläche zur Wangenfläche hin.

Die ausgehende oder fliehende Kehle wird von einer senkrechten Wand- oder Wangenfläche zur Dachfläche hin gedeckt. Die Neigung der Dachfläche muss mindestens 50° (120 %) betragen.

Als Wandanschluss deckt man die eingehende Wandkehle, die durch einen Metallwinkel und einen Überhangstreifen abgedeckt wird.

Aufgaben

1. Erklären Sie, wie Schiefer entstanden ist!
2. Nennen Sie die charakteristischen Eigenschaften des Dachschiefers!
3. Wie wird Dachschiefer abgebaut und zugerichtet?
4. Nennen Sie die Hauptbestandteile von Dachschiefer!
5. Welche schädlichen Beimengungen können in minderwertigem Schiefer enthalten sein?
6. Nennen Sie die Deckungsarten und die zugehörigen Schiefersteine!
7. Beschreiben Sie die Deckrichtungen bei der Altdeutschen Deckung, bei der Schuppendeckung und bei der Deutschen Deckung (Bogenschnittdeckung)!
8. Nennen Sie die Regeldachneigungen für die verschiedenen Deckungsarten!
9. Beurteilen Sie, wovon grundsätzlich die Mindestüberdeckung bei den einzelnen Deckungsarten abhängig ist!
10. Beschreiben Sie den Unterschied zwischen einem Deckstein für die Altdeutsche Deckung und einer Schuppenschablone!
11. Beschreiben Sie das Behauen eines Decksteins für die Altdeutsche Deckung unter Beachtung der Form und der Beschaffenheit des Rohschiefers! Nennen Sie die Bezeichnungen seiner Teile!
12. Konstruieren Sie einen Deckstein für die Altdeutsche Deckung und geben Sie die Mindestüberdeckungen in Prozent an bei:
    a) stumpfem Hieb
    b) normalem Hieb
    c) scharfem Hieb
13. Ermitteln Sie die Gebindesteigung für eine Dachneigung von 38° (78 %) und begründen Sie, warum Decksteingebinde auf dem Dach mit Steigung gedeckt werden!
14. Beschreiben Sie das Sortieren der Decksteine für die Altdeutsche Deckung. Nennen Sie die handelsüblichen Sortierungen!
15. Schildern Sie, was ein Gebindestein ist, und beschreiben Sie seinen Hieb und seine Lochung!
16. Beschreiben Sie die Deckung von eingebundenen Orten und nennen Sie deren Merkmale!
17. Geben Sie an, was bei der Deckung am First zu beachten ist!
18. Nennen Sie die Bezeichnungen von Schieferkehlen und beschreiben Sie deren Ausführungen!
19. Geben Sie an, welche einzelnen Schiefersteine es für die Deckung von Schieferkehlen gibt!
20. Beschreiben Sie die Ausbesserung von Schieferdeckungen!

5.1.6 Dachdeckungen mit anderen Natursteinplatten

5.1.6.1 Dachdeckungen mit Sollinger Platten

Sollinger Platten sind rotbraune Sandsteinplatten. Sie werden im Solling, einem Höhenzug zwischen Leine und Weser, im Tagebau gewonnen. Mit Sollinger Platten gedeckte Dächer findet man beiderseits des Oberlaufs der Weser.

Die Dachdeckung mit Sollinger Platten wird als Doppeldeckung ausgeführt. Die Gebinde verlaufen waagerecht. Nachdem die Platten der Dicke nach sortiert sind, werden sie der Höhe nach zusammengestellt. An der Traufe wird dann mit den großen Platten begonnen. Zum First hin werden die Platten kleiner. Die Platten werden mit Nägeln befestigt. Die Zahl der Nägel richtet sich nach der Größe der Platten und nach der Dachneigung.

Abb. 5.1-35: Dach mit Sollinger Platten

Die Deckung wird auf Lattung hergestellt. Da die Platten verschiedene Längen haben, kann man die Lattung nicht wie bei einem Ziegeldach vor der Deckung fertigstellen, sondern muss beim Decken eine Latte nach der anderen aufnageln. Wenn eine Reihe Platten gedeckt ist, wird die Überdeckung durch Schnurschlag festgelegt. Danach misst man die Länge der zur Verfügung stehenden Platten. Nach dieser Länge richtet sich die Entfernung der nächsthöheren Dachlatte.

Die Überdeckung richtet sich im Wesentlichen nach den Regeln der Schieferdeckung, wobei auch die Lage der Dachfläche zur Hauptwindrichtung berücksichtigt werden muss. Bei der Deckung ist besonders darauf zu achten, dass an den Längsfugen stets Platten gleicher Dicke liegen.

Das Firstgebinde wird nicht doppelt, sondern nur einfach gedeckt. Die Fugen dieses Gebindes werden mit schmalen Platten, den sog. Schildplatten, überdeckt. Nägel dürfen nur bei diesen Schildplatten sichtbar sein.

Die Kehlen werden mit besonderen Platten, die schon bei der Gewinnung fertiggestellt werden, ausgeführt. Diese Platten haben alle die gleiche Breite; ihre Länge ist aber um ein Drittel größer als die der Platten im gleichen Gebinde.

Die Dachdeckung mit Sollinger Platten wirkt durch die Schwere und Größe der Platten sehr wuchtig und verlangt einen entsprechend bemessenen Dachstuhl. Die Sollinger Platten haben eine lange Lebensdauer und können bei einer notwendig werdenden Umdeckung zum größten Teil wieder verwendet werden.

5.1.6.2 Dachdeckungen mit Solnhofer Platten

Solnhofer Platten sind gelbgraue Kalksteinplatten. Sie werden im Flussgebiet der Altmühl, in der Nähe der Stadt Solnhofen, im Tagebau gebrochen und als Dachwerkstoff verwendet.

Bevor mit der Dachdeckung begonnen wird, werden die Platten nach Größe und Dicke sortiert. Die kleineren Platten werden als Legschieferplatten ohne jede weitere Bearbeitung verwendet. Alle größeren Platten werden zu Zwicktaschen und Unterlagsplatten weiterbearbeitet.

Legschieferdach

Bei dieser Art der Deckung werden die einzelnen Platten ohne jede Befestigung übereinandergelegt. Die Regeldachneigung beträgt 30°. Damit die Platten fest aufeinander liegen bleiben, darf diese Neigung nicht wesentlich überschritten werden.

Um ein einwandfrei regensicheres Dach zu erhalten, muss man die Platten sehr weit überdecken. Dabei überdeckt der sechste Stein oft noch den ersten, sodass ein außerordentlich schweres, dauerhaftes Dach entsteht. Gedeckt wird auf Schalung oder Lattung.

Das einzige Werkzeug, dessen sich der Dachdecker bedient, ist ein Hammer, mit dem er kleine Formänderungen an den Platten vornimmt. Am Stielende des Hammers befindet sich ein Stoßring, mit dem die Platten in die richtige Lage gebracht werden.

Abb. 5.1-36: Unterlagsplatte und Zwicktasche

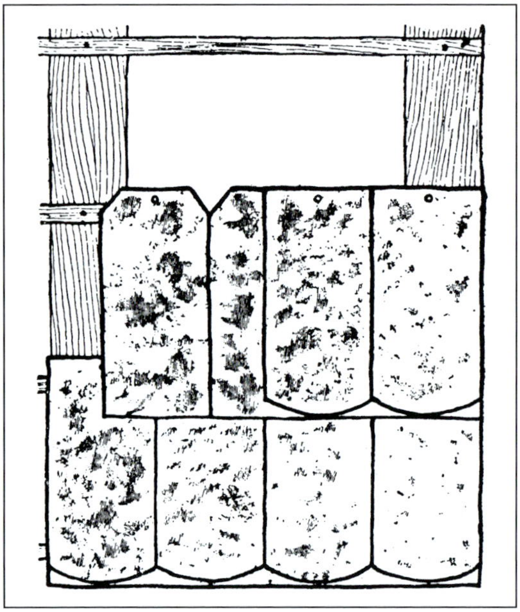

Abb. 5.1-37: Deckung des Zwicktaschendaches

Die Kehlen werden in gleicher Weise wie die Flächen gedeckt, sodass die Dachflächen vollkommen ineinander übergehen.

Die Platten der der Hauptwindrichtung zugekehrten Dachfläche überragen die Platten der anderen stets um einige Zentimeter.

Zwicktaschendach

Diese Deckung wird ausgeführt wie die Biberschwanzdeckung, und zwar entweder in Doppeldeckung, Kronendeckung oder als Spließdach. Der Traglattenabstand richtet sich nach den Regeln der Biberschwanzdeckung und nach der Länge der Platten. Genau wie ein Dachziegel wird die Zwicktasche auf die Lattung gehängt, ebenso die Unterlagsplatte. Die Nase, die einen Dachziegel auf der Latte festhält, wird bei der Zwicktasche und der Unterlagsplatte durch einen Nagel ersetzt, der durch die Platte gesteckt wird. Dafür werden die Zwicktaschen und die Unterlagsplatten schon im Steinbruch mit Löchern versehen. Die Zwicktasche hängt mit dem Nagel zwischen den Fugen der Unterlagsplatten. Aus diesem Grunde hat die Unterlagsplatte am oberen Ende 2 gebrochene Ecken.

Zusammenfassung

Die Bezeichnungen „Sollinger Platte" und „Solnhofer Platte" beziehen sich auf die Abbaugebiete dieser Natursteinplatten. In diesen Gebieten geben sie den Dächern ihr besonderes Aussehen.

Sollinger Platten werden als Rechteckplatten in Doppeldeckung verlegt.

Solnhofer Platten werden im Legschieferdach und im Zwicktaschendach verarbeitet. Beim Legschieferdach werden die Platten in bis zu 6 Schichten lose übereinandergelegt. Das Zwicktaschendach ähnelt in seiner Deckart dem Biberschwanzdach.

5.1.7 Wanddeckungen mit Schiefer

5.1.7.1 Allgemeines

Schiefer ist nicht nur als klassischer Dachwerkstoff seit Jahrhunderten in Anwendung, er wird auch seit jeher als Deckwerkstoff für die Bekleidung von Außenwänden genutzt, vor allem in den deutschen Mittelgebirgen. Zunächst geschah dies vor allem als nicht belüftete Wanddeckungen auf unmittelbar auf dem Mauerwerk aufgebrachten Schalungen aus Holz, in der Folge bei den erst später entwickelten vorgehängten hinterlüfteten Außenwandbekleidungen bis in die heutige Zeit.

Hinsichtlich der für die einzelnen Deckarten erforderlichen Unterkonstruktion ergeben sich durch die Schieferdeckungen keine gravierenden Unterschiede. Der Schichtaufbau der vorgehängten hinterlüfteten Außenwandbekleidung mit Schiefer ist identisch mit dem Aufbau aller Außenwandbekleidungen (siehe dazu Kapitel 4.4).

Als unmittelbare Deckunterlage kommen für die einzelnen Wanddeckungen Schalungen aus Holz oder Holzwerkstoffen und Lattungen zur Anwendung. Im Einzelfall können bei bestimmten Wanddeckarten die Lattungen auch durch Tragprofile aus Metall, vorzugsweise aus Aluminium, ersetzt werden. Letzteres hat dann vor allem brandschutztechnische Vorteile.

Als Deckarten kommen grundsätzlich die gleichen Schieferdeckungen wie bei den Dachdeckungen zur Anwendung. Dabei empfiehlt es sich, die Größe des Schiefers aus optischen Gründen an der Größe der zu bekleidenden Wand bzw. des Gebäudes auszurichten. Vorzugsweise kommen in der Regel dann immer kleinere Schiefergrößen zur Verwendung.

Folgende Dachdeckungen sind auch als Wanddeckungen geeignet:

- Altdeutsche Deckung
- Schuppendeckung
- Deutsche Deckung
- Rechteckdoppeldeckung
- Spitzwinkeldeckung

Ihre Ausführung erfolgt analog der jeweiligen Dachdeckung, allerdings mit deutlich geringeren Überdeckungen und einer sich grundsätzlich auch unterhalb der Höhenüberdeckung befindenden Befestigung.

Daneben gibt es eine Vielzahl von speziellen Wanddeckungen, die ausschließlich an der Außenwand zur Anwendung kommen. Eine Dachdeckung ist mit ihnen nicht zulässig, da die Regensicherheit bei diesen Deckungen nicht gewährleistet ist.

Spezielle Wanddeckungen sind:

- Wabendeckung
- Gezogene Deckung
- Waagerechte Deckung
- Geschlaufte Deckung
- Dynamische Deckung
- Variable Deckung
- Unterlegte Deckung
- Lineare Deckung

Abb. 5.1-38: Außenwandbekleidung in Waben- und Bogenschnittdeckung

5.1.7.2 Wabendeckung

Die Wabendeckung wird mit quadratischen Schiefern mit einer gestutzten Ecke ausgeführt. Dabei erfolgt die Deckung derart, dass die gestutzten Ecken nach unten zeigen und die Schiefer der einzelnen Gebinde um jeweils die halbe Steindiagonale versetzt werden (halber Verband). Dabei ist grundsätzlich mit einer Stoßfuge zu arbeiten.

Als Deckunterlage benötigt die Wabendeckung eine flächige Schalung aus Holz oder Holzwerkstoffen.

Generell stehen die Standard-Schiefergrößen 30/30, 25/25 und 20/20 cm zur Verfügung. Die Überdeckung ergibt sich in der Regel aus der Größe der gestutzten Ecke und muss mindestens 40 mm, rechtwinklig zur Schieferkante gemessen, betragen. Befestigt werden die Schiefer mit mindestens 3 Schiefernägeln oder -stiften; bei dem Format 20/20 cm genügen 2 Befestigungen.

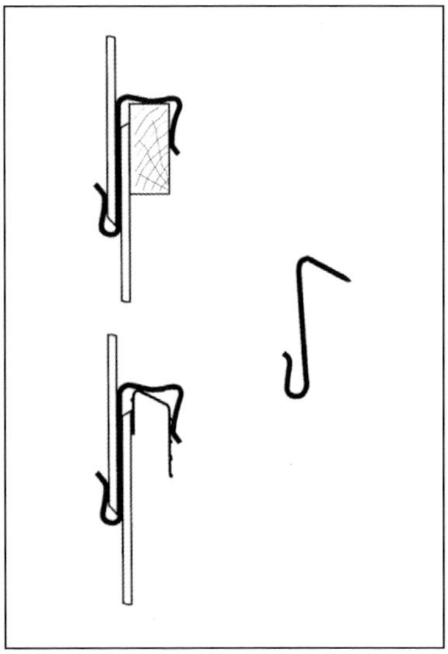

Abb. 5.1-39: Schema Klammertechnik

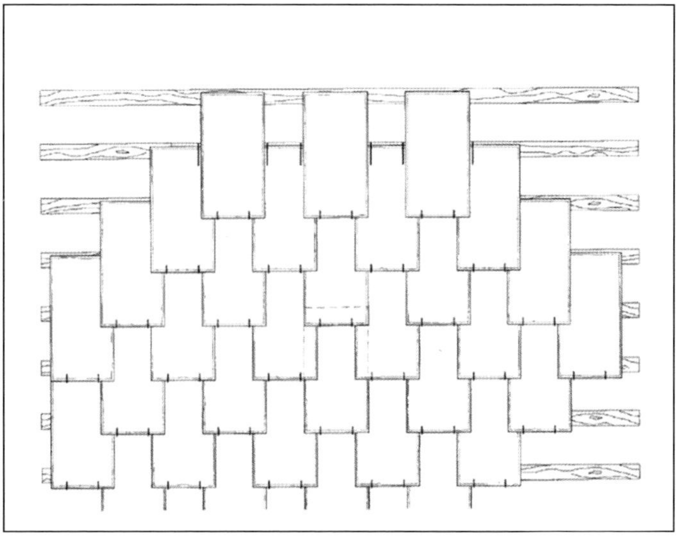

Abb. 5.1-40: Gezogene Deckung mit Klammertechnik

5.1.7.3 Gezogene Deckung

Bei der Gezogenen Deckung handelt es sich im Grunde um eine Rechteckdoppeldeckung, bei der die Stoßfuge bis auf eine seitliche Mindestüberdeckung von 40 mm gezogen wurde. Sie wird mit rechteckigen oder quadratischen Schiefern ausgeführt. Die Schiefer können vollkantig sein oder gestutzte Ecken haben. Sowohl in der Höhe als auch seitlich werden die Schiefer einfach überdeckt, sodass es sich nicht mehr um eine Doppeldeckung handelt. Als Deckunterlage kommt neben einer Schalung insbesondere eine Lattung infrage, die auch durch Metallprofile ersetzt werden kann. Bei Lattung oder Metallprofilen macht eine Befestigung der Schiefer in Klammertechnik mit Klammerhaken Sinn.

Die Höhenüberdeckung ist von der Befestigungstechnik abhängig. Bei Nagelbefestigung beträgt sie mindestens 40 mm, bei Klammertechnik mindestens 60 mm.

Wird die Deckung genagelt, sind die Schiefergrößen 40/25 bis 30/30 cm mit mindestens 3 Schiefernägeln oder -stiften innerhalb der Überdeckungen zu befestigen. Bei Schiefergrößen darunter genügen 2 Befestigungspunkte. Die Klammertechnik erfordert immer 2 Klammerhaken.

5.1.7.4 Waagerechte Deckung

Für die Waagerechte Deckung werden rechteckige Schiefer im Querformat verwendet. Sie können sowohl vollkantig sein als auch eine gestutzte Ecke haben. Sie sind in der Höhe und seitlich mindestens 40 mm zu überdecken.

Als Deckunterlage eignet sich sowohl Schalung als auch Lattung. Die Deckung erfolgt als Rechts- oder Linksdeckung. Ähnlich den „deutschen Deckarten“ sind die Schiefer mit hängender Ferse zu decken. Die Schieferformate 40/25 bis 35/30 cm werden mit 2 Schiefernägeln oder -stiften im Überdeckungsbereich und einem Klammer- oder Einschlaghaken befestigt. Bei kleineren Formaten kann zwischen dieser Befestigungsform oder ausschließlich 3 Nagelbefestigungen gewählt werden.

5.1.7.5 Geschlaufte Deckung

Die Geschlaufte Deckung hat eine große Ähnlichkeit mit der Waagerechten Deckung. Werden rechteckige Schieferformate verwendet, sind diese immer im Hochformat zu decken (Verwendung im Querformat = Waagerechte Deckung). Daneben können aber auch quadratische Schiefer eingesetzt werden.

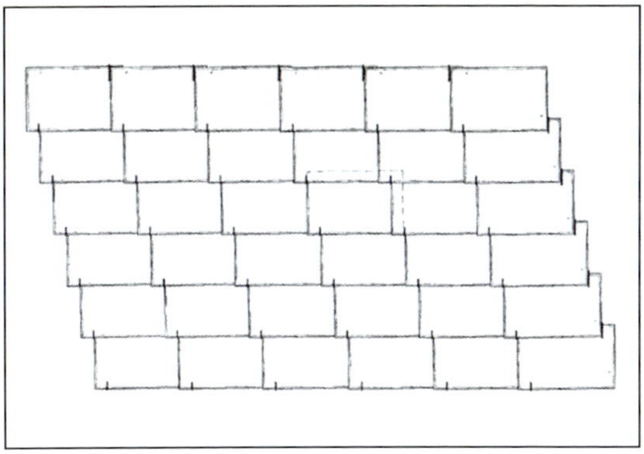

Abb. 5.1-41: Deckschema Waagerechte Deckung

Abb. 5.1-42: Waagerechte Deckung

Abb. 5.1-43: Waagerechte Deckung an einem Einfamilienhaus

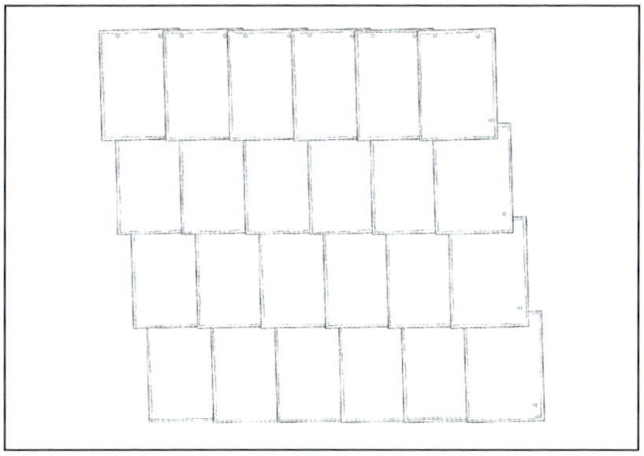

Abb. 5.1-44: Deckschema Geschlaufte Deckung

Abb. 5.1-45: Geschlaufte Deckung

Abb. 5.1-46: Geschlaufte Deckung einer Fassadenfläche

Alle weiteren Verlegevorgaben sind identisch mit denen der Waagerechten Deckung. Lediglich bei dem quadratischen Schieferformat 20/20 cm erfolgt die Befestigung mit 2 Schiefernägeln oder -stiften im Überdeckungsbereich.

5.1.7.6 Dynamische Deckung

Für die Dynamische Deckung werden unterschiedlich hohe und breite rechteckige und/oder quadratische Schieferformate verwendet.

Alle Schiefer müssen vollkantig sein. Die Deckung erfolgt mit Stoßfuge als einfache Rechteckdeckung. Damit die Stoßfugen gegen den Eintrag von Feuchtigkeit abgesichert sind, werden sie mit einer mindestens 100 mm breiten Metallspließe unterlegt. Die Spließen sollten farblich der Schieferdeckung angepasst sein. Geeignet sind Metallspließe aus Zink, Aluminium oder verzinktem Stahlblech (Verbundblech) in mindestens 0,7 mm Dicke. Bei Verwen-

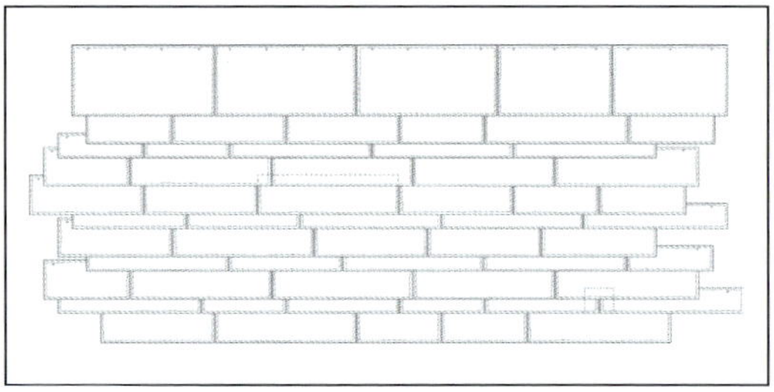

Abb. 5.1-47: Deckschema Dynamische Deckung

Abb. 5.1-48: Dynamische Deckung

Abb. 5.1-49: Fassade in Dynamischer Deckung

dung von nicht rostendem Stahlblech genügen 0,4 mm Dicke. Generell sollten die Bleche beschichtet sein, da unbeschichtete Bleche Ablaufspuren verursachen können. Bei der Deckung ist darauf zu achten, dass die Metallspließe nicht unterhalb der Gebindelinie sichtbar sind.

Als Deckunterlage eignet sich am besten eine Schalung.

Das Deckbild wird durch die Verwendung von einheitlich hohen, aber in der Breite unterschiedlichen Schiefern in einem Gebinde bestimmt. Die einzelnen Gebindehöhen müssen unterschiedlich sein. In der Höhe sind die Schiefer mindestens 40 mm zu überdecken.

Die mit den Metallspließen unterlegten Stoßfugen müssen jeweils mindestens 50 mm versetzt werden. Befestigt werden die Schiefer mit mindestens 3 Schiefernägeln oder -stiften. Sind die Schiefer breiter als 300 mm, müssen 4 Schiefernägel oder -stifte verwendet werden. Damit die Metallspließe nicht nach unten rutschen, sind sie mit 2 Befestigungen zu versehen.

5.1.7.7 Variable Deckung

Bei der Variablen Deckung handelt es sich im Prinzip um eine mit anderen Werkstoffen bekannte Vorschnittdeckung. Als Schieferdeckung wird sie mit rechteckigen und/oder quadratischen Schiefern, die 2 gegenüberliegende gestutzte Ecken haben, ausgeführt. Grundsätzlich kann sie mit nur einem Schieferformat ausgeführt werden. Aus gestalterischen Gründen werden aber häufig verschiedene Formate verwendet. Die Höhen- und Seitenüberdeckung ist dabei von der Größe der gestutzten Ecke abhängig, muss aber mindestens 40 mm betragen. Sie kann als Rechts- oder Linksdeckung ausgeführt werden. Wie bei allen Schieferdeckungen ist eine Verlegung auf flächiger Deckunterlage, also Schalung, möglich, aber auch auf horizontaler Lattung und auf vertikaler Lattung, auch als Sparschalung bekannt. Alle Schiefer, außer dem Format 20/20 cm, sind mit mindestens 3 Schiefernägeln oder -stiften zu befestigen. Bei der Schiefergröße 20/20 cm genügen 2 Befestigungen.

5.1.7.8 Unterlegte Deckung

Auch bei der Unterlegten Deckung kommen ausschließlich rechteckige oder quadratische vollkantige Schiefer zur Verwendung. Dabei wird immer nur ein Format verwendet, das in zwei höhenversetzten Ebenen verlegt wird. Insoweit gleicht die Deckung ein wenig der Gezogenen Deckung.

Die im Deckbild unterlegte, schmal erscheinende Schieferebene wird von der aufgelegten, in voller Steinbreite sichtbaren Schieferebene überdeckt. Dabei entspricht die Sichtbreite der unterlegten Schiefer der Breite der Befestigungsklammern. Infolgedessen sind für diese Deckart spezielle Befestigungsklammern (Klammerhaken) erforderlich. Diese sind mindestens 25 mm breit und 50 mm lang.

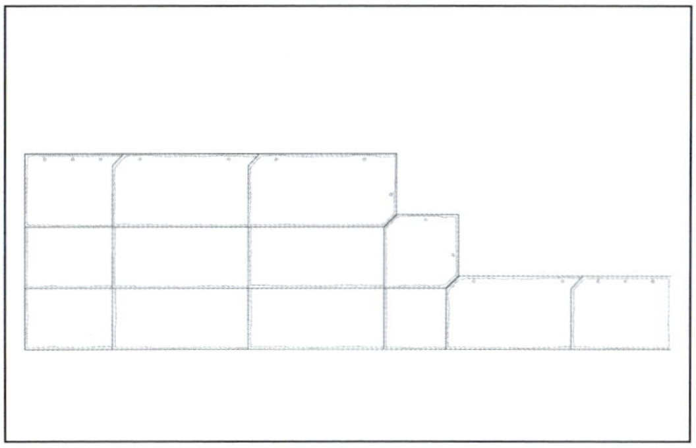

Abb. 5.1-50: Deckschema Variable Deckung

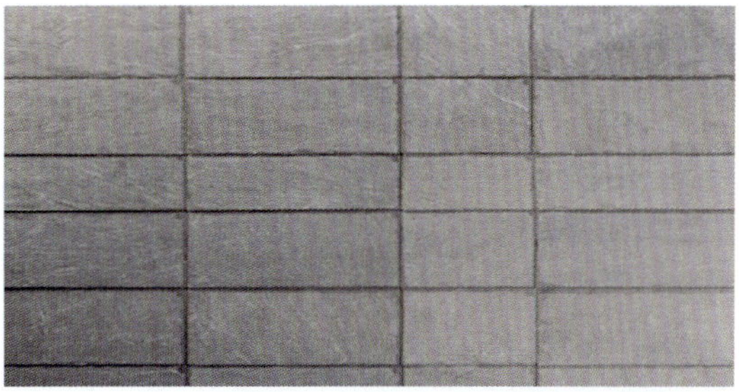

Abb. 5.1-51: Variable Deckung

Abb. 5.1-52: Fassade in Variabler Deckung

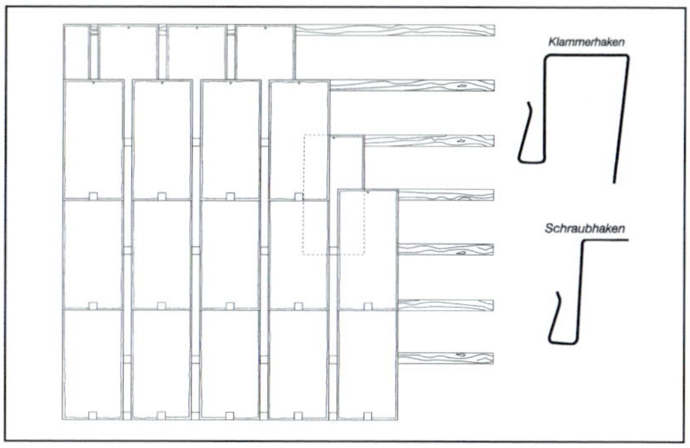

Abb. 5.1-53: Deckschema Unterlegte Deckung

Abb. 5.1-54: Unterlegte Deckung

Abb. 5.1-55: Theater-Fassade in Unterlegter Rechteckdeckung

Innerhalb jeder Ebene müssen die Schiefer mindestens 50 mm in der Höhe überdeckt werden. Die Seitenüberdeckung ergibt sich aus der Breite der Schiefer abzüglich der Klammerbreite.

Als Deckunterlage kommen Lattung oder Metallprofile zur Anwendung.

Befestigt werden die Schiefer mit den vorgenannten speziellen Klammerhaken und einer Nagel- oder vorzugsweise Schraubbefestigung im Kopfbereich. Die Form der speziellen Klammer ist so gestaltet, dass ihre Öffnungsweite und ihre Länge eine kraftschlüssige Befestigung der Schiefer ermöglichen. Anders als bei sonstigen Klammerhakenbefestigungen müssen die Höhenüberdeckung und die Klammerhakenlänge gleich sein.

5.1.7.9 Lineare Deckung

Rechteckige oder quadratische vollkantige Schiefer prägen auch das Bild der Linearen Deckung. Auch bei ihr wird wie bei der Unterlegten Deckung ausschließlich ein Format verwendet, das allerdings in einer Ebene verlegt

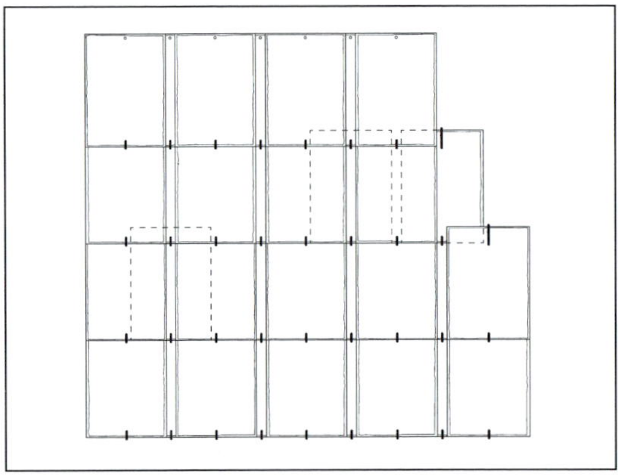

Abb. 5.1-56: Deckschema Lineare Deckung

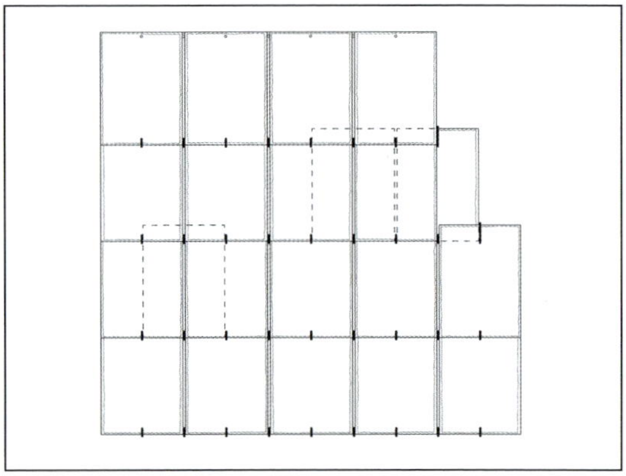

Abb. 5.1-57: Deckschema Lineare Deckung

Abb. 5.1-58: Lineare Deckung

Abb. 5.1-59: Lineare Deckung an einer Fassadenfläche

wird. Die dabei unterlegten, schmal erscheinenden Schiefer werden von den aufgelegten, in voller Steinbreite sichtbaren Schiefern überdeckt. Die unterlegten Schiefer müssen dabei mit einer Stoßfuge von mindestens 3 bis 6 mm Breite gedeckt werden. Grundsätzlich kann die Stoßfuge aber auch breiter werden, bis hin zur Mindestseitenüberdeckung von 40 mm. Die Höhenüberdeckung beträgt mindestens 60 mm.

Als Deckunterlage eignen sich flächige Schalung, Lattung und im Ausnahmefall auch Metallprofile, für die dann aber spezielle Befestigungsmittel erforderlich sind.

Befestigt werden die unterlegten Schiefer mit 2 Schiefernägeln oder -stiften oder Schrauben. Ab der Schiefergröße 50/25 cm ist zusätzlich ein Einschlaghaken erforderlich. Die aufliegenden Schiefer sind mit einem Einschlaghaken und einer Nagel- oder Schraubbefestigung zu versehen. Wird die Stoßfugenbreite größer als 50 mm, ist ein zusätzlicher Einschlaghaken, also insgesamt 2 Einschlaghaken erforderlich.

5.2 Dachziegel

Deckungen mit Dachziegeln sind regensicher, wetterbeständig, hagelsicher und widerstandsfähig gegen Flugfeuer und strahlende Wärme (harte Bedachung) im Sinne der Landesbauordnungen. Bewegungen im Dachstuhl wie Setzung, Schwindung, Erschütterungen oder Einwirkung der wechselnden Windkräfte und Temperaturschwankungen werden bei regelkonformer Ausführung von den sich schuppenartig überdeckenden Ziegelelementen ohne Einbuße an Regensicherheit aufgenommen.

5.2.1 Herstellung

Rohstoff

Für die Dachziegelherstellung werden die Rohstoffe Lösslehm, Lehm, Ziegelton u. Ä. verarbeitet. Die durch Sedimentation entstandenen Rohstoffvorkommen liegen in der Natur außerordentlich unterschiedlich und häufig in verworfenen Schichten vor.

Die mineralischen Stoffe enthalten je nach Art, Vorkommen, Lagerstätte usw. kleine Beimengungen löslicher Verbindungen, die durch Verwitterung entstanden sind oder von durchsickerndem Wasser abgelagert wurden.

Aufbereitung der Rohstoffe

Um aus den in der Zusammensetzung unterschiedlichen und noch körnigen Rohstoffen ein einheitliches Industrieprodukt zu fertigen, muss der Rohstoff in eine homogene, plastisch formbare Masse verwandelt, d. h. aufbereitet werden. Er wird dabei zunächst durch Walzwerke zerkleinert, mit Wasser versetzt und durch Lagerung in Sumpfhäusern oder auf Halden sowie durch Kneten in Aufbereitungsmaschinen gemischt. Um besondere Eigenschaften wie Verarbeitbarkeit, Farbe und Festigkeit zu erzielen, werden dem betriebseigenen Material häufig fremdbezogene Rohstoffe bestimmter Eigenschaften zugesetzt, oder es wird eine Mischung aus Rohstoffen verschiedener Herkunft und Zusammensetzung vorgenommen.

Formgebung

Biberschwanzziegel, Hohlpfannen und Strangfalzziegel sind **Strangdachziegel**. Zur Formgebung wird das aufbereitete Rohmaterial einer Schneckenpresse zugeleitet, die nach dem Prinzip des Fleischwolfes arbeitet. Durch das Mundstück, die düsenförmige Austrittsöffnung der Presse, muss der in der Aufbereitung plastifizierte Rohstoff – unter dem von der Schnecke erzeugten Druck – in gleichmäßiger Verdichtung austreten. Durch regelmäßiges Abschneiden des austretenden Strangs entstehen die Strangdachziegel. Da der Rohling beim Trocknen und Brennen um mehr als 10 % schwindet, müssen die Maße der Mundstücke und Formen so ausgelegt werden, dass das Fertigprodukt den verlangten Abmessungen entspricht.

Falzziegel, Mönch- und Nonnenziegel, Krempziegel sowie Formziegel sind **Pressdachziegel**. Zur Formgebung dieser Ziegel wird zunächst auf der Schneckenpresse der sog. Kuchen oder Batzen gefertigt. Dieser wird anschließend einer Formpresse, der Revolverpresse, zugeführt. Das ist eine Maschine, die eine mehreckige Trommel besitzt, auf der die Pressformen befestigt sind. Beim Rotieren der Trommel wird der Batzen durch den oberen Stempel zwischen die Formen gebracht und zum Pressdachziegel ausgepresst.

Maße

Dachziegel sind kleinformatige Deckelemente.

Dach- und Formziegel für Dacheindeckungen:

- Dachziegel mit einer Fläche $\leq 0{,}4$ m^2 und einem Eigengewicht ≤ 7 kg/Stück,
- Formziegel mit einer Fläche $\leq 0{,}4$ m^2 und einem Eigengewicht ≤ 13 kg/Stück.

Fassadenelemente für Außenwandbekleidungen:

- Dach- und Formziegel mit einer Fläche $\leq 0{,}4$ m^2 und einem Eigengewicht ≤ 5 kg/Stück.

Dachziegel haben, bedingt durch ihre verschiedenen Formen, unterschiedliche Abmessungen und Deckmaße. Bei verfalzten Dachziegeln sind die Deckmaße, bei nicht verfalzten Dachziegeln die Breiten- und Längenmaße kennzeichnend.

Biberschwanzziegel werden überwiegend in der Abmessung 180 × 380 mm und 155 × 380 mm hergestellt.

Trocknung

Um den Formling brennen zu können, muss ihm zunächst das bei der Aufbereitung zugegebene Wasser wieder entzogen werden, d. h., der Ziegel muss getrocknet werden. Dabei zieht sich der Formling zusammen, er schwindet. Die Wasserentzugsgeschwindigkeit muss so eingestellt werden, dass keine zu Rissen führenden Spannungen entstehen. Während der Trocknung liegt jeder Formling auf einem Holzrahmen, der dem Profil des Ziegels angepasst ist.

Farbgebung

Die Farbe des Fertigproduktes ist beeinflussbar. Die dazu erforderlichen Maßnahmen müssen je nach dem gewählten Verfahren vor dem Brand oder nachträglich getroffen werden.

Naturfarbene Dachziegel haben die natürliche Brennfarbe des Tons. Je nach Tonvorkommen können hellrote bis dunkelrote Brennfarben

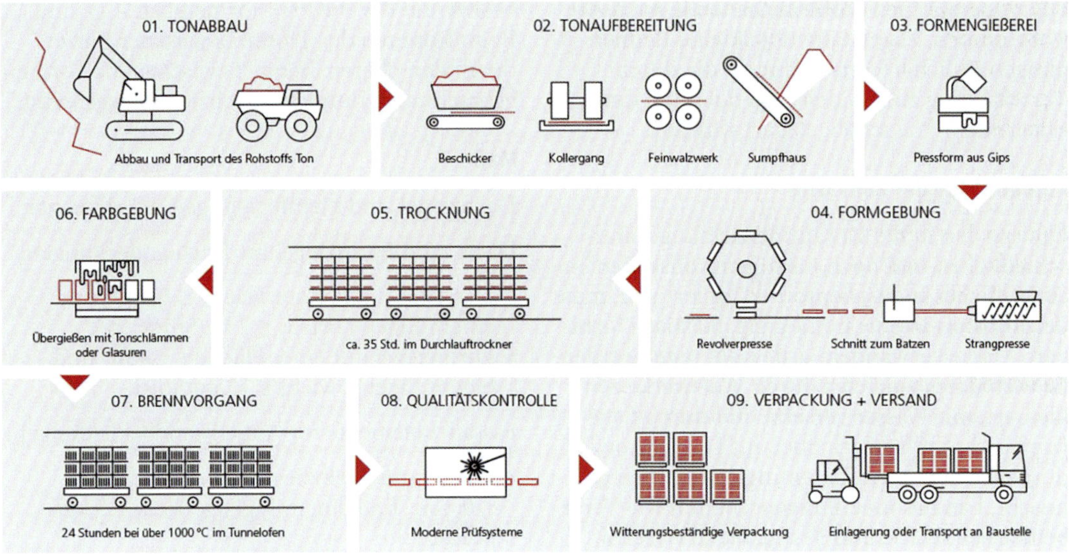

Abb. 5.2-1: Dachziegelherstellung

entstehen. Eisenhydroxide brennen zu kräftig rotem Eisenoxid. Ein hoher Mangananteil bewirkt eine dunkelbraune Färbung. Ein geringer Eisenanteil kann eine hellgelbe Farbe ergeben.

Bei **durchgehend gefärbten** Dachziegeln werden dem Ton vor der Verarbeitung Minerale beigesetzt, die die Brennfarbe beeinflussen. Manganzusatz bewirkt so z. B. eine dunkelbraunrote Färbung. Das Verfahren ist jedoch sehr aufwendig und wird nur selten angewendet.

Eine graublaue, dem Dachschiefer ähnliche Farbgebung wird durch das **Dämpfen** erreicht. Nach beendetem Garbrand wird durch ins Feuer gegebene reduzierende Stoffe (z. B. Öl) dem Eisenoxid des Tons ein Teil des Sauerstoffes entzogen. An die Stelle der roten Farbe des Eisenoxids tritt dann die schwarze bzw. graue Farbe der niederen Oxidationsstufen des Eisens.

Häufig werden Dachziegel **engobiert**. Vor dem Brand wird auf die getrockneten Formlinge durch Tauchen oder Spritzen eine besonders bereitete Tonschlämme, die Engobe, aufgebracht. Die Engobe ist eine Suspension von Ton und Metalloxiden im Wasser. Je nach der Zusammensetzung der Engobe wird eine bestimmte Brennfarbe erreicht.

Bei den **glasierten** Dachziegeln wird die Glasur ähnlich wie die Engobe aufgegeben. Glasuren gibt es in allen Farben. Die Farbschicht schmilzt während des Brennens und bildet daher eine glasartige Oberfläche.

Sogenannte Sinterengoben zeichnen sich dadurch aus, dass lediglich ein Teil der Oberfläche durch glasierte Fragmente bedeckt wird. Dazwischen befinden sich Bereiche, die nicht den glasartigen Zustand erreichen. Aus diesem Grund zählen Sinterengoben nicht zu den Glasuren.

Schließlich kann durch Zugabe von Natrium- und Eisenchloriden im Brand eine **Buntfärbung** erreicht werden.

Brennen

Nach der Trocknung werden die Formlinge gebrannt. Die Garbrandtemperaturen liegen zwischen 900 und 1.200 °C. Dabei wird das Kristallwasser der Mineralien ausgetrieben. Die feinen Rohstoffpartikel werden durch Silikatisierung derart dauerhaft zu einem festen Körper verbunden, dass der gebrannte Dachziegel allen Beanspruchungen standhält.

Nach dem Brand werden die Dachziegel sortiert und für den Versand so gestapelt, dass sie schnell verladen und an der Baustelle übersichtlich abgesetzt werden können. Dabei werden verschiedene Arten der Palettierung angewendet, um zu erreichen, dass die Ziegel unbeschädigt und möglichst ohne Umladen auf das Dach gelangen.

Mindestens 50 % aller Dachziegel werden dauerhaft mit Herstellerangabe, (wahlweise) Produkttyp, Herkunftsland sowie Jahr und Monat der Fabrikation markiert. Soweit es sich um Sorte II handelt, ist die Verpackung entsprechend zu beschriften.

Qualitätsmerkmale

Die Anforderungen an Dachziegel sind in der DIN EN 1304 und im Produktdatenblatt für Dachziegel im Regelwerk festgelegt:

- Ein guter Dachziegel muss wetterbeständig sein und darf bei Frost nicht abblättern.
- Er darf keine Risse haben und muss frei von Bestandteilen sein, die eine Verwitterung fördern, wie Schwefelkies und Kalkteile.
- Der Scherben muss beim Anschlagen einen hellen Klang haben und darf nur eine bestimmte Menge Wasser pro Tag hindurchlassen. Je geringer die Wasseraufnahme des Ziegelscherbens ausfällt, desto widerstandsfähiger ist er gegenüber Frosteinwirkungen.
- Verkrümmungen und Flügeligkeiten dürfen die zulässigen Werte nicht überschreiten.
- Geringfügige Abplatzungen, Schrammen und Scheuerstellen, die z. B. durch Herstellung, Transport und Verlegung verursacht werden, sind zulässig.
- Zur Beurteilung von optischen Eigenschaften und Oberflächentoleranzen wird in der Praxis ein gebrauchstypischer Betrachtungsabstand von 6 bis 10 m außerhalb der Dachfläche verwendet. Dieser Wert bezieht sich auf Dachflächen von Wohngebäuden. An eine tiefer angeordnete Fläche, z. B. eine Mauerabdeckung auf Augenhöhe, können strengere Anforderungen gestellt werden.

Zusammenfassung

Als Rohstoff für die Dachziegelherstellung dienen Lösslehm, Lehm, Ziegelton u. Ä.

Die Rohstoffe für die Ziegelherstellung werden aufbereitet durch Zerkleinern, Zusatz von fremdbezogenen Rohstoffen, Kneten in Aufbereitungsmaschinen, Lagerung in Sumpfhäusern.

Man unterscheidet 2 Formgebungsverfahren:

- Strangdachziegel werden mit der Schneckenpresse geformt.
- Pressdachziegel werden mit der Formpresse (Revolver- oder Stempelpresse) gefertigt.

Die Formlinge müssen vor dem Brennen getrocknet werden, um ihnen das bei der Tonaufbereitung zugegebene Wasser wieder zu entziehen.

Nach der Farbgebung unterscheidet man naturfarbene, durchgehend gefärbte, gedämpfte, engobierte und glasierte Dachziegel.

Durch das Brennen bei 900 bis 1.200 °C werden alle Rohstoffteilchen zu dauerhaftem Ziegelmaterial umgewandelt.

Dachziegel müssen den Anforderungen der DIN EN 1304 und dem Produktdatenblatt für Dachziegel im Regelwerk entsprechen. Geprüft werden Oberflächenbeschaffenheit, Maße und Formhaltigkeit, Wasserdurchlässigkeit, Frostbeständigkeit und Tragfähigkeit.

5.2.2 Dachziegelarten

Nach der Form und nach dem Überdeckungsbereich unterscheidet man folgende Dachziegelarten:

- Dachziegel mit Ringfalz
  - Zum Beispiel: Flachdachziegel oder
  - Romanische Ziegel mit besonderen Merkmalen oder
  - Hohlfalzziegel mit besonderen Merkmalen
- Dachziegel mit Kopffalz oder Kopfrippe und Fußrippe und Seitenverfalzung
  - Zum Beispiel: Doppelmuldenfalzziegel und Glattziegel jeweils bei Deckung im Verband
- Dachziegel mit Kopffalz oder Kopfrippe und Fußrippe und Seitenfalz
  - Zum Beispiel: Doppelmuldenfalzziegel oder
  - Reformziegel mit besonderen Merkmalen oder
  - Glattziegel mit besonderen Merkmalen in Reihe oder
  - Verschiebeziegel
- Dachziegel mit seitlich eingreifender Überdeckung
  - Zum Beispiel: Strangfalzziegel oder
  - Falzbiber
- Dachziegel mit seitlich übergreifender Überdeckung
  - Zum Beispiel: Krempziegel
- gewölbte Dachziegel ohne Falz und ohne Aufkantungen
  - Zum Beispiel: Hohlpfanne oder
  - Mönch- und Nonnenziegel
- ebene Dachziegel
  - Zum Beispiel: Biberschwanzziegel

5.2.2.1 Dachziegel mit Ringfalz (RDN 22°)

Der Ringfalz kann durchgehend oder unterbrochen ausgebildet sein. Kennzeichnend für Dachziegel mit durchgehendem Ringfalz ist es, dass der Restwasser führende Kopf- und Seitenfalz nicht unterbrochen ist und aus mindestens einem Falz besteht. Bei unterbrochenem Ringfalz erfolgt die Entwässerung des Kopffalzes direkt in die Wasser führende Ebene. Die Höhenüberdeckung bildet eine Verfalzung, oder der Ziegelfuß besitzt einen Falz oder mindestens eine Rippe mit besonderer Ausprägung. Die Seitenüberdeckung muss eine Verfalzung bilden.

Beispiele

Flachdachziegel, romanischer Ziegel mit besonderen Merkmalen, Hohlfalzziegel mit besonderen Merkmalen (siehe Tabelle 5.2-1).

Tabelle 5.2-1: Dachziegel mit Ringfalz

Geometrie				
Draufsicht	Ringfalz	bestehend aus mindestens einem Wasserfalz in Seiten- und Höhenüberdeckung Kopf- und Seitenfalz durchgehend oder unterbrochen	Ringfalz durchgehend 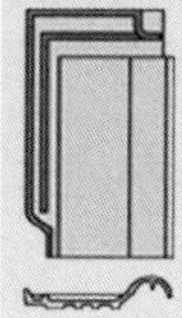	Ringfalz unterbrochen 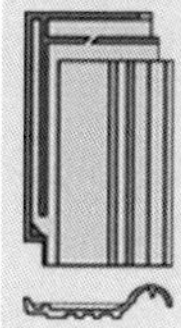
Untersicht	Ziegelfuß	Falz oder Rippe mit besonderer Ausprägung		
	seitlich	Deckfalz		
Deckung				
Höhenüberdeckung	Der Ziegelfuß deckt den Kopffalz des darunterliegenden Ziegels ab. Die Höhenüberdeckung bildet eine Verfalzung, oder der Ziegelfuß besitzt einen Falz oder mindestens eine Rippe mit besonderer Ausprägung.			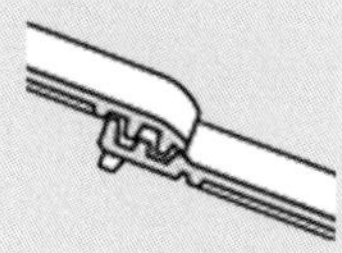
Seitenüberdeckung	Die Krempe deckt den Seitenfalz bis an den Rand der Mulde des Nachbarziegels ab. Die Seitenüberdeckung muss eine Verfalzung bilden.			
Wasserführung				
Die Ausprägung der Falze und des Mehrziegelecks sichert die Restwasserführung in der Mulde des Ziegels. In Kopf- und Seitenfalz eingedrungenes Niederschlagswasser wird in die Mulde des gleichen und/oder des darunterliegenden Ziegels geleitet. Eine tiefer liegende muldenförmige Ausbildung des Wasser führenden Bereichs und eine mehrfache Ringverfalzung können die Regensicherheit erhöhen.			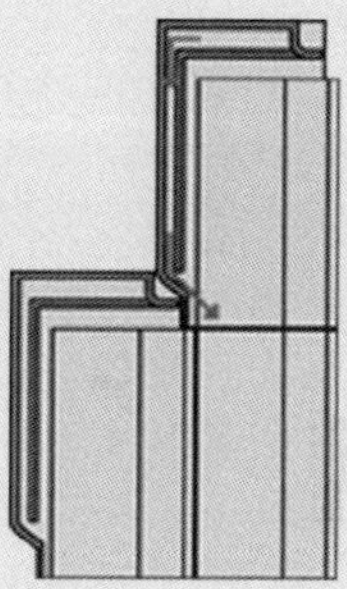	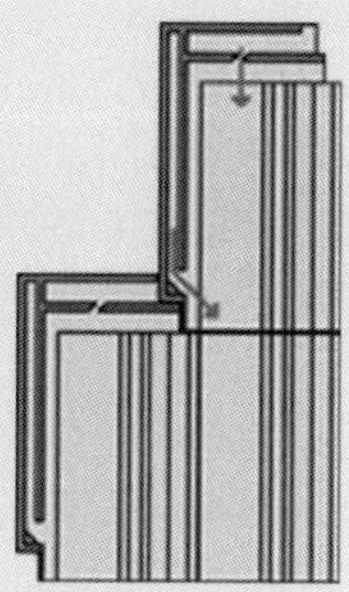
durchgehender Ringfalz	Kopf- und Seitenfalz sind nicht unterbrochen.			
unterbrochener Ringfalz	Der Kopffalz entwässert direkt in den Wasser führenden Bereich.			
Beispiele				
Flachdachziegel 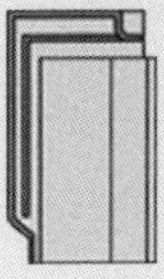	romanischer Ziegel (mit besonderen Merkmalen) 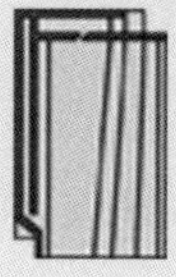		Hohlfalzziegel (mit besonderen Merkmalen) 	

5.2.2.2 Dachziegel mit Kopffalz oder Kopfrippe und Fußrippe und Seitenverfalzung (RDN 25°)

Kennzeichnend für diese Dachziegel sind mindestens ein Kopffalz und Seitenverfalzung oder mindestens eine Kopfrippe und Fußrippe und Seitenverfalzung (Wasser- und Deckfalz).

Beispiele

Doppelmuldenfalzziegel und Glattziegel jeweils bei Deckung im Verband, Reformziegel mit besonderen Merkmalen (siehe Tabelle 5.2-2).

Tabelle 5.2-2: Dachziegel mit Kopffalz oder Kopfrippe und Fußrippe und Seitenverfalzung

Geometrie				
Draufsicht	Ziegelkopf	Kopffalz oder Kopfrippe	Doppelmuldenfalzziegel 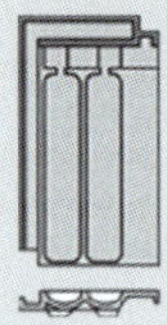	Glattziegel 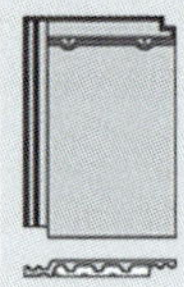
	seitlich	Wasserfalz		
Untersicht	Ziegelfuß	Fußrippe		
	seitlich	Deckfalz		
Deckung				
Höhenüberdeckung	Der Ziegelfuß überdeckt den Kopffalz/die Kopfrippe des darunterliegenden Ziegels.		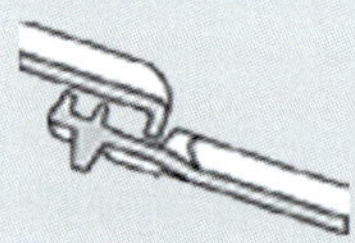	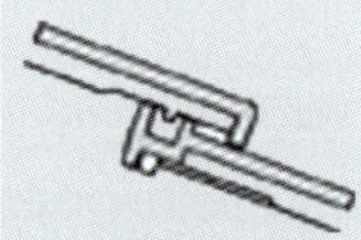
Seitenüberdeckung	Die Krempe überdeckt den Seitenfalz bis an den Rand des Wasser führenden Bereichs des Nachbarziegels. Die Seitenüberdeckung bildet eine Verfalzung.			
Wasserführung				
In Kopf- und Seitenfalz eingedrungenes Niederschlagswasser/Restwasser wird auf den Wasser führenden Bereich des darunterliegenden Ziegels geführt. Glattziegel müssen im Verband gedeckt werden. Doppelmuldenfalz- und Reformziegel mit besonderen Merkmalen können in Reihe gedeckt werden.			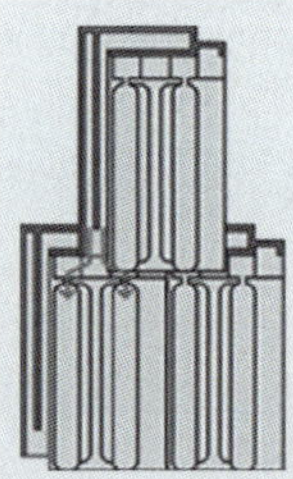	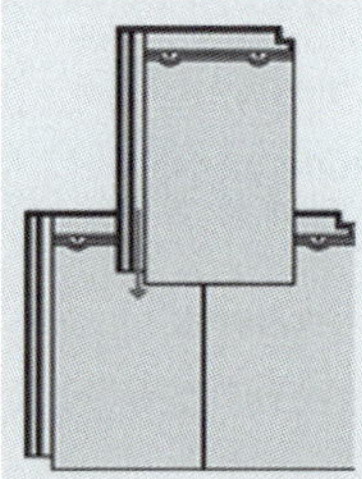
Beispiele				
Doppelmuldenfalzziegel (Deckung im Verband) 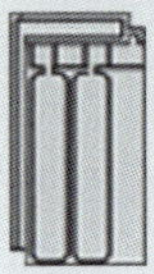	Doppelmuldenfalzziegel und Reformziegel mit besonderen Merkmalen (Deckung in Reihe)  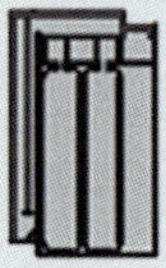		Glattziegel (Deckung im Verband) 	

5.2.2.3 Dachziegel mit Kopffalz oder Kopfrippe und Fußrippe und Seitenfalz (RDN 30°)

Kennzeichnend für diese Dachziegel sind mindestens ein Kopffalz und ein Seitenfalz oder mindestens eine Kopfrippe und Fußrippe und ein Seitenfalz. Sie werden mit unterschiedlicher Krempenausbildung zur Überdeckung der Wasserfalze oder Eingreifen in die Wasserfalze mit oder ohne Mittelwulst hergestellt.

Beispiele

Doppelmuldenfalzziegel, Reformziegel, Glattziegel mit besonderen Merkmalen in Reihe, Verschiebeziegel (siehe Tabelle 5.2-3).

Tabelle 5.2-3: Dachziegel mit Kopffalz oder Kopfrippe und Fußrippe und Seitenfalz

Geometrie				
Draufsicht	Ziegelkopf	Kopffalz oder Kopfrippe	Verschiebeziegel 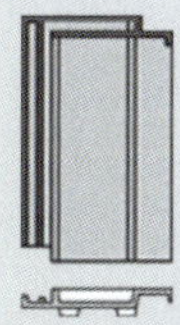	Doppelmulden-falzziegel 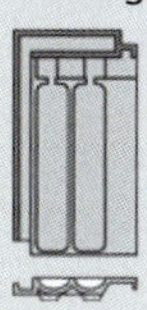
	seitlich	Wasserfalz		
Untersicht	Ziegelfuß	Fußrippe		
	seitlich	überdeckende Krempe, eingreifende Krempe oder Deckfalz		
Deckung				
Höhenüber-deckung	Der Ziegelfuß überdeckt den Kopffalz/die Kopfrippe des darunterliegenden Ziegels.		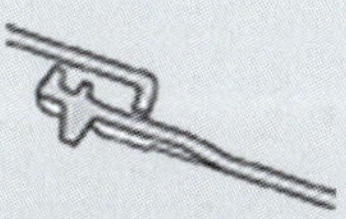	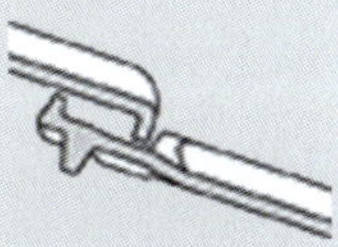
Seitenüber-deckung	Die Krempe überdeckt den seitlichen Wasserfalz bis an den Rand des Wasser führenden Bereichs des Nachbarziegels oder greift in den Wasserfalz ein. Die Seitenüberdeckung kann eine Verfalzung bilden.			
Wasserführung				
In Höhenüberdeckung und seitlichen Wasserfalz eingedrungenes Niederschlagswasser/Restwasser wird auf die darunterliegenden Ziegel geführt. Glatt- und Doppelmuldenfalzziegel können im Verband gedeckt werden.				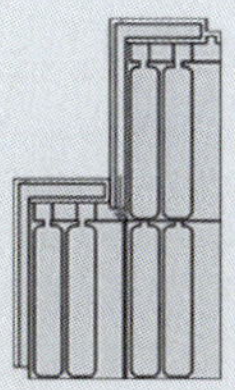
Beispiele				
Doppelmulden-falzziegel 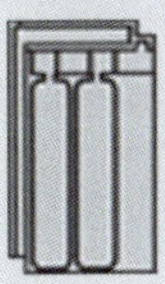	Reformziegel 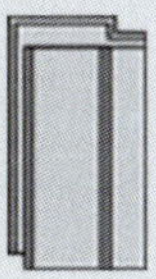	Verschiebeziegel 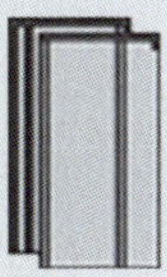	Glattziegel (mit besonderen Merkmalen in Reihe gedeckt) 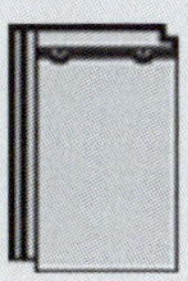	

5.2.2.4 Dachziegel mit seitlich eingreifender Überdeckung (RDN 35°)

Diese Dachziegel werden in ebener oder gewölbter Form mit seitlich eingreifender Überdeckung oder Seitenfalz hergestellt. Die Höhenüberdeckung ist variabel.

Beispiele

Strangfalzziegel, Falzbiber (siehe Tabelle 5.2-4).

Tabelle 5.2-4: Dachziegel mit seitlich eingreifender Überdeckung

Geometrie				
Draufsicht	Ziegelkopf	glatt	ebener Strangfalzbiber 	Strangfalzbiber 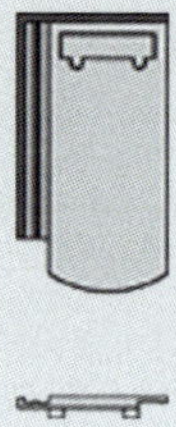
	seitlich	Wasserfalz		
Untersicht	Ziegelfuß	glatt		
	seitlich	Rippe oder Deckfalz		
Deckung				
Höhenüberdeckung	Der Ziegelfuß überdeckt neigungsabhängig den darunterliegenden Ziegel.		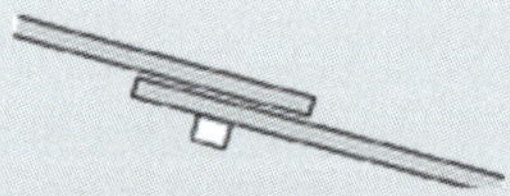	
Seitenüberdeckung	Die Krempe greift in den seitlichen Wasserfalz ein. Die Seitenüberdeckung kann eine Verfalzung bilden.		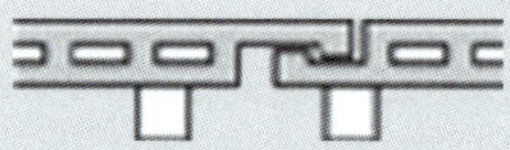	
Wasserführung				
In den Wasserfalz eingedrungenes Niederschlagswasser/Restwasser wird auf den Wasser führenden Bereich des darunterliegenden Ziegels geführt. Die Deckung erfolgt im Verband.				
Beispiele				
ebene Strangfalzziegel 		Strangfalzbiber (Falzbiber) 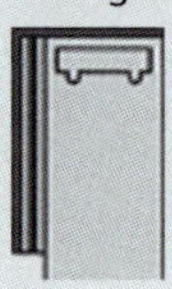		

5.2.2.5 Dachziegel mit seitlich übergreifender Überdeckung (RDN 35°)

Diese Dachziegel werden mit unterschiedlicher Krempenausbildung und Mulde hergestellt. Kennzeichnend für diese Dachziegel ist es, dass sie anstelle eines Wasserfalzes nur eine seitliche Rippe haben. Die Höhenüberdeckung ist variabel.

Beispiel

Krempziegel (siehe Tabelle 5.2-5).

Tabelle 5.2-5: Dachziegel mit seitlich übergreifender Überdeckung

Geometrie			
Draufsicht	Ziegelkopf	glatt	Linkskremper 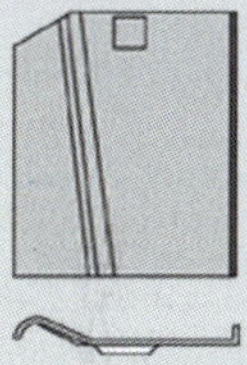
	seitlich	Wasserfalz	
Untersicht	Ziegelfuß	glatt	
	seitlich	Krempe	
Deckung			
Höhenüberdeckung	Der Ziegelfuß überdeckt neigungsabhängig den darunterliegenden Ziegel.		
Seitenüberdeckung	Die Krempe überdeckt die seitliche Aufkantung des Nachbarziegels.		
Wasserführung			
Die Wasserführung erfolgt von Mulde zu Mulde.			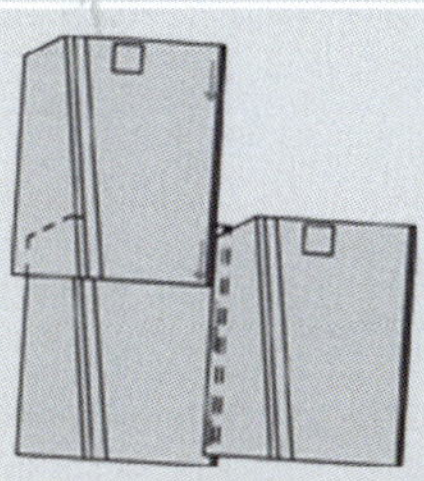
Beispiele			
Krempziegel 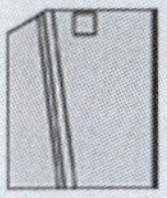			

5.2.2.6 Gewölbte Dachziegel (RDN 35°/40°)

Diese Dachziegel sind konkav oder konvex gewölbt, ohne Rippe und haben einen runden Wasserlauf. Sie werden seiten- und höhenüberdeckt.

Beispiele

Hohlpfanne, Mönch- und Nonnenziegel (siehe Tabelle 5.2-6).

Tabelle 5.2-6: Gewölbte Dachziegel

Geometrie					
Draufsicht	Ziegelkopf	glatt	Mönchziegel 	Nonnenziegel 	Hohlpfanne 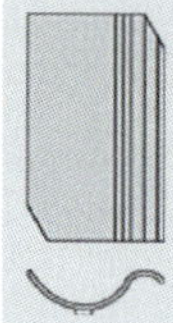
	seitlich	glatt			
Untersicht	Ziegelfuß	glatt			
	seitlich	glatt			
Deckung					
Höhenüberdeckung	Der Ziegelfuß überdeckt den darunterliegenden Ziegel; bei Hohlpfannen-Aufschnittdeckung neigungsabhängige Höhenüberdeckung.				
Seitenüberdeckung	Die Krempe überdeckt die seitliche Aufkantung des Nachbarziegels.				
Wasserführung					
Die Wasserführung erfolgt von Mulde zu Mulde.			Mönch/Nonne 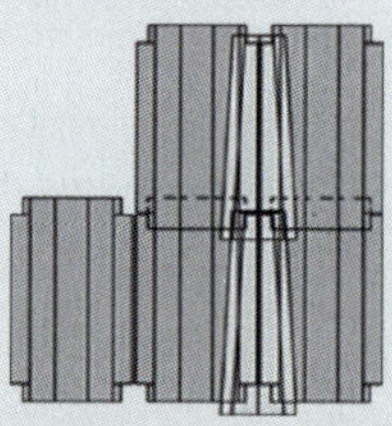		Hohlpfanne Vorschnittdeckung 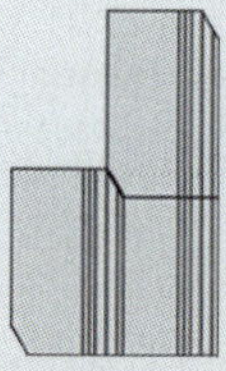
Beispiele					
Mönch- und Nonnenziegel  			Hohlpfanne 		

5.2.2.7 Ebene Dachziegel (RDN 30°)

Ebene Dachziegel werden mit unterschiedlichen Schnittarten hergestellt. Kennzeichnend für diese Dachziegel ist es, dass sie i. d. R. mehrfach überdeckt und im Verband gedeckt werden. Es wird vorzugsweise Doppel- oder Kronendeckung ausgeführt.

Beispiel

Biberschwanzziegel (siehe Tabelle 5.2-7).

Tabelle 5.2-7: Ebene Dachziegel

Geometrie				
Draufsicht	Ziegelkopf	glatt	Biberschwanzziegel	
	seitlich	glatt	Rundschnitt	Segmentschnitt
Untersicht	Ziegelfuß	glatt		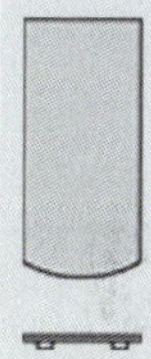
	seitlich	glatt		
Deckung				
Höhenüberdeckung	Der Ziegelfuß überdeckt neigungsabhängig den darunterliegenden Ziegel.		Biberschwanzziegel-Doppeldeckung 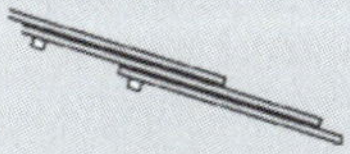	Biberschwanzziegel-Kronendeckung 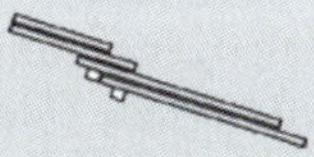
Seitenüberdeckung	ohne			
Wasserführung				
Die Wasserführung erfolgt bei Doppel- und Kronendeckung durch die Mehrfach- und Verbanddeckung von Ebene zu Ebene.			Biberschwanzziegel-Doppeldeckung 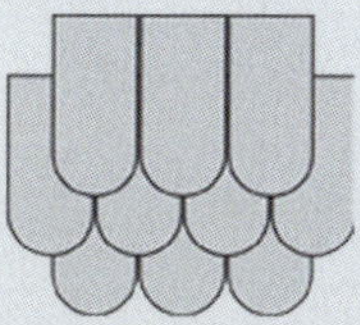	Biberschwanzziegel-Kronendeckung 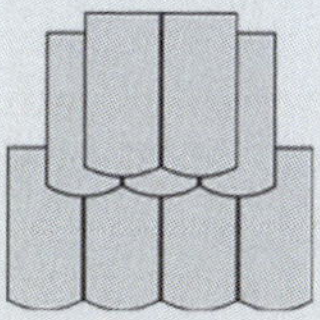
Beispiele				
Biberschwanzziegel 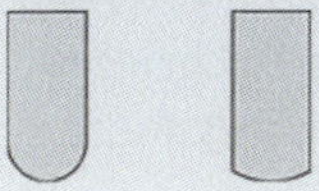				

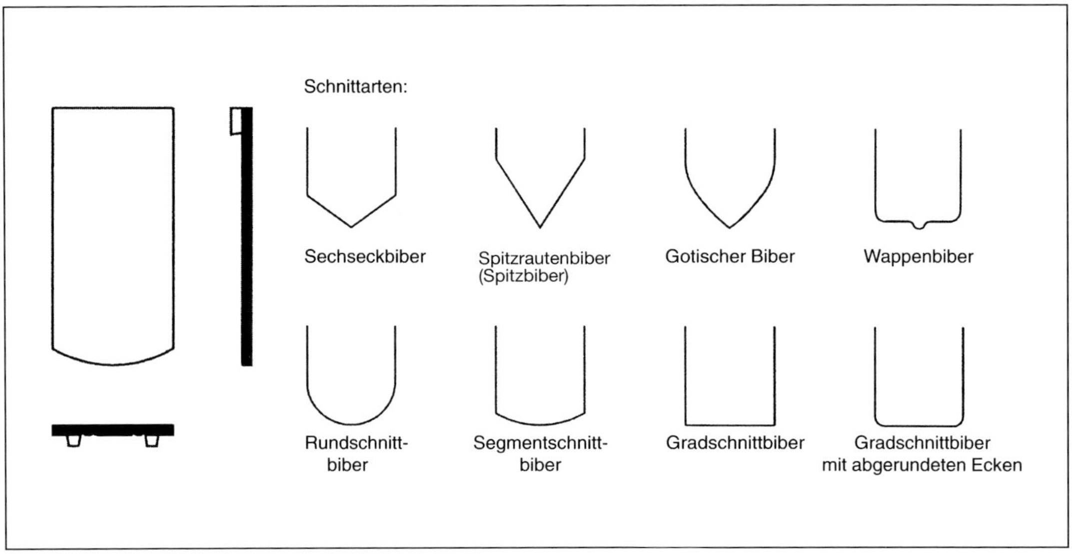

Abb. 5.2-2: Biberschwanzziegel

5.2.3 Werkstoffe für die Dachziegeldeckung

Formziegel

Zum Erzielen einer funktionsfähigen Deckung sind für jede Dachziegelart meistens noch verschiedene Formziegel erforderlich (siehe Abb. 5.2-3 bis Abb. 5.2-5).

Man unterscheidet

- Flächenformziegel,
- First-, Grat- und Kehlziegel,
- Kantenziegel in Sparrenrichtung,
- Kantenziegel in Dachbreite,
- Eckziegel und Sonderformate.

Mörtel

Als Mörtel für Dachziegeldeckungen sollte Kalkzementmörtel im Mischungsverhältnis 2 : 1 : 8 (Kalk:Zement:Sand) verwendet werden. Zur besseren Verarbeitbarkeit können dem Mörtel ein erhöhter Kalkanteil oder andere Zusatzstoffe bzw. Zusatzmittel beigegeben werden. Dadurch dürfen die Festigkeit und die Beständigkeit des Mörtels jedoch nicht beeinträchtigt werden. Statt des baustellengemischten Mörtels kann auch Dachdeckerfertigmörtel verarbeitet werden.

Die **Vermörtelung** wird in der Regel während der Deckung von außen ausgeführt. Man unterscheidet Längsfugenanstrich, Quer-, Längs- und Stützschläge.

Der **Innenverstrich** wird nach der Deckung von innen hergestellt. Man unterscheidet Längsfugenverstrich und Querfugenverstrich.

Zur Windsogsicherung können Vermörtelung und Innenverstrich ohne zusätzliche mechanische Befestigung **nicht** herangezogen werden. Dies gilt auch für aufgemörtelte Firste und Grate.

Docken

Es werden überwiegend Docken auf Bitumen- oder Kunststoffbasis verarbeitet. Docken werden hauptsächlich noch bei denkmalgeschützten Dächern verwendet.

Vorgefalzte Docken müssen dem Dachziegelmodell entsprechend eingesetzt werden.

Bei Docken auf Bitumenbasis muss die Materialverträglichkeit zu An- und Abschlüssen aus Metall beachtet werden.

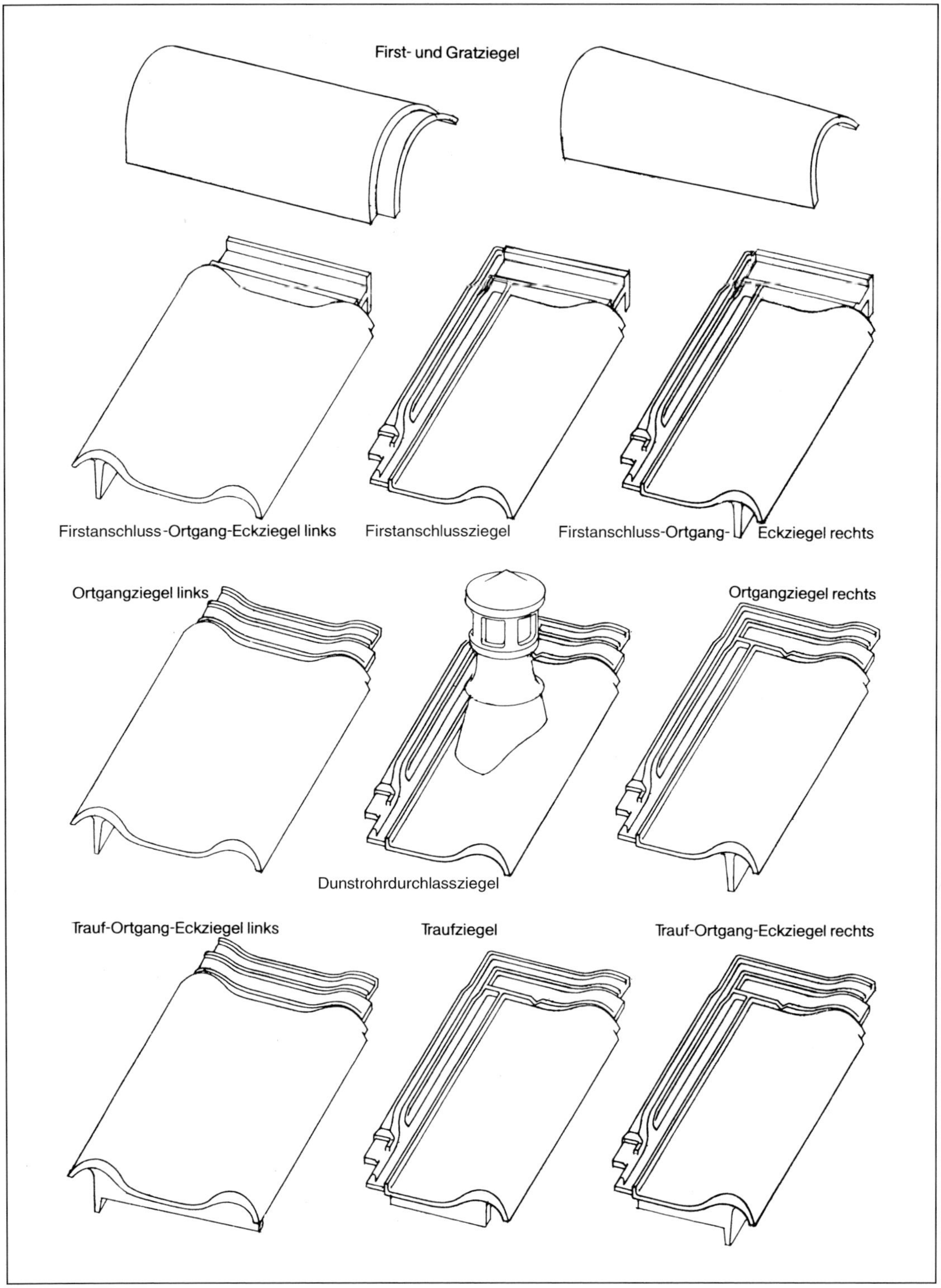

Abb. 5.2-3: Arten der Formziegel

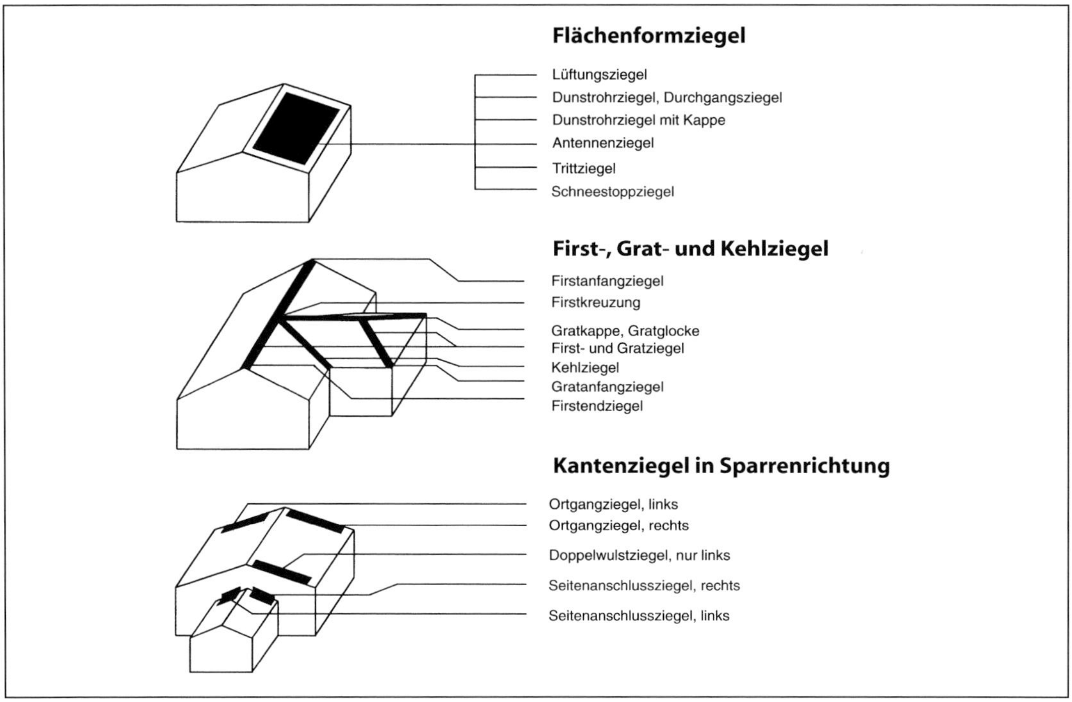

Abb. 5.2-4: Formziegel

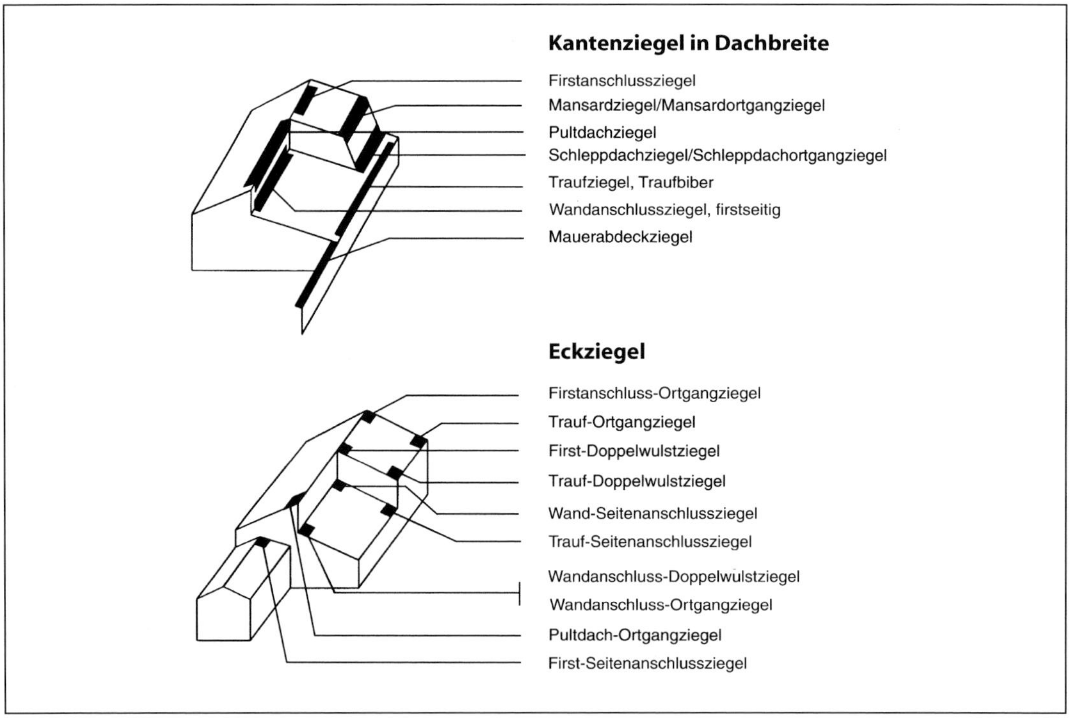

Abb. 5.2-5: Formziegel

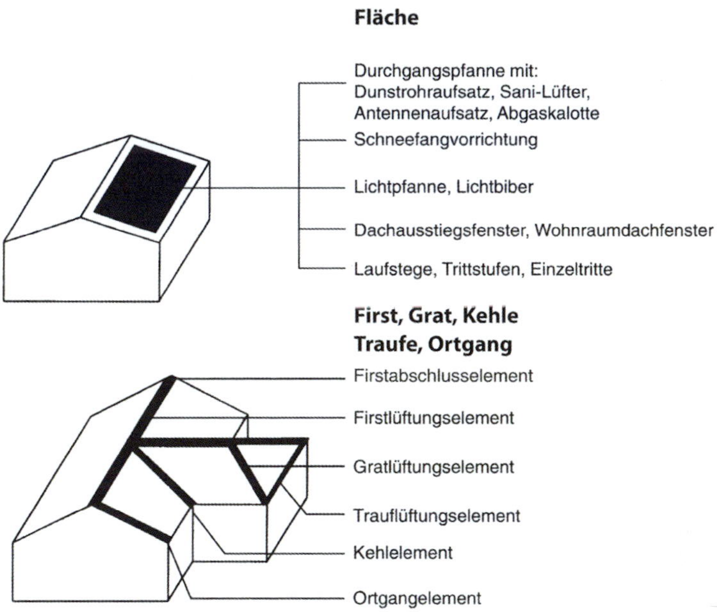

Abb. 5.2-6: Dacheinbauteile, Dachsystemteile

Befestigungsmittel

Nägel, Schrauben, Schraubnägel und Klammern zur Befestigung von Dach- und Formziegeln müssen mindestens korrosionsgeschützt sein; sind sie direkt der Witterung ausgesetzt, müssen sie korrosionsbeständig sein.

Bindedraht für die Dach- und Formziegelbefestigung muss in jedem Fall korrosionsbeständig und mindestens 0,5 mm dick sein.

Klammern zur Windsogsicherung müssen auf den jeweiligen Deckwerkstoff abgestimmt und ausreichend korrosionsgeschützt sein. Klammern in Verbindung mit Docken auf Bitumenbasis müssen korrosionsbeständig sein.

Dacheinbauteile, Dachsystemteile

Durch Dacheinbauteile und Dachsystemteile werden Dachdeckungen funktional ergänzt. In Abbildung 5.2-6 sind die wichtigsten Einbauteile und Systemteile aufgeführt.

Zusammenfassung

Dachziegel mit Verfalzung sind Flachdachziegel, Doppelmuldenfalzziegel, Reformziegel, Verschiebeziegel und Strangfalzziegel.

Dachziegel ohne Verfalzung sind Krempziegel, Hohlpfanne, Mönch- und Nonnenziegel sowie Biberschwanzziegel.

Zum Erzielen einer funktionsfähigen Dachziegeldeckung sind Formziegel erforderlich.

Wichtige Formziegel sind First- und Gratziegel, Ortgangziegel und Lüftungsziegel.

Bei der Dachziegeldeckung sollte als Mörtel Kalkzementmörtel im Mischungsverhältnis 2 : 1 : 8 oder Dachdeckerfertigmörtel verwendet werden.

Docken auf Bitumen- oder Kunststoffbasis müssen der verwendeten Dachziegelart angepasst sein.

Befestigungsmittel zur Befestigung von Dach- und Formziegeln müssen mindestens korrosionsgeschützt sein. Dies gilt auch für Klammern zur Windsogsicherung.

Tabelle 5.2-8: Höhenüberdeckung

Dachziegelarten	Form	Deckungsart	Dachneigung	Höhenüberdeckung
mehrfache Ringverfalzung	Flachdachziegel	Einfachdeckung	dachneigungs-unabhängig	formbedingt durch Ringverfalzung
unterbrochene Ringverfalzung	Doppelmuldenfalz-ziegel, Reformziegel			
Verschiebefalz	Verschiebeziegel			Verschiebbarkeit ≥ 3 cm
Seitenverfalzung	ebene Strangfalz-ziegel, gewölbte Strang-falzziegel			≥ 12 cm ≥ 10 cm
Seitenaufkantung	Krempziegel			≥ 8 cm
gewölbt, ohne Verfalzung	Hohlpfanne	Aufschnittdeckung	≤ 40° > 40° > 45°	≥ 10 cm ≥ 9 cm ≥ 8 cm
		Vorschnittdeckung	dachneigungs-unabhängig	≥ 7 cm
	Mönch- und Nonnenziegel			≥ 8 cm
eben, ohne Verfalzung	Biberschwanzziegel	Doppeldeckung und Kronendeckung	≤ 35° > 35° > 40° > 45° > 60°	≥ 9 cm ≥ 8 cm ≥ 7 cm ≥ 6 cm ≥ 5 cm
		Einfachdeckung mit Spließen	< 40° ≥ 40° > 45° > 50° > 55°	≥ 17 cm ≥ 16 cm ≥ 15 cm ≥ 14 cm ≥ 13 cm

5.2.4 Ausführung der Deckungen

5.2.4.1 Dachneigung

Folgende Regeldachneigungen sind einzuhalten:

Tabelle 5.2-9: Regeldachneigungen

Regeldach-neigung	Dachziegelart/Merkmal	Deckungsart	Beispiel
22°	Dachziegel mit Ringfalz	Einfachdeckung	▸ Flachdachziegel ▸ Romanische Dachziegel
25°	Dachziegel mit Kopffalz oder Kopfrippe und Fußrippe und Seitenverfalzung		▸ Doppelmuldenfalzziegel mit besonderen Merkmalen oder Deckung im Verband ▸ Reformziegel mit besonderen Merkmalen ▸ Glattziegel bei Deckung im Verband ▸ Verschiebeziegel mit besonderen Merkmalen
30°	Dachziegel mit Kopffalz oder Kopfrippe und Fußrippe und Seitenfalz		▸ Doppelmuldenfalzziegel ▸ Reformziegel ▸ Glattziegel ▸ Verschiebeziegel
35°	Dachziegel mit seitlich ein-greifender Überdeckung		Strangfalzziegel
35°	Dachziegel mit seitlich über-greifender Überdeckung		Krempziegel
35°	gewölbte Dachziegel	Aufschnittdeckung	Hohlpfanne
40°		Vorschnittdeckung	Hohlpfanne
40°		Einfachdeckung	Mönch und Nonne
30°	ebene Dachziegel	Doppel- und Kronendeckung	Biberschwanzziegel
40°		Einfachdeckung mit Spließen	

Die Regeldachneigung ist auch bei Aufschieblingen einzuhalten. Bei Ziegelkehlen muss die Neigungsgrenze für Kehlen (Kehlsparrenneigung) berücksichtigt werden. Die Unterschreitung der Regeldachneigung setzt die Anordnung zusätzlicher regensichernder Maßnahmen voraus. Diese Maßnahmen sind bei der Planung und Ausführung vorzusehen und werden durch örtliche Gegebenheiten, klimatische Verhältnisse, Dachausbauten und Dachraumnutzung bestimmt.

5.2.4.2 Traglattung und Einteilung der Dachfläche

Traglattung

Bei Deckungen mit Dachziegeln sind Traglatten (Dachlatten) zu verwenden, die mindestens 3 scharf geschnittene Kanten aufweisen. Die Traglatten müssen so angebracht werden, dass 2 Kanten voll auf den Konterlatten/Sparren aufliegen und die Anhängenasen der Dachziegel sich voll hinter die obere nach dem First zeigende Traglattenkante anlegen können.

Die Traglatten können teilweise baumkantige Ausbildungen an der oberen Traglattenkante aufweisen, die in die Richtung der Traufe ausgerichtet ist. Die Baumkante darf aber die in der Abbildung 5.12-6 genannten Abmessungen nicht überschreiten (siehe Seite 414). Reste der Baumrinde müssen entfernt sein.

Die Traglattenquerschnitte sind nach dem vorhandenen Sparrenabstand und dem Gewicht der Dachziegel zu wählen. Handelsübliche Querschnitte sind 30/50 und 40/60 mm.

Einteilung der Dachfläche

Bei verfalzten Dachziegeln ist es besonders wichtig, den zuvor ermittelten Traglattenabstand und die Deckbreite genau einzuhalten. Um leichte Unterschiede der Sparrenlänge auszugleichen, sollten die Ortgangsparren einer Dachfläche auf der linken und der rechten Seite eingeteilt werden. Die ermittelte Deckbreite ist an der Traufe und am First einzuteilen und in Richtung der Dachflächenneigung in ausreichenden Abständen zu schnüren. Nach diesen Schnurschlägen werden die Dachziegel in senkrechten Gängen von rechts nach links gedeckt. Die einzige Ausnahme bilden Krempziegel.

Beispiel

für die Einteilung einer Sparrenlänge bei Dachziegeln mit Ringfalz

- Mindestlattmaß des Ziegels: 33 cm
- Maximales Lattmaß des Ziegels: 35 cm
- Lattabstand First: 6 cm
- Trauflattmaß: 26 cm
- Sparrenlänge auf der Konterlattenoberseite gemessen bis zum Firstscheitelpunkt: 651,2 cm

Berechnungsschritte:

1) Sparrenlänge – Trauflattmaß – Lattabstand First
   = 651,2 cm – 26 cm – 6 cm
   = 619,2 cm
2) 619,2 cm einzuteilende Sparrenlänge : 35 cm maximales Lattmaß
   = 17,69 Reihen → aufrunden auf 18 Reihen
3) 619,2 cm einzuteilende Sparrenlänge : 18 Reihen
   = **34,4 cm tatsächliches Lattmaß**

→ Probe: Das tatsächliche Lattmaß liegt im Schiebebereich des Dachziegels von 33 bis 35 cm.

Vorgehensweise beim Anzeichnen auf dem Dach

Trauflattmaß von Unterkante Dach bis zur Oberkante der ersten Latte (= Trauflatte) abtragen. Ab hier immer von Oberkante zu Oberkante der nächsten Traglatten anzeichnen. Am First muss der Lattabstand First von der Oberkante der letzten Traglatte bis zum Firstscheitelpunkt übrigbleiben.

Hinweis 1

Um Ungenauigkeiten weitestgehend zu vermeiden, empfiehlt es sich, Kettenmaße beim Anzeichnen zu verwenden. Dabei wird, ohne den Gliedermaßstab/das Maßband jedes Mal abzusetzen, eine fortlaufende Kette aus dem Vielfachen der Einzelmaße abgetragen: 34,4 cm → 68,8 cm → 103,2 cm → 137,6 cm → 172 cm.

Hinweis 2

Etwa 4 bis 6 Reihen unterhalb des Firstes sollte die verbleibende Strecke erneut gemessen und durch die Anzahl der noch zu montierenden Latten erneut eingeteilt werden. So lassen sich leichte Ungenauigkeiten beim Anzeichnen in den letzten Reihen nahezu unsichtbar ausgleichen, weil sie sich normalerweise lediglich im Millimeterbereich bewegen.

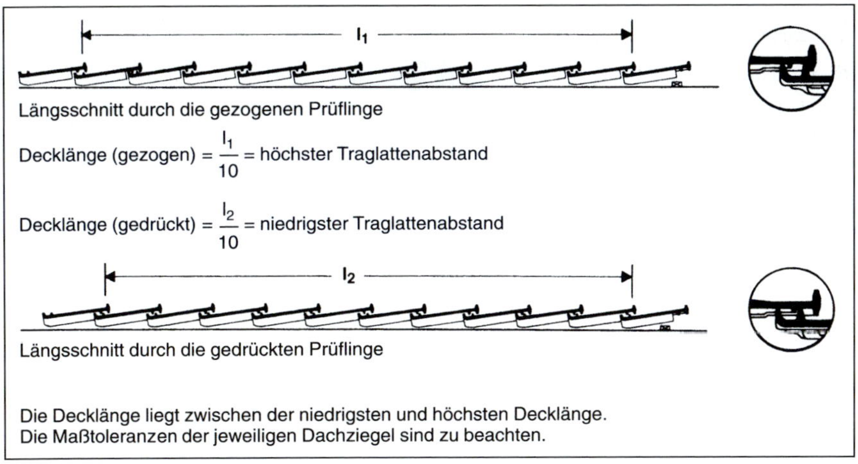

Abb. 5.2-7: Ermittlung der Decklänge

Beispiel

für die Einteilung der Dachbreite bei Dachziegeln mit seitlicher Verfalzung

- Mindestdeckbreite: 28 cm
- Maximale Deckbreite: 28,4 cm
- Deckmaß Ortgang rechts: 29,5 cm
- Deckmaß Ortgang links: 24,5 cm
- Einzuteilende Dachbreite: 12,143 m

Berechnungsschritte:

1) Dachbreite – Deckmaß Ortgang rechts – Deckmaß Ortgang links = 1214,3 cm – 29,5 cm – 24,5 cm = 1160,3 cm
2) 1160,3 cm einzuteilende Dachbreite : 28,4 cm maximale Deckbreite = 40,86 Ziegelbreiten → aufrunden auf 41 Ziegeldeckbreiten
3) 1160,3 cm einzuteilende Dachbreite : 41 Ziegeldeckbreiten = **28,30 cm tatsächliche Deckbreite**

→ Probe: Die tatsächliche Deckbreite liegt im Schiebebereich des Ziegels von 28 bis 28,4 cm.

Bestimmen der Decklänge

Die Dachfläche ist bezogen auf die erforderlichen Traglattenabstände von First zu Traufe einzuteilen.

Die Traglattenabstände werden bestimmt durch

- Dachziegellänge,
- Dachziegelform,
- mögliche Decklänge,
- dachneigungsabhängige Höhenüberdeckung (siehe Tabelle 5.2-8),
- Sparrenlänge bzw. Konterlattenlänge,
- notwendigen Überstand der Deckung an der Traufe,
- notwendigen Traglattenabstand zum Firstscheitelpunkt.

Wird die Decklänge nicht verbindlich in der Herstellervorschrift angegeben, dann ist diese auf der Baustelle zu ermitteln (siehe Abb. 5.2-7). Die mögliche Decklänge liegt zwischen der niedrigsten und höchsten Decklänge. Dabei sind Maßtoleranzen der jeweiligen Dachziegel zu beachten.

Bei Dachziegeln mit Ringverfalzung sind 2 Reihen nebeneinander mit je 12 Dachziegeln mit der Oberseite nach unten auf den Boden so auszulegen, dass die Kopffalze einmal im gezogenen und einmal im gedrückten Zustand jeweils von der Nasenunterkante des ersten Dachziegels bis zur Nasenunterkante des elften Dachziegels gemessen werden können. Die beiden Maße sind jeweils durch 10 zu dividieren. Die Ergebnisse bilden den jeweils niedrigsten und höchsten Traglattenabstand. Die Ziegel sind verschiedenen Paletten zu entnehmen.

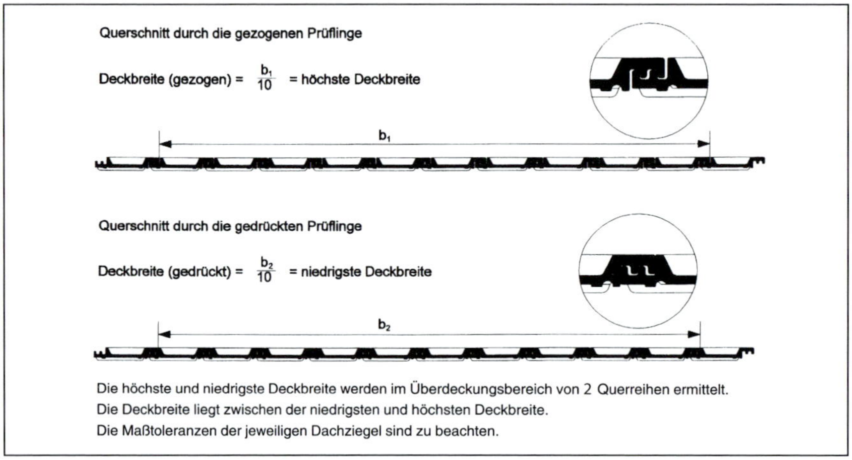

Abb. 5.2-8: Ermittlung der Deckbreite

Bei Dachziegeln mit Seitenverfalzung und Seitenaufkantung sowie bei Dachziegeln ohne Verfalzung, die seiten- und höhenüberdeckt werden, ergibt sich der Traglattenabstand aus der Ziegellänge minus der dachneigungsabhängigen Höhenüberdeckung.

Beispiel

Für die Aufschnittdeckung mit Hohlpfannen bei einer Dachneigung von 50° beträgt der maximale Traglattenabstand bei einer Ziegellänge von 40 cm und einer Höhenüberdeckung von 8 cm

40 cm – 8 cm = maximal 32 cm.

Bei Biberschwanzziegeln in Doppeldeckung ergibt sich der Traglattenabstand aus der Länge der Ziegel minus der dachneigungsabhängigen Höhenüberdeckung dividiert durch 2.

Beispiel

Für eine Biberschwanz-Doppeldeckung bei einer Dachneigung von 60° beträgt der maximale Traglattenabstand bei einer Ziegellänge von 38 cm und der Höhenüberdeckung von 6 cm

(38 cm – 6 cm) : 2 = maximal 16 cm.

Deckbreite

Die Einteilung der Dachflächenbreite erfolgt gemäß der Deckbreite. Diese ist in ausreichenden Abständen so zu markieren, dass eine geradlinige und fluchtgerechte Verlegung von Traufe zu First erfolgen kann.

Wird die Deckbreite in der Herstellervorschrift nicht verbindlich angegeben, dann ist diese auf der Baustelle zu ermitteln (siehe Abb. 5.2-8).

Bei Dachziegeln mit Ringverfalzung sind 2 Dachziegelreihen auf der Traglattung auszulegen. Von Außenkante erster Dachziegel bis Außenkante elfter Dachziegel ist das gezogene und gedrückte Maß zu ermitteln. Die beiden Maße sind jeweils durch 10 zu dividieren. Die Ergebnisse bilden die jeweils niedrigste und höchste Deckbreite. Die mögliche Deckbreite liegt zwischen der niedrigsten und höchsten Deckbreite. Dabei sind Maßtoleranzen der jeweiligen Dachziegel zu beachten.

Bei Walmdächern ohne Dachaufbauten ist es in der Regel nicht erforderlich, dass man die Dachfläche der Ziegelbreite entsprechend in der Querrichtung aufteilt. Dort kommt es lediglich darauf an, die Ziegel beim Decken weder zu ziehen noch zu drücken.

Die Ziegel verlaufen auch hier von der Traufe zum First geradlinig und im rechten Winkel zur Lattung.

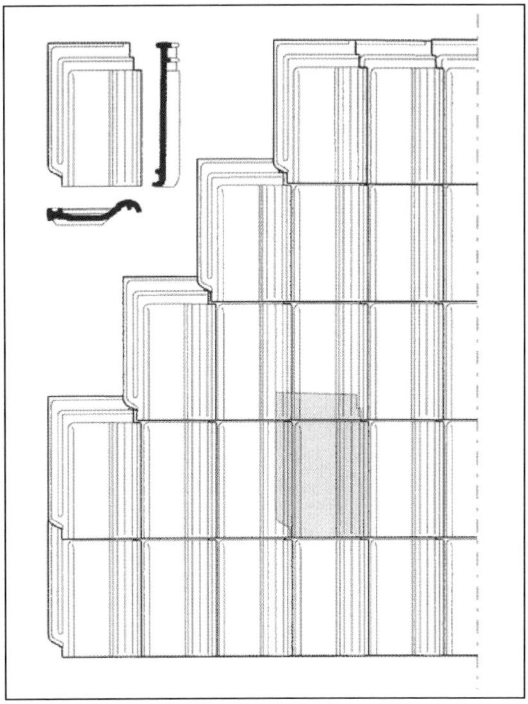

Abb. 5.2-9: Dachziegel mit Ringfalz nach Abschnitt 5.2.2.1 – Flachdachziegel – Deckbild

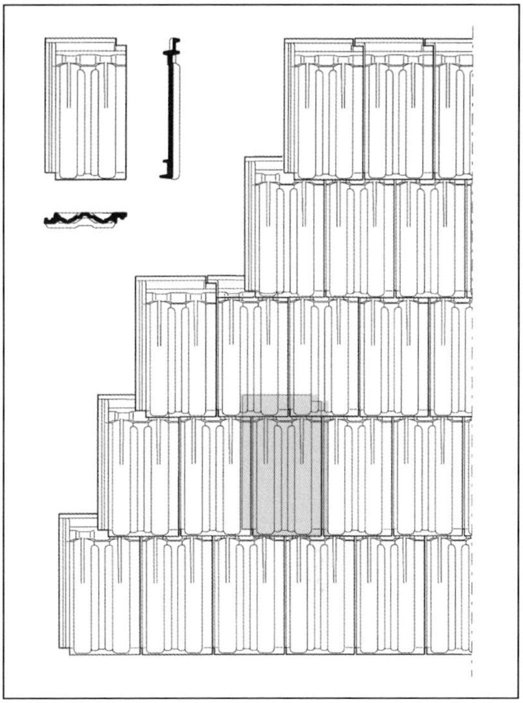

Abb. 5.2-10: Dachziegel mit Kopffalz oder Kopfrippe und Fußrippe und Seitenverfalzung nach Abschnitt 5.2.2.2 – Doppelmuldenfalzziegel – Deckbild, Deckung im Verband.

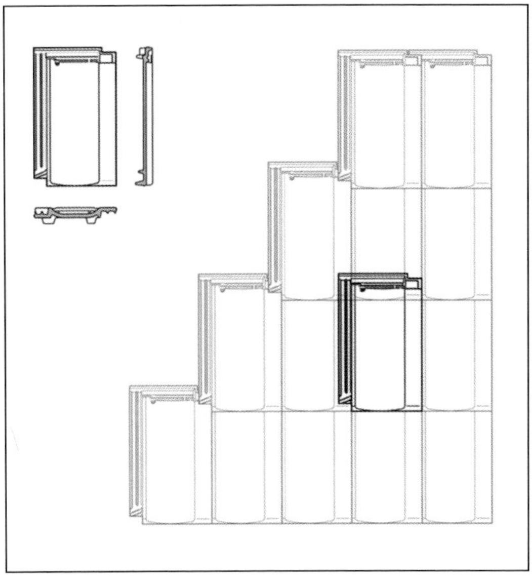

Abb. 5.2-11: Dachziegel mit Kopffalz oder Kopfrippe und Fußrippe und Seitenverfalzung nach Abschnitt 5.2.2.2 – Reformziegel – Deckbild

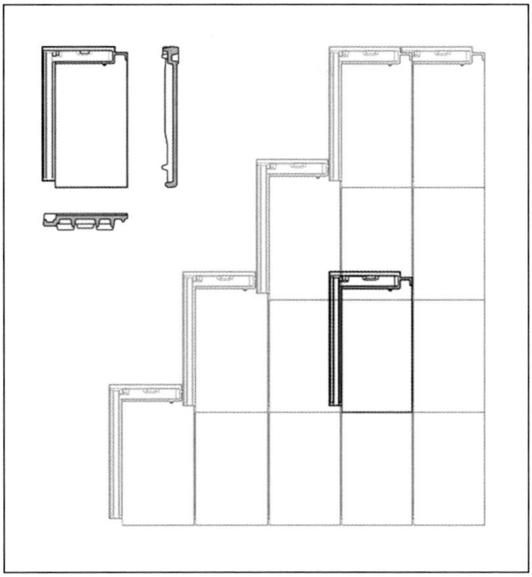

Abb. 5.2-12: Dachziegel mit Kopffalz oder Kopfrippe und Fußrippe und Seitenfalz nach Abschnitt 5.2.2.3 – Glattziegel mit besonderen Merkmalen – Deckbild, Deckung in Reihe

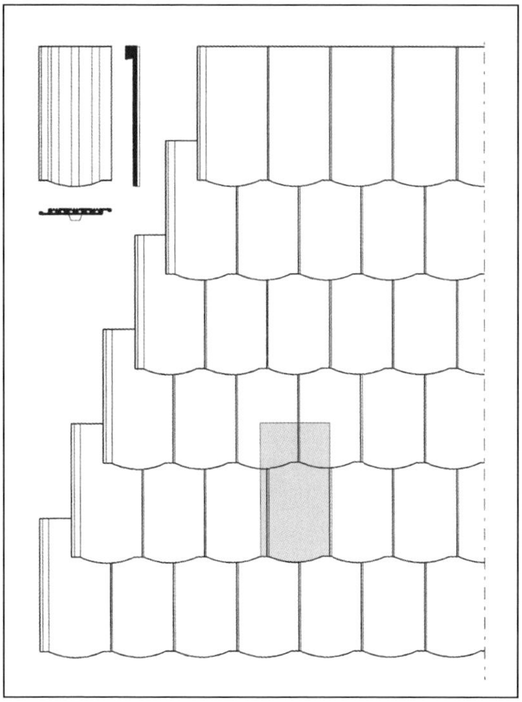

Abb. 5.2-13: Dachziegel mit seitlich eingreifender Überdeckung nach Abschnitt 5.2.2.4 – Strangfalzziegel – Deckbild

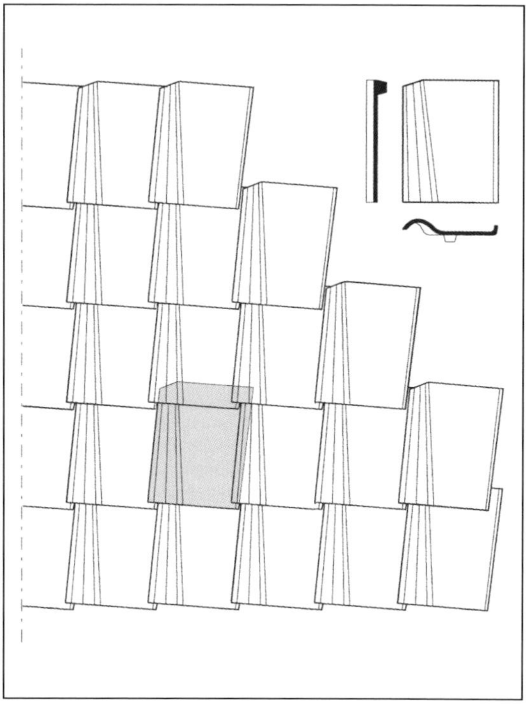

Abb. 5.2-14: Dachziegel mit seitlich übergreifender Überdeckung nach Abschnitt 5.2.2.5 – Krempziegel (Linkskremper) – Deckbild

Bei Satteldächern dagegen und bei Walmdächern mit Dachaufbauten ist die Dachfläche, besonders bei Verwendung gefalzter Ziegel, der Ziegelbreite entsprechend an First und Traufe einzuteilen.

Eine erforderliche Anpassung kann auch durch halbe Dachziegel erfolgen.

5.2.4.3 Deckungen mit Dachziegeln mit Ringfalz (RDN 22°)

Dachziegel mit mehrfacher oder unterbrochener Ringverfalzung werden in Einfachdeckung gedeckt. Darunter versteht man eine Deckung, bei der eine Ziegelschicht die darunterliegende Schicht einfach überdeckt.

Tabelle 5.2-10: Anforderungen an die Ausführung von Unterdächern, Unterdeckungen und Unterspannungen bei Dachdeckungen mit Dachziegeln der RDN 22°

Dachneigung	Mindestanforderung	Ab einer erhöhten Anforderung mindestens
≥ 10°	Klasse 1	Klasse 1
≥ 14°	Klasse 3	Klasse 2
≥ 18°	Klasse 4	Klasse 3
≥ 22°	Klasse 5	Klasse 4

Erhöhte Anforderungen sind:
- große Sparrenlängen
- konzentrierter Wasserlauf auf Teilflächen des Daches
- besondere Dachflächen wie geschweifte Gauben, Tonnendächer
- schneereiche Gebiete (Schneelast ≥ 1,5 kN/m²)
- windreiche Gebiete der Windzone 4 oder Kamm- und Gipfellagen oder Schluchtenbildung

5.2.4.4 Deckungen von Dachziegeln mit Kopffalz oder Kopfrippe und Fußrippe und Seitenverfalzung (RDN 25°)

Bei Doppelmuldenfalzziegeln ohne besondere Merkmale und Glattziegeln empfiehlt sich die Deckung im Verband.

Tabelle 5.2-11: Anforderungen an die Ausführung von Unterdächern, Unterdeckungen und Unterspannungen bei Dachdeckungen mit Dachziegeln der RDN 25°

Dach-neigung	Mindest-anforderung	Ab einer erhöhten Anforderung mindestens
≥ 13°1)	Klasse 1	Klasse 1
≥ 17°	Klasse 3	Klasse 2
≥ 21°	Klasse 4	Klasse 3
≥ 25°	Klasse 5	Klasse 4

Erhöhte Anforderungen sind:
- große Sparrenlängen
- konzentrierter Wasserlauf auf Teilflächen des Daches
- besondere Dachflächen wie geschweifte Gauben, Tonnendächer
- schneereiche Gebiete (Schneelast ≥ 1,5 kN/m²)
- windreiche Gebiete der Windzone 4 oder Kamm- und Gipfellagen oder Schluchtenbildung

1) Bei geringerer Dachneigung sind Maßnahmen zum Erhalt der Traglattung erforderlich, z. B. Traglatten aus feuchteresistenten Materialien, wasserabweisende Abdeckungen der Traglatten o. a.

5.2.4.5 Deckungen von Dachziegeln mit Kopffalz oder Kopfrippe und Fußrippe und Seitenfalz (RDN 30°)

Aufgrund der erhöhten Regeldachneigung können Doppelmuldenfalzziegel und Glattziegel in Reihe gedeckt werden.

Tabelle 5.2-12: Anforderungen an die Ausführung von Unterdächern, Unterdeckungen und Unterspannungen bei Dachdeckungen mit Dachziegeln RDN 30°

Dach-neigung	Mindest-anforderung	Ab einer erhöhten Anforderung mindestens
≥ 18°1)	Klasse 2	Klasse 1
≥ 22°	Klasse 3	Klasse 2
≥ 26°	Klasse 4	Klasse 3
≥ 30°	Klasse 5	Klasse 4

Erhöhte Anforderungen sind:
- große Sparrenlängen
- konzentrierter Wasserlauf auf Teilflächen des Daches
- besondere Dachflächen wie geschweifte Gauben, Tonnendächer
- schneereiche Gebiete (Schneelast ≥ 1,5 kN/m²)
- windreiche Gebiete der Windzone 4 oder Kamm- und Gipfellagen oder Schluchtenbildung

1) Bei geringerer Dachneigung sind Maßnahmen zum Erhalt der Traglattung erforderlich, z. B. Traglatten aus feuchteresistenten Materialien, wasserabweisende Abdeckungen der Traglatten o. a., und die Zusatzmaßnahme mit Klasse 1 auszuführen.

5.2.4.6 Deckungen von Dachziegeln mit seitlich eingreifender Überdeckung (RDN 35°)

Ebene Strangfalzziegel sind im Verband zu decken. Die Höhenüberdeckung ist variabel und richtet sich nach der Dachneigung.

5.2.4.7 Deckungen von Dachziegeln mit seitlich übergreifender Überdeckung (RDN 35°)

Das Deckbild der Krempziegeldeckung ist geprägt durch die nicht rechtwinklige Lage des einzelnen Dachziegels zur Traglattung. Nach Anordnung der Krempe werden Krempziegel meistens in Linksdeckung eingedeckt, es gibt aber auch Krempziegel für Rechtsdeckung. Dachdeckungen und Wandbekleidungen mit Krempziegeln findet man vor allem im südlichen Niedersachsen, in Sachsen-Anhalt und in Thüringen.

Die Höhenüberdeckung beträgt mindestens 8 cm. Der Traglattenabstand ergibt sich aus der Krempziegellänge minus mindestens 8 cm.

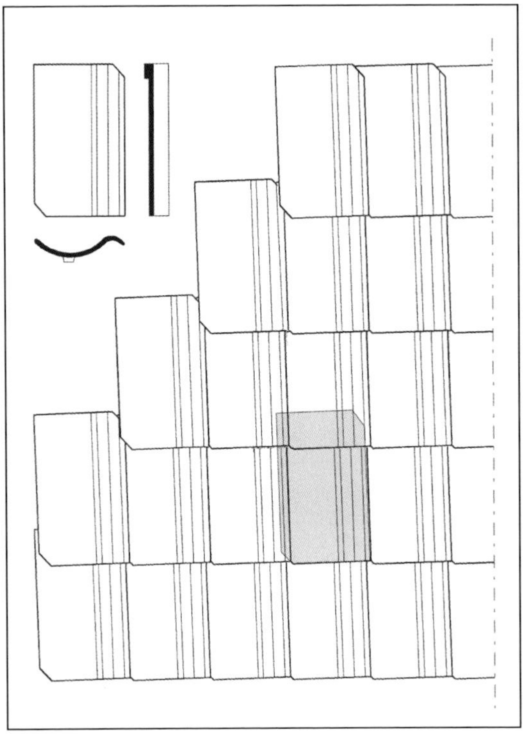

Abb. 5.2-15: Deckbild – Gewölbter Dachziegel nach Abschnitt 5.2.2.6, Kurzschnitt-Hohlpfanne (Aufschnittdeckung)

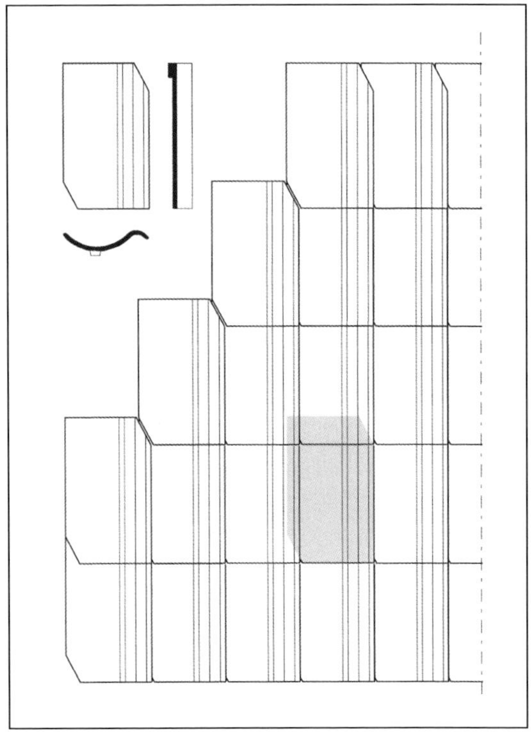

Abb. 5.2-16: Deckbild – Gewölbter Dachziegel nach Abschnitt 5.2.2.6, Langschnitt-Hohlpfanne (Vorschnittdeckung)

5.2.4.8 Deckungen von gewölbten Dachziegeln

Hohlpfannendeckungen

Es sind zu unterscheiden:

- Aufschnittdeckung RDN 35° (siehe Abb. 5.2-15)
- Vorschnittdeckung RDN 40° (siehe Abb. 5.2-16)

Die Seitenüberdeckung richtet sich nach Breite und Form der Krempe und der Art der Deckung, wobei eine ausreichende Überdeckungsbreite entsprechend der angegebenen oder ermittelten Deckbreite einzuhalten ist.

Tabelle 5.2-13: Anforderungen an die Ausführung von Unterdächern, Unterdeckungen und Unterspannungen bei Dachdeckungen mit Dachziegeln RDN 35°

Dachneigung	Mindestanforderung	Ab einer erhöhten Anforderung mindestens
≥ 23°1)	Klasse 2	Klasse 2
≥ 27°	Klasse 3	Klasse 3
≥ 31°	Klasse 4	Klasse 3
≥ 35°	Klasse 5	Klasse 4

Erhöhte Anforderungen sind:
- große Sparrenlängen
- konzentrierter Wasserlauf auf Teilflächen des Daches
- besondere Dachflächen wie geschweifte Gauben, Tonnendächer
- schneereiche Gebiete (Schneelast ≥ 1,5 kN/m²)
- windreiche Gebiete der Windzone 4 oder Kamm- und Gipfellagen oder Schluchtenbildung

1) Bei geringerer Dachneigung sind Maßnahmen zum Erhalt der Traglattung erforderlich, z. B. Traglatten aus feuchteresistenten Materialien, wasserabweisende Abdeckungen der Traglatten o. a., und die Zusatzmaßnahme mit Klasse 1 auszuführen.

Tabelle 5.2-14: Anforderungen an die Ausführung von Unterdächern, Unterdeckungen und Unterspannungen bei Dachdeckungen mit Dachziegeln RDN 40°

Dachneigung	Mindestanforderung	Ab einer erhöhten Anforderung mindestens
≥ 28°[1)]	Klasse 2	Klasse 2
≥ 32°	Klasse 3	Klasse 3
≥ 36°	Klasse 4	Klasse 3
≥ 40°	Klasse 5	Klasse 4

Erhöhte Anforderungen sind:
- große Sparrenlängen
- konzentrierter Wasserlauf auf Teilflächen des Daches
- besondere Dachflächen wie geschweifte Gauben, Tonnendächer
- schneereiche Gebiete (Schneelast ≥ 1,5 kN/m²)
- windreiche Gebiete der Windzone 4 oder Kamm- und Gipfellagen oder Schluchtenbildung

1) Bei geringerer Dachneigung sind Maßnahmen zum Erhalt der Traglattung erforderlich, z. B. Traglatten aus feuchteresistenten Materialien, wasserabweisende Abdeckungen der Traglatten o. a. Die Zusatzmaßnahme ist mit Klasse 2, unter 23° mit Klasse 1 auszuführen.

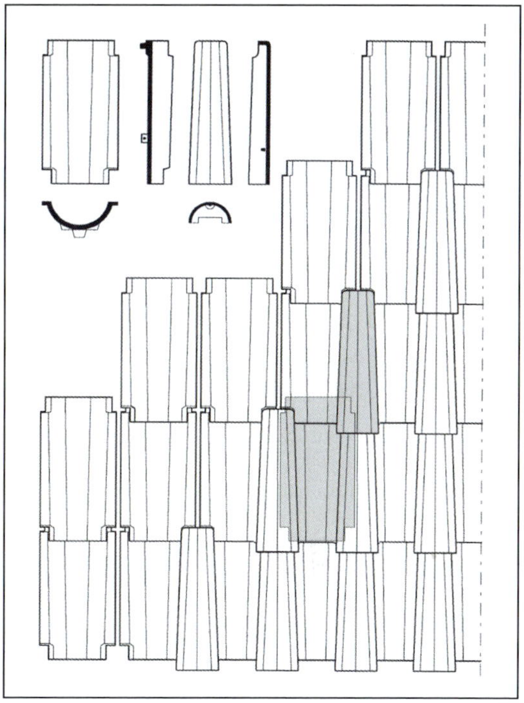

Abb. 5.2-17: Deckbild – Gewölbter Dachziegel nach Abschnitt 5.2.2.6, Mönch und Nonne

Aufschnittdeckung

Bei großen Sparrenlängen in Verbindung mit geringer Dachneigung ist die Aufschnittdeckung vorzuziehen. Bei der Aufschnittdeckung werden Hohlpfannen mit Kurzschnitt verwendet. Am Vierziegeleck liegen die Ziegel vierfach übereinander.

Der maximale Traglattenabstand ergibt sich aus der Hohlpfannenlänge minus der Höhenüberdeckung für die vorhandene Dachneigung.

Beispiel

Gegeben sind Dachneigung = 41°, Ziegellänge = 40 cm. Die Höhenüberdeckung beträgt für diese Dachneigung mindestens 9 cm (siehe Tabelle 5.2-8, Seite 254).

Der maximale Traglattenabstand beträgt 40 cm – 9 cm = 31 cm.

Vorschnittdeckung

Bei der Vorschnittdeckung werden Hohlpfannen mit Langschnitt verwendet. Am Vierziegeleck liegen die Ziegel dreifach übereinander, die Schnitte liegen voreinander. Die Höhenüberdeckung ist durch den Schnitt vorgegeben.

Laut Tabelle 5.2-8, Seite 254 beträgt die Höhenüberdeckung mindestens 7 cm. Entsprechend beträgt die Schnittlänge bei der Vorschnittpfanne mindestens 7 cm.

Traglattenabstand = Ziegellänge – Schnittlänge

Beispiel

Ziegellänge = 41 cm,
Schnittlänge = 7 cm

Traglattenabstand
= 41 cm – 7 cm
= 34 cm

Mönch- und Nonnenziegeldeckungen

Die Nonnenziegel sind so auf die Lattung zu hängen, dass der Mönchziegel den zwischen 2 Nonnenziegeln entstehenden Zwischenraum überdecken kann (siehe Abb. 5.2-17).

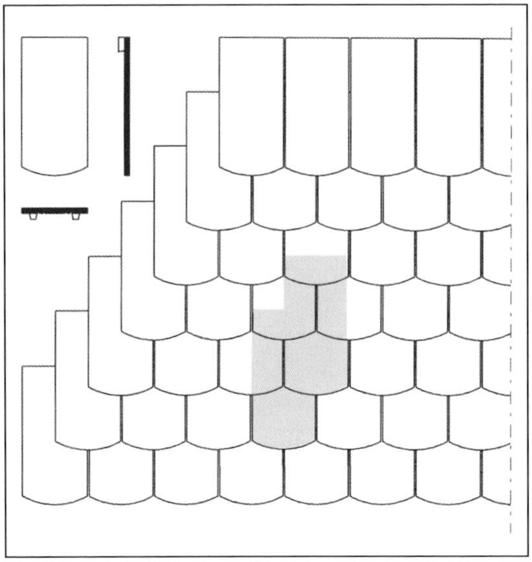

Abb. 5.2-18: Ebener Dachziegel nach Abschnitt 5.2.2.7 – Biberschwanz-Doppeldeckung – Deckbild

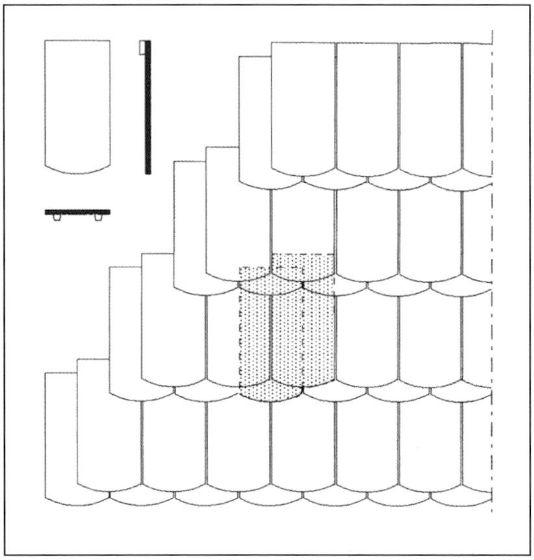

Abb. 5.2-19: Ebener Dachziegel nach Abschnitt 5.2.2.7 – Biberschwanz-Kronendeckung – Deckbild

Nonnenziegel können mit einem Querschlag dicht am Kopf der Nonnenziegel vermörtelt werden; auf den Mörtel werden die Nonnenziegel der darüberliegenden Ziegelschicht aufgedrückt. Bei einer trockenen Deckung muss der fehlende Querschlag durch Innenverstrich ersetzt werden. Vollsattes Aufmörteln der Nonnenziegel ist unzulässig.

Die Mönchziegel überragen die Fußlinien der Nonnenziegel um mehrere Zentimeter. Aus diesem Grund werden in der Traufschicht, um eine gerade Kante zu erhalten, die Mönchziegel nach oben geschoben oder geschnitten. Für das firstseitige Gebinde sind Firstanschluss-Mönchziegel zu verwenden.

Die Mönchziegel werden am Kopf mit Mörtel gefüllt und mit 2 Längsschlägen versehen aufgesetzt. Außerdem sind die Scheinstellen von innen zu verstreichen. Die Hohlräume, die an der Traufe entstehen, sind bei massivem Gesims aufzufüllen, oder beim Holzgesims ist ein den Bogenformen der Nonnenziegel entsprechend zugeschnittenes Gesimsbrett anzubringen.

Die Mindestüberdeckung bei der Mönch-Nonnen-Ziegeldeckung beträgt mindestens 8 cm.

Der maximale Traglattenabstand ergibt sich aus der Nonnenziegellänge minus der Mindestüberdeckung von 8 cm.

5.2.4.9 Deckungen mit ebenen Dachziegeln

Biberschwanzziegeldeckungen

Biberschwanzziegeldächer werden gedeckt in

- Doppeldeckung RDN 30°,
- Kronendeckung RDN 30°,
- Einfachdeckung mit Spließen RDN 40°.

Biberschwanzziegel werden mit geringem Seitenabstand verlegt, damit bei Setzungen und Bewegungen des Dachstuhls Pressungen der einzelnen Ziegel vermieden werden.

Doppeldeckung

Bei der Doppeldeckung liegt auf jeder Traglatte nur eine Ziegelreihe. Sie bildet mit dem darunter- und darüberliegenden Deckgebinde einen halben Verband, sodass der Fugenschnitt von jedem einzelnen Gebinde unterbrochen wird. Zur Anarbeitung an Details und bei Sonderdachflächen darf der Viertelverband nicht unterschritten werden. Die Deckgebinde überdecken sich so, dass das dritte Deckgebinde noch das erste überdeckt (siehe Abb. 5.2-18). Traufgebinde und Firstgebinde sind als Kronendeckung auszubilden, sofern nicht Trauf- oder Firstanschlussziegel vorgesehen werden.

Bei der Doppeldeckung mit Biberschwanzziegeln ergibt sich der maximale Traglattenabstand aus der Länge des Biberschwanzziegels minus der Mindestüberdeckung geteilt durch 2.

$$\textbf{Maximaler Traglatten-abstand} = \frac{\textbf{Biberschwanz-ziegellänge} - \textbf{Mindest-überdeckung}}{2}$$

Beispiel

Dachneigung 38°

Länge des Biberschwanzziegels = 38 cm

Höhenüberdeckung
(siehe Tabelle 5.2-8, Seite 254) = 8 cm

Traglattenabstand
= (38 cm – 8 cm) : 2 = 15 cm

Kronendeckung

Die Kronendeckung ist dadurch gekennzeichnet, dass auf jeder Traglatte 2 Reihen Biberschwanzziegel – Lager- und Deckschicht – so liegen, dass sie untereinander einen halben Verband bilden. Beide Schichten zusammen bilden ein Deckgebinde und überdecken das darunterliegende Deckgebinde so, dass der Fugenschnitt der Deckschichten vom First zur Traufe in gerader Linie verläuft (siehe Abb. 5.2-19).

Bei der Kronendeckung mit Biberschwanzziegeln ergibt sich der maximale Traglattenabstand aus der Biberschwanzziegellänge minus der Mindestüberdeckung bei der Dachneigung.

**Maximaler Traglattenabstand
= Biberschwanzziegellänge – Mindestüberdeckung**

Einfachdeckung mit Spließen

Die Spließdeckung soll nur bei Gebäuden untergeordneter Nutzung gedeckt werden. Die Deckung erfolgt in Einfachdeckung. Jede Längsfuge wird mit einem mindestens 50 mm breiten Spließ unterlegt. Die Biber werden in Reihe oder im Drittelverband gedeckt. Der Spließ kann aus Holz, Kunststoff, Metall oder anderen geeigneten Werkstoffen bestehen.

Der maximale Traglattenabstand ergibt sich aus der Biberschwanzlänge minus der Höhenüberdeckung bei der Dachneigung.

**Maximaler Traglattenabstand
= Biberschwanzziegellänge – Höhenüberdeckung**

5.2.5 Zusatzmaßnahmen bei Dachziegeldeckungen

Bei Dachziegeldeckungen sind häufig folgende Zusatzmaßnahmen vorzusehen:

- Zusatzmaßnahmen zur Regensicherheit
- Zusatzmaßnahmen zur Windsogsicherung

5.2.5.1 Zusatzmaßnahmen zur Regensicherheit

Man unterscheidet zwischen Gebäuden und untergeordneten Gebäuden. Untergeordnete Gebäude sind z. B. Carports, Scheunen oder Lagerschuppen. Die Unterscheidung zwischen untergeordneten Gebäuden und Gebäuden bewirkt, dass bei normalen Gebäuden grundsätzlich Zusatzmaßnahmen einzuplanen sind. Für untergeordnete Gebäude kann in Abhängigkeit vom Kundenwunsch und dem Schutzbedürfnis des Gebäudes eine angemessene Zusatzmaßnahme vorgesehen werden.

Zusatzmaßnahmen sind bei Planung und Ausführung vorzusehen, wenn erhöhte Anforderungen an die Dachdeckung gestellt werden:

- Unterschreitung der Regeldachneigung
- konstruktive Besonderheiten
- Nutzung des Dachgeschosses insbesondere zu Wohnzwecken
- örtliche Bestimmungen

Auch bei Einhaltung der Regeldachneigung sind geeignete Zusatzmaßnahmen erforderlich, wenn erhöhte Anforderungen gegeben sind.

Als Zusatzmaßnahmen gelten in Abhängigkeit vom Werkstoff und von der Deckungsart:

- Unterdach
- Unterdeckung
- Unterspannung
- Docken
- Vermörtelung/Innenverstrich

Die Ausführung von Unterdach, Unterdeckung und Unterspannung wird in Kapitel 2 dargestellt.

Zuordnung von regensichernden Zusatzmaßnahmen

Dachdeckungen mit Dachziegeln sind auch mit Zusatzmaßnahmen nicht mehr auszuführen, wenn die Dachneigung weniger als 10° beträgt.

Mindestdachneigung 10°

Wird die Regeldachneigung (RDN) der Deckung mit Dachziegeln um mehr als 12° unterschritten, sind Maßnahmen zum Erhalt der Traglattung erforderlich, z. B. Traglatten aus feuchteresistenten Materialien, wasserabweisende Abdeckungen der Traglatten o. Ä.

Entsprechend dem Merkblatt für Unterdächer, Unterdeckungen und Unterspannungen im Regelwerk sind Zusatzmaßnahmen nach Klassifizierung und Mindestdachneigungen jeweils objektspezifisch zu planen. Gebäude untergeordneter Art wie z. B. Carports, Scheunen, Lagerschuppen u. Ä. haben unter Umständen ein geringeres Schutzbedürfnis. In diesem Fall ist eine Abweichung in Bezug auf der in Tabelle 5.2.5-15 genannten Werte zu vereinbaren.

Tabelle 5.2-15: Klasse und Art der Zusatzmaßnahmen gemäß Merkblatt für Unterdächer, Unterdeckungen und Unterspannungen

Klasse der Zusatzmaßnahmen	Art der Zusatzmaßnahme	Dachneigung
Klasse 1	wasserdichtes Unterdach (Abdichtungsbahn mit eingebundener Konterlatte) oder nahtgefügte Unterdeckung (UDB-eA) mit eingebundener Konterlatte	≥ 10°
Klasse 2	regensicheres Unterdach (Abdichtungsbahn mit Nageldichtband/-masse) oder nahtgefügte Unterdeckung (UDB-eA) mit Nageldichtband/-masse	≥ 14°
Klasse 3	verklebte Unterdeckung mit Nageldichtband/-masse[1)] oder Unterdeckung mit Holzfaser-Unterdeckplatte, bei Erfordernis mit Nageldichtband/-masse oder verklebte Unterspannung mit Nageldichtband/-masse[1)]	≥ 14°
Klasse 4	verklebte Unterdeckung oder verklebte Unterspannung	≥ 18°
Klasse 5	Unterdeckung oder Unterspannung	≥ 22°

1) Die Funktion des Nageldichtbandes bzw. der Nageldichtmasse kann durch eine entsprechende Ausstattung der Unterdeck-/Unterspannbahn übernommen werden. In diesen Fällen ist für diese Eigenschaft eine Europäisch Technische Bewertung (ETB/ETA) erforderlich.

5.2.5.2 Zusatzmaßnahmen zur Windsogsicherung

Die im Folgenden beschriebenen Maßnahmen für die Windsogsicherheit gelten sinngemäß auch bei der Deckung mit Dachsteinen.

- Der Nachweis der Windsogsicherung gilt für Dachdeckungen mit Dachziegeln nach DIN EN 1304 und Dachsteinen nach DIN EN 490 mit einer Fläche ≤ 0,4 m² und einer Eigenlast ≤ 7 kg und Formziegeln und -steinen mit einer Fläche ≤ 0,4 m² und einer Eigenlast ≤ 13 kg. Die Dachdeckung muss dabei mindestens
  - 40 kg/m² Eigengewicht bei Dachziegeln und Dachsteinen und
  - 55 kg/m² Eigengewicht bei mindestens 33,5 Bibern pro m²

  besitzen.
- Die Größe der Windlasten ist abhängig von:
  - Lage des Gebäudes (Windzone, Mischprofil, Höhe über NN, Bewuchs und Bebauung der Umgebung)
  - maximaler Gebäudehöhe über Grund
  - Dachform (Sattel-, Walm-, Pultdach)
  - Dachneigung
  - Bereich des Daches und
  - Unterkonstruktion der Dachdeckung
- Die Bundesrepublik Deutschland ist in 4 Windzonen unterteilt. Eine Karte der Windzonen nach DIN 1055-4 bzw. DIN EN 1991-1-4 zeigt Abbildung 5.2-20.
- Der Gebäudestandort wird hinsichtlich des Bewuchses und der Bebauung im Umfeld des Gebäudes durch ein entsprechendes Mischprofil berücksichtigt. Für küstennahe Gebiete

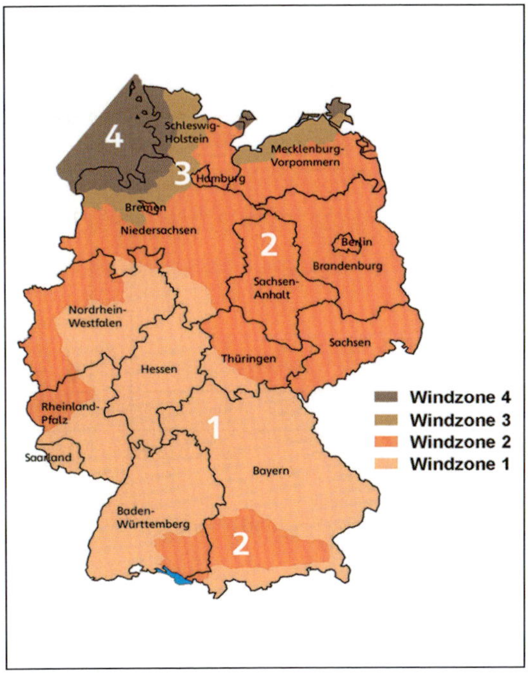

Abb. 5.2-20: Karte der Windzonen

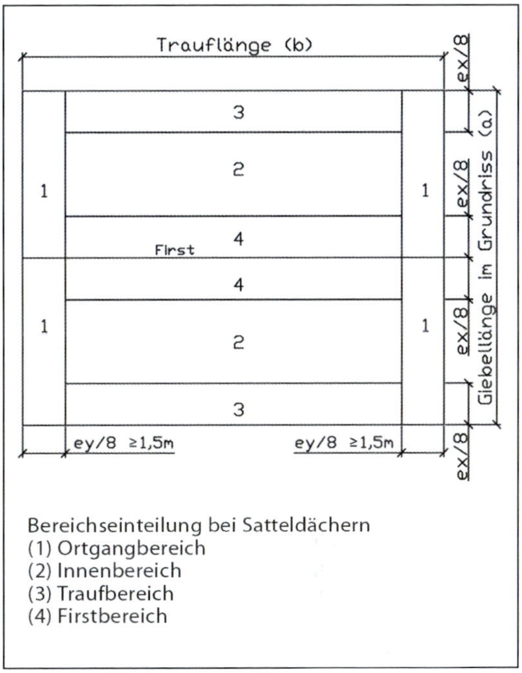

Abb. 5.2-21: Bereichseinteilung bei Satteldächern

in einem Streifen von 5 km landeinwärts entlang der Küsten sowie auf den Inseln der Ostsee wird das Mischprofil Küste und Inseln der Ostsee verwendet. Das Mischprofil Binnenland wird mit Ausnahme der Inseln der Nordsee, exponierter Lagen sowie Kamm- und Gipfellagen für die übrigen Gebiete verwendet.

- Der Einzelnachweis ist erforderlich, wenn
  - das Gebäude auf den Inseln der Nordsee liegt,
  - sich das Gebäude in Kamm- und Gipfellagen oder in exponierter Lage befindet (z. B. Flughafennähe; Gebäude, bei denen die umgebende Bebauung eine „Schluchtenbildung" begünstigt),
  - sich das Gebäude auf einer Höhe von mehr als 800 m über NN befindet,
  - die Gebäudehöhe größer als 25 m ist,
  - keine geschlossene (Deck-)Unterlage oder durchströmungshemmende Schicht oder Unterspannung vorhanden ist,
  - keine geschlossene (Deck-)Unterlage oder durchströmungshemmende Schicht oder Unterspannung vorhanden ist und Windinnendruck zusätzlich zur äußeren Beanspruchung einwirkt.
- Geschlossene (Deck-)Unterlagen sind z. B.:
  - Ortbetondecken
  - Holzschalungen mit Unterdeckungen und Unterdächer
  - Schalungen aus Holzwerkstoffplatten
  - verfalzte Unterdeckplatten
  - Stahltrapezbleche mit dichtenden Maßnahmen im Stoß- und Überdeckungsbereich

Als durchströmungshemmende Schichten werden in diesem Sinne Bauteile mit luftdichten Schichten nach DIN 4108-7 (z. B. verputzte Flächen, verklebte Dampfsperren) verstanden.

Im Bereich von nicht ausgebauten Spitzböden ist eine Unterspannung als geschlossene (Deck-) Unterlage zu betrachten.

Unterspannungen in Verbindung mit zwischen oder unterhalb der Sparren angeordneten Sichtschalungen sind im Bereich von Dachüberständen wie geschlossene Deckunterlagen zu betrachten.

Bei Satteldächern werden die Bereiche Ortgang, Innenbereich, Traufe und First unterschieden. Die Abbildung 5.2-21 zeigt die Bereichseinteilung.

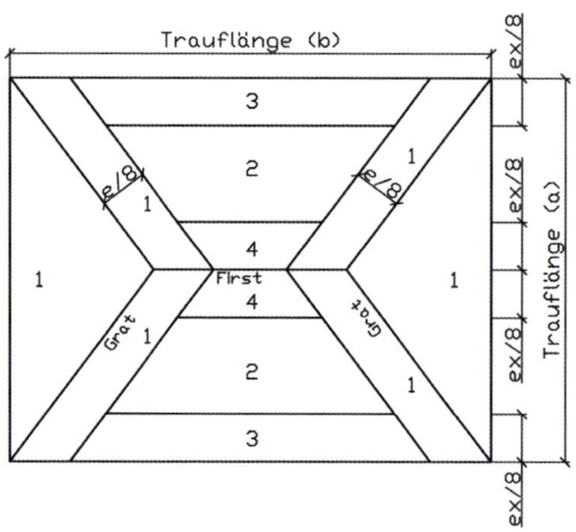

Bereichseinteilung bei Walmdächern
(1) Walm- und Gratbereich
(2) Innenbereich
(3) Traufbereich
(4) Firstbereich

Abb. 5.2-22: Bereichseinteilung bei Walmdächern

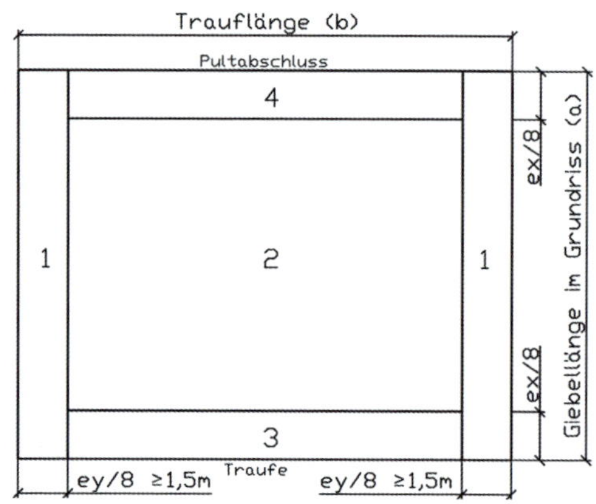

Bereichseinteilung bei Pultdächern
(1) Ortgangbereich
(2) Innenbereich
(3) Traufbereich
(4) Pultabschlussbereich

Abb. 5.2-23: Bereichseinteilung bei Pultdächern

- Für den Bereich (1) Ortgang wird die Variable ey benötigt. Sie ergibt sich aus dem kleineren Wert entweder der Giebellänge im Grundriss oder der zweifachen Gebäudehöhe h. Die Breite des Ortgangbereichs beträgt ey/8, jedoch mindestens 1,5 m.
- Die Bereiche (3) Traufe und (4) First werden mit der Variablen ex bestimmt. Sie ergibt sich aus dem kleineren Wert entweder der Trauflänge oder der zweifachen Gebäudehöhe h. Die Breite der Bereiche beträgt ex/8, wobei ex/8 in der Dachfläche gemessen wird.

Hinweis

$$ex = \min \begin{Bmatrix} \text{Trauflänge b} \\ 2 \cdot h \end{Bmatrix}$$

$$ey = \min \begin{Bmatrix} \text{Giebel-/Trauflänge} \\ 2 \cdot h \end{Bmatrix}$$

Bei Walmdächern werden die Bereiche Walm, Grat, Innenbereich, Traufe und First unterschieden. Die Abbildung 5.2-22 zeigt die Bereichseinteilung.

- Die Bereiche (3) Traufbereich und (4) Firstbereich werden mit der Variablen ex bestimmt. Sie ergibt sich aus dem kleineren Wert entweder der Trauflänge oder der zweifachen Gebäudehöhe h. Die Breite der Bereiche beträgt ex/8, wobei ex/8 in der Dachfläche gemessen wird.
- Für den Bereich (1) Grat wird ⅛ des größeren Wertes der Variablen ex und ey verwendet und parallel zur Gratlinie angetragen.

Hinweis

$$ex = \min \begin{Bmatrix} \text{Trauflänge b} \\ 2 \cdot h \end{Bmatrix}$$

$$ey = \min \begin{Bmatrix} \text{Giebel-/Trauflänge a} \\ 2 \cdot h \end{Bmatrix}$$

$$e = \max \begin{Bmatrix} ex \\ ey \end{Bmatrix}$$

Bei Pultdächern werden die Bereiche Ortgang, Innenbereich, Traufe und Pultabschluss unterschieden. Die Abbildung 5.2-23 zeigt die Bereichseinteilung.

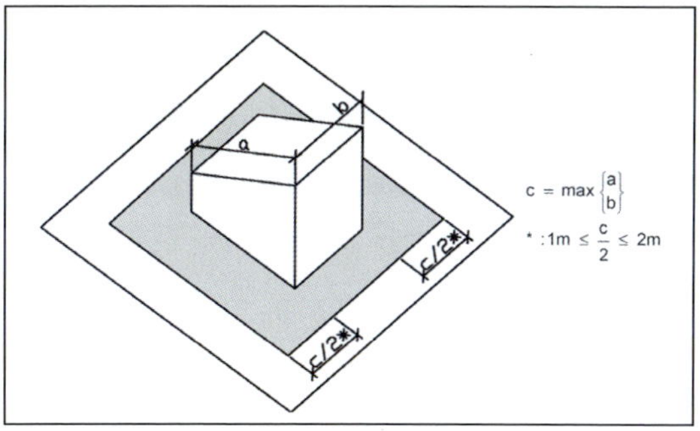

Abb. 5.2-24: Bereichseinteilung bei Durchdringungen

- Für den Bereich (1) Ortgang wird die Variable ey benötigt. Sie ergibt sich aus dem kleineren Wert entweder der Giebellänge im Grundriss oder der zweifachen Gebäudehöhe h. Die Breite des Ortgangbereichs beträgt ey/8, jedoch mindestens 1,5 m.
- Die Bereiche (3) Traufe und (4) Pultabschluss werden mit der Variablen ex bestimmt. Sie ergibt sich aus dem kleineren Wert entweder der Trauflänge oder der zweifachen Gebäudehöhe h. Die Breite der Bereiche beträgt ex/8, wobei ex/8 in der Dachfläche gemessen wird.

Hinweis

$$\text{ex} = \min \begin{Bmatrix} \text{Trauflänge b} \\ 2 \cdot \text{h} \end{Bmatrix}$$

$$\text{ey} = \min \begin{Bmatrix} \text{Giebel-/Trauflänge a} \\ 2 \cdot \text{h} \end{Bmatrix}$$

Der Bereich um Durchdringungen ist wie der Ortgangbereich zu befestigen und erstreckt sich über ½ der größeren Länge der Durchdringung, jedoch mindestens in einer Breite von 1 m und maximal in einer Breite von 2 m. Die Abbildung 5.2-24 zeigt die Bereichseinteilung um Durchdringungen. Als Durchdringungen gelten Unterbrechungen, die mindestens an einer Stelle mehr als 0,35 m aus der Dachfläche herausragen und die über mindestens eine waagrechte Abmessung von mehr als 0,5 m verfügen.

Hinweis

$$\text{ey} = \max \begin{Bmatrix} \text{a} \\ \text{b} \end{Bmatrix}$$

$$*: 1\,\text{m} \leq \frac{c}{2} \leq 2\,\text{m}$$

Bei L-, T- und U-förmigen Gebäuden sowie Gebäuden, deren Geometrie Grate und Kehlen in den Dachflächen bilden, sind entlang der Grate und Kehlen Streifen mit der Beanspruchung des Ortgangbereichs anzuordnen. Entlang des Grates beträgt die Streifenbreite mindestens 1,0 m bzw. e/8 rechtwinklig zur Gratlinie in der jeweiligen Dachfläche gemessen. Entlang der Kehle ist ein Streifen mit der Breite von 1 m rechtwinklig zur Kehllinie, in der jeweiligen Dachfläche gemessen, anzuordnen.

Bei Mansarddächern sind entlang des Mansardknicks auf den unteren und oberen Dachflächen Bereiche mit der Beanspruchung der Traufe der oberen Dachflächen mit den Abmessungen ex/8 bzw. ey/8 anzuordnen. Bei Dachneigungen von mehr als 65° ist jeder Dachziegel/-stein zu befestigen.

Bei aneinandergebauten Gebäuden mit unterschiedlichen Höhen können die Gebäude vereinfachend als freistehend betrachtet werden.

Seitlich sowie firstseitig von Loggien sowie um Gauben sind Bereiche wie bei Durchdringungen mit den Beanspruchungen des Ortganges anzuordnen. Die Dachdeckung von Gaubendachflächen kann vereinfachend wie der Ortgangbereich befestigt werden. Andernfalls sind die Gaubendachflächen wie eigenständige Dachflächen zu betrachten.

Die Tabelle 5.2-16 gibt exemplarisch für geschlossene Gebäude mit geschlossenen Deckunterlagen und/oder durchströmungshemmenden Schichten in der Windzone 2 Binnenland die erforderliche Verklammerung in den unterschiedlichen Bereichen des Daches an. Diese und weitere Tabellen werden in Berechnungssoftware eingepflegt, wodurch sich mittels Eingabe der objektspezifischen Daten schnell ein Ergebnis ermitteln lässt.

Tabelle 5.2-16: Sattel- und Walmdächer – Wz 2 Binnenland – Gruppe K-I
Mit geschlossener Deckunterlage und/oder durchströmungshemmender Schicht nach 5.2.5.2

Gebäudehöhe h	DN [°]	≥ 6 Dz/Ds je m²				≥ 8 Dz/Ds je m²				≥ 10 Dz/Ds je m²				≥ 12 Dz/Ds je m²				≥ 14 Dz/Ds je m²			
		1	2	3	4	1	2	3	4	1	2	3	4	1	2	3	4	1	2	3	4
h ≤ 10 m	10–20	1:1	0	1:2	1:2	1:1	0	1:2	1:2	1:2	0	1:2	1:2	1:2	0	1:2	1:2	1:2	0	1:2	1:2
	21–25	1:1	0	1:2	1:3	1:1	0	1:2	1:3	1:2	0	1:2	1:3	1:2	0	1:2	1:3	1:2	0	1:2	1:3
	26–44	1:1	0	1:2	0	1:1	0	1:2	0	1:2	0	1:2	0	1:2	0	1:2	0	1:2	0	1:2	0
	45–53	1:1	0	0	0	1:1	0	0	0	1:2	0	0	0	1:2	0	0	0	1:2	0	0	0
	54–56	1:1	0	0	0	1:1	0	0	0	1:1	0	0	0	1:2	0	0	0	1:2	0	0	0
	57–65	1:1	1:3	1:3	1:3	1:1	1:3	1:3	1:3	1:1	1:3	1:3	1:3	1:2	1:3	1:3	1:3	1:2	1:3	1:3	1:3
10 m < h ≤ 18 m	10–15	1:1	0	1:1	1:1	1:1	0	1:2	1:2	1:1	0	1:2	1:2	1:2	0	1:2	1:2	1:2	0	1:2	1:2
	16–27	1:1	0	1:1	1:2	1:1	0	1:2	1:2	1:1	0	1:2	1:2	1:2	0	1:2	1:2	1:2	0	1:2	1:2
	28–38	1:1	0	1:1	0	1:1	0	1:2	0	1:1	0	1:2	0	1:2	0	1:2	0	1:2	0	1:2	0
	39–44					1:1	0	1:2	0	1:1	0	1:2	0	1:1	0	1:2	0	1:2	0	1:2	0
	45–58					1:1	1:3	1:3	1:3	1:1	1:3	1:3	1:3	1:1	1:3	1:3	1:3	1:2	1:3	1:3	1:3
	59–65					1:1	1:2	1:2	1:2	1:1	1:2	1:2	1:2	1:1	1:2	1:2	1:2	1:2	1:2	1:2	1:2
18 m < h ≤ 25 m	10–15					1:1	0	1:1	1:1	1:1	0	1:2	1:2	1:1	0	1:2	1:2	1:2	0	1:2	1:2
	16–28					1:1	0	1:1	1:2	1:1	0	1:2	1:2	1:1	0	1:2	1:2	1:2	0	1:2	1:2
	29–36					1:1	0	1:1	0	1:1	0	1:2	0	1:1	0	1:2	0	1:2	0	1:2	0
	37–40					1:1	0	1:1	0	1:1	0	1:2	0	1:1	0	1:2	0	1:1	0	1:2	0
	41–44					1:1	1:3	1:1	1:3	1:1	1:3	1:2	1:3	1:1	1:3	1:2	1:3	1:1	1:3	1:2	1:3
	45–54					1:1	1:3	1:3	1:3	1:1	1:3	1:3	1:3	1:1	1:3	1:3	1:3	1:1	1:3	1:3	1:3
	55–59					1:1	1:2	1:2	1:2	1:1	1:2	1:2	1:2	1:1	1:2	1:2	1:2	1:1	1:2	1:2	1:2
	60–65									1:1	1:2	1:2	1:2	1:1	1:2	1:2	1:2	1:1	1:2	1:2	1:2

Die Tabellen unterscheiden sich nach

- der Dachform (Sattel- und Walmdächer, Pultdächer) und
- der Klammertragfähigkeit.

Die Klammertragfähigkeit ist abhängig von der jeweiligen Dachziegel/-stein-Klammer-Kombination. Die Dachziegel/-stein-Klammer-Kombinationen sind durch den Hersteller einer der 3 nachfolgenden Gruppen zuzuordnen.

- K-I: $R_{d,f} \geq 125$ N
- K-II: $R_{d,f} \geq 175$ N
- K-III: $R_{d,f} \geq 250$ N

Klammern für Biberdeckungen müssen mindestens den Anforderungen der Gruppe B-I entsprechen.

- B-I: $R_{d,f} \geq 70$ N

Bei abweichender Klammertragfähigkeit oder in Fällen, dass die Ausführung mit einer der Klammergruppen nach den Tabellen nicht möglich ist, kann der Einzelnachweis geführt werden.

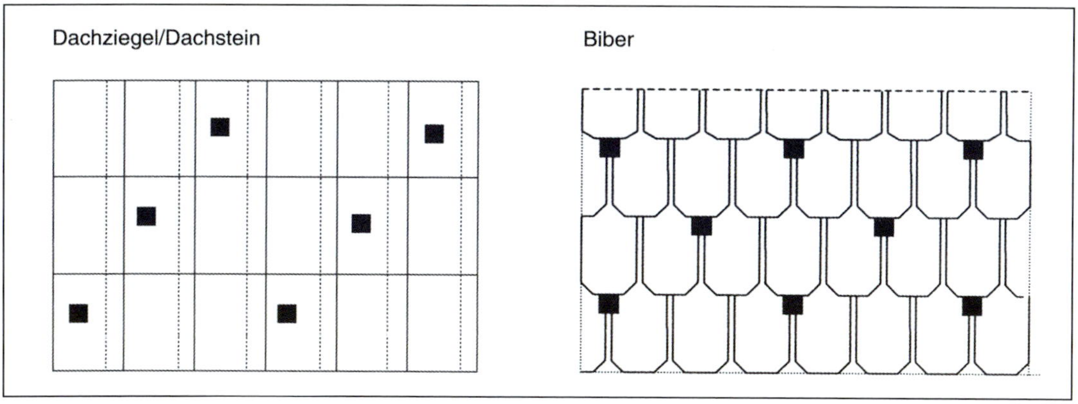

Abb. 5.2-25: Klammerschema

In den Tabellen bedeuten

- 0: keine Verklammerung erforderlich,
- 1:3: jeder dritte Dachziegel/-stein ist zu verklammern,
- 1:2: jeder zweite Dachziegel/-stein ist zu verklammern,
- 1:1: jeder Dachziegel/-stein ist zu verklammern,
- nichts: Windsogsicherung mit dieser Klammergruppe nicht möglich.

Sollte die Windsogsicherung nach den Tabellen für eine Klammergruppe nicht möglich sein, ist die nächst höhere Klammergruppe zu wählen.

Die Abbildung 5.2-25 zeigt das Klammerschema für 1:3-Verklammerungen.

- Bei Dachneigungen von mehr als 65° ist jeder Dachziegel/-stein zu befestigen.
- Ist eine Verklammerung der ersten Traufziegel-/-steinreihe nicht möglich, beginnt die Verklammerung des Traufbereichs in der zweiten Ziegelreihe.
- Ortgangziegel/-steine, Formziegel/-steine von First-, Pultabschluss- und Gratdeckungen sind gegen Windkräfte einzeln mechanisch zu befestigen. Die verwendeten Befestigungsmittel müssen eine Kraft von mindestens 0,60 kN/m rechtwinklig zur Lage des Ortgangs aufnehmen können.
- Die Forderung ist erfüllt, wenn jeder Dachziegel/-stein am Ortgang mit mindestens einer Holzschraube, Durchmesser 4,5 mm, bei einer Einschraubtiefe von 24 mm in Nadelholz befestigt wird.
- First- und Gratlatten sind an der tragenden Unterkonstruktion so zu befestigen, dass eine Kraft von mindestens 0,60 kN/m rechtwinklig zur Lage von First oder Grat aufgenommen werden kann.
- Die Tragfähigkeit von First- und Gratlattenhaltern ist vom Hersteller nachzuweisen.

Zusammenfassung

Traglattenquerschnitte sind nach dem vorhandenen Sparrenabstand sowie nach dem Gewicht und der sonstigen Belastung der Deckung zu wählen.

Bei Dachziegeln mit Ringverfalzung sind die Deckmaße (Decklänge und Deckbreite) durch Auslegen einer Doppelreihe von je 12 Dachziegeln zu ermitteln.

Doppelmuldenfalzziegel mit einfacher Verfalzung sollten im Verband gedeckt werden. Ebene Strangfalzziegel sind im Verband zu decken.

Bei Hohlpfannendeckungen unterscheidet man Aufschnittdeckung mit Kurzschnittpfannen sowie Vorschnittdeckung mit Langschnittpfannen.

Deckungen mit Biberschwanzziegeln werden in Doppeldeckung, Kronendeckung oder Einfachdeckung mit Spließen ausgeführt.

Zusatzmaßnahmen zur Regensicherheit sind Unterdach, Unterdeckung, Unterspannung.

5.2.6 Dachdetails

5.2.6.1 Traufe

Die Deckung der Dachziegel an der Traufe erfolgt unter Berücksichtigung der Traufkonstruktion und der erforderlichen Lüftungsöffnungen. Damit die Traufreihe die gleiche Neigung wie die folgenden Reihen hat, sind Doppellatten, Keilbohlen o. Ä. anzubringen. Die Traufreihe kann ohne oder mit Überstand über die Konstruktion gedeckt werden. Bei Deckung ohne Überstand ist ein Traufstreifen erforderlich (siehe Abb. 5.2-26 bis Abb. 5.2-28).

Die Deckung ohne Überstand ist in schneereichen Gebieten erforderlich.

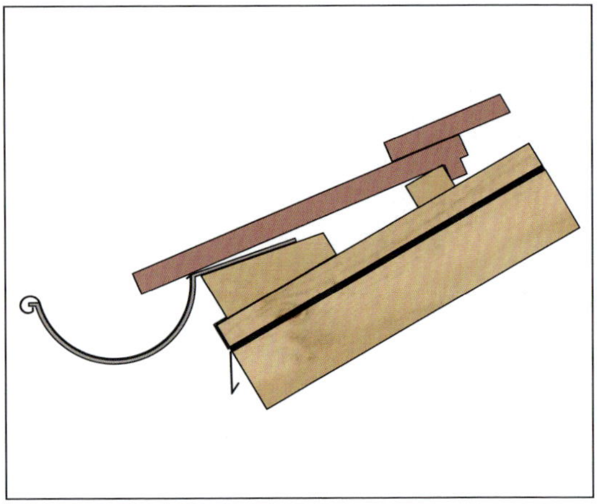

Abb. 5.2-26: Traufe bei hoch hängender Rinne

5.2.6.2 Ortgang

Der Ortgang ist mit Ortgangziegeln auszuführen, die auf der Unterlage befestigt werden sollen. Bei der Verlegung von Ortgangziegeln auf Mauerwerk müssen die Dachlatten mindestens 20 mm von der Putzkante zurückstehen. Der Abstand zwischen Innenkante Ortganglappen und fertiger Giebelwand bzw. der Außenkante der Holzkonstruktion muss mindestens 10 mm betragen.

Bei Dach- und Schlussziegeln müssen diese über die fertige Giebelwand bzw. die Außenkante der Holzkonstruktion mindestens 30 mm überstehen.

Die Ausbildung kann auch mit Sonderkonstruktionen erfolgen (siehe Abb. 5.2-29 bis Abb. 5.2-32).

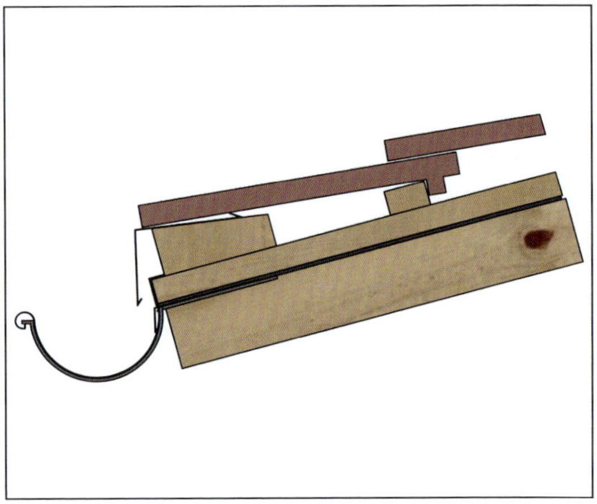

Abb. 5.2-27: Traufe bei tief hängender Rinne

Hinweis

Die Unterspannbahn sollte im Ortgangbereich bis zur Oberkante Konterlatte hochgeführt werden.

5.2.6.3 First

Die Deckung des Firstes kann erfolgen mit Firstziegeln

- mit Trockenfirstsystemen in Mörtel
- oder mit Sonderkonstruktionen.

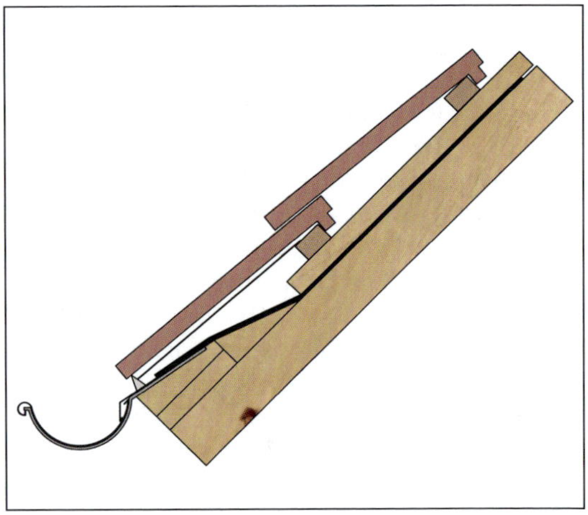

Abb. 5.2-28: Traufe mit Rinne und Lüftungselement

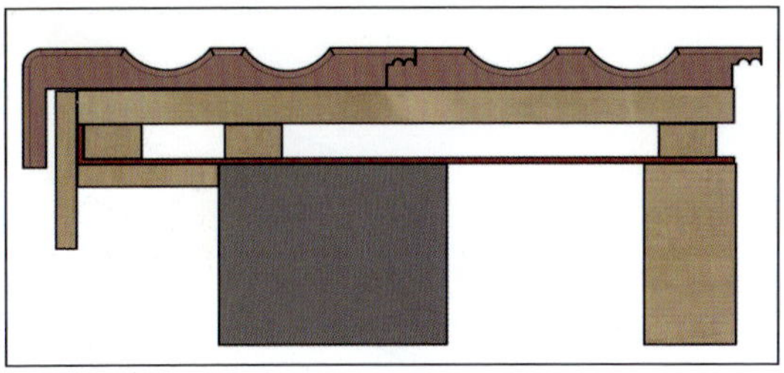

Abb. 5.2-29: Ortgang mit Überstand mit Ortgangziegeln

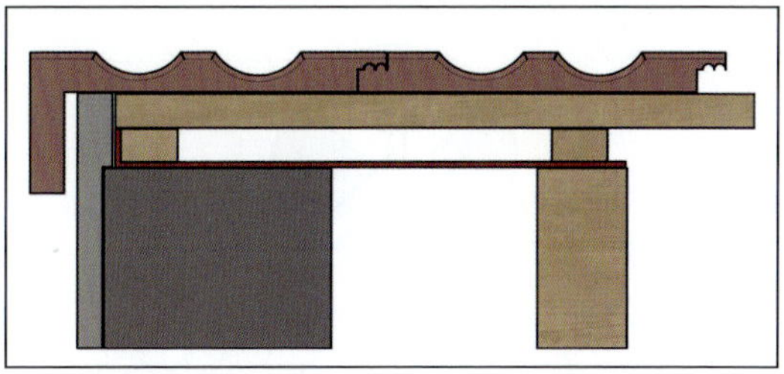

Abb. 5.2-30: Ortgang mit Überstand und Ortgangziegeln

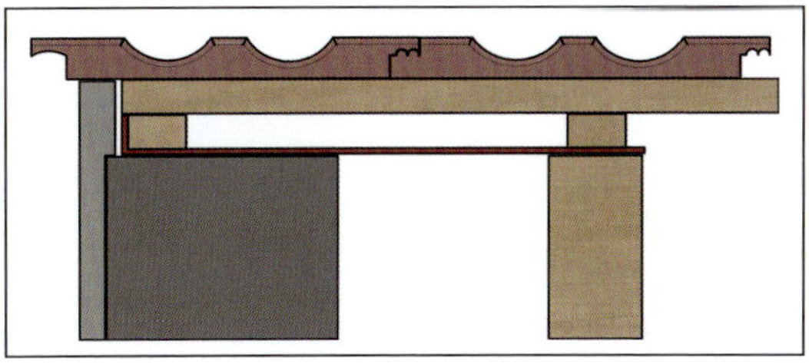

Abb. 5.2-31: Ortgang mit Überstand mit Doppelwulstziegeln, Abschluss Zahnleiste

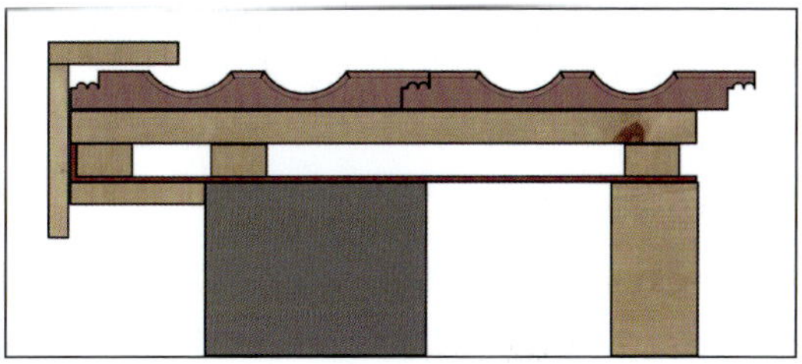

Abb. 5.2-32: Ortgang mit Überstand mit Flächenziegeln, Flächensteinen, Abschluss Windbrett

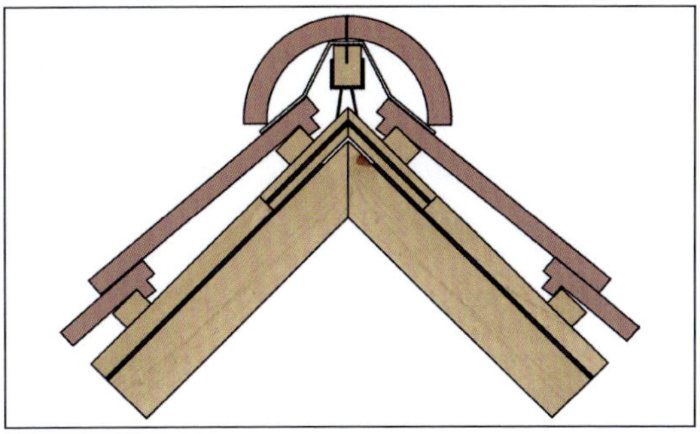

Abb. 5.2-33: First mit Trockenfirstelement

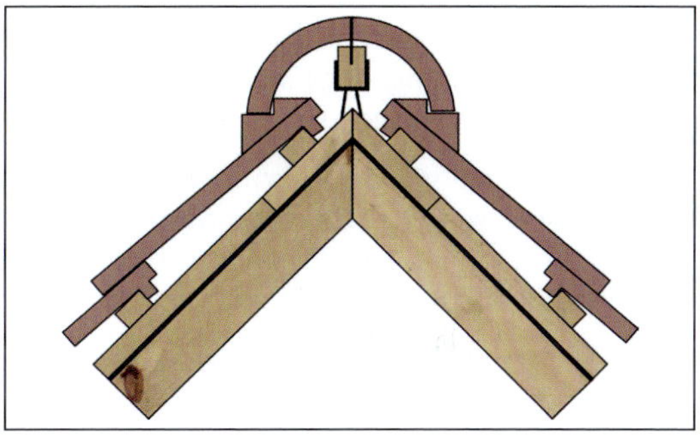

Abb. 5.2-34: First mit speziellem Trockenfirstelement

Trockenfirstsysteme

Bei der Verlegung von Trockenfirstsystemen sind die Dachlatten am First mit Abstand vom Firstscheitelpunkt (Schnittlinie der Dachlattenauflage) anzubringen.

Der notwendige Abstand vom Firstscheitelpunkt ist von der Dachneigung, der Lattendicke und vom Ziegelmodell abhängig.

Der Anschluss der Flächendeckung an den First erfolgt mit Firstanschlussziegeln oder Flächenziegeln.

Vorgefertigte Firstelemente sind auf einer am First angebrachten Latte oder Bohle nach Verarbeitungsvorschriften des Herstellers zu verlegen und zu befestigen. Konische Firstziegel sind untereinander mit einer Überdeckung von mindestens 4 cm zu decken und mit korrosionsbeständigen Klammern und/oder Nägeln an Firstlatte oder -bohle zu befestigen. Verfalzte Firstziegel haben untereinander eine vorgegebene Überdeckung. Firstziegel sollten unter Berücksichtigung der Lüftungsöffnungen beidseitig auf der Deckung aufliegen.

Die Firstenden sind mit je einer Firstendscheibe oder mit entsprechenden Firstformziegeln zu versehen (siehe Abb. 5.2-33 und Abb. 5.2-34).

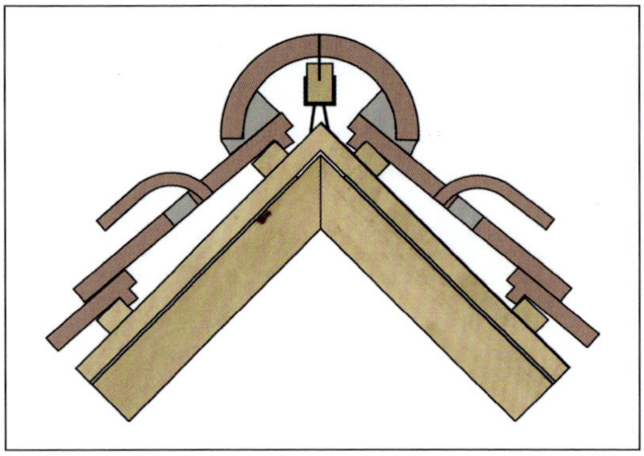

Abb. 5.2-35: Mörtelfirst

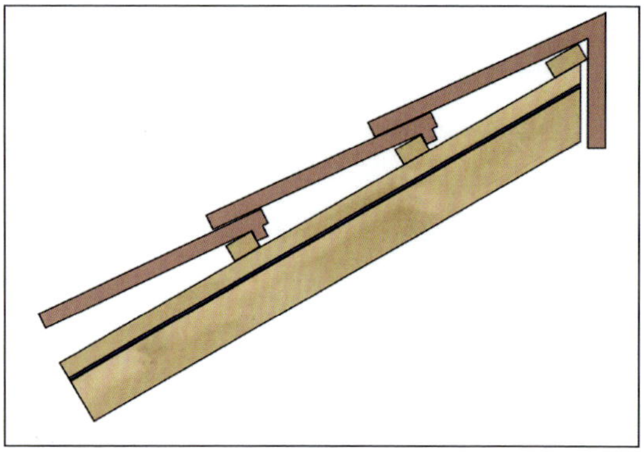

Abb. 5.2-36: Pult mit abgewinkelten Formziegeln

Firstdeckung in Mörtel

Die Deckung konischer Firstziegel hat mit einer Überdeckung von mindestens 4 cm zu erfolgen. Verfalzte Firstziegel haben eine vorgegebene Überdeckung.

Der Abstand der letzten Ziegelreihen bzw. der oberen Dachlatten vom Firstscheitelpunkt ist von der Dachneigung, der Lattendicke und vom Ziegelmodell abhängig.

Firstziegel sollten vor dem Vermörteln am besten gewässert werden, bei starker Sonneneinstrahlung und hoher Lufttemperatur ist das Wässern ein Muss.

Die Firstziegel sind in der Weise in Mörtel aufzusetzen, dass der Mörtel zurücktritt und die unteren äußeren Kanten des Firstziegels eine Tropfkante bilden. Vollsattes Aufmörteln ist unzulässig.

Am schmalen äußeren Ende des Firstziegels ist ebenfalls eine Mörtelleiste als Querschlag aufzubringen, in die der nachfolgende Firstziegel eingedrückt wird. Heraustretender Mörtel ist sofort nach Aufsetzen des Firstziegels glatt abzustreichen. Offene Firstenden sind mit Mörtel zu schließen und glatt zu streichen.

Zur Windsogsicherung sind die Firstziegel zusätzlich durch korrosionsbeständigen Bindedraht zu sichern (siehe Abb. 5.2-35).

Vermörtelungen von Firsten und Graten sind mit Kalkzementmörtel – Mischungsverhältnis in Raumteilen: 1 Raumteil Zement zu 2 Raumteilen Kalk zu 8 Raumteilen Sand 0/2 – oder mit Dachdecker-Fertigmörtel auszuführen.

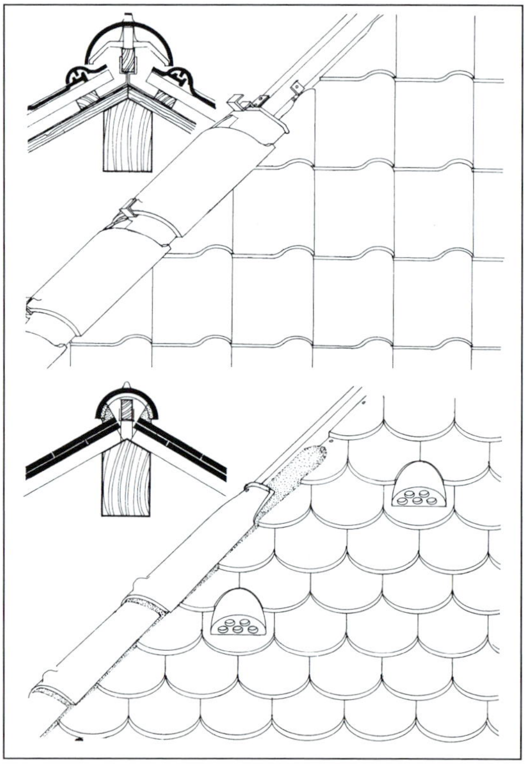

Abb. 5.2-37: Grateindeckungen

5.2.6.4 Pultabschluss

Der Pultabschluss kann mit Pultziegeln und mit Firstziegeln entsprechend einer Firstausbildung ausgebildet werden. Pultziegel sind an der Unterlage zu befestigen (siehe Abb. 5.2-36).

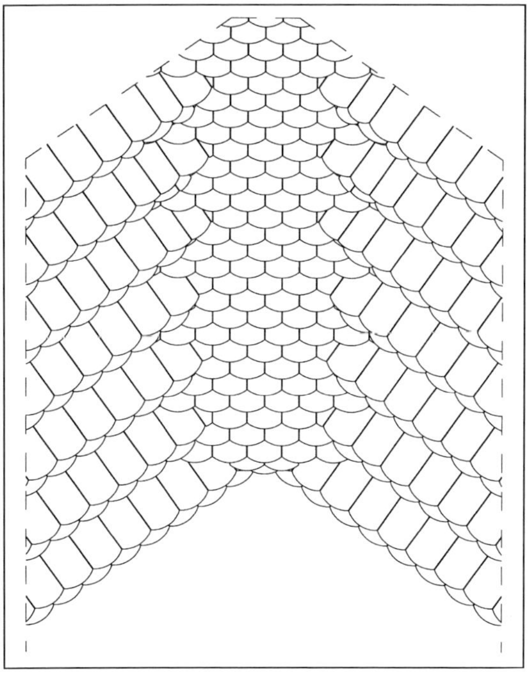

Abb. 5.2-38: Gleichhüftig eingebundene Biberkehle bei der Kronendeckung (3-Biber-breit)

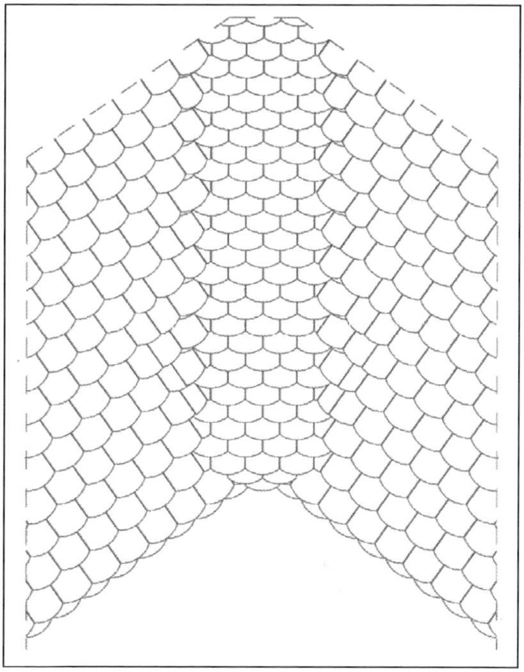

Abb. 5.2-39: Gleichhüftig eingebundene Biberkehle bei der Doppeldeckung (3-Biber-breit)

5.2.6.5 Grat

Das Anpassen der Dachziegel am Grat muss so erfolgen, dass parallel zum Grat nur eine schmale Fuge entsteht und das Wasser nicht unter den Grat geleitet wird. Die Ausspitzer sind gegen Abrutschen zu sichern.

Die Grateindeckung erfolgt entweder mit Trockengratsystemen sinngemäß wie bei den Trockenfirstsystemen oder in Mörtel. Bei der Gratdeckung in Mörtel müssen die Grat- bzw. Firstziegel mindestens durch korrosionsgeschützten Bindedraht oder durch Klammern, Nägel u. Ä. an der Gratlatte befestigt werden. Sonst erfolgt die Verlegung wie bei der Firstverlegung in Mörtel (siehe Abb. 5.2-37).

5.2.6.6 Kehle

Konstruktion und Ausführung der Kehle sollen verhindern, dass in der Schnittfläche zweier Dachflächen Wasser in den Dachraum eindringt. Der Ausbildung ist größte Sorgfalt zu widmen, damit das in der Kehle anfallende Wasser schnell und sicher in die Dachrinne abgeleitet wird. Bei Dachdeckungen aus Dachziegeln wird die Kehle aus Metall, Formziegeln, Biberschwanzziegeln oder Hohlpfannen hergestellt.

Metallkehlen

Auf Metallkehlen wird in Kapitel 5.9.8.7, Seite 376 eingegangen.

Ziegelkehlen

Außer mit **Formziegeln** (Kehlziegeln, Schwenkziegeln) können Kehlen im Ziegeldach mit **Biberschwanzziegeln** hergestellt werden. Sind die angrenzenden Dachflächen mit Biberschwanzziegeln gedeckt, wird die Kehle eingebunden, d. h., die Deck- bzw. Lagerschichten der einen Dachfläche laufen als Deckschichten durch die Kehle in die Deck- bzw. Lagerschichten der anderen Dachfläche. Es ist darauf zu achten, dass die Höhenüberdeckung in der Kehle so erfolgt, dass die vierte Kehlschicht die erste Kehlschicht noch um mindestens 1 cm überdeckt (Dreifachdeckung). Die Breite der Kehle bei gleich geneigten Dachflächen darf nicht geringer als 2 Biberbreiten sein; möglich sind zwei ganze Biberbreiten oder eine ganze Biberbreite mit rechts und links halbbiberbreiten Ausspitzern (zusammengespitzt) (siehe Abb. 5.2-38).

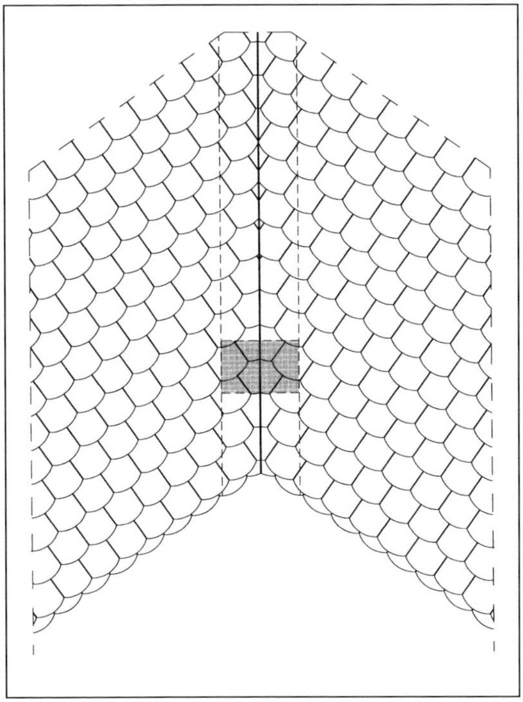

Abb. 5.2-40: Eingebundene Nockenkehle bei der Doppeldeckung (gleichhüftig, Kehlanfang)

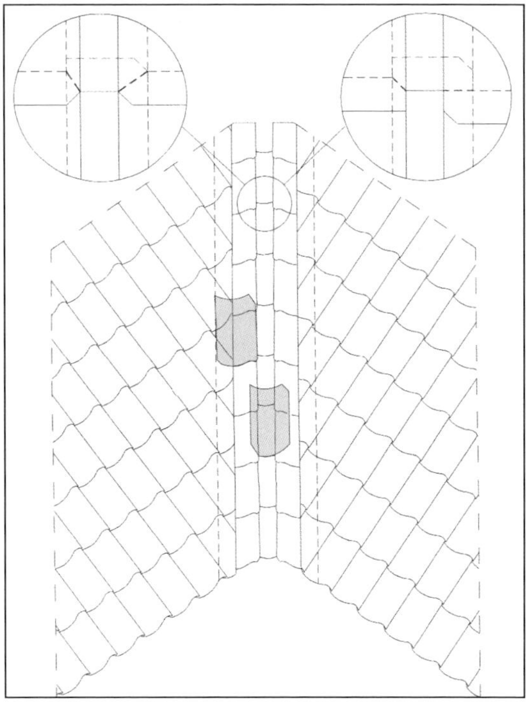

Abb. 5.2-41: Überdeckte Dreipfannenkehle

Für die **Nockenkehle** werden Metallschichtstücke verwendet. Die Ziegel der Dachfläche werden bis zur Kehlmitte geführt und dort zusammengespitzt. Jede Ziegelreihe muss für sich mit einem Schichtstück angeschlossen werden. Die Ziegelreihen müssen daher auf beiden Dachflächen durchlaufen. Die Nocken sind so in die Kehle einzulegen, dass sie im Fußbereich der Ziegel nicht sichtbar sind.

Sind die angrenzenden Dachflächen mit Falzziegeln o. Ä. gedeckt, wird die Kehle aus Biberschwanzziegeln unterlegt. Die seitliche Überdeckung der Dachflächen auf die Kehle muss mindestens 10 cm betragen (siehe Abb. 5.2-40).

Die Kehle in der **Hohlpfannenabdeckung** wird in einer Breite von 3 Hohlpfannen gedeckt. Der mittlere oder Wasserziegel wird in der Mitte der Kehle entweder auf ein kurzes Lattenstück oder nach Entfernung der Nase in Längsfuge und Querschlag gedeckt. Die linke Hohlpfanne wird mit 4 cm Seiten- und 10 cm Höhenüberdeckung auf den Wasserziegel gedeckt. Die rechte Hohlpfanne wird umgedreht und nach Entfernung der Nase wie die linke Pfanne gedeckt, sodass sie gegen den nächstfolgenden Wasserziegel anstößt und somit eine geschlossene Deckung gebildet wird. Der Überstand der Ziegeldeckung in der Kehle muss mindestens 10 cm betragen (siehe Abb. 5.2-41).

5.2.6.7 Anschlüsse

Da an Anschlüssen meist Bewegungen auftreten (Setzungen, Durchbiegungen u. a.), sind diese beweglich auszubilden. Anschlüsse an aufgehenden Bauteilen können mit dazu geeigneten Werkstoffen ausgeführt werden (siehe Abb. 5.2-42). Anschlüsse können aus 1 oder 2 Teilen bestehen:

- Der einteilige Anschluss kann bei übergreifenden Konstruktionsteilen (Schalung, Plattenverkleidung usw.) vorgesehen werden.
- Der zweiteilige Anschluss an Bauteile (Putz, Sichtmauerwerk usw.) erfolgt mit Kappstreifen.

Anschlüsse sind an den anzuschließenden Bauteilen hochzuführen.

Firstseitige Anschlüsse sind als Kehle auszubilden und am aufgehenden Bauteil hochzuführen, wobei zwischen dem aufgehenden Bauteil und dem Fußpunkt der ersten durchgehenden Dachziegelreihe ein Freiraum von mindestens 10 cm verbleiben muss.

Örtliche Gegebenheiten, klimatische Verhältnisse, Sparrenlänge und die Dachneigung können größere Überdeckungen notwendig machen.

Seitliche Anschlüsse sind aus Fertigelementen, Schichtstücken, als unterlegte oder als vertiefte Kehle herzustellen.

Aufgelegte Schichtstücke müssen mindestens eine Krempe oder Längsfalz der Dachziegel überdecken. Unterlegte Schichtstücke sind außer bei Dachziegeln im Biberformat mit einem Falz zu versehen. Bei Anschlüssen mit vertiefter Kehle ist auf eine ausreichende Überdeckung durch die Dachziegel zu achten. Die Aufhängenase kann, um eine gute Auflage zu erreichen, gekürzt werden. In diesem Falle sind die Dachziegel gegen Abrutschen zu sichern.

Bei **Gesims- und Mansardanschlüssen** müssen die den Anschluss bildenden Teile, z. B. Gesimsbretter, erst nach der Deckung der Dachfläche entsprechend zugeschnitten und angebracht werden. Das gilt auch für Zahnleisten am Giebelüberstand. Der Anschluss kann mit anderen Werkstoffen ausgeführt werden.

Anschlüsse mit Schiefer und Faserzement

Bei Deckungen mit Dachziegeln können Traufe, Giebelkante, Grat und First sowie die Anschlüsse an Dachaufbauten, Giebeln und Schornsteinen mit Schiefer oder Faserzement-Dachplatten gedeckt werden. Die Deckunterlage bei Anschlüssen dieser Art (mit Ausnahme der Traufe) muss so aufgefüttert werden, dass sie die Dachziegel an ihrer höchsten Stelle um 5 mm überragt.

An der Traufe ist die Deckunterlage so zu erhöhen, dass in der zweiten Deckreihe keine Sperrung entsteht. Bei seitlichen Anschlüssen ist darauf zu achten, dass zwischen Dachziegeln und Schalung ein Zwischenraum von mindestens 5 mm bleibt, damit ein Aufsaugen der Feuchtigkeit durch die Schalung vermieden

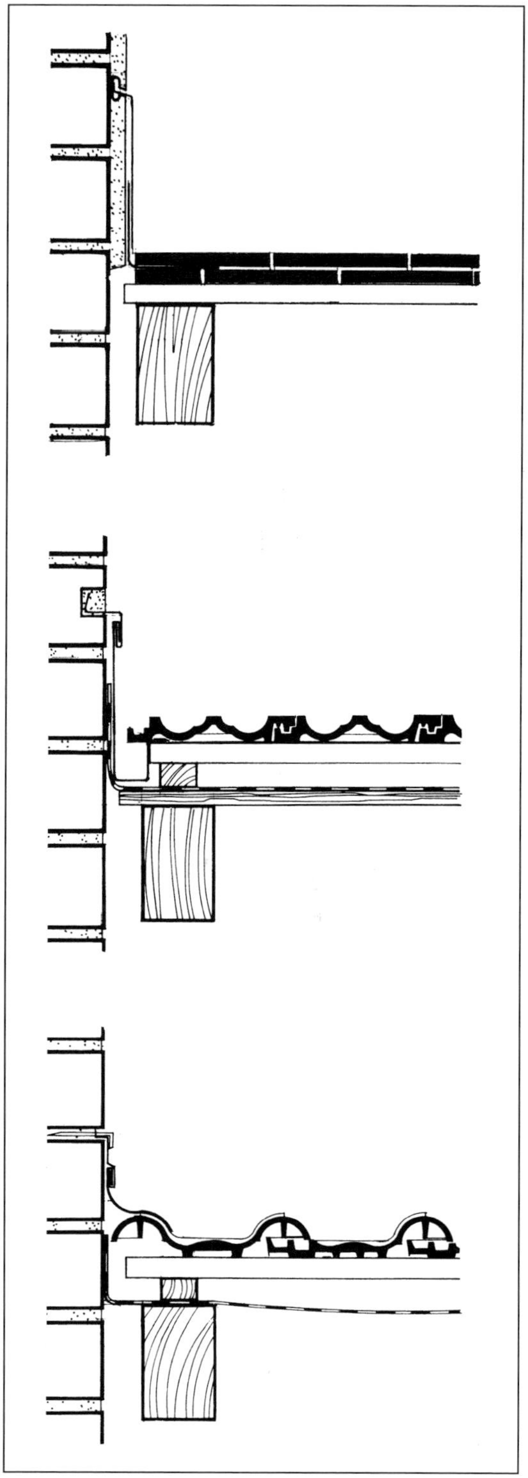

Abb. 5.2-42: Wandanschlüsse

wird. Es ist ferner darauf zu achten, dass die seitlichen Anschlüsse von Dachziegeln und Schalung in geeigneter Weise durch eine besondere Maßnahme zur Verhinderung von Scheinstellen und gegen das Eindringen von Flugschnee und Schlagwasser gesichert werden.

Die Schiefer- oder Faserzementdeckung muss seitlich mindestens 10 cm über die Dachdeckung reichen. Beim First muss der Schiefer oder die Faserzementplatte die untere Kante des Kopffalzes bzw. des Schnittes der Dachziegel mindestens 5 cm überdecken.

5.2.6.8 Dacheinbauteile, Dachsystemteile, Dachdurchdringungen

Dacheinbauteile oder **Dachsystemteile** wie Schneefangeinrichtungen, Laufrostanlagen, Sicherheitsdachhaken etc. sind regensicher in die Dachdeckung einzubauen. Sie müssen für den jeweiligen Verwendungszweck geeignet sein und den technischen Vorschriften entsprechend eingebaut werden. Einbauteile dürfen unter Belastung die Dachdeckung nicht beschädigen, andernfalls sind geeignete lastverteilende Unterlagen zusätzlich einzubauen.

Unfallverhütungsvorschriften, baurechtliche Vorschriften sowie Herstellervorschriften sind zu beachten.

Die Planung von Blitzschutzanlagen soll vor Ausführung der Dachdeckungsarbeiten erfolgen. Notwendige Dachleitungsstützen sind sinngemäß – wie zuvor beschrieben – einzubauen und zu befestigen. Der Einbau erfolgt zweckmäßigerweise während der Dacheindeckung.

Dachdurchdringungen, wie z. B. Antennen, Entlüftungsrohre, Dachfenster oder Schornsteinköpfe, sind mit entsprechenden, vorgefertigten Formziegeln, Dachsystem-, Formteilen oder handwerklich hergestellten Einfassungen in die Dachfläche regensicher einzubauen und einzudecken.

Zusatzmaßnahmen sind entsprechend ihren Anforderungen an Dachdurchdringungen anzuschließen.

5.2.6.9 Dachgauben

Die Konstruktionen und die Abmessungen der Dachgauben sowie die gewählte Art der Dachdeckung sind aufeinander abzustimmen.

Für die Dachneigung der Dachgauben gelten grundsätzlich die gleichen Neigungsgrenzen wie für die Dachflächen.

Bei der Einteilung der Dachfläche in Trauf-/Firstrichtung bzw. Deckbreite sind die Abmessungen der Dachgauben zu berücksichtigen. Dabei sollte beachtet werden, dass die letzte vor der Dachgaube liegende horizontale Reihe Dachziegel der Hauptdachfläche durchgedeckt werden kann. Ist dies nicht möglich, sind die Dachziegel zu schneiden, zu unterlegen und zu befestigen.

Detailausbildungen an Gauben sind in Anlehnung an die Ausführungsarten der Dachfläche zu erstellen.

Gauben stellen eine erhöhte Anforderung an die Dachdeckung dar und setzen entsprechende Zusatzmaßnahmen voraus. Dies gilt insbesondere beim ausgebauten und zu Wohnzwecken genutzten Dach.

Die Zusatzmaßnahme ist über den Dachknick hinaus ausreichend hoch in die steilere Hauptdachfläche zu führen. Bei abweichenden Zusatzmaßnahmen innerhalb der Dachflächen ist auf funktionsgerechte Anschlüsse und entsprechende Materialverträglichkeit zu achten.

5.2.6.10 Dachgraben

Dachgräben ergeben sich bei giebelständigen Gebäuden und Sheddächern.

Breite und Höhe des Dachgrabens sind abhängig von der Größe der zu entwässernden Dachflächen, den Witterungsbedingungen und einer eventuell notwendigen Begehbarkeit (siehe Abb. 5.2-43).

Dachgräben sind wasserdicht und mit Gefälle auszuführen. Ein Notüberlauf ist erforderlich. Bei belüfteten Konstruktionen sind entsprechende Lüftungsöffnungen vorzusehen.

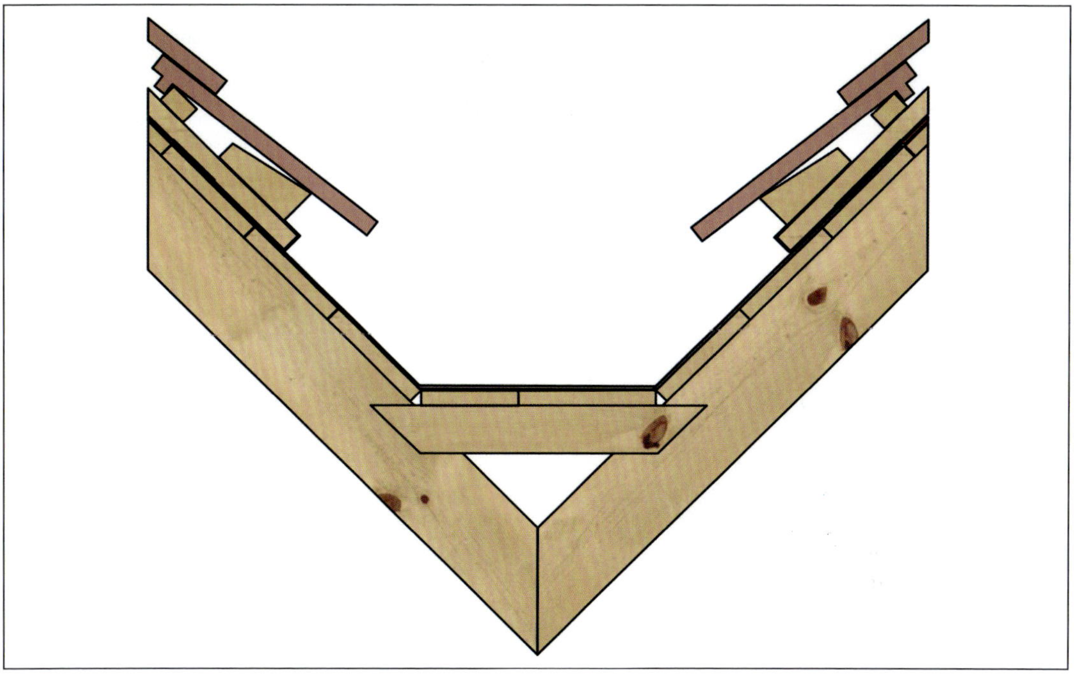

Abb. 5.2-43: Dachgraben, konstruktiv belüftet

Je nach Anforderungen können Schneefangkonstruktionen, Grabenheizungen und/oder Laufroste notwendig sein.

5.2.6.11 Dachknicke

Der Dachknick ist der Übergang zweier verschieden geneigter Dachflächen.

Der Übergang von der steilen zur flachen Dachneigung (z. B. Mansarddach) ist mit einem Sturmbrett oder mit Metall auszubilden. Die Dachziegel der oberen Fläche müssen so weit übergreifen, dass die Niederschläge auf die untere Fläche geleitet werden. Diese Dachziegel sind ausreichend zu befestigen (z. B. mit Klammern).

Auch wird häufig ein Neigungsausgleich durch Anordnung von Doppellatten notwendig. Ist bei der Schleppgaube ein Unterdach notwendig, so ist dies über den Knick in die steilere Dachfläche zu führen.

Dachknicke können auch mit Formziegeln ausgebildet werden (siehe Abb. 5.2-44, Seite 280).

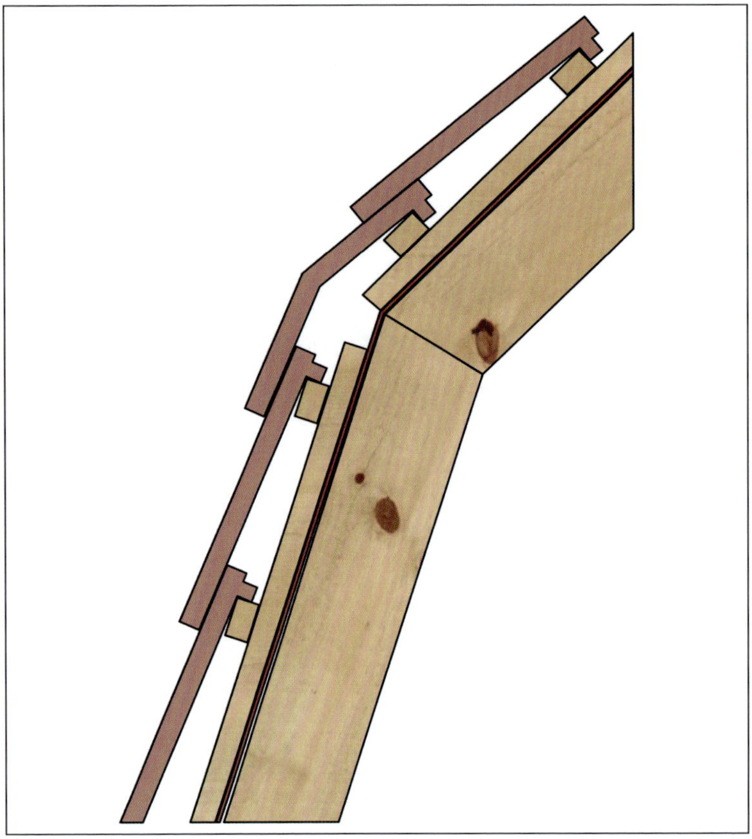

Abb. 5.2-44: Mansarddachknick mit Formziegeln

Zusammenfassung

An der Traufe müssen die Ziegel das Niederschlagswasser sicher in die Dachrinne leiten. Gegebenenfalls ist ein Traufblech anzuordnen.

Am Ortgang sind die Ziegel gegen Abheben durch Sturm besonders zu sichern.

Für die Deckung des Firstes können das Trockenfirstsystem, die Firstdeckung in Mörtel oder eine Sonderkonstruktion angewendet werden.

Die Grateindeckung erfolgt sinngemäß wie die Firsteindeckung. Besonders bei steilen Graten ist eine sichere Befestigung der Gratziegel mit korrosionsgeschütztem Material erforderlich.

Ziegelkehlen können mit Kehlformziegeln, Biberschwanzziegeln oder Hohlpfannen hergestellt werden. Bei Dachdeckungen mit Biberschwanzziegeln können die Kehlen eingebunden werden.

Anschlüsse des Ziegeldaches an andere Bauteile sind in der Regel beweglich auszubilden.

Fenster in der Dachfläche, Schneefangstützen, Dachhaken usw. müssen regensicher eingebaut werden.

Die Konstruktion und die Abmessungen der Dachaufbauten und die jeweilige Art der Deckung sind aufeinander abzustimmen.

Aufgaben

1. Nennen Sie 2 Rohstoffe zur Herstellung von Dachziegeln.
2. Beschreiben Sie die beiden Formgebungsverfahren für Dachziegel.
3. Nennen Sie 3 Strangdachziegelarten.
4. Nennen Sie 2 verschiedene Beispiele für Pressdachziegel.
5. Nennen Sie 4 Möglichkeiten der Farbgebung von Dachziegeln.
6. Dachziegel müssen Qualitätsmerkmale aufweisen. Wie beurteilen Sie einen hellen Klang beim Anschlagen des Ziegelscherbens mit dem Hammer?
7. Wie unterscheidet sich der Verfestigungsvorgang bei der Dachziegelherstellung von den Verfestigungsvorgängen bei der Herstellung anderer künstlicher Deckelemente (z. B. Dachsteine, Faserzementplatten)?
8. Nennen Sie 2 Dachziegelarten ohne Verfalzung.
9. Nennen Sie eine Dachziegelart mit Ringfalz.
10. Wozu sind Formziegel erforderlich?
11. Nennen Sie 5 der gebräuchlichsten Formziegel.
12. Es werden unterschiedliche Dachlattenquerschnitte für Ziegeldeckungen verwendet. Nennen Sie 3.
13. Was ist bei der Befestigung der Dachlatten zu beachten?
14. Beschreiben Sie, wie die Deckmaße von Falzziegeln festgestellt werden (Decklänge und Deckbreite).
15. Skizzieren Sie die Draufsichten auf eine Doppeldeckung und eine Kronendeckung mit Biberschwanzziegeln.
16. Worin unterscheiden sich bei der Hohlpfannendeckung die Aufschnittdeckung und die Vorschnittdeckung?
17. Schildern Sie die Dachdeckung mit Mönch- und Nonnenziegeln.
18. Was ist bei der Verwendung von Docken zu beachten?
19. Wann ist bei Ziegeldächern ein wasserdichtes Unterdach vorzusehen?
20. Was versteht man bei der Windsogsicherung unter einer geschlossenen und einer offenen Deckunterlage?
21. Welcher Mörtel muss für das Aufsetzen eines Mörtelfirstes im Ziegeldach verwendet werden?
22. Welche Regeln sind beim Decken eines Grates im Ziegeldach im Hinblick auf die Befestigung der Ausspitzer zu beachten?
23. Wie können Kehlen im Ziegeldach ausgeführt werden? Nennen Sie 3 Möglichkeiten.
24. Mit welchen Deckwerkstoffen können An- und Abschlüsse im Ziegeldach ausgeführt werden? Nennen Sie 2.
25. Was ist beim Eindecken von Dachgauben zu beachten, wenn die letzte Ziegelreihe vor dem traufseitigen Anschluss der Gaube nicht mit ganzen Ziegeln durchgedeckt werden kann?
26. Um wie viel Grad muss die Regeldachneigung mindestens erhöht werden, wenn Ziegelkehlen ausgeführt werden sollen?

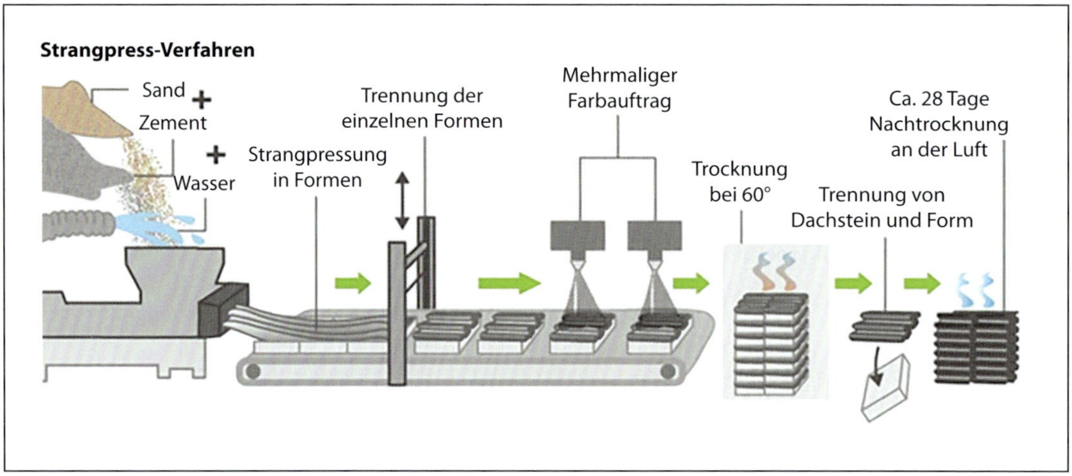

Abb. 5.3-1: Dachsteinherstellung

5.3 Dachsteine

Dachsteine aus Beton werden seit vielen Jahren neben Dachziegeln verwendet. Dachdeckungen mit Dachsteinen sind regensicher, wetterbeständig, hagelsicher und widerstandsfähig gegen Flugfeuer und strahlende Wärme. Im Sinne der Landesbauordnungen gelten sie als harte Bedachung.

Bewegungen im Dachstuhl wie Setzung, Schwindung, Erschütterung oder Einwirkung der wechselnden Windkräfte und Temperaturschwankungen werden wie bei Deckungen mit Dachziegeln ohne Einbuße an Regensicherheit aufgenommen. Deckungen mit Dachsteinen können ohne Gefahr des Durchbrechens begangen werden.

5.3.1 Herstellung

Dachsteine werden aus Zement und Sand gefertigt.

Der Produktionsanlage ist eine Sandaufbereitung vorgelagert. Gewaschener Sand mit hohem Quarzgehalt wird nach einer festgelegten Sieblinie gemischt und dem Sandbunker zugeführt.

Über eine automatische Dosierungsanlage werden Sand, Zement und die jeweiligen Farbpigmente nach genauen Gewichtsanteilen sowie das Anmachwasser in den Mischer gegeben. So wird die konstante Zusammensetzung der Mischung gewährleistet und damit die Grundlage für die gleichbleibende Qualität der Dachsteine gelegt. Die Mischung erfolgt in einem Gegenstromzwangsmischer. Vom Mischer gelangt der Frischbeton in den Vorratsbehälter der Fertigungsmaschine. Diese Maschine, die nach dem Strangpressverfahren arbeitet, ist das „Herz des Betriebes".

Auf einem Förderband werden die Unterlagsplatten (Pallets) aus Aluminium der Maschine zugeführt. Unter einer Sprühvorrichtung, mit Spezialschalungsöl eingesprüht, gelangen die Pallets unter den Auslauf des Frischbetonbehälters. Nach ihrer Füllung passieren sie die Presswalze und das Pressmundstück, die den Beton unter starkem Druck verdichten.

Der verdichtete, profilierte Beton verlässt die Maschine als endloser Strang und wird mittels eines druckluftgesteuerten Messers auf Dachsteingröße geschnitten. Anschließend wird die Oberfläche der Dachsteine mit einem Spezialkunststoff oder einem ähnlichen Material behandelt.

Nach der Oberflächenbehandlung laufen die Dachsteine auf einem Transportband über die automatisch arbeitende Kassettiervorrichtung zu den Härtekammern, in denen sie unter gesteuerten, besonders günstigen Temperatur- und Feuchtigkeitsverhältnissen ihre Anfangsfestigkeit erreichen.

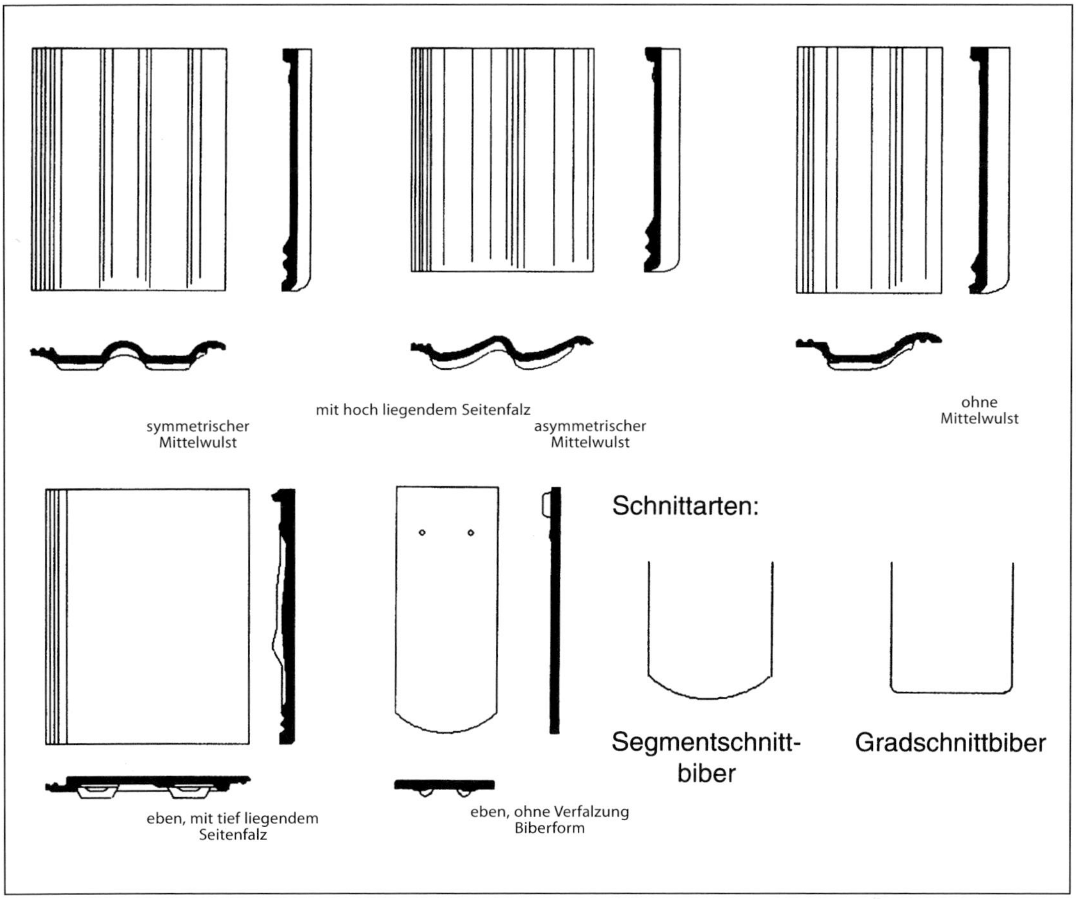

Abb. 5.3-2: Standardformen der Dachsteine

Nach 8 bis 12 Stunden werden die Kammern geöffnet und die erhärteten Dachsteine in einer Entschalungsvorrichtung von den Pallets getrennt. Die Pallets werden wieder der Produktion zugeführt. Die Dachsteine laufen auf der Bandstraße ins Freie, nachdem sie vorher oberflächenvergütet wurden. Auf dem Lagerplatz werden sie zur Nacherhärtung aufgestapelt.

5.3.2 Dachsteinarten

Dachsteine unterscheiden sich durch

- Form,
- Format,
- konstruktive Merkmale,
- Farbe,
- Oberfläche.

5.3.2.1 Formen und Abmessungen

Dachsteine werden in folgenden Formen hergestellt (siehe Abb. 5.3-2):

- profilierte Dachsteine mit symmetrischem Mittelwulst – halbkreisförmig oder segmentförmig –, ebenem Wasserlauf und hoch liegendem Seitenfalz
- profilierte Dachsteine mit asymmetrischem Mittelwulst, gerundetem Wasserlauf und hoch liegendem Seitenfalz
- profilierte Dachsteine ohne Mittelwulst mit muldenförmigem Wasserlauf
- ebene Dachsteine mit tief liegendem Seitenfalz
- ebene Dachsteine ohne Falzausbildungen in Biberform

Dachsteine werden überwiegend hergestellt im Standardformat 33 × 42 cm.

Dachsteine im Biberformat haben die Abmessung von ca. 17 × 24 cm.

Neben den Standardformen und -formaten bieten die Dachsteinhersteller auch Sonderformen mit kleineren Abmessungen an. Diese Sonderformen sind zum Teil althergebrachten Pfannenformen aus Nord- oder Süddeutschland nachempfunden. Andere Formen sind völlig neu entwickelt.

Durch die Form, die Abmessungen sowie die Farbgebung dieser Dachsteine ergeben sich zusätzliche Möglichkeiten für die Dachgestaltung.

5.3.2.2 Merkmale

Seitenfalzausbildung

Man unterscheidet folgende Ausführungen:

- Der tiefste Punkt des hoch liegenden Seitenfalzes liegt über der Wasser führenden Fläche des Dachsteines.
- Der tiefste Punkt des tief liegenden Seitenfalzes liegt unter der Wasser führenden Fläche des Dachsteines.

Ausbildung der Unterseite

Es gibt Dachsteine mit und ohne Fußverrippung.

Dachsteine mit Fußverrippung sind innerhalb der Höhenüberdeckung mit Querrippen ausgestattet, durch die Wirbelkammern entstehen. Sie erhöhen die Regensicherheit der Deckung.

Farbe und Oberfläche

Dachsteine werden in verschiedenen Farben hergestellt, vor allem in rot, braun oder dunkelgrau bis schwarz. Die Oberfläche der Dachsteine kann glatt oder granuliert sein

5.3.3 Werkstoffe für die Dachsteindeckung

Formsteine

Neben den Dachsteinen sind zur Erzielung einer geschlossenen und funktionsfähigen Deckung u. a. noch Formsteine erforderlich. Es sollen stets die passenden, auf den jeweiligen Dachstein abgestimmten Formsteine verwendet werden (siehe Abb. 5.3-3 und Abb. 5.3-4).

Mörtel, Befestigungsmittel, Dacheinbauteile, Dachsystemteile

Auch bei Deckungen mit Dachsteinen gelten die Ausführungen im Kapitel 5.2.3.

5.3.4 Ausführung der Deckungen

Dachneigung

Folgende Regeldachneigungen sind einzuhalten:

- Dachstein mit hoch liegendem Seitenfalz, profiliert $\geq 22°$
- Dachstein mit tief liegendem Seitenfalz, eben $\geq 25°$
- Dachstein im Biberformat in Doppel- und Kronendeckung $\geq 30°$
- Dachstein im Biberformat in Einfachdeckung mit Spließen $\geq 40°$

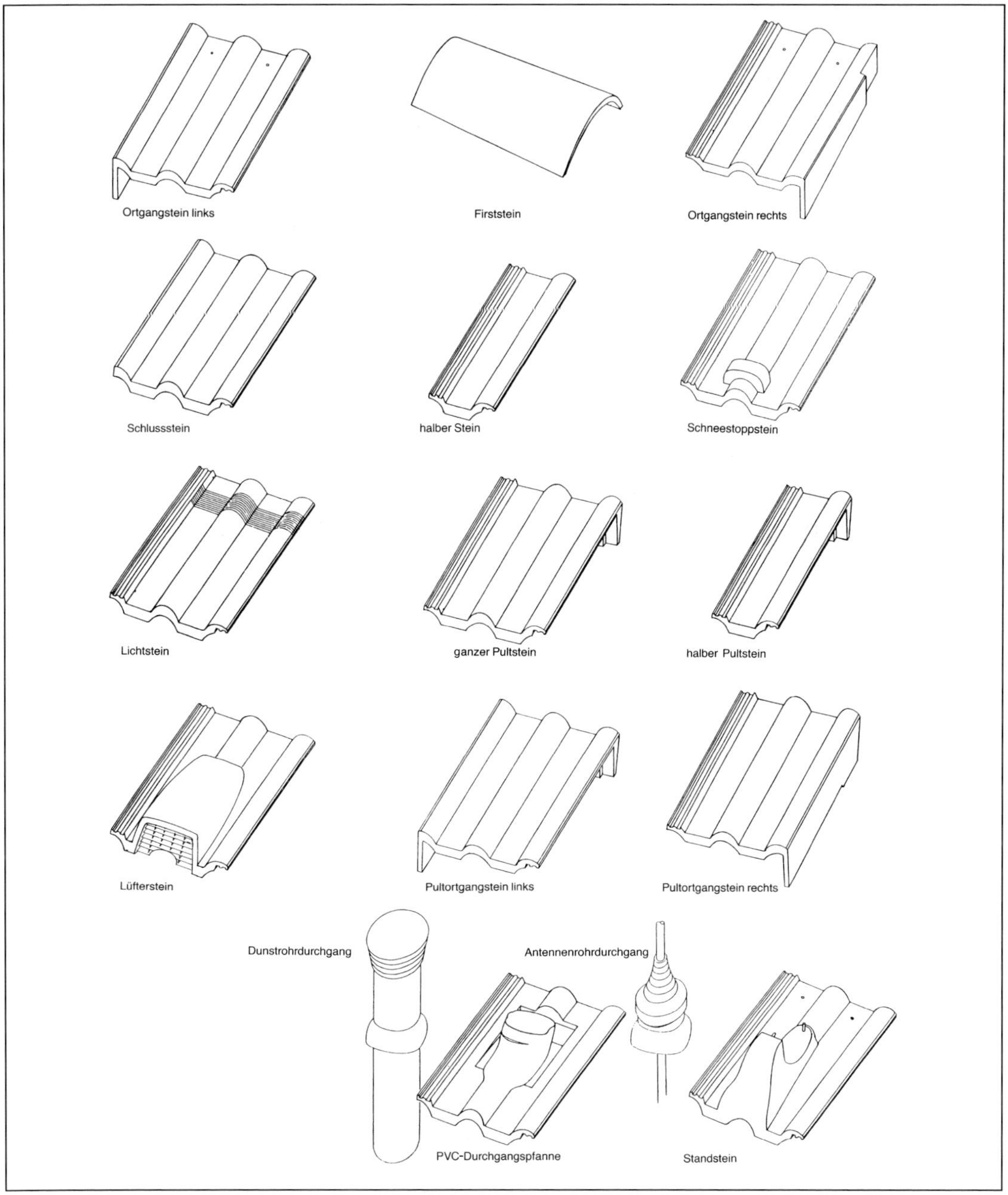

Abb. 5.3-3: Formsteine (Auswahl)

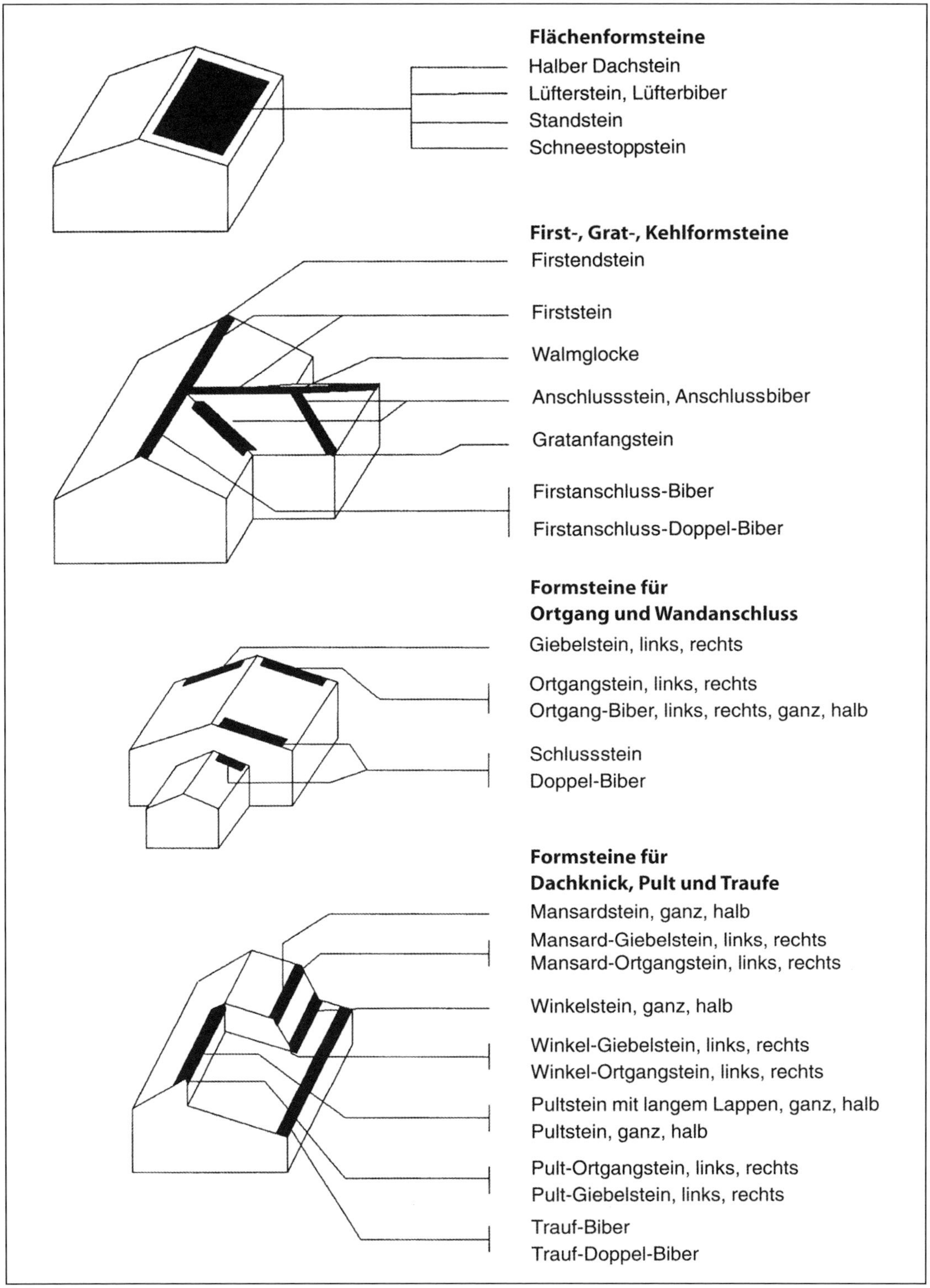

Abb. 5.3-4: Arten der Formsteine

Deckung mit Dachsteinen (RDN 22°)

Die Deckung erfolgt in Einfachdeckung in Reihe oder Verband.

Tabelle 5.3-1: Anforderungen an die Ausführung von Unterdächern, Unterdeckungen und Unterspannungen bei Dachsteindeckungen mit RDN 22°

Dachneigung	Mindestanforderung	Ab einer erhöhten Anforderung mindestens
≥ 10°	Klasse 1	Klasse 1
≥ 14°	Klasse 3	Klasse 2
≥ 18°	Klasse 4	Klasse 3
≥ 22°	Klasse 5	Klasse 4

Erhöhte Anforderungen sind:
- große Sparrenlängen
- konzentrierter Wasserlauf auf Teilflächen des Daches
- besondere Dachflächen wie geschweifte Gauben, Tonnendächer
- schneereiche Gebiete (Schneelast ≥ 1,5 kN/m^2)
- windreiche Gebiete der Windzone 4 oder Kamm- und Gipfellagen oder Schluchtenbildung

Deckung mit Dachsteinen (RDN 25°)

Die Deckung erfolgt in Einfachdeckung in Reihe oder Verband.

Tabelle 5.3-2: Anforderungen an die Ausführung von Unterdächern, Unterdeckungen und Unterspannungen bei Dachsteindeckungen mit RDN 25°

Dachneigung	Mindestanforderung	Ab einer erhöhten Anforderung mindestens
≥ 13°[1)]	Klasse 1	Klasse 1
≥ 17°	Klasse 3	Klasse 2
≥ 21°	Klasse 4	Klasse 3
≥ 25°	Klasse 5	Klasse 4

Erhöhte Anforderungen sind:
- große Sparrenlängen
- konzentrierter Wasserlauf auf Teilflächen des Daches
- besondere Dachflächen wie geschweifte Gauben, Tonnendächer
- schneereiche Gebiete (Schneelast ≥ 1,5 kN/m^2)
- windreiche Gebiete der Windzone 4 oder Kamm- und Gipfellagen oder Schluchtenbildung

1) Bei geringerer Dachneigung sind Maßnahmen zum Erhalt der Traglattung erforderlich, z. B. Traglatten aus feuchteresistenten Materialien, wasserabweisende Abdeckungen der Traglatten o. a.

Deckung mit Dachsteinen (RDN 30°)

Die Deckung erfolgt mit ebenen Dachsteinen ohne Falzausbildung in Doppel- oder Kronendeckung

Tabelle 5.3-3: Anforderungen an die Ausführung von Unterdächern, Unterdeckungen und Unterspannungen bei Dachsteindeckungen mit RDN 30°

Dachneigung	Mindestanforderung	Ab einer erhöhten Anforderung mindestens
≥ 18°1)	Klasse 2	Klasse 1
≥ 22°	Klasse 3	Klasse 2
≥ 26°	Klasse 4	Klasse 3
≥ 30°	Klasse 5	Klasse 4

Erhöhte Anforderungen sind:
- große Sparrenlängen
- konzentrierter Wasserlauf auf Teilflächen des Daches
- besondere Dachflächen wie geschweifte Gauben, Tonnendächer
- schneereiche Gebiete (Schneelast ≥ 1,5 kN/m²)
- windreiche Gebiete der Windzone 4 oder Kamm- und Gipfellagen oder Schluchtenbildung

1) Bei geringerer Dachneigung sind Maßnahmen zum Erhalt der Traglattung erforderlich, z. B. Traglatten aus feuchteresistenten Materialien, wasserabweisende Abdeckungen der Traglatten o. a.

Deckung mit Dachsteinen (RDN 40°)

Die Deckung erfolgt mit ebenen Dachsteinen ohne Falzausbildung in Einfachdeckung, mit Spließen ausgeführt.

Tabelle 5.3-4: Anforderungen an die Ausführung von Unterdächern, Unterdeckungen und Unterspannungen bei Dachsteindeckungen mit RDN 40°

Dachneigung	Mindestanforderung	Ab einer erhöhten Anforderung mindestens
≥ 28°1)	Klasse 2	Klasse 2
≥ 32°	Klasse 3	Klasse 3
≥ 36°	Klasse 4	Klasse 3
≥ 40°	Klasse 5	Klasse 4

Erhöhte Anforderungen sind:
- große Sparrenlängen
- konzentrierter Wasserlauf auf Teilflächen des Daches
- besondere Dachflächen wie geschweifte Gauben, Tonnendächer
- schneereiche Gebiete (Schneelast ≥ 1,5 kN/m²)
- windreiche Gebiete der Windzone 4 oder Kamm- und Gipfellagen oder Schluchtenbildung

1) Bei geringerer Dachneigung sind Maßnahmen zum Erhalt der Traglattung erforderlich, z. B. Traglatten aus feuchteresistenten Materialien, wasserabweisende Abdeckungen der Traglatten o. a. Die Zusatzmaßnahme ist mit Klasse 2, unter 23° mit Klasse 1 auszuführen.

Tabelle 5.3-5: Höhenüberdeckung

Dachsteinarten	Form	Deckungsart	Dachneigung	Höhenüberdeckung
hoch liegender Seitenfalz	profiliert	Einfachdeckung	< 22°	≥ 10,0 cm
			≥ 22°	≥ 8,5 cm
			> 30°	≥ 7,5 cm
tief liegender Seitenfalz	eben	Einfachdeckung	< 25°	≥ 10,5 cm
			≥ 25°	≥ 9,5 cm
			> 35°	≥ 8,0 cm
ohne Verfalzung	eben	Doppeldeckung und Kronendeckung	≤ 35°	≥ 9,0 cm
			> 35°	≥ 8,0 cm
			> 40°	≥ 7,0 cm
			> 45°	≥ 6,0 cm
			> 60°	≥ 5,0 cm
		Einfachdeckung mit Spließen	< 40°	≥ 17,0 cm
			≥ 40°	≥ 16,0 cm
			> 45°	≥ 15,0 cm
			> 50°	≥ 14,0 cm
			> 55°	≥ 13,0 cm

Überdeckungen

Bei Dachsteinen mit Falzen ist die Seitenüberdeckung durch die Verfalzung vorgegeben.

Die Höhenüberdeckung der Dachsteine ist variabel. Bei entsprechender Einteilung kann die Deckung dadurch den meisten Sparrenlängen angepasst werden. Bei kurzen oder ungleichen Sparrenlängen kann es ausnahmsweise erforderlich werden, die Dachsteine an Traufe oder First zu schneiden oder ein breiteres Traufblech einzubauen. Maßgebend für die Mindestüberdeckung sind die Dachneigung und die Art der Dachsteine (siehe Tabelle 5.3-5).

Latten der Dachfläche

Bei Deckungen mit Dachsteinen ist die Lattung wie bei Dachziegeldeckungen auszuführen (siehe Kapitel 5.2.4.2, Seite 255).

Die Dachlattenquerschnitte sind nach dem vorhandenen Sparrenabstand und dem Gewicht der Dachsteine zu wählen.

Die Überdeckung und die Sparrenlänge bestimmen den Traglattenabstand der Deckung. Die Mindestüberdeckung darf nicht unterschritten werden. Der maximale Traglattenabstand ergibt sich aus der Dachsteinlänge minus der Mindestüberdeckung bei der Dachneigung.

Deckbreite

Unter Beachtung der mittleren Deckbreite ist das Dach an First und Traufe einzuteilen.

Durch Schnurschlag wird das Maß der Deckbreite in ausreichenden Abständen (z. B. jede dritte Dachsteinreihe) auf die Traglattung übertragen.

Deckungen mit seitenverfalzten Dachsteinen

Profilierte und ebene Dachsteine mit hoch liegendem oder tief liegendem Seitenfalz werden in Einfachdeckung gedeckt. Dabei überdeckt die obere Dachsteinreihe die darunterliegende um die Höhenüberdeckung.

Die Seitenüberdeckung ist durch den Seitenfalz vorgegeben. Die Höhenüberdeckung ist variabel und abhängig von der Dachneigung.

Profilierte Dachsteine werden in der Regel von rechts nach links gedeckt. In Abhängigkeit von der Dachsteinform ist eine Verbanddeckung möglich (siehe Abb. 5.3-5 bis Abb. 5.3-8, Seite 290).

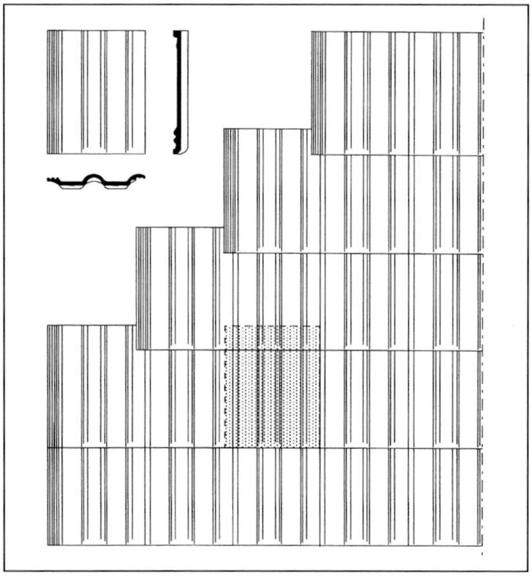

Abb. 5.3-5: Deckbild – Dachsteine mit hoch liegendem Seitenfalz
Profilierter Dachstein mit symmetrischem Mittelwulst

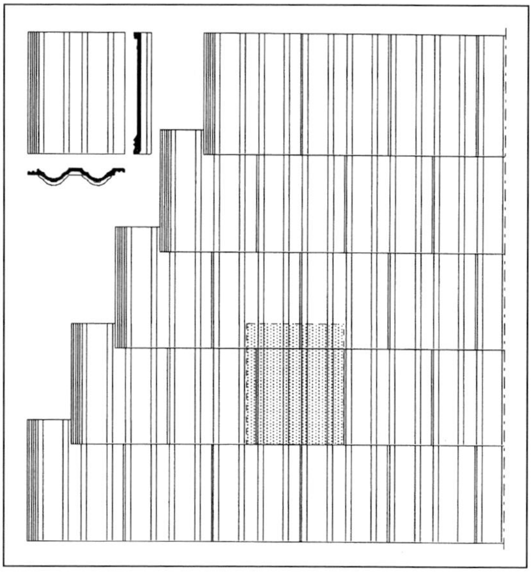

Abb. 5.3-6: Deckbild – Dachsteine mit hoch liegendem Seitenfalz
Profilierter Dachstein mit symmetrischem Mittelwulst (Deckung im Verband)

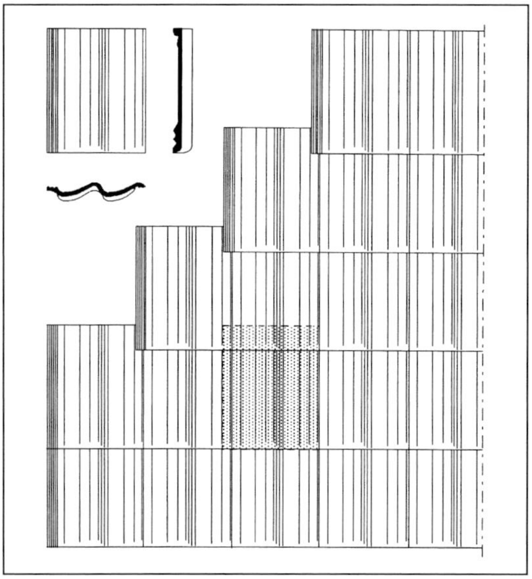

Abb. 5.3-7: Deckbild – Dachsteine mit hoch liegendem Seitenfalz
Profilierter Dachstein mit asymmetrischem Mittelwulst

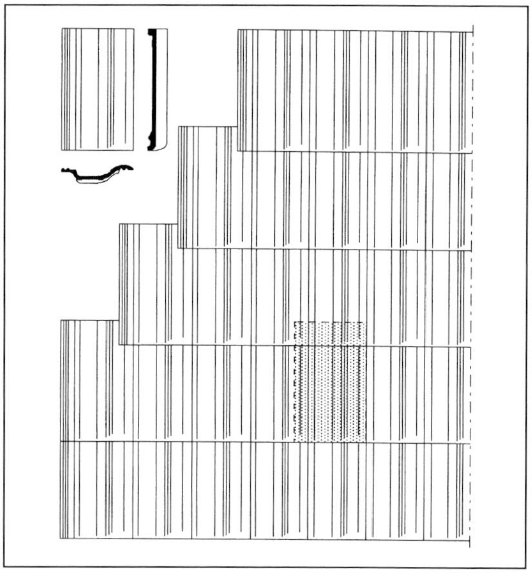

Abb. 5.3-8: Deckbild – Dachsteine mit hoch liegendem Seitenfalz
Profilierter Dachstein ohne Mittelwulst

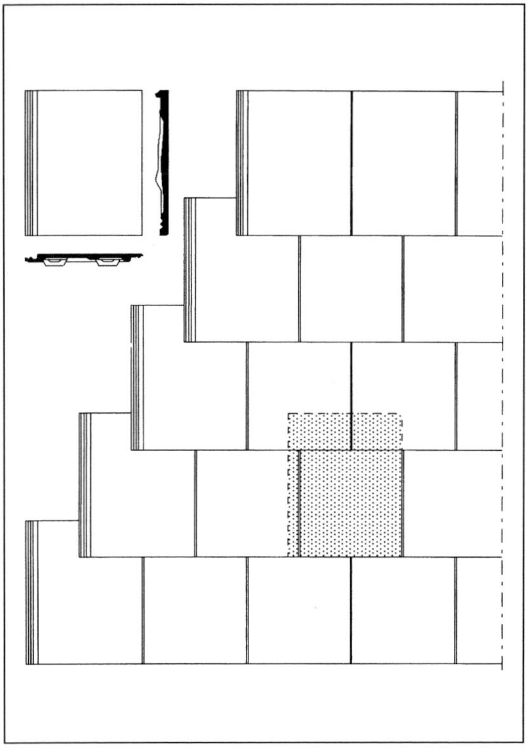

Abb. 5.3-9: Deckbild – ebene Dachsteine mit tief liegendem Seitenfalz (Deckung im Verband)

Ebene Dachsteine mit tief liegendem Seitenfalz werden in der Regel von rechts nach links gedeckt. Sie sind im Verband zu decken (siehe Abb. 5.3-9).

Damit bei ebenen Dachsteinen mit tief liegendem Seitenfalz die klaren Linien der streng geometrischen Deckung erhalten bleiben, ist die Unterkonstruktion so auszuführen, dass möglichst keine Durchbiegungen entstehen. Dabei sind folgende Traglattenquerschnitte erforderlich:

Tabelle 5.3-6: Erforderliche Traglattenquerschnitte

Sparrenabstand – Achsmaß –	Traglattenquerschnitt – Nennmaße –
≤ 70 cm	30/50 mm
≤ 90 cm	40/60 mm

Je nach Belastung, z. B. bei hohen Schneelasten und geringen Dachneigungen, sind größere Traglattenquerschnitte oder geringere Sparrenabstände erforderlich.

Deckungen mit Dachsteinen in Biberform

Dachsteine in Biberform werden mit geringem Seitenabstand verlegt, damit bei Setzungen und Bewegungen des Dachstuhles Pressungen der einzelnen Dachsteine vermieden werden.

Bei der Kronendeckung liegen auf jeder Traglatte 2 Biberreihen auf, sodass sie untereinander einen regelmäßigen Halbverband bilden.

Bei der Spließdeckung werden die Biber in Reihe oder im Drittelverband gedeckt. Die mindestens 5 cm breiten Spließe können aus Holz, Kunststoff, Metall oder anderen geeigneten Werkstoffen bestehen.

5.3.5 Zusatzmaßnahmen bei Dachsteindeckungen

Bei Dachsteindeckungen sind häufig Zusatzmaßnahmen zur Regensicherheit und zur Windsogsicherung vorzunehmen.

5.3.5.1 Zusatzmaßnahmen zur Regensicherheit

Die in Kapitel 5.2.5.1, Seite 265 beschriebenen Maßnahmen für die Regensicherheit bei Dachziegeldeckungen sind auch bei Dachsteindeckungen sinngemäß anzuwenden.

5.3.6 Dachdetails

Dachdetails in Dachsteindeckungen sind entsprechend den Regeln für Dachziegeldeckungen, Kapitel 5.2.6, Seite 272, auszuführen. Siehe hierzu auch die folgenden Abbildungen 5.3-10 bis 5.3-16.

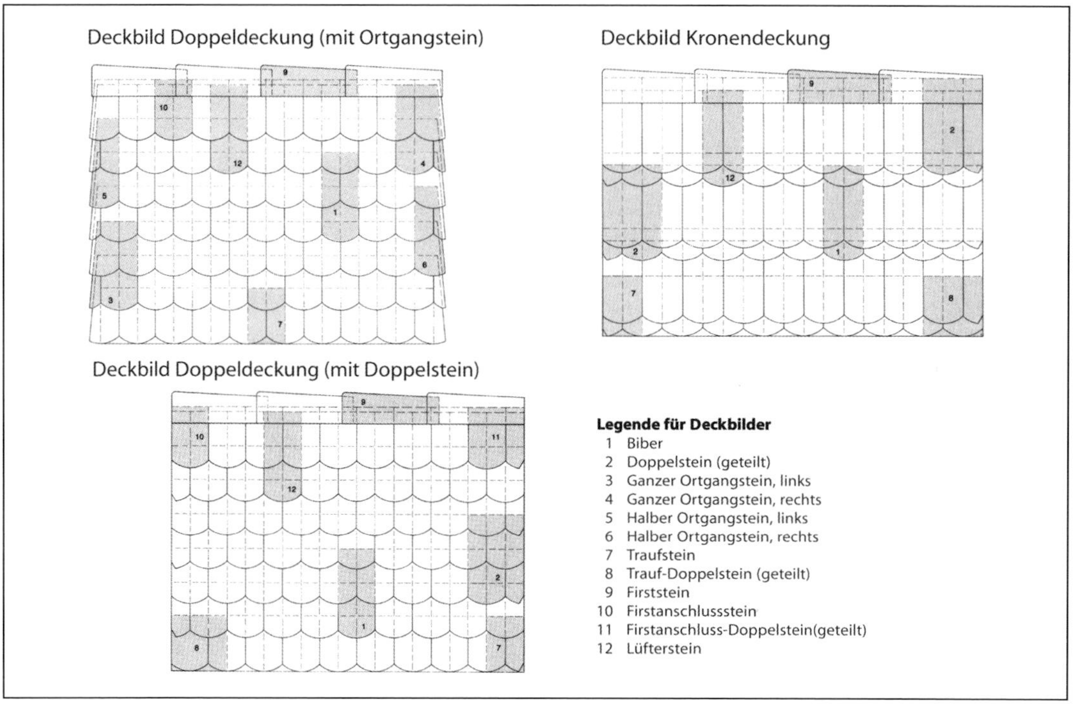

Abb. 5.3-10: Deckbilder – ebener Dachstein in Biberform

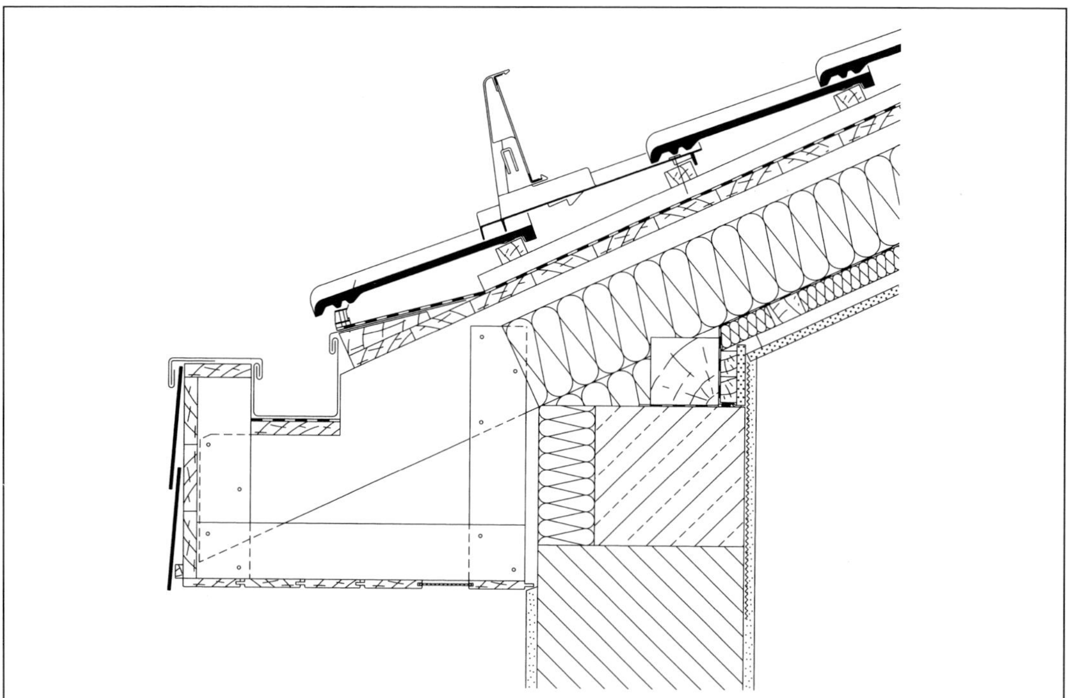

Abb. 5.3-11: Traufe mit Unterdach

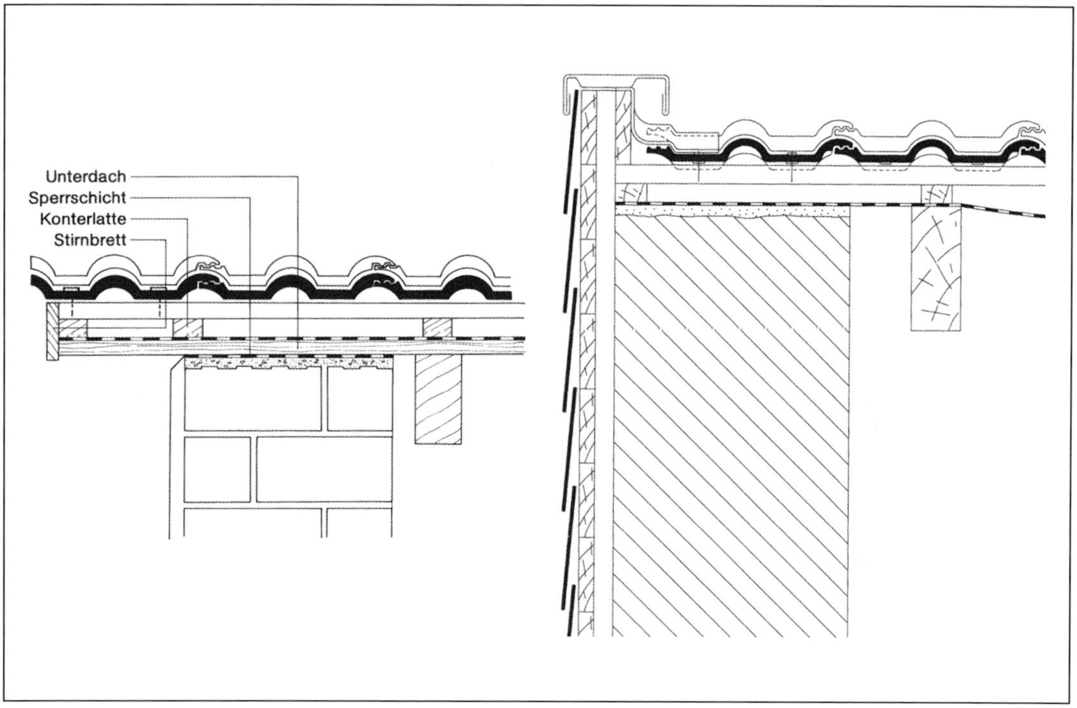

Abb. 5.3-12: Ortgangausbildung (Beispiele)

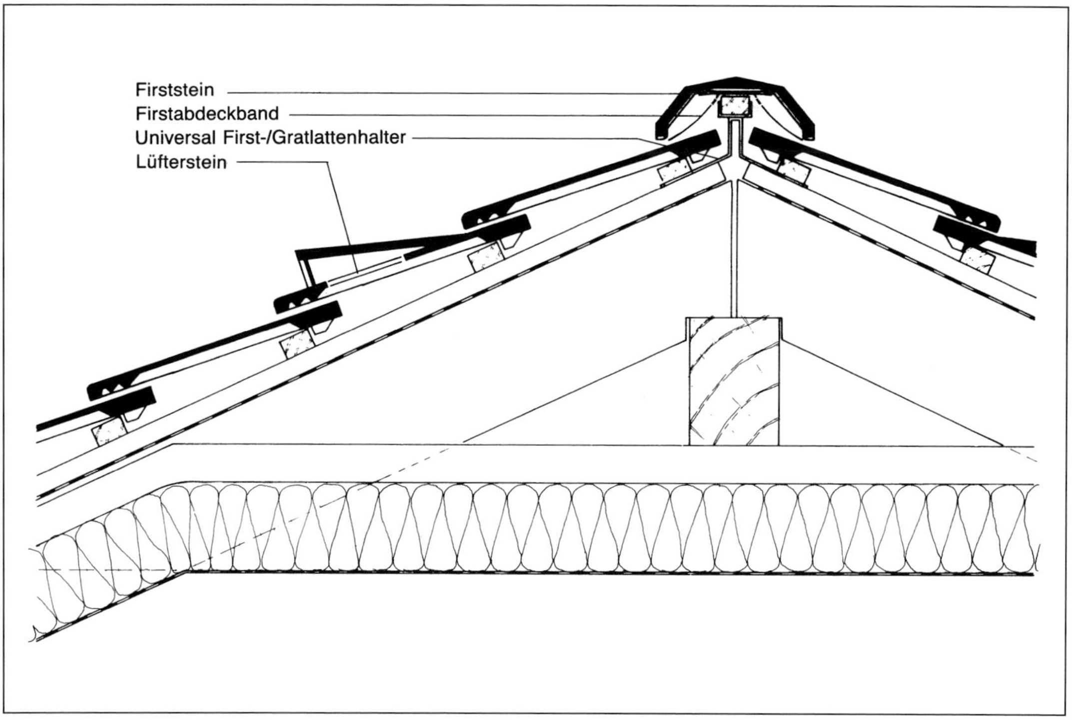

Abb. 5.3-13: First

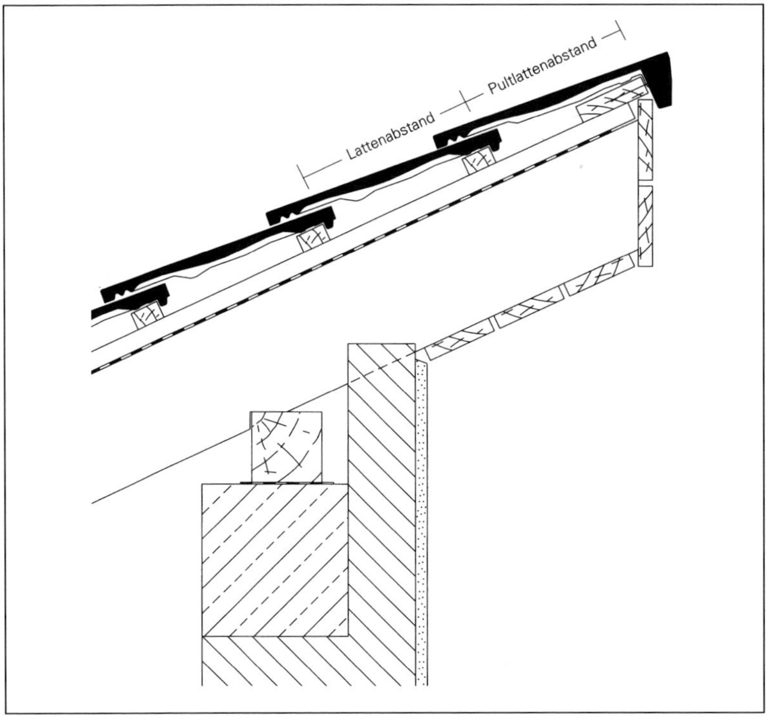

Abb. 5.3-14: Pult

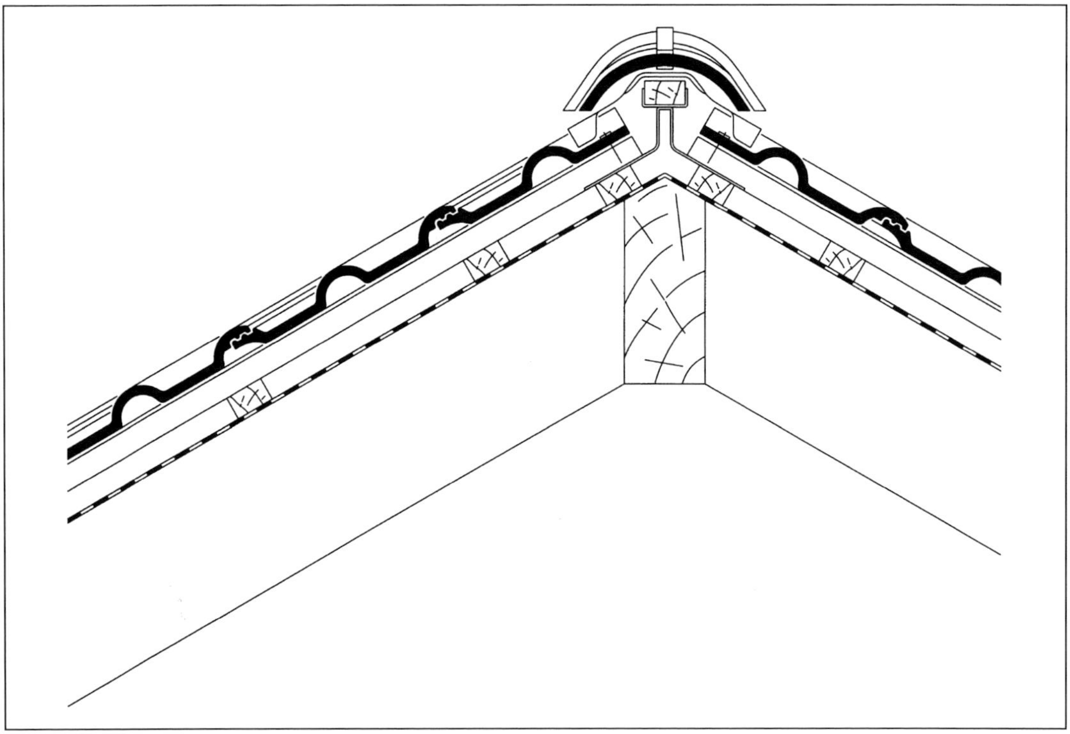

Abb. 5.3-15: Grat mit Unterspannung und Konterlattung

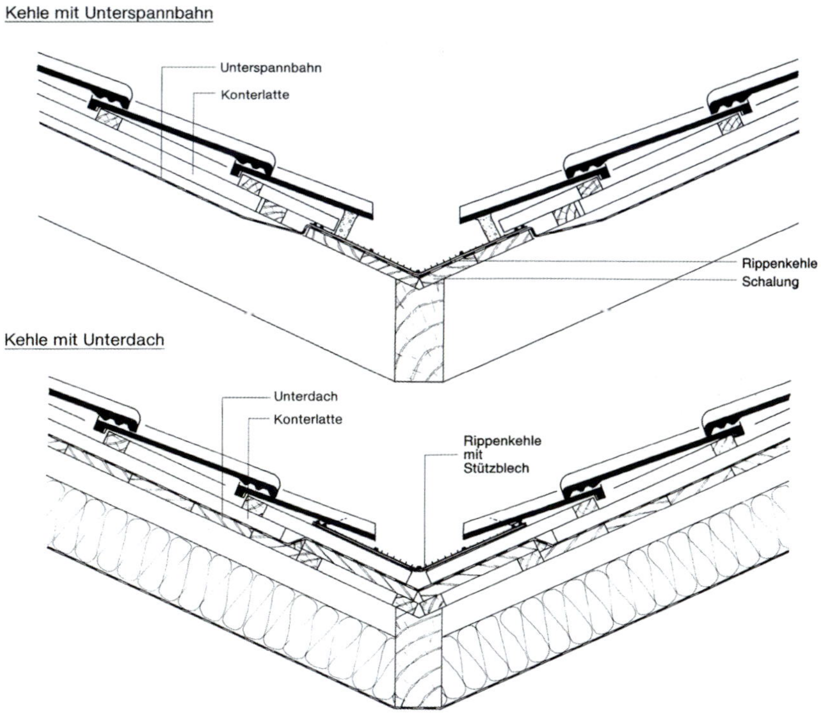

Abb. 5.3-16: Kehlausbildung (Beispiele)

Zusammenfassung

Dachsteine bestehen aus frostbeständigem Spezialbeton. Sie werden auf weitgehend vollautomatischen Fertigungsanlagen hergestellt.

Man unterscheidet folgende Formen der Dachsteine:

- Dachsteine mit Mittelwulst, ebenem Wasserlauf und hoch liegendem Seitenfalz
- Dachsteine mit Mittelwulst, gerundetem Wasserlauf und hoch liegendem Seitenfalz
- Dachsteine ohne Mittelwulst mit muldenförmigem Wasserlauf
- ebene Dachsteine mit tief liegendem Seitenfalz
- ebene Dachsteine ohne Verfalzungen im Biberformat

Dachsteine werden überwiegend im Standardformat 33 × 42 cm sowie im Format 24,5 × 42 cm hergestellt.

Das Biberformat hat die Abmessungen 17 × 24 cm.

Dachsteine werden in verschiedenen Farben sowie mit glatter oder granulierter Oberfläche hergestellt.

Neben den Dachsteinen sind zur Erzielung einer geschlossenen und funktionsfähigen Deckung noch Formsteine, Formteile und Zubehör erforderlich. Wichtige Formsteine sind Firststein, halber Stein, rechter und linker Ortgangstein.

Die Ausbildung der Dachsteine ermöglicht eine variable Höhenüberdeckung. Dadurch kann die Deckung allen Sparrenlängen angepasst werden.

Bei den Dachdeckungen mit Dachsteinen einschließlich der Zusatzmaßnahmen sind die Regeln für die Dachdeckung mit Dachziegeln entsprechend anzuwenden.

Bei Maßnahmen zur Windsogsicherung sind geschlossene und offene Deckunterlage zu unterscheiden. Die Dachbereiche Ecke, Rand und Durchdringungen sind besonders windsoggefährdet.

An Ortgang, First und Grat ist jeder Dachstein mechanisch zu befestigen.

Aufgaben

1. Nennen Sie 2 Rohstoffe zur Herstellung von Dachsteinen.
2. Nennen Sie 3 Formen von Dachsteinen.
3. In welchen Abmessungen werden Dachsteine mit Seitenfalz überwiegend hergestellt?
4. In welchen Farben und in welcher Oberflächenbeschaffenheit werden Dachsteine hergestellt? Nennen Sie jeweils 2 Beispiele.
5. Welche 2 Arten der Seitenfalzausbildung gibt es bei Dachsteinen?
6. Nennen Sie mindestens 6 Formsteine für die Dachsteindeckung.
7. Beschreiben Sie die Deckung der Dachsteine in Bezug auf Deckung im Verband
   a) mit profilierten Dachsteinen mit symmetrischem Mittelwulst,
   b) mit ebenen Dachsteinen mit tief liegendem Seitenfalz.
8. Wovon ist die Höhenüberdeckung der Dachsteine abhängig?
9. Zu welcher Windzone gehört Ihr Heimatort?
10. Berechnen Sie die Klammeranzahl für Ecke, Rand und Fläche. Dachform: zweiseitig geneigt, Neigung: 28°, Firsthöhe: 14 m, geschlossene Deckunterlage, Dachsteindeckung. Wie viele Klammern je m^2 Dachfläche sind erforderlich?
11. Beschreiben Sie den Unterschied zwischen Doppeldeckung und Kronendeckung.

5.4 Faserzementplatten

Faserzementplatten bestehen aus Zement und Fasern. Im Bauwesen ist Zement ein allgemein bekanntes Bindemittel. Er erhärtet an der Luft und unter Wasser (siehe Kapitel 5.13). Als Einlage werden Fasern aus einem Zellulose-Synthetik-Gemisch oder sonstigen Kunststoff-Fasern verwendet. Die Zugabe von Asbestfasern ist aus Gründen des Gesundheitsschutzes verboten. Bei Wellplatten können zusätzlich auch Bänder eingelegt werden.

5.4.1 Herstellung

Nach der gründlichen Vermischung der Fasern mit Zement und Wasser wird der so entstandene Stoffbrei der Fabrikation zugeführt. Hierbei werden die im Wasser schwimmenden Fasern, an denen Zementteilchen haften, von überschüssigem Wasser getrennt und durch rotierende Siebzylinder, die zu 2 Dritteln in den Brei tauchen, sodass auf der Oberfläche der Siebzylinder eine dünne Schicht von Faserzementteilchen haften bleiben. Zu etwa einem Drittel ragen die Siebzylinder aus dem Brei heraus und berühren ein sich ständig bewegendes Endlos-Filzband. Das Band nimmt die Mischung in einem dünnen Vlies auf. Dieses noch sehr wasserreiche Vlies wird im fortschreitenden Fabrikationsgang saugentwässert und auf Formatwalzen aufgewickelt, bis die gewünschte Dicke erreicht ist. Der so entstandene Mantel wird aufgeschnitten und nach der Abhärtung zur Herstellung von ebenen Tafeln, Platten, Wellplatten und Rohren verwendet.

Bei der Herstellung von Faserzement ist es wichtig, dass die Fasern eine homogene Verbindung mit dem Zement eingehen. Die Herstellung von farbigen Faserzementprodukten erfolgt teils durch Einstreuung, teils durch Oberflächenbeschichtung.

5.4.2 Kenngrößen und Materialeigenschaften

Die Fasern haben im Faserzement die Aufgabe der Bewehrung, wie etwa der Stahl im Stahlbeton. Die Ausgangsstoffe sowie der Fabrikationsvorgang bestimmen die besonderen Eigenschaften dieses Baustoffes. Wegen seiner Zusammensetzung ist Faserzement unbrennbar und beständig gegen Ungezieferbefall. Die vollkommene Wasserundurchlässigkeit ist in gleicher Weise bei Platten- wie bei Rohrprodukten vorhanden. Faserzement ist frost- und witterungsbeständig. Er hält Dauertemperaturen von mehr als 300 °C stand. Als nicht metallischer Werkstoff ist Faserzement elektrisch nicht leitend.

5.4.3 Werkzeuge und Geräte

Das Bearbeiten von Faserzementerzeugnissen erfordert im Allgemeinen keine Spezialwerkzeuge. Für die Bearbeitung von Dachplatten wird ein Schieferhammer benötigt. Für das Zurichten von Platten, z. B. am Ortgang, verwendet der Dachdecker eine Haubrücke. Ihr Rücken ist gerade und nicht wie bei der Schieferdeckung gebogen, da Faserzement-Dachplatten beim Behauen mit ihrer ganzen Breite auf der Haubrücke aufliegen müssen. Die Bearbeitung der Dachplatten erfolgt von oben nach unten (von der Sichtseite aus). An Stelle der Haubrücke kann auch eine gerade Hauklammer, eine Platten-Schlagschere oder Handschere benutzt werden. Für die Deckung von Faserzement-Dachplatten wird das übliche Dachstuhlgerüst wie bei der Schieferdeckung benötigt.

5.4.4 Dachdeckungen mit Faserzement-Dachplatten

Mit Faserzement-Dachplatten können unterschiedliche Dachdeckungen ausgeführt werden. Bei allen Deckungen handelt es sich grundsätzlich um Schablonendeckungen. Für alle Deckungen sind im Regelwerk des Dachdeckerhandwerks die jeweiligen Regeldachneigungen, die für die Aufschieblinge an der Traufe und die Sparren gelten, festgelegt. Im Einzelnen werden folgende Deckungen mit der jeweiligen Regeldachneigung unterschieden:

- Deutsche Deckung (Bogenschnittdeckung) ≥ 25° Dachneigung
- Doppeldeckung ≥ 22° Dachneigung
- Rhombusdeckung ≥ 30° Dachneigung
- Spitzschablonendeckung ≥ 30° Dachneigung
- Waagerechte Deckung ≥ 30° Dachneigung

Grundsätzlich sind die Faserzement-Dachplatten für die einzelnen Deckarten verlegefertig mit Löchern versehen und in der Regel für mehrere Überdeckungsmaße verwendbar. Für die Ausführung von Detailbereichen gibt es Ergänzungs- und Sonderformate.

5.4.4.1 Deckunterlagen

Faserzement-Dachplatten werden üblicherweise auf einer Holzschalung von mindestens 24 mm Dicke gedeckt. Um eine ausreichende Nagelbarkeit zu haben, soll der Achsabstand der Sparren 0,70 m nicht überschreiten. Bei größeren Abständen ist eine dickere Schalung zu verwenden. Weiterhin sollen die einzelnen Bretter mindestens 120 mm breit sein. Die Holzschalung ist mit einer Bitumen-Dachbahn oder einer anderen geeigneten Bahn vorzudecken.

Außer bei der Deutschen Deckung (Bogenschnittdeckung) können die anderen Deckungen auch auf Lattung erfolgen. Dabei sollen die Latten bis zu einem Achsabstand der Sparren von 0,70 m mindestens 30/50 mm dick sein, bis 0,90 m mindestens 40/60 mm. Bei größeren Abständen sollen entsprechend größere Querschnitte gewählt werden.

5.4.4.2 Deutsche Deckung (Bogenschnittdeckung)

Die Deutsche Deckung ist mit Dachplatten mit Bogenschnitt auszuführen. Die einzelnen Deckgebinde werden auf Dachflächen mit Gebindesteigung, welche von der Dachneigung abhängig ist, gedeckt (siehe hierzu auch Kapitel 5.1.4.5, Seite 198). Die Gebindesteigung hat die Aufgabe, in die Überdeckung gelangendes Wasser von der Brust der Dachplatten abzuleiten. Die Steigung der Gebinde ist umso steiler, je flacher das Dach ist. Sie ist demzufolge also bei der Regeldachneigung von 25° am steilsten.

Die Platten sind mindestens mit je 2 Schieferstiften, bei Formaten > 30/30 cm zusätzlich noch mit einem Plattenhaken zu befestigen. Bei der Deckung ist zu beachten, dass die Schieferstifte nur so tief eingeschlagen werden, dass die Eigenbewegung der Dachplatten nicht eingeschränkt wird und keine Spannungen entstehen.

Grundsätzlich wird zwischen 2 Deckrichtungen unterschieden. Die Deckrichtung von links

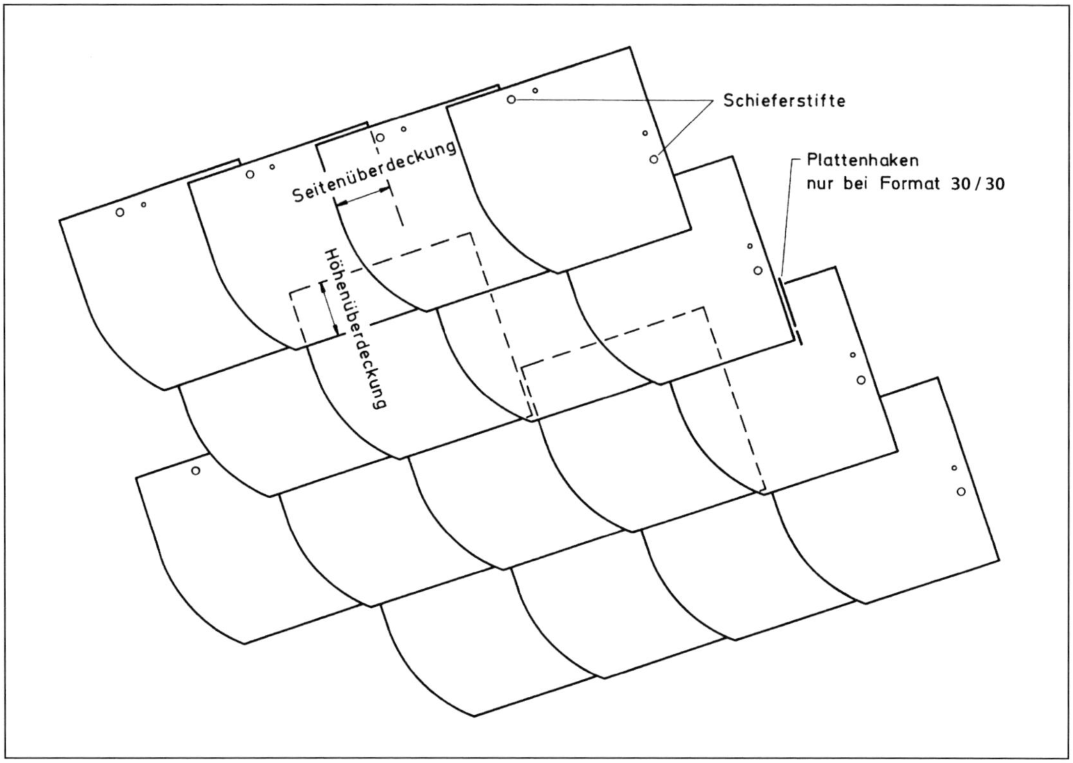

Abb. 5.4-1: Deutsche Deckung

nach rechts bezeichnet man als Rechtsdeckung, hierfür werden Dachplatten mit einem Bogenschnitt links verwendet. Die Deckung von rechts nach links wird analog als Linksdeckung bezeichnet, bei der dann Dachplatten mit einem Bogenschnitt rechts zur Anwendung kommen.

Weiterhin ist bei der Deckung der Gebinde zu beachten, dass man die Ferse der einzelnen Dachplatten etwas aus der Schnürlinie nach unten hängen lässt, um so einen Abtropfpunkt zu schaffen. Dies ist dann der Fersenüberhang.

Die Überdeckung der einzelnen Dachplatten ist von der Dachneigung und dem Dachplattenformat abhängig.

Der Schnürabstand für die Gebinde beträgt:

S = H – Ü

S = Schnürabstand (Gebindehöhe)
H = Plattenhöhe
Ü = Höhenüberdeckung

Tabelle 5.4-1: Mindestüberdeckungen in mm bei der Deutschen Deckung (Bogenschnittdeckung)

Format / Dachneigung	25/25	30/30	40/40
Regeldachneigung ≥ 25°	**Seitenüberdeckung konstant 90**		**Höhen- und Seitenüberdeckung**
	Höhenüberdeckung		
≥ 25°	–	110	120
≥ 30°	100	100	110
≥ 35°	90	90	100
≥ 45°	80	80	90
≥ 55°	70	70	90

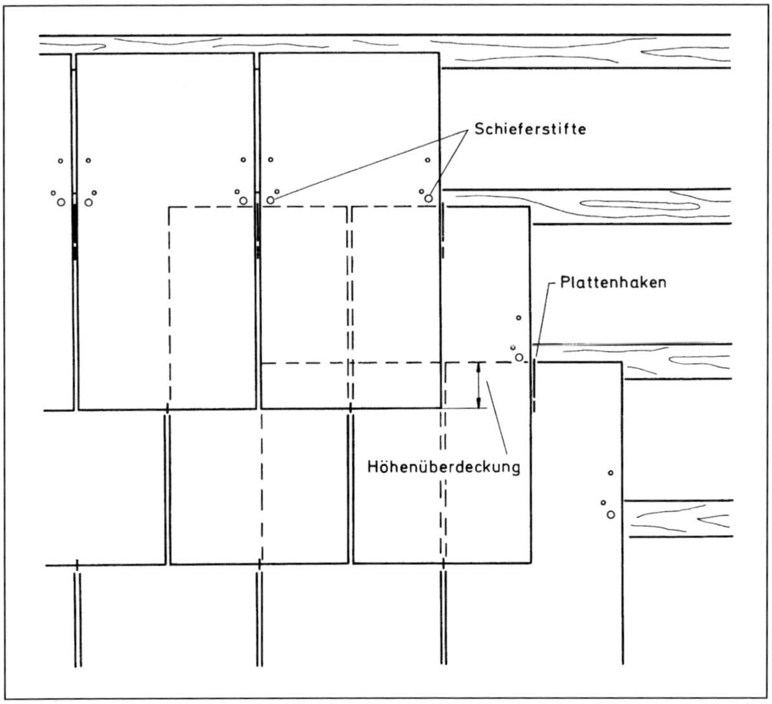

Abb. 5.4-2: Doppeldeckung

5.4.4.3 Doppeldeckung

Als Hauptmerkmal der Doppeldeckung gilt: Das drittfolgende Gebinde überdeckt das erste Gebinde noch um die von der jeweiligen Dachneigung abhängige Höhenüberdeckung. Weiterhin wird die Doppeldeckung im halben Verband mit einer ca. 3 bis 6 mm breiten Stoßfuge gedeckt.

Zu Verwendung kommen Faserzement-Dachplatten, die vollkantig sind, gestutzte Ecken haben oder abgerundet sind. Die Befestigung jeder Platte erfolgt mit mindestens 2 Schieferstiften. Bei Formaten > 30/30 cm ist wieder zusätzlich ein Plattenhaken vorzusehen, der in der jeweiligen Stoßfuge zu platzieren ist. Bei Doppeldeckungen ist eine exakte Schnürung, der eine entsprechende Einteilung vorausgeht, besonders zu empfehlen. Hiernach sind dann sowohl Schnürungen in der Senkrechten wie auch in der Waagerechten erforderlich. Der Abstand der senkrechten Schnürungen ergibt sich aus den Plattenbreiten unter Berücksichtigung der jeweiligen Breite der Stoßfuge. Der Abstand der waagerechten Schnürungen wird errechnet nach der Formel:

$$S = \frac{H - Ü}{2}$$

S = Schnürabstand (Gebindehöhe)
H = Plattenhöhe
Ü = Überdeckung

Tabelle 5.4-2: Mindestüberdeckungen in mm bei der Doppeldeckung

Format / Dachneigung	20/40	30/30	30/60	40/40
Regeldachneigung ≥ 22°	**Höhenüberdeckung**			
≥ 22°	–		120	
≥ 30°	100		100	
≥ 40°	80		80	
≥ 50°	60		60	

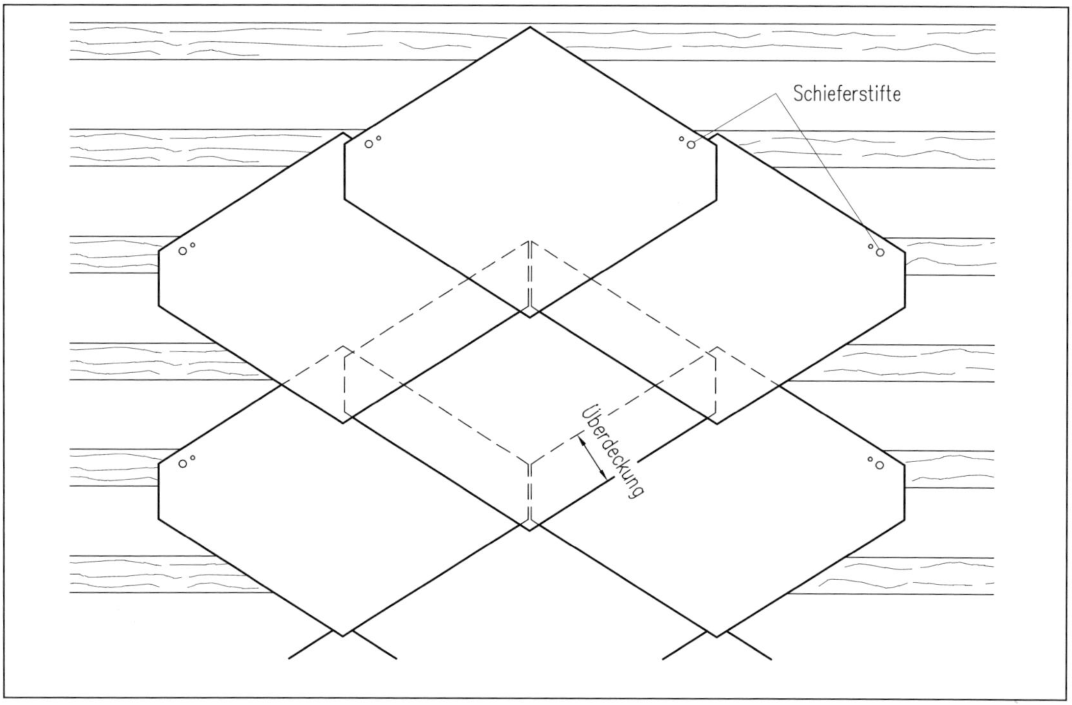

Abb. 5.4-3: Rhombusdeckung

5.4.4.4 Rhombusdeckung

Die Deckung erfolgt mit rautenförmigen Dachplatten, an denen die Ecken mit den spitzen Winkeln gestutzt sind. Die Deckung kann sowohl auf Schalung als auch auf Lattung ausgeführt werden. Die Deckung erfolgt im halben Verband mit einer 3 bis 6 mm breiten Stoßfuge. Die Überdeckung ist abhängig von der Dachneigung und der Größe der gestutzten Ecke. Des Weiteren ist grundsätzlich immer mit mindestens 10 mm Hängespitze zu decken. Befestigt werden die Dachplatten mit mindestens 2 Schieferstiften.

Auch bei der Rhombusdeckung ist eine exakte Schnürung in senkrechter wie auch waagerechter Richtung erforderlich. Hierbei ist der waagerechte Schnürabstand von der Überdeckung abhängig (siehe Abb. 5.4-3).

Tabelle 5.4-3: Mindestüberdeckungen und Schnürabstände in mm bei der Rhombusdeckung

Regeldachneigung 30°	Höhenüberdeckung	Schnürabstand
≥ 30°	100	≤ 162
≥ 35°	90	≤ 174

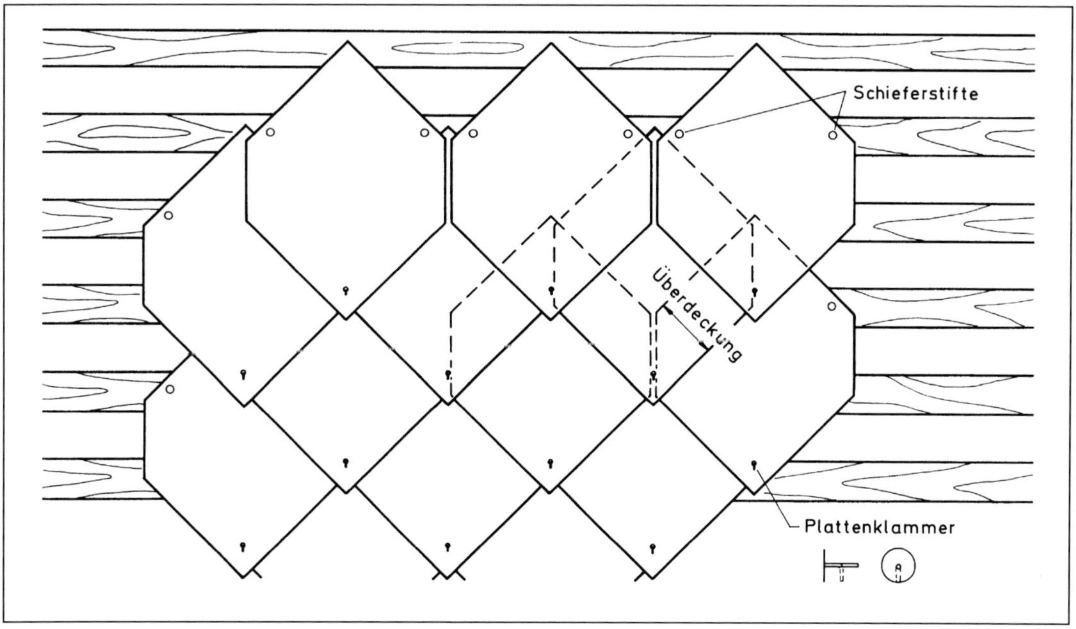

Abb. 5.4-4: Spitzschablonendeckung

5.4.4.5 Spitzschablonendeckung

Die Spitzschablonendeckung ähnelt der Rhombusdeckung. Bei ihr wird allerdings grundsätzlich eine quadratische Dachplatte 40/40 cm oder 30/30 cm verwendet, bei der 2 gegenüberliegende Ecken gestutzt sind. Ansonsten erfolgt auch hier die Deckung im halben Verband mit einer ca. 3 bis 6 mm breiten Stoßfuge und mindestens 10 mm Hängespitze.

Befestigt werden die Dachplatten mit mindestens 2 Schieferstiften und an der unteren Spitze mit einer Plattenklammer, weshalb die Dachplatten hier auch zusätzlich gelocht sind (siehe Abb. 5.4-4).

Die Überdeckung der Dachplatten ist von der Dachneigung und dem Plattenformat abhängig. Eine exakte Schnürung – wie bereits bei der Rhombusdeckung – ist auch hier erforderlich. Der waagerechte Schnürabstand ergibt sich aus der Formel:

$$S = \frac{B}{2} - M$$

S = Schnürabstand (Gebindehöhe)
B = Breite zwischen den gestutzten Ecken
M = Maß der durchhängenden Spitze

Tabelle 5.4-4: Mindestüberdeckungen in mm bei der Spitzschablonendeckung

Format / Dachneigung	30/30	40/40
Regeldachneigung ≥ 30°	**Überdeckung**	
≥ 30°	100	110
≥ 35°	90	100
≥ 45°	80	90
≥ 55°	70	90

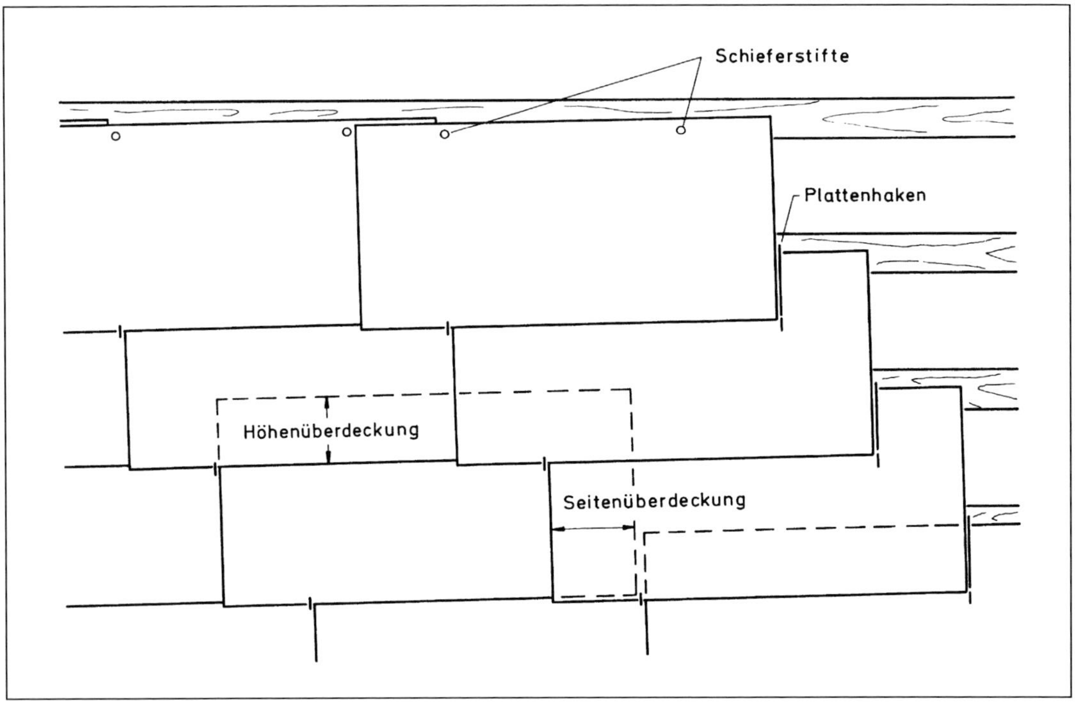

Abb. 5.4-5: Waagerechte Deckung

5.4.4.6 Waagerechte Deckung

Die Waagerechte Deckung wird mit rechteckigen Dachplatten 60/30 cm, grundsätzlich im Querformat verlegt, ausgeführt. Sie hat wie die Deutsche Deckung einfache Höhen- und Seitenüberdeckungen. Grundsätzlich erfolgt die Deckung ohne Gebindesteigung. Es muss jedoch immer auf die Hauptwindrichtung geachtet werden. Hierbei muss die Deckung so erfolgen, dass sie der Hauptwindrichtung entgegengesetzt als Rechts- oder Linksdeckung ausgeführt wird. Ansonsten ist, wie bei anderen Deckungen auch, mit hängender Ferse zu decken.

Als Deckunterlage kann bei der Waagerechten Deckung sowohl eine Vollschalung mit Vordeckung als auch eine Lattung verwendet werden.

Befestigt werden die Dachplatten mit mindestens 2 Schieferstiften im Kopfbereich und einem Plattenhaken an der Ferse (siehe Abb. 5.4-5).

$$S = H - Ü$$

S = waagerechter Schnürabstand
H = Plattenhöhe
Ü = Höhenüberdeckung

Tabelle 5.4-5: Mindestüberdeckungen in mm bei der Waagerechten Deckung

Format / Dachneigung	60/30	
Regeldachneigung ≥ 30°	**Seitenüberdeckung**	**Höhenüberdeckung**
≥ 30°	120	100
≥ 40°	110	90
≥ 50°	90	80

5.4.5 Deckung von Dachdetails

Für die Deckung von Dachdetails sind zum Teil Ergänzungsformate zu verwenden, die von den Standardformaten der Dachflächendeckung abweichen und auf der Baustelle zu bearbeiten sind. Dabei erfolgt die Bearbeitung der Dachplatten immer von oben nach unten (von der Sichtseite aus). Weiterhin sind die Dachplatten immer so zu verwenden, dass in der fertigen Deckung keine Befestigungslöcher zu sehen sind. Einzige Ausnahme hierbei ist die Firstdeckung.

5.4.5.1 Traufe

Grundsätzlich ist außer bei der Doppeldeckung und der Waagerechten Deckung an der Traufe zunächst die Deckung eines waagerecht verlaufenden Traufgebindes möglich. Hierbei sind dann die gleichen Dachplattenformate zu verwenden wie bei der eigentlichen Flächendeckung. Die Deckrichtung des Traufgebindes ist beliebig, jedoch empfiehlt es sich aus optischen Gründen, die gleiche Deckrichtung wie in der Dachfläche zu wählen. Wegen der bei diesem Gebinde nicht vorhandenen Gebindesteigung muss die Seitenüberdeckung mindestens 120 mm betragen. In der Höhe wird das Traufgebinde wie in der Dachfläche überdeckt. Befestigt werden die Dachplatten mit mindestens 3 Schieferstiften. Damit die Faserzement-Dachplatten an der Traufe die gleiche Neigung wie die dann folgenden haben, sollten sie mit dünnen Holzleisten oder Bitumenbahnstreifen unterlegt werden.

Auf dem eventuell vorhandenen Traufgebinde wird dann die eigentliche Traufdeckung, auch als Fußdeckung bezeichnet, begonnen. Die Ausbildung dieser Deckung ist von der Art der jeweiligen Dachdeckung abhängig.

Bei der **Deutschen Deckung (Bogenschnittdeckung)** kann zwischen der Ausführung eines eingebundenen Fußes mit Fuß- und Gebindeplatten oder eines eingespitzten Fußes gewählt werden. Bei der eingebundenen Fußdeckung verlaufen die einzelnen Fußgebinde in entgegengesetzter Deckrichtung zur Dachflächendeckung. Die Rückenführung der einzelnen Fußplatten muss mindestens denen der Dachplatten in der Dachfläche entsprechen. Wegen der Regensicherheit empfiehlt es sich, die Seitenüberdeckung der Fußplatten zu vergrößern. Dies kann durch einen größeren Fersenversatz erfolgen. Die Fuß- und Gebindeplatten sind generell mit mindestens 3 Schieferstiften zu befestigen, wobei bei kleineren Platten auch 2 Befestigungen reichen.

Eine Alternative zur eingebundenen Fußdeckung ist der eingespitzte Fuß. Dieser kann wegen der dann zum Teil vorkommenden kleinen Einspitzer-Platten nur in Verbindung mit einem zuvor gedeckten Traufgebinde erfolgen. Ansonsten würde ein vorhandenes Traufblech durch die Befestigungen perforiert bzw. ist eine Befestigung der Einspitzer kaum noch möglich. Bei der eingespitzten Fußdeckung werden die Deckgebinde auslaufend gedeckt. Die Befestigung erfolgt genauso wie beim eingebundenem Fuß (siehe Abb. 5.4-6 und Abb. 5.4-7).

Die eingespitzte Fußdeckung wird im Vergleich zum eingebundenen Fuß aus der Sicht des Schwierigkeitsgrades als die einfachere Ausführungsart betrachtet.

Bei der **Doppeldeckung** muss auch an der Traufe sichergestellt sein, dass das dritte Gebinde das erste Gebinde noch um die jeweilige Höhenüberdeckung überdeckt. Dies wird dadurch erreicht, dass hier unter dem ersten voll sichtbaren Dachflächengebinde Ansetzerplatten, die teilweise auch als Anfänger- oder auch Unterlegerplatten bezeichnet werden, gedeckt werden. Die Höhe dieser Ansetzerplatten ist jeweils zu ermitteln. Sie errechnet sich aus der Formel:

$$A = S + Ü$$

A = Ansetzerplattenhöhe
S = Schnürabstand (Sichthöhe der Deckgebinde)
Ü = Höhenüberdeckung

Die Ansetzerplatten sind mit mindestens 2 Schieferstiften zu befestigen (siehe Abb. 5.4-8).

Die Deckung der Traufe bei der **Rhombusdeckung** und **Spitzschablonendeckung** erfolgt ebenfalls mit entsprechenden Ansetzerplatten immer in Verbindung mit einem waagerecht gedeckten Traufgebinde. Die Größe der Ansetzer ergibt sich durch das Abtrennen des unterhalb der gestutzten Ecken sich befindenden Dach-

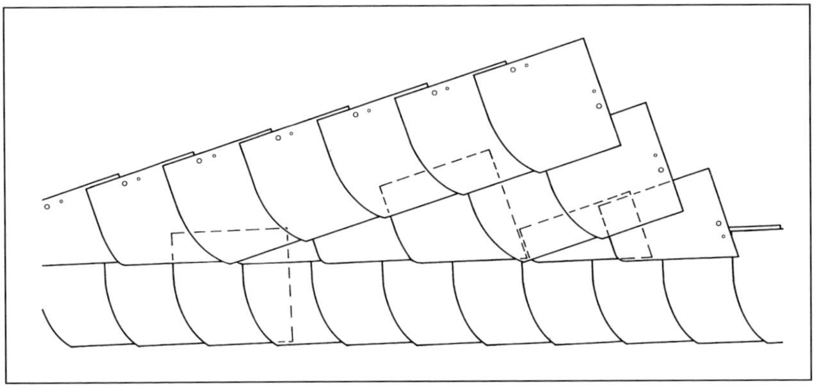

Abb. 5.4-6: Traufe – Deutsche Deckung (Bogenschnittdeckung) mit eingespitztem Fuß

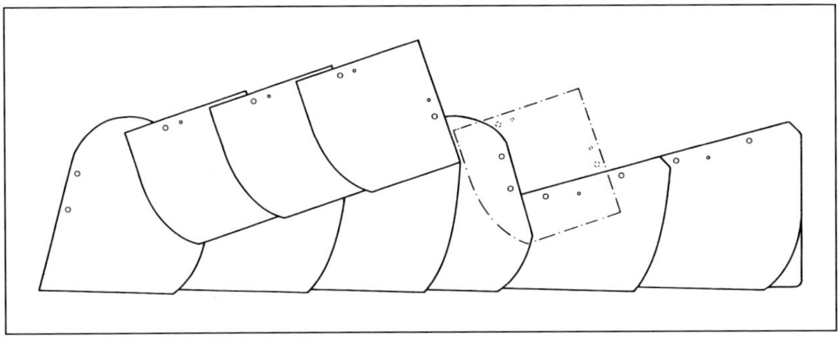

Abb. 5.4-7: Traufe – Deutsche Deckung (Bogenschnittdeckung) mit eingebundenem Fuß

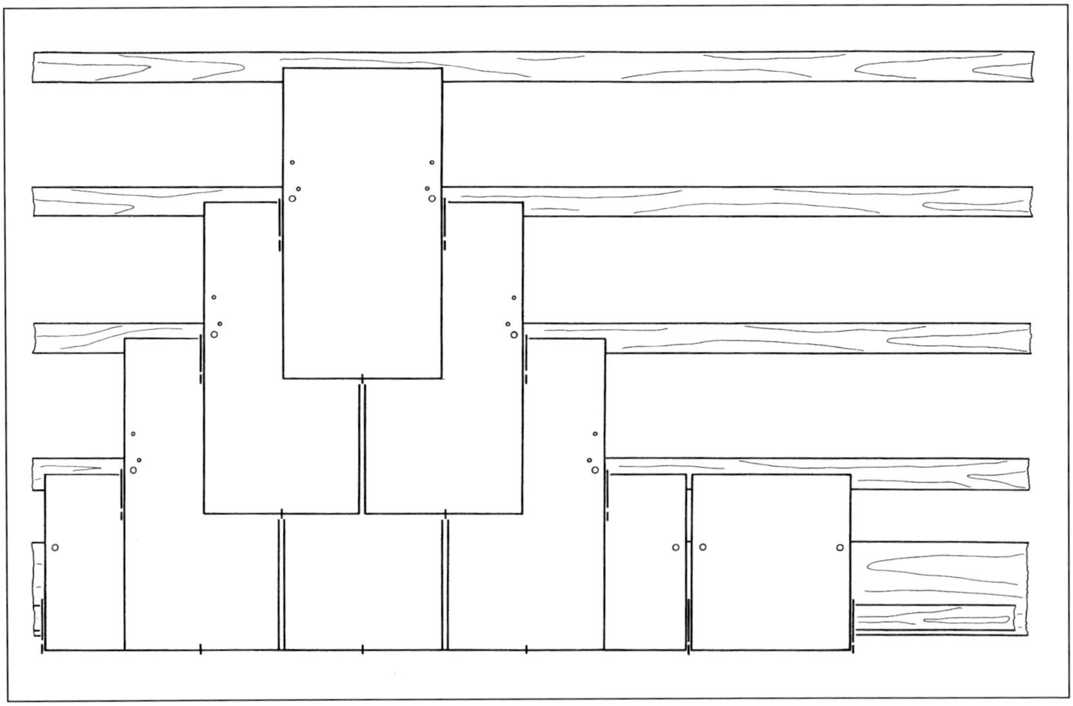

Abb. 5.4-8: Traufe – Doppeldeckung

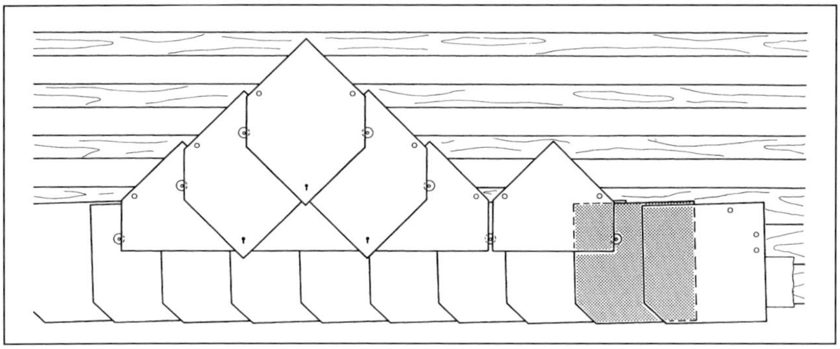

Abb. 5.4-9: Traufe – Spitzschablonendeckung

plattenteils. Auch diese Ansetzerplatten werden mit mindestens 2 Schieferstiften befestigt (siehe Abb. 5.4-9).

Bei der **Waagerechten Deckung** gibt es keine separate Trauf- bzw. Fußdeckung. Vielmehr erfolgt diese durch das erste Deckgebinde. Die Dachplatten dieses Gebindes werden genauso befestigt wie die Platten in der Dachfläche.

5.4.5.2 Ort

Grundsätzlich sind bei allen Arten der Ortdeckung die gleichen Höhen- und Seitenüberdeckungen einzuhalten wie bei den jeweiligen Dachflächendeckungen. In der Regel werden die Dachplatten an der Ortkante mit einem freien Überstand von 40–60 mm über die fertige Konstruktion gedeckt. Abweichend hiervon kann auch mit gekanteten Profilen gearbeitet werden, dann aber ohne oder mit geringerem Überstand. Besonders zu beachten ist, dass die äußeren Ecken der Dachplatten am Ort (also sowohl oben wie unten) immer mit einem Wasser abweisenden Schnitt versehen werden müssen. Erreicht wird dies durch Runden oder Stutzen der jeweiligen Ecken.

Die Ortdeckung bei der **Deutschen Deckung (Bogenschnittdeckung)** soll immer als eingebundenes Anfang- oder Endort erfolgen. Dabei haben beim Anfangort die Stich-, Zwischen- und Anfangortplatten eine runde Rückenform. Dies gilt grundsätzlich auch für die Endorte. Dort kann allerdings generell zwischen einer Ausführung als Doppelort oder Endstichort gewählt werden. In allen Fällen ist darauf zu achten, dass die Form der einzelnen Ortplatten untereinander identisch ist. Bei der Deckung der Endorte kann im Einzelfall ein Staffeln der Endortgebinde notwendig werden. Hierbei wird dann auf das Decken einer Flächen-Dachplatte auf die vorherige Endortplatte verzichtet und deren Deckbreite der Endortplatte zugeordnet. Ursächlich hierfür ist die Schablonendeckung der Dachfläche. Als Folge dieser Schablonendeckung wird dann am Anfangort ein Zurücksetzen, welches mit einem Übersetzen verglichen werden kann, erforderlich (siehe Abb. 5.4-10 und Abb. 5.4-11).

Aufgelegte Ortdeckungen, auch Strackorte genannt, sind nicht zulässig. Bei Verwendung des Dachplattenformates 40/40 cm als Standardformat für die Dachflächendeckung darf das Anfangort auslaufend, also nicht eingebunden, gedeckt werden, weil es hierfür keine speziellen Ergänzungsformate gibt.

Die Ortplatten sind mit mindestens 3 Schieferstiften zu befestigen. Beim Endstichort müssen die großen Ortplatten zusätzlich mit einem Plattenhaken gesichert werden. Werden die Platten nur am Kopf befestigt, ist versetzt zu nageln.

Die Orte werden bei der **Doppeldeckung** auslaufend gedeckt, d. h., dass die Dachplatten an den Ortkanten ihrer Breite entsprechend enden, also auslaufen. Dabei dürfen die Dachplatten unmittelbar an der Ortkante nicht schmäler sein als 120 mm. Um dies zu erreichen, ist entweder mit Ergänzungsformaten zu arbeiten oder die Dachplatten sind im Ortbereich als Zuschnittplatten im Verband regelmäßig aufzuteilen. Dabei darf der Drittelverband nicht unterschritten werden (siehe Abb. 5.4-12 und Abb. 5.4-13).

Damit an beiden Ortseiten einer Dachfläche gleiche Zuschnittbreiten erreicht werden, sollte die senkrechte Einteilung stets von einem Winkelschlag an einer der beiden Ortkanten oder

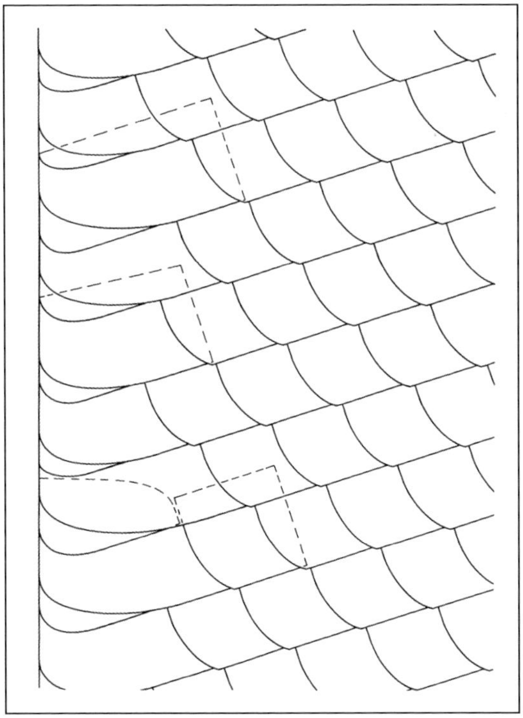

Abb. 5.4-10: Ort – Deutsche Deckung (Bogenschnittdeckung) mit Anfangort

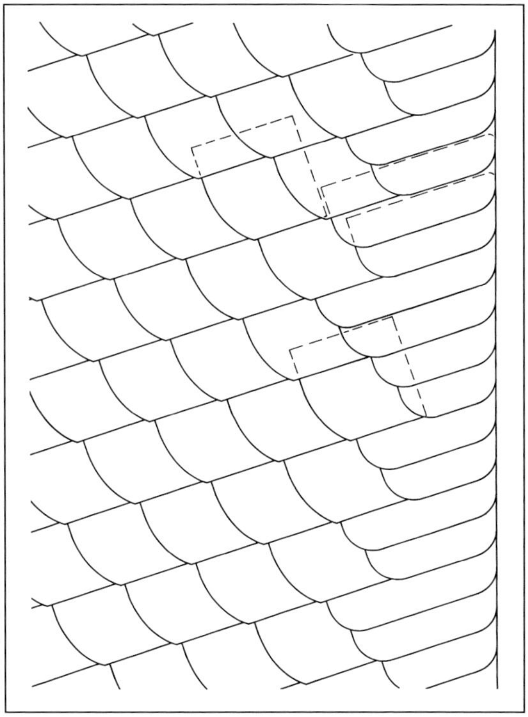

Abb. 5.4-11: Ort – Deutsche Deckung (Bogenschnittdeckung) mit Doppelendort

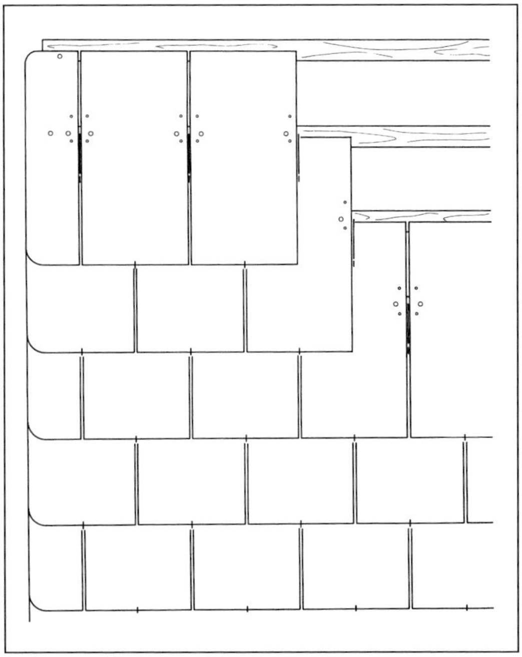

Abb. 5.4-12: Ort – Doppeldeckung, halber Verband

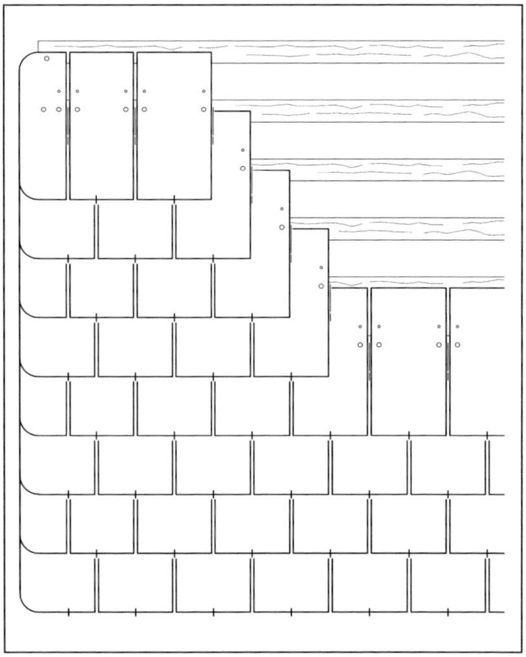

Abb. 5.4-13: Ort – Doppeldeckung, Zuschnitte aufgeteilt im Drittelverband

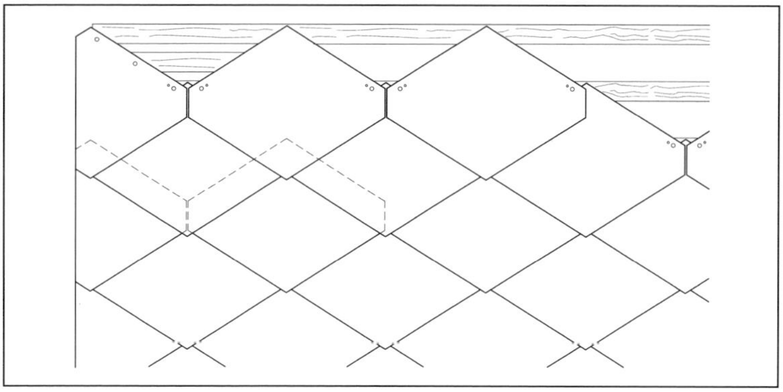

Abb. 5.4-14: Ort – Rhombusdeckung

bei kleineren Dachflächen von der Dachmitte aus erfolgen. Dabei sind Trauflänge und Firstlänge zu messen, damit die waagerechten und senkrechten Schnürungen immer einen rechten Winkel zueinander bilden.

Die Orte der **Rhombusdeckung** und der **Spitzschablonendeckung** sind eingebunden oder auslaufend zu decken. Bei auslaufender Ortdeckung ist die Dachfläche so einzuteilen, dass sich möglichst halbe Plattenbreiten an der Ortkante ergeben. Alle Platten am Ort sind auch hier mit mindestens 3 Schieferstiften zu befestigen. Bei aufgelegter Ortdeckung sind die von der Ortdeckung überdeckten Flächenplatten mit einem Wasser abweisenden Schnitt zu versehen. Aufgelegte Orte, sogenannte Strackorte, müssen die Flächendeckung um mindestens die Höhenüberdeckung + 20 mm überdecken. Die Überdeckung der Ortplatten der Strackorte untereinander muss mindestens der Höhenüberdeckung der Flächendeckung entsprechen (siehe Abb. 5.4-14).

Die Deckung der Orte bei der **Waagerechten Deckung** erfolgt zwangläufig auslaufend. Die sich jeweils durch die Dachflächendeckung ergebenden Anfangs- und Endplatten an den Ortkanten sind mit mindestens 3 Schieferstiften und einem Plattenhaken befestigt. Platten am Endort mit mehr als halber Plattenbreite (also mit mehr als 300 mm) sind mit einem zusätzlichen Plattenhaken zu befestigen.

5.4.5.3 First

Die Deckung der Firste erfolgt bei allen Faserzement-Dachplattendeckungen mit aufgelegten Firstgebinden. Dabei muss die Überdeckung der Firstgebinde auf die Dachflächendeckung der Höhenüberdeckung in der Dachfläche entsprechen. Die Seitenüberdeckung ist wegen der für die dauerhafte Befestigung erforderlichen versetzten Nagelung um das Maß der Versetzung zu vergrößern. Hierbei sind immer mindestens 4 Schieferstifte pro Firstplatte zu verwenden. Eine sichtbare Befestigung (blanke Nagelung) ist grundsätzlich nicht zulässig. Die einzige Ausnahme bildet die Schlussplatte. Diese ist sichtbar mit mindestens drei Schieferstiften aus nicht rostendem Stahl oder Kupfer zu befestigen. Zudem darf diese Platte nicht unmittelbar an der Ort- oder Gratkante gedeckt werden. Um eine dauerhafte Befestigung der Firstplatten zu gewährleisten, sollten diese zusätzlich mit einem Plattenhaken befestigt werden.

In der Regel wird das Firstgebinde der Dachfläche, die der Hauptwindrichtung zugewandt ist, mit einem Überstand von 40–60 mm über die fertiggedeckte untergehende Dachfläche gedeckt.

Bei der **Deutschen Deckung (Bogenschnittdeckung)** sind zunächst die Deckgebinde der Dachfläche am First auszuspitzen, d.h., dass die Gebinde in ihrer Deckrichtung auslaufen. Die Firstdeckung erfolgt dann als aufgelegtes Firstgebinde in der gleichen oder in entgegengesetzter Deckrichtung wie die Dachflächengebinde. Hierbei sind ausschließlich Dachplatten mit Bogenschnitt zu verwenden (siehe Abb. 5.4-15).

Für die **Doppeldeckung** wird allgemein gefordert, dass das unterhalb des Firstgebindes liegende Ausspitzgebinde die gleiche Sichthöhe haben soll wie die übrigen Dachflächengebinde. Dies kann durch eine gezielte Einteilung der Sparrenlänge erreicht werden. Eine weitere

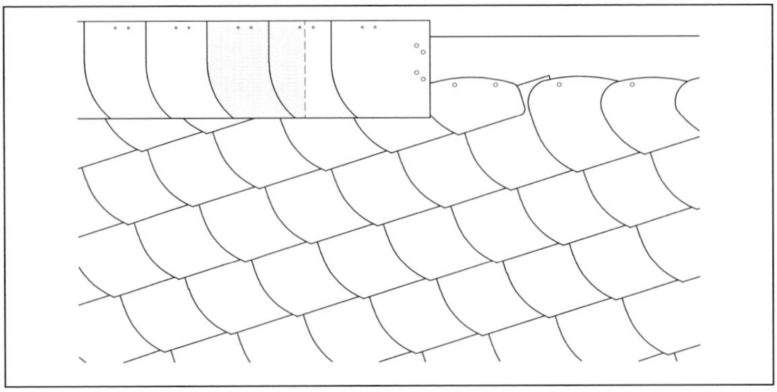

Abb. 5.4-15: First – Deutsche Deckung (Bogenschnittdeckung)

Möglichkeit stellt auch der Längenausgleich durch das Firstgebinde selbst dar. Hierbei passt man letztlich die Firstgebindehöhe entsprechend an und nutzt somit dieses für den Längen- bzw. Differenzausgleich. Das Firstgebinde kann sowohl mit einfacher Seitenüberdeckung als auch in seitlicher Doppeldeckung gedeckt werden. Die einfache Überdeckung muss mindestens 100 mm, die seitliche Doppeldeckung mindestens 20 mm betragen. Die Fersen der Dachplatten des Firstgebindes können gestutzt, gerundet oder vollkantig sein.

Die Firstdeckung bei der **Rhombusdeckung** und der **Spitzschablonendeckung** erfolgt im Grunde analog zur Doppeldeckung.

Für die **Waagerechte Deckung** gilt grundsätzlich, dass hier das Firstgebinde die gleiche Deckrichtung wie die Dachflächendeckung haben muss. Ansonsten ist sie im Grunde der Firstdeckung bei der Deutschen Deckung ähnlich.

5.4.5.4 Grat

Auch für Gratdeckungen gilt, wie bereits bei der Ortdeckung, dass die Höhen- und Seitenüberdeckungen der eigentlichen Gratdeckungen den der zugehörigen Dachflächendeckung entsprechen. Eine Ausnahme stellen hier die bei Graten durchaus eher zur Anwendung kommenden aufgelegten Ortdeckungen, auch Strackorte genannt, dar. Für diese wird allgemein eine Überdeckung von mindestens 100 mm auf die Dachflächendeckung gefordert.

Wie bei der Firstdeckung wird auch am Grat die der Hauptwindrichtung zugewandte Dachfläche übergehend gedeckt. Hiervon gibt es allerdings Ausnahmen. So kann aus optischen Gründen bei kleineren Gratlängen (z. B. an abgewalmten Sattelgauben) hiervon abgewichen werden. Weiterhin kann es bei verschiedenen Dachneigungen am Grat erforderlich sein, die flacher geneigte Dachfläche grundsätzlich überstehend zu decken, da ansonsten keine Regensicherheit erreicht wird. Das Maß des Überstands ist identisch mit dem der Firstdeckung. Auch sind am Grat grundsätzlich die äußeren oberen Ecken der Dachplatten mit einem Wasser abweisenden Schnitt zu versehen.

Für die **Deutsche Deckung (Bogenschnittdeckung)** gilt, dass die Grate grundsätzlich eingebunden, also so wie bei der Ortkante, gedeckt werden. Dazu ist es jeweils in Abhängigkeit von der Dachneigung notwendig, die Gebindesteigung der Dachflächendeckung derart an den Grat anzupassen, dass die Brust der Dachplatten annähernd parallel zur Gratkante verläuft. Nur dann ist vor allem eine eingebundene Endortdeckung möglich. Hierbei ist besonders darauf zu achten, dass die höchstzulässige Gebindesteigung nicht überschritten wird. In diesem Fall ist dann eine eingebundene Deckung nicht mehr möglich, sodass dann die Grate als aufgelegte Orte zu decken sind.

Die Regelausführung bei der **Doppeldeckung** am Grat ist die aufgelegte Ortdeckung (Strackort). Die für diese Form der Ortdeckung verwendeten Dachplatten sind an den sichtbaren Ecken zu stutzen oder abzurunden. Die Ortplatten werden untereinander genauso viel überdeckt wie die Dachplatten in der Dachfläche (Maß der Überdeckung des dritten Gebindes über das erste Gebinde). Alternativ kann die

Strackortdeckung auch in Doppeldeckung erfolgen. Dann muss die dritte Ortplatte die erste generell um mindestens 20 mm überdecken.

Eine weitere, in Deutschland weniger angewandte Möglichkeit der Gratdeckung ist die eingebundene Ausführung. Hierzu müssen die Dachflächen beiderseits des Grates gleiche Dachneigungen von mindestens 45° haben. Die Dachplatten sind dann unter Verwendung von untergelegten Metallnocken stumpf stoßend zu verlegen. Die Plattenecken entlang der Gratkante müssen auch hier abgerundet oder gestutzt werden.

Die Gratdeckung bei **Rhombusdeckung, Spitzschablonendeckung** und **Waagerechter Deckung** erfolgt immer als aufgelegte Ortdeckung. Die Ausführung entspricht der bei einer Doppeldeckung.

5.4.5.5 Kehle, Anschlüsse und Durchdringungen

Die Ausführung von Kehlen, Anschlüssen und Durchdringungen bei Faserzement-Dachplattendeckungen unterscheidet sich kaum von der bei vergleichbaren Dachdeckungen mit Schiefer. Demzufolge können Kehldeckungen unter Verwendung von Metall als Blech- und Nockenkehlen und bei Ausführung mit Dachplatten als untergelegte und eingebundene Kehldeckungen ausgeführt werden.

Die hierbei zur Anwendung kommenden jeweiligen Ausführungstechniken sind größtenteils mit denen der Schieferdeckung identisch.

Zusammenfassung

Faserzement ist ein Werkstoff, der aus Zement mit eingebrachten Fasern besteht. Als Fasern werden verwendet:

- Fasern aus einem Zellulose-Synthetik-Gemisch
- Kunststoff-Fasern

Die Fasern haben in Faserzementprodukten die Aufgabe der Bewehrung.

Bei der Faserzementherstellung werden Fasern, Zement und Wasser gemischt. Dieser Stoffbrei wird als dünnes Vlies über einen Siebzylinder auf ein Endlos-Filzband gebracht und nach Erreichen der gewünschten Dicke aufgeschnitten; man erhält die Rohplatte.

Nach der Abhärtezeit kann der Werkstoff weiterverarbeitet werden.

Die farbige Oberfläche der Faserzementprodukte wird durch Einstreuung oder Beschichtung hergestellt.

Eigenschaften von Faserzement:

- unbrennbar
- beständig gegen Ungezieferbefall
- witterungsbeständig

Folgende Dachdeckungen mit Faserzement-Dachplatten sind üblich:

- Deutsche Deckung (Bogenschnittdeckung)
- Doppeldeckung
- Rhombusdeckung
- Spitzschablonendeckung
- Waagerechte Deckung

Die Deutsche Deckung mit Dachplatten ist eine Schablonendeckung. Sie wird mit Dachplatten mit Bogenschnitt ausgeführt, Dachplatten > 30/30 cm erhalten außer 2 Schieferstiften einen zusätzlichen Plattenhaken. Die Ferse jeder Dachplatte muss etwas nach unten hängen, um einen besseren Abtropfpunkt zu erhalten (Fersenüberhang).

Die Doppeldeckung wird im halben Verband gedeckt. Jede dritte Platte muss in der Höhe die jeweils erste noch überdecken.

Die Rhombusdeckung erfolgt mit rautenförmigen Dachplatten mit 2 gestutzten Ecken im halben Verband mit mindestens 10 mm Hängespitze. Die Dachplatten werden mit 2 Schieferstiften befestigt.

Die Spitzschablonendeckung erfolgt mit quadratischen Dachplatten mit 2 gestutzten Ecken. Sie wird mit 2 Schieferstiften und einer Plattenklammer befestigt.

Die Waagerechte Deckung ist eine Einfachdeckung, deren Ausführung mit der Deutschen Deckung vergleichbar ist. Die rechteckigen Platten werden im Querformat verlegt und gegen die Hauptwindrichtung mit hängender Ferse gedeckt.

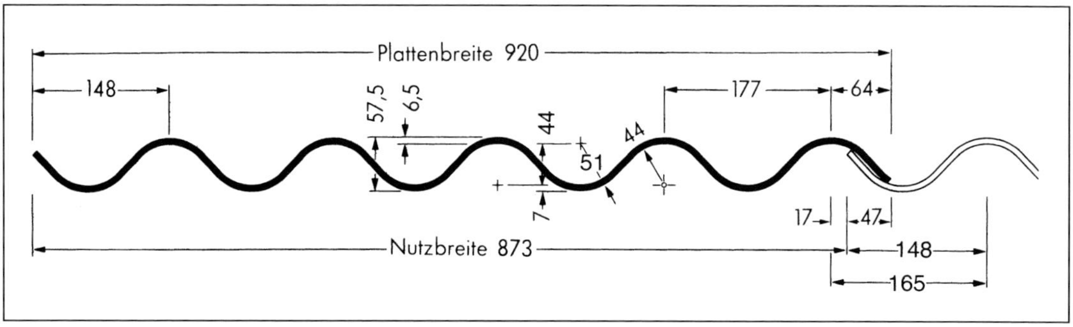

Abb. 5.4-16: Faserzement-Wellplatte, Profil 177/51

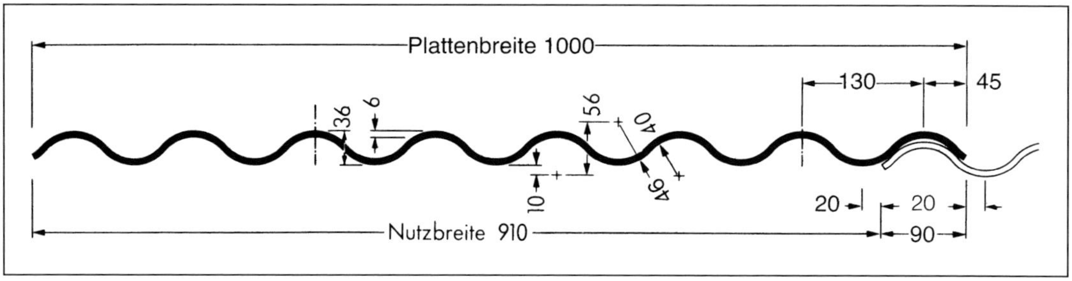

Abb. 5.4-17: Faserzement-Wellplatte, Profil 130/30

5.4.6 Dachdeckungen mit Faserzement-Wellplatten

Faserzement-Wellplatten sind großformatige Deckwerkstoffe. Grundsätzlich wird zwischen Standardwellplatten und Kurzwellplatten unterschieden. Bei beiden Wellplattenarten werden als Deckunterlage Holzpfetten, Stahlpfetten oder Stahlbetonpfetten verwendet. Faserzement-Wellplatten werden häufig als Dachdeckung bei Industriegebäuden und landwirtschaftlichen Gebäuden verwendet.

5.4.6.1 Standardwellplatten

Standardwellplatten aus Faserzement müssen ausdrücklich bauaufsichtlich für die Verwendung als Dachdeckung zugelassen sein. Bei der Verlegung der Wellplatten ist die bauaufsichtliche Zulassung unbedingt zu beachten. Es gibt die Standardwellplatten in den Längen 1.250, 1.600, 2.000 und 2.500 mm, jeweils mit vorgefertigtem Eckenschnitt. Dabei wird generell zwischen den Profilen 177/51 (5 Wellen) und 130/30 (8 Wellen) unterschieden.

Tabelle 5.4-6: Standardformate von Faserzement-Wellplatten

Wellplatte	**Länge (mm)**	**Profil**	
		177/51	**130/30**
		Breite (mm) Wellenanzahl	
Standardwellplatte	2500	920 5 Wellenberge	1000 8 Wellenberge
	2000		
	1600		
	1250		
Kurzwellplatte	625	920 5 Wellenberge	

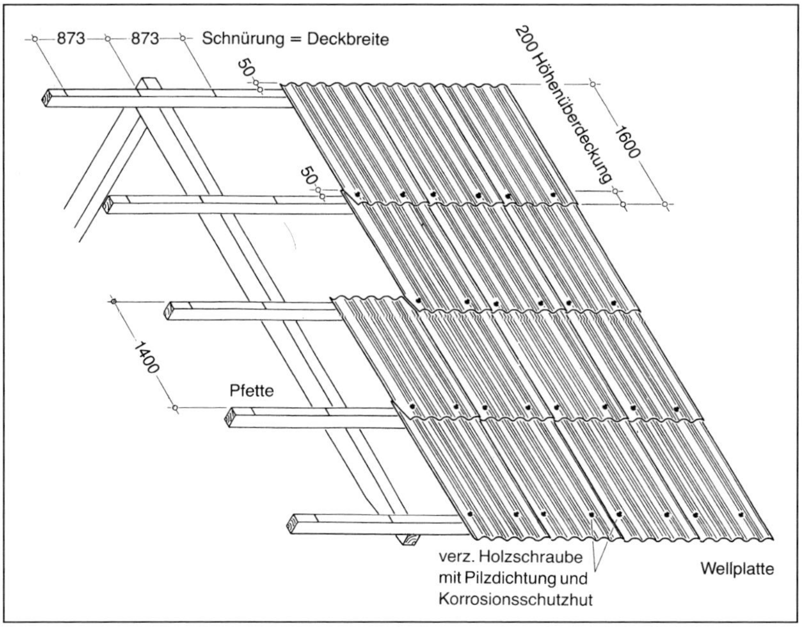

Abb. 5.4-18: Deckung mit Faserzementplatten (Profil 177/51)

Die Profilkennzeichnung hat folgende Bedeutung:

Beispiel

Profil 177/51

177 = Entfernung von Mitte Wellenberg zu Mitte Wellenberg in mm

51 = Profilhöhe in mm

Auch für die Deckung von Faserzement-Wellplatten sind entsprechende Regeldachneigungen vorgeschrieben (siehe Tabelle 5.4-7). Diese können im Einzelfall unterschritten werden, bei Standardwellplatten um 2° und Kurzwellplatten um 5°, wenn in der Höhenüberdeckung eine Dichtschnur (Kittschnur) eingelegt wird. Eine darüber hinausgehende Unterschreitung ist nur mit einem wasserdichten Unterdach zulässig, wobei die Mindestdachneigung von 5° auf keinen Fall unterschritten werden darf.

Tabelle 5.4-7: Regeldachneigungen in Abhängigkeit von der Sparrenlänge

Wellplatte	Entfernung Traufe–First in m	Regeldachneigung in ° (%)
Standardwellplatte	≤ 10	≥ 9 (~ 15,8)
	> 10–20	≥ 10 (~ 17,6)
	> 20–30	≥ 12 (~ 21,3)
	> 30	≥ 14 (~ 24,9)
Kurzwellplatte	≤ 10	≥ 15 (~ 26,8)
	> 10–20	≥ 17 (~ 30,6)
	> 20–30	≥ 19 (~ 34,4)
	> 30	≥ 20 (~ 36,4)

Bei der Verlegung der Wellplatten dürfen die sich aus der bauaufsichtlichen Zulassung ergebenden höchstzulässigen Auflagerabstände für die Deckunterlage (Pfetten) in keinem Fall überschritten werden. Die Abstände sind im Einzelnen abhängig von der Dachneigung und dem Wellplattenprofil.

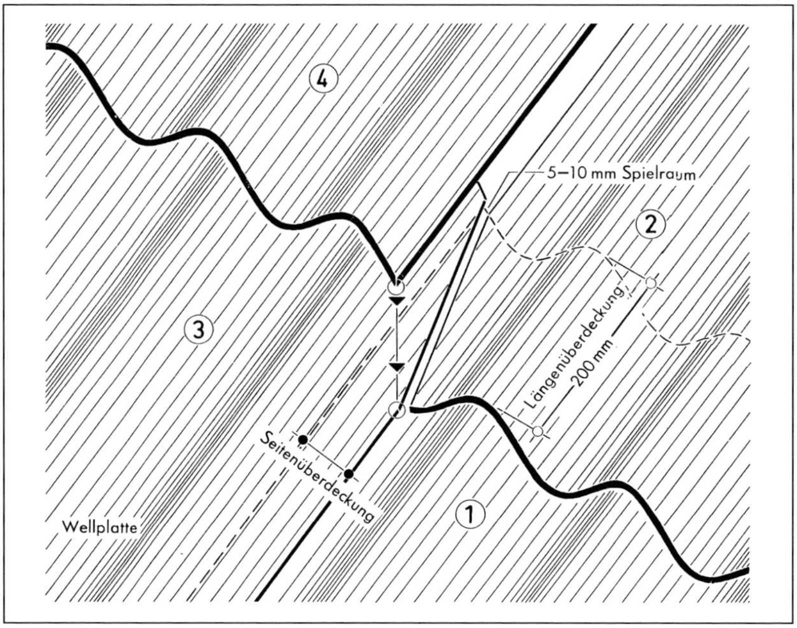

Abb. 5.4-19: Ausbildung des Eckenschnittes

Tabelle 5.4-8: Auflagerabstände für Standardwellplatten in mm

Dachneigung	Profil	Wellplattenlänge	Auflagerabstände	
			höchstzulässig	üblicher Abstand
< 20° (~36,4 %)	177/51 und 130/30	2.500	≤ 1.150	1.150
		2.000		900
		1.600		700
		1.250		1.050
≥ 20° (~36,4 %)	177/51	2.500	≤ 1.450	1.550
		2.000		900
		1.600		1.400
		1.250		1.050
	130/30	2.500	≤ 1.175	1.150
		2.000		900
		1.600		700
		1.250		1.050

Tabelle 5.4-9: Befestigungsmittel für Standardwellplatten

Werkstoff der Unterkonstruktion	Befestigungsmittel					Lochung in	
	Art	Ø mm	Eindringtiefe		Korrosionsschutz	Wellplatte	Unterkonstruktion
Holz	Holzschraube nach DIN 571	≥ 7	≥ 36 mm		mindestens feuerverzinkt	vorbohren	–
	Holzschraube selbstbohrend mit Bohrlochauftreibern	≥ 6,25	≥ 57 mm		mindestens feuerverzinkt	selbstbohrend	selbstbohrend
Stahl	Stahlhaken S 235 JR nach DIN EN 10025	≥ 6,25			korrosionsgeschützt	vorbohren	–
	Stahlschraube gewindefurchend	≥ 6,25	≥ Profildicke	Die Schraube muss bei Profildicken ≤ 6 mm voll bzw. > 6 mm mindestens 6 mm eingeschraubt sein.	korrosionsgeschützt	vorbohren	vorbohren
Beton	Holzschraube nach DIN 571 mit geeignetem Dübel	≥ 7	abhängig von Dübelart und -länge		mindestens feuerverzinkt	vorbohren	vorbohren

Für die verschiedenen Pfettenarten sind unterschiedliche Auflagerbreiten für die Wellplatten vorgeschrieben. Die Mindestauflagerbreiten betragen dabei im Wesentlichen bei Pfetten aus

- Holz 60 mm,
- Metal 40 mm,
- Stahlbeton 40 mm.

Ebenfalls von der Art der Pfette abhängig sind die Befestigungsmittel. Hier bieten sich vielfältige Möglichkeiten.

Bei der Deckung von Faserzement-Wellplatten wie auch beim Begehen und der Wartung von z. B. auf dem Dach befindlichen Anlagen sind unbedingt die notwendigen Sicherheitsmaßnahmen vorzusehen bzw. zu beachten. Dies können im Einzelnen Fangnetze, Bohlen oder Laufroste sein. Daneben ist unbedingt zu beachten, dass nur Geräte und Maschinen eingesetzt werden dürfen, bei deren Betrieb kein gesundheitsgefährdender Staub freigesetzt wird, wenn Wellplatten an Dachan-, Dachabschlüssen oder Dachdurchdringungen bearbeitet werden.

Grundsätzlich sind die Dachflächen einer Faserzement-Wellplattendeckung einzuteilen. Dies geschieht sowohl in der First-Traufe-Richtung als auch parallel zur Traufe, also z. B. von Ortgang zu Ortgang. Mit einer sorgfältigen Einteilung und Planung kann das Zuschneiden bzw. Anpassen von Wellplatten auf der Baustelle ausgeschlossen bzw. auf ein Minimum reduziert werden. Dies gilt vor allem für die Einteilung in First-Traufe-Richtung, zumal hiervon die Lage der einzelnen Pfetten abhängig ist. Hierfür stehen vor allem auch die verschiedenen Wellplattenlängen zur Verfügung, wobei die Einteilung immer so erfolgen sollte, dass mit den längsten Platten an der Traufe begonnen wird. Maßge-

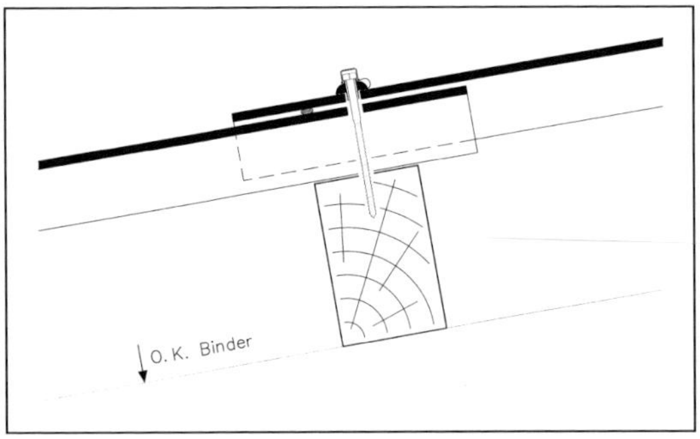

Abb. 5.4-20: Befestigung mit Holzschrauben

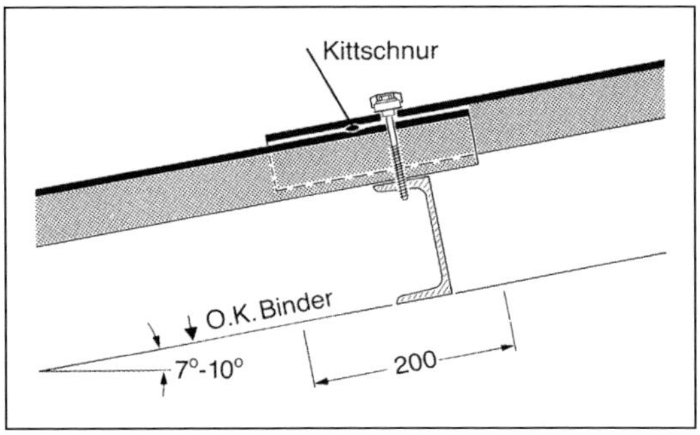

Abb. 5.4-21: Befestigung mit selbstschneidenden Schrauben

Tabelle 5.4-10: Überdeckungen

Wellplatte	Profil	Höhenüberdeckung in mm	Seitenüberdeckung in mm	Deckbreite in mm
Standardwellplatte	177/51	200	47	873
	130/30	200	90	910
Kurzwellplatte	177/51	125	47	873

bend bei der Einteilung ist vor allem auch die Lage der letzten Pfette am First (Firstpfette). Sie ist unter Beachtung der

- Dachneigung,
- Höhe des Dachaufbaus,
- Firstkonstruktion und der
- Art der Formteile (Firstformstücke)

zu bestimmen. Die übrigen Pfettenabstände sind dann hiervon ausgehend unter Berücksichtigung der höchstzulässigen Auflagerabstände einzuteilen. Dabei können u. U. auch Ausgleichsplatten erforderlich werden, die dann möglichst im Firstbereich anzuordnen sind.

Als Ergebnis der Einteilung der Dachfläche hinsichtlich der Deckbreiten der Faserzement-Wellplatten können sich ebenfalls entsprechende Zuschnittplatten ergeben. Hierbei muss allerdings beachtet werden, dass diese Zuschnittplatten eine Mindestbreite haben müssen, damit eine einwandfreie Auflage und damit Einpassung in die Deckung erfolgen kann. Die Mindestbreite der Zuschnittplatte beträgt bei Profil 177/51 2 Wellenberge und 2 Wellentäler. Die Mindestbreite der Zuschnittplatte beträgt bei Profil 130/30 3 Wellenberge und 2 Wellentäler. Bei Ortausbildungen dürfen Zuschnittplatten nicht im Randbereich verwendet werden. Lediglich das Abschneiden des letzten Wellentales bei Endplatten des Profils 177/51 ist zulässig.

Grundvoraussetzung für die Ausführung der eigentlichen Dachdeckung mit Wellplatten ist, dass zunächst ein rechter Winkelschlag zwischen Traufe und Decklinie (in der Regel an der Ortkante) erfolgt. Üblicherweise geschieht dies immer an der rechten Ortkante, da die Deckung wegen der vorgefertigten Eckenschnitte grundsätzlich von rechts nach links erfolgt (siehe Abb. 5.4-18). Von hier ausgehend empfiehlt es sich, entsprechende Schnurschläge hinsichtlich der Deckbreiten vorzunehmen. Der Schnürabstand ist vom Wellplattenprofil und den sich ergebenden Überdeckungen abhängig.

Die Deckung kann dann reihenweise parallel zur Traufe oder als Arbeitsgang von der Traufe zum First erfolgen, wobei sich letztere Variante eher bewährt hat.

Die Deckung der Wellplatten erfolgt in der Art der Vorschnittdeckung, d. h., im Höhen-/Seitenüberdeckungsbereich liegen die Wellplatten aufgrund der vorgegebenen Eckenschnitte mit einem Abstand von etwa 5 bis 10 mm voreinander. Hier sollten sie auch nicht pressgestoßen werden, da ansonsten Spannungen auftreten können. Für den Fall, dass in der Höhenüberdeckung eine Dichtschnur (Kittschnur) vorgesehen ist, muss diese 10 bis 40 mm traufseits der Bohrlöcher spannungsfrei eingelegt werden. Die Eckenschnitte sind von der Dichtschnur freizuhalten, da sie ansonsten den Wasserablauf behindern.

Für die Befestigung der Wellplatten sind entsprechende Löcher zu bohren. Die Befestigungsmittel dürfen auf keinen Fall durch die Wellplatten eingeschlagen werden, da dies zeitversetzt erhebliche Spannungsrisse hervorruft. Die Löcher für die Befestigungsmittel müssen grundsätzlich mindestens 2 mm größer im Durchmesser sein als der Schaft des Befestigungsmittels. Bei z. B. häufig verwendeten Pilzdichtungen muss daher der Bohrlochdurchmesser 11 mm betragen. Die Befestigung erfolgt immer auf dem Wellenberg. Die Anzahl und die Anordnung der Befestigungen richten sich nach der folgenden Tabelle (siehe hierzu Tabelle 5.4-11 bis Tabelle 5.4-13).

Tabelle 5.4-11: Anzahl und Anordnung der Befestigungen Profil 177/51, Nenndicke 6,5 mm, allseitig geschlossener, prismatischer Baukörper für Wellplatten gemäß Produktdatenblatt

Gebäudehöhe	Dachneigung	Profil 177/51, Nenndicke 6,5 mm, Plattenlänge in mm														
		2.500			2.000			1.650			1.600			1.250		
		NB	RB	EB	NB	RB	EB	NB	RB	EB	NB	RB	EB	NB	RB	EB
≤ 8 m	≤ 25°	4.2	6.3	6.3	4.2	4.2	6.3	4.2	4.2	6.2	4.2	4.2	6.2	4.2	4.2	4.2
	≤ 35°						4.2			4.2			4.2			
	>35°		4.2			4.2			4.2			4.2			4.2	
≤ 20 m	≤ 25°	4.2	6.3	9.3	4.2	6.3	9.3	4.2	4.2	9.3	4.2	4.2	9.3	4.2	4.2	6.2
	≤ 35°			6.3		4.2	6.3			4.2			4.2			4.2
	>35°		4.2			4.2			4.2			4.2			4.2	

Erläuterungen:
NB = Normalbereich
RB = Randbereich
EB = Eckbereich

4.2
└ Anzahl der Befestigungsreihen
└ Anzahl der Befestigungspunkte

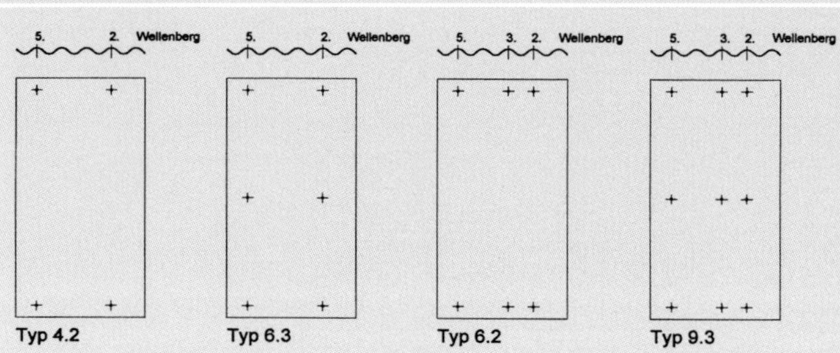

Tabelle 5.4-12: Anzahl und Anordnung der Befestigungen Profil 177/51, Nenndicke 5,5 mm, allseitig geschlossener, prismatischer Baukörper für Wellplatten gemäß Produktdatenblatt

Gebäudehöhe	Dachneigung	Profil 177/51, Nenndicke 5,5 mm, Plattenlänge in mm											
		2.500			2.000			1.600			1.250		
		NB	RB	EB	NB	RB	EB	NB	RB	EB	NB	RB	EB
≤ 8 m	≤ 25°	4.2	9.3	9.3	4.2	6.3	9.3	4.2	4.2	7.3	4.2	4.2	6.2
	≤ 35°												4.2
	>35°		4.2			4.2			4.2			4.2	
≤ 20 m	≤ 25°	4.2/6.3[1)]	9.3	12.4	4.2	7.3	9.3	4.2	6.3	9.3	4.2	6.2	7.3
	≤ 35°	4.2		9.3		6.3						4.2	6.2
	>35°		4.2			4.2			4.2			4.2	

Erläuterungen:
1) bei h/a > 0,4 Typ 6.3
bei h/a ≤ 0,4 Typ 4.2
(h/a = Gebäudehöhe/kleinere Gebäudebreite)

4.2
Anzahl der Befestigungsreihen
Anzahl der Befestigungspunkte

NB = Normalbereich
RB = Randbereich
EB = Eckbereich

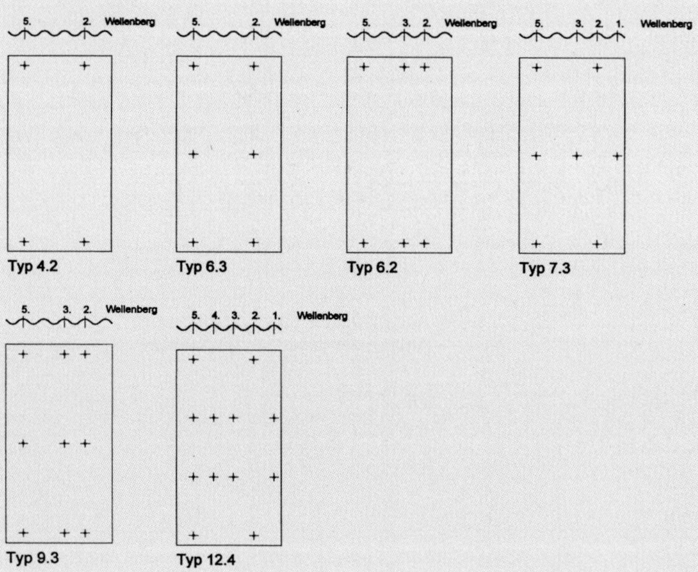

Tabelle 5.4-13: Anzahl und Anordnung der Befestigungen Profil 130/30, allseitig geschlossener, prismatischer Baukörper für Wellplatten gemäß Produktdatenblatt

Gebäudehöhe	Dachneigung	Profil 130/30, Plattenlänge in mm											
		2.500			2.000			1.600			1.250		
		NB	RB	EB	NB	RB	EB	NB	RB	EB	NB	RB	EB
≤ 8 m	≤ 25°	4.2	6.3	9.3	4.2	6.3	9.3	4.2	4.2	6.3	4.2	4.2	4.2
	≤ 35°			6.3		4.2	4.2			4.2			
	>35°		4.2			4.2			4.2				
≤ 20 m	≤ 25°	4.2/6.3 1)	9.3	12.4	4.2	6.3	12.3	4.2	6.3	9.3	4.2	4.2	9.3
	≤ 35°	4.2	6.3	9.3			6.3		4.2	6.3			4.2
	>35°		4.2			4.2			4.2			4.2	

Erläuterungen:
1) bei $h/a > 0{,}4$ Typ 6.3
bei $h/a \leq 0{,}4$ Typ 4.2
(h/a = Gebäudehöhe/kleinere Gebäudebreite)

4.2
– Anzahl der Befestigungsreihen
– Anzahl der Befestigungspunkte

NB = Normalbereich
RB = Randbereich
EB = Eckbereich

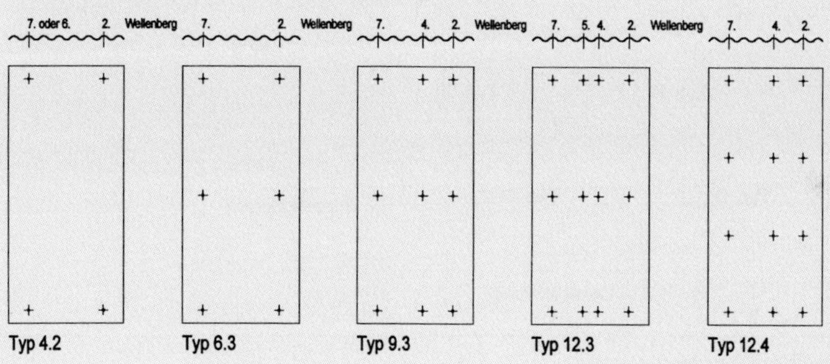

Für die Deckung von Dachdetails werden in der Regel eine Vielzahl von Formstücken aus Faserzement verwendet. Diese müssen in der Oberflächenbeschaffenheit der Flächendeckung entsprechen. Sofern die Formstücke mit Eckenschnitt gedeckt werden, muss auch die Dicke mit der Flächendeckung übereinstimmen.

5.4.6.2 Faserzement-Kurzwellplatten

Neben den Standardwellplatten gibt es auch Kurzwellplatten. Sie haben das Profil 177/51 und eine Länge von 625 mm und eine Breite von 920 mm (5 Wellen).

Auch Kurzwellplatten sind bereits werkseitig mit Eckenschnitten versehen und dazu auch bereits vorgebohrt. Einzige Ausnahme hier sind entsprechende Ausgleichsplatten.

Die Höhenüberdeckung beträgt konstant 125 mm. Dies ergibt einen gleichbleibenden Auflagerabstand von 500 mm. Für den Ausgleich ungünstiger Sparrenlängen stehen Ausgleichsplatten in einer Länge von beispielsweise 830 mm zur Verfügung. Hierbei sind dann die erforderlichen Lochungen in den Ausgleichplatten vor Ort zu bohren. Die Seitenüberdeckung ergibt sich durch das Wellplattenprofil.

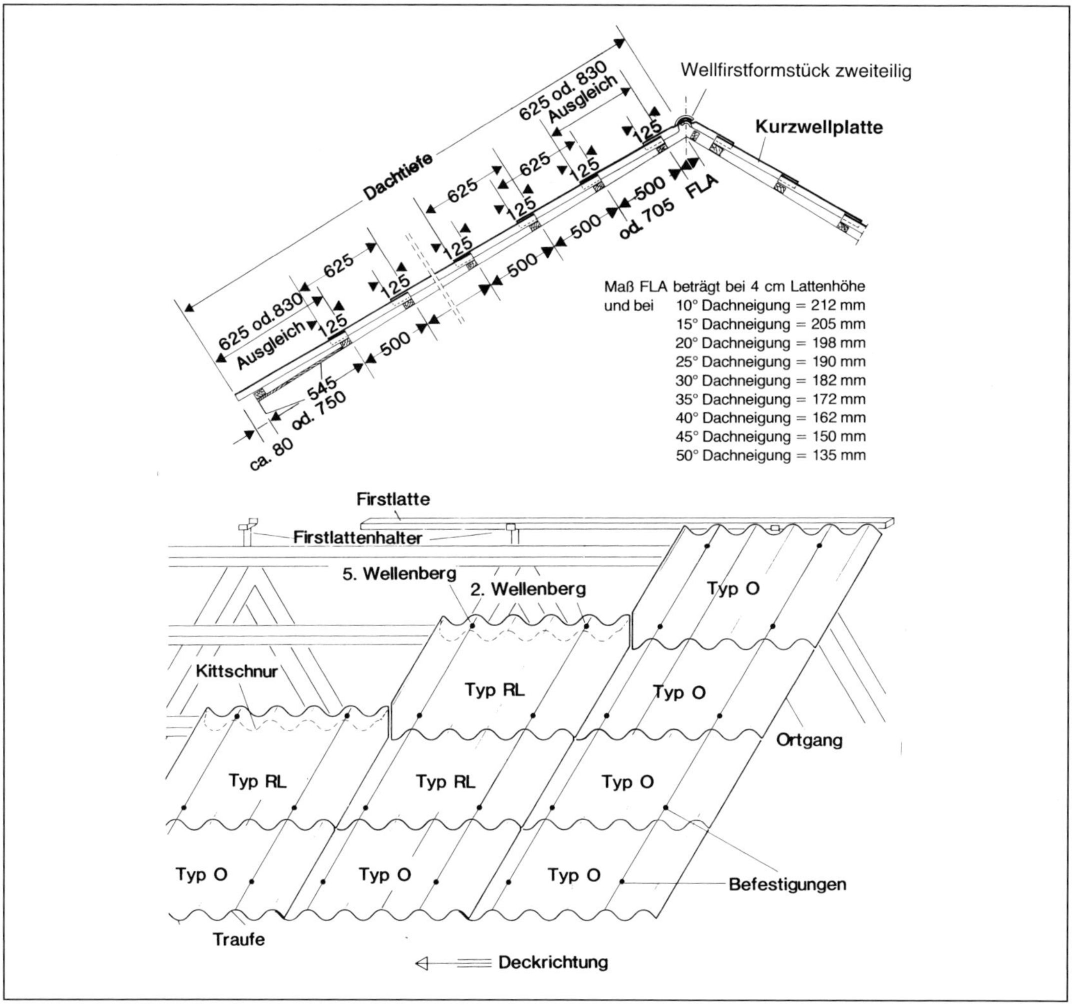

Abb. 5.4-22: Deckung mit Faserzement-Kurzwellplatten

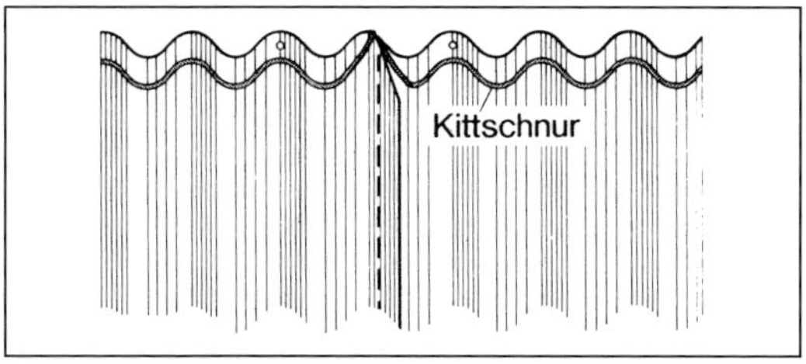

Abb. 5.4-23: Lage der Kittschnur im Überdeckungsbereich

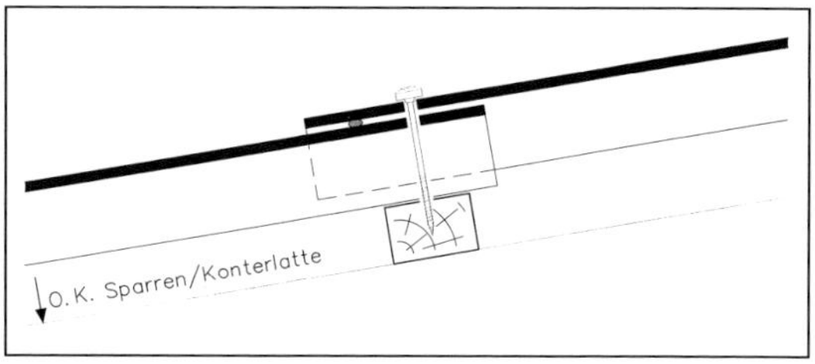

Abb. 5.4-24: Befestigung mit Glockenschraube, Kurzwellplatte

Im Übrigen erfolgt die Verlegung der Kurzwellplatten in der gleichen Weise wie bei den Standardwellplatten. Dies gilt auch für die Ausführung der entsprechenden Dachdetails.

Zusammenfassung

Faserzement-Wellplatten werden in Standardlängen von 1.250, 1.600, 2.000 und 2.500 mm hergestellt.

Der höchstzulässige Auflagerabstand beträgt bei einer Dachneigung unter 20° (36 %) für die Profile 177/51 und 130/30 höchstens 1.150 mm.

Die Regeldachneigung richtet sich nach der Entfernung Traufe–First.

Die Wellplatten sind rechts oben und links unten werkseitig mit Eckenschnitten versehen. Die Deckung erfolgt von rechts nach links.

Die Höhenüberdeckung beträgt bei Standardwellplatten 200 mm.

Die Seitenüberdeckung richtet sich nach der Form der Welle.

Die Mindestauflagerbreite für Faserzement-Wellplatten beträgt bei Deckunterlagen aus Holz 60 mm, aus Metall und Stahlbeton 40 mm.

Bei Gebäudehöhen über 8 m sowie im Rand- und Eckbereich sind zusätzliche Befestigungen vorzusehen.

Kurzwellplatten sind Faserzement-Wellplatten mit vorgebohrten Lochungen.

Die Länge der Kurzwellplatten beträgt 625 mm und die der Ausgleichplatten 830 mm.

Die Höhenüberdeckung beträgt 125 mm, die Seitenüberdeckung richtet sich nach dem Wellplattenprofil.

Die Befestigung der Platten erfolgt üblicherweise mit feuerverzinkten Glockenschrauben durch die vorgebohrten Lochungen auf den Wellenbergen.

5.4.7 Lichtwellplatten

Zur Ausleuchtung darunter liegender Räume werden in Wellplattendeckungen Lichtwellplatten eingebaut, die für alle Wellplattenprofile hergestellt werden. Sie können z. B. aus glasfaserverstärktem Polyester oder aus Acrylglas bestehen. Sie haben in der Regel keinen Eckenschnitt, ausgenommen bei doppelschaligen Lichtwellplatten. Da die Deckung der Lichtplatten in gleicher Weise erfolgt wie bei den für die übrige Dachfläche verwendeten Wellplatten, entfällt die sonst aufwendige Art der Einfassung von Fensterelementen. Die Verwendung von Lichtwellplatten in Rand- und Eckbereichen sollte möglichst vermieden werden. Die Befestigung erfolgt mit den auch ansonsten üblichen Befestigungsmitteln bei

- Profil 177/51 auf dem 1., 3. und 5. Wellenberg und bei
- Profil 130/30 auf dem 1., 3., 5. und 7. Wellenberg

auf jeder Pfette. Für die Befestigungen, die nicht in Verbindung mit den übrigen Wellplatten erfolgen, sind zusätzlich Abstandhalter erforderlich.

Weiterhin ist zu beachten, dass bei mehreren nebeneinanderliegenden einschaligen Lichtwellplatten, die einen größeren Pfettenabstand als 1.150 mm haben, die seitlichen Überdeckungen jeweils zwischen den Pfetten zu verbinden, z. B. zu verschrauben, sind. Nicht erforderlich ist dies bei Lichtwellplatten aus Acrylglas.

Für Überdachungen aus leichten Stahlkonstruktionen gibt es größere Lichtwellplatten, die in Rollen geliefert werden und in verschiedenen Farben zu haben sind. An den Befestigungspunkten müssen hier ebenfalls Abstandhalter zur Erhaltung der Wellenform untergelegt werden.

Aufgaben

1. Beschreiben Sie die Bestandteile der Faserzement-Dachplatten!
2. Erläutern Sie, wie Faserzementplatten hergestellt werden!
3. Nennen Sie mindestens 3 Eigenschaften von Faserzement!
4. Nennen Sie die Regeldachneigungen für
   a) Deutsche Deckung (Bogenschnittdeckung),
   b) Doppeldeckung,
   c) Rhombusdeckung,
   d) Spitzschablonendeckung,
   e) Waagerechte Deckung!
5. Beschreiben Sie die Beschaffenheit der Deckunterlagen für Dachdeckungen mit Faserzement-Dachplatten!
6. Geben Sie an, warum bei der Deutschen Deckung (Bogenschnittdeckung) die Deckgebinde mit Gebindesteigung gedeckt werden!
7. Geben Sie an, mit wie viel Stiften die Dachplatten bei Dachdeckungen mindestens befestigt werden müssen!
8. Beschreiben Sie, wann die Befestigung der Dachplatten durch einen Plattenhaken ergänzt werden muss!
9. Beurteilen Sie, welchen Einfluss die Hauptwindrichtung auf die Deckrichtung hat!
10. Zeichnen Sie einige Deckgebinde der Deutschen Deckung (Bogenschnittdeckung) mit eingebundenem Fußgebinde und eingebundenen Orten!
11. Zeichnen Sie einige Deckgebinde der Doppeldeckung (überdeckte Plattenkanten gestrichelt zeichnen)!
12. Zeichnen Sie eine Dachplatte für die Rhombusdeckung, und nennen Sie die üblichen Abmessungen!
13. Beschreiben Sie die Deckung an der Traufe bei der Rhombusdeckung!
14. Zeichnen Sie eine Spitzschablone und nennen Sie die üblichen Abmessungen!
15. Beschreiben Sie die Deckung an der Traufe bei der Spitzschablonendeckung!
16. Nennen Sie die Merkmale der Waagerechten Deckung einschließlich der Befestigung!
17. Nennen Sie 2 Profile der Faserzement-Wellplatten und erklären Sie die Bezeichnungen!
18. Beschreiben Sie, welche Vorkehrungen getroffen werden müssen, wenn Dachdeckungen aus Faserzement-Wellplatten betreten werden sollen!
19. Zeichnen Sie ein Vierplatteneck einer Faserzement-Wellplattendeckung! (Überdeckte Plattenkanten gestrichelt zeichnen!)
20. Geben Sie an, wie groß die Höhenüberdeckung bei Dachdeckungen mit Standardwellplatten ist!
21. Erläutern Sie, wo bei der Deckung mit Faserzement-Wellplatten die Zuschnittplatten anzuordnen sind und wie groß deren Mindestbreite ist!

5.5 Bitumenschindeln

Bitumenschindeln sind kleinformatige Deckwerkstoffe, die aus einer Trägereinlage, Bitumendeckschichten mit Zusätzen und mineralischer Abstreuung bestehen. Sie müssen den Anforderungen der DIN EN 544 Klasse 1 entsprechen. Bitumenschindeln sind rechteckige Deckwerkstoffe, die aus optischen Gründen durch Einschnitte geteilt sind. Die Schürzen können unterschiedliche Formen und Formate haben.

Folgende Formen sind üblich:

- Rechteck
- Biberschwanz
- Dreieck
- Waben

Dachdeckungen mit Bitumenschindeln werden in der Regel als Doppeldeckung ausgeführt (siehe Abb. 5.5-1).

5.5.1 Herstellung

Bitumenschindeln werden in ähnlicher Art wie Bitumenbahnen (Kapitel 5.10) hergestellt. Die Trägereinlage besteht meistens aus verrottungsfreiem Glasvlies oder einem Glas-Kunststoffvlies-Gemisch. Die Einlage wird zunächst getränkt oder mit einem Kunststoff imprägniert und dann mit Heißbitumen als Deckmasse beschichtet.

Als Deckmasse kann Oxidationsbitumen oder modifiziertes Bitumen mit Zusätzen verwendet werden. Anschließend werden die Deckschichten beidseitig mit Mineralstoffen abgestreut. Oberseitig müssen Bitumenschindeln mit einem Oberflächenschutz versehen sein. Dieser kann aus eingefärbtem, mineralischem Granulat oder einer Schieferbesplittung bestehen. Die Schindelunterseite wird meist mit feinem Quarzsand abgestreut. Im Bereich der Überdeckung werden zusätzlich Klebepunkte, Klebestreifen oder Klebefelder aus weicher, thermisch selbstklebender Bitumenmasse aufkaschiert.

Die dabei entstehende Bahn wird anschließend in die Abmessungen der Bitumenschindeln geschnitten. Bitumenschindeln werden überwiegend in den Formaten 1.000 × 333 mm hergestellt. Vom Standardmaß abweichende Formate sollen eine Höhe von 350 mm nicht überschreiten.

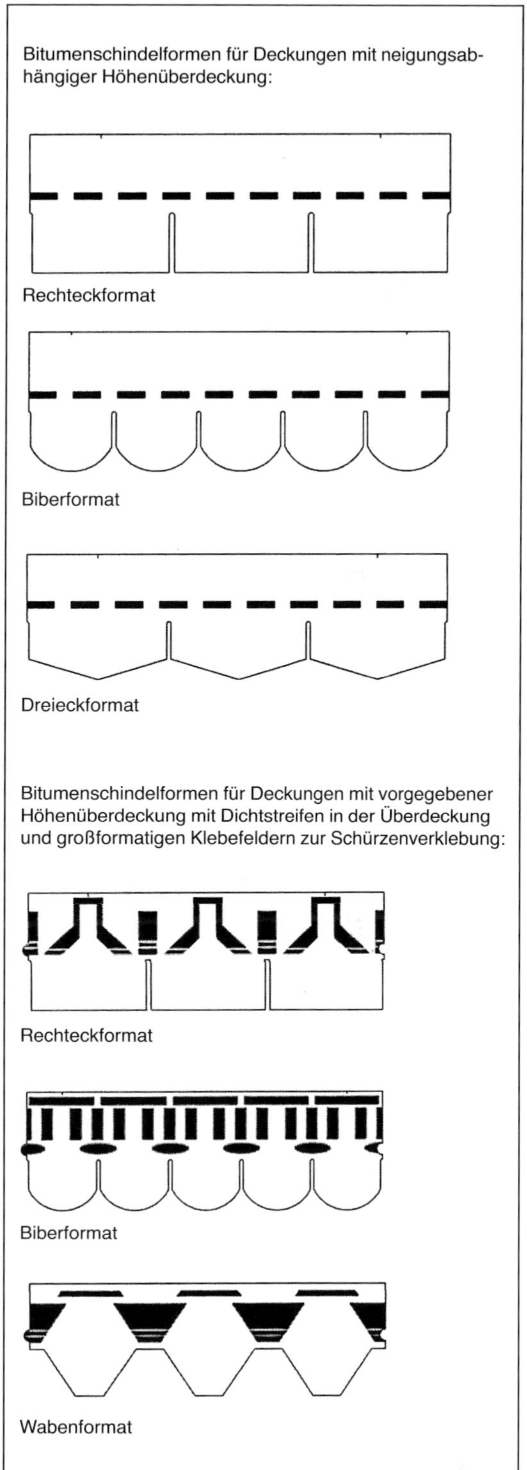

Abb. 5.5-1: Bitumenschindelformen

Abb. 5.5-2: Dachdeckung mit Bitumenschindeln

Die rechteckigen Bitumenschindeln sind meistens mit 2 oder 3 Schlitzen versehen. Daraus ergeben sich Bitumenschindeln mit 3 oder 4 Schürzen. Andere Formate wie z. B. Bitumenschindeln in Biberschwanz- oder Wabenform sind möglich.

5.5.2 Materialeigenschaften

Bitumenschindeln müssen wegen ihrer geringen Festigkeit und der thermoplastischen Eigenschaft des Bitumens auf geschlossenem Untergrund verlegt werden. Sie werden vorzugsweise auf nagelbaren, biegesteifen Unterkonstruktionen aus Vollholzschalung aufgebracht. Die Bretter für die Schalung sollen mindestens 24 mm dick sein (Nenndicke). Die Brettbreiten sollen von 80 bis maximal 150 mm betragen. Die Schindeln sind so flexibel, dass auch geschwungene Dachformen wie z. B. Kegelflächen und Fledermausgauben regensicher eingedeckt werden können.

Bitumenschindeldeckungen müssen den bauaufsichtlichen Anforderungen entsprechen. Die Widerstandsfähigkeit gegen Flugfeuer und strahlende Wärme nach DIN 4102-7 „Brandverhalten von Baustoffen und Bauteilen; Bedachungen; Begriffe, Anforderungen und Prüfungen“ ist vom Hersteller nachzuweisen.

Wegen ihrer Formbarkeit und geringen Dicke können sich Unebenheiten der Unterkonstruktion im Deckbild der Bitumenschindeln abzeichnen. Sichtbare Unebenheiten oder Wölbungen stellen aber keinen die Tauglichkeit der Schindeldeckung mindernden Mangel dar.

Um die Funktionsfähigkeit und Lagesicherheit der Schindeldeckung zu gewährleisten, sollen im unteren Bereich der vorgesehenen Überdeckung die Bitumenschindeln mit Klebepunkten, Klebestreifen oder Klebefeldern versehen sein. Die Selbstverklebung der einzelnen Gebinde untereinander erfolgt durch Eigengewicht oder Erwärmung der Klebepunkte bzw. -streifen durch Sonneneinstrahlung. In kalten Jahreszeiten kann eine einwandfreie Verklebung nicht immer gewährleistet werden.

Zur Sicherstellung der notwendigen Verklebung kann man die Bitumenschindeln an den Klebepunkten bzw. -streifen nach Angaben des Herstellers erwärmen.

Schindelformstücke für die Deckung der Traufen, Firste, Grate, Kehlen und Anschlüsse lassen sich durch einfaches Zuschneiden der Schindelblätter mit einem Messer oder einer Schere herstellen.

5.5.3 Deckungen mit Bitumenschindeln

Für die Deckung mit Bitumenschindeln sind biegesteife, nagelbare Unterkonstruktionen erforderlich. Die Deckunterlage muss geschlossen sein und mit einer Vordeckung versehen werden.

Dafür eignen sich bitumenverträgliche Unterdeckbahnen (Schalungsbahnen) oder Dachbahnen mit Glasvlieseinlage (V 13).

Die Naht- und Stoßüberdeckung der Vordeckung kann sich in der Bitumenschindeldeckung abzeichnen. Aus optischen Gründen empfiehlt es sich, die Vordeckung gleichlaufend mit den Gebinden (horizontal) zu verlegen.

Dachdeckungen mit Bitumenschindeln sind auf allen Dachformen mit einer Neigung von 15° bis 85° möglich.

Hinweis

Die Dachneigung ist erforderlich, um eine Selbstverklebung der Schindeln untereinander zu ermöglichen. Ohne eine solche Verklebung liegt die Bitumenschindeldeckung nicht ausreichend windsicher. Aus diesem Grund sind Bitumenschindeln als Außenwandbekleidung sowie für Deckungen an senkrechten Gaubenwangen oder Pfosten nicht erlaubt.

Tabelle 5.5-1: Regeldachneigungen

Sparrenlänge	Schindelform	Regeldachneigung bei Deckung mit neigungsabhängiger Höhenüberdeckung	Regeldachneigung bei Deckung mit vorgegebener Höhenüberdeckung
≤ 10 m > 10 m	Rechteck Rechteck	≥ 15° (26,8 %) ≥ 20° (36,4 %)	≥ 15° (26,8 %) ≥ 20° (36,4 %)
≤ 10 m > 10 m	Biber u. Dreieck Biber u. Dreieck	≥ 20° (36,4 %) ≥ 25° (46,6 %)	≥ 15° (26,8 %) ≥ 20° (36,4 %)
≤ 10 m > 10 m	Wabe Wabe	≥ 25° (46,3 %) ≥ 30° (57,7 %)	≥ 15° (26,8 %) ≥ 20° (36,4 %)

Für Dachdeckungen mit Bitumenschindeln werden folgende Deckungsarten unterschieden:

- Deckungen mit neigungsabhängiger Höhenüberdeckung
- Deckungen mit vorgegebener Höhenüberdeckung

Die Regeldachneigung ist sowohl von der Sparrenlänge (Entfernung Traufe–First) als auch von der Schindelform abhängig. Für Dachdeckungen mit Bitumenschindeln sind in Abhängigkeit von Sparrenlänge, Schindelform und Deckungsart die Angaben der Tabelle 5.5-1 zu beachten.

Wird die Regeldachneigung unterschritten, sind regensichernde Zusatzmaßnahmen (siehe Kapitel 2.5) erforderlich.

Eine Unterschreitung der Regeldachneigung um mehr als 10° ist nicht zulässig, dabei darf die Dachneigung von 15° nicht unterschritten werden.

Deckungen mit neigungsabhängiger Höhenüberdeckung werden nach dem Prinzip der Doppeldeckung ausgeführt. Das dritte Gebinde muss das erste noch um die in der nachstehenden Tabelle aufgeführten Mindestwerte überdecken.

Tabelle 5.5-2: Mindestüberdeckungen

Dachneigung	Mindestüberdeckung
≥ 15°	≥ 100 mm
≥ 25°	≥ 80 mm
≥ 35°	≥ 60 mm
≥ 45°	≥ 50 mm

Bei Deckungen mit vorgegebener Höhenüberdeckung dürfen nur Bitumenschindeln mit Dichtstreifen in der Überdeckung und großformatigen Klebefeldern zur Schürzenverklebung verwendet werden. Dabei muss das dritte Gebinde das erste um mindestens 45 mm überdecken.

Bitumenschindeln werden ohne Gebindesteigung rechtwinklig zum Wasserlauf in halbem Verband mit Stoßfuge gedeckt. Hierbei liegen die Schlitze des ersten und des dritten Gebindes übereinander. Zur gleichmäßigen Abstandhaltung ist horizontale und vertikale Schnürung erforderlich.

Die Bitumenschindeln werden mit mindestens 4 korrosionsgeschützten Breitkopfstiften mit extragroßem Flachkopf, Kopfdurchmesser ≥ 9 mm befestigt. Die Stifte müssen mindestens 25 mm lang sein. Bei Mehrfachüberdeckung, z. B. bei der Deckung von Grat- und Firstgebinde, sind entsprechend längere Stifte zu verwenden.

Die Befestigungen müssen so angeordnet sein, dass sie die unterdeckende Bitumenschindel mit erfassen. Die Nagelung soll mindestens 20 mm oberhalb des Schürzeneinschnittes angeordnet werden. Deckungen mit neigungsabhängiger Höhenüberdeckung und Bitumenschindeln mit oberseitigen Klebestreifen dürfen nicht im Klebestreifen genagelt werden. Deckungen mit vorgegebener Höhenüberdeckung sind mittig in den Klebefeldern (erste Klebefelder) oberhalb der Schürzeneinschnitte zu nageln.

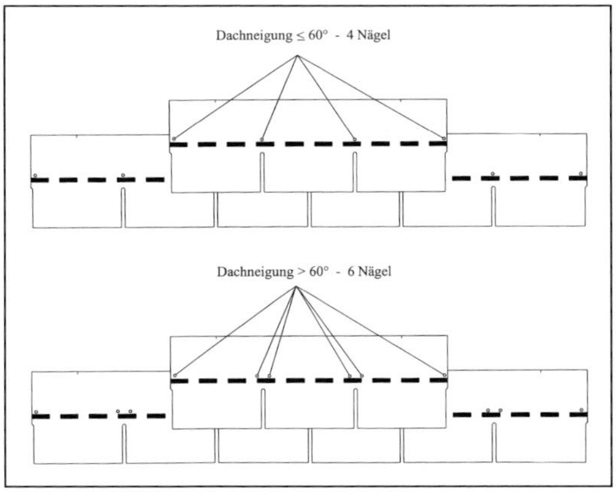

Abb. 5.5-3: Befestigung mit Nägeln

Bei Dachneigungen über 60° sind zusätzliche Befestigungen erforderlich. Die zusätzliche Befestigung kann in der Nagellinie erfolgen (siehe Abb. 5.5-3).

5.5.4 Dachdetails

Die flexiblen Materialbeschaffenheiten der Bitumenschindeln erlauben es, dass alle Dachdetails mit Bitumenschindeln ausgeführt oder angeschlossen werden können.

Traufe

An Traufen ist generell ein Traufblech ohne dachseitige Falzabkantung erforderlich.

Die Schindeldeckung beginnt mit einem Ansetzer. Dazu schneidet man die Bitumenschindel im unteren Bereich um die ermittelte Gebindehöhe ab. Die Klebestreifen bzw. Klebepunkte der Ansetzerschindel liegen im unteren Bereich und können mit der darüberliegenden Bitumenschindel verklebt werden (siehe Abb. 5.5-4).

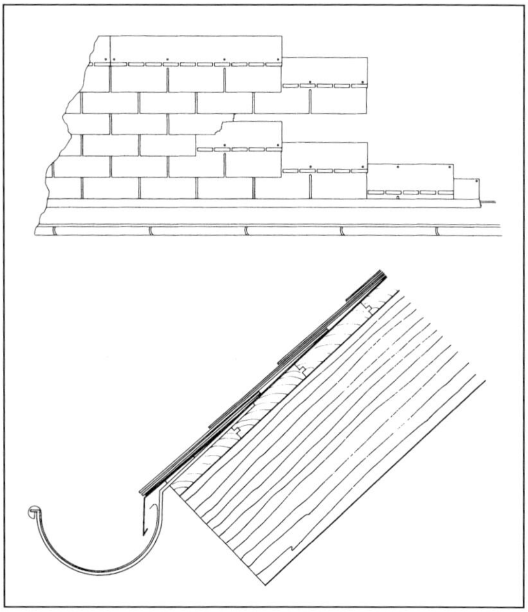

Abb. 5.5-4: Traufkonstruktion

Ort

Am Ortgang wird entlang der Ortkante eine mindestens 30 mm hohe Dreikantleiste montiert. Anschließend werden sowohl die Vordeckung als auch die Bitumenschindeldeckung darauf hoch geführt und mit Breitkopfstiften befestigt. Für den regensicheren Übergang wird eine Abdeckung aus einem Metallprofil erforderlich. Diese Abdeckbleche sind so zuzurichten und abzukanten, dass eine ausreichende Überdeckung zur Dachfläche gegeben ist und

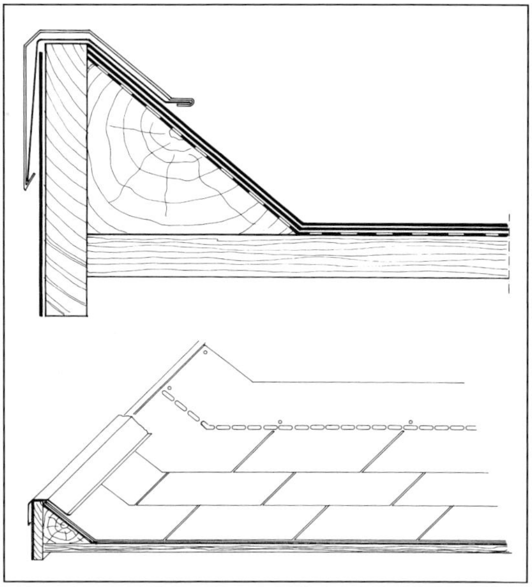

Abb. 5.5-5: Ort

sie an der Außenkante eine Blende mit einer Tropfkante haben (siehe Abb. 5.5-5). Eine Ausführung mit Ortgangblechen in Form von untergelegten Blechen mit dachseitigem Wasserfalz ist ebenfalls möglich.

Damit die zugeschnittenen Bitumenschindeln am Ort ausreichend befestigt werden können,

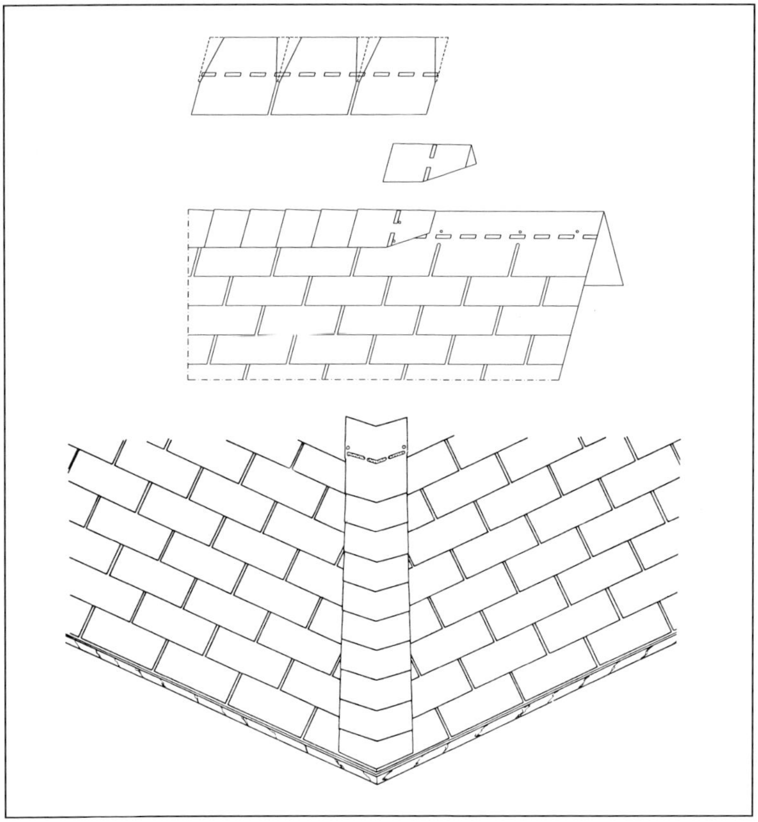

Abb. 5.5-6: First- und Gratausbildung

darf ihre Breite ein Viertel der Schürzenbreite nicht unterschreiten. Eine entsprechende Aufteilung ist in der anzuschließenden Fläche vorzunehmen.

First und Grat

Für die Deckung des Firstes können Teilstücke aus Bitumenschindeln mit einer Mindestbreite von 200 mm verwendet werden. Bei Schindeln im Rechteckformat können die Formstücke aus Einzelschürzen geschnitten werden. Es ist darauf zu achten, dass die Firstgebinde entgegen der Hauptwindrichtung gedeckt werden sollen (siehe Abb. 5.5-6).

Die Grate können in gleicher Weise wie die Firste eingedeckt werden. Dabei müssen die Flächengebinde der Bitumenschindeldeckung parallel zur Gratlinie abgeschnitten werden. Die letzte Schindel soll mit einem Wasser abweisenden Schnitt versehen werden (siehe Abb. 5.5-6).

Kehle

Kehlen können als eingebundene Kehlen (siehe Abb. 5.5-7), als untergelegte oder wechselseitig gedeckte Kehlen mit Bitumenschindeln oder als untergelegte Kehlen unter Verwendung anderer Werkstoffe ausgeführt werden.

Beim Anschluss von Bitumenschindeln an Zink ist besonders bei geringen Dachneigungen das Metall gegen die sog. Bitumen-Zinkkorrosion zu schützen.

Eine Kehldeckung auf unterlegten Blechen mit dachseitigem Wasserfalz ist möglich. Hierbei ist an der überdeckten äußeren Oberkante der Bitumenschindeln ein Wasser abweisender Schrägschnitt erforderlich. Um auszuschließen, dass Wasser unter die Schindeldeckung ziehen kann, ist auch ein Wasser abweisender Schnitt an der Unterkante zu empfehlen.

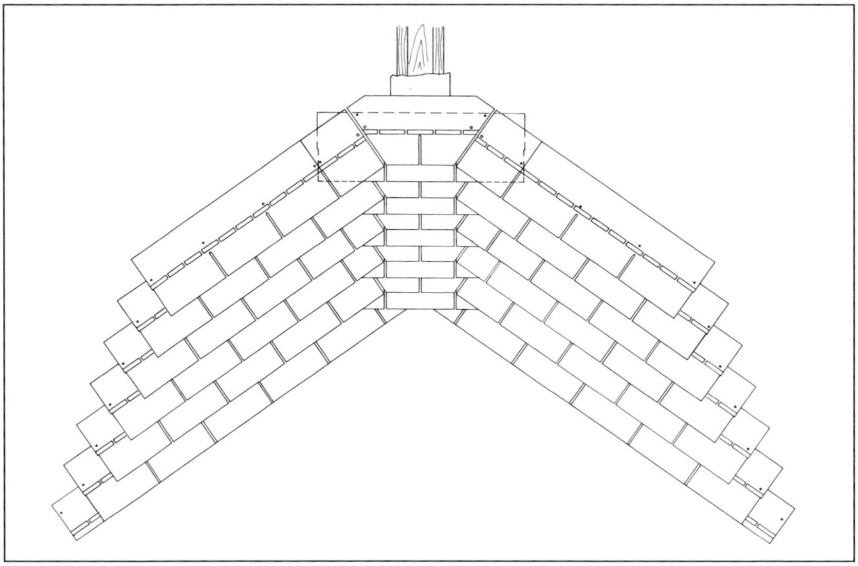

Abb. 5.5-7: Eingebundene Bitumenschindel-Kehle, 1-Schürze-breit

Zusammenfassung

Bitumenschindeln bestehen aus Trägereinlagen mit Deckschichten auf Bitumenbasis.

Die Trägereinlagen können aus Glasvlies oder Glas-Kunststoffvlies-Gemisch bestehen.

Bitumenschindeln müssen mit einem Oberflächenschutz versehen werden.

Bitumenschindeln sind rechteckige Deckwerkstoffe, die durch Einschnitte geteilt sind. Die Schürzen können Rechteck-, Biberschwanz-, Dreieck- oder Wabenform haben.

Im unteren Bereich der vorgesehenen Überdeckung sind die Bitumenschindeln mit Klebepunkten oder Klebestreifen versehen.

Bitumenschindeln sind flexibel und passen sich deshalb jedem Untergrund und jeder Dachform an.

Die Deckung mit Bitumenschindeln kann bei Dachneigungen von 15° bis 85° vorgenommen werden.

Die Regeldachneigung ist von der Entfernung Traufe-First abhängig.

Deckungen mit Bitumenschindeln werden in der Regel als Doppeldeckung ausgeführt. Das dritte Gebinde muss das erste um die vorgeschriebene Mindestüberdeckung überdecken.

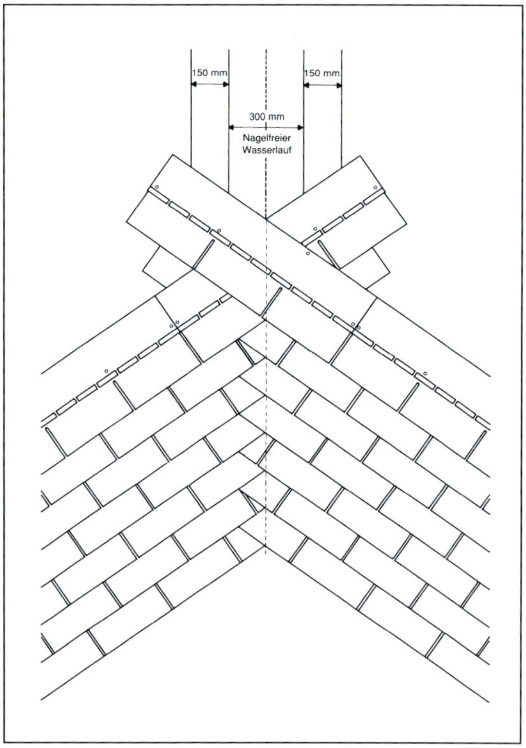

Abb. 5.5-8: Wechselseitig gedeckte Bitumenschindelkehle

Für Deckungen mit Bitumenschindeln werden Deckungen mit neigungsabhängiger Höhenüberdeckung und Deckungen mit vorgegebener Höhenüberdeckung unterschieden.

Die Befestigung erfolgt mit Breitkopfstiften, 2,5/25 mit 9 mm Kopfdurchmesser.

Bei Dächern über 60° Dachneigung sind zusätzliche Befestigungen erforderlich.

Alle Dachdetails lassen sich mit demselben Material herstellen.

Bitumenschindeln werden waagerecht im halben Verband mit Stoßfuge gedeckt.

Aufgaben

1. Zeichnen Sie eine Deckung mit Bitumenschindeln mit halbem Verband!
2. Nennen Sie 4 Schindelformen.
3. Warum eignen sich Bitumenschindeln nicht als Deckung für Wandflächen?
4. Welche Deckungsarten werden im Zusammenhang mit der Höhenüberdeckung unterschieden?
5. Geben Sie an, welche Abmessungen die Nägel zur Befestigung der Bitumenschindeln in der Fläche mindestens haben müssen.
6. Worauf ist besonders in kalten Jahreszeiten bei der Deckung mit Bitumenschindeln zu achten? Welche zusätzliche Maßnahme ist eventuell erforderlich?
7. Wo müssen bei Deckungen über 60° die zusätzlichen Befestigungen angebracht werden?
8. Zeichnen Sie ein Traufendetail im Schnitt mit Dachrinne und Traufblech!
9. Beschreiben Sie 2 Möglichkeiten der Ortausbildung.
10. Wie erfolgt die Deckung am First?
11. Nennen Sie 3 Möglichkeiten, wie Kehlen in einer Bitumenschindeldeckung ausgeführt werden können.

5.6 Bitumenwellplatten

Bitumenwellplatten bestehen aus einem homogenen Gemisch aus organischen und anorganischen Fasern und Bitumen. Die Wellplatten können ihre Naturfarbe haben und mit einer werkseitig aufgebrachten Farbbeschichtung oder einem Oberflächenschutz hergestellt sein.

Bitumenwellplatten müssen den Anforderungen der DIN EN 534 und mindestens der Baustoffklasse B 2 (Euroklasse E) entsprechen.

5.6.1 Herstellung

Bitumenwellplatten bestehen aus imprägniertem Trägermaterial, Bitumen und Farb- bzw. Granulatbeschichtungen. Als Trägereinlage werden Mischungen aus organischen und anorganischen Faserstoffen mit Kunststoffzusätzen imprägniert und getränkt. Diese asbestfreien Faserstoffe werden als Matten zu Wellplatten gepresst und anschließend unter Druck mit Bitumen beschichtet. Sowohl aus optischen Gründen als auch zur Erhöhung der Witterungsbeständigkeit kann die Oberfläche farbbeschichtet oder mit einer festhaftenden Schutzschicht aus mineralischem Granulat oder Splitt versehen werden.

Folgende Formate gibt es:

Tabelle 5.6-1: Formate

Formate		Wellenteilung/ Höhe	Anzahl der Wellen
Breite in mm	Länge in mm		
870	2.000	62/28	14
930	2.000	93/36	10
950	2.000	95/31	10
950	2.000	95/38	10
1.060	2.000	76/30	14

5.6.2 Materialeigenschaften

Bitumenwellplatten sind nicht begehbar. Für das Begehen sind Vorrichtungen entsprechend den Sicherheitsregeln für Arbeiten an und auf Deckungen aus Wellplatten vorzusehen (siehe Kapitel 6.7).

Hinsichtlich des Brandverhaltens gelten Bitumenwellplatten als weiche Bedachung. Wenn für die Dachdeckung die Widerstandsfähigkeit gegen Flugfeuer und strahlende Wärme gefordert wird, muss der Hersteller den Nachweis gemäß DIN 4102-7 erbringen.

5.6.3 Deckungen

Die Deckung von Bitumenwellplatten erfolgt entweder auf Schalung oder Traglatten. Um die erforderliche Einschlagtiefe der vorgeschriebenen Befestigungsmittel zu erreichen, ist eine Mindestdicke der Schalung von 40 mm erforderlich. Die Mindestabmessung für Traglatten beträgt 40/60 mm, wobei die Wellplatte eine Auflagerbreite von 60 mm auf der Latte haben soll. Die Abstände der Traglatten untereinander richten sich nach der jeweiligen Dachneigung und den anzusetzenden Schnee- und Windlasten.

Der maximale Abstand der Traglatten beträgt in Abhängigkeit von der Dachneigung:

- < 10° ≤ 0,33 m
- ≥ 10° ≤ 0,46 m
- ≥ 15° ≤ 0,62 m

Die Regeldachneigung ist von der jeweiligen Sparrenlänge abhängig und beträgt:

- ≤ 10 m Sparrenlänge ≥ 10° Dachneigung
- > 10 m Sparrenlänge ≥ 15° Dachneigung

Bei Unterschreitung der Regeldachneigung sind zusätzliche Maßnahmen erforderlich.

Zusatzmaßnahmen zur Erhöhung der Regensicherheit können sein:

- wasserdichtes Unterdach
- regensicheres Unterdach
- Unterdeckung
- Unterspannung
- Mindesthöhenüberdeckung 0,20 m
- zwei Wellen Seitenüberdeckung

(siehe auch Kapitel 2.5)

Eine Unterschreitung der Regeldachneigung um mehr als 3° ist nicht zulässig.

Die Seitenüberdeckung beträgt normalerweise eine Welle. Zur Erhöhung der Regensicherheit kann die Wellplattendeckung in schnee- und windreichen Gebieten auch von 2 Wellen überdeckt werden.

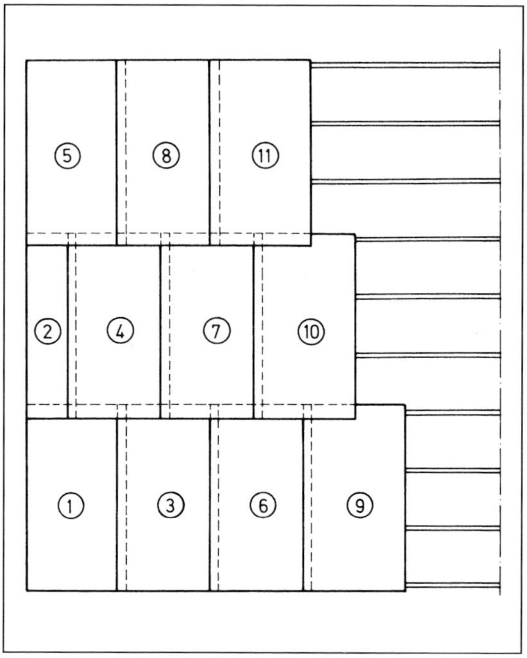

Abb. 5.6-1: Reihenfolge der Verlegung um eine halbe Wellplattenbreite versetzt (Verbanddeckung)

Die Höhenüberdeckung richtet sich nach folgender Tabelle:

Tabelle 5.6-2: Höhenüberdeckung

Dachneigung	Höhenüberdeckung
≥ 10°	160 mm
≥ 15°	140 mm

Bei Dachneigungen < 15° können zur Erhöhung der Regen-, Schnee- und Staubsicherheit bitumenverträgliche Kittschnüre oder Dichtbänder im Bereich der Höhenüberdeckungen eingelegt werden.

Die Verlegung erfolgt entgegen der Hauptwindrichtung in seitlich versetzter Verbanddeckung, sodass die Herstellung von Eckenschnitten entfällt (siehe Abb. 5.6-1).

Auf den Traglatten oder der Schalung werden die Wellplatten mit speziellen Glockennägeln ohne Vorbohrung befestigt. Im Überdeckungsbereich wird auf jedem Wellenberg und zwi-

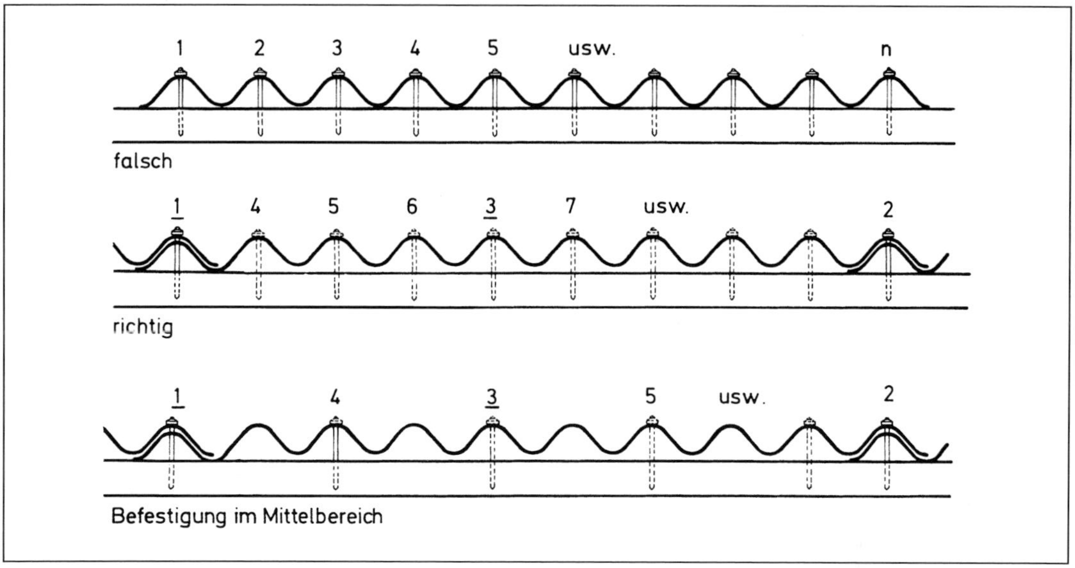

Abb. 5.6-2: Reihenfolge der Nagelung

schen den Überdeckungen auf jedem zweiten Wellenberg befestigt.

Selbst leicht gewölbte oder gebogene Dachflächen können mit Bitumenwellplatten gedeckt werden. Um eine Verformung der Bitumenwellplatten beim Befestigen zu vermeiden, ist die Reihenfolge der Nagelung zu beachten. Es müssen der erste und der letzte Wellenberg zuerst befestigt werden (siehe dazu das Befestigungsschema in Abb. 5.6-2).

5.6.4 Dachdetails

Traufe

Der freie Überstand an der Traufe darf nicht mehr als 50 mm betragen. An der Traufe müssen die Bitumenwellplatten auf jedem Wellenberg befestigt werden.

Ortgang

Die Ortgangausbildung kann mit oder ohne Formstücke erfolgen. Wenn keine Formstücke verwendet werden, muss der letzte Wellenberg der Bitumenwellplatten voll auf einer Unterkonstruktion aufliegen. In diesem Fall darf der Überstand der Bitumenwellplatten maximal eine halbe Welle betragen (siehe Abb. 5.6-3).

First und Grat

Am First enden die Bitumenwellplatten der Dachflächendeckung ca. 50 mm unterhalb der Firstmitte. Zur Firstausbildung können einteilige Firsthauben verwendet werden. Die Überdeckung der Firsthauben untereinander soll mindestens 100 mm betragen. Bei der Verlegung ist die Hauptwetterrichtung zu beachten.

Diese Firsthauben sind so flexibel, dass sie bei allen Regeldachneigungen anwendbar sind. Sie werden beidseitig des Firstes auf jedem Wellenberg genagelt (siehe Abb. 5.6-4). Der vorgegebene Raum zwischen dem Wellental und dem nicht profilierten Schenkel der Firsthaube dient als Firstentlüftung. Sollte dieser geschlossen werden, ist eine ausreichende Lüftung durch andere Maßnahmen sicherzustellen. Der First kann auch als Lüfterfirst ausgebildet werden. Die Deckung der Grate erfolgt mit den gleichen Formteilen wie die Firstdeckung.

Kehlen

Die Kehlen werden in der Regel als untergelegte Kehlen ausgeführt.

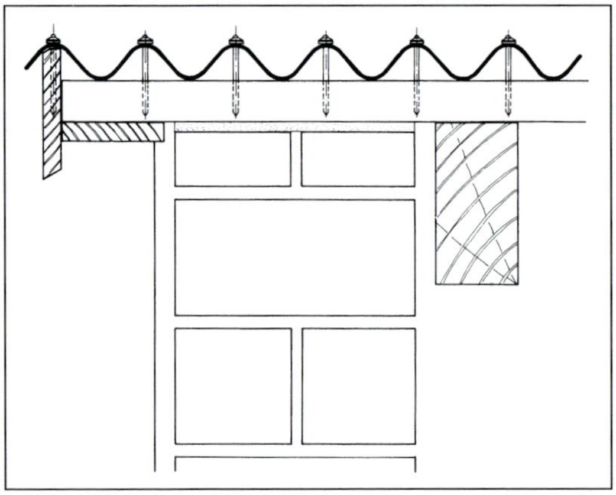

Abb. 5.6-3: Ortgang ohne Formstücke

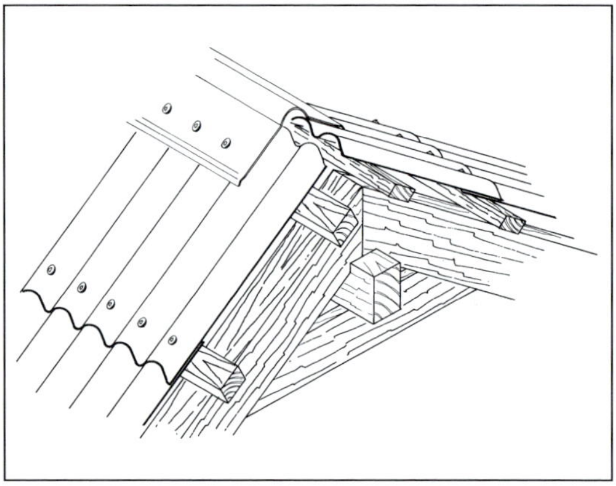

Abb. 5.6-4: First mit einteiliger Firsthaube

Zusammenfassung

Bitumenwellplatten bestehen aus einem Gemisch aus organischen und anorganischen Fasern mit Imprägnierung und Bitumen.

Zur Erhöhung der Witterungsbeständigkeit kann die Oberfläche farbbeschichtet oder mit einer Schutzschicht aus mineralischem Granulat oder Splitt versehen sein.

Der Mindestlattenquerschnitt ist 40/60 mm, wobei die Auflagerbreite mindestens 60 mm beträgt.

Der maximale Traglattenabstand ist in Abhängigkeit von der Dachneigung 0,33, 0,46 oder 0,62 m.

Die Regeldachneigung ist von der Sparrenlänge abhängig.

Die Mindestseitenüberdeckung beträgt eine Welle, die Mindesthöhenüberdeckung richtet sich nach der Dachneigung.

Die Verlegung erfolgt entgegen der Hauptwindrichtung im Verband. Die Herstellung von Eckenschnitten entfällt hierdurch.

Auf die richtige Reihenfolge der Nagelung mit speziellen Glockennägeln ist zu achten. Es muss immer der erste und letzte Wellenberg befestigt werden.

Die Deckung von Dachdetails kann unter Verwendung von speziellen Formstücken erfolgen.

Aufgaben

1. Welchen Mindestquerschnitt müssen Traglatten bei Verwendung als Deckunterlage für Bitumenwellplatten haben?
2. Wie oft muss eine Wellplatte im Bereich der Höhenüberdeckung befestigt werden?
3. Beschreiben Sie die richtige Reihenfolge bei der Nagelung von Bitumenwellplatten.
4. Beschreiben Sie, wonach sich der Traglattenabstand bei der Deckung mit Bitumenwellplatten richtet.
5. Geben Sie den höchstzulässigen Traglattenabstand für die Deckung mit Bitumenwellplatten bei 40° Dachneigung an.
6. Wie groß darf der freie Überstand der Bitumenwellplatten an der Traufe maximal sein?

5.7 Holzschindeln

Holzschindeln gehören zu den ältesten Dachdeckungsstoffen. In Deutschland wurden Dachdeckungen mit Holzschindeln in den Alpen, im Alpenvorland sowie in den Mittelgebirgen ausgeführt. Mit dem Aufkommen neuerer Dachdeckungsstoffe wurde die Holzschindeldeckung zurückgedrängt. In jüngster Zeit werden Holzschindeln jedoch wieder häufiger für die Dachdeckung gewählt, weil man wieder landschaftsgebundener baut und neben dem Schindelmaterial aus einheimischen Hölzern auch hochwertige Schindeln aus überseeischen Hölzern zur Verfügung stehen.

5.7.1 Herstellung

Holzschindeln werden aus einheimischen und überseeischen Hölzern hergestellt.

Als einheimische Hölzer werden für die Schindeln hauptsächlich Tanne, Fichte, Lärche und Eiche verarbeitet.

Von den überseeischen Hölzern werden vor allem Western Red Cedar, Eastern White Cedar und Alerce zur Herstellung von Holzschindeln verwendet. Schindeln aus diesen Hölzern zeichnen sich durch hohe Wetterbeständigkeit und gute Bearbeitbarkeit aus.

Zur Herstellung der Schindeln verwendet man überwiegend „Erdstämme", das ist der Bereich des Baumes zwischen dem Erdboden und der ersten Astlage. Die Stämme werden auf Schindellänge zu Klötzen geschnitten. Anschließend werden hieraus die Schindeln durch Spalten oder Sägen hergestellt. Das Holz kann zu unterschiedlichen Schindelformen verarbeitet werden.

Die gebräuchlichsten Schindelformen sind (siehe Abb. 5.7-2):

a) in der Dicke keilförmig gespaltene Schindeln (europäisch: Sparschindeln, überseeisch: Tapersplit)
b) in der Dicke konisch gesägte Schindeln (europäisch: Sägeschindeln, überseeisch: Shingle)

Abb. 5.7-1: Dach mit Holzschindeldeckung

c) in der Dicke konisch gesägte Schindeln, Vorderseite gespalten, Rückseite gesägt (europäisch: Spalt-/Sägeschindeln, überseeisch: Resawn)
d) gleich dick gespaltene Schindeln (europäisch: bei über 700 mm Schindellänge Legschindeln, überseeisch: Straightsplit)
e) Zierschindeln wie a) bis d), jedoch mit verschiedenartigen Rundungen und Verzierungen am Fuß sowie Schindeln mit verschiedenen Oberflächenstrukturen

5.7.2 Materialeigenschaften

Nach der Qualität werden bei Holzschindeln die Güteklassen I und II unterschieden.

Holzschindeln werden in Längen von 120 bis 800 mm hergestellt. Je nach Holz- und Herstellungsart können gleiche oder variable Breiten von 50 bis 350 mm eingesetzt werden. In der Regel haben Schindeln am Fuß eine Mindestdicke von 8 mm.

Für Dachdeckungen sind Schindellängen von 120 bis 800 mm geeignet. Vorzugslängen sind 300, 400, 450 und 600 mm. Kürzere Schindellängen kommen insbesondere bei kleinen Dachflächen oder Krümmungen innerhalb der Dachfläche zur Anwendung.

Die wichtigsten Werkstoffeigenschaften sind in Tabelle 5.7-1 aufgelistet.

Langjährige Erfahrungen zeigen, dass Holzschindeln bei Beachtung des konstruktiven Holzschutzes nicht imprägniert werden müssen. Die Langlebigkeit der Holzschindeln kann jedoch durch geeigneten vorbeugenden chemischen Holzschutz unterstützt werden (siehe Kapitel 5.12.5).

Vorbeugende chemische Holzschutzmaßnahmen sind erforderlich, wenn folgende Kriterien vorliegen:

- geringe Dachneigungen
- ungünstige klimatische Verhältnisse und Gebäudelagen sowie sonstige Umweltbelastungen
- wenig beständige Holzarten

Tabelle 5.7-1: Werkstoffeigenschaften in Holzschindeln

Holzart	Rohdichte g/m³	Biegefestigkeit N/mm²	Druckfestigkeit II zur Faser N/mm²	Härte nach Janka N/mm²		E-Modul N/mm² 10²	Schwindmaß in % je 1 % Feuchteänderung Bereich 5–20 %		Wärmeleitfähigkeit W/(m · k)	Eignung für Dachdeckungen*) (Kernholz)
				$H_{J\parallel}$	$H_{J\perp}$		radial	tangential		
Fichte	0,47	68	40	27	16	100	0,19	0,36	0,13	II/III
Kiefer	0,52	80	45	30	25	110	0,19	0,36	0,13	II/III
Lärche	0,59	93	48	38	35	120	0,14	0,30	0,13	I/II
Eiche	0,67	95	52	69	45	130	0,18	0,34	0,20	I/II
Buche	0,69	120	60	78	68	140	0,20	0,41	0,20	III
Western Red Cedar	0,37	54	35	30	16	80	0,10	0,20	0,10	I/II
Eastern White Cedar	0,34	43	25	24	14	45	0,09	0,18	0,09	–2)
Alerce	0,47	61	36	31	25	82	0,10	0,22	0,13	I
Yellow Cedar	0,43	81	47				0,04	0,06	0,10	–2)

*) Die Angaben beziehen sich auf das Kernholz. Splintholz ist allgemein in die Klasse III einzustufen. Im Einzelnen verhält sich Fichtensplintholz günstiger als Kiefernsplintholz. Western Red Cedar und Eastern White Cedar werden im Allgemeinen splintfrei geliefert.
I) witterungsfest, auch ungeschützt Jahrzehnte haltbar
II) mäßig witterungsfest, auch ungeschützt viele Jahre haltbar
III) nicht witterungsfest, chemischer Holzschutz notwendig
1) Güteklasse A entspricht einem Mischsortiment aus Güteklasse I/II nach DIN 68119-1.
2) keine Einstufung, da keine ausreichenden praktischen Erfahrungen vorliegen

5.7.3 Deckunterlagen

Als direkter Nagelgrund der Schindeln sind Traglattungen oder Sparschalungen geeignet.

Traglattung

Die Querschnitte der Traglattung hängen von der Sortierklasse des Holzes, von der Mannlast und vom Sparrenabstand ab. Die Lattweite richtet sich nach dem gewählten Reihenabstand der Schindeln (siehe Tabelle 5.7-3). Die Befestigung der Dachlatten auf den Konterlatten oder Sparren erfolgt in der Regel mit Drahtstiften oder mit gleichwertigen Verbindungsmitteln (z. B. Schraubnägeln, Rillennägeln, Schrauben usw.).

zusätzliche Angaben für Splintanteile, die bei allen Holzarten nicht resistent sind	**Imprägnierfähigkeit**	**Stehvermögen (Verwindungsverhalten)**	**Farbe**	**Sonstiges**
bläueempfindlich	mäßig	gut	gelblich weiß, Spätholz rötlich gelb	Harzkanäle gut bearbeitbar, beizfähig
besonders bläueempfindlich	gut	gut	gelblich weiß, Kern rötlich nachbräunend	viele Harzkanäle, beizfähig
muss splintfrei geliefert werden	mäßig	gut	gelblich, rötlich braun	Harzkanäle, beizfähig, säureresistent
muss splintfrei geliefert werden	gut mäßig	gut	grau-gelblich, nachdunkelnd bis dunkelbraun	Gerbstoffreaktionen möglich (z. B. durch Nägel), beizfähig
bläueempfindlich	gut	mäßig	hellgrau mit blassgelber oder rötlicher Tönung	leicht spaltbar, gedämpft leicht zu biegen, neigt zum Reißen, beizfähig
meist splintfrei geliefert (Güteklasse I: splintfrei)	mäßig	sehr gut	Splint hellgelb, Kern rötlich	durch Inhaltstoffe Farbreaktionen möglich (Nägel)
meist splintfrei geliefert (Güteklasse A[1]: auch meist splintfrei)	mäßig	gut	hellbraun, Splint weißlich	schwerer spaltbar als Western Red Cedar, weitgehend liegende Jahrringe
meist splintfrei geliefert	mäßig	sehr gut	hellrot, rotbraun ausbleichend	Harzkanäle fehlen, gut spaltbar
Güteklasse I: splintfrei	mäßig	sehr gut	gelblich weiß	schwer spaltbar

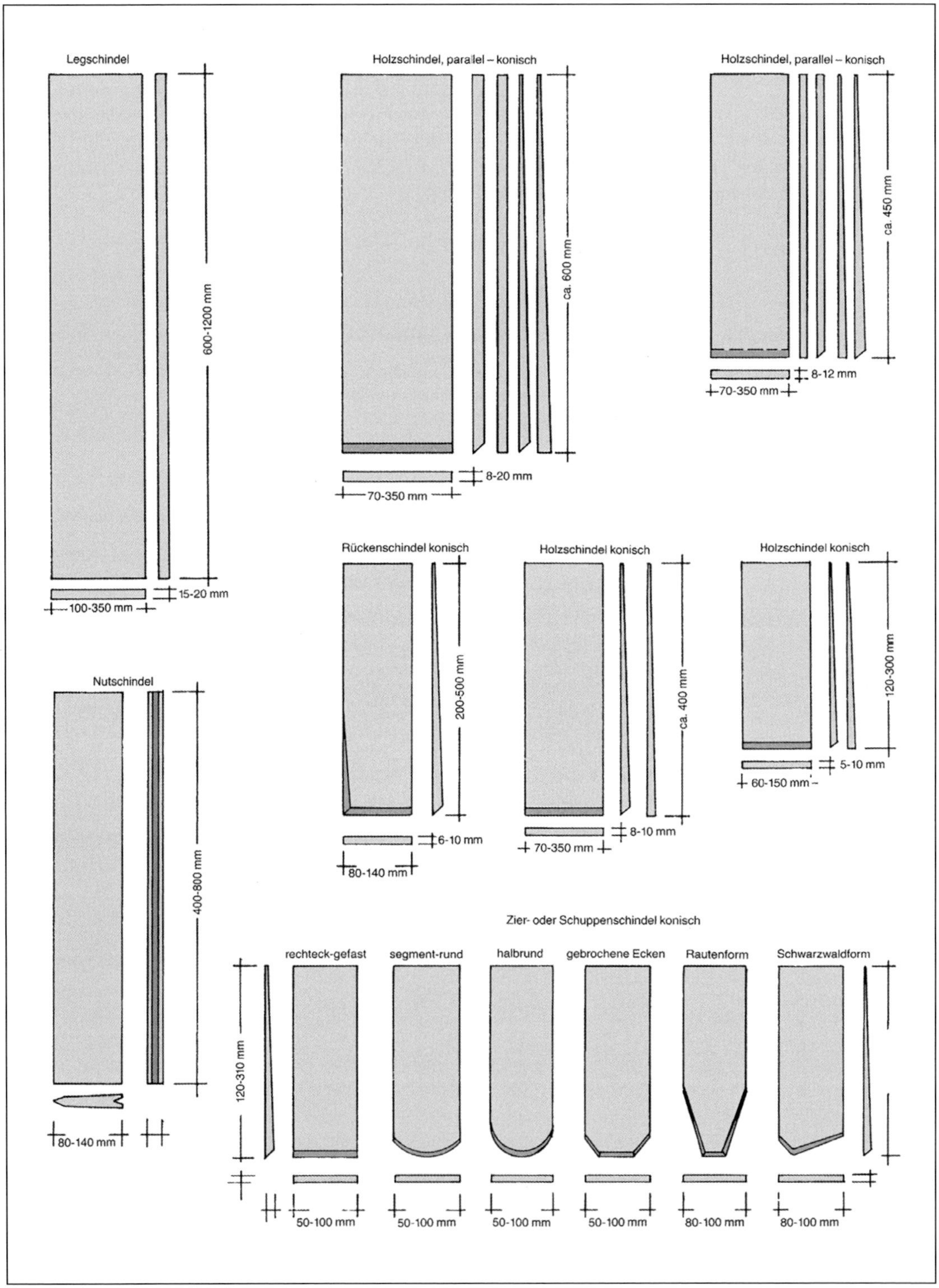

Abb. 5.7-2: Schindelformen

Tabelle 5.7-2: Schalungsdicken in Abhängigkeit von Sparrenabstand und Schalungsart

handelsübliche Schalungsdicken (mm)		18	19,5	22	24	28	30
empfohlener Sparrenabstand maximal in mm	Rauspundbretter	500	600	800	1.000	1.250	1.500
	Sparschalung schmal 120–160 mm	–	500	600	700	800	1.000
	breit über 160 mm	–	600	800	1.000	1.250	1.500

Schalung

Für die Verlegung von Holzschindeln sind Sparschalungen besser als dichte Schalungen geeignet. In der Praxis haben sich die in Tabelle 5.7-2 aufgeführten Schalungsdicken bewährt. Die Schalbretter sind mit wenigstens 2 Drahtstiften oder mit gleichwertigen Verbindungsmitteln zu befestigen.

5.7.4 Deckung der Schindeln

Die Mindestneigung der Sparren und Aufschieblinge an der Traufe beträgt

- bei zweilagiger Deckung 71° (290 %),
- bei dreilagiger Deckung 22° (40 %).

Bei zweilagiger Deckung dürfen nur Schindeln der Güteklasse I verwendet werden. Bei Dächern unter 22° Neigung ist ein wasserdichtes Unterdach erforderlich.

Hinterlüftung

Jede Schindeldeckung erfordert eine dauernde, ausreichende und gleichmäßige Be- und Entlüftung, damit die Deckung möglichst schnell wieder austrocknen kann. Die Verlegung von Schindeln direkt auf Dachbahnen vermindert die Haltbarkeit der Schindeln erheblich. Eine ausreichende Entlüftung wird bei gesägten, eng aufeinanderliegenden Schindeln durch Konterlatten 30/50 mm erreicht. Bei handgespaltenen Schindeln reichen Konterlatten 24/48 mm aus. Bei mäßig steilen Dächern bzw. bei großen Sparrenlängen empfiehlt es sich, den Lüftungsquerschnitt zu erhöhen. Bei flach geneigten Dächern sowie in Gegenden mit häufigem Schneefall ist eine Verdoppelung des Belüftungsquerschnittes besonders vorteilhaft.

Schindellängen, Reihenabstand

Der Reihenabstand (sichtbare Schindelfläche) richtet sich nach der Schindellänge sowie der Neigung der zu deckenden Fläche. Die maximal zulässigen Reihenabstände sind der Tabelle 5.7-3 zu entnehmen.

Tabelle 5.7-3: Maximal zulässige Reihenabstände für Schindeln

Schindellänge in mm	dreilagig 22° bis 90° Neigung	zweilagig 71° bis 90° Neigung
Reihenabstand etwa	Reihenabstand mm	Reihenabstand mm
120	35	50
150	45	65
200	60	90
250	75	115
300	90	140
400	125	180
450	140	200
600	180	280
700	220	330
800	250	375

Befestigungsmittel

Zur Befestigung von Holzschindeln sind Nägel mit Flachkopf geeignet. Sie können einen glatten, gerillten oder gerauten Schaft haben. Sie müssen feuerverzinkt oder aus nicht rostendem Stahl hergestellt sein. Geeignet sind auch Klammern aus nicht rostendem Stahl. Bei Schindeln

Tabelle 5.7-4: Verträglichkeit verschiedener Metalle mit nicht imprägnierten Holzschindeln

Materialien	Lärche	Fichte/ Tanne	Kiefer	Eiche	Western Red Cedar	Eastern White Cedar	Alerce
Kupfer	V	G	G	V	V/U	V/U	V
Aluminium, beschichtet	G	G	G	V	G/V	G/V	V
Titanzink	V	G	G	U	U	U	U
nicht rostende Stähle	G	G	G	G	G	G	G
Blei	G	G	G	V	G/V	V/U	G
verzinkter Stahl	U	V	V	U	U	U	U
Bleche, gestrichen	V	V	V	V	V	V	V

G = gut geeignet;
V = Verfärbungen/Korrosion möglich;
U = ungeschützt ungeeignet; mit geeigneten Schutzanstrichen (gemäß Empfehlungen der Hersteller) versehen, sind diese Materialien auch einsetzbar.

aus Western Red Cedar, Eastern White Cedar und Eiche sowie bei salzimprägnierten Schindeln sind Befestigungsmittel aus nicht rostendem Stahl besonders zu empfehlen. Die Befestigungsmittel müssen so lang sein, dass sie ca. 18 bis 20 mm in die tragende Unterkonstruktion eindringen.

Befestigung

Jede Schindel ist mit 2 Schindelstiften zu befestigen. Je Schindelbreite soll der Randabstand zur Nagelstelle 15 bis 50 mm betragen. Es ist empfehlenswert, breitere Schindeln in der Breite zu teilen (einheimische Hölzer ab 160 mm, überseeische Hölzer ab 250 mm).

Die Befestigungshöhe der Schindeln ist so zu wählen, dass die Schindelstifte von der darüber befindlichen Schindelreihe mindestens 30 bis 40 mm überdeckt werden. Sichtbare Nagelung sollte möglichst vermieden werden. Die Schindelstifte sind flächenbündig einzuschlagen, aber nur so tief, dass die Holzfaser nicht zerstört wird. Zu tief eingeschlagene Nägel führen durch die Quell- und Schwindbewegungen zum Lockern oder Spalten der Schindeln.

Fugenausbildung

Bei der Befestigung sind bei den Schindeln Bewegungsfugen vorzusehen. Die Fugenbreiten richten sich nach dem Quell- und Schwindmaß der verwendeten Schindeln, der Einbau-Holzfeuchte und der zu erwartenden durchschnittlichen Holzfeuchte nach der Befestigung auf dem Dach. Gebräuchlich sind Fugenbreiten von 1 bis 5 mm.

Die seitliche Fugenversetzung zu der darunter befindlichen Reihe muss mindestens 30 mm betragen. Es empfiehlt sich insbesondere bei gesägten Schindeln, die Fugen bei der übernächsten Reihe gegeneinander um ca. 20 mm zu versetzen.

5.7.5 Dachdetails

Bei der Ausführung der Dachdetails ist zu beachten, dass die Art des erforderlichen Blechmaterials mit der Holzart der Schindeln abgestimmt werden muss. Sonst kommt es zu Farbreaktionen der Holzschindeln und zur Korrosion der Blechverwahrungen. Bei imprägnierten Holzschindeln ist die Verträglichkeit zwischen verwendeten Holzschutzmitteln und Materialien für Befestigung sowie An- und Abschlüssen zu überprüfen.

Traufe

Auf die zur Schindeldeckung vorgerichteten Deckunterlage (Lattung oder Schalung) wird an der Traufe je nach Anforderung sowohl das Schneefanggitter als auch das Traufenblech montiert.

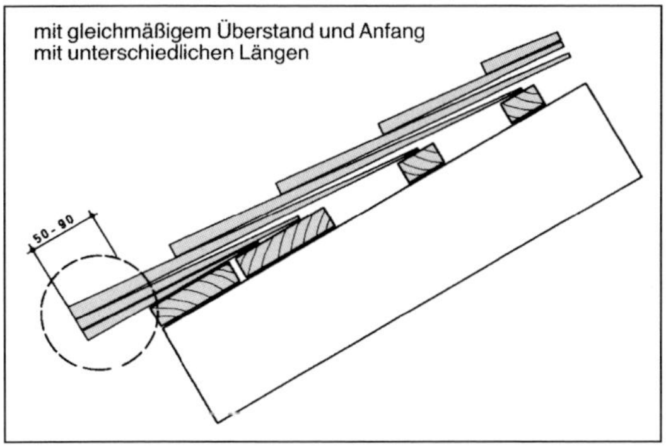

Abb. 5.7-3: Traufenausbildung, Beispiel 1

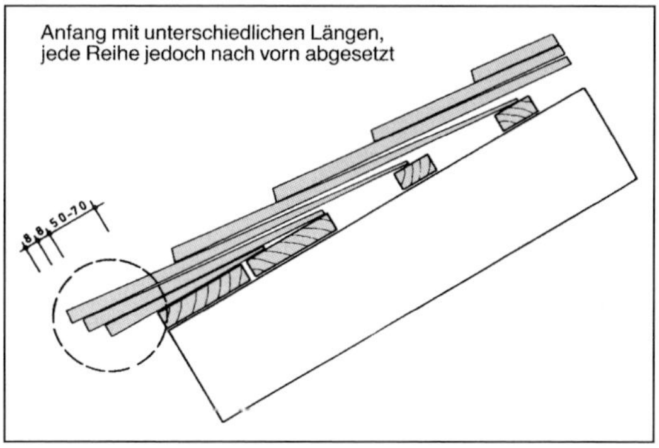

Abb. 5.7-4: Traufenausbildung, Beispiel 2

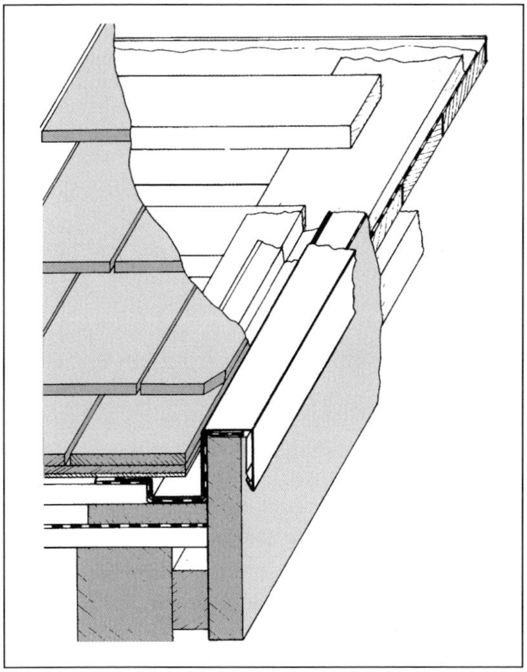

Abb. 5.7-5: Ortgangdeckung mit Ortgangrinne

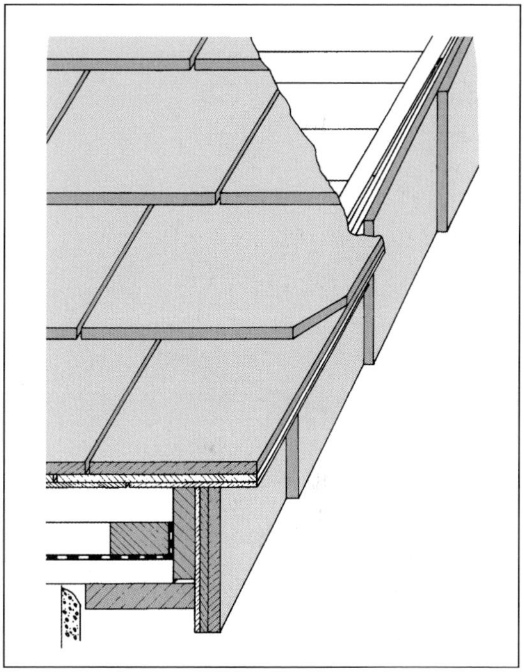

Abb. 5.7-6: Ortgangdeckung mit Überstand der Deckung

Die Auflagenbreite des Traufenbleches unter den Schindeln ist wie folgt von der Dachneigung abhängig:

- ca. 150 mm breit über 30° Dachneigung
- ca. 200 mm breit unter 30° Dachneigung

Die Andeckung der ersten Schindelreihe, auch erste Ansetzschindel genannt, soll auf Traufblechen mit einem Mindestüberstand von 5 mm erfolgen. Ist kein Traufblech vorhanden, ist ein Mindestüberstand von 50 mm vorzusehen. Für die erste und zweite Ansetzschindel können kürzere Schindeln verwendet werden (siehe Abb. 5.7-3 und Abb. 5.7-4).

Ortgang

Bei der Ausbildung der Ortgänge ist aus optischen Gründen der Ausführung mit Schindeln gegenüber anderen Lösungen der Vorzug zu geben. Grundsätzlich ist bei überkragenden Schindeln ein Überstand von ca. 30 mm einzuhalten (siehe Abb. 5.7-5 und Abb. 5.7-6).

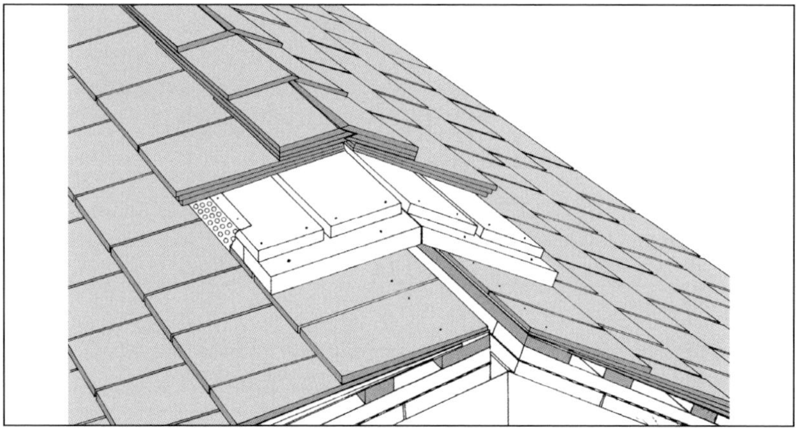

Abb. 5.7-7: Firstausbildung mit Firstentlüftung

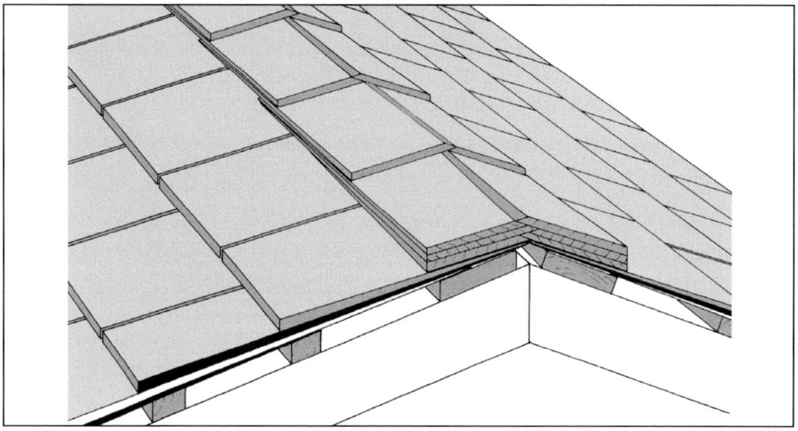

Abb. 5.7-8: Aufgelegter First ohne Firstentlüftung

First

Um eine gleichbleibende Neigung zu gewährleisten, können im Bereich der Firste Aufschieblinge oder Hinterfütterungen (z. B. keilförmige Bohlen) angeordnet werden.

Für den Zusammenhang zwischen Firstlinie, Trauflinie und Reihenabstand gilt Folgendes:

In der Praxis erfolgt ein Abgleich der waagerecht verlaufenden Reihenabstände ca. 10 bis 15 Reihen unterhalb der Firstlinie. Hierbei muss auch die Parallelität zur Firstlinie ausgeglichen werden. Der maximal zulässige Reihenabstand darf dabei keinesfalls überschritten werden. Wird aus optischen Gründen ein einheitlicher Reihenabstand von Traufe bis First gefordert, so ist der Abstand vorher zu ermitteln und an verschiedenen Sparren zu kontrollieren.

Die Firstausbildung ist weitgehend abhängig von der Windrichtung und der Gestaltung des Daches. Mit der Firstdeckung wird an der windabgekehrten Seite begonnen. Annähernd gleich breite Schindeln werden an der dem First zugewandten Längsseite leicht abgeschrägt und wechselseitig gegeneinander gestoßen. Die Längsseiten sollten hierbei überlappen. Aus Gründen der Festigkeit sollte die Firstabdeckung dreilagig ausgeführt werden. Die Lüftungsöffnungen (mindestens gleich der Dicke der Konterlattung) sind stets mit einem Schutzgitter abzudecken. Bei Verwendung von gespaltenen Schindeln ohne Unterdach ist eine eigene Firstentlüftung nicht zwingend erforderlich (siehe Abb. 5.7-7 und Abb. 5.7-8).

Grat

Die konstruktive Ausbildung einer Gratdeckung ist weitgehend abhängig von der Dachneigung und der gewünschten optischen Wirkung.

Zu unterscheiden sind grundsätzlich 4 verschiedene Arten der Gratausbildung:

- Schwenkgrat mit gerade herangeführten Reihen
- Schwenkgrat in rund herangeführten Reihen
- aufgelegter Grat
- Schwenkgrat mit gerundetem Gratsparren

Schwenkgrat in geraden Reihen

Diese Deckart wird bevorzugt bei steileren Dachneigungen angewendet. Hierbei sind die Schindeln seitlich abzuschrägen und am Schindelfuß den Reihenlinien anzupassen. Beim Zuschnitt der Schindeln ist zu beachten, dass der Faserverlauf parallel zur Gratlinie verläuft. Dabei muss der seitliche Zuschnitt größtenteils auf der dem Grat abgewandten Seite erfolgen (siehe Abb. 5.7-9).

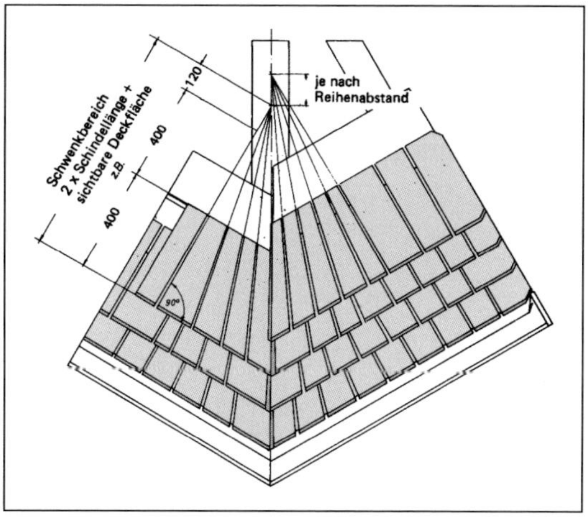

Abb. 5.7-9: Schwenkgratausbildung mit geraden Reihen

Schwenkgrat mit rund herangeführten Reihen

Diese Gratdeckung kann auch bei flacheren Dachneigungen angewendet werden. Die notwendigen seitlichen Zuschnitte der Schindeln sind wie beim Schwenkgrat mit geraden Reihen auszuführen (siehe Abb. 5.7-10).

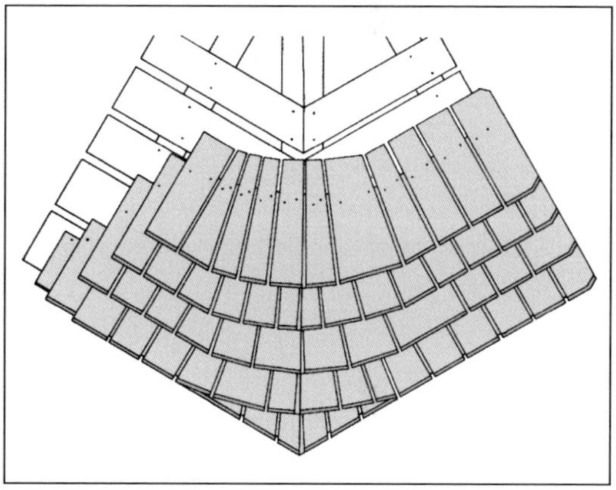

Abb. 5.7-10: Schwenkgrat mit rund herangeführten Reihen

Aufgelegter Grat

Die aufgelegte Gratabdeckung eignet sich vorzugsweise für Dachneigungen unter 30° (siehe Abb. 5.7-11).

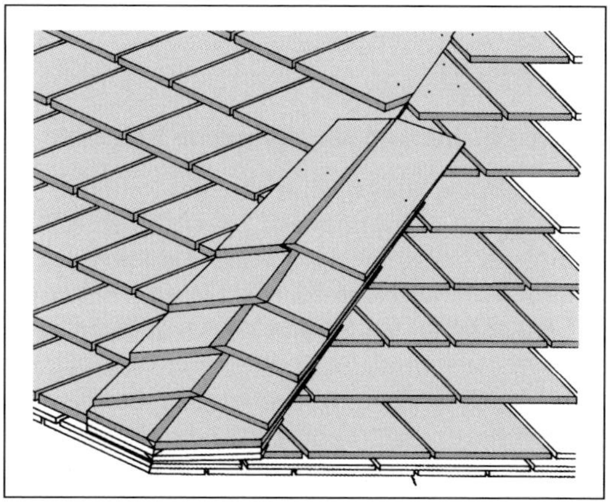

Abb. 5.7-11: Aufgelegte Gratabdeckung

Schwenkgrat mit gerundeten Gratsparren

Diese Art der Gratdeckung ist nur ausführbar, wenn dies bereits bei der Planung des Dachstuhls bzw. der Unterkonstruktion berücksichtigt wurde und der Grat bzw. die Unterkonstruktion enstprechend gerundet geschnitten bzw. verlegt wurde. Verlegung und Zurichtung der Schindeln erfolgen wie beim Schwenkgrat mit geraden Reihen (siehe Abb. 5.7-12).

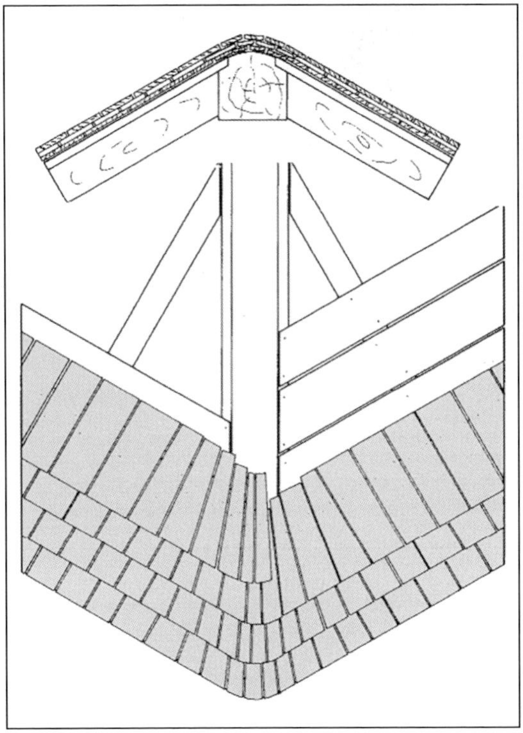

Abb. 5.7-12: Gratdeckung bei abgerundetem Gratsparren

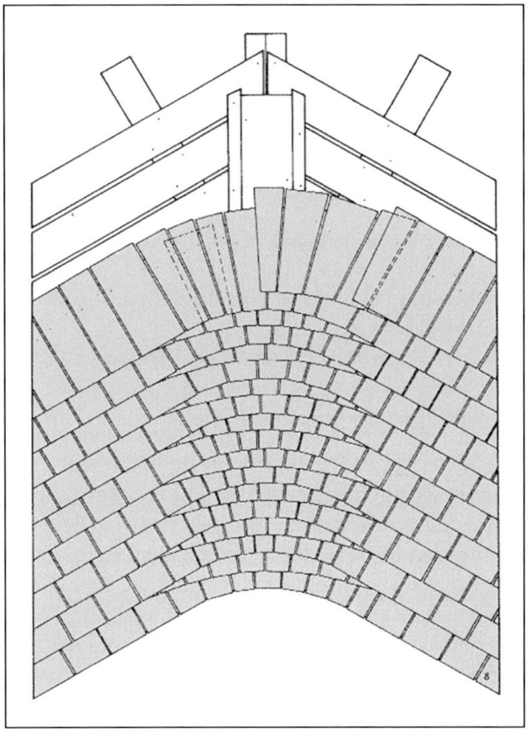

Abb. 5.7-13: Schwenkkehle mit gleich langen Schindeln im Kehlbereich

Kehle

Die konstruktive Ausbildung von Kehlen ist abhängig von der Dachneigung und der gewünschten optischen Wirkung. Zu unterscheiden sind grundsätzlich 3 Kehlarten:

- Schwenkkehle
- eingebundene Kehle
- Metallkehle

Schwenkkehle und eingebundene Kehle

Diese Kehldeckungen sind ab einer Kehlsparrenneigung von mindestens 26° ausführbar. Bei geringerer Neigung ist ein Wasser ableitendes dichtes Unterdach erforderlich. Wegen der bei Kehlen anfallenden großen Wassermengen müssen die Schindeln im direkten Kehlbereich mindestens vierlagig verlegt werden. Bei der Unterfütterung der Kehle mit einem Kehlbrett ist der Kehlwinkel zu beachten. Bei flacher Neigung liegt die Kehlbrettbreite bei 120 mm, bei steiler Neigung bei 160 mm. Die Kehlbrettdicke beträgt ca. 30 mm. Um einen runden Übergang zu erreichen, sind an beiden Längsseiten des Kehlbrettes Dreikantleisten anzubringen (siehe Abb. 5.7-13 und Abb. 5.7-14).

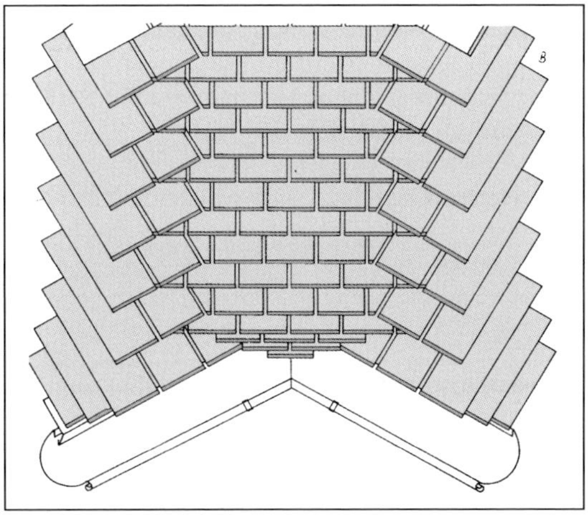

Abb. 5.7-14: Eingebundene Kehle

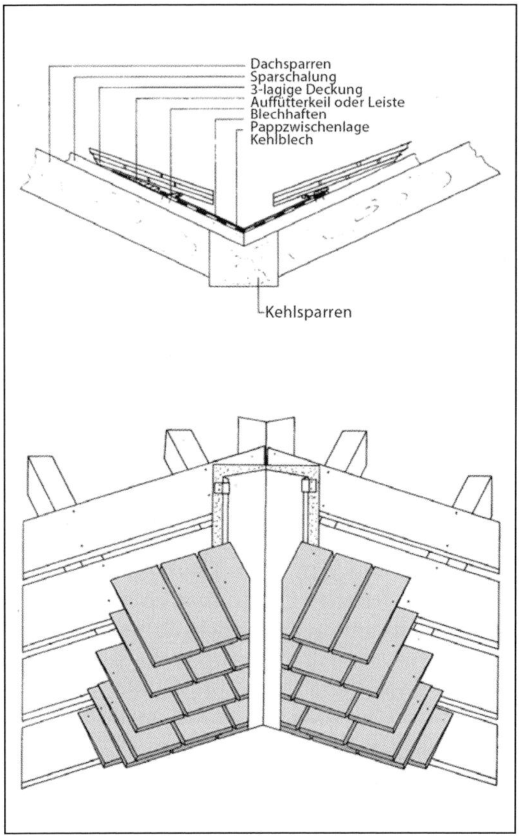

Abb. 5.7-15: Normale Blechkehle in der Holzschindeldeckung

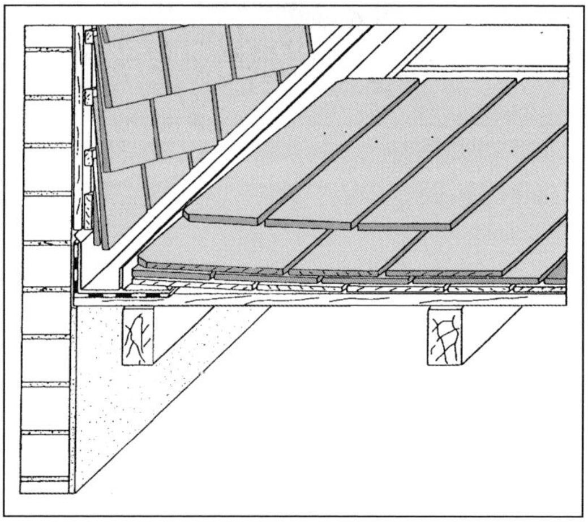

Abb. 5.7-16: Seitlicher Wandanschluss mit Stehfalzausbildung und schindelgedeckter Fassade

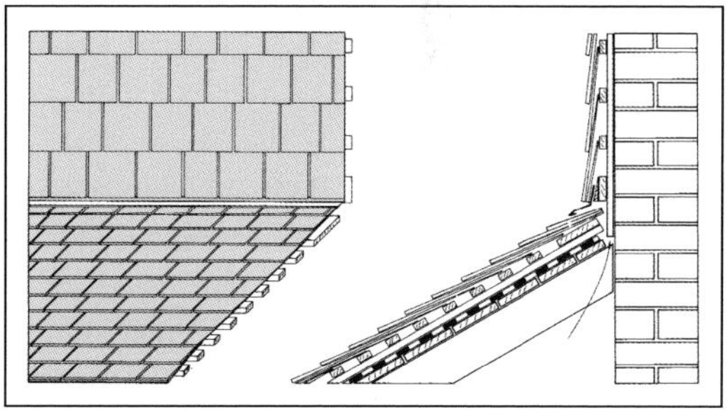

Abb. 5.7-17: Oberer Wandanschluss

Metallkehle

Metallkehlen sind bei flachen Dachneigungen erforderlich. Bei Kehlsparrenneigungen über 25° sollte aus optischen Gründen der eingebundenen Kehle oder der Schwenkkehle der Vorzug gegeben werden.

Bei Metallkehlen sind zu unterscheiden:

- normale Blechkehlen
- vertiefte Blechkehlen

Grundsätzlich dürfen Blechkehlen nur als offene Kehlen ausgeführt werden, damit eine laufende Reinigung möglich ist (siehe Abb. 5.7-15).

Anschlüsse

Besonders seitliche Dachflächenanschlüsse an aufsteigende Wände sind wegen Stauwassergefahr und möglicher Schmutzansammlungen konstruktiv sehr sorgfältig auszubilden. Beispiele für Anschlussdeckungen zeigen die Abb. 5.7-16 und die Abb. 5.7-17.

5.7.6 Historische Schindeldeckungen

Zu den historischen Schindelformen gehören:

- Nutschindeln
- Rückenschindeln
- Legschindeln

Heute hat nur noch die Deckung mit Legschindeln eine Bedeutung.

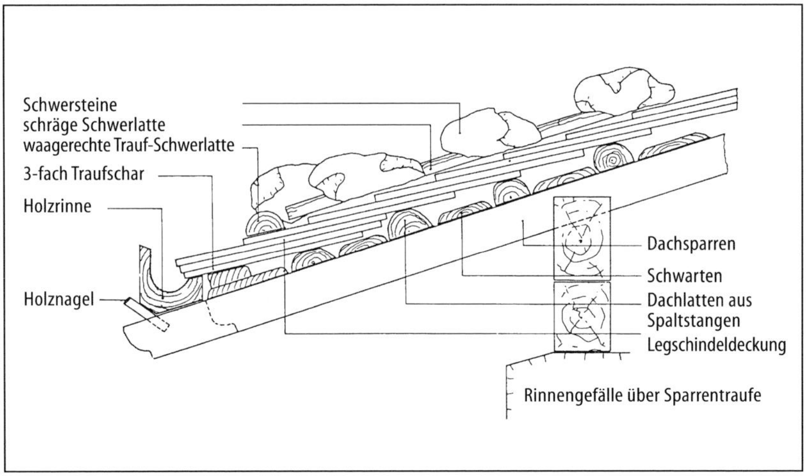

Abb. 5.7-18: Traufe im Legschindeldach

Legschindeldeckung

Legschindeldeckungen werden zumeist im Alpengebiet ausgeführt. Grundsätzlich sollten Legschindeln gespalten sein. Werden gesägte Legschindeln verwendet, ist es empfehlenswert, sie wegen besserer Lüftung mit einem „Rillenhobel“ zu bearbeiten.

Legschindeln werden in Längen von 600 bis 900 mm hergestellt. Die Breite beträgt 70 bis 300 mm, die Dicke mindestens 15 mm.

Der Neigungswinkel eines Legschindeldaches darf 17° nicht unterschreiten und 23° nicht übersteigen.

Die Legschindeldeckung muss mindestens dreilagig ausgeführt werden. Die Deckung kann mit und ohne Dachschalung ausgeführt werden. Für die Dachdurchlüftung gelten die allgemeinen Regeln für Holzschindeldächer.

Legschindeln werden grundsätzlich auf dem Untergrund nicht befestigt, sondern nur aufgelegt und beschwert. Die Beschwerung erfolgt durch leicht schräg zu den Reihen (Scharen) im Abstand von etwa 1 m verlegten Schwerlatten. Als Schwerlatten werden nicht zu starke, halbierte Derbstangen verwendet. Die leicht schräge Verlegung der Schwerlatten ist erforderlich, um eine bessere Wasserableitung zu gewährleisten und Wassernester zu vermeiden. Die Belastung der Schwerlatten erfolgt mit abgeflachten oder eckigen Steinen.

Die Steine werden mit dem Hauptgewicht so auf die Schwerlatten gelegt, dass sie noch leicht firstaufwärts auf den Schindeln aufliegen. Besteht Abrutschgefahr, so können die Schwerlatten durch verzinkte Drähte, durch Flachstähle oder durch vom First abgehängte Hängelatten gesichert werden.

Da die einzelnen Schindeln nicht befestigt werden, ist durch geeignete Maßnahmen zu gewährleisten, dass ein Abrutschen oder seitliches Verrutschen der Schindeln an der Traufe und am Ortgang nicht möglich ist. An der Traufe kann dies entweder durch ein erhöhtes Traufbrett oder -riegel, die über Eisen mit den unteren Latten verbunden sind, erfolgen oder durch eine Erhöhung der äußeren Wand einer hölzernen Rinnenkonstruktion. Die Sicherung beim Ortgang wird mit an den vorstehenden Dachlatten befestigten Windbrettern oder mit Wind- und Deckbrettern unter hinterliegenden Blechwinkeln ausgeführt. Ein materialgerechter Firstabschluss erfolgt durch einen etwa 100 bis 150 mm großen Überstand der obersten 2 Schindelreihen von der Hauptwindrichtung zur windgeneigten Seite (siehe Abb. 5.7-18).

Ein Legschindeldach sollte je nach verwendeter Holzart und klimatischer Beanspruchung alle 5 bis 10 Jahre umgedeckt werden.

Zusammenfassung

Zur Herstellung von Holzschindeln werden folgende Holzarten verwendet: Tanne, Fichte, Lärche, Eiche sowie Western Red Cedar, Eastern White Cedar und Alerce.

Man unterscheidet keilförmig oder gleich dick gespaltene Schindeln, konisch gesägte Schindeln, vorderseitig gespaltene und rückseitig gesägte Schindeln sowie Zierschindeln.

Die Deckung der Holzschindeln kann auf Lattung oder auf Schalung erfolgen.

Holzschindeln sind mit rostgeschützten Nägeln oder Klammern zu befestigen.

Holzschindeldeckungen werden dreilagig ausgeführt, ab 71° darf die Deckung zweilagig ausgeführt werden.

Der Reihenabstand der Holzschindeldeckung richtet sich nach der Schindellänge sowie nach der Neigung der zu deckenden Fläche.

Bei der Legschindeldeckung werden die 600 bis 900 mm langen Schindeln lose aufgelegt. Gehalten werden sie mit Schwerlatten, die mit Draht an der Deckunterlage befestigt und mit Steinen beschwert werden.

Das bei der Ausführung der Dachdetails erforderliche Blechmaterial muss mit der Holzart der Schindeln abgestimmt werden, um Farbreaktionen der Schindeln und Korrosion der Blechverwahrung zu vermeiden.

Aufgaben

1. Welche Holzarten werden zur Schindelherstellung verwendet?
2. Nennen Sie gebräuchliche Schindelformen.
3. Wie kann die Deckunterlage für Holzschindeldeckungen hergestellt werden?
4. Wie sind Holzschindeln zu befestigen? Welche Befestigungswerkstoffe sind zu verwenden?
5. Wie wird beim Holzschindeldach eine ausreichende Hinterlüftung erreicht?
6. Beschreiben Sie die Legschindeldeckung.
7. Beschreiben Sie die Herstellung der folgenden Dachdetails:

   a) Traufe
   b) First
   c) Wandanschluss
8. Warum müssen bei Dachdetails die Holzart der Schindeln und die Art des Blechmaterials für Verwahrungen aufeinander abgestimmt werden?

5.8 Reet und Stroh

Reet und Stroh gehören zu den ältesten Werkstoffen für Dachdeckungen. Sie wurden bereits in der Steinzeit angewandt. Auch heute werden Dachdeckungen mit Reet nicht nur bei Altbauten, sondern auch bei etlichen Neubauten vorgenommen. Dies trifft besonders zu beim landschaftsgebundenen Bauen in Norddeutschland. Sachgerecht behandelt und verarbeitet hat das Reet auf dem Dach eine Lebensdauer von 40 bis 50 Jahren.

Dachdeckungen mit Stroh werden heute fast nur noch zur Erhaltung von denkmalgeschützten Strohdächern vorgenommen. Dies ist damit begründet, dass die Lebensdauer von Strohdeckungen wesentlich geringer ist als die von Reetdeckungen. Außerdem ist die Gewinnung von Stroh für Dachdeckungen sehr aufwendig.

Abb. 5.8-1: Gebäude mit Reetdach

Abb. 5.8-2: Gebäude mit Reetdach

Abb. 5.8-3: Gebäude mit Reetdach

Abb. 5.8-4: Winterzeit – Reet-Erntezeit

Dachdeckungen mit Stroh sind sinngemäß wie Dachdeckungen mit Reet auszuführen. Abweichend davon beträgt die Lattweite bei der Strohdeckung je nach der Länge des Deckmaterials 250 bis 300 mm. Die Dicke der Strohdeckung beträgt in der Fläche etwa 250 mm, an der Traufe etwa 300 mm und am First etwa 200 mm.

5.8.1 Gewinnung

Reet

Reet ist auch unter den Bezeichnungen Ried, Ret, Reht, Rohr, Rohrschilf, Schilf oder Binse bekannt. Es wächst an flachen Ufern stehender oder fließender Gewässer. In Deutschland gibt es nur noch wenige Abbaugebiete. Etwa 90 % des Reets werden eingeführt. Geliefert wird es u. a. aus den Niederlanden, aus Dänemark, Estland, Polen, Österreich, Ungarn, Rumänien und der Türkei.

Die Reet-Pflanze gehört zur Familie der Gräser. Reet wächst vom Frühjahr bis zum Herbst von 1 m bis zu mehr als 3 m hoch. An den Sprossspitzen bilden sich Rispen (Ähren). Zu Beginn des Winters sterben die Reet-Halme ab und verlieren ihre Blätter. Die jetzt ausgereiften Halme behalten aber ihre Elastizität. In diesem Stadium wird das Reet geerntet. Für die Ernte werden heute meistens besondere Erntemaschinen eingesetzt (siehe Abb. 5.8-4). Früher wurde das Reet von Hand mit Sensen geschnitten. Bei tragfähiger Eisdecke wurde es dicht über der Eisfläche mit dem Reetschieber abgeschoben. Das geerntete Reet wird nach dem Schnitt zum Trocknen aufgestellt.

Stroh

Für Dachdeckungen mit Stroh ist Roggenstroh am besten geeignet. Auch Weizenstroh ist brauchbar. Das Stroh muss völlig ausgewachsen, gerade, möglichst lang und gut ausgedroschen sein. Maschinengedroschenes Stroh ist un-

Tabelle 5.8-1: Sortierung von Reetbunden

Längensortierung/Anforderungen	mittellanges Bund	langes Bund
Gesamtlänge des Bundes	> 1,40 m	> 1,90 m
höchstens 10 % der Halme eines Bundes	< 1,10 m	< 1,40 m
50 % der Halme eines Bundes	> 1,40 m	> 1,60 m

brauchbar, weil die Stängel (Halme) hierbei breitgeschlagen und gebrochen sind. Das Stroh muss daher von Hand mit dem Dreschflegel gedroschen sein. Gutes, richtig behandeltes Stroh hält sich auf dem Dach 25 Jahre und länger.

5.8.2 Qualitätsmerkmale

Nach dem Trocknen wird das Reet von etwa vorhandenem Gras, Altrohr und Krummrohr gesäubert. Gutes Reet soll hart sein, d. h., dass Halme und Bunde sich nicht leicht zusammendrücken dürfen. Die Halme dürfen bei Biegung nicht brechen und müssen sich zurückstellen.

Prüfungen müssen nach dem Produktdatenblatt für Reet erfolgen.

Reetbunde dürfen keinen Schimmelgeruch zeigen und keinen Schimmel beinhalten. Bei der Lagerung von Reet darf keine Feuchtigkeit eindringen.

Reet sollte frei von Insekten und sonstigen Tieren sein.

Sortierung von Reet

Nach der Säuberung wird das Reet nach Dicke und Länge sortiert und gebündelt (siehe Tabelle 5.8-1). Der Umfang eines Bundes soll mindestens 60 cm betragen. Die Bunde werden mit Stahlreifen zu Paketen (auch Kolli oder Rollen genannt) zusammengebunden. Ein Paket kann 25, 50, 60, 100 oder eine ähnliche Stückzahl von Bunden enthalten.

Bezeichnung

Das Reet ist durch Schnittjahr, Herkunftsland, Abbaugebiet, Sortiertyp und Händler des Reets zu bezeichnen.

Beispiel

Langes Reet vom ungarischen Plattensee, geschnitten 2005.

2005 – Ungarn – Plattensee – langes Reet – Händler XY

Stoffe für die Firstdeckung

Zur Deckung des Firstes werden Reet, Stroh, Heidekraut oder Grassoden verwendet. Ausführungen mit Dachziegeln, Dachsteinen, Wellplatten, Tonhauben, Kunststoffhauben u. a. sind möglich.

5.8.3 Werkzeuge und Geräte

Bei Deckungen mit Reet und Stroh werden überwiegend Werkzeuge und Geräte eingesetzt, die nicht im Handel erhältlich sind. Sie sind meistens eigene Erfindungen des Dachdeckers, daher auch bezirklich ganz verschieden.

Die Deckschaufel mit dem Klopfbrett am kurzen oder langen Stiel dient zum Geradeklopfen der Dachhaut. An der Unterseite des Klopfbrettes sind Vertiefungen angebracht. Bisweilen sind auch seitlich eiserne Spitzen eingeschlagen, die dazu dienen, das Dach nachträglich zu kämmen und dadurch lose Stängel zu entfernen. Ein auf der Oberseite angebrachter Dorn dient dazu, die Deckschaufel auf dem Dach aufhängen zu können.

Zum Binden des Reets auf die Latten können spezielle Reetnadeln verwendet werden. Je nach der gewählten Nähtechnik oder nach den baulichen Gegebenheiten verwendet man z. B. folgende Reetnadeln: Rundnadel, lose Nadel, Kettenstichnadel oder die lange Firstnadel.

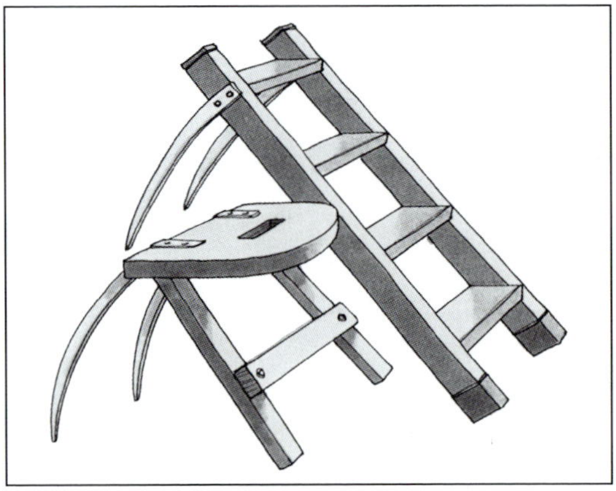

Abb. 5.8-5: Deckstuhl und Deckleiter

Der Stangendraht/Schachtdraht/Vorlegedraht dient zum Niederhalten des Reets vor dem Nähen.

Die Knechte (die Knieps) dienen zum Festklemmen des Haltestocks während des Nähens.

Deckstuhl, Deckleiter und Windelholz (Deckbaum, Laufbaum) dienen als Stand für den Dachdecker bei den Deckarbeiten. Das Windelholz ist ein mehrere Meter langes Rundholz, das mit speziellen Stahlhaken oder mit Seilen an den Latten aufgehängt wird (siehe Abb. 5.8-5).

Der Reetschneider und das Dachmesser dienen zum Schneiden des Deckwerkstoffes auf die jeweils benötigte Länge.

Zusammenfassung

Reet kommt gebündelt sowie nach Halmlänge und Halmdicke sortiert in den Handel.

Reet muss bezeichnet werden nach Erntejahr, Herkunftsland, Abbaugebiet, Sortierung und Händler.

Reet muss u. a. folgende Eigenschaften aufweisen: ausgereift, gesund, blattfrei, geradhalmig, ungeknickt.

Stroh muss von Hand mit dem Flegel gedroschen sein, maschinengedroschenes Stroh ist für Dachdeckungen unbrauchbar.

Dachdeckungen mit Stroh sind sinngemäß wie Dachdeckungen mit Reet auszuführen.

5.8.4 Reetdeckung

5.8.4.1 Dachneigung

Die Lebensdauer einer Dachdeckung aus Reet ist weitgehend abhängig von der Dachneigung. Es gilt der Grundsatz: Je steiler das Dach, desto länger die Lebensdauer der Deckung.

Empfehlenswert für die Hauptdachflächen ist eine Dachneigung von mindestens 50°, Bestandsbauten ausgenommen. Eine Dachneigung in diesem Bereich ist erforderlich, um die Mindestneigungen z. B. für Kehlen und Dachgauben einzuhalten.

Die Regeldachneigung für Reetdeckungen beträgt 50°, wobei die Neigung der Halme zwischen Stoppelende und Bindung > 30°, bei Bestandsbauten > 25° sein muss. Die Dachneigung von Dachflächen, die in Kehlen zusammenstoßen, muss so gewählt werden, dass die Kehlsparrenneigung mindestens 40° beträgt.

Bei Hauptdachflächen darf die Regeldachneigung auch mit regensichernden Zusatzmaßnahmen nicht unterschritten werden.

Bei kleinen Flächen, z. B. bei Dachgauben, darf die Regeldachneigung in Ausnahmefällen unterschritten werden, jedoch nicht unter 40°. Dabei ist mit langem Reet zu arbeiten.

5.8.4.2 Nutzung des Dachgeschosses

Besonders bei der Nutzung des Dachgeschosses zu Wohnzwecken ergeben sich erhöhte Anforderungen an die Dachfunktion.

Unter der Reetdeckung muss eine Wärmedämmung eingebaut werden. Zusätzlich können noch Schallschutz- und Brandschutz-Maßnahmen erforderlich sein.

Zwischen der Unterseite der Lattung und der Wärmedämmung muss ein Luftraum sichergestellt sein. Um das Binden oder Reparieren der Reetdeckung zu ermöglichen und wegen der erforderlichen Lüftung bei ausgebauten Dachgeschossen muss ein Abstand von mindestens 60 mm sichergestellt sein.

Entsprechende Zu- und Abluftöffnungen sind so wie bei allen anderen Dachdeckungen an Traufe und First vorzusehen.

5.8.4.3 Lattung

Der Abstand der Dachlatten ist abhängig von der Dachneigung, der Länge des Reets und der Windsoggefährdung der Deckung.

Der Lattenabstand muss so gewählt werden, dass jeder Halm mindestens zweimal an der Lattung befestigt werden kann.

Bei einer Dachneigung bis einschließlich 60° beträgt der Lattenabstand ≤ 400 mm.

Bei Dachneigungen > 60° darf der Lattenabstand 300 mm nicht überschreiten. Bei Dächern über 75° und größerer Windsoggefährdung sind Lattenabstände von ≤ 250 mm zu wählen.

5.8.4.4 Befestigungsmittel

Zur Befestigung von Reet- und Strohdeckungen muss Draht verwendet werden.

Als Bindedraht sind geeignet

- nichtrostender Stahldraht entsprechend DIN EN 10088, Mindestdicke 1,0 mm,
- kunststoffummantelter Draht, Mindestgesamtdicke 2,0 mm, Mindestdicke des Drahtes nicht unter 1,4 mm,
- Kupferdraht, Mindestdicke 1,5 mm.

Bei gebundenen und geschraubten Dächern muss der Vorlegedraht (Stangendraht oder Schachtdraht) mindestens 4,5 mm dick, halbhart und mindestens korrosionsgeschützt sein. Er sollte nicht dicker als 6 mm sein.

Schrauben zur Befestigung von Draht müssen nicht rostend sein und eine Mindestgröße von 4,5 × 35 mm haben.

5.8.4.5 Deckung der Dachfläche

Allgemeines

Die Dachdeckung soll das Gebäude allseitig überragen. An der Traufe soll der waagerechte Abstand mindestens 500 mm betragen.

Das Reetdach ist in glatter Fläche von der Traufe zum First zu decken. Dabei sind die einzelnen Lagen waagerecht durchgehend aufzubringen.

Abb. 5.8-6: Ausführung einer Reetdeckung

Auf der Lattung wird eine etwa 30 mm dicke Schicht aus Reet als Vorlage aufgebracht. Diese Vorlage soll verhindern, dass die Spitzen der Deckbunde unter die Latten getrieben werden. Bei mit Schiffchen genähten Reetdeckungen wird auf eine Vorlage verzichtet, weil die Bundspitzen beim Treiben über die Latten gehoben werden.

Bei der Bindung der einzelnen Decklagen muss der Draht von der Latte her etwa inmitten der Deckung liegen.

Die Bindung soll, je nach Befestigung und Deckungsart, möglichst in der Mitte der Halmlänge erfolgen. Die Abstände der Bindung dürfen maximal 250 mm betragen. Bei steileren Dächern soll mit geringeren Abständen gebunden werden, z. B. über 60° mit maximal 200 mm.

Die Bindung muss fest an der Lattung liegen.

Die Dicke der Reetdeckung beträgt in der Fläche rechtwinklig zur Dachoberfläche mindestens 300 mm.

Das Reet verläuft in der Längsrichtung von der Traufe bis zum First mit den Stoppelenden zur Traufe. Lediglich die rechts und links an Abschlüssen befindlichen Decklagen müssen so angelegt werden, dass deren Stoppeln den Überstand bilden.

Gebundenes Reetdach

Das gebundene Reetdach ist, zeitlich betrachtet, der Vorläufer des genähten Reetdaches. Früher wurde der Deckwerkstoff durch Bandstöcke (Haselnussstöcke oder dünne Fichtenstämmchen) gehalten. Die Bandstöcke wurden mit Weidenruten an den Latten befestigt.

Heute werden die Decklagen beim gebundenen Reetdach unter Verwendung eines Vorlegedrahtes mit Bindedraht an die Latten gebunden.

Der Bindedraht kann auch mittels Schraube an der Traglattung befestigt werden. Der Bindungsabstand beträgt maximal 0,20 m. Dabei darf die Schraube nicht in den Randbereich der Dachlatte eingedreht oder die Dachlatte durch die Schraube gespalten werden.

Genähtes Reetdach

Beim genähten Reetdach werden die Decklagen mit Draht ohne Verwendung eines Vorlegedrahtes an die Latten gebunden. Die Bindungen sind in jeder weiteren Decklage versetzt anzubringen. Die Stichweite beträgt maximal 250 mm.

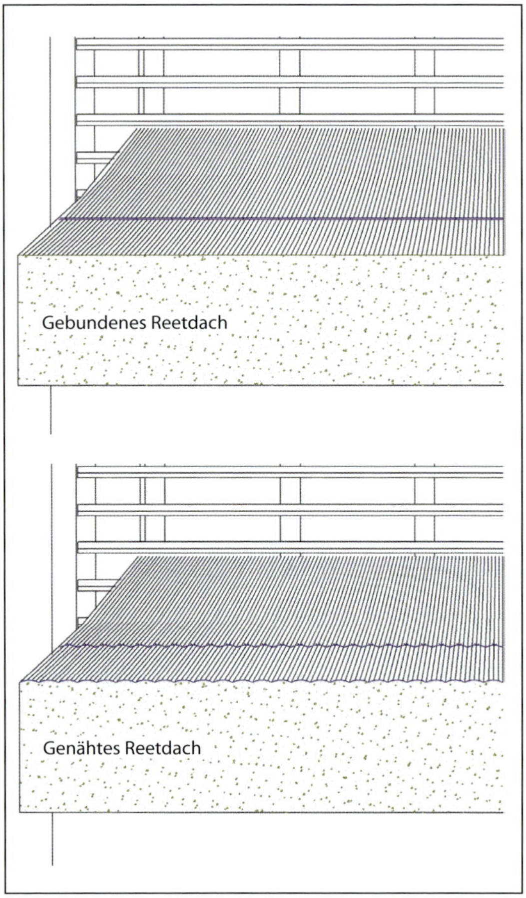

Abb. 5.8-7: Deckarten der Reetdeckung

Zusammenfassung

Je steiler das Dach, desto länger die Lebensdauer der Reetdeckung. Die Regeldachneigung beträgt 45°.

Beim gebundenen Reetdach wird der Deckwerkstoff mit Vorlegedraht und Bindedraht an der Lattung befestigt.

Beim genähten Reetdach wird der Deckwerkstoff ohne Verwendung eines Vorlegedrahtes durch Nähen mit einem fortlaufenden Draht an der Lattung befestigt.

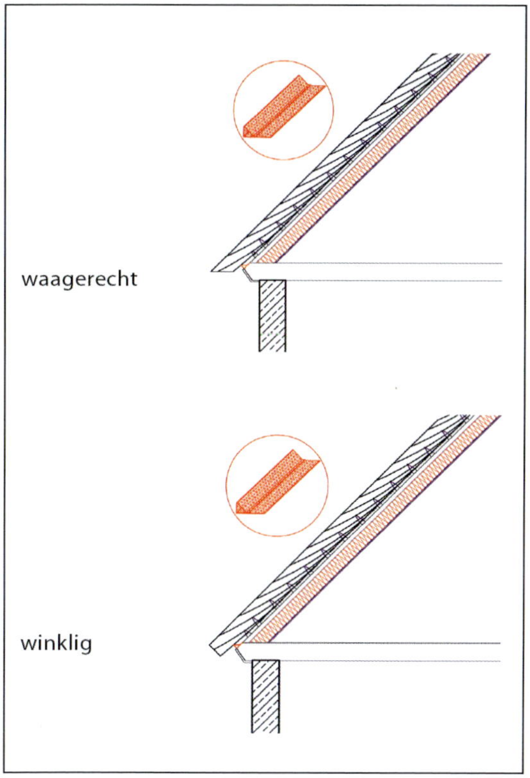

Abb. 5.8-8: Ausbildung der Traufe

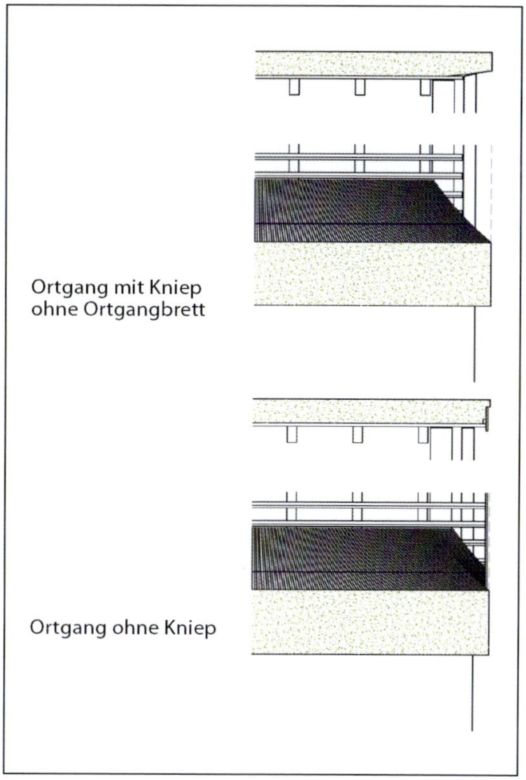

Abb. 5.8-9: Ausbildung des Ortgangs

5.8.5 Dachdetails

5.8.5.1 Traufe

Die sichtbare Traufdicke sollte mindestens 300 mm betragen.

An der ersten Latte muss die Dicke der Reetdeckung mindestens 350 mm rechtwinklig gemessen sein.

Der Überstand der Reetdeckung an der Traufe, gemessen in Richtung der Dachneigung, beträgt mindestens 150 mm. Er sollte nicht größer sein als 300 mm.

Die Traufe besteht aus 2 Lagen, wobei der Abstand von der Auflagerkante zur ersten Latte etwa 200 mm betragen sollte. Der Abstand von der ersten zur zweiten Latte sollte wiederum 200 mm betragen.

Die Traufe kann waagerecht oder im Winkel bis 85° zur Dachoberfläche hergestellt werden (siehe Abb. 5.8-8).

Die Auflagekante der Reetdeckung an der Traufe sollte gegenüber der Dachlatten-Ebene 40 bis 70 mm, rechtwinklig gemessen, herausgehoben sein (Kniep). Dadurch ergibt sich Lage für Lage die erforderliche Spannung und Durchbiegung der Reethalme.

5.8.5.2 Ortgang

Der Überstand der Reetdeckung am Ortgang sollte 150 bis 250 mm betragen.

Für die Gestaltung des Ortgangs gibt es 2 Möglichkeiten:

a) mit Kniep (entsprechend dem Kniep an der Traufe) ohne Ortgangbrett oder mit einem schmalen Ortgangbrett;
b) ohne Kniep gegen ein breites Ortgangbrett (siehe Abb. 5.8-9).

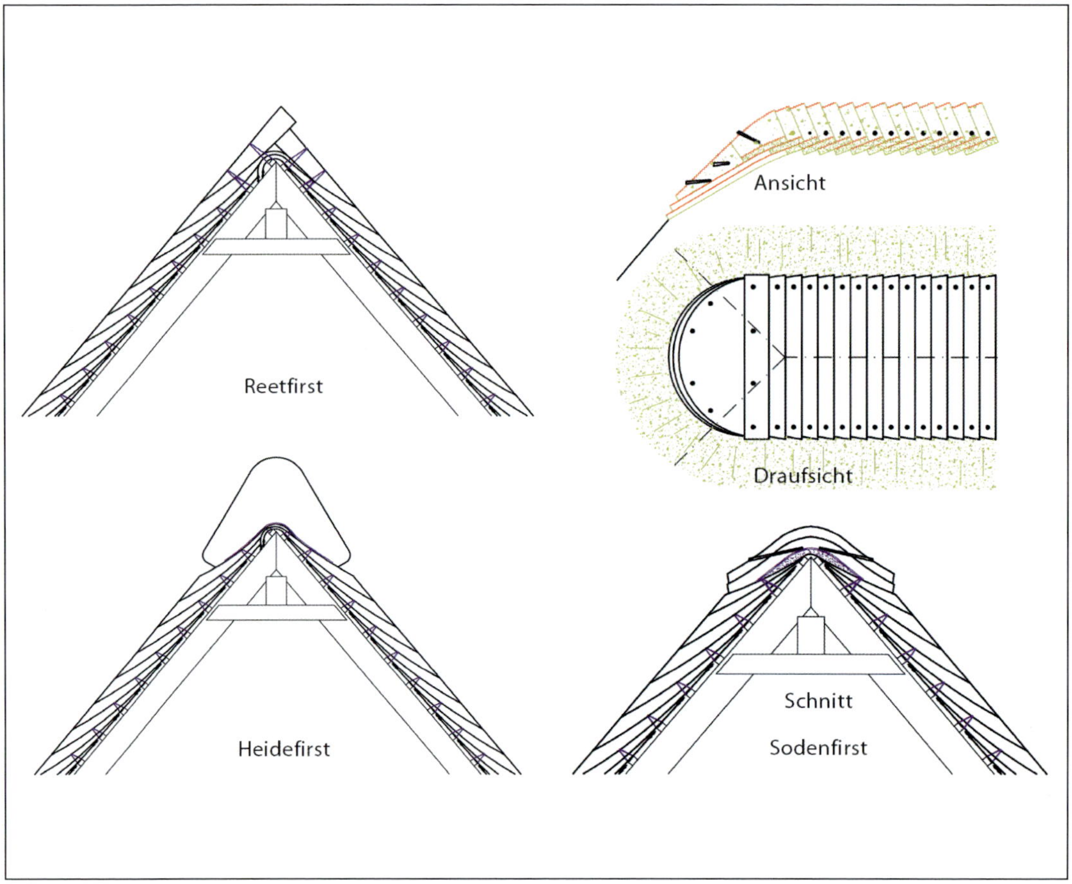

Abb. 5.8-10: Arten der Firstdeckung

Bei der Ausführung mit Kniep darf die Lage der Halme nicht mehr als 45° zum Ortgang geneigt sein. Bei einem Dach mit Krüppelwalm sollen die Halme am Ortgang parallel zum Gratsparren liegen.

Bei der Ausführung ohne Kniep sollen die Halme etwa 5° zum Ortgang geneigt sein.

5.8.5.3 First

Firste bei Reetdächern werden meistens als Reetfirst, Heidefirst oder als Sodenfirst ausgeführt (siehe Abb. 5.8-10 und Abb. 5.8-11). Die Deckung des Firstes kann auch mit anderen geeigneten Werkstoffen ausgeführt werden. Dabei sind die regional üblichen Ausführungsarten zu beachten.

Abb. 5.8-11: Heidefirst und Schornstein. Schornstein steht mittig im First. Firstseitige Anschlüsse werden vermieden.

Beim **Reetfirst** ist die Firstlatte auf der dem Wind zugewandten Seite am Sparrenende zu befestigen. An der dem Wind abgewandten Seite ist sie etwa 50 mm tiefer anzubringen. Der Abstand von der Firstlatte zur zweiten und von dieser zur dritten Latte muss jeweils auf etwa 250 mm verringert werden. An der unteren Latte wird sowohl die Firstdeckung als auch die Flächendeckung befestigt.

Im Gegensatz zu der in der Fläche üblichen Deckung zeigen die Stoppelenden der Firstgebinde zur Firstlinie, die Blütenenden traufwärts.

Die Firstgebinde sind beiderseits an den obersten beiden oder obersten 3 Latten versetzt zu binden oder zu nähen. Die unterste Firstbindung muss beiderseits in gleicher Höhe sein.

Auf der vorletzten Latte unter dem First soll die Dicke der Deckung, bezogen auf die Dachlattenebene, nicht weniger als 250 mm betragen.

Der Reetfirst muss mindestens auf einer Dachseite als Kehrband gedeckt werden. Hierbei werden die Blütenenden der letzten Decklagen über die Firstscheitellinie auf die gegenüberliegende Dachfläche geführt und dort gebunden oder genäht.

Der **Heidefirst** wird aus geschnittenem Heidekraut geformt. Er hat je nach Sparrenlänge beidseitig eine Schenkellänge bis zu 1 m. Die Neigung der Schenkel darf die Dachneigung nicht unterschreiten. Von der Firstspitze verjüngt sich der Heidefirst zur unteren Kante auf etwa 100 mm.

Die Befestigung des Heidekrauts erfolgt durch Holzpflöcke (Sticken) aus gespaltenem, angespitztem Weichholz. Die Länge der Holzpflöcke soll 300 bis 600 mm, ihr Querschnitt etwa 15 bis 20 mm betragen. Je m Heidefirst sind mindestens 100 Holzpflöcke zu verwenden.

Andere Befestigungsarten sowie eine Bespannung z. B. mit Kunststoffnetzen und Drahtgeflechten sind möglich.

Der **Sodenfirst** muss aus gewachsenem Kleisoden bestehen. Die Grassode ist etwa 50 mm dick, zwischen 300 und 400 mm breit und hat eine Länge von 1,30 bis 1,50 m.

Der Sodenfirst muss entgegen der Hauptwindrichtung verlegt werden (beginnend an der windabgewandten Seite). Für 1 m First müssen 7 bis 9 Soden verlegt werden. Der Anlegewinkel liegt zwischen 60° und 70°. Die Befestigung der Soden untereinander erfolgt durch Hartholzpflöcke. Die Holzpflöcke sind zwischen 200 und 300 mm lang. Jede Sode muss gepflockt sein. Mit zusätzlicher Netzabdeckung ist jede zweite Sode zu pflocken. Die Unterlage für den Sodenfirst besteht aus einer Abrundung. Darauf erfolgt eine Abdeckung, z. B. aus besandeter Bitumenbahn oder aus Kunststoffbahn.

5.8.5.4 Grat

An den Graten sind die Halme in Richtung des Gratsparrens zu decken und allmählich in normale Richtung zu bringen. Die Gratkante wird leicht gerundet. Dabei muss die Mindestdicke der Reetdeckung eingehalten werden.

5.8.5.5 Pult

Die Deckung des Pultabschlusses erfolgt wie beim First.

Der senkrechte Abschluss des Pultes muss abgedeckt werden.

Als Abdeckung sind regional unterschiedlich Heidekraut, Grassoden, Tonhauben, Metall u. a. möglich.

5.8.5.6 Kehlen

Kehlen im Reetdach sind so auszuführen, dass die Decklagen im Kehlbereich durchgehend gedeckt werden. Die Dicke der Reetdeckung muss in der Kehle das 1,5-Fache der Dicke der Dachflächendeckung betragen. Eine Kehlsparrenneigung von 40° soll nicht unterschritten werden. Die Kehle ist ausgerundet zu decken.

Eine untergelegte Kehle wird ausgeführt, wenn die Reetdeckung im Kehlbereich an eine anders gedeckte Dachfläche anschließt. Die Reetdeckung schließt an die Kehle wie ein Ortgang an und muss die Kehle mindestens 150 mm, rechtwinklig zur Kehllinie gemessen, überdecken. Die untergelegte Kehle muss bis auf die Auflagekante (Kniep) heraufgeführt werden.

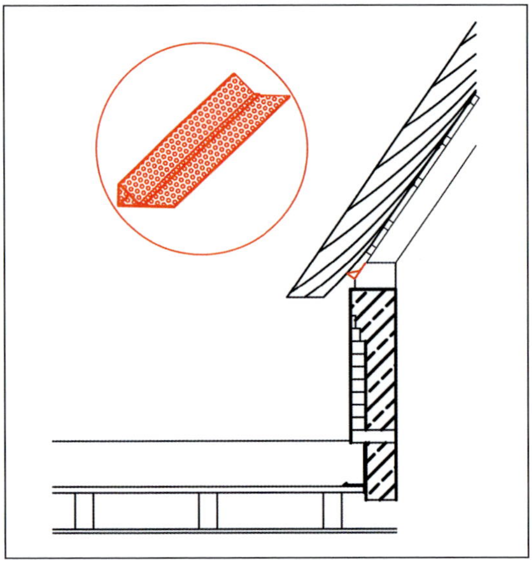

Abb. 5.8-12: Seitlicher Anschluss mit Metall

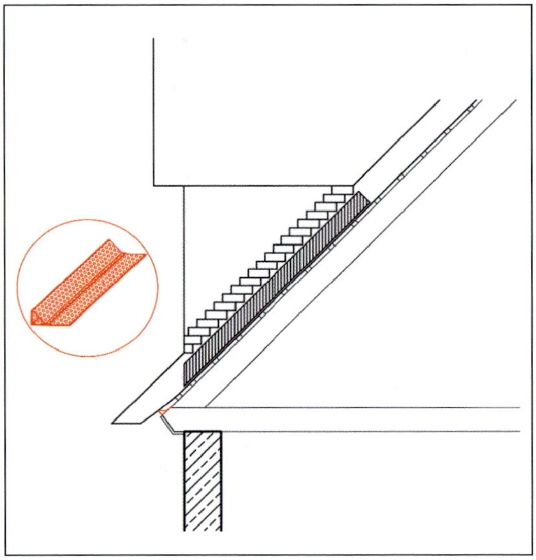

Abb. 5.8-13: Anschluss mit Katzentreppe

5.8.5.7 Anschlüsse mit anderen Deckwerkstoffen

Anschlüsse an aufgehenden Bauteilen können als verdeckte oder aufliegende Anschlüsse hergestellt werden.

Bei der verdeckten Ausführung mit Metall liegt das Wandanschlussblech unter oder mit Schichtstücken in der Reetdachschicht.

Die Anschlusshöhe am aufgehenden Bauteil beträgt bei unten liegenden Anschlüssen mindestens 200 mm, bei Schichtstücken mindestens 100 mm.

Der wandseitige Teil der Anschlüsse an aufgehenden Bauteilen wird ein- oder zweiteilig ausgeführt. Der obere Anschluss muss regensicher ausgeführt werden. Bei Vorsatzmauerwerk muss der Anschluss hinter dem Mauerwerk an der tragenden Wand hochgeführt und die Horizontalsperre über dem Anschluss angeordnet werden. Der dachseitige Schenkel des unterliegenden Anschlusses muss mindestens 40 mm breit sein und zusätzlich eine Aufkantung von mindestens 20 mm aufweisen (siehe Abb. 5.8-12).

Bei aufliegender Ausführung liegt das Anschlussblech fest auf der Deckung.

Bei Mauervorsprüngen oder Aussetzungen (Katzentreppen) an aufgehenden Bauteilen ist ein zusätzlicher seitlicher Anschluss erforderlich (siehe Abb. 5.8-13).

5.8.5.8 Dacheinbauteile, Dachdurchdringungen, Dachsystemteile

Anschlüsse von Dacheinbauteilen, Dachdurchdringungen und Dachsystemteilen sind so auszuführen, dass Regenwasser sicher abgeleitet wird.

Schornsteine, Stützen, Lüfterrohre und sonstige Rohre sollten die Reetdeckung im First durchdringen, in Schornsteine integriert oder zu Giebelöffnungen (Uhlenfluchten) geführt werden. Dachdurchdringungen sollen von Kehlen, Graten und Dachgauben mindestens 1 m entfernt sein.

Anschlüsse von größeren Durchdringungen und Dachsystemteilen, z. B. Dachfenster, werden zwischen Mitte und oberem Drittel der Deckschicht eingebunden. Der firstseitige Anschluss wird mit mindestens 250 mm Überdeckung des Reets auf den Anschluss ausgeführt. Die seitlichen Anschlüsse werden mindestens 150 mm überdeckt. Der traufseitige Anschluss überdeckt das Reetdach mindestens 250 mm.

Der Anschluss der Reetdachdeckung am Schornstein erfolgt als seitlicher Wandanschluss (siehe

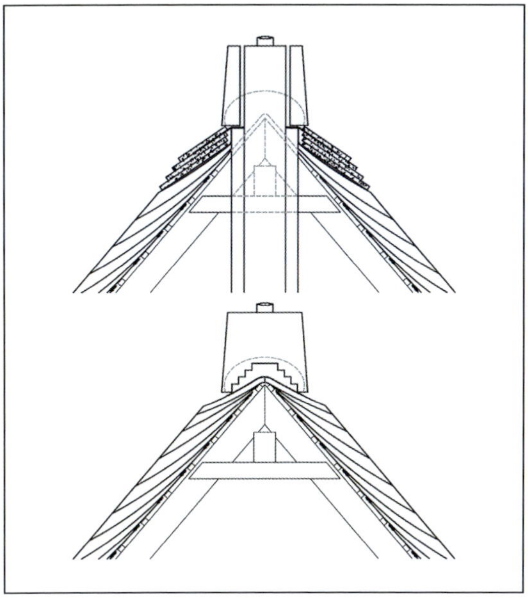

Abb. 5.8-14: Schornsteindurchführung im First

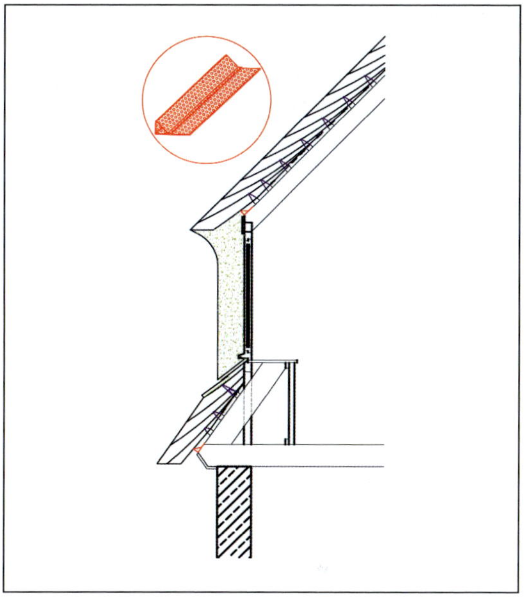

Abb. 5.8-15: Schleppgaube (Schnitt)

Abb. 5.8-14) und als trauf- und firstseitiger Anschluss.

Spannpfähle für Fangeinrichtungen der Blitzschutzanlage sind in die Firstdeckung mit einzubeziehen. Sie sind an Abdeckungen anzuschließen oder außenseitig zu verwahren.

5.8.5.9 Dachgauben

Anschlüsse der Reetdachdeckung an Gauben sind auszurunden.

Die Gaubensparren sollen so unter dem Firstscheitelpunkt in die Dachfläche einbinden, dass die letzten 3 Dachlatten nicht unterbrochen werden.

Die Gaubenkonstruktion muss von Graten, Kehlen und Ortgängen oder anderen Dachgauben so weit entfernt sein, dass die Gaubendeckung mit einem Abstand von mindestens 1,00 m in die Dachflächendeckung einbindet.

Vor den Dachgauben beim traufseitigen Anschluss ist die letzte kürzere Decklage mit offener Bindung zu befestigen. Dabei soll der Zwischenraum zwischen den Dachlatten und der unteren Kante des Gaubenrahmens der um etwa 100 mm veringerten Dicke der Reetdeckung entsprechen. Für die Abdeckung des Anschlusses sind verschiedene Ausführungen möglich, z. B. Heidefirstabdeckung, Reetfirst oder Tropfbretter.

Die Traufen an Dachgauben sind so auszubilden, dass das Niederschlagswasser möglichst weit auf die Hauptdachfläche abgeführt wird (siehe Abb. 5.8-15).

5.8.5.10 Unfallverhütung

Bei Umdeckung und Neueindeckung von Reetdächern sind folgende Unfallverhütungsvorschriften zu beachten (siehe auch Kapitel 6):

- Dachfanggerüste vorsehen, wenn die Absturzkante (Traufe oder Ortgang) höher als 2 m ist
- Für Arbeitsplätze auf dem Dach nur Deckstühle und Deckleitern mit mindestens 2 Einstechdornen verwenden
- Einstechdorne von Deckstühlen oder Deckleitern nur über Dachlatten hängen, nicht über den Deckdraht
- Deckbäume wegen der geringen Standfläche nur in Ausnahmefällen einsetzen
- Den Arbeitsplatz des Gegennähers im Innern des Gebäudes mindestens 500 mm breit ausführen

- Ab 2 m möglicher Absturzhöhe dreiteiligen Seitenschutz anbringen.
- Beim Einbau von imprägniertem Reet Hautschutzmittel verwenden.

5.8.6 Pflege und Wartung

Zum dauerhaften Erhalt des Daches müssen Reetdeckungen in regelmäßigen Abständen gewartet werden.

Zur Ausbesserung kleiner Schäden in der Dachfläche wird das Reet nach Bedarf vorgezogen, neu gebunden und mit neuem Reet entsprechender Länge nachgetrieben und geglättet.

Ist die Reetdeckung so abgewittert, dass die Bindung zum Vorschein kommt, ist die Deckung nicht mehr regensicher und eine Neudeckung erforderlich.

Zusammenfassung

Die Traufe im Reetdach kann waagerecht oder im Winkel bis zu 85° zur Dachoberfläche hergestellt werden.

Der Ortgang kann ausgeführt werden

a) mit Kniep ohne Ortgangbrett oder mit einem schmalen Ortgangbrett oder
b) ohne Kniep gegen ein breites Ortgangbrett.

Firste werden in den verschiedenen Landschaften nach Gewohnheit und den vorhandenen Werkstoffen ausgebildet. Meistens wird ein Reetfirst, ein Heidefirst oder ein Sodenfirst angeordnet.

Kehlen sind durch Ausfütterung auszurunden. Die Kehle hat die 1,5-fache Dicke der sonstigen Dachhaut. Die Kehlsparrenneigung darf nicht unter 40° betragen.

Die Gratkante wird leicht gerundet. Dabei muss die Mindestdicke der Reetdeckung gewährleistet sein.

Bei der Deckung der Gauben sind die Anschlüsse auszurunden.

Um einen einwandfreien Schornsteinanschluss zu erzielen, soll der Schornstein durch den First geführt werden.

Aufgaben

1. Wie wird Reet geliefert, und welche Anforderungen muss einwandfreies Reet erfüllen?
2. Warum hat die Dachneigung für die Haltbarkeit der Reet- und Strohdeckungen eine besondere Bedeutung?
3. Beschreiben Sie die Deckung des gebundenen Reetdaches!
4. Wie unterscheidet sich das gebundene Reetdach vom genähten Reetdach?
5. Wie sind geschraubte Reetdeckungen auszuführen?
6. Was ist beim Eindecken der Traufe im Reetdach zu beachten?
7. Wie können Ortgänge im Reetdach gedeckt werden?
8. Beschreiben Sie 2 Beispiele, wie die Firstdeckung im Reetdach ausgeführt werden kann!
9. Was ist bei der Deckung der Grate und Kehlen im Reetdach zu beachten?
10. Wie können Anschlüsse an Schornsteine im Reetdach ausgeführt werden?

5.9 Metall

5.9.1 Herstellung

Die meisten Metalle sind in Mineralien in Mineralvergesellschaftungen enthalten, fast immer mit anderen Stoffen chemisch gebunden und kommen in der Natur in angereicherter Form vor. Diese Vorkommen bezeichnet man als Erzlagerstätten.

Die Erze, bergmännisch gewonnen, müssen zuerst in einer Erzaufbereitung auf eine Konzentration gebracht werden, die eine hüttenmännische Metallgewinnung technisch ermöglicht.

Die durchschnittlichen Metallgehalte im geförderten Roherz liegen bei der Zink- und Bleigewinnung zwischen 5 und 12 %. Die großen, im Tagebau betriebenen Kupferlagerstätten weisen oft nur Gehalte von 0,8 bis 1,2 % Kupfer auf.

In den Eisenerzlagerstätten werden Erze mit einem Metallgehalt von 40 bis 60 % Eisen vorgefunden.

Aluminium wird aus Silikat- oder Kalkbauxit gewonnen. Der Gehalt an Aluminiumoxid ist unterschiedlich und beträgt etwa 50 %.

Die für die Anwendung im Bauwesen wichtigsten Metalle sind Kupfer, Titanzink, Aluminium, Eisen (nicht rostender Stahl, verzinkter Stahl), Blei und zum Löten Zinn.

5.9.2 Materialeigenschaften

Kupfer (Cu)

Kupferbleche werden aus Brammen, das sind stranggegossene Kupferblöcke, zunächst bis auf eine Dicke von 10 bis 20 mm warmgewalzt. Diese Vorwalzbleche werden dann in besonderen Verfahren bis zu den gewünschten Dicken in kaltem Zustand fertig gewalzt.

Durch die in der Luft enthaltene Kohlensäure bildet sich an der Oberfläche des Kupfers eine zunächst braune, dann blaugrüne Schutzschicht, basisches Kupferkarbonat oder basisches Kupfersulfat, die **Patina**.

Salpetersäure, konzentrierte Schwefelsäure und die organischen Säuren (z. B. Essigsäure) greifen Kupfer stark an und bilden an seiner Oberfläche grüne Salze (Nitrat, Sulfat, Acetat u. a.). Einige organische Säuren (Essig-, Milch- und Fruchtsäure) bilden beim Einwirken auf Kupfer giftige Salze (Grünspan). Daher müssen Gegenstände aus Kupfer, die mit Lebensmitteln in Berührung gelangen (z. B. Küchengeschirr), sehr sorgfältig gereinigt werden.

Hinweis

Eigenschaften von Kupfer

Dichte: 8,93 kg/dm³
Schmelzpunkt: 1.083 °C
Ausdehnungskoeffizient: 0,017 mm/(m · K)

Lässt sich schlecht gießen (Blasenbildung)

Legierungen mit Blei, Legierung mit Zink (Messing), Legierung mit Zinn (Bronze) lassen sich besser gießen.

Lässt sich falzen, nieten, löten, schweißen

Titanzink (Zn)

Im Bauwesen wird fast ausschließlich legiertes Zink verwendet. Das sog. Titanzink besteht aus Feinzink mit geringen metallischen Zusätzen (z. B. Titan, Kupfer). Die Herstellung von Zinkbändern erfolgt im kontinuierlichen Gießwalzverfahren (siehe Abb. 5.9-1). Danach wird es zu Schmalbändern oder Tafeln zerschnitten. An der Oberfläche bildet sich unter Einfluss des Luftsauerstoffes ein Zinkoxid. Durch das weitere Einwirken von Wasser und Kohlendioxid bildet sich basisches Zinkkarbonat, welches festhaftend und wasserunlöslich ist und so den Korrosionsschutz bewirkt. Beim Einfluss von Feuchtigkeit ohne Kohlendioxid kann sich nur pulveriges Zinkhydroxid (sog. Weißrost) bilden. Das Material wird zerstört, man spricht von „Lochfraß".

Hinweis

Eigenschaften von Titanzink

Dichte: 7,20 kg/dm³
Schmelzpunkt: 418 °C
Ausdehnungskoeffizient: 0,022 mm/(m · K)

Lässt sich falzen, löten, schweißen

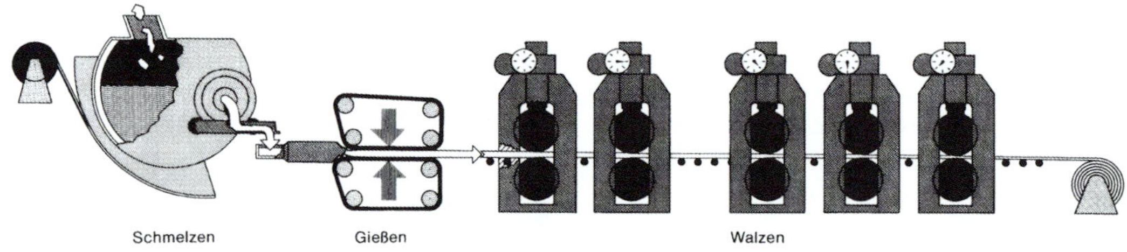

Abb. 5.9-1: Herstellung von Zinkbändern (Gießwalzverfahren)

Aluminium (Al)

Aus Walzbarren werden zunächst im Warmwalzverfahren Bänder von 6 bis 8 mm Dicke hergestellt. Diese Bänder werden dann im Kaltwalzverfahren bis zu den gewünschten Dicken fertig gewalzt.

Strangprofile aus Aluminium, die z. B. als Dachabschlusskanten verwendet werden, erhalten ihre Form aus entsprechend geformten Walzen, oder das Profil wird durch das entsprechende Mundstück einer Strangpresse hergestellt.

Das im Bauwesen verwendete Aluminium ist meistens eine „Knetlegierung", die aus Aluminium und geringen Mengen anderer Stoffe (Mangan, Silicium u. a.) besteht. Als Schutzschicht bildet Aluminium an seiner Oberfläche eine festhaftende Oxidschicht. Zum weiteren Schutz der Oberfläche und auch zur Farbgebung kann Aluminium **eloxiert** (elektrisch oxidiert) werden.

Hinweis

Eigenschaften von Aluminium

Dichte: 2,70 kg/dm³
Schmelzpunkt: 645 bis 655 °C (je nach Legierung)
Ausdehnungskoeffizient: 0,024 mm/(m · K)

Lässt sich wegen der sich schnell erneuernden Oxidschicht schlecht löten

Lässt sich falzen, nieten, schweißen (meist Schutzgasschweißung)

Eisen (Fe)

Eisen wird im Bauwesen in reiner Form nicht verarbeitet. Werden dem Roheisen Anteile an überflüssigem Kohlenstoff und anderen Beimengungen entzogen, so erhält man **Stahl**, der zu Bandstahl oder Stahlblechen gewalzt wird.

Verzinkter Stahl

Zur Erhöhung des Korrosionsschutzes werden die Stahlhalbzeuge und -bleche mit einer dünnen Schicht aus einem anderen Metall überzogen, z. B. Zink. Man unterscheidet die **elektrolytische Verzinkung** und die **Feuerverzinkung** (Sendzimirverfahren – kontinuierliches Feuerverzinken von Stahlbändern). Die dünne Zinkschicht auf der Oberfläche stellt eine Opferanode dar. Die sich bildende Schicht aus basischem Zinkkarbonat ist sehr festhaftend und stabil und verzögert so die Korrosion des Eisens. Der Korrosionsschutz ist durch Umwelteinflüsse zeitlich begrenzt. Durch einen Farbanstrich lässt sich die Schutzdauer einer Feuerverzinkung noch weiter verbessern.

Nicht rostender Stahl

Um eine Korrosionsbeständigkeit des Stahls zu erreichen, legiert man Edelstahl mit Chrom, Nickel, Mangan, Molybdän, Vanadium und Wolfram. Der so erhaltene und weiterbearbeitete nicht rostende Stahl besitzt einen hervorragenden, bleibenden Oberflächenglanz.

Hinweis

Eigenschaften von Eisen

Dichte: 7,87 kg/dm³
Schmelzpunkt: 1.535 °C
Ausdehnungskoeffizient: 0,012 mm/(m · K)
(nicht rostender Stahl 0,016 mm/(m · K))

Lässt sich falzen, nieten, löten, schweißen

Blei (Pb)

Das verwendete Bleiblech besteht meistens aus einer Blei-Kupfer-Legierung mit einem Kupfergehalt von 0,03 bis 0,05 %. Es wird im Gießwalzverfahren hergestellt. An der Luft bildet Blei an seiner Oberfläche eine Schutzschicht (Bleikarbonat).

Hinweis

Eigenschaften von Blei

Dichte: 11,34 kg/dm³
Schmelzpunkt: 327 °C
Ausdehnungskoeffizient: 0,029 mm/(m · K)

Lässt sich falzen, löten, schweißen

Zinn (Sn)

Zinn wird im Bauwesen nur als Lot (Blei-Zinn-Legierung) verwendet. Es hat ein kristallinisches Gefüge, was das knirschende Geräusch erklärt, das beim Biegen von Zinnteilen mit einem Reinheitsgehalt von mehr als 60 % entsteht (Zinnschrei).

Wird Zinn über längere Zeit in feuchten Räumen gelagert, so zerfällt es zu Pulver (Zinnpest).

Hinweis

Eigenschaften von Zinn

Dichte: 7,27 kg/dm³
Schmelzpunkt: 230 °C
Ausdehnungskoeffizient: 0,023 mm/(m · K)

Legierungen

Durch Zusammenschmelzen von einem Grundmetall und einem oder mehreren metallischen und nicht metallischen Elementen erhält man **Legierungen**, die oft wesentlich andere Eigenschaften aufweisen als die Grundmetalle, aber wegen der Arbeitsverfahren, der Festigkeit, der Widerstandsfähigkeit usw. erwünscht sind.

Legierungsarten:

- Lötzinn (Zinn-Blei)
- Messing (Zink-Kupfer)
- Bronze (Zinn-Kupfer)
- Hartblei (Blei-Antimon)
- Edelstahl (Eisen-Chrom, Nickel, Molybdän, …)

5.9.3 Korrosionsschutz

Korrosion ist die Bezeichnung für die Reaktion eines metallischen Werkstoffes mit seiner Umgebung, die eine messbare Veränderung des Werkstoffes bewirkt und zu einem Korrosionsschaden führen kann. Diese Reaktion ist in den meisten Fällen elektrochemischer Art. Es kann sich aber auch um chemische oder metallphysikalische Vorgänge handeln. Durch atmosphärische Einflüsse kann sich auf Metallen außer auf Eisen eine Schutzschicht bilden. Diese Schutzschicht (z. B. Carbonat) verlangsamt, wenn sie gleichmäßig ausgebildet ist, die Korrosion wesentlich. Kommen Metalle mit Mörtel, Mauerwerk oder Beton in direkte Berührung, können die aus diesen Baustoffen austretenden Alkalien u. a. zu Korrosionsschäden an den Metallen führen. Auch können Holzschutzmittel die Metalle korrodieren. Es sind also die Bleche besonders an diesen Stellen durch Unterlagen von Bitumen-Dachbahnen oder auf eine andere geeignete Weise zu schützen. Auf eine Dachbahnunterlage (Trennschicht) sollte auch bei anderen Unterkonstruktionen nicht verzichtet werden.

Werden verschiedene Metalle zusammen verarbeitet, so kann – bei Vorhandensein eines Elektrolyten – durch elektrochemische Reaktion in Fließrichtung des Niederschlagswassers das nach der elektrochemischen Spannungsreihe (siehe Tabelle 5.9-1) unedlere Metall zerstört werden.

Tabelle 5.9-1: Elektrochemische Spannungsreihe (bezogen auf Wasserstoff)

Stoff	Zeichen	Spannung in Volt
Aluminium	Al	–1,45
Zink	Zn	–0,76
Chrom	Cr	–0,56
Eisen	Fe	–0,43
Nickel	Ni	–0,25
Zinn	Sn	–0,15
Blei	Pb	–0,13
Wasserstoff	H	±0,00
Kupfer	Cu	+0,35
Silber	Ag	+0,80
Platin	Pt	+0,87
Gold	Au	+1,5

Die Praxis hat jedoch gezeigt, dass die vorkommenden aggressiven Lösungen nur selten den Lösungen gleichen, nach denen diese elektrochemische Spannungsreihe aufgestellt wurde. Es ist also unter bestimmten Voraussetzungen durchaus möglich, dass das Korrosionsverhalten unzutreffend eingeschätzt wird. Man hat daher praktische Spannungsreihen aufgestellt – z. B. für Meerwasser als Elektrolyten. Durch Deckschichtenbildung und durch Temperaturveränderungen können sich aber auch hier Potenziale ändern. Bei kritischen Umweltbedingungen sollte man die Potenziale und sonstige Korrosionsdaten für diesen speziellen Fall labormäßig ermitteln.

Metalle, die durch **Oxidation** schnell zerstört werden, überzieht man mit einer dünnen Schicht eines dauerhaften Werkstoffes. Diese Überzüge können dadurch hergestellt werden, dass man die vorbehandelten Metallstücke in einen geschmolzenen, wertvolleren Werkstoff taucht (z. B. bei der Feuerverzinkung) oder mit anderen Werkstoffen überzieht. Galvanische Metallüberzüge werden hergestellt, indem man die zu überziehenden Gegenstände in eine Metallsalzlösung hängt. Ein elektrischer Strom, der durch eine entsprechende Metallplatte (Anode) in das Bad (Elektrolytlösung) geleitet wird, bewirkt durch chemische Vorgänge eine Ausscheidung des Metalls aus der Salzlösung. Dieses Metall schlägt sich als gleichmäßiger Überzug auf dem Gegenstand (Kathode) nieder. Die Anode, die aus dem abscheidenden Metall besteht, löst sich hierbei allmählich auf.

Die wichtigsten Schutzüberzüge bestehen aus

- Zink
- Zinn
- Blei
- Kupfer
- Nickel
- Chrom
- Kunststoff oder Lack.

5.9.4 Werkzeuge

Gerade für den Bereich der Metallarbeiten sind im Laufe der Zeit sehr spezielle Werkzeuge entwickelt worden, mit denen erst eine fachgerechte Ausführung möglich wird. Nahezu alle Arbeiten, angefangen vom Zuschneiden der Tafeln über Abkanten bis zum Schließen einer Falzverbindung, sind dabei mit einfachen Handgeräten wie Scheren, Hämmern und diversen Schal-, Falz- und Schlageisen ausführbar. Für Tätigkeiten, die häufig anfallen (wie z. B. Tafeln zerschneiden) oder bei denen große Mengen zu bearbeiten sind (z. B. Falzverbindungen bei großer Dachfläche), stehen aber auch entsprechende Maschinen in unterschiedlichen Größen, abgestimmt auf die Bedürfnisse des Verarbeiters, zur Verfügung. Sie werden zumeist elektrisch, elektropneumatisch oder elektrohydraulisch betrieben, können aber auch durchaus noch auf manuelle Bedienung ausgelegt sein. Einige gängige Blechbearbeitungswerkzeuge sind in Abb. 5.9-2 gezeigt, Blechbearbeitungsmaschinen in Abb. 5.9-3.

Abb. 5.9-2: Blechbearbeitungswerkzeuge

Wulstgerät

Schwenkbiegemaschine

Handabkantbank

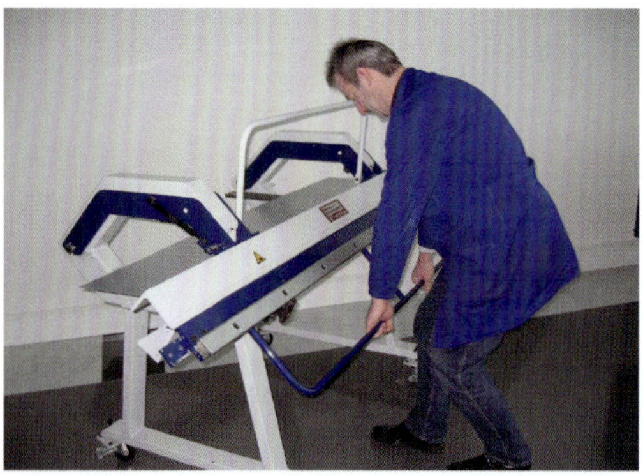

Manuelle Bauabkantbank

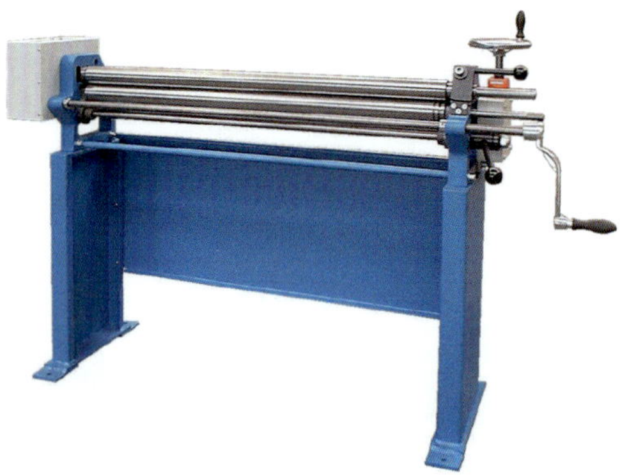

Manuelle Rundbiegemaschine

Abb. 5.9-3: Blechbearbeitungsmaschinen

5.9.5 Bearbeitung von Blechen

Die Bezeichnung für dünn ausgewalztes Metall war **Blech.** In neueren Normen wird dieser Begriff durch **Tafel** oder **Band aus Metall** ersetzt, jedoch wird das Wort „Blech" schon wegen vieler Wortzusammensetzungen, wie Blechschere u. a., nicht zu verdrängen sein. Die Dicke von Blechen wird in $^1/_{100}$ mm abgegrenzt.

Hinweis

Bleche mit einer Dicke ≤ 3 mm nennt man Feinbleche.

Bei der Bearbeitung von Blechen müssen die Eigenschaften des jeweiligen Metalls beachtet werden, die Mindestverarbeitungstemperaturen sind zu berücksichtigen, und die Mindestbiegeradien sind einzuhalten.

Tabelle 5.9-2: Bemessungen der Tafeln und Bänder aus Metall auf 1 m²

Dicke in mm	Zink (Zn)	Blei (Pb)	Kupfer (Cu)	Aluminium (Al)	Stahl (verz.) (Fe)
	Dichte in kg/dm³				
	7,20	**11,34**	**8,93**	**2,70**	**7,87**
0,50	3,50	5,67	4,47	1,35	3,94
0,60	4,32	6,80	5,36	1,62	4,72
0,65	4,68	7,37	5,80	1,76	5,12
0,70	5,04	7,94	6,25	1,89	5,51
0,80	5,76	9,07	7,14	2,16	6,30
1,00	7,20	11,34	8,93	2,70	7,87
1,25	9,00	14,18	11,16	3,38	9,84
1,50	10,80	17,01	13,40	4,05	11,81

Kanten

Zur Herstellung von Falzen, Abdeckungen, An- und Abschlüssen müssen die Bleche gekantet werden. Wird ein Blechstück so gebogen, dass eine geradlinige Kante entsteht, so erhält man eine Auf- bzw. Abkantung. Kantungen werden mit der Abkantmaschine, von Hand auf dem Umschlageisen oder mit der Deckzange hergestellt. Es sollte darauf geachtet werden, dass für den zu kantenden Werkstoff der Mindestbiegeradius eingehalten wird (siehe Abb. 5.9-4).

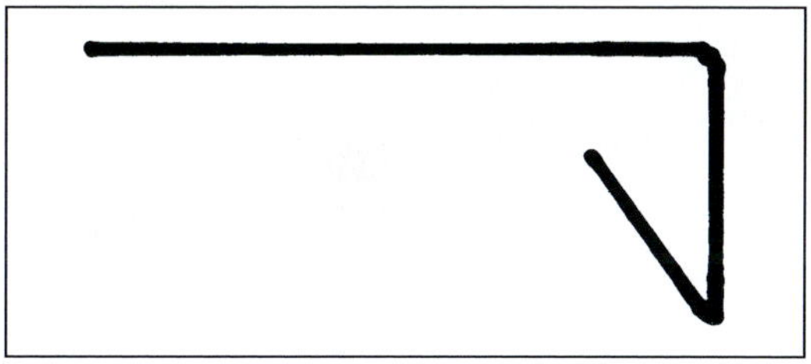

Abb. 5.9-4: Kantungen

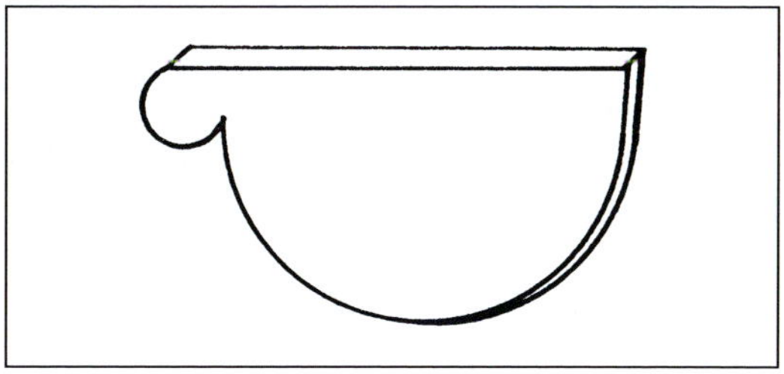

Abb. 5.9-5: Rinnenboden mit Bördel

Bördeln

Das Abbiegen von gekrümmten Blechkanten nennt man Bördeln.

Das Hereinholen des Blechrandes, das ist die Stauchung des Metalls, geschieht mit dem Holzhammer auf dem Bördeleisen. Kleinere Bördel können auch mit der Sickenmaschine hergestellt werden (siehe Abb. 5.9-5).

Schweifen

Soll an einem Rohr, z. B. an einem Rinnenablaufstutzen, ein nach außen gerichteter Rand hergestellt werden, so nennt man diesen Arbeitsvorgang Schweifen. Im Gegensatz zum Bördeln muss hierbei das Metall gedehnt werden (siehe Abb. 5.9-6).

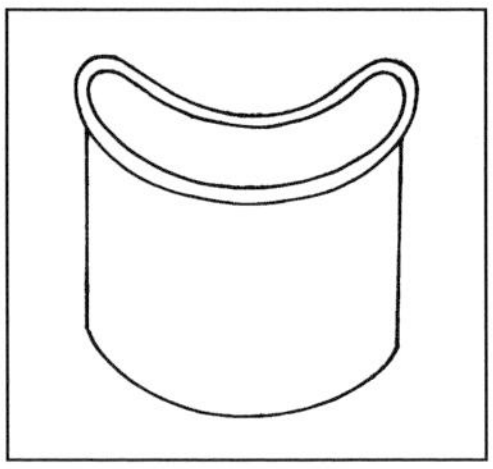

Abb. 5.9-6: Rinnenablaufstutzen mit geschweiftem Rand

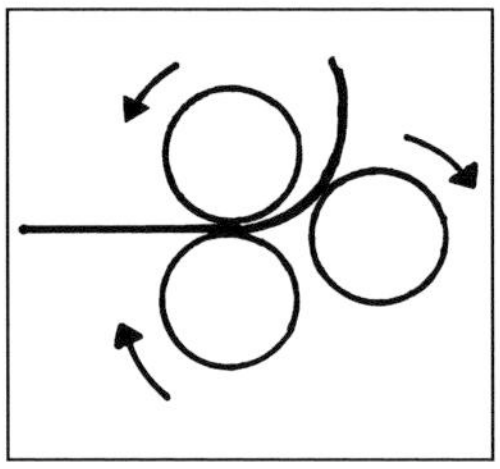

Abb. 5.9-7: Runden

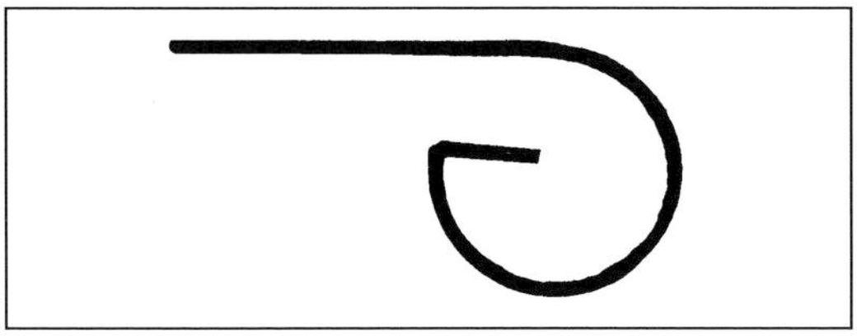

Abb. 5.9-8: Wulst

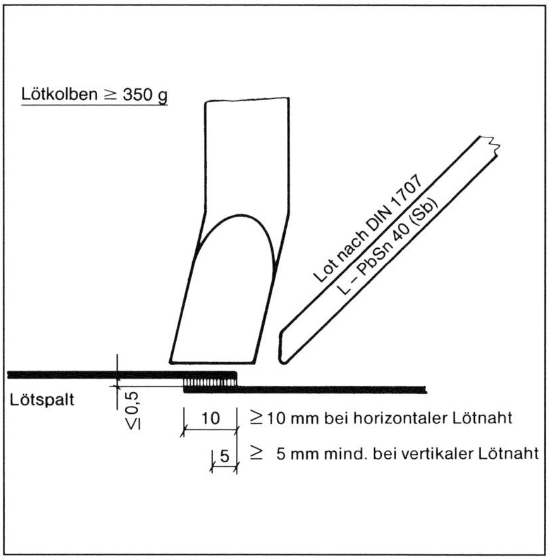

Abb. 5.9-9: Lötnaht

Runden

Zur Herstellung von Rohren, Dachrinnen u. a. muss das Blech zylinder- oder kegelartig verformt werden. Diese Verformung des Bleches nennt man Runden. Es erfolgt mit der Rundmaschine (siehe Abb. 5.9-7).

Wulsten

Das zylindrische Umbiegen des Blechrandes mit einem verbleibenden Hohlraum nennt man Wulsten. Ein Wulst ist eine gute Versteifung der Blechkante und eine manchmal angewandte Tropfkante. Die Herstellung des Wulstes erfolgt mit der Wulstmaschine (siehe Abb. 5.9-8).

5.9.6 Blechverbindungen

Sind Tafeln oder Bänder aus Metall miteinander zu verbinden, müssen die Nähte werkstoffgerecht hergestellt werden.

Beim Zuschneiden von Blechteilen ist für die Naht eine entsprechende Zugabe vorzusehen.

Die Verbindungen sind so auszuführen, dass kein Niederschlagswasser durch die Nähte in das Gebäude eindringen kann.

Mögliche Verbindungsarten von Tafeln und Bändern aus Metall sind bei den jeweiligen Werkstoffen unter Kapitel 5.9.2 aufgezählt.

Löten

An einer Lötnaht sollen sich die Bleche mindestens 10 mm überlappen. Im waagerechten und im leicht geneigten Bereich muss die gebundene Lötnahtbreite mindestens 10 mm betragen und im senkrechten Bereich mindestens 5 mm. In den Berührungsflächen kommt es in der Naht durch Diffusion zur Legierungsbildung, die die Festigkeit der Nahtstelle wesentlich mitbestimmt. Der Lötspalt darf höchstens 0,5 mm betragen; ist er größer, so wird keine durchgehende Legierungsschicht erreicht, sondern es würde in der Naht ein Lötgussgefüge mit geringer Festigkeit entstehen (siehe Abb. 5.9-9).

Beim **Weichlöten** sollten Bleche mit einer größeren Dicke als 0,8 mm im Nahtbereich vorverzinnt werden. Kupferbleche müssen im Lötnahtbereich immer vorverzinnt werden.

Da nur saubere Metalloberflächen gelötet werden können, müssen oxidierte Bleche an den Nahtstellen mechanisch gereinigt werden. Die zu lötende Naht wird zunächst mit einem Flussmittel (Lötwasser, Lötfett o. Ä.) bestrichen. Dadurch wird eine ausreichende Reinigung der

Metalloberfläche, eine optimale Benetzung und eine ausreichend lange Abdeckung der Naht gegen Sauerstoffzutritt während der Lötzeit gewährleistet. Zum Löten verwendet man ein Blei-Zinn-Weichlot mit einem Zinngehalt von 40 % (L-PbSn 40 [Sb]), wobei Sb ein antimonarmes Lot bezeichnet. Lote mit hohen Verunreinigungen – z. B. Antimon – bewirken, dass grützige Legierungen mit hohem Schmelzpunkt entstehen, wodurch das Fließen des Lotes beeinträchtigt wird. Beim Löten wird der Lötkolben unter Zugabe des Lotes so über die Lötnaht geführt, dass die Wärme auf die Überdeckung und nicht nur auf den Lötnahtrand übertragen wird.

Ist die Arbeitstemperatur beim Löten höher als 450 °C, spricht man von **Hartlöten**. Da diese Temperatur nicht mit dem Lötkolben übertragen werden kann, erfolgt Hartlöten unter Verwendung eines Brenngases, z. B. Propan, Butan oder Azetylen, in Verbindung mit separater Sauerstoffzufuhr und hierfür geeigneten Lot- und Flussmitteln.

Nach dem Löten müssen die Flussmittelreste mit einem feuchten Tuch entfernt werden.

Klebenaht

Bei fachgerechter Verarbeitung kann durch Kleben eine wasserdichte Verbindung erreicht werden. Hierbei kann die Verbindung nur mit werkstoff- und systemgerechten Klebern erfolgen. Diese müssen auf die zu verbindenden Werkstoffe abgestimmt sein (Herstellerangaben sind zu beachten). Dichtmassen wie z. B. Acryle und Silikone sind dafür nicht geeignet. Die Verarbeitungstemperatur und erforderlichen Aushärtezeiten sind entsprechend zu berücksichtigen.

Am Beispiel einer Rinnennahtverbindung (siehe Abb. 5.9-10) ist eine entsprechende Überdeckung und Anordnung der Kleberaupe erforderlich. Somit muss nach fertig ausgeführter Nahtverbindung die Klebemasse innenseitig sichtbar werden. Zur Fixierung ist eine zusätzliche Nietverbindung im hinteren Bereich unterhalb der Rückkantung oder oberhalb der Wulst auszuführen.

Eine entsprechende Nahtvorbereitung durch Anschleifen und Reinigen ist nach Herstellerangaben auszuführen.

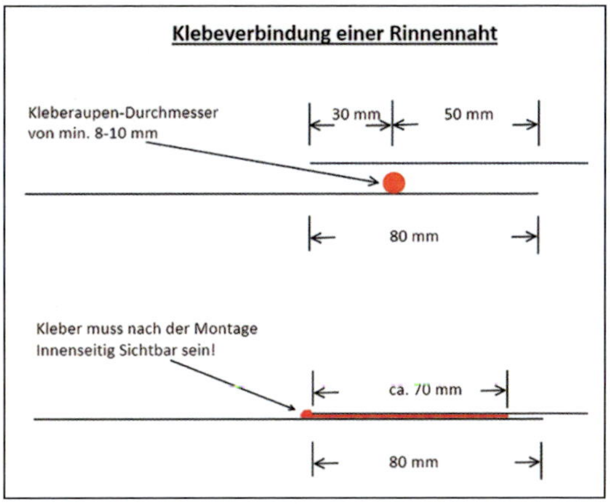

Abb. 5.9-10: Klebeverbindung einer Rinnennaht

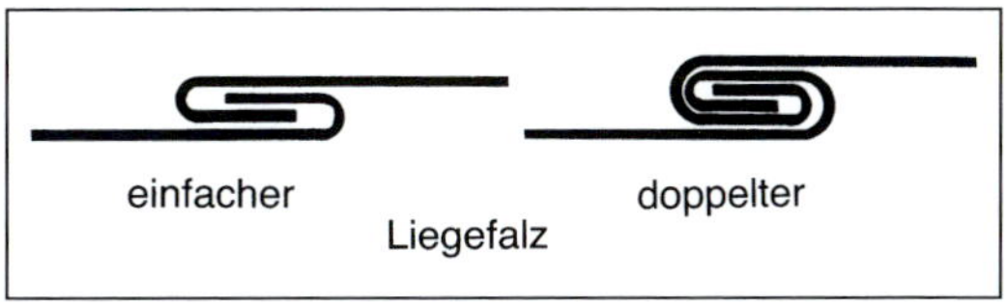

Abb. 5.9-11: Einfacher und doppelter Liegefalz

Abb. 5.9-12: Durchgesetzter und abgesetzter Liegefalz

Falzen

Unter Falzen versteht man das Verbinden von Blechen durch Ineinanderhängen bzw. Umbiegen von in kaltem Zustand einfach oder mehrfach gekanteten Blechrändern.

Der **Liegefalz** kann sowohl durchgesetzt als auch abgesetzt werden. Soll der Falz nach außen kommen, die Innen- oder Unterseite also glatt sein, so wird der Falz durchgesetzt. Man benutzt dazu das Falzeisen. Soll jedoch die Außen- oder Oberseite glatt sein, so wird der Falz an einer Kante mit dem Holzhammer abgesetzt (siehe Abb. 5.9-11 und Abb. 5.9-12).

Zur Herstellung eines **Stehfalzes** werden die aneinanderstoßenden Bleche so aufgekantet, dass die eine Kante um die Falzbreite höher als die andere ist. Dieser überstehende Streifen wird mit Hilfe des Schaleisens und des Holzhammers umgebogen und zugedrückt (siehe

Abb. 5.9-13). Wird dieser Falz nochmals umgebogen und zugedrückt, so erhält man den **doppelten Stehfalz** (siehe Abb. 5.9-14).

Bei der Herstellung längerer Falze benutzt man die Falzmaschine (siehe Abb. 5.9-15). Wenn die Falzverbindung wasserdicht sein soll, legt man Dichtungsstreifen in den Falz.

Nieten

Bei guter Vernietung erhält man eine hohe Festigkeit der Nahtverbindung. Die Nieten müssen etwa um den 1,5-fachen Nietdurchmesser länger sein als die Summe der Blechdicken beider zu verbindender Werkstücke. Mit dem Nietanzieher werden beide Teile zusammengepresst, dann wird der Niet mittels Hammerschlägen gestaucht. Die abschließende Rundform des Nietkopfes wird mit dem Kopfmeißel (Döpper) gegeben. Die Überlappung der Blechteile muss mindestens 20 mm, die der Dachrinnen mindestens 30 mm betragen; das Nieten erfolgt zweireihig versetzt.

Eine besondere Art der Vernietung ist die Blindnietung. Der Nietvorgang geschieht nur von einer Seite, indem mit einer entsprechenden Nietzange der Nietkopf der anderen Seite angepresst wird. Die Nahtfestigkeit ist nicht so groß wie bei der Normalnietung.

Um eine wasserdichte genietete Nahtverbindung zu erhalten, wird ein Dichtungsstreifen in die Naht eingelegt, oder die Naht wird bei Blechen aus Kupfer oder verzinktem Stahlblech zusätzlich gelötet, was jedoch nur in Ausnahmefällen erfolgen sollte.

Schrauben

Außer den Schrauben mit Kopf und Mutter gibt es für die Schraubverbindung die sog. Blechschrauben, die durch ihre ausgeprägten Gewindegänge die zu verbindenden Bleche dauerhaft zusammenhalten. Wichtig ist, dass das obere Loch größer als das untere ist.

Schweißen

Um eine hohe Festigkeit der Nahtverbindung zu erreichen, bedient man sich der Schweißverbindung. Die zu verbindenden Werkstücke werden so nebeneinandergelegt, dass ein Zwischenraum entsteht, der etwa der Werkstoffdicke entspricht. Mit dem Schweißbrenner werden nun beide Teile gleichmäßig erhitzt, bis beide Werkstückkanten flüssig werden und die zu verschweißende Fuge eine Öse bildet. In dieses Schmelzbad wird der Zusatzwerkstoff (Schweißdraht) gegeben. Durch leichtes Rühren des Schweißdrahtes in dem Schmelzbad entsteht

Abb. 5.9-13: Falzarbeit mit Holzhammer und Schaleisen

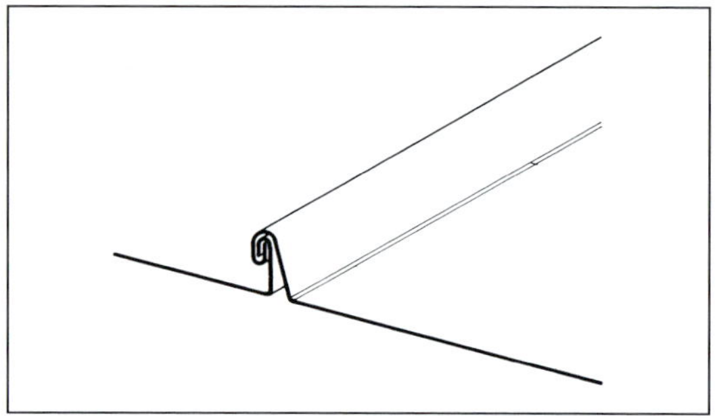

Abb. 5.9-14: Doppelter Stehfalz

Abb. 5.9-15: Maschine zum Fertigfalzen

eine gleichmäßige Schweißraupe. Die so hergestellte Nahtverbindung hat eine Festigkeit, die mindestens so groß ist wie die der zu verbindenden Werkstücke. Die Schweißverbindung wird vorwiegend für das Fügen von Aluminium- und Stahlteilen angewendet.

Im Gegensatz zu dieser Nahtverbindung durch **Autogenschweißen** erreicht man durch die **Elektroschweißung** (Lichtbogenschweißung) eine höhere Schweißgeschwindigkeit. Die zum Schmelzen der Werkstücke notwendige Temperatur wird örtlich begrenzt, was zur Folge hat, dass sich die zu verbindenden Teile kaum verziehen.

Beim **Schutzgasschweißen** wird die vorhandene Oxidschicht durch den Lichtbogen zerstört, das Schutzgas (Argon, Helium) verhindert neue Oxidbildung in der Schweißzone, z. B. WIG-Schweißen bei Aluminium und Kupfer.

Zusammenfassung

Metalle sind meist mit anderen Stoffen chemisch gebunden in Mineralien enthalten. Diese Vorkommen nennt man Erzlagerstätten.

Erze müssen zuerst aufbereitet werden, bevor eine hüttenmännische Metallgewinnung möglich ist.

Die Metallgehalte der einzelnen Roherze sind sehr unterschiedlich.

Die wichtigsten im Bauwesen verwendeten Metalle sind Kupfer, Titanzink, Aluminium, Eisen (nicht rostender Stahl, verzinkter Stahl), Blei und zum Löten Zinn.

Legierungen erhält man durch Zusammenschmelzen von 2 oder mehreren Metallen.

Die unterschiedlichen Eigenschaften der einzelnen Metalle müssen bei der Be- und Verarbeitung beachtet werden.

Metalle können durch chemische und elektrochemische Reaktionen zerstört werden.

Viele Metalle bilden an ihrer Oberfläche eine Schutzschicht.

Metalle müssen vor Korrosionsschäden in geeigneter Weise geschützt werden.

Blechverbindungen sind werkstoffgerecht und unter Beachtung der thermischen Ausdehnung durchzuführen.

Nur saubere Blechstellen können gelötet werden.

Zum Weichlöten ist als Lot eine antimonarme Blei-Zinn-Legierung zu verwenden.

In der Lötnaht werden die Bleche mindestens 10 mm überdeckt. Die gebundene Lötnahtbreite muss mindestens 10 mm betragen, im senkrechten Bereich der Lötnaht mindestens 5 mm.

Zum Hartlöten verwendet man Lote mit höherem Schmelzpunkt als zum Weichlöten (> 450 °C).

Zur fachgerechten Be- und Verarbeitung von Blechen sind geeignete Werkzeuge zu benutzen.

Falzen ist das Verbinden von Blechen durch Ineinanderhängen von gekanteten Blechrändern und anschließendem Zuschlagen.

Die Befestigungsmittel müssen mindestens korrosionsgeschützt sowie mit dem Deckwerkstoff und der Deckunterlage dauerhaft verträglich sein. Direkt der Witterung ausgesetzte Befestigungsmittel müssen korrosionsbeständig sein.

Man sollte möglichst darauf achten, dass metallische Einbauteile aus dem gleichen Werkstoff bestehen wie die übrige Konstruktion. Befestigungsmittel aus anderen Metallen oder ohne entsprechende Überzüge können die Bleche zerstören.

Kontaktkorrosion kann durch Zwischenlegen von Schutzstreifen weitgehend vermieden werden.

Eine Gefahr für Bleche aus Titanzink tritt bei Bildung von Kondenswasser an deren Unterseite auf. Die z. B. beim Zink gewünschte Carbonatschicht kann sich bei Feuchtigkeitseinwirkung, aber fehlender Luftzufuhr und dem damit verbundenen Kohlendioxidmangel nicht bilden. Es entstehen Korrosionsschäden, ausgehend von der Unterseite der Bleche.

Es ist darauf zu achten, dass durch konstruktive Maßnahmen eine ausreichende Belüftung des Luftraumes unterhalb der Metalldeckung durch entsprechende Zu- und Abluftöffnungen gewährleistet ist.

In Bereichen, wo das Metall durch Ablagerung von schwefeligen Stoffen aus der umgebenden Luft (z. B. Kaminabgase) oder durch sonstige aggressive Stoffe (z. B. Industrieatmosphäre) gefährdet ist, sollte für einen Oberflächenschutz gesorgt werden oder entsprechende korrosionsbeständige Metalle eingesetzt werden, z. B. Kupfer oder Edelstahl.

5.9.7 Deckunterlagen

Aufgrund von durch Temperaturschwankungen hervorgerufenen Bewegungen der Deckbleche ist es erforderlich, dass die Deckunterlage (Schalung) eben, ohne scharfe Kanten und ohne spitze Erhebungen ist. Schwitzwasserbildung unter dem Metall muss verhindert werden, um Korrosion auszuschalten.

Ist die Dachsparrenlänge größer als die für das zu verarbeitende Metall zulässige Scharenlänge (Blechbahnenlänge), so wird in die Deckunterlage eine Abtreppung als Gefällestufe (siehe Abb. 5.9-25) eingebaut, wenn die temperaturbedingten Längenänderungen des Metalls nicht durch andere geeignete Maßnahmen in der Deckung aufgenommen werden können. Eine Gefällestufe ist ein horizontaler Höhenversatz ≥ 60 mm und wird mit konstruktiven Maßnahmen auch bei der Ausbildung von Dachgräben angewendet.

Die Deckunterlage erhält eine Vordeckung (besandete Bitumen-Dachbahn, Kunststoffbahn, strukturierte Bahn u. a.) als Trennschicht. Diese Vordeckung verhindert auch die Durchnässung der Schalung bzw. des Bauwerks während der Bauphase. Strukturierte Trennlagen ermöglichen an der Blechunterseite chemische Reaktionen mit Bestandteilen der Luft.

Bei selbsttragenden Metalldeckungen sind in Abhängigkeit der erhöhten Anforderungen an die Dachdeckung zusätzliche regensichernde Maßnahmen auszuführen.

Maximal zulässige Scharenlänge:

- Zink, Kupfer, Aluminium 10,00 m
- nicht rostender oder verzinkter Stahl 14,00 m
- Blei (d = 2,25 mm; bis 20 m Gebäudehöhe, DN 10° bis 60°) 1,80 m

5.9.8 Metalldeckungen

Dachdeckungen und Wandbekleidungen mit Metallen werden schon seit langer Zeit und in verschiedenen Ausführungen hergestellt. Sie haben sich als sehr dauerhaft erwiesen.

Kaum ein anderes Material verbindet die Möglichkeit der handwerklichen, individuellen Verarbeitung auf der einen mit dem Aspekt der Langlebigkeit und Wirtschaftlichkeit auf der anderen Seite.

Durch die unterschiedlichen Blechverbindungen bei den einzelnen Deckarten ergeben sich Strukturen, die das Gebäudeäußere mitgestalten.

Allgemein unterscheidet man zwischen selbsttragenden und nicht selbsttragenden Metalldeckungen. Dabei stehen klein- oder großformatige Deckelemente zur Auswahl.

Die Regeldachneigung von selbsttragenden, großformatigen Elementen beträgt 7°, die Mindestdachneigung 3°.

Über ausgebauten Dachgeschossen sind als zusätzliche regensichernde Maßnahme zum Schutz der Wärmedämmung gegen abtropfendes Wasser, Flugschnee und Treibregen mindestens Unterspannungen einzubauen.

Die Regeldachneigung von selbsttragenden, kleinformatigen Elementen beträgt 22°, die Mindestdachneigung 10°.

5.9.8.1 Doppelstehfalzdeckungen

Für die Doppelstehfalzdeckung werden Bleche verwendet, die entweder in Form von Tafeln oder in Rollen geliefert werden. Als oberste Regel für alle Metalldachdeckungen gilt, dass sich die Dehnungen infolge der Temperaturschwankungen ohne Zwängungen einstellen müssen. Dies wird durch eine indirekte Befestigung der Deckung auf der Unterlage erreicht (siehe Abb. 5.9-16). Die Stehfalzdeckung erfolgt in Richtung Traufe–First.

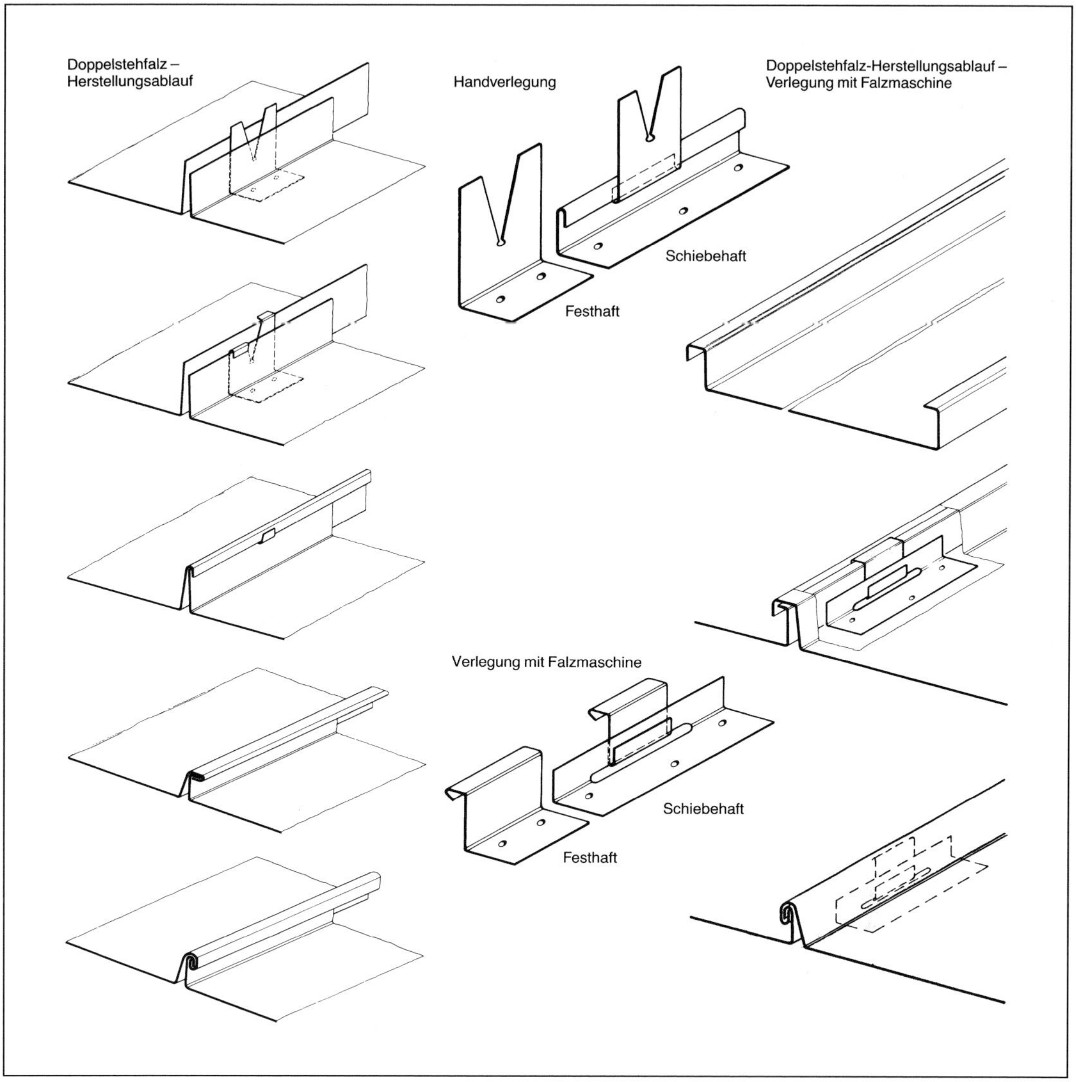

Abb. 5.9-16: Doppelstehfalzdeckung

Die Regeldachneigung bei der Doppelstehfalzdeckung beträgt 7°, bei Unterschreiten der Regeldachneigung sind Sondermaßnahmen erforderlich. Die **Scharen** (Blechbahnen) werden in Längsrichtung durch den Doppelstehfalz mit einer Höhe von mindestens 23 mm im fertigen Zustand verbunden. Zur Aufnahme der temperaturbedingten Ausdehnung quer zur Falzrichtung sind die Scharen mit mindestens 3 mm Abstand zu verlegen. Bestehen die Scharen aus einzelnen Metalltafeln, so erfolgt die Nahtausbildung je nach Dachneigung durch Überdeckung oder durch den Querfalz (siehe Abb. 5.9-17). Es ist darauf zu achten, dass nicht 2 Querfalze an gleicher Stelle am Stehfalz zusammentreffen. Durch richtige Aufteilung der Querfalze ist eine hervorragende Flächenwirkung zu erzielen (siehe Abb. 5.9-32).

Die Befestigung der Scharen erfolgt indirekt durch eingefalzte feste Hafte im Bereich eines 1 bis 3 m breiten Streifens. In allen anderen Bereichen dürfen nur eingefalzte Schiebehafte (indirekte Befestigung) verwendet werden. Der

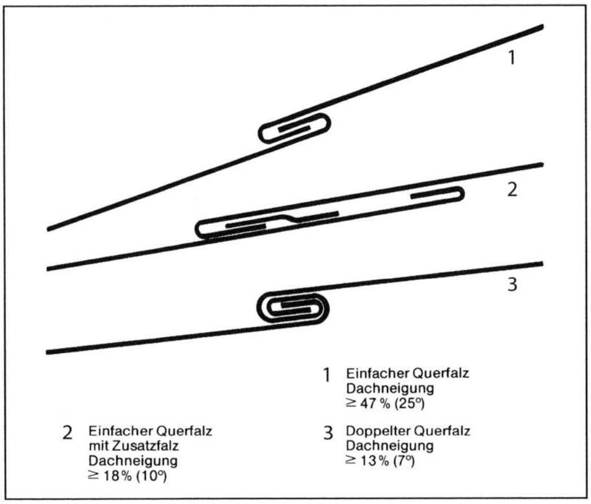

Abb. 5.9-17: Ausbildung der Quernähte

Bereich der **Festhafte** richtet sich nach der Dachneigung (siehe Abb. 5.9-18).

Haftunterteile aus Werkstoffen mit höherer Festigkeit als das Deckmaterial müssen gerundete Ecken aufweisen.

Bei strukturierten Trennlagen ist die Hafthöhe dem Wirrgelege anzupassen. Die Längenänderung der Scharen, bedingt durch thermische Einflüsse, darf nicht behindert werden. Die Schiebehafte dürfen sich im Gleitbereich nicht verformen.

Der Abstand der Hafte sowie deren Anzahl pro m^2 für nicht selbsttragende Metalldeckungen und Außenwandbekleidungen richten sich nach der geographischen Lage des Gebäudes, der Geländerauigkeit, topografischen Einflüssen, der Gebäudehöhe, der Gebäudeform und der Scharenbreite.

Stellvertretend für die Ermittlung der Haftanzahl und des Haftabstands zur Windsogsicherung von nicht selbsttragenden Metalldeckungen bzw. Außenwandbekleidungen sei Tabelle 5.9-4 für den Anwendungsfall der Windzone 2 Binnenland aufgeführt.

Weiterführende Informationen zum Thema Windsogsicherung sind der Fachregel für Metallarbeiten bzw. der DIN EN 1991-1-4 zu entnehmen.

Bei Scharenlängen, die über das zulässige Maß (siehe Kapitel 5.9.7) hinausgehen, ist zur Aufnahme der temperaturbedingten Längenänderung eine Gefällestufe einzubauen (siehe Abb. 5.9-25).

Die Ausbildung des Stehfalzes an der Traufkante kann als Stehfalz in gerader, schräger oder runder Ausführung, als „schwäbische Traufe“ oder als umgelegter Doppelstehfalz erfolgen.

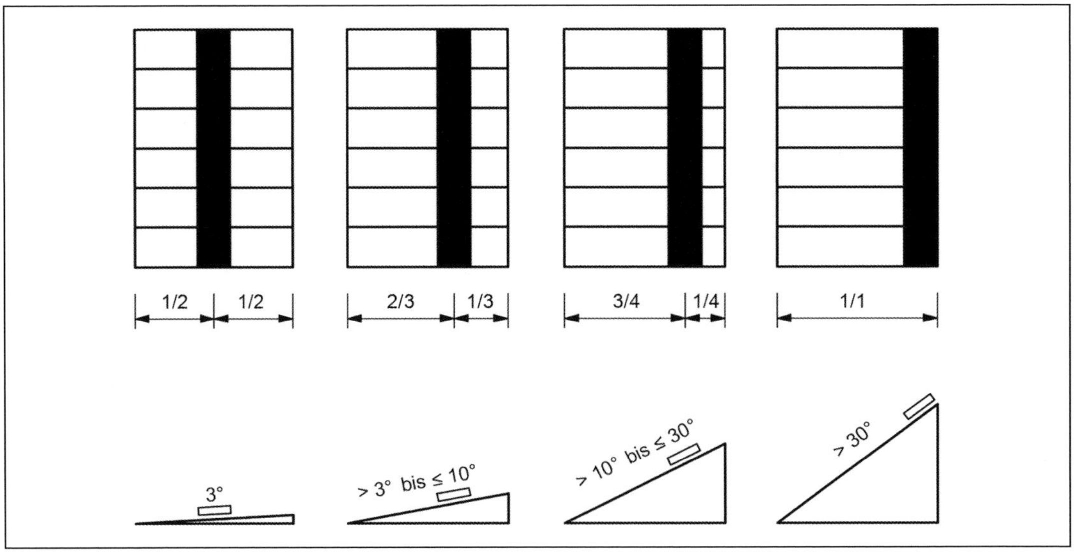

Abb. 5.9-18: Bereich der Festhafte in Abhängigkeit von der Dachneigung

Die Ausbildung am oberen Ende der Schar erfolgt durch eine dachneigungsgerechte Aufkantung des oberen Scharendes. Die Aufkantung erfolgt im Stehfalzbereich mittels umlegten Doppelfalzes, einer Quetschfalte (siehe Abb. 5.9-27) oder in Form eines gerundeten Falzes mit entsprechenden Werkstoffzugaben beim Scharenzuschnitt.

Der Winkelstehfalz stellt eine Sonderform des Stehfalzes dar, er ist ein nicht geschlossener Doppelstehfalz. Wie bei der Doppelstehfalzdeckung ist auch hier eine sichere unsichtbare Befestigung möglich. Deckungen mit diesem Falz ergeben eine besondere Strukturierung der Deckfläche. Sie werden vorwiegend als Außenwandbekleidungen angewendet. Dachdeckungen mit Winkelstehfalz sollten erst ab einer Dachneigung von 25° (46,6 %), bei besonderen konstruktiven und klimatischen Anforderungen erst ab einer Dachneigung von 35° (70 %) erfolgen.

5.9.8.2 Längenänderung von Metallen

Für eine ungehinderte Längenänderung durch Temperaturwechsel ist mit einer Temperaturdifferenz von 100 K zu rechnen. Dabei geht man davon aus, dass im Winter bis zu – 20 °C und im Sommer bis zu + 80 °C erreicht werden.

Für die Berechnung der Längenänderung im Sommer (Material dehnt sich aus) bzw. im Winter (Material zieht sich zusammen), ist die Einbautemperatur des Werkstoffs in Verbindung mit dem dazugehörigen Ausdehnungskoeffizienten zu berücksichtigen.

Die Längenänderung von Metallen (Scharen, Abdeckungen, Dachrinnen usw.) errechnet man nach der Formel:

$$\Delta L = L \cdot \alpha \cdot (\Delta t)$$

ΔL: Längenänderung in mm
L: Bauteillänge in m
α: Ausdehnungskoeffizient in mm/mK
Δt: Temperaturdifferenz in K (Kelvin) 100 K bzw. der Einbautemperatur tsommer und twinter

Beispiel

Bauteillänge : 7,00 m

angenommene Einbautemperatur: 22 °C

Werkstoff: Aluminium (α = 0,024 mm/mK)

Längenänderung (maximal)
$\Delta L = L \cdot \alpha \cdot \Delta t$
$= 7{,}00 \cdot 0{,}024 \cdot 100 = 16{,}8$ mm

Längenänderung im Sommer bzgl. Einbautemperatur
$\Delta L = L \cdot \alpha \cdot \Delta t$
$= 7{,}00 \cdot 0{,}024 \cdot (80 - 22) = 9{,}74$ mm

Längenänderung im Winter bzgl. Einbautemperatur
$\Delta L = L \cdot \alpha \cdot \Delta t$
$= 7{,}00 \cdot 0{,}024 \cdot (22 - (-20)) = 7{,}06$

5.9.8.3 Leistenfalzdeckungen

Diese Art der Metalldachdeckung unterscheidet sich von der Doppelstehfalzdeckung dadurch, dass die nebeneinanderliegenden Scharen nicht direkt durch einen Falz verbunden sind, sondern dass sich zwischen jeweils 2 Scharen eine Holzleiste befindet, die mit einer Leistenkappe abgedeckt ist. Der Querschnitt der Holzleiste beträgt mindestens 40/40 mm. Zur Aufnahme der temperaturbedingten Ausdehnung der Scharen quer zum Verlauf der Holzleisten werden Letztere in einem Abstand angebracht, der um mindestens 5 mm größer ist als die Breite der aufgekanteten Scharen.

Man unterscheidet die deutsche und die belgische Ausführungsart (siehe Abb. 5.9-28), wobei die belgische Ausführung in Deutschland quasi nicht mehr angewendet wird. Während bei der belgischen Ausführungsart die etwa 50 mm breiten Hafte durch die Holzleisten gehalten werden, erfolgt die Befestigung der Scharen bei der deutschen Ausführungsart durch Streifenhafte (≥100 mm breit) auf der Oberseite der Holzleisten. Die Scharen müssen gegen Abrutschen durch geeignete Maßnahmen gesichert werden (siehe Abb. 5.9-29).

Tabelle 5.9-3: Abstand (in mm) und Anzahl pro m^2 der Hafte in Abhängigkeit von der Scharenbreite und der Gebäudehöhe in Windzone 2 Binnenland

max. Abstand (in mm) und min. Anzahl pro m^2 in WZ 2 Binnenland für Edelstahlhafte mit einer Tragfähigkeit von min. 400 N/Haft													
Gebäudehöhe h		**h ≤ 10 m**				**10 m < h ≤ 20 m**				**20 m < h ≤ 50 m**			
Scharenbreite [mm]		**520**	**590**	**620**	**720**	**520**	**590**	**620**	**720**	**520**	**590**	**620**	**720**
Wand A	h/d ≥ 5; h/b ≥ 5	460	400	380	330	350	310	290	250	250	220	210	180
		4,2	4,2	4,2	4,2	5,5	5,5	5,5	5,5	7,7	7,7	7,7	7,7
Wand A	h/d ≤ 1; h/b ≤ 1	500	480	460	400	430	380	360	310	310	270	260	220
		3,8	3,5	3,5	3,5	4,5	4,5	4,5	4,5	6,3	6,3	6,3	6,3
Wand B		500	500	500	500	500	470	450	390	380	340	320	280
		3,8	3,4	3,2	2,8	3,8	3,6	3,6	3,6	5,0	5,0	5,0	5,0
Dach a ≤ 30°	F_{hoch}	270	240	220	190	200	180	170	150	150	130	120	110
		7,2	7,2	7,2	7,2	9,4	9,4	9,4	9,4	13,1	13,1	13,1	13,1
	F	310	270	260	220	240	210	200	170	170	150	140	120
		6,2	6,2	6,2	6,2	8,1	8,1	8,1	8,1	11,3	11,3	11,3	11,3
	G	380	340	320	280	300	260	250	210	210	190	180	150
		5,0	5,0	5,0	5,0	6,5	6,5	6,5	6,5	9,0	9,0	9,0	9,0
	H	500	500	500	460	490	430	410	360	360	310	300	260
		3,8	3,4	3,2	3,0	3,9	3,9	3,9	3,9	5,4	5,4	5,4	5,4
	J	500	460	440	380	390	350	330	280	280	250	240	200
		3,8	3,7	3,7	3,7	4,9	4,9	4,9	4,9	6,8	6,8	6,8	6,8
Dach a > 30°	F_{hoch}	320	280	270	230	250	220	210	180	180	160	150	130
		6,0	6,0	6,0	6,0	7,8	7,8	7,8	7,8	10,8	10,8	10,8	10,8
	F	500	460	440	380	390	350	330	280	280	250	240	200
		3,8	3,7	3,7	3,7	4,9	4,9	4,9	4,9	6,8	6,8	6,8	6,8
	G	380	340	320	280	300	260	250	210	210	190	180	150
		5,0	5,0	5,0	5,0	6,5	6,5	6,5	6,5	9,0	9,0	9,0	9,0
	H	500	500	500	460	490	430	410	360	360	310	300	260
		3,8	3,4	3,2	3,0	3,9	3,9	3,9	3,9	5,4	5,4	5,4	5,4
	J	500	500	500	430	460	400	380	330	330	290	270	240
		3,8	3,4	3,2	3,2	4,2	4,2	4,2	4,2	5,9	5,9	5,9	5,9
Der angegebene Haftabstand in mm ist als Mittelwert über einen Bereich von 3 m einzuhalten. Zwischenwerte dürfen interpoliert werden oder der größere Wert ist zu wählen.													

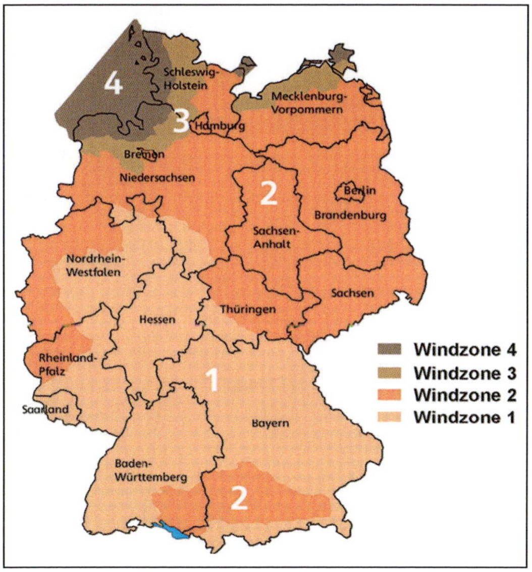

Abb. 5.9-19: Zuordnung der Windzonen nach DIN EN 1991-1-4

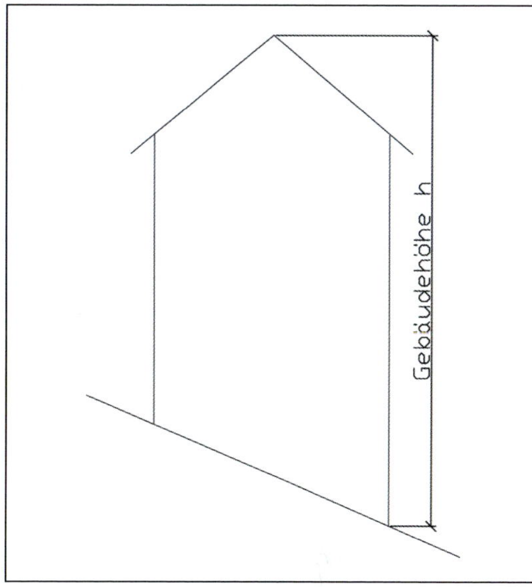

Abb. 5.9-20: Gebäudehöhe h für die Windlastermittlung

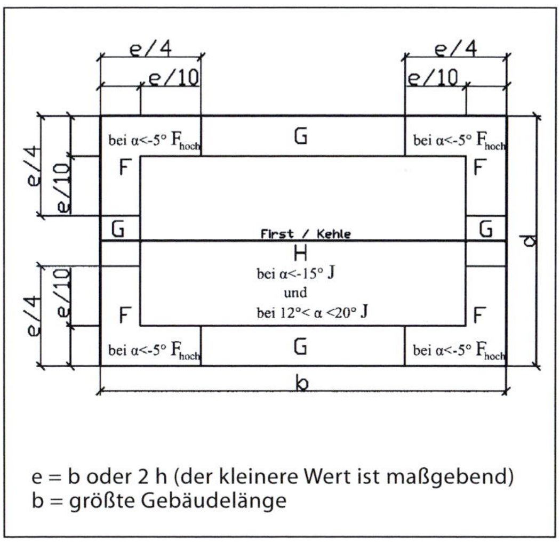

Abb. 5.9-21: Einteilung der Dachflächen bei Sattel-, Trog- und Flachdächern

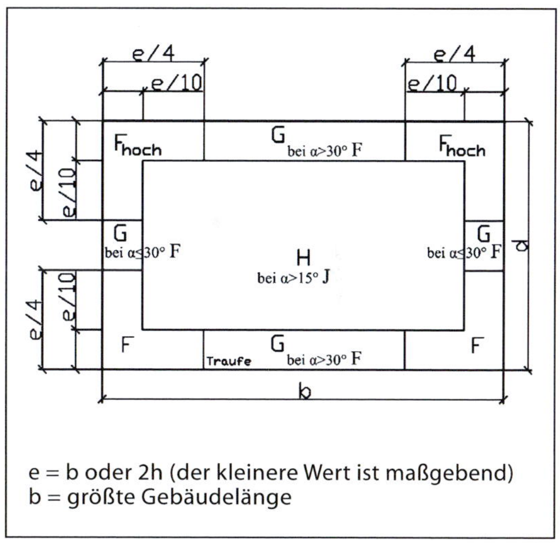

Abb. 5.9-22: Einteilung der Dachflächen bei Pultdächern

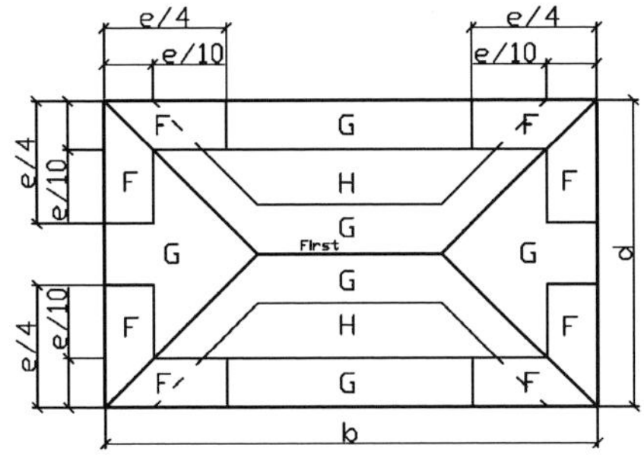

e = b oder 2h (der kleinere Wert ist maßgebend)
b = größte Gebäudelänge

Abb. 5.9-23: Einteilung der Dachflächen bei Walmdächern

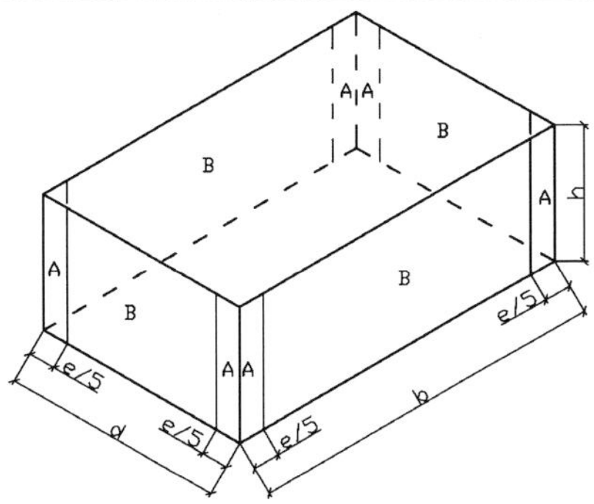

e = b oder 2h (der kleinere Wert ist maßgebend)
b = größte Gebäudelänge

Abb. 5.9-24: Einteilung der Außenwandflächen

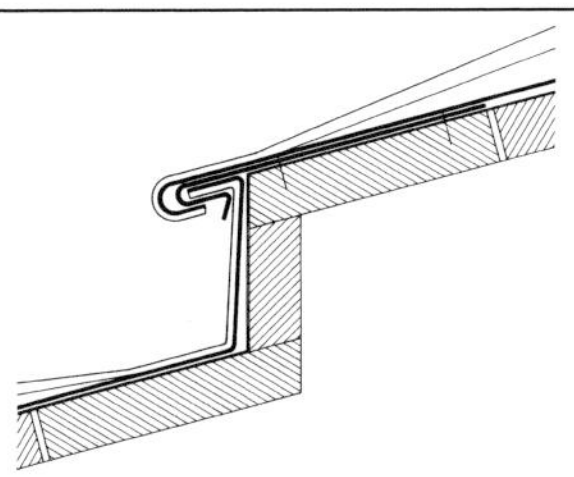

Abb. 5.9-25: Gefällestufe

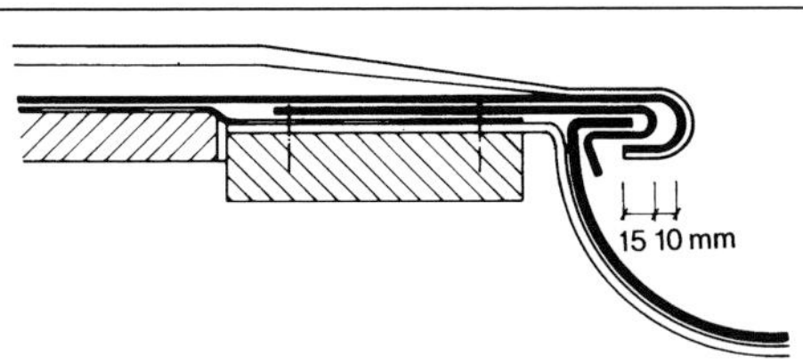

Abb. 5.9-26: Traufausbildung

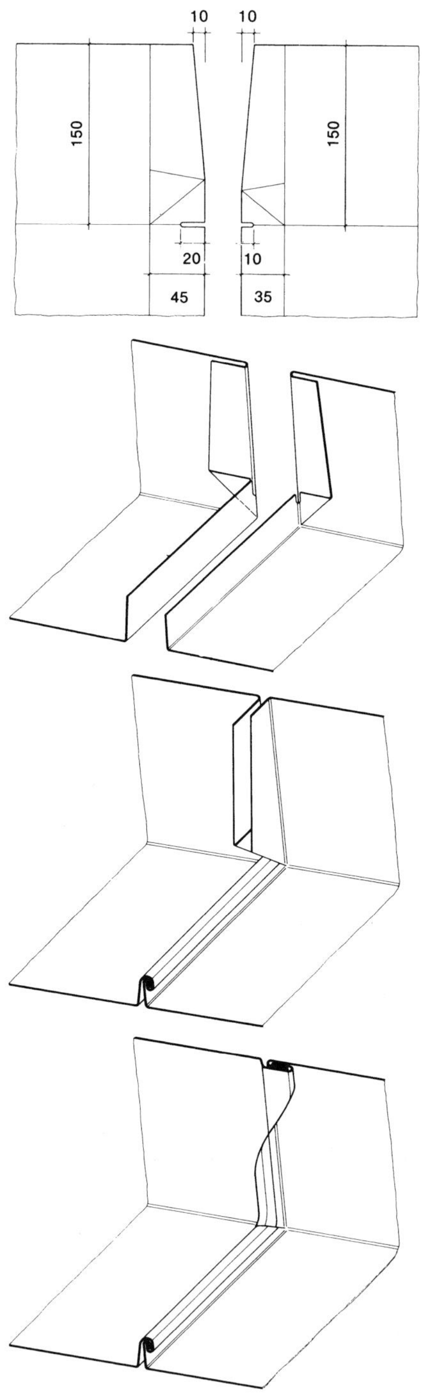

Abb. 5.9-27: Arbeitsablauf Anschluss Doppelstehfalzdeckung an höher gelegene Dachteile oder Bauten durch Herstellung einer Quetschfalte

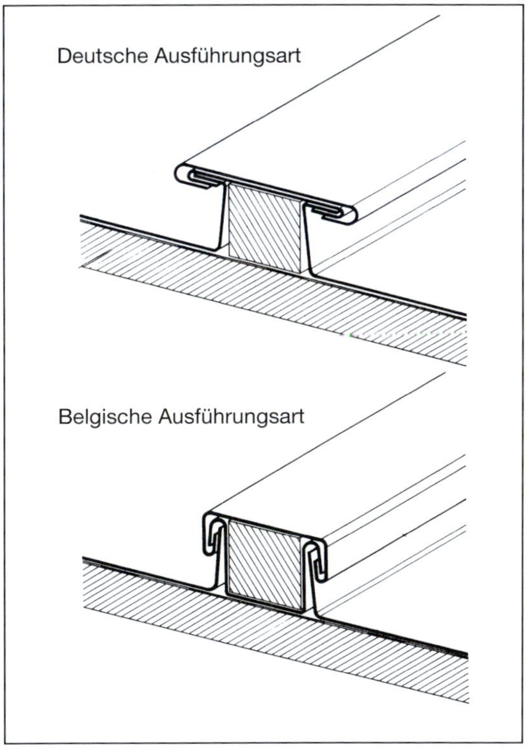

Abb. 5.9-28: Leistendeckung

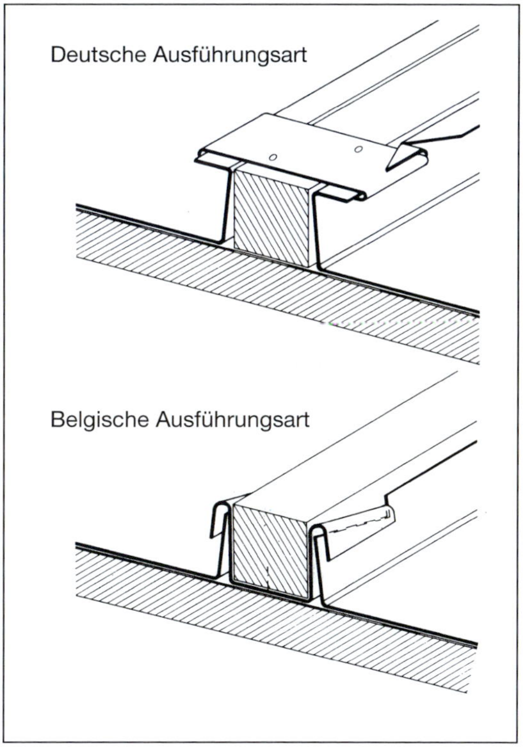

Abb. 5.9-29: Sichern der Scharen gegen Abrutschen

Abb. 5.9-30: Rautendeckung

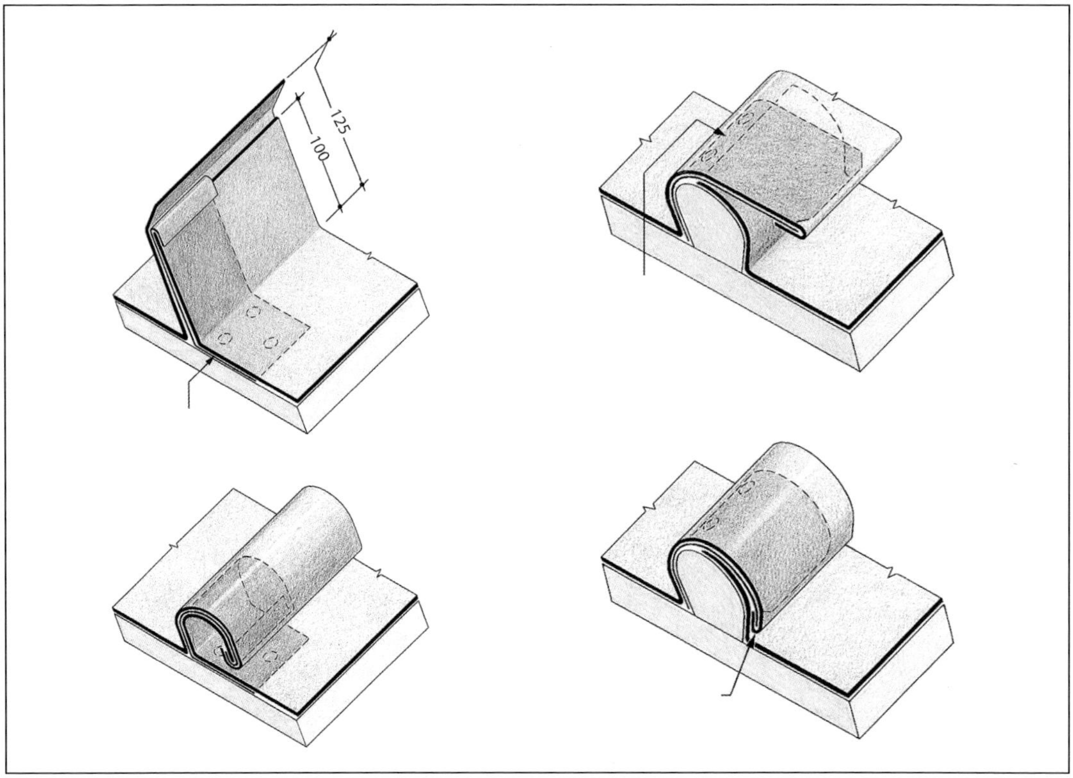

Abb. 5.9-31: Bleideckungen – links: Hohlwulst, rechts: Holzwulst

An der Traufe werden die Leistenkappen in das Traufblech eingehängt. Am oberen Ende wird der Anschluss der Scharen an aufgehende Dach- oder Gebäudeteile durch eine Quetschfalte in den Aufkantungen hergestellt.

Sonderleistenfalzdeckungen sind nach den jeweiligen Verlegevorschriften herzustellen.

Die Regeln der Doppelstehfalzdeckung (Mindestdachneigung, Scharenbreite, Haftabstand, Querverbindungen usw.) sind auch für die Leistenfalzdeckung anzuwenden.

5.9.8.4 Rautendeckungen

Für steile Dachflächen und für Wände kann diese Deckart angewendet werden. Hierbei werden gewöhnlich kleinere Metalltafeln in Quadrat- oder Rauten(Rhombus)form benutzt (siehe Abb. 5.9-30). Die Deckung erfolgt auf einer Lattung oder Schalung in der Weise, dass die Rautenbleche mit angekanteten Falzen ineinandergehängt werden. An den 4 Seiten jeder Raute befinden sich Falze, von denen jeweils 2 nebeneinanderliegende nach oben und die beiden anderen Falze nach unten weisen. Mit 2 Haften, die in die Falze greifen, werden die Rauten auf der Unterkonstruktion befestigt. Zur Zuordnung von zusätzlichen regensichernden Maßnahmen bei Deckungen mit selbsttragenden, kleinformatigen Elementen siehe Kapitel 5.9.8.

5.9.8.5 Bleideckungen

Eine seit Jahrhunderten ausgeführte Metalldeckung ist die Dachdeckung mit Bleiblechen. Bleideckungen bedürfen einer vollflächigen Unterlage. Die Scharenlänge ist in Abhängigkeit von der Materialdicke und der Dachneigung nach den „Technischen Regeln für die Anwendung von Blei im Bauwesen“ zu begrenzen. Die Dicke muss mindestens 2,25 mm betragen. Das Verbinden der einzelnen

Scharen erfolgt durch Falzen, wobei Hafte aus Kupferblech oder nicht rostendem Stahlblech eingefalzt werden (siehe Abb. 5.9-31).

In Längsrichtung wird die Verbindung der Bleischaren, außer mit Doppelstehfalz, mit Hohlwulst oder mit Holzwulst hergestellt. Bei der Holzwulstdeckung werden die Hafte auf dem Wulstholz, nicht durch die unterdeckende Bahn, befestigt, damit sich keine Zwänge durch die thermisch bedingten Ausdehnungen einstellen können. Die unterdeckende Aufkantung wird auf das Wulstholz bis zu dessen Scheitel geführt.

Zur Herstellung der Quernaht werden die einzelnen Scharen meistens nur einfach überdeckt. Bei Deckungen mit weniger als 10° Dachneigung werden die Quernähte mittels einer Gefällestufe hergestellt (siehe Abb. 5.9-25). Die **Überdeckungen der Quernähte** richten sich nach der Dachneigung.

Sie müssen betragen bei

Dachneigung ≥ 10° mindestens 290 mm,
Dachneigung ≥ 20° mindestens 220 mm,
Dachneigung ≥ 30° mindestens 150 mm,
Dachneigung ≥ 40° mindestens 115 mm,
Dachneigung ≥ 50° mindestens 100 mm.

Die einfache Überdeckung mit oder ohne Umschlag kann nur bei Dächern mit geringer Windbelastung angewendet werden. Bei höherer Windbelastung wird die Querverbindung mit dem einfachen Querfalz und möglichst mit einem durchlaufenden Haftstreifen aus Kupfer oder nicht rostendem Stahl hergestellt, wobei die überdeckende Schar mit einem Umschlag von ca. 35 mm in den Haftstreifen eingehängt wird.

Die Regeln der Doppelstehfalzdeckung sind sinngemäß anzuwenden.

5.9.8.6 Deckungen mit profilierten Tafeln und Bändern

Für solche zum Teil überlangen Bauelemente lassen sich viele Verwendungszwecke finden. Bei Befestigungen in Holzkonstruktionen sind neben der Zulassung bezüglich Einschraubtiefe,

Abb. 5.9-32: Verlegen von profilierten Bändern

Vorbohrung und Randabständen die Bestimmungen der DIN EN 1995-1-1/NA – Bemessen und Konstruktion von Holzbauten – Teil 1-1: Allgemeines - Allgemeine Regeln und Regeln für den Hochbau zu beachten.

Die Befestigung an Stahlbetonunterkonstruktionen erfolgt durch Schrauben mit Bolzensetzgeräten. An Stahlkonstruktionen werden sie mit selbstschneidenden Gewindeschrauben, Maschinenschrauben oder ebenfalls mit Bolzensetzgeräten angebracht.

Schwalbenschwanzförmig profilierte Blechbänder werden in entsprechend gestanzte Stege eingeklemmt.

Für die fachgerechte Ausführung von Montagearbeiten mit werkseitig vorgefertigten Profiltafeln aus Metall ist die Richtlinie für die Planung und Ausführung von Dach-, Wand- und Deckenkonstruktionen aus Metallprofiltafeln (kurz: IFBS-Montagerichtlinie) anzuwenden.

Wellbleche

Wellbleche werden schon seit fast 100 Jahren hergestellt. Die Abmessungen, Profile, Dicken und Baubreiten sind genormt. In diesen Normen befindet sich auch die Tabelle mit der möglichen statischen Belastung. Die Tragfähigkeit der Wellbleche ist sehr hoch. Außer den genormten Platten können Zwischenlängen bezogen werden. Daher können Maßbleche verwendet werden, z. B. ein Blech mit der Länge von Traufe bis zum First. Dachneigungen > 7° können ohne zusätzliche Dichtungsmaßnahmen ausgeführt werden, bei ≤ 7° Dachneigung sollten dauerelastische Dichtungsstreifen in die Längsstoßüberlappung eingelegt werden.

Stahldachpfannen

Durch die besondere Profilierung lassen sich diese Platten schnell und vor allem dicht verlegen. Sie sind ebenfalls begehbar. Die normalen Dicken der Platten schwanken im Allgemeinen zwischen 0,63 und 1 mm. Als Normallänge gibt es Pfannenbleche von 500 bis 3.000 mm in Sprüngen von 250 mm. Die Baubreite beträgt 850 mm. Um jedoch ein Versetzen der Längsüberdeckungen beim Verlegen zu erreichen, verwendet man 2/3- und 1/3-Pfannenbleche. Entsprechend den guten Werkstoffeigenschaften des Stahlblechs sind auch die Werte für die zulässige Belastung hoch.

Trapezbleche

Das Trapezblech findet seinen Hauptanwendungsbereich als großflächiges, raumabschließendes Element für Dach und Wand. Die zulässige Spannweite der Trapezbleche ist von verschiedenen Faktoren abhängig, z. B. von der Tragfähigkeit aufgrund der Profilform, von der Blechdicke und von der Auflast. Diese Abhängigkeit wird von den Herstellerfirmen in Diagrammen oder Tabellen festgehalten, aus denen sich leicht das richtige Profil bei gegebener Belastung und gewünschter Spannweite ablesen lässt. Die Befestigung der Trapezbleche auf der Unterkonstruktion aus Stahl, Holz oder Beton erfolgt üblicherweise durch Schrauben oder Bolzen. Die Verbindung der Bleche untereinander übernehmen Schrauben und Niete. Trapezbleche bilden oft die meist über mehrere Binder gespannte, tragende Schicht für die darüberliegende Wärmedämmung und Dachhaut. Sie können auch als „verlorene Schalung" für Stahlbetondecken eingesetzt werden.

Zusammenfassung

Die Unterlage für Metalldeckungen muss eine glatte Oberfläche haben.

Die Deckungen müssen so ausgeführt werden, dass temperaturbedingte Werkstofflängenänderungen ohne Schäden aufgenommen werden können.

Bei der Doppelstehfalzdeckung werden die einzelnen Scharen in Längsrichtung durch doppelte Stehfalze und in Querrichtung durch Querfalze verbunden.

Die Befestigung auf der Deckunterlage erfolgt mit Haften (Fest- und Schiebehafte).

Der Bereich der Festhafte richtet sich nach der Dachneigung.

Bei der Leistenfalzdeckung befindet sich zwischen je 2 Scharen eine Holzleiste.

Sonderleistenfalzdeckungen sind nach den jeweiligen Verlegevorschriften herzustellen.

Bei der Deckung mit Bleiblech werden die Längsverbindungen als Doppelstehfalz, Hohlwulst oder als Holzwulst hergestellt.

Die Hafte bei der Bleideckung bestehen aus Kupferblech oder nicht rostendem Stahlblech.

Profilierte Tafeln und Bänder sind vorgefertigte Deckwerkstoffe, die keine durchgehende Unterlage erfordern, sondern auf Pfetten verlegt werden.

Trapezbleche dienen beim Flachdach als tragende Unterlage für die darüberliegende Wärmedämmschicht und Dachhaut.

5.9.8.7 Dachdetails

Kehlen

Wo sich 2 Dachflächen über einer einspringenden Gebäudeecke schneiden, entsteht eine Dachkehle. Diese kann – je nach Deckungsart, Deckwerkstoff, Kehlneigung und Größe der Dachfläche – in verschiedenen Formen, Ausführungen und Zuschnittbreiten hergestellt werden. Da der Dachkehle von beiden Seiten das abfließende Dachflächenwasser zuströmt, muss ihre Ausbildung in genügender Breite erfolgen. Wenn die Dachkehle nicht mit Schiefern oder Dachziegeln gedeckt werden soll, verwendet man Tafeln und Bänder aus Metall, die entsprechend zugerichtet werden. Auch besteht die Möglichkeit, Fertigteile z. B. aus Kunststoff einzubauen.

Metall bietet die Möglichkeit, den baulichen Gegebenheiten immer Rechnung zu tragen sowie regensichere Kehlausbildungen herstellen zu können (siehe Abb. 5.9-33 und Abb. 5.9-34). Wenn die Gefahr besteht, dass das von der einen Dachseite abfließende Regenwasser unter die Deckung der anderen Dachseite strömen kann – etwa bei unterschiedlichen Dachneigungen –, wird in der Kehlmitte ein etwa 60 mm hoher Steg als Wasserableiter angebogen. Damit kein Regenwasser über den Kehlrand hinausfließt, erhält die Metallkehle an beiden Seiten einen Falz.

Die Befestigung der Metallkehle erfolgt seitlich durch in die Falze eingehängte Hafte und durch direkte Befestigung am oberen Ende.

Die Nahtverbindung kann ab einer Kehlneigung ≥ 15° durch einfache Überdeckung mit angereiften Kanten hergestellt werden.

Bei Kehlneigungen < 15° muss die Nahtverbindung wasserdicht hergestellt werden.

Die Überdeckungen der Kehlbleche untereinander betragen bei

- Kehlneigung > 22° mindestens 100 mm,
- Kehlneigung ≥15° bis ≤ 22° mindestens 150 mm.

Die Überdeckung der Deckwerkstoffe über die Kehlbleche beträgt rechtwinklig zum Kehlverlauf gemessen bei

- Dachneigung > 22° mindestens 100 mm,
- Dachneigung ≥15° bis ≤ 22° mindestens 150 mm,
- Dachneigung < 15° mindestens 200 mm.

Die Dachdeckung muss parallel zum Kehllauf werkstoffgerecht beigehauen, beigeschnitten oder beigeschrotet werden.

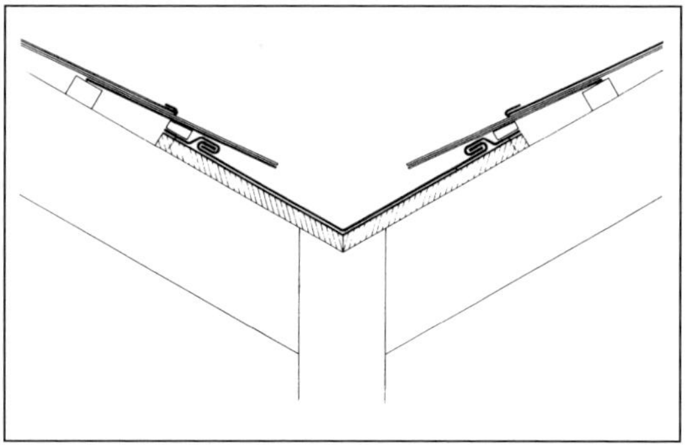

Abb. 5.9-33: Dachkehle

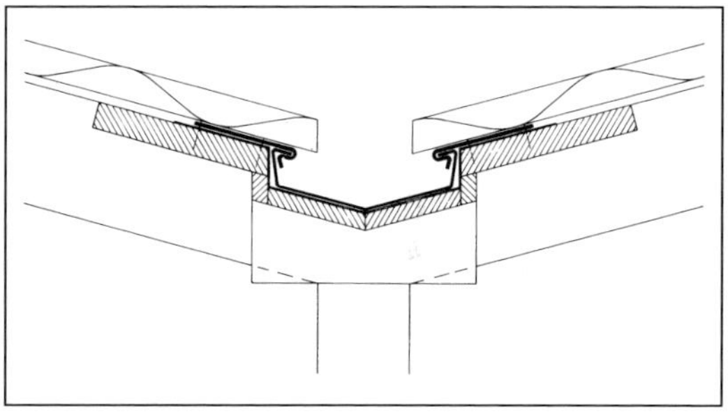

Abb. 5.9-34: Vertieft liegende Dachkehle

Metalldeckungen in Stehfalztechnik werden in Abhängigkeit von der Kehlneigung mit der Kehlschar verbunden durch einen einfachen Liegefalz, einen einfachen Liegefalz mit Zusatzfalz, einen Doppelstehfalz oder mit einer vertieft angeordneten Kehle.

Dachanschlüsse

Die Anschlüsse der Deckungen an aufgehende Wände von anschließenden Gebäuden oder Gebäudeteilen sowie an Dachaufbauten müssen so ausgeführt werden, dass die unterschiedlichen Bewegungen der Gebäudeteile nicht zu Beschädigungen dieser Anschlüsse führen können (siehe Abb. 5.9-35).

Die Aufkantung der Scharen oder der Anschlusswinkel muss mindestens 150 mm betragen. Der obere Abschluss erfolgt z. B. durch einen in das Mauerwerk eingelassenen **Überhangstreifen**, der über die Anschlussaufkantung ausreichend weit übergreift.

Besteht die aufgehende Wand aus Beton, so wird der Abschluss durch einen angedübelten

Überhangstreifen mit oberer dauerelastischer Abdichtung hergestellt. Ist in der Wand bereits eine Profilschiene einbetoniert, so wird der Überhangstreifen in diese eingehängt.

Der obere Abschluss der wandseitigen Anschlussteile kann auch durch eine Außenwandbekleidung oder eine Abdeckung erfolgen.

Am Dachrand entstehen durch unterschiedliche Wärmeeinstrahlungen im Bereich der Dachabschlusskanten auch unterschiedliche Wärmedehnungen. Damit diese ungleichen Bewegungen keine Schäden hervorrufen, sind die Abschlüsse mehrteilig auszubilden (siehe Abb. 5.9-36). Die Befestigung erfolgt indirekt durch Hafte (siehe Abb. 5.9-37).

Zur Aufnahme der temperaturbedingten Längenänderung der An- und Abschlüsse sind in ausreichend kurzen Abständen Dehnungsausgleicher (Dilatationen) einzubauen.

Zulässige Anschluss-/Abschlusslänge:

▶ Zink, Kupfer, Aluminium	10 m
▶ nicht rostender oder verzinkter Stahl	14 m
▶ Blei (d = 1,25 mm)	1 m

Bei stranggepressten Metallprofilen sind an den Stößen ausreichend große Zwischenräume zu lassen.

Einfassungen von Dachdurchdringungen (Kamine, Rohrstangen, Fenster u. a.) müssen durch Löten oder Falzen so hergestellt werden, dass kein Niederschlag eindringen kann (siehe Abb. 5.9-38).

Hinweis: Bei Klebetechnik sind die Herstellerangaben zu beachten!

Abdeckungen

Gesimse, Mauerkronen und -brüstungen werden mit Blechen abgedeckt, um eine Durchfeuchtung dieser Gebäudeteile zu verhindern. Die wichtigsten Merkmale einer dauerhaften Metallabdeckung sind:

- indirekte Befestigung (Vorstoßblech)
- stabile Ausbildung der Tropfkante
- Einbau von Schiebenähten, um die temperaturbedingten Längenänderungen aufzunehmen

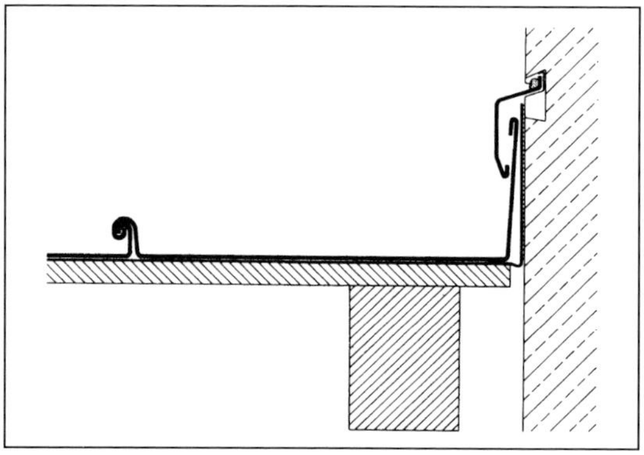

Abb. 5.9-35: Seitlicher Wandanschluss bei Doppelstehfalzdeckung

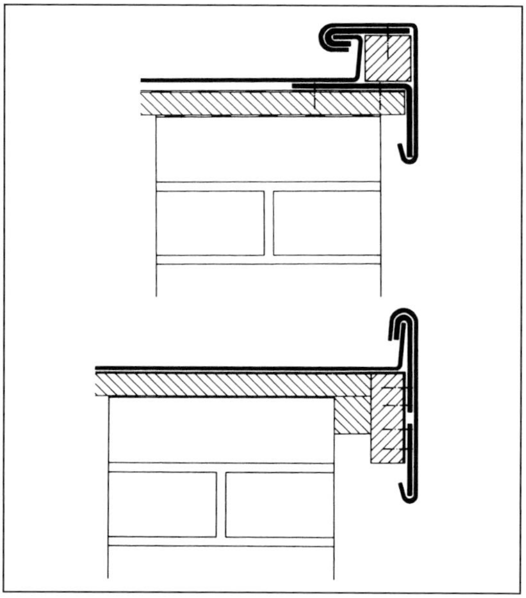

Abb. 5.9-36: Verschiedene Ausbildungen von Dachabschlusskanten

- Unterlegen einer Bitumen-Dachbahn u. a. als Korrosionsschutz

Die Tropfkanten müssen so ausgebildet werden, dass das anfallende Niederschlagswasser in ausreichendem Abstand vor dem Gebäudeteil abtropft – mindestens 20 mm, bei Abdeckungen aus Kupfer wird empfohlen, einen größeren Tropfkantenabstand auszuführen (siehe Abb. 5.9-41). Verunreinigungen durch abtropfendes Wasser sind jedoch nicht gänzlich zu vermeiden.

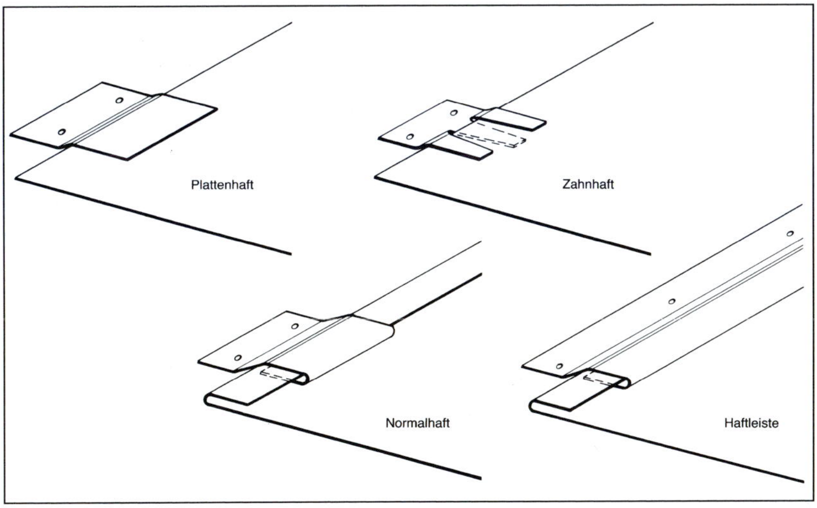

Abb. 5.9-37: Indirekte Befestigung mit Hafte

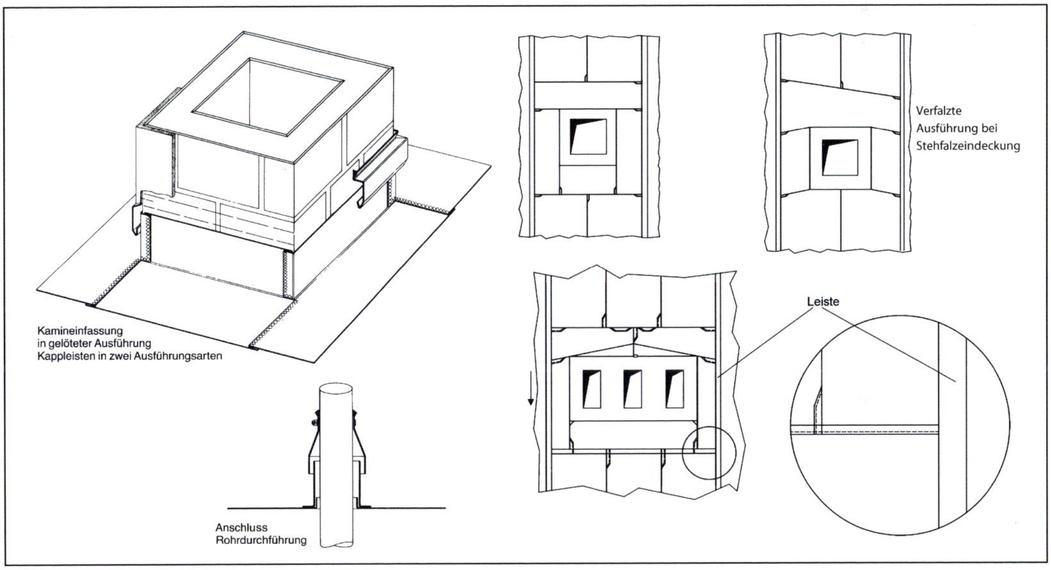

Abb. 5.9-38: Einfassungen von Dachdurchdringungen

Wie bei An- und Abschlüssen sind zur Aufnahme der temperaturbedingten Längenänderung auch bei Abdeckungen in ausreichend kurzen Abständen Dehnungsausgleicher (Dilatationen) einzubauen. Dabei ist darauf zu achten, dass Fixpunkte zu einer Halbierung der zulässigen Längen führen.

Zusammenfassung

Die Ausbildung von Dachkehlen muss in genügender Breite erfolgen.

Metallkehlen erhalten an beiden Seiten einen Falz, damit kein Regenwasser über den Kehlrand ins Gebäude fließen kann.

Die Befestigung der Metallkehlen erfolgt seitlich durch Hafte und am oberen Ende durch direkte Befestigung.

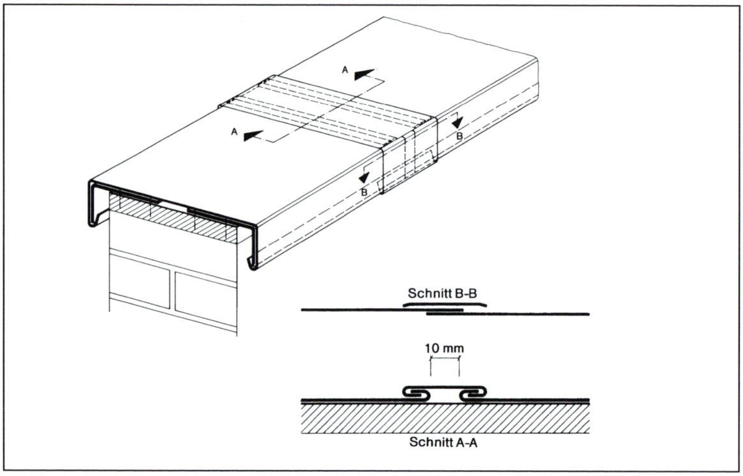

Abb. 5.9-39: Mauerabdeckung mit Dehnungsausgleicher (Schiebenaht)

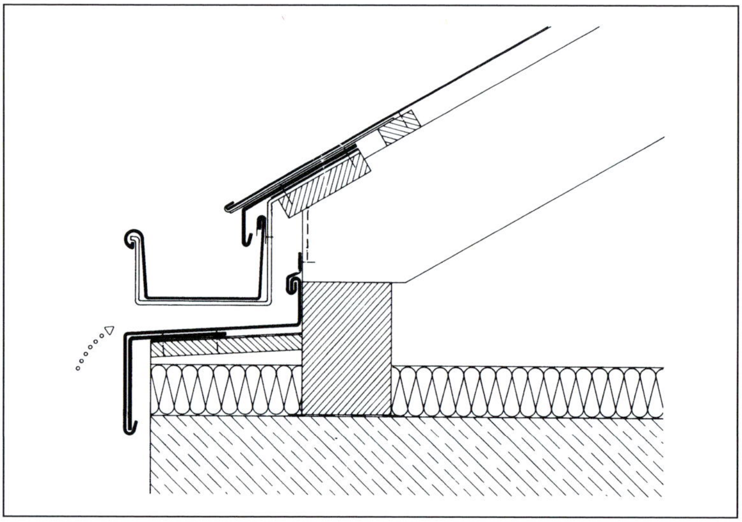

Abb. 5.9-40: Gesimsabdeckung unter einer Dachrinne

Die Dachdeckung wird parallel zum Kehllauf werkstoffgerecht beigehauen, beigeschnitten oder beigeschrotet.

Dachanschlüsse müssen so ausgeführt werden, dass sie bauliche Bewegungen aufnehmen, ohne beschädigt zu werden, und das anfallende Niederschlagswasser sicher ableiten können.

Der Überhangstreifen ist ein Metallwinkel, der an der einen Seite über den Anschlusswinkel greift und an der anderen Seite in die aufgehende Wand eingelassen oder auf eine andere geeignete Art an der Wand abgedichtet wird.

Wegen der temperaturbedingten Längenausdehnungen von Anschlüssen und Abdeckungen müssen in ausreichend kurzen Abständen Dehnungsausgleicher (Schiebekästen, Schiebenähte) eingebaut werden.

Abdeckungen sind Verwahrungen von Gesimsen, Mauerkronen und -brüstungen.

Bei Abdeckungen ist darauf zu achten, dass die Tropfkante ausreichend seitlich und auch nach unten über die Gebäudeaußenkante übersteht.

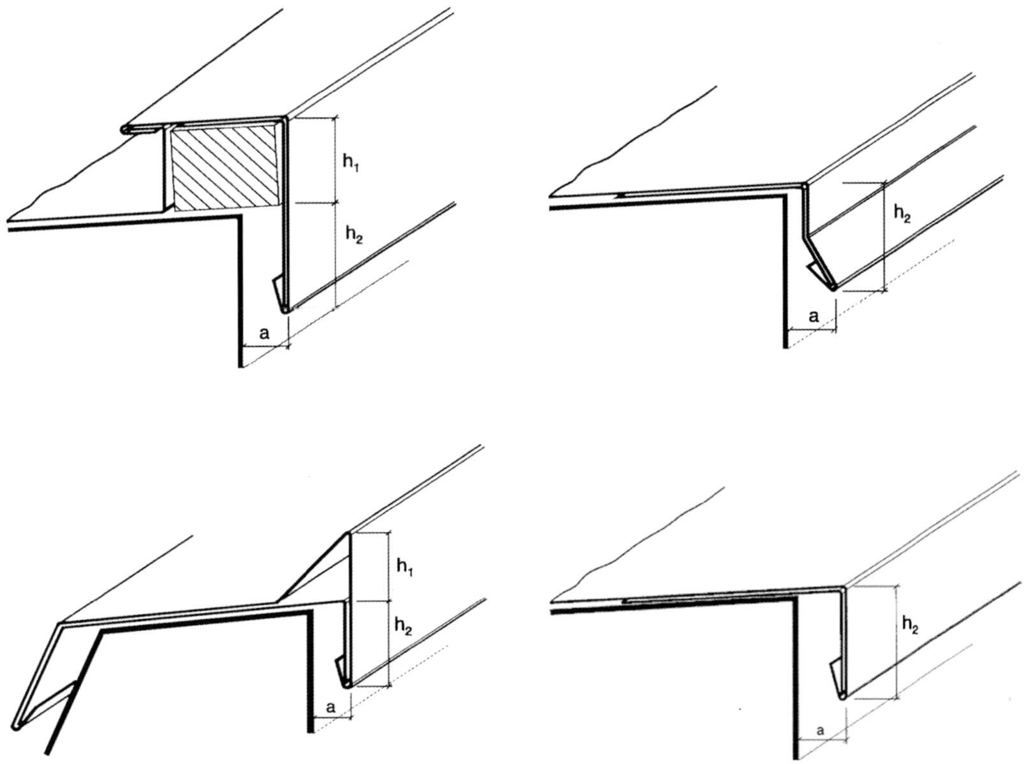

h_1 = Aufkantung
h_2 = Abkantung
a = Tropfabstand

Mindest-Auf-/-Abkanthöhen

Gebäude-höhe m	a* mm	h_2 mm	h_1 mm
< 8	20	50	mind. 25
8 – 20	20	80	
> 20	20	100	

Abb. 5.9-41: Mindest-Auf- und -Abkanthöhen

Aufgaben

1. Erklären Sie die Begriffe:
   a) Erz
   b) Legierung
2. Nennen Sie die Metalle, die, zu Tafeln und Bändern gewalzt, für Dachdeckungen, Abdeckungen und Dachanschlüsse verwendet werden.
3. Geben Sie für die Metalle Kupfer, Zink, Eisen und Blei den Ausdehnungskoeffizienten an.
4. Wodurch können Metalle zerstört werden? Beschreiben Sie, welche Maßnahmen ergriffen werden, um das Metall zu schützen.
5. Beschreiben Sie die Tätigkeiten bei der Bearbeitung von Blechen.
6. Beschreiben Sie die Arbeitsabläufe bei der Verbindung von Blechen:
   a) Löten
   b) Falzen
   c) Nieten
7. Wie müssen die Befestigungsmittel (Schrauben, Nägel u. a.) für Metallteile beschaffen sein?
8. Beschreiben Sie die Merkmale der Dachdeckungen aus Metall, und zeichnen Sie die zugehörenden Schnitte:
   a) Doppelstehfalzdeckung
   b) Leistenfalzdeckung
   c) Bleideckungen
9. Welche Hafte werden zur Befestigung der Doppelstehfalzdeckung verwendet? Beschreiben Sie deren Einsatzbereiche.
10. Nennen Sie Metalldeckungen außer den unter Aufgabe 8 aufgeführten Deckarten.
11. Erklären Sie folgende Fachausdrücke:
    a) Schar
    b) Gefällestufe
    c) Deckunterlage
    d) Überhangstreifen
    e) Schiebekasten
    f) Schiebenaht
    g) Dilatation
12. Zeichnen Sie den Schnitt einer Dachkehle aus Metall.
13. Wie wird eine Dachkehle aus Metall befestigt, und wie erfolgt die Nahtverbindung bei den verschiedenen Metallen unter Berücksichtigung der Dachneigungsgrenzen?
14. Wie werden die Schiebenähte einer Dachkehle ausgebildet?
15. Zeichnen Sie den Schnitt eines Dachanschlusses aus Metall mit Überhangstreifen.
16. Beschreiben Sie die Herstellung eines Wandanschlusses und zeichnen Sie den Schnitt.
17. Zeichnen Sie eine Mauerabdeckung mit allen Details.
18. Zeichnen Sie eine gefalzte Schiebenaht im Schnitt.
19. Berechnen Sie die genaue Längenänderung einer Zinkschar in mm (maximal, Sommer +, Winter –). Länge der Schar 6,95 m, Einbautemperatur 17 °C.

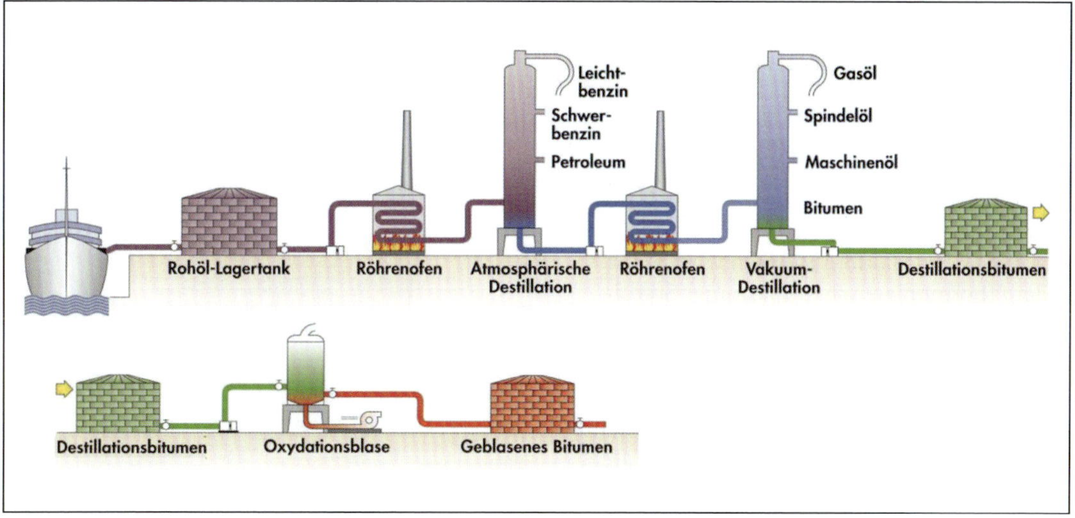

Abb. 5.10-1: Herstellung von Destillationsbitumen und Oxidationsbitumen

5.10 Bitumen und Bitumenbahnen

5.10.1 Bitumen

5.10.1.1 Destillationsbitumen

Durch die Destillation von Erdöl wird Bitumen gewonnen. Hierbei werden dem Erdöl durch Erwärmung leicht flüchtige Stoffe wie z. B. Benzin, Petroleum und weitere siedefähige Öle entzogen. Zurück bleibt das Bitumen. Dieses zuerst entstehende sog. Destillationsbitumen ist weich bis mittelhart und wird hauptsächlich im Straßenbau eingesetzt. Durch eine weitere Erwärmung unter Vakuum können aus dem Destillationsbitumen weitere Stoffe verflüchtigt werden, wodurch das harte bis springharte Hochvakuumbitumen entsteht. Destillationsbitumen ist wegen seiner geringen Plastizitätsspanne für den Einsatz auf dem Dach nicht geeignet.

5.10.1.2 Oxidationsbitumen (geblasenes Bitumen)

Bitumen erweicht bei Erwärmung und versprödet bei Abkühlung. Zwischen Erweichung und Versprödung liegt die Temperaturspanne (Plastizitätsspanne), in der Bitumen gebrauchstauglich ist.

Für den Einsatz von Bitumen als Deckmasse für Dachbahnen und zu ihrer Verklebung wird seit Jahrzehnten Oxidationsbitumen (geblasenes Bitumen) verwendet, durch die wesentlich besseren Eigenschaften von Polymerbitumen geht der Gebrauch von Oxidationsbitumen jedoch stark zurück. Vor allem werden die Dämpfe und Aerosole, welche bei der Verarbeitung von Oxidationsbitumen freigesetzt werden, als krebserregend eingestuft. Alleine dieser Sachverhalt führt zu der besseren Alternative: Polymerbitumen.

Zur Herstellung wird heiße Luft durch geschmolzenes Destillationsbitumen geblasen, dabei entsteht eine chemische Reaktion. Bitumen reagiert mit Luftsauerstoff, dadurch entsteht ein Bitumen mit wesentlich größerer Plastizitätsspanne.

5.10.1.3 Polymerbitumen

Das Verhalten von Bitumen kann durch den Zusatz von Polymeren noch verbessert werden. Ein Gemisch aus solchen synthetischen Werkstoffen mit Destillationsbitumen nennt man polymermodifiziertes Bitumen oder Polymerbitumen.

Diese Bitumensorten werden fast ausschließlich zur Herstellung von hochwertigen Polymerbitumenbahnen gefertigt. Man unterscheidet:

- PYP-Plastomerbitumen
  Weiches Destillationsbitumen wird mit dem thermoplastischen Kunststoff Polypropylen (APP) modifiziert.
- PYE-Elastomerbitumen
  Weiches Destillationsbitumen wird mit dem thermoplastischen Elastomer Styrol-Butadien-Styrol (SBS) modifiziert.

Das Polymerbitumen hat gegenüber dem Oxidationsbitumen eine wesentlich höhere Alterungsbeständigkeit, eine größere Wärmestandfestigkeit und ein besseres Kaltbiegeverhalten. Es ist deshalb als Deckmasse für Bahnen, die als Oberlage für Dachabdichtungen verwendet werden, besonders geeignet.

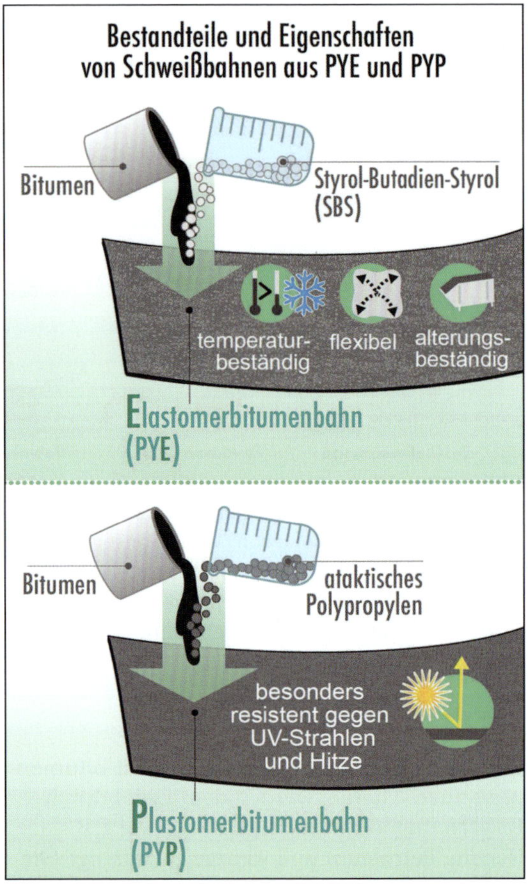

Abb. 5.10-2: Eigenschaften von Elastomer- und Plastomerbitumen

5.10.1.4 Asphalt

Mit Mineralstoffen gemischtes Bitumen nennt man Asphalt. Als Mineralstoffe werden je nach Verwendungsart Gesteinskörnungen unterschiedlicher Körnung verwendet. Dieser wird sowohl zur Herstellung von Fahrbahndecken im Straßenbau als auch für Bauwerksabdichtungen und Schutzschichten verwendet.

5.10.1.5 Kaltbitumen

Bitumen lässt sich erst dann kalt verarbeiten, wenn man es zu Lösungen oder Emulsionen weiterverarbeitet. Diese Kaltbitumensorten werden vorwiegend als Dachlack, Voranstrich, Bautenschutzmittel, Spachtelmasse oder als Bindemittel für den Straßenbau verwendet.

5.10.1.6 Bitumenlösung

Die Bitumenlösung besteht aus einer Lösung aus Destillationsbitumen und einem Erdöldestillat (z. B. Benzin). Sie wird hauptsächlich als Voranstrichmittel verwendet, kann aber je nach Zusatz von Lösungsmitteln auch als Deckanstrich (Dachlack) benutzt werden.

Bei einem Voranstrich als Haftgrund dringen die gelösten Bitumenteilchen durch die Dünnflüssigkeit des Anstriches in den Untergrund ein, werden hier verankert, und das Lösungsmittel verflüchtigt sich. Eine feste Bitumenschicht bleibt zurück (siehe Abb. 5.10-3).

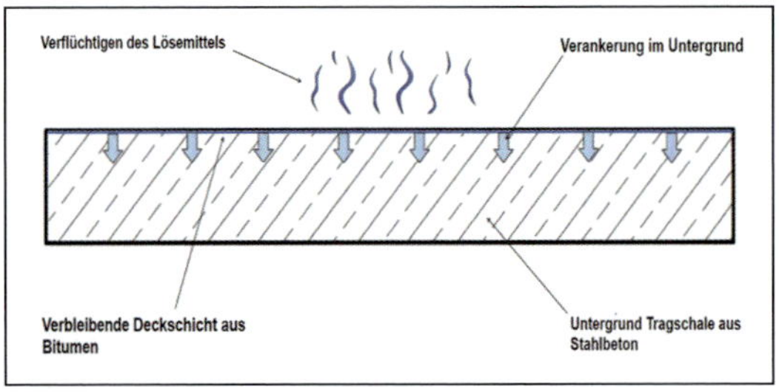

Abb. 5.10-3: Bitumenlösung, zeichnerische Darstellung der Untergrundhaftung

Wegen der leicht flüchtigen Lösungsmittel trocknet ein Anstrich aus Bitumenlösung sehr schnell ab. Die Lösungsmittel sind leicht brennbar und können insbesondere bei Anwendung

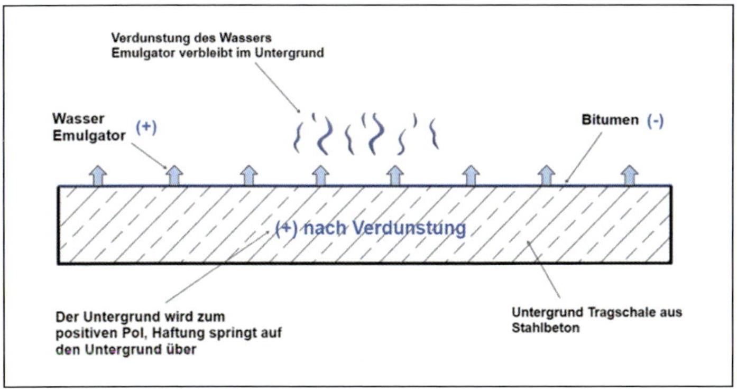

Abb. 5.10-4: Bitumenemulsion zeichnerische Darstellung der Untergrundhaftung

in geschlossenem Raum oder in schlecht belüfteten Baugruben gesundheitsschädliche Dämpfe freisetzen.

Eine Spachtelmasse besteht in der Regel ebenfalls aus einem Destillationsbitumen, das mit einem zähflüssigen Mittel- bzw. Schweröl plastifiziert wird. Durch die Zugabe von Füllstoffen und Fasern können Spachtelmassen stabilisiert werden.

5.10.1.7 Bitumenemulsion

Die Bitumenemulsion besteht aus einer Mischung aus Bitumen, Wasser und einem Emulgator. Ähnlich wie Öl und Wasser lassen sich auch Bitumen und Wasser nicht mischen. Der Emulgator hat die Aufgabe, dafür zu sorgen, dass sich Bitumenteilchen in feinster Verteilung in dem Wasser befinden. Die Bitumenemulsion dient ebenfalls als Voranstrichmittel. Die Haftung einer Emulsion erfolgt nicht durch Eindringen in den Untergrund, sondern durch elektrostatische Anhangskräfte bzw. magnetische Haftung (siehe Abb. 5.10-4).

Wasser und Emulgator verflüchtigen sich aber viel langsamer als die Lösungsmittel (z. B. Benzin) der Bitumenlösung. Eine Bitumenemulsion kann aufgrund ihres Emulgators anionisch oder katonisch aufgeladen sein, es kommt ganz auf den Untergrund an, welche zum Einsatz kommt. Die Bitumenemulsion trocknet aufgrund des großen Wasseranteils langsamer als die Bitumenlösung. Sie enthält dadurch aber keine feuergefährlichen oder gesundheitsschädlichen Stoffe, weshalb sie auch in Innenräumen z. B. Kellerabdichtungen, Verwendung findet. Sie kann auch auf leicht feuchtem Untergrund noch verarbeitet werden. Aus Bitumenemulsion kann auch Spachtelmasse für die Bauwerksabdichtung hergestellt werden. Diese nennt man kunststoffmodifizierte Bitumendickbeschichtungen (KMB oder PM). Es sind ein- oder zweikomponentige, pastöse, spachtel- oder spritzfähige Massen auf Basis von Bitumenemulsionen.

5.10.2 Prüfverfahren und Kennzeichnung

Plastizität und Härte sind wichtige Eigenschaften von Bitumen, die durch Untersuchungsverfahren ermittelt werden. Nach den Eigenschaften werden die Bitumen auch gekennzeichnet.

5.10.2.1 Penetration (Eindringtiefe)

Bei einer Temperatur von 25 °C wird gemessen, wie tief eine 100 g schwere Nadel in 5 Sekunden in das Bitumen eindringt. Die Eindringtiefe in 1/10 mm ist das Maß für die Bitumenhärte in einem mittleren Temperaturbereich (siehe Abb. 5.10-5).

5.10.2.2 Erweichungspunkt (Ring und Kugel)

Der Erweichungspunkt eines Bitumens wird nach dem Verfahren „Ring und Kugel" bestimmt. Dazu wird Bitumen in einen Ring eingespannt, darauf wird eine Stahlkugel gelegt. Die Versuchsanordnung wird, von einer bestimmten Temperatur ausgehend, gleichmäßig erwärmt. Kennzeichnend für den Erweichungspunkt ist die Temperatur, die dann vorliegt, wenn die Stahlkugel die Bitumenschicht um 25,4 mm gesenkt hat. Die Prüfungsangabe des Erweichungspunktes ist ein Maß für die Wärmestandfestigkeit eines Bitumens (siehe Abb. 5.10-6).

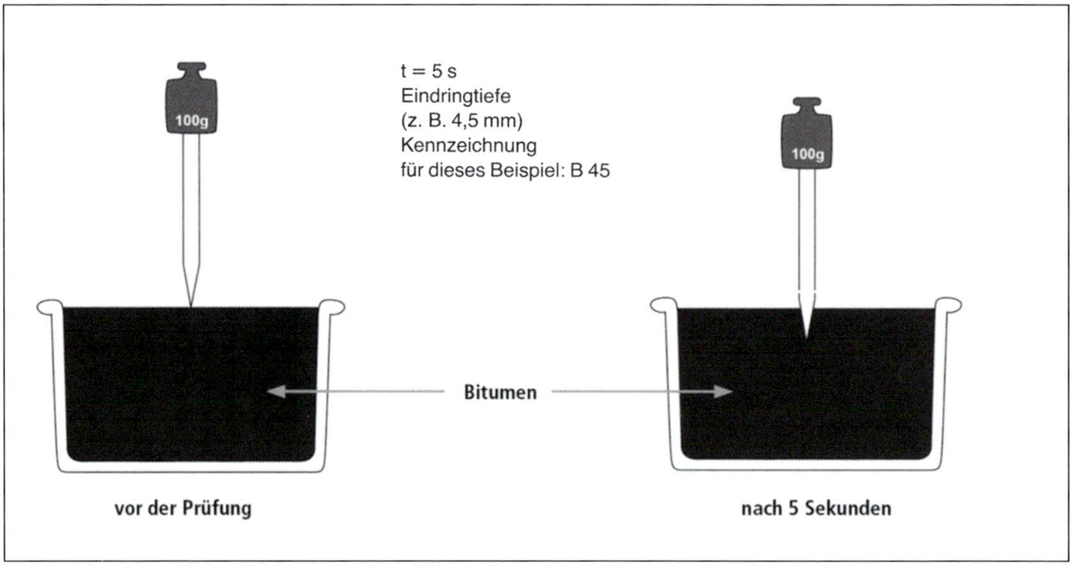

Abb. 5.10-5: Prüfung der Penetration (Eindringtiefe)

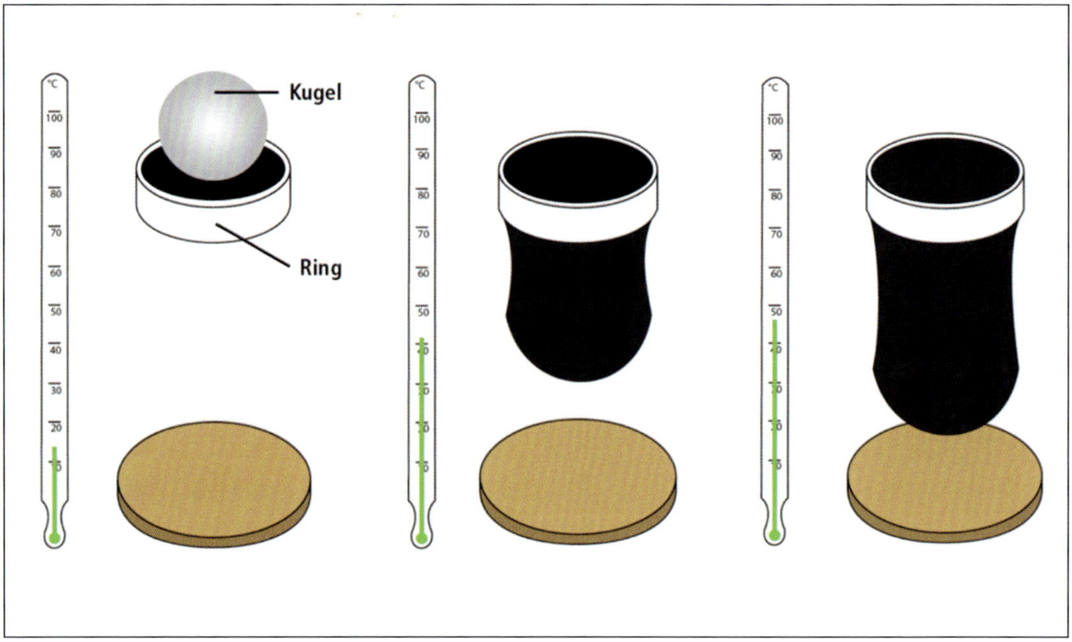

Abb. 5.10-6: Prüfung des Erweichungspunktes (Ring und Kugel)

5.10.2.3 Kennzeichnung von Bitumen

Die wichtigsten Prüfverfahren des Bitumens (Penetration und Erweichungspunkt) werden auch zur Kennzeichnung der unterschiedlichen Bitumensorten herangezogen.

Beispiel

B 25 (Destillationsbitumen)

B = Bitumen
25 = Penetration (Eindringtiefe 25/10 mm)

Destillationsbitumen wird nur durch die Angabe der Penetration (Eindringtiefe) gekennzeichnet.

Beispiel

B 85/25 (Oxidationsbitumen)

B = Bitumen
85 = Erweichungspunkt (Ring und Kugel) 85°C
25 = Penetration (Eindringtiefe 25/10 mm)

Oxidationsbitumen wird durch die Angabe sowohl des Erweichungspunktes als auch der Penetration gekennzeichnet.

Für die Verwendung von Bitumen gelten folgende Merksätze:

- je geringer der Erweichungspunkt, desto leichter lässt sich das Bitumen formen, und desto plastischer ist es.
- je höher der Erweichungspunkt, desto „standfester" ist das Bitumen.
- der Erweichungspunkt eines Bitumens sollte immer deutlich höher liegen als die zu erwartende Temperaturbelastung.
- je größer die Eindringtiefe, desto weicher ist das Bitumen.
- je kleiner die Eindringtiefe, desto härter ist das Bitumen.

Das Bitumen B 85/25 wird sowohl als Klebemasse als auch als Deckmasse für die Herstellung von Bitumen-Dachbahnen verwendet.

Für die Herstellung von Schweißbahnen wird u. a. ein Oxidationsbitumen mit der Bezeichnung B 100/40 mit einem Erweichungspunkt

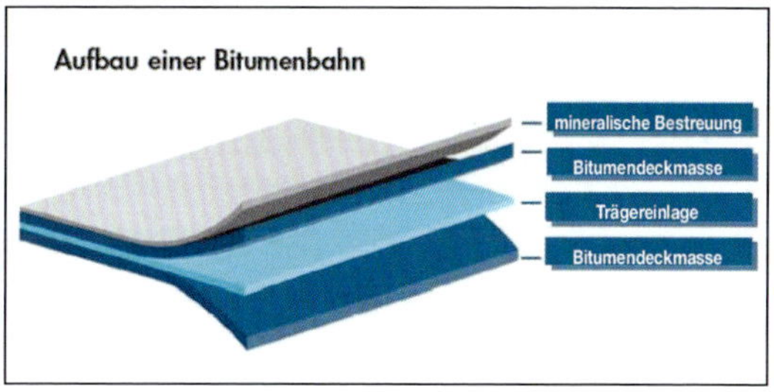

Abb. 5.10-7: Aufbau einer Bitumenbahn

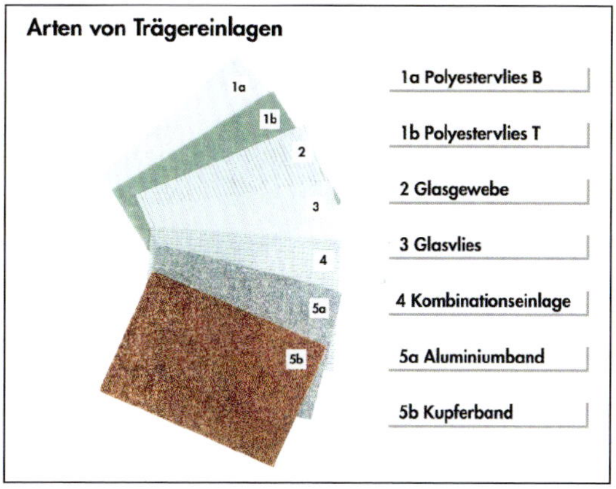

Abb. 5.10-8: Trägereinlagen

von 100 °C und einer Eindringtiefe von 40/10 mm (4 cm) verwendet.

5.10.3 Herstellung von Bitumenbahnen

Bitumenbahnen bestehen mindestens aus einer Trägereinlage sowie beidseitigen Bitumendeckschichten als auch einer Bestreuung oder Folienbeschichtung der Ober- und Unterseite (siehe Abb. 5.10-7).

Die Trägereinlage kann aus Rohfilz, Glasvlies, Glasgewebe, Polyesterfaservlies, Kombinationsträger und Metallband (Aluminium oder Kupfer) bestehen. Sie kann je nach Werkstoff mit einer Tränkmasse z. B. aus einem weichen Destillationsbitumen behandelt oder mit Kunststoffsprühkleber imprägniert werden. Trägereinlagen haben die Aufgabe, die Bitumenschichten zu armieren. Sie sollen die mechanischen Beanspruchungen aufnehmen. Von der Qualität der Trägereinlage hängt insbesondere die Reißfestigkeit und Dehnung einer Bahn ab (siehe Abb. 5.10-8).

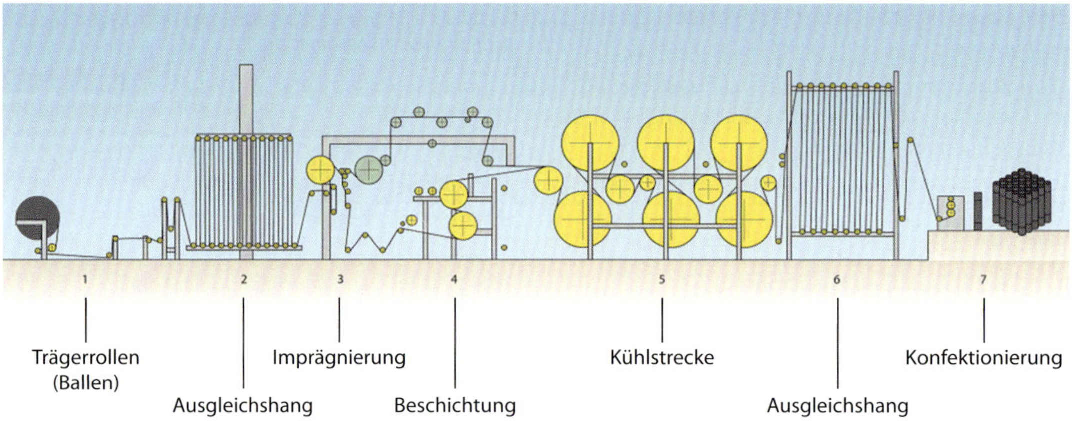

Abb. 5.10-9: Schema zur Herstellung von Bitumenbahnen

Als Bitumendeckmasse verwendet man entweder Oxidationsbitumen oder Polymerbitumen. Die Güte der Bitumendeckschicht bestimmt das thermische Verhalten einer Bahn, insbesondere die Wärmestandfestigkeit und das Kaltbiegeverhalten. Die Alterungsbeständigkeit und der Widerstand gegen UV-Strahlung werden von der Bitumenmasse bestimmt.

Eine Bestreuung oder Folienbeschichtung der Ober- oder Unterseite hat die Aufgabe, die Bitumendeckschichten abzudecken, damit diese auf der Rolle keine Verklebung untereinander eingehen. Klebebahnen werden meist mit feinkörniger Besandung abgestreut. Schweißbahnen sind überwiegend mit dünnen PE-Folien beschichtet. Als leichter Oberflächenschutz kann auf der Oberseite auch eine mineralische Bestreuung (z. B. aus Schiefersplitt) erfolgen.

Bei der Herstellung von Bitumenbahnen wird die Trägereinlage durch eine mit flüssigem Bitumen gefüllte Wanne gezogen. Hierbei wird die Trägereinlage getränkt. Danach wird die getränkte Trägereinlage durch eine Reihe weiterer Wannen gezogen, die alle mit geschmolzenem Bitumen gefüllt sind.

Nach dem Erreichen einer ausreichenden Bitumenbeschichtung wird die Bahn auf eine gleichmäßige Dicke abgeglichen. Dann wird die Bahn noch bestreut oder beschichtet, abgekühlt, geschnitten und aufgerollt (siehe Abb. 5.10-9).

5.10.4 Kenngrößen und Materialeigenschaften

Bitumen-Dachbahnen mit Rohfilzeinlage (R 500/R 333)

Der Trägerstoff der Dachbahn, der Rohfilz, wird aus Textil- und Papierabfällen hergestellt. Diese Rohfilzpappe wird in ein Bad mit einer Bitumen-Tränkmasse gegeben und anschließend mit einer Bitumendeckschicht überzogen. In diese Deckschicht wird je nach Verwendungszweck normaler Sand, Talkum, Schiefersplitt oder feiner Kies aufgebracht und eingewalzt.

Die Rohfilzträgereinlage kann Wasser aufnehmen, aufquellen und verrotten. Als dachabdichtende Lage ist eine Bitumen-Dachbahn mit Rohfilzträgereinlage deshalb nicht geeignet. Man unterscheidet Bahnen mit 333 g/m^2 Rohfilz und mit 500 g/m^2 Rohfilz als Trägereinlage. Bahnen mit Rohfilzeinlage werden heute lediglich in wasserdruckhaltigen Bauwerksabdichtungen verwendet.

Glasvlies-Bitumendachbahnen (V 13)

Der Trägerstoff dieser Dachbahnen besteht aus Glasvlies. Dieses wird hergestellt, indem dünnste Glasfäden in einem Luftstrom zu einem Vlies gewirbelt und verklebt werden. Da die Einlage anorganisch ist, werden Falten- und Beulenbildungen weitgehend vermieden; außerdem ist die Trägerbahn verrottungsfrei. Die Bestreuung kann wie bei Bitumen-Dachbahnen mit Rohfilzeinlage erfolgen.

Die Bitumen-Dachbahn V 13 hat eine Trägereinlage von mindestens 60 g/m² Glasvlies und eine Bitumendeckschicht von mindestens 1.300 g/m².

Auf die Glasvlies-Bitumendachbahn zurückzuführen ist die Lochglasvlies-Bitumenbahn (LV). Diese für Ausgleichsschichten verwendete Dachbahn hat als Trägereinlage ein Glasvlies mit ausgestanzten Löchern. Die Unterseite ist mit einer groben Besandung versehen. Durch die mit der nächsten Lage aufzubringende Bitumen-Klebemasse wird diese Dachbahn nur im Bereich der Lochungen mit dem Untergrund verbunden. Daher ist unter dieser Dachbahn ein Druckausgleich möglich, und kleinere Spannungsrisse können sich nicht schädlich auf die nächste Lage auswirken.

Glasvlies-Bitumendachbahnen hatten früher ein großes Einsatzgebiet. Heute dürfen sie wegen ihrer geringen mechanischen Festigkeit nur noch als zusätzliche Bahnen verwendet werden.

Bitumen-Dichtungsbahnen mit Metallbandeinlage (Al 02 D, Cu 01 D)

Diese Bahnen besitzen eine mittig angeordnete Einlage aus Aluminium (Al) oder Kupfer (Cu) von mindestens 0,1 oder 0,2 mm Dicke. Sie sind besonders geeignet als Dampfsperre, da Metalle weitgehend diffusionsdicht (wasserdampfundurchlässig) sind. Anders als die bisherigen Trägereinlagen kann das Metallband nicht von Bitumen durchdrungen werden. Die Verbindung zwischen Einlage und Bitumen kann nur durch Kontakt erreicht werden. Die Metalleinlage darf deshalb nicht glatt, sondern muss rau sein.

Dichtungsbahnen mit Metallbandeinlagen dürfen wegen der hohen Wärmeausdehnung des Metalls nur in Bereichen mit geringen Temperaturschwankungen verlegt werden.

Bitumen-Dachdichtungsbahnen mit Glasgewebeeinlage (G 200 DD)

Die hochreißfeste Trägereinlage dieser Bahnen besteht aus einem Glasgewebe von mindestens 200 g/m². Die Bahnen müssen als Klebebahnen mit Heißbitumen verklebt werden. Hauptsächlich sollen sie als untere oder mittlere Bahn einer Abdichtung verwendet werden.

Bitumen-Dachdichtungsbahnen mit Polyesterfaservlieseinlage (PV 200 DD)

Polyester ist ein Kunststoff. Aus dünnsten Polyesterfäden wird ein Vlies hergestellt, das die Trägereinlage dieser Bahn bildet. Polyesterfaservlies hat eine hohe Zugfestigkeit und ist außerdem sehr dehnbar. Dachdichtungsbahnen mit Polyesterfaservlieseinlage sind besonders in den Bereichen einer Dachabdichtung zu empfehlen, wo mit größeren Bewegungen gerechnet werden muss. Die Trägereinlage der Bahnen hat ein Gewicht von mindestens 200 g/m²; die Dicke der Bahn beträgt ca. 3 mm.

Bitumen-Schweißbahnen (V 60 S 4, G 200 S 4, PV 200 S 5)

Im Gegensatz zu den bisher beschriebenen Bahnen, die mit flüssigem Heißbitumen aufgeklebt werden müssen, kann die Bitumenschicht einer Schweißbahn mittels einer offenen Flamme angeschmolzen und damit auf die Bahn aufgeschweißt werden. Bitumen-Schweißbahnen sind mindestens 4 mm dicke Bahnen mit mittig angeordneten Trägereinlagen. Bahnen mit einer Dicke unter 4 mm gelten nicht als Schweißbahnen.

Die Trägereinlage der Schweißbahn kann aus

- einem Glasvlies mit mindestens 60 g/m² Trägereinlage,
- einem Glasgewebe mit mindestens 200 g/m² Trägereinlage
- oder einem Polyesterfaservlies mit mindestens 200 g/m² Trägereinlage

bestehen.

Kombinierte Bitumen-Schweißbahnen (V 60 S 4+Al, G 200 S 4+Al)

Die kombinierten Schweißbahnen haben im Gegensatz zu den bisher genannten Schweißbahnen 2 unterschiedliche, durch eine dünne Bitumenschicht getrennte Trägereinlagen. Die verschiedenen Eigenschaften der Einlagen sollen sich ergänzen. Bei diesen Bahnen muss darauf geachtet werden, dass den Erfordernissen entsprechend die richtige Einlage oben liegt. Die kombinierte Schweißbahn gilt immer als eine Bahn, obwohl sie 2 Trägereinlagen besitzt. Hauptsächlich werden kombinierte Schweiß-

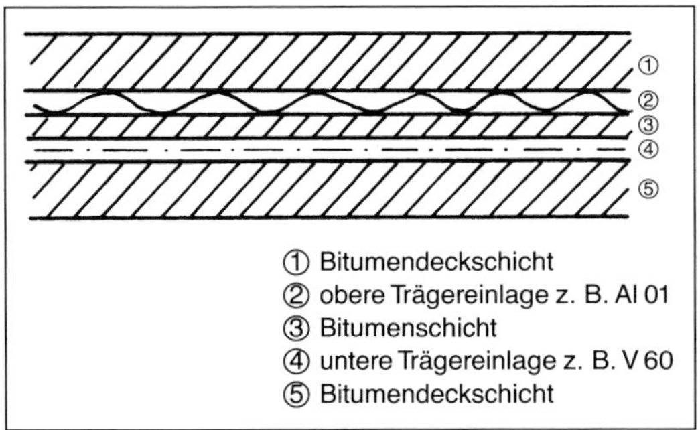

Abb. 5.10-10: Kombinierte Bitumen-Schweißbahn

bahnen unter der Wärmedämmung eingesetzt, wobei die untere Trägereinlage die Aufgaben der Trenn- und Ausgleichsschicht und die obere Trägereinlage die Aufgaben der Dampfsperre übernimmt.

Polymerbitumen-Dachdichtungsbahnen (PYE-G 200 DD, PYE G 200 DD)

Die günstigen Eigenschaften von Bitumen und von bitumenbeständigen Kunststoffen werden bei Polymerbitumen-Dachbahnen miteinander vereinigt. Sie werden wegen der Modifizierung mit thermoplastischen Elastomeren mit PYE gekennzeichnet. Die erhöhte Dehnfähigkeit wirkt sich besonders günstig bei der Polyesterfaservlies-Trägereinlage von 200 g/m^2 aus. Es gibt diese Bahnen aber auch mit einer Glasgewebe-Trägereinlage von 200 g/m^2.

Polymerbitumen-Schweißbahnen (PYE-PV 200 S 5, PYE-G 200 S 4, PYP-PV 200 S 5, PYP-G 200 S 4 (5))

Ebenso wie die oben genannten Polymerbitumen-Dachdichtungsbahnen sind die Polymerbitumen-Schweißbahnen aufgebaut. Sie sind 4 oder 5 mm dick und haben als Trägereinlage entweder ein Glasgewebe oder ein Polyesterfaservlies. Sie sind aufschweißbar, dürfen aber nur unter bestimmten Bedingungen einlagig als Dachabdichtung verarbeitet werden (siehe Tabelle 5.10-2).

Plastomerbitumenbahnen (PYP) werden in der Regel als Schweißbahnen hergestellt und sind im Schweißverfahren zu verarbeiten. Wird eine Plastomerbitumenbahn mit einer Bahn aus anderem Bitumen kombiniert, können sich Verträglichkeitsprobleme ergeben.

Bahnen mit Kombinationsträgereinlage (KTG, KTP)

Kombinationsträgereinlagen bestehen aus Vliesen (Glasvlies und/oder Polyestervlies) und Gelegen oder Geweben aus Kunststoff- und/oder Glasfäden. Das Flächengewicht des Trägers muss nach DIN 52123 mindestens 120g/m^2 betragen, hochwertige Bahnen haben teilweise bis zu 300g/m^2. Man unterscheidet Kombinationseinlagen mit überwiegend Glas- oder überwiegend Polyesteranteil. Bei Einlagen mit überwiegend Glasanteil (KTG) beträgt der Anteil an Glasvlies und -fäden mehr als 50 %, und bei überwiegend Polyesteranteil (KTP) beträgt der Anteil an Kunststoffvlies und -fäden mehr als 50 % des Gewichts der Einlage. Die mechanischen Eigenschaften der Kombinationsträgereinlagen sind je nach Hauptanteil der Einlage vergleichbar mit Glasgewebe- oder Polyesterfaservliesbahnen. Sie können als Trägereinlage für Schweißbahnen, Polymerbitumen-Schweißbahnen oder kaltselbstklebende Polymerbitumenbahnen verwendet werden.

Kaltselbstklebende Polymerbitumenbahnen (KSP)

Kaltselbstklebende Polymerbitumenbahnen sind Bahnen, die aus einer Kombinationsträgereinlage KTG oder KTP bestehen und mit einer Deckschicht aus Polymerbitumen versehen sind. Die Unterseite der Bahnen ist mit einer hoch kunststoffmodifizierten, kaltselbstklebenden Bitumenmasse beschichtet und mit einem abziehbaren Trennpapier oder einer abziehbaren Trennfolie versehen. Durch den extrem hohen Kunststoffanteil im Bitumen auf der Unterseite ist es möglich, die Bahn auch ohne Hitze oder mit nur mäßiger Hitze zu verkleben. Man unterscheidet Bahnen für die Verwendung als Unter- oder Oberlage. Unterlagsbahnen sind mit einer abschmelzbaren Trennfolie versehen. Oberlagsbahnen werden auf der Oberseite mit mineralischen Stoffen – vorwiegend schuppenförmigem Korn oder Granulat – bestreut.

Bitumenbahnen müssen mit einer CE-Kennzeichnung entsprechend den harmonisierten Normen DIN EN 13707 (Bahnen für Dachabdichtungen), DIN EN 13969 (Bahnen für Bauwerksabdichtung) und/oder DIN EN 14967 (Mauersperrbahnen) gekennzeichnet werden. Außerdem müssen Bahnen für Dachabdichtun-

Tabelle 5.10-1: Kurzzeichen für Produktmerkmale von Bitumenbahnen

Kurzzeichen	Legende
PYE	Elastomerbitumen (Bitumen modifiziert mit thermoplastischen Elastomeren)
PYP	Plastomerbitumen (Bitumen modifiziert mit thermoplastischen Kunststoffen)
PYE/PYP	Kombination Elastomerbitumen und Plastomerbitumen
KSP	kaltselbstklebende Polymerbitumenbahn mit Trägereinlage
KSK	kaltselbstklebende Bitumen-Dichtungsbahn mit HDPE-Trägerfolie
V (Zahl)	Glasvlies (Zahl bei V 60 = Flächengewicht in g/m²; bei V 13 = Gehalt an Löslichem in 1/100 des Gehaltes in g/m²)
PV (Zahl)	Polyestervlies (Flächengewicht in g/m²)
G (Zahl)	Glasgewebe (Flächengewicht in g/m²)
R (Zahl)	Rohfilz (Flächengewicht in g/m²)
Vcu	Verbundträger aus Glasvlies 60 g/m² nach DIN 52141 mit Polyester-Kupferfolienverbund > 0,03 mm
Cu01	Kupferbandträgereinlage aus Kupferband 0,1 mm nach DIN EN 1652
Al01	Aluminiumbandeinlage 0,1 mm
KTG	Kombinationsträgereinlage mit überwiegendem Glasanteil
KTP	Kombinationsträgereinlage mit überwiegendem Polyesteranteil
S (Zahl)	Schweißbahn (Dicke der unbestreuten Bahn in mm)
DD	Dachdichtungsbahn
D	Dichtungsbahn
(Zahl)	Dicke der Bahn in mm

gen den Anforderungen der DIN 20000-201, Anwendungsnorm für Abdichtungsbahnen nach europäischen Produktnormen zur Verwendung in Dachabdichtungen, entsprechen.

Abb. 5.10-11: Kennzeichnung einer Kaltselbstklebebahn

Auf diese Bahnen können folgende Beanspruchungen einwirken:

- Feuchte,
- mechanische Beanspruchungen,
- thermische Beanspruchungen,
- biologische Beanspruchungen (z. B. durch Wurzelwachstum),
- chemische Beanspruchungen (z. B. Emissionen aus Industrieanlagen),
- sonstige Beanspruchungen.

Hinsichtlich der Anwendung werden Abdichtungsprodukte auch unterschiedlichen Anwendungstypen DE, DO, DU, DZ (siehe Tabelle 4.2-7, Seite 131) zugeordnet.

Für genutzte Dächer, Bauwerksabdichtungen und Mauersperren müssen Bitumenbahnen den Anforderungen der DIN 20000-202, Anwendungsnorm für Abdichtungsbahnen nach europäischen Produktnormen zur Verwendung in Bauwerksabdichtungen, entsprechen. Bahnen für die Bauwerksabdichtung gegen Bodenfeuchte, nicht drückendes und drückendes Wasser müssen dem Anwendungstyp BA und Mauersperrbahnen dem Anwendungstyp MSB entsprechen.

Bezeichnung von Bahnen für Dachabdichtungen

Die Bezeichnung der Bahnen besteht aus Kurzzeichen für Anwendungstyp und Produktmerkmalen.

Tabelle 5.10-2: Übersicht der Bitumen- und Polymerbitumenbahnen für Dachabdichtungen

Nr.	1	2	3	4
	Bahnen nach DIN 20000-201 Tabellen 4 bis 14	**Mindestgewicht der Trägereinlage**	**Mindestgehalt an Löslichem/ Bahnendicke**	**Anwendungstyp**
1	Glasvlies-Bitumen-Dachbahnen V 13	60 g/m²	1.300 g/m²	DZ(4)
2	Bitumen-Dachdichtungsbahnen mit Glasgewebe- oder Polyestervlieseinlage G 200 DD PV 200 DD	200 g/m²	1.600 g/m² 2.000 g/m²	DU
3	Bitumen-Schweißbahnen mit Glasgewebe- oder Polyestervlieseinlage G 200 S4 G 200 S5 PV 200 S5	200 g/m²	4 mm 5 mm 5 mm	DU
4	Bitumen-Schweißbahnen mit Glasvlieseinlage V 60 S4	60 g/m²	4 mm	DU/DZ
5	Bitumen-Schweißbahnen mit Kombinationsträgereinlage KTG S4, KTP S4	120 g/m²	2.600 g/m²/4 mm	DU
6	Polymerbitumen-Schweißbahnen mit Kombinationsträgereinlage[1)] PYE-KTG S4, PYE-KTP S4 PYP-KTG S4, PYP-KTP S4 PYE/PYP-KTG S4, PYE/PYP-KTP S4	120 g/m²	2.600 g/m²/4 mm	DO
7	Polymerbitumen-Dachdichtungsbahnen PYE-G 200 DD PYE-PV 200 DD	200 g/m²	2.100 g/m²	DO
8	Polymerbitumen-Schweißbahnen[1)] PYE-G 200 S4 PYP-G 200 S4 PYE-PV 200 S5, PYP-PV 200 S5	200 g/m²	4 mm/5 mm 4 mm/5 mm 5 mm	DO DO DO
9	Kaltselbstklebende Polymerbitumenbahnen (KSP) PYE-KTG KSP – 2,8, PYE-KTP KSP – 2,8 PYP-KTG KSP – 2,8, PYP-KTP KSP – 2,8 PYP-KTG KSP – 3,2, PYP-KTP KSP – 3,2 PYE-KTG KSP – 3,5, PYE-KTP KSP – 3,5 PYP-KTG KSP – 3,5, PYP-KTP KSP – 3,5	120 g/m²	2,8 mm 2,8 mm 3,2 mm 3,5 mm[2)] 3,5 mm[2)]	DU DU DO DO DO
10	Polymerbitumenbahnen für einlagige Verlegung PYP-KTG – 4, PYP-KTP – 4 PYE-KTG – 4,5, PYE-KTP – 4,5	120 g/m²	4 mm 4,5 mm[2)]	DE
11	Polymerbitumen-Schweißbahnen mit Kupferverbund- oder Kupferbandeinlage PYE-Vcu S5, PYE-Cu01 S5	Glasvlies 60 g/m² + Vcu 0,03 mm Cu 0,1 mm	5 mm	DO[3)]
12	Kaltselbstklebende Bitumen-Dichtungsbahnen mit HDPE-Trägerfolie KSK	HDPE 0,07 mm	> 1,5 mm	Nur nach DIN 18531-5

1) Dicke von oberseitig bestreuten Bahnen 4,2 mm bzw. 5,2 mm
2) oberseitig bestreute Bahnen
3) nur als Oberlage unter Dachbegrünungen zulässig
4) nur als zusätzliche Lage oder Trennlage

Beispiele

- DO
  PYE – PV 200 S5
  Oberlage einer mehrlagigen Dachabdichtung, aus Polymerbitumen (PYE) mit Polyestervlieseinlage 200 g/m^2, Schweißbahn, 5 mm dick
- DU
  G 200 S4
  Unterlage einer mehrlagigen Dachabdichtung, aus Oxidationsbitumen mit Glasgewebeeinlage 200 g/m^2, Schweißbahn, 4 mm dick

Bezeichnung von Bahnen für Bauwerksabdichtungen

Die Bezeichnung der Bahnen besteht aus Kurzzeichen für Anwendungstyp und Produktmerkmalen.

Tabelle 5.10-3: Bedeutung der Kurzzeichen

MSB-Q	Mauersperrbahn in oder unter Wänden mit Querkraftübertragung
MSB-nQ	Mauersperrbahn in oder unter Wänden ohne Querkraftübertragung
BA	Abdichtung gegen Bodenfeuchte bei drückendem und nicht drückendem Wasser
EB	Abdichtung auf Bodenplatte gegen Bodenfeuchte

Beispiele

- BA PYE – PV 200 S5
  Bitumenbahn aus Polymerbitumen (PYE) mit Polyestervlieseinlage 200 g/m^2, Schweißbahn, 5 mm dick, als Lage einer Bauwerksabdichtung
- MSB G 200 DD
  Bitumenbahn mit Glasgewebeeinlage 200 g/m^2, als Mauersperrbahn mit Querkraftübertragung

Tabelle 5.10-4: Übersicht der Bitumen- und Polymerbitumenbahnen für Bauwerksabdichtung

Nr.	**1**	**2**	**3**	**4**
	Bahnen nach DIN 20000-202	**Mindest-gewicht/-dicke der Träger-einlage/-folie**	**Mindestgehalt an Löslichem/ Bahnen-dicke**	**Anwen-dungstyp**
1	Bitumen-Dachbahn mit Rohfilzeinlage R 500	500 g/m^2	1.250 g/m^2	BA, MSB-Q, MSB-nQ
2	Bitumen-Dachdichtungsbahnen mit Glasgewebe- oder Polyestervlieseinlage G 200 DD PV 200 DD	200 g/m^2	1.600 g/m^2 2.000 g/m^2	BA, MSB-Q, MSB-nQ
3	Glasvlies-Bitumen-Dachbahnen V13	60 g/m^2	1.300 g/m^2	BA
4	Bitumen-Dichtungsbahn Cu 01D	Cu 0,1 mm	> 3 mm	BA
5	Bitumen-Schweißbahn mit Kupferbandeinlage Cu 01 S4	Cu 0,1 mm	> 4 mm	BA
6	Bitumen-Schweißbahnen mit Glasgewebe- oder Polyestervlieseinlage G 200 S 4 G 200 S5 PV 200 S5	200 g/m^2	> 4 mm > 5 mm > 5 mm	BA
7	Bitumen-Schweißbahnen mit Glasvlieseinlage V 60 S4	60 g/m^2	> 4 mm	BA
8	Bitumenschweißbahnen mit Kombinations-trägereinlage KTG S4 KTP S4	120 g/m^2	> 4 mm	BA
9	Polymerbitumen-Dachdichtungsbahnen PYE-G 200 DD PYE-PV 200 DD	200 g/m^2	2.100 g/m^2	BA, MSB-Q, MSB-nQ
10	Polymerbitumen-Schweißbahnen[1)] PYE-G 200 S4 PYE-G 200 S5 PYE-PV 200 S5	200 g/m^2	> 4 mm > 5 mm > 5 mm	BA
11	Polymerbitumenschweißbahnen mit Kombinationsträgereinlage PYE-KTG S4 - PYP-KTG S4 PYE/PYP-KTG S4 PYE-KTP S4 - PYP-KTP S4 PYE/PYP-KTP S4	120 g/m^2	> 4 mm	BA
12	kaltselbstklebende Polymerbitumenbahnen (KSP) PYE-KTG KSP – 2,8 PYE-KTP KSP – 2,8	120 g/m^2	> 2,8 mm > 2,8 mm	BA, MSB-nQ
13	kaltselbstklebende Bitumen-Dichtungsbahn mit HDPE-Trägerfolie KSK	HDPE 0,07 mm	> 1,5 mm	BA, MSB-nQ
14	Polymerbitumenbahnen mit Aluminium-verbundträger PYE-ALV 0,9	60g/m^2	> 0,9 mm	EB, MSB-nQ
1) Dicke von oberseitig bestreuten Bahnen 4,2 mm bzw. 5,2 mm				

5.10.5 Klebeverfahren

Bitumenbahnen können je nach Bahnenart aufgeklebt oder aufgeschweißt werden. Zum Aufkleben benutzt man eine Bitumen-Klebemasse aus geblasenem Bitumen. Die Standfestigkeit der Klebemasse ist auf die Konstruktion und Neigung des Daches abzustimmen. Hauptsächlich wird eine Klebemasse aus Bitumen 85/25 benutzt. Die Verarbeitungstemperatur richtet sich nach der Art des Bitumens. Die Klebetemperatur von Oxidationsbitumen soll ca. 100 K und bei Polymerbitumen ca. 70 K über dem Erweichungspunkt nach Ring und Kugel am Verarbeitungsort liegen. Aufbereitungstemperaturen über 230 °C sollen vermieden werden. Im Bitumenkocher oder Bitumen-Pumpkocher kann die Temperatur höher sein, doch darf das Bitumen nicht über längere Zeit überhitzt werden, da sich sonst weich machende, siedefähige Stoffe verflüchtigen können und weitere wertvolle, nicht siedende Bestandteile durch Überhitzung zerstört werden. Dann ist das Bitumen als Klebemasse nicht mehr zu verwenden. Wird immer wieder neue, frische Klebemasse in den Kocher nachgefüllt, dann ist die Gefahr des „Verkräckens“ nicht so groß. Bei der Verarbeitung auf dem Dach darf besonders bei Bahnen mit Polyesterfaservlieseinlage die Temperatur nicht zu hoch sein, da diese Einlage temperaturempfindlich ist und schrumpfen kann.

In jedem Fall muss in der Regel die Verklebung der Bahnen der Dachabdichtung untereinander vollflächig erfolgen. Eine Teilklebung ist bei einigen Schichten im Dachaufbau notwendig (siehe Kapitel 4.2).

Zur Gewährung einer ausreichenden Haftung, die die Bahnen vor Abheben durch Windsog schützt, ist mindestens eine punkt- oder streifenweise Verklebung notwendig. Das wird durch 4 tellergroße Klebeflächen auf 1 m^2 erreicht, was einer 10-prozentigen Klebefläche entspricht.

Zur Verklebung der Bahnen gibt es folgende unterschiedliche Verfahren.

Gießverfahren

Mit einer Kanne ist vor der zu verklebenden, aufgerollten Bahn in ganzer Breite Klebemasse so aufzugießen, dass sich ein Klebemassewulst bildet. Beim Einrollen der Dachbahnen in die heiße Klebemasse muss die Rolle ständig angedrückt werden. Damit der Druck gleichmäßig ausgeübt wird, soll die Bahn auf einen Wickelkern aus Holz oder Metall aufgerollt sein (siehe Abb. 5.10-12).

Abb. 5.10-12: Gießverfahren

Abb. 5.10-13: Wickelkern

Streichverfahren

Mit einer Bürste wird die heiße Klebemasse auf Bürstenstrichbreite in so reichlicher Menge vor der aufgerollten Bahn aufgetragen, dass vor der Rolle in gesamter Breite ein Klebemassewulst entsteht. Auch hier sollte die Bahn auf einen Wickelkern aufgerollt sein, damit der notwendige Druck gleichmäßig ausgeübt wird (siehe Abb. 5.10-13).

Es ist vorzugsweise im Gießverfahren zu kleben, sofern es die Konstruktion des Daches erlaubt.

Abb. 5.10-14: Schweißverfahren

Abb. 5.10-15: Kaltselbstklebeverfahren

Schweißverfahren

Bei diesem Verfahren wird die Bitumen-Deckschicht der Schweißbahn so erhitzt, dass sie zum Schmelzen gebracht wird und sich dadurch mit anderen Schichten verbindet. Auch hier ist zur Ausübung eines gleichmäßigen Drucks ein Wickelkern angebracht. Das Erhitzen der Bahn wird mit einer offenen Gasflamme durchgeführt (siehe Abb. 5.10-14).

Kaltverklebung

Bei diesem Verfahren werden Bitumenbahnen verwendet, die werkseitig auf der Bahnenunterseite mit einer Kaltselbstklebemasse versehen sind (Kaltselbstklebebahn).

Diese Bahnen werden überwiegend da eingesetzt, wo z. B. nicht mit offener Flamme gearbeitet werden kann, oder auf temperaturempfindlichen Dämmstoffen (siehe Abb. 5.10-15).

Zusammenfassung

Bitumen wird durch Destillation von Erdöl gewonnen. Destillationsbitumen entsteht zunächst bei der Destillation von Erdöl.

Hochvakuumbitumen entsteht durch weitere Erwärmung im Vakuum. Oxidationsbitumen entsteht dadurch, dass man heiße Luft durch geschmolzenes Destillationsbitumen bläst.

Das Gemisch aus synthetischen Werkstoffen mit Bitumen nennt man Polymerbitumen.

PYE-Elastomerbitumen besteht aus weichem Destillationsbitumen, das mit einem thermoplastischen Elastomer Styrol-Butadien-Styrol (SBS) modifiziert wird.

Voranstriche aus Bitumenlösung haften durch Eindringen in den Untergrund, Anstriche und Spachtelmassen aus Bitumenemulsion durch elektrostatische Anhangskräfte.

- Destillationsbitumen + Lösungsmittel = Bitumenlösung
- Destillationsbitumen + Wasser + Emulgator = Bitumenemulsion
- Bitumenlösung + Füllstoff + Fasern + Fasern = Spachtelmasse
- Bitumenemulsion + Füllstoff + Fasern + Fasern = Spachtelmasse

Wichtige Eigenschaften von Bitumen sind Plastizität und Härte, die durch Erweichungspunkt und Eindringtiefe gekennzeichnet werden.

Oxidationsbitumen wird durch die Angabe sowohl des Erweichungspunktes als auch der Eindringtiefe gekennzeichnet.

Der Erweichungspunkt eines Bitumens sollte immer deutlich höher liegen als die zu erwartende Temperaturbelastung.

Die Eindringtiefe in 1/10 mm ist das Maß für die Bitumenhärte in einem mittleren Temperaturbereich.

Trägereinlagen haben die Aufgabe, die Bitumenschichten zu armieren. Sie sollen die mechanischen Beanspruchungen aufnehmen.

Kombinationsträgereinlagen KTG oder KTP bestehen aus Vliesen (Glasvlies und/oder Polyestervlies) und Gelegen oder Geweben aus Kunststoff- und/oder Glasfäden.

Zur Verklebung der Bitumenbahnen gibt es folgende Klebeverfahren:

- Gießverfahren
- Streichverfahren
- Schweißverfahren
- Kaltverklebung

Aufgaben

1. Wie wird Bitumen gewonnen?
2. Welche Arten von Bitumen gibt es?
3. Welche beiden Voranstricharten gibt es, und wie setzen sie sich zusammen?
4. Wie sehen die Prüfungen zum Erweichungspunkt und zur Penetration aus?
5. Was bedeutet die Bitumenbezeichnung 85/25?
6. Nennen Sie die Bestandteile einer Bitumenbahn, und beschreiben Sie das Verfahren der Herstellung.
7. Nennen Sie einige Bitumen-Schweißbahnen!
8. Was bedeuten:
   MSB-Q R 500
   DZ V 13
   DU G 200 DD
   DO PYE G 200 DD
   DU KTG S4
   DU V 60 S4
   DO PYP PV 200 S5
   DO PYE PV 200 S5
   DO PYE-KTP S4
   DU PYP-KTG-KSP-2,8?
9. Beschreiben Sie das Gießverfahren, Streichverfahren und Schweißverfahren!
10. Was versteht man unter einer Kaltverklebung?

5.11 Kunststoff- und Elastomerbahnen

Es gibt eine Vielzahl unterschiedlicher Kunststoffe. Viele Grund- oder Rohstoffe sind Basis für das spätere Fertigprodukt. Die Kunststoffe lassen sich aber in 3 große Kunststoffgruppen gliedern, die sich allein schon durch ihre Verformungseigenschaften grundsätzlich unterscheiden.

Diese Gruppen sind

- die Plastomere (Thermoplaste),
- die Elastomere,
- die Duromere (Duroplaste).

Für Flachdachabdichtungen werden hauptsächlich die beiden ersten Kunststoffgruppen eingesetzt.

Kunststoffe unterscheiden sich von anderen Werkstoffen in erster Linie durch ihren chemischen Aufbau. Die Besonderheit der Kunststoffe besteht darin, dass sie aus Makromolekülen (Großmolekülen) aufgebaut sind.

Die wichtigsten Rohstoffe zur Kunststofferzeugung sind Erdöl, Erdgas und die Kohle, deren organische Verbindung, der Kohlenstoff, als Hauptbaustein (Atom) zur Bildung von Molekülketten genutzt wird. Zur Herstellung und Verknüpfung der Molekülfäden unterscheidet man die 3 verschiedenen Syntheseverfahren **Polymerisation, Polyaddition** und **Polykondensation.**

5.11.1 Kunststoffgruppen

5.11.1.1 Plastomere (Thermoplaste, PVC-weich)

Die aus der griechischen Sprache stammende Bezeichnung „Therm“ für Wärme und das Wort „plastisch“, d. h. weich oder verformbar, sagen nichts anderes aus als „warm verformbar“.

Die meisten thermoplastischen Kunststoffe wie z. B. Polyvinylchlorid PVC und Polyethylen PE für Dach- und Dichtungsbahnen sind Polymerisationskunststoffe. Es werden bei der Polymerisation aus monomeren (aus selbstständigen Molekülen bestehenden) Stoffen (meist Gasen) durch Aneinanderkettung der Einzelmoleküle Großmoleküle. Aus einem Monomer wird ein Polymer.

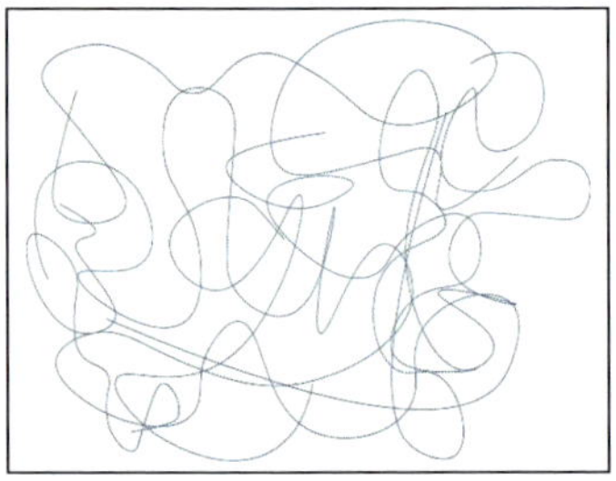

Abb. 5.11-1: Molekülfäden bei amorphen Thermoplasten

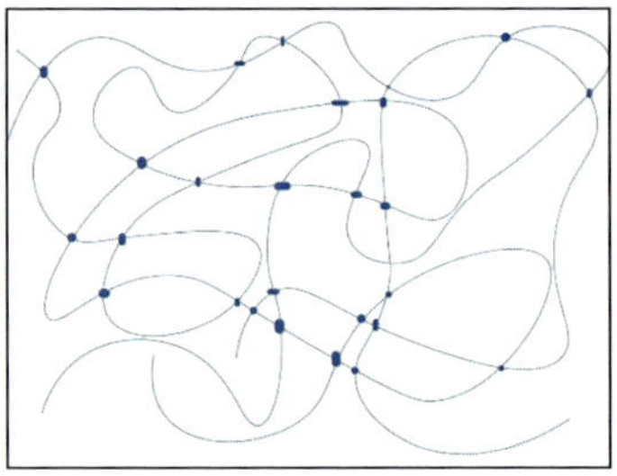

Abb. 5.11-2: Molekülfäden bei Elastomeren

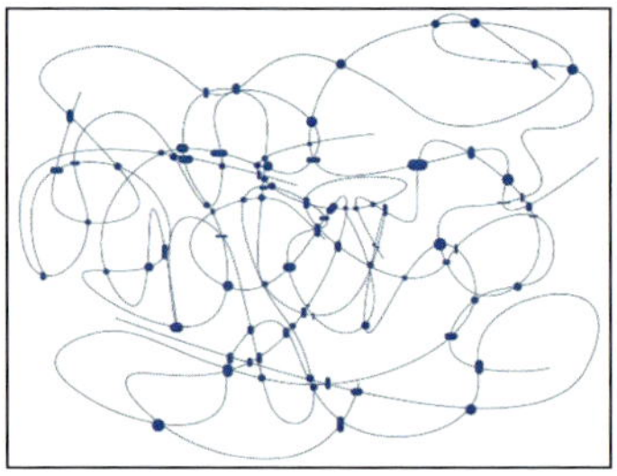

Abb. 5.11-3: Molekülfäden bei Duromeren

Die gesättigten Molekülfäden sind unvernetzt, das bedeutet, sie sind untereinander nicht verbunden und bleiben beweglich (siehe Abb. 5.11-1). Durch die zwischenmolekularen Bindungskräfte der Kohäsion wird die Molekularstruktur zusammengehalten. Die Wirkung der Kohäsion ist temperaturabhängig.

Die Festigkeit eines Stoffes hängt hauptsächlich von der Größe der Moleküle und der Zusammenhangskraft (Kohäsion) der Moleküle untereinander ab.

Hieraus ergeben sich für die Thermoplaste temperaturbedingte Zustandsbereiche.

Ein Plastomer wie z. B. PVC ist bei Raumtemperatur meist hart und fest. Wenn er bis zur Erweichungstemperatur erwärmt wird, so wird er weich und formbar. Diesen Zustand nennt man thermoelastisch. Bei einer Erwärmung oberhalb der Fließtemperatur werden diese Kunststoffe thermoplastisch, teigartig, fast flüssig. In diesem Zustand sind sie schweißbar.

Thermoplastische Kunststoffe sind also unter dem Einfluss von Wärme verformbar und können je nach Erhöhung der Temperatur sogar fließen. Bei Abkühlung lässt die Verformbarkeit wieder nach. Durch den Zusatz nicht flüchtiger Lösungsmittel lässt sich dieser Stoff so weich machen, dass er auch bei Raumtemperatur beweglich bleibt. Die Erfindung solcher schwer oder nicht flüchtigen Lösungsmittel und die dadurch mögliche Einstellung auf fast jeden Plastifizierungswert ermöglichte überhaupt erst die Verwendung plastomerer Kunststoffe auf dem Flachdachsektor. Durch die Zugabe leicht flüchtiger Stoffe, wie z. B. Tetrahydrofuran (THF), lassen sich Plastomere bis zu einem lackähnlichen Zustand aufweichen. Dies ermöglicht wiederum die Herstellung von sog. Flüssigfolie und, durch Anlösen der Oberflächen zweier zu verbindender Teile, die Quellverschweißung. Es entsteht so eine homogene Nahtverbindung.

5.11.1.2 Elastomere (z. B. Gummi)

Elastische Kunststoffe wie z. B. EPDM werden durch eine weitmaschige chemische Vernetzung der losen Molekülfäden hergestellt. Dabei werden die zwischenmolekularen Bindungskräfte durch chemische Bindungen verstärkt (siehe Abb. 5.11-2).

Durch die weitmaschige Vernetzung der Moleküle sind Elastomere auch ohne die Beimischung von Weichmachern gummielastisch. Im Gegensatz zu den Plastomeren sind sie im Temperaturbereich bis maximal 200 °C temperaturunempfindlich, und ihre Molekularstruktur ändert sich im Bereich dieser Temperaturskala nicht. Diese gummiartigen Stoffe entwickelten sich aus der Herstellung von Buna oder Kunstgummi. Auch Elastomere werden auf der Basis verschiedener Grundstoffe hergestellt. Stoffverbindungen stellt man für Kaltvulkanisations- und Klebeverfahren her.

5.11.1.3 Duromere (Duroplaste, PVC-hart)

Duromere sind chemisch ausgehärtete Kunststoffe (siehe Abb. 5.11-3), die nicht mehr verformbar sind wie die Plastomere. Sie werden überwiegend auf der Basis der Syntheseverfahren Polyaddition oder Polykondensation hergestellt.

Nach ihrer Aushärtung lassen sie sich nur noch spanabhebend durch Fräsen, Drehen, Sägen und Bohren bearbeiten. Sie werden als Flach-

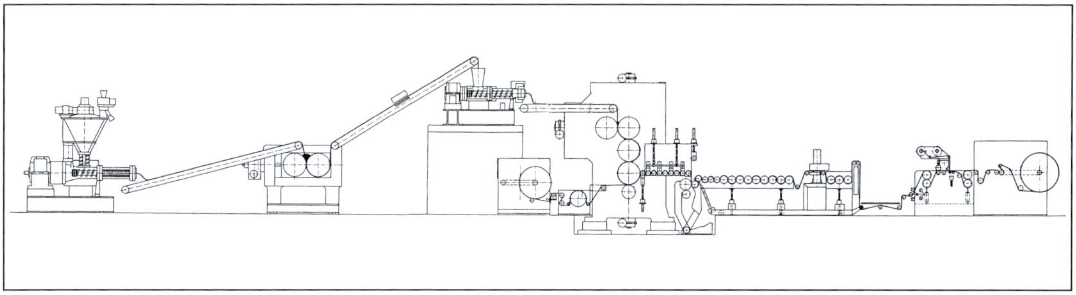

Abb. 5.11-4: Kalanderanlage

dachabdichtung nicht benutzt. Beispiel für ihre Nutzung sind z. B. Rohrleitungen oder Fertigteile wie Lichtkuppelaufsetzkränze.

5.11.2 Herstellung

Für die Fertigung von Kunststoffprodukten kann man 3 Herstellungsverfahren unterscheiden:

- Kalandrieren
  Beim Kalandrieren werden Bahnen oder Folien durch Auswalzen einer plastifizierten Masse hergestellt (siehe Abb. 5.11-4).
- Extrudieren
  Beim Extrudieren werden endlos lange Kunststoffprofile im Strangverfahren gezogen. Durch Extrudieren lassen sich beim Aufsetzen eines Ringspaltes ebenfalls Bahnen oder dünne Folien herstellen.
- Spritzgießen
  Mit Spritzgießen bezeichnet man die Fertigteilherstellung von Formteilen in großen Stückzahlen. Im Spritzguss können Fertigecken oder sonstige Formteile ohne eingebaute Spannungen geformt werden.

Abb. 5.11-5: Vier-Walzen-Kalander

Kunststoff-Dachbahnen

Für die Herstellung von Kunststoffbahnen geben die Werkstoffnormen Grenzwerte für die Zusammensetzung vor. Die Mischung setzt sich zusammen aus dem hochpolymeren Grundstoff z. B. PVC, Weichmacher, Stabilisatoren, Zusatzstoffen und Pigmenten. Die vorgemischte Masse wird in einem Walzenextruder im beheizten Schneckengang plastifiziert, geknetet und mit Druck durch ein Mundstück gepresst. Anschließend erfolgt die Fertigung über den Kalander, das sind geheizte Walzensysteme, die mit einem hohen Druck das plastische Material in die vorbestimmten Bahnabmessungen pressen. Nachdem die Bahn in einer Kühlstrecke auf Raumtemperatur heruntergekühlt wurde, kann sie auf einem Wickelkern aufgerollt werden. Mit dieser Produktionsmethode lassen sich Bahnen und Folien bis ca. 1,2 mm fertigen. Dickere Bahnen und Bahnen mit Einlagen oder Verstärkungen aus Gewebe oder Vlies müssen als Dublette gefertigt werden. In einer solchen Fertigungsstraße werden im Prinzip 2 Kalander übereinander gefahren. Die beiden dünnen Bahnen werden mit oder ohne Einlage zu einer dicken Bahn gefertigt (siehe Abb. 5.11-5).

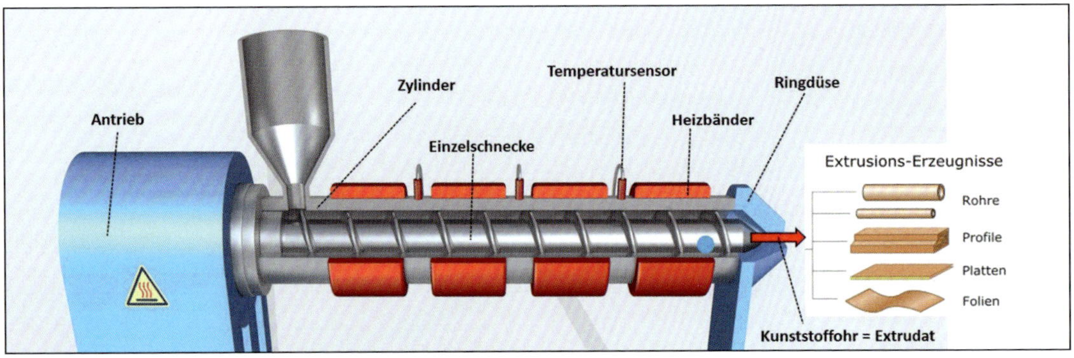

Abb. 5.11-6: Schneckenstrangpresse

Bahnen mit Einlage können keine Wickelspannung aufnehmen und haben deshalb auch keine herstellungsbedingten Rückstellspannungen.

Außer dem Kalanderverfahren können Kunststoffbahnen auch im Extrusionsverfahren mit kontinuierlich arbeitenden Schneckenstrangpressen (siehe Abb. 5.11-6) hergestellt werden. Die Verarbeitung des Rohstoffes erfordert dabei in der Regel Temperaturen von 150 °C bis 250 °C. Für die Herstellung wird in den meisten Fällen das Extrusionsverfahren angewendet. Über Kugeldüsen wird zunächst ein Schlauch geformt, der aufgeschnitten und ausgebreitet über Kalibriervorrichtungen unter Abkühlung zum Fertigprodukt geformt wird.

5.11.3 Kenngrößen und Materialeigenschaften

Kunststoff-Dachbahnen können bei Flachdachabdichtungen einlagig verlegt werden. Die Bahnen sollen mindestens 1,5 mm dick sein. Sogenannte Kunststoff-Folien sind zur Abdichtung nicht geeignet. Diese Folien dienen als Trenn- und Schutzlage, als Dampfsperre oder im Steildachbereich als Unterspannbahn.

Kunststoff-Dachbahnen aus Polyvinylchlorid PVC-P (weich) „Plastomer“

Auf dem Dach wird hauptsächlich PVC-P-NB (nicht bitumenverträglich) eingesetzt. Die Verarbeitung erfolgt in Form vorgefertigter Planen oder 1,20 bis 2,05 m breiter Bahnen. Gegen Fremdkörpereinwirkung aus der Unterlage muss als Trennlage eine Rohglas- oder Polyesterfaservliesbahn lose verlegt werden. Der direkte Kontakt mit Bitumen oder mit bestimmten Kunststoffschäumen als Wärmedämmung ist wegen der Gefahr der Weichmacherwanderung zu vermeiden.

Hinweis

Unter Weichmacherwanderung versteht man das Auswandern der Lösungsmittel, die bei der Herstellung der Planen oder Bahnen zum Weichmachen zugesetzt werden.

Durch das Auswandern der Weichmacher und herstellungsbedingten Spannungen können die Bahnen sehr stark schrumpfen.

Die Anordnung entsprechender Trennlagen, wie oben beschrieben, richtet sich nach den Vorschriften des Lieferwerks. Die Verlegung der Dachbahnen erfolgt lose in Verbindung mit einer Kiesschüttung, einem Plattenbelag als Auflast oder mit mechanischer Befestigung.

Die Verschweißung der Nähte erfolgt durch Quellverschweißung mithilfe eines Lösungsmittels (THF = Tetrahydrofuran, siehe Abb. 5.11-7) oder durch Heißluftverschweißung (siehe Abb. 5.11-8), Hochfrequenzschweißung und Heizkeilverschweißung. Für die Schweißung der Nähte bei Dachabdichtungen wird meist das Quellschweiß- und Warmgasschweißverfahren angewendet.

Bei loser Verlegung ohne Auflast erfolgt eine Fixierung der Bahn z. B. durch mechanisch befestigte Metallbänder, Halteteller oder PVC-Verbundbleche. Die zusätzliche Absicherung

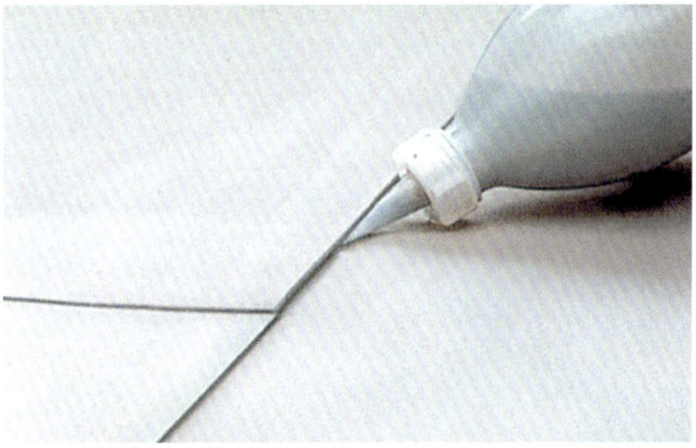

Abb. 5.11-7: Nahtabsicherung

Abb. 5.11-9: Rhepanol hg Kunststoff-Dachbahn

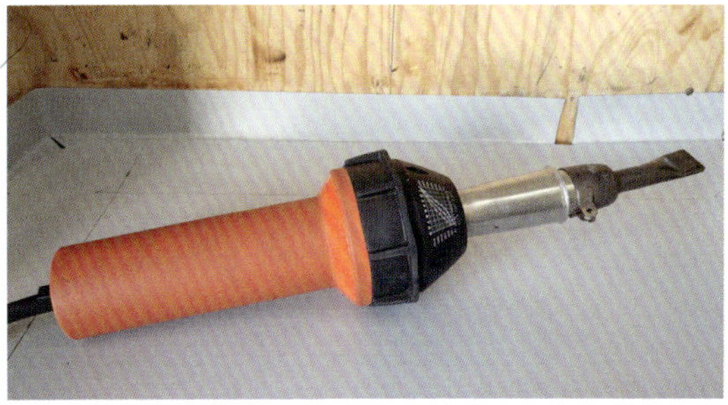

Abb. 5.11-8: Warmgasgerät (Fön)

Abb. 5.11-10: Rhepanol hfk Kunststoff-Dachbahn zur Befestigung an Rhepanol Klettsteifen Gripfix

der Nähte erfolgt mit dem gleichen Werkstoff, der jedoch durch das schnell flüchtige Lösungsmittel THF aufgelöst ist.

Anschlüsse an andere Bauteile werden mit einem Kontaktkleber hergestellt.

Wegen der großen Kontraktion (Zusammenziehung) der Bahnen sowohl durch die Weichmacherwanderung als auch durch den Kalandereffekt müssen die Bahnen an allen Dachrändern, Dachdurchdringungen und Anschlüssen mechanisch befestigt (fixiert) werden.

Hinweis

Unter dem Kalandereffekt versteht man, dass die im Kalander auf die vorbestimmten Bahnabmessungen gepressten Bahnen später schrumpfen.

PVC-Dachbahnen werden auch vielfach mit einer Gewebeeinlage hergestellt. Diese Gewebeeinlage verhindert weitgehend die nachträgliche Schrumpfung. Dadurch kann auf eine zusätzliche Randfixierung verzichtet werden.

Durch eine spezielle Rezeptur lässt sich PVC weich auch bitumenverträglich herstellen, PVC-P-B. Die so eingestellten Bahnen finden heute überwiegend in der Bauwerksabdichtung Verwendung. Durch die fehlende Sonneneinstrahlung kommt es in diesem Bereich nicht zu der gefürchteten Weichmacherwanderung. Die Verklebung erfolgt im Flächenbereich mit normalem Heißbitumen oder einer werkseitig aufgebrachten Selbstklebeschicht.

Kunststoff-Dachbahnen aus Polyisobutylen PIB „Plastomer“

Die Verarbeitungsmöglichkeiten sind ähnlich wie bei PVC. PIB (siehe Abb. 5.11-9) sind einseitig mit einem Polyesterfaservlies kaschiert. In der Fläche können Kunststoff-Dachbahnen aus PIB mit geeignetem Kleber verklebt oder mit Klettstreifen (siehe Abb. 5.11-10) befestigt werden. Hierbei ist jedoch unbedingt darauf zu achten, dass die Überlappungszonen (Nähte und Stöße)

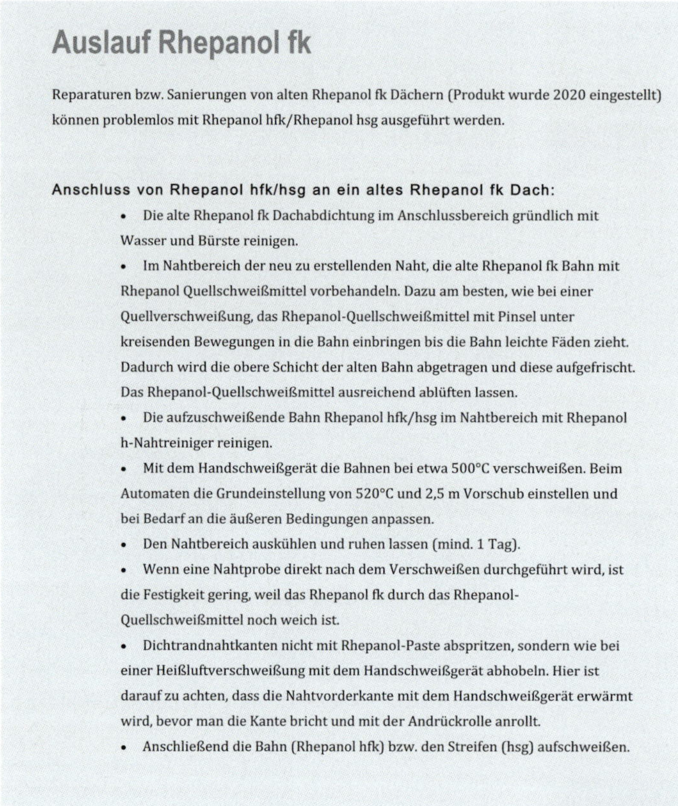

Auslauf Rhepanol fk

Reparaturen bzw. Sanierungen von alten Rhepanol fk Dächern (Produkt wurde 2020 eingestellt) können problemlos mit Rhepanol hfk/Rhepanol hsg ausgeführt werden.

Anschluss von Rhepanol hfk/hsg an ein altes Rhepanol fk Dach:

- Die alte Rhepanol fk Dachabdichtung im Anschlussbereich gründlich mit Wasser und Bürste reinigen.
- Im Nahtbereich der neu zu erstellenden Naht, die alte Rhepanol fk Bahn mit Rhepanol Quellschweißmittel vorbehandeln. Dazu am besten, wie bei einer Quellverschweißung, das Rhepanol-Quellschweißmittel mit Pinsel unter kreisenden Bewegungen in die Bahn einbringen bis die Bahn leichte Fäden zieht. Dadurch wird die obere Schicht der alten Bahn abgetragen und diese aufgefrischt. Das Rhepanol-Quellschweißmittel ausreichend ablüften lassen.
- Die aufzuschweißende Bahn Rhepanol hfk/hsg im Nahtbereich mit Rhepanol h-Nahtreiniger reinigen.
- Mit dem Handschweißgerät die Bahnen bei etwa 500°C verschweißen. Beim Automaten die Grundeinstellung von 520°C und 2,5 m Vorschub einstellen und bei Bedarf an die äußeren Bedingungen anpassen.
- Den Nahtbereich auskühlen und ruhen lassen (mind. 1 Tag).
- Wenn eine Nahtprobe direkt nach dem Verschweißen durchgeführt wird, ist die Festigkeit gering, weil das Rhepanol fk durch das Rhepanol-Quellschweißmittel noch weich ist.
- Dichtrandnahtkanten nicht mit Rhepanol-Paste abspritzen, sondern wie bei einer Heißluftverschweißung mit dem Handschweißgerät abhobeln. Hier ist darauf zu achten, dass die Nahtvorderkante mit dem Handschweißgerät erwärmt wird, bevor man die Kante bricht und mit der Andrückrolle anrollt.
- Anschließend die Bahn (Rhepanol hfk) bzw. den Streifen (hsg) aufschweißen.

Abb. 5.11-11: Herstellerhinweis zum Reparieren von Rhepanol-Bahnen

frei von Klebemasse bleiben. Verunreinigungen sind mit Lösungsmitteln sorgfältig zu entfernen.

Anschlüsse an andere Bauteile werden mit Kontaktklebern hergestellt. Nähte und Stöße werden homogen durch Warmgasverschweißung abgedichtet. Das bekannte PIB-FK mit speziellen Nahtbändern wird nicht mehr hergestellt. Der Hersteller hat jedoch eine Reparaturanleitung für bereits verarbeitete Rhepanol-Bahnen veröffentlicht (siehe Abb. 5.11-11).

Kunststoff-Dachbahnen aus Ethylencopolymerisat-Bitumen ECB „Plastomer"

Diese Kunststoff-Dachbahn, die aus einer Verbindung von Polyethylen und Bitumen entsteht (Modifizierung), erlaubt eine von den bisher beschriebenen Plastomeren abweichende Anwendungstechnik. Die Verlegung kann auch nach der herkömmlichen Methode der Verklebung Bitumen-Dach- und -Dachdichtungsbahnen erfolgen. ECB-Kunststoff-Dachbahnen (siehe Abb. 5.11-12) können mit normalem Klebebitumen 85/25 in der Fläche verklebt werden. Schon daraus ergibt sich, dass eine Planenvorfertigung und -verlegung für diesen Werkstoff nicht infrage kommt.

Abb. 5.11-12: ECB-Kunststoff-Dachbahn

Abb. 5.11-13: Warmgasschweißen

Abb. 5.11-14: Ethylen-Vinylacetat-Copolymer (EVA)

Abb. 5.11-15: Quellschweißen

Abb. 5.11-16: Bahnen aus flexiblem Polyolefin (FPO/TPO)

Auf der anderen Seite kommt, wie gesagt, die Klebemethode der bisher im Dachdeckerhandwerk geübten Praxis sehr nahe. Die Verbindung der Nähte und Stöße lässt sich durch Warmgasschweißen (siehe Abb. 5.11-13) herstellen.

Wegen der Flächenverklebung mit Heißbitumen wird auf der Deckunterlage meistens eine zusätzliche Glasvlies-Bitumen-Dachbahn aufgebracht.

Anschlüsse an aufgehende Bauteile können mit Bitumen-Klebemasse geklebt werden.

Kunststoff-Dachbahnen aus chloriertem Polyethylen PE-C „Plastomer"

Diese Dachbahn besteht aus einem mit Chlor modifizierten Polyethylen. Sie wurde ab den 1970er-Jahren angeboten, ist allerdings nicht mehr erhältlich und kann nur noch auf Bestandsdächern entdeckt werden.

Kunststoff-Dachbahnen aus Ethylen-Vinylacetat-Copolymer EVA/EVAC „Plastomer"

EVA oder auch EVAC ist ein thermoplastisches Mischpolymerisat (Ethylen + Vinylacetat). Die Naht- und Stoßverbindungen dieser ebenfalls bitumenverträglichen Kunststoff-Dachbahn können durch Quellschweißen (siehe Abb. 5.11-15) oder durch Warmgasschweißen vorgenommen werden, wobei eine zusätzliche Absicherung durch eine EVA-Lösung notwendig ist. Das Bahnenangebot reicht von homogenen, kaschierten bis zu verstärkten Bahnen.

Kunststoff-Dachbahnen aus flexiblem Polyolefin FPO/TPO „Plastomer"

Bahnen aus flexiblem Polyolefin FPO (siehe Abb. 5.11-16) sind vergleichbar mit PVC-P. Sie sind allerdings härter eingestellt, was bei der Verlegung und Nahtfügetechnik besonders berücksichtigt werden muss. Nähte und Stöße werden durch Warmgasschweißen abgedichtet. Wegen der größeren Sorgfalt bei der Nahtfü-

Abb. 5.11-17: Elastomerbahnen aus Isobutylen-Isopren-Kautschuk Butyl (IIR)

Abb. 5.11-18: Elastomerbahnen aus Polychloropren (CR)

gung wird der Einsatz von Warmgasschweißautomaten empfohlen. Diese Bahnen sind mit und ohne Einlage erhältlich. FPO ist frei von Schadstoffen wie Chlor oder Weichmacher. Sie werden auch als thermoplastische Polyolefine (TPO) bezeichnet. FPO-/TPO-Dachbahnen werden seit den 1990er-Jahren eingesetzt. Sie werden lose verlegt, bei mechanischer Befestigung oder mit Auflast.

Elastomerbahnen aus Isobutylen-Isopren-Kautschuk Butyl IIR

Diese Dachbahnen (siehe Abb. 5.11-17) lassen sich werkstoffgerecht als vorgefertigte Plane oder auch als Bahn verlegen. Das Material verfügt über eine hervorragende Dehn- und Rückstellfähigkeit, ist aber dadurch auch nur schlecht verformbar. Diesem Nachteil hat jedoch die Industrie durch Vorfertigung von allen gebräuchlichen Formstücken, wie z. B. Ecken und Klebeflanschen, Rechnung getragen. Die Bahnen können in der Fläche mit einem modifizierten, d. h. mit einem dem Werkstoff angepassten Bitumen aufgeklebt werden. Die Dichtung und Verklebung im Bereich der Naht- und Stoßüberlappung erfolgt nach dem Prinzip der Kaltvulkanisation.

Vor der Behandlung mit dem Lösungskleber werden alle Naht- und Stoßüberdeckungen im unmittelbaren Überdeckungsbereich aufgeklappt. Nun werden eine oder beide Oberflächen der zu verbindenden Teile eingestrichen. Ein wesentliches Merkmal dieses Klebevorgangs besteht darin, dass wegen der verhältnismäßig hohen Dampfdichtigkeit des Butyl-Kautschuks die im Lösungskleber enthaltenen flüchtigen Bestandteile ablüften müssen. Das Zusammenfügen der zu verklebenden Teile unmittelbar nach Aufstrich des Klebers führt mit Sicherheit zu Gasblasenbildungen im Überdeckungsbereich. Um eine einwandfreie Ablüftung zu erzielen, muss eine je nach Fabrikat und Zusammensetzung des Klebers unterschiedliche Ablüftungszeit eingehalten werden. Danach werden die überdeckenden Streifen umgeklappt und mit einer kleinen handlichen Kunststoffrolle angedrückt. Verbindungen zu anderen Bauteilen werden mit einem Kontaktkleber hergestellt.

Elastomerbahnen aus Polychloropren CR

Die anwendungstechnische Möglichkeit, Dachbahnen aus diesem Grundstoff (siehe Abb. 5.11-18) unverklebt oder mit Bitumen-Klebemasse verklebt verlegen zu können, hat zur Folge, dass dieses Material Mehrzweckaufgaben ohne Schwierigkeiten übernehmen kann. Außer den Möglichkeiten der Planen- und Bahnenverlegung kann dieser Werkstoff speziell als elastischer Übergang von Bitumen-Dachabdichtungen zu Anschlüssen aller Art verwendet werden. Eine Verbindung mit anderen Kunststoff-Dachbahnen ist dagegen nicht immer möglich und sollte nach den Verlegevorschriften der jeweiligen Hersteller durchgeführt werden. Sämtliche Nahtverbindungen lassen sich mit einem Kleber auf der Basis Polychloropren sicher herstellen. Die Einhaltung gewisser Ablüftungszeiten für die flüchtigen Bestandteile des Klebers richtet sich nach seiner Zusammensetzung, nach der Außentemperatur und nach den Vorschriften des Herstellers. Zum Zweck einer einwandfreien Verbindung der Nähte werden diese ebenfalls mit einer Rolle angedrückt. Außerdem können Nähte und Stöße auch mit speziell auf diesen Kunststoff abgestimmten Nahtbändern ausgeführt werden.

Elastomerbahnen aus Ethylen/Propylen-Dien-Mixtur EPDM (Terpolymer-Kautschuk)

Die Verklebung dieses bitumenverträglichen Werkstoffes (siehe Abb. 5.11-19) erfolgt auf allen konventionellen Unterlagen des flachen Daches. Die Nahtverbindung kann bei Bahnen mit eigens für diesen Zweck aufkaschierten schmelzbaren Nahtflächen mit Warmgas ausgeführt werden. Dabei ist hinsichtlich der erforderlichen Schweißtemperatur und des Anpressdrucks auf die Vorschriften des Herstellers zu achten. Außerdem können EPDM-Bahnen im Nahtbereich auch mit Klebebändern gefügt werden. Neben den unterseitig kaschierten Bahnen sind auch Bahnen mit beidseitiger Polymerbitumenschicht erhältlich. Diese können im Bereich der Nähte und Stöße mit Warmgas geschweißt werden.

Kunststoff- und Elastomerbahnen müssen mit einer CE-Kennzeichnung entsprechend den harmonisierten Normen DIN EN 13956 (Bahnen für Dachabdichtungen), DIN EN 13967 (Bahnen für Bauwerksabdichtung) und/oder DIN EN 14909 (Mauersperrbahnen) gekennzeichnet werden.

Außerdem müssen Bahnen für Dachabdichtungen den Anforderungen der DIN 20000-201, Anwendungsnorm für Abdichtungsbahnen nach europäischen Produktnormen zur Verwendung in Dachabdichtungen, entsprechen.

Für die einlagigen Dachabdichtungen dürfen nur Bahnen der Anwendungstype DE und der Eigenschaftsklassen E1 verwendet werden.

Für genutzte Dächer, Bauwerksabdichtungen und Mauersperren müssen Kunststoff- und Elastomerbahnen den Anforderungen der DIN 20000-202, Anwendungsnorm für Abdichtungsbahnen nach europäischen Produktnormen zur Verwendung in Bauwerksabdichtungen, entsprechen.

Abb. 5.11-19: Elastomerbahnen aus Ethylen/Propylen-Dien-Mixtur (EPDM)

Bahnen für die Bauwerksabdichtung gegen Bodenfeuchte, nicht drückendes und drückendes Wasser müssen mit dem Anwendungstyp BA und Mauersperrbahnen mit dem Anwendungstyp MSB gekennzeichnet sein.

Bezeichnung von Bahnen für Dachabdichtungen

Die Bezeichnung von Bahnen besteht aus Kurzzeichen für Anwendungstyp, Eigenschaftsklasse, Werkstoffbezeichnung und Produktmerkmale.

Beispiele

- DE/E1
  PVC-P-NB-E-GV-1,5
  Dachbahn zur einlagigen Verlegung, Eigenschaftsklasse E1, aus Polyvinylchlorid weich, nicht bitumenverträglich, mit Einlage aus Glasvlies, Dicke 1,5 mm
- DE/E1
  EPDM-BV-K-PV-1,1
  Dachbahn zur einlagigen Verlegung, Eigenschaftsklasse E1, aus Ethylen-Propylen-Dien-Terpoymer (EPDM), bitumenverträglich, mit Kaschierung aus Polyestervlies, Dicke 1,1 mm
- DE/E1
  FPO-BV-V-GG-1,5
  Dachbahn für einlagige Verlegung, Eigenschaftsklasse E1, aus flexiblen Polyolefinen, bitumenverträglich, mit Verstärkung aus Glasgittergelege/-gewebe, Dicke 1,5 mm

Tabelle 5.11-1: Kurzzeichen für Werkstoffbezeichnungen

ECB	Ethylencopolymerisat-Bitumen
EVAC/EVA	Ethylen-Vinylacetat-Terpolymer/-Copolymer
FPO/TPO	Flexibles Polyolefin (auf Basis PE oder PP)
PIB	Polyisobuten (Polyisobutylen)
PVC/PVC-P	Polyvinylchlorid
TPE	Thermoplastische Elastomere, nicht vernetzt
EPDM	Ethylen-Propylen-Dien-Terpolymer
IIR	Isobutylen-Isopren-Kautschuk (Butylkautschuk)

Tabelle 5.11-2: Kurzzeichen für Produktmerkmale

K	kaschiert	Zahl	Nenndicke in mm
V	verstärkt	GV	Glasvlies
E	Einlage	PV	Polyestervlies
BV	bitumenverträglich	PPV	Polypropylenvlies
NB	nicht bitumenverträglich	GG	Glasgittergelege/-gewebe
SK	Selbstklebeschicht	PG	Polyestergelege/-gewebe
PBS	Polymerbitumenschicht		

Tabelle 5.11-3: Übersicht der Kunststoff- und Elastomerbahnen für Dachabdichtungen

Bahnen nach DIN/TS 20000-201	**Anwendungstyp/ Eigenschaftsklasse**	**Mindestnenndicke[1)]**
homogene Bahnen mit oder ohne Selbstklebeschicht		
EVA-BV-1,2	DE/E1	1,2 mm
PVC-P-BV-1,2	DE/E1	1,2 mm
PVC-P-NB-1,5	DE/E1	1,5 mm
TPE-BV-1,2	DE/E1	1,2 mm
EPDM-BV-1,1 EPDM-BV-1,1-SK	DE/E1	1,1 mm
Bahnen mit Einlagen mit oder ohne Selbstklebeschicht (SK)		
ECB-BV-E-GV-2,0 ECB-BV-E-GV-2,0-SK	DE/E1	2 mm
FPO-BV-E-GV-1,2	DE/E1	1,2 mm
PVC-P-NB-E-GV-1,2	DE/E1	1,2 mm
PVC-P-BV-E-GV-1,2 PVC-P-BV-E-GV-1,5-SK	DE/E1	1,2 mm 1,5 mm

Tabelle 5.11-3: Übersicht der Kunststoff- und Elastomerbahnen für Dachabdichtungen (Fortsetzung)

Bahnen nach DIN/TS 20000-201	Anwendungstyp/ Eigenschaftsklasse	Mindestnenn- dicke[1]
Bahnen mit Verstärkung mit oder ohne Selbstklebeschicht oder Polymerbitumenbeschichtung		
FPO-BV-V-(X)[2]-1,2	DE/E1	1,2 mm
EVA-BV-V-(X)[2]-1,2	DE/E1	1,2 mm
PVC-P-NB-V-(X)[2]-1,2	DE/E1	1,2 mm
PVC-P-BV-V-(X)[2]-1,2 PVC-P-BV-V-(X)[2]-1,1-SK	DE/E1	1,2 mm
EPDM-BV-V-(X)[2]-1,3 EPDM-BV-V-(X)[2]-1,3-PBS	DE/E1	1,3 mm
Bahnen mit Kaschierung mit oder ohne Selbstklebeschicht		
EVA-BV-K-(X)[3]-1,2 EVA-BV-K-(X)[2]-1,2-SK	DE/E1	1,2 mm
FPO-BV-E-GV-K-(X)[3]-1,2 FPO-BV-V-(X)[2]-K-(X)[3]-1,2	DE/E1	1,2 mm
PVC-P-NB-E-GV-K-(X)[3]-1,2 PVC-P-BV-V-(X)[2]-K-(X)[3]-1,2	DE/E1	1,2 mm
PVC-P-BV-K-(X)[3]-1,2 PVC-P-BV-K-(X)[3]-1,2-SK PVC-P-BV-E-GV-K-(X)[3]-1,2 PVC-P-BV-V-(X)[2]-K-(X)[3]-1,2	DE/E1	1,2 mm
TPE-BV-K-(X)[3]-1,2 TPE-BV-K-(X)[3]-1,2-SK	DE/E1	1,2 mm
ECB-BV-E-GV-K-(X)[3]-2,0	DE/E1	2 mm
PIB-BV-K-(X)[3]-1,5	DE/E1	1,5 mm
EPDM-BV-K-(X)[3]-1,1 EPDM-BV-K-(X)[3]-1,1-SK	DE/E1	1,1 mm
1) Mindestdicke eff. ohne Kaschierung und/oder Selbstklebeschicht 2) Art der Verstärkung z. B. PV, GG, PG 3) Art der Kaschierung nach PV, PPV, GG		

Bezeichnung von Bahnen für Bauwerksabdichtungen

Die Bezeichnung von Bahnen besteht aus Kurzzeichen für Anwendungstyp, Werkstoffbezeichnung und Produktmerkmale.

Beispiele

- BA PVC-P-NB-E-GV-1,5
  Bahn aus Polyvinylchlorid weich, nicht bitumenverträglich, mit Einlage aus Glasvlies, Dicke 1,5 mm, als Lage einer Bauwerksabdichtung
- BA FPO-BV-V-GG-1,5
  Bahn aus flexiblen Polyolefinen, bitumenverträglich, mit Verstärkung aus Glasgittergelege/-gewebe, Dicke 1,5 mm, als Lage einer Bauwerksabdichtung
- MSB PVC-P-NB-1,2
  Bahn aus Polyvinylchlorid weich, nicht bitumenverträglich, homogen, Dicke 1,2 mm, als Mauersperre

Tabelle 5.11-4: Übersicht der Kunststoff- und Elastomerbahnen für Bauwerksabdichtungen

Bahnen nach DIN/TS 20000-202	Anwendungstyp	Mindestnenndicke[a)]
homogene Bahnen		
EVA-BV-1,2 PVC-P-BV-1,2 PVC-P-NB-1,2 PIB-BV-1,5 FPO-BV-1,2 EPDM-BV-1,1	BA/MSB	1,2 mm 1,2 mm 1,2 mm 1,5 mm 1,2 mm 1,1 mm
homogene Bahnen mit Selbstklebeschicht		
PVC-P-BV-1,5- SK EPDM-BV-1,1-SK	BA	1,5 mm 1,1 mm
Bahnen mit Einlagen		
ECB-BV-E-GV-1,5 FPO-BV-E-GV-1,2 PVC-P-NB-E-GV-1,2 PVC-P-BV-E-GV-1,2	BA/MSB	1,5 mm 1,2 mm 1,2 mm 1,2 mm
Bahnen mit Einlage und Selbstklebeschicht		
ECB-BV-E-GV-1,5-SK PVC-P-BV-E-GV-1,2-SK	BA	1,5 mm 1,2 mm
Bahnen mit Verstärkung		
FPO-BV-V-(X)[b)]-1,2 PVC-P-NB-V-(X)[b)]-1,2 ECB-BV-V-(X)[b)]-1,5 EVA-BV-V-(X)[b)]-1,2 PVC-P-BV-V-(X)[b)]-1,2 EPDM-BV-V-(X)[b)]-1,3	BA/MSB	1,2 mm 1,2 mm 1,5 mm 1,2 mm 1,2 mm 1,3 mm
Bahnen mit Verstärkung mit Selbstklebeschicht oder Polymerbitumenbeschichtung		
PVC-P-BV-V-(X)[b)]-1,2-SK EPDM-BV-V-(X)[b)]-1,3-SK EPDM-BV-V-(X)[b)]-1,3-PBS	BA	1,2 mm 1,3 mm 1,3 mm

Tabelle 5.11-4: Übersicht der Kunststoff- und Elastomerbahnen für Bauwerksabdichtungen (Fortsetzung)

Bahnen nach DIN/TS 20000-202	Anwendungstyp	Mindestnenndicke[a)]
Bahnen mit Kaschierung		
EVA-BV-K-(X)[c)]-1,2 FPO-BV-E-GV-K-(X)[c)]-1,2 FPO-BV-V-(X)[b)]-K-(X)[c)]-1,2 PVC-P-NB-K-(X)[c)]-1,2 PVC-P-BV-K-(X)[c)]-1,2 PVC-P-NB-E-GV-K-(X)[c)]-1,2 PVC-P-BV-E-GV-K-(X)[c)]-1,2 PVC-P-NB-V-(X)[b)]-K-(X)[c)]-1,2 PVC-P-BV-V-(X)[b)]-K-(X)[c)]-1,2 ECB-BV-E-GV-K-(X)[c)]-1,5 PIB-BV-K-(X)[c)]-1,5 EPDM-BV-K-(X)[c)]-1,1	BA/MSB	1,2 mm 1,2 mm 1,2 mm 1,2 mm 1,2 mm 1,2 mm 1,2 mm 1,2 mm 1,2 mm 1,5 mm 1,5 mm 1,1 mm
Bahnen mit Kaschierung und Selbstklebeschicht		
PVC-P-BV-K-(X)[c)]-1,2-SK EPDM-BV-K-(X)[c)]-1,1	BA	1,2 mm 1,1 mm

a) Mindestdicke eff. ohne Kaschierung und/oder Selbstklebeschicht
b) Art der Verstärkung z. B. PV, GG, PG
c) Art der Kaschierung nach PV, PPV, GG

5.11.4 Nahtverbindungen

Bei Kunststoff-Dachbahnen mit thermoplastischen Eigenschaften (Plastomeren) erfolgt die Nahtverbindung durch

- Quellschweißen
- Warmgasschweißen (Heißluftschweißen)
- Dichtungsbänder/Abdeckbänder
- Heizkeilschweißen (industrielle Fertigung).

Bei Kunststoff-Dachbahnen aus Elastomeren (Kautschukbahnen) erfolgt die Nahtverbindung durch

- Hochfrequenzschweißen (industrielle Fertigung)
- Kontaktkleber
- Dichtungsbänder/Abdeckbänder
- Schmelzklebebänder
- Heißvulkanisieren (Hot Bonding).

Bei Kautschukbahnen, die zum Zeitpunkt der Verarbeitung thermoplastische Eigenschaften haben, kann die Nahtverbindung wie bei thermoplastischen Kunststoff-Dachbahnen erfolgt.

Quellschweißverfahren

Beim Quellschweißverfahren wird der Nahtbereich zunächst gesäubert. Dann wird mit einem vom jeweiligen Bahnenhersteller empfohlenen, hierfür geeigneten Lösungsmittel der Kunststoff angelöst. Unter Druck wird sofort im Nahtbereich eine homogene Verbindung hergestellt.

Abb. 5.11-20: Ausführung einer Quellschweißnaht

Nach kurzer Zeit wird schon eine ausreichende Festigkeit und Dichtigkeit erzielt. Zu beachten ist, dass die Lösungsmittel feuergefährlich sind und die aufsteigenden Dämpfe gesundheitsschädigende Wirkung haben. Hautkontakt ist möglichst zu vermeiden (siehe Abb. 5.11-20).

Abb. 5.11-21: Heißluftverschweißung

Warmgasschweißverfahren

Mit einem Heißluftgerät wird der zu verschweißende Werkstoff plastifiziert. Durch Zusammendrücken erfolgt dann eine homogene Verbindung. Warm lässt sich das Material auch besonders gut formen (siehe Abb. 5.11-21).

Bei dünnem Material kann es schnell zu einer so starken Plastifizierung des Materials kommen, dass es zerstört wird.

Hochfrequenz- und Heizkeilschweißverfahren

Diese Verfahren werden vorzugsweise zur Vorfertigung von Nahtverbindungen der Bahnen in Werkstätten angewendet. Wegen der aufwendigen Geräte werden sie auf Baustellen nicht eingesetzt.

Kontaktklebeverfahren

Die zu verklebenden Flächen müssen zunächst gereinigt werden. Dann wird der vom Hersteller der Kunststoffbahn empfohlene Kontaktkleber in der richtigen Stärke aufgetragen. Nach einer ausreichenden Lüftungszeit wird der Nahtbereich unter leichtem Druck zusammengefügt.

Verbindung mit Dichtungsbändern

Einige Kunststoff-Dachbahnen können werkseitig mit einem Dichtungsband hergestellt werden, das als Nahtbereich ausgebildet und mit einem Schutzstreifen abgedeckt ist. Die gleiche Verbindung kann auf der Baustelle auch durch Einlegen eines Dichtungsbandes erreicht werden. Nachdem die Klebeflächen gereinigt sind, wird die Bahn ausgerichtet und dann das Schutzband abgezogen. Unter leichtem Druck entsteht eine selbstständige Verbindung.

Schmelzklebeverfahren

Die Verbindung erfolgt mit speziell hierfür entwickelten Kunststoffen, die durch Erwärmung geschmolzen werden und in diesem Zustand eine sehr hohe Klebekraft und Haftfähigkeit entwickeln.

Heißvulkanisationsverfahren

Dieses auch „Hot Bonding" genannte Verfahren wird hauptsächlich bei der werkseitigen Herstellung von Planen benutzt. Das Besondere hierbei ist, dass im Werkstoffgefüge von Naht und Fläche nach der Verbindung kein Unterschied besteht.

Zusammenfassung

Die Kunststoffe lassen sich in 3 große Kunststoffgruppen gliedern. Diese Gruppen sind

- die Plastomere (Thermoplaste)
- die Elastomere
- die Duromere (Duroplaste).

Die meisten thermoplastischen Kunststoffe wie z. B. Polyvinylchlorid PVC und Polyethylen PE für Dach- und Dichtungsbahnen sind Polymerisationskunststoffe.

Durch die weitmaschige Vernetzung der Moleküle sind Elastomere auch ohne die Beimischung von Weichmachern gummielastisch.

Duromere sind chemisch ausgehärtete Kunststoffe, die nicht mehr verformbar sind wie die Plastomere.

Für die Fertigung von Kunststoffprodukten kann man 3 Herstellungsverfahren unterscheiden:

- Kalandrieren
- Extrudieren
- Spritzgießen

Kunststoffbahnen mit Einlage können keine Wickelspannung aufnehmen und haben deshalb auch keine herstellungsbedingten Rückstellspannungen.

Kunststoff-Dachbahnen können bei Flachdachabdichtungen einlagig verlegt werden. Die Bahnen sollen mindestens 1,2 mm dick sein.

Kunststoff-Dachbahnen aus PIB sind einseitig mit einem Vlies kaschiert.

Die Bezeichnung von Bahnen für Dachabdichtungen besteht aus Kurzzeichen für Anwendungstyp, Eigenschaftsklasse, Werkstoffbezeichnung und Produktmerkmale.

Für die einlagige Dachabdichtung dürfen nur Bahnen der Anwendungstype DE und der Eigenschaftsklassen E1 verwendet werden.

Bahnen für die Bauwerksabdichtung gegen Bodenfeuchte, nicht drückendes und drückendes Wasser müssen mit dem Anwendungstyp BA und Mauersperrbahnen mit dem Anwendungstyp MSB gekennzeichnet sein.

Aufgaben

1. Nennen Sie 3 Kunststoffgruppen!
2. Nennen Sie einige thermoplastische Kunststoffbahnen!
3. Nennen Sie einige Elastomerbahnen.
4. Was versteht man unter Weichmacherwanderung?
5. Wodurch lassen sich bei Kunststoffbahnen herstellungsbedingte Schrumpfungen verhindern?
6. Wie werden bei thermoplastischen Kunststoffbahnen Nähte und Stöße gefügt?
7. Wie werden bei Elastomerbahnen Nähte und Stöße gefügt?
8. Beschreiben Sie das Warmgasschweißverfahren.
9. Geben Sie die Kurzbezeichnung einer mit Glasgewebe verstärkten PVC-Bahn für die Verwendung als nicht genutzte Dachabdichtung an.
10. Geben Sie die Kurzbezeichnung einer PVC-Bahn für die Verwendung als Mauersperrbahn an.

5.12 Holz und Holzwerkstoffe

Holz ist ein wichtiger Werkstoff für die Herstellung von Dächern und Außenwänden. Als Rohstoff dient es zur Herstellung von Holzwerkstoffen.

5.12.1 Bauholzarten, Bauholzeigenschaften

Als Bauholz werden überwiegend Nadelhölzer verarbeitet. Einheimische Nadelhölzer sind Fichte (Rottanne), Tanne (Weißtanne), Kiefer (Föhre) und Lärche. Auch außereuropäische Nadelhölzer wie Pinie und Zeder werden für Bauarbeiten eingesetzt. Von den Laubhölzern werden vor allem Eiche und Buche als Bauholz verwendet (siehe Tabelle 5.12-1).

Tabelle 5.12-1: Heimische Bauhölzer

Holzart	Kurzzeichen	Dichte (kg/m³)	Eigenschaften
Fichte	FI	450	weich, gut zu bearbeiten
Kiefer	KI	500	härter und dauerhafter als Fichte, aber weniger elastisch, anfällig gegen Bläuepilze
Douglasie	DGA	500	härter als Fichte, elastisch, dauerhaftes Nadelholz
Lärche	LA	550	härteste und dauerhafteste einheimische Nadelholzart
Eiche	EI	850	sehr hart und dauerhaft, schwer zu bearbeiten

Aufbau des Holzes

Bei Schnittholz (Kanthölzern, Latten, Bohlen, Brettern) unterscheidet man 3 Schnittebenen (siehe Abb. 5.12-1):

- Querschnitt oder Hirnschnitt
- Radialschnitt oder Spiegelschnitt
- Tangentialschnitt oder Sehnenschnitt

Im Querschnitt eines Baumes erkennt man um die Markröhre herum das meist dunklere Kernholz. Durch Einlagerung von Harzen und anderen Stoffen ist es fester und widerstandsfähiger als das außen liegende, hellere Splintholz (siehe Abb. 5.12-2).

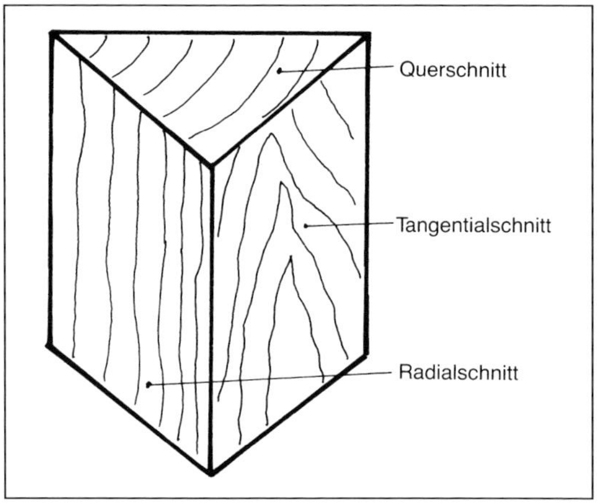

Abb. 5.12-1: Schnittebenen des Baumes

Das „Arbeiten" des Holzes

Holz passt sich dem Feuchtegehalt der umgebenden Luft an und ändert dabei seine Form. Dies nennt man das „Arbeiten" des Holzes. Es zeigt sich durch

- Maßänderungen beim Quellen (Wasseraufnahme) oder beim Schwinden (Wasserabgabe),
- Werfen (Rund- und Hohlwerden),
- Windschiefwerden,
- Reißen (Entstehen von Rissen).

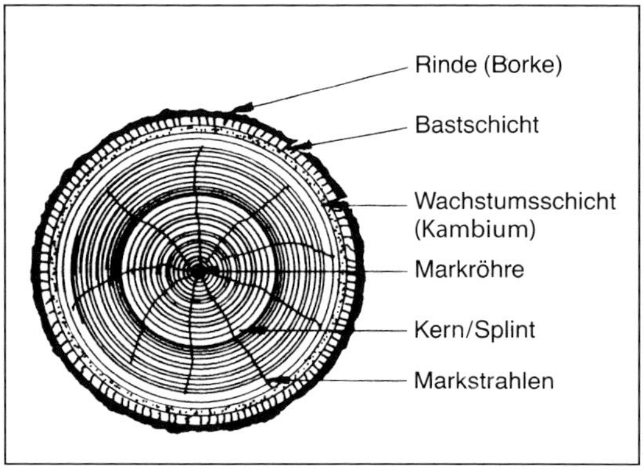

Abb. 5.12-2: Querschnitt eines Baumes

Die Schwindmaße des Holzes sind bei den einzelnen Holzarten unterschiedlich.

Bei allen Holzarten ist für das Quellen und Schwinden Folgendes zu beachten:

- In Faserrichtung ist die Längenänderung ohne Bedeutung (ca. 0,1 %).
- In Richtung der Jahresringe (Tangentialrichtung) quillt und schwindet das Holz am meisten (bis zu 10 %).
- In Richtung der Markstrahlen (Radialrichtung) ändert das Holz seine Abmessungen bis zu 5 %.

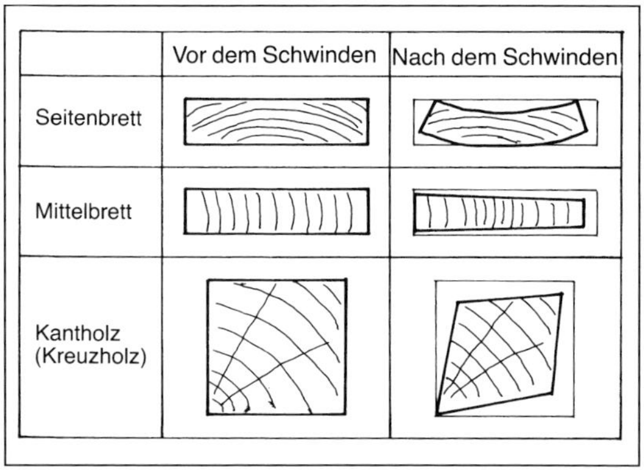

Abb. 5.12-3: Verformung von Schnittholz beim Trocknen

Aus dem Vorgesagten ist die Verformung von Schnittholz zu erklären.

Bei der Verarbeitung des Holzes ist das „Arbeiten" des Holzes stets entsprechend zu berücksichtigen.

Einen entscheidenden Einfluss auf das Arbeiten des Holzes hat die richtige Einschnittart. Ein herzfreies bzw. herzgetrenntes Bauschnittholz wird z. B. weniger Risse aufweisen als ein einstielig eingeschnittenes Bauschnittholz (siehe Abb. 5.12-5).

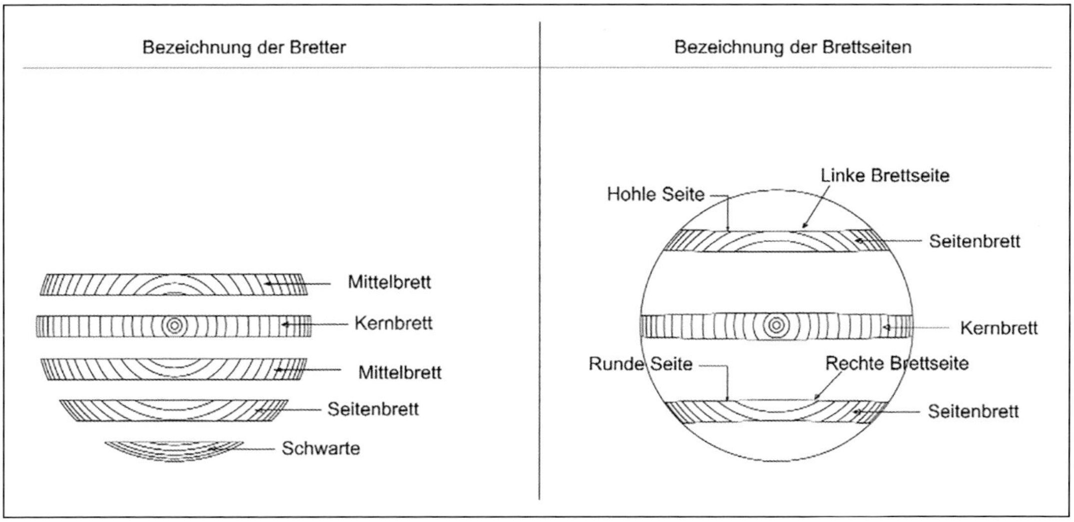

Abb. 5.12-4: Charakteristische Formänderungen von Holzquerschnitten

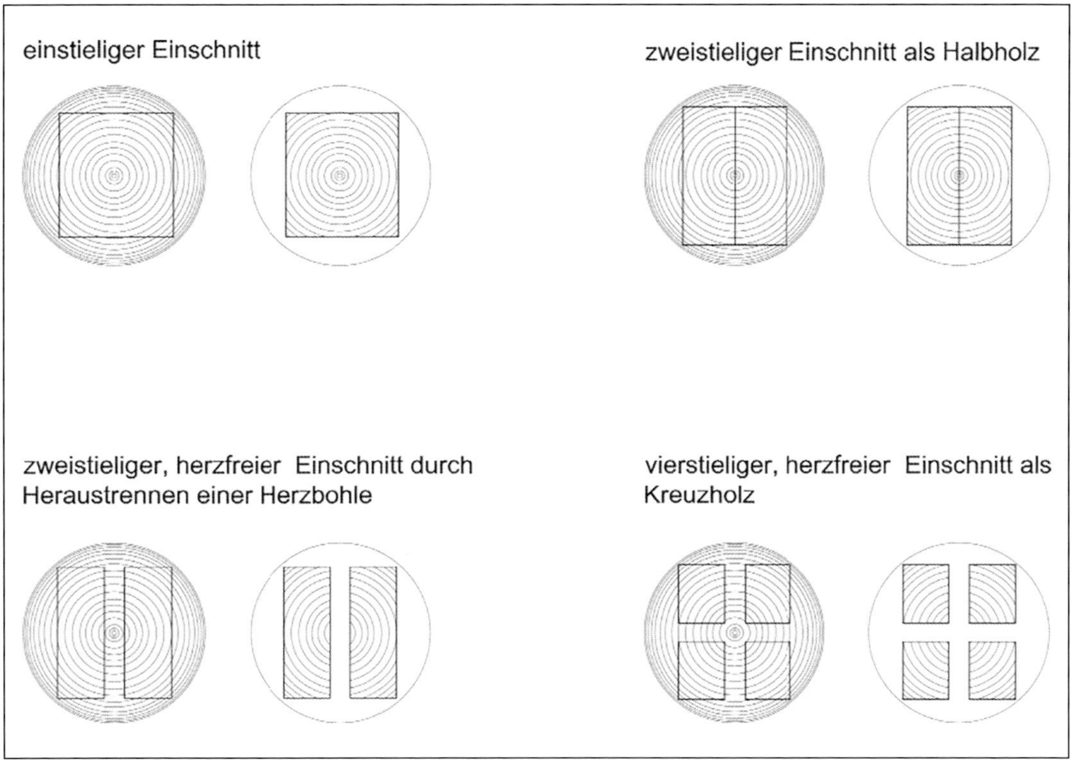

Abb. 5.12-5: Einschnittarten

	Sortierklassen	
	S 10	S 13
Die Breite der Baumkante $h - h_1$ bzw. $b - b_1$ wird auf die jeweilige Querschnittsseite projiziert gemessen und als Bruchteil K der Querschnittsseite angegeben. $K = \max\left(\frac{h - h_1}{h}; \frac{b - b_1}{b}; \frac{b - b_2}{b}\right);$	bis 1/3	bis 1/4

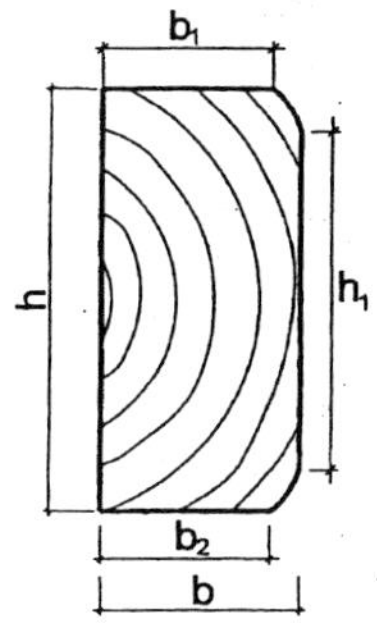

Abb. 5.12-6: Sortierkriterien für Latten nach Anteil der Baumkanten (K) bei visueller Sortierung

5.12.2 Sortierklassen und Handelsformen

Man unterscheidet Rundholz und Schnittholz. Rundholz wird bei Bauarbeiten zum Gerüstbau und für Abstützungen verwendet.

Wesentlich größere Bedeutung für Bauarbeiten hat das Schnittholz, insbesondere das Nadelschnittholz. Für den Einsatz als tragende Bauteile ist die Festigkeit bei Schnittholz das Hauptkriterium. Daher können Schnitthölzer sowohl visuell als auch maschinell (apparativ unterstützte visuelle Sortierung) sortiert werden. In beiden Fällen muss das Holz mit einer CE-Kennzeichnung nach DIN 14081-1 versehen sein. Die Abbildungen 5.12-6 und 5.12-7 zeigen Beispiele für die CE-Kennzeichnung nach DIN EN 14081-1.

In der CE-Kennzeichnung wird die Festigkeit des Schnittholzes durch eine Festigkeitsklasse (z. B. C24) nach DIN EN 338 angegeben. Die Zahl dieser Festigkeitsklasse gibt den charakteristischen Wert der Biegefestigkeit in N/mm^2 an. Grundlage für die Zuordnung eines Schnittholzes zu einer Festigkeitsklasse sind festgelegte Sortierkriterien. Bei der visuellen Sortierung sind diese Kriterien in der DIN 4074-1 festgelegt. Sortiermerkmale sind:

- Baumkante (siehe Abb. 5.12-6)
- Ästigkeit – Sortierung nach der Größe und Häufigkeit der Äste sowie nach Astansammlungen
- Verfärbungen, verursacht durch Pilzbefall. Bläuebefall sowie nagelfeste braune und rote Streifen sind ohne Einfluss auf die Holzfestigkeit, Holz mit Rotfäule- und Weißfäule-Befall (verursacht durch Holz zerstörende Pilze) darf nicht verbaut werden.
- außerdem: Krümmungen und Verdrehungen, Jahresringbreite, Faserneigung, Risse, Verfärbungen und Insektenfraß

Für Dachdeckerarbeiten wird in der Regel Holz der Sortierklasse S10 bzw. C24 verwendet.

Abbildung 5.12-10 gibt die Nennquerschnitte an, nach denen Latten, Bretter, Bohlen sowie Kanthölzer und Balken eingeteilt werden.

Die Nennmaße sind auf eine Holzfeuchte von 20 % bezogen. Je nachdem, um wie viel mm das Holz von dem Nennmaß abweicht, wird es in die Maßtoleranzklasse 1 oder in die Maßtoleranzklasse 2 eingeordnet. Anforderungen an die Maßhaltigkeit können sich bei Dach- und Konterlatten insbesondere aus der Art der Dachdeckung (z. B. ebene Dachdeckungs-

Abb. 5.12-7: Beispiel für eine CE-Kennzeichnung für maschinell, trocken sortiertes Holz nach DIN EN 14081-1

Abb. 5.12-8: Beispiel für eine CE-Kennzeichnung für visuell, trocken sortiertes Holz nach DIN EN 14081-1

produkte) oder Zubehör (z. B. Klammern zur Befestigung von Dachziegeln und Dachsteinen) ergeben.

Die zulässigen Abweichungen betragen:

Maßtoleranzklasse 1

a) für Dicken und Breiten ≤ 100 mm
+ 3 mm/–1 mm
b) für Dicken und Breiten > 100 mm
+ 4 mm/–2 mm

Maßtoleranzklasse 2

a) für Dicken und Breiten ≤ 100 mm
± 1 mm
b) für Dicken und Breiten > 100 mm
± 1,5 mm

Negative Längenabweichungen sind nicht zulässig.

Tabelle 5.12-2 nennt Beispiele für handelsübliche Querschnittsabmessungen von Nadelschnittholz.

Tabelle 5.12-2: Beispiele für Vorratshölzer

Bezeichnung	Nennquerschnitt in mm
Latten	30/50, 40/60
Bretter	18/80, 18/120, 22/140, 24/160, 28/200, 30/120, 30/140, 40/120, 40/140
Bohlen	44/150, 50/250, 50/300, 62/300, 70/350
Kanthölzer	50/140, 60/60, 60/120, 80/160, 100/140, 120/120

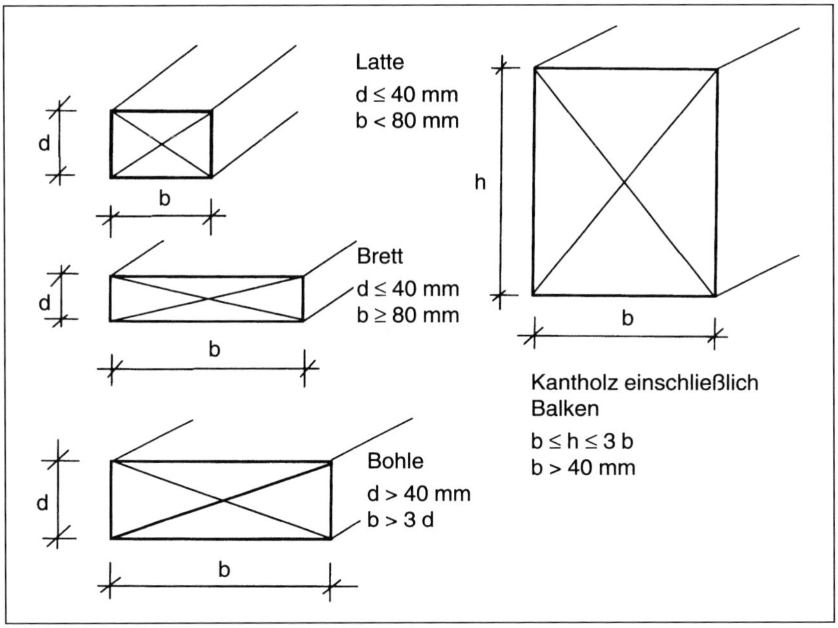

Abb. 5.12-9: Schnittholzeinteilung nach Nennquerschnitten

Brettschichtholz

Brettschichtholz (BSH) besteht aus mindestens 3 breitseitig faserparallel verleimten Brettern oder Brettlagen aus Nadelholz.

Beim Transport, bei der Lagerung und bei der Montage von BSH-Bauteilen ist durch geeignete Maßnahmen sicherzustellen, dass sich ihre Feuchte durch länger einwirkende Einflüsse aus Bodenfeuchte, Niederschlägen sowie infolge Austrocknung nicht unzuträglich verändert.

Brettschichtholz wurde früher Sortierklassen und wird nun Festigkeitsklassen zugeordnet. Tabelle 5.12-3 gibt an, welche Sortierklasse welcher Festigkeitsklasse entspricht.

Tabelle 5.12-3: Zuordnung von Festigkeitsklassen von Brettschichtholz

alte Sortierklasse	Festigkeitsklasse
BS 11	GL 24
BS 14	GL 28
BS 16	GL 32
BS 18	GL 36

Konstruktionsvollholz

Konstruktionsvollholz (KVH) ist ein visuell und maschinell sortiertes Vollholz. KVH wird technisch getrocknet auf einen Feuchtegehalt von 15 % (± 3 %), weist eine Maßhaltigkeit von ± 1 mm auf und ist gehobelt und gefast.

Konstruktionsvollholz wird in 2 Qualitäten angeboten:

- KVH-Si für sichtbare Konstruktionen
- KVH-NSi für nicht sichtbare Konstruktionen

Der Einschnitt ist herzfrei bzw. herzgetrennt, wodurch ein formstabiler und rissminimierter Baustoff entsteht.

5.12.3 Holzwerkstoffe

Holzwerkstoffe sind Platten oder Formteile, die aus mehreren Holzlagen, Holzspänen oder -fasern mit einem Bindemittel verklebt sind.

OSB-Platten

OSB-Platten (Oriented Strand Board) (siehe Abb. 5.12-11) bestehen aus mehreren Schichten, die aus überwiegend langen, schlanken Holzspänen (Strands) unter Verwendung eines Bindemittels hergestellt wurden. In den Außen-

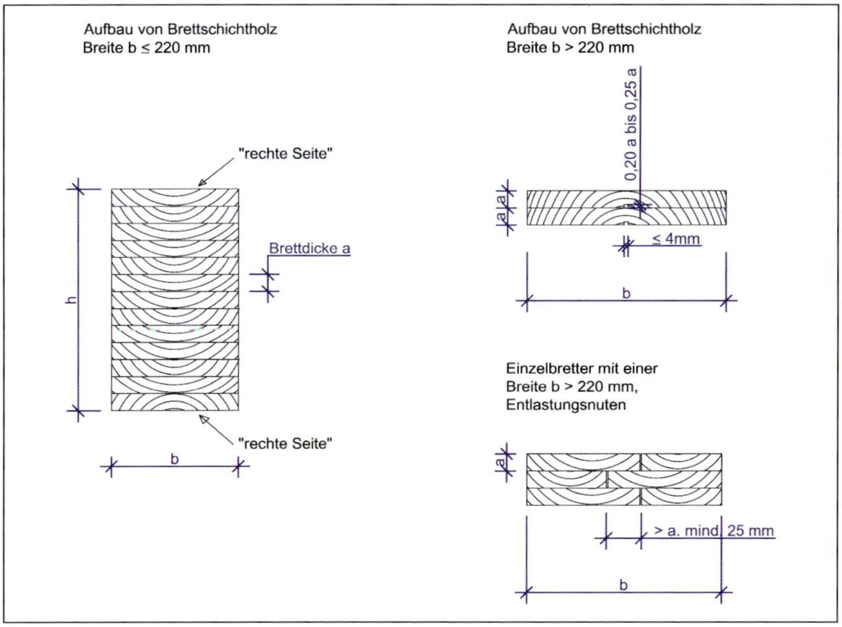

Abb. 5.12-10: Aufbau von Brettschichtholz

Abb. 5.12-11: OSB-Platte

schichten sind die Späne parallel zur Plattenlänge bzw. -breite ausgerichtet. Die Späne in der Mittelschicht sind entweder zufällig angeordnet oder rechtwinklig zu den Spänen der Außenschichten ausgerichtet. Im Bauhandwerk sind die technischen Klassen OSB/2, OSB/3 und OSB/4 von Interesse.

Sperrholz

Zur Herstellung von Sperrholz werden mindestens 3 Furniere kreuzweise verklebt. Die Furniere werden durch Schälen aus gedämpftem Rundholz gewonnen. Die Furnierdicke darf 7 mm nicht überschreiten. Je nach Wahl des Klebstoffs gibt es Platten für den Trocken-, Feucht- und Außenbereich. Danach wird Sperrholz auch in die Klassen Trocken, Feucht und Außen unterteilt.

Furnierschichtholz

Furnierschichtholz ist ein aus bis zu 6 mm dicken, miteinander verleimten Fichten- bzw. Kiefernschälfurnieren hergestellter stab- oder plattenförmiger Werkstoff. Es kann für aussteifende Funktionen, tragende Dach- und Deckenbeläge verwendet werden. Platten aus ausschließlich längslaufenden Furnieren kommen bei tragenden Konstruktionen, Fachwerkkonstruktionen, Hallenbindern, Sparren usw. zum Einsatz.

Holzfaserplatte

Die Holzfaserplatte ist für den konstruktiven Bereich als harte und als mittelharte Platte einsetzbar. Die Härte der Platte ist abhängig von ihrer Dichte. Holzfaserplatten werden aus Lignozellulosefasern (z. B. aus Holz oder Stroh) hergestellt. Die Bindung erfolgt größtenteils durch Verfilzung der Fasern und durch Zugabe geringer Mengen eines Bindemittels. Holzfaserplatten werden bis zu einer Dicke von 8 mm

Abb. 5.12-12: Spanplatte

hergestellt. Infolge ihres elastischen Verhaltens können die Platten bei ihrer Verarbeitung bis zu einem Radius von etwa 25 cm gebogen werden. Im konstruktiven Bereich werden die technischen Klassen MBH.LA2 (mittelharte Holzfaserplatte) und HB.HLA2 (harte Holzfaserplatte) angewandt.

Kunstharzgebundene Spanplatten

Kunstharzgebundene Spanplatten (siehe Abb. 5.12-12) sind plattenförmige Erzeugnisse aus Holzspänen oder aus Spänen verholzter Rohmaterialien unter Verwendung von Kunstharz als Bindemittel. In der Regel werden Platten mehrschichtig ausgebildet. Die relativ kleinen Holzspäne liegen vorzugsweise parallel zur Plattenebene, in dieser aber weitgehend regellos orientiert. Kunstharzgebundene Holzspanplatten werden in die technischen Klassen P 4, P 5, P 6 und P 7 unterteilt.

Zementgebundene Spanplatte

Bei der zementgebundenen Spanplatte handelt es sich um einen plattenförmigen Holzwerkstoff, der aus Spänen und Zement als Bindemittel besteht. Die Späne übernehmen eine armierende Funktion. Die Platten weisen eine glatte, zementgraue Oberfläche auf. Zementgebundene Spanplatten werden einschichtig mit homogenem Aufbau oder mehrschichtig bzw. als Verbundwerkstoff (mit z. B. Hartschaum- oder Dämmkorkplatten) hergestellt. Je nach Dichte der Platte werden sie für Schall- und Wärmeschutz, als nicht tragende Innenwände und als mittragende und aussteifende Beplankung verwendet. Die Platten sind witterungs- und frostbeständig. Insekten- und Pilzschäden treten nicht auf.

Holzwerkstoffe, die als Unterlage für Dachdeckungen oder Dachabdichtungen verwendet werden, müssen eine Mindestdicke von 22 mm aufweisen und für die Nutzungsklasse 2 geeignet sein. Nach DIN EN 1995-1-1/NA und DIN EN 13986 sind dafür geeignet:

- OSB-Platten nach DIN EN 300
  - technische Klassen: OSB/3 und OSB/4
- Sperrholz nach DIN EN 636
  - technische Klassen: Feucht und Außen
- Kunstharzgebundene Holzspanplatten nach DIN EN 312
  - technische Klassen: P 5 und P 7
- Zementgebundene Holzspanplatten nach DIN EN 634-1
- Massivholzplatten nach DIN EN 13353
  - technische Klasse: SWP/2

Schalungen aus Holzwerkstoffen, die zur Aufnahme eines Unterdachs oder einer Unterdeckung dienen, müssen bei Holzspan- und OSB-Platten mindestens 15 mm, bei Sperrholzplatten mindestens 10 mm dick und für die Nutzungsklasse 2 geeignet sein. Für Schalungen aus Holzwerkstoffen, die zur Aufnahme eines Unterdaches oder einer Unterdeckung dienen, sind außerdem geeignet:

- Harte Holzfaserplatten nach DIN EN 622-2
  - technische Klassen: HB.H, HB-HLA1 und HB.E
- Mittelharte Holzfaserplatten nach 622-3
  - Technische Klassen: MBL.H, MBH.H, MBH.HLS1, MBH.HLS2, MBL.E und MBH.E
- Poröse Holzfaserplatten nach DIN EN 622-4
  - technische Klassen: SB.H, SB.HLS und SB.E

5.12.4 Holzbearbeitung

Die Bearbeitung des Bauholzes erfolgt durch Abheben von Spänen, vor allem durch Sägen, Bohren, Stemmen und Hobeln.

Voraussetzung für genaues Arbeiten mit Holzbearbeitungswerkzeugen und -maschinen ist sorgfältiges Messen und Anreißen.

Sägen

Die häufigste Sägearbeit ist das Ablängen. Sägen werden auch zum Ausschneiden von Verbindungsformen benötigt.

Neben Handsägen werden auch Sägemaschinen eingesetzt. An Sägemaschinen dürfen Jugendliche über 16 Jahre nur unter Aufsicht eines Fachkundigen arbeiten, soweit es die Berufsausbildung erfordert. Jugendliche unter 16 Jahren dürfen an Sägemaschinen nicht beschäftigt werden.

Beim Arbeiten an Baustellenkreissägen (siehe Abb. 5.12-13) sind folgende Sicherheitsregeln zu beachten:

- Spaltkeil nach Größe und Dicke des Sägeblattes auswählen
- keine rissigen oder verformten Sägeblätter benutzen
- vor Werkzeugwechsel oder vor Wartungs- und Instandhaltungsarbeiten Stecker ziehen.
- jeweils erforderliche Hilfseinrichtungen benutzen:
  - Parallelanschlag
  - Winkelanschlag
  - Keilschneideeinrichtung
  - Schiebestock
- auf richtige Anbringung und Einstellung der Schutzhaube achten
- Tischeinlage auswechseln, wenn beiderseits der Schnittfuge ein Spalt von > 5 mm vorhanden ist
- Standplatz beim Arbeiten seitlich vom Gefahrenbereich
- Splitter, Späne usw. nicht mit der Hand aus dem Bereich des laufenden Sägeblattes entfernen
- vor dem Verlassen des Bedienungsstands die Maschine ausschalten

Für Handkreissägemaschinen (siehe Abb. 5.12-14) gelten folgende zusätzliche Sicherheitsregeln:

- Bei Schnitttiefen von mehr als 18 mm muss die Säge mit einem Spaltkeil ausgerüstet sein; Abstand vom Zahnkranz nicht mehr als 5 mm.
- Schnitttiefe richtig einstellen: bei Vollholz höchstens 10 mm mehr als Werkstückdicke
- Handmaschine nicht mit laufendem Sägeblatt ablegen

Abb. 5.12-13: Baustellenkreissäge

Abb. 5.12-14: Handkreissäge

Abb. 5.12-15: Handkettensäge

- An der Handmaschine muss der gesamte Zahnkranz des Blattes über der Auflage mit fester Verkleidung versehen sein.
- Die Schutzeinrichtung unter der Auflage darf – außer im geschlossenen Zustand – nicht festgestellt werden.

Bei unsachgemäßer Handhabung von Handkettensägen (siehe Abb. 5.12-15) besteht die Gefahr eines Rückschlags, der schwere Verletzungen zur Folge haben kann.

a) Hausbockkäfer b) Holzwespe

Abb. 5.12-16: Tierische Holzschädlinge

Außerdem ist zu beachten:

- vor dem Arbeitsbeginn Wirksamkeit der Kettenbremse prüfen
- nur scharfe Ketten verwenden und so weit spannen, dass sie rundum am Schwert anliegen
- nicht mit Schienenspitze sägen. Rückschlaggefahr!

Beim Arbeiten mit Kettensägen sind Augenschutz, Schutzschuhe und eng anliegende Kleidung zu tragen.

Bohren

Durch Bohren werden Löcher für Befestigungen und Verbindungen hergestellt. Dazu gibt es verschiedene Arten von Bohrern.

Bei der Aufbewahrung der Bohrer sind besonders die schneidenden Teile zu schützen. Zum Bohren werden vorwiegend Bohrmaschinen verwendet.

Stemmen

Stemmarbeiten sind zum Herstellen von Verbindungsformen erforderlich, z. B. von Zapfenlöchern. Als Werkzeuge benötigt man Stemmeisen (Stemmbeitel), dazu Schlagwerkzeuge aus Holz oder Kunststoff (Klopfholz, Holzhammer u. a.). Metallhämmer soll man nicht verwenden, weil dadurch das Heft des Stemmeisens beschädigt wird.

Stemmarbeiten werden auch mit Kettenstemm-Maschinen ausgeführt.

Hobeln

Durch Hobeln soll die Oberfläche der Bauhölzer geebnet und geglättet werden. Außerdem können Hölzer durch Hobeln auf die gewünschten Abmessungen gebracht werden. Besonders beim Hobeln ist zu beachten, dass das Holz 3 Hauptbearbeitungsrichtungen hat (siehe Abb. 5.12-1).

Beim Hobeln werden Späne mit dem Hobelmesser vom Holz abgetrennt. Das Hobeleisen des Handhobels wird in den Hobel fest eingespannt. Die Spandicke beim Hobeln wird beim Festkeilen des Hobelmessers festgelegt.

Hobelarbeiten an Kanthölzern und Balken werden auch mit Handhobelmaschinen (Balkenhobel) ausgeführt. In der Holzwerkstatt kommen Abrichthobelmaschinen und Dickenhobelmaschinen zum Einsatz.

5.12.5 Holzschutz

Holz und Holzwerkstoffe können durch falsche Lagerung, durch unsachgemäßen Einbau, durch Feuer sowie durch tierische oder pflanzliche Schädlinge zerstört werden. Zu unterscheiden sind Schädlinge, die das lebende Holz befallen, und solche, die das Bauholz vor oder nach dem Einbau befallen.

Tierische Schädlinge

Der gefährlichste Feind des Bauholzes ist der Hausbock. Dieser Käfer legt seine Eier in den Rissen und Fugen des Bauholzes ab. Nach wenigen Wochen schlüpfen Larven, die sich sofort in das Holz hineinfressen. Bevor sie sich ver-

a) Echter Hausschwamm b) Bläuepilz

Abb. 5.12-17: Pflanzliche Holzschädlinge

puppen, verbleiben sie 3 bis 10 Jahre im Holz und zerfressen es.

Bauholz kann auch von den Larven des Poch- oder Klopfkäfers befallen werden. Hauptsächlich werden von diesem Schädling jedoch Möbel befallen.

Pflanzliche Schädlinge

Die pflanzlichen Schädlinge des Bauholzes sind Holz bewohnende und Holz zerstörende Pilze.

Die Holz bewohnenden Bläuepilze ernähren sich von den im Holz befindlichen Nähr- und Aufbaustoffen, zerstören jedoch die Holzfasern nur unwesentlich. Von Bläuepilzen befallenes Holz verfärbt sich, Schutz- und Farbanstriche werden vom Holz gelöst.

Der gefährlichste Holz zerstörende Pilz ist der echte Hausschwamm. Er befällt bevorzugt feuchtes Holz an dunklen Stellen mit geringer Luftbewegung. Der Pilz bildet Stränge, die bis zu Fingerdicke anwachsen können, und Fruchtkörper. Die Holzzellen werden zerstört, die Holzsubstanz wird aufgelöst; damit verliert das Holz schnell seine Festigkeit.

Vorbeugender Holzschutz

Holzschutz durch bauliche Maßnahmen (konstruktiver Holzschutz):

In der Holzschutznorm (DIN 68800) wird der baulich konstruktive Holzschutz als zwingende grundsätzliche Maßnahme vorgeschrieben. Es wird die Anwendung aller grundsätzlichen und besonderen Maßnahmen gefordert, die die Anwendung chemischer Holzschutzmaßnahmen bis auf wenige Ausnahmen überflüssig machen.

Grundsätzliche Maßnahmen sind z. B.:

- sorgfältige Planung der Konstruktion
- Einbau von trockenem Holz (Holzfeuchte ≤ 20 %)
- Fernhaltung bzw. schnelle Ableitung von Niederschlagswasser
- Vermeidung von Tauwasser
- ausreichende Belüftung

Reichen grundsätzliche Maßnahmen allein nicht aus, müssen besondere Maßnahmen ergriffen werden, die es erlauben auf chemische Holzschutzmaßnahmen zu verzichten. Dadurch können Bauschäden durch holzzerstörende Insekten vermieden werden.

Besondere Maßnahmen sind z. B.:

- Einsatz von Holz in Räumen mit üblichem Wohnklima (z. B. sichtbarer Dachstuhl) oder
- technisch getrocknetes Holz oder Holzwerkstoffe mit einer Holzfeuchte ≤ 20 % im Gebrauchszustand oder
- allseitig insektenundurchlässige Abdeckung des Holzes oder
- Verwendung von Farbkernhölzern (Douglasie, Lärche, Kiefer, Eiche)

Schutz gegen Feuer

Durch Aufbringen von schaumbildenden Präparaten oder von Feuerschutzsalzlösungen wird das Bauholz schwer entflammbar. Außerdem sind die vorgeschriebenen Sicherheitsabstände zwischen dem Holz und den Schornsteinen einzuhalten.

Bekämpfender Holzschutz

Holzschutz, der erst nach dem Befall des Holzes erfolgt, wird als bekämpfender Holzschutz bezeichnet. In der Regel müssen die stark befallenen Teile entfernt werden. Die noch verbleibenden Teile müssen anschließend mit einem geeigneten Holzschutzmittel behandelt werden. Durch Einbohren von Löchern kann man das Mittel in das Innere der Hölzer einbringen (Bohrlochverfahren).

Umgang mit Holzschutzmitteln

Holzschutzmittel sind giftig. Deshalb dürfen Holzschutzmittel nicht in Räumen eingesetzt werden, die zum Aufenthalt von Personen geplant sind. Die Gebrauchsanweisung des Herstellers ist unbedingt zu beachten. Beim Verarbeiten ist ausreichende Schutzkleidung zu tragen. Nach der Arbeit sind Gesicht und Hände gründlich zu waschen. Vorsicht bei offenen Wunden!

Zusammenfassung

Als Bauholz werden überwiegend Nadelhölzer verarbeitet (Fichte, Kiefer u. a.).

Man unterscheidet beim Schnittholz folgende 3 Schnittebenen: Querschnitt (Hirnschnitt), Radialschnitt (Spiegelschnitt) und Tangentialschnitt (Sehnenschnitt).

Holz quillt und schwindet, es „arbeitet", und zwar in Richtung der Jahresringe bis zu 10 %, in Richtung der Markstrahlen bis zu 5 %, in Faserrichtung nur etwa 0,1 %.

Beim Schnittholz unterscheidet man Latten, Bretter und Bohlen, Kanthölzer und Balken.

Abhängig von den Sortierkriterien werden bei der Sortierung die Sortierklassen S 7, S 10 und S 13 unterschieden.

Nach DIN EN 338 werden Hölzer abhängig von ihrer Tragfähigkeit in die Festigkeitsklassen C16, C24 und C30 unterteilt.

Holzwerkstoffe sind Platten oder Formteile, die aus mehreren Holzlagen, Holzspänen oder -fasern mit einem Bindemittel verklebt sind. Als Holzwerkstoffe gelten beispielsweise OSB-Platten, Sperrholz, Holzfaserplatten und Spanplatten.

Abhängig von den Klimabedingungen gibt es 3 Nutzungsklassen. Die technischen Klassen der einzelnen Holzwerkstoffe dürfen nur in bestimmten Nutzungsklassen angewendet werden.

Beim Einsatz von Holzverarbeitungsmaschinen sind die Vorschriften der Berufsgenossenschaft zu beachten.

Gefährliche Holzschädlinge sind der Hausbockkäfer und der echte Hausschwamm.

Holzschutzmittel sind giftig. Beim Verarbeiten sind die entsprechenden Vorsichtsmaßnahmen zu beachten.

Aufgaben

1. Welche Holzarten werden überwiegend als Bauholz verwendet?
2. Erläutern Sie das „Arbeiten" des Holzes!
3. Erläutern Sie die Sortierklassen des Nadelschnittholzes!
4. Nennen Sie je 2 handelsübliche Querschnittsabmessungen von Latten, Brettern, Bohlen und Kanthölzern!
5. Beschreiben Sie den Unterschied zwischen OSB-Platten, Sperrholzplatten und Spanplatten.
6. Nennen Sie Sicherheitsregeln für das Arbeiten mit Kreissägemaschinen.
7. Nennen Sie die wichtigsten tierischen und pflanzlichen Schädlinge des Bauholzes!
8. Nennen Sie 3 grundsätzliche Maßnahmen des baulich konstruktiven Holzschutzes!
9. Nennen sie 2 besondere Maßnahmen des baulich konstruktiven Holzschutzes!

Tabelle 5.13-1: Arten der Bindemittel

Bindemittel					
Zemente		**Baukalke**		**Baugipse**	**sonstige Bindemittel**
Normzemente	**nicht genormte Zemente**	**Luftkalke**	**hydraulische Kalke**		
Portlandzement Portlandhüttenzement Portlandpuzzolanzement Portlandschieferzement Hochofenzement	z. B. Weißzement Tonerdeschmelzzement	Weißkalk Dolomitkalk	hydraulischer Kalk 2 hydraulischer Kalk 3,5 hydraulischer Kalk 5	z. B. Stuckgips Putzgips	z. B. Mischbinder Putz- und Mauerbinder Anhydritbinder

5.13 Mörtel, Beton, Mauerwerk, Putz

5.13.1 Bindemittel

Zur Herstellung von Mörtel und Beton werden Bindemittel benötigt. Für Mörtel verarbeitet man je nach Verwendungszweck Zemente, Baukalke, Baugipse oder andere Bindemittel. Für Beton werden nur Zemente verarbeitet.

Bindemittel müssen trocken gelagert werden, weil sie durch Eindringen von Feuchtigkeit vorzeitig erhärten und dadurch unbrauchbar werden. Tabelle 5.13-1 gibt einen Überblick über die wichtigsten Bindemittel. Vom Dachdecker werden hauptsächlich Zemente und Baukalke verarbeitet.

5.13.1.1 Zemente

Man unterscheidet Normzemente und nicht genormte Zemente.

Normzemente

Die 3 Hauptarten der Normzemente sind:

- CEM I Portlandzement
- CEM II Portlandkompositzement
- CEM III Hochofenzement

Grundbestandteil aller Normzemente ist Portlandzementklinker. Diesen Stoff gewinnt man dadurch, dass man genau bemessene Anteile von Kalkstein und Tonerde bis zur Sintergrenze (Schmelzgrenze) brennt.

Sonstige Hauptbestandteile der Portlandkompositzemente und der Hochofenzemente sind Hüttensand (granulierte Hochofenschlacke) sowie Puzzolan (z. B. Trassgestein), Flugasche, reich an Kieselsäure, gebrannter Ölschiefer oder Kalkstein. In geringen Mengen wird den Normzementen zur Regelung des Erstarrungsverhaltens noch Calciumsulfat (Gips oder Anhydrit) zugefügt. Tabelle 5.13-2 zeigt die Zusammensetzung der Normzemente.

Neben der Zusammensetzung der Normzemente sind noch ihre Festigkeitsklassen und die entsprechenden Kennfarben zu unterscheiden (siehe Tabelle 5.13-3).

Die Festigkeit des Zementes ist u. a. abhängig von der chemischen Zusammensetzung der Rohstoffe, hauptsächlich aber von der Mahlfeinheit des Zementes. Je feiner der Zement gemahlen ist, desto höhere Druckfestigkeit erreicht er. Die verschiedenen Festigkeiten sind an den Grundfarben der Zementsäcke und an dem Sackaufdruck zu erkennen. Die R-Zemente (32,5 R; 42,5 R; 52,5 R) erreichen schon nach 2 Tagen eine hohe Anfangsfestigkeit.

Tabelle 5.13-2: Zusammensetzung der Normzemente (Beispiele)

Zementart	Kurzzeichen	Portland-zementklinker in %	sonstige Hauptbestandteile		
			Benennung	Kurzzeichen	Anteil in %
Portlandzement	CEM I	90–100	–	–	–
Portlandkompositzement	CEM II/A-S	80–94	Hüttensand	S	6–20
	CEM II/B-S	65–79	21–35		
Hochofenzement	CEM III/A	35–64	Hüttensand	S	36–65
	CEM III/B	20–34	66–80		

Tabelle 5.13-3: Festigkeitsklassen der Normzemente und ihre Kennfarben

Festigkeits-klasse	Druckfestigkeit in N/mm² nach				Kennfarben	
	2 Tagen	7 Tagen	28 Tagen		Sackfarbe	Sackauf-druck
	min.	min.	min.	max.		
32,5 N	–	16	32,5	52,5	hellbraun	schwarz
32,5 R	10	–				rot
42,5 N	10	–	42,5	62,5	grün	schwarz
42,5 R	20	–				rot
52,5 N	20	–	52,5	–	rot	schwarz
52,5 R	30	–				weiß

R = Zemente mit hoher Anfangsfestigkeit
N = Zemente mit normaler Anfangsfestigkeit

Portlandkompositzemente und Hochofenzemente sind widerstandsfähiger gegen chemische Angriffe (verschmutzte, aggressive Wässer u. Ä.) als Portlandzemente. Dagegen haben Portlandzemente eine höhere Anfangsfestigkeit.

Für Dachdeckerarbeiten wird in der Regel Portlandzement 32,5 R verwendet. Wird eine schnellere Verfestigung gewünscht, sollte Portlandzement 42,5 R gewählt werden. Dies kann z. B. bei drohendem Regenwetter oder Frostwetter erforderlich werden.

Tabelle 5.13-4: Arten der Luftkalke

Benennung	Kurzzeichen	Mindestanteil an CaO und MgO
Weißkalk 90	CL 90	90 %
Weißkalk 80	CL 80	80 %
Weißkalk 70	CL 70	70 %
Dolomitkalk 85	DL 85	85 %
Dolomitkalk 80	DL 80	80 %

Tabelle 5.13-5: Arten der hydraulischen Kalke

Benennung	Kurzzeichen	Druckfestigkeit N/mm^2	
		nach 7 Tagen	nach 28 Tagen
hydraulischer Kalk 2	HL 2	–	2,0 bis 7
hydraulischer Kalk 3,5	HL 3,5	min. 1,5	3,5 bis 10
hydraulischer Kalk 5	HL 5	min. 2	5,0 bis 15

Nicht genormte Zemente

Wichtige Arten nicht genormter Zemente sind der Weißzement und der Tonerdeschmelzzement. Weißzement entspricht in der Regel der Festigkeitsklasse 42,5 R. Er zeichnet sich durch seine besonders helle Farbe aus.

Tonerdeschmelzzement ist besonders geeignet für feuerfesten Mörtel und Beton. Er erstarrt sehr schnell. Jedoch darf er für Stahlbetonarbeiten nicht verwendet werden, weil er den Stahleinlagen keinen ausreichenden Rostschutz bietet.

5.13.1.2 Baukalke

Nach den Rohstoffen und der Art der Erhärtung unterscheidet man Luftkalke und hydraulische Kalke.

Luftkalkarten sind Weißkalk (Kurzzeichen CL) und Dolomitkalk (Kurzzeichen DL). Weißkalk wird aus Kalkstein, $CaCO_3$, gewonnen; Dolomitkalk aus Dolomitkalkstein, $CaMg(CO_3)_2$. Die Luftkalke erhärten durch Aufnahme von Kohlendioxid aus der Luft (Carbonaterhärtung).

Als Weißkalk gilt auch Carbidkalk, der bei der Erzeugung von Acetylen aus Calciumcarbid anfällt.

Für hydraulische Kalke verwendet man allgemein das Kurzzeichen HL. Natürliche hydraulische Kalke (Kurzzeichen NHL) werden aus tonhaltigem Kalkstein (Mergel) hergestellt. Hydraulische Kalke mit dem Kurzzeichen NHL-P werden dadurch gewonnen, dass man Luftkalken hydraulische oder puzzolanische Stoffe beimischt (Hüttensand, Trass u. a.).

Hydraulische Kalke verfestigen durch Zusammenwirken von Carbonaterhärtung (wie bei Luftkalken) und hydraulischer Erhärtung (Verbindung von Kalk- und Tonbestandteilen). Je höher der Gehalt an hydraulisch wirkenden Stoffen (Ton, Hüttensand, Trass o. Ä.), desto höher die Festigkeit. Je nach Festigkeit werden unterschieden:

- hydraulischer Kalk 2
- hydraulischer Kalk 3,5
- hydraulischer Kalk 5

Hydraulische Kalke ergeben eine höhere Festigkeit als Luftkalke. Der hydraulische Kalk 5 erreicht von allen Baukalken die höchste Festigkeit.

Dagegen sind die Luftkalke ergiebiger. Die Schüttdichte des Weißkalks beträgt nur etwa 0,5 kg je Liter. Dagegen hat der hydraulische Kalk 5 eine Schüttdichte von etwa 1 kg je Liter. Man kann also mit 50 kg Weißkalkhydrat zweimal so viel Mörtel herstellen wie mit 50 kg hydraulischem Kalk 5.

Handelsformen der Baukalke

Handelsformen der Baukalke sind Stückkalk, Feinkalk, Kalkhydrat und Kalkteig.

Stückkalk und Feinkalk sind ungelöschte Baukalke. Sie müssen vor der Verarbeitung durch Zugabe von Wasser gelöscht werden. Stückkalk ist grobkörniger oder stückiger gebrannter Kalk. Feinkalk ist fein gemahlener gebrannter Kalk. Weil das Löschen des Kalks sehr arbeitsaufwändig ist, werden ungelöschte Kalke heute auf den Baustellen kaum noch verarbeitet.

Kalkhydrat und Kalkteig sind gelöschte Baukalke. Kalkhydrat ist im Werk zu Pulver gelöschter Kalk. Diese Handelsform des Kalks ist sofort verarbeitbar. Kalkteig ist eine Aufschlämmung von gelöschtem Kalk. Er entsteht beim Löschen des Stückkalks und des Feinkalks auf der Baustelle. Alle Baukalkarten werden heute überwiegend als sofort verarbeitbares Kalkhydrat geliefert.

Verarbeitungsanweisungen für Baukalke

Für die Verarbeitung der Baukalke ist stets die auf den Bindemittelsäcken aufgedruckte Verarbeitungsanweisung zu beachten.

Tabelle 5.13-6: Bezeichnung der Zuschläge nach der Korngröße

Kleinstkorn (mm)	Größtkorn (mm)	Bezeichnung für	
		ungebrochene Gesteinskörner	gebrochene Gesteinskörner
0 0 1	0,25 1 4	Feinst- Fein- } Sand Grob-	Feinst- Fein- } Brechsand Grob-
4	32	Kies	Splitt
32	63	Grobkies	Schotter

Bei den hydraulischen Kalken ist meistens eine Frist angegeben, in welcher der angemachte Mörtel verarbeitet sein sollte, z. B.: „Der angemachte Mörtel muss nach 3 Stunden verarbeitet sein."

Wird ein Feinkalk (z. B. Weißfeinkalk) verarbeitet, so ist vor dem Verarbeiten eine Einsumpfdauer oder Mörtelliegezeit einzuhalten. Einsumpfdauer ist die Zeit, die der Kalk nach dem Löschen mindestens ruhen muss, bevor er mit Sand zu sofort verarbeitbarem Mörtel angemacht werden darf. Mörtelliegezeit ist die Zeit, die der mit Wasser angemachte Mörtel vor seiner Verarbeitung liegen muss.

5.13.2 Gesteinskörnungen

Die Gesteinskörnungen bilden das Gerüst des Mörtels und des Betons. Er wird durch das Bindemittel zusammengehalten. Die Festigkeit der Gesteinskörnungen ist meistens größer als die Festigkeit des Bindemittels.

Arten der Gesteinskörnungen

Die wichtigsten Gesteinskörnungen bestehen aus natürlichem Gestein. **Sand** und **Kies** sind Verwitterungsprodukte. Sie gelangen durch Abschwemmungen in Flussläufe und Täler. In den Gegenden, in denen Sand und Kies nicht in der Natur vorkommen, gewinnt man Zuschlag durch Zerkleinerung von Natursteinen zu **Brechsand, Splitt** und **Schotter.**

Die Bezeichnung der verschiedenen Gesteinskörnungen richtet sich nach der **Korngröße.** Gesteinskorn, der durch ein Quadratlochsieb von 4 mm Lochweite hindurchfällt, heißt Sand bzw. Brechsand. Gesteinskorn, der auf diesem Sieb liegen bleibt, heißt Kies bzw. Splitt oder Schotter.

Mörtelsand für Dachdecker-, Maurer- und Putzarbeiten wird meistens in der Korngröße 0 bis 2 mm verarbeitet. Für Beton wird häufig **Kiessand** verarbeitet; das ist ein Gemisch aus Kies und Sand (z. B. in den Korngrößen 0 bis 16 mm oder 0 bis 32 mm).

Anforderungen an die Gesteinskörnungen

Die **Kornzusammensetzung** soll gemischtkörnig sein. Die kleinen Gesteinskörner sollen die Hohlräume zwischen den großen möglichst ausfüllen. Ist in der Kornzusammensetzung zu viel feines oder grobes Korn enthalten, so erreicht der Mörtel oder der Beton eine geringere Festigkeit. Will man mit dieser Kornzusammensetzung eine gleich hohe Mörtel- oder Betonfestigkeit erreichen wie mit einer guten, so lässt sich dies nur bis zu einem gewissen Grade durch einen wesentlich höheren Bindemittelzusatz erreichen.

Die Kornzusammensetzung kann durch einen Siebversuch geprüft werden (siehe Abb. 5.13-1). Hierzu verwendet man einen Siebsatz aus Sieben mit verschiedenen Lochweiten.

Gesteinskörnungen dürfen keine **Verunreinigungen** enthalten. Organische Verunreinigungen (z. B. Mutterboden oder Pflanzenreste) beeinträchtigen den Erhärtungsprozess des Mörtels und des Betons.

Im Sand dürfen Ton und Lehm in geringen Mengen in mehlfeiner Form vorhanden sein. Der Anteil darf höchstens 4 Masse-% des San-

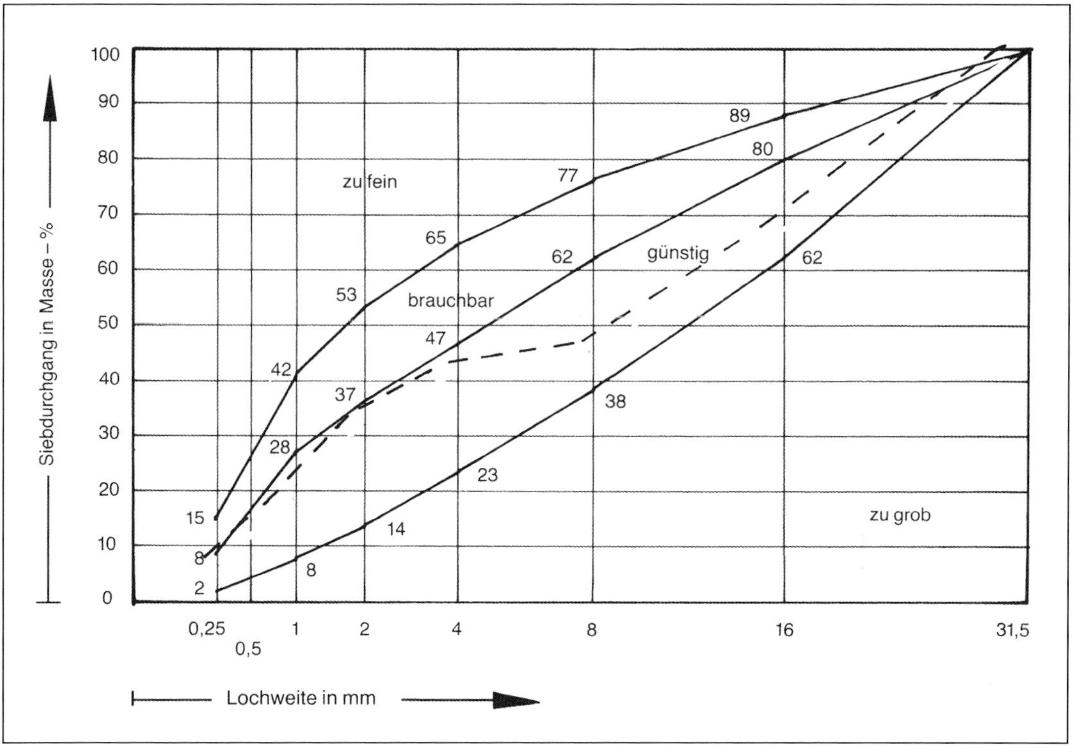

Abb. 5.13-1: Ergebnis eines Siebversuches. Die Sieblinie (– – –) der geprüften Gesteinskörnung liegt im günstigen Bereich.

des betragen. Auf keinen Fall dürfen Ton und Lehm in Klumpenform vorhanden sein oder als Kruste an der Oberfläche der Körner haften.

Die **Kornform** soll gedrungen sein (kugelig oder würfelig). Bei länglicher Kornform ist die Oberfläche aller Körner wesentlich größer, dadurch ist die Verklebung der Körner durch das Bindemittel unvollkommen, oder die Bindemittelmenge muss erhöht werden. Außerdem führt längliches Korn durch Nesterbildung zu Hohlräumen in Mörtel und Beton.

5.13.3 Zusatzmittel und Zusatzstoffe

Grundbestandteile des Mörtels und des Betons sind Bindemittel, Zuschlag und Wasser. Häufig werden zur Mörtel- und Betonbereitung auch noch Zusatzmittel und Zusatzstoffe benötigt.

Durch diese Zusätze werden die Eigenschaften des Mörtels und des Betons dem Verwendungszweck entsprechend verbessert.

Zusatzmittel sind von flüssiger oder fester Form und werden dem Mörtel oder Beton in verhältnismäßig geringen Mengen zugesetzt, sodass sie bei der Mischungsberechnung volumenmäßig nicht berücksichtigt zu werden brauchen. Zusatzmittel sind u. a.:

- Verflüssiger
- Luftporenbildner
- Dichtungsmittel
- Erstarrungsverzögerer
- Erstarrungsbeschleuniger und
- Frostschutzmittel.

Zusatzstoffe sind von fester Form und werden dem Mörtel oder Beton in größeren Mengen zugesetzt als die Zusatzmittel. Daher sind sie in der Regel als Volumenanteile zu berücksichtigen.

Zusatzstoffe sind u. a.: Gesteinsmehl, fein gemahlener Trass und Hochofenschlacke. Auch Farbmittel gehören zu den Zusatzstoffen.

Wichtig ist, dass die Zusatzmittel und die Zusatzstoffe nach Herstellervorschrift sorgfältig verarbeitet werden. Fügt man zu große Mengen hinzu, werden die Mörtel- und die Betoneigenschaften nicht verbessert, sondern verschlechtert.

Zusammenfassung

Genormte Zemente sind Portlandzement, Portlandkompositzement und Hochofenzement. Man unterscheidet die Festigkeitsklassen 32,5 N; 32,5 R; 42,5 N; 42,5 R; 52,5 N und 52,5 R.

Die N-Zemente zeichnen sich durch eine normale Anfangsfestigkeit aus.

Die R-Zemente zeichnen sich durch eine hohe Anfangsfestigkeit aus.

Für Dachdeckerarbeiten wird in der Regel der Portlandzement 32,5 R verwendet.

Bei den Baukalken unterscheidet man Luftkalke und hydraulische Kalke. Luftkalkarten sind Weißkalk und Dolomitkalk. Hydraulische Kalke werden in den Festigkeitsklassen 2 und 3,5 und 5 hergestellt. Hydraulische Kalke ergeben eine höhere Festigkeit als Luftkalke. Dagegen sind die Luftkalke ergiebiger.

Natürliche Gesteinskörnungen sind Sand und Kies. Aus Naturstein künstlich hergestellte Gesteinskörnungen sind Brechsand, Splitt und Schotter.

Die Korngröße von Sand und Brechsand beträgt 0 bis 4 mm. Die Korngrößen von Kies, Splitt und Schotter liegen zwischen 4 und 63 mm.

Für den üblichen Mörtel für Dachdecker-, Maurer- und Putzarbeiten verwendet man Sand mit der Korngröße 0 bis 2 mm.

Gesteinskörnungen sollen gemischtkörnig sein und dürfen keine Verunreinigungen enthalten.

Durch Zusatzmittel und Zusatzstoffe können die Mörtel- und Betoneigenschaften verbessert werden. Sie sind sorgfältig nach Herstellervorschrift anzuwenden.

5.13.4 Mörtel

Mörtel sind Gemische aus Bindemittel, Zuschlägen und Wasser. Soweit es erforderlich ist, müssen noch Zusatzmittel und Zusatzstoffe beigemischt werden.

5.13.4.1 Mörtelherstellung

Auf der Baustelle wird Mörtel von Hand gemischt oder mit der Mischmaschine hergestellt. In immer größerem Umfang wird Mörtel heute von Mörtelwerken als Werk-Vormörtel, Werk-Frischmörtel oder Werk-Trockenmörtel geliefert.

Werk-Vormörtel ist ein Gemisch aus Sand und Luft- oder Wasserkalk als Bindemittel. Auf der Baustelle wird der Mörtel durch Zugabe von Wasser und ggf. zusätzlichem Bindemittel und anderen Stoffen verarbeitbar gemacht.

Werk-Frischmörtel ist ein gebrauchsfertiger Mörtel. Ihm sind häufig abbindeverzögernde Zusätze für Verzögerungszeiten von 24 bis 48 Stunden beigefügt.

Werk-Trockenmörtel ist ein Gemisch der Ausgangsstoffe. Auf der Baustelle ist nur noch Wasser in der vom Hersteller angegebenen Menge zuzusetzen. Zu diesen Mörteln gehört auch der Dachdecker-Fertigmörtel.

Mischungsverhältnis

Bei Mörtelmischungen auf der Baustelle ist stets das vorgeschriebene Mischungsverhältnis einzuhalten. Die Bindemittel und der Sand werden meistens nach Raumteilen abgemessen. Das Mischungsverhältnis Bindemittel : Sand beträgt in der Regel 1 : 3 bis 1 : 4. Ein Zementmörtel im Mischungsverhältnis 1 : 3 besteht also aus 1 Raumteil Zement und 3 Raumteilen Sand (Beispiele in Tabelle 5.13-7 und Tabelle 5.13-8).

Abmessen der Werkstoffe

Enthält der Mörtel zu wenig Bindemittel, so ist er zu **mager.** Es werden nicht alle Sandkörner einwandfrei miteinander verbunden, der Mörtel **sandet.** Wird zu viel Bindemittel verwendet, so wird der Mörtel zu **fett.** Zwischen den Sandkörnern befindet sich eine zu dicke Schicht aus Bindemittelleim. Nach dem Erhärten entstehen Schwindrisse, die die allmähliche Zerstörung des Mörtels begünstigen können.

Um eine einwandfreie und möglichst gleichbleibende Mischung zu erzielen, sollten Bindemittel und Sand stets mit Hohlmaßen abgemessen werden (Eimer, Karren oder Messkästen).

Beim Abmessen des Sandes ist zu beachten, dass Sand je nach Feuchtegehalt ein unterschiedliches Volumen einnimmt: Normal baustellenfeuchter Sand nimmt ein größeres Volumen ein als trockener oder sehr nasser Sand.

Mörtelausbeute: Beim Anmachen des Mörtels mit Wasser tritt ein Volumenverlust ein.

Beispiel

Mischt man 25 Liter Bindemittelpulver und 75 Liter Sand (insgesamt also 100 Liter im Mischungsverhältnis 1 : 3), so verbleiben hiervon nach dem verarbeitungsfertigen Anmachen mit Wasser nur etwa 60 bis 75 Liter. Die Mörtelausbeute beträgt also 60 bis 75 %.

Um 100 Liter fertigen Mörtel zu erhalten, sind also etwa 150 Liter trockene Mörtelbaustoffe (Bindemittelpulver + Sand) erforderlich. Damit genügend trockene Mörtelbaustoffe bereitgestellt werden, ist die gewünschte verarbeitungsfertige Mörtelmenge mit dem Ausbeutefaktor 1,5 zu multiplizieren.

Beispiel

Es werden 80 Liter Weißkalkmörtel im Mischungsverhältnis 1 : 3 benötigt. Bereitgestellt werden müssen 1,5 × 80 Liter, also 120 Liter trockene Mörtelbaustoffe. Da diese 120 Liter aus 1 Teil Weißkalkhydrat und 3 Teilen Sand bestehen müssen, sind 30 Liter Weißkalkhydrat mit 90 Liter Sand zu mischen. Mit Wasser angemacht, ergibt diese Mischung etwa 80 Liter verarbeitungsfertigen Mörtel.

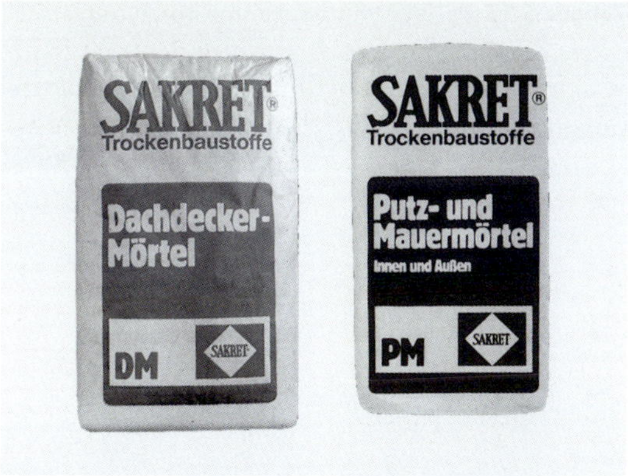

Abb. 5.13-2: Werk-Trockenmörtel (Beispiele)

5.13.4.2 Mörtelarten

Mörtel für Dachdeckungsarbeiten

Für die Vermörtelung von Firsten und Graten ist Kalkzementmörtel zu verwenden. Das Mischungsverhältnis nach Raumteilen soll 2 : 1 : 8 betragen, also 2 Raumteile Kalk, 1 Raumteil Zement und 8 Raumteile Sand. Die Vermörtelung kann auch mit Dachdecker-Fertigmörtel ausgeführt werden.

Auch als Verstrichmörtel für Innenverstrich ist Kalkzementmörtel im Mischungsverhältnis 2 : 1 : 8 zu verwenden. Zur besseren Verarbeitbarkeit können zusätzlich Kalk oder andere Zusatzstoffe beigegeben werden. Die Zusatzstoffe dürfen die Festigkeit und die Beständigkeit des Mörtels nicht beeinträchtigen. Für Innenverstrich kann auch Dachdecker-Fertigmörtel verwendet werden.

Mauermörtel

Dieser Mörtel hat die Aufgabe, die Mauersteine miteinander zu verbinden und im Mauerwerk fest in ihrer Lage zu halten. Bei Maurerarbeiten, die vom Dachdecker auszuführen sind, werden Mörtel der Mörtelgruppen II, IIa oder III verwendet (siehe Tabelle 5.13-7).

Tabelle 5.13-7: Mörtelgruppen und Mischungsverhältnisse für Mörtel in Raumteilen

Mörtelgruppe	Mörtelart	Bindemittel: Luftkalk (Raumteile)	hydraulischer Kalk 2 oder 3,5 (Raumteile)	hydraulischer Kalk 5 (Raumteile)	Zement (Raumteile)	Sand (Raumteile)
I	Luftkalkmörtel	1	–	–	–	3–4
Ia	hydraulischer Kalkmörtel	–	1	–	–	3–4
II	hydraulischer Kalkmörtel Kalkzementmörtel	– 2	– –	1 –	– 1	3–4 8–11
IIa	Kalkzementmörtel	1 –	– –	– 2	1 1	6 8
III	Zementmörtel	0,2	–	–	1	3–4
IIIa	Zementmörtel	–	–	–	1	3–4

Tabelle 5.13-8: Baustoffbedarf für Mörtel

Mörtelart	Mischungsverhältnis	Kalk (Liter)	Zement (Liter)	Sand (Liter)
Kalkmörtel aus Luftkalken	1:3 1:4	400 305	– –	1.200 1.220
Kalkmörtel aus hydraulischen Kalken	1:3 1:4	390 300	– –	1.170 1.200
Kalkzementmörtel	2:1:8 2:1:9 2:1:10	280 260 240	140 130 120	1.120 1.170 1.200
Zementmörtel	1:3 1:4	– –	330 210	1.000 1.050

Putzmörtel

Man unterscheidet zwischen Außenputz und Innenputz. Die in der Tabelle 5.13-7 aufgeführten Mörtelgruppen I bis III sind für Außen- und Innenputze geeignet. Für Innenputze verwendet man außerdem noch Mörtel der Gruppen IV und V (Gips- und Anhydritmörtel).

5.13.4.3 Mörtellagerung und -verarbeitung

In Säcken verpackte Werk-Trockenmörtel jeder Art sind monatelang lagerfähig, wenn sie vor Feuchtigkeit geschützt werden.

Auch Baustellenmörtel aus Luftkalken und Werk-Vormörtel lassen sich lange lagern, da nur an der Oberfläche des Mörtels eine Verfestigung durch Aufnahme von Kohlendioxid erfolgen kann.

Bei Mörteln aus hydraulischen Kalken sind die auf den Kalksäcken aufgedruckten Verarbeitungsanweisungen zu beachten. In der Regel beträgt die Verarbeitungszeit 3 bis 5 Stunden nach dem Anmachen.

Zementmörtel sollen 1 Stunde nach dem Anmachen verarbeitet sein.

Zusammenfassung

Für Mörtelmischungen auf der Baustelle ist das vorgeschriebene Mischungsverhältnis genau einzuhalten. Die Mörtelbaustoffe müssen sorgfältig, möglichst mit Hohlmaßen, abgemessen werden.

Mörtel mit zu geringem Bindemittelgehalt sandet, Mörtel mit zu hohem Bindemittelgehalt bekommt Schwindrisse.

Beim Bereitstellen der Mörtelbaustoffe ist die Mörtelausbeute zu beachten. Sie beträgt 60 bis 75%.

Mörtel aus hydraulischen Kalken und Kalkzementmörtel sind innerhalb von 3 bis 5 Stunden zu verarbeiten. Zementmörtel soll 1 Stunde nach dem Anmachen verarbeitet sein.

Zur Vermörtelung von Firsten und Graten sowie als Verstrichmörtel für Innenverstrich ist Kalkzementmörtel im Mischungsverhältnis 2 : 1 : 8 oder Dachdecker-Fertigmörtel zu verwenden.

5.13.5 Beton und Stahlbeton

Beton ist ein künstliches Gestein, das aus Zement, Gesteinskörnungen und Wasser sowie erforderlichenfalls aus Zusatzmitteln und Zusatzstoffen hergestellt wird. Mit Hilfe geeigneter Schalungen und Formen lassen sich Betonbauteile in beliebiger Form herstellen.

Stahlbeton (bewehrter Beton) hat nicht nur hohe Druckfestigkeit, sondern durch die Stahleinlagen auch hohe Zug- und Biegefestigkeit.

5.13.5.1 Beton-Expositionsklassen, Beton-Druckfestigkeitsklassen

Beton muss so zusammengesetzt sein, dass die Betonbauteile den Einwirkungsbedingungen der Umgebung dauerhaft widerstehen können. Entsprechend den unterschiedlichen Einwirkungen sind 7 Expositionsklassen vorgesehen (siehe Tabelle 5.13-9). Ein Betonbauteil kann mehr als einer der genannten Einwirkungen ausgesetzt sein. Der erforderliche Beton muss dann entsprechend der Kombination der Expositionsklassen zusammengesetzt sein. Einzuhalten sind besonders der maximale Wasserzementwert, der Mindestzementgehalt sowie die vorgeschriebene Druckfestigkeit.

Die Druckfestigkeit von Beton ist zu ermitteln an Prüfkörpern in Zylinderform (150 mm Durchmesser und 300 mm Länge) und in Würfelform (150 mm Kantenlänge).

Beispiel:

Ein Beton der Druckfestigkeitsklasse C 16/20 hat eine Zylinderfestigkeit von 16 N/mm und eine Würfelfestigkeit von 20 N/mm. Man unterscheidet 16 Druckfestigkeitsklassen (von C 8/10 bis C 100/115).

5.13.5.2 Herstellen von Beton

Beim Herstellen von Beton müssen Zement, Gesteinskörner und Wasser unbedingt in der vorgegebenen Menge und Qualität gemischt werden. Wird dies nicht beachtet, so ändert sich die Qualität des herzustellenden Betons wesentlich.

Einfluss des Zementgehalts und der Zementfestigkeitsklasse

Wird der Zementgehalt herabgesetzt oder erhöht, so verringert oder erhöht sich die Betonfestigkeit entsprechend. Mit Zement einer höheren Festigkeitsklasse erreicht man bei Verwendung der gleichen Zementmenge eine höhere Betongüte. Umgekehrt gilt, dass die Zementmenge bei Verwendung einer höheren Zementfestigkeitsklasse entsprechend verringert werden kann. Bei Stahlbeton darf der Zementgehalt je m^3 Beton jedoch 240 kg nicht unterschreiten, um den Rostschutz der Betonstahleinlagen zu gewährleisten.

Einfluss der Kornzusammensetzung

Die höchste Betonfestigkeit wird erreicht, wenn die Sieblinie des Korngemisches im günstigen Bereich liegt. In diesem Bereich stehen feines Korn (Sand) und grobes Korn (Kies) in einem günstigen Verhältnis.

Dies ist für die Verdichtung des Betons von entscheidender Bedeutung. Zu beachten ist, dass

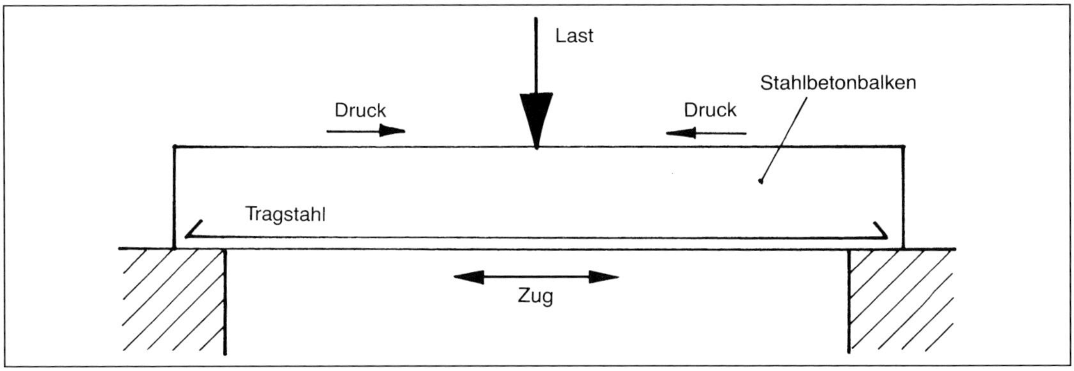

Abb. 5.13-3: Aufnahme der Zugkräfte an der Unterseite eines Stahlbetonbalkens. Zur Balkenbewehrung sind außer den Tragstählen noch andere Stähle erforderlich.

Gesteinskörnungen ohne Feinkornanteile, nicht verdichtet werden können.

Entspricht die Kornzusammensetzung nur dem brauchbaren Bereich, so liegt die Betonfestigkeit niedriger. Durch höheren Zementzusatz kann dieser Nachteil ausgeglichen werden. Ist der Anteil an feinem oder grobem Korn im Zuschlag zu hoch, so ist der Zuschlag für die Betonherstellung nicht brauchbar (siehe Abb. 5.13-1).

Einfluss des Wassergehalts

Bei der Bestimmung der zur Betonherstellung notwendigen Wassermenge ist unbedingt die **Eigenfeuchte des Zuschlags** zu berücksichtigen. Die erforderliche Wassermenge setzt sich zusammen aus der Eigenfeuchte des Zuschlags und dem **Zugabewasser.** Im Frischbeton bildet das Wasser zusammen mit dem Zement den **Zementleim.**

Die Qualität des Zementleims wird durch den **Wasserzementwert** ausgedrückt:

$$\text{Wasserzementwert} = \frac{\text{Wasser (kg)}}{\text{Zement (kg)}}$$

Beispiel

Für 100 Liter Beton werden 30 kg Zement verarbeitet. Eigenfeuchte der Gesteinskörnung und Zugabewasser betragen zusammen 18 kg Wasser.

$$\text{Wasserzementwert} = \frac{\text{18 kg Wasser}}{\text{30 kg Zement}} = 0{,}6$$

Tabelle 5.13-9: Beton-Expositionsklassen

Expositionsklasse	Einwirkungsbedingungen
XO	kein Korrosions- oder Angriffsrisiko
XC	Bewehrungskorrosion, ausgelöst durch Karbonatisierung
XD	Bewehrungskorrosion, verursacht durch Chloride
XS	Bewehrungskorrosion, verursacht durch Chloride aus Meerwasser
XF	Frostangriff mit und ohne Taumittel
XA	Betonkorrosion durch chemischen Angriff
XM	Betonkorrosion durch Verschleißbeanspruchung

Je größer der Wasserzementwert, desto geringer ist die Qualität des Zementleims. Für Stahlbeton soll der Wasserzementwert höchstens 0,75 betragen.

Je nach dem Verwendungszweck wird der Beton steif, plastisch, weich oder fließfähig zubereitet. Diese Steifegrade des Betons nennt man **Betonkonsistenz.** Beton mit plastischer Konsistenz oder weicher Konsistenz erfordert mehr Zementleim als steifer Beton und ist daher entsprechend teurer. Allerdings lässt sich plastischer oder weicher Beton leichter in die Schalung einbringen und verdichten. Für Stahlbeton wird in

Tabelle 5.13-10: Grenzwerte der Expositionsklasse XC zur Vermeidung der Bewehrungskorrosion durch Karbonatisierung

Angriffsstufe der Expositionsklasse	Umgebungsbedingungen	maximaler Wasserzementwert W/Z	Mindestdruckfestigkeitsklasse	Mindestzementgehalt kg/m³
XC 1	trocken oder ständig nass	0,75	C 16/20	240
XC 2	nass, selten trocken			
XC 3	mäßige Feuchte	0,65	C 20/25	260
XC 4	wechselnd nass und trocken	0,60	C 25/30	280

der Regel weicher Beton verarbeitet. Steifer Beton darf für Stahlbeton nicht verarbeitet werden.

Keinesfalls darf man zu steifen Beton nur durch Wasserzugabe weicher machen. Hierdurch würde der Zementleim verdünnt und damit die Betonqualität wesentlich verschlechtert. Ist der Beton für die Verarbeitung nicht weich genug, so müssen stets die Wassermenge und die Zementmenge entsprechend dem gewählten Wasserzementwert erhöht werden.

Hinweis

Faustregel hierfür: Je kg Wasser 2 kg Zement zugeben.

Mischen nach Masseteilen und nach Raumteilen

Bei der Herstellung größerer Mengen sollte Beton stets nach Masseteilen gemischt werden, und zwar mit einer Mischmaschine.

Nur bei der Herstellung kleiner Betonmengen darf nach Raumteilen und von Hand gemischt werden. Hierbei sollte das Mischungsverhältnis, besonders für Beton- und Stahlbetonbauteile im Freien, mindestens 1:4 betragen. Bei Bedarf an kleinen Betonmengen empfiehlt sich auch die Verwendung von Werk-Trockenbeton (entsprechend dem Werk-Trockenmörtel).

Die Ausbeute bei der Betonherstellung ist günstiger als bei der Mörtelherstellung (siehe Kapitel 5.13.4.1). Sie beträgt im Mittel 75 %. Demnach ist bei der Bereitstellung der Baustoffe für die Mischung nach Raumteilen der Ausbeutefaktor 1,33 zugrunde zu legen.

Beispiel

60 Liter Beton in weicher Konsistenz (K 2) sollen im Mischungsverhältnis 1:4 hergestellt werden. Erforderlich sind 1,33 · 60 Liter Baustoffe = 80 Liter. Beim Mischungsverhältnis 1 : 4 sind das 16 Liter Zement und 64 Liter Kiessand. Damit der Beton nicht zu weich wird, ist zunächst ein Teil der Mischung versuchsweise mit Wasser anzumachen. Dabei ist die Eigenfeuchte der Gesteinskörnung zu berücksichtigen.

5.13.5.3 Bewehrung für Stahlbetonteile

Häufig werden Betonbauteile durch Zugkräfte beansprucht. Diese Kräfte können von Betonbauteilen nur aufgenommen werden, wenn sie mit Betonstahl bewehrt werden. Die Bewehrung muss dem Verlauf der Zugkräfte angepasst werden.

Werden die Stahlbetonbauteile nicht am Einbauort betoniert, sondern als **Stahlbetonfertigteile** hergestellt, so ist für die beim Transport auftretenden Beanspruchungen ggf. noch eine Transportbewehrung vorzusehen.

Bei den Betonstählen unterscheidet man **Betonstabstahl** und **Betonstahlmatten.**

Die Oberfläche der Stähle ist gerippt. Durch diese Profilierung wird die Haftung des Betons am Stahl verbessert.

Betonstabstähle werden mit einem Durchmesser von 6 bis 40 mm hergestellt.

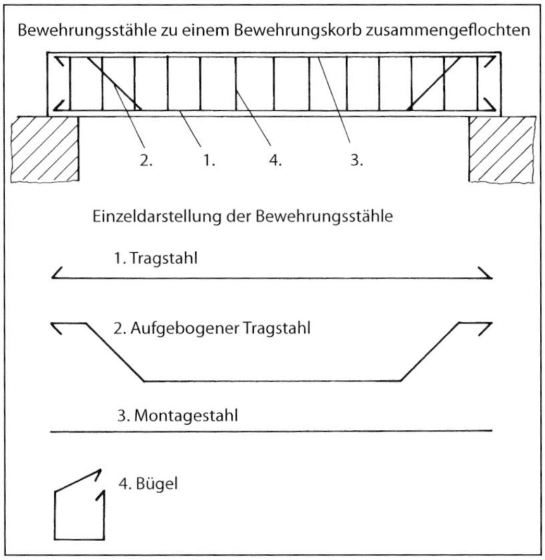

Abb. 5.13-4: Erforderliche Bewehrungsstähle für einen Stahlbetonbalken

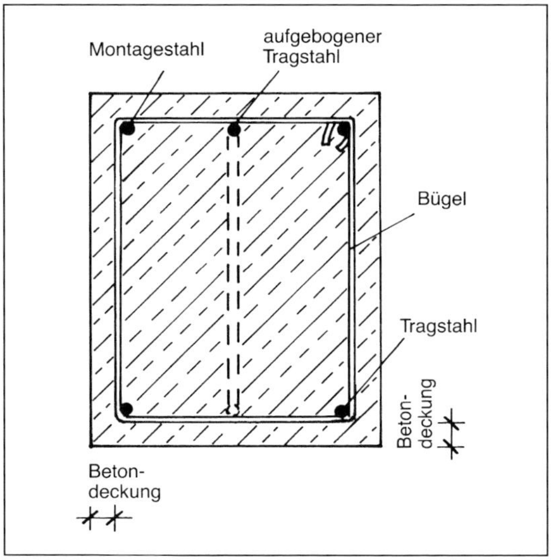

Abb. 5.13-5: Schnitt durch Stahlbetonbalken, Betondeckung

Der Stabstahl wird in 2 Sorten geliefert:

- B500A
- B500B

Für Betonstahlmatten verwendet man Stähle der Betonstahlsorte B500A und B500B. Der Durchmesser der Stähle beträgt 4 bis 14 mm.

Schneiden, Biegen und Verlegen der Stahleinlagen

Bei der Festlegung der **Schnittlänge** der Betonstähle sind die Längenzugaben für Aufbiegungen und Endhaken zu berücksichtigen. Die Längenzugabe für Endhaken beträgt das Zehnfache des Stabdurchmessers. So sind z. B. für 2 Endhaken bei einem 8 mm dicken Betonstahl 2 · 8 mm · 10, also insgesamt 160 mm zuzugeben (siehe Abb. 5.13-4).

Beim Biegen werden die Betonstähle an der Biegestelle außen gereckt und innen gestaucht. Ist der Biegedurchmesser zu klein, so kann der Stahl reißen. Deshalb müssen für das Biegen stets vorgegebene Mindestdurchmesser eingehalten werden.

Nach dem Schneiden und Biegen werden die Betonstähle mit Bindedraht zu Bewehrungsmatten oder Bewehrungskörben verknüpft. Beim Einbau in die Schalung ist darauf zu achten, dass die **Betondeckung** ausreichend ist.

Unter Betondeckung versteht man den Abstand zwischen der Oberfläche der Stahlbetonbauteile und den Stahleinlagen. Für Bauteile im Freien soll die Betondeckung nicht geringer als 20 mm sein (siehe Abb. 5.13-5).

Sind Stahlbetonteile rostfördernden Einflüssen ausgesetzt, so ist die Betondeckung entsprechend zu erhöhen. Um die erforderliche Betondeckung zu gewährleisten, werden an der Bewehrung **Abstandhalter** befestigt. Diese Abstandhalter bestehen aus Kunststoff, Beton oder anderen Werkstoffen.

5.13.5.4 Betonschalungen

Um den Beton- und Stahlbetonbauteilen die gewünschte Form zu geben, sind Formen erforderlich, in denen der Beton erhärten kann. Diese Formen nennt man Schalung.

Schalungen bestehen aus der **Schalungshaut** und aus der **Tragkonstruktion.**

Die beabsichtigte Form und die Oberflächenbeschaffenheit erhalten die Betonbauteile durch die Schalungshaut. Der Druck des Frischbetons wird von der Schalungshaut auf die Tragkonstruktion übertragen. Die Tragkonstruktion steift die Schalungshaut aus und bewahrt sie vor unzulässigen Verformungen beim Einbringen des Frischbetons.

Nach dem Erhärten des Betons muss sich die Schalung leicht wieder entfernen lassen, ohne dass dabei die Schalungselemente oder die Betonbauteile beschädigt werden. Bereits beim Einschalen ist die spätere Reihenfolge des Ausschalens zu berücksichtigen. Dies gilt besonders für Schalungen, die mehrfach wieder benutzt werden sollen.

Als Werkstoff für die Schalungshaut wird vorwiegend Holz verwendet. Je nach der gewünschten Betonoberfläche werden sägeraue oder gehobelte Schalbretter verarbeitet. Für größere Schalungsflächen verwendet man vorgefertigte Schalungsplatten aus Vollholz oder aus Sperrholz. Die Oberflächen der Schalungsplatten werden mit Kunstharzen vergütet. Dadurch können sie häufig eingesetzt werden.

Alle Schalungsflächen, die mit dem Beton in Berührung kommen, sollten mit einem **Trennmittel** behandelt werden. Dadurch wird verhindert, dass der Beton an der Schalungshaut festklebt. Die Betonoberfläche wird nicht beschädigt, und die Schalung lässt sich nach dem Ausschalen leicht reinigen. Keinesfalls darf Trennmittel auf die Stahlbewehrung gestrichen oder gesprüht werden, weil sonst keine Haftung zwischen Beton und Betonstahl zustande kommt.

5.13.5.5 Einbringen und Nachbehandeln des Betons

Vor dem Einbringen des Betons ist die Schalung zu überprüfen. Die Verspannung und Aussteifung der Schalung muss vollständig sein. Sägespäne, Rödeldrahtabfälle usw. sind aus der Schalung zu entfernen. Die Schalung muss ausreichend mit Wasser besprüht werden, damit sie dem Beton nicht das zum Erhärten notwendige Wasser entzieht.

Der Beton ist in nicht zu dicken Schichten in die Schalung einzubringen. Jede Schicht ist durch Stampfen, Rütteln oder Stochern zu verdichten. Unverzüglich sind die nächsten Schichten einzubringen und zu verdichten. Der Beton muss spätestens 1 Stunde nach dem Anmachen eingebracht und verdichtet sein, weil dann der Erhärtungsvorgang beginnt.

Während des Erhärtungsvorgangs darf der Beton nicht erschüttert werden. Außerdem ist darauf zu achten, dass der erhärtende Beton nicht verdurstet. Er ist deshalb feucht zu halten und vor Zugluft und Hitze zu schützen. Gegen starken Regen ist Beton abzudecken. Bei Frostwetter ist der Beton mit wärmedämmenden Materialien zu umhüllen.

Ausgeschalt werden darf erst, wenn der Beton genügend erhärtet ist. Die Ausschalfristen hängen ab von der Zementfestigkeitsklasse, der Betontemperatur während des Erhärtens sowie der Form des Betonbauteils.

Zusammenfassung

Beton wird aus Zement, Gesteinskörnungen und Wasser hergestellt, ggf. werden auch Zusatzmittel und Zusatzstoffe hinzugefügt.

Beton lässt sich durch Schalungen in beliebiger Form herstellen. Die Stahleinlagen geben dem Stahlbeton hohe Zugfestigkeit.

Die Betongüte ist abhängig vom Zementgehalt, der Zementgüte, der Zusammensetzung der Körnung und dem Wasserzementwert, außerdem von der Sorgfalt beim Verdichten und beim Nachbehandeln des Betons.

Die erforderlichen Werkstoffe für den Beton sind genau abzumessen.

Ist der Beton für die Verarbeitung zu steif, so darf er nicht durch Wasser allein weicher gemacht werden. Um den Wasserzementwert einzuhalten, sind Zement und Wasser zuzusetzen.

Betonstähle dürfen beim Biegen nicht unzulässig gestaucht oder gereckt werden. Die Betondeckung der Betonstähle für Bauteile im Freien beträgt mindestens 20 mm. Sie wird beim Betonieren durch Abstandhalter gesichert.

Betonschalungen müssen die vorgeschriebene Form des Bauteils gewährleisten und sich ohne Beschädigung des Betons entfernen lassen.

Während des Erhärtens ist der Beton vor allem vor dem Austrocknen zu schützen.

5.13.6 Mauerwerk

Mauerwerk wird aus Mauersteinen und aus Mauermörtel hergestellt. Als Mauersteine werden heute überwiegend künstliche Mauersteine verwendet. Natursteine haben zur Herstellung von Mauerwerk nur eine untergeordnete Bedeutung.

Der Dachdecker muss einfache Reparaturen am Mauerwerk vornehmen können, z. B. an Schornsteinen, Brandmauern und Gesimsen. Ferner muss der Dachdecker Mauerwerk bei Bauwerksabdichtungen, Außenwandbekleidungen und Wandanschlüssen beurteilen können.

5.13.6.1 Mauersteinarten und -eigenschaften

Man unterscheidet die künstlichen Mauersteine nach

- Rohstoffen, aus denen sie hergestellt werden,
- Frostbeständigkeit,
- Gestalt,
- Druckfestigkeit,
- Rohdichte,
- Abmessungen und Formaten.

Arten der künstlichen Mauersteine nach den Rohstoffen der Steine

Man unterscheidet gebrannte und mit Bindemitteln gefertigte Mauersteine:

Mauerziegel, Klinker und Leichtziegel werden entsprechend den Dachziegeln aus Ziegelerde (Ton, Lehm o. Ä.) gebrannt.

Kalksandsteine, Hüttensteine, Betonsteine, Leichtbetonsteine und Porenbetonsteine werden aus Bindemitteln und Zuschlägen gefertigt.

Frostbeständigkeit der Mauersteine

Als frostbeständig gelten Vormauerziegel und Klinker sowie Kalksand-Vormauersteine und Kalksand-Verblender. Alle anderen Mauersteine sind nicht frostbeständige Hintermauersteine. Außenwände aus solchen Steinen müssen mit einem Außenputz versehen werden.

Abb. 5.13-6: Gestalt von künstlichen Mauersteinen
Oben: Blockziegel, Hohlblockstein
Mitte: Kalksandvollstein mit Griffloch, Kalksandlochstein, Hochlochziegel
Unten: Vollziegel, Kalksandvollstein, gelochte Vollziegel, Langlochziegel

Gestalt der künstlichen Mauersteine

Nach der Gestalt unterteilt man die klein- und mittelformatigen Mauersteine in

- Vollsteine (Vollziegel),
- gelochte Vollsteine (Vollziegel),
- Hochlochsteine (Hochlochziegel),
- Langlochziegel.

Bei den großformatigen Steinen werden nach der Gestalt unterschieden

- Blocksteine (Blockziegel),
- Hohlblocksteine (Hohlblockziegel),
- Wandbauplatten.

Druckfestigkeit und Rohdichte

Künstliche Mauersteine werden in den Druckfestigkeitsklassen 2 bis 60 N/mm^2 gefertigt.

Die Rohdichte eines Mauersteines errechnet man aus der Masse des Steines und seinem Volumen. Zum Volumen gehört auch der Luftraum von Lochungen und Poren. Man unterscheidet die Rohdichteklasse 0,6 bis 2,2 kg/dm^3.

Abmessungen und Formate der Mauersteine

Grundlage für die Abmessungen und Formate der künstlichen Mauersteine ist die Maßordnung im Hochbau. Nach dieser Maßordnung sind die verschiedenen Steinformate aufeinander abgestimmt.

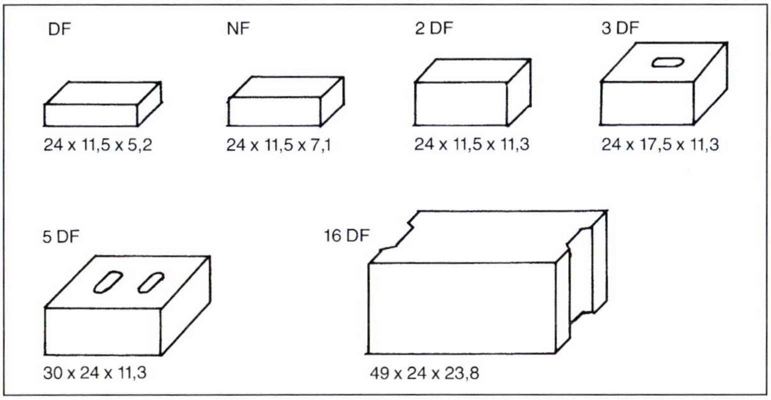

Abb. 5.13-7: Abmessungen und Formate von künstlichen Mauersteinen

Die am meisten verarbeiteten Steinformate sind die in Tabelle 5.13.11 genannten 4 Vorzugsformate (siehe Abb. 5.13-8).

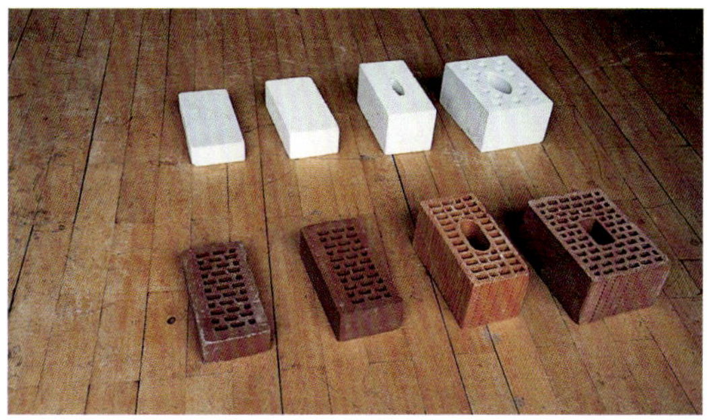

Abb. 5.13-8: Vorzugsformate der Mauersteine (DF, NF, 2 DF, 3 DF). Oben: Kalksandsteine. Unten: Hochlochziegel

Nach dem Verarbeitungsverfahren beim Mauern unterteilt man die Steinformate in Einhandsteine und Zweihandsteine.

Beim Vermauern von Einhandsteinen greift und versetzt man die Steine mit einer Hand. Mit der anderen Hand hält man die Mauerkelle. Bei den Einhandsteinen unterscheidet man kleinformatige und mittelformatige Steine. Kleinformatige Steine sind so klein, dass man sie beim Greifen zum Vermauern mit der Hand überspannen kann. Mittelformatige Steine haben in der Steinmitte ein Griffloch und lassen sich daher ebenfalls mit einer Hand greifen und vermauern. Großformatige Steine (Zweihandsteine) werden mit beiden Händen versetzt.

Tabelle 5.13-11: Formate und Abmessungen von künstlichen Mauersteinen

Formate Gruppen		**Kurzzeichen**	**Abmessungen in cm**		
			Länge	**Breite**	**Höhe**
Kleinformate	Vorzugsformate	1 DF (Dünnformat)	24	11,5	5,2
		NF (Normalformat)	24	11,5	7,1
Mittelformate		2 DF	24	11,5	11,3
		3 DF	24	17,5	11,3
		4 DF	24	24	11,3
		5 DF	30	24	11,3
Großformate		10 DF	30,0	24	23,8
		12 DF	39,5	24	23,8
		16 DF	49,0	24	23,8

5.13.6.2 Herstellen von Mauerwerk

Mauersteinflächen und Fugenarten

Entsprechend der Abb. 5.13-9 sind bei Mauersteinen Lagerflächen, Läuferflächen und Kopfflächen zu unterscheiden.

Die waagerecht liegenden Fugen nennt man Lagerfugen, die senkrechten Fugen heißen Stoßfugen.

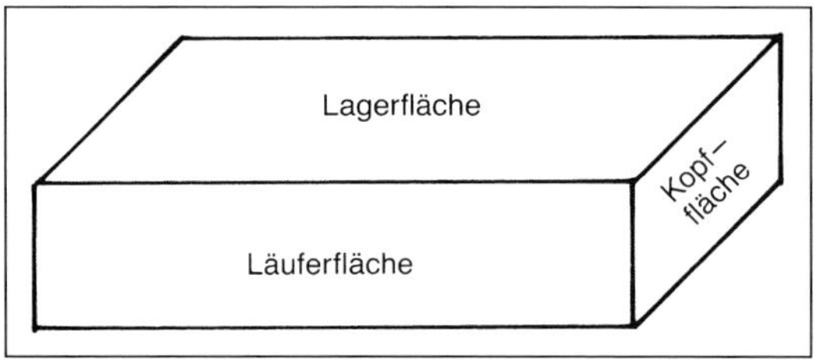

Abb. 5.13-9: Bezeichnung der Mauersteinflächen

Mauerschichten

Die wichtigsten Arten der Mauerschichten zeigt Abb. 5.13-10. Überwiegend werden die Mauersteine als Läufer oder Binder vermauert. Rollschichten werden nur im Sichtmauerwerk angewendet, z. B. als Abschlussschicht (siehe Abb. 5.13-14).

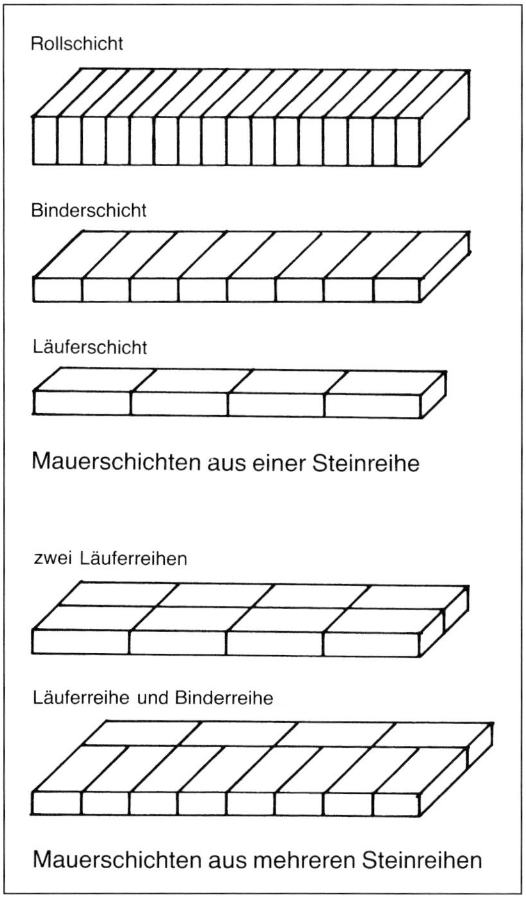

Abb. 5.13-10: Beispiele für Mauerschichten

Teilsteine

Zur Herstellung des Mauerverbandes an den Mauerenden und Mauerecken werden Teilsteine benötigt. Sie werden mit dem Mauerhammer geschlagen. Wird das Mauerwerk verputzt, so können die Abmessungen nach Augenmaß bestimmt werden. Bei Sichtmauerwerk sollte die Länge der Teilsteine angerissen werden (siehe Abb. 5.13-11).

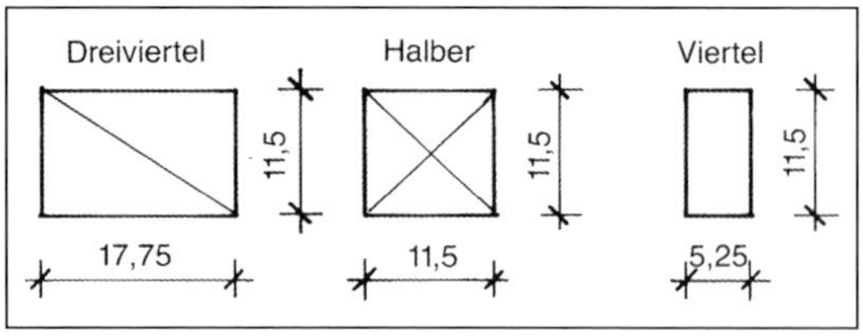

Abb. 5.13-11: Teilsteine für Mauerwerk aus kleinformatigen Mauersteinen

Mauerlängen

Die Maßeinheit für Mauerlängen ist 1 Achtelmeter (= 1 Kopf) = 12,5 cm.

Dieses Maß errechnet sich aus der Breite eines kleinformatigen Steines + 1 cm Stoßfuge. Mauerlängen und Mauerdicken betragen ein Vielfaches dieser Maßeinheit. Bei Außenmaßen ist das errechnete Maß um 1 cm zu vermindern, bei Innenmaßen ist 1 cm hinzuzurechnen (siehe Abb. 5.13-12).

Mauerhöhen

Mauerhöhen ergeben sich aus dem Vielfachen der Schichtenhöhen. Die Höhen der Mauerschichten betragen

25 cm; 25 cm : 2 = 12,5 cm; 25 cm : 3 = 8,33 cm oder 25 cm : 4 = 6,25 cm

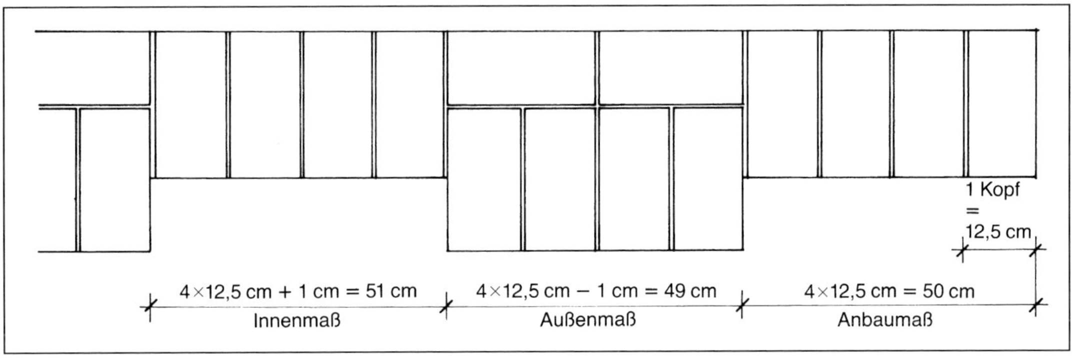

Abb. 5.13-12: Bestimmung der Mauerlängen

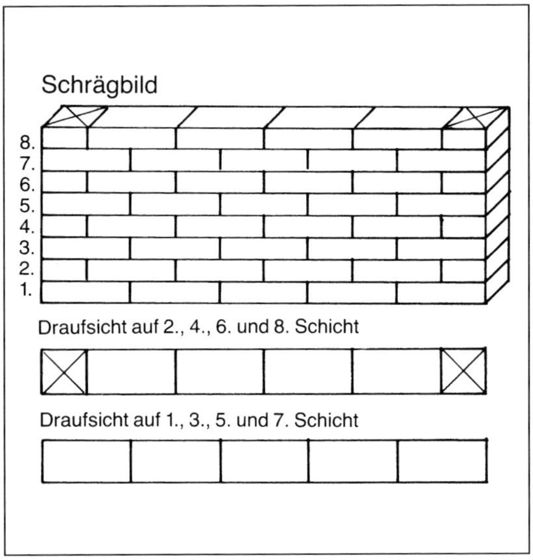

Abb. 5.13-13: 11,5-cm-Mauer aus DF-Steinen im Läuferverband

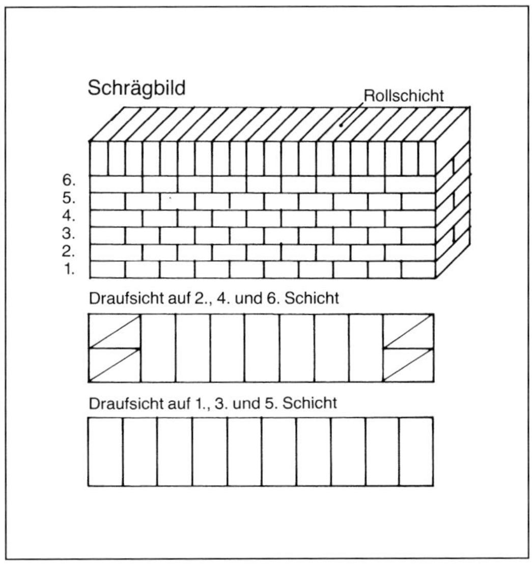

Abb. 5.13-14: 24-cm-Mauer aus DF-Steinen im Binderverband mit Rollschichtabdeckung

Tabelle 5.13-12 zeigt den Zusammenhang zwischen Schichthöhe, Steinhöhe und Fugendicke.

Tabelle 5.13-12: Schichthöhen und Lagerfugendicken im Mauerwerk

Steinformat	DF cm	NF cm	2 DF 3 DF cm	Groß- formate cm
Schichthöhe	6,25	8,33	12,50	25,00
Steinhöhe	5,20	7,10	11,30	23,80
Fugendicke	1,05	1,23	1,20	1,20

Mauerverband

Mauerwerk besteht aus Mauerschichten. Der Mauerverband wird dadurch erzielt, dass die Stoßfugen übereinanderliegender Mauerschichten versetzt werden. Das Überbindemaß muss bei Mauersteinen bis zu einer Steinhöhe von 11,5 cm mindestens 5 cm betragen, bei höheren Steinen mindestens 10 cm.

Das Mauerende und die Mauermitte

Beispiele zum Mauerverband zeigen die Abb. 5.13-13 bis Abb. 5.13-15.

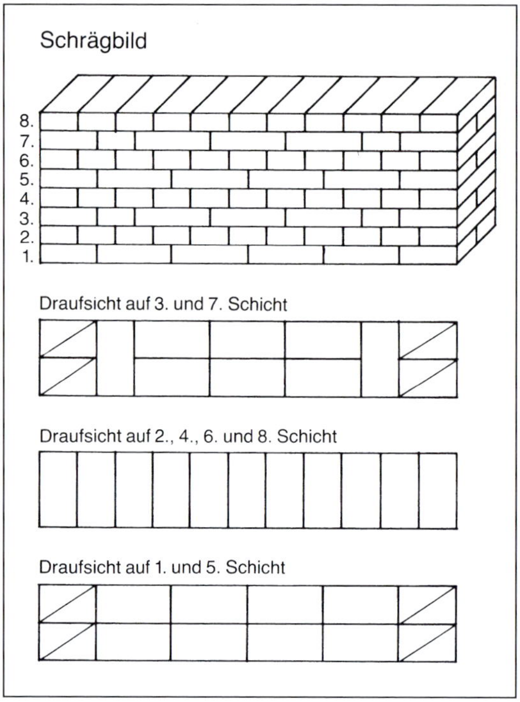

Abb. 5.13-15: 24-cm-Mauer aus DF-Steinen im Kreuzverband (Binder-Läuferverband), Endverband mit Dreivierteln

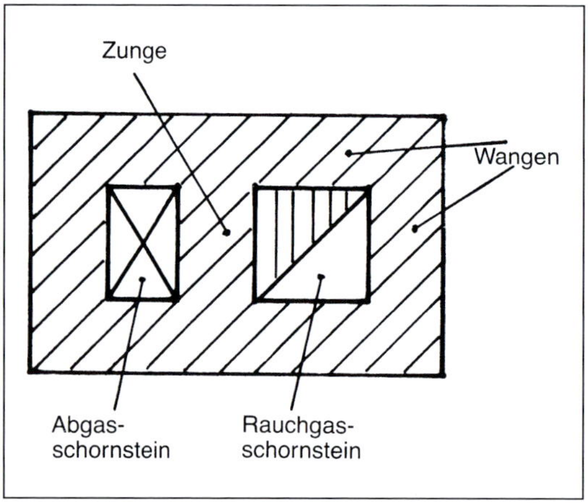

Abb. 5.13-16: Bezeichnung der Symbole für Hausschornsteine

Zuerst werden die Mauerenden gemauert. Die Steine werden mit der Wasserwaage lotrecht und waagerecht eingerichtet. Außerdem ist auf gleichmäßige Schichthöhe zu achten. Anschließend werden die Steine in Mauermitte nach Schnur versetzt. Das Einrichten der Steine mit Wasserwaage und Schnur muss zügig erfolgen, bevor die Steine sich am Mörtel festgesaugt haben, sonst wird die Verbindung zwischen Stein und Fugenmörtel zerstört. Stark saugende Mauersteine müssen ausreichend angenässt werden, damit sie dem Mauermörtel das zum Erhärten notwendige Wasser nicht entziehen.

Schwach saugende Mauersteine sind vor dem Vermauern vor Durchfeuchtung zu schützen. Sie saugen sich sonst nach dem Vermauern nicht fest, das Mauerwerk „schwimmt“, es wird unsauber und uneben.

Für Mauerwerk im Freien sollte nur Mörtel der Mörtelgruppen IIa und III verwendet werden (siehe Tabelle 5.13-7).

Beispiel

Berechnungsbeispiel für Mauerabmessungen

Die Abmessungen der Mauer in Abb. 5.13-15 errechnen sich wie folgt:

$$\text{Mauerlänge} = 10 \cdot 12{,}5\ \text{cm} - 1\ \text{cm} = 124\ \text{cm}$$
$$\text{Mauerbreite} = 2 \cdot 12{,}5\ \text{cm} - 1\ \text{cm} = 24\ \text{cm}$$
$$\text{Mauerhöhe} = 8 \cdot 6{,}25\ \text{cm} = 50\ \text{cm}$$

5.13.7 Hausschornsteine

Hausschornsteine haben die Aufgabe, die Verbrennungsgase von Feuerstätten über das Dach ins Freie abzuführen. Gleichzeitig saugen sie die erforderliche Verbrennungsluft für die Feuerstätte an.

Bei den Hausschornsteinen unterscheidet man Rauchgasschornsteine und Abgasschornsteine. Rauchgasschornsteine dienen zur Ableitung der Verbrennungsgase fester und flüssiger Brennstoffe (Holz, Kohle, Heizöl). Abgasschornsteine leiten die Abgase gasförmiger Brennstoffe ins Freie.

Wrasenabzüge, die Wasserdämpfe (Wrasen) abführen, und Lüftungsschächte zur Ableitung von verbrauchter Luft gelten nicht als Schornsteine.

5.13.7.1 Schornsteinzug

Der Schornsteinzug entsteht durch den Gewichtsunterschied zwischen der im Schornstein befindlichen leichten, heißen Gassäule und der den Schornstein umgebenden schweren, kalten Luftsäule (siehe Abb. 5.13-17).

Der Schornsteinzug kann durch viele Umstände begünstigt oder behindert werden, z. B.:

- Wärmedämmung der Schornsteinwandungen
- Querschnittsform und Größe der Schornstein-Querschnittsfläche
- wirksame Schornsteinhöhe (Feuerstelle bis Schornsteinmündung)
- Lage des Schornsteins im Gebäude
- Windeinwirkung auf die Schornsteinmündung
- Temperatur der Verbrennungsgase im Schornstein und der Außenluft
- Bauart und die Funktionsweise der Feuerstätte

5.13.7.2 Schornsteinversottung

Zur Versottung des Schornsteins kommt es, wenn die Verbrennungsgase so weit abkühlen, dass sie kondensieren. Die Versottung kann besonders im oberen Teil des Schornsteins auftreten. Insbesondere die Verbrennungsgase von Heizöl und Erdgas enthalten viel Wasserdampf. Zusammen mit anderen Bestandteilen der Verbrennungsgase (Schwefeldioxid, Ruß u. a.) bildet der zu Wasser kondensierte Wasserdampf den Sott. Der Sott dringt in die Schornsteinwandungen ein und führt an den Außenseiten des Schornsteins zu hässlichen Verschmutzungen. Durch Versottung können bei längerer Einwirkung auch Schornsteine aus besonders widerstandsfähigen Werkstoffen zerstört werden.

Die Entstehung von Sott wird vor allem durch ausreichende Wärmedämmung der Schornsteinwandungen verhindert. Die Verbrennungsgase kühlen sich dann auf dem Weg ins Freie nur geringfügig ab und kondensieren nicht.

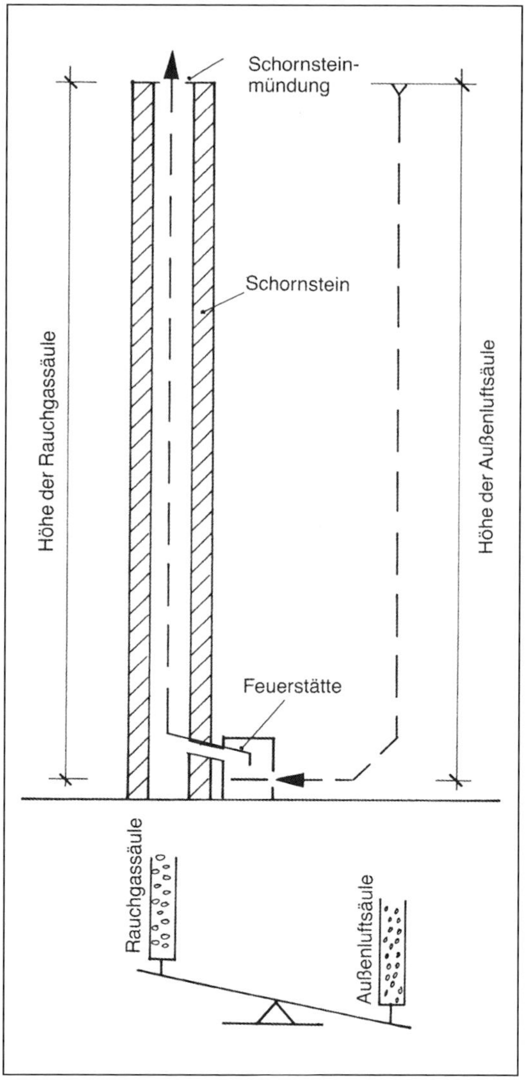

Abb. 5.13-17: Entstehung des Schornsteinzuges. Die heiße Gassäule ist leichter als die kalte Außenluftsäule.

5.13.7.3 Brandschutz

Bauteile aus brennbaren Baustoffen müssen in bestimmten Abständen zu den Schornsteinen angeordnet werden. Die Abstände sind in den Landesbauordnungen festgelegt. Sparren und andere Dachverbandshölzer müssen mindestens 50 mm von den Außenflächen der Schornsteine entfernt sein. Für Bauteile mit geringem Querschnitt, z. B. Dachlatten, genügt ein Abstand von 10 mm. Die Zwischenräume am Schornsteindurchgang durch die Sparrenfelder müssen mit Beton ausgefüllt werden.

Bauteile aus brennbaren Werkstoffen müssen bei einer geringeren Entfernung als 500 mm von Schornsteinreinigungstüren durch Bekleiden mit nicht brennbaren Werkstoffen gegen Entflammen geschützt werden.

5.13.7.4 Schornsteinkopf

Der Schornsteinkopf ist der Schornsteinabschnitt über dem Dach. Er ist der am meisten beanspruchte Teil des Schornsteins. Er wird durch die Witterung und durch die Verbrennungsgase angegriffen. Die Werkstoffe für den Schornsteinkopf müssen deshalb besonders widerstandsfähig sein.

Wegen des Brandschutzes und der Einwirkung auf den Schornsteinzug müssen Schornsteinköpfe die Dächer um ein bestimmtes Maß überragen (siehe Abb. 5.13-18):

- Bei über 20° geneigten Dächern mit hartem Deckmaterial sind mindestens 40 cm einzuhalten.
- Bei weichen Bedachungen (Holzschindeln, Reet u.Ä.) sind mindestens 80 cm vorzusehen.
- Mündet der Schornstein nicht in der Nähe des Firstes, so muss die Schornsteinmündung das Dach mindestens um 1 m überragen.
- Bei Dächern unter 20° Neigung muss der Schornstein mindestens 1,50 m höher geführt werden als das Dach.

Bei der Herstellung oder Reparatur von Schornsteinköpfen ist auch auf eine ausreichende Wärmedämmung zu achten. Schornsteine aus kleinformatigen Mauersteinen haben im Gebäude häufig nur 115 mm breite Wangen. Über dem Dach sollten sie auf 240 mm verstärkt werden (siehe Abb. 5.13-19). Für Mauerwerk am Schornsteinkopf müssen Vormauersteine (möglichst Vollsteine) verwendet werden. Das Verfugen sollte gleich beim Mauern mit dem Mauermörtel erfolgen („Verfugen im eigenen Saft“).

Ein guter Schutz des Schornsteinkopfes wird auch durch eine zusätzliche Wärmedämmschicht und eine Bekleidung mit Schiefer, Faserzementplatten oder einem ähnlichen Werkstoff erzielt (siehe Abb. 5.13-20).

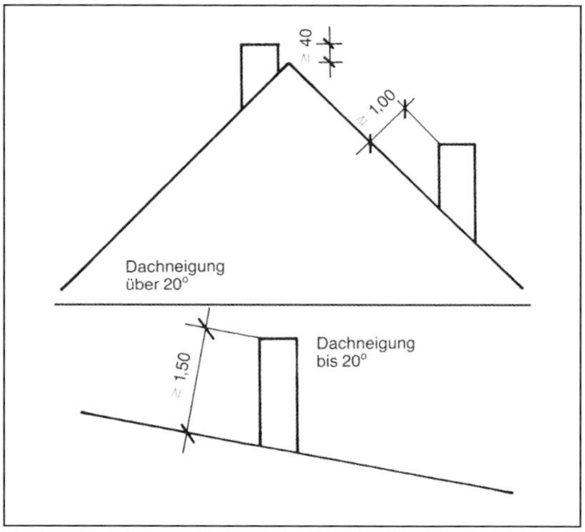

Abb. 5.13-18: Abstand der Schornsteinmündung von der Dachfläche

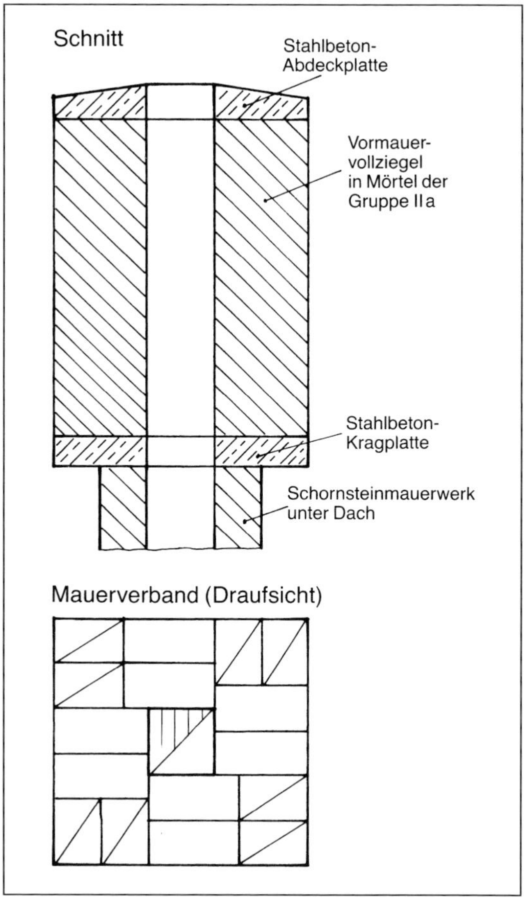

Abb. 5.13-19: Gemauerter Schornsteinkopf, Wangen über Dach auf 240 mm verstärkt

Abb. 5.13-20: Schornsteinkopfbekleidung mit Faserzementplatten

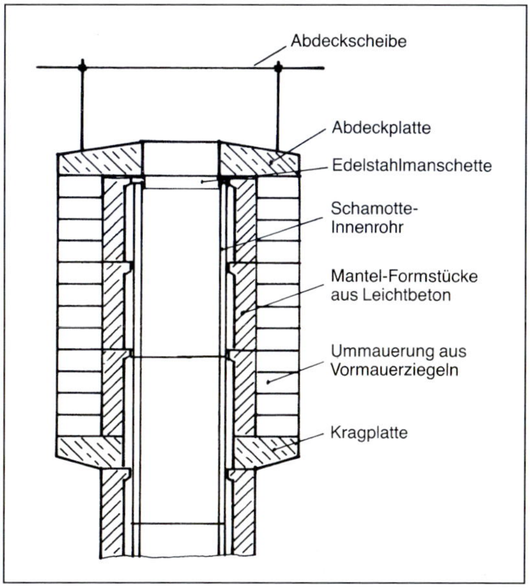

Abb. 5.13-21: Mehrschaliger Schornsteinkopf mit Abdeckscheibe

Neue Hausschornsteine werden meistens als mehrschalige Schornsteine ausgebildet (siehe Abb. 5.13-21).

Der Schornsteinkopf wird oft mit einer **Abdeckplatte** aus Beton abgedeckt. Nach Möglichkeit sollte man im Betonwerk oder auf der Baustelle vorgefertigte Betonplatten verwenden, weil hierbei höhere Betongüten gewährleistet sind.

Wird die Betonplatte direkt auf dem Schornstein betoniert, so ist ein Beton im Mischungsverhältnis 1 : 4 (Raumteile) zu verwenden. Der Beton muss sorgfältig verdichtet und nachbehandelt werden (siehe Abb. 5.13-19 und Abb. 5.13-21).

Fallwinde und Luftwirbel können den Schornsteinzug erheblich beeinträchtigen. Sie bilden sich häufig, wenn sich in der Nähe des Schornsteins höhere Gebäudeteile, hohe Gebäude oder hohe Bäume befinden. Durch eine **Abdeckscheibe** können diese Beeinträchtigungen abgemildert werden. Außerdem schützt die Abdeckscheibe den Schornsteinkopf vor Witterungseinflüssen (siehe Abb. 5.13-21).

Zusammenfassung

Künstliche Mauersteine werden nach Rohstoff, Frostbeständigkeit, Gestalt, Druckfestigkeit, Rohdichte sowie nach Abmessungen und Formaten unterschieden.

Bei Mauerarbeiten des Dachdeckers werden vor allem frostbeständige Vollsteine (Klinker, Mauerziegel und Kalksandsteine) in den Formaten DF oder NF verarbeitet.

Läuferschichten und Binderschichten sind die wichtigsten Arten von Mauerschichten.

Zur Erzielung eines ausreichenden Mauerverbandes ist das Mindestüberbindemaß einzuhalten.

Für Mauerwerk im Freien sollte Mauermörtel der Gruppen IIa oder III verwendet werden.

Die Mauersteine sind nach dem Versetzen sofort mit Wasserwaage oder Schnur einzurichten, sonst wird die Verbindung mit dem Mauerwerk zerstört.

Bei den Hausschornsteinen werden Rauchgasschornsteine und Abgasschornsteine unterschieden.

Der Schornsteinzug entsteht durch den Gewichtsunterschied zwischen der Gassäule im Schornstein und der Außenluftsäule. Er kann durch viele Ursachen verstärkt oder geschwächt werden.

Schornsteinversottung ist meistens die Folge von unzureichender Wärmedämmung der Schornsteinwandungen. Auch im oberen Teil des Schornsteins müssen die Verbrennungsgase so heiß bleiben, dass es zu keiner Kondensatbildung kommt.

Um ausreichenden Brandschutz zu gewährleisten, müssen die vorgeschriebenen Abstände des Schornsteins von brennbaren Bauteilen eingehalten werden.

Schornsteinmündungen müssen die Dachflächen wegen des Windeinflusses und des Brandschutzes um ein bestimmtes Maß überragen. Die Werkstoffe für Schornsteinköpfe müssen widerstandsfähig gegen Verbrennungsgase und Witterungseinflüsse sein.

5.13.8 Wandputz

Als Putz bezeichnet man Mörtelbeläge auf Wänden und Decken. Der Putz gibt den Bauteilen Schutz und bestimmte Oberflächeneigenschaften.

Die Unterscheidung der Putze erfolgt nach

- Putzanwendung (z. B. Wand- und Deckenputz, Innen- und Außenputz),
- Putzart (z. B. üblicher Putz, Wasser abweisender Putz, Wasser sperrender Putz),
- Putzgrund (z. B. Beton, Mauerwerk aus Ziegeln oder Kalksandsteinen),
- Putzweisen (Oberflächengestaltung, z. B. geriebener Putz, Spritzputz, Kratzputz).

Der Dachdecker muss an kleinen Außenwandflächen geriebenen Putz aufbringen oder ausbessern können.

5.13.8.1 Putzgrund

Verschmutzter Putzgrund muss zunächst gereinigt werden. Lose Teile sind abzufegen.

Besteht der Putzgrund aus saugfähigem oder rauem Mauerwerk, so kann der Putzmörtel unmittelbar aufgetragen werden. Mauerwerk aus wenig saugfähigen und glatten Steinen sowie Beton ist zunächst mit einem Spritzbewurf (Zementmörtel im Mischungsverhältnis 1 : 3) zu versehen.

Ungeeigneter Putzgrund (z. B. Holz, Stahl) muss vor dem Putzen mit einem Putzträger versehen werden (z. B. Drahtgewebe, Rippenstreckmetall). Auch Übergänge zwischen verschiedenen Putzgründen (z. B. Mauerwerk und Beton) sollten mit einem Putzträger überdeckt werden.

5.13.8.2 Herstellen von Außenputz

Für Außenputz verwendet man Mörtel der Mörtelgruppen II und III, also Kalkzementmörtel oder Zementmörtel. Für stark beanspruchte Putze werden nur Mörtel der Gruppe III verwendet. Bei der Herstellung von Wasser sperrendem Putz werden dem Mörtel Dichtungsmittel beigemischt.

Die Putzdicke soll bei Außenputz im Mittel 20 mm betragen. In der Regel ist der Außenputz in mehreren Lagen aufzubringen. Die Lagendicke soll möglichst das Dreifache des Mörtelgrößtkornes nicht überschreiten. Die zweite Lage darf erst aufgebracht werden, wenn die erste Lage genügend angezogen ist.

Wird der Putzmörtel zu dick aufgetragen oder zu früh bearbeitet, so kann die Haftung mit der Wand unterbrochen werden und der Mörtel abrutschen. Ist der Putz in genügender Dicke aufgebracht, so wird er mit einer Kardätsche und mit einem Richtscheit abgezogen. Zuletzt wird der Putz mit dem Reibebrett abgerieben. Der Putz soll möglichst im „eigenen Saft" abgerieben werden (also ohne Annässen), jedoch erst nach ausreichendem Anziehen.

Zusammenfassung

Der Putzgrund muss vor dem Putzen ausreichend gereinigt und erforderlichenfalls mit einem Putzträger und/oder mit einem Spritzbewurf versehen werden.

Für Außenputz verwendet man Kalkzementmörtel, bei hoher Beanspruchung Zementmörtel.

Der Putz ist in ausreichender Dicke und in der Regel in mehreren Lagen aufzubringen.

Aufgaben

1. Nennen Sie Arten und Eigenschaften der Zemente.
2. Nennen Sie Arten und Eigenschaften der Baukalke.
3. Welche Anforderungen werden an Gesteinskörnungen für Mörtel und Beton gestellt?
4. Nennen Sie Beispiele für die Anwendung von Zusatzmitteln und Zusatzstoffen für Mörtel und Beton.
5. Was ist beim Herstellen von Mörtel zu beachten?
6. Wie soll der Mörtel für Dachdeckerarbeiten zusammengesetzt sein?
7. Wie lange können die verschiedenen Mörtelarten gelagert werden?
8. Welche Eigenschaften sollen die Gesteinskörnungen für Mörtel und Beton aufweisen?
9. Welchen Einfluss auf die Betonfestigkeit haben die Zementmenge und die Zementgüteklasse?
10. Welche Bedeutung für die Betonfestigkeit hat der Wasserzementwert?
11. Welche Aufgaben haben Betonstähle?
12. Welche Aufgabe hat die Betondeckung der Betonstähle? Wie wird sie erreicht?
13. Was ist beim Einbringen des Betons in die Schalung zu beachten?
14. Welche Regeln gelten für das Nachbehandeln und das Ausschalen des Betons?
15. Welche Abmessungen haben die Mauersteinformate DF und NF?
16. Welche künstlichen Mauersteine gelten als frostbeständig?
17. Skizzieren Sie folgendes Mauerwerk aus DF-Steinen in Vorderansicht und Draufsicht (1.und 2. Schicht) im M : 12,5 (1 Achtelmeter = 1 cm)
    a) 11,5 cm Mauer : 1,49 m lang und 0,50 m hoch
    b) 24 cm Mauer : 1,49 m lang und 0,50 m hoch.
18. Wie entsteht der Schornsteinzug? Wodurch kann er verstärkt oder geschwächt werden?
19. Welche Ursachen hat die Versottung von Schornsteinen? Wie kann sie verhindert werden?
20. Welche Brandschutzvorschriften sind beim Durchfahren des Schornsteins durch den Dachstuhl zu beachten?
21. Was ist beim Herstellen oder beim Ausbessern von Schornsteinköpfen zu beachten?
22. Welche Vorteile bieten Schornsteinabdeckscheiben?
23. Wie muss der Putzgrund zum Putzen vorbereitet werden?
24. Welche Mörtelarten verwendet man für Außenputze?
25. Was ist beim Herstellen des Putzes zu beachten?

6 Arbeitsschutz, Unfallverhütung und Gerüste

6.1 Organisatorische Maßnahmen

6.1.1 Leitung, Aufsicht, Unterweisung

Dachdeckerarbeiten müssen von fachlich geeigneten Vorgesetzten geleitet werden. Diese haben für die vorschriftsmäßige Durchführung der Arbeiten zu sorgen.

Dachdeckerarbeiten müssen von Aufsichtführenden beaufsichtigt werden. Aufsichtführender ist, wer die Durchführung von Dachdeckerarbeiten zu überwachen und für die arbeitssichere Ausführung zu sorgen hat. Er muss dafür ausreichende Kenntnisse und Erfahrungen besitzen und weisungsbefugt sein.

Der Unternehmer hat die Mitarbeiter über die Gefahren bei ihren Tätigkeiten zu informieren und über die Maßnahmen zu ihrer Abwendung zu unterweisen. Die Unterweisung ist vor Aufnahme der Beschäftigung und danach in angemessenen Zeitabständen, mindestens jedoch einmal jährlich durchzuführen.

6.1.2 Mängelmeldung

Stellt ein Mitarbeiter fest, dass eine Einrichtung, ein Arbeitsverfahren oder das Arbeitsmaterial sicherheitstechnisch nicht einwandfrei ist, hat er dies dem Aufsichtführenden unverzüglich zu melden, falls er den Mangel nicht selbst beseitigen kann.

6.2 Maßnahmen vor Arbeitsbeginn

6.2.1 Gefahren durch bestehende Anlagen

Vor Beginn von Bauarbeiten ist eine Gefährdungsbeurteilung durchzuführen, d. h., es ist zu ermitteln, ob im vorgesehenen Arbeitsbereich Umstände vorhanden sind, durch die Personen gefährdet werden können.

Gefahren können z. B. von Kran- und Förderanlagen, Rohrleitungen oder elektrischen Anlagen ausgehen. In Abstimmung mit dem Eigentümer oder Betreiber der Anlage und/oder dem Sicherheits- und Gesundheitskoordinator (SiGeKo) sind die erforderlichen Sicherungsmaßnahmen festzulegen oder durchzuführen. Bei unvermutetem Antreffen von entsprechenden Anlagen sind die Bauarbeiten sofort zu unterbrechen. Der Aufsichtführende ist zu verständigen.

Bei Arbeiten in der Nähe von elektrischen Freileitungen (auch Fahrleitungen elektrischer Bahnen, Stromschienen, Hausanschlüssen) sind Schutzmaßnahmen durchzuführen gegen das Berühren der unter Spannung stehenden Leitungen durch Personen, Werkzeuge, Geräte u. a.

Als Schutzmaßnahmen kommen in Betracht: Abdecken, Abschranken (siehe Abb. 6.2-1 bis 6.2-2) sowie das Herstellen eines spannungsfreien Zustandes durch den Energieversorger.

Tabelle 6.2-1 zeigt die erforderlichen Schutzabstände.

Tabelle 6.2-1: Schutzabstände

Nennspannung	Schutzabstand
bis 1.000 V	1 m
über 1 kV bis 110 kV	3 m
über 110 kV bis 220 kV	4 m
über 220 kV bis 380 kV oder bei unbekannter Nennspannung	5 m

Abb. 6.2-1: Abdecken

Abb. 6.2-2: Abschranken

Die Werte für die Schutzabstände dürfen auch beim Ausschwingen von Leitungsseilen, Lasten, Trag- und Lastaufnahmemitteln nicht unterschritten werden.

6.2.2 Elektrische Anlagen und Betriebsmittel

Werden bei Dachdeckerarbeiten elektrische Betriebsmittel mit Netzanschluss verwendet, müssen diese über einen besonderen Speisepunkt nach DIN-Vorschrift betrieben werden.

Elektrische Betriebsmittel sind z. B. elektrisch betriebene Bauaufzüge und Bohrmaschinen. Als besonderer Speisepunkt gilt ein Baustromverteiler oder ein Kleinstbaustromverteiler.

Als ortsveränderliche Leitungen müssen zugelassene Gummischlauchleitungen nach DIN-Vorschrift verwendet werden.

6.2.3 Bekämpfung von Entstehungsbränden

Werden bei Dachdeckerarbeiten Heiz-, Bitumenschmelzgeräte oder Aufschweißbrenner (siehe Abb. 6.2-3) sowie Lötgeräte eingesetzt, sind an der jeweiligen Arbeitsstelle mindestens Feuerlöschgeräte nach Tabelle 6.2-2 vorzuhalten. Feuerlöschgeräte (siehe Abb. 6.2-4) sind mindestens alle 2 Jahre und nach jedem Einsatz von einem Sachkundigen auf Funktionsfähigkeit zu überprüfen.

Abb. 6.2-3: Aufschweißgerät

Abb. 6.2-4: Feuerlöschgerät

Tabelle 6.2-2: Vorzuhaltende Feuerlöscher

Löschmitteleinheiten in Abhängigkeit von der Grundfläche der Arbeitsstätte	
Grundfläche bis ... m²	**Löschmitteleinheiten [LE]**
50	6
100	9
200	12
300	15
400	18
500	21
600	24
700	27
800	30
900	33
1000	36
je weitere 250	plus 6

6.2.4 Sichern von Gefahrbereichen

Bauarbeiten dürfen nicht gleichzeitig an übereinanderliegenden Stellen ausgeführt werden, sofern nicht die unten liegenden Arbeitsplätze und Verkehrswege gegen herabfallende, abgleitende oder abrollende Gegenstände und Massen geschützt sind.

Schutz gegen herabfallende Gegenstände und Massen ist gegeben, wenn über den unteren Arbeitsplätzen und Verkehrswegen ausreichend bemessene Abdeckungen, Gerüstbeläge, Schutzdächer (siehe Abb. 6.2-5) o. Ä. vorhanden sind.

Werkzeug und Kleinmaterial sollen zur Verhinderung des Herabfallens in geeigneten Behältern mitgeführt und aufbewahrt werden.

Bereiche, in denen Personen durch herabfallende, abgleitende oder abrollende Gegenstände gefährdet werden können, sind zu kennzeichnen und erforderlichenfalls abzusperren oder durch Warnposten zu sichern.

Abb. 6.2-5: Schutzdächer

Schütttrichter über Arbeitsplätzen und Verkehrswegen sind so auszubilden, dass niemand durch überschüttetes Material getroffen werden kann. Müssen Gegenstände und Massen abgeworfen werden, ist der Gefahrenbereich ebenfalls abzusperren oder durch Warnposten zu überwachen.

6.2.5 Umgang mit Gefahrstoffen

Ermittlungspflicht

Vor der Verarbeitung von Werkstoffen muss festgestellt werden, ob es sich um einen Gefahrstoff im Sinne der **Gefahrstoffverordnung** handelt. Zur Information ist die entsprechende **TRGS** (Technische Regel Gefahrstoffe) heranzuziehen, außerdem die **Produktinformation** und das **Sicherheitsdatenblatt** des Lieferanten. In Zweifelsfällen gibt die Berufsgenossenschaft der Bauwirtschaft Auskunft. Sie hat dafür das Gefahrstoff-Informationssystem – GISBAU – eingerichtet. Gefahrstoffe verfügen über bestimmte Eigenschaften (siehe Tabelle 6.2-3).

Tabelle 6.2-3: Eigenschaften und Kennzeichnung von Gefahrstoffen

Gefahren-piktogramm	z. B. für folgende Eigenschaften	Wirkung	Beispielhafte Schutzmaßnahmen
 Totenkopf mit gekreuzten Knochen (GHS06)	akut toxisch	Stoffe und Gemische, die durch Aufnahme durch Verschlucken, über die Haut und/oder durch Einatmen äußerst schwere akute oder schwere akute Gesundheitsschäden oder Tod bewirken.	Schutzhandschuhe/Schutzkleidung/Augenschutz/Gesichtsschutz tragen. Bei Exposition sofort Arzt anrufen. Staub/Rauch/Gas/Nebel/ Dampf/Aerosol nicht einatmen. Kein Kontakt mit Haut, Augen und Kleidung. An einem gut belüfteten Ort aufbewahren. Behälter dicht verschlossen halten.
 Gesundheitsgefahr (GHS08)	krebserzeugend, fruchtbarkeitsschädigend	Stoffe und Gemische, die bekanntermaßen krebserzeugend oder fruchtbarkeitsschädigend beim Menschen sind.	Schutzhandschuhe/Schutzkleidung/Augenschutz/Gesichtsschutz tragen. Staub/Rauch/Gas/Nebel/Dampf/Aerosol nicht einatmen. Bei Exposition sofort einen Arzt hinzuziehen. Kein Erbrechen hervorrufen. Unter Verschluss aufbewahren.
	organschädigend	Stoffe und Gemische, die die Körperfunktionen wie Organe und Gewebe beeinträchtigen, ohne zum Tod zu führen.	
	aspirationstoxisch	Feste oder flüssige Stoffe und Gemische, die beim Eindringen in die Lunge Lungenschäden hervorrufen und zum Tod führen können.	
	atemwegssensibilisierend	Stoffe und Gemische, die eine Überempfindlichkeit der Atemwege wie Asthma verursachen.	
 Ätzwirkung (GHS05)	hautätzend, schwer augenschädigend	Stoffe und Gemische, die die Haut zerstören/verätzen. Stoffe und Gemische, die das Augengewebe oder das Sehvermögen schädigen.	Schutzhandschuhe/Schutzkleidung/Augenschutz/Gesichtsschutz tragen. Nicht in die Augen, auf die Haut oder auf die Kleidung gelangen lassen. Bei Kontakt mit der Haut oder den Augen einige Minuten lang mit Wasser ausspülen.
	metallkorrosiv	Stoffe und Gemische, die gegenüber Metallen korrosiv sind und diese beschädigen oder zerstören.	In korrosionsbeständigem Behälter mit widerstandsfähiger Innenauskleidung aufbewahren.
 Ausrufezeichen (GHS07)	reizend, hautsensibilisierend	Stoffe und Gemische, die die Haut, die Augen und/oder die Atemwege reizen und/oder eine allergische Hautreaktion wie z. B. juckender Hautausschlag, Schuppungen, Bläschen auslösen.	Bei Berührung mit der Haut oder den Augen mit viel Wasser waschen. Bei anhaltender Augenreizung einen Arzt hinzuziehen. Beim Einatmen die Person an die frische Luft bringen und für ungehinderte Atmung sorgen.
	narkotisierend	Stoffe und Gemische, die eine narkotisierende Wirkung (Schläfrigkeit, Benommenheit, Schwindel) haben.	
	Ozonschicht schädigend	Stoffe und Gemische, die die Ozonschicht schädigen.	Freisetzung in die Umwelt vermeiden.
 Flamme (GHS02)	entzündbare Flüssigkeiten, Feststoffe und Gase, Aerosole, selbsterhitzungsfähige Stoffe/Gemische	Stoffe und Gemische, die extrem entzündbar, leicht entzündbar oder entzündbar sind. Stoffe und Gemische, die sich selbst an der Luft erhitzen und in Brand geraten.	Von Hitze, heißen Oberflächen, Funken, offenen Flammen und anderen Zündquellen fernhalten. Nicht rauchen. Maßnahmen gegen elektrostatische Entladungen treffen. Explosionsgeschützte elektrische Geräte verwenden. Vor Sonnenbestrahlung schützen. An einem gut belüfteten Ort aufbewahren. Kühl halten.

Tabelle 6.2-3: Eigenschaften und Kennzeichnung von Gefahrstoffen (Fortsetzung)

Gefahren-piktogramm	z. B. für folgende Eigenschaften	Wirkung	Beispielhafte Schutzmaßnahmen
 Explodierende Bombe (GHS01)	explosiv	Instabile oder stabile explosive Stoffe und Gemische sowie Erzeugnisse mit Explosivstoff	Von Hitze, heißen Oberflächen, Funken, offenen Flammen und anderen Zündquellen fernhalten. Nicht rauchen. Nicht schleifen/stoßen/reiben. Bei Brand: Umgebung räumen. Explosionsgefahr.
 Flamme über einem Kreis (GHS03)	brandfördernd (oxidierend)	Stoffe und Gemische, die die Verbrennung anderer Materialien verursachen oder begünstigen.	Von Kleidung und brennbaren Materialien fernhalten und entfernt aufbewahren. Mischen mit brennbaren Stoffen unbedingt verhindern.
 Gasflasche (GHS04)	unter Druck stehende Gase	Verdichtete, verflüssigte, gelöste und tiefgekühlt verflüssigte Gase	Schutzhandschuhe mit Kälteisolierung und Augen- und Gesichtsschutz tragen. Vor Sonnenbestrahlung schützen. An einem gut belüfteten Ort aufbewahren.
 Umwelt (GHS09)	akut und chronisch gewässergefährdend	Stoffe und Gemische, die sehr giftig, giftig oder schädlich für Wasserorganismen mit kurz- und/oder langfristiger Wirkung sind.	Freisetzung in die Umwelt vermeiden. Inhalt und/oder den Behälter fachgerecht entsorgen. Verschüttete Mengen aufnehmen und entsorgen.

Kennzeichnung, Lagerung

Gebinde oder Verpackungen von gefährlichen Arbeitsstoffen müssen folgende Sicherheitskennzeichnung tragen:

- Bezeichnung des Stoffes oder der Zubereitung
- Gefahrensymbol und zugehörige Gefahrenbezeichnung
- Gefahrenhinweise
- Sicherheitsratschläge
- Hersteller oder Lieferant

Gefährliche Stoffe und Zubereitungen sind so aufzubewahren oder zu lagern, dass sie die Gesundheit und die Umwelt nicht gefährden. Beim Umfüllen von Originalgebinden in andere Behälter müssen diese wie das Originalgebinde gekennzeichnet sein.

Seit dem 1. Juni 2015 müssen die Kennzeichnungen für Gemische (z. B. Quellschweißmittel) nach der GHS/CLP-Verordnung vom 20. Januar 2009 auf neue Kennzeichnungselemente (Piktogramme) umgestellt sein.

Beschäftigungsbeschränkungen

Jugendliche dürfen je nach Eigenschaft des Gefahrstoffes nur mit der Verarbeitung beschäftigt werden,

- wenn ein Fachkundiger die Aufsicht führt bzw.
- erst ab 16 Jahren unter Aufsicht eines Fachkundigen, wenn der Umgang mit diesen Stoffen zur Erreichung des Ausbildungszieles erforderlich ist.

Betriebsanweisung Nr.: 06/2015 | Betrieb:
Gemäß §14 Gefahrstoffverordnung
Baustelle / Tätigkeit Druckdatum: 15.06.2015

Quellschweißmittel, Basis Tetrahydrofuran
Tätigkeiten mit Stoffen, die im Verdacht stehen, Krebs erzeugen zu können!

Signalwort: Gefahr

Das Quellschweißmittel besteht überwiegend aus Tetrahydrofuran, es können auch andere Lösemittel wie Cyclohexanon enthalten sein. Diese Information bezieht sich überwiegend auf den Gehalt an Tetrahydrofuran und die Verarbeitung im Flachdachbereich.

Gefahren für Mensch und Umwelt

Einatmen kann zu Gesundheitsschäden führen. Vorübergehende Beschwerden (Schwindel, Kopfschmerzen, Konzentrationsstörungen) möglich. Reizt die Atemwege, Augen, Haut. Krebserzeugende Wirkung von Tetrahydrofuran wird vermutet! Das Produkt ist leicht entzündbar. Vorsicht mit leeren Gebinden, bei Entzündung Explosionsgefahr! Eindringen in Boden, Gewässer und Kanalisation vermeiden!

Schutzmaßnahmen und Verhaltensregeln

Arbeiten bei Frischluftzufuhr, vor allem im Bodenbereich! Von Zündquellen fernhalten! Nicht rauchen! Keine offenen Flammen! Kriechende Dämpfe können in größerer Entfernung zur Entzündung führen! Nur ex-geschützte und funkenfreie Werkzeuge verwenden! Verspritzen vermeiden! Gefäße nicht offen stehen lassen! Vorratsmenge auf einen Schichtbedarf beschränken! Berührung mit Augen, Haut und Kleidung vermeiden! Nach Arbeitsende und vor jeder Pause Hände gründlich reinigen! Verunreinigte Kleidung wechseln! Straßenkleidung getrennt von Arbeitskleidung aufbewahren! Beschäftigungsbeschränkungen beachten!
Augenschutz: Korbbrille!
Handschutz: Handschuhe aus Nitril nur als Spritzschutz verwenden. Handschuhe aus Polyvinylalkohol sind ebenso begrenzt (als Spritzschutz) geeignet. Der Handschutz ist besonders zu beachten, da Inhaltsstoffe auch durch die Haut in den Körper gelangen können! Das empfohlene Handschuhmaterial ist nicht wasserbeständig. Bei Feuchtigkeitskontakt sind die Handschuhe unverzüglich zu wechseln.
Hautschutz: Da dem ausgewiesenen Handschuhmaterial nur eine begrenzte Schutzfunktion zukommt, ist der Hautschutz besonders wichtig. Für alle unbedeckten Körperteile fetthaltige Hautschutzsalbe verwenden
Körperschutz: Antistatische Schutzkleidung, z.B. Kleidung aus Baumwolle!

Verhalten im Gefahrenfall

Mit saugfähigem unbrennbaren Material (z.B. Kieselgur, Sand) aufnehmen und entsorgen! Produkt ist brennbar, geeignete Löschmittel: Kohlendioxid, Löschpulver, Wasser im Sprühstrahl! Bei Brand in der Umgebung Behälter mit Sprühwasser kühlen!
Zuständiger Arzt:
Unfalltelefon:

Erste Hilfe

Bei jeder Erste-Hilfe-Maßnahme: Selbstschutz beachten und umgehend Arzt verständigen.
Nach Augenkontakt: 10 Minuten unter fließendem Wasser bei gespreizten Lidern spülen oder Augenspüllösung nehmen. Immer Augenarzt aufsuchen!
Nach Hautkontakt: Verunreinigte Kleidung sofort ausziehen. Mit viel Wasser und Seife reinigen. Keine Verdünner!
Nach Einatmen: Frischluft!
Nach Verschlucken: Kein Erbrechen auslösen, nichts zu trinken geben.
Ersthelfer:

Sachgerechte Entsorgung

Nicht in Ausguss oder Mülltonne schütten! Zur Entsorgung sammeln in:
Produktreste:

Abb. 6.2-6: Betriebsanweisung für Gefahrstoff (Beispiel)

Betriebsanweisung

Vor der Verarbeitung eines gefährlichen Arbeitsstoffes ist eine schriftliche Betriebsanweisung bereitzustellen. Die Betriebsanweisung muss folgende Angaben enthalten:

- Bezeichnung des Gefahrstoffes
- Gefahren für Mensch und Umwelt
- Schutzmaßnahmen und Verhaltensregeln
- Verhalten im Gefahrenfall
- Erste Hilfe
- sachgerechte Entsorgung

Die Beschäftigten müssen vor dem Arbeitseinsatz anhand der Betriebsanweisung unterwiesen werden (siehe Abb. 6.2-6).

6.2.6 Asbest

Die Bezeichnung Asbest resultiert aus dem altgriechischen Wort ἄσβεστος → asbestos und wird mit „unvergänglich" am treffendsten übersetzt. Bevor die Gesundheitsgefahren, die von Asbest ausgehen, bekannt wurden, galt es als „Wunderfaser". Im Jahr 1993 wurde die Herstellung und Verwendung von Asbest in Deutschland dann generell verboten; 2005 folgte das Verbot in der Europäischen Union. Weltweit wird Asbest jedoch weiterhin abgebaut und in vielen Produkten verwendet. Hierzu zählen nicht nur Bauprodukte, sondern auch Alltagsgegenstände wie etwa Thermoskannen.

Mineralogisch handelt es sich bei Asbest um faserförmige, silikatische Mineralien, die aus Magnesium und eisenhaltigen magmatischen Ausgangsgesteinen über komplizierte Reaktionsmechanismen unter hohem Druck und bei hohen Temperaturen entstanden sind.

Aufgrund der hohen Gesundheitsgefährdung dürfen Arbeiten an asbesthaltigen Produkten nur von geschulten Personen ausgeführt werden. Diese müssen eine Schulung nach der sog. TRGS 519-Richtlinieerfolgreich absolviert haben. Die Richtlinie beschreibt die Anforderungen nach der Gefahrstoffverordnung.

Dachdecker kommen bei Reparaturarbeiten und Sanierungen immer wieder mit asbestbelastetem Material in Berührung, denn innerhalb Deutschlands wurde vor allem in den 1970er- und 80er-Jahren Asbest in Form von Asbestzement verbaut.

Tätigkeiten mit Asbest dürfen nur von Fachbetrieben durchgeführt werden, die über eine geeignete sicherheitstechnische und organisatorische Ausstattung sowie entsprechend geschultes und Personal verfügen. Hierbei sind Arbeitsverfahren auszuwählen sowie technische Schutzmaßnahmen umsetzen, durch die eine Asbestfaserfreisetzung bestmöglichst minimiert wird. Eine Verschleppung von Asbestfasern und eine Gefährdung anderer Personen muss ausgeschlossen werden. Zum persönlichen Schutz werden u. a. Schutzmasken (mindestens partikelfiltrierende Halbmasken nach FFP2-Schutzklasse oder Halbmasken mit P2-Filter)sowie Schutzanzüge der Kategorie III (mindestens Typ 5-6) eingesetzt (siehe Abb. 6.2-7).

Abb. 6.2-7: Asbest-Schutzausrüstung

6.3 Arbeitsplätze

Arbeitsplätze für Dacharbeiten müssen so eingerichtet und beschaffen sein, dass sie ein sicheres Arbeiten gewährleisten, und zwar entsprechend

- der Art der baulichen Anlage,
- den wechselnden Bauzuständen,
- den Witterungsverhältnissen und
- den jeweils auszuführenden Arbeiten.

Arbeitsplätze für Dacharbeiten sind nach Tabelle 6.3-1 auszuwählen.

Auf Absturzsicherung und Auffangeinrichtungen kann bei einer Absturzhöhe bis 3,00 m an Arbeitsplätzen und Verkehrswegen auf Dächern und Geschossdecken mit bis zu 22,5° Neigung und nicht mehr als 50 m² Grund-

Tabelle 6.3-1: Arbeitsplätze bei Dacharbeiten

	Ort/Art der Tätigkeit	I	II	III	IV
		Arbeitsplätze bei Dachneigungen von			
		≤ 22,5 °	> 22,5 ° ≤ 45 °	> 45 ° ≤ 60 °	> 60 °
A	Aufrichten von Dachstühlen	1/4/5/9	1/4/5/9	4/5/9	4/5/9
B	Dachlatten nach Abschnitt 3.1.7	1	1	1/4	1/4
C	Schalung	1	1/2/8/**	2/3/8	2/4/5
D	Dachdeckungen	1	2/3/8/**	2/3	2/4/5
E	Dachabdichtung	1	2/3/4/**	2/3/4	2/4/5/7
F	Metallfläche	1	2/3/4	2/3/4	2/4/5
G	Dachrinnenmontage, Ortgangbekleidung	4/5/9	4/5/9	4/5/9	4/5/9
H	Dachrinnenreinigung	1	4/5/6/9	4/5/6/9	4/5/6/9
I	Abbrucharbeiten	1	2/3*	2/3*	2/4/5

* bei Dachdeckungsprodukten aus nicht durchsturzsicheren Bauteilen, wie z. B. Faserzement-Wellplatten, alte Dacheindeckungen oder Dachlatten, die nicht den Anforderungen der Tabelle 3 entsprechen.

** bei rauen Oberflächen und Dachdeckungen, die eine ausreichende Standsicherheit gewährleisten, darf auf einen besonderen Arbeitsplatz verzichtet werden

1. kein besonderer Arbeitsplatz erforderlich
2. Dachdecker-Auflegeleiter für Dachneigungen bis 75 °, siehe Abschnitt 3.1.9
3. Dachdeckerstühle, siehe Abschnitt 3.1.10
4. Gerüste siehe TRBS 2121-1 „Gefährdung von Beschäftigten durch Absturz bei der Verwendung von Gerüsten" und DGUV Information 201-011 „Verwendung von Arbeits-, Schutz- und Montagegerüsten"
5. Fahrbare Hubarbeitsbühnen siehe DGUV Regel 100-500 „Betreiben von Arbeitsmitteln" DGUV Regel 100-500 mit Kapitel 2.10 „Betreiben von Hebebühnen" und DGUV Informationen 208-019 „Sicherer Umgang mit fahrbaren Hubarbeitsbühnen"
6. Anlegeleitern siehe TRBS 2121-2 „Gefährdung von Beschäftigten bei der Verwendung von Leitern" und DGUV Information 208-016 „Die Verwendung von Leitern und Tritten"
7. Hochziehbare Personenaufnahmemittel dürfen nur im Ausnahmefall verwendet werden, siehe Betriebssicherheitsverordnung
8. Standlatten mit Abmessungen nach Abschnitt 3.1.7 oder Standöffnung in der Schalung Abschnitt 3.1.7
9. Fahrbare Gerüste nach DIN 4420-3 und fahrbare Arbeitsbühnen nach DIN EN 1004

fläche verzichtet werden. Die Arbeiten sind von fachlich qualifizierten und körperlich geeigneten Beschäftigten, die besonders unterwiesen sind, auszuführen (DGUV Information 201-054).

6.3.1 Gelattete Dachflächen als Arbeitsplätze

Befinden sich die Arbeitsplätze auf gelatteten Dachflächen, müssen die Dachlatten mindestens der Sortierklasse S 10 TS nach DIN 4074-1 entsprechen. Der Lattenquerschnitt ist in Abhängigkeit von den Sparrenabständen nach Tabelle 6.3-2 zu wählen. Gelattete Dachflächen für Dachziegel oder Dachsteine gelten als geschlossene Flächen, wenn folgende Kriterien eingehalten werden:

- die Regelquerschnitte, die max. Stützweite und die Holzqualität entsprechen Tabelle 6.3-2,
- der lichte Abstand der Dachlatten beträgt nicht mehr als 0,40 m,
- die Dachneigung ist größer als 22,5°.

Tabelle 6.3-2: Bewährte Nennquerschnitte von Dachlatten

Nennquerschnitt (mm)	max. Stützweite in m	Sortierklasse nach DIN 4074-1*	farbliche Kennzeichnung
30/50	bis 0,80	S 10 TS/ S 10	rot
40/60	bis 1,00	S 10 TS/ S 10	rot

* Abweichungen von den Nennquerschnitten dürfen nach DIN EN 336:1995-04 höchstens −1/+3 mm betragen (bezogen auf u = 20 % Holzfeuchte)

Bei einem lichten Abstand der Dachlatten über 0,40 m muss zusätzlich eine fachgerecht eingebaute Unterspannbahn mit einer Zugfestigkeit von ≥ 450 N/50 mm eingebaut werden.

6.3.2 Auflegeleitern

Dachdeckerauflegeleitern müssen in Werkstoff und Verarbeitung den Regeln der Technik entsprechen. Die Leiterlänge beträgt in der Regel 3 m, der Sprossenabstand (von Achse zu Achse gemessen) 280 mm. Für Leitern aus Holz sind als Schutzüberzüge nur durchscheinende Anstriche zulässig.

Dachdeckerauflegeleitern dürfen nur in fachgerecht befestigte Sicherheitsdachhaken eingehängt werden. Sie sind mit einer Sprosse mittig im Dachhaken einzuhängen. Zum Einhängen darf nicht die oberste Sprosse benutzt werden. Dabei muss der Standplatz unterhalb des Aufhängepunktes liegen. Das Einstellen in Dachrinnen ist nicht erlaubt.

Dachdeckerauflegeleitern dürfen höchstens mit einer Mannlast von 1,5 kN belastet werden. Bei Dachneigungen über 75° ist die Verwendung von Auflegeleitern nicht zulässig. Sind zusätzlich Anseilsicherungen erforderlich, dürfen nur Auffanggurte zum Einsatz kommen.

Die Regellänge der Dachleitern beträgt 3 m, jedoch können auch längere Leitern verwendet werden. Mehrere Leitern können durch Verbindungsmittel miteinander verbunden werden. Ein Leitergang länger als 5 m ist nicht zu empfehlen.

Dachdeckerauflegeleitern sind gegen schädigende Einflüsse zu schützen. In beschädigtem oder behelfsmäßig instand gesetztem Zustand dürfen sie nicht verwendet werden.

Sicherheitsdachhaken

Sicherheitsdachhaken unterscheiden sich von den früher gebräuchlichen Dachhaken durch eine geschlossene Öse unmittelbar über der Dachhaut, die als Anschlagpunkt bei einer notwendigen Anseilsicherung dient. Außerdem werden jetzt die Regelausführungen A und B unterschieden. Die Ausführung A ist wie bisher für Beanspruchungen in Richtung der Sparrenachse einzusetzen. Die Regelausführung B kann auch rechtwinklig zur Sparrenachse beansprucht werden; sie wird z. B. am Ortgang eingesetzt. Am Zugang zur Dachfläche ist ein zugelassener Dachhaken als Anschlagpunkt in maximaler Höhe von 60 cm zur Traufe anzubringen.

Die von Sicherheitsdachhaken aufzunehmenden Kräfte müssen sicher in ausreichend tragfähige Bauteile abgeleitet werden. Holzsparren müssen aus Vollholz bestehen. Beim Einbau von Sicherheitsdachhaken ist die Montageanleitung des Herstellers unbedingt zu beachten. Die Haken müssen mit einem Herstellerkennzeichen dauerhaft gekennzeichnet sein, das so angebracht ist, dass es auch nach dem Einbau des Hakens leicht abgelesen werden kann. Sicherheitsdachhaken dürfen nicht gleichzeitig von mehreren Personen als Anschlagpunkt für Anseilsicherung benutzt werden. Falls sie durch Auffangeinrichtungen beim Absturz von Personen belastet wurden, sind sie vom Dach zu entfernen und durch neue zu ersetzen.

6.3.3 Dachdeckerarbeitsgerüste mit Dachdeckerstühlen

Zur Herstellung dieser Gerüste sind Dachdeckerstühle (Dachschlitten, Dachböcke) erforderlich. Sie werden aus astfreiem Buchenholz oder aus Stahl hergestellt und müssen dem Merkblatt „Dachdeckerstühle“ der Berufsgenossenschaften entsprechen.

① Absteckdorne der Verstelleinrichtungen zur Anpassung an verschiedene Dachneigungen gegen unbeabsichtigtes Lösen sichern.
② Belagträger mit einer mindestens 60 mm hohen Aufkantung verwenden, die ein Abrutschen der Belagbohle verhindert.
③ Sicherheitsdachhaken nach DIN EN 517 verwenden.
④ Nur Belagbohlen mit einem Mindestquerschnitt von 45/240 mm verwenden.

Abb. 6.3-1: Dachdeckerarbeitsgerüst mit Dachdeckerstühlen

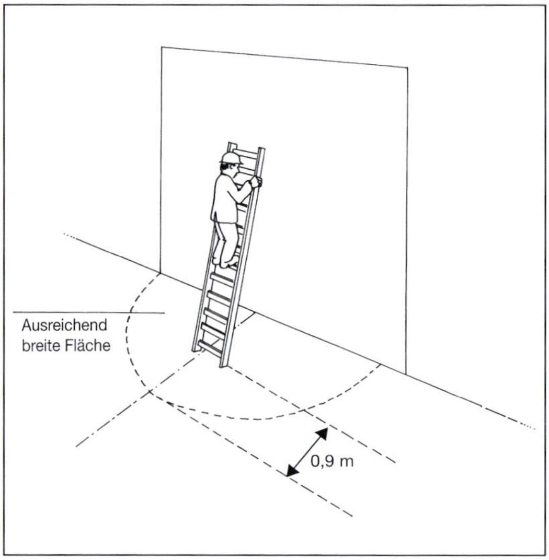

Abb. 6.3-3: Anlegeleiter

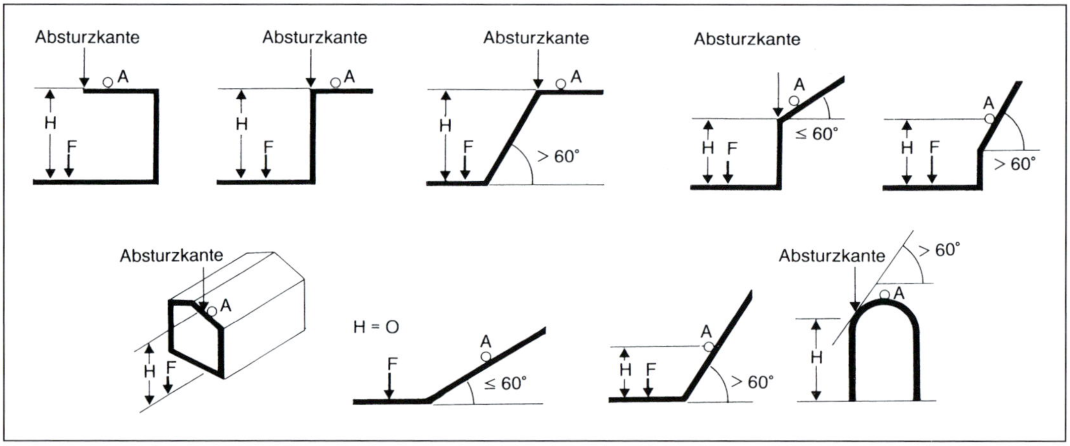

Abb. 6.3-2: Berechnung der Absturzhöhen:
>H< = senkrechter Höhenunterschied zwischen dem Arbeitsplatz >A< bzw. der Absturzkante und der Auftrefffläche >F<

Jeder Stuhl muss an einem ausreichend bemessenen Tragmittel, z. B. Sicherheitsseil nach DIN, an fachgerecht befestigten Sicherheitsdachhaken oder anderen ausreichend festen Bauteilen befestigt werden. Der zulässige Höchstabstand der Stühle untereinander beträgt 2,50 m. Als Belag sind mindestens 45 mm dicke und 240 mm breite Bohlen (Sortierklasse S10) zu verwenden. Er darf höchstens mit 150 kg belastet werden. An Dachdeckerstühlen dürfen Geländerpfosten für Seitenschutz wegen der durch sie entstehenden Kippgefahren nicht angebracht werden.

6.3.4 Anlegeleitern

Anlegeleitern dürfen bis zu einer Standhöhe von 5 m für Arbeiten geringen Umfangs verwendet werden.

Arbeiten geringen Umfangs sind z. B.:

- Montage von Regenfallrohren
- Reinigen von Dachrinnen bis 20 m Gesamtlänge
- Montage von Dachrinnen bis 5 m Gesamtlänge

Außerdem ist zu beachten, dass

- bei einem Standplatz von mehr als 2 m Höhe die von der Leiter auszuführenden Arbeiten nicht mehr als 2 Stunden umfassen,
- das Gewicht des mitzuführenden Werkzeugs und Materials 10 kg nicht überschreitet,
- keine Gegenstände mit einer Windangriffsfläche über 1 m^2 mitgeführt werden,
- keine Stoffe oder Geräte benutzt werden, von denen für den Beschäftigten zusätzliche Gefahren ausgehen,
- Arbeiten ausgeführt werden, die keinen größeren Kraftaufwand erfordern als den, der zum Kippen der Leiter ausreicht, und
- der Beschäftigte mit beiden Füßen auf einer Sprosse steht.

Zusätzliche Hinweise für Leitern als Verkehrswege

- Leitern als Aufstiege zu Arbeitsplätzen nur bei geringer Gefährdung und geringer Verwendungsdauer einsetzen und wenn dabei
  - der zu überbrückende Höhenunterschied ≤ 5 m ist,
  - sie als Gerüstinnenleiter max. zwei Gerüstlagen verbindet.

6.3.5 Hochziehbare Personenaufnahmemittel

Werden für Arbeiten an und auf Dachflächen hochziehbare Personenaufnahmemittel eingesetzt, gelten dafür die Sicherheitsregeln für hochziehbare Personenaufnahmemittel. Als Personenaufnahmemittel zählen Personenförderkörbe allgemein, Personenförderkörbe für Bohrungen, Arbeitsbühnen mit zwei Anschlagmittel sowie Arbeitssitze. Arbeitskörbe und Arbeitssitze müssen Anschlagpunkte für die Aufnahme von Sicherheitsgeschirren aufweisen.

6.4 Verkehrswege

Arbeitsplätze auf Baustellen müssen über sicher begehbare oder befahrbare Verkehrswege zu erreichen sein. Verkehrswege sind stets freizuhalten; Werkstoffe, Werkzeuge usw. dürfen nicht herumliegen.

Laufstege und Leitern sind in ausreichendem Umfang bereitzustellen.

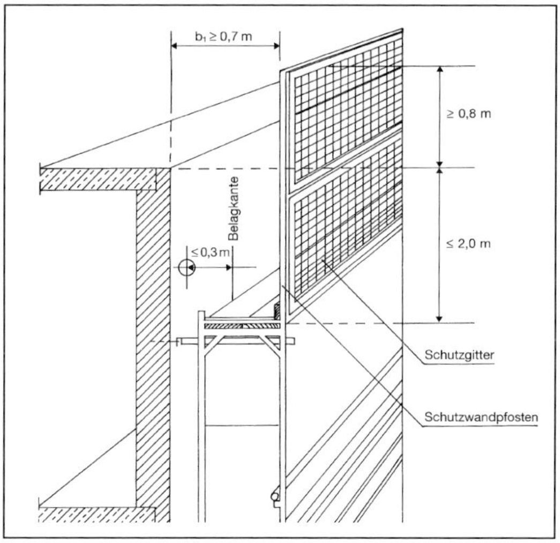

Abb. 6.5-1: Beispiel für Flachdachsicherungssystem

Laufstege müssen mindestens 0,50 m breit sein. Sie müssen Trittleisten haben, wenn sie steiler als 1:5 sind (ca. 11° Neigung). Sie müssen Stufen haben, wenn sie steiler als 1: 1,75 sind (ca. 30° Neigung).

Leitern dürfen nur als Aufstiege verwendet werden, wenn

- der zu überbrückende Höhenunterschied nicht mehr als 5 m beträgt,
- der Aufstieg nur für kurzzeitige Bauarbeiten benötigt wird,
- sie in Gerüsten als Gerüstinnenleitern eingebaut werden, die nicht mehr als 2 Gerüstlagen miteinander verbinden.

6.5 Absturzsicherungen

6.5.1 Absturzsicherungen für Arbeitsplätze und Verkehrswege auf Dächern

Beträgt die Absturzhöhe bei Arbeitsplätzen und Verkehrswegen auf Dächern mehr als 2 m, so müssen Einrichtungen vorhanden sein, die ein Abstürzen von Personen verhindern. Die Absturzhöhe „H“ wird entsprechend der Abb. 6.3-2, S. 439,

- bei Neigungen bis zu 60° von der Absturzkante,
- bei Neigungen über 60° vom Arbeitsplatz aus

jeweils bis zur darunterliegenden, ausreichend breiten und tragfähigen Fläche gemessen.

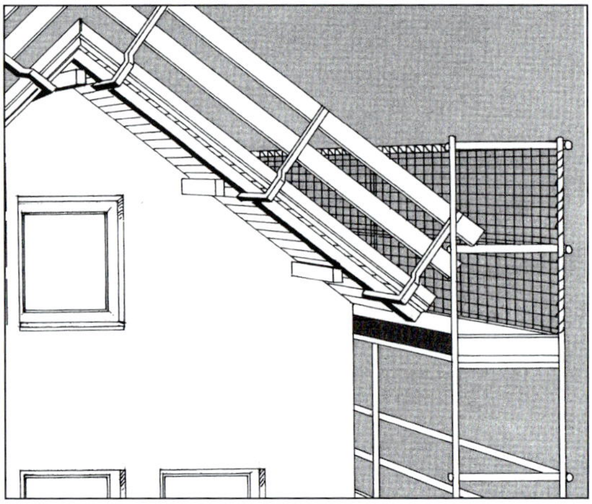

Abb. 6.5-2: Beispiel für Seitenschutz am Ortgang

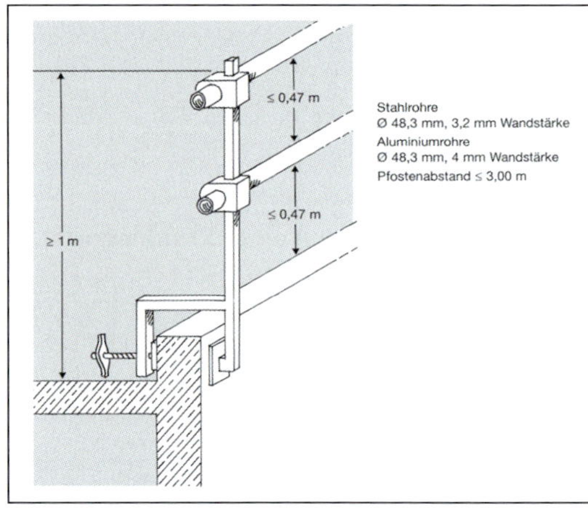

Abb. 6.5-3: Beispiel für Seitenschutz an der Dachkante

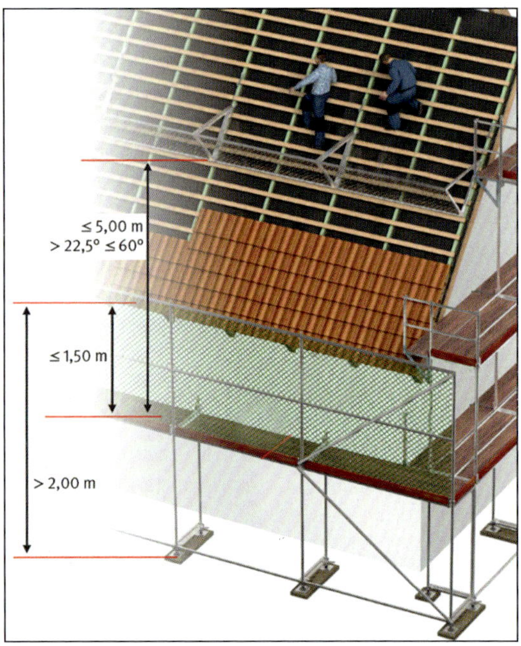

Abb. 6.5-6: Arbeiten auf geneigten Flächen

Bei Arbeitsplätzen oder Verkehrswegen auf geneigten Flächen mit einer Neigung bis zu 60° können Personen nicht abstürzen, sondern abrutschen. Vom Absturz wird in diesen Fällen erst dann gesprochen, wenn Personen von geneigten Dachflächen über die Traufkante abstürzen.

Liegen Verkehrswege oder Arbeitsplätze jedoch auf steiler als 60° geneigten Flächen, wird das Abrutschen dem Abstürzen gleichgesetzt.

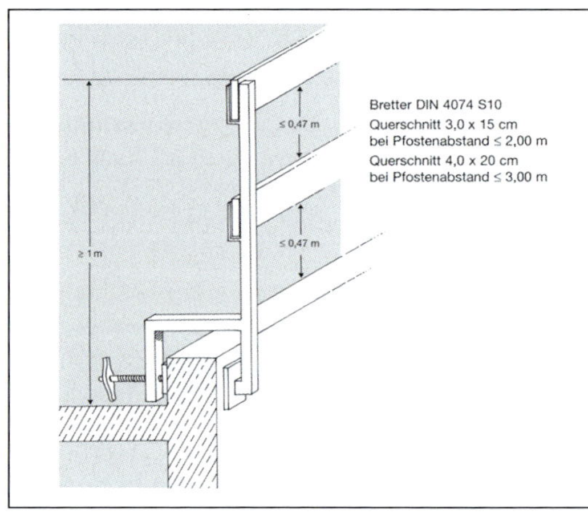

Abb. 6.5-4: Beispiel für Seitenschutz an der Dachkante mit Gerüstbrettern

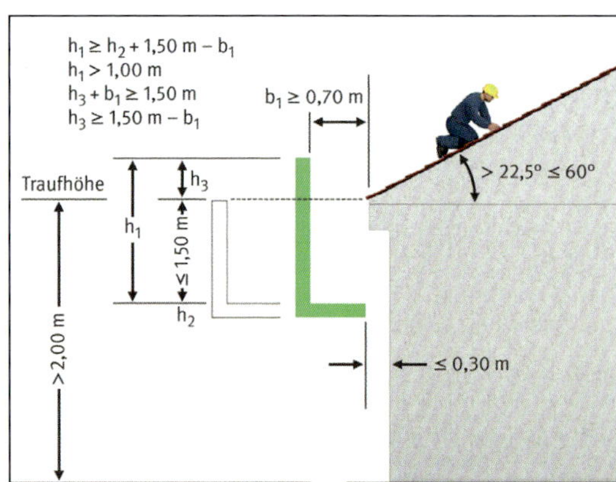

Abb. 6.5-5: Arbeitsplätze bei Dachneigungen > 22,5° ≤ 60°

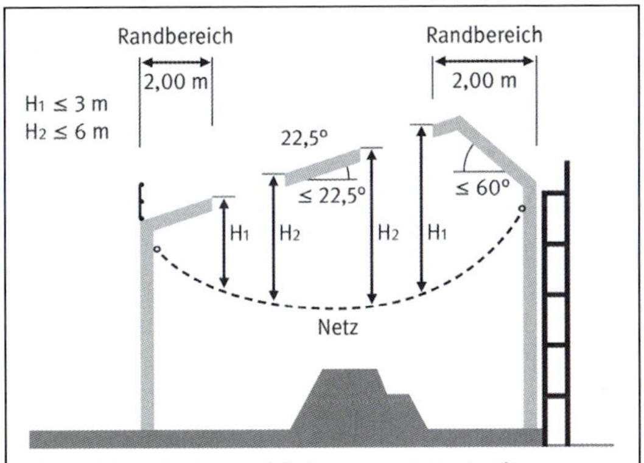

Abb. 6.5-7: Zulässige Absturzhöhen bei Auffangnetzen

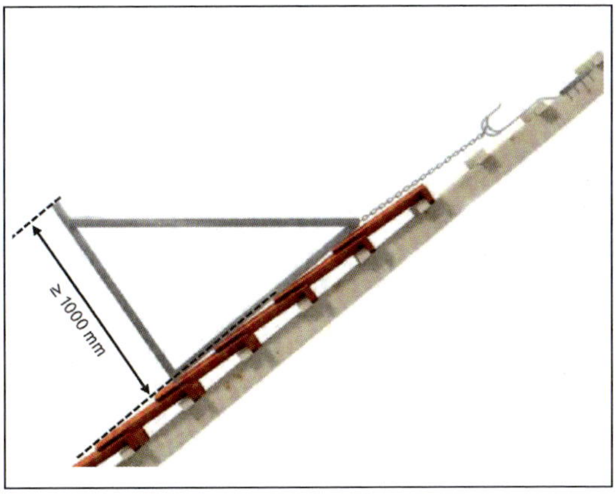

Abb. 6.5-8: Schutzwand

Tabelle 6.5-1: Absturzsicherungen bei Dacharbeiten

Ort / Tätigkeit	I	II	III	IV	V	VI
	Dacharbeiten bei Dachneigung					
	≤ 20° Dachrand (Attika)	**≤ 20° Dachmitte**	**> 20° ≤ 60° Traufe + Dachfläche**	**> 60° Traufe + Dachfläche**	**Ortgang**	**oberer Pultdachabschluss**
Inspektion*	1	1	1/8	1/8	1/8	1/8
kurzzeitige Dacharbeiten**	8	10	8	8	8	8
Dacharbeiten	2/3/5	10/11	4/6/11	9/11	2/5/7	2/5

* Inspektionsarbeiten sind Dacharbeiten zur Feststellung und Beurteilung des Istzustandes der Dachfläche.
** Kurzzeitige Dacharbeiten sind solche, bei denen der Gesamtumfang der Dacharbeiten nicht mehr als 2 Manntage beträgt.

1 = siehe Kapitel 6.5.3
2 = Seitenschutz
3 = Flachdachsicherungssysteme
4 = Dachschutzwände
5 = Fanggerüste/Auffangnetze
6 = Dachfanggerüste (siehe Kapitel 6.11.6)
7 = Ortgangsicherungssysteme
8 = Anseilsicherung
9 = Arbeitsgerüste (siehe Kapitel 6.11.3)
10 = Absperrung mindestens 2 m vom Rand
11 = beim Arbeiten an der Verlegekante und einer Absturzhöhe von mehr als 5 m nach innen Fanggerüste oder Schutznetz

6.5.2 Absturzsicherungen für sonstige Arbeitsplätze und Verkehrswege

Einrichtungen, die ein Abstürzen von Personen verhindern, müssen vorhanden sein

unabhängig von der Absturzhöhe

- an Arbeitsplätzen an und über Wasser oder anderen festen und flüssigen Stoffen, in denen man versinken kann,
- an Verkehrswegen über Wasser oder anderen festen und flüssigen Stoffen, in denen man versinken kann,

bei mehr als 1 m Absturzhöhe

- an frei liegenden Treppenläufen und -absätzen,
- an Wandöffnungen sowie
- an Bedienungsständen von Maschinen und deren Zugängen

bei mehr als 2 m Absturzhöhe

- an allen übrigen Arbeitsplätzen und
- an allen übrigen Verkehrswegen.

Die Tabelle 6.5-1 gibt eine Übersicht über die möglichen Absturzsicherungen bei Dacharbeiten.

6.5.3 Ausnahmen von der Vorschrift zur Absturzsicherung

Auf Einrichtungen oder Maßnahmen zur Absturzsicherung darf verzichtet werden, wenn Arbeiten, deren Eigenart und Fortgang eine Sicherungseinrichtung oder -maßnahme nicht oder noch nicht rechtfertigen, von fachlich und gesundheitlich geeigneten Personen nach Einweisung und unter Aufsicht durchgeführt werden. Zum Beispiel sind Sicherungseinrichtungen und -maßnahmen nicht gerechtfertigt, wenn deren Bereitstellung mit größeren Gefahren verbunden ist als die durchzuführende Arbeit.

Dies gilt auch bei Inspektionsarbeiten auf Dachflächen mit einer Neigung > 20°, ebenso bei Inspektionsarbeiten auf Dachflächen mit einer Neigung < 20°, wenn Einrichtungen zur Durchführung von Schornsteinfegerarbeiten verwendet werden.

Abweichend darf bei Dacharbeiten auf Absturzsicherung ins Gebäudeinnere verzichtet werden, wenn die mögliche Absturzhöhe nicht mehr als 5 m beträgt und die Arbeiten von geeigneten Personen durchgeführt werden. Diese Regelung darf z. B. beim Aufbringen der Unterspannung oder der Dachlattung angewendet werden.

6.5.4 Seitenschutz

Der dreiteilige Seitenschutz ist häufig die beste Absturzsicherung für Arbeitsplätze und Verkehrswege. Fehlender oder mangelhafter Seitenschutz ist die Ursache vieler Abstürze mit oft lebensgefährlichen Verletzungen. Der Geländerholm und der Zwischenholm des Seitenschutzes sind gegen unbeabsichtigtes Lösen zu sichern. Das Bordbrett muss kippsicher angebracht sein (siehe Abb. 6.5-3 und 6.5-4).

Flachdach- und Ortgang-Sicherungssysteme sind Sonderformen des Seitenschutzes (siehe Abb. 6.5-1 und 6.5-2).

6.5.5 Dachfanggerüste und Dachschutzwände

Bei Arbeiten auf einer Dachfläche mit einer Neigung von 20° bis 60° und einer möglichen Absturzhöhe von mehr als 2 m müssen Dachfanggerüste oder Dachschutzwände vorhanden sein. Dachschutzwände können im Regelfall nur eingesetzt werden, wenn keine Arbeiten an der Traufe ausgeführt werden müssen.

Beträgt der Höhenunterschied zwischen Arbeitsplatz und Auffangeinrichtung bei einer Dachneigung von mehr als 45° bis 60° mehr als 5 m, müssen zusätzliche Dachschutzwände zum Auffangen abrutschender Personen vorhanden sein (siehe Abb. 6.5-5, 6.5-6 und 6.5-8).

6.5.6 Fanggerüste und Auffangnetze

Kann aus arbeitstechnischen Gründen ein Seitenschutz nicht verwendet werden, müssen an dessen Stelle Fanggerüste oder Auffangnetze vorhanden sein. Dabei sind folgende Höhenunterschiede zwischen Absturzkante bzw. Arbeitsplatz oder Verkehrsweg und Gerüstbelag oder Auffangnetz einzuhalten:

- Ausleger-, Konsol- und Hängegerüste als Fanggerüste nicht mehr als 3 m
- alle sonstigen Fanggerüste nicht mehr als 2 m (siehe Kapitel 6.11.6), Auffangnetze nicht mehr als 6 m (siehe Abb. 6.5-7).

6.5.7 Anseilschutz

Fallen an einzelnen Arbeitsplätzen nur geringfügige Arbeiten an (z. B. Ausbesserungsarbeiten an Dächern), deren Zeitaufwand erheblich kleiner ist als der Zeitaufwand für das Anbringen eines Fanggerüstes, ist eine Anseilsicherung mit Sicherheitsgeschirren vorzunehmen.

Sicherheitsgeschirre bestehen aus Gurten, Verbindungsmitteln und Geräten. Bei den Gurten unterscheidet man zwischen Haltegurten und Auffanggurten.

Haltegurte dürfen nur verwendet werden, wenn ein Absturz auszuschließen oder nur mit einem Abrutschen zu rechnen ist. Wenn ein Absturz nicht auszuschließen ist, muss ein Auffanggurt benutzt werden. Als Verbindungsmittel sollen Sicherheitsseile (Polyamidseile) benutzt werden. Zum Sicherheitsgeschirr gehörende Geräte sind Falldämpfer, Seilkürzer und Höhensicherungsgerät.

Abb. 6.5-9: Anschlageinrichtungen an einem Flachdach

Sicherheitsgeschirre sowie die erforderlichen Anschlageinrichtungen (Sicherheitsdachhaken, Sicherungsseile u. a.) müssen den gültigen Normen und Richtlinien der Bau-Berufsgenossenschaft entsprechen. Sie sind vor jeder Benutzung gründlich auf Beschädigungen zu überprüfen.

6.5.8 Absperrung

Auf Einrichtungen und Maßnahmen gegen Absturz von Personen darf unabhängig von der Absturzhöhe verzichtet werden, wenn die Arbeitsplätze und Verkehrswege auf Flächen von weniger als 20° Neigung liegen und in mindestens 2 m Abstand von den Absturzkanten abgesperrt sind. Die Absperrungen können z. B. durch Geländer, Ketten oder Seile erstellt werden. Flatterleinen sind keine geeigneten Absperrmittel.

6.6 Öffnungen

An Öffnungen in Decken und Dachflächen müssen Einrichtungen vorhanden sein, die ein Abstürzen, Hineinfallen oder Hineintreten von Personen verhindern.

Als Öffnungen gelten

- Öffnungen mit einem Flächenmaß $\leq 9\ m^2$ oder
- geradlinig begrenzte Öffnungen, bei denen eine Kante ≤ 3 m lang ist.

Einbauteile, bei denen Durchsturzgefahr besteht, wie z. B. nicht begehbare Lichtkuppeln oder Rauchabzugsklappen, sind mit Seitenschutz zu umwehren, mit Schutzabdeckungen zu versehen oder mit Schutznetzen abzudecken.

Die Schutzabdeckung muss in ausreichender Tragfähigkeit begehbar hergestellt und unverschieblich aufgebracht werden.

6.7 „Nicht begehbare“ Bauteile

Bei „nicht begehbaren“ Bauteilen unterscheidet man

- Bauteile, die vom Auflager abrutschen, und
- Bauteile, die beim Begehen brechen können.

Für Arbeiten auf „nicht begehbaren“ Bauteilen müssen stets besondere Arbeitsplätze und Verkehrswege geschaffen werden.

Mit einem Abrutschen vom Auflager ist bei noch nicht fest eingebauten Bauteilen z. B. dann zu rechnen, wenn bei horizontaler Lagerung die Auflagertiefe weniger als 70 mm beträgt.

Bei geneigter Lagerung eines Bauteils ist auch mit einem Abrutschen vom Auflager zu rechnen, wenn am unteren Ende kein Widerlager vorhanden ist.

Zu den Bauteilen, die beim Begehen brechen können, zählen z. B. Faserzement-Wellplatten, Lichtplatten, Glasdächer und Glasoberlichter. Diese Bauteile sind meistens nur so bemessen, dass sie ruhende Lasten, z. B. Schnee, aufnehmen können, nicht aber punktförmige und dynamisch wirkende Lasten, wie sie beim Betreten entstehen.

Für Arbeitsplätze auf „nicht begehbaren“ Bauteilen sind – unabhängig von der Dauer der Arbeit – stets lastverteilende Beläge von mindestens 500 mm Breite zu verwenden. Das Gleiche gilt für die Zugänge über diese Bauteile zu den Arbeitsplätzen. Die Beläge müssen so ausgebildet sein, dass die anfallenden Kräfte auf die tragende Unterkonstruktion übertragen werden. Beträgt die Neigung der Beläge mehr als 20° (36 %), sind sie gegen unbeabsichtigtes Verschieben oder Abrutschen festzulegen und mit Trittleisten zu versehen. Sie müssen unmittelbar von der Leiter oder einem anderen Aufstieg aus betreten werden können.

Alle Maßnahmen zur Abwendung von Gefahren durch Abrutschen oder Brechen der Bautei-

Tabelle 6.7-1: Größte zulässige Stützweiten in m für Lauf- und Arbeitsstege aus Holz

Brett- oder Bohlenbreite cm	Brett- oder Bohlendicke cm				
	3,0	3,5	4,0	4,5	5,0
20	1,25	1,50	1,75	2,25	2,50
24 und 28	1,25	1,75	2,25	2,50	2,75

le sind unabhängig von den Maßnahmen gegen Abstürzen von Personen zu treffen.

Auf Dächern mit „nicht begehbaren“ Bauteilen sind von allen Dachaustritten und Dachaufgängen zu Anlagen und Einrichtungen, die einer laufenden Wartung bedürfen und nur über die Dachfläche zu erreichen sind (z. B. Oberlichter, Maschinenanlagen), fest eingebaute, mindestens 500 mm breite Laufstege mit einseitigem Geländer anzuordnen. Als Zugang zu Schornsteinen sind fest eingebaute Laufbohlen vorzusehen.

An allen Dachaustritten und Dachaufgängen zu Dächern mit „nicht begehbaren“ Bauteilen muss ein deutlich sichtbares Gebotsschild mit der Beschriftung „Dach nur auf Laufstegen betreten“ angebracht sein.

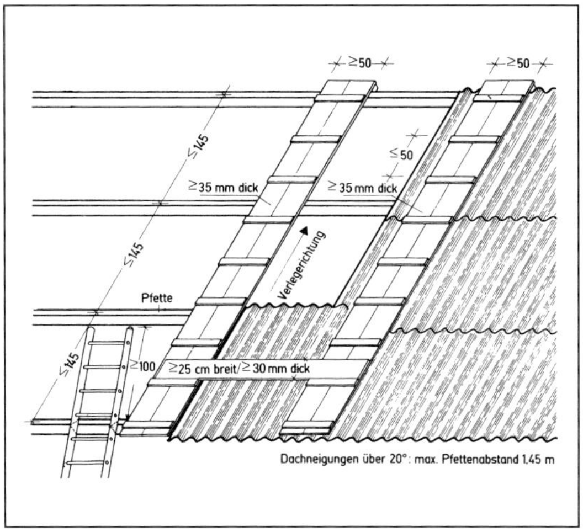

Abb. 6.7-1: Lauf- und Arbeitsstege beim Verlegen von Wellplatten senkrecht zur Traufe

Dächer aus Wellplatten

Diese Dächer gehören zu den „nicht begehbaren“ Bauteilen. Bei diesen Dächern sind stets die „Sicherheitsregeln für das Arbeiten an und auf Dächern aus Wellplatten“ zu beachten:

1. An der Traufe sind wie bei allen anderen Dächern z. B. Dachfanggerüste vorzusehen.
2. Unter der Verlegestelle sind ebenfalls wie bei allen anderen Dächern, wenn die Absturzhöhe mehr als 3 m beträgt, Auffangvorrichtungen, z. B. innere Fanggerüste, Fangnetze oder Sicherheitsdrahtgitter, vorzusehen.
3. Auf der Dachfläche sind stets Arbeitsplätze und Verkehrswege aus tragfähigem Belag von mindestens 500 mm Breite anzuordnen. Lauf- und Arbeitsstege auf eingedeckter Dachfläche sind bei Stützweiten (Pfettenabstand) bis 1,45 m aus 2 Brettern herzustellen, die mindestens 3 m lang, 250 mm breit und 35 mm dick sein müssen. Bei Lauf- und Arbeitsstegen auf noch nicht eingedeckter Dachfläche sind mindestens 35 mm dicke Bretter zu verwenden und die Bretter zum gemeinsamen Tragen zu verbinden (siehe Abb. 6.7-1).

Wird bei Dachneigungen bis 20° die Verlegerichtung parallel zur Traufe gewählt, genügen an der Verlegestelle einzelne Laufbretter, die parallel zu den Pfetten in höchstens 600 mm Abstand voneinander verlegt werden. Sie müssen mindestens 3 m lang, 250 mm breit und 35 mm dick sein. Es sind außerdem über die jeweils letzte verlegte Platte ebensolche Einzelbretter senkrecht zur Traufe zu verlegen, die mindestens 2 Pfetten überdecken müssen.

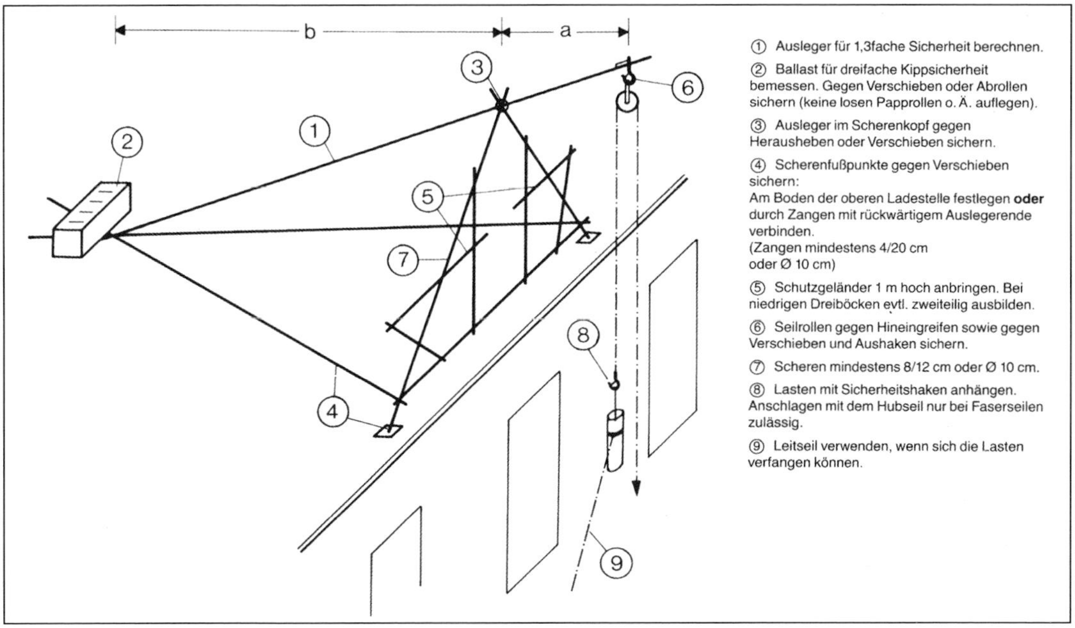

Abb. 6.8-1: Rahmenstützenaufzug (Dreibock)

6.8 Bauaufzüge

Um Baumaterial und Werkzeuge auf das Dach zu transportieren, werden Bauaufzüge benutzt.

An der unteren Ladestelle ist durch Absperrung und – soweit erforderlich – durch ein Schutzdach dafür zu sorgen, dass niemand in den Gefahrenbereich unter der hängenden Last geraten oder durch herabfallendes Baumaterial gefährdet werden kann. Zusätzlich ist ein Warnschild anzubringen.

An der oberen Ladestelle sind ausreichende Absturzsicherungen anzubringen, z. B. Geländer und Bordbrett. Lassen sich die Lasten nicht über die Umwehrung einziehen, kann das Geländer durch einen Zwischenraum zum Hereinziehen des Hubseiles unterbrochen werden.

Zum Anschlagen der Lasten am Hubseil sind Sicherheitshaken zu verwenden, soweit das Anschlagmittel nicht mit dem Hubseil fest verbunden ist. Lose Baustoffe, z. B. Dachsteine oder Kies, werden in geeigneten Gefäßen transportiert. Die Gefäße müssen allseitig geschlossen und dürfen nicht über den Rand beladen sein. Lange Gegenstände sind durch ein Leitseil zu führen.

Kraftbetriebene Bauaufzüge dürfen nur von Personen selbstständig bedient und gewartet werden, die das 18. Lebensjahr vollendet haben und mit der Bedienung und Wartung vertraut sind.

Jugendliche über 16 Jahre dürfen zur Erreichung des Ausbildungszieles unter der Aufsicht von Fachkundigen in die Bedienung und Wartung von Aufzügen eingewiesen werden.

Seilrollenhebezeug

Eines der ältesten und einfachsten Fördermittel ist das Seilrollenhebezeug. Es besteht aus einer am Ausleger befestigten Seilrolle, über die das Hubseil läuft. Auf den Ausleger wirkt – das wird häufig übersehen – eine Kraft, die doppelt so groß wie die aufzuziehende Last ist.

Wesentlich für den sicheren Einsatz ist die Befestigung des Kragträgers gegen Abkippen und seitliches Ausweichen. Zum Schutz gegen Hineingreifen sind Sicherheitsrollen zu verwenden oder die Seilrollen außerhalb des Handbereiches anzubringen.

Der Rahmenstützenaufzug (siehe Abb. 6.8-1) ist eine besondere Bauart des Seilrollenhebezeuges.

Abb. 6.8.2: Anlegeaufzug

Abb. 6.8-3: Kippkübel für Anlegeaufzüge

Abb. 6.8-4: Förderkorb mit Seitenwänden

Anlege-/Schrägaufzug

Anlegeaufzüge, auch Schrägaufzüge genannt, werden im Dachdeckerhandwerk am häufigsten für den Höhentransport von Materialien eingesetzt. Sie bestehen aus einem leichten Rohr- oder Rahmengestell, das als Führung für das Fördergefäß benutzt wird (siehe Abb. 6.8-2).

Die schräg stehende Fahrbahn muss durch Spanndrähte oder Spannstäbe, Stützstreben zum Erdboden, Gerüst oder Bauwerk gegen Durchbiegen gesichert werden. Der gefährdete Raum unter der Fahrbahn ist abzusperren.

Als Fördergeräte werden u. a. Pritschen, Kippkübel, Aufhängungen und Spezialkarren eingesetzt. Ein Herausrutschen oder Herabfallen von Lasten aus den Fördergeräten ist zu verhindern (siehe Abb. 6.8-3).

6.9 Ortsveränderliche Schmelzöfen

Schmelzöfen müssen auf einer genügend starken, **feuersicheren Unterlage** aufgestellt werden. Die Hersteller von Öfen liefern auf Wunsch Sicherheits-Einstellwannen mit.

Die Schmelzöfen mit 30 oder mehr Litern zulässiger Füllmenge müssen mit einem gut schließenden Deckel ausgerüstet sein, der nicht abnehmbar sein darf, und ein geeignetes, fest eingebautes Thermometer haben.

Schmelzöfen mit einer zulässigen Füllmenge über 50 Litern müssen außerdem eine Einrichtung haben, die ein Überschreiten der höchstzulässigen Schmelzguttemperatur selbsttätig verhindert.

Schmelzöfen dürfen nur von Personen bedient werden, die mit der Handhabung des Gerätes und der eingebauten Beheizungsanlage vertraut gemacht sind. Dabei ist die Bedienungsanweisung des Herstellers zu beachten.

Schmelzöfen sind nach jeder Aufstellung auf ihren betriebssicheren Zustand zu überprüfen. Geräte mit defekten Sicherheitseinrichtungen dürfen nicht benutzt werden.

Festes Schmelzgut und Zuschläge müssen in die flüssige und heiße Masse so langsam eingelassen werden, dass ein Verspritzen oder Überlaufen vermieden wird.

Zum Löschen von in Brand geratenen heißen Massen sind geeignete Löschmittel (Löschsand, Schaum- oder Trockenlöscher) bereitzuhalten und zu verwenden. Die Anzahl der Feuerlöscher richtet sich nach Art und Umfang der vorhandenen brennbaren Stoffe sowie der Größe der Arbeitsstätte (Baustelle). Sie müssen für die Brandklassen A, B und C geeignet sein.

6.10 Flüssiggas

Flüssiggas (z. B. Propan, Butan) ist schwerer als Luft und lagert sich bei Austritt aus den Gasbehältern an tiefer liegenden Stellen ab. Dieses abgelagerte Gas ergibt in Verbindung mit Luft ein Gemisch, das eine **sehr niedrige Explosionstemperatur** hat und daher leicht durch einen Funken zur Entzündung gebracht werden kann. Flüssiggasbehälter sollen deshalb in ausreichender Entfernung von Kelleröffnungen oder -zugängen, Schächten, Gruben oder anderen Räumen aufgestellt werden, in die Gas hineinfließen könnte. Dieser Abstand soll bei gasförmiger Entnahme mindestens 1 m, bei flüssiger Entnahme mindestens 3 m betragen. Die Aufstellung in engen Nischen oder unter Erdgleiche ist nicht zulässig.

Bei Bauarbeiten unter Erdgleiche sind Ausnahmen von diesem Verbot gestattet, wenn durch eine ausreichende Lüftung Explosionsgefahr ausgeschlossen werden kann und die Flüssiggasanlage unter ständiger Aufsicht unterwiesener Personen steht.

Durch Lagerung in der Sonne oder in der Nähe von Öfen kann in den Flüssiggasbehältern eine unzulässig hohe Drucküberschreitung eintreten. Um einen solchen zum Zerknall führenden Druckanstieg zu vermeiden, müssen alle Flaschen mit einem Sicherheitsventil ausgerüstet sein. Dieses Sicherheitsventil ist immer in das auf dem Behälter angebrachte Ventil zur Befüllung und Entnahme eingebaut. Es ist als Überdruckventil so konstruiert, dass es bei Überschreitung eines genau festgelegten Über-

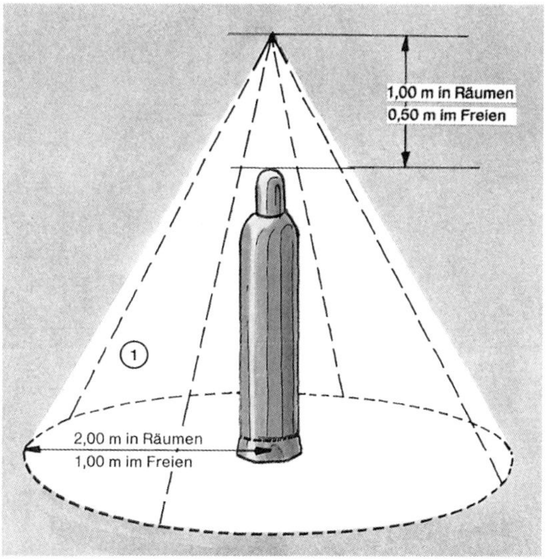

Abb. 6.10-1: Schutzbereiche für die Lagerung von Flüssiggas

drucks anspricht und so lange Gas aus dem Behälter austreten lässt, bis der Druck im Behälterinneren wieder auf die zulässige Höhe abgefallen ist.

Kleinstflaschen mit 0,425 kg (1 Liter Rauminhalt) Füllung haben ein etwas anders gebautes Flaschenventil, das es ermöglicht, die leeren Flaschen selbst zu füllen. Diese Ventile sind mit einem Tauchrohr mit Entlüftungsschraube als Überfüllsicherung ausgestattet. Da hierdurch eine Überfüllung mit Sicherheit ausgeschlossen ist, wird ein besonderes Überdruckventil nicht benötigt.

Als bewegliche Verbindung zur Fortleitung von Flüssiggas kommen ausschließlich Gasschläuche infrage. Sie werden als Verbindung zwischen Flaschenventil, fest montiertem Druckregler und Schlauchbruchsicherung einerseits und Verbrauchseinrichtung andererseits verwendet. Für den rauen Baustellenbetrieb, wo mit erhöhten mechanischen Beanspruchungen gerechnet werden muss, dürfen nur verstärkte Schläuche der Druckklasse 6 für besondere mechanische Beanspruchungen verwendet werden. Alle Schläuche sollen mit DIN-DVGW-Zeichen mit Registernummer im Abstand von maximal 250 mm dauerhaft und nicht lösbar gekennzeichnet sein.

Besondere Sorgfalt ist auf die Schlauchanschlüsse zu verwenden. Die Schläuche müssen auf genormte Schlauchtüllen aufgeschoben und durch Schlauchklemmen gegen Abrutschen gesichert werden.

Gerade im Baustellenbetrieb besteht die Gefahr, dass trotz bester Ausrüstung die Flüssiggasschläuche beschädigt werden und große Mengen unverbrannten Flüssiggases unbemerkt aus dem Schlauch herausströmen und zu einem explosionsfähigen Gas-Luft-Gemisch führen.

Um solche Gefahren zu vermeiden, sind Leckgassicherungen vorzusehen, wenn der Rauminhalt der Verbrauchsanlagen mehr als 1 Liter und die Schlauchlänge mehr als 400 mm beträgt. Über Erdgleiche können an Stelle von Leckgassicherungen auch Schlauchbruchsicherungen verwendet werden.

Zusammenfassung

Vor Beginn der Bauarbeiten ist zu prüfen, ob im vorgesehenen Arbeitsbereich Umstände vorhanden sind, durch die Personen gefährdet werden können.

Jeder Mitarbeiter muss sicherheitstechnische Mängel unverzüglich dem Aufsichtführenden melden, falls er die Mängel nicht selbst beseitigen kann.

Die Schutzabstände zu elektrischen Freileitungen sind unbedingt einzuhalten. Nichtbeachtung kann tödliche Folgen haben.

Beim Umgang und beim Verarbeiten von Gefahrstoffen kann das Nichtbeachten der Gefahrenhinweise und Sicherheitsratschläge zu Unfällen und Gesundheitsschäden führen. Außerdem kann die Umwelt geschädigt werden.

Gegenstände und Massen dürfen nur abgeworfen werden, wenn der Gefahrenbereich abgesperrt oder durch Warnposten überwacht wird.

Arbeitsplätze für Dachdeckerarbeiten müssen so eingerichtet und beschaffen sein, dass sie ein sicheres Arbeiten gewährleisten.

Auf geneigten Flächen, auf denen die Gefahr des Abrutschens von Personen besteht, darf nur gearbeitet werden, nachdem Maßnahmen gegen das Abrutschen vom Arbeitsplatz getroffen worden sind.

Für Arbeiten auf geschlossenen, mehr als 45° geneigten Dachflächen sind besondere Arbeitsplätze zu schaffen.

Arbeitsplätze auf Baustellen müssen über sicher begeh- oder befahrbare Verkehrswege zu erreichen sein.

Bei mehr als 2 m Absturzhöhe müssen Absturzsicherungen für Arbeitsplätze und Verkehrswege auf Dächern vorhanden sein.

An anderen Arbeitsplätzen und Verkehrswegen sind Absturzsicherungen schon bei 2 bzw. 1 m erforderlich, unter bestimmten Umständen unabhängig von der Absturzhöhe.

Zur Absturzsicherung ist möglichst ein dreiteiliger Seitenschutz anzuordnen.

Kann der Seitenschutz nicht eingesetzt werden, sind Auffangeinrichtungen vorzusehen (Fanggerüste, Dachfanggerüste, Dachschutzwände oder Auffangnetze).

Sicherheitsgeschirre (Halte- oder Auffanggurte) sind zu verwenden, falls keine personenunabhängigen Absturzsicherungen (Seitenschutz o. Ä.) oder Auffangeinrichtungen angebracht werden können.

Bauaufzüge müssen nach der Montageanleitung des Herstellers unter Leitung einer vom Unternehmer bestimmten Person aufgebaut, betrieben und abgebaut werden.

Schmelzöfen dürfen nur von Personen bedient werden, die mit der Handhabung vertraut sind. Dabei ist die Bedienungsanleitung des Herstellers zu beachten.

Werden bei Dacharbeiten Heiz-, Schmelz- oder Flämmgeräte sowie Lötgeräte eingesetzt, müssen Feuerlöscher im entsprechenden Umfang vorhanden sein.

Bei der Verwendung von Flüssiggas müssen die Sicherheitsbestimmungen beachtet werden.

6.11 Gerüste

Der Dachdecker benötigt häufig Gerüste, um seine Arbeiten an Dächern oder an Außenwänden durchführen zu können. Manchmal können Gerüste mitbenutzt werden, die von anderen Handwerkern, z. B. Maurern, aufgestellt werden. Oft muss aber der Dachdecker selbst Gerüste errichten.

Gerüste lassen sich unterscheiden nach der Verwendungsart und der Bauart.

6.11.1 Verwendungsart

Nach dem Zweck, den ein Gerüst erfüllen soll, unterscheidet man Arbeits- und Schutzgerüste.

Arbeitsgerüste sind Gerüste, von denen aus Bauarbeiten durchgeführt werden können.
Die Gerüste haben außer den beschäftigten Personen auch die benötigten Werkzeuge, Geräte und Werkstoffe zu tragen. Je nach der zulässigen Belastung werden verschiedene Lastklassen unterschieden.

Schutzgerüste werden als Fanggerüste (FG), Dachfanggerüste (DG) oder als Schutzdächer (SD) gebaut.

Fanggerüste und Dachfanggerüste sollen die arbeitenden Personen gegen tieferen Absturz sichern sowie das Herabfallen von Werkzeugen und Baustoffen verhindern.

Durch Schutzdächer sollen Personen und Geräte gegen herabfallende Gegenstände, z. B. Werkzeuge, Baustoffe oder Bauschutt, geschützt werden.

Tagesgerüste sind Arbeits- oder Schutzgerüste, die beim Aufkommen von Wind über Windstärke 6 sowie bei Schichtschluss zusätzlich gesichert oder völlig abgebaut werden müssen.

Gerüstlage

Zu unterscheiden sind Gerüste mit

- längenorientierten Gerüstlagen (Fassadengerüste) und
- flächenorientierten Gerüstlagen (Raumgerüste).

6.11.2 Bauart

Bei den Gerüstbauarten unterscheidet man nach dem Tragsystem und der Ausführungsart. Gerüsttragsysteme sind:

- Standgerüst
- Hängegerüst
- Auslegergerüst
- Konsolgerüst

Gerüstausführungsarten sind:

- Stahlrohrkupplungsgerüst
- Leitergerüst
- Rahmengerüst
- Modulgerüst

Systemgerüste bestehen aus vorgefertigten Bauteilen. Einige oder alle Systemmaße sind durch fest an den Bauteilen angebrachte Verbindungen oder Verbindungsmittel vorbestimmt. Leitergerüste, Rahmengerüste sowie Gerüste nach einem Modulsystem sind Systemgerüste.

6.11.2.1 Gerüst-Tragsysteme

Standgerüste

Standgerüste für Dachdeckerarbeiten sind überwiegend Fassadengerüste (Gerüste mit längenorientierten Gerüstlagen). Sie können als Stahlrohrkupplungsgerüste, Leitergerüste, Rahmengerüste oder Modulgerüste ausgeführt werden.

Hängegerüste

Für die Aufhängung des Fanggerüstes dürfen nur nicht brennbare Tragmittel verwendet werden. Das Gerüst muss nach allen Richtungen gegen Pendeln gesichert sein (siehe Abb. 6.11-1).

Hängegerüste dürfen als Arbeitsgerüste eingesetzt werden. Hängegerüste als Fanggerüste gelten als Sonderkonstruktionen. Holzbauteile dürfen nur für die Beläge verwendet werden.

Auslegergerüste

Auslegergerüste erhält man durch Vorstrecken von Kragträgern aus dem Bauwerk. Die Ausleger werden von Ankerbügeln gehalten, die in eine Stahlbetondecke einbetoniert wurden (siehe Abb. 6.11-2). Der Abstand der Ausleger darf maximal 1,50 m betragen.

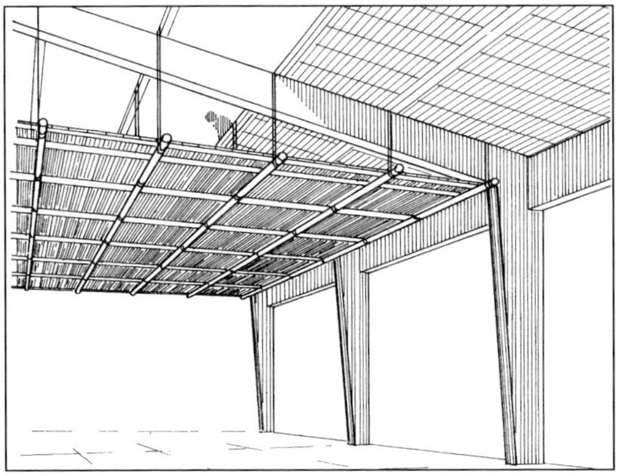

Abb. 6.11-1: Hängegerüst als inneres Fanggerüst

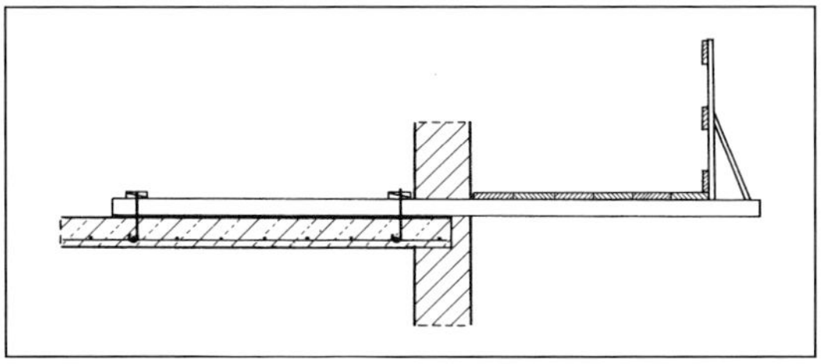

Abb. 6.11-2: Einfaches Auslegegerüst (Schnitt)

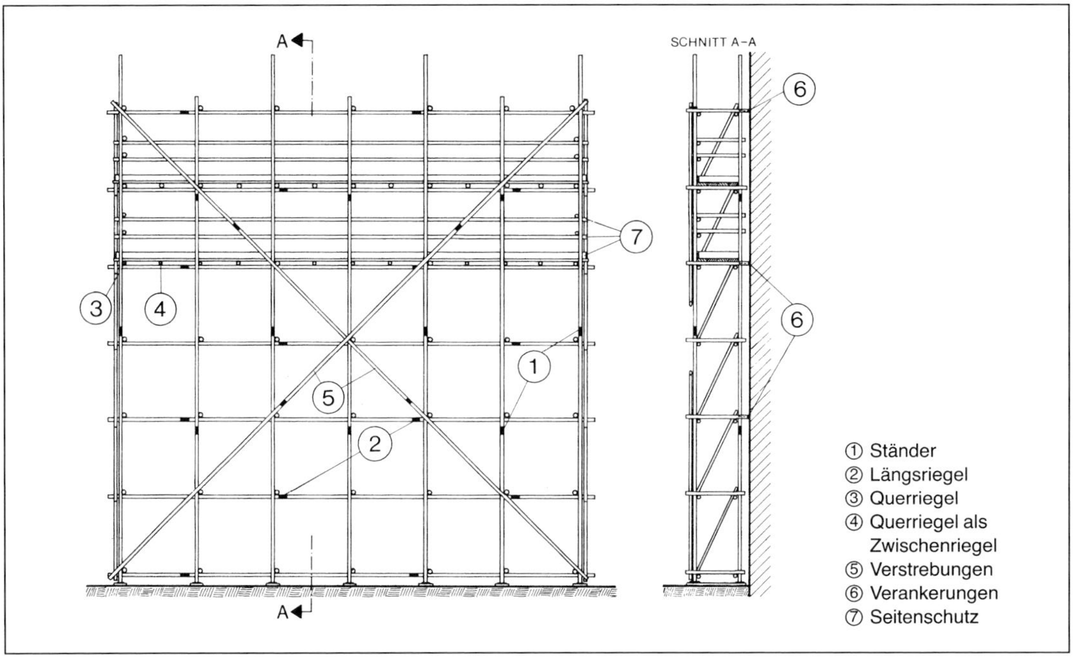

Abb. 6.11-3: Stahlrohrkupplungsgerüst

Auslegergerüste dürfen als Arbeitsgerüste sowie als Fanggerüste verwendet werden.

Konsolgerüste

Die Konsolen müssen entsprechend einer statischen Berechnung hergestellt sein. Sie werden an tragfähigen Teilen des Bauwerks befestigt.

Konsolgerüste dürfen als Arbeitsgerüste sowie als Fanggerüste eingesetzt werden.

6.11.2.2 Gerüst-Ausführungsarten

Stahlrohrkupplungsgerüste

Bei Stahlrohrkupplungsgerüsten verwendet man rostgeschützte Stahlrohre mit einem Außendurchmesser von 48 mm als Ständer, Längs- und Querriegel sowie zur Verstrebung und Verankerung. Zur Verbindung der Rohre dienen prüfzeichenpflichtige Kupplungen. Als Gerüstbelag werden in der Regel Bohlen verwendet. Das Stahlrohrkupplungsgerüst kann

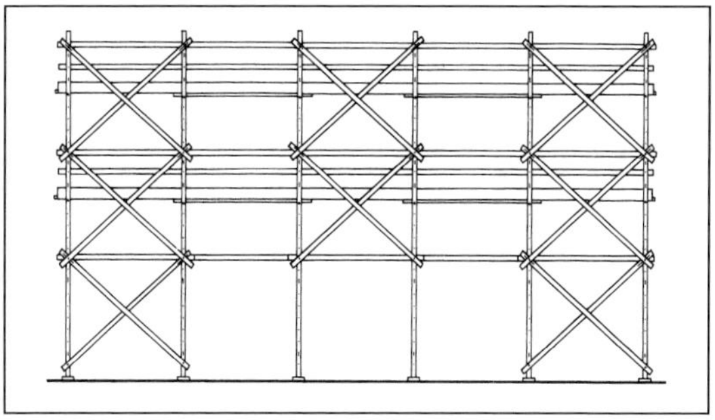

Abb. 6.11-4: Leitergerüst (Ansicht)

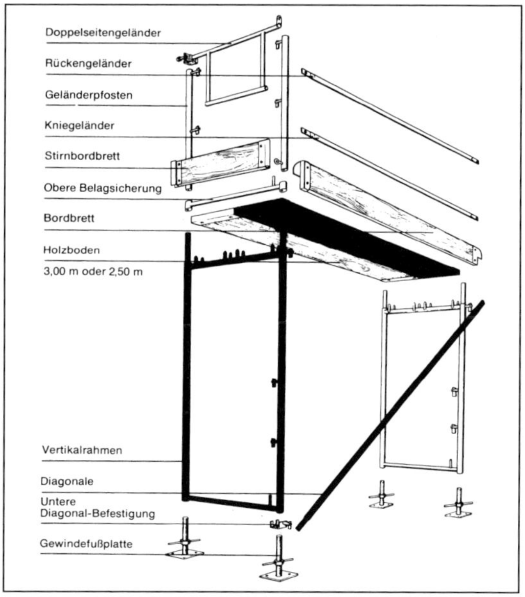

Abb. 6.11-5: Rahmengerüst-Bauteile

universell eingesetzt werden und zeichnet sich durch hohe Anpassungsfähigkeit an ungleichmäßigen Gebäudeformen aus. Nachteilig ist der hohe Aufwand für den Auf- und Abbau des Gerüstes.

Leitergerüste

Leitergerüste sind Systemgerüste aus Gerüstleitern mit hölzernen Holmen und mit Sprossen aus Holz oder Stahl. Als Gerüstbelag werden überwiegend Bohlen verwendet. Die sonstigen Gerüstbauteile bestehen aus Holz oder Stahl (siehe Abb. 6.11-4).

Leitergerüste werden heute nur noch selten benutzt.

Rahmengerüste

Rahmengerüste sind die am meisten verwendeten Standgerüste (siehe Abb. 6.11-5). Besonders bei wenig gegliederten Gebäuden sind sie am wirtschaftlichsten zu erstellen. Die Vorteile liegen nicht nur im schnellen Auf- und Abbau, sondern auch bei den rationellen Transport- und Lagerungsmöglichkeiten.

Modulgerüste

Modulgerüste bestehen im Wesentlichen aus Stielen, Riegeln und Diagonalstreben in unterschiedlichen Längen mit vorgefertigten Verbindungen. Modulgerüste eignen sich besonders zum Einrüsten von Bauwerken mit stark gegliederter Form. Ein weiterer Vorteil besteht darin, dass sich die Module mit Bauteilen des Stahlrohrkupplungsgerüstes kombinieren lassen.

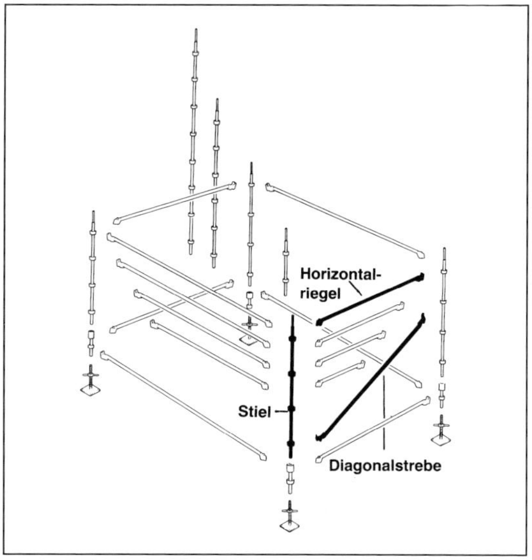

Abb. 6.11-6: Modulgerüst-Bauteile

6.11.3 Verwendung der Gerüste in Abhängigkeit von der geplanten Belastung

Je nach seinem Verwendungszweck muss ein Gerüst eine bestimmte Tragfähigkeit haben. Dabei ist zu berücksichtigen, dass sich mit dem Fortschreiten der Bauarbeiten der Verwendungszweck des Gerüstes ändern kann. Damit die Überlastung eines Gerüstes ausgeschlossen wird, muss sich der Benutzer eines Gerüstes stets vorher erkundigen, für welche Belastung das Gerüst ausgelegt ist. Es ist immer für eine möglichst gleichmäßige Verteilung der Lasten zu sorgen.

Außerdem ist zu prüfen, ob Einzellasten oder Sonderlasten zu berücksichtigen sind. Unter Einzellasten versteht man z. B. schwere Bauteile oder Baugeräte.

Sonderlasten sind u. a. Gerüstverbreiterungen und Gerüstbekleidungen mit Planen oder Leitergängen. Bei Gerüstfeldern mit Belägen aus Einzelbrettern ist für eine ausreichende Querverteilung der Last zu sorgen.

6.11.4 Gerüstbauteile

Die Abb. 6.11-7 zeigt ein Gerüst mit den Bezeichnungen für häufig verwendete Gerüstbauteile.

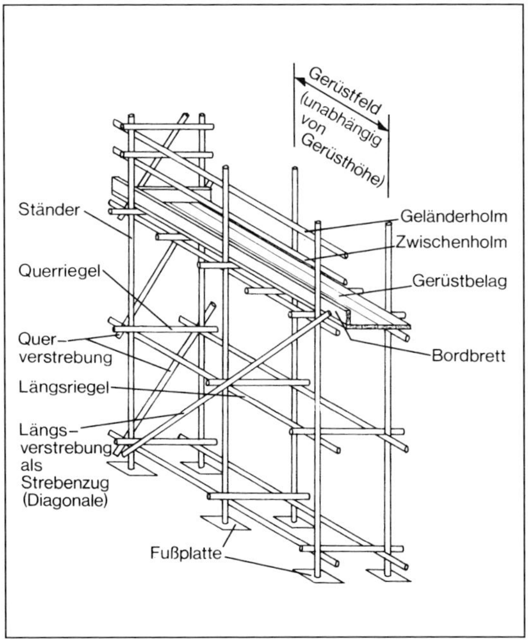

Abb. 6.11-7: Benennung von Gerüstbauteilen

Tragende Gerüstbauteile

Sie bestehen aus korrosionsgeschützten Stahlrohren, aus Aluminiumrohren oder aus Holz. An den senkrecht stehenden Ständern werden die Längsriegel befestigt. Auf den Längsriegeln ruhen die Querriegel zur Aufnahme des Gerüstbelages. Längsstreben und Querstreben dienen zur Aussteifung des Gerüstes.

Gerüstbelag und Seitenschutz

Für den Gerüstbelag sind nur Bohlen mit ausreichender Tragfähigkeit zu verwenden. Häufig werden vorgefertigte Böden aus Holz oder Metall verwendet.

Der Seitenschutz muss immer dreiteilig ausgebildet werden. Er besteht aus dem Bordbrett, dem Geländerholm und dem Zwischenholm.

Verbindungsmittel und Verankerungsmittel

Zum Verbinden und Befestigen der tragenden Gerüstbauteile aus Metall benötigt man Kupplungen, Bolzen, Konsolen u. a. Bauteile aus Holz werden mit Gerüstketten, Gerüstklammern, Seilen u. a. verbunden. Verankerungsmittel dienen zum Befestigen des Gerüstes am Bauwerk.

Leitern, Treppen oder Stege

Sie sind erforderlich, um die Arbeitsplätze auf den Gerüsten zu erreichen.

Überprüfung der Gerüstbauteile

Vor dem Einbau sind die Gerüstbauteile sorgfältig zu überprüfen. Beschädigte Teile dürfen nicht eingebaut werden. Beim Transportieren und Lagern der Gerüstbauteile ist stets darauf zu achten, dass sie nicht beschädigt werden.

6.11.5 Errichtung, bauliche Durchbildung und Benutzung der Gerüste

Gerüstbauarbeiten müssen stets unter sachkundiger Aufsicht erfolgen. Beim Auf-, Um- und Abbau der Gerüste sind die Montageanweisung des Gerüsterstellers sowie die entsprechenden Bauvorschriften zu beachten.

Die Montageanweisung sollte folgende Angaben enthalten:

- Grundmaße des einzurüstenden Objektes (Plan mit Gebäude, Brücken etc.)
- Gerüstbauart (z. B. Standgerüste, Konsolgerüste, Hängegerüste, Auslegergerüste)
- Last- und Breitenklassen (z. B. Arbeitsgerüste der Lastklasse 3; gleichmäßig verteilte Last ≤ 2,00 kN/m^2) und der Breitenklasse W06 – entsprechen der ehemaligen Gerüstgruppe 3

Muster einer Montageanweisung für Arbeits- und Schutzgerüste – gilt in Verbindung mit den beigefügten Anlagen

Firma (Stempel)

Baustelle: ____________________
Auftraggeber: ____________________
Befähigte Person: ____________________
Montagezeitraum: ____________________

Gerüstart:
❑ Fassadengerüst ❑ Raumgerüst ❑ Treppenturm/Gerüsttreppe ❑ Fanggerüst
❑ Dachfanggerüst ❑ Schutzdach ❑ Sondergerüst

Aufbau nach:
❑ Regelausführung ❑ Typenprüfung ❑ Standsicherheitsnachweis

Lastklasse (gleichmäßig verteilte Last)
❑ **2** (1,5 kN/m²) ❑ **3** (2,0 kN/m²) ❑ **4** (3,0 kN/m²)
❑ ________ (________ kN/m²)

Breitenklasse
❑ W06 ❑ W09 ❑ W________

Aufstandsfläche
❑ tragfähige feste Fläche ❑ lastverteilende Unterlage ❑ ________

Technische Daten
horizontaler Abstand vom Belag zum Gebäude ________ m
horizontaler Abstand von der Traufe zum Seitenschutz/Schutzwand ________ m
vertikaler Abstand von der Traufe zum obersten Belag ________ m

Bekleidung/Anbauteile
❑ Netze ❑ Vollholzbeläge ❑ Innen liegender Seitenschutz ❑ Planen
❑ Stahlbeläge ❑ Konsolen ❑ Gitterträger Stahl ❑ Kombibeläge
❑ Aufzug ❑ Gitterträger Alu ❑ ________ ❑ ________

Verankerung
❑ am inneren Ständer ❑ freistehendes Gerüst ❑ Abspannung ❑ über beide Ständer
❑ Ballastierung ❑ V-Anker (Dreieck) ❑ Abstützung ❑ ________

Zugang
❑ Treppe ❑ Leitergang ❑ Leiter

Vertikaltransport
❑ von Hand, von Lage ____ bis ____ ❑ mit Aufzug, von Lage ____ bis ____

Horizontaltransport
❑ mit Geländer oder MSG in der Transport-/Montageebene
❑ mit PSA gegen Absturz und Sicherung im Aufstiegsfeld
❑ * ohne Geländer und ohne PSA gegen Absturz für Beschäftigten (Name einfügen)

Beschäftigter: ________________________________

* Die befähigte Person (Aufsichtführender) legt vor Ort im Einzelfall fest, wenn aufgrund der baulichen und der gerüstspezifischen Gegebenheiten oder des vorgesehenen Arbeitsablaufes die PSA gegen Absturz nicht eingesetzt werden kann.

Besonderheiten
❑ Gefahrstoffe ❑ elektrische Freileitungen ❑ öffentlicher Verkehrsraum
❑ ________ ❑ ________ ❑ ________

Kennzeichnung
❑ Gefahrenbereich ❑ Art: ________
❑ fertiggestelltes Gerüst ❑ Art: ________ ❑ Ort ________

Anlagen:
❑ A + V des Herstellers ❑ ________
❑ Ergänzende Detailangaben zur A + V
❑ Grundmaße Objekt ❑ ________
❑ Material-/Stückliste ❑ ________

________ ________________________
Datum **Unterschrift des Gerüststellers**

Abb. 6.11-8: Beispiel einer Montageanweisung

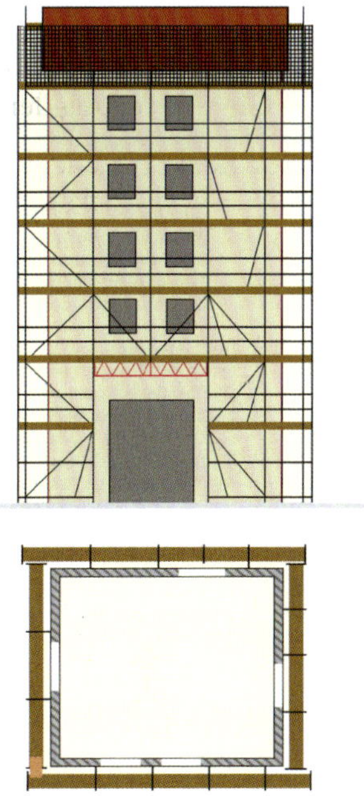

Grundriss und Ansicht (vereinfachte Darstellungen ohne Maße)

Abb. 6.11-9: Beispiel Plan zur Montageanweisung

Plan für die Gerüstbenutzung

- ✓ Es ist verboten, das Gerüst ohne Kennzeichnung (unterschriebene Gerüstfreigabe) zu betreten.
- ✓ Der Gerüstbenutzer muss die Eignung des gewählten Gerüstes für die von ihm auszuführenden Arbeiten überprüfen.
- ✓ Der Gerüstbenutzer muss vor der Benutzung das Gerüst auf augenfällige Mängel prüfen.
  - o Werden bei der Prüfung Mängel festgestellt, darf das Gerüst nicht benutzt werden. Um die Benutzung mangelhafter Gerüste zu verhindern, ist die Gerüstkennzeichnung aus der Mappe zu entfernen, und die Beschriftung „Gerüst gesperrt" erscheint. Gegebenenfalls ist zusätzlich der Gerüsteinstieg durch geeignete Maßnahmen zu verhindern. Der Auftraggeber ist über Mängel unverzüglich zu informieren.
  - o Treten während der Nutzung Mängel auf, insbesondere nach dem Eintritt außergewöhnlicher Ereignisse, so ist das Gerüst erneut zu überprüfen.
- ✓ Der Gerüstein- und aufstieg darf nur über den hierfür vorgesehenen Zugang (z.B. Leiter- oder Treppenaufgang) erfolgen. Klappen von Durchstiegen sind während der Arbeiten auf der Gerüstebene geschlossen zu halten.
- ✓ Der Gerüstbenutzer ist für die Einhaltung der Betriebssicherheit verantwortlich und darf das Gerüst nur für die bestimmungsgemäße Verwendung und Belastung benutzen. Das Aufspringen oder Abwerfen von Lasten auf Gerüstbeläge ist unzulässig.
- ✓ Mehrere Gerüstbenutzer müssen sich bei gleichzeitiger Nutzung untereinander abstimmen.
- ✓ Auf Gerüsten, die als Fanggerüste und Schutzdächer verwendet werden, ist das Absetzen und Lagern von Materialien und Geräten unzulässig.
- ✓ ☺ Nur bei Fahrgerüsten gilt: Beim Arbeiten Räder sichern. Beim Fahren: Arbeitsbühne verlassen, Material sichern.
- ✓ ☺ Achtung: Dieses Arbeitsgerüst nach EN 12811-1 und Schutzgerüst nach DIN 4420-1 ist ausschließlich in der obersten Lage und als Dachfang-/Fanggerüst nutzbar.

☺☺ Veränderungen an Gerüsten dürfen nur durch den Gerüstersteller vorgenommen werden.

Abb. 6.11-10: Beispiel eines Benutzerplanes

- ▶ Aufstandsfläche
- ▶ Abstände, z. B. zum Gebäude, zur Traufe
- ▶ Art der Zugänge auf dem Gerüst während der Montage
- ▶ Anzahl und Lage der Zugänge auf dem Gerüst, die auch bei drohender Gefahr benutzt werden können
- ▶ Bekleidungen (z. B. Planen, Netze etc.)
- ▶ Verankerung und Verankerungsgrund, Abstützung, Abspannung oder Ballastierungen (Gewichte) bei frei stehenden Gerüsten
- ▶ Vertikaltransport (z. B. von Hand oder mit Aufzug)
- ▶ Maßnahmen zum Schutz gegen Absturz (z. B. Geländer, persönliche Schutzausrüstung gegen Absturz)
- ▶ Kennzeichnung und Absperrung des äußeren Gefahrenbereichs während der Montagearbeiten, dieser ist ggf. in Abstimmung mit dem Koordinator (Baustellenverordnung) festzulegen
- ▶ Einflüsse aus der Umgebung (z. B. Gefahrstoffe, Freileitungen, öffentlicher Verkehrsraum)
- ▶ Art und Ort der Kennzeichnung des fertiggestellten Gerüstes
- ▶ Name der befähigten Person (Aufsichtführender)
- ▶ ergänzende Angaben zur allgemeinen Aufbau- und Verwendungsanleitung bei Abweichungen von der Regelausführung

Plan für die Benutzung

Für die Benutzung hat der für die Erstellung des Gerüstes verantwortliche Arbeitgeber (Gerüstersteller) einen Plan für die Benutzung zu erstellen oder erstellen zu lassen. Der Plan für die Benutzung muss den Namen und die Anschrift des Gerüsterstellers, das Datum der Prüfung nach der Montage, die Last- und Breitenklassen sowie Verwendungsbeschränkungen enthalten.

Eigenmächtige Entfernung von Verankerungen, Verstrebungen usw. ist unzulässig.

Unterbau

Die bei einem Gerüst auftretenden senkrechten Lasten müssen sicher in den tragfähigen Untergrund abgeleitet werden.

Als Unterbau für Standgerüste werden Bohlen, Kanthölzer oder Fußplatten verwendet. Sie müssen standfest und kippsicher angeordnet werden.

Bei Gerüstleitern oder Gerüstrahmen muss der Unterbau so beschaffen sein, dass die Belastung gleichmäßig in den tragfähigen Untergrund abgeleitet wird.

Muss ein Gerüst auf einem wenig tragfähigen Untergrund errichtet werden, ist die Auflagerfläche im erforderlichen Umfang zu vergrößern. Bei Dächern muss eventuell die Dachhaut ent-

Muster eines Prüfprotokolls für Arbeits- und Schutzgerüste

Prüfprotokoll für Arbeits- und Schutzgerüste

Gerüstersteller (ggf. Stempel)

Baustelle: ____________________

Auftraggeber: ____________________

Befähigte Person: ______________

Arbeitsgerüst (DIN EN 12811) als

☐ Fassadengerüst ☐ Raumgerüst ☐ Fahrgerüst

Schutzgerüst (DIN 4420) als

☐ Fanggerüst ☐ Dachfanggerüst ☐ Schutzdach ☐ Treppenturm

Sondergerüste ____

Lastklasse

☐ 2 (1,5 kN/m²) ☐ 3 (2,0 kN/m²) ☐ 4 (3,0 kN/m²) ☐ _______ (kN/m²)

Die Summe der Verkehrslasten aller übereinander liegenden Gerüstlagen in einem Gerüstfeld darf den vorgenannten Wert nicht überschreiten.

Breitenklasse ☐ W06 ☐ W09 ☐ W __________

Nutzungsbeschränkung: ______________________________

Gerüst durch befähigte Person des Gerüsterstellers geprüft

____

Datum Name/Unterschrift

Vor der Benutzung ist das Gerüst durch den Gerüstbenutzer auf Betriebssicherheit zu prüfen.

CHECKLISTE

	Überprüfung	**in Ordnung**		**nicht zutreffend**
		ja	**nein**	
Gerüstbauteile	augenscheinlich unbeschädigt	☐	☐	☐
Standsicherheit	Tragfähigkeit der Aufstandsfläche	☐	☐	☐
	Fußspindel – Auszugslänge	☐	☐	☐
	Verstrebungen/Diagonalen	☐	☐	☐
	Längsriegel – in Fußpunkthöhe	☐	☐	☐
	Gitterträger – Aussteifungen	☐	☐	☐
	Verankerungen – nach Montageanweisung/Aufbau- und Verwendungsanleitung	☐	☐	☐
Beläge	Gerüstlagen – voll ausgelegt/Belagsicherung	☐	☐	☐
	Systembeläge einschließlich Konsolenbelag	☐	☐	☐
	Eckausbildung – in voller Breite herumgeführt	☐	☐	☐
	Gerüstbohlen – Querschnitt, Auflagerung	☐	☐	☐
	Öffnungen – zwischen den Belägen	☐	☐	☐
Arbeits- und Betriebs-sicherheit	Seitenschutz – einschließlich Stirnseitenschutz	☐	☐	☐
	Wandabstand ≤ 0,30 m	☐	☐	☐
	innen liegender Seitenschutz	☐	☐	☐
	Aufstiege, Zugänge – Abstand ≤ 50 m	☐	☐	☐
	Treppenturm, Gerüsttreppe, Leitergang	☐	☐	☐
	Anlegeleiter ≤ 5 m	☐	☐	☐
	Schutzwand	☐	☐	☐
	Schutzdach	☐	☐	☐
	Verkehrssicherung – Beleuchtung	☐	☐	☐
Fahrgerüste	Fahrrollen	☐	☐	☐
	Ballast/Verbreiterungen	☐	☐	☐
Kennzeichnung	Gerüstkennzeichnung – an den Zugängen	☐	☐	☐
Sperrung:	Nicht fertig gestellte Bereiche abgegrenzt und Verbotszeichen "Zutritt für Unbefugte verboten" angebracht	☐	☐	☐

Bemerkungen/ Hinweise:

Kennzeichnung am Gerüst nur anbringen, wenn keine Mängel vorhanden sind.

Abb. 6.11-11: Beispiel eines Prüfprotokolls (Auszug)

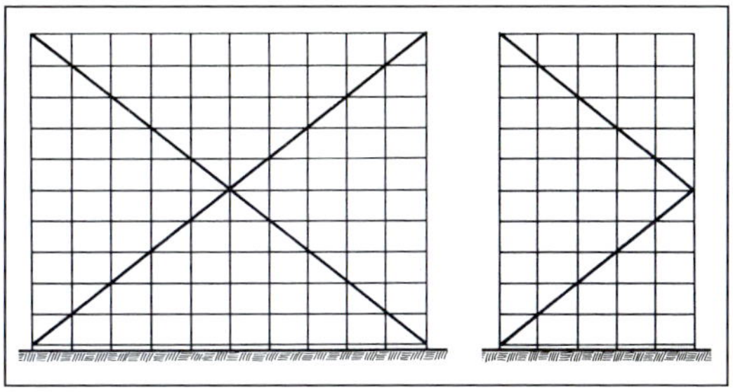

Abb. 6.11-12: Verstrebung von Standgerüsten (Beispiele)

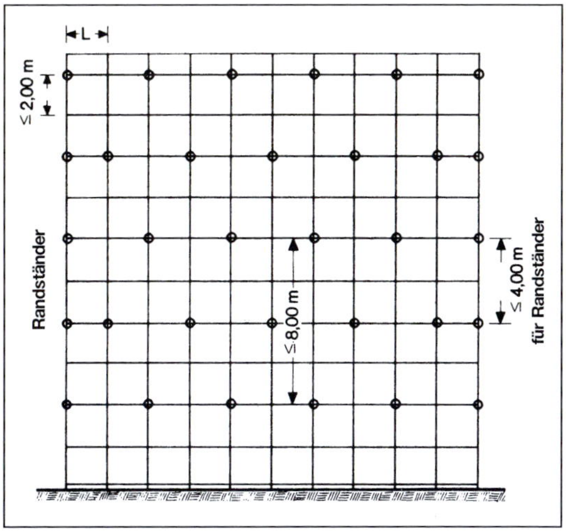

Abb. 6.11-13: Verankerung von Standgerüsten (Beispiel)

fernt und das Gerüst bis zum tragfähigen Grund hinuntergeführt werden.

Verstrebungen

Sie sind zur Aufnahme von waagerechten Kräften erforderlich und geben dem Gerüst Stabilität (siehe Abb. 6.11-12). Deshalb sind sie stets in ausreichendem Umfang anzubringen und dürfen erst beim endgültigen Abbau entfernt werden.

Verstrebungen sollen möglichst in der Nähe von Kreuzungspunkten der Ständer und Längsriegel befestigt werden.

Verankerungen

Gerüste, die frei stehend nicht standsicher sind, müssen verankert werden (siehe Abb. 6.11-13). Die Verankerungen sind an standsicheren und genügend tragfähigen Bauteilen zu befestigen. Unzulässig ist die Befestigung z. B. an Fensterrahmen, Dachrinnen oder Schneefanggittern. Verankerungen müssen zug- und druckfest sein.

Die Verankerung ist nicht nur von der Güte des Verankerungsmittels abhängig, sondern in entscheidendem Maße von der Güte der Befestigung am Verankerungsgrund. Diese Befestigung muss besonders sorgfältig vorgenommen werden.

Die Vorschriften über die Verankerungen müssen unbedingt eingehalten werden.

Gerüstbelag

Heute werden überwiegend Systemböden als Gerüstbeläge verwendet. Bohlen werden i. d. R. nur in Ausgleichsfeldern verwendet und müssen der DIN 4074-1 entsprechen. Jede benutzte Gerüstlage ist voll auszulegen, was bedeutet, dass bei Einrüstung einer Bauwerksecke der Gerüstbelag in voller Breite um die Ecke zu führen ist.

Seitenschutz

Ein Seitenschutz ist stets erforderlich, wenn der genutzte Gerüstbelag mehr als 2 m über dem Boden liegt; dies gilt auch für die Stirnseiten von Gerüsten.

Er ist dreiteilig und besteht aus Geländer- und Zwischenholm sowie einem Bordbrett.

Zugang zum Gerüst

Das Gerüst muss über Einrichtungen für den sicheren Zugang zu den verschiedenen Gerüstebenen verfügen. Der Zugang mit innen liegenden Schrägleitern darf nur noch bis zur zweiten Gerüstebene (max. 5 m Höhe) erfolgen. Bei mehr als 5 m Aufstiegshöhe ist ein Treppenturm erforderlich (siehe Abb. 6.11-14). Neben Treppentürmen und innenliegenden Schrägleiten können auch Personenaufzüge verwendet werden.

Abb. 6.11-14: Treppenturm

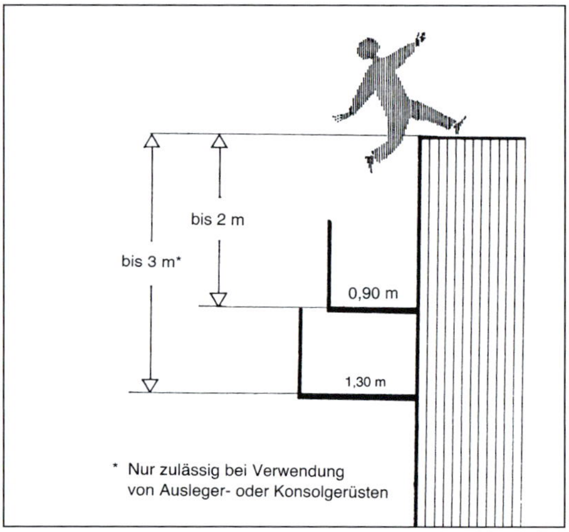

Abb. 6.11-15: Fanggerüstbreite

6.11.6 Zusätzliche Anforderungen an Schutzgerüste und Fahrgerüste

Schutzgerüste sind Fanggerüste, Dachfanggerüste oder Schutzdächer.

Fanggerüste

Fanggerüste allgemeiner Art reichen bei Dacharbeiten aus, wenn die Dachneigung nicht mehr als 22,5° beträgt. Die Breite des Fanggerüstes ist von dem lotrechten Abstand eines Belages von der Absturzkante abhängig (siehe Abb. 6.11-15).

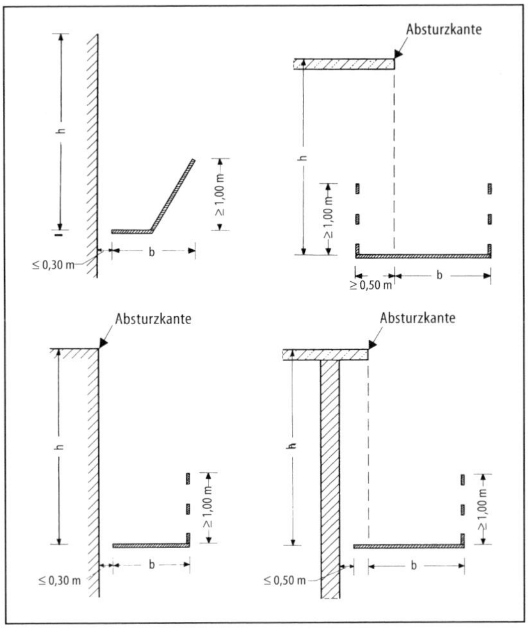

Abb. 6.11-16: Belagbreite und Seitenschutz bei Fanggerüsten

Allerdings darf bei einer Mindestbreite des Gerüstbelages von 0,90 m die mögliche Absturzhöhe höchstens 2 m betragen. Ausleger- und Konsolgerüste als Fanggerüste sind nur noch in Ausnahmefällen zulässig, wenn die Stand-, Arbeits- und Betriebssicherheit im Einzelfall nachgewiesen wurde. Diese Gerüste werden aufgrund vielfältiger Gefahren (z. B. mangelnde Verankerungen) immer weniger eingesetzt.

Der horizontale Abstand zwischen Gerüstbelag und Gebäudewand darf nicht mehr als 300 mm betragen. Besteht Absturzgefahr auch zum Bauwerk hin (z. B. Fensteröffnungen), ist das Fanggerüst entsprechend zu bauen.

Dachfanggerüste

Dachfanggerüste werden bei Dachneigungen von mehr als 22,5° bis max. 60° und einer Absturzkantenhöhe von mindestens 2 m eingesetzt, da dann normale Fanggerüste allgemeiner Art nicht ausreichen, weil bei diesen Dachneigungen eine erhöhte Abrutschgefahr besteht. Dachfanggerüste hingegen können auch von schrägen Flächen Abrutschende auffangen.

Der Belag des Gerüstes darf nicht tiefer als 1,50 m unter der Traufkante liegen und muss mindestens 0,60 m breit sein. Der Abstand zwischen Traufkante und Schutzwand muss mindestens 0,70 m betragen. Die Schutzwandhöhe über die Traufkante hinaus errechnet sich aus dem Abstand der Schutzwand zur Absturzkante (1,5 m Abstand).

Ist der Abstand zwischen Traufe und Schutzwand größer als 0,70 m, kann die Schutzwand niedriger sein, und zwar um das gleiche Maß, das der Abstand größer als 0,70 m ist (siehe Abb. 6.11-17). Jedoch muss die Schutzwand in jedem Fall eine Mindesthöhe von 1 m haben.

Die Schutzwand muss so dicht sein, dass sie den Absturz von Menschen und das Herabfallen von Material sicher verhindert. Statt einer Verbretterung darf die Schutzwand auch aus genügend tragfähigen Netzen oder Geflechten gebildet werden. Die Brettzwischenräume oder Maschenweiten dürfen höchstens 5 cm betragen.

Gerüstbeläge für Fang- und Dachfanggerüste müssen den hohen dynamischen Beanspruchungen standhalten, die auftreten können, wenn abstürzende Menschen auf den Belag auftreffen. Bei Belägen aus Gerüstbohlen sind die Abmessungen nach Tabelle 6.11-1 einzuhalten. Bei anderen Gerüstbelägen muss die entsprechende Festigkeit gewährleistet sein.

Tabelle 6.11-1: Bohlenquerschnitte für Fang- und Dachfanggerüste

2 Gerüstfeldweiten für Fanggerüste in Abhängigkeit von Mindestdicke und -breite der Gerüstbohlen				
Absturzhöhe	**max. Gerüstfeldweiten in m bei Bohlenquerschnitt in cm × cm**			
			Doppelbelegung	
m	**24 × 4,5**	**28 × 4,5**	**24 × 4,5**	**28 × 4,5**
1,0	1,4	1,5	2,5	2,7
1,5	1,2	1,4	2,2	2,5
2,0	1,2	1,3	2,0	2,2
Gerüstbelag um Bauwerksecken herumführen.				

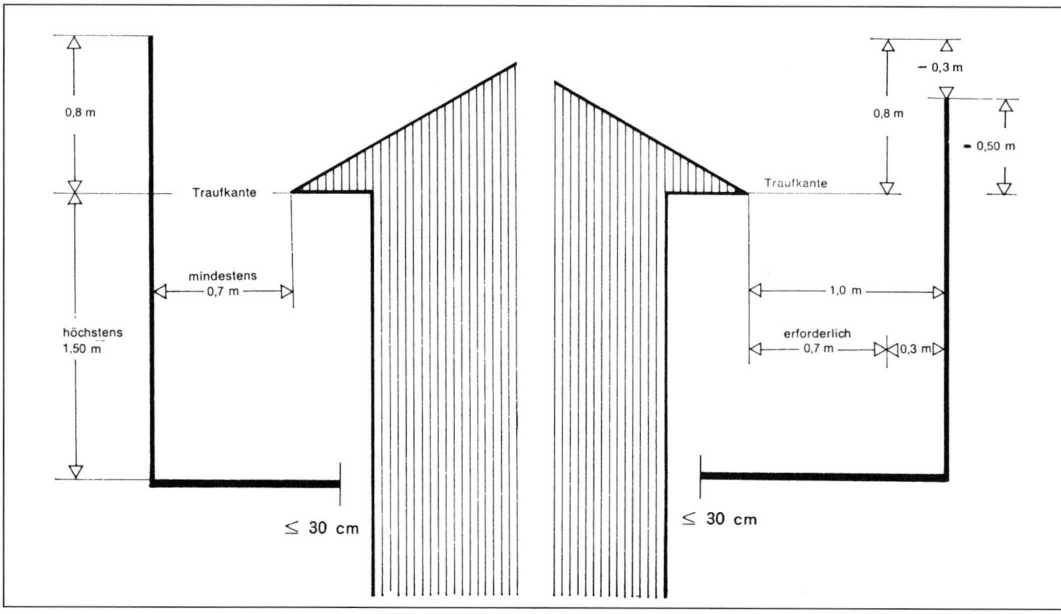

Abb. 6.11-17: Abmessungen von Dachfanggerüsten

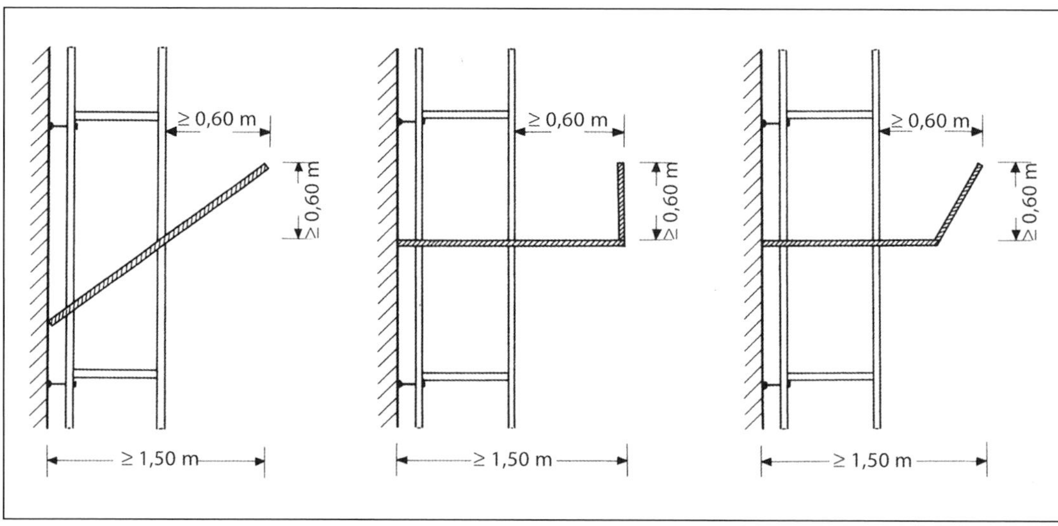

Abb. 6.11-18: Schutzdachausführungen

Schutzdächer

Schutzdächer (siehe Abb. 6.11-18) sollen Personen, Maschinen, Geräte und anderes gegen herabfallende Gegenstände schützen.

Die Breite der Abdeckung ist nach den örtlichen Verhältnissen zu wählen. Horizontal gemessen muss sie mindestens 1,50 m betragen. Bei Standgerüsten müssen die Abdeckungen das Gerüst auch an den Stirnseiten horizontal um mindestens 60 cm überragen. Die Höhe der Bordwand muss mindestens 60 cm betragen.

Fahrgerüste

Als Arbeits- und Schutzgerüste können auch Fahrgerüste Verwendung finden (siehe Abb. 6.11-19). Durch Anordnung von Fahrrollen können Standgerüste fahrbar gemacht werden.

Die Fahrrollen sind unter den Ständern möglichst zentrisch oder unter einem Grundrahmen unverlierbar anzuordnen.

Gegen unbeabsichtigtes Verschieben sind Feststellvorrichtungen anzubringen.

Fahrgerüste dürfen nur auf ebener und fester Unterlage eingesetzt werden. Gegebenenfalls sind Bohlen oder Stahlträger auszulegen.

Um die Standsicherheit (Sicherheit gegen Kippen) zu gewährleisten, darf das Verhältnis b : h (Schmalseite zu Belaghöhe des Fahrgerüstes) folgende Verhältnisse nicht überschreiten:

- in allseits geschlossenen Räumen b : h = 1 : 4
- bei Benutzung im Freien höchstens b : h = 1 : 3

Können diese Verhältnisse nicht eingehalten werden, ist ein Standsicherheitsnachweis zu führen. Die Standsicherheit kann durch Verbreiterungsausleger und durch Ballast (Sicherheitsgewichte) vergrößert werden.

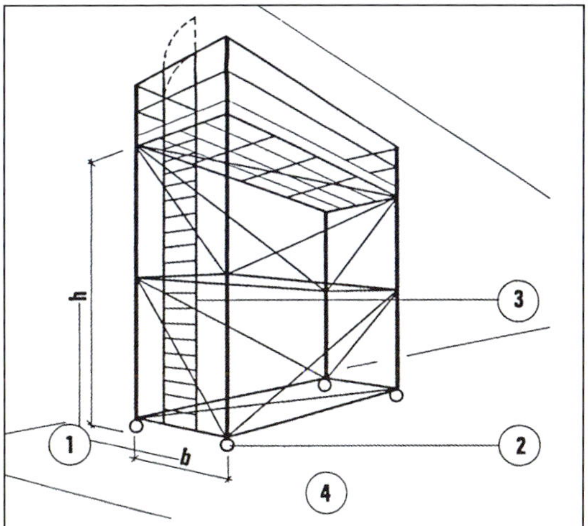

Zusätzliche konstruktive Anforderungen
① Standsicherheit
② Fahrrollen unverlierbar und feststellbar
③ Besonderer Aufstieg
④ Gesamte Standfläche eben und fest

Benutzungsregeln
1 Beim Arbeiten nicht gegen den Seitenschutz stemmen
2 Verfahren des Gerüstes:
  a) Lose Teile gegen Herabfallen sichern
  b) Keine Personen auf dem Gerüst
  c) Nur in Längsrichtung oder übereck

Abb. 6.11-19: Fahrgerüst

Zusammenfassung

Nach der Verwendung unterscheidet man Arbeits- und Schutzgerüste.

Schutzgerüste werden als Fanggerüste, Dachfanggerüste oder als Schutzdächer gebaut.

Gerüsttragsysteme sind Standgerüste, Auslegergerüste, Konsolgerüste und Hängegerüste.

Gerüstausführungsarten sind Stahlrohrkupplungsgerüste, Leitergerüste, Rahmengerüste und Modulgerüste.

Gerüstbauarbeiten müssen stets durch einen fachlich geeigneten Aufsichtführenden überwacht werden.

Gerüstverstrebungen geben dem Gerüst die erforderliche Steifigkeit. Sie sind in der Nähe der Kreuzungspunkte anzubringen.

Alle Gerüste, die frei stehend nicht standsicher sind, müssen an genügend festen Bauteilen mit dem Gebäude verankert werden.

Der Seitenschutz des Gerüstes ist ab 2 m Absturzhöhe dreiteilig auszubilden, bestehend aus Bordbrett, Geländerholm und Zwischenholm.

Die Betriebssicherheit von Gerüsten ist insbesondere nach längerer Arbeitsunterbrechung sowie nach Witterungseinwirkungen zu überprüfen.

Bei Dachfanggerüsten sind die vorgeschriebenen Abmessungen zu beachten.

Fahrgerüste sind gegen unbeabsichtigtes Verschieben und Kippen ausreichend zu sichern.

Aufgaben

1. Welche Anforderungen müssen Verkehrswege auf Baustellen erfüllen?
2. Welche Maßnahmen sind für das Arbeiten auf Bauteilen zu treffen, die beim Begehen brechen oder vom Auflager abrutschen können?
3. Skizzieren Sie die erforderlichen Lauf- und Arbeitsstege beim Verlegen von Wellplatten!
4. Welche Vorschriften sind für die Verwendung von Dachdecker-Auflegeleitern zu beachten?
5. Beschreiben Sie ein Arbeitsgerüst aus Dachdeckerstühlen!
6. Ab welchen Absturzhöhen sind Absturzsicherungen erforderlich?
7. Welche Einrichtungen können zur Absturzsicherung vorgesehen werden?
8. Welche Maßnahmen sind zum Schutz gegen herabfallende Gegenstände und Massen zu treffen?
9. Nennen Sie Beispiele für Gefahren durch bestehende Anlagen bei Bauarbeiten!
10. Welche Sicherheitsmaßnahmen sind beim Betreiben von Bauaufzügen zu beachten?
11. Wie müssen Schmelzöfen ausgerüstet sein?
12. Wie können in Brand geratene heiße Massen gelöscht werden?
13. Welche Unfallgefahren bestehen beim Umgang mit Flüssiggas?
14. Welche Angaben muss eine Betriebsanweisung für die Verarbeitung eines Gefahrstoffes enthalten?
15. Worin unterscheiden sich Arbeits- und Schutzgerüste?
16. Erläutern Sie die verschiedenen Gerüsttragsysteme!
17. Nennen Sie Vor- und Nachteile der Gerüstausführungsarten!
18. Welche Anforderungen werden an den Unterbau von Gerüsten gestellt?
19. Welche Aufgaben erfüllen die Verstrebungen bei Gerüsten?
20. Wie müssen Gerüste, die frei stehend nicht standsicher sind, mit dem Gebäude verankert werden?
21. Aus welchen Bauteilen besteht der Seitenschutz?
22. Welche Vorschriften gelten für den Zugang zu Arbeitsplätzen auf Gerüsten?
23. Warum müssen Gerüste vor ihrer Benutzung überprüft werden?
24. Wie soll der Gerüstbelag ausgeführt werden?
25. Welche Aufgaben haben Fanggerüste?
26. Nennen Sie die vorgeschriebenen Mindestabmessungen von Fanggerüsten!
27. Nennen Sie die Regeln für die Herstellung eines Dachfanggerüstes!
28. Welche zusätzlichen Schutzmaßnahmen sind bei Mansarddächern und Dachaufbauten vorzusehen?
29. Nennen Sie die Mindestanforderungen an Schutzdächer!
30. Wie müssen Fahrgerüste gegen Kippen und unbeabsichtigtes Verschieben gesichert werden?

7 Blitzschutz

Blitzeinschläge in Gebäude können verheerende Wirkungen haben. Um die Gefahr zu vermindern, werden Blitzschutzanlagen auf Gebäuden errichtet. Diese sollen bewirken, dass der Blitz von den Fangeinrichtungen auf dem Dach aufgenommen und gefahrlos ins Erdreich abgeleitet wird.

Eine Blitzschutzanlage gliedert sich in den äußeren und den inneren Blitzschutz.

Als innerer Blitzschutz gilt neben dem Potenzialausgleich, das ist der Zusammenschluss aller größeren Metallteile an der Potenzialausgleichschiene (PAS), noch der Überspannungsschutz an elektrischen und elektronischen Anlagenteilen des Gebäudes.

7.1 Prinzip des Blitzableiterbaus

Die heutige Blitzschutztechnik beruht auf dem Grundprinzip des „Faraday'schen Käfigs". Der englische Physiker Faraday hatte bereits 1831 erkannt, dass in einem allseitig geschlossenen Metallkäfig aus Blech oder Maschendraht von außen kein elektrisches Feld, wie es auch eine Blitzentladung darstellt, einwirken kann. Es sind daher nur an der Außenfläche des Käfigs Entladungen möglich. Die gleiche abschirmende Wirkung gegen eine Blitzgefahr besitzt z. B. auch die Stahlkarosserie eines Fahrzeuges. Würde man ein zu schützendes Objekt vollkommen metallisch schließen, so wäre eine Fangeinrichtung und Erdung für einen Blitzstrom überhaupt nicht erforderlich.

In Anlehnung an diese Theorie werden unsere Gebäude sozusagen in einen Drahtkäfig gesetzt, der die Blitzenergie auffangen und zur Erde ableiten soll. Aus dem Dach herausragende Bauteile wie Schornsteine und Dachaufbauten werden mit einer Fangstange oder Fangleitung versehen. Antennenträger für Außenantennen sowie sonstige metallene Dachaufbauten sind an die Blitzschutzanlage anzuschließen.

Für die Funktionsfähigkeit einer Blitzschutzanlage ist es wichtig, den Käfig so vollkommen wie möglich zu gestalten. Daher müssen auch außerhalb und innerhalb des Gebäudes installierte größere Metallteile (Wasser-, Gasinnenleitungen, Heizungsanlagen, Aufzüge, Stahlgerüste u. a.) mit der Blitzschutzanlage über die Potenzialausgleichschiene verbunden werden.

Elektrische Betriebsmittel im Inneren wie auch außerhalb des Gebäudes müssen zusätzlich vor Überschlägen geschützt werden.

7.2 Blitzschutzanlage (äußerer Blitzschutz)

Eine nach geltender Norm geplante und errichtete Blitzschutzanlage soll größere Schäden durch Blitzschlag an den geschützten baulichen Anlagen weitgehend verhindern. Kleine Schäden können nicht ausgeschlossen werden, sie werden jedoch bei Ausführung des Schutzes mit zunehmender Wirksamkeit der Schutzklasse geringer.

Schon im Planungsstadium eines Neubaus sollen die Art und die Anordnung der Blitzschutzanlage sorgfältig berücksichtigt werden, um die Wirksamkeit mit minimalen Kosten und geringem Aufwand zu erhöhen. So soll die mögliche Nutzung vorhandener metallener Teile des Gebäudes wie Fundamenterder, Stahlarmierungen, Stahlkonstruktionen, metallene Außenwandbekleidungen u.Ä. als natürliche Teile der Blitzschutzanlage vorgesehen werden.

Die Art der Blitzschutzanlage sowie auch die Anordnung hängen von den Eigenschaften der zu schützenden Anlage und von der Blitzschutzklasse ab.

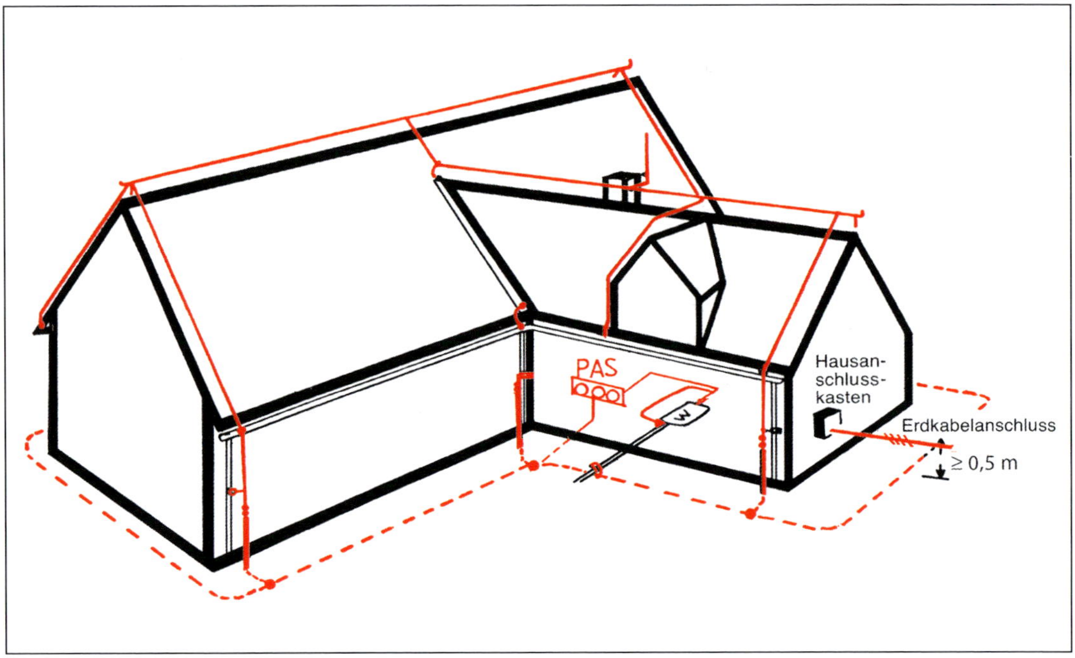

Abb. 7.1-1: Blitzschutzanlage

Hinweis

Die Blitzschutzklasse beschreibt den Schutzgrad der Blitzschutzanlage für eine bauliche Anlage. Nach heutiger Norm unterscheidet man zwischen 4 Blitzschutzklassen. Die Wirksamkeit nimmt von Schutzklasse I zu Schutzklasse IV ab.

Eine geeignete Blitzschutzklasse muss durch eine Risikoabschätzung ausgewählt werden. Die Auswahl einer ausreichenden Blitzschutzklasse für eine Blitzschutzanlage kann auf der zu erwartenden jährlichen Anzahl der Direkteinschläge (Nd) und der zugelassenen Anzahl der Blitzeinschläge, die einen Schaden verursachen (Nc), beruhen.

Die Abschätzung wird durch die Gebäudegröße, die Umgebung des Gebäudes, die Gebäudekonstruktion, die Gebäudenutzung und den Gebäudeinhalt sowie die Folgeschäden durch einen möglichen Blitzschlag beeinflusst. Das Ergebnis ergibt die Wirksamkeit der zu planenden Blitzschutzanlage.

Tabelle 7.2-1: Beziehung zwischen Blitzschutzklasse und Wirksamkeit der Blitzschutzanlage

Schutzklasse	Wirksamkeit (E)
I	0,96–0,98
II	0,91–0,95
III	0,81–0,90
IV	0–0,80

Die Blitzschutzklasse berücksichtigt die möglichen Blitzkennwerte und schreibt die Anordnung von Fangeinrichtungen und Ableitungen und die Güte der Erdungsanlage vor. Sie bestimmt auch den einzuhaltenden Trennungsabstand.

Die Norm DIN EN 62305-3 (VDE 0185-305-3): 2011-10 Blitzschutz gibt eine grobe Klassifizierung für standardisierte Objekte vor, die in vielen Fällen eine ausreichende Aussage über die

Tabelle 7.2-2: Blitzkugelradius, Schutzwinkel und Maschenweite zugeordnet zu den Schutzklassen (nach DIN EN 62305-3 [VDE 0185-305-3]: 2011-10, Tabelle 2)

Blitzschutz-klasse	**Blitzkugel R (m)**	**Schutzwinkel α (abhängig von Höhe und Schutzklasse)**	**Maschenweite w (m)**
I	20		5 × 5
II	30		10 × 10
III	45		15 × 15
IV	60		20 × 20

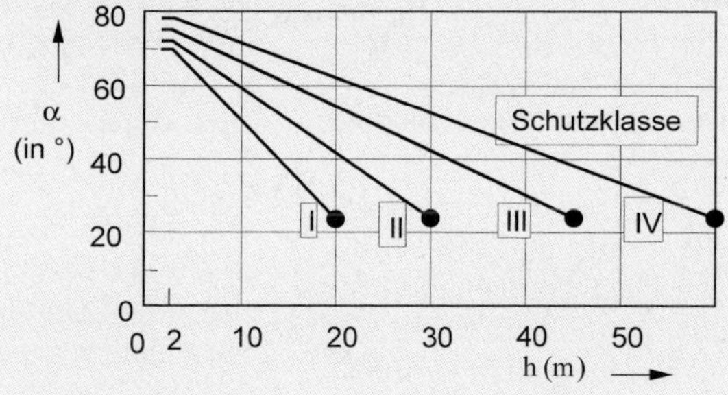

vorzusehende Blitzschutzklasse ermöglicht. Darüber hinaus enthält diese Norm ein umfangreiches Rechenverfahren, das eine genaue Zuordnung der Blitzschutzklasse erlaubt.

Der äußere Blitzschutz hat die Aufgabe, die Blitze aufzufangen, den Blitzstrom von der Einschlagstelle zur Erde abzuleiten und in der Erde zu verteilen, ohne dass durch thermische oder mechanische Wirkungen Schäden an der zu schützenden baulichen Anlage oder für Personen gefährliche Überspannungen auftreten.

Die äußere Blitzschutzanlage besteht im Wesentlichen aus 4 Anlageteilen (siehe Abb. 7.1-1):

- Fangeinrichtung
- Ableitung
- Erdungsanlage
- Potenzialausgleichschiene (PAS)

7.2.1 Fangeinrichtung

Als Fangeinrichtung bezeichnet man alle Dachleitungen, die den Blitzstrom auffangen und über die Ableitungen gefahrlos zur Erdungsanlage weiterleiten.

Die Fangeinrichtung kann aus einer Kombination von Fangstangen, Fangleitungen und maschenförmigen Fangeinrichtungen bestehen.

Für die Festlegung der Lage und der Anordnung der Fangeinrichtungen werden 3 Methoden genutzt:

- Die **Blitzkugel-Methode** ist die übergeordnete Methode und eignet sich besonders bei komplexen Gebäudeformen.
- Die **Schutzwinkel-Methode** ist geeignet bei einfachen Gebäudeformen.
- Die **Maschen-Methode** eignet sich besonders bei ebenen Flächen.

Die **Blitzkugel-Methode** setzt einen Blitzkugelradius je nach Schutzklasse von 20 bis 60 m voraus. Alle Gebäudeteile, die beim Überrollen mit einer Blitzkugel mit entsprechendem Radius von dieser berührt werden, müssen mit Fangeinrichtungen geschützt werden.

Die **Schutzwinkel-Methode** setzt einen Schutzwinkel der Fangeinrichtung zur Mittelsenkrechten voraus, der von der gewählten Schutzklasse und der Gebäudehöhe abhängt.

Die Maschenweite bei der **Maschen-Methode** ist abhängig von der Schutzklasse und beträgt 5 × 5 m bis 20 × 20 m. Sie setzt voraus, dass alle Dachkanten, alle Dachüberhänge und alle Firste mit Fangleitungen versehen werden und dass keine metallenen Installationen aus dem Schutzbereich herausragen.

Metallteile auf dem Dach können unter bestimmten Voraussetzungen als natürliche Bestandteile der Fangeinrichtung verwendet werden:

- Metalldächer,
  - wenn die Verbindungen elektrisch dauerhaft ausgeführt sind,
  - die Materialstärken nicht kleiner sind als 0,5 mm bei Stahl, Titan und Kupfer, 0,65 mm bei Aluminium, 0,7 mm bei Zink,
  - sie nicht isoliert sind,
  - wenn ein Durchschmelzen des Bleches an der Einschlagstelle (durch ein Loch kann Regenwasser in das Dach eindringen) oder ein Entzünden von brennbarem Material unter der Blechverkleidung nicht vermieden werden muss;
  - zur Vermeidung eines gefährlichen Zustandes ist Stahl in 4 mm Stärke, Kupfer in 5 mm, nicht rostender Stahl und Aluminium in 7 mm Stärke zu verwenden.
- metallene Bestandteile wie Teile der Dachkonstruktion, Regenrinnen, Geländer, Verzierungen und Metallabdeckungen von Mauerbrüstungen mit einem für Fangleitungen vorgeschriebenen Metallquerschnitt und gut leitenden dauerhaften Verbindungen
- sonstige metallene Rohre oder Behälter, wenn die Wandstärke mehr als 2,5 mm beträgt und ein Durchschmelzen nicht gefährlich werden kann

Im Bereich der Schornsteine wird die Fangeinrichtung besonders durch die Verbrennungsgase angegriffen. Wird bei einer Sanierung der Heizungsanlage ein Metallrohr aus nicht rostendem Stahl in den Schornstein eingezogen, darf dieses Metallrohr nur durch eine getrennt angeordnete Fangstange mit ausreichendem Trennungsabstand geschützt werden. Der Schornsteineinsatz ist am Fußpunkt in den Potenzialausgleich einzubeziehen.

Wenn Fangleitungen aus Kupfer verwendet werden, müssen darunter angebrachte Dachrinnen und Fallrohre ebenfalls aus Kupfer bestehen, weil mit Kupfer angereichertes Regenwasser die darunterliegenden verzinkten Rinnen oder Fallrohre zerstört.

Bei Gebäuden mit weicher Bedachung aus Reet oder Stroh sind die Fangleitungen auf Holzstützen zu verlegen. Für die Firstleitung muss ein Mindestabstand von 600 mm eingehalten werden. Der Abstand der Dachleitungen soll 400 mm nicht unterschreiten.

7.2.2 Ableitungen

Die Ableitungen sollen eine natürliche Fortsetzung der Fangeinrichtung vom Dach darstellen und auf kürzestem Wege den Blitzstrom zur Erde weiterleiten. Typische Abstände für Ableitungen sind je nach Schutzklasse 10 bis 20 m.

Jede einzelne Fangstange muss eine Ableitung erhalten, ebenso jedes Ende einer Fangleitung und jeder Eckpunkt eines Fangmaschennetzes. Die Ableitungen sind vorzugsweise gleichmäßig auf den Gebäudeumfang zu verteilen, ausgehend von den Gebäudeecken. Sie müssen nahe der Erdoberfläche miteinander verbunden werden, wenn die Blitzschutzanlage mit der zu schützenden Anlage verbunden ist.

Metallene Regenfallrohre und andere an der Gebäudeaußenseite angebrachte Metallkonstruktionen können als Ableitungen verwendet werden, wenn sie an den Stoßstellen einwandfrei gelötet sind oder mit geeigneten Laschen überbrückt werden. Eine Verlegung der Ableitung innerhalb der Regenfallrohre ist nicht statthaft.

Als natürliche Bestandteile der Ableitungen können verwendet werden:

- metallene Installationen mit elektrisch leitenden Verbindungen
- durchverbundene Bewehrungen der Anlage
- durchgehende Metallgerüste
- durchverbundene metallene Außenwandbekleidungen
- Profilschienen und Unterkonstruktionen von Außenwandbekleidungen

In Sonderfällen muss die Anordnung der Ableitungen zwischen dem Hersteller und dem Architekten rechtzeitig geplant werden. Dazu zählen Ableitungen, die in Fugen, unter Putz, im Mauerwerk sowie hinter Außenwandbekleidungen und im Innern des Gebäudes verlegt werden. Auf einwandfreie Verbindungen ist dabei besonders zu achten.

Bei jedem Anschluss der Ableitungen zur Erdungsanlage sollte eine Trennstelle vorhanden sein, um die oberirdische Anlage von der Erdungsanlage zu Messzwecken trennen zu können.

7.2.3 Erdungsanlage

Die Erdungsanlage als dritter Teil einer Blitzschutzanlage hat die Aufgabe, einen gut leitenden Kontakt mit dem Erdreich herzustellen. Dadurch soll ein Ausgleich des Blitzstromes mit der Erde möglichst ungehindert stattfinden. Die Erdungsanlage beginnt an den Trennstellen bzw. der Erdeinführungsstange.

Form und Abmessung der Erdungsanlage sind wichtiger als ein bestimmter Erdungswiderstand. Empfohlen wird jedoch ein Wert < 10 Ohm. Eine Erdungsanlage als geschlossener Ring um das zu schützende Gebäude ist einem Erdungssystem aus Einzelerdern immer vorzuziehen. Sind Einzelerder nicht zu vermeiden, dann muss pro erforderlicher Ableitung eine Mindestlänge von 5 m für Horizontalerder und 2,5 m für Vertikalerder bei den Blitzschutzklassen III und IV verlegt werden. Bei den Blitzschutzklassen I und II bestimmt die Leitfähigkeit des Erdreichs die Erderlänge.

Die Einzelerder müssen auf Höhe des Erdniveaus alle miteinander verbunden werden. Diese Verbindung kann auch durch Leitungen oder Rohrleitungen, die durch das Gebäude geführt sind, hergestellt werden. Die Erdungsanlage soll für alle Zwecke der baulichen Anlage geeignet sein (Blitzschutz, Niederspannungsanlage u. a.).

Man unterscheidet grundsätzlich zwischen 2 Arten der Erderanordnung: Erder Typ A und Erder Typ B.

Erder Typ A

Unter Erder Typ A versteht man im Wesentlichen horizontale Strahlen- oder Banderder und vertikale Stab- oder Tiefenerder als Einzelerder.

Der Strahlen- oder Banderder ist ein waagerecht eingebrachter Erder in einer Tiefe von mindestens 0,5 m und einem Abstand vom Gebäude von etwa 1 m. Beim Strahlenerder sollte der Winkel zwischen den Strahlen mehr als 60° betragen, um eine gegenseitige Beeinflussung zu vermeiden.

Der Staberder ist ein einteiliger Erderstab. Der Tiefenerder ist ein mehrteiliger Erderstab, der senkrecht eingebracht wird, er kann nach Bedarf beliebig verlängert werden.

Erder Typ B

Unter Erder Typ B versteht man einen Ringerder oder einen Fundamenterder. Der Ringerder ist ein im Erdreich verlegter, geschlossener Ring um das Gebäude in mindestens 0,5 m Tiefe und etwa 1 m Abstand. Beim Ringerder müssen mehr als 80 % der Länge Kontakt mit dem Erdreich haben. Die erforderliche Länge wird dadurch ermittelt, dass aus der vom Ringerder eingeschlossenen Fläche ein Ersatzkreis gebildet wird, dessen Radius mit der geforderten Länge verglichen wird. Reicht die Ringerderlänge nicht aus, d. h., der Radius ist kleiner als die geforderte Länge, dann muss für jede Ableitung diese Zusatzlänge, also die Differenz aus der geforderten Länge zu dem ermittelten Radius, eingebracht werden. Die Verbindungen im Erdreich müssen bei Erdern aus verzinktem Stahl mit einer Korrosionsschutzbinde luftdicht ummantelt werden.

Der Fundamenterder ist ein Erder, der als geschlossener Ring in das Fundament der Außenmauern und ggf. auch der Innenmauern eingebettet und mit der Armierung leitend verbunden wird.

Bei Neubauten ist es zweckmäßig, den für den Potenzialausgleich eingebauten Fundamenterder auch als Blitzschutzerder zu verwenden. Dazu müssen die notwendigen Anschlussfahnen für die Ableitungen vorhanden sein. Der Erdungswiderstand eines Fundamenterders ist nach erfolgter Austrocknung der Betonschichten etwas schlechter als der eines Ringerders gleicher Länge in gut leitenden Böden. Aufgrund der geringeren Herstellungskosten und des hohen Korrosionsschutzes ist er dennoch anderen Erdern vorzuziehen. Die Anschlussfahnen für die Ableitungen dürfen, wenn sie aus verzinktem Stahl hergestellt sind, keinen Kontakt zum Erdreich haben. Sie müssen dann im Mauerwerk hochgeführt oder aus nicht rostendem Stahl hergestellt werden. Die Verwendung von kunststoffummantelten Leitungen ist problematisch wegen der Beschädigungsgefahr des Kunststoffmantels bei der Montage.

Die Betonarbeiten werden wesentlich vereinfacht, wenn für den Anschluss der Ableitungen Erdungsfestpunkte einbetoniert werden. Daran können nach dem Betonieren die Anschlussfahnen angeschraubt werden.

Nach den anerkannten technischen Richtlinien müssen Erdungsanlagen ohne Verwendung von vorhandenen metallenen Wasserleitungen für sich allein funktionsfähig sein. Diese Forderung stützt sich auf die zunehmende Verwendung von Kunststoffrohren für Wasserleitungen. Ringleitungen oder Erdungssammelleitungen können durch zusätzliche Erder, wie z. B. Tiefenerder, Staberder oder Oberflächenerder, wesentlich verbessert werden. Dies dürfte besonders bei Bodenverhältnissen erforderlich sein, die eine geringe elektrische Leitfähigkeit besitzen.

Einzelerder, vorzugsweise Tiefenerder, müssen dort angewendet werden, wo in dicht bebauten Stadtgebieten eine weiträumige Verlegung von Erdleitungen nicht möglich ist. Jedoch müssen auch dort die Einzelerder alle auf Erdniveau miteinander verbunden werden.

7.2.4 Potenzialausgleichschiene

Die Potenzialausgleichschiene ist eine metallene Sammelschiene, an der alle größeren Metallteile innerhalb und außerhalb des Gebäudes zusammengefasst und mit der Erdungsanlage verbunden werden. Der Schutzleiter der Elektroanlage wird ebenfalls daran angeschlossen wie auch der Überspannungsschutz des inneren Blitzschutzes.

Der Blitzschutz-Potenzialausgleich muss für äußere leitende Teile im Kellergeschoss oder auf Erdniveau hergestellt werden.

Bei hohen Gebäuden ist je nach Schutzklasse alle 10 bis 20 m Höhe eine weitere Potenzialausgleichebene einzubauen.

7.3 Trennungsabstand

Zwischen den Leitungen der Blitzschutzanlage, vorhandenen metallenen Installationen und elektrischen oder informationstechnischen Einrichtungen muss ein bestimmter Trennungsabstand eingehalten werden, damit es nicht zu Überschlägen kommt.

Der Trennungsabstand s berechnet sich aus folgender Formel:

$$s = k_i \frac{k_c}{k_m} l$$

Darin bedeuten:

k_i = Berechnungsfaktor, der durch die Blitzschutzklasse bestimmt wird

k_c = abhängig von der geometrischen Anordnung der Fangeinrichtungen

k_m = bestimmt das Material in der Trennungsstrecke

l = der Abstand in m, gemessen vom Punkt der Annäherung bis zur nächsten Potenzialausgleichebene

Hinweis

Der Wert k_c kann je nach Anordnung der Blitzschutzanlage und vorhandenem Potenzialausgleich umfangreiche Berechnungen erforderlich machen.

Da es bei Nichtberücksichtigung des Trennungsabstands zu gefährlichen Überschlägen des Blitzstromes von der Blitzschutzanlage zu anderen metallenen Installationen kommen kann, ist der genauen Beachtung des Trennungsabstands eine besondere Bedeutung beizumessen.

Aluminium und Aluminiumlegierungen sind im Erdreich nicht zugelassen. Blei und bleiummanteltes Material ist aus Gründen der Umweltbelastung nicht zu verwenden.

7.4 Prüfung der Blitzschutzanlage

Eine Blitzschutzanlage erfüllt ihren Zweck, wenn sie nach den anerkannten Regeln der Blitzschutztechnik gebaut ist und einer regelmäßigen Prüfung unterzogen wird. Bei der Übergabe einer neu erstellten Blitzschutzanlage muss dem Gebäudeeigentümer ein Prüfbericht von dem Errichter ausgehändigt werden. Dieser Bericht soll als Unterlage für weitere Prüfungen dienen.

Grundlage für die Prüfung einer Blitzschutzanlage sind die zum Zeitpunkt der Errichtung gel-

Tabelle 7.3-1: Werkstoff, Form und Mindestquerschnitt von Fangleitungen, Fangstangen, Erdeinführungen und Ableitungen (nach DIN EN 62305-3 [VDE 0185-305-3]: 2011-10, Tabelle 6)

Werkstoff	Form	Querschnitt
Kupfer, verzinntes Kupfer	massives Flachmaterial	50 mm²
	massives Rundmaterial	50 mm²
	Seil	50 mm²
	massives Rundmaterial1)	176 mm²
Aluminium	massives Flachmaterial	70 mm²
	massives Rundmaterial	50 mm²
	Seil	50 mm²
Aluminiumlegierung	massives Flachmaterial	50 mm²
	massives Rundmaterial	50 mm²
	Seil	50 mm²
	massives Rundmaterial1)	176 mm²
feuerverzinkter Stahl	massives Flachmaterial	50 mm²
	massives Rundmaterial	50 mm²
	Seil	50 mm²
	massives Rundmaterial1)	176 mm²
nicht rostender Stahl (Cr ≥ 16 %; Ni ≥ 8 %; C ≤ 0,07 %)	massives Flachmaterial	50 mm²
	massives Rundmaterial	50 mm²
	Seil	50 mm²
	massives Rundmaterial1)	176 mm²

1) anwendbar für Fangstangen und Erdeinführungsstangen

tende Norm und sonstige zutreffende Bauverordnungen und Vorschriften.

Der Prüfbericht sollte folgende Mindestangaben enthalten:

- allgemeine Angaben über Eigentümer und Hersteller der Blitzschutzanlage
- Baubeschreibung und Nutzung der baulichen Anlage

Tabelle 7.3-2: Werkstoff, Form und Mindestmaße von Erdern (nach DIN EN 62305-3 [VDE 0185-305-3]: 2011-10, Tabelle 7)

Werkstoff	Form	Querschnitt
Kupfer, verzinntes Kupfer	massives Rundmaterial	50 mm²
	massives Flachmaterial	50 mm²
	Seil	50 mm²
	massives Rundmaterial für Staberder	15 mm Ø
feuerverzinkter Stahl	massives Rundmaterial	78 mm²
	massives Flachmaterial	90 mm²
	Rohr	25 mm Ø
nicht rostender Stahl (Cr ≥ 16 %; Ni ≥ 5 %; Mo ≥ 2 %; C ≤ 0,08 %)	massives Rundmaterial	78 mm²
	massives Flachmaterial	100 mm²

Tabelle 7.3-3: Mindestdicke von Metallblechen oder Metallrohren in Fangeinrichtungen (nach DIN EN 62305-3 [VDE 0185-305-3]: 2011-10, Tabelle 3)

Werkstoff	Dicke t (mm)	Dicke t' (mm)
Blei	–	2,0
Stahl (rostfrei, verzinkt)	4	0,5
Titan	4	0,5
Kupfer	5	0,5
Aluminium	7	0,65
Zink	–	0,7

Dicke t im Hinblick auf Durchlöchern, Überhitzung und Entzündung.

Dicke t nur für Metallbleche, wenn die Verhinderung von Durchlöchern, Überhitzung und Entzündung nicht wichtig ist.

- Beschreibung der Blitzschutzanlage über Art und Anzahl der Fangeinrichtungen, Ableitungen und Erdungsanlage
- zum Zeitpunkt der Errichtung geltende Norm
- Grundlage der Prüfung mit Beschreibung und Zeichnung der Blitzschutzanlage
- Art der Prüfung wie baubegleitende Prüfung, Abnahmeprüfung, Wiederholungsprüfung
- Prüfergebnis
  - festgestellte Mängel
  - Zustand der Anlage
  - ggf. Nutzungsänderung
  - Erdungswiderstand an den einzelnen Trennstellen
  - Gesamterdungswiderstand
  - Witterungsverhältnisse bei der Prüfung

Die Prüfung einer Anlage beginnt zunächst mit einer allgemeinen Besichtigung. Bei hohen Objekten, z. B. Kirchen oder Fabrikschornsteinen, können der Verlauf und der Zustand der oberirdischen Leitungen mit einem Fernglas begutachtet werden. Dabei ist auf beginnende Korrosionserscheinungen besonders an Verbindungsstellen zu achten.

Mithilfe eines Erdungsmessgerätes wird dann, wenn alle Trennstellen geöffnet sind, von jeder Erdeinführungsstange der Erdungswiderstand der Erdungsanlage gemessen. Sind die Messergebnisse aller Erdeinführungsstangen gleich, handelt es sich um eine geschlossene Erdungsanlage (z. B. Ringerder) oder um gleich gute Einzelerder. Weiterhin ist auch dadurch erkennbar, dass alle Erdeinführungsstangen noch gute Verbindung zu der Erdungsanlage haben. Wenn die Form der Erdungsanlage aus vorliegenden Zeichnungen nicht bekannt ist, ist es sehr schwierig, nur durch Messungen die Art zu bestimmen. Es müssen dann neben der Messung des Erdausbreitungswiderstands an jeder Trennstelle auch noch Messungen jeweils zwischen 2 Erdeinführungsstangen durchgeführt werden. Auch dann kann nicht mit letzter Sicherheit die Art der Erdungsanlage bestimmt werden.

Bei einem Erdungssystem aus Einzelerdern ist der Gesamterdausbreitungswiderstand zu berechnen, wenn die Einzelerder alle getrennt gemessen wurden.

Die Einhaltung der erforderlichen Sicherheitsabstände ist, soweit dies möglich ist, zu überprüfen.

Nach den erfolgten Messungen ist die Blitzschutzanlage auf vorhandene Mängel zu untersuchen. Ebenfalls sind Gebäudeerweiterungen zu beachten wie auch ggf. eine Nutzungsänderung. Sind seit Errichtung der Blitzschutzanlage neue Erkenntnisse über die Ausführung gewonnen worden, ist der Eigentümer darüber zu informieren.

Regelmäßige Wiederholungsprüfungen sind die Voraussetzung für die dauernde Wirksamkeit einer Blitzschutzanlage. Wiederholungsprüfungen sollen nach Möglichkeit immer zu verschiedenen Jahreszeiten durchgeführt werden, um witterungsbedingte Veränderungen feststellen zu können. Bei der Auswertung der Messergebnisse der Erdungsanlage ist zu berücksichtigen, dass die Leitfähigkeit des Erdreichs im Winter schlechter ist als im Sommer, außerdem ist trockenes Erdreich schlechter leitend als feuchtes.

Die Zeitabstände für Wiederholungsprüfungen richten sich weitgehend nach der Nutzung des Gebäudes und der Blitzschutzklasse sowie ggf. nach den örtlichen Umgebungsbedingungen. Empfohlene Prüfintervalle sind je nach Blitzschutzklasse zwischen 2 und 4 Jahren. Bauordnungen und andere Vorschriften können andere Fristen vorschreiben. Bei Blitzschutzanlagen mit erhöhter Schutzbedürftigkeit wird auch eine Sichtprüfung zwischen den Prüfintervallen empfohlen.

Grundlage für Planung, Bau und Prüfung von Blitzschutzanlagen ist die Norm DIN EN 62305-3 (VDE 0185-305): 2011-10.

Die Norm DIN EN 62305 (VDE 0185-305): 2011-10 Blitzschutz gliedert sich in 4 Teile:

- Teil 1: Allgemeine Grundsätze
- Teil 2: Risiko-Management
- Teil 3: Schutz von baulichen Anlagen und Personen
- Teil 4: Elektrische und elektronische Systeme in baulichen Anlagen

Die Teile 2 und 3 wurden durch nationale Beiblätter ergänzt, die Berechnungshilfen und Ausführungshinweise enthalten.

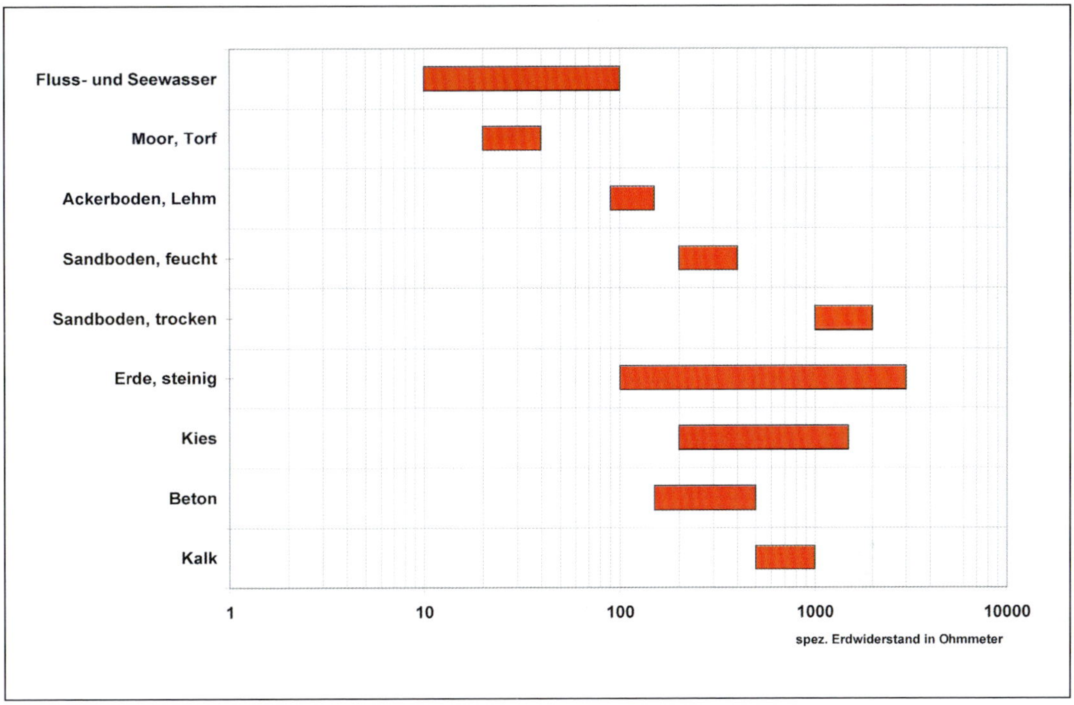

Abb. 7.4-1: Spezifischer Erdwiderstand verschiedener Bodenarten

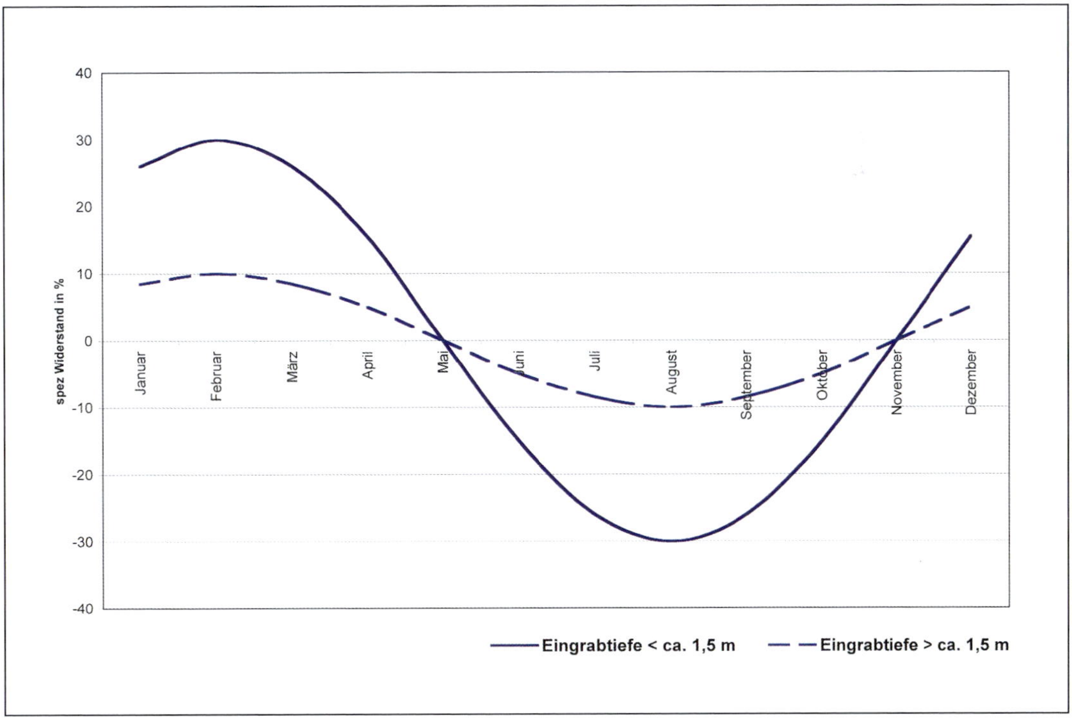

Abb. 7.4-2: Jahreszeitenabhängigkeit des spezifischen Erdwiderstandes (ohne Beeinflussung durch Niederschlag)

Zusammenfassung

Die Blitzschutztechnik beruht auf dem Prinzip des „Faraday'schen Käfigs".

Die Blitzschutzanlage gliedert sich in die 4 Teile:

- Fangeinrichtungen
- Ableitungen
- Erdungsanlage
- Potenzialausgleichschiene

Fangeinrichtungen haben die Aufgabe, den Blitzstrom aufzufangen und gefahrlos über Ableitungen zu der Erdungsanlage zu leiten.

Als Fangeinrichtungen bezeichnet man alle Dachleitungen, die sich vom First bis zu der Traufkante erstrecken. Aus dem Dach herausragende Teile müssen mit Fangstangen versehen werden oder können, wenn sie aus Metall sind, selbst als Fangeinrichtung verwendet werden.

Ableitungen stellen die Fortsetzung der Fangeinrichtung auf dem Dach bis zu der Erdungsanlage dar.

Die Erdungsanlage soll einen gut leitenden Kontakt mit dem Erdreich herstellen.

Durch Trennstellen kann die Blitzschutzanlage in einen oberirdischen und einen unterirdischen Teil für Messungen zerlegt werden.

Eine Blitzschutzanlage muss nach den anerkannten Regeln der Blitzschutztechnik gebaut sein und regelmäßig überprüft werden.

Die Prüfung einer Blitzschutzanlage umfasst die Punkte

- mechanische Festigkeit,
- fachtechnische und normengerechte Ausführung,
- elektrische Messung,
- Zustand der Anlage.

Aufgaben

1. Nach welchem Prinzip werden Blitzschutzanlagen gebaut?
2. Aus welchen Bestandteilen besteht eine Blitzschutzanlage?
3. Welche Aufgaben haben die einzelnen Bestandteile der Blitzschutzanlage?
4. Kann bei Dächern mit Metalleindeckung generell auf Fangeinrichtungen verzichtet werden?
5. Wie wird die Prüfung einer Blitzschutzanlage durchgeführt?
6. Nennen Sie die Mindestmaterialdicken für oberirdische Leitungen!
7. Nennen Sie die Mindestmaterialdicken für Erdleitungen!

8 Energiesammler und Energieumsetzer

Kohle, Erdöl und Erdgas sind die zurzeit größten Energieträger weltweit. Wie aber sieht es in den kommenden Jahrzehnten aus? Reichen diese Vorkommen langfristig aus, um unseren Bedarf an Energie zu decken?

In den kommenden Jahren wird sich im Bereich der Energiegewinnung einiges ändern, denn neben den oben genannten Rohstoffen wird es weitere Energiequellen geben, die in Bezug auf die Umwelt nahezu keine Belastung mehr darstellen. Ein konsequentes Umdenken der Menschen führt zu dem Bewusstsein, dass endliche und für die Umwelt schädliche Energiequellen durch regenerative Energien zu ersetzen sind. Nicht zuletzt durch kriegerische Akte und die Abhängigkeit von anderen Staaten gewinnen regenerative Energien, welche selbst in Deutschland erzeugt und genutzt werden, immer mehr an Bedeutung.

Neben der Windenergie und der Wasserkraft spielt auch die Solartechnik für die Energiegewinnung eine bedeutende Rolle. Denn im Gegensatz zu den oben genannten Energiequellen ist die Gewinnung der Energie aus der Solartechnik sauber, lautlos und schadstofffrei. Zudem steht uns die Sonneneinstrahlung, die dafür besonders wichtig ist, unendlich und kostenfrei zur Verfügung. Wärme aus der Sonneneinstrahlung wird durch solarthermische Anlagen gewonnen. Die Gewinnung von elektrischer Energie aus der Sonneneinstrahlung wird durch das Prinzip der Photovoltaik erreicht. Beide Techniken bieten dem Dachdecker aufgrund des Installationsortes, nämlich des Daches oder der Wand, ein weiteres Aufgabenfeld.

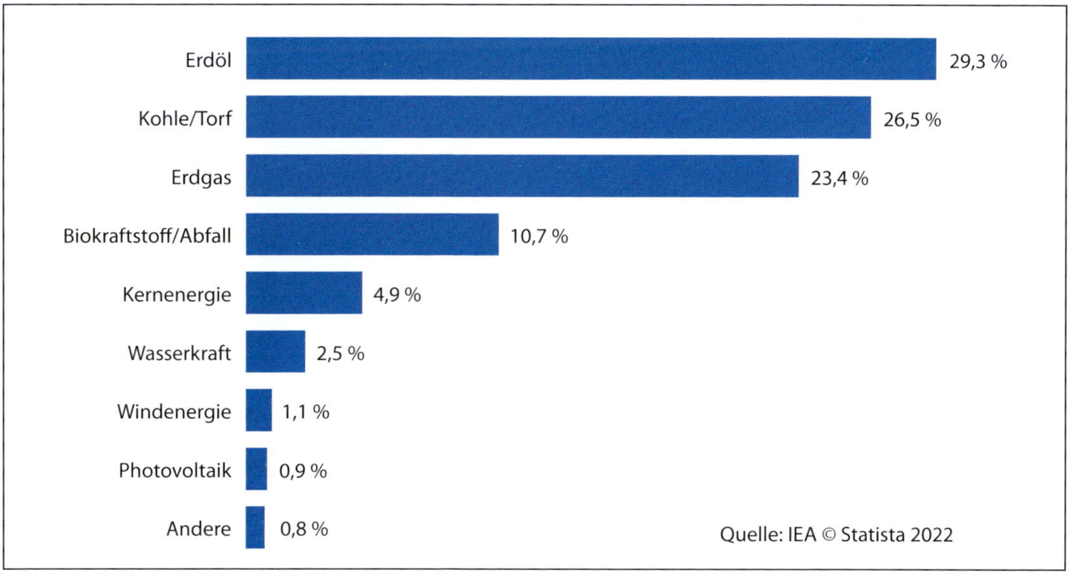

Abb. 8.0-1: Verteilung der weltweiten Energieerzeugung nach Energieträger im Jahr 2021

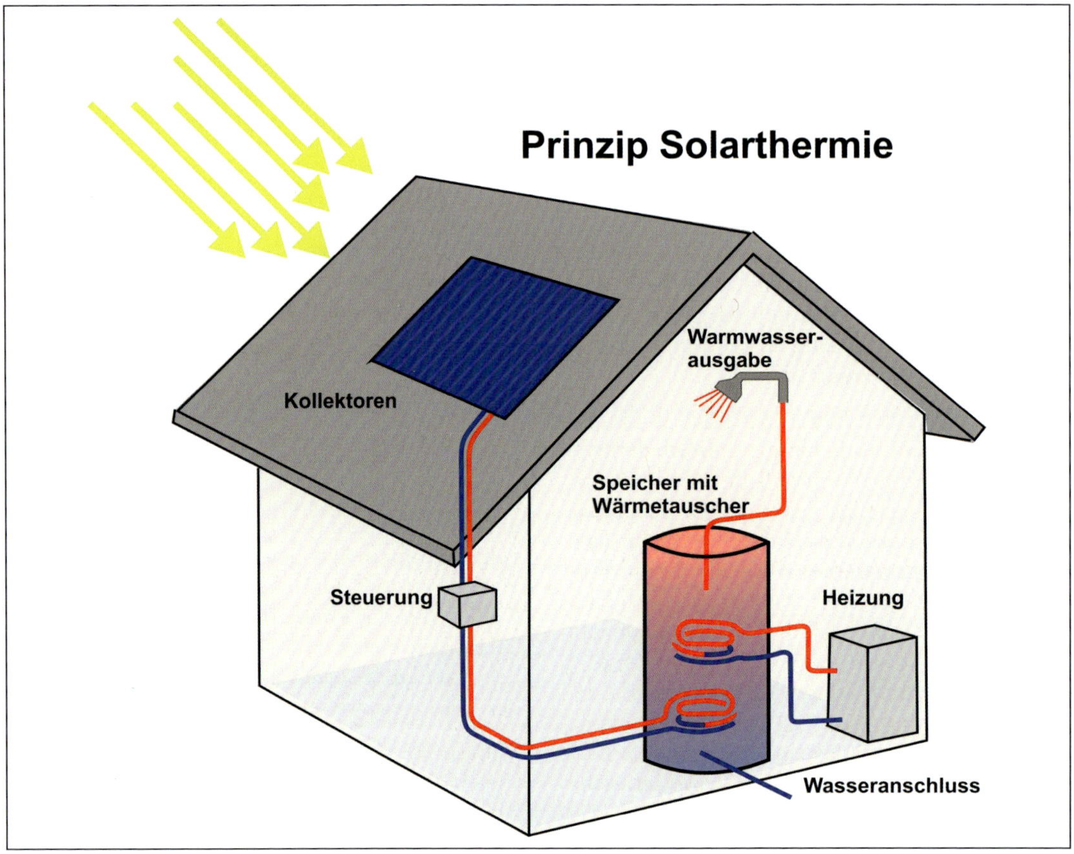

Abb. 8.1-1: Funktionsschema einer solarthermischen Anlage

8.1 Thermische Solaranlagen

Thermische Solaranlagen nutzen die Wärme aus der Sonnenstrahlung. Man unterscheidet hauptsächlich 3 Verwendungsmöglichkeiten. Die Solarthermie kann die

- Brauchwasseraufbereitung (siehe Abb. 8.1-1),
- die Heizung oder
- die Schwimmbaderwärmung

unterstützen. Alle 3 Varianten können separat oder auch kombiniert installiert werden.

Abb. 8.1-2: Solarflachkollektor

Kollektor

Die Energiegewinnungsfläche einer thermischen Solaranlage nennt man Kollektor. Kollektoren werden in den unterschiedlichsten Bauformen und Größen zwischen 0,5 und 10 m^2 angeboten. Im Kollektor befindet sich der sog. Absorber, ein beschichtetes Kupferblech, das die Wärme aus der Sonnenstrahlung absorbiert und an ein Rohrsystem überträgt. Man unterscheidet hauptsächlich 2 Arten von Kollektoren, die Flachkollektoren (siehe Abb. 8.1-2) und die

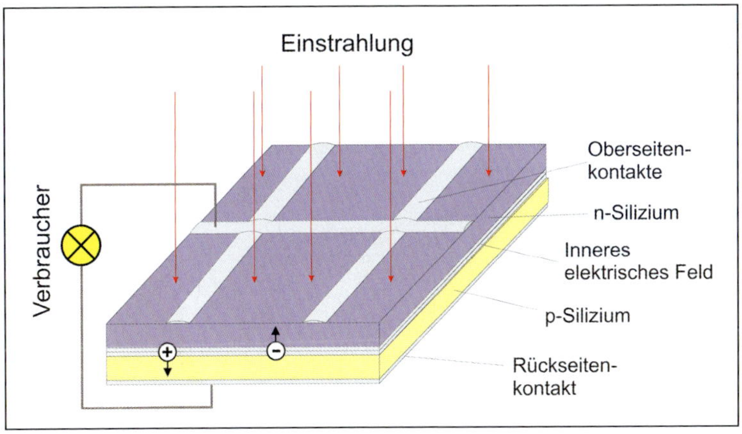

Abb. 8.2-1: Funktionsprinzip einer Solarzelle

Röhrenkollektoren. Der Kollektor wird mit einem Rohrleitungssystem verbunden, damit die gewonnene Wärme mithilfe eines Wärmeträgermediums (meist ein Wasser-Glykol-Gemisch) in einen Wärmespeicher transportiert werden kann. Im Wärmespeicher (z. B. Brauchwasserspeicher) wird die gewonnene Wärme durch einen Wärmetauscher an das Speichermedium (z. B. Brauchwasser) übertragen, gespeichert und nach Bedarf abgegeben. Somit kann das erwärmte Brauchwasser an den Verbraucher durch das Hausnetz transportiert werden. Dieses System mit einem vom Brauchwasserkreis getrennten Solarkreis nennt man **Zweikreissystem**.

Neben dem Kollektor und einem Speicher werden für eine thermische Solaranlage zusätzlich meist noch eine Pumpe sowie eine Regelstation benötigt, damit der Wärmetransport reguliert werden kann. Die Funktion einer Anlage wird durch eine sog. Temperaturdifferenzregelung gesteuert, die ständig die Kollektortemperatur und die Speichertemperatur vergleicht.

8.2 Photovoltaik

Die direkte Umwandlung von Sonnenstrahlung in elektrische Energie mittels Solarzellen nennt man Photovoltaik. Der griechische Begriff „Photo" steht dabei für Licht, während „Voltaik" vom Namen des italienischen Physikers Alessandro Volta abgeleitet ist, der grundlegende Arbeiten zur Erforschung der Elektrizität leistete. Deshalb wurde auch die Maßeinheit Volt für elektrische Spannung nach ihm benannt. Die Photovoltaik ist sicher die eleganteste Art, die Sonnenenergie in Strom zu verwandeln: Man braucht lediglich die Solarzelle dem Licht auszusetzen, an ihren Kontakten den elektrischen Strom abzugreifen (siehe Abb. 8.2-1) und mittels Wechselrichters den gewonnenen Gleichstrom in Wechselstrom umzuwandeln. Die Solarzelle stellt sozusagen ein elektrisches Minikraftwerk dar. Der Unterschied zwischen Gleich- und Wechselstrom besteht in der Bewegungsrichtung der Elektronen. Beim Gleichstrom fließen diese konstant in eine Richtung. Beim Wechselstrom wechseln die Ladungsträger periodisch ihre Richtung. Das Stromnetz in Deutschland ist auf Wechselstrom (AC = Alternating Current) ausgelegt. Photovoltaikmodule erzeugen allerdings Gleichstrom (DC = Direct Current). Damit der Strom in das öffentliche Netz eingespeist werden kann, muss dieser mittels Wechselrichter in Wechselstrom umgewandelt werden.

Solarzelle

Die Solarzelle nutzt den sog. Photoeffekt, genauer gesagt den Sperrschicht-Photoeffekt, zur Stromerzeugung. Der Photoeffekt ist im Prinzip schon seit über 150 Jahren bekannt: 1839 stellte der französische Physiker A. E. Becquerel fest, dass zwischen 2 Elektroden, die er zuvor in ein Säurebad getaucht hatte, ein Strom floss, wenn er die eine davon dem Licht aussetzte. 1873 entdeckte der britische Kabelingenieur Willoughby

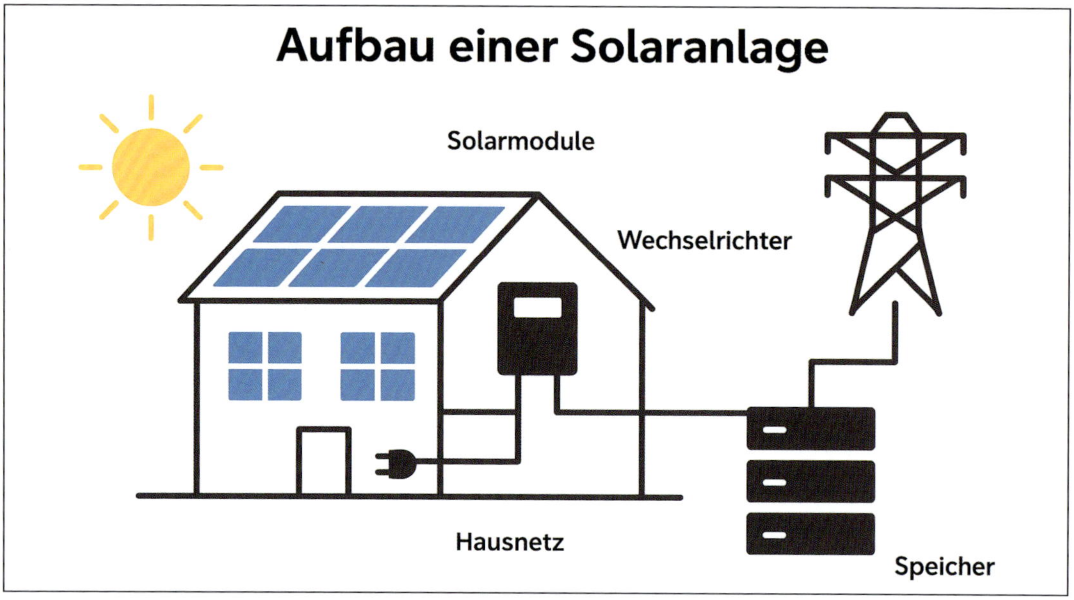

Abb. 8.2-2: Funktionsschema einer Photovoltaikanlage

Smith, dass das chemische Element Selen bei Belichtungsänderungen seinen elektrischen Widerstand verändert. Dies war die Geburtsstunde der Photozelle.

In der Folge wurden noch etliche andere solcher sog. Halbleiter entdeckt, die unter dem Einfluss von Licht oder Wärme ihren elektrischen Widerstand verändern. „Halbleiter" heißen diese Stoffe deshalb, weil ihre elektrische Leitfähigkeit zwischen der von ausgesprochenen Leitern wie Kupfer und der von ausgesprochenen Isolatoren wie Glas liegt. Bei tiefen Temperaturen haben alle Halbleiter keine oder nur sehr wenige freie Elektronen in ihrer Atomstruktur und sind damit praktisch Isolatoren. Dies ändert sich aber unter der Einwirkung von Licht oder Wärme. Die freien Elektronen vermehren sich dann und machen den Stoff zu einem mehr oder weniger guten Leiter.

Hinsichtlich der technischen Eigenschaften, der Verfügbarkeit und der unproblematischen Entsorgung erwies sich Silizium als das mit Abstand am besten geeignete Material zur Herstellung von Solarzellen. Silizium bildet mit einem Anteil von 27,7 % nach dem Sauerstoff das zweithäufigste Element der Erdkruste. Es kommt in der Natur allerdings nicht in reiner Form vor, sondern muss erst in einem aufwendigen Verfahren aus Verbindungen wie Quarzsand oder Bergkristall gewonnen werden. Je nachdem, wie das Silizium bei diesem Prozess auskristallisiert, unterscheidet man zwischen monokristallinem, polykristallinem und amorphem Silizium.

Die verschiedenen Formen des Siliziums haben unterschiedliche Wirkungsgrade. Unter Wirkungsgrad versteht man das Verhältnis von Nutzen zu Aufwand. Der Aufwand bei der Stromerzeugung mithilfe einer Solarzelle besteht in der eingestrahlten Sonnenenergie. Der Nutzen ist die gewonnene elektrische Energie. Der Wirkungsgrad einer Solarzelle ist somit das Verhältnis zwischen eingestrahlter Sonnenenergie und abgegebener elektrischer Energie. Am ergiebigsten ist das monokristalline Silizium, das Wirkungsgrade von 22 % ermöglicht, jedoch höchste Reinheit erfordert und in der Herstellung am teuersten ist. Für Solarzellen eignet sich auch das kostengünstigere polykristalline Silizium, das in Blöcke gegossen wird und mit dem sich Wirkungsgrade bis 16 % erzielen lassen. Noch preiswerter ist das amorphe Silizium, mit dem man gegenwärtig allerdings nur auf Wirkungsgrade um 7 % kommt, was den Preisvorteil relativiert. Photovoltaikmodule aus monokristallinem Silizium sind heutzutage der Standard. Durch ein spezialgehärtetes Glas ist die Zelle gegen Erschütterungen und Witterungseinflüsse resistent. Um Verluste durch Reflexion des Lichtes zu mindern, sind die Solarzellen mit einer dünnen Schicht Silicium-Oxid oder Silicium-Nitrid überzogen. Zusätzlich wird die Oberfläche angeraut. Optisch erkennt man diese Module an der Farbgebung. Diese schimmern grün, bläulich-grau bzw. violett.

Die gemessene elektrische Leistung wird mit der **Einheit** „kWp", „Kilo-Watt-Peak" angegeben, die die Leistung der Module unter festgelegten Bedingungen (Standardtestbedingungen) benennt. Module sind mehrere, flächenmäßig zu einer Konstruktionseinheit zusammengefasste Solarzellen. Um die Gesamtleistung einer Photovoltaikanlage in kWp zu ermitteln, muss die Leistung eines Moduls mit der Anzahl der verbauten Module multipliziert werden. Eine Anlage mit 1 kWp erreicht diese Leistung unter einer Einstrahlung von 1.000 Watt pro m^2 bei einem Lichteinfallswinkel von 1,5 AM (Luftmasse). Das entspricht etwa 48,2°, und einer Zelltemperatur von 25 °C. Je nach Modulleistung eines Herstellers wird der Umfang einer gesamten Solaranlage für den Energiebedarf eines Haushaltes errechnet. Aus diesem Umfang ergibt sich dann der Flächenbedarf einer Solaranlage (siehe Abb. 8.2-2). Jeder Hersteller hat seine eigenen Module mit ihren festgesetzten kWp-Angaben und Abmessungen.

Eine 1-kWp-Anlage leistet bei optimaler Ausrichtung zwischen 900 und 1.000 kWh pro Jahr in Deutschland. Leider wird der Strom nicht immer dann erzeugt, wenn er auch gebraucht wird. Um 1.000 kWh Strombedarf im Jahr zu decken, müssen also mehr als 1 kWp installiert werden. Damit der Strom auch genutzt werden kann, wenn die Sonne nicht scheint, also zum Beispiel nachts, kann man Stromspeicher einsetzen. Diese Stromspeicher werden in Lithium-Ionen-Technik aufgebaut und bieten eine optimale Ergänzung zur Nutzung der solaren Strahlungsenergie. Die Größe des Stromspeichers hängt vom Nutzerverhalten, also vom Stromverbrauch, ab.

Abb. 8.3-1 Die Module können als eigenständige Elemente in die Dachdeckung integriert werden.

8.3 Einbau

Die Vielfalt der Einbauvariationen einer kompletten Solaranlage ergibt sich aus der Vielzahl der Hersteller. Die Montage einer Energiegewinnungsfläche auf dem Dach oder der Wand kann durch eine Integration, Aufständerung oder sogar durch eine komplette Solardach- oder -wandfläche erfolgen.

Dies kann z. B. durch Kombination von Dachziegeln und Photovoltaikmodulen (siehe Abb. 8.3-1) erfolgen. Hier wird ein Loch in den Dachziegel gebohrt, durch welches die Kabel des Moduls geführt werden. Die einzelnen Dachziegel werden verbunden und können so zur Stromerzeugung und gleichzeitig als Dacheindeckung genutzt werden.

Bei einer **Integration** werden die Module in die Dachhaut integriert (siehe Abb. 8.3-1) und ersetzen somit an dieser Stelle die Dacheindeckung. Dies kann bei Betondachsteinen, Ziegeln, Schiefer, Faserzement oder sonstigen Werkstoffen erfolgen. Für die Montage der integrierten Solaranlage kann die für die Dacheindeckung vorhandene Unterkonstruktion gewählt werden. Je nach Herstellertyp müssen jedoch zusätzliche Befestigungseinheiten montiert werden. Der Anschluss der Dachhaut an die Elemente muss zuverlässig und regensicher durch Anschlussbleche ausgeführt werden. In diesem Fall übernimmt die Solaranlage auch die Funktion der Dachhaut. Eventuell ist es notwendig, unter der Photovoltaikanlage zusätzliche Maßnahmen zu ergreifen, wie ein wasserdichtes Unterdach. Bei kleinformatigen Eindeckungen können auch einzelne kleinformatige Module in die Dacheindeckung integriert werden. Diese weisen eine passende seitliche Verfalzung auf, sodass die Integration mit dem Deckwerkstoff gut ausgeführt werden kann (siehe Abb. 8.3-2).

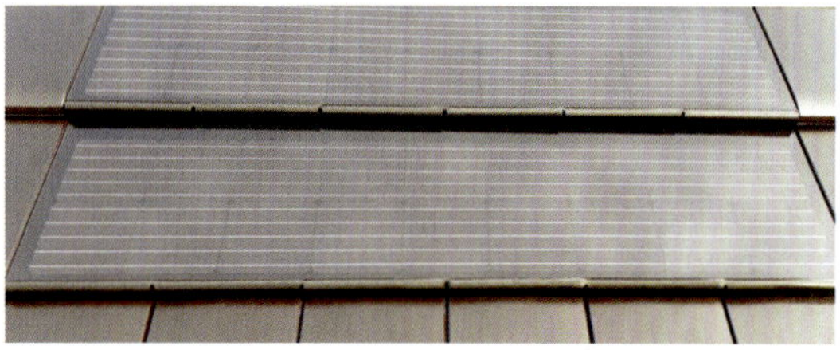

Abb. 8.3-2 Bei dem abgebildeten System werden die Module wie Dachziegel direkt in die Dachhaut integriert.

Bei einer **Aufständerung** werden die Energiegewinnungsflächen einer Photovoltaik- oder Solarthermieanlage oberhalb der Dach- oder Wanddeckung montiert. Dies bedeutet, dass die Dacheindeckung zuerst komplett erfolgen muss. Anschließend werden Stützen für die Solarelemente in die Dachfläche eingelassen, um die Elemente mittels Schienensystemen (herstellerabhängig) zu befestigen. Optimalerweise werden hierzu Systemteile des Herstellers der Dacheindeckung verwendet.

Bei einem **kompletten Solardach** (oder einer **Solarfassade**) wird auf eine herkömmliche Dacheindeckung verzichtet. Die gesamte Dachfläche wird mit Solarelementen eingedeckt. Diese übernehmen auch die Funktion einer Dacheindeckung. Lediglich an Traufe, Ort und First werden Anschlussbleche für einen sauberen Abschluss montiert. Die erforderliche Unterkonstruktion ist in solchen Fällen immer nach Angaben des Herstellers auszuführen. Um mehr Sicherheit zu gewährleisten, schreibt das Regelwerk des Deutschen Dachdeckerhandwerks bei solchen Konstruktionen ein wasserdichtes Unterdach vor.

Bei jeder Ausführungsart muss man sich nach den Herstellerangaben richten, die eine sachgemäße Montage sowie Verkabelung der Module oder Verrohrung der Kollektoren vorgeben. Durch verpolungssichere Stecker an den Modulen, die vom Hersteller geliefert werden, ist ein Vertauschen der Leitungsanschlüsse (Kurzschlussgefahr) ausgeschlossen und somit eine fachgerechte Ausführung gewährleistet. Dank vorgefertigter Rohrsysteme lassen sich auch die Solarthermieanlagen schnell und fachgerecht installieren.

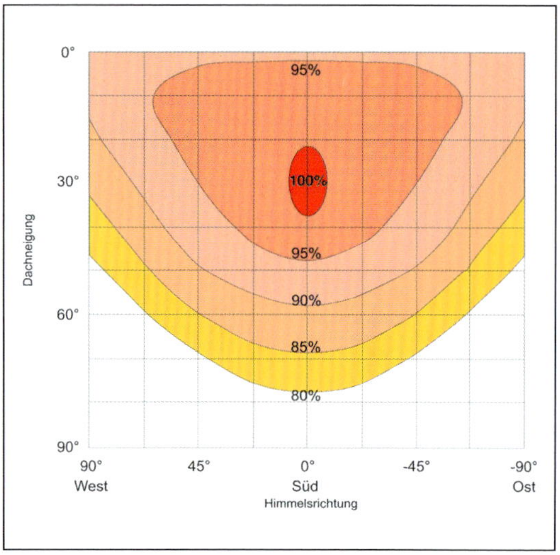

Abb. 8.4-1: Einfluss der Dachneigung und der Himmelsrichtung auf die Sonneneinstrahlung

8.4 Anordnung

Bei dem Einbau von Solarelementen sind 3 Faktoren zu berücksichtigen. Der erste Faktor ist die **Lage** der Energiegewinnungsfläche. Sie sollte möglichst nicht im Schatten von Schornsteinen, Gauben, Bäumen etc. liegen. Denn durch die Abschirmung (Beschattung) von Modulen oder Kollektoren erfolgt eine Beeinträchtigung der Energiegewinnung. Die **Ausrichtung** der Solaranlage ist ein weiterer Faktor bei der Wahl des Standortes. Die ertragsreichste Ausrichtung ist nach Süden ausgerichtet (siehe Abb. 8.4-1). Generell kann bei freier Wahl der Ausrichtung der individuelle Verbrauch bemessen werden. Hierdurch kann es zu anderen Kombinationen der Ausrichtung zur Himmelsrichtung kommen, als die ertragsreichste Ausrichtung nach Süden. Die erforderliche **Dachneigung**, der dritte Faktor, spielt ebenfalls eine Rolle. Im Optimalfall steht das Dach 90° zur Sonne. In Deutschland bedeutet dies eine Dachneigung zwischen 30 und 35°. Weist das Dach andere Parameter auf, ist dies allerdings kein Kriterium, von der Montage einer Photovoltaik-Anlage abzusehen. Der Ertrag ist im Regelfall immer noch sehr hoch. Auf Flachdächern kann eine Ost-West-Ausrichtung sogar zu höheren Erträgen als eine Süd-Ausrichtung, führen, da die Dachflächen besser ausgenutzt werden können. Auch Verschattungen lassen sich durch Optimierer oder andere Bauweisen (z. B. Mikrowechselrichter) kompensieren, sodass selbst Module, welche den halben Tag verschattet sind, gut genutzt werden können.

8.5 PV–Pflicht?

Bis heute gibt es keine flächendeckende und für ganz Deutschland geltende PV-Pflicht, da jedes Bundesland seine eigene Landesbauordnung hat. In dieser wird jeweils festgelegt, inwieweit eine PV-Pflicht für private und gewerbliche Gebäude umzusetzen ist.

Beispiele

Baden-Württemberg:

- Ab dem 1. Mai 2022 gilt eine PV-Pflicht für Wohn- und Gewerbegebäude. Zusätzlich auch bei Dachsanierungen, bei der mehr als 50 % der Dachfläche betroffen sind.

Vorausgesetzt das Dach ist > 50 m^2 und technisch dafür geeignet.

- Größere Dachflächen (> 1.000 m^2) müssen ebenfalls eine PV-Anlage besitzen.

Rheinland-Pfalz:

- Ab dem 1. Januar 2023 gilt für Neubauten und Dachsanierungen bei gewerblichen Gebäuden eine generelle PV-Pflicht.

Vorausgesetzt das Dach ist > 50 m^2 und technisch dafür geeignet. Und im Falle einer Sanierung sind mehr als 50 % betroffen.

- Bei Neubauten und Dachsanierungen von Wohngebäuden gilt ab dem 1. Januar 2023 nach den gleichen Kriterien wie bei gewerblich genutzten Gebäuden eine PV-Pflicht.

Nordrhein-Westfalen:

- Ab dem 1. Januar 2024 gilt eine PV-Pflicht für neu gebaute Nichtwohnhäuser, wenn die Dachfläche > 50 m^2 beträgt und technisch geeignet ist.
- Ab dem 1. Januar 2025 gilt auch für neugebaute Wohngebäude eine PV-Pflicht. Hier ist als Besonderheit zu nennen, dass die Photovoltaikanlage mind. 30 % der Brutto-Dachfläche des gesamten Wohnhauses betragen muss.
- Ab dem 1. Januar 2026 wird die Pflicht, eine PV-Anlage o. Ä. zu installieren, auch auf Dachsanierungen ausgeweitet. Auch in diesen Fällen gelten die gleichen Anforderungen wie an eine Anlage auf einem Neubau.

Die LBO von Nordrhein-Westfalen nennt als Alternative zu einer Photovoltaikanlage auch die oben genannte Solarthermieanlage.

Ausnahmefälle für die PV-Pflicht

- Ist die Gesamtdachfläche kleiner als 50 m^2, gilt sie als zu klein und damit nicht ausreichend effizient für eine PV-Anlage.
- Ist es technisch nicht möglich, eine Solar- oder Photovoltaikanlage zu montieren, d. h. ist eine Montage aufgrund der baulichen Gegebenheiten nicht möglich (z. B. ungünstige Dachform oder unzureichende Statik), kann es zu Ausnahmegenehmigungen kommen.
- Handelt es sich evtl. um ein Gebäude, das unter Denkmalschutz steht, kann auch hier eine Ausnahme bestehen.
- Unbillige Härte oder wirtschaftliche Unzumutbarkeit sind auch zu beachten.

Bei Nichteinhaltung dieser Verpflichtung drohen dem Bauherrn im privaten Bereich hohe Geldstrafen von bis zu 5.000 €. Diese Geldstrafe ist im gewerblichen Bereich oder bei Mehrfamilienhäusern um einiges höher, hier kann der Verstoß mit bis zu 25.000 € geahndet werden. Die Bauaufsichtsbehörde ist befugt, stichprobenartig Kontrollen durchzuführen und im Falle eines Verstoßes Sanktionen zu verhängen.

Wie man an den Beispielen sieht, gibt es Bundesländer, die in Bezug auf eine PV-Pflicht schärfere Anforderungen haben und andere, die wenig bis keine Verpflichtung dazu ausgesprochen haben. Zum Beispiel gilt im Saarland und auch in Hessen noch keine allgemeine PV-Pflicht für private Wohngebäude (Stand Juli 2025).

Hessen:

- Hier wurden spezielle Regelungen für landeseigene Gebäude und Parkflächen getroffen.
- Neubauten und Erweiterungen müssen bei einer Nutzfläche von > 50 m² seit dem 1. Dezember 2022 mit einer PV-Anlage ausgerüstet werden.
- Für Bestandsgebäude ist seit dem 1. Dezember 2024 eine Nachrüstpflicht vorgesehen, sofern die Nutzfläche > 50 m² beträgt.

Ein Unterschied zu anderen Bundesländern:

- Ab dem 1. Dezember 2023 ist es vorgeschrieben, dass landeseigene Parkflächen mit mehr als 50 Stellplätzen ebenfalls über eine PV-Anlage verfügen müssen.

Ausnahmen bestehen, wenn das Installieren einer PV-Anlage technisch nicht möglich ist, die Kosten unverhältnismäßig hoch sind oder das Gebäude unter Denkmalschutz steht.

Saarland:

- Hier ist eine PV-Pflicht lediglich in Planung. Bei Neubauten und grundlegenden Dachsanierungen von öffentlichen und gewerblichen Gebäuden, die eine Dachfläche > 100 m² besitzen, ist bisher vorgeschrieben, dass mind. 60 % der geeigneten Dachfläche mit einer PV-Anlage auszustatten sind.
- Für private Wohnhäuser gilt derzeit noch keine PV-Pflicht. In einigen Kommunen gibt es Satzungen zur Förderung, die bei den jeweiligen Bauämtern anzufragen sind.

Tabelle 8.5-1: Übersicht Photovoltaikpflicht

Bundesland	allgemeine PV-Pflicht	Bemerkung
Baden-Württemberg	X	Öffentliche, Wohn- und Gewerbegebäude* (siehe Beispiel)
Bayern	X (teilweise)	Empfehlung bei Wohnhäusern, Pflicht bei Nichtwohngebäuden
Berlin	X	Wohngebäuden ab 50 m² Dachfläche, Nichtwohngebäuden
Brandenburg		In Planung
Bremen	X	Wohngebäuden ab 50 m² Dachfläche, Nichtwohngebäuden
Hamburg	X	Öffentliche, Wohn- und Gewerbegebäude*
Hessen		Geplant, d. h. Koalitionsvertrag sieht Pflicht vor
Mecklenburg-Vorpommern		Fokus auf Förderprogramme
Niedersachsen	X	Öffentliche, Wohn- und Gewerbegebäude*
Nordrhein-Westfalen	X	Öffentliche, Wohn- und Gewerbegebäude* (siehe Beispiel)
Rheinland-Pfalz	X	Öffentliche, Wohn- und Gewerbegebäude* (siehe Beispiel)
Saarland		PV-Pflicht im Klimaschutzgesetzt angekündigt
Sachsen		Fokus auf freiwillige Maßnahmen
Sachsen-Anhalt		Bisher keine Gesetzesvorhaben
Schleswig-Holstein	X	Öffentliche, Wohn- und Gewerbegebäude*
Thüringen		In Planung

* gilt für Neubau und Sanierung — Stand 06.2025

Sollen die gesetzten Klimaziele in Deutschland erreicht werden, gehört die Umsetzung einer flächendeckenden PV-Pflicht zwingend dazu. Gesellschaft und Wirtschaft würden so unabhängiger von fossilen Brennstoffen werden. Sollte Deutschland also weiterhin seine Klimaziele verfehlen, besteht in einigen Bundesländern noch Handlungsbedarf.

8.6 Recycling und Umweltschutz

Mit der Zeit können die Module der Photovoltaikanlage Verschleißerscheinungen aufweisen. Diese stehen im Zusammenhang mit Witterungseinflüssen oder mit der Lebensspanne der einzelnen Module. Ist ein Modul defekt, muss es entsorgt werden.

Wichtig: Um den anfallenden Solarschrott etwas zu verringern, ist nur die Entsorgung wirklich defekter Module erlaubt. Abgebaute, aber noch funktionsfähige Module müssen dem Markt wieder zugeführt werden. Hierbei sind ein paar Dinge zu beachten, um Umweltschäden zu vermeiden.

Seit einer Gesetzesänderung im Jahr 2015 fallen alle Photovoltaikmodule unter das sog. Elektro- und Elektronikgerätegesetz. Das bedeutet, dass der Hersteller dazu verpflichtet ist, 85 % der verkauften Module zurückzunehmen und zu recyceln. Da die Lebensdauer eines Photovoltaikmoduls ca. 20 bis 30 Jahre beträgt, wird uns die Frage nach einer umweltfreundlichen und fachgerechten Entsorgung unserer ausgedienten PV-Anlagen zukünftig immer öfter beschäftigen. Eine Wiederverwertung der einzelnen Rohstoffe trägt erheblich dazu bei, die Umweltfreundlichkeit des PV-Stroms zu steigern. Durch moderne Recyclingverfahren ist es heutzutage möglich, knapp 95 % der wertvollen Bestandteile eines PV-Moduls, so z. B. Silizium, Aluminium, Cadmium oder Kupfer, der Wiederverwertung zuzuführen. Der Bauherr kann die defekten Module über einen nahegelegenen Wertstoffhof entsorgen. Größere PV-Anlagen, wie z. B. gewerbliche Anlagen, werden meist von speziellen Entsorgungsunternehmen abgebaut und anschließend recycelt. Bevor der Wiederverwertungsprozess beginnen kann, wird zuerst die Funktions- und Leistungsfähigkeit der Module überprüft. Eine gängige Methode, diese Leistungsfähigkeit zu überprüfen, ist der sogenannte Flash-Test. Hierbei wird das Modul von einer Lichtquelle, die in etwa der Leistung der Sonne entspricht, blitzartig beschienen, um so ihre Funktionsfähigkeit festzustellen. Defekte Module werden aussortiert und in ihre einzelnen Bestandteile zerlegt.

Wie läuft der Recyclingprozess ab:

1. Bevor es zur Zerlegung des Photovoltaikmoduls kommt, werden zunächst alle äußeren Kabelanschlüsse und Verbindungen entfernt.
2. Die Module werden nun im Unterdruckverfahren auf ca. 900 °C, erhitzt, um so von allen Kunststoffbestandteilen getrennt zu werden.
3. In einem nächsten Schritt wird der umlaufende Aluminiumrahmen sicher entfernt.
4. Anschließend werden die übrig gebliebenen Bestandteile zerkleinert und auf Förderbändern in verschiedenen Verfahren nach den jeweiligen Elementen wie. Kupfer, Silizium, Glas, Blei und Silber sortiert.

Da besondere Modularten wie Dünnschichtmodule zu knapp 95 % aus Glas bestehen, müssen diese erst zerkleinert werden. Erst dann ist es möglich, die Halbleiter mittels Säure aus dem Modulträger herauszulösen, sodass als Endergebnis die gelösten Elemente und die Glasscheibe zurückbleiben.

Eine sorgfältige Sortierung der einzelnen Bestandteile macht es möglich, unsere Umwelt zu entlasten, Die so freiwerdenden wertvollenRessourcen können in die Produktion von neuen und auch leistungsstärkeren neue PV-Modulen einfließen, sodass deren Herstellung immer nachhaltiger wird.

Zusammenfassung

Die Solartechnik ist eine saubere, lautlose und schadstofffreie Energiegewinnung für Wärme und elektrischen Strom. Sie gliedert sich in thermische Solaranlagen und Photovoltaikanlagen.

Mit einer Photovoltaikanlage kann man die Sonnenstrahlung mittels Solarzellen in elektrischen Strom umwandeln. Als Material zur

Herstellung von Solarzellen dient monokristallines, polykristallines und amorphes Silizium. Je nach Herstellung des Siliziums erreicht man unterschiedliche Wirkungsgrade, die das Verhältnis zwischen eingestrahlter Sonnenenergie und abgegebener elektrischer Energie wiedergeben. Die Einheit der Leistung einer Solarzelle ist kWp (Kilo-Watt-Peak).

Mithilfe einer solarthermischen Anlage lässt sich aus der Sonnenstrahlung Wärme gewinnen. Diese Wärme, gemessen in kWh, dient zur Brauchwasser-, Heizungs- oder Schwimmbaderwärmung.

Wichtig ist eine fachgerechte Montage der Anlage, damit es keine negativen Auswirkungen auf die Dacheindeckung oder Dachabdichtung gibt!

Übliche Montagevariationen sind

- Integration,
- Aufständerung,
- Solardach/Solarfassade.

Bei der Anordnung von Solarelementen sind 3 Faktoren zu berücksichtigen:

- Lage
- Ausrichtung
- Dachneigung

Bislang gibt es in Deutschland keine allgemeine PV-Pflicht, da dies in den einzelnen Landesbauordnungen unterschiedlich festgeschrieben ist. Sinnvoll wäre eine flächendeckende, einheitliche PV-Pflicht, damit Deutschland seine gesetzten Klimaziele erreichen kann.

Das Recycling eines Photovoltaikmoduls ist inzwischen bis zu 95 % möglich. Dadurch lassen sich wertvolle Ressourcen wiederverwerten und der PV-Strom wird umweltfreundlicher. Die Hersteller sind per Gesetz dazu verpflichtet, die defekten Module zurückzunehmen und zu recyceln. Durch den sogenannten Flash-Test wird die Funktionsfähigkeit der Module überprüft, bevor sie zerlegt und wiederverwertet werden.

Aufgaben

1. Was bewirkt die Photovoltaik?
2. Welche Arten von Silizium und deren Wirkungsgrade werden unterschieden?
3. Wozu dient eine solarthermische Anlage?
4. Wie nennt man das Element, das die Sonnenstrahlung in einem Kollektor aufgreift?
5. Nennen Sie die verschiedenen Montagevariationen von Energiegewinnungsflächen!
6. Welche 3 Faktoren sind bei dem Einbau von Solarelementen zu berücksichtigen?
7. Wer gibt die Notwendigkeit einer Photovoltaikanlage vor und wo sind diese Regularien zu finden?
8. Was passiert mit einem defekten Photovoltaikmodul und wie wird seine Funktionsfähigkeit festgestellt?

9 Dachentwässerung mit Dachrinnen

Das auf Dächern, Terrassen, Balkonen usw. anfallende Oberflächenwasser muss so abgeleitet werden, dass keine Gebäudeteile durchnässt werden können. Dabei darf die bei einem Jahrhundertregen anfallende und über den normalen Berechnungsregen hinausgehende Niederschlagsmenge nicht in das Grundleitungssystem eingeleitet werden, sondern muss auf schadlos überflutbare Grundstücksflächen entwässert werden.

Die Vorrichtungen für Dachentwässerungen stellt man entweder aus Blechen (Kupfer, Titanzink, Aluminium, nicht rostender Stahl, verzinkter Stahl) her, oder man verwendet durch den Fachhandel zu beziehende Fertigteile (Dachrinnen, Regenfallrohre, u. a.) aus Metall, Kunststoff oder Faserzement.

9.1 Dachrinnen

9.1.1 Vorgehängte Dachrinnen

Die gebräuchlichste Vorrichtung, das von den Dachflächen abfließende Wasser zu sammeln und ohne Gefahr für das Gebäude abzuleiten, ist die vorgehängte Dachrinne. Die Dachrinnenhalter sind nach dem verwendeten Werkstoff der jeweiligen Dachrinne auszuwählen (siehe Tabelle 9.1-1).

Die Bemessungen der **Rinnenhalter** richten sich nach klimatischen oder örtlichen Anforderungen sowie nach der Rinnen-Nenngröße – siehe Tabelle 9.1-2. Die Rinnenhalterabstände und die Beanspruchungsreihe sind Tabelle 9.1-3 zu entnehmen. Es gibt sowohl Rinnenhalter, die zur Befestigung der Dachrinne vorne und hinten eine Feder besitzen, als auch solche, an denen vorne zum Einhängen in den Dachrinnenwulst eine Nase und nur hinten eine Feder angebracht ist.

Tabelle 9.1-1: Werkstoffzuordnung bei Dachrinnen, Rinnenhaltern und Befestigungsmitteln

Dachrinne	Rinnenhalter	Befestigungsmittel
verzinkter Stahl	feuerverzinkter Stahl	St/S.S
Aluminium	feuerverzinkter Stahl Aluminium	St/S.S
Titanzink	feuerverzinkter Stahl feuerverzinkter Stahl mit Zink ummantelt	St/S.S
Kupfer	verzinkter Stahl mit Cu ummantelt Cu-Flachprofil	Cu/St[1)]/S.S
Edelstahl	Edelstahl feuerverzinkter Stahl mit Edelstahl ummantelt feuerverzinkter Stahl	Cu/St[1)]/S.S
Kunststoff	feuerverzinkter Stahl Kunststoff-Beschichtung	St/S.S
1) verzinkter Stahl – St – bei ummanteltem Rinnenhalter (Halter aus St)		

Tabelle 9.1-2: Maße von Dachrinnen

halbrunde Dachrinnen											
Nenn-größe	**Zu-schnitt-breite**	**d_1**	**d_2**	**e_1**	**f_1**	**g**	**Werkstoffdicke nach DIN EN 612 s_1**				
	+1 −2	**±1**	**+2 0**	**±1**	**min.**	**+1**	**Al**	**Cu**	**VSt**	**Zn**	**S.S[1)]**
200	200	16	80	5	8	5	0,70	0,60	0,60	0,65	0,40
250	250	18	105	7	10	5	0,70	0,60	0,60	0,65	0,40
280	280	18	127	7	11	6	0,70	0,60	0,60	0,70	0,40
333	333	20	153	9	11	6	0,70	0,60	0,60	0,70	0,40
400	400	22	192	9	11	6	0,80	0,70	0,70	0,80	0,50
500	500	22	250	9	21	6	0,80	0,70	0,70	0,80	0,50

kastenförmige Dachrinnen												
Nenn-größe	**Zu-schnitt-breite**	**a_1**	**b_1**	**d_1**	**e_1**	**f_1**	**g**	**Werkstoffdicke nach DIN EN 612 s_1**				
	+1 −2	**±1**	**0 −1**	**±1**	**±1**	**min.**	**±1**	**Al**	**Cu**	**VSt**	**Zn**	**S.S[1)]**
200	200	42	70	16	5	8	5	0,70	0,60	0,60	0,65	0,40
250	250	55	85	18	7	10	5	0,70	0,60	0,60	0,65	0,40
333	333	75	120	10	9	11	6	0,70	0,60	0,60	0,70	0,40
400	400	90	150	22	9	11	6	0,80	0,70	0,70	0,80	0,50
500	500	110	200	22	9	21	6	0,80	0,70	0,70	0,80	0,50

1) mindestens Klasse B

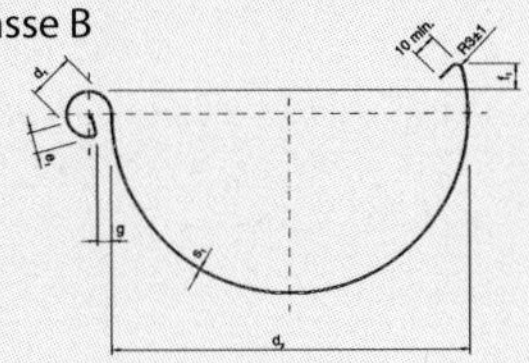

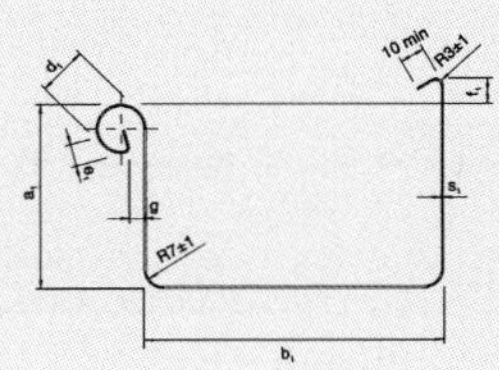

Tabelle 9.1-3: Zuordnung der Rinnenhalter-Querschnitte

Rinnenhalterabstand (Achsmaß)	**leichte Belastung Klasse L (Prüflast 500 N)**	**hohe Belastung Klasse H (Prüflast 750 N)**
in mm	**Reihe**	
≤ 740	1	3
≤ 840	2	4

Zur Aufnahme temperaturbedingter Längenänderungen sind in Abständen von höchstens 15 m Dehnungsausgleicher (Schiebenähte, Einhängestutzen u. a., siehe auch Kapitel 5.9) in die Dachrinne einzubauen (siehe Abb. 9.1-1), bei Dachrinnen mit einem Zuschnitt von mehr als 500 mm betragen diese Abstände höchstens 10 m (siehe auch Kapitel 5.9.8.2 Längenänderung von Metallen).

Diese Richtwerte gelten für die gestreckte Länge von Bauteilen. Für die Abstände von Ecken oder Festpunkten gelten jeweils die halben Längen.

Die Rinnenenden werden mit **Rinnenendstücken** (Rinnenkopfstücken) geschlossen. An Gebäudeinnen- und Gebäudeaußenecken werden **Rinnenwinkel** (Rinnengehrungen) hergestellt. Die Nahtverbindungen müssen werkstoffgerecht ausgeführt werden.

Die **vorgehängte halbrunde Dachrinne** ist die am meisten verbreitete Form der Rinnenausbildung. Sie hat eine hohe Stabilität.

Die Bezeichnungen der Größen von Dachrinnen aus Metall ergeben sich aus den Zuschnittbreiten (Abwicklungen), die ohne Abfall in einer Metalltafel vom Format 1 × 2 m in Längsrichtung enthalten sind.

Beispiel

$$\frac{\text{Tafellänge (mm)}}{\text{Stück}} = \text{Zuschnittbreite (mm)}$$

$$\frac{2000}{5} = 400$$

Weil in diesem Beispiel 5 × 1 m Dachrinne mit je 400 mm Zuschnittbreite in der Metalltafel enthalten sind, handelt es sich nach der alten Bezeichnung um eine „5-teilige Dachrinne".

Bezeichnungen

Hängedachrinnen und Regenfallrohre sind nach der Europäischen Norm DIN EN 612 mit folgenden Angaben zu bezeichnen:

a) Querschnittsform und Beschreibung des Erzeugnisses,
b) Nummer dieser Norm (EN 612),
c) Identifizierungsblock, bestehend aus

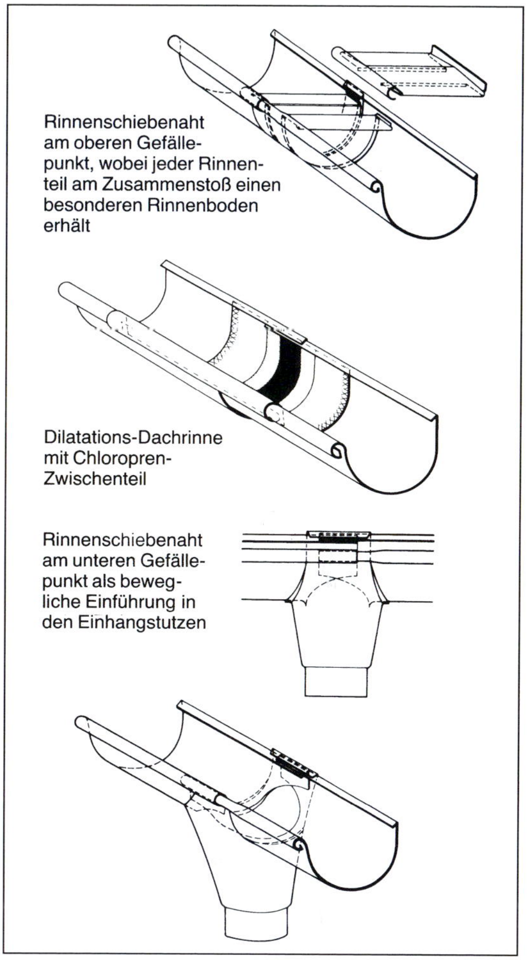

Abb. 9.1-1: Rinnendehnungsausgleicher

- der Zuschnittbreite der Dachrinne bzw. dem Durchmesser oder dem Querschnitt des Fallrohres in mm,
- der Art des Materials durch Angabe des Kurzzeichens und dem Buchstaben der Klasse im Fall des Werkstoffes S.S

Beispiel

Bezeichnung einer rechteckigen Hängedachrinne mit einer Zuschnittbreite von 333 mm aus Kupfer (Cu) mit einem Wulst der Klasse X (siehe Tabelle 9.1-2):

Rechteckige Hängedachrinne EN 612-333-Cu-X

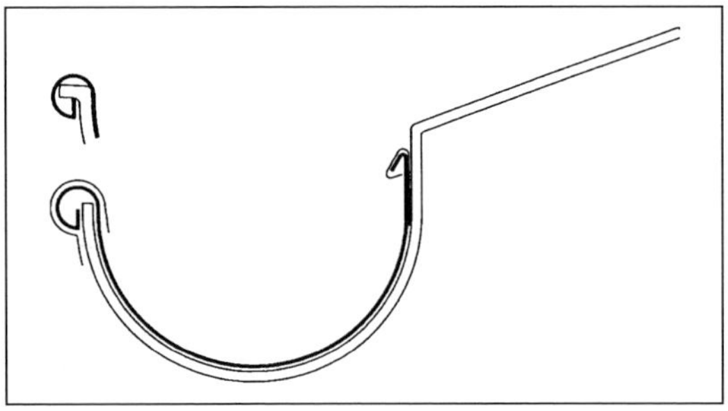

Abb. 9.1-2: Vorgehängte halbrunde Dachrinne

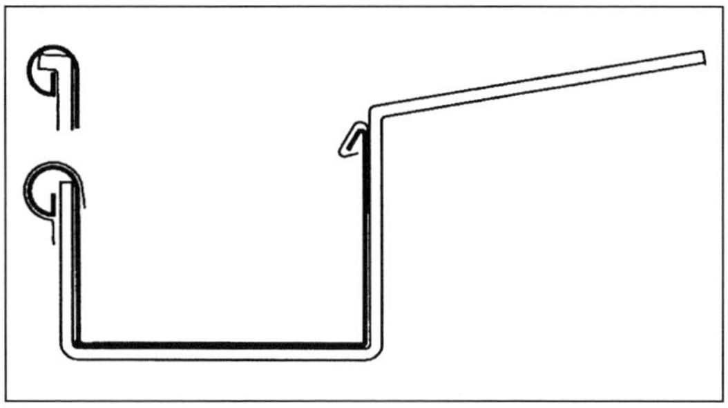

Abb. 9.1-3: Vorgehängte Kastenrinne

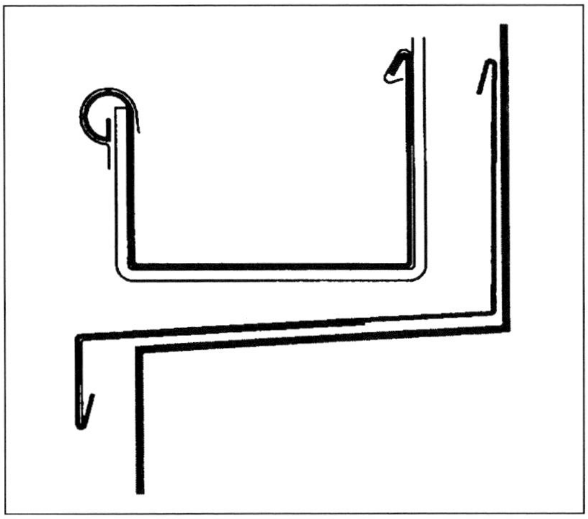

Abb. 9.1-4: Dachrinne über Gesims

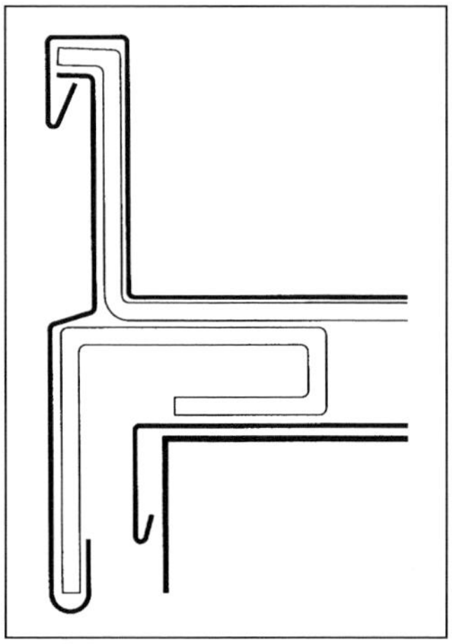

Abb. 9.1-5: Dachrinne mit Verkleidung

Die Dachrinnen erhalten zur Versteifung an der vorderen Kante einen Wulst und hinten einen Falz, in den später das Rinneneinlaufblech eingehängt wird. Der Durchmesser des Wulstes beträgt je nach Rinnengröße 14 bis 20 mm (siehe Tabelle 9.1-2). Um Schmutzablagerungen in der Dachrinne weitgehend zu verhindern, sollte sie möglichst mit einem Gefälle von etwa 1 bis 3 mm/m zu den Abläufen verlegt werden, der gefällelose Einbau ist jedoch auch zulässig. Es ist zu berücksichtigen, dass durch nicht zu verhindernde Veränderungen in der Unterkonstruktion und auch durch den Einbau von Bewegungsausgleichern ein behinderter Wasserablauf oder stehendes Wasser möglich sind. Die Rinnenvorderkante muss tiefer als die Hinterkante liegen, damit bei Verstopfung der Regenfallrohre das Wasser nicht hinten über die Dachrinne in das Gebäude eindringen kann. Das Gefälle wird dadurch erreicht, dass die Rinnenhalter entsprechend abgewinkelt werden. Die Dachrinne wird an ihrer Vorderkante durch die Nase oder durch die vordere Feder des Rinnenhalters gehalten, die hintere Feder des Rinnenhalters wird um den hinten angekanteten Falz der Dachrinne gebogen. Es ist darauf zu achten, dass sich die Dachrinne in den Rinnenhaltern frei bewegen kann, damit temperaturbedingte Längenänderungen nicht zu Beschädigungen der Dachrinne führen.

Für die **vorgehängte Kastenrinne** gilt das Gleiche wie für die halbrunde Dachrinne; sie hat jedoch einen rechteckigen Querschnitt (siehe Abb. 9.1-3).

Die vorgehängte Dachrinne wird auch oft aus architektonischen Gründen über dem Dachgesims angebracht (siehe Abb. 9.1-4). Das Gesims erhält dann vor Anbringen der Dachrinne eine Abdeckung mit Tropfkanten.

Als vordere Blende kann diese Rinne eine Verkleidung erhalten (siehe Abb. 9.1-5), oder in den Rinnenwulst wird ein Vorstellblech eingehängt, das am unteren Ende auf der Gesimsabdeckung mit Hafte befestigt wird.

Werkstoffe für halbrunde Dachrinnen und Kastenrinnen

Cu EN 1172 Kupfer und Kupferlegierungen – Bleche und Bänder für das Bauwesen

Zn EN 988, Zink und Zinklegierungen – Anforderungen an gewalzte Flacherzeugnisse für das Bauwesen

Al EN 1396, Aluminium und Aluminiumlegierungen – Bandbeschichtete Bleche und Bänder für allgemeine Anwendungen – Spezifikationen

S.S EN 10088-1, Nichtrostende Stähle – Teil 1: Verzeichnis der Nichtrostenden Stähle

St ENV 10169-2, kontinuierlich organisch beschichtete (bandbeschichtete) Flacherzeugnisse aus Stahl – Teil 2: Erzeugnisse für den Bauaußeneinsatz

St EN 10326, kontinuierlich schmelztauchveredeltes Band und Blech aus Baustählen – Technische Lieferbedingungen

St EN 10327, kontinuierlich schmelztauchveredeltes Band und Blech aus weichen Stählen zum Kaltumformen – Technische Lieferbedingungen

Die **Liegerinne, auch Aufdachrinne** oder **aufliegende Dachrinne** genannt (siehe Abb. 9.1-6), verläuft im Gegensatz zur vorgehängten Dachrinne auf der Dachfläche schräg oberhalb der Traufe. Zum Erreichen des gewünschten Gefälles werden die Rinnenhalter nicht abgewinkelt, sondern in steigendem Abstand von der Traufkante auf der Dachfläche befestigt. Die Aufdachrinne wird mit ausreichendem Gefälle verlegt.

Die Zuschnittbreite (Abwicklung) der Liegerinne richtet sich neben der bemessenen Mindestgröße zum Erreichen des notwendigen Ablaufvermögens auch nach der Dachneigung, weil der auf der Dachfläche liegende Schenkel der Liegerinne, in der Waagerechten gemessen, ausreichend höher enden muss als der vordere Rinnenwulst. Nur so ist gewährleistet, dass etwa auftretendes Stauwasser nicht hinten über die Rinne ins Gebäude eindringen kann.

An der Traufkante wird als Abdeckung des Gesimses die Rinnenvorbedeckung (Traufstreifen)

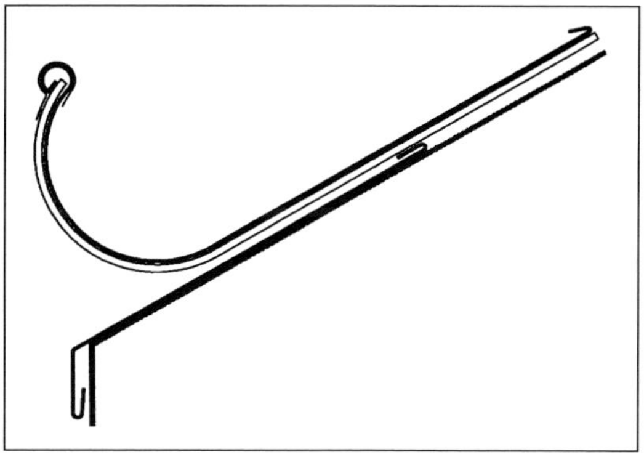

Abb. 9.1-6: Liegerinne

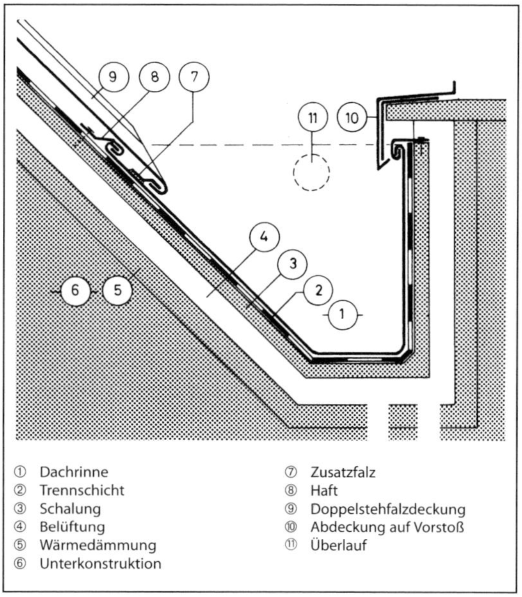

Abb. 9.1-7: Gesimsrinne

angebracht, die ausreichend weit unter die Liegerinne reicht. Diese Vorbedeckung besteht aus konisch zugeschnittenen Tafelstreifen, die an der Vorderkante einen Wulst zur Versteifung und an der hinteren Kante einen Falz besitzen. Die Befestigung erfolgt an der Traufe durch Einhängen in ein Vorstoßblech und an der oberen Kante durch eingehängte Hafte.

Als **Gesimsrinnen** (siehe Abb. 9.1-7) bezeichnet man diejenigen Dachrinnen, die als konisch gekantete Einzelstücke in bauseitig vorgegebene Gesimsausbildungen eingelegt werden. Auf die aus Holz oder Beton vorgegebene Rinnenunterlage wird eine besandete Bitumen-Dachbahn

o. Ä. verlegt, worauf die konisch gekanteten Rinnenteile eingelegt werden. Die Befestigung erfolgt indirekt mit Hafte.

9.1.2 Innen liegende Dachrinnen

Im Gegensatz zu außen liegenden Dachrinnen, bei denen Wasser, das infolge erhöhten Niederschlags, verstopfter Abläufe, Undichtigkeit o. a. übertritt, sicher nach außen abgeleitet werden kann, könnte bei innen liegenden Dachrinnen diese Feuchtigkeit in die Konstruktion bzw. in das Bauwerk gelangen. Die Installation einer innen liegenden Rinne ist also mit einem deutlich erhöhten Risiko verbunden und muss daher besonders sorgfältig geplant und ausgeführt werden. Innen liegende Dachrinnen werden in Haltekonstruktionen oder auf durchgehenden Unterlagen verlegt.

Damit bei erhöhtem Niederschlag oder verstopften Abläufen kein Wasser in das Gebäudeinnere dringen kann, müssen

- zusätzliche unabhängige Abläufe (Sicherheitsabläufe) mit freiem Abfluss auf das Gelände oder
- ausreichende Notab- oder Notüberläufe oder
- eine ausreichend bemessene **Sicherheitsrinne** mit eigener Entwässerung

vorgesehen werden, die für sich allein die gesamte anfallende Niederschlagsmenge ableiten kann. Der Einbau einer thermostatgesteuerten Rinnenheizung ist bei innen liegenden Rinnen sehr zu empfehlen.

Der sog. **Freibord F** (siehe Abb. 9.1-8) einer Rinne bezeichnet die Differenz zwischen der tatsächlichen **Rinnenhöhe Z** und ihrer **Sollwassertiefe W**. Durch diese „Höhenreserve" soll verhindert werden, dass im Falle der Vollfüllung der Rinne durch z. B. Wind oder Regen verursachte Wellenbewegungen dazu führen, dass Wasser über den Rand der Rinne tritt. Besonders wichtig ist die Berücksichtigung der Freibordhöhe bei innen liegenden Dachrinnen.

Die erforderlichen Maße für den Freibord sind abhängig von der Gesamtwassertiefe der Rinne und können Tabelle 9.1-4 entnommen werden.

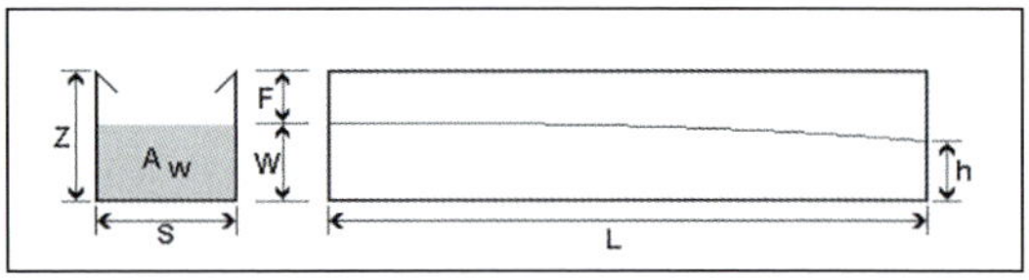

Abb. 9.1-8: Freibord, Rinnenhöhe, Rinnenbreite und Sollwassertiefe bei innen liegenden Rinnen

Die **Rinnenbreite S** ist die lichte Breite der Rinne an der Rinnensohle und wird von Innenkante zu Innenkante gemessen.

Über der Wasserlinie muss die Formgebung der Dachrinne nicht derjenigen unter der Wasserlinie folgen, sie soll sich aber nicht scharf nach innen wölben. Oberhalb des Freibords darf jedoch eine **Rückkantung (Wasserfalz)** erfolgen.

Tabelle 9.1-4: Freibord-Mindestmaß

Gesamtwassertiefe einschließlich Freibord, Z in mm	Freibord-Mindestmaß in mm
< 85	25
85–250	0,3 × Z
> 250	75

Zusammenfassung

Die Rinnen-Nenngröße ergibt sich bei Metalldachrinnen aus der Zuschnittbreite (Abwicklung) und bei Kunststoff-Dachrinnen aus der lichten Weite (Richtgröße).

Man unterscheidet:

- vorgehängte halbrunde Dachrinne
- vorgehängte Kastenrinne
- innen liegende Dachrinne
- Liegerinne
- Gesimsrinne

Wegen der temperaturbedingten Längenänderungen müssen sich Dachrinnen in den Rinnenhaltern frei bewegen können.

Zum Ausgleich der Längenänderungen müssen – je nach Dachrinnenlänge – in die Dachrinnenanlagen Dehnungsausgleicher eingebaut werden.

Die Hinterkante der Dachrinne muss immer höher als die Vorderkante sein.

Die Verbindung der einzelnen Rinnenteile muss werkstoffgerecht erfolgen.

Besonders bei innen liegenden Rinnen muss auf eine sorgfältige Planung und Ausführung sowie Notentwässerungsmöglichkeiten geachtet werden, um Schäden zu verhindern.

9.2 Regenfallrohre

Regenfallrohre führen das von den Dachgullys, Dachrinnen und Dachkehlen gesammelte Regenwasser in die Grundleitung. Sie können kreisförmigen oder rechteckigen (quadratischen) Querschnitt haben (siehe Tabelle 9.2-1 und Tabelle 9.2-2). Die Herstellung der Längsnähte ist Tabelle 9.2-3 zu entnehmen. Die Rohre mit rechteckigem Querschnitt müssen an ihrer Schmalseite mindestens so breit sein wie der Durchmesser des entsprechenden Rohres mit kreisförmigem Querschnitt. Während die Rohre an Dachgullys direkt angeschlossen werden, baut man als Übergang in Dachrinnen und Dachkehlen Ablaufstutzen, Rinnenkessel oder Wasserfangkästen ein.

Verwendet man als Übergang zum Regenfallrohr den Ablaufstutzen, sollte ein trichterförmiger Rinnenablaufstutzen gewählt werden. Infolge Einschnürung geht nämlich der nutzbare Rohrquerschnitt bei Verwendung des zylindrischen Ablaufstutzens auf etwa 64 % zurück.

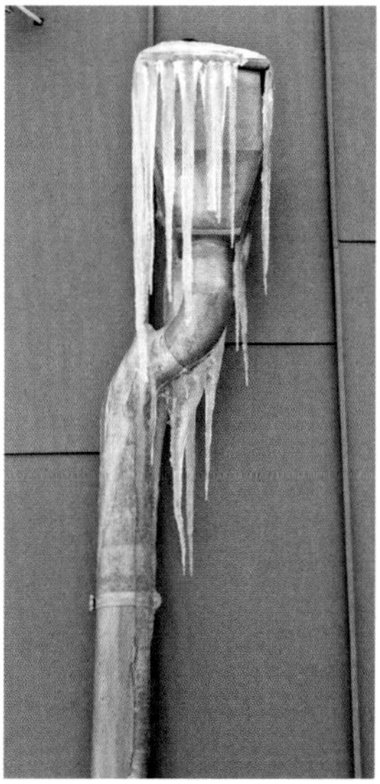

Abb. 9.2-1: Vereisung eines Wasserfangkastens aufgrund von häufigen Frost-Tau-Wechseln in kurzer Zeit. Auftretende Lasten müssen sicher aufgenommen werden können.

Innen liegende Regenfallrohre bestehen meistens aus Kunststoff, während außen liegende sowohl aus Metall als auch aus Kunststoff bestehen können.

Die Verbindung der Regenfallrohr-Einzellängen erfolgt durch Zusammenstecken des engen Rohrendes in das weite Rohrende oder unter Verwendung von Rohrmuffen.

Die Rohre aus Metall sollen an den Steckverbindungen mindestens 50 mm ineinandergreifen.

Regenfallrohre aus Kunststoff besitzen an einem Ende eine Rohrmuffe, in die das nächs-

Tabelle 9.2-1: Kreisförmige Regenfallrohre, Maße in mm

Nenngröße[1)]	d[2)]	Werkstoffdicke nach DIN EN 612				
	± 1	Al	Cu	St	Zn	S.S*)
60	60	0,70	0,60	0,60	0,65	0,40
80	80	0,70	0,60	0,60	0,65	0,40
100	100	0,70	0,60	0,60	0,65	0,40
120	120	0,70	0,70	0,70	0,70	0,50
150	150	0,70	0,70	0,70	0,70	0,50

*) mindestens Klasse B
1) Regional sind auch Regenfallrohre mit den Nenngrößen 76 und 87 noch üblich.
2) Innendurchmesser am oberen Ende

Tabelle 9.2-2: Quadratische Regenfallrohre, Maße in mm

Nenngröße	b[1)]	Werkstoffdicke nach DIN EN 612				
	± 1	Al	Cu	St	Zn	S.S*)
60	60	0,70	0,60	0,60	0,65	0,40
80	80	0,70	0,60	0,60	0,65	0,40
100	100	0,70	0,60	0,60	0,65	0,40
120	120	0,70	0,70	0,70	0,70	0,50
150	150	0,70	0,70	0,70	0,80	0,50

*) mindestens Klasse B
1) Innenmaße am oberen Ende

Tabelle 9.2-3: Regenfallrohre, Ausführung der Längsnähte, Maße in mm

Ausführung der Nähte	Werkstoff					Nahtüberlappung
	Al[1)]	Cu[2)]	St[3)]	S.S.[4)]	Zn[5)]	Klasse X min.
weichgelötet		×			×	5[6)]
hartgelötet		×				3[6)]
gefalzt	×	×	×	×	×	6[7)]
geschweißt	×	×	×	×	×	in Abhängigkeit vom Schweißverfahren

1) Aluminiumblech
2) Kupferblech
3) schmelztauchveredeltes Stahlblech und schmelztauchveredeltes Stahlblech mit organischer Beschichtung
4) nicht rostendes Stahlblech
5) Zinkblech
6) gebundene Lötnaht, Maß L in Bild a
7) Gesamtlänge, Maß F in Bild b

a) Überlappung bei weich- oder hartgelöteter Naht
b) Überlappung bei gefalzter Naht

te Rohr eingesteckt wird, oder man benutzt ein aufsteckbares Fertigteil als Rohrverbinder.

Das Anbringen einer thermostatgesteuerten Heizung kann die Vereisung verhindern und so zur Vermeidung von Personen- und Sachschäden beitragen.

Die **Befestigung der Regenfallrohre** erfolgt mittels Rohrschellen (siehe Abb. 9.2-2), über denen Rohrwulste oder Nasen angeordnet werden, um ein Abrutschen der Rohre zu verhindern. Besonders bei Rohren aus Kunststoff ist darauf zu achten, dass sie in den Rohrmuffen nicht aufeinanderstoßen, damit dort temperaturbedingte Längenänderungen ohne Beschädigung aufgenommen werden können.

Der Abstand der Rohrschellen untereinander bei Regenfallrohren aus Metall soll bei einem Rohrdurchmesser bis 100 mm höchstens 3 m betragen, bei Rohren mit größerem Durchmesser und bei Regenfallrohren aus Kunststoff höchstens 2 m.

Die Rohrschellen sind so anzubringen, dass der Abstand der Regenfallleitung vom fertigen Bauwerk mindestens 20 mm beträgt. Für die Befestigung von Rohrschellen haben sich Dübel-Schrauben-Kombinationen bewährt. Bei einer Höhe der Rinnen bzw. Abläufe bis 8 m ist eine konstruktive Bemessung der Befestigung der Fallrohre ausreichend. Oberhalb von 8 m über Geländeoberfläche muss die Befestigung der Fallrohre nachweisbar sein. Oberhalb der Hochhausgrenze muss die Befestigung der Fallrohre statisch nachgewiesen werden.

Für die Herstellung einer Regenfallleitung werden noch Fertigteile wie konische Schrägrohre, Rohrbogen, Fallrohrabzweige, Regenwasserklappen, Standrohrkappen und Standrohre aus Stahl oder Stahlguss benötigt, die mit den Regenfallrohren zu verbinden sind.

Rohrbogen können auch als einwärts- oder auswärtsgeschwungene **Gliederbogen** hergestellt werden, oder man bedient sich einfacher Rohrgehrungen (Rohrwinkel) (siehe Abb. 9.2-3). Bei Leitungsverzügen, bei denen das Gefälle der Fallleitung in einem Teilbereich kleiner als 10° zur Waagerechten ist, wird der Wasserabfluss strömungstechnisch behindert und die Ablaufleistung reduziert. Man sollte daher darauf achten, dass Leitungsverzüge nach Möglichkeit entsprechend steiler ausgeführt werden.

Die einzelnen Rohre der Regenfallleitungen dürfen nicht zu lang sein, damit sie sich untereinander und über dem Standrohr leicht trennen und abnehmen lassen.

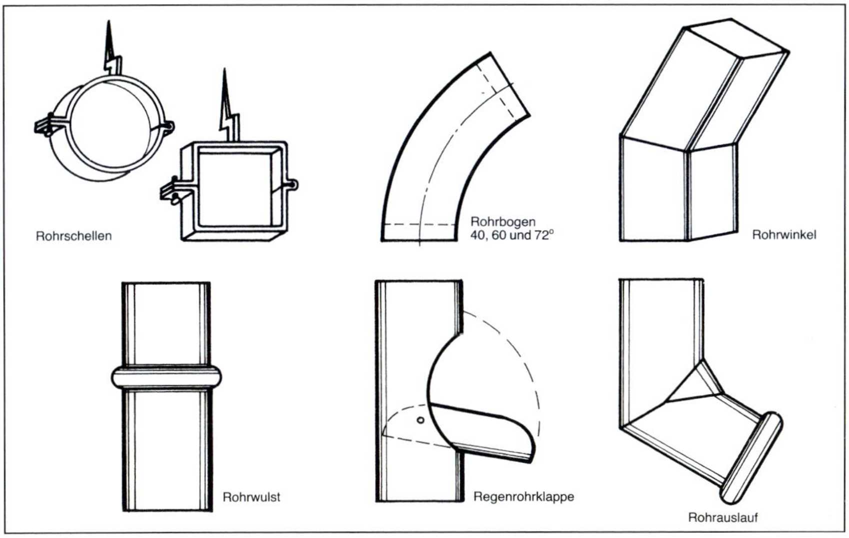

Abb. 9.2-2: Teile einer Regenfallleitung

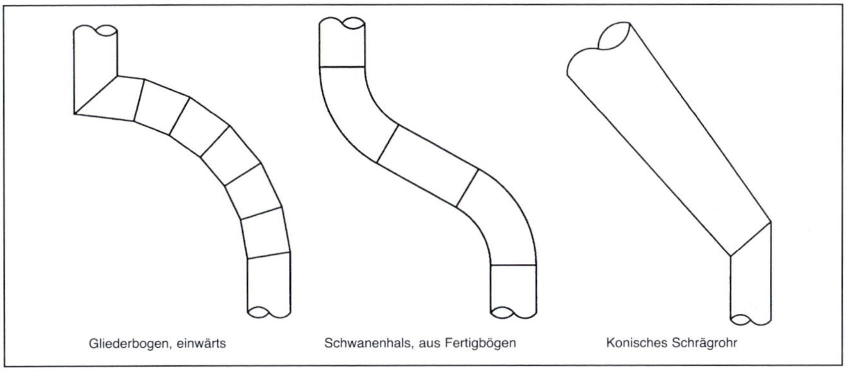

Abb. 9.2-3: Rohrformstücke für Anschluss Dachrinne/Regenfallrohr

Zusammenfassung

Regenfallrohre können einen kreisförmigen oder rechteckigen (quadratischen) Querschnitt haben.

Die Schmalseite eines Regenrohres mit rechteckigem Querschnitt muss mindestens so groß wie der Durchmesser des entsprechenden Rohres mit kreisförmigem Querschnitt sein.

An den Steckverbindungen sollen die Regenfallrohre aus Metall mindestens 50 mm ineinandergreifen.

Regenfallrohre aus Kunststoff sind so zu verlegen, dass temperaturbedingte Längenänderungen in den Rohrmuffen aufgenommen werden können.

Der Abstand der einzelnen Rohrschellen untereinander beträgt höchstens 3 m, bei Regenfallrohren aus Metall mit einem Durchmesser > 100 mm und bei Regenfallrohren aus Kunststoff höchstens 2 m.

Leitungsverzüge sollten möglichst mit mehr als 10° Gefälle zur Waagerechten ausgeführt werden.

Regenfallleitungen müssen sich untereinander und über dem Standrohr leicht trennen und abnehmen lassen.

9.3 Bemessung

Bei der Bemessung von Entwässerungssystemen ist z. B. die Berücksichtigung des sog. Jahrhundertregens. Dieser **Jahrhundertregen** ist planmäßig zu erwarten und kann, wie die Erfahrungen der letzten Jahre auch praktisch gezeigt haben, durchaus öfter als einmal pro Jahrhundert auftreten.

Bei der Bemessung von Rinnen, Abläufen und Fallrohren sind viele Einzelaspekte zu berücksichtigen, und es ist nicht möglich, nur einen Teil des Entwässerungssystems zu behandeln, ohne dabei auch den Rest zu betrachten.

Abgesehen von der Lektüre der grundlegenden Norm selbst (DIN EN 12056-3: 2001-01) werden der offizielle Kommentar zur Norm sowie die Informationen des ZVDH zum Thema Entwässerungsbemessung empfohlen.

Aufgaben

1. Begründen Sie den Einbau von Dehnungsausgleichern (Dilatationen) in Dachrinnen und fertigen Sie eine Schnittzeichnung an.
2. Wie ergeben sich die Größenbezeichnungen (Nenngrößen) von Dachrinnen aus Metall.
3. Nennen Sie die gebräuchlichen Dachrinnengrößen (Rinnen-Nenngrößen).
4. Zeichnen Sie Schnitte von Dachrinnen im Maßstab 1 : 2:
   a) vorgehängte halbrunde Dachrinne
   b) vorgehängte Kastenrinne
   c) Liegerinne
5. Beantworten Sie folgende Fragen:
   a) Mit welchem Gefälle sollte eine Dachrinne zu den Ablaufpunkten verlegt werden?
   b) Dürfen Dachrinnen in Waage ausgeführt werden? Begründen Sie Ihre Antwort.
6. Welche der nachstehenden Aussagen ist richtig? Begründen Sie Ihre Antwort:
   a) Die Vorderkante und die Hinterkante der Dachrinne müssen in einer Waagerechten liegen.
   b) Die Vorderkante muss tiefer als die Hinterkante liegen.
   c) Die Hinterkante muss tiefer als die Vorderkante liegen.
7. Was ist für die Größe eines Regenfallrohres mit rechteckigem Querschnitt zu beachten, wenn der erforderliche Durchmesser für ein Regenrohr mit kreisförmigem Querschnitt bekannt ist?
8. Nennen Sie die Einzelteile einer Regenfallleitung und beschreiben Sie deren Einsatzbereiche und Aufgaben.
9. Wie lassen sich die Längsnähte herstellen bei Regenfallrohren aus
   a) Zink
   b) Kupfer
   c) nicht rostendem Stahl
   d) verzinktem Stahl?
10. Welchen Abstand dürfen Rohrschellen (Gliederung nach Rohrdurchmesser) untereinander höchstens haben?
11. Wie weit müssen Regenfallrohre an den Steckverbindungen mindestens ineinandergreifen?

10 Dachentwässerung mit Dachabläufen und Gullys

Grundsätzlich existieren drei Möglichkeiten, um Dachflächen zu entwässern:

- Außen liegende Entwässerung über vorgehängte Rinnen
- Innen liegende Entwässerung über innen liegende Rinnen
- Innen liegende Entwässerung über Dachabläufe/Gullys

Die innen liegende Entwässerung über Dachabläufe erfordert die größte Sorgfalt bei der Planung, weil im Falle einer falschen Dimensionierung in Verbindung mit einer leichten Konstruktion darunter das Dach einstürzen kann.

Für die Bemessung von Entwässerungsanlagen relevante Normen

- DIN 1986-100 Entwässerungsanlagen für Gebäude und Grundstücke
- DIN EN 12056-3 Schwerkraftentwässerungsanlagen innerhalb von Gebäuden
- DIN EN 1253-2 Abläufe für Gebäude – Dachabläufe und Bodenabläufe ohne Geruchsverschluss

10.1 Entwässerungsarten

Bei der Freispiegelentwässerung (siehe Abb. 10.1-1) gelangt das Wasser über mehrere Fallleitungen in eine im Gefälle verlegte Grundleitung, über die es abgeleitet wird. Der Abfluss des Regenwassers erfolgt dabei über die physikalische Gesetzmäßigkeit der Schwerkraft.

Bei der Druckströmungsentwässerung (siehe Abb. 10.1-2) werden die Ablaufströme der einzelnen Gullys über Anschlussleitungen unter der Dachkonstruktion einer gemeinsamen Fallleitung zugeführt. Bei der Ableitung des Regenwassers wird in der Sammelleitung ein Unterdruck erzeugt, der für eine schnelle und effektive Entwässerung der Dachfläche mit hoher Fließgeschwindigkeit sorgt.

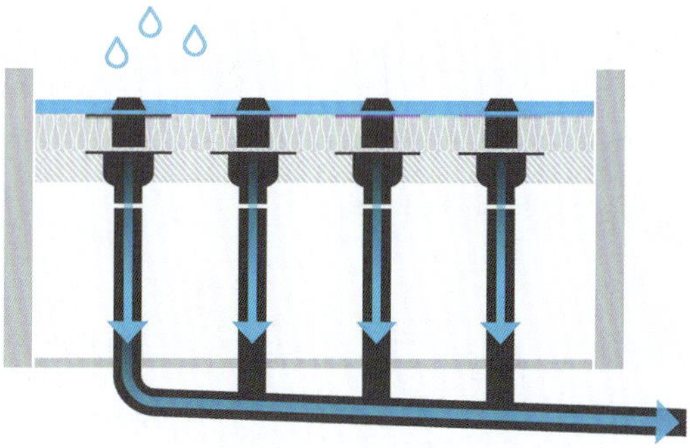

Abb. 10.1-1: Prinzip der Freispiegelentwässerung

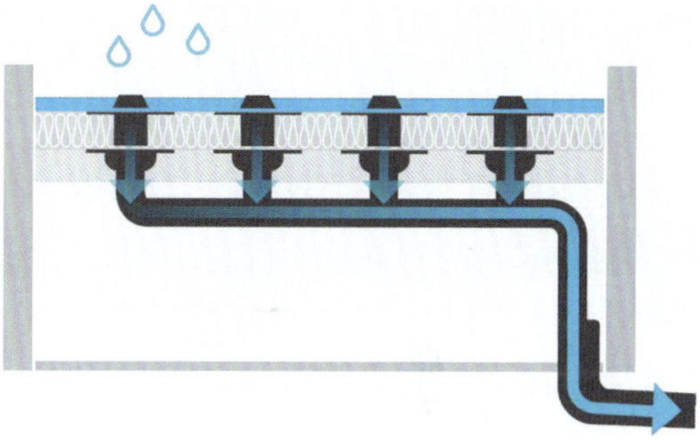

Abb. 10.1-2: Prinzip der Druckströmungsentwässerung

Druckströmungsentwässerungen werden von Fachplanern, z. B. dem Hersteller der Entwässerungskomponenten, berechnet, Freispiegelentwässerungen können auch vom Dachdecker berechnet werden.

Entwässerungselemente

Für innen liegende Entwässerungen mit Abläufen/Gullys kommen unterschiedlich ausgeformte Bauprodukte zum Einsatz:

- Gully mit senkrechtem Abgang
- Gully mit seitlichem Abgang

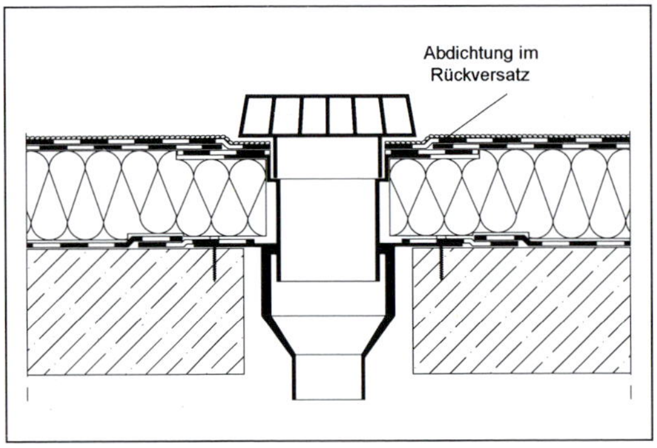

Abb. 10.1-3: Dachablauf mit Aufstockelement – Ausführung mit Bitumenbahnen

Abb. 10.1-4: In die Wärmedämmung vertieft eingebautes Aufstockelement, fixiert im Untergrund aus Trapezprofilen mit vier Halteteller-Schraube-Kombinationen

- Aufstockelemente für wärmegedämmte Dachaufbauten
- Attikaspeier zur Notentwässerung
- Anstauelemente für Notentwässerungen
- Laubfangkörbe

Gullys und Aufstockelemente werden, mit Ausnahme einer Anwendung im Umkehrdach, stets rückstausicher miteinander verbunden. Dazu wird üblicherweise ein Dichtring in den Gully montiert, in welchen das Aufstockelement unter Zuhilfenahme von Gleitmitteln eingeschoben wird.

10.2 Bemessung einer Freispiegelentwässerung

Dazu werden folgende Daten benötigt:

1. Berechnungsregen für den Gebäudestandort

Der Berechnungsregen $r_{(5,5)}$ ist der Regenabfluss in Liter pro Sekunde pro Hektar [l/s·ha] bei einem Regenereignis, das fünf Minuten dauert und einmal in fünf Jahren eintritt.
→ 1 ha (Hektar) = 100 m · 100 m = 10.000 m^2

2. Grundfläche unter der Dachfläche (immer gemessen bis Attikaaußenkante)

Grundfläche = Dachfläche · cos Dachneigung

Beispiel → 100 m^2 Dachfläche · cos 5° = 99,62 m^2 Grundfläche

3. Abflussbeiwert C aus DIN 1986-100:2016-12 Entwässerungsanlagen für Gebäude und Grundstücke – Teil 100: Bestimmungen in Verbindung mit DIN EN 752 und DIN EN 12056, Abschnitt 14.2.3 Abflussbeiwerte, Tabelle 9

Der dimensionslose Wert wird dazu verwendet, um den Abfluss des Regenwassers auf unterschiedlich ausgeprägten Oberflächen zu berücksichtigen.

- Dächer mit Abdichtungsbahnen ohne Kies, Neigung bis 3° oder etwa 5 % → 1,0
- Dächer mit Kiesschüttung → 0,8
- Extensivbegrünung, Neigung > 5° → 0,7
- Extensivbegrünung, unter 10 cm Aufbaudicke, Neigung ≤ 5° → 0,5
- Extensivbegrünung, ab 10 cm Aufbaudicke, Neigung ≤ 5° → 0,4
- Intensivbegrünung, ab 30 cm Aufbaudicke, Neigung ≤ 5° → 0,2

4. Entwässerungsleistung des Ablaufes

a) Der Hersteller gibt die Ablaufleistung des Bauteils in l/s in Abhängigkeit von der Wasseranstauhöhe an.

Beispiel: Sita Standard, senkrecht Nennweite (NW) 100 mm, Stauhöhe 35 mm → 7,4 l/s

b) Es werden Normwerte für Standardformate verwendet (in der Regel schwächere Leistung). Beispiel: Normgully senkrecht, Nennweite (NW) 100 mm, Stauhöhe 35 mm → mindestens 4,5 l/s (nach DIN EN 1253-2)

Beispiel

Beispieldach

- Bemessungsregen für die Stadt Mayen: $r_{5,5} = 282{,}40$ l/s·ha
- Dachfläche 400 m^2
- PVC-P Abdichtungsbahn → Abflussbeiwert C = 1,0

Berechnung der erforderlichen Hauptentwässerungsleistung:

Wasseranfall pro Sekunde
= Bemessungsregen · Abflussbeiwert · Bemessungsfläche : 10.000 m^2
→ $Q_{Haupt} = r_{5,5} \cdot C \cdot A : 10.000$ [l/s]
= 282,40 l/s · 1,0 · 400 m^2 : 10.000 m^2 = 11,3 l/s

Ermittlung der erforderlichen Gullyanzahl für die Hauptentwässerung:

Gewählter Gully: Sita Standard 100 mm
→ Abflussleistung 7,4 l/s bei 35 mm Wasserspiegel auf dem Dach

Wasseranfall pro Sekunde : Entwässerungsvermögen des Gullys pro Sekunde
= Gullyanzahl → 11,3 l/s : 7,4 l/s = 1,53 Stück
→ aufgerundet 2 Stück.

Mit diesen 2 Entwässerungselementen wird die Dachfläche während eines normalen Regenereignisses in die Kanalisation entwässert. Kommt es zu einem Starkregenereignis, auch als Jahrhundertregen bezeichnet, ist davon auszugehen, dass die Kanalisation gefüllt ist und keine zusätzlichen Wassermassen aufnehmen kann. Deshalb ist grundsätzlich eine Notentwässerung erforderlich.

10.3 Notentwässerung

Bei der Notentwässerung werden zusätzlich zur Hauptentwässerung folgende Werte benötigt:

1. Berechnungsregenspende Notentwässerung

Der Berechnungsregen $r_{(5,100)}$ ist der Regenabfluss in Liter pro Sekunde pro Hektar [l/s·ha] bei einem Regenereignis, das fünf Minuten dauert und einmal in hundert Jahren eintritt.

2. Entwässerungsleistung des Ablaufes für die Notentwässerung, Angabe in l/s.

Beispiel

Beispieldach

- Jahrhundertregen für die Stadt Mayen: $r_{5,100} = 537{,}90$ l/s·ha
- Bemessungsregen für die Stadt Mayen $r_{5,5} = 282{,}40$ l/s·ha
- Dachfläche 400 m^2
- Abflussbeiwert C = 1,0

Berechnung der erforderlichen Notentwässerungsleistung:

Wasseranfall pro Sekunde
= (Jahrhundertregen – Bemessungsregen Hauptentwässerung · Abflussbeiwert) · Bemessungsfläche : 10.000 m^2

→ $Q_{Not} = (r_{5,100} - r_{5,5} \cdot C) \cdot A : 10.000$ [l/s]

[537,90 l/s – (282,40 l/s · 1,0)] · 400 m^2 : 10.000 m^2 = 10,22 l/s

Der Faktor C wird nur bei der Betrachtung der Hauptentwässerung, nicht aber bei der Notentwässerung angewendet. Wurde $r_{5,5}$ bei der Hauptentwässerung durch C gemindert, wird die erforderliche Notentwässerungsleistung vergrößert.

Q_{Not} mit $(r_{5,100} - r_{5,5} \cdot 0{,}5) \cdot A : 10.000 >$
Q_{Not} mit $(r_{5,100} - r_{5,5} \cdot 1{,}0) \cdot A : 10.000$

Im Notentwässerungsfall ist davon auszugehen, dass keinerlei Verzögerung des Wasserablaufs mehr durch Kiesschicht oder Begrünung erfolgen wird. Die Dachflächen sind mit der $r_{5,5}$ Regenspende bereits gesättigt. Somit müssen weitere Wassermassen abgeleitet werden. Ausnahmen hiervon sind Retentionsdächer, bei denen das Wasser planmäßig für einen längeren Zeitraum zurückgehalten wird, um es zeitverzögert abfließen zu lassen.

Ermittlung der erforderlichen Gullyanzahl für die Notentwässerung:

Gewählter Gully: Sita Standard 100 mm, senkrecht, mit SitaMore Anstauelement, Anstauhöhe 35 mm (nicht von der Dachfläche, sondern von der Oberkante Anstauhöhe des Gullys der Hauptentwässerung gemessen) → Abflussleistung 10,5 l/s

Wasseranfall pro Sekunde : Entwässerungsvermögen des Gullys pro Sekunde
= Gullyanzahl → 10,22 l/s : 10,5 l/s
= 0,97 Stück → aufgerundet 1 Stück.

Die Anstauhöhe der Notentwässerung liegt 35 mm über der Anstauhöhe der Hauptentwässerung von 35 mm.
→ Es resultieren 70 mm Gesamtanstauhöhe.

Bei voll ausgelastetem System ergibt sich daraus:

$1\ m^2 \cdot 0{,}07\ m \cdot 1000\ kg/m^3$
$= 70\ kg$ Wasserlast/m^2

Problem Anstauhöhe

In der Praxis wird die Gullyanzahl nach oben aufgerundet, oder es werden aus Symmetriegründen, bzw. um Mindestabstände einzuhalten, mehr Gullys eingebaut, als erforderlich. Hierdurch ergibt sich dann eine größere Entwässerungsleistung. Folglich erhält das Kanalrohrnetz dann Wassermassen, die eigentlich der Notentwässerung vorbehalten sein sollten.

Variable Anstauhöhe

Eine Überlastung des Grundleitungsnetzes lässt sich verhindern, indem man die Anstauhöhe der Hauptentwässerungsgullys korrigiert. Dementsprechend wird die Höhe, ab welcher die Notentwässerung zu wirken beginnt, nach unten abgesenkt. Dazu ist es notwendig, dass der Hersteller des Gullys Angaben zum Abflussvermögen in Abhängigkeit zur Anstauhöhe liefert.

Die Bemessung eines Entwässerungssystems mit entsprechender Software berücksichtigt die variable Anstauhöhe und passt die Werte an. Bei großen Bauvorhaben ist eine softwarebasierte Lösung unverzichtbar. Dabei ist eine nachträgliche Optimierung der Entwässerungselemente ohne großen Aufwand möglich.

Anforderungen an Notentwässerungen

- Pro Tiefpunkt auf der Dachfläche ist jeweils mindestens ein Haupt- und ein Notentwässerungselement einzuplanen.
- Notentwässerungen müssen auf Freiflächen geführt werden, auf denen die Wassermassen schadlos versickern oder langsam abtrocknen können.
- Sie dürfen niemals an Leitungen des Hauptentwässerungssystems oder die Grundleitungen angeschlossen werden.

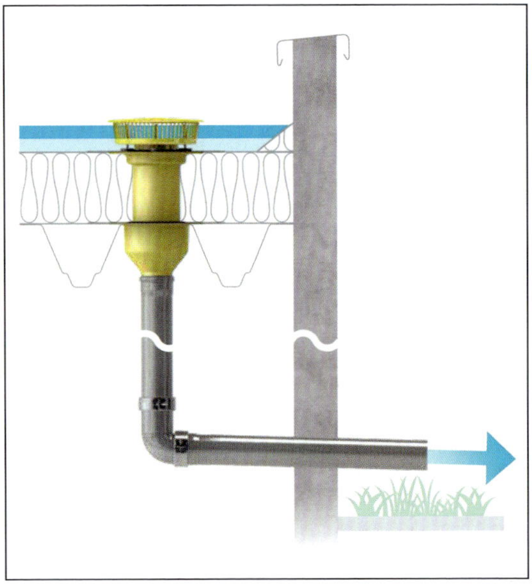

Abb.10.3-1: Notentwässerung mit einstellbarem Anstauelement – Ableitung auf eine Freifläche

Varianten der Notentwässerung

a) Es kommt zu einem Jahrhundertregen, bei dem die Hauptentwässerung zusätzliche Unterstützung durch die parallel laufende Notentwässerung benötigt. Die Notentwässerung fängt nur die Differenz des Bemessungsregens für die Hauptentwässerung zur Jahrhundertregenspende auf → $r_{5,100} - r_{5,5}$. Dies ist die Standardausführung.

b) Es kommt zu einem Jahrhundertregen und gleichzeitig zum Ausfall der Hauptentwässerung, sodass die Notentwässerung das gesamte Niederschlagswasser abführen muss → $r_{5,100}$. Dieser Fall kann bei besonders schützenswerten Gebäuden eingeplant werden, z. B. einem Krankenhaus oder Museum.

Die Notentwässerung kann entfallen, wenn

- planmäßige Regenrückhaltung erwünscht ist und ein statischer Nachweis dafür vorliegt,

- keine Beanspruchung der Sicherheitsreserven der Dachkonstruktion erfolgt,
- die Untergründe die Belastungen durch Überflutung oder Rückhaltung von Regenwasser schadlos aufnehmen,
- die Anschlusshöhen dafür ausgelegt sind und entsprechend erhöht werden,
- die Tragkonstruktionen aus Beton und für den planmäßigen Wasserrückhalt auf dem Dach geeignet sind.

Achtung!

Leichtdachkonstruktionen mit einer Tragkonstruktion aus Stahltrapezprofilen (Regelfall im Industriebau) und Tragkonstruktionen aus Holz benötigen immer eine Notentwässerung.

Abstände von Entwässerungselementen

Zwischen zwei Dachabläufen ergibt sich durch das Fließverhalten des Wassers ein natürlicher Hochpunkt. Folgende Abstände sollten aus diesem Grund nicht überschritten werden, wenn dieser Wasseranstau unberücksichtigt bleiben soll:

Dachabläufe untereinander → 20 m

Dachablauf zum aufgehenden Dachrand (Attika) → 10 m

Nach DIN 1986-100:2016-12 ist dieser Wasserhochpunkt zu berücksichtigen, wenn die empfohlenen Abstände überschritten werden. Es ergibt sich eine zusätzliche Belastung für die Konstruktion (Statik). In diesem Fall ist außerdem die erforderliche Anstauhöhe am Notüberlauf zu vergrößern. Im Hinblick auf die besonderen Anforderungen sollten die Maximalabstände eingehalten werden.

Abflussvermögen der Leitungen

Man unterscheidet zwischen Fallleitungen und Sammel- bzw. Grundleitungen. Die an die Gullys angeschlossenen Leitungen müssen in der Lage sein, das Wasser abzuleiten. Beispiel für das Abflussvermögen einer Fallleitung mit DN 100 (DN von französisch *diamètre nominal*) und einen Füllgrad von 0,33 nach DIN EN 12056-3 → 10,7 l/s.

Abb. 10.3-2: Durch unzureichende Wartung in seiner Leistung deutlich eingeschränkter Dachgully

Wartung von Entwässerungsanlagen

Nach DIN 1986-3 und dem Dachdecker-Fachregelwerk (Fachregel für Abdichtungen und Merkblatt zur Bemessung von Entwässerungen) sind Entwässerungseinrichtungen zweimal jährlich zu überprüfen und im Rahmen einer Wartung zu reinigen. Bei Gebäuden, welche sich in Waldnähe befinden, kann eine drüber hinausgehende Reinigung, insbesondere im Herbst, erforderlich werden. Die Wartung muss vom Eigentümer des Gebäudes veranlasst werden. Sinnvollerweise werden für solche regelmäßigen Überprüfungen Inspektions- und Wartungsverträge abgeschlossen.

Retentionsdächer

Zur Entlastung der Kanalisation kann in begrünten Dachaufbauten das Wasser zurückgehalten werden, um es zeitverzögert, z. B. über 24 Stunden, einzuleiten. Dabei sind, je nach Begrünungsaufbau, immense Speicherkapazitäten möglich. Es gibt eine Reihe vorgefertigter Systeme von verschiedenen Herstellern, die einen Wasserspeicher von weit mehr als 100 Litern pro Quadratmeter ermöglichen. Retentionsdächer verfügen unterhalb des eigentlichen Begrünungssubstrates über Wasserrückhalteelemente aus Kunststoff, die den Wasserabfluss stark verzögern. Zusätzlich wird am Dachablauf eine Retentionsdrossel eingebaut, mit deren Hilfe der Wasserablauf in den Gully exakt und objektspezifisch eingestellt werden kann.

Begrünungsaufbauten auf Dächern werden nach den FLL-Dachbegrünungsrichtlinien ge-

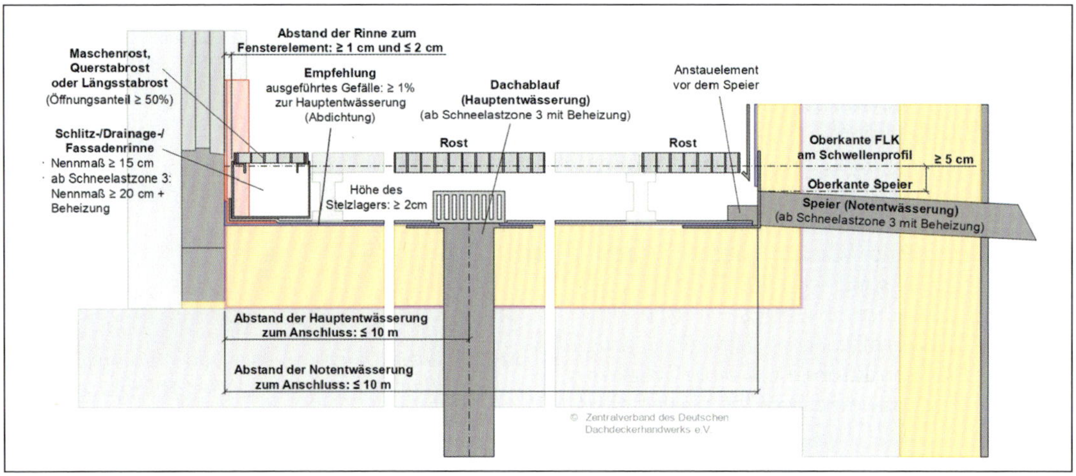

Abb. 10.3-3: Prinzipzeichnung: Belag auf Stelzlager mit Schlitz-/Drainage-/Fassadenrinne und oberseitigem Rost vor dem Fenster – Hauptentwässerung über Dachablauf/Notentwässerung über Speier

plant und ausgeführt. Retentionsdächer werden ausschließlich durch Freispiegelentwässerungen entwässert, weil Druckströmungssysteme durch den reduzierten Wasserabfluss nicht funktionieren können. Gemäß DIN 1986-100 müssen Dachabläufe in begrünten Dächern gegen ein Zuwachsen durch die Pflanzen geschützt werden. Hierzu wird ein mindestens 50 cm breiter Kiesstreifen um den Ablauf herum empfohlen.

Entwässerung barrierefreier Übergänge

Bei der Planung und Ausführung dieser Sonderkonstruktionen ist besondere Sorgfalt geboten. Da die Anschlusshöhe von 15 cm hier regelmäßig nicht eingehalten werden kann, sind diese Varianten anfälliger für Belastungen aus Wasseranstau, Schlagregen, Spritzwasser und Schneematsch. Generell sollten die hier eingesetzten Gitterroste mit stehenden Stegen ausgestattet sein, damit Wassertropfen nicht nach oben abprallen und den Anschluss durch vermeidbares Spritzwasser belasten. Anschlüsse an Türelemente als Zugang zu Balkonen, Loggien, Laubengängen und Terrassen werden heute vorwiegend aus Flüssigkunststoffen erstellt.

Seit August 2020 gibt es die ZVDH-Planungshilfe „Barrierefreie Übergänge bei Dachterrassen und Balkonen". Sie bietet für die Gestaltung des Anschlusses mit Flüssigkunststoffen an Tür- und Fensterelementen sowie für die Ausführung der Entwässerung Planungsgrundsätze, bei deren Einhaltung eine langfristig funktionstüchtige Konstruktion ermöglicht wird.

Pflichten im Falle einer Dachsanierung

Gemäß DIN 1986-100 muss das Abflussvermögen der vorhandenen Entwässerungsanlage im Sanierungsfall geprüft werden. Zusätzlich wird gefordert, dass überprüft wird, ob Notentwässerungen vorhanden, ausreichend bemessen und richtig platziert sind. Das bedeutet, dass eine Konstruktion im Bestand nicht zwangsläufig so verbleiben kann, wie sie vorgefunden wird. Insbesondere die Nachrüstung von Notentwässerungen wird bei der Sanierung von Dächern mit Abdichtungen regelmäßig erforderlich.

Brandschutzanforderungen

Die Muster-Industriebau-Richtlinie stellt Anforderungen an zusammenhängende Dachflächen, die größer als 2.500 m² sind. Sie verweist auf DIN 18234 Baulicher Brandschutz großflächiger Dächer – Brandbeanspruchung von unten. Dort werden Anforderungen an kleine Durchdringungen mit Maßen bis 0,30 × 0,30 m bzw. einem Durchmesser bis 0,30 m gestellt. Dazu zählen auch Gullys.

Bei großflächigen Dächern handelt es sich oftmals um solche mit einer Tragkonstruktion aus Stahltrapezblechen. Die Einschnitte für die Durchdringung des Gullys in den Trapezprofilen müssen mit Profilfüllern, z. B. aus Mineralwolle, gegen ein Eindringen von heißen Brandgasen abgeschottet werden. Die Länge der Abschottung oder Formstücke im Profilhohlraum (Tiefsicke) muss mindestens 0,12 m in Profilrichtung betragen. Dabei müssen alle Profilhohlräume im Profilquerschnitt bis zum ersten nicht angeschnittenen Obergurt bzw. bis zu der in der Profilrippe liegenden Auswechslung aus Stahl abgeschottet werden. Um die Durchdringung herum ist bei Unterkonstruktionen aus Stahltrapezprofilen die Wärmedämmung in einer Fläche von mindestens 1,00 × 1,00 m aus nicht brennbaren Baustoffen wie z. B. Mineralwolle mit einem Schmelzpunkt von mindestens 1.000 °C auszuführen. Handelt es sich beim Entwässerungselement um ein thermoplastisches Material, muss zusätzlich eine Brandausbreitung beim Wegschmelzen verhindert werden. Hierzu gibt es spezielle Brandschutzmanschetten, welche im Brandfall den Rohrquerschnitt verschließen. Alternativ dazu ist die Ausführung der Bauteile für die Entwässerung aus Metallen möglich.

Abb. 10.3-4: Brandschutzgully mit Aufstockelement aus Metall gemäß DIN 18234-4

Aufgaben

1. Wie weit darf ein Gully vom benachbarten Gully entfernt sein, ohne dass ein zusätzlicher Wasseranstau berücksichtigt werden muss?
2. Welche zwei Entwässerungsarten gibt es zur innen liegenden Entwässerung von Flachdächern mit Gullys?
3. Auf welche Fläche beziehen sich Angaben zur Regenmenge bei Bemessungsregen und Jahrhundertregen?
4. Wozu dient die Notentwässerung?
5. Wohin muss das Wasser aus der Notentwässerung geführt werden?
6. Warum darf eine Notentwässerung nicht an die Kanalisation angeschlossen werden?
7. Welche Pflichten hat der Unternehmer im Falle einer Dachsanierung in Bezug auf die vorhandene Entwässerungsanlage?
8. Wie oft müssen Entwässerungen auf Flächen mit Abdichtungen inspiziert und ggf. gewartet werden?
9. Was ist ein Retentionsdach?
10. Warum sind Gitterroste mit stehenden Stegen vor barrierefreien Türanschlüssen notwendig?

11 Belichtungselemente

Tageslicht in Gebäuden ist in vielfältiger Hinsicht von immenser Bedeutung. Während die Bewohner einer Dachgeschosswohnung einerseits helle und freundliche Räume sowie einen freien Blick in die Umgebung wünscht, fördert natürliches Licht auch die menschliche Gesundheit und Leistungsfähigkeit.

Tageslicht bietet bei heute stark gestiegenen Energiekosten ein hohes Einsparungspotenzial. Künstliches Licht kann die natürliche Lichtquelle zwar unterstützen, darf jedoch nicht den Hauptanteil der Belichtung übernehmen.

Aus diesen Gründen müssen in viele ausgebaute Dachgeschosse Dachflächenfenster, Dachgauben oder Lichtkuppeln eingebaut werden. Darüber hinaus kann der Einbau solcher Belichtungselemente auch nützlich für die erforderliche Lüftung der Räume sein, die durch Öffnen und Schließen der Elemente gezielt und dosiert möglich ist. Zudem können mit dem Einbau von Dachflächenfenstern auch integrierte Lüftungssysteme eingebaut werden, die einen konstanten Luftaustausch und damit ein behaglicheres Wohnklima gewährleisten.

Im nicht ausgebauten Dachbereich können Dachfenster oder auch Dachgauben zur Lüftung und Belichtung eingesetzt werden. Vielfach ist durch Fenster, Dachgauben und Lichtkuppeln auch ein Ausstieg z. B. auf die Dachfläche möglich, um beispielsweise Schornsteinfegerarbeiten auszuführen.

Darüber hinaus können Belichtungssysteme auch als Lebensretter dienen. Im Brandfall kann die Möglichkeit bestehen, diese Systeme als zweiten Rettungsweg zu nutzen. Hierzu gibt es bestimmte Ausführungen, welche für diesen Zweck konzipiert sind.

Abb. 11.1-1: Dachfenster

11.1 Dachfenster

Dachfenster sind einfache, ungedämmte Dach- und Ausstiegsfenster. Sie sind regensicher, dienen der Belichtung und Belüftung und ermöglichen den Ausstieg bei nicht ausgebauten Dachgeschossen, um ggf. Wartungsarbeiten an Kaminanlagen und Dachflächen durchzuführen.

Der Anschluss der Deckung und sonstiger Schichten im Dachaufbau, z. B. der Unterdeckung am Dachfenster, hat mindestens den Anforderungen der Dachdeckung und des Dachschichtenaufbaus zu entsprechen (siehe Abb. 11.1-1).

11.2 Dachflächenfenster

Dachflächenfenster sind gedämmte Dach- und Ausstiegsfenster für Aufenthalts- und Nebenräume. Sie sind erhöht regensicher. Dies ist durch das erfolgreiche Bestehen des Schlagregentests für Fenster nachzuweisen. Sie dienen der Belichtung und Belüftung und ermöglichen den Ausstieg bei ausgebauten Dachgeschossen (siehe Abb. 11.2-1).

Der Anschluss der Deckung und weiterer Schichten im Dachaufbau, z. B. Luftdichtheitsschicht, Wärmedämmung oder Unterdeckung an Dachflächenfenstern, hat mindestens den Anforderungen der Dachdeckung und des Dachschichtenaufbaus zu entsprechen. Oberhalb des Dachflächenfensters muss in der Ebene der zusätzlichen regensichernden Maßnahme eine schräg laufende Rinne hergestellt werden, die eventuell über dem Fenster herablaufende Feuchtigkeit am Fenster vorbei in ein Sparrenfeld neben dem Fenster leitet. Die Rinne kann aus dem Werkstoff der Zusatzmaßnahme, aus Metall oder einem anderen geeigneten Werkstoff sein.

Die Luftdichtheit muss mit den verwendeten Werkstoffen sicher hergestellt und dauerhaft gewährleistet sein. Dazu sind passende, werkstoffgerechte, vom Hersteller benannte Klebebänder zu verwenden. Fugendichtungsmassen oder Füllmaterialien, z. B. Montageschäume oder Silikone, sind für die Gewährleistung der Luftdichtheit ungeeignet. Die Luftdichtheitsschicht kann oft gemäß ihrem Diffusionswiderstand gleichzeitig als Dampfsperre angesetzt werden, oder die Dampfsperre dient auch als Luftdichtheitsschicht. Wärmedämmungen müssen an das Dachflächenfenster lückenlos und dicht gestoßen verlegt werden, damit keine schädlichen Wärmebrücken entstehen.

Die Wärmedämmung muss so bemessen sein, dass an jeder Stelle der Mindestwärmeschutz nicht unterschritten wird (siehe Kapitel 3).

Müssen für ein Dachflächenfenster vorhandene Sparren gewechselt oder entfernt werden, sind andersartige Lastabtragungen vorzusehen, die das vorherige Tragsystem während und nach dem Einbau vollständig ersetzen.

Dachflächenfenster tragen zur Belichtung von Dachwohnungen bei. Die zur Belichtung erforderliche Gesamtgröße der Fensterflächen richtet sich nach der Raumgrundfläche. Die genaue Berechnung wird in der jeweiligen Landesbauordnung bestimmt oder geht aus der DIN EN

Abb. 11.2-1: Dachflächenfenster

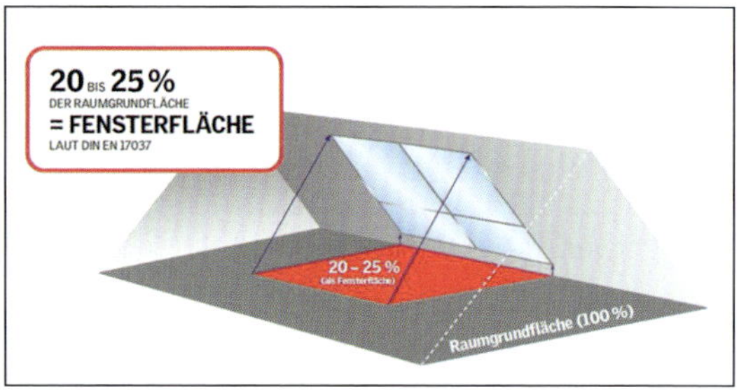

Abb. 11.2-2: Fensterflächenberechnung

17037 hervor. Diese europaweit geltende Tageslicht-Norm geht über die Forderungen der Bauordnung hinaus. Als einfache Faustregel sollten 20–25 % der Raumgrundfläche als Fensterfläche geplant werden (Abb. 11.2-2).

Hinweis

Die Länge des Fensters ist abhängig von der Dachneigung. Je flacher die Dachneigung, desto größer muss die Fensterlänge gewählt werden.

Will der Nutzer der Dachwohnung auch im Sitzen ungehindert aus einem Dachflächenfenster hinaussehen, sollte die Höhe der Unterkante des Dachflächenfensters 90 cm über dem Fußboden betragen. Die Oberkante sollte bei mindestens 2 m liegen. Fenster, deren Öffnungsmechanismus unten am Fenster liegt, sollten eine Einbauhöhe von 120 cm haben, um sie optimal bedienen zu können.

Die Brüstungshöhen nach den Anforderungen der Landesbauordnungen sind einzuhalten.

Für den sommerlichen Wärmeschutz sind geeignete Vorkehrungen zu treffen, z. B. Rollläden oder Hitzeschutz-Markisen.

Die Hersteller bieten spezielle Schallschutzfenster an, die dann zu verwenden sind, wenn für die Räume Anforderungen an den Schallschutz gestellt werden. Der Anschluss der flächigen inneren Bekleidung, die schon entsprechend der Schallschutzklasse ausgebildet sein muss, an das Dachflächenfenster muss sehr sorgfältig und entsprechend der Einbauanleitung des Herstellers vorgenommen werden.

11.3 Dachgauben

Dachgauben können sowohl in Dachflächen bei ausgebauten Dachgeschossen als auch bei nicht ausgebauten Dachgeschossen eingebaut werden. Durch den Ausbau werden die unterhalb des Daches befindlichen Räume einer Gebäudenutzung zugeführt, die der von Räumen in Normalgeschossen gleichzusetzen ist. Dachgauben in ausgebauten Dachgeschossen unterliegen deshalb den gleichen Anforderungen wie Fenster. Es müssen die bauaufsichtlichen Anforderungen wie z. B. Wärme-, Brand-, Schall- und Blitzschutz sowie Standsicherheit in gleicher Weise beachtet werden (siehe Abb. 11.3-1).

Fertiggauben sind industriell vorgefertigte Einheiten z. B. aus Holz oder Kunststoffen mit Anschlusselementen und Bekleidungen. Sie werden komplett vorgefertigt und auf der Baustelle nur noch angeschlossen. Der Anschluss der Deckung und weiterer Schichten im Dachaufbau an Dachgauben hat mindestens den Anforderungen der Dachdeckung und des Dachschichtenaufbaus zu entsprechen.

Die Dachgaube ist ein Vorbau, der aus der Dachfläche herausragt und eine senkrechte Fensterfläche aufweist. Die Formen der Gauben können unterschiedlich sein. Man unterscheidet z. B. Schleppgauben, Rundgauben, Walmgauben, Sattelgauben, Spitzgauben und Fledermausgauben (siehe Abb. 2.1.2).

Dachgauben tragen zur Belichtung von Dachwohnungen bei. Die zur Belichtung erforderliche Gesamtgröße der Fensterflächen richtet sich nach der Raumgrundfläche.

Abb. 11.3-1: Dachgaube

Für die Fenster können Holz-, Metall- und Kunststoffrahmen verwendet werden. Als Verglasung ist bei ausgebauten Dachgeschossen Dreifach- oder Isolierverglasung Mindeststandard. Es können die gleichen Fenster wie bei Normalgeschossen verwendet werden. Dementsprechend gelten auch die gleichen Anforderungen.

Bei flachen Dachneigungen kann auf der Gaube eine Dachabdichtung notwendig werden. Ansonsten kann die Dachdeckung der Gaube auf die Dachdeckung der Dachfläche abgestimmt werden. Unter Beachtung der Regeln für die Dachdeckungen können Gauben mit den gleichen Deckwerkstoffen gedeckt werden wie die Hauptdachfläche. Es können aber auch andere Deckwerkstoffe oder Metalldeckungen für die Dachgauben angewendet werden.

Bei Dachgauben in ausgebauten Dachgeschossen ist zwischen der Deckung und der Wärmedämmung eine zusätzliche regensichernde Maßnahme vorzusehen. Unterschreitet die Dachdeckung der Gaube die Regeldachneigung für die Deckung der Dachfläche, ist eine zusätzliche Maßnahme, z. B. ein Unterdach unter der Deckung der Gaube, notwendig. Der Übergang der Dachgaube zur Hauptdachfläche kann als Knick oder als Kehle ausgebildet sein oder übergangslos durchgedeckt werden. Die Ausführung wird in den Regeln des Deutschen Dachdeckerhandwerks festgelegt. Senkrechte Gaubenwangen oder senkrechte Flächen neben den Fenstern können mit kleinformatigen Deckwerkstoffen, z. B. mit Schiefer, Faserzement oder mit Metall, nach den Fachregeln für Außenwandbekleidungen des Deutschen Dachdeckerhandwerks ausgeführt werden.

Durch die Form und die Deckung der Dachgauben ist eine architektonische Gestaltung des Daches und damit des gesamten Gebäudes möglich.

Bei Dachgauben in ausgebauten Dachgeschossen werden Anforderungen an den Wärmeschutz nach dem Gebäudeenergiegesetz und an den Mindestwärmeschutz nach DIN 4108 gestellt. Die wärmedämmende Umfassungsfläche muss luftundurchlässig, also mit Luftdichtheitsschicht, ausgebildet werden. Die Wärmedämmung muss durchgehend verlegt werden. Es dürfen keine schädlichen Wärmebrücken auftreten. An die Fenster sind die gleichen Anforderungen zu stellen wie bei üblichen senkrechten Fenstern.

Als sommerlicher Wärmeschutz ist ein außenliegender Sonnenschutz der Fensterflächen zu empfehlen.

Im Bereich der Dachgauben gelten die gleichen Brandschutzvorschriften wie im restlichen ausgebauten Dachgeschoss. Darüber hinaus können Dachgauben auch als Fluchtweg im Brandfall genutzt werden. Dabei sind dann die besonderen Anforderungen an Fluchtwege zu beachten.

Dachgauben sind üblicherweise Bauelemente mit geringer Masse. Dementsprechend sind besondere Schallschutzmaßnahmen notwendig, wenn Anforderungen an den Schutz vor äußerem Schall gefordert werden. Dabei muss der Schallschutz an den Gaubenwangen und der Gaubendecke ebenso berücksichtigt werden wie der Schallschutz im Fensterflächenbereich.

Die Standsicherheit der Dachgaube muss durch die Konstruktion und die Befestigung gewährleistet sein. Ein statischer Nachweis ist notwendig. Bei Fertigteilgauben liegt üblicherweise eine Typenstatik vor. Dachgauben müssen in die vorhandene Dachstuhlkonstruktion (Sparrendach, Kehlbalkendach oder Pfettendach, siehe Kapitel 4) eingebunden und dort befestigt werden. Die Dachgaube muss alle auftretenden Kräfte sicher in den Untergrund ableiten. Bei handwerklich hergestellten Dachgauben besteht die tragende Konstruktion üblicherweise aus Holz. Bei vorgefertigten Dachgauben kann die Tragkonstruktion auch aus anderen Werkstoffen, z. B. Metall, hergestellt werden, oder die Dachgaube ist insgesamt ein tragendes Element. Bei allen Konstruktionen muss für das Traggerippe ein statischer Nachweis entsprechend den allgemeinen bautechnischen Regeln erstellt werden.

Dachgauben können üblicherweise mit Dachrinnen und Fallrohren ausgeführt werden.

Fallrohre können das Wasser auf die Hauptdachfläche leiten, wenn ein ungehinderter Wasserablauf sichergestellt ist.

11.4 Lichtkuppeln

Die Lichtkuppel (siehe Abb. 11.4-1) dient zur Raumbelichtung (Aufsatzkranz mit starrer Lichtkuppel ohne Lüfterrahmen) oder bei zu öffnenden Systemen zur Raumbelichtung und Entlüftung (Aufsatzkranz mit lüftbarer Lichtkuppel mit Lüfterrahmen). Dabei kann das Öffnen der Lichtkuppel von Hand mit Hub- oder Kurbelstange, elektrisch mit Motor oder pneumatisch mit Druckluft erfolgen. Einige Lichtkuppeln sind auch zur automatischen Entrauchung geeignet. Lichtkuppeln können ebenfalls sowohl in Dachflächen bei ausgebauten Dachgeschossen als auch bei nicht ausgebauten Dachgeschossen eingebaut werden. Sie werden überwiegend bei Dächern mit Abdichtungen, also im Flachdachbereich, verwendet. Es gibt aber auch Lichtkuppeln für flachgeneigte Dachdeckungen, z. B. bei Wellplatten oder Sandwichelementen.

Lichtkuppeln bestehen üblicherweise aus dem eigentlichen, lichtdurchlässigen Kuppelelement und einem Aufsatzkranz mit einer Anschlussmöglichkeit für die Deckung oder Abdichtung. Der Anschluss der Deckung und weiterer Schichten im Dachaufbau, z. B. Luftdichtheitsschicht, Wärmedämmung oder Unterdeckung an Lichtkuppeln, hat mindestens den Anforderungen der Dachdeckung und des Dachschichtenaufbaus zu entsprechen. Aufsatzkränze in Dachabdichtungen müssen wasserdicht eingebaut werden. Dazu

Abb. 11.4-1: Lichtkuppeln

Abb. 11.5-1: Lichtbänder

gibt es beispielsweise PVC-hart-Aufsatzkränze zum homogenen Anschluss an die entsprechenden Abdichtungsbahnen. Direkt einzuklebende Lichtkuppeln ohne Aufsatzkranz entsprechen heute nicht mehr den Regeln der Technik.

Lichtkuppeln sind rechteckig, quadratisch oder rund. Die lichtdurchlässigen Kuppeln sind meistens bombiert, es gibt aber auch Elemente in Pyramidenform. Die Lichtschalen können aus opal eingefärbtem Acrylglas (PMMA, Plexiglas), aus Polycarbonat (PC), aus Polyvinylchlorid (PVC) oder aus Polyester hergestellt werden. Der Aufsatzkranz kann aus PVC-hart-Profilen bestehen oder ein Polyester-Sandwichaufbau sein. Daneben gibt es auch Aufsatzkränze aus Stahl oder Aluminium. Die Aufsatzkränze müssen für den Einbau in wärmegedämmte Dächer ebenfalls wärmegedämmt sein.

Die Aufsatzkränze müssen mindestens 150 mm hoch sein und richten sich nach der Aufbauhöhe des Daches. Auch 300 mm ist eine Standardhöhe für Aufsatzkränze.

Neben den Aufgaben Belichtung und Belüftung können Lichtkuppeln Teil von Rauch- und Wärmeabzugsanlagen sein.

Abb. 11.6-1: Tageslichtspot

11.5 Lichtbänder

Lichtbänder sind langgestreckte Belichtungs- und Belüftungselemente, die bei Dachdeckungen und bei Dachabdichtungen eingesetzt werden. Es gibt vorgefertigte Lichtbänder, überwiegend werden aber Systeme verwendet, die sich individuell zu nahezu jeder Form und Größe gestalten lassen. Statische Nachweise sind immer notwendig (siehe Abb. 11.5-1).

Im Allgemeinen gelten die gleichen Grundsätze wie bei Lichtkuppeln.

11.6 Tageslichtspots

Tageslichtspots sind auf dem Dach montierte Dachfenster oder Lichtkuppeln, die Tageslicht einfangen und es über ein reflektierendes Rohr an den Wohnraum weitergeben. An der Unterseite des Rohres, also raumseitig, wird ein Diffusor bzw. eine Streuscheibe eingebaut, die für eine sanfte, natürliche und gleichmäßige Ausleuchtung des Raumes sorgt.

Tageslichtspots können in Dächer sowohl mit Dachdeckungen als auch mit Abdichtungen eingebaut werden. Zum Einsatz kommen sie meistens in innen liegenden Bädern, Treppenhäusern, Fluren oder Abstellräumen, die im Dunkeln liegen und künstlich belichtet werden müssen. Sie sind mit einem starren oder einem flexiblen reflektierenden Rohr erhältlich.

Der Anschluss der Deckung und weiterer Schichten im Dachaufbau, z. B. Luftdichtheitsschicht, Wärmedämmung oder Unterdeckung, an Tageslichtspots hat mindestens den Anforderungen der Dachdeckung und des Dachschichtenaufbaus zu entsprechen. Um die Regensicherheit und die gleichmäßige Ausleuchtung der Räume zu gewährleisten, sind zwingend Herstellerangaben bezüglich der Dachneigung zu beachten. Tageslichtspots in Abdichtungen sind wasserdicht anzuschließen. Damit die Funktionsfähigkeit zur gleichmäßigen Ausleuchtung des Raumes sowie die Regensicherheit gewährleistet werden können, sind die Angaben der Hersteller zu beachten.

Abb. 11.6-2: Funktionsweise eines Tageslichtspots

Abb. 11.6-3: Flachdachfenster

11.7 Flachdachfenster

Flachdachfenster (siehe Abb. 11.6-3) sind speziell für Wohn- und wohnähnliche Gebäude geeignet. Sie bieten neben einem moderneren, wohnlicheren Design gegenüber Lichtkuppeln auch gute Wärmedämmeigenschaften.

Neben diesen Effekten bieten Flachdachfenster zusätzlichen Komfort durch automatisches Lüften und ein gesundes Raumklima, beispielsweise über eine Zeitprogrammierung oder eine Smarthome-Steuerung. Die Kombination mit Hitzeschutz- oder Verdunkelungslösungen ermöglicht optimale Licht- und Temperaturregulation.

Die Rahmenprofile sind meist sehr schlank und bestehen aus PVC oder aus einem Holzkern, der mit Polyurethan ummantelt ist. Dies gibt dem Flachdachfenster eine hohe Stabilität, Hitzebeständigkeit und Langlebigkeit.

Zusammenfassung

In viele ausgebaute Dachgeschosse müssen Dachflächenfenster, Dachgauben oder Lichtkuppeln eingebaut werden. Die Belichtung nur durch die normalen senkrechten Fenster ist entweder nicht möglich oder zu gering.

Dachfenster sind einfache, ungedämmte Dach- und Ausstiegsfenster. Sie sind regensicher.

Dachflächenfenster sind gedämmte Dach- und Ausstiegsfenster für Aufenthalts- und Nebenräume. Sie sind erhöht regensicher.

Dachgauben können in Dachflächen sowohl bei ausgebauten Dachgeschossen als auch bei nicht ausgebauten Dachgeschossen eingebaut werden.

Als sommerlicher Wärmeschutz ist ein äußerer Sonnenschutz der Fensterflächen zu empfehlen.

Lichtkuppeln bestehen üblicherweise aus dem eigentlichen, lichtdurchlässigen Kuppelelement und einem Aufsatzkranz mit einer Anschlussmöglichkeit für die Deckung oder Abdichtung.

Der Anschluss der Deckung und weiterer Schichten im Dachaufbau, z. B. Luftdichtheitsschicht, Wärmedämmung oder Unterdeckung an Dachflächenfenster, Dachgauben und Lichtkuppeln, hat mindestens den Anforderungen der Dachdeckung und des Dachschichtenaufbaus zu entsprechen.

Lichtbänder sind langgestreckte Belichtungs- und Belüftungselemente, die bei Dachdeckungen und bei Dachabdichtungen eingesetzt werden.

Tageslichtspots sind Dachfenster oder Lichtkuppeln, die Tageslicht einfangen und über ein reflektierendes Rohr an künstlich belichtete Räume weiterleiten.

Aufgaben

1. Geben Sie an, welche Aufgaben nachfolgende Belichtungssysteme haben:
   - Dachfenster
   - Dachflächenfenster
   - Dachgauben
   - Lichtkuppeln
2. Erklären Sie den Unterschied zwischen Dachfenstern und Dachflächenfenstern.
3. Führen Sie auf, welche Maßnahmen dem sommerlichen Wärmeschutz dienen.
4. Geben Sie an, in welcher Höhe und mit welcher Größe ein Dachflächenfenster eingebaut werden sollte.
5. Nennen Sie Schichten, die bei
   - Dachflächenfenstern und
   - Dachgauben

   angeschlossen werden müssen.
6. Erklären Sie die Funktionsweise eines Tageslichtspots.

12 Anhang

12.1 Quellennachweis

Albert Berner GmbH, Künzelsau: Abb. 4.4-8

alwitra GmbH, Trier: Abb. 5.11-14, 5.11-15, 5.11-20, 5.11-21

Anondi GmbH, Ulm: Abb. 5.3-1

Atika GmbH & Co. KG, Ahlen: Abb. 5.12-13

ARBIT Arbeitsgemeinschaft der Bitumen-Industrie e.V., Hamburg: Abb. 5.10-1

AVOLA MASCHINENFABRIK A. Volkenborn GmbH & Co. KG, Hattingen: Abb. 5.12-13

BASF SE, Ludwigshafen: Abb. 4.3-14

BG BAU, Berufsgenossenschaften der Bauwirtschaft, Berlin: Abb. 5.8-5, 6.3-1 bis 6.3-3, 6.5-1 bis 6.5-8, 6.11-8 bis 6.11-13

BMI Deutschland GmbH, Oberursel: Abb. 4.1-2 bis 4.1-4, 5.3-10 bis 5.3-16

Böcker Maschinenwerke GmbH, Werne: Abb. 6.8-2 bis 6.8-4

Böhl Weissenfeld GmbH & Co. KG, Remscheid: Abb. 5.9-2

BÜFA Thermoplastic Composites GmbH & Co. KG, Oldenburg: Abb. 5.11-1 bis 5.11-3

BuGG Bundesverband GebäudeGrün e.V., Berlin: Abb. 4.2-7, 4.2-8, 4.4-31

BWM FASSADENSYSTEME GmbH, Leinfelden Echterdingen: Abb. 4.4-9, 4.4-13

CARLISLE Construction Materials GmbH, Hamburg: Abb. 5.11-13

CREATON GmbH, Wertingen: Abb. 8.3-1

Dachziegelwerke Nelskamp GmbH, Schermbeck: Abb. 8.3-2

Der dichte Bau GmbH, Frankfurt a. M.: Abb. 5.10-7

Deutsche Bauchemie e.V., Frankfurt a. M.: Abb. 4.3-4 bis 4.3-6

DEUTSCHE ROCKWOOL Mineralwoll GmbH & Co. OHG, Gladbeck: Abb. 3.9-1

DRÄCO Power Tools, Max Draenert Apparatebau GmbH & Co. KG, Deizisau: Abb. 5.9-15

Dörken GmbH & Co. KG, Herdecke: Abb. 4.3-11

DWD Deutscher Wetterdienst, Offenbach: Abb. 3.7-1

egeplast international GmbH, Greven: Abb. 5.11-6

FDT Flachdach Technologie GmbH, Mannheim: Abb. 5.11-9 bis 5.11-11

Focus Technology Co., Ltd., China : Abb. 5.11-18

Gebr. Laumanns GmbH & Co. KG, Brüggen: Abb. 5.2-1, 8.4-1

Gesamtverband Dämmstoffindustrie GDI, Berlin: Abb. 3.5-1 bis 3.5-7

GH Baubeschläge GmbH, Weilheim/Teck: Abb. 4.1-7

Gloria GmbH, Wadersloh, Abb. 6.2-4

Gütegemeinschaft Bleihalbzeug e.V., Krefeld: Abb. 5.9-31

Hanse Baustoffe Handelsges. mbH & Co. KG, Bad Oldesloe: Abb. 5.11-19

Hans Schröder Maschinenbau GmbH, Wessobrunn-Forst: Abb. 5.9-3 (Teilabb.)

D. Heidtmann Sanitär/Barbara Weigand, Hürth: Abb. 8.1-1

James Trosh by flickr.com: Abb. 6.2-5

Joostdevree.nl, Niederlande: Abb. 5.11-12

KEMPER SYSTEM GmbH & Co. KG, Vellmar: Abb. 4.2-17 bis 4.2-21

Mafell AG, Oberndorf: Abb. 5.12-14

Nail Service Center GmbH, Hof: Abb. 5.1-7

Paul Bauder GmbH & Co. KG, Stuttgart: Abb. 5.10-12, 5.11-16 und 5.11-17

Peter Prinzing GmbH, Lonsee-Urspring: Abb. 5.9-3 (Teilabb.)

PREFA GmbH, Wasungen: Abb. 5.9-30

PRO KELLER e.V., Schwerin: Abb. 4.3-3, 4.3-12, 4.3-13

Rathscheck Schiefer und Dach-Systeme, Mayen: Abb. 5.1-32 bis 5.1-34

SaarGummi International Systems GmbH, Wadern: Abb. 5.11-17

Sika Deutschland GmbH, Stuttgart: Abb. 5.11-4, 5.11-5

Sita Bauelemente GmbH, Rheda-Wiedenbrück: Abb. 10.1-1, 10.1-2, 10.3-1, 10.3-4

STIHL Vertriebszentrale AG & Co. KG, Dieburg: Abb. 5.12-15

SYGA-Systemgauben GmbH, Rödermark: Abb. 11.3-1

vdd Industrieverband Bitumen-, Dach- und Dichtungsbahnen e.V., Frankfurt a. M.: 4.3-7, 4.3-8, Abb. 5.10-5 bis 5.10-10, 5.10-12 bis 5.10-15

VELUX Deutschland GmbH, Hamburg: Abb. 8.1-2, 11.1-1, 11.2-1, 11.2-2, 11.4-1, 11.5-1, 11.6-1 bis 11.6-3

Wilhelm Layher GmbH & Co KG, Güglingen: Abb. 6.11-14

Zentralverband des Deutschen Dachdeckerhandwerks – Fachverband für Dach-, Wand- und Abdichtungstechnik – e. V., Köln: Abb. 1.3-1, 1.3-2, 2.5-1 bis 2.5-7, 2.5-12 bis 2.5-27, 3.4-1, 3.4-2, 4.1-5, 4.2-1 bis 4.2-4, 4.2-6, 4.2-9, 4.2-23 bis 4.2-30, 4.2-32 bis 4.2-46, 4.4-1 bis 4.4-4, 4.4-6, 4.4-14 bis 4.4-20, 4.4-23 bis 4.4-29, 5.1-3 bis 5.1-6, 5.1-8 bis 5.1-20,5.1-23 bis 5.1-31, 5.2-3 bis 5.2-44, 5.3-2 bis 5.3-16, 5.4-1 bis 5.4-19, 5.5-1, 5.5-3 bis 5.5-7, 5.6-1 bis 5.6-4, 5.7-2 bis 5.7-18, 5.8-7 bis 5.8-10, 5.8-12 bis 5.8-15, 5.9-4 bis 5.9-9, 5.9-11, 5.9-12, 5.9-14, 5.9-16 bis 5.9-29, 5.9-31, 5.9-33 bis 5.9-41, 5.12-1 bis 5.12-6, 5.12-9, 5.12-10, 9.1-1 bis 9.1-8, 10.1-3 und 10.3-3 sowie zahlreiche Tabellen

12.2 Stichwortverzeichnis

A

B

C

D